高等院校机械类创新型应用人才培养规划教材

工程材料及其成形技术基础
(第2版)

主　编　申荣华
参　编　陈之奇　丁　旭　彭和宜
　　　　姜　云　张琳娜
主　审　何　林

内 容 简 介

本书是依据“工程材料及其成形技术基础”课程教学大纲和教学基本要求编写。本书对工程材料和材料成形技术作了系统、全面的阐述，共分两篇12章，主要内容包括金属材料、高分子材料、陶瓷材料和复合材料的分类、成分、组织及性能特征，材料的改性原理及方法，工程设计中构件的选材及其制造加工工艺路线安排，毛坯或零件的各类成形原理，材料的成形工艺性能、成形工艺过程及成形技术的特点和应用等。

与本书配套的《工程材料及其成形技术基础学习指导与习题详解》也由北京大学出版社出版。

本书可作为高等院校机械工程类各专业的教材，也可作为有关工程技术人员的学习、参考用书。

图书在版编目(CIP)数据

工程材料及其成形技术基础/申荣华主编. —2版. —北京：北京大学出版社，2013.5
(高等院校机械类创新型应用人才培养规划教材)
ISBN 978-7-301-22367-3

Ⅰ. ①工…　Ⅱ. ①申…　Ⅲ. ①工程材料-成型-高等学校-教材　Ⅳ. ①TB3

中国版本图书馆CIP数据核字(2013)第071360号

书　　　名：工程材料及其成形技术基础(第2版)
著作责任者：申荣华　主编
策 划 编 辑：童君鑫
责 任 编 辑：黄红珍
标 准 书 号：ISBN 978-7-301-22367-3/TH·0344
出 版 发 行：北京大学出版社
地　　　址：北京市海淀区成府路205号　100871
网　　　址：http://www.pup.cn　新浪官方微博：@北京大学出版社
电 子 信 箱：pup_6@163.com
电　　　话：邮购部62752015　发行部62750672　编辑部62750667　出版部62754962
印　刷　者：北京虎彩文化传播有限公司
经　销　者：新华书店
787毫米×1092毫米　16开本　31.5印张　733千字
2008年8月第1版
2013年5月第2版　2021年12月第7次印刷
定　　　价：69.00元

第 2 版前言

本书自 2008 年 8 月出版，至今已重印两次。经过这几年的教学实践，证明本书适应创新型应用人才培养模式的课程要求，是一本具有较大教改力度的教材，因此得到了广大院校的支持和充分肯定，并提出了许多宝贵意见和修改建议，在此表示由衷的感谢。

因编者水平所限，第 1 版书中难免出现一些不尽如人意的地方，我们在广泛听取各使用院校意见的基础上，对教材进行了修订和调整。此次修订，除了采纳对第 1 版教材内容的各方面意见并结合近年来的学科发展进行了修改、充实外，还在各章节中增加了导入案例、阅读材料、案例分析等内容模块，以方便学生学习和应用。

此次修订工作由贵州大学申荣华教授主持，各编委按提出的修改意见进行修订。在修订过程中，参阅了大量国内外相关教材、专著及文章，得到贵州大学教务处、贵州大学机械工程学院的支持和帮助，在此向文献作者及提供支持和帮助的单位及个人谨致以衷心的感谢。特别感谢贵州大学机械工程学院博士生导师何林为第 2 版主审工作做出的贡献。

由于编者水平有限，书中不足之处难免，诚恳希望广大读者批评指正。

编　者

2013 年 1 月

第 1 版前言

机械制造业是材料及其成形技术应用的重要领域。随着机械制造业的发展，对产品的要求越来越高，无论是制造机床、汽车、农业机械，还是建造轮船、石油化工设备，都要求产品技术先进、质量好、寿命长、造价低。因此，在产品设计与制造过程中，会遇到越来越多的材料及材料成形加工方面的问题。这就要求工程技术人员掌握必要的材料科学与材料工程知识，具有正确选择材料和成形加工处理方法、合理安排加工工艺路线的能力。

“工程材料及其成形技术基础”是高等院校机械工程类各专业学生必修的一门综合性技术基础课。本书是按教育部面向 21 世纪工科本科机械类专业人才培养模式改革要求而编写的，内容包括工程材料和材料成形技术基础两大部分。内容以材料及其成形技术为主要研究对象，论述了金属材料、高分子材料、陶瓷材料和复合材料的分类、成分、组织及性能特征，材料的改性原理及方法，工程设计中构件的选材及其制造加工工艺路线安排，毛坯或零件的各类成形原理，材料的成形工艺性能、成形工艺过程及成形技术的特点和应用等。学习和掌握材料以及材料成形技术的基本理论及其应用特点，建立起材料及其成形加工工艺理论与工业应用之间的关系，具有合理选用材料及其成形工艺方法、合理安排加工工艺路线的能力，这对工科院校机械工程类专业的学生十分必要。

本书的主要特点在于围绕其核心内容“材料、选用、强化处理和成形技术”，改变目前大多数把工程材料和材料成形技术基础分别开设课程的教学安排，除对传统的经典内容加以精选外，按逻辑思维进行内容编排，以性能—材料及选用—强化处理—成形加工为主线，较系统的阐述机械工程中各类材料及其性能，材料的实际应用，工业上对材料进行强化处理的工艺或方法，各类材料的成形技术方法的原理、工艺过程、特点及应用等。

本书结构分明，信息量大，每章相对独立而又相关衔接，文字叙述力求精练，科学性、实用性强。

本书可配合多媒体 CAI 电子教材，使教师教学和学生学习更为方便。

本书由贵州大学申荣华、丁旭任主编，陈之奇、彭和宜任副主编，姜云、张琳娜参编。申荣华编写绪论、第 7 章、第 8 章、第 9 章，丁旭编写第 1 章、第 2 章、第 4 章和第 5 章，陈之奇编写第 3 章和第 12 章，彭和宜编写第 6 章及附录，姜云编写第 11 章，张琳娜编写第 10 章及书中部分图的绘制，全书由申荣华统稿。重庆理工大学博士生导师胡亚民博导担任本书主审。

本书在编写过程中，编者参阅了部分国内外相关教材、专著及论文，在此一并向文献作者致以深切的谢意！另外，要特别感谢贵州大学教务处对本书出版的大力支持！

本书建议授课学时 50～59，试验 4 学时，各章参考教学学时见下表。

章次	建议学时	章次	建议学时
绪论	1	第 7 章　金属材料的液态成形技术	6～7
第 1 章　零部件对材料性能的要求	2	第 8 章　金属固态塑性成形技术	6～7

（续）

章次	建议学时	章次	建议学时
第 2 章　材料的内部结构、组织与性能	6～7	第 9 章　粉末压制和常用复合材料成形简介	2～3
第 3 章　改变材料性能的主要途径	7～8	第 10 章　固态材料的连接成形技术	6～7
第 4 章　常用金属材料	5～6	第 11 章　有机高分子材料的成形技术	2～3
第 5 章　非金属材料及新型工程材料	3～4	第 12 章　材料成形技术方案拟定、产品检验及再制造技术	2
第 6 章　工程设计制造中的材料选择	2		

鉴于编者学识有限，书中难免有不足和欠妥之处，敬请读者批评指正。

编　者

2008 年 3 月于贵阳

目 录

绪　论

1. 材料及其成形加工的地位

材料是人类生产和社会发展的重要物质基础，也是日常生活基本资源中不可分割的一个组成部分。人类最早使用的材料是石头、树枝、泥土、兽皮等天然材料。由于火的使用，人类发明了自然界没有的新材料——陶瓷器及其制作技术，其后又冶炼出青铜和铁以及发明相应的制造加工技术，大大地推动了人类文明的进程。材料及其制作加工技术与人类的文明及发展密切相关，在人类文明史上还曾以材料作为划分时代的标志，如石器时代、青铜器时代、铁器时代等。由于材料对社会、经济、技术发展有巨大的影响，所以到了 20 世纪 60 年代，人们把材料、能源、信息并列称为现代技术和现代文明的三大支柱，70 年代又把新型材料、信息技术和生物技术列为新技术革命的主要标志。

人们用各种材料制作各种人们所需的物质产品的过程称为制造加工，材料应用与材料成形加工是机械制造加工过程的重要组成部分。任何装备都是由许多零部件构成的，如一支普通的碳素笔由 9 个零件组装而成，而一部中型轿车约由 7 万个零件装配而成。材料只有经过各种制作加工，如成形、改性、机加工、连接等，最终形成产品，才能体现其功能和价值。

作为重要的基础工业，机械制造业为各行各业提供所需的机械装备，而数不清的各种机械装备又都是由性能各异的机械工程材料经机械制造加工成各种零件并装配而成的。机械制造加工过程的总流程及阶段(准备、材料成形、加工处理、成品)或模块划分通常如图 0.1 所示。

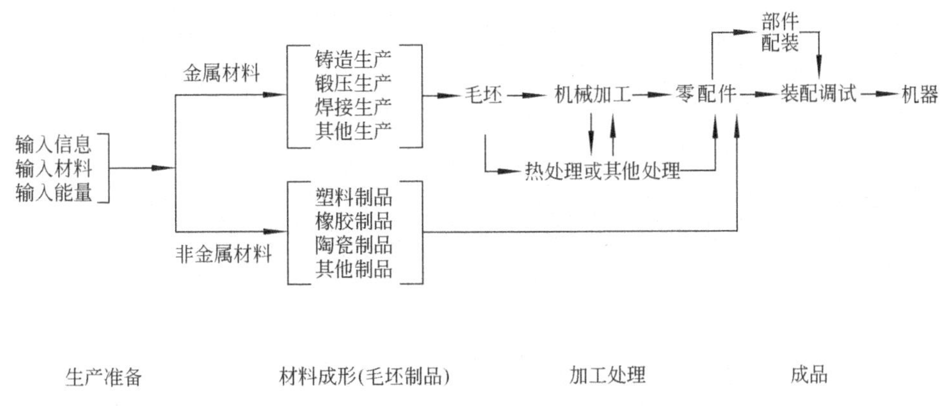

图 0.1　机械制造业总流程

对不同的零件(产品)，应选择相应的材料，采用与之相适宜的成形方法及加工处理过程，才能满足其性能和技术要求。制作加工技术的突破往往成为新产品能否问世、新技术能否产生的关键，故新材料、新技术、新工艺常常是相关联的。在现代生产中，整个机械制造加工系统流程总是由信息流、能量流、物质流联系起来的，这里的信息流主要是指计划、管理、设计、工艺等方面的信息；能量流主要是指动力能源系统；而物质流则主要指从原材料经过毛坯制造、加工处理、装配到成品的过程。可见材料及其制作加工在制造业中占有重要的位置。

材料的选择与成形工艺的采用是机械零件获得所需性能的重要保证。原材料本身的性质是使机械零件的使用性能达到设计要求的基本保证，因此对于不同性能要求的零件(产品)，显然首要的是应选用不同的材料；另外，材料的成形技术是机械制造加工业的关键技术之一，它不仅是使零件或毛坯获得一定形状和尺寸的制造加工方法，也是最终使零件或毛坯获得具有一定内部组织和性能的重要途径。例如，通过液态凝固成形技术即铸造所得到铸件，其形状尺寸是否符合设计要求当然是由铸造成形工艺所决定的，而金属铸件的，性能除与所使用的合金类型、成分有关外，在很大程度上也取决于铸造成形的工艺方法。又如通过塑变成形的金属制件、粉末冶金成形的制品、热塑性成形的高分子材料产品乃至焊接构件的形状尺寸和性能也是如此。因此，材料的选用及成形工艺的选择也是保证产品质量的前提。

机械工程材料及其成形技术还与人类社会有密不可分的关系。机械工程材料及其加工技术的地位和作用，早已超出了技术经济的范畴。高新技术的发展、资源和能源的有效利用、通信技术的进步、工业产品质量和环境保护的改善、人们生活水平的提高等都与材料及其加工密切相关。从材料的设计、制备、加工处理、检测，到器件(零件、部件、装备)的制造、使用，直到回收利用，已经形成了一个巨大的社会循环。这一循环的概念提示了材料、能源和环境之间具有强烈的交互作用。这种作用之所以显得越来越重要，是因为人类在关注经济发展的同时，也不得不面对材料和能源等资源的短缺以及人类生存环境的破坏和恶化。因此，把自然资源和人类需要、社会发展和人类生存联系在一起的材料及其制造加工循环，必然要引起全社会的高度重视。

在材料的生产和使用以及成形加工技术方面，中华民族在人类文明历史的进程中有过辉煌的成就，为人类文明作出了巨大的贡献，这是鼓舞我们不断进步和创造的永恒力量。

2. 工程材料与成形技术的发展

1) 先进工程材料及其应用

新材料技术在信息、能源、军事等行业中的用途十分广泛，可使各类装备升级换代，性能大大提高。目前，世界范围内的新材料已有数万种，并以每年5%的速率递增，正向高功能化、超高性能化、复合轻量和智能化的方向发展。

(1) 结构类材料。高性能结构材料是支撑航空航天、交通运输、电子信息、能源动力以及国家重大基础工程建设等领域的重要物质基础，是目前国际上竞争最激烈的高技术新材料领域之一。

在传统材料改性优化方面，通过对钢铁凝固和结晶控制等基础理论研究，发现冶金过程晶粒细化调控可大大提高钢材强度，发展的新一代钢铁材料的强度约比目前普通钢材提高了一倍，研究成果已部分应用于汽车、建筑等行业，被国内冶金界认为是推动钢铁行业结构调整、产品更新换代、提高钢铁行业技术水平的一次“革命”。

在高性能陶瓷部件方面，我国解决了耐高温、高强、耐磨损、耐腐蚀陶瓷部件的关键制备技术，并在钢铁工业、精密机械、煤炭、电力和环境保护等领域得到应用；研发出具有优异耐冲蚀磨损性能的煤矿重质选煤机用旋流器陶瓷内衬、潜水渣浆泵用耐磨陶瓷内衬，已在黄河治理中得到批量应用；研制的碳化硅泡沫陶瓷过滤器可替代氧化钇部分稳定氧化锆过滤器，用于不锈钢钢水的过滤；陶瓷热机的质量可减轻 30%，而功率则提高 30%，节约燃料 50%。

导弹弹体和卫星都要使用质量轻、强度高、刚度好、耐高温及弹性高的新型复合结构材料。如美国将火箭发动机金属壳体改用石墨纤维复合材料后其质量减轻了 38000kg；而用碳铝复合结构材料制造卫星的波导管，不仅满足了轴向刚度、低膨胀系数和导电性能等方面的要求，而且使质量减轻了 30%。将高密度钨合金与贫铀材料用于破甲弹制造，可以提高穿甲侵彻力等。

复合功能薄膜浮法在线制备技术及新型节能镀膜玻璃的开发打破了我国此类产品一直依赖进口的局面；通过压力温度双重诱导与原位快速整体化，使高可靠性陶瓷部件批量化成熟关键技术级装备取得了创新性突破；高性能稀土永磁材料制备及关键技术取得创新性突破，成功应用于“神舟 5 号”、“神舟 6 号”系列飞船等高端产品的关键部件；高温超导材料及应用研究掌握了具有自主知识产权的铋系高温超导长带和线材产业化关键技术，达到国际先进水平。

(2) 功能材料。功能材料是指可以利用声、光、电、磁、热、化及生化等效应，把能量从一种形式转变成另一种形式的材料。功能材料品种很多，如电子计算机的记忆元件、激光器的工作物质红宝石、声呐振荡器的压电陶瓷，以及超导材料、光学塑料、热电材料、光敏材料、反激光材料、防辐射与电子材料等。

如形状记忆合金材料，由于它可以在温度变化的情况下恢复原有的形状，在设计人造卫星天线时采用的 Ni-Ti 形状记忆合金材料，在卫星发射前可将天线折叠起来，卫星升空后经太阳照射，天线可以自动打开，从而免去了一套繁琐的机构及自动开启装置。

现代隐形技术，除了外形设计上采用先进方法，进行热红外线和自身电磁隐性外，主要是使用新型吸收波材料，即在飞机表面涂覆能大量吸收雷达波的新型介质材料，将雷达电磁波吸收，使雷达无法发现。

功能材料在后勤装备中也得到广泛应用。20 世纪 80 年代，美国开发的先进军用冬服材料，不仅比原冬服质量减少 28%，保暖性提高 20%，而且还使雨水进不去，人体蒸发的汗却能顺利地排出去。日本陆军研制的含有 65%的芳族聚酰胺和 35%的耐热处理棉纤维的混纺织物制成的新型迷彩作训服，在 12s 内能承受 800℃高温，可大大减少战场烧伤的发生。

(3) 生态环境材料。生态环境材料是在人类认识到生态环境保护的重要战略意义和世界各国纷纷走可持续发展道路的背景下提出来的，是国内外材料科学与工程研究发展的必然趋势。制订环境材料评价标准实际上是对材料的先进性(功能性)、舒适性(经济性)和环境协调性三个方面进行标准指标定量。一般认为生态环境材料是具有满意的使用性能同时又被赋予优异的环境协调性的材料。这类材料的特点是消耗的资源和能源少，对生态和环境污染小，再生利用率高，而且从材料制造、使用、废弃直到再生循环利用的整个寿命过程，都与生态环境相协调。主要包括：环境相容材料，如纯天然材料(木材、石材等)、仿生物材料(人工骨、人工器脏等)、绿色包装材料(绿色包装袋、包装容器)、生态建材(无毒装饰材料等)；环境降解材料(生物降解塑料等)；环境工程材料，如环境修复材料、环境净化材料(分子筛、离子筛材料)、环境替代材料(无磷洗衣粉助剂)等。

2) 先进成形技术的发展及应用

装备的设计、材料选用和制造技术三者相辅相成，互相促进，互相制约。新一代装备的研制总伴随着新材料、新结构和新工艺的重大突破。材料成形技术的发展，必将促进装备性能和结构的发展。

材料成形加工是先进制造技术的重要组成部分，是保证装备质量的基础技术。现代材料成形技术是集多种学科于一体的综合技术，是最能代表国家制造技术水平的重要方面。在现代装备研制中，材料成形技术的发展与应用主要表现在如下几方面：

(1) 新的成形工艺方法发展迅速，如单晶空心叶片精铸、粉末高温合金涡轮盘超塑性锻造、搅拌摩擦焊接、喷射沉积成形和隔热涂层技术等。

(2) 大幅度减轻装备质量，降低制造成本。采用先进成形技术制造大型精密锻、铸件，采用先进焊接工艺制造的整体结构件，可减轻质量20%和降低成本30%左右，同时，还为设计人员提供了设计的灵活性。

(3) 常规成形加工逐步被现代技术改造。传统的锻、铸、焊、热处理及表面处理等工艺引进了计算机、真空和高能束等技术，被改造为高新技术。采用多向模锻、真空热处理、表面镀镉钛和喷丸以及挤压强化处理等先进工艺制造各类高要求零件。

(4) 组合或复合成形工艺得到应用，如超塑性成形/扩散连接、形变热处理技术以及电弧与激光复合热源焊接等。

(5) 成形工艺过程的模拟技术发展迅速，如铸件凝固过程的数值模拟、锻件和铸件缺陷形成及预测的数值模拟以及焊接热效应的数值模拟等。

(6) 成形技术与新结构、新材料并行发展，如摩擦焊接，热等静压和液相扩散焊等成形技术分别与整体涡轮转子、整体叶盘结构和大型夹芯结构风扇叶片及对开叶片等新结构并行发展；热等静压和超塑性锻造与粉末高温合金、液态金属快速冷却轧制与非晶态材料同步发展等。

成形技术是显著提高装备性能、大幅度减轻结构质量、降低制造成本和提高装备使用寿命及可靠性的关键技术，正沿着优质、高效、精密、大型和低污染的方向发展。为适应先进装备的发展，注重应用新材料和先进的成形技术具有重要意义。

3. 本课程的性质、任务和要求

工程材料及其成形技术基础是机械工程类专业一门重要的技术基础课。

在机械工程领域里，作为一名工程技术人员，无论其工作性质是侧重于设计，还是制造、管理、运行、维护等，都必然要面对工程材料以及成形工艺的选择、使用等问题，因而工程材料及其成形工艺的基本理论及基本专业知识是必不可少的。

就设计而言，在设计过程中不仅要确定产品及各种零部件的结构，还必须同时确定所选用的材料及相应的制造加工方法。设计、选材、加工三者之间是有机关联的关系，不能单独简单处理。在设计时往往需要在预先确定的范围内将几种方案进行分析比较，对每一种零件都要选择相应化学成分的材料来满足性能的要求，而每种材料的性能又不是一成不变的，它又取决于材料的内部组织结构，凡能改变内部组织结构的加工和使用过程，也必然改变材料的性能。另外，所选用的材料及所使用的加工工艺方法应与零件具有的结构特征相适应。这样，零件结构的设计、材料的选用、加工工艺方法的选择就成了相互关联的综合性技术问题，不能把它们割裂开来，孤立地一个个加以解决，更何况还有经济的、社会的因素。因此，工程材料及其成形技术是机械设计的重要基础之一。

就制造加工而言，其过程常常是很复杂的，加工工序也很多，包括成形、连接、切削加工、特种加工、装配、检测、调试等，其间又可能穿插不同的整体强化、改性处理和表面改性处理等工序。合理选择不同的加工工艺方法并安排好工艺路线，是使产品最终达到技术经济指标要求的重要因素之一。其中，零件或毛坯的成形工艺，包括金属的铸造、塑性加工、焊接等是零件或毛坯制造加工过程中最基本的，也是对材料性能影响最大的加工工艺。故工程材料及其成形技术在机械制造中占有重要的地位。

本课程的基本要求：

(1) 基本理论方面。掌握材料三要素(成分、结构、微观组织)与使用性能的关系；材料改性及表面强化工艺与材料成分、性能间的关系；材料成形原理与材料组织、性能间的关系等。这些关系也可以简化为材料的成分、改性工艺及成形工艺对零件结构、微观组织、性能影响的规律。这些规律是制造、开发材料及确定改性与成形工艺的理论基础。

(2) 基本知识方面。包括下列五类问题：①各类机械工程材料的特点及选用，主要包括金属材料、工程陶瓷材料、高分子材料、复合材料；②材料改性工艺的过程及特点，主要是热处理工艺及表面改性工艺；③各种成形工艺过程及特点，包括液态凝固成形技术、固态塑变成形技术、连接成形技术、颗粒态材料成形技术及高分子材料成形技术等，主要以金属材料的铸造、塑性加工及焊接工艺为主；④零件或毛坯质量的控制，包括质量检验标准、检验项目及方法；⑤新材料的发展及现代改性与成形工艺的进展。

(3) 工程应用方面。熟悉各种常用工程材料的应用；各类材料成形工艺的应用；合理安排材料改性与成形工艺在工艺流程中的位置；熟悉材料及其加工中图样和技术条件的标注方法；了解各种成形零件的结构工艺性；了解材料质量检验方法与分析方法；具有对工程材料和性能改性以及成形工艺的分析能力等。

学完本课程后，将为后续课程——专业基础课、生产实习、课程设计、毕业设计打下坚实的基础。

第一篇

工 程 材 料

工程材料(包括金属材料、非金属材料和复合材料等)是构成机械装备的基础，也是各种机械制造加工的对象，它广泛用于机床、船舶、桥梁、工程机械、交通运输、航空航天、军事、电子信息、能源动力等行业。机械制造加工离不开材料，所以机械设计与制造技术人员在设计与制造某种设备或装置时，重要的工作之一就是零件材料的选择。这就要求设计人员在选材时必须具备两方面的知识，一方面应该了解各种材料的基本特性和应用范围；另一方面应该了解材料性能和机械制造加工之间的关系，即材料的性能如何能够适应机械结构、制造加工工艺和外界条件(如温度、环境介质)的改变。只有把两者结合起来才能对材料进行正确的选用和加工处理。

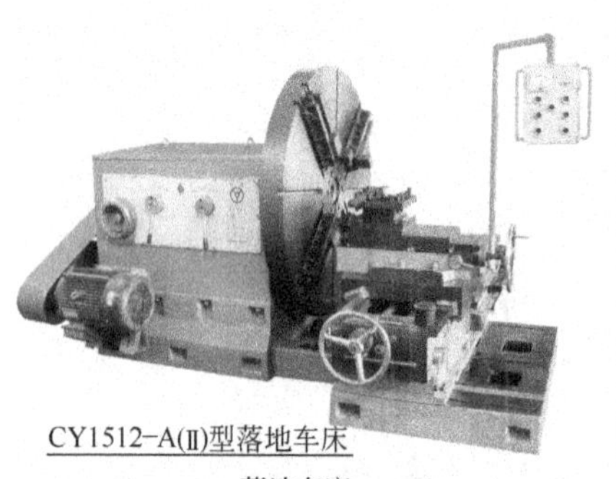

落地车床

卧式铣镗加工中心

轮船

桥梁

工程机械

军用飞机

第1章 零部件对材料性能的要求

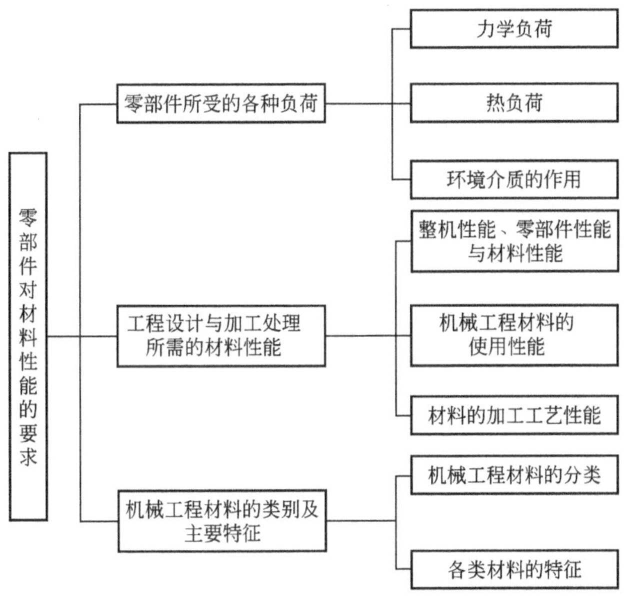

- ▲ 掌握工程材料性能的三个方面(力学、理化、工艺)；对表征材料的各种力学性能指标要认识并能解释其物理意义；
- ▲ 熟悉各类工程材料的主要特征；
- ▲ 了解布氏硬度和洛氏硬度各自的优缺点、相互关系和应用场合；
- ▲ 了解零部件所受的各种负荷。

导入案例

材料的五个基础环节

工业上使用的(原)材料有多种形式，如金属锭(图 1.0(a)～图 1.0(c))、棒料(图 1.0(d)～图 1.0(f))、板料、型材、管材、颗粒料等。

(a) 钢锭　(b) 生铁锭　(c) 铝锭

(d) 园钢　(e) 铜棒　(f) 尼龙棒

图 1.0　金属锭、棒料外观图

性能、结构、环境、过程、能量是材料的五个基础环节。

1. 性能

材料的性能是一种参量，用于表征材料在给定外界条件下的行为。这个定义对性能分析方法有三点启示：性能必须定量化；从行为的过程去深入理解性能；重视环境对于性能的影响。材料是一种系统，材料的性能便是系统的功能，也就是系统的输出或响应；而影响材料性能的外界条件，便是系统的输入、刺激或感受。可以采用不同的方法来划分材料的性能，从而明确它的外延。若从系统功能分析方法，从输出与输入的关系，即对刺激的不同响应将材料的性能划分为反射、吸收、传导、转换感受四大类性能。

材料性能的分析方法有四种：若不知系统的结构，则系统是黑箱，因而有黑箱法；若系统的结构已知，则有相关法和过程法；考虑环境的有害和有益作用，则有环境法。

2. 结构

系统的结构是它的组元及组元间关系的总和。材料的组元包括不同层次上的化学组元如电子、原子、分子等，以及由排列不规则性引起的几何学组元如空位、位错、晶界、电子空位等。这些组元之间可以形成各种广义的相，如 Al_2O_3、Fe_3C、Cu_5Zn_8、柯氏气团、晶界磷吸附区、双空位等。材料组元间的关系包括排列方式及运动方式，前者有原子结构、晶体结构、显微组织等，后者包括原子运动及电子运动导致的结构概念和能量组元，如费米面、布里渊区、禁带、d 层孔洞、声子、磁子等。物质或材料的结构

(或相图)最直观的表现方式是光学金相图或电子金相图，也可用谱线或斑点来表述。

3. 环境

研究的对象叫做系统，宇宙中系统以外的部分叫做环境。若系统、环境和宇宙分别用 s、e 和 u 表示，则 u=s+e。环境可划分为自然环境和社会环境。前者是指自然科学所能处理的环境，如力学、热学、光学、电子学、化学等环境；后者是指人类社会所导致的人文、社会因素所构成的环境。他们对材料的影响分别属于微观材料学及宏观材料学所处理的问题。

当系统的结构不变时，材料的性能只随环境而变。而人类对待环境的措施则有许多方面，包括适应、改变、利用、学习和保护等。例如：水溶液中加入缓蚀剂及排出氧气，金属表面覆盖防蚀涂层，都是为了降低腐蚀而改变化学环境；为了加速和增加化学反应而加入的催化剂，也是改变环境。而金相试样的浸蚀，电解抛光，电化学加工，利用奥氏体不锈钢的晶间腐蚀制备粉末，电化学保护的牺牲阳极等，则是在利用环境。同时人类通过观察环境，向环境学习，也可以受到启示，如向环境中的生物学习功能，出现了仿生学及仿生材料。而当前，人们最关注的热点之一则是保护环境，可持续发展的问题受到人们的普遍重视。

4. 过程

事物的过程表明在给定外界条件下从始态到终态的变化。实际的过程，有时是复杂的，它是由许多子过程组合而成的。依据组合的方式，参照电学领域的术语，可将过程的类型划分为串联及并联两类。此外还有一种相互依赖而生存的共轭过程，如：金属在水溶液中的腐蚀是一种电化学过程，包括了金属溶解的阳极过程和消耗电子的阴极过程，阳极过程和阴极过程便构成了共轭过程，阳极过程释放的电子需要阴极过程消耗才能继续进行，而阴极过程又是在阳极过程提供电子的条件下才能进行。对于共轭过程，首先确定起决定性作用的瓶颈环节，然后控制整个环节。

过程有方向、路线、结果三个共性问题。自然过程总是朝着能量降低的方向、遵循阻力最小的路线进行的，其结果是适者生存。应用演绎法、归纳法及类比法可以分别证明这三条过程原理。

5. 能量

材料的能量既包括材料的内能，又包括材料与环境交换的能量。一般从系统来考虑能量传递的方向：从环境进入系统的能量为正，反之，则为负；前者使系统的内能增加，后者则使内能减小。运用能量的观点，可以分析大量的材料结构、过程、性能问题。

问题：

1) 工程材料的性能有哪些?

2) 环境包括那些因素? 环境对材料有哪些影响?

1.1 零部件所受的各种负荷

工程构件与机械零件(以下简称构件或零件)在工作条件下可能受到力学负荷、热负荷或环境介质的作用，有时只受到一种负荷作用，更多的时候将受到两种或三种负荷的同时作用。在力学负荷作用条件下，零件将产生变形，甚至出现断裂；在热负荷作用下，将产生尺寸和体积的改变，并产生热应力，同时随温度的升高，零件的承载能力下降；环境介质的作用主要表现为环境对零件表面造成的化学腐蚀、电化学腐蚀及摩擦磨损等作用。

1.1.1 力学负荷

按载荷随时间变化的情况，可把载荷分成静载荷和动载荷。若载荷缓慢地由零增加到某一定值以后保持不变或变动不很显著，即为静载荷。如机器的重量对基础的作用便是静载荷。若载荷随时间而变化则为动载荷。按其随时间变化的方式，动载荷又可分为交变载荷与冲击载荷。交变载荷是随时间作周期性变化的载荷，例如齿轮转动时作用于每一个齿上的力都是随时间按周期性变化的；冲击载荷则是物体的运动在瞬时内发生突然变化所引起的载荷，例如急刹车时飞轮的轮轴、锻造时汽锤的锤杆等都受到冲击载荷的作用。

作用在机械零件上的静载荷分为拉伸、压缩、剪切、扭转、弯曲等几种基本形式，如图 1.1 所示。

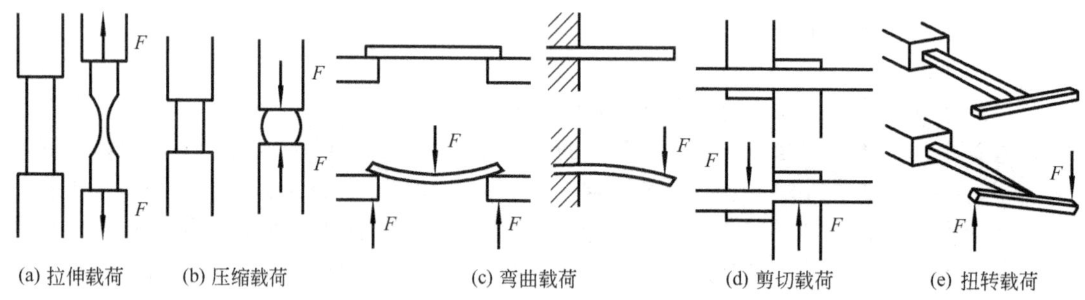

图 1.1 静载荷的基本形式

1. 拉伸和压缩载荷

拉伸载荷和压缩载荷是由大小相等、方向相反、作用线与杆件轴线重合的一对力引起的。这类载荷使杆件的长度发生伸长或缩短。起吊重物的钢索、桁架的杆件、液压油缸的活塞杆等在工作时都受到拉伸载荷或压缩载荷的作用，有可能产生拉伸或压缩变形。

2. 剪切载荷

剪切载荷是由大小相等、方向相反、作用线垂直于杆轴且距离很近的一对力引起的。剪切载荷使受剪杆件的两部分沿外力作用方向发生相对的错动。机械中常用的联接件(如键、销钉、螺栓等)都受剪切载荷作用，有可能产生剪切变形。

3. 扭转载荷

扭转载荷是由大小相等、方向相反、作用面垂直于杆轴的一对力偶引起的，扭转载荷使杆件的任意两个横截面发生绕轴线的相对转动。汽车的传动轴、电动机和水轮机的主轴等都是受扭转载荷作用，有可能产生扭转变形。

4. 弯曲载荷

弯曲载荷是由垂直于杆件轴线的横向力，或由作用于包含杆轴的纵向平面内的一对大小相等、方向相反的力偶引起的。弯曲载荷使杆件轴线由直线变为曲线即发生弯曲。在工程中，杆件受弯曲载荷作用是最常遇到的情况之一。桥式吊车的大梁、各种心轴以及车刀等都受弯曲载荷作用，有可能产生弯曲变形。

很多零件工作时同时承受几种载荷作用，例如车床主轴工作时承受弯曲、扭转与压缩等三种载荷作用，钻床立柱同时承受拉伸与弯曲两种载荷作用，此时将有可能产生组合变形。

1.1.2 热负荷

有些零件和结构是在高温条件下服役的，高温使材料的力学性能下降，并可能产生一系列的热影响。

首先，高温下材料的强度随温度升高而降低；高温下材料的强度随加载时间的延长而降低(在低温下材料的强度不受加载时间的影响)。例如，20号钢试样在450℃的短时抗拉强度为330MPa，若试样仅承受230MPa的应力，但在该温度下持续工作300h就会发生断裂；如果将应力降至120MPa，要持续10000h才会发生断裂。在给定温度和规定的时间内使试样发生断裂的应力叫做持久强度。

其次，材料在长时间的高温作用下，即使应力小于屈服强度也会慢慢地产生塑性变形，这种现象称为高温蠕变。一般来说，只有当温度超过$0.3T_m$(T_m为材料的熔点，以绝对温度K为单位)时才出现较明显的蠕变。

再次，高温下对许多材料尤其是金属材料要求其具有抗氧化的能力。

另外，许多零件在不断变化的温度条件下工作，若受较快的加热及冷却，零件将受到热冲击作用，如将Al_2O_3陶瓷管直接放入1200℃的盐浴中会立即发生爆裂。一般而言，零件各部分受热(或冷却)不均匀引起的膨胀(或收缩)量不一致，因而在零件内部产生应力，此应力称为热内应力。热内应力将使零件产生热变形，或者降低零件的实际承载能力。温度交替变化引起热内应力的交替变化，交变的热内应力会引起材料的热疲劳。

1.1.3 环境介质的作用

环境介质对金属零件的作用主要在腐蚀和摩擦磨损两个方面；环境介质对高分子材料零件的作用主要表现为老化。

1. 腐蚀作用

由于金属材料的化学性质相对活泼，容易受到环境介质的腐蚀作用。根据腐蚀的过程和腐蚀机理，可将腐蚀分为化学腐蚀、电化学腐蚀和物理腐蚀三大类。化学腐蚀是指材料与周围介质直接发生化学反应，但反应过程中不产生微电流的腐蚀过程；电化学腐蚀是指金属与电解质溶液接触时发生电化学反应，反应过程中有微电流产生的腐蚀过程；物理腐蚀是指由于单纯的物理溶解而产生的腐蚀。

2. 摩擦磨损作用

机器运转时，任何在接触状态下发生相对运动的零件，如轴与轴承、活塞环与气缸套、十字头与滑块、齿轮与齿轮等等，彼此之间都会发生摩擦。零件在摩擦过程中其表面发生尺寸变化和物质耗损的现象叫做磨损。磨损的类型很多，最常见的有粘着磨损、磨粒磨损、腐蚀磨损、麻点腐损(即接触疲劳)四种。

3. 老化作用

高分子材料在加工、贮存和使用过程中，由于受各种环境因素(温度、日光、电、辐射、化学介质等)的作用而导致性能逐渐变坏，以致丧失使用价值的现象叫做老化。例如，农用薄膜经日晒雨淋，发生变色、变脆和透明度下降；玻璃钢制品长期暴露在大气中，其表面逐渐露出玻璃纤维(起毛)、变色、失去光泽并且强度下降；汽车轮胎和自行车轮胎储存或使用中发生龟裂等均为老化现象。

1.2 工程设计与加工处理所需要的材料性能

1.2.1 整机性能、零部件性能与材料性能的关系

机器是零件(或部件)间有确定的相对运动、用来转换或利用机械能的机械。机器由零件、部件(为若干零件的组合，具备一定功能)组成一个整体，因此一部机器的整机性能除与机器构造、制造加工等因素有关外，主要取决于零部件的结构与性能，尤其是关键件的性能。

如金属切削机床要能对金属坯料或工件进行有效而高质量的加工，其主轴组件、支承件(如床身等)、导轨及传动装置等必须处于良好的工作状态。主轴的刚度、强度或韧性不足，导轨的磨损，以及传动齿轮的破损或失效，都会影响机床的正常工作，甚至无法进行切削加工。柴油机是以柴油作燃料的往复活塞式内燃机，靠燃油在气缸内经高温高压的空气雾化、压缩、自动燃烧所释放的能量推动活塞作往复运动，并通过连杆和曲轴转换为旋转的机械功，柴油机的性能主要由喷油系统(喷油泵)、连杆、曲轴以及活塞与气缸的性能所决定。因此，可以认为，在合理而优质的设计与制造的基础上，机器的性能主要由其零部件的强度及其他相关性能来决定，而零部件的性能又主要取决于所用材料的性能。

机械零件的强度一般表现为短时承载能力和长期使用寿命。它是由许多因素确定的，其中结构因素、加工处理因素和材料因素起主要作用，此外使用因素对寿命也起很大作用。结构因素指零件在整机中的作用、零件的形状和尺寸、以及与其他连接件的配合关系等；加工处理因素指全部加工处理过程中对零件强度所产生的影响；材料因素指材料的成分、组织与性能。上述三个因素各自有独立的作用，但又相互影响，在解决与零件强度有关的问题时必须综合加以考虑。在结构因素和加工处理因素正确合理的条件下，大多数零件的体积、重量、性能和寿命主要由材料因素即材料的强度及其他力学性能所决定。

在设计机械产品时，主要是根据零件失效的方式正确选择材料，再根据所选材料的强度等力学性能判据指标来进行定量计算，以确定产品的结构和零件的形状尺寸。

1.2.2 工程材料的使用性能

材料的使用性能——材料在使用过程中所具有的功能，包括力学性能和理化性能。

1. 材料的力学性能

材料的力学性能(也称机械性能)即抵抗各种外力的能力，它是指材料在不同环境因素(如温度、介质等)下，承受外加载荷作用时所表现的行为，这种行为通常表现为材料的变形和断裂。因此，材料的力学性能也可以理解为材料抵抗外加载荷引起变形和断裂的能力。当外加载荷的性质、环境温度与介质等外在因素不同时，对材料要求的力学性能也不相同。室温下常用的力学性能有：强度、塑性、刚度、弹性、硬度、冲击韧性、断裂韧性和疲劳极限等。

说明：GB/T 228—2002 中已将不少力学性能的符号改用其他符号，常见新旧标准力学性能名称和符号见表1-1。由于目前与力学性能相关的课程或书籍文献中，大部分沿用旧标准，故本书依然采用旧标准的符号。

表1-1　常见新旧标准力学性能名称和符号对照

GB/T 228—2002		GB 228—1987	
性能名称	符号	性能名称	符号
应力	R	应力	σ
屈服强度	R_s	屈服强度	σ_s
抗拉强度	R_m	抗拉强度	σ_b
屈服点延伸率	A_e	屈服点延伸率	δ_s
断后伸长率	A，$A_{11.3}$，A_{xmax}	断后伸长率	δ_5，δ_10，δ_{xmax}
断面收缩率	Z	断面收缩率	ψ

1) 拉伸试验和应力—应变曲线

图1.2为退火低碳钢的拉伸应力—应变图。

图中，应力$\sigma=P/F_0$，应变$\varepsilon=\Delta l/l_0$，P为外力，F_0为试样横截面积，l_0为试件标距长，Δl为试件变形过程中和P对应的总伸长(l_0-l_1)，l_1为断裂后的标距长，δ_E为伸长率(总塑性应变)，ε_E为E点时的总应变(含弹性及塑性应变)。

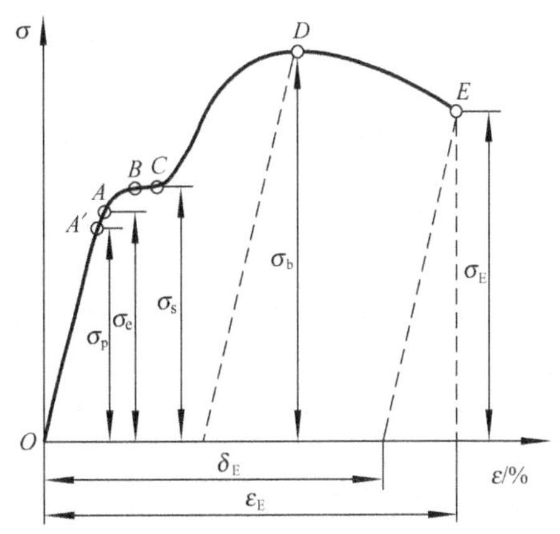

图1.2　退火低碳钢的拉伸应力-应变图

在图1.2所示的$\sigma-\varepsilon$曲线上，OA段为弹性阶段，在此阶段，随载荷的增加，试样的变形增大；若去除外力，变形完全恢复，这种变形称为弹性变形，其应变值很小。A点的应力σ_e称为弹性极限，为材料不产生永久变形的可承受的最大应力值，是弹性零件的设计依据。OA线中OA'段为一斜直线，在OA'段应变与应力始终成比例，所以A'点的应力σ_p称为比例极限，即应变量与应力成比例所对应的最大应力值。由于A点和A'点很接近，一般不作区分。

2）弹性和刚度

材料在弹性范围内，应力与应变的比值(σ/ε)称为弹性模量E(在曲线上表现为OA的斜率)，即：

$$E=\frac{\sigma}{\varepsilon}\quad (\text{MPa})$$

式中，E反映了材料抵抗弹性变形的能力，即材料刚度的大小，为刚度的度量指标。

金属材料的E值主要取决于材料的本性，与显微组织关系较小，一些加工处理方法(如热处理，冷、热加工，合金化等)对它的影响很小。零件或结构一般在工作中不允许产生过量的弹性变形，否则将不能保证精度要求，提高零件刚度的办法是增加横截面积或改变截面形状。金属的E值随温度升高逐渐降低。材料的弹性模量E与其密度ρ的比值(E/ρ)叫比刚度或比模量，比刚度大的材料(如铝合金、钛合金、碳纤维增强复合材料)在航空航天工业上得到了广泛应用。

3）强度、塑性和粘弹性

(1) 强度。强度是材料在外力作用下抵抗永久变形和断裂的能力。根据外力的作用方式，有多种强度指标，如抗拉强度、抗弯强度、抗剪强度、抗压强度等，其中以拉伸试验所得的抗拉强度指标的应用最为广泛。

在图1.2中，当试验应力σ超过A点时，试件除产生弹性变形外还产生塑性变形；在BC段，应力几乎不增加，但应变大量增加，称之为屈服。B点的应力σ_s称为屈服强度，即：

$$\sigma_s=\frac{P_s}{F_0}\quad (\text{MPa})$$

式中　P_s——试棒产生屈服时所承受的最大外力；

F_0——试棒原始横截面积。

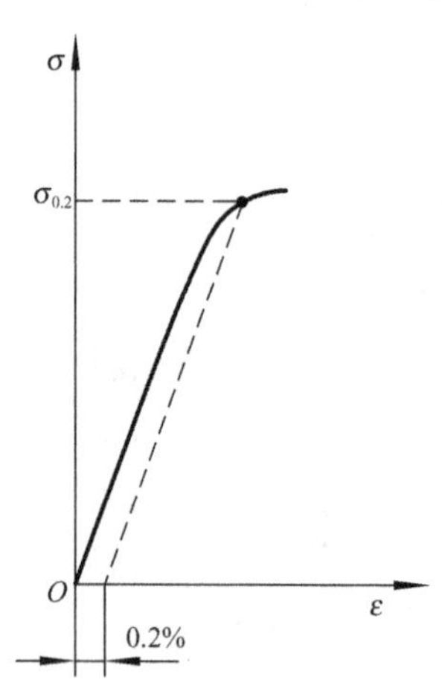

图1.3　铸铁的拉伸曲线

有些塑性材料没有明显的屈服现象发生，对这种情况用试件标定距离(标距)范围内产生0.2%塑性变形时的应力值作为该材料的屈服强度，以$\sigma_{0.2}$表示，也称为名义(或条件)屈服强度，如图1.3所示。屈服强度表示了材料由弹性变形阶段过渡到弹-塑性变形阶段的临界应力，即材料抵抗微量塑性变形的抗力。由于很多零件在工作时不允许产生塑性变形，因此屈服强度是零件设计的主要依据，也是材料最重要的强度指标。

材料发生屈服后，试样应变的增加有赖于应力的增加，材料进入强化阶段(称应变强化或加工硬化)，如图1.2的CD段所示，在此阶段，试样的变形为均匀变形。到D点应力达最大值σ_b。D点以后，试件在某个局部的横截面发生明显收缩，出现“颈缩”现象，此时试样产生不均匀变形，由于试样横截面积的锐减，维持变形所需要的应力明显下降，并在E点处发生断裂。最大应力值σ_b称为抗拉强度，它是材料抵抗均匀变形和断裂所能承受的最大应力值，即：

$$\sigma_b=\frac{P_b}{F_0}\quad (\text{MPa})$$

式中 P_b——试棒拉断前承受的最大外力。

σ_b 也是零件设计和评定材料时的重要强度指标。σ_b 测量方便，如果单从保证零件不产生断裂的安全角度考虑，或者是用低塑性材料或脆性材料制造零件，都可用 σ_b 作为设计依据，但所取安全系数要大些。绳类产品可选 σ_b 作设计依据。

在航空航天及汽车工业中，为了减轻零件的质量，在产品和零件设计时经常采用比强度的概念。材料的强度指标与其密度的比值叫比强度(σ_b/ρ)。强度相等时，材料的密度越小(即质量越小)，比强度越大。另外，屈强比(σ_s/σ_b)表征了材料强度潜力的发挥、利用程度和该种材料所制零件工作时的安全程度。

(2) 塑性。塑性是材料在外力作用下产生塑性变形(外力去除后不能恢复的变形)而不断裂的能力。

材料的常用塑性指标有断后伸长率(或延伸率)和断面收缩率。

伸长率即断后总伸长率，以 δ 表示，即：

$$\delta=\frac{l_1-l_0}{l_0}\times 100\% \tag{1-1}$$

式中 l_0——标距原长；

l_1——断裂后标距长度。

断面收缩率以 Ψ 表示，即：

$$\Psi=\frac{F_0-F_1}{F_0}\times 100\% \tag{1-2}$$

式中 F_0——试件原始横截面积；

F_1——断口处的横截面积。

同一材料的试样长短不同，测得的 δ 略有不同。如 l_0 为试样原始直径 d_0 的 10 倍，则伸长率常记为 δ_{10}(此时常简写成 δ)。考虑到材料塑性变形时可能有颈缩行为，故 Ψ 能较真实地反映材料的塑性好坏(但均不能直接用于工程计算)。

良好的塑性能降低应力集中，使应力松弛，吸收冲击能，产生形变强化，提高零件的可靠性，同时有利于压力加工，这对工程应用和材料的加工都具有重大意义。

(3) 粘弹性。理想的弹性材料在加载时(加载应力不超过材料的弹性极限)立即产生弹性变形，卸载时变形立即消失，应变和应力是同步发生的。但实际工程材料尤其是高分子材料，加载时应变不是立即达到平衡值，卸载时变形也不立即消失，应变总是落后于应力，这种应变滞后于应力的现象称为粘弹性。具有粘弹性的物质，其应变不仅与应力大小有关，而且与加载速度和保持载荷的时间有关。

必须指出的是：上述退火低碳钢的应力-应变曲线是一种最典型的情形，几种典型材料室温时的应力-应变曲线如图 1.4 所示。

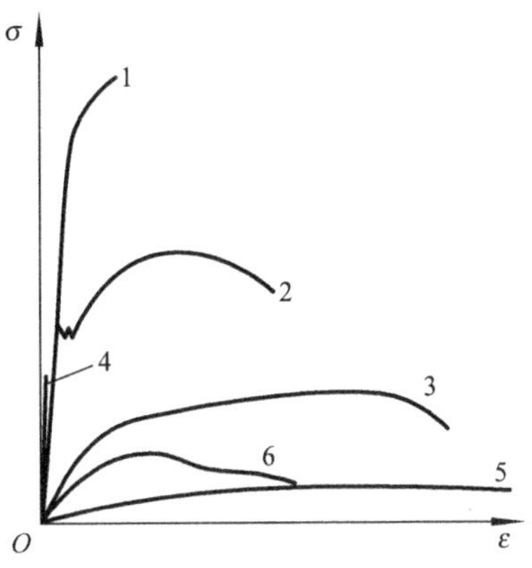

图 1.4 几种典型材料室温时的应力-应变曲线

1—高碳钢；2—低合金结构钢；3—黄铜；4—陶瓷、玻璃类材料；5—橡胶；6—工程塑料

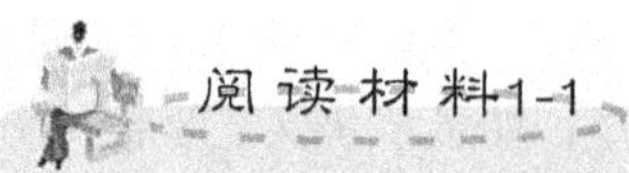

拉伸试验及试验机

拉伸试验是材料力学性能测试中最常见试验方法之一。试验中的弹性变形、塑性变形、断裂等各阶段真实反映了材料抵抗外力作用的全过程。它具有简单易行、试样制备方便等特点。拉伸试验所得到的材料强度和塑性性能数据，对于设计和选材、新材料的研制、材料的采购和验收、产品的质量控制以及设备的安全和评估都有很重要的应用价值和参考价值。

金属拉伸试验的步骤可参见 ASTM E-8 标准。

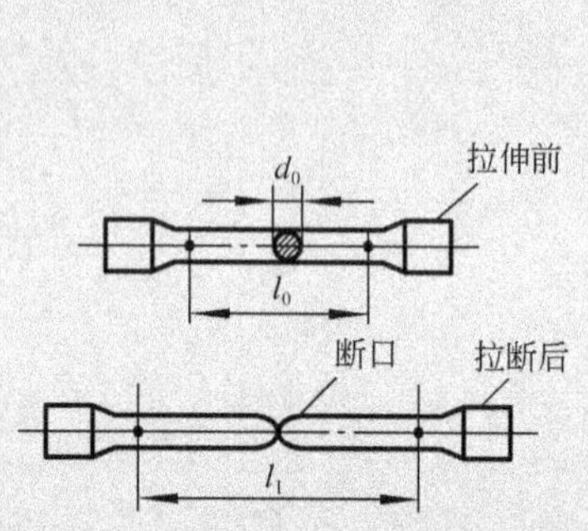

图1.5　金属拉伸原始及拉断试样

图1.6　WDW-5型电子拉力试验机外观

WDW-5型电子拉力试验机特点：采用国际流行的主机结构、进口伺服调速系统和日本松下电动机、德国进口减速机、德国进口滚珠丝杠，整体结构完美，性能先进。试验机PC控制系统实现了试验力、试样变形、横梁位移等参数的闭环控制，可实现试验力、试验力峰值、横梁位移、试样变形及试验曲线的屏幕显示，同时进行数据自动处理、处理结果的储存、试验报告的打印。可增配不同规格的传感器、引伸计和夹具，拓宽测量范围，从而实现一机多用。超过最大负荷5%～10%(可设定)时机器自动停机。

其适用范围：适用于质量监督、教学科研、航空航天、车辆制造、钢铁冶金、机械制造、石油化工、电线电缆、医疗器械、纺织、橡胶、塑料、家电、建材等试验领域。广泛用于金属、非金属材料的拉、压、弯、剪等力学性能试验；通过配置种类繁多的附具，还可用于型材和构件的力学性能试验。

4) 硬度

硬度是反映材料软硬程度的一种性能指标，它表示材料表面局部区域内抵抗变形或破裂的能力。测定硬度的试验方法有十多种，但基本上均可分为压入法和刻划法两大类，其中压入法较为常用。

(1) 布氏硬度。布氏硬度的试验原理、方法与条件在GB/T 231.1—2009《金属布氏硬度试验方法》中有详细说明。如图1.7所示，用一定直径D的淬硬钢球或硬质合金球(即压头)，以相应的试验载荷P压入试样表面，经规定的保持时间，卸载后测量试样表面的压痕直径d，计算出压痕表面积，进而得到所承受的平均应力值，即为布氏硬度值，记作 HB。

具体试验时，硬度值可据实测的 d 按已知的 P、D 值查表求得。当压头为淬火钢球时用 HBS 表示，适用于布氏硬度低于 450 以下的材料，如记为 230HBS 等；当压头选为硬质合金球时用 HBW 表示，适用于布氏硬度在 450 以上、650 以下的材料，如记为 550HBW 等。如钢球直径为 10mm，载荷为 29400N(3000kgf)，保持 10s，硬度值为 200，可记为 200HBS10/3000/10，此时也常简单表示为 200HBS 或 200HB。

布氏硬度试验的优点是因压痕面积大，测量结果误差小，且与强度之间有较好的对应关系，故有代表性和重复性。但同时也因压痕面积大而不适宜于成品零件及薄而小的零件。

(2) 洛氏硬度。《金属材料　洛氏硬度试验　第 1 部分：试验方法》(GB/T 230.1—2009)详细说明了洛氏硬度的测试原理、方法与条件。如图 1.9 所示，洛氏硬度是采用一定规格的压头，在一定载荷作用下压入试样表面，然后测定压痕的残余深度来计算并表示其硬度值，记为 HR。实际测量时可直接从硬度计表盘上读得硬度值(现在硬度计上也有配备数字显示的)，十分方便。

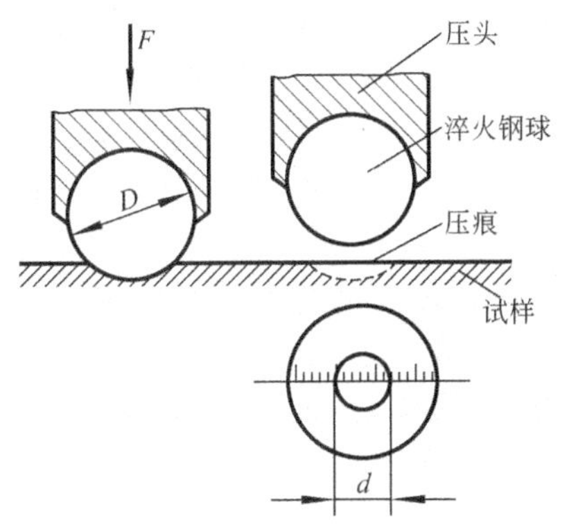

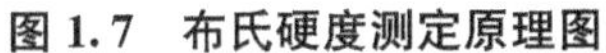

图 1.7　布氏硬度测定原理图

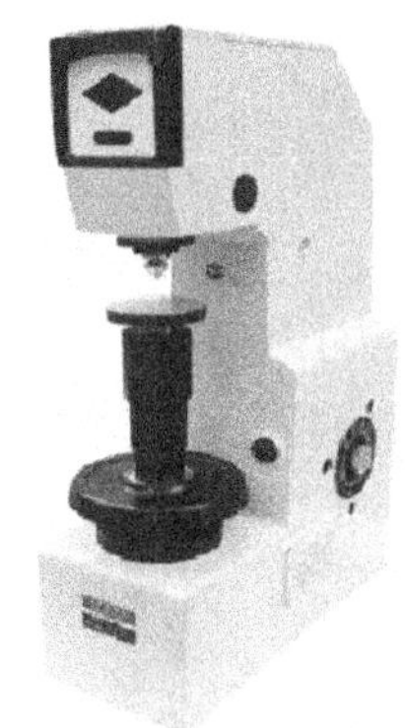

图 1.8　HB-3000 布氏硬度计

为测定不同材料与工件的硬度，采用不同的压头(不同的压头材料与压头的形状尺寸)和载荷的组合可获得不同的洛氏硬度标尺。每一种标尺用一个字母写在硬度符号 HR 之后，其中 HRA、HRB、HRC 最常用，其数字置于 HR 之前，如 60HRC、75HRA 等。常用洛氏硬度标尺的试验条件与应用范围见表 1-2。

表 1-2　常用洛氏硬度标尺的试验条件与应用范围

洛氏硬度	压头类型	总载荷/N	测量范围	应用举例
HRA	120°金刚石圆锥	590(60kgf)	60～85HRA	渗碳淬火表面、硬质合金
HRB	1.588mm 淬火钢球	980(100kgf)	20～100HRB	软钢、灰铸铁、有色金属
HRC	120°金刚石圆锥	1470(150kgf)	20～67HRC	淬火硬化钢

洛氏硬度试验在机械性能试验中是最迅速，最简便，最经济的试验方法。但因压痕较小，使代表性、重复性较差，数据分散度也较大。

(3) 其他硬度。为了测试一些特殊对象的硬度，工程上还有一些其他硬度试验方法。

① 维氏硬度 HV：试验原理同布氏硬度，不同点是压头为夹角 136°金刚石四方角锥，

所加负荷较小并可在较大范围内可调，主要用于薄工件或薄表面硬化层的硬度测试，参照GB/T 4340.1—2009《金属材料　维氏硬度试验　第1部分：试验方法》进行。

② 显微硬度HM(也可用HV表示)：实质为小负荷的维氏硬度，用于材料微区硬度(如单个晶粒、夹杂物、某种组成相等)、表面硬化层及脆性材料的硬度测试。

③ 莫氏硬度：这是一种以材料抵抗刻划的能力作为衡量指标，用于陶瓷和矿物的硬度测定。该硬度的标尺是选定十种不同的矿物，从软到硬将莫氏硬度分为10级(或更多)，如金刚石硬度对应于莫氏硬度10级，滑石则为1级。

④ 邵氏(A型)硬度(H_S)：在规定的试验条件下用标准弹簧压力将硬度计上的钝形压针压入试样时，指针所表示的硬度度数(0～100)，常用于橡胶、塑料的测定(塑料的硬度还常用相应的布氏硬度和洛氏硬度法来测定)。

⑤ 里氏硬度：试验按GB/T 17394—1998《金属里氏硬度试验方法》进行，测量时将笔形里氏硬度计的冲击装置用弹簧力加载后定位于被测位置，自动冲击后，即可由硬度计显示系统读出硬度值，用符号HL表示，其定义为冲击体回弹速度与冲击速度之比乘以1000。里氏硬度计是一种小型便携式硬度计，操作方便，适合一定尺寸工件的现场测试。

由于各种硬度的试验条件不同，故相互间无理论换算关系。但通过实践发现，在一定条件下存在着某种粗略的经验换算关系。如在200～600HBS(HBW)内，HRC≈1/10HBS(HBW)；在小于450HBS时，HBS≈HV。这为设计选材与质量控制提供了一定的方便。

硬度测试有以下优点：①试验设备简单，操作迅速方便；②试验时一般不破坏成品零件，因而无需加工专门的试样，测试对象可以是各类工程材料和各种尺寸的零件；③硬度作为一种综合的性能参量，与其他力学性能如强度、塑性、耐磨性之间的关系密切，特别是对塑性材料可按硬度估算强度而免做复杂的拉伸实验(强韧性要求高时则例外)；④材料的硬度还与工艺性能之间有联系，如塑性加工性能、切削加工性能和焊接性能等，因而可作为评定材料工艺性能的参考；⑤硬度能较敏感地反映材料的成分与组织结构的变化，故可用来检验原材料和控制冷、热加工制品的质量要求。

故硬度测试在很多情况下，可以完成其他机械性能试验所不能完成的工作，故广泛应用。

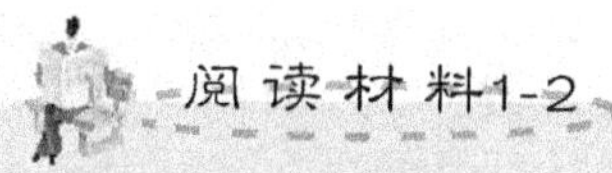

1. 布氏硬度计

布氏硬度测定原理及HB-3000布氏硬度计分别如图1.7和图1.8所示。HB-3000布氏硬度计特点：构造坚固、刚性好、精确、可靠、耐用，测试效率高；采用机械式换向开关；具有测试精度高，测量范围宽等特点；高精度读数显微镜测量系统。采用10mm直径球压头，3000kg试验力，其压痕面积较大，能反映较大范围内金属各组成相综合影响的平均值，不受个别组成相及微小不均匀度的影响，因此特别适用于测定灰铸铁、有色金属、轴承合金和具有粗大晶粒的金属材料。它的试验数据稳定，重现性好，精度高于洛氏，低于维氏。

2. 洛氏硬度计

洛氏硬度测定原理及HR-150A洛氏硬度计分别如图1.9和图1.10所示。

HR-150A型洛氏硬度计特点：不需电源手动操作、纯机械加载方式、精密油压缓

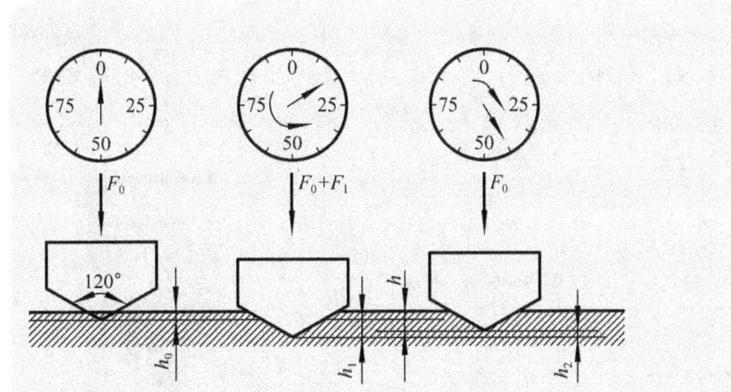

图 1.9 洛氏硬度测定原理图

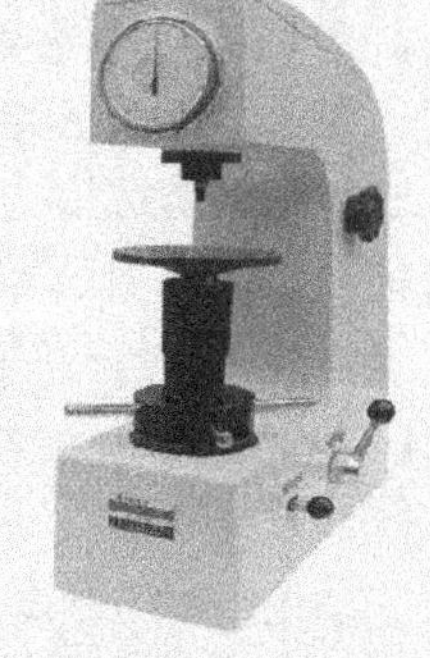

图 1.10 HR-150A 洛氏硬度计

冲器、加载速度可调；具有精确、可靠、耐用，测试效率高；表盘直接读 HRA、HRB、HRC 标尺；精度符合 GB/T 230.2、ISO 6508-2 和美国 ASTM E18。

应用范围：洛氏硬度计有三种不同的试验力，三种压头，共有 9 种不同组合，对应于洛氏硬度的 9 个标尺分别是：HRC、HRB、HRA、HRD、HRE、HRG、HRF、HRH 和 HRK。这 9 个标尺的应用涵盖了几乎所有常用的金属材料。最常用标尺是 HRC、HRB 和 HRF，其中 HRC 标尺用于测试淬火钢、回火钢、调质钢和部分不锈钢，这是金属加工行业应用最多的硬度试验方法。HRB 标尺用于测试各种退火钢、正火钢、软钢、部分不锈钢及较硬的铜合金。HRF 标尺用于测试纯铜、较软的铜合金和硬铝合金。HRA 标尺尽管也可用于大多数黑色金属，但是在实际应用上一般只限于测试硬质合金和薄硬钢带材料。

3. 维氏硬度计

维氏硬度试验原理及 MC010-HVST-5Z 电脑全功能维氏硬度计如图 1.12 所示。

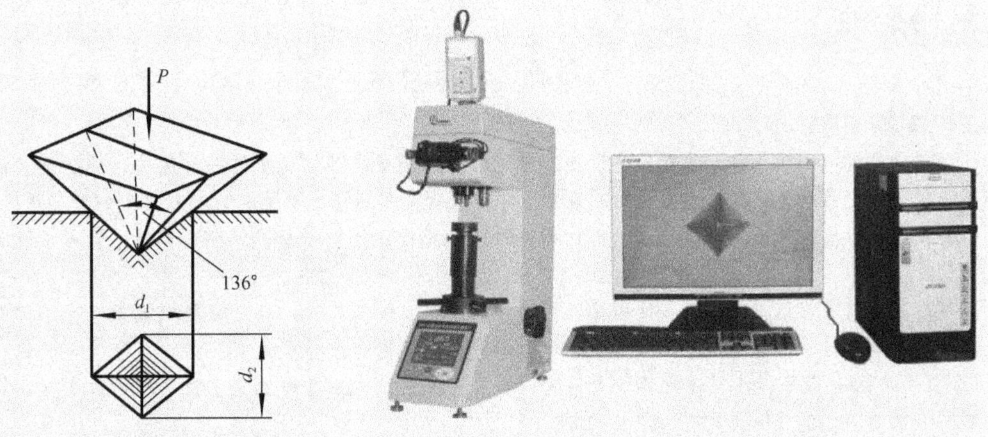

图 1.11 维氏硬度试验原理图

图 1.12 MC010-HVST-5Z 电脑全功能维氏硬度计

MC010-HVST-5Z 电脑全功能维氏硬度计具有良好的可靠性，可操作性和直观性，是采用精密机械技术、光电技术、图形图像处理技术和材料硬度分析软件的新型维氏和努普硬度测试仪器。能调节测量光源强弱，预置试验力保持时间、维氏和努氏试验方法切换、文件号与储存等。在软键面板上的 LCD 大显示屏能显示试验方式、试验力、压痕测量长度、硬度值、试验力保持时间、测量次数并能键入年、月、日，试验结果可通过微型打印机输出，也可通过 RS232 接口与计算机联网。通过面板输入测量压痕对角线长度、屏幕直接读出硬度值，简便了查表的烦琐。能对所测压痕和材料金相组织进行拍摄，数据分析以及读取，使测量过程更加方便快捷。

适用范围：热处理、碳化、淬火硬化层，表面覆层，钢，有色金属和微小及薄形零件等的显微硬度。配备努氏压头后能测定玻璃、陶瓷、玛瑙、人造宝石等较脆而又硬材料的努氏硬度。

4. 邵氏硬度计

HT-6510A 邵氏硬度计如图 1.13 所示。

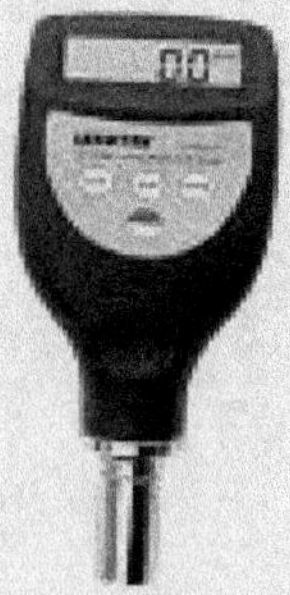

图 1.13 HT-6510A 邵氏硬度计

邵氏 A 型硬度计用来测量软塑料、橡胶、合成橡胶、毡、皮革、打印胶辊的硬度(邵氏 D 型硬度计用来测量包括硬塑料和硬橡胶的硬度，例如：热塑性塑料、硬树脂、地板材料、保龄球等，特别适合于现场对橡胶和塑料成品的硬度测量)。

显示参数：硬度值，平均值，最大值；自动关机，带有 RS232C 接口；使用环境：温度 0～40℃，湿度 10%～90%RH；电源：4 节 7 号电池；外形尺寸：162mm×65mm×28mm。

测量范围：0HA～100HA；测量误差：在 20HA～90HA 内，HA≤±1HA；分辨率：0.2 HA。

符合以下标准：《邵氏硬度计》检定规程 JJG 304—89；《邵尔 A 型橡胶袖珍硬度计技术条件》HG 2369—92；《硫化橡胶邵尔 A 硬度试验方法》GB/T 531—92；ISO 7619(国际)；ASTMD2240(美国)；JISK7215(日本)。

案例分析

材料的硬度试验

1. 概述

材料的硬度可以认为是金属材料表面在接触应力作用下抵抗塑性变形的一种能力。硬度测量能够给出材料软硬程度的数量概念。由于在材料表面以下不同深处材料所承受的应力和所发生的变形程度不同，因此硬度值可以综合地反映压痕附近局部体积内材料的弹性、微量塑变抗力、塑变强化能力以及大量形变抗力。

硬度是材料表面抵抗硬物压入而引起塑性变形的能力。硬度越大，表明金属抵抗塑性变形的能力越大，材料产生塑性变形就越困难。硬度是金属材料一项重要的力学性能指标。另外，硬度与其他机械性能(如强度指标 σ_b 及塑性指标 δ)之间有着一定的内在联系，所以从某种意义上说硬度的大小对于机械零件或工具的使用性能及寿命具有决定性意义。

2. 压入法硬度试验及其特点

硬度的试验方法很久在机械工业中广泛采用压入法来测定硬度，压入法又可分为布氏硬度、洛氏硬度、维氏硬度等。

压人法就是把一个很硬的压头以一定的压力压入试样的表面，使金属产生压痕，然后根据压痕的大小来确定硬度值。压痕越大，则材料越软；反之，则材料越硬。根据压头类型和几何尺寸等条件的不同，常用的压人法可分为布氏法、洛氏法和维氏法三种。

压入法硬度试验的主要特点是：

(1) 试验时应力状态最软(即最大切应力远远大于最大正应力)，因而不论是塑性材料还是脆性材料均能发生塑性变形。

(2) 金属的硬度与强度指标之间存在如下近似关系：

$$\sigma_b = K \cdot \mathrm{HB}$$

式中 σ_b——材料的抗拉强度值；

HB——材料的布氏硬度值；

K——系数，退火状态的碳钢 $K=0.34\sim0.36$，合金调质钢 $K=0.33\sim0.35$，有色金属合金 $K=0.33\sim0.53$。

(3) 硬度值对材料的耐磨性、疲劳强度等性能也有定性的参考价值，通常硬度值高，这些性能也就好。在机械零件设计图纸上对机械性能的技术要求往往只标注硬度值，其原因就在于此。

(4) 硬度测定后由于仅在金属表面局部体积内产生很小压痕并不损坏零件，因而适合于成品检验。

(5) 设备简单，操作迅速方便。

3. 硬度试验可总结出以下几点

(1) 硬度检测是评价金属力学性能最迅速、最经济、最简单的一种试验方法。

(2) 对于被检测材料而言，硬度是代表着在一定压头和试验力作用下所反映出的弹性、塑性、强度、韧性及磨损抗力等多种物理量的综合性能。

(3) 由于通过硬度试验可以反映金属材料在不同的化学成分、组织结构和热处理工艺条件下性能的差异，因此硬度试验广泛应用于金属性能的检验、监督热处理工艺质量和新材料的研制。

根据以上案例所提供的资料，试分析：

1) 由材料中所给的金属材料硬度与强度指标的近似关系，说明了什么？

答：金属材料硬度与强度指标的近似关系为：$\sigma_b = K \cdot \mathrm{HB}$

σ_b 为材料的抗拉强度值；HB为材料的布氏硬度值；K 是一个与材质和处理状态有关的系数。由关系式可知：

(1) 硬度值对金属材料的抗拉强度有定量的参考值，对疲劳强度、耐磨性等性能也有定性的参考价值，可通过检测硬度以快速估计金属材料的力学性能。

(2) 对于被检测材料而言，硬度是代表着在一定压头和试验力作用下所反映出的弹性、塑性、强度、韧性及磨损抗力等多种物理量的综合性能。

(3) 通过硬度试验可以反映金属材料在不同的化学成分、组织结构和热处理工艺条件下性能的差异，因此硬度试验可广泛应用于金属性能的检验、监督热处理工艺质量和新材料的研制。

2) 硬度试验的优点何在？

答：硬度试验的优点如下：

(1) 硬度检测的设备简单，操作迅速方便，因此是评价金属力学性能最迅速、最经济、最简单的一种试验方法；

(2) 硬度测定后仅在金属表面局部体积内产生很小压痕并不损坏被测件，因此即适合于试样又适合于成品的检验；

(3) 在机械零件设计图纸上对机械性能的技术要求往往只标注硬度值即可。

5) 冲击韧性

在一定温度下材料在冲击载荷作用下抵抗破坏的能力称为冲击韧性，为强度和塑性的综合指标，反义为脆性。如图1.14所示，常采用摆锤冲击试验一次性冲断标准缺口试样(GB/T 229—2007)所做的总功 A_k(单位为J)来表示材料冲击韧性的大小，也可用 A_k 除以试样缺口处截面积 F_0 得冲击韧性(用 α_k 表示，单位为 J/cm^2)，试样为U形缺口(梅氏试样)时，可记为 α_{ku}；为V形缺口(夏氏试样)时，可记为 α_{kv}。A_k 值对材料的夹杂物等缺陷及晶粒大小十分敏感。一般把冲击韧性值低的材料称为脆性材料，冲击韧性值高的材料称为韧性材料。脆性材料在断裂前无明显的塑性变形，韧性材料在断裂前有明显的塑性变形(反映在图1.2中，表现为拉伸曲线与横坐标所包围的面积越大，则材料的韧性越好)。

有的材料(如低碳钢)在室温及室温以上处于韧性状态，具有很高的冲击韧性，而在低温下冲击韧性急剧下降，即具有延性-脆性转变现象，其特征温度称为 T_k(冷脆或韧脆转变温度)，如图1.15所示。金属的韧性一般随加载速度的提高、温度的降低、应力集中程度的加剧以及材料缺陷的增多而减小。

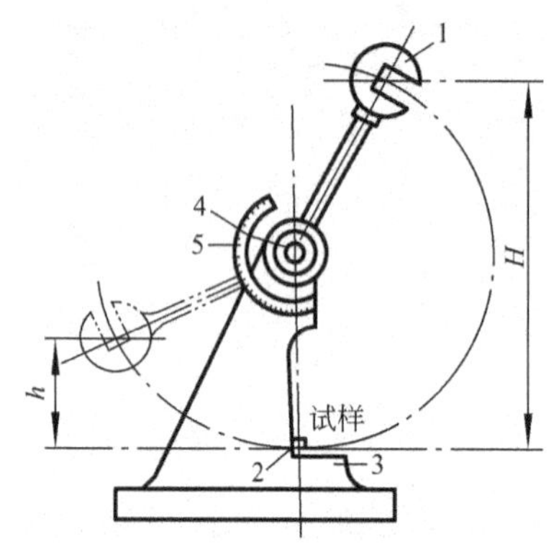

图1.14　冲击试验示意图

1—摆锤；2—试样；3—机架；
4—指针；5—刻度盘

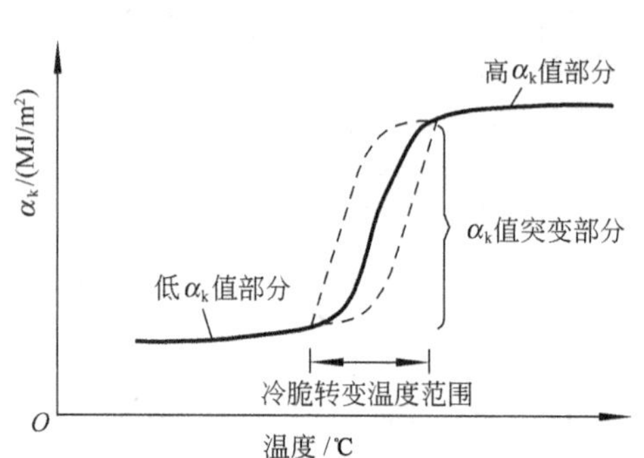

图1.15　冷脆转变温度

α_k 试验值不可直接用于零件的设计与计算，但可用于判断材料的冷脆倾向和不同材质韧性比较，以及评定材料在大能量冲击下的缺口敏感性。

6) 疲劳强度

轴、齿轮、轴承、叶片、弹簧等零件，在工作过程中各点的应力随时间作周期性的变化，这种随时间作周期性变化的应力称为交变应力(也称循环应力)。在交变应力作用下，虽然零件所承受的应力低于材料的屈服应力，但经过较长时间的工作后可能产生裂纹或突然发生完全断裂，此过程称为材料的疲劳。材料承受的交变应力(σ)与材料断裂前承受的交变应力的循环次数N(疲劳寿命)之间的关系可用疲劳曲线来表示，如图1.16所示。材

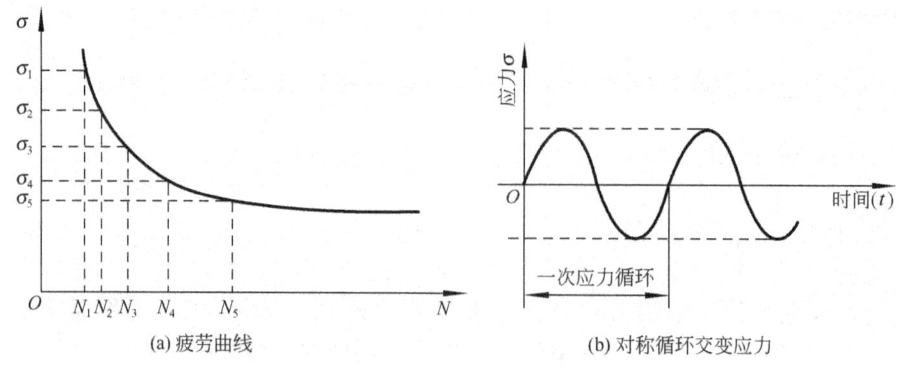

图1.16　疲劳曲线和对称循环交变应力示意图

料承受的交变应力越大，则断裂时应力的循环次数 N 越少。当应力低于一定值时，试样可以经受无限周期循环而不破坏，此应力值称为材料的疲劳极限(或叫疲劳强度)。对于对称循环交变应力的疲劳强度用 σ_{-1} 表示。实际上，材料不可能作无限次交变载荷试验，对于黑色金属，一般规定应力循环 10^7 周次而不断裂的最大应力称为疲劳极限(而有色金属、不锈钢则取 10^8 周次)。

疲劳断裂属低应力脆断，断裂应力远低于材料静载下的 σ_b 甚至 σ_s，断裂前无明显塑性变形，危险性极大。其断口一般存在裂纹源、裂纹扩展区和最后断裂区三个典型区域。

一般而言，钢铁材料的 σ_{-1} 值约为其 σ_b 的一半，钛合金及高强钢疲劳强度较高，而塑料、陶瓷的疲劳强度则较低。

金属的疲劳极限受到很多因素的影响，主要有工作条件(温度、介质及载荷类型)、表面状态(粗糙度、应力集中情况、硬化程度等)、材质、残余内应力等。对塑性材料，一般其 σ_b 越大，则相应的 σ_{-1} 就越高。改善零件的结构形状、降低零件表面粗糙度以及采取各种表面强化的方法，都能提高零件的疲劳极限。

7) 断裂韧性

桥梁、船舶、高压容器、转子等大型构件有时会发生低应力脆断，其名义断裂应力低于材料的屈服强度。尽管在设计时保证了足够的延伸率、韧性和屈服强度，但仍可能会破坏。其原因是构件或零件内部存在着或大或小、或多或少的裂纹和类似裂纹的缺陷如气孔、夹渣等，裂纹在应力作用下会发生失稳扩展，从而导致机件发生低应力脆断。材料抵抗裂纹失稳扩展而断裂的能力叫断裂韧性。

设有一很大的板件，内有一长为 $2a$ 的贯通裂纹，受垂直裂纹面的外力拉伸时，裂纹尖端就是一个应力集中点，而形成应力分布特殊的应力场。裂纹尖端的应力场大小可用应力场强度因子 K_I 来描述：

$$K_I = Y\sigma\sqrt{a} \quad (\mathrm{MN \cdot m^{-3/2}}\text{或}\ \mathrm{MPa \cdot m^{1/2}})$$

式中 Y——与裂纹形状、加载方式及试样几何尺寸有关的量，可查手册得到(本例情况下 $Y=\sqrt{\pi}$)；

σ——垂直于裂纹的外加名义应力(MPa)；

a——裂纹的半长(m)。

随着外应力 σ 的增大，应力场强度因子 K_I 不断增大。当 K_I 增大到某一临界值时，就能使裂纹前沿某一区域内的内应力大到足以使材料分离，导致裂纹扩展，使试样断裂。裂纹扩展的临界状态所对应的应力场强度因子称为临界应力场强度因子，用 K_{IC} 表示，单位为 $\mathrm{MN \cdot m^{-3/2}}$，它就代表了材料的断裂韧性。

断裂韧性 K_{IC} 是材料本身的特性，由材料的成分、组织状态决定，与裂纹的尺寸、形状以及外加应力的大小无关。而应力场强度因子 K_I 则与外应力大小有关，也同裂纹尺寸有关。当 $K_I > K_{IC}$ 时，裂纹失稳扩展，可导致断裂发生。由此可知，当裂纹尺寸 $2a$ 一定，且外应力 $\sigma > K_{IC}/Ya^{1/2}$ 时，裂纹将失稳扩展。当外应力 σ 一定，且裂纹半长 $a > (K_{IC}/Y\sigma)^2$ 时，裂纹将失稳扩展。因此，可以根据工作应力来确定所允许存在的最大裂纹，也可根据裂纹长度来估算工件允许的最大工作应力。常用材料的断裂韧性值见表 1-3。

表 1-3 常用材料的断裂韧性值

材料	K_{IC}/MN·$m^{-3/2}$	材料	K_{IC}/MN·$m^{-3/2}$
纯塑性金属(Cu、Al)	95～340	木材(纵向)	11～14
压力容器钢	～155	聚丙烯	～3
高强钢	47～150	聚乙烯	0.9～1.9
低碳钢	～140	尼龙	～3
钛合金(Ti6Al4V)	50～120	聚苯乙烯	～2
玻璃纤维复合材料	20～56	聚碳酸酯	0.9～2.8
铝合金	22～43	有机玻璃	0.9～1.4
碳纤维复合材料	30～43	聚酯	～0.5
中碳钢	～50	木材(横向)	0.5～0.9
铸铁	6～20	SiC 陶瓷	～3
高碳工具钢	～20	Al_2O_3 陶瓷	2.8～4.7
硬质合金	12～16	钠玻璃	～0.7

8) 高温力学性能

材料在高温下力学性能的一个重要特点就是产生蠕变。所谓蠕变是指材料在较高的恒定温度下，当外加应力低于屈服强度时，材料会随着时间的延长逐渐发生缓慢的塑性变形甚至断裂的现象。常用的材料蠕变性能指标为蠕变极限和持久强度。

蠕变极限是指在给定温度 T(℃)下和规定的时间 t(h)内，使试样产生一定蠕变伸长量所能承受的最大应力，用符号 $\sigma_{\varepsilon/t}^{T}$ 表示。对于电站锅炉、汽轮机叶片等要求精度高的零件，常以蠕变极限作为选材、设计的依据。例如 $\sigma_{1/10000}^{700}=100$MPa，表示 700℃时持续时间为 10^4h 产生蠕变总变形为 1%的蠕变极限为 100MPa。

持久强度表征材料在高温载荷长期作用下抵抗断裂的能力。以试样在给定温度 T(℃)下和规定的时间 t(h)内不发生断裂所能承受的最大应力作为持久强度，用符号 σ_{t}^{T} 表示。如对高温下只需一定寿命而变形量要求不高的零件，如锅炉管道，可用持久强度进行评定。例如 $\sigma_{100}^{700}=300$MPa，表示在 700℃，持续时间为 100h 时发生断裂的应力值为 300MPa。

2. 材料的理化性能

理化性能是材料的物理和化学性能。

1) 物理性能

物理性能表征材料固有的物理特征，如密度、熔点、热膨胀性、导电性等等。

(1) 密度。单位体积物质的质量称为该物质的密度。一般把密度小于 5×10^3kg/m^3 的金属称为轻金属，反之为重金属。对于飞机、车辆等要求减轻自重的机械，采用密度小的金属材料很有必要。尽管铝合金的强度低于钢，但它的相对密度却小得多，比强度较大，用铝合金代替钢制造同一零件，其重量可减小很多。高速柴油机为减少活塞的惯性，采用铝合金制造。强度高、密度小的钛合金在航空与导弹工业上得到广泛应用。

(2) 熔点。材料从固态向液态转变时的温度称为熔点。金属材料的铸造与焊接要利用这个性能。熔点低的合金(易熔合金)可用于制造焊锡、熔丝(铅、锡、铋、镉的合金)、铅字(铅与锑的合金)等，熔点较高的合金(难熔合金，如钨、钼、钒等的合金)用于制造重要机械零件、结构件与耐热零件。

(3) 热膨胀性。材料随温度变化而膨胀、收缩的特性称为热膨胀性，用线膨胀系数 α_L 和体膨胀系数 α_V 来表示，对各向同性材料有：$\alpha_V=3\alpha_L$且有

$$\alpha_L=\frac{l_2-l_1}{l_1\Delta t} \tag{1-3}$$

式中 l_1、l_2——膨胀前、后试样的长度；

Δt——温度变化量(K或℃)。

柴油机活塞与缸套之间的间隙很小，既要允许活塞在缸套内作往复运动，又应保证气密性，因此活塞与缸套材料的热膨胀性要相近，以免两者卡住或出现漏气。

(4) 导电性。材料传导电流的能力叫做导电性，用电阻率 ρ(单位为 Ω·m)来衡量。合金的导电性一般比纯金属的差。纯银、纯铜、纯铝的导电性好，可用于做电线；Ni-Cr合金、Fe-Mn-Al合金、Fe-Cr-Al合金的导电性差而电阻率较高，可用于做电阻丝。一般而言，塑料、橡胶、陶瓷导电性很差，常作为绝缘体使用，但部分陶瓷为半导体，少数在特定条件下为超导体。

(5) 导热性。表征材料热传导性能的指标有导热系数(热导率)λ，单位为 W/(m·K)，以及传热系数 k，单位为 W/(m^2·K)。金属中银和铜的导热性最好，其次为铝，而非金属导热性则差。纯金属的导热性比合金好。制造散热器、热交换器与活塞等的材料，其导热性要好。导热性对制定金属的加热工艺很重要，如合金钢导热比碳钢差，其加热速度就要慢一些。

(6) 磁学性能。材料被外界磁场磁化或吸引的能力。金属材料可分为铁磁性材料(在外磁场中能强烈地被磁化，如铁、钴、镍等)、顺磁性材料(在外磁场中只能微弱地被磁化、如锰、铬等)和抗磁性物质(能抗拒或削弱外磁场对材料本身的磁化作用，如锌、铜、银、铝、奥氏体钢，还有高分子材料、玻璃等)三类。铁磁性材料可用于制造变压器、电动机、测量仪表中的铁心等；为避免电磁场干扰的零件、结构(如航海罗盘)则应选用抗磁性材料制造。铁磁性材料当温度升高到一定数值(居里点)时，磁畴被破坏，可变为顺磁性材料。

(7) 光学性能。材料对光的辐射、吸收、透射、反射和折射的能力。某些材料可以产生激光，玻璃纤维可用于光通信的传输介质。此外，还有用于光电转换的光电材料。

2) 化学性能

材料的化学性能表征材料抗介质侵蚀的能力，如耐酸性、耐碱性、抗腐蚀性、抗氧化性等。

金属材料常见的腐蚀形态有均匀腐蚀、电偶腐蚀、小孔腐蚀(点蚀)、缝隙腐蚀、晶间腐蚀、应力腐蚀、腐蚀疲劳、磨损腐蚀、氢损伤(氢腐蚀)等。金属和合金抵抗周围介质(如大气、水汽)及各种电解液侵蚀的能力叫做抗腐蚀性或耐蚀性，各种与化学介质相接触的零件和容器都要考虑腐蚀问题。在高温条件下，材料的抗腐蚀性也叫抗氧化性。耐腐蚀性和抗氧化性统称化学稳定性，高温下的化学稳定性称为热稳定性。

任何一种材料在不同浓度、温度的不同介质环境中甚至在不同的应力作用下，其耐蚀性都可能不同，有时还相差很大。一般所说的耐蚀材料是指在常见介质中具有一定耐蚀能

力的材料。

评定材料耐蚀性的方法很多。对均匀腐蚀而言，通常用材料表面一年的腐蚀深度来评定，见表1-4。此外，对不同类型的腐蚀，还可用腐蚀前后机械性能(σ_b、δ等)的变化、腐蚀产生的时间、腐蚀的孔数、腐蚀失重率等来评价耐蚀性。

表1-4　我国金属耐蚀性的四级标准

级别	腐蚀速度/(mm/a)	耐蚀性评价	级别	腐蚀速度/(mm/a)	耐蚀性评价
1	<0.05	优良	3	0.5～1.5	可用、腐蚀较重
2	0.05～0.5	良好	4	>1.5	不适用、腐蚀严重

注：工程上也有用三级、十级等标准的。

1.2.3　工程材料的加工工艺性能

加工工艺性能是指制造工艺过程中材料适应加工处理的性能，反映了材料加工处理的难易程度。

1. 金属材料的加工工艺性能

(1) 铸造性。铸造性是指材料适应铸造工艺的能力，如液体金属的流动性、凝固过程中的收缩、偏析倾向(合金凝固后化学成分的不均匀性叫偏析)以及熔点等。流动性好的金属充满铸型的能力大。例如，铸铁的流动性比钢好，它能浇铸较薄与较复杂的铸件。收缩小，则铸件中缩孔、缩松、变形、裂纹等缺陷产生的倾向较小；偏析小，则铸件各部位成分和组织均较均匀；熔点低则好熔化，并且模具寿命较长。采用流动性好、收缩小、偏析小等的金属，易于在铸造工艺中保证铸件质量。常用的金属材料中，灰铸铁的铸造性能较好。

(2) 可锻性。可锻性是指金属适应压力加工的能力。可锻性主要包括金属本身的塑性与变形抗力两个方面。塑性高或变形抗力小，锻压所需外力小，允许的变形量大，则可锻性好。低碳钢的可锻性比中碳钢、高碳钢好，碳钢的可锻性比合金钢好。

(3) 可焊性。可焊性是指金属适应通常的焊接方法与工艺获得优质接头的能力。可焊性好的材料可用一般的焊接方法和工艺施焊，焊时不易形成裂纹、气孔、夹渣等缺陷，焊后接头强度与母材相近。低碳钢有优良的可焊性，中碳钢的可焊性就较差，高碳钢和铸铁的可焊性则很差。

(4) 热处理工艺性。热处理工艺性是指材料接受热处理的难易程度和产生热处理缺陷的倾向，可用淬透性、淬硬性、回火脆性、氧化脱碳倾向，以及变形开裂倾向等指标评价。

(5) 切削加工性。切削加工性是指金属是否易于切削加工。切削性好的金属在切削时消耗的功率小，刀具寿命长，切屑易于折断脱落，切削后表面粗糙度低。灰铸铁有良好的切削性，碳钢当其硬度适中时，也具有较好的切削性。

2. 塑料和陶瓷材料的加工性能

塑料工业包含树脂生产和塑料制品生产(即塑料成型加工)两个系统。塑料制品的加工方法有注塑、挤出、压延、浇注、吹塑等，也可进行切削加工、焊接成型、表面处理等。

由于其成形方法和材料的不同，则要求的工艺性能也不同，如流动性、结晶性、吸湿性、热敏性、收缩性以及塑料状态与稳定的关系等。与其他材料相比，高聚物容易成型，其加工性能也较好。

陶瓷材料的成形主要有可塑法、注浆法、压制法等，都采用粉末原料配制、室温预成型、高温常压或高压烧结而制成。成形方法和材料的不同，则要求的工艺性能也不同，如可塑性、收缩性、压制性、烧结性、流动性等。陶瓷材料硬而脆，不便于切削及焊接。

1.3 工程材料的类型及主要特征

1.3.1 工程材料的分类

现代材料种类繁多，有许多不同的分类方法。如按零件在机械或机器中实现的功能，可将制造零件的材料分为结构类材料和功能类材料，用于制造实现运动和传递动力的零件的材料称为结构材料，用于制造实现其他功能的零件的材料称为功能材料。功能材料是利用物质的各种物理和化学特性及其对外界环境敏感的反应，从而实现各种信息处理和能量转换，主要有弹性材料、膨胀材料、形状记忆合金、光电和磁性材料等。

工程中大量使用各种结构类材料，这类材料常按化学组成分为如下四大类：

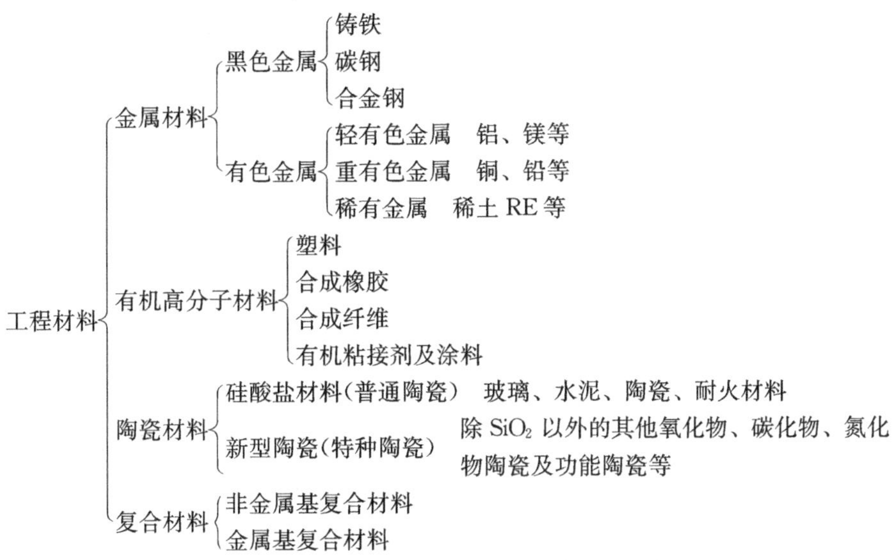

图 1.17 工程材料按化学成分分类

金属材料、高分子材料和陶瓷材料在性能上各有其优缺点，如集中各类材料的优异性能于一体，充分发挥各类材料的潜力，则可制成各种复合材料。

1.3.2 各类材料的特征

1. 金属材料的特征

金属材料因具有金属键(个别含有一定量的共价键)而使其具有特别的综合性能。

金属中有自由电子存在，只要在金属两端施加很小的电压，就可使自由电子向正极流动，从而形成电流，这便是金属具有高导电性的原因；同样理由也使金属具有良好的导热性。由于金属键的特征，使其呈特有的金属光泽。对金属施加很大的外力时，其正离子将沿着一定的方向发生相对移动，此时，自由电子亦随之移动，于是离子间仍保持着牢固的结合。因此，金属能在一定外力作用下发生一定的永久变形而不致破裂，这就是金属具有高塑性的原因，这使金属可进行各种塑性加工。当温度升高时，金属中的正离子振动增强，电子运动受阻，电阻增大，使金属具有正的电阻温度系数。各种金属的原子结合强弱相差很大，使它们的强度、熔点等也相差较大。应该指出，在特别高的温度以及特殊介质环境中，由于化学稳定性问题，一般金属材料难以胜任。

金属材料种类范围广泛，包含从轻金属到重金属，从碱金属、贵金属到过渡金属，其密度、弹性模量、强度以及抗氧化能力等可在数倍至数百倍范围内变动(故有很大的选择余地)；同时具有好的塑性成形性、铸造性、切削加工和电加工性等加工性能；通过热处理及表面改性可大幅度(成倍)改变其性能；工程应用的金属材料大多在具有较高强度的同时，有很好的塑性、韧性、导电性、导热性，故应用十分广泛。

2. 有机高分子材料的特征

有机高分子是由许多小分子单体经聚合反应(以共价键结合)而形成。高分子材料(也称高聚物)一般是以相对分子质量大于5000的高分子化合物为主要组分的材料，其中每个分子可含几千、几万，甚至几十万个原子。

有机高分子材料具有大分子主链内原子间的强共价键及大分子链间的弱分子键的结合特征，使具有一系列不同的特点：密度小，强度低(但比强度高，甚至高于钢铁)，低的弹性模量，较高的弹性，优良的电(绝缘)性能，优良的减摩、耐磨和自润滑性能，优良的耐腐蚀性能(甚至胜过一般的不锈钢)，优良的透光性和隔热、隔音性，可加工性好(可用各种方法成形及加工)，单件成本低廉；同时，其可易于制成不同的使用状态，如液态的涂料及粘接剂，固态的丰富多彩的各种固态塑料等，使其在工业中得到广泛应用。但绝对强度、刚度低，不耐热(<300℃)，可燃，易老化，使其应用又受到一定限制。

3. 陶瓷材料的特征

陶瓷是一种无机非金属材料，是由一种或多种金属和非金属元素形成的具有强离子键或共价键的化合物，主要为由氧化物、碳化物、氮化物以及硅酸盐等物质组成的材料，由传统硅酸盐材料演变而来。其具有熔点高、硬度高、化学稳定性高，极高的弹性模量，具有耐高温、耐腐蚀、耐磨损、绝缘、热膨胀系数小等优点，在现代工业中已得到越来越广泛的应用。部分陶瓷还具有某些特殊用途功能，如制成压电材料、磁性材料、生物陶瓷等功能材料。在有些情况下，陶瓷为唯一能选用的材料，例如内燃机的火花塞，引爆时瞬间温度可达2500℃，并要求绝缘和耐化学腐蚀，显然金属材料和高分子材料都不能满足要求，只有陶瓷最为合适。但陶瓷抗压不抗拉，脆性大及不易加工成形使其应用受到一定限制。

4. 复合材料的特征

复合材料是由两种或两种以上物理性质和化学性质不同的物质，经人工组成的兼有各组成物性能的一种多相固体材料，具有组成它的单一材料所不具备的性能，而各组成物间仍保持一定的界面。

复合材料能充分发挥其组成材料的各自长处，又在一定程度上克服了它们的弱点，其成分、性能可较大范围地人为调整设计，并且材料的合成与产品的成形大多同时进行，一次完成，如常见的钢筋混凝土、沥青路面、汽车轮胎、玻璃钢制品、硬质合金刀片，甚至混纺的布料等。复合材料按基体的不同分树脂基、金属基、陶瓷基三类，具有广阔的应用前景。

习　　题

简答题

1-1　机械零件在工作条件下可能承受哪些负荷？这些负荷对零件产生什么作用？

1-2　整机性能、机械零件的性能和制造该零件所用材料的力学性能之间是什么关系？

1-3　σ_s，$\sigma_{0.2}$和σ_b的含义是什么？什么叫比强度？什么叫比刚度？

1-4　什么叫材料的冲击韧性？冲击韧性有何工程应用？其与断裂韧性的异同点是什么？

1-5　什么是材料的工艺性能？工艺性能的好坏对零件的制造加工有何影响？

思考题

1. 工程材料的力学性能有四大指标(强度、硬度、塑性和韧性)，而在机械零件设计图纸上对力学性能的技术要求为何往往只标注硬度值？硬度试验有多种方法，该如何选用？

第2章 材料的内部结构、组织与性能

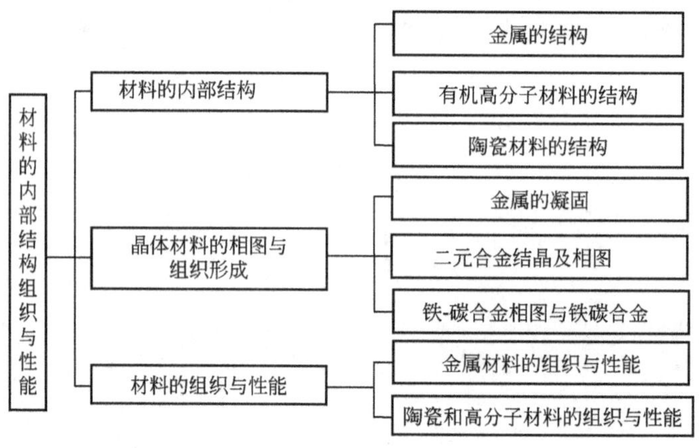

本章学习目标与要求

▲ 掌握铁碳合金的成分、组织与性能之间关系；
▲ 熟悉材料的结构与性能的关系以及各类机械工程材料的结构特征；
▲ 熟悉合金的结构及特点，铁碳合金相图的全貌及室温下各区域的相和组织的组成；
▲ 熟悉相与组织的概念，二元相图的类型和特征；
▲ 熟悉各类机械工程材料的组织与性能间的关系；
▲ 了解晶体结构概念，三种典型金属晶格的基本参数；
▲ 了解实际金属中的三类晶体缺陷及其影响；
▲ 了解过冷度和结晶过程中形核与长大的概念。

导入案例

材料的成分、结构与性能的关系

人们对材料的认识过程是复杂的。最初，每种材料的发展、制造和使用，都依靠工艺匠人的经验(如听声音、看火候或靠祖传秘方)。后来，随着经验的积累，出现了材料工艺学，这比工匠的经验前进了一大步，但它只记录了一些制造过程的规律，一般还是知其然不知其所以然。自1863年光学显微镜第一次被用来研究金属，从而导致了“金相学”的出现，才使人们对材料的观察进入了微观领域。1912年发现了X射线照射晶体时产生的衍射现象，从而开始了对材料的微观结构的测定。1932年电子显微镜的发明，以及后来出现的各种谱仪，把人们对微观世界的认识带入了更为深入的层次。

从尺度上看，材料可以有宏观、微观和介观三个基本层次。介观(mesoscopic system)这一概念，起源于20世纪70年代末至80年代初，是在研究凝聚态物理中的无序体系中电子输运时逐步形成的，研究的尺寸介于宏观和微观之间，是量子力学、统计物理和宏观物理的交叉研究范围。大量研究表明，从宏观到微观间各层次上的各种结构和缺陷对材料性质有重要影响。

材料科学的重要研究领域是结构、成分与性能的关系。以往在应用领域，特别是在工业生产中，人们总是不太注意材料的结构，而将重点放在了解材料成分对性能的影响上。实际上这是不全面的看法，往往会使材料研究工作走上弯路。

通过不断的实践，人们现在已经认识到，即使是同一种材料，当它的结构存在差异时，性质可以有明显的差别，这就是所谓材料的结构敏感性。材料科学在其发展过程中揭示了一个基本物理原理——材料的性质取决于它的结构，这已经成为材料研究的一个依据。所谓材料的结构，是指材料的组元及其排列和运动方式。它包括形貌、化学成分、相组成晶体结构和缺陷等内涵。在材料科学与工程领域内，人们应用了不同的名词来表示材料的结构，例如成分(或组分)、组织、相结构等。通常采用的名词有：“宏观组织”(macrostrcture)、“显微组织”(microstrcture)、“晶体结构”、“原子结构”等。原子结构与电子结构是研究材料特性的两个最基本的物质层次。

多晶材料的微观形貌、晶体学结构的取向、晶界、界面相、亚晶界、位错、层错、孪晶、固溶和析出、偏析和夹杂、有序化等均称显微结构。

由于材料的获得、质量的改进和使材料成为人们可用的构件，都离不开工艺和制造技术以及工程知识，人们往往把“材料科学”与“工程”相提并论，而称为“材料科学与工程”。所以，材料科学与工程是关于材料组成、结构、制备工艺与性能及其使用过程间相互关系的知识开发及应用的科学。

问题：

1. 影响工程材料性能的内在因素有哪些？

2. 各类工程材料的内部结构有何特征？为何金属材料在机械制造业中具有重要作用？

资料来源：杜彦良，张光磊主编．现代材料概论(第2章第3节)[M]．重庆大学出版社，2009.02.

材料的种类千千万万，性能也各有不同，但影响材料性能的内在因素是：化学成分，内部结构和内部组织(指材料内拥有的结构类型以及其数量、形状、大小和分布，其他物质(如夹杂物等)和现象(如气孔、缩孔、微裂纹等)的存在状况)，故人们常说为成分和组织。通常，材料的理化性能主要取决于成分，而力学和工艺性能即取决于成分又取决于组织；材料性能与成分和组织的关系就像数学中的复合函数关系：$P=f(x, y)$，其中 $y=y(n_1, n_2, n_3, \cdots)$，可见，只要改变或改善任一个因素(自变量)，都将引起材料性能的变化。

2.1　材料的内部结构

绝大多数工程材料的使用状态为固态，固态材料的内部结构即构成材料的原子(或离子、分子)在三维空间的结合和排列状况(聚集状态)可分为三个层次，如图 2.1 所示。一是组成材料的单个原子结构和彼此的结合方式(金属键、离子键、共价键、分子键)，二是原子的空间排列，三是宏观与微观组织。材料的性能除与其组成原子或分子的种类有关外，主要取决于它们的聚集状态，即材料的内部结构。

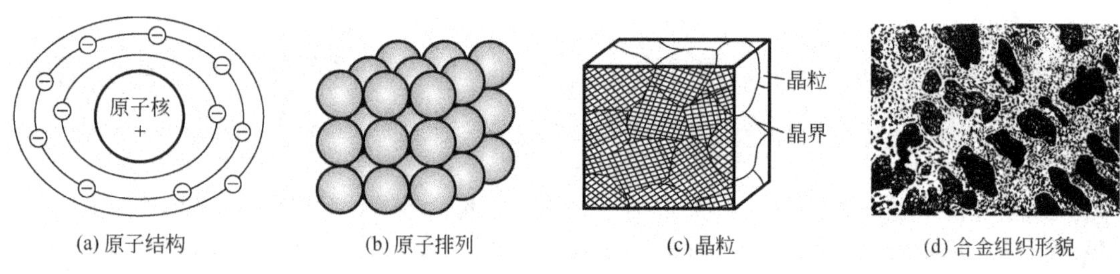

(a) 原子结构　(b) 原子排列　(c) 晶粒　(d) 合金组织形貌

图 2.1　材料不同层次的结构示意图

2.1.1　金属的结构

1. 晶体与非晶体

所有的固态物质，就其原子(或分子)排列的规则性来分类可分为晶体和非晶体两大类。固态物质内部的原子(或分子)呈周期性规则排列的称为“晶体”，如水晶、天然金刚石、食盐等；否则为“非晶体”，如石蜡、松香等。大部分液态物质凝固时，它们黏度很低，原子或分子易扩散聚集成稳定的晶体状态，如金属材料；而高黏度的熔体凝固时则常形成非晶体，如多数高聚物及玻璃材料。晶体具有固定熔点，各向异性(指单晶)等特征；而非晶体无固定熔点，其是在一个温度范围内熔化，各方向上原子聚集密度大致相同，所以表现各向同性。在非晶态结构中，原子排列没有规则的周期性，即原子的排列从总体上是无规则的(即远程无序)，但是，近邻原子的排列是有一定规律的(即近程有序)。例如，非晶硅的每个原子仍为四价共价键，与最邻近原子构成四面体，这是有规律性的，而总体原子的排列却没有周期性的规律，呈玻璃态物质。晶体与非晶体在一定条件下可以互相转化。

图 2.2 所示为一种最简单的晶体结构示意图，原子按简单立方体的方式堆垛，构成简

单立方晶体结构。自然界的固态物质尤其是金属大多数属于晶体，具有特定的晶体结构。晶体的性能在很大程度上由其晶体结构(原子，离子或分子的排列方式)所决定。

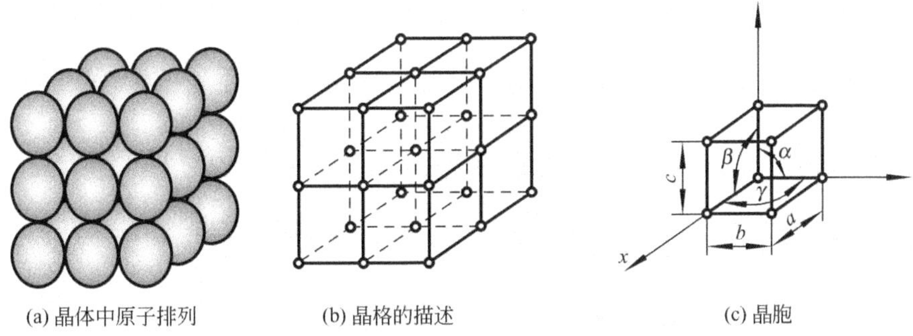

(a) 晶体中原子排列　(b) 晶格的描述　(c) 晶胞

图 2.2　简单立方晶格与晶胞示意图

为了便于研究和分析晶体中原子排列的规律性，通常采用经典的刚球模型，即将晶体中的原子或正离子看作刚球，假设晶体是由许多刚球按一定几何规律紧密堆垛而成的。为了分析堆垛的规律，将原子或正离子抽象为一个几何点，其位置代表原子中心所在的位置，然后用假想的直线将所有代表原子的几何点连接起来，构成三维空间的几何晶格架，如图 2.2(b)所示。这种描述原子在晶格中排列形成的空间格子，通常称为“晶格”；构成晶格的各连线的交点称为“结点”。显然，结点是一个几何点，它表示一个原子中心的位置。

由于晶体中原子排列具有一定的规律，由图 2.2 可以看出，晶格形状特征反映出该晶格中原子排列形式的规律。组成晶格的、能反映晶格特征的最基本的几何单元称为“晶胞”，如图 2.2(c)所示。晶胞在三维空间的重复排列构成晶格并形成晶体。组成晶胞的各棱边的尺寸 a、b、c 称为“晶格常数”，金属的晶格常数一般在 1～7Å(1Å$=10^{-10}$m)；各相邻棱边之间的夹角分别用 α、β、γ 表示。通常在晶胞上取左下方后面的结点作为坐标原点 O，取晶胞中交于点 O 的三个棱边为坐标轴 x、y、z，晶胞的形状可以由 a、b、c 和 α、β、γ 六个参数决定。参数不同，反映出晶格的类型不同，例如在图 2.2 中，$a=b=c$，$\alpha=\beta=\gamma=90°$，这种晶胞称为“简单立方晶胞”，其晶格为“简单立方晶格”。在晶体学中，通过晶体中原子中心的某一方位的原子面称为晶面，而通过原子中心的某一方向的原子列称为晶向。金属的晶体结构可用 X 射线结构分析技术进行测定。

2. 纯金属的晶体结构

由于金属晶体中的原子是金属键结合，使原子具有趋于紧密排列的倾向，因而常常形成几种高度对称的、几何形状简单的晶格。在元素周期表中，百分之九十以上的金属元素的晶体都属于以下三种原子紧密排列的晶格形式。

1) 体心立方晶格(body-cent red cubic lattice，bcc)

如图 2.3 所示，体心立方晶格的晶胞是由 8 个处于顶角结点位置的原子构成的一个立方体，在该立方体的中心位置上还有一个原子，其晶胞参数为 $a=b=c$，$\alpha=\beta=\gamma=90°$，属于立方晶系。在该晶胞中，体对角线方向上的原子排列紧密接触，由此可以求出原子半径 r 与晶格常数 a 的关系为 $r=\frac{\sqrt{3}}{4}a$。由于每个顶角上的原子为周围相邻 8 个晶胞所共有，每个晶胞只占有其 1/8，而体心位置的原子为该晶胞所独有，因此，一个体心立方晶胞中含有$\frac{1}{8}\times8+1=2$，即 2 个原子。

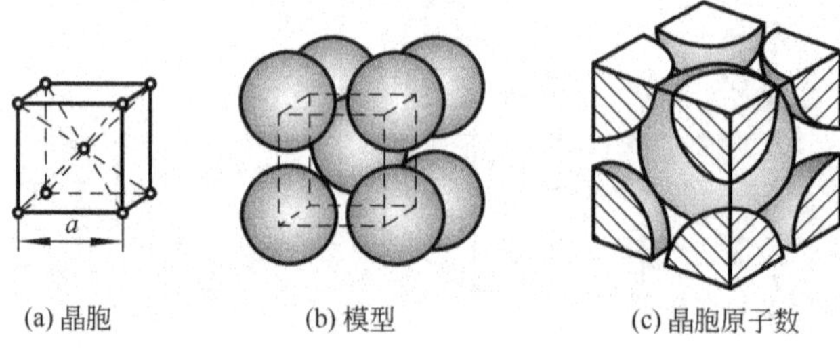

(a) 晶胞　(b) 模型　(c) 晶胞原子数

图 2.3　体心立方结构晶胞示意图

原子排列的紧密程度通常用晶格的“致密度”来表示。所谓致密度是指晶胞中所含有的原子实际占有的体积与该晶胞的体积之比。在体心立方晶体中，每个晶胞含有 2 个原子，占有的体积为 $2\times\frac{4}{3}\pi r^3$，而晶胞的体积为 a^3，因此致密度为 $\left(2\times\frac{4}{3}\pi r^3\right)\Big/a^3=0.68$。即体心立方晶格中有 68%的体积被原子所占有，其余的 32%为空隙。

另一种表示原子排列紧密程度的方法是采用“配位数”的概念。所谓配位数是指晶格中任意一个原子周围最近邻的等距离的原子个数(或紧密接触的原子数)。配位数越大，表示原子排列得越紧密。由图 2.3 可见，8 个顶角原子与体心原子为紧密接触，而且距离相等，所以体心立方晶格的配位数为 8。

具有体心立方晶格的金属有铁(α-Fe)、铬(Cr)、钼(Mo)、钨(W)、钒(V)、铌(Nb)等，其大多具有较高熔点、硬度及强度，而塑性、韧性较低，并具有冷脆性倾向。

2) 面心立方晶格(face-cent red cubic lattice，fcc)

如图 2.4 所示，面心立方晶格也属立方晶系，在晶胞立方体的每一个构成面的中心位置还各有一个原子。该晶胞中，在每一个构成面的对角线方向上各原子彼此接触，因而原子半径 $r=\frac{\sqrt{2}}{4}a$。面心立方晶胞中含有 4 个原子，因为每个对角上的原子为 8 个相邻晶胞所共有，而每个面心位置的原子为两个相邻晶胞所共有，配位数为 12。面心立方晶格属于原子排列最紧密的结构，其致密度为 0.74。

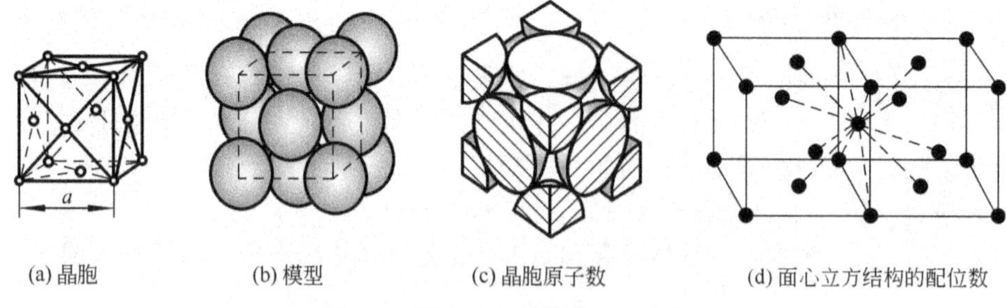

(a) 晶胞　(b) 模型　(c) 晶胞原子数　(d) 面心立方结构的配位数

图 2.4　面心立方结构晶胞示意图

具有面心立方晶格的金属有铁(γ-Fe)、铝(Al)、铜(Cu)、镍(Ni)、铅(Pb)、银(Ag)、金(Au)等，大多有较高的塑性，没有冷脆性倾向。

3) 密排六方晶格(hexagonal closed-packed lattice，hcp)

如图 2.5 所示，密排六方晶格的晶胞是由 12 个原子占据简单六方体的 12 个顶角位置，其上、下两个正六边形面的中心位置还有 1 个原子，而且在此六方体的中间还有 3 个原子。其晶胞参数 $a=b\neq c$，其中 c/a(称为“轴比”)约为 1.633，其每个晶胞内含有 6 个原子。密排六方晶格也是原子排列最紧密的结构，其致密度、配位数和面心立方晶格相同，分别等于 0.74 和 12。

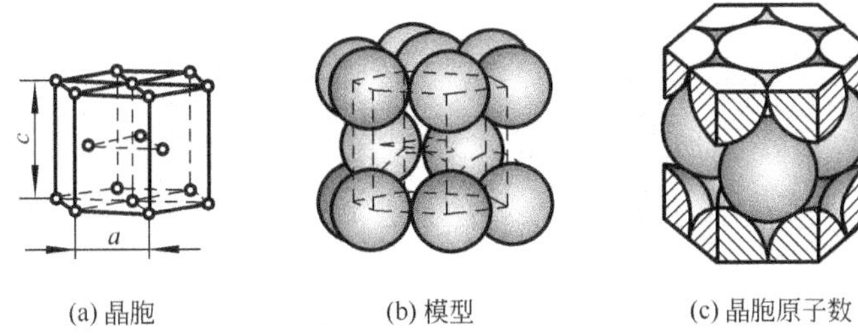

(a) 晶胞　　(b) 模型　　(c) 晶胞原子数

图 2.5　密排六方结构晶胞示意图

具有密排六方晶格的金属有铍(Be)、镁(Mg)、锌(Zn)、镉(Cd)等，石墨也是密排六方晶体结构，其大多没有冷脆性，但机械性能不突出，很少单独用于结构材料。

少数金属(如铁、锰、钛等)在晶态时，其晶格类型会随外界条件(温度，压力)而改变，常压下常用金属的晶体结构见表 2-1。

表 2-1　常压下常用金属的晶体结构

	Fe	Al	Cu	Mn	Mg	Ti	Zn	Cr	Ni	W	V	Mo	Pb	Be	Co	Ag	Pt
bcc	√	—	—	√	—	√	—	√	—	√	√	√	—	—	—	—	—
fcc	√	√	√	√	—	—	—	—	√	—	—	—	√	—	√	√	√
hcp	—	—	—	—	√	√	√	√	—	—	—	—	—	√	√	—	—

对某一元素，当其从一种晶格变为另一种晶格时，因致密度的不同，必然导致体积的变化，如 α-Fe↔γ-Fe。另一方面，同一元素处于不同晶格类型时，其原子半径是不同的(因已假想原子为紧密接触的刚性球体)，原子排列的对称性也不同，这就导致面心立方的 γ-Fe 比体心立方的 α-Fe 空隙半径大，溶入碳的能力就大。人们可利用这种现象，改变晶体结构及其特性(如钢的热处理)，以实现改变材料性能的目的。

此外，从上述晶格的几何特征很容易看出，不同晶面及晶向上原子排列的方式和密度不同，则原子间的结合力大小也不同，必然导致相应的性能差异，此即理想晶体的各向异性现象。金属的许多性能及金属中发生的许多现象都与金属晶体中的晶面和晶向有密切关系。

3. 实际金属的结构

实际金属晶体内部的原子排列并不像理想晶体那样规则和完整，总是存在着一些原子偏离理想规则排列的区域，此即晶体缺陷。这些缺陷造成了实际晶体的不完整性，并对金属和含有晶体相的材料的许多性能产生极其重要的影响。晶体缺陷包括：

1) 空位、间隙原子和置换原子

晶体中的原子在其平衡位置上作热振动，振动能量与晶体温度有关，温度越高，能量越大。但是，各个原子的能量并不完全相等，而是呈统计分布，并经常地变化着。于是，一些高能量的原子就有可能脱离原来的平衡位置，迁移到晶体表面或原子之间的间隙位置，使原来的位置空着，称之为空位，空位的存在利于内部原子扩散；处于间隙中的原子则称为间隙原子；而占据在原来基体原子平衡位置上的异类原子称为置换原子。空位、间隙原子和置换原子(图 2.6)都破坏了晶格的规则性，造成晶体缺陷，它们呈点状不规则排列，三维尺寸很小，故又统称为晶体的点缺陷，其会导致金属的强度、电阻等增加，塑性下降，是固溶强化的主要原因。

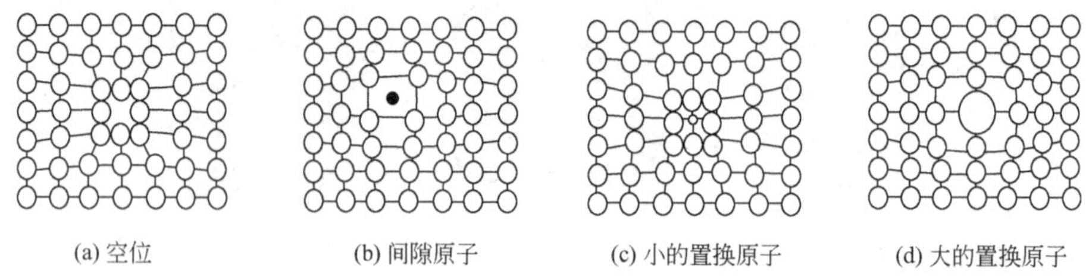

(a) 空位　(b) 间隙原子　(c) 小的置换原子　(d) 大的置换原子

图 2.6　晶体中的点缺陷

2) 位错

位错是晶体中原子呈线状排列不规则的现象，又称线缺陷，由晶体中原子面的错动引起。最常见的形式是刃型位错和螺型位错，如图 2.7 所示。

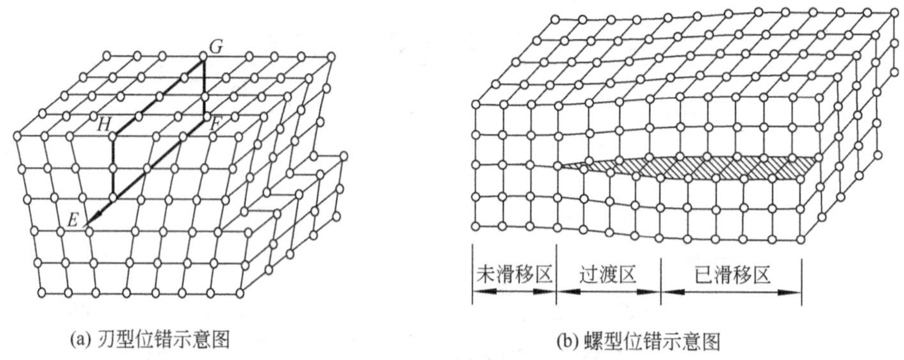

(a) 刃型位错示意图　(b) 螺型位错示意图

图 2.7　位错模型示意图

刃型位错如图 2.7(a)所示，是指晶体的一部分相对于另一部分出现一个多余的半原子面。这个多余的半原子面像切入晶体的刀片，刀片的刃口线附近(此微小区域的原子排列不规则)，便是位错线所在位置。

而螺型位错如图 2.7(b)所示，是晶体右边上部的点相对于下部的点向后错动一个原子间距，若将错动区的原子用线连接起来，则具有螺旋形特征。

晶体中位错的数量通常用位错密度来表示，它是指单位体积晶体中所包含的位错线总长度，一般用 ρ 表示，单位是 cm/cm^3 或 cm^{-2}。实际金属晶体中的位错密度与其状态有关，如不含位错(即位错密度＝0)的理想单晶体金属，则强度会很高；在退火状态下，金属的位错密度约为 $10^6 \sim 10^8 cm^{-2}$，此时强硬度低，而塑性高；而在经受冷变形的金属中，位错密度增至 $10^{11} \sim 10^{12} cm^{-2}$，此时强硬度将大大升高，而塑性明显下降。高密度的线缺陷是导致加工硬化的主要原因之一。晶体位错密度可用 X 射线或透射电子显微镜测定。

位错线上多余原子面处于左右晶格结点临界位置，具有易动性，如图 2.8 所示。在不大的切应力作用下，使位错易向左或右移动到另一稳定位置，直到从晶体中移出，导致晶体上下相互产生一个原子间距的相对滑动(称滑移)。无数的位错滑移则导致晶体产生了宏观塑性变形，这就是金属固态塑性变形的主要实质。

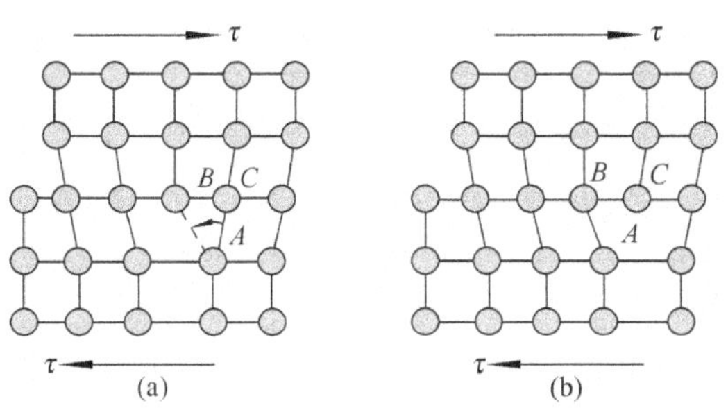

图 2.8　刃型位错在切应力作用下的移动

3）晶界

如一块晶体内部的晶格位向完全一致，该晶体就为单晶体。实际使用的金属多是由无数晶格位向不同的单晶体组成的多晶体，此时的单个晶体又称为晶粒，如图 2.9 所示。金属与陶瓷通常都是多晶体，由于各晶粒的位向不同，使其原子排列的规律性在相互交界处得不到统一，必须从一种排列取向过渡到另一种排列取向。晶界就是不同取向晶粒之间的过渡层，如图 2.10 所示，其宽度约为几个原子，其原子排列得比较不规则。晶界处还存在着许多缺陷，如杂质原子、空位以及位错等。此外，在一个晶粒内部也存在一些位向稍有差别的小晶块，称为亚结构或亚晶，它们之间的界面叫亚晶界。晶界与亚晶界是具有缺陷的界面，故称之为面缺陷。

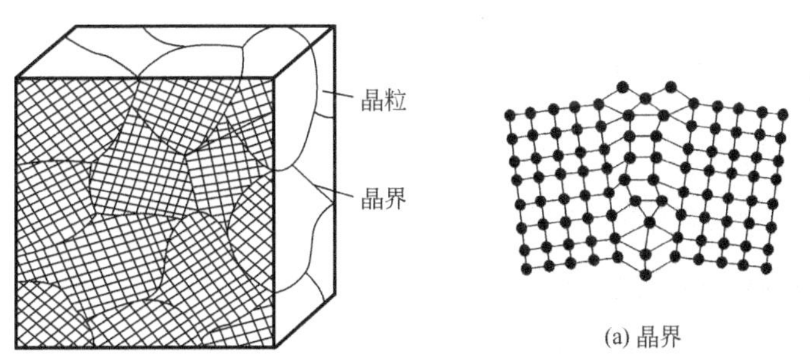

图 2.9 多晶体结构示意图

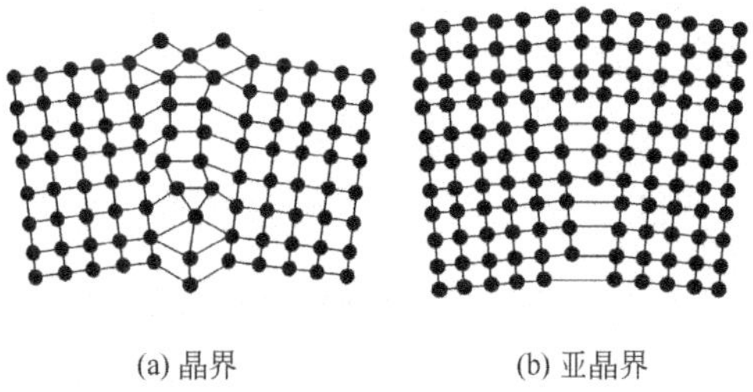

图 2.10　面缺陷示意图

晶界处因能量较高，稳定性较差，使晶界处熔点较低，易受腐蚀等。但常温下晶界却对位错的移动有阻碍作用，而晶体的塑性变形主要是靠无数位错的滑移来进行的。显然，同样的金属材料在相同的变形条件下，晶粒越细(即相当于晶粒细化)，晶界数量就越多，晶界对塑性变形的抗力越大，同时晶粒的变形也越均匀，致使强度、硬度越高，塑性、韧性也好。因此，在常温下使用的金属材料，通常晶粒越细越好。但晶界在高温下的稳定性差，则晶粒越细，其高温性能就差。面缺陷的增加是细晶强化的主要原因，而位错密度增加、亚结构细化则是加工硬化的主要原因。

晶体中的点缺陷、线缺陷、面缺陷都使晶格畸变，使晶体缺陷处于高能量的不稳定状态。

4. 合金的相结构

纯金属具有较好的导电、导热等理化性能，但其机械性能一般较低，且价格较高，冶炼也较难，故在工业上很少作为结构类材料使用。各类零件(构件)实际中大量使用的都是由两种或两种以上元素组成的具有金属特性的材料——合金。组成合金的独立的、最基本的单元称为组元，组元可以是元素或稳定化合物，如铁碳合金中纯铁和碳都是组元，在黄铜中铜与锌元素也都是合金的组元，陶瓷材料中的组元多为化合物，如 SiO_2、Al_2O_3 等。不同组元或相同组元但质量百分数不同可构成一系列的合金，称为合金系，如铁碳合金(系)、铝硅合金(系)等等。

合金中具有同一化学成分、同一晶体结构或同一原子聚集状态，并有界面分隔的各个均匀组成部分称为相。因此，凡是化学成分相同、晶体结构与性质相同的物质，不管其形状是否相同，不论其分布是否一样，统称为一个相。例如铁碳合金结晶时，如固态与液态同时存在，则是两个相或三个相(如共晶结晶)。

由于形成条件的不同，合金中可形成不同数量、形态、大小和分布的各种相。固态合金可由单一相或多个相结构组成，即常说的单相组织或多相组织(组织是指用肉眼或显微镜观察到的合金中不同组成相的数量、形态、大小和分布的组合状态)。

由结构特点的不同，合金中的相分固溶体和金属化合物两大类。

1) 固溶体

固溶体是溶质原子溶入固态溶剂中形成的相，固溶体保持溶剂组元所固有的晶体结构。根据溶质组元原子在溶剂结构中的分布形式，可把固溶体分为置换固溶体和间隙固溶体两种类型。

(1) 置换固溶体。如图 2.11(a)所示，溶质原子置换了溶剂晶格中一些溶剂原子就形成置换固溶体。当两组元在固态呈无限溶解时，所形成的固溶体称为连续固溶体或无限固溶体(此时量多者为溶剂)；当两组元在固态呈有限溶解时，只能形成有限固溶体。

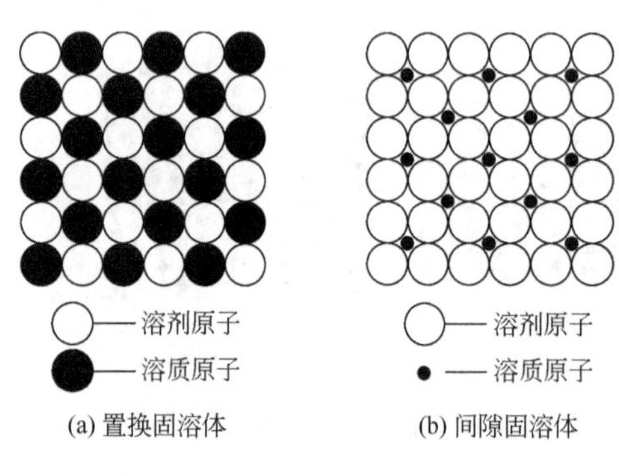

图 2.11　固溶体的两种类型示意图

(2) 间隙固溶体。某些原子半径很小的非金属元素，如氢(0.46Å)、硼(0.97Å)、碳(0.77Å)、氮(0.71Å)和氧(0.61Å)等，溶入过渡族金属晶格间隙内，便形成间隙固溶体，如图 2.11(b)所示。此外，当以化合物为溶剂时，也能形成间隙固溶体，例如，Ni 溶入 NiSb 中便属于这种情况。

当两组元的原子半径和电化学特性接近，以及晶格类型相同时，易形成置换固溶体，并有可能形成无限固溶体；当组元间原子半径相差较大时，易形成间隙固溶体。间隙固溶体都是有限固溶体，其溶质的分布一般是无序的(无序固溶体)。

在有限固溶体中，溶质元素在固溶体中的极限浓度叫固溶度(即饱和浓度)。通常在高温下达到饱和的固溶体，随作温度的降低，溶质原子将从固溶体中析出而形成新相。

虽然固溶体的晶体结构和溶剂的相同，但因溶质原子的溶入引起晶格常数改变，形成点缺陷并导致晶格畸变，使位错移动阻力增加，合金的强度、硬度、电阻增高，塑性、耐蚀性降低。这种通过加入溶质元素形成固溶体，使合金强度和硬度升高的现象称为固溶强化。适当控制溶质元素的量，可以在显著提高合金强度的同时，也保持较高的塑性和韧性。因此，对综合力学性能要求高的零件材料，大都采用以固溶体为基体的合金。

在三元或三元以上合金中，可能同时兼有上述两种型式的固溶体。

2）金属化合物

金属化合物是金属与金属元素之间或金属与类金属（以及部分非金属）元素之间的化合物。这些化合物的晶体结构与其组元的晶体结构完全不同，一部分金属化合物的成分还可在某个范围内变化，从而使其兼有固溶体的特征。金属化合物中除有离子键或共价键外，还有部分金属键，使其具有一定程度的金属特性，如导电性、金属光泽等，因此称为金属化合物。

金属化合物的类型多，一般分为正常价化合物（如 Mg_2Si、MnS、Mg_2Sn 等）、电子化合物（如 CuZn、Cu_3Al 等）和间隙化合物（如 Fe_4N、VC、WC、TiN、Fe_3C、$Cr_{23}C_6$ 等）三大类。它们的晶体结构除有前述的三种常见晶格外，还有一些是各种复杂晶体结构，如铁碳合金中的渗碳体（Fe_3C）是一种由铁元素和碳元素组成的具有复杂结构的间隙化合物。

金属化合物一般具有较高的熔点、高的硬度和较大的脆性。合金中出现金属间化合物时，可提高材料的强度、硬度和耐磨性，但是塑性降低。适当数量与分布的金属化合物可作为强化相，如在固溶体基体上弥散分布适当的金属化合物是导致合金材料产生弥散强化（或沉淀强化）的原因。

由两种及以上固溶体或金属化合物混合在一起而形成的多相固体组织称为机械混合物，如铁碳合金中的珠光体（P）、莱氏体（Le）等，其性能取决于各“组员”的种类、数量、形态、大小、和分布状况。

2.1.2 有机高分子材料的结构

虽然有机高分子物质的相对分子质量大，并且结构复杂多变，但组成高分子的大分子链都是由一种或几种简单的低分子有机化合物以共价键重复连接而成的，就像一根链条是由众多链环连接而成一样。高分子化合物的结构大致可分为单个大分子链结构和大分子间的聚集态结构。

1. 单个大分子链的结构

凡是可以聚合生成大分子链的低分子化合物叫做单体，如聚氯乙烯可看作是由数量足够多的低分子氯乙烯聚合而成的，氯乙烯（$CH_2=CHCl$）就是聚氯乙烯的单体，写成反应式是：

$$n(CH_2=CHCl) \rightarrow \left[CH_2-CHCl \right]_n$$

其中大分子链中的重复结构单元$\left[CH_2-CHCl \right]$叫链节，—Cl 为取代基，n 为一个大分子链中链节的重复次数，即称为聚合度。聚合度越高，分子链越长，分子链的链节数越多。聚合度反映了大分子链的长短和相对分子质量的大小，但由于各个分子的聚合度的不同，所以一般所指的高聚物分子量为平均分子量。分子量的分散性对高聚物性能会产生一定的影响。

大分子链中的原子或原子团在空间的排列形式称为空间构型，可以分为图 2.12 所示的三种。如取代基在大分子主链上前后排列顺序不同，或在大分子主链两侧排列的位置不同，均会对高聚物性能产生影响。如取代基-CH_3在主链两侧作不规则分布的所谓无规立构聚丙烯在室温时为液体，而取代基-CH_3全部在主链一侧的所谓全同立构聚丙烯则可作塑料和纤维。此外，主链侧取代基的大小不同、极性不同，均会对性能产生很大影响。

由低分子化合物合成为高分子化合物的反应称为聚合反应，有加聚和缩聚两种类型。

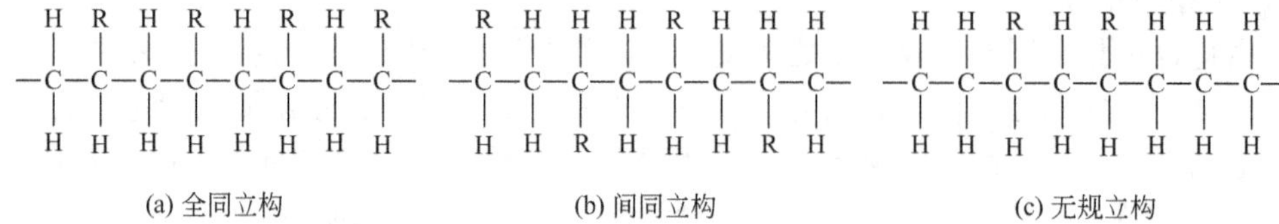

图 2.12 乙烯类聚合物的空间构型

2. 大分子链的形状

单个高分子化合物的形状，如图 2.13 所示。

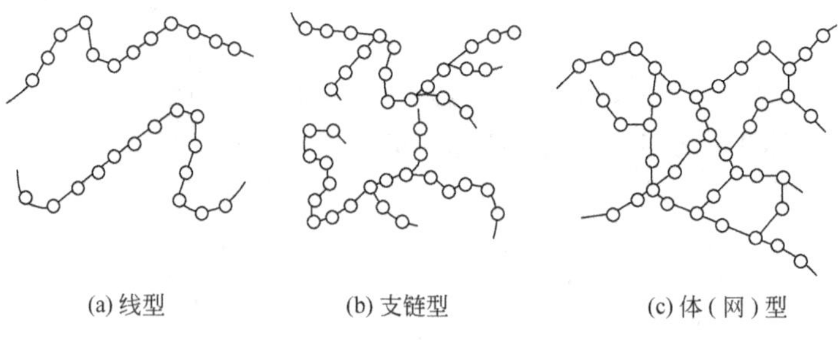

图 2.13 高分子链的形态示意图

(1) 线型分子结构。由许多链节组成的长链，通常是卷曲线形。具有这类结构的高聚物弹性、塑性好，硬度低，常可被溶剂溶解和受热熔化，为“可溶可熔”，如热塑性塑料。

(2) 支链型分子结构。在主链上带有支链。由于支链的存在，使分子链不易形成规则排列，分子之间作用力下降，分子链易卷曲，从而提高了高聚物的弹性和塑性，降低了结晶度、成形加工温度及强度。

(3) 体型分子结构。分子链之间有许多链节以共价键互相交联。这类结构的高聚物硬度高，有一定耐热性及化学稳定性，脆性大，无弹性(橡胶除外)和塑性，常为“不溶不熔”，如热固性塑料。

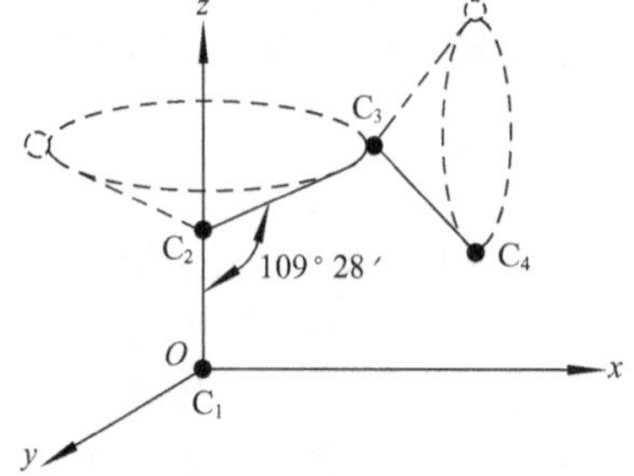

图 2.14 C—C 键的内旋转示意图

3. 大分子链中单键内旋转和链的柔顺性

大分子链的主链都是通过共价键连接起来的，它有一定的键长和键角，如 C—C 键的键长是 0.154nm，键角为 109°28′，在保持键长和键角不变的情况下它们可以任意旋转，这就是单键的内旋转，如图 2.14 所示。

单键内旋转的结果，使原子排列位置不断变化。

大分子链很长，由于热运动，每个单键都在内旋转，而且频率很高(如室温下乙烷分子可达 $10^{11} \sim 10^{12}$ Hz)，就必然造成大分子的微观形态瞬息万变。这种由于单键内旋转所引起的原子在空间占据不同位置所构成的分子链的各种形象，称为大分子链的构象。大分子链的空间形象变化频繁，构象多，就像一团随便卷在一起的细钢丝一样，对外力有很大的适应性，即受力时可以表现出很大的伸缩能力。大分子这种因单键内旋而改变其构象，从而获得不同卷曲程度的特性称为大分子链的柔顺性，这也是聚合物有弹性的原因。

当大分子主链全部由单键组成时，分子的柔顺性差；当主链中含有芳杂环时，柔顺性也差；主链侧的侧基极性大、体积大时，柔顺性也差；温度升高时，分子热运动加剧，柔顺增加。

4. 高分子的聚集态

线型高分子在分子间力作用下的聚集状态有晶态(分子链在空间规则排列，如折叠状或平行状等)、部分晶态(分子链在空间部分规则排列)和非晶态(分子链在空间无规则排列，也称为玻璃态或无定形态)三种，如图 2.15 所示。通常线型聚合物在一定条件下可以形成晶态或部分晶态，而体型聚合物只能为非晶态或称玻璃态(因只为一个体网型大分子，无聚集状态可言)。在实际生产中获得完全晶态的聚合物是很困难的，大多数聚合物都是部分晶态或完全非晶态。通常用聚合物中晶态区域所占的重量或体积百分数即结晶度来表示聚合物的结晶程度，聚合物的结晶度变化范围很宽，为 30%～90%，特殊情况下可达 98%，而一个大分子链可以同时穿过多个晶区和非晶区。

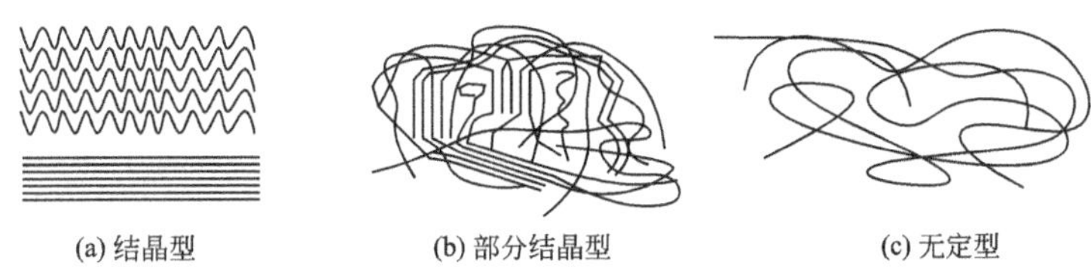

图 2.15 高聚物聚集状态示意图

一般情况下，结晶度高的高聚物，其强度、硬度、密度、耐热性、耐蚀性均较高，但弹性、塑性、透明性则有所下降。主链的结构、侧基的体积和极性、是否受定向拉伸以及冷速大小均对结晶度有影响。

因高聚物分子量很大，所以各分子链之间的分子间力的合力通常远大于主链共价键力，使高聚物极易凝成固体或高温熔体，而不存在气态，若温度过高，则直接分解。

2.1.3 陶瓷材料的结构

一般陶瓷材料均为多元系，其组成相可分为固溶体和化合物两大类，但其具体内容和组织组成物要比金属的金相组织复杂得多。

1. 陶瓷材料的相组成

陶瓷材料中除了晶体相外，还有非晶体的玻璃相和气相，如图 2.16 所示，它们对陶瓷材料的性能均起重要作用。

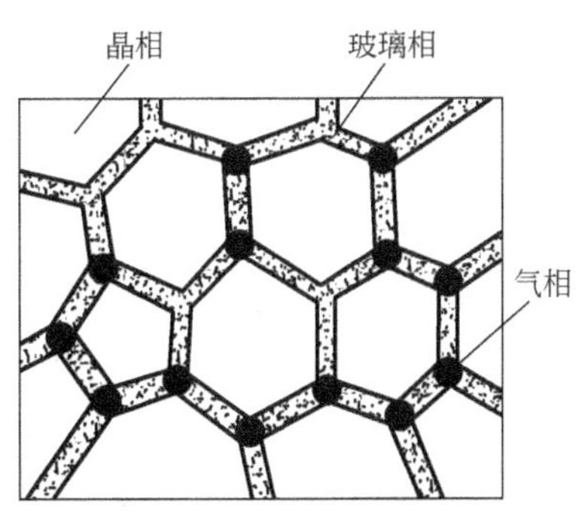

图 2.16 陶瓷的组织结构示意图

(1) 晶体相。与金属材料相似，陶瓷材料通常由多种晶体组成，有主晶相(量多的晶相)、次晶相及第三晶相等。部分晶相在不同温度下还会发生同素异晶转变。不同成分、不同工艺得到的陶瓷组织各不相同。主晶相的性能往往标志着陶瓷的物理化学性能。陶瓷中晶体相常为硅酸盐、氧化物和非氧化物三种。

(2) 玻璃相。陶瓷材料内各种组分和混入的杂质在高温烧成时发生物理、化学反应，常会形成低熔点的或高黏度的液相，冷却后便可能以玻璃相(非晶态)形式出现。玻璃相的主要作用是：在瓷坯中起粘接作用，把分散的晶相粘接在一起；起填充气孔空隙作用，使瓷坯致密化；降低烧结温度；抑制晶粒长大等。玻璃相所占比例一般为20%～40%。玻璃相过多、陶瓷的熔点将降低。

(3) 气相。气相是指陶瓷组织内部残留下来的孔洞。通常残留气孔量为5%～10%，特种陶瓷在5%以下。陶瓷材料的性能与气孔的含量、形状、分布有着密切的关系。

2. 陶瓷材料的分子结构特点

陶瓷晶体结构中，最重要的有氧化物结构与硅酸盐结构两类。大多数氧化物的结构是氧离子排列成简单立方、面心立方和密排六方的晶体结构，正离子位于其间隙中。它们主要是以离子键结合的晶体。图2.17所示为MgO与Al_2O_3的晶体结构。

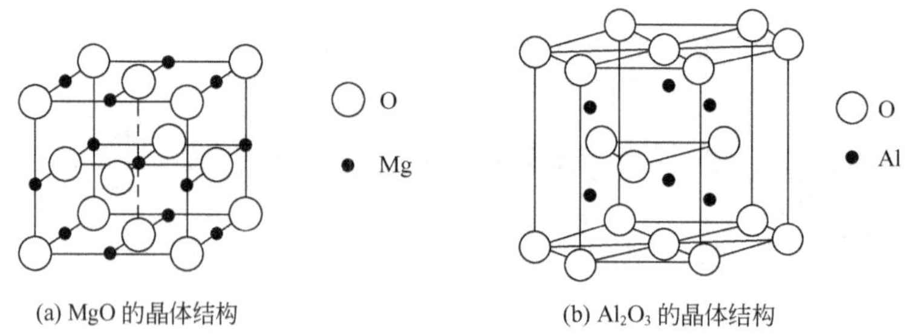

(a) MgO的晶体结构　　(b) Al_2O_3的晶体结构

图2.17　氧化物晶体结构

硅酸盐结构也是陶瓷组织中的重要晶体相，它是以硅氧四面体［SiO_4］为基本结构单元所组成的，为共价键结合，并带有离子键的特征。硅氧四面体结构如图2.18(a)、(b)所示，硅原子位于氧四面体正中央，其以共用顶点的O原子相互连接成岛状、链状、层状、骨架状等硅酸盐结构等大分子形态，如它们规则排列则形成晶体，否则就为玻璃体，如图2.18(c)、(d)所示。如其间含有不同的粒子或离子，则又派生出不同性能的陶瓷或玻璃。

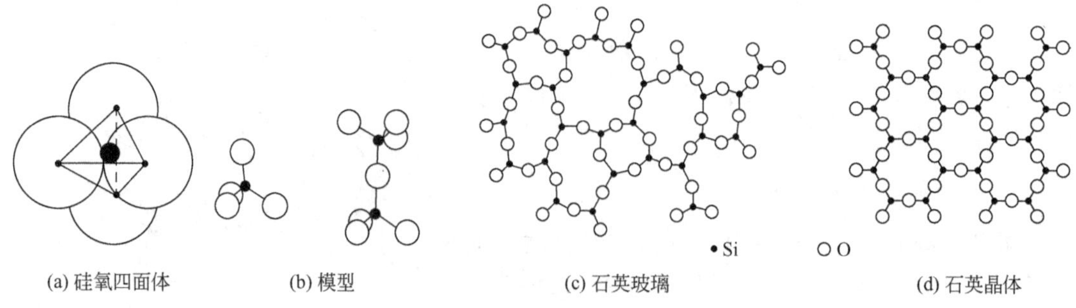

(a) 硅氧四面体　　(b) 模型　　(c) 石英玻璃　　(d) 石英晶体

图2.18　硅酸盐结构示意图

2.2 晶体材料的相图与组织形成

具有相同组成的晶体材料在不同的温度和压力条件下可以得到不同的相结构，形成不同的组织，会导致性能出现差异。

2.2.1 金属的凝固

1. 纯金属的结晶

1）纯金属结晶时的过冷现象

把液态纯金属放在坩锅中冷却，每隔一定时间测量一次温度，然后将实验数据绘制在温度-时间坐标中，可以得到如图2.19所示的冷却曲线。

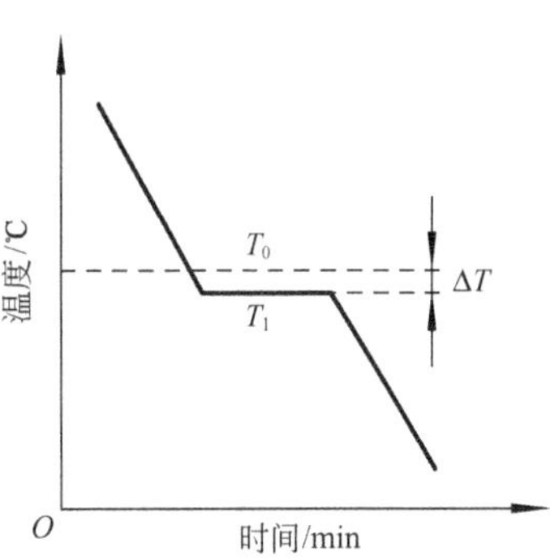

图2.19 纯金属结晶的冷却曲线

由图中可以看出，在液相开始结晶以前，温度是持续下降的；当从液相中结晶出晶体时，会释放出热量(结晶潜热)，使金属的温度保持恒定值不变，在冷却曲线上形成温度平台；当结晶完成后，温度又继续下降。实验证明，各种纯金属在结晶过程中的冷却曲线都是相似的，其差别在于平台温度数值 T_0 的不同。在冷却速度十分缓慢的条件下，T_0 即是金属的熔点，也是它的理论结晶温度。由热力学定律可知，在 T_0 时液、固两相的自由能相等，液相结晶成固相的速度等于固相溶化成液相的速度，处于动态平衡状态，可长期共存；在 T_0 以下，液体处于不稳定状态，而固体处于稳定状态，则液体将向固体转变——结晶。

实际上，液态金属冷却至理论结晶温度时并不能立即开始结晶，而必须冷却至 T_0 以下的某一温度 T_1 才开始结晶，这种现象称为过冷现象。理论结晶温度 T_0 和实际结晶温度 T_1 之间的数值差 $\Delta T=T_0-T_1$ 称为过冷度。过冷度越大，则液体的不稳定性越大，也即液、固两项的自由能差越大，使结晶驱动力越大，结晶速度越快。实际金属结晶时必须存在过冷度，它是金属结晶时的必要条件。

每一种纯金属的理论结晶温度是恒定的，但实际结晶温度因受到某些条件的影响可以发生变化。因此，金属结晶时的过冷度也是可变的。同一种金属，冷却速度越快，金属的纯度越高，结晶时可能达到的过冷度也越大。

2）金属结晶的过程

液态金属冷却至理论结晶温度以下时并不立即出现固相晶体，而是在此温度下停留一段时间后才在液相中形成第一批尺寸极小、原子规则排列的小晶体，即晶核(此时散乱的液态原子聚集成紧密规则排列的晶体，放出结晶潜热，晶体处于稳定的低能量状态)，这段时间称为孕育期。结晶时的过冷度越大，所需要的孕育期就越短。已形成的晶核向液相中不断长大，直至与相邻的晶体相遇或是液相消耗完毕为止，如图2.20所示。由液相中的一个晶核长大形成的晶体称为晶粒，每一个晶粒的形成都经历了形核和长大两个阶段，但对整个液体来说，结晶过程是一个不断形成晶核和晶粒不断长大的过程。

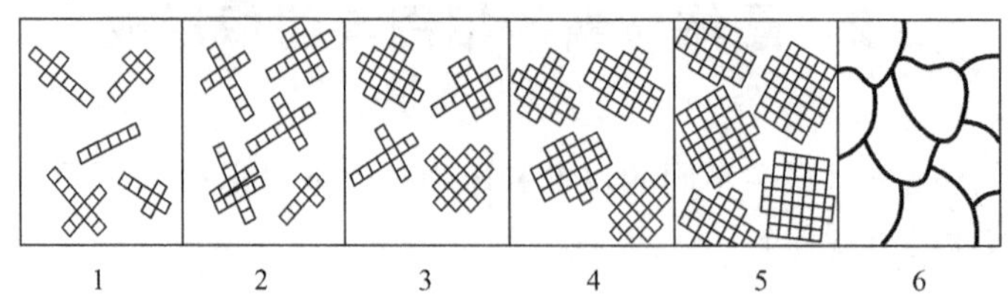

图 2.20　结晶过程示意图

金属材料在一般条件下结晶时，液相中会形成很多晶核，这些晶核彼此间的位向是不一致的，当这些晶核长大时，液相中其他地方又可能出现新的晶核。如此不断形核，不断长大，在结晶结束时就形成许多位向不同、大小不一、形状也不规则的晶粒，即多晶体。如果在结晶过程中控制液态金属的结晶条件，只允许一个晶核长大，同时在液相中不出现新的晶核，这样结晶结束后获得的材料仅由一个晶粒构成，称为单晶体，单晶体材料在半导体工业中占据着十分重要的地位。

金属结晶的速度取决于形核率和晶体长大速度。单位时间内，在单位体积液相中形成的晶核数目称为形核率。晶体表面在单位时间内向液相中推进的垂直距离称为晶体长大线速度。结晶时的形核率和晶体长大速度主要取决于液相中的过冷度大小。

3）晶核的形成

上述晶核是由液体中近程有序的规则排列的原子团形成的，称为自发形核(也称均质形核)。而在一般工业生产的凝固条件下，晶核常常依附于液相中高熔点固相杂质粒子和铸型的表面形成，即晶核是以非自发形核(也称异质形核)方式形成的。非自发形核时所需要的过冷度大约只是金属熔点的 0.02 倍，比自发形核小得多。

4）晶核的长大

液相中形成稳定晶核后，晶核长大时要求的过冷度比形核时的过冷度要小得多。液相中只要有 $10^{-4}\sim10^{-3}$℃的微小过冷，就能维持晶体长大。

在实际生产条件下，因冷速较大，且常有杂质存在于液态金属中，所以金属结晶时晶体的长大方式主要是枝晶长大，晶体像树枝一样向液相中伸展长大，如图 2.21(a)所示，每一个枝晶长成一个晶粒(可看作是一个单晶体)。晶体的长大速度与过冷度有关。一般情况下，随着过冷度的增大，晶体的长大速度增加。

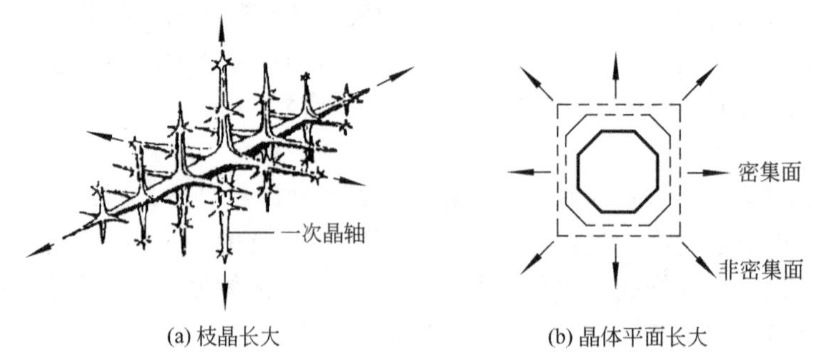

(a) 枝晶长大　　(b) 晶体平面长大

图 2.21　晶体长大示意图

在冷速极小的情况下，很纯的金属主要以其晶体表面向前平行推移的方式长大，即所谓平面长大，如图 2.21(b)所示。

5）晶粒度

晶粒的大小称为晶粒度。金属中晶粒的大小是不均匀的，一般用晶粒的平均直径或平均面积来表示晶粒度。生产中大都采用晶粒度等级来衡量晶粒的大小。标准晶粒度分为 8 级，1 级晶粒度最粗(晶粒平均直径为 0.25mm)，8 级最细(晶粒平均直径为 0.022mm)，更细的称为超细晶粒(9～12 级)。晶粒度等级通常是在放大 100 倍的金相显微镜下观察金属断面，对照标准晶粒度等级图来比较评定的。影响晶粒度大小的因素见本书 3.4 节。

2. 金属的同素异构转变

大多数金属在晶态时只有一种晶格类型，其晶格类型不随温度而改变。少数金属(如铁、锡、钛等)在晶态时，其晶格类型会随温度而改变，这种现象称为同素异构(或异晶)转变。其中，从液态变为晶态的过程称为结晶(一次结晶)，从一种晶态变为另一种晶态的过程称重结晶(二次或三次结晶)。一般情况下，材料的相变是一形核、长大的原子扩散或聚集过程，并伴有相变潜热的产生或吸收，以及体积的变化。纯铁冷却曲线如图 2.22 所示，其中的磁性转变仅改变晶格的尺寸，而不改变晶格的类别。

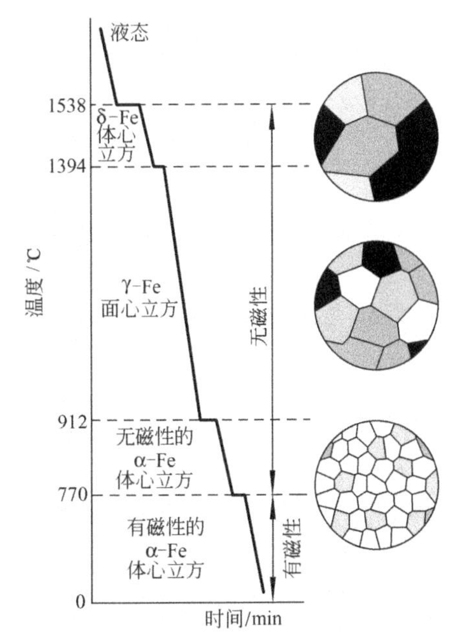

图 2.22　纯铁冷却曲线及重结晶的组织示意

纯铁在不同温度下的相变示意如下：

$$\text{液态} \xrightleftharpoons{1538℃} \underset{(\text{体心立方})}{\delta-\mathrm{Fe}} \xrightleftharpoons{1394℃} \underset{(\text{面心立方})}{\gamma-\mathrm{Fe}} \xrightleftharpoons{912℃} \underset{(\text{体心立方})}{\alpha-\mathrm{Fe}}$$

2.2.2　二元合金结晶相图

合金结晶的一般规律和纯金属相似，结晶时同样要求液相中存在一定过冷度，结晶过程同样经历形核和长大两个阶段。但是，由于合金本身成分的原因，在结晶过程中也表现出一些与纯金属不同的特点，其结晶过程及结晶产物相对复杂得多，其结晶过程常用合金相图来分析。

相图即状态图或平衡图，是用图解的方式表示不同温度、压力及成分下合金系中各相的平衡关系。所谓平衡是指在一定条件下，合金系中参与相变过程的各相的成分和相对质量不再变化所达到的一种状态，此时合金系的状态稳定，不随时间而改变。合金在极其缓慢冷却的条件下的结晶过程，一般也可看作是平衡的结晶过程。在常压下，二元合金的相状态决定于温度和成分，因此二元合金相图可用温度—成分坐标系的平面图来表示。利用状态图可以知道，不同成分的合金在不同温度或压力下有哪些相，它们的相对含量和相的成分，以及温度或压力变化时可能发生的转变。掌握这些相转变的基本规律，就可以知道合金的组织状态，并能预测合金的性能，也可根据要求研制新的合金。

在生产实践中，状态图还可作为制定合金铸造、锻造及热处理工艺的重要依据。例如，铸造时必须确定熔化及浇注的温度，锻造时必须确定合理的加热温度及始锻、终锻温度，合金进行热处理的可能性以及如何制定合理的热处理工艺等，都可在合金状态图中找到一定的理论依据和工艺参考(数据)。

1. 二元相图的建立

二元相图是以试验数据为依据，在以温度为纵坐标，以组成材料的成分或组元为横坐标的坐标图中绘制的线图。试验方法有多种，最常用的是热分析法，现以 Cu - Ni 二元合金系为例，作简要说明。

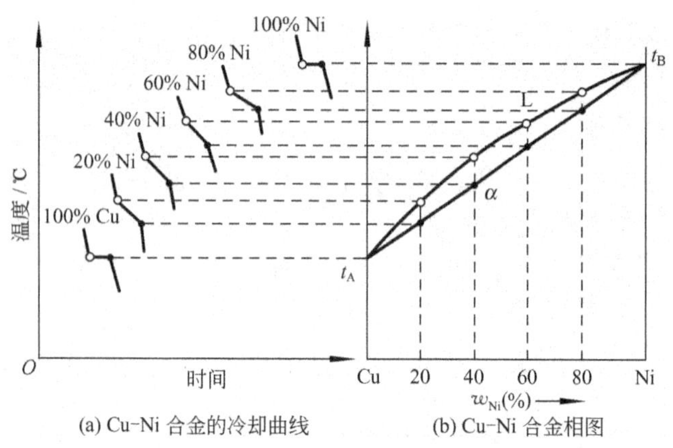

(a) Cu-Ni 合金的冷却曲线　　(b) Cu-Ni 合金相图

图 2.23　Cu - Ni 合金相图的测定与绘制

如图 2.23(a)所示，先通过热分析法，画出 100%Cu、20%Ni+80%Cu、40%Ni+60%Cu、60%Ni+40%Cu、80%Ni+20%Cu、100%Ni(质量分数)各金属和合金的冷却曲线，然后如图 2.23(b)所示，将各冷却曲线中的结晶开始温度(上临界点，图上空心点)和结晶终了温度(下临界点，图上实心点)在温度-成分坐标图中对应各合金的成分线取点，分别连结各上临界点和下临界点即得两条线(此时可看出，因合金的加入而使其结晶温度变为一个范围)，坐标和这两条曲线构成的平面图就是 Cu - Ni 合金的相图。

上例是一种最简单的相图，实际上，许多材料的相图都是比较复杂的，但其相图的建立方法都是相同的。分析统计表明，各种相图不外乎是由几种基本类型的相图组合而成的，主要有匀晶、共晶和包晶相图。

2. 二元匀晶相图

凡二元系中的两组元在液态和固态下均能无限互溶时，其所构成的相图称为匀晶相图。二元合金中的 Cu - Ni、Au - Ag、Fe - Ni 及 W - Mo 等都具有这类相图。现以 Cu - Ni 合金相图为例进行分析。

1) 相图分析

在图 2.24(a)中只有两条曲线，其中曲线 AL_1B 称为液相线，是各种成分的 Cu - Ni 合金在冷却时开始结晶或加热时合金完全熔化温度的连结线；而曲线 $A\alpha_4B$ 称为固相线，是各种成分合金在冷却时结晶终了或加热时开始熔化温度的连结线。显然，液相线以上全为液相 L，称为液相区；固相线以下全为固相 α(为铜、镍组成的无限固溶体)，称为固相区；液相线与固相线之间，则为液-固两相(L+α)区。*A* 为纯 Cu 的熔点(1083℃)，*B* 为纯 Ni 的熔点(1452℃)。

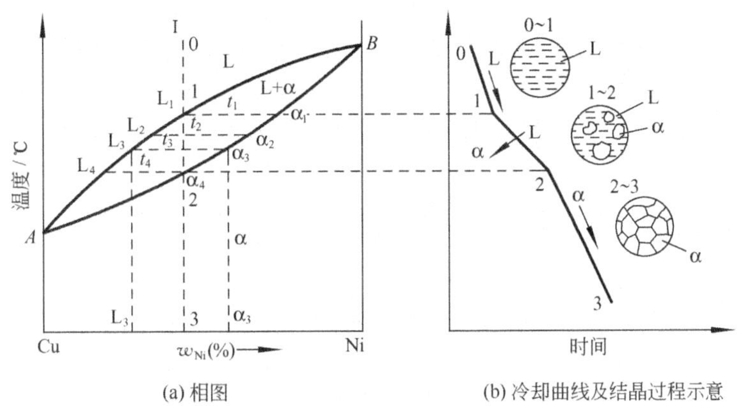

(a) 相图　　(b) 冷却曲线及结晶过程示意

图 2.24　Cu - Ni 匀晶相图分析示意图

2）合金的结晶过程

现以合金 I 为例，讨论合金的结晶过程。

当合金自高温液态缓慢冷至液相线上 t_1(即 1 点)温度时，开始从液相中结晶出固溶体 α，此时 α 的成分为 α_1(其含镍量高于合金的含镍量)；因结晶潜热放出，使冷速变缓，冷却曲线出现拐点；随着温度下降，固溶体 α 的数量逐渐增多，剩余的液相 L 的数量逐渐减少；当温度冷至 t_2 时，固溶体的成分为 α_2，液相的成分为 L_2(即含镍量低于合金的含镍量)；冷至 t_3 时，固溶体成分为 α_3，液相成分为 L_3；当冷至 t_4(即 2 点)时，最后一点成分为 L_4 的液相也转变为固溶体，而完成结晶，此时固溶体成分又回到合金的成分 α_4，直到室温 3 点时都不再变化。可见，在结晶过程中液相的成分是沿液相线向低镍量的方向变化(即 $L_1 \rightarrow L_2 \rightarrow L_3 \rightarrow L_4$)；固溶体的成分是沿固相线由高镍量向低镍量变化(即 $\alpha_1 \rightarrow \alpha_2 \rightarrow \alpha_3 \rightarrow \alpha_4$)。液相和固相在结晶过程中，其成分之所以能在不断的变化中逐步一致化，是由于在十分缓慢冷却的条件下，不同成分的液相与液相、液相与固相，以及先后析出的固相与固相之间，原子进行了充分扩散，以达到平衡状态的结果。

如上所述，此合金的结晶过程是在一个温度区间内进行的，合金中各个相的成分及其相对量都在不断地变化。由图 2.24 可知，合金 I 在 t_3 温度时，由 $L+\alpha$ 两个平衡相组成。通过 t_3 温度作水平线，此水平线与液相线的交点 L_3 即为 L 相的成分(含镍 $L_3\%$)；与固相线的交点 α_3 即为 α 相的成分(含镍 $\alpha_3\%$)，此时成分为 α_3 的 α 相与成分为 L_3 的 L 相平衡共存，“自由能”相等。

合金在整个冷却过程中相的变化可由下式表示。

$$L \rightarrow L+\alpha \rightarrow \alpha$$

由上述可知，只有结晶过程是在充分缓慢冷却的条件下，才能得到成分均匀的 α 固溶体。但在生产实际中，由于冷却速度不是那么缓慢，致使扩散过程落后于结晶过程，所以就在一个晶粒中造成先结晶晶轴(枝干)的成分和后结晶晶轴(分枝)成分的差异，即先结晶的枝干(或晶内)含高熔点组元较多，而后结晶的分枝(或晶外)含高熔点组元较少，这种现象称为枝晶偏析(也称晶内偏析或成分偏析)。同一铸件中，表面和中心、上层和下层的化学成分也可能存在不均匀，这种较大尺寸范围内出现的偏析称为宏观偏析或区域偏析。

3）杠杆定律

在两相区内，温度一定时两相处于动态平衡状态，两相的重量比及成分是一定的。如

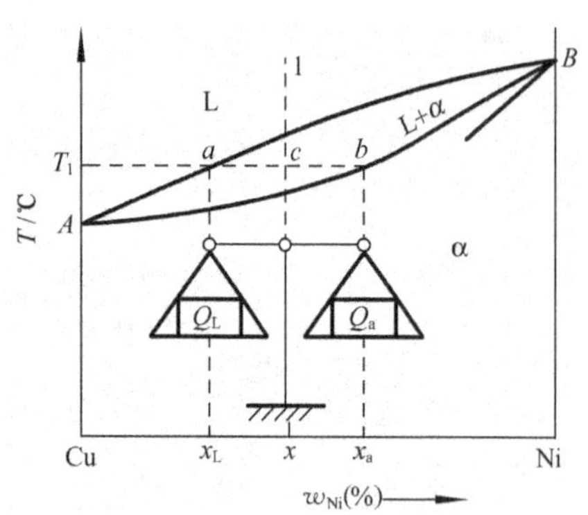

图 2.25　两相区杠杆定律示意图

图 2.25 所示，设合金的总质量为 Q，在温度为 T_1 时，成分(即含 B 组元的量)为 x 的合金液相 L 的成分为 x_L，其质量(或相对重量)为 Q_L；固相 α 的成分为 x_α，其质量(或相对重量)为 Q_α。此时由质量守恒定律可知满足关系：$Q_L x_L + Q_\alpha x_\alpha = Qx$，$Q_L + Q_\alpha = Q$，由此可推出：

$$\frac{Q_L}{Q_\alpha} = \frac{xx_\alpha}{x_L x}$$

此时，$x_L x$、xx_α 已演变为图中的线段长度。显然，液、固两相的相对质量关系如同力学中的杠杆定律，其中杠杆的两个端点为给定温度时两相的成分点，而支点为合金的“总”成分点。

3. 二元共晶相图

当两个组元液态能无限互溶，但固态只能有限互溶并且发生共晶反应时，其所构成的相图称为二元共晶相图。Pb - Sb、Al - Si、Pb - Sn、Ag - Cu 等二元合金均有这类的相图。现以 Pb - Sn 合金为例来说明。

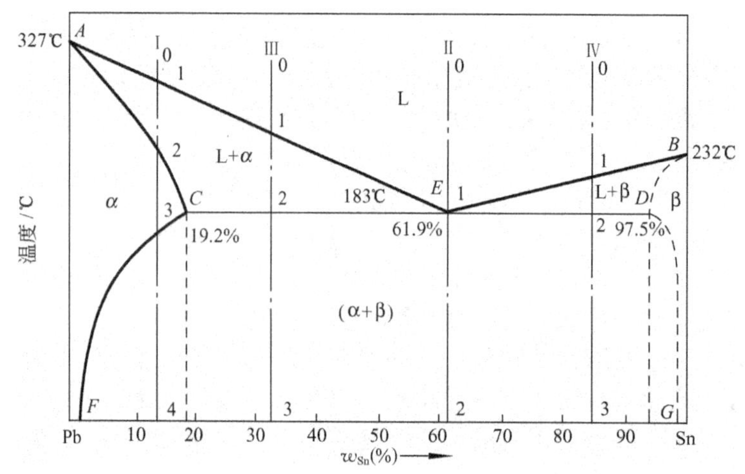

图 2.26　Pb - Sn 相图

1）相图分析

图 2.26 所示为一般共晶型的 Pb - Sn 相图。图中有 α、β、L 三种相。α 是以 Pb 为溶剂，以 Sn 为溶质的有限固溶体；β 是以 Sn 为溶剂，以 Pb 为溶质的有限固溶体。

图中共包含有 α、β、L 三个单相区，还有 L+α、L+β、α+β 三个双相区。根据液相和固相的存在区域可知，*AEB* 为液相线，*ACEDB* 为固相线，*A* 为 Pb 的熔点(327℃)，*B* 为 Sn 的熔点(232℃)。

图中在 183℃有一条水平线 *CDE*，此线为共晶反应线，*E* 为共晶点。在此温度，浓度为 *E* 的 L 相要同时与 *AE*、*BE* 线相接触而同时结晶出浓度为 *C* 的 α 相和浓度为 *D* 的 β 相，即：

$$L_E \xrightleftharpoons{183℃} (\alpha_C + \beta_D)$$

这种反应称为共晶反应，反应所得的两相混合物称为共晶组织(或共晶体)。由图可见，凡是成分在 C 和 D 之间的合金，在结晶过程中，都要在此温度产生共晶反应。

由上述可见，在共晶温度保持绝热时，有 α_C、β_D、L_E 三相平衡共存；而随作不断的散热，在恒温共晶反应过程中，三相的量是变化的，但各相的成分(浓度)都是不变的。

图中 CF 线及 DG 线分别为 α 固溶体和 β 固溶体的固溶线，也就是各自溶解溶质的饱和浓度线，其固溶浓度随温度的降低而减小。

2) 合金的结晶过程

下面分别阐述合金成分为Ⅰ(含 13%Sn)、Ⅱ(含 61.9%Sn)、Ⅲ(含 32%Sn)、Ⅳ(含 84%Sn)的结晶过程。

(1) 合金Ⅰ的结晶过程。由图 2.26 可见，这一合金在缓冷到 3 点温度以前，完全是按匀晶相图反应进行的，从液相中结晶出来的 α 称为一次晶。匀晶结晶完成后，在 2、3 点之间，合金为均匀的 α 单相组织，处于欠饱和状态；当温度降到 3 点时，碰到 α 固溶线 CF，α 中固溶的 Sn 量刚好达到饱和；随着温度的继续下降，溶解度下降，α 的浓度便会处于过饱和状态，于是将从 α 相中把多余的 Sn 以细粒状 β 相的形式析出来(以达到平衡稳定状态)，这称为二次晶，记作 β_{II}，其数量随温度下降逐渐增加，α 相则减少。这类二次晶由于析出温度较低，不易长大，所以一般都比较细小。

由此可见，合金Ⅰ在结晶过程中的反应为［匀晶反应＋二次析出］，其室温下的组织为 $\alpha + \beta_{II}$。图 2.27 为冷却曲线及其组织变化示意图。

(2) 合金Ⅱ的结晶过程。合金Ⅱ具有共晶成分 E(61.9%Sn)，其冷却曲线及组织变化如图 2.28。

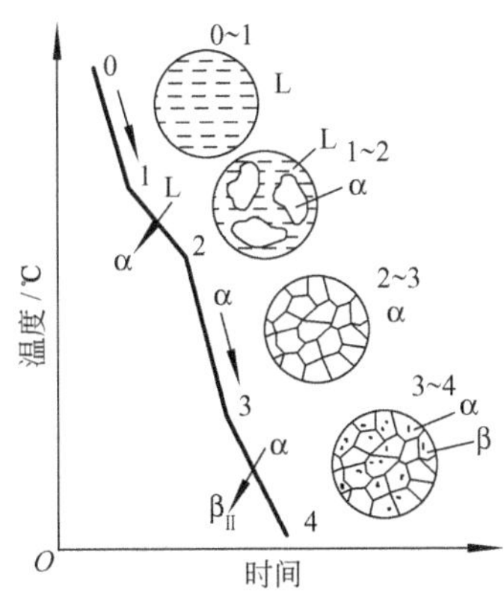

图 2.27　合金Ⅰ的冷却曲线及组织变化示意图

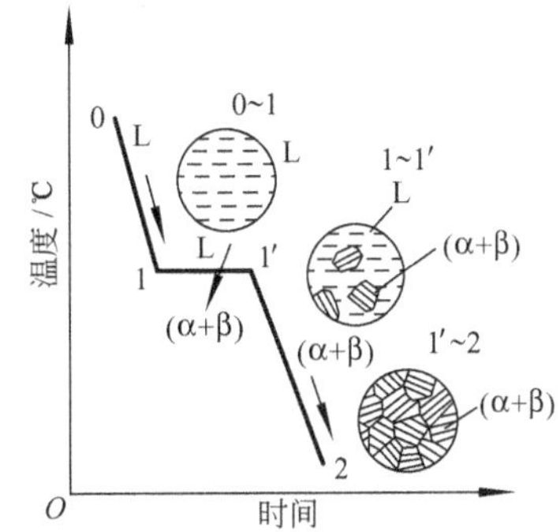

图 2.28　合金Ⅱ的冷却曲线及组织变化示意图

对照图 2.26 及图 2.28 可见，此合金缓冷至 1 点即共晶温度时，在恒温下，成分为 E 的液相 L 产生共晶转变，同时结晶出成分为 C 的 α 及成分为 D 的 β 两相(同时与液相线 AE 和 BE 接触)，转变终了时获得 α＋β 的共晶组织，即：

$$L_E \xrightleftharpoons{183℃} (\alpha_C + \beta_D)$$

共晶转变完成后，在温度继续下降过程中，由于 α 的固溶度和 β 的固溶度沿 CF 线和 DG 线不断变化的，从而要从 α 中析出二次晶 β_{II} 和从 β 中析出二次晶 α_{II}。但由于 α_{II} 和 β_{II}

数量太少，并且在组织中不易分辨，所以常忽略不计。

由此可见，合金Ⅱ在结晶过程中的反应为［共晶反应＋二次析出］，其室温组织为(α＋β)。Pb－Sn共晶合金组织如图2.29所示。

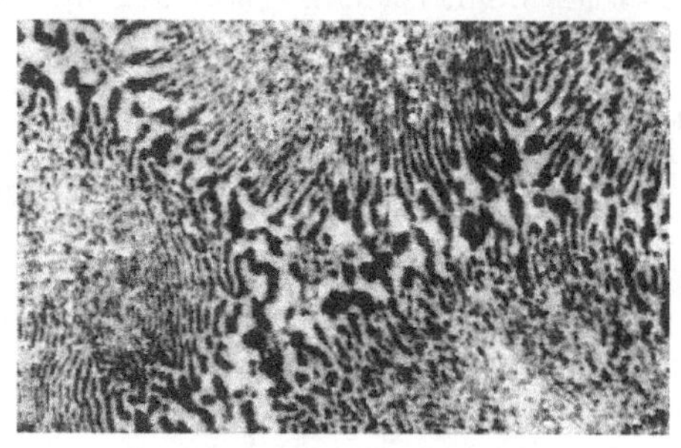

图2.29　Pb－Sn共晶合金组织

(3) 合金Ⅲ的结晶过程。合金Ⅲ的成分在C、E点之间，称为亚共晶合金。图2.30为其冷却曲线及组织变化示意。结合图2.25及图2.30可见，当缓冷到1点时，开始结晶出初次晶α固溶体；温度在1、2点之间为匀晶反应过程，在此过程中液固两相共存，并且随温度下降，固相α的成分沿AC线向C点变化，液相L的成分沿AE向E点变化；当温度降到2点即共晶温度时，剩余液相L具有共晶成分E，于是便发生共晶反应：

$$L_E \xrightleftharpoons{183℃} (\alpha_C + \beta_D)$$

共晶反应后，随温度下降，α相的成分沿CF线改变，此时匀晶和共晶中的α都要析出β_{II}，所以其室温组织为$\alpha+\beta_{II}+(\alpha+\beta)$。

由此可见，合金Ⅲ在结晶过程中的反应为［匀晶反应＋共晶反应＋二次析出］。

(4) 合金Ⅳ的结晶过程。合金Ⅳ的成分大于共晶成分，称为过共晶合金。图2.31为其冷却曲线和组织变化示意。

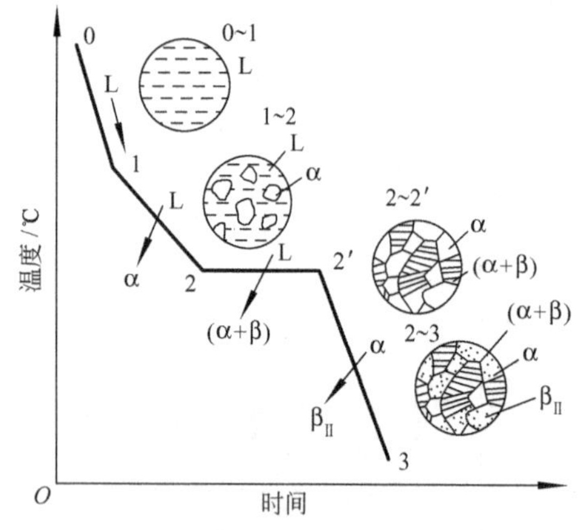

图2.30　合金Ⅲ的冷却曲线及组织变化示意图

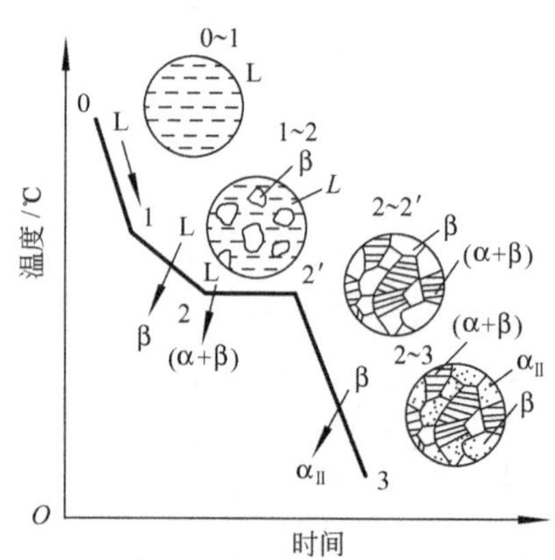

图2.31　合金Ⅳ的冷却曲线及组织变化示意图

由图可见，合金Ⅳ的结晶过程与合金Ⅲ(即亚共晶合金)很相似，其反应也是［匀晶反应＋共晶反应＋二次析出］。所不同的是匀晶反应的初次晶为β，二次析出晶为α_{II}，所以其室温组织为$(\alpha+\beta)+\beta+\alpha_{II}$。

综合上述，从相的角度来说，Pb－Sn合金结晶的产物只有α和β两相，α和β称为相组成物。按相来填写相图各区域则如图2.26所示。上述各合金结晶所得各种组织均只为两相，但在显微镜下可以看到各具有一定的组织特征，它们都称为组织组成物。组织不同，则性能也不同。按组织来填写的相图如图2.32所示，这样填写的合金组织与显微镜看到的金相组织是一致的，所以这样填写更为明确具体。

4. 二元包晶相图

当两组元在液态时无限互溶，在固态时形成有限固溶体而且发生包晶反应时，其所构成的相图称为二元包晶相图。常用的 Fe-C、Cu-Zn、Cu-Sn 等合金相图中，均包括这种类型的相图。

下面以 Fe-Fe_3C 系相图中的包晶反应部分为例来说明。

由图 2.33 可见，这一包晶相图是由三个局部的匀晶相图(其中包括一个固相转变为另一种固相的匀晶相图)和一条水平线组成。匀晶部分与前述相同，按其两侧所给的单相区即可进行分析。

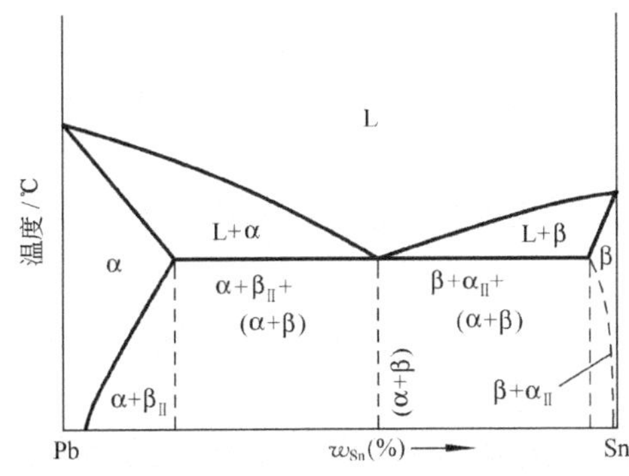

图 2.32 由组织组成物填写的 Pb-Sn 相图

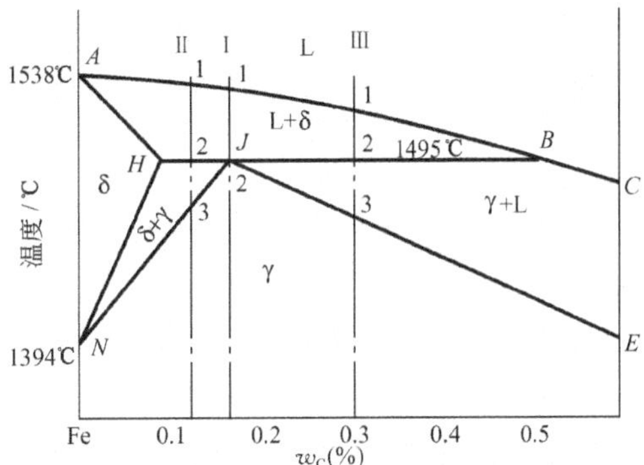

图 2.33 包晶相图(Fe-Fe_3C 系相图左上角)

包晶水平线上发生的反应与共晶水平线上发生的共晶反应完全不同，共晶反应是由液相中同时结晶出两种固相，而包晶水平线上的反应特征是：成分与这一水平线相交的合金，在此温度(1495℃)发生包晶反应

$$L_B + \delta_H \rightleftharpoons \gamma_J$$

即成分为 B(0.53%C)的液相 L_B 与成分为 H(0.09%C)的初晶 δ_H 相互作用，形成成分为 J(0.17%C)的 γ_J 固溶体。反应也在恒温下进行，其中 J 点为包晶点，成分为 J 的合金在冷到 J 点时，L 相与 δ 相正好全部消耗完，形成百分之百的 J 点成分的 γ 相。

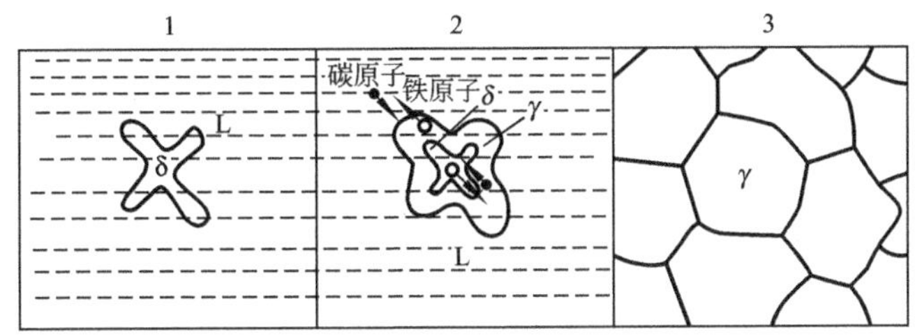

图 2.34 包晶反应过程示意图

包晶反应的具体结晶过程示意如图 2.34 所示，反应产物 γ 是在液相 L 与固相 δ 的交界面上形核、成长，先形成一层 γ 相外壳；此时三相共存，而且新相 γ 对外不断消耗液相，向液相中长大，对内不断“吃掉”δ 相，向内扩张，直到液相和固相任一方或双方消耗完了为止，包晶反应才告结束。由于是一相包着另一相进行反应，故称为包晶反应。

2.2.3 铁-碳合金相图与铁碳合金

碳钢和铸铁是工业中应用范围最广的金属材料，它们都是以铁和碳为基本组元的合金，通常称之为铁-碳合金。铁是铁-碳合金的基本成分，碳是主要影响铁-碳合金性能的成分。虽然碳钢和铸铁都是铁-碳合金，但性能却很不相同，这可以从铁-碳合金相图中得到充分的解释。所以铁-碳合金相图是研究钢铁材料的有力工具，是研究碳钢和铸铁成分、温度、组织和性能之间关系的理论基础，也是制定各种热加工工艺的依据。

1. 铁-碳合金相图的组元

铸铁的含碳量最高不超过5%，再高就变得很脆，而无实用价值。所以铁碳合金二元相图左侧的组元为Fe，右侧的组元取Fe_3C(即$w_C=6.69\%$)，已经是足够的了。铁-碳合金相图实际上就是$Fe-Fe_3C$相图。

1) 纯铁及其固溶体

铁在固态下的不同温度有不同的晶体结构，从高温到低温依次有$\delta-Fe$、$\gamma-Fe$、$\alpha-Fe$三种相，不同晶体结构的铁与碳可以形成不同的固溶体，$Fe-Fe_3C$相图上的固溶体都是间隙固溶体。体心立方晶格的$\alpha-Fe$仅能溶解微量的碳，最大溶碳量为0.0218%(727℃时)，室温下的碳溶解量仅为0.0008%(均指质量百分数)，这种间隙固溶体称为铁素体，以符号“F”或“α”表示，其力学性能与其晶粒大小和杂质含量有关，有一定的变动范围，大致为：$\sigma_b=180\sim280MPa$，$\psi=70\%\sim80\%$，$\sigma_{0.2}=100\sim170MPa$，$\alpha_K=1.8\sim2.5MJ/m^2$，$\delta=30\%\sim50\%$，HB=50～80。可见，铁素体是一种强度和硬度较低，而塑性和韧性较好的相。

面心立方晶格的$\gamma-Fe$可溶解较多的碳，最高可溶解2.11%C(1148℃时)，这种间隙固溶体称为“奥氏体”，以符合“A”或“γ”表示。奥氏体的力学性能与其溶碳量及晶粒度有关，一般硬度为=170～220HB，δ=40%～50%，可见，奥氏体是一种塑性很高的相。

$\delta-Fe$为体心立方晶格，溶入间隙原子碳后也称高温体素体，仅在高温下存在，对工程应用无意义。

2) 渗碳体

渗碳体是具有复杂晶格的间隙化合物，Fe/C=3/1，渗碳体的碳质量分数为6.69%，以“Fe_3C”表示。渗碳体的分解点为1227℃，硬度很高(800HBW)，脆性大，塑性几乎等于零，抗拉强度约为30MPa。

渗碳体在钢和铸铁中一般以片状、网状或球状存在，它的形状、大小和分布对钢铁的性能影响很大，是铁碳合金的重要强化相。

渗碳体是一种亚稳定化合物，在一定条件下，能分解形成石墨状的游离碳。

$$Fe_3C \rightarrow 3Fe+C(石墨)$$

这一反应对于铸铁具有重要意义。另外，渗碳体中的铁可被其他元素原子置换，形成合金渗碳体，如$(Fe、Mn)_3C$等。

2. 铁碳合金相图的组成

1) $Fe-Fe_3C$相图概述

如上所述，铁碳合金相图只研究$Fe-Fe_3C$部分，这一部分相图的图形如图2.35和图2.36所示，显然，其形状可看成是前述几个简单相图的组合。

图2.35是以相组成物表示的铁碳合金相图，由此可知，铁碳合金相图中共有五个基本相，即液相L、铁素体相F、高温铁素体相δ、奥氏体相A及渗碳体相Fe_3C。这五个基本相形成五个单相区，从而也就得出了如图所示的七个两相区。而图2.36是以组织组成物表示的铁碳合金相图。

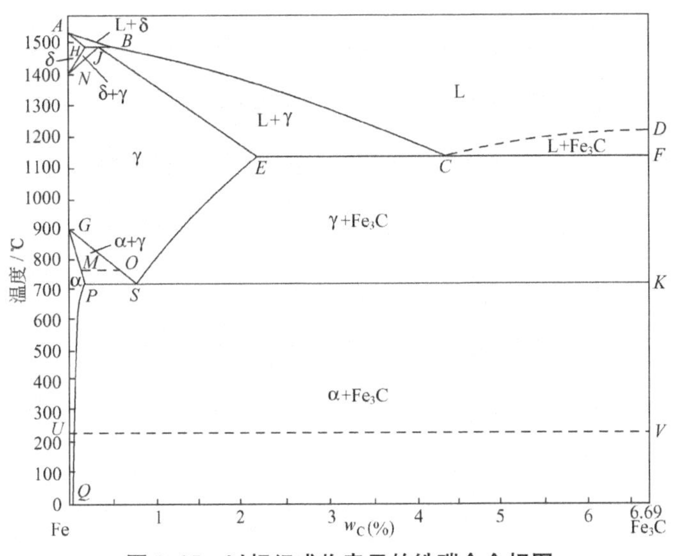

图 2.35 以相组成物表示的铁碳合金相图

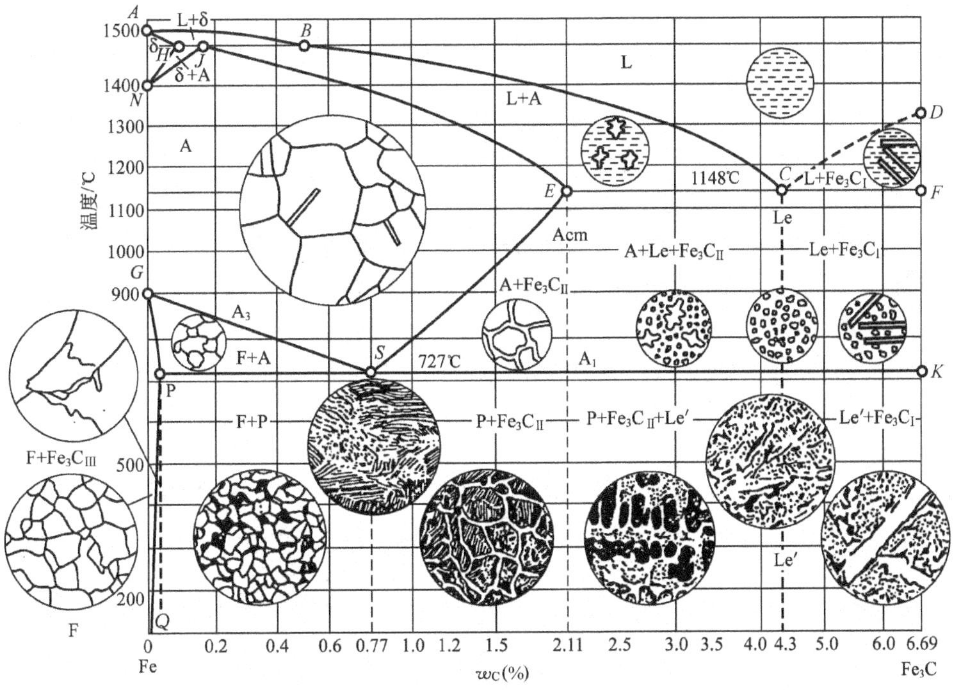

图 2.36 以组织组成物表示的铁碳合金相图

表 2-2 所示为图 2.35、图 2.36 中各特性点的温度、碳质量(百)分数及其意义。

表 2-2 铁-碳相图中各特性点的说明

点的符号	温度/℃	碳质量分数(含碳量,%)	说明
A	1538	0.00	纯铁熔点
B	1495	0.53	包晶反应时液态合金的成分
C	1148	4.30	共晶点，$L_C \rightleftharpoons A_E + Fe_3C$

（续）

点的符号	温度/℃	碳质量分数(含碳量,%)	说明
D	1227	6.69	渗碳体分解点
E	1148	2.11	碳在 γ-Fe 中的最大溶解度
F	1148	6.69	渗碳体的成分
G	912	0.00	α-Fe$\rightleftharpoons\gamma$-Fe 同素异构转变点(称 A_3)
H	1495	0.09	碳在 δ-Fe 中的最大溶解度
J	1495	0.17	包晶点，$L_B+\delta_H\rightleftharpoons A_J$
K	727	6.69	渗碳体的成分
N	1394	0.00	γ-Fe$\rightleftharpoons\delta$-Fe 同素异构转变点(称 A_4)
P	727	0.0218	碳在 α-Fe 中的最大溶解度
S	727	0.77	共析点 $A_S\rightleftharpoons F_P+Fe_3C$
Q	600	0.0057	600℃时碳在 α-Fe 中的溶解度，室温时为 0.0008%

上述图中，$ABCD$ 为液相线，$AHJECF$ 为固相线。铁碳合金相图有包晶、共晶和共析三个恒温转变，分别说明如下。

(1) 在 HJB 水平线(1495℃)发生包晶转变 $L_{0.53}+\delta_{0.09}\rightleftharpoons A_{0.17}$。式中各相的下角标为各相的含碳量。此转变仅发生在含碳 0.09%～0.53%的铁碳合金中，转变产物为奥氏体。此区的转变对工程应用无意义，常不考虑。

(2) 在 ECF 水平线(1148℃)发生共晶转变 $L_{4.3}\rightleftharpoons A_{2.11}+Fe_3C$。转变产物为渗碳体基体上分布着一定形态、数量的奥氏体的机械混合物(共晶体)，称为(高温)莱氏体，以符号“Le”表示，性能硬而脆。莱氏体在随后的冷却过程中，其中的奥氏体还会沿 ES 线析出二次渗碳体；到 PSK 线时，余下的奥氏体则发生共析转变，生成珠光体，使高温莱氏体 Le 转变为低温莱氏体 $Le'(P+Fe_3C_{II}+Fe_3C)$。含碳 2.11%～6.69%的铁碳合金在 1148℃时都要发生这一共晶转变。

(3) 在 PSK 线(727℃)发生共析转变 $A_{0.77}\rightleftharpoons F_{0.0218}+Fe_3C$。转变产物为铁素体基体上分布着一定数量、形态的渗碳体的机械混合物(共析体)，称为珠光体，以符号“P”表示。珠光体的强度较高，塑性、韧性和硬度介于渗碳体和铁素体之间。共析转变是指从一种固相中同时析出两个不同成分的固相的过程，相图类似于共晶相图，但因在固态下进行，原子扩散较困难，过冷度大些，所以组织比共晶的细得多。冷速过大时，共析反应可被抑止。凡碳质量分数超过 0.0218%的铁碳合金在 727℃时都要发生这一共析转变。共析转变温度又称为 A_1 线。

此外，铁-碳合金相图中，还有三条重要的固态转变线：

(1) GS 线——冷却时，奥氏体开始析出铁素体或加热时，铁素体全部溶入奥氏体的转变温度线。GS 线又称 A_3 线。

(2) ES 线——碳在奥氏体中的溶解限度线(固溶线)。在 1148℃时，溶解度最大为 2.11%C。随着温度降低，溶解度减小，在 727℃时只能溶解 0.77%C。所以碳质量分数大于 0.77%的铁碳合金自 1148℃冷至 727℃时，由于奥氏体碳溶解度的减少，均会从奥氏体中沿晶界析出渗碳体(网状)。为了与从液体中直接结晶的一次渗碳体(Fe_3C_I)相区别，一般将这种固相中的二次析出物称为二次渗碳体(Fe_3C_{II})。*ES* 线又称 A_{cm} 线。

(3) *PQ* 线——碳在铁素体中的溶解限度线(固溶线)。在 727℃时，溶解度最大，仅为 0.0218%C；随作温度的下降，溶解度进一步减小，室温下碳的溶解度仅为 0.0008%。所以一般铁碳合金自 727℃冷至室温时，将由铁素体中析出渗碳体称为三次渗碳体(Fe_3C_{III})。因其析出量极少，故在含碳较高的钢铁中可以忽略不计，但对工业纯铁及低碳钢，会因其析出而降低钢的塑性，所以对 Fe_3C_{III} 的存在和分布，还是要给予重视。

MO 线(A_2)为铁素体的磁性转变温度线，UV 线(A_0)为渗碳体的磁性转变温度。

综合上述可知，根据生成条件不同，渗碳体可分为 Fe_3C_I、Fe_3C_{II}、Fe_3C_{III}、共晶 Fe_3C 及共析 Fe_3C 五种，它们的不同形态与分布，对铁碳合金性能有不同的影响。

2) Fe－C 相图分析举例

Fe－C 相图可看成是前述几个简单相图的组合，其分析过程是一样的，现以 $w_C=1.2\%$ 的过共析钢为例进行说明。

如图 2.37 所示，在图中作 $w_C=1.2\%$ 的合金的成分垂线交相图于 1、2、3、4、5 点。合金液体在 0～1 之间的温度范围内，处于稳定的液相。温度冷却到 1～2 点之间时，将按前述匀晶转变结晶出奥氏体 A。在 2～3 点的温度之间奥氏体 A 处于稳定的欠饱和状态。冷到固溶线 3 点温度时，奥氏体刚好处于饱和的临界状态。如温度一低于 3 点，则奥氏体变为不稳定的过饱和状态，会以网状 Fe_3C_{II} 的形式析出多余的溶质，温度越低，析出的 Fe_3C_{II} 就越多越粗，此时奥氏体的含碳量沿固溶线 *ES* 降低，奥氏体的数量也随之减少。达到 4 点温度时，Fe_3C_{II} 不再析出，而余下奥氏体的成分变为 *S* 点的共晶成分，相当于同时与相变线 *GS* 及固溶线 *ES* 接触，以及与结晶终了线——共析线接触，会因不断地散热而在恒温下从奥氏体中同时交替析出成分为 *P* 点的片状铁素体 F 和成分为 *K* 点的片状 Fe_3C，发生共析转变而生成层片状的珠光体(P)，即 $A_S \rightarrow P(F_P+Fe_3C)$。在继续冷却过程中 Fe_3C_{II}(网状)不再变化，而珠光体中的铁素体 F 还会沿 *PQ* 线析出 Fe_3C_{III}，但因析出量特少，常忽略不计，所以最终得到“珠光体 P+ 网状 Fe_3C_{II}”的室温组织。

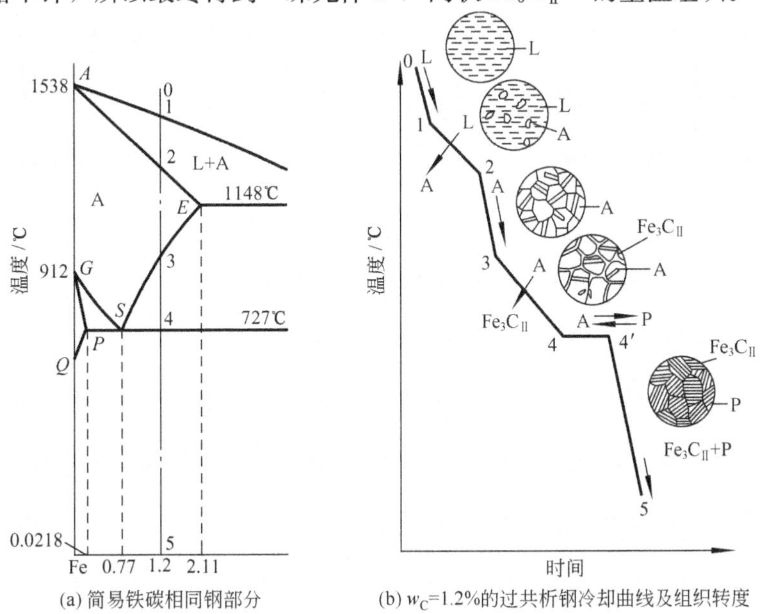

(a) 简易铁碳相同钢部分　　(b) w_C=1.2%的过共析钢冷却曲线及组织转度

图 2.37　$w_C=1.2\%$ 的过共析钢结晶过程示意图

3. 铁碳合金分类及室温组织

由 Fe-C 相图可将铁碳合金分为以下几类：

(1) 工业纯铁：$w_C \leqslant 0.0218\%$，组织为 F+微量 $Fe_3C_{Ⅲ}$

(2) 钢
- 亚共析钢：$0.0218\% < w_C < 0.77\%$，组织为 F+P(F+Fe_3C)
- 共析钢：$w_C = 0.77\%$，组织为珠光体 P(F+Fe_3C)
- 过共析钢：$0.77\% < w_C < 2.11\%$，组织为 P+$Fe_3C_{Ⅱ}$（网状）

(3)（白口）铸铁
- 亚共晶（白口）铸铁：$2.11\% < w_C < 4.3\%$，组织为 P+ $Fe_3C_{Ⅱ}$ + Le′
- 共晶（白口）铸铁：$w_C = 4.3\%$，组织为 Le′(P+ Fe_3C)
- 过共晶（白口）铸铁：$4.3\% < w_C < 6.69\%$，组织为 Le′+ $Fe_3C_{Ⅰ}$

典型 Fe-C 合金的显微组织如图 2.38 所示。

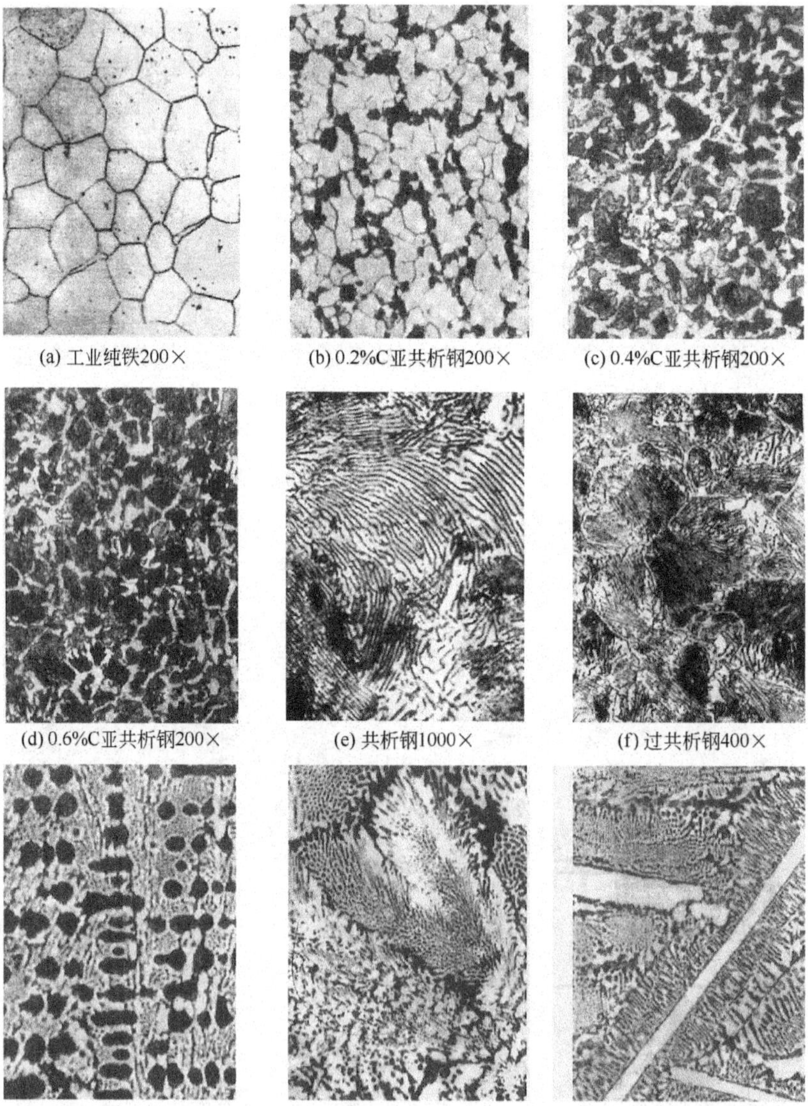

(a) 工业纯铁200×　(b) 0.2%C亚共析钢200×　(c) 0.4%C亚共析钢200×

(d) 0.6%C亚共析钢200×　(e) 共析钢1000×　(f) 过共析钢400×

(g) 亚共晶白口铁400×　(h) 共晶白口铁400×　(i) 过共晶白口铁400×

图 2.38　典型 Fe-C 合金的显微组织

铁碳合金相图的典型组织及特性见表2-3所示。

表2-3　铁碳合金相图的典型组织、特性

名称		符号	晶体结构	组织类型	定义	w_C/(%)	存在温度范围/℃	组织形态特征	主要力学性能
铁素体		F	BCC	间隙固溶体	C溶于α-Fe中	≤0.0218	≤912	块、片状	塑、韧性良好
奥氏体		A	FCC	间隙固溶体	C溶于γ-Fe中	≤2.11	≥727	块、粒状	塑、韧性良好
渗碳体	一次	$Fe_3C_{Ⅰ}$	复杂晶格的金属化合物	间隙化合物	从L中结晶出	6.69	≤1227	粗大片、条状	硬而脆
	二次	$Fe_3C_{Ⅱ}$			从A中析出		≤1148	网状	硬而脆
	三次	$Fe_3C_{Ⅲ}$			从F中析出		≤727	断续细片状	降低钢的塑性
珠光体		P	F基+Fe_3C两相组织	机械混合物	从A中共析出F+Fe_3C	0.77	≤727	层片、粒状	强韧性良好
莱氏体	高温	Le	Fe_3C基+A两相组织	机械混合物	从L中共晶出A+Fe_3C	4.3	727～1148	短杆、或鱼骨状	硬而脆
	低温	Le′	Fe_3C基+P两相组织		因Le中的A转变而得(P+$Fe_3C_{Ⅱ}$)+Fe_3C		≤727	短杆、或鱼骨状	硬而脆

案例分析

铁碳合金相图的几点应用

铁碳合金相图是研究钢铁的重要理论基础，实际生产中使用的铁碳合金的含碳量不超过5%，通常重点掌握简化了的Fe-Fe_3C相图(即略去了相图左上角的包晶相图部分)，如图2.39所示。

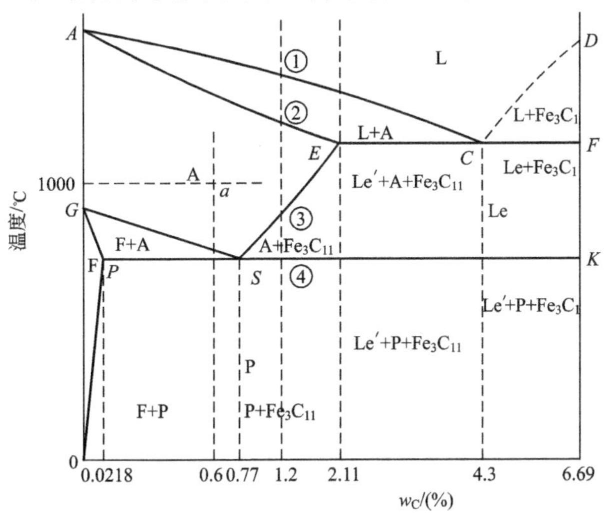

图2.39　简化的Fe-Fe_3C相图

一、铁碳合金相图的几个应用

1. 确定碳含量已知的合金在任意温度下的平衡状态

铁碳合金相图反映的是平衡状态下铁碳合金的成分、温度、组织三者之间的关系，因而可以利用相图来确定合金在某一温度下的显微组织。例如，想知道含碳量为0.6%的合金在1000℃下的组织，确定方法如下：从横坐标为0.6%C的点向上作一条直线，再从纵坐标为1000℃的点向右作一条水平线，最后根据这两条线交点的位置就可确定其显微组织。如图1所示，交点“*a*”落在了A区间，说明含碳量为0.6%的钢在1000℃下处于单相奥氏体状态。

2. 分析碳钢和铸铁的平衡相变过程及室温平衡组织

下面以含1.2%C的钢为例说明这种应用，从横坐标为1.2%C的点向上作一条直线(图2.39)一直达到液态(L)区，再沿着这条线自上而下观察，从垂线所穿过的相区便可以看出，在平衡条件下合金从液态缓慢冷至室温时的相变过程及室温平衡组织。当液态合金L冷至①点时，开始自L中结晶出A，至②点时结晶完毕，全部形成A。温度继续下降，在②～③点之间A不变。温度达到③时，由于溶解度的减小，从A中析出Fe_3C_{II}，随着温度的降低，Fe_3C_{II}的量越来越多。至④点时，即理论温度为727℃，剩余A的含碳量达到0.77%，从而发生共析转变生成P。从727℃冷至室温的过程中，P中的F会由于溶解度的减小要从中析出Fe_3C_{III}，但Fe_3C_{III}的量很少通常可忽略，因而含碳量为1.2%的钢在室温下的平衡组织为$P+Fe_3C_{II}$。其结晶过程可以表示为：$L \rightarrow L+A \rightarrow A \rightarrow A+Fe_3C_{II} \rightarrow P+Fe_3C_{II}$。

由相图可知，含碳量在0.77%～2.11%之间的合金的结晶过程都是这样，而且它们室温下的平衡组织也都是$P+Fe_3C_{II}$，只不过含碳量越高，组织中Fe_3C_{II}的量越多。这类合金就称为过共析钢。

3. 为选材提供参考

铁碳合金中的含碳量对其显微组织及性能有决定性的作用，因此应根据生产中的需要选用不同的铁碳合金。由铁碳合金相图可知，钢(<2.11%C)的室温平衡组织中都有珠光体，因而其力学性能比铸铁好，广泛用来制造工程结构件或机械零件；而铸铁在液态结晶过程中都有共晶转变，故铸造性比碳钢好，可以用来制造形状、结构复杂或不受冲击的耐磨铸件。在过共析钢中，随着含碳量的增加，组织中网状Fe_3C_{II}的量增多，使钢的脆性增加，强度降低，因而实际应用中钢的含碳量没有达到2.11%，为保证钢有一定的综合机械性能，工业生产中碳钢的含碳量不超过1.35%。

随着生产技术的发展，对钢铁材料的要求更高，可在碳钢中加入合金改变共析点的位置，从而提高钢的硬度和强度。在材料研制中，铁碳合金相图仍可作为预测其组织的基本依据。

4. 估算碳钢和铸铁铸造熔化加热温度

在铸造工艺中，须把合金加热融化，即要加热达到相图上的液态区间(L区)，因此可以根据相图上的液相线(*ACD*线)确定碳钢和铸铁的浇注温度，为制定铸造工艺提供基础数据。由铁碳相图可知，共晶成分的合金(4.3%C)结晶温度最低，其凝固温度间隔最小(为零)，故流动性好，体积收缩小，易获得组织致密的铸件。此外，越接近共晶成分的合金，其液相线与固相线(*ACD*与*AECF*线)间距离越小，即结晶温度范围越小，从而合金的流动性好，有利于浇注，也就是越接近共晶成分的合金其铸造性越好。所以在铸造生产中，接近于共晶成分的铸铁得到较广泛的应用。

钢的铸造性不如铸铁，其流动性较差，收缩性较大，容易产生分散缩孔和偏析，且铸件内应力大，容易产生变形和开裂。但从相图可以看出，含碳量在0.15%～0.60%范围内的合金，液、固相线间的距离较小，结晶温度范围较窄，铸造性能相对较好，因而铸钢件的含碳量一般在0.15%～0.60%之间。由相图还可看出，钢的铸造熔化加热温度比铸铁要高得多。

5. 估算碳钢锻造加热温度

锻造是利用材料的塑性变形来成形的一种工艺，锻造加热的目的也正是为了提高材料的塑性。由铁碳相图可知，含碳量小于2.11%的铁碳合金在较高温度下可得到单相奥氏体，即*AESG*区间，利用奥氏体的塑性好、变形抗力小，碳钢锻造时易于成形。

利用铁碳合金相图可以确定碳钢锻造时的加热温度，一般始锻温度控制在固相线(*AE*线)以下100～200℃，以利于充分地塑性变形。终锻温度，对亚共析钢，一般应稍高于*GS*线，即控制在奥氏体区内；

对于过共析钢，则选择在 ES 线与 PSK 线之间的温度范围，目的是利用变形时的机械作用击碎网状的 Fe_3C_{II}，一般为 800～850℃。

6. 估算热处理加热温度

热处理工艺与铁碳合金相图有着更为直接的关系。根据对工件材料性能要求的不同，各种不同热处理方法的加热温度都是参考铁碳合金相图制定的。

7. 分析碳钢的淬透性。

淬透性是指钢接受淬火的能力，也可以理解为钢在淬火时获得马氏体组织的能力，通常用钢在淬火时获得的淬硬层深度来表示。淬透性是钢的一个重要工艺性能指标，例如，要求截面性能一致的零件，应选用淬透性高的材料；淬透性好、容易获得马氏体组织的钢，淬火时可选用冷却能力较弱的淬火介质，从而避免产生过大的淬火应力。

由相图上 GS、ES 的位置说明：在亚共析钢范围内，含碳量越高，过冷奥氏体越稳定，C 曲线(奥氏体等温转变曲线)越靠右，从而淬透性越好；而过共析钢则相反，即随着含碳量的增加，过冷奥氏体稳定性减小，C 曲线左移，淬透性变差。由以上分析可知，越接近共析成分的碳钢，淬透性越好。

二、使用铁碳合金相图应注意的两点问题

1. 铁碳合金相图反映的是平衡条件下铁碳合金的组织状态。平衡指的是非常缓慢加热或冷却，或者在给定温度下长期保温，而相图没有反映时间的作用。在生产实践中，当冷却速度较快时，合金的临界点及其冷却后的组织与相图中所表示的不同。

2. 铁碳合金相图只反映铁碳二元合金系中相的平衡关系。生产实践中使用的铁碳合金，除含铁、碳两种元素外，尚有其他多种杂质或合金元素，这些元素对相图将有所影响，应予考虑。

资料来源：李香琪. 铁碳合金相图的几点应用 [J]. 科技信息(学术研究)，2008(36).

根据以上案例所提供的资料，试分析：

1) 由材料中所给的铁碳合金相图的应用中，可确定那些工艺参数?

答：根据铁碳合金相图可估算：碳钢和铸铁铸造的熔化温度和出炉温度，碳钢的热处理加热温度，碳钢的锻造温度范围等。

2) 根据铁碳合金相图，在钢铁的选材方面说明了什么?

答：含碳量对铁碳合金显微组织及性能有决定性的作用。由铁碳合金相图可知：①钢(＜2.11%C)的室温平衡组织中都有珠光体，因而其力学性能比铸铁好；在过共析钢中，随着含碳量的增加，组织中网状 Fe_3C_{II} 的量增多，使钢的脆性增加，强度下降；在亚共析钢中，随着含碳量的增加，组织中珠光体的量增多，使钢的强度增加，塑性降低。因而实际应用中，为保证钢有一定的综合机械性能，工业生产中碳钢的含碳量不超过 1.35%。因此，钢广泛用来制造工程结构件或机械零件。②铸铁在液态结晶过程中都有共晶转变，故其铸造性(含碳高、熔点低、结晶温度间隔小等)比碳钢好，可用来制造形状、结构复杂或不受冲击的各类铸铁件。③随着生产技术的发展，对钢铁材料的要求更高，可在碳铁中加入合金从而改变其强度、硬度和其他性能。因此，在材料研制中，铁碳合金相图仍可作为预测其组织的基本依据。

3) 分析哪个成分的铁碳合金其结晶温度间隔最小? 哪个成分的结晶温度间隔最大?

答：结晶温度间隔最小的是含碳 4.3%的铁碳合金即共晶成分，最大的是含碳 2.1%。

2.3 材料的组织与性能

在金相显微镜下看到的材料内各相的数量、大小、分布及形态的微观形貌叫显微组织(简称组织)，材料的组织取决于其成分及工艺过程。

2.3.1 金属材料的组织与性能

金属材料的组织与力学性能之间存在着紧密的联系。

如 Fe－C 相图中的平衡组织，其为不同形态的较软韧的铁素体和硬而脆的 Fe_3C 两相组成，其含碳量对力学性能的影响如图 2.40 所示。从相图可知，随着含碳量的增加，其硬脆相 Fe_3C 的数量一直呈直线增加，铁素体数量减少，导致硬度也呈直线增加，说明硬度指标对组织形态不敏感，同时塑性及韧性明显下降。其中的珠光体的数量也先是随着含碳量的增加而增加，到 $w_C=0.77\%$时全部变为珠光体，之后因碳的增加而析出网状的 Fe_3C_{II}，这样就导致了强度先增加再降低的现象。显然，网状的 Fe_3C_{II} 对钢的强度指标影响很大。对存在粗大网状 Fe_3C_{II} 的钢采取正火加球化退火后，使 Fe_3C 呈球状分布，对基体的割裂作用大大降低，应力集中程度减小，则钢的韧性大为增加，且利于切削加工。如硬脆相呈细小弥散分布于韧性基体中，则产生所谓弥散强化。

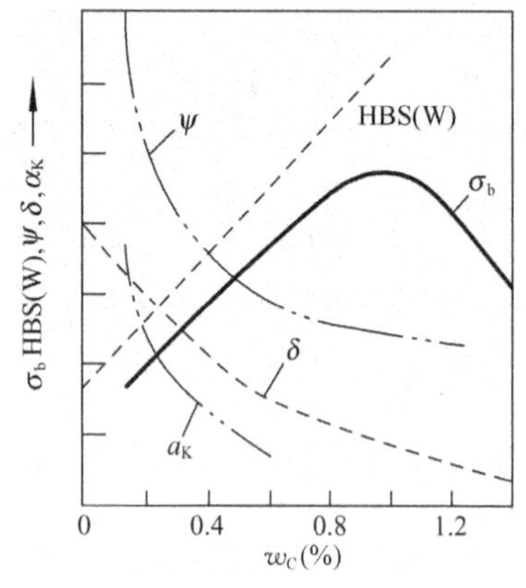

图 2.40 含碳量对力学性能的影响

当铁碳合金的含碳量超过 2.11%时，则形成以 Fe_3C 为基体的莱氏体 Le，性能硬而脆。纯铁经变形度为 80%的冷拔变形后，晶粒被拉长变形，位错密度等晶体缺陷增多，其顺纤维方向的抗拉强度从 180MPa 提高到 500MPa，产生加工硬化，并形成所谓纤维组织，并使导电性、耐蚀性降低，产生各向异性。

合金在固态下由一个固相组成时称为单相合金，由两个以上固相组成时称为多相合金。由于多相组织间性能的协调性和互补性，多相组织合金较单相组织合金通常有更高的综合力学性能。

如前所述，晶粒或组织的细化可增加晶界，使常温下的强硬度增加；同时因细晶粒的应力集中小，变形更均匀，使塑性更好，这就是所谓细晶强化。

此外，材料呈非晶态的组织、过冷的组织、及过饱和的组织状态时，性能会有较大的差异；但是，像非晶态的组织、过冷的组织、过饱和的组织、加工硬化组织以及细化组织状态因高能量而使高温下不稳定，热强度下降。

显然，若合金的成分相同而组织不同，则其性能相差会很大；因化学成分的不同，导致显微组织的改变并使力学性能发生明显的变化；说明成分—组织—性能三者之间存在着互相依赖、互相影响的因果关系。

2.3.2 陶瓷和高分子材料的组织与性能

1. 陶瓷材料的组织与性能

如前所述，陶瓷材料的许多性能既取决于它的化学矿物组成，也与它的显微组织密切有关，其组成相可分为固溶体和化合物两大类，但其具体内容和组织组成物要比金属的金相组织复杂得多。陶瓷材料中除了晶体相外，还有非晶体的玻璃相和气相，它们对陶瓷材料的性能均起重要的作用。

陶瓷材料通常由多种晶体组成，有主晶相、次晶相及第三晶相等。主晶相的性能往往标志着陶瓷的物理化学性能。如刚玉陶瓷具有机械强度高、电绝缘性能优良、耐高温、耐化学腐蚀等优良性能，其原因在于主晶相为 A_2B_3 型(刚玉型)的 Al_2O_3，其晶体结构紧密，离子键结合强度高。

玻璃相对陶瓷的性能也有不利的影响。由于其组成不均匀，会使材料的物理、化学性能不均匀；玻璃相的机械强度比晶相低一些，热稳定性也差一些，在较低温度下便开始软化。鉴于上述原因，在对陶瓷材料的机械、化学及电性能要求较高的情况下，应尽可能减少玻璃相的数量或改变玻璃相的组成，以改善性能。

陶瓷材料的性能与气孔的含量、形状、分布有着密切的关系。气孔使陶瓷材料的强度、密度、导热率、抗电击穿强度下降，介电损耗增大等。

2. 高分子材料的组织与性能

聚合物的性能与其聚集态有密切的联系。晶态聚合物，由于分子链规则排列而紧密，分子间吸引力大，分子链运动困难，故其熔点、相对密度、强度、刚度、耐热性和抗熔性等性能好，但透明度降低；非晶态聚合物，由于分子链无规则排列，分子链的活动范围大，故其弹性、延伸率、韧性及透明等性能好。部分结晶聚合物性能介于上述二者之间。随着结晶度增加，熔点、相对密度、强度、刚度、耐热性、抗熔性及化学稳定性均提高，而弹性、延伸率、韧性、透明性则降低。

线型(含支链型)高聚物一般是可溶可熔的，有较高弹性及热塑性，可反复使用。而体型高聚物则具有较好耐热性、难溶性，较高的硬度和热固性(不溶不熔)，但弹性、塑性低，易老化，不可反复使用，且随交联密度的增加，弹性下降，而硬度增加(如硫化橡胶)。

习 题

简答题

2-1 常见的金属晶格有哪几种？各有何特性？

2-2 线型与体型高分子材料的性能特点是什么？

2-3 晶体缺陷有哪些？可导致那些强化？

2-4 与固溶体相比较，金属间化合物的结构和性能具有什么特点？

2-5 控制液体结晶时晶粒大小的方法有哪些？

2-6 共晶相图和共析相图有什么相同和不同之处？

2-7 一般陶瓷材料中存在哪几种相？各个相对陶瓷的性能有何影响？

2-8 在铁碳合金中主要的相是哪几个？可能产生的平衡组织有几种？它们的性能有什么特点？

思考题

1. 铁-碳相图反映了平衡状态下铁碳合金的成分、温度、组织三者之间的关系，回答：

(1) 随碳质量百分数的增加，铁碳合金的硬度、塑性是增加还是减小？为什么？

(2) 过共析钢中网状渗碳体对强度、塑性的影响怎样？

(3) 钢有塑性而白口铁几乎无塑性，为什么？

(4) 哪个区域的铁碳合金熔点最低？哪个区域塑性最好？

2. 简述 $w_c=0.4\%$ 的钢从液态冷却到室温时的结晶过程及组织转变。

第3章 改变材料性能的主要途径

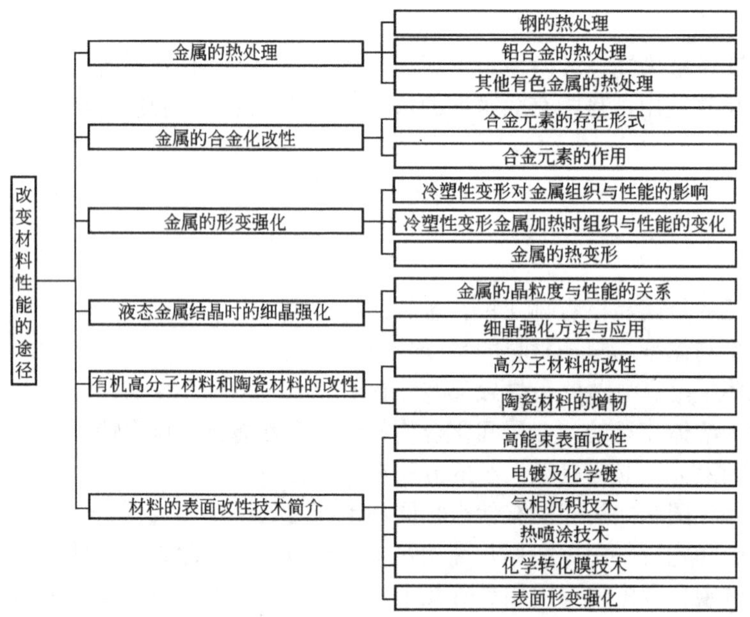

本章学习目标与要求

▲ 掌握普通热处理工艺、目的，工件处理后的组织、性能及应用；
▲ 掌握合金化改性或强化金属材料的原理；
▲ 熟悉 TTT 和 CCT 曲线分析不同冷速(不同热处理条件)下的转变产物、组织特征及性能特点；表面热处理的特点、目的，工件处理后的组织、性能及应用；
▲ 了解金属材料形变强化的原理，冷、热塑性变形对金属材料的性能影响及特点；
▲ 了解细晶强化、有机高分子材料和陶瓷材料的改性、材料表面改性的概念和特点。

导入案例

1. 热处理发展史

1) 古代的热处理

材料热处理在中国有悠久的历史。与世界其他地区相比，中国古代热处理技术的发展有明显的区域特色，在某些方面中国的热处理技术落后于其他地区，但也有许多发明和技术在世界热处理史上处于遥遥领先的地位，其中不少成果还传播到了世界各地，对世界热处理技术的进步起到了直接的促进作用。

我国材料热处理技术的发展，同其他技术类似，传统的热处理技术经历过从萌芽、建立、发展、鼎盛到衰弱，最后是现代技术的引入、消化和发展的过程。

2) 现代热处理进展

热处理是机械工业中的一项十分重要的基础工艺，对提高机电产品内在质量和使用寿命，加强产品在国内外市场竞争能力具有举足轻重的作用。但是人们认识到这一点却花了相当长的时间和很大的代价。由于热处理影响的是产品的内在质量，它一般不会改变制品的形状，不会使人直观地感到它的必要性，弄不好还会严重畸变和开裂，破坏制品的表面质量和尺寸精度，致使制造过程前功尽弃。所以在我国的制造业中长期存在着“重冷(冷加工)轻热(热加工)”现象，以致这个行业一直处于落后状态。

我国的热处理产业起源于20世纪50年代初苏联援建的156项企业。其中的机械工厂都设热处理车间和工段。一些高等工科学校经过院系调整后、创建了包括在机械制造工艺系中的热处理专业，于1954—1956年培养出了第一批专科和本科的热处理专业正式毕业生。50年代末至60年代初还有从苏联学习归来一批热处理专业的留学生。由此，从人才培养、研究与开发，生产技术的革新和设备制造等方面初步形成了一个较完整的专业体系。

2. 刀具的表面涂层技术

涂层技术的改进使得刀具涂层的方法不断进步且日趋复杂化和多样化。同时，刀具涂层的种类也不断更新，从单一的金属氮化物涂层到二元合金氮化物涂层，再朝着多元(层)合金复合氮化物涂层发展。

刀具的表面涂层技术

螺纹切削(滚制)刀具表面涂层技术是近20年发展起来的材料表面改性技术。由于我国的紧固件行业获得了空前发展的机遇，对于螺纹加工的要求日趋提高，为此，高速、高效、环保已成为紧固件加工所追求的目标。如滚制加工硬度不小于40HRC的高强度螺纹，而螺纹切削(滚制)刀具成了提升紧固件技术水平的关键之一。超硬氮化物涂层既可有效延长螺纹切削(滚制)刀具的使用寿命，又能发挥它"超硬、强韧、耐磨、自润滑"的优势，因此得到快速健康的发展。

资料来源：张先鸣．刀具的表面涂层技术 [J]．现代零部件，2009(4)．

3．材料表面激光合金化

激光表面合金化是金属材料表面改性的一种新方法，它是利用高能激光束将基体金属表面熔化，同时加入合金化元素，在以基体为溶剂，合金化元素为溶质基础上形成一层浓度相当高、且相当均匀的合金层，从而使基体金属表面具有所要求的耐磨损、耐腐蚀、耐高温抗氧化等特殊性能。激光表面合金化能够在一些价格便宜、表面性能不够优越的基体材料表面上制出耐磨损、耐腐蚀、耐高温抗氧化的表面合金层，用于取代昂贵的整体合金，节约贵重金属材料和战略材料，使廉价基体材料得到广泛应用，从而使生产成本大幅下降。

与常规热处理相比，激光表面合金化能够进行局部处理，而且具有工件变形小、冷却速度快、工作效率高、合金元素消耗少、不需要淬火介质、清洁无污染、易于实现自动化等优点，具有很好的发展前景。目前，激光表面合金化研究领域不仅限于低碳钢、不锈钢、铸铁，而且还涉及钛合金、铝合金等有色金属。

资料来源：李贵江，许长庆等．材料表面激光合金化研究进展 [J]．铸造技术，2008(8)．

材料的性能是由其化学成分和内部组织结构决定的，改变材料的成分或采用不同的加工处理工艺来改变其组织结构，是工程上改变材料性能的主要手段。

3.1 金属的热处理

热处理是通过加热和冷却固态金属的操作方法来改变其内部组织结构，以获得所需性能的一种工艺。

由于金属材料(尤其是钢铁)在加热与冷却过程中内部组织结构发生了各种类型的变化的缘故，可以用热处理方法较大幅度地调整与改变工件的使用性能和工艺性能，而且还是提高加工质量、延长工件和刀具使用寿命、节约材料、降低成本的重要手段。所以，机械、交通、能源以及航空航天等工业部门的大多数零部件和一些工程构件，都需要通过热处理来提高产品质量和性能。例如，机床工业60%～70%的零件，汽车、拖拉机70%～80%的零件，飞机的几乎全部零件都要经过热处理。

热处理是一种重要的金属改性工艺，它可分为对工件进行整体穿透性加热以改善整体组织性能的整体热处理，仅对工件表层进行热处理以改变表层组织性能的表面热处理，以及在一定温度及介质环境下渗入某些元素，以改变表层的成分和组织性能的化学热处理三大类。

热处理方法虽多，但任何一种热处理都是由加热、保温和冷却三个阶段组成的，因此热处理工艺可以用"温度-时间"曲线图表示，如图3.1所示。

热处理与其他热加工工艺(如铸造、压力加工等)的区别是不改变工件的形状，通过改变内部组织结构来改变性能。一般而言，热处理只适用于固态下可相变、溶解度可变，或处于不稳定的结构状态，或表面可渗入其他元素的材料。

此外，由热处理工艺在零件生产工艺流程中的位置和作用的不同，又分赋予零件最终使用状态及性能的最终热处理，以及为改善毛坯或半成品件的组织性能，或为最终热处理及其他终加工处理作好组织准备的预备热处理等。

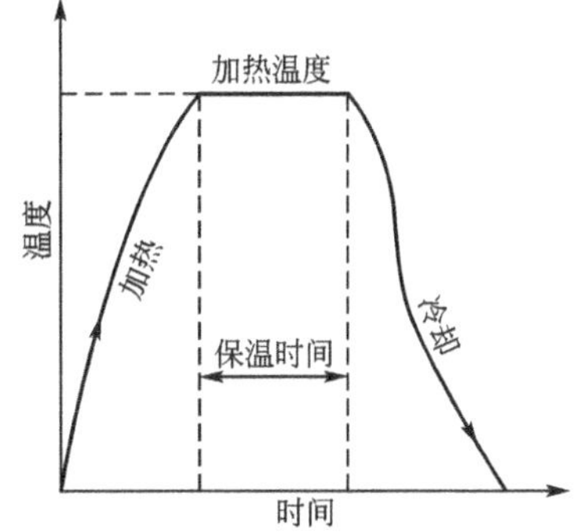

图 3.1 热处理基本工艺曲线

金属材料中的钢铁材料是各类机械装备上最重要的结构材料，下面主要介绍钢的热处理。

3.1.1 钢的热处理

1. 钢的热处理原理

钢的热处理原理主要是利用钢在加热和冷却时内部组织发生转变的基本规律，根据这些基本规律和要求来确定加热温度、保温时间和冷却介质等有关参数，以达到改善钢质材料性能的目的。

1) 钢在加热与冷却时的组织变化

(1) 钢在加热时的组织转变。

① 奥氏体的形成过程。以共析碳钢为例，其室温平衡组织由铁素体(F)和渗碳体(Fe_3C)两个相组成的珠光体，根据 $Fe-Fe_3C$ 相图左下角(图 3.2)，将共析钢加热到 A_1 以上温度后，珠光体处于不稳定状态，将发生转变，即：

$$P(F + Fe_3C) \longrightarrow A$$

0.02%C　6.69%C　0.77%C

体心立方　复杂晶格　面心立方

共析钢奥氏体形成(又称奥氏体化)过程如图 3.2 所示，也是新相的形核、长大的过程，是共析转变的逆转变过程。

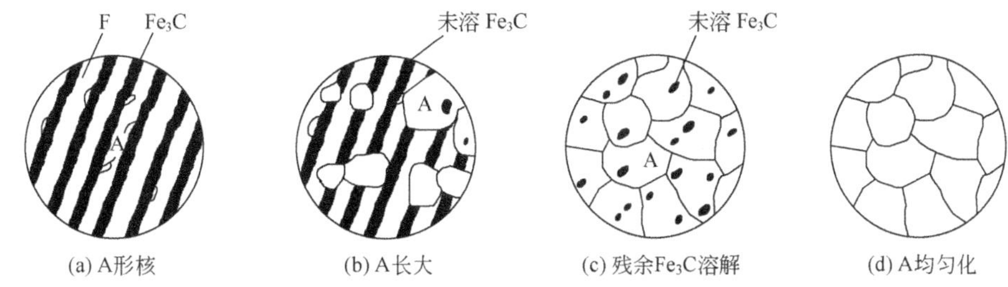

(a) A形核　(b) A长大　(c) 残余Fe_3C溶解　(d) A均匀化

图 3.2 共析钢奥氏体形成过程示意图

首先，在铁素体与渗碳体的交界处产生奥氏体晶核(图 3.2a)，这是由于 F/Fe_3C 相界面上原子排列不规则以及碳浓度不均匀，为优先形核提供了有利条件，既有利于铁的晶格由体心立方变为面心立方，又有利于 Fe_3C 的溶解及碳向新生相的扩散；其后，就是奥氏体晶核长大的过程，也就是 α－Fe→γ－Fe 的连续转变和 Fe_3C 向奥氏体的不断溶解(图 3.2b)。实验表明，在奥氏体长大的过程中，铁素体比渗碳体先消失，因此在奥氏体形成之后还有残余渗碳体不断溶入奥氏体(图 3.2c)，直到渗碳体全部消失。继续加热或保温奥氏体中含碳量逐渐均匀化(图 3.2d)，最终得到细小均匀的奥氏体。

在钢的热处理中，加热和保温的目的就是使工件内获得成分均匀、晶粒细小的奥氏体组织。

而对于亚共析钢(F＋P)和过共析钢(P＋ Fe_3C_{II})，在加热到 A_1 偏上温度时，先是其中的珠光体转变为奥氏体，在继续升温过程中余下的铁素体或二次渗碳体会继续向奥氏体转变或溶解，只有加热温度超过 A_3 或 A_{cm} 后，才能全部转变或溶入奥氏体。特别是过共析钢，在加热到 A_{cm} 以上全部得到奥氏体时，因为温度较高，且含碳量多，使所得的奥氏体晶粒明显粗大。

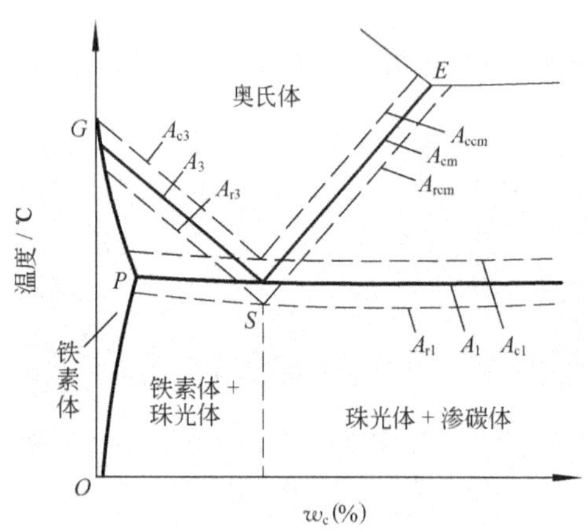

图 3.3　加热和冷却时 $Fe-Fe_3C$ 相图上各临界点的位置

② 影响奥氏体转变的因数及晶粒大小的控制。应该指出，在 $Fe-Fe_3C$ 相图中 A_1、A_3、A_{cm} 是平衡时的转变温度(称为临界点)线，在实际生产中加热速度比较快，因此相变的临界点要稍高一些，分别以 A_{c1}、A_{c3}、A_{ccm} 表示，其差值称为过热度；同理，冷却时分别以 A_{r1}、A_{r3}、A_{rcm} 表示，其差值称为过冷度，如图 3.3 所示。加热越快，转变温度越高；冷却速度越快，转变温度越低。

珠光体向奥氏体的转变刚完成时，奥氏体的晶粒是比较细小的，此时晶粒的大小称为起始晶粒度。由于晶粒的长大是晶界能降低的过程，符合能量最低的原理，所以高温下奥氏体晶粒的长大是一个自发的过程。如果在奥氏体形成后继续升高温度或者延长保温时间，就会得到进一步长大的奥氏体晶粒，高温下奥氏体晶粒的大小(即实际晶粒度)直接影响冷却以后材料的组织及性能。奥氏体晶粒越大，冷却后的组织越粗大，使钢的力学性能尤其是冲击韧性变坏。

由于在相变温度 A_1 以上奥氏体的形成过程是通过铁原子和碳原子的扩散进行的，是一种扩散型相变，所以，影响原子扩散的因素都会影响奥氏体的形成过程。

a. 加热温度越高、原始晶粒越细(即晶界多)，则奥氏体的形成和长大速度越快，晶粒越粗。

b. 加热速度越快，使转变时的过热度越大，则奥氏体的形核速度越快，所得起始晶粒越小。

c. 含有 Cr、Mo、V、Ti、Nb 等碳化物形成元素时则阻碍扩散，减慢转变，阻碍长大。

d. 钢中 Fe_3C 多而细，则 Fe_3C 与铁素体的相界面就多，利于奥氏体的形核和长大。

e. 保温时间越长，晶粒不断长大，但长大速度会越来越慢。

③ 奥氏体转变的应用。在工程上奥氏体化是对钢材进行多种热加工处理的必要步骤。

例如，钢材锻造必须在高温奥氏体区(950～1150℃)进行；欲通过热处理使零件得到强化，首先要加热到奥氏体相区；中、高碳钢为便于切削加工，常采用奥氏体化加缓慢冷却的工艺；为使某些元素(如C、N、B等)渗入钢铁表层，也多在奥氏体相区进行；采用高频感应电流快速加热，奥氏体的形成只需几秒，而晶粒明显细化等。

2）钢在冷却时内部组织的变化

绝大多数钢件的使用是在常温下，钢件经上述加热保温后需进行冷却，以获得所需组织及性能。

钢的常温性能不仅与加热时获得的奥氏体晶粒大小、化学成分均匀程度有关，更与奥氏体冷却转变后的最终组织有关。冷却方式有两类：一类是将奥氏体急冷到 A_1 以下某一温度，在此温度进行等温转变后再冷到室温，如图 3.4 所示；另一类是将奥氏体在连续冷却条件下进行转变，如图 3.10 所示。无论采用何种冷却方式，关键是奥氏体在什么温度下进行什么样的组织转变。

(1) 共析碳钢的等温转变。当奥氏体过冷到临界点 A_1(即共析线)以下时，就变成不稳定状态的过冷奥氏体，随过冷度 ΔT 不同，过冷奥氏体将发生三种类型的组织转变，如图 3.4 所示。

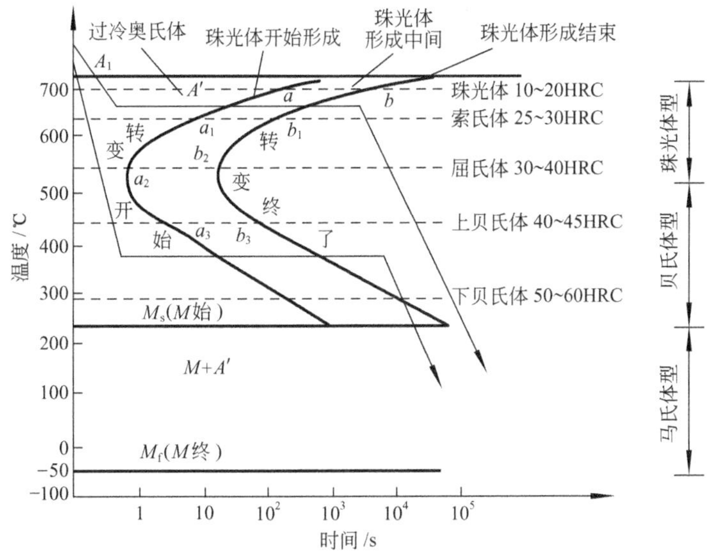

图 3.4 共析钢的奥氏体等温转变曲线——C曲线

奥氏体等温转变曲线(又称C曲线或TTT曲线)综合反映了转变产物与转变温度、时间之间的关系。图中两条C形曲线将过冷奥氏体转变分成三个区域：转变开始曲线以左为未转变的过冷奥氏体区，此曲线到温度坐标的距离对应不同温度下过冷奥氏体的孕育期；两曲线之间为过冷奥氏体转变区(或过冷奥氏体和转变产物的共存区)；转变终了曲线意味着过冷奥氏体转变结束，其右边对应不同的转变产物，图中 M_s、M_f 分别是过冷奥氏体转变为马氏体的开始和终止温度。

550℃处俗称C曲线的“鼻尖”，其“C”形的形状特征是由于不同过冷度下原子的扩散难易程度与奥氏体的不稳定趋势(即相变驱动力)综合作用的结果。

① 珠光体型转变。A_1～550℃为珠光体转变区(P区)，奥氏体分解为铁素体和渗碳体

相间的片层状组织，它是靠 Fe 与 C 原子长距离扩散迁移，铁素体和渗碳体交替形核长大而形成的，为全扩散型转变，如图 3.5 所示。稍低于 A_1 的等温转变产物的片层间距较大，而随着转变温度的下降，原子扩散减慢，过冷度加大，过冷奥氏体稳定性变小，孕育期变短，而形核率增大，使转变产物也变细。P 区产物按转变温度的高低分别称为珠光体 P（A_1～650℃）、索氏体 S(650～600℃)和屈氏体(或托氏体)T(600～550℃)。这三种组织仅片层粗细不同，并无本质差异，片层越细，硬度、强度越高，它们统称为珠光体类型转变组织。

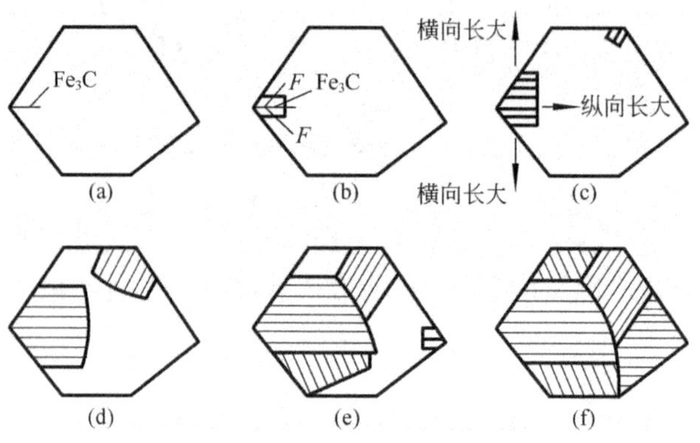

图 3.5　片状珠光体的形成过程示意图

② 贝氏体型转变。从 550℃到 M_s 的范围内，过冷奥氏体发生贝氏体转变(B 区)。由于等温转变温度较低，Fe 几乎不扩散，仅 C 原子作短距离扩散，故转变产物的形态、性能及转变过程都与珠光体不同，是含过饱和碳的铁素体和渗碳体的非片层状混合物，为半扩散型转变。按组织形态的不同，将贝氏体分为上贝氏体($B_{上}$)和下贝氏体($B_{下}$)。

共析钢的 $B_{上}$ 在 550～350℃形成，是自原奥氏体晶界向晶内生长的稍过饱和铁素体板条，具有羽毛状的金相特征，条间有小片状的 Fe_3C。而在 350～240℃形成的 $B_{下}$，其典型形态是呈一定角度的针片状更过饱和铁素体与其内部沉淀的超细小不完全碳化物($Fe_{2.4}C$)片粒，在光学显微镜下常呈黑色针状形态，如图 3.6 所示。

(a) 上贝氏体形态

(b) 下贝氏体形态

图 3.6　上贝氏体、下贝氏体的形态

下贝氏体的铁素体针细小，过饱和度更大，碳化物弥散度大，所以韧性、硬度更高些。

③ 马氏体型转变。C曲线图低温区的两条水平线 M_s、M_f 之间是一个特殊转变范围——马氏体转变区域(M区)。由于转变温度如此之低，原子已不能进行迁移，只能进行无扩散型相变，母相成分不变，得到所谓的马氏体组织，相变速度极快。马氏体实质上是含有大量过饱和碳的 α 固溶体(也可近似看成含碳极度过饱和的针或条状铁素体)，产生很强的固溶强化。

马氏体转变是在一定的温度范围内进行的，共析钢的M转变约在240～－50℃进行。随着温度不断降低，M 转变量不断增加，但是即使冷却到马氏体转变终了温度 M_f 点，也不能使所有奥氏体都转变成马氏体，总有少量的剩余，称为残余奥氏体(A′)。钢中的碳含量越高，则A′数量越多，共析钢的A′可达到5%～8%。M组织中少量的A′(≤10%)不会明显降低钢的硬度，反而可以改善钢的韧性。

在钢中马氏体有板条马氏体和针状马氏体两种形态(图3.7)。马氏体的形态主要取决于含碳量：低于0.20%时，为板条马氏体，也称低碳马氏体或位错马氏体，大多较强韧；高于1.0%时，则为针状马氏体，也称高碳马氏体或孪晶马氏体，大多硬而脆；在0.2%～1.0%时，为两者的混合组织。显然钢中的碳含量越多，则所得的马氏体硬度越高，但残余奥氏体量也增多，综合结果使硬度趋于恒定。实验表明，合金元素对马氏体的硬度影响不大，但使强度升高。

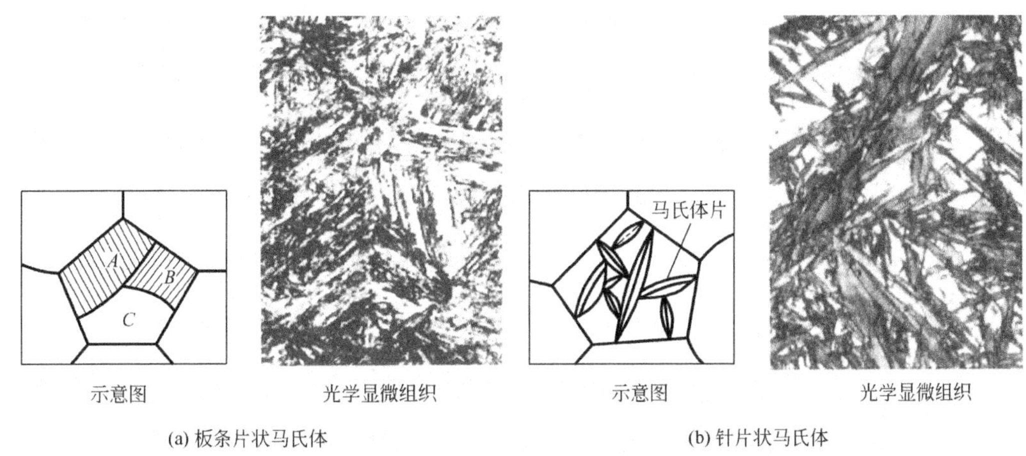

(a) 板条片状马氏体　　(b) 针片状马氏体

图3.7　马氏体的两种形态

马氏体是一种铁磁相，而奥氏体是一种顺磁相。当奥氏体变为马氏体时，体积会膨胀，产生较大的相变应力。

马氏体强化又叫相变强化，实为固溶强化、细晶强化、位错强化的综合结果。

上述三种类型的等温转变组织特征的比较还可参见表3-1。

表3-1　共析碳钢不同组织及性能的比较

	珠光体	索氏体	屈氏体	上贝氏体	下贝氏体	马氏体
形成温度/℃	A_1～650	650～600	600～550	550～350	350～M_f	M_s～M_f
扩散难易	长距全扩散	中距全扩散	短距全扩散	仅碳在晶间扩散	仅碳在晶内扩散	铁、碳均不扩散

（续）

	珠光体	索氏体	屈氏体	上贝氏体	下贝氏体	马氏体
Fe_3C状态	粗	较粗	细	细且少	析出不完全细小碳化物 ε	不析出
F 状态	粗、平衡态	较粗、平衡态	细、平衡态	稍过饱和的条束	更过饱和的针	超过饱和的针、条
片层间距/μm 或组织描述	>0.4 粗层片的 $F+Fe_3C$	0.4～0.2 细层片的 $F+Fe_3C$	<0.2 极细层片的 $F+Fe_3C$	稍过饱和的 F 条+条间 Fe_3C 细粒，羽毛状	更过饱和的 F 针+F 针内分布的 ε 相，针状	超过饱和的 α 相，针状
硬度/HRC	5～20	25～35	35～40	40～45	50～60	60～65

(2) 影响奥氏体等温转变及其 C 曲线的因素。

① 碳含量。一般随奥氏体碳含量的增加，奥氏体的稳定性增大，C 曲线的位置向右移。对于过共析钢，加热到 A_{c1} 以上一定温度时，随钢中碳含量增长，奥氏体碳含量并不增高，而未溶渗碳体量增多。渗碳体作为结晶核心，能促进奥氏体分解，C 曲线左移。过共析钢只有在加热到 A_{ccm} 以上，渗碳体完全溶解时，碳含量的增加才使奥氏体稳定性增加，C 曲线右移。亚共析钢和过共析钢 C 曲线的形状与共析碳钢相似，但鼻尖位置向左移动(即奥氏体稳定性下降)，且在 C 曲线上部多出一条先共析铁素体或先共析渗碳体的析出线，另外随着过冷度的增大，先析出相(F 或 Fe_3C_{II})的数量则下降，直到被抑止为止。因此，在一般热处理加热条件下，共析钢中奥氏体最稳定，C 曲线最靠右边，亚共析钢和过共析钢的 C 曲线相对共析钢 C 曲线全部左移(图 3.8(a)、(c))。

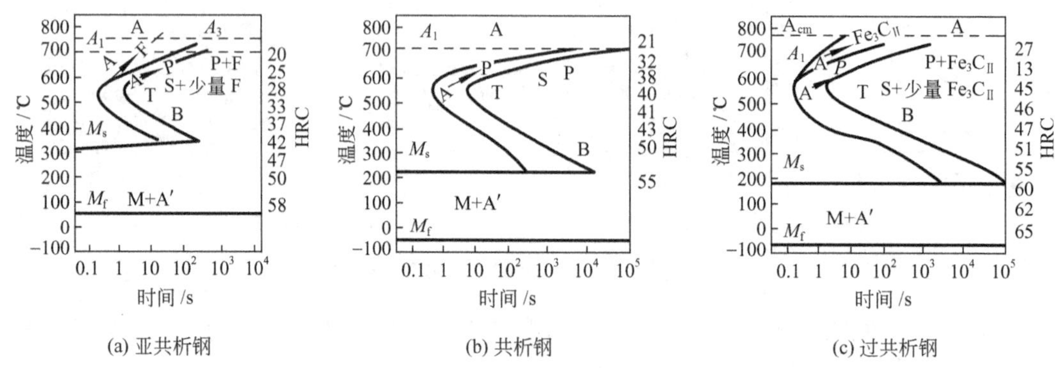

(a) 亚共析钢　　(b) 共析钢　　(c) 过共析钢

图 3.8　亚共析钢、共析钢及过共析钢的 C 曲线比较

② 合金元素。合金元素是影响 C 曲线形状和位置的重要因素，其规律为：除 Co 外，所有溶入奥氏体中的合金元素均能阻碍铁、碳扩散，延缓过冷奥氏体的分解，增大过冷奥氏体的稳定性，使 C-曲线右移，其中非碳化物形成元素 Ni、Si、Cu、B 等和弱碳化物形成元素 Mn，只改变 C-曲线的位置，而对 C 曲线的形状影响不大；碳化物形成元素 Cr、Mo、W、V、Ti 等，溶入奥氏体中，不但使 C 曲线右移，并使珠光体转变温度范围向上移，贝氏体转变温度范围向下移，曲线呈双 C 形，中间为奥氏体亚稳定区。图 3.9 为不同 Cr 含量对中、高碳钢 C 曲线的影响。多种合金元素的综合影响则更为复杂。

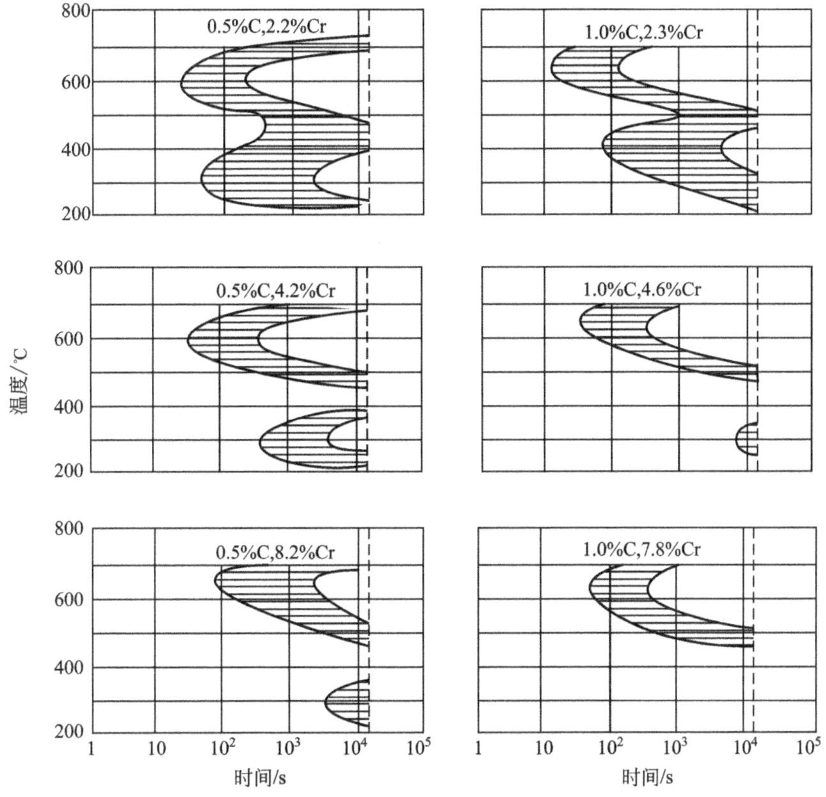

图 3.9 Cr 对 0.5%C 和 1.0%C 钢的 C-曲线的影响

与碳一样，合金元素只有溶入奥氏体后才能增强过冷奥氏体的稳定性，而未溶的合金碳化物因有利于奥氏体的分解，降低过冷奥氏体的稳定性。

③ 加热温度和保温时间。钢的加热转变温度越高，保温时间越长，则碳化物溶解越完全，奥氏体成分越均匀，晶粒越粗大，晶界面积越小，这些都有利于降低奥氏体分解时的生核率，延长转变的孕育期，C 曲线右移。

(3) 过冷奥氏体在连续冷却条件下的转变。在实际生产中，过冷奥氏体的转变大多在连续冷却条件下进行，可以测出连续冷却曲线(CCT 曲线)，该曲线远比 C 曲线复杂。钢在连续冷却过程中，只要过冷度与等温转变的过冷度相同，所得的组织与性能是类似的。因此，生产上常采用在 C 曲线上叠加冷却曲线的方法来分析钢在连续冷却条件下的组织，如图 3.10 所示。图中 KK' 为过冷 A 转变中止线。如采用油冷 v_3 时，冷却曲线进入转变开始线，则过冷 A 开始转变为屈氏体 T；温度越低，T 越多，过冷 A 越少，直到冷到 KK'线过冷 A 才停止转变为 T，此混合组织(A+T)冷到 M_S 线时，其中的过冷 A 才又开始转变为马氏体 M，但马氏体转变有不完全性，所以最终组织为(M+A′+T)。

从曲线 v_1、v_2 相应得到珠光体、索氏体。曲线 v_4 系水中冷却，冷速高于与鼻尖相切的 v_k(临界冷却速度)，避开了 P 区的转变，过冷到 M_s～M_f 范围转变为马氏体和少量残留奥氏体。就碳钢而言，连续冷却难以得到贝氏体，是因 P 转变、B 转变与 M 转变相互竞争的结果。虽然冷却曲线 v_3 与 C 曲线的 B 区相割，但因高温区的连续冷却还没有为贝氏

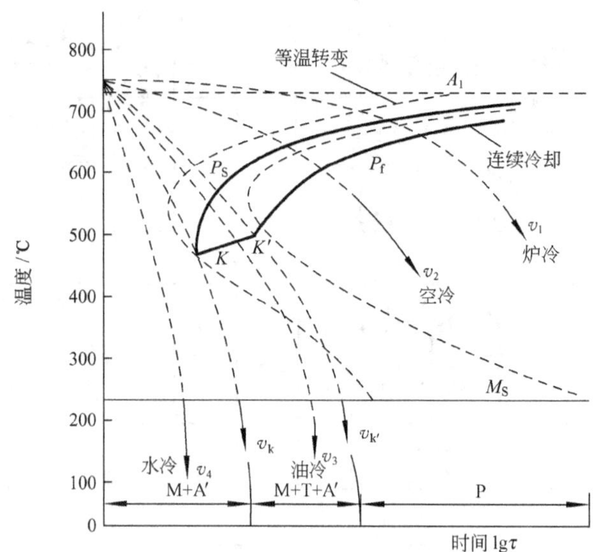

图 3.10　共析钢连续冷却转变曲线与等温冷却转变 C 曲线的比较

体转变创造足够的条件，温度就降至 M_s 点以下，实现了马氏体相变。以上分析已为实测的共析钢连续冷却转变曲线所证实。某些合金钢因其特殊的 C 曲线(图 3.9)，连续冷却时也可得到贝氏体。

奥氏体转变曲线具有重要的实用价值，常用钢材的等温和连续冷却转变曲线可在有关手册中查到。

2. 钢的整体热处理工艺

钢的整体热处理主要有退火、正火、淬火及回火。

1) 退火

退火是将金属或合金件加热到适当的温度后保温一定时间，然后缓慢冷却(通常为随炉冷却)的热处理工艺。退火后获得接近平衡状态的组织。碳钢的各种退火方法、加热温度范围及工艺曲线见图 3.11 所示。

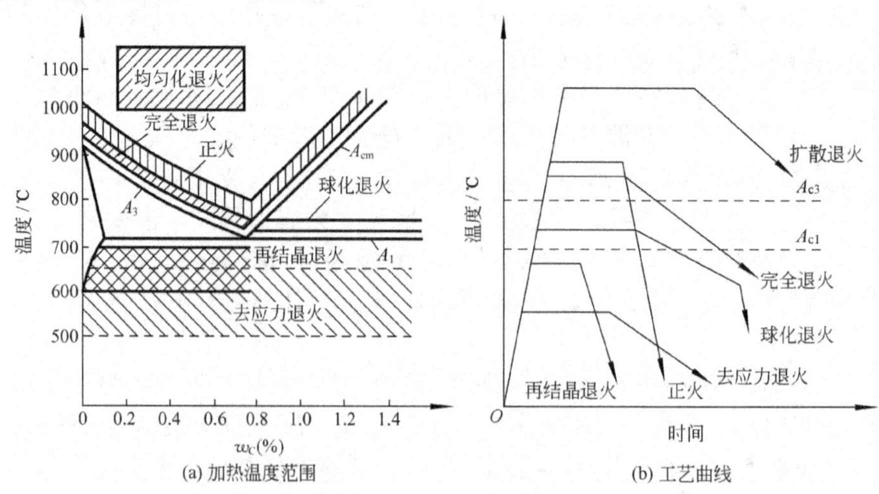

图 3.11　碳钢的退火、正火加热温度范围和工艺曲线

其中在 A_{c1} 以上的退火会因发生相变，可改变钢中的珠光体、铁素体、渗碳体的形态及分布，从而改变其性能，如降低硬度、提高塑性、细化晶粒以及消除内应力和成分偏析等。在 A_{c1} 以下的退火中，材料不发生相变，除仅针对加工硬化材料的再结晶退火会发生晶粒形态变化而使性能改变外，其余不改变晶粒形态，仅降低晶格的畸变程度或溶解的过饱和氢的浓度、消除内应力等。

钢材常用的退火方法及分类如下：

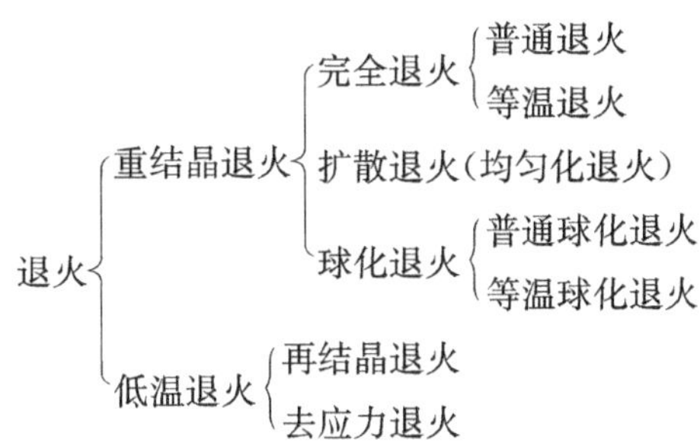

(1) 等温退火。等温退火如图 3.12 所示，将加热好的钢件较快地冷却到珠光体转变区，使之进行等温转变后再空冷，以节省时间。等温退火主要用于某些C曲线明显右移的合金钢大型铸、锻件。

(2) 球化退火。球化退火是为了使二次 Fe_3C 及珠光体中的 Fe_3C 球状化，如图 3.13 所示，以降低硬度，提高塑性，改善切削加工性等；或为获得均匀的组织，以利于随后的热处理(淬火)做好组织准备。其加热温度稍高于 A_{c1}，以便保留较多未溶碳化物粒子或较大的奥氏体中碳浓度分布的不均匀性，促进球状碳化物的形成。随炉冷却或等温冷却时，这些未溶碳化物粒子或碳的高浓度区将作为核心吸收碳原子，长大成为球粒状组织。如果亚共析钢在 A_{c3} 以上或过共析钢在 A_{ccm} 以上完全退火，由于已完全奥氏体化，冷却后亚共析钢只能得到片层状组织，而过共析钢则得网状 Fe_3C 组织。有时在稍低于 A_{c1} 的温度长时间保温，也可使片状 Fe_3C 断开，再聚集成球粒状，获得球化效果。如原始组织中有网状 Fe_3C_{II}，则球化效果差。

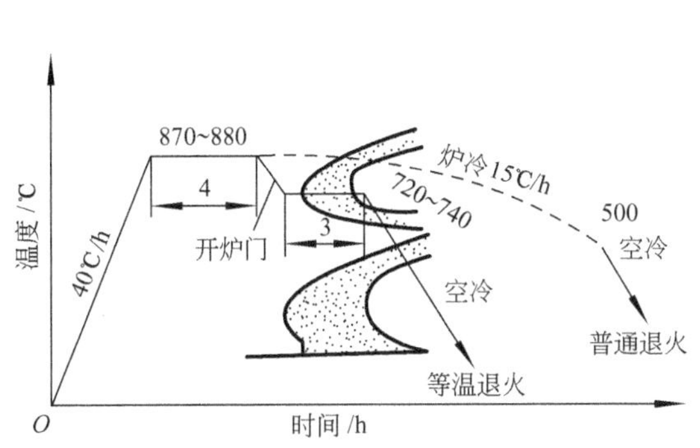

图 3.12 高速钢的等温退火及普通退火工艺曲线

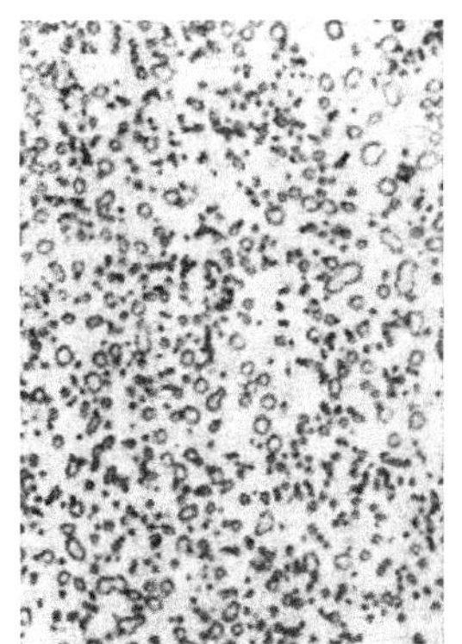

图 3.13 过共析钢球化退火后的显微组织

球化退火主要适用于共析、过共析钢的碳钢和合金钢的锻、轧件，挤压、冷镦等成形的钢件。

(3) 完全退火。为了改善热锻、热轧、焊接或铸造过程中由于温度过高而使钢件内出现的不良组织，如粗晶、魏氏组织(伴随粗晶出现的呈方向性长大的粗大铁素体)或带状组织等，使晶粒细化，提高力学性能，并降低应力和硬度，需采用完全退火。加热温度为A_{c3}+(20～50℃)，常用830～880℃加热，保温2～5h后炉冷。完全退火主要用于属亚共析钢的碳素结构钢和合金结构钢。

(4) 扩散退火。为减少金属铸锭、铸件或锻坯的化学成分和组织的不均匀性，将其加热到高温并长时间保温，使钢中的元素充分扩散，把这种工艺方法称为扩散退火，又称均匀化退火。对钢而言，具体工艺是：加热到A_{c3}以上125～150℃(常用1050～1150℃)，保温10～15h后炉冷。由于扩散退火的加热周期长、温度高，尽管钢的成分均匀了，但钢的组织因严重过热，晶粒剧烈长大，韧性、塑性较差，因而尚需经历一次完全退火或正火来细化晶粒。扩散退火耗能很大，材料烧损严重，多用于对质量要求较高的合金钢锭及铸、锻坯件。

(5) 再结晶退火。再结晶退火用于冷变形过程的中间退火，也称软化退火。主要目的是恢复变形前的组织与性能，消除加工硬化，恢复塑性，以便继续变形。再结晶退火广泛应用于冷变形加工(冷挤、冷拔、冷轧、冷弯等)和冷成形加工(如拉延件等)。退火温度为$T_{再}$+(150～250℃)，大部分钢件在600～700℃下保温1～4h空冷。压力加工铝材和铝合金常采用在390～420℃下保温2～5h的工艺，炉冷后纯铝的硬度为15～19HBS，铝合金为40～60HBS。

(6) 去应力退火。去应力退火就是将零件加热到适当温度后缓慢冷却，以消除铸件、锻件、热轧件、冷拉件等存在的内应力。去应力退火时原子只作短距离运动，没有组织变化。

不同材料的去应力退火温度稍有差别，铸铁为500～600℃，碳钢及低合金钢为550～600℃，高合金钢为600～700℃。机加工件及精密件去应力退火是在400～450℃下保温1～2h。对需要保留加工硬化效果的零件(如冷卷弹簧)，去应力退火温度可降至250～300℃。黄铜拉延件经260℃去应力退火，可避免在使用中开裂。

(7) 去氢退火。有时焊件在焊接后搁置时开裂(延迟开裂)，有些大型合金钢锻件和热轧钢坯的断口上会出现白点，这些现象与钢件在冶炼、焊接等过程中吸氢有关。如果在300～350℃进行2h去氢退火处理，上述问题就可得到解决或大大减轻。

此外，铸铁件表层及一些薄截面处，由于冷速较快，往往会产生白口(未石墨化的共晶莱氏体)，白口组织硬而脆，难以切削。消除白口的退火工艺一般为在850～950℃保温2～5h，炉冷至400～500℃后空冷。

2) 正火

正火是将钢加热到A_{c3}或A_{ccm}以上30～50℃(图3.11)，完全奥氏体化以后从炉中取出空冷的热处理工艺。正火与退火的主要区别在于冷速不同，由冷却曲线(图3.11)得知，由于冷速较快，正火后所得组织要比退火后细一些，强韧性更高，而塑性、韧性稍有下降或不降。

当w_C为0.6%时，正火组织为铁素体+索氏体，且铁素体的量要少于退火后的量，这是由于较快冷却抑制了部分先共析铁素体形成的缘故。同样，较快的冷却抑制了网状二次Fe_3C的析出，使珠光体的含量增多并细化，w_C大于0.6%时，正火组织几乎全为索氏体。

如果过共析钢锻造时的终锻温度过高，且冷却缓慢(如堆放或坑冷时)，就会在原奥氏体晶界上形成粗的碳化物网络。此外，过共析钢如果用完全退火，也会得到网状渗碳体，不仅难于切削加工，淬火时也极易变形、开裂，力学性能极差。予以消除的最有效的方法就是正火，加热到 A_{ccm} 以上 40～60℃，保温 0.5～2h 后空冷，必要时也可风冷或喷雾冷却。

因此，正火可以在一定程度上提高钢的力学性能。正火工艺简单易行，省时节能，生产率高，有时可以作为最终热处理。正火主要用于要求不高的低、中碳钢零件，改善中、低碳钢铸、锻件的性能，尤其是淬火效果不大的厚截面普通零件或有淬裂危险的复杂碳钢件，改善焊接件热影响区的组织和性能等，并可改善材料的切削性。当正火可能造成变形、开裂(如形状十分复杂的零件)或者在需要要彻底消除应力的情况，才采用退火作为最终热处理。制作低碳钢工程构件(建筑、桥梁、管道、压力容器等)时，大多采用正火或退火，而机器零件大多须经过淬火与回火热处理。

3) 淬火

将钢铁加热至高温奥氏体状态后快速冷却，使奥氏体过冷到 M_s 点以下，获得高硬度马氏体的工艺称为淬火。钢中的马氏体和下贝氏体是典型的硬化组织，马氏体强化是钢材的最有效并且经济的强化手段，淬火后通过适当的回火转变，还可调节至零件所需的性能。因此许多钢件都要进行淬火处理。

(1) 淬火原则与淬透性。一般而言，对钢铁件淬火应遵循以下原则：一是淬硬，获得尽量完全的马氏体组织；二是淬透，零件由表及里都得到马氏体组织(即表里如一)，避免非马氏体组织(尤其是索氏体、屈氏体)的形成；三是在保证淬硬的条件下，尽量使用缓和的冷却介质，以防温差过大导致的开裂。为了获得马氏体，要使钢件在400～650℃应快冷($v>v_k$，如图 3.10 所示)，避免碰上 C 曲线的“鼻尖”而产生 P 转变；但在 400℃以下应慢冷，以减轻零件的淬火变形与开裂。

应该指出，不同钢材、不同尺寸的零件，接受淬火(以获得马氏体)的能力大不相同。淬透性是钢铁材料的一种属性，它是经奥氏体化的材料接受淬火时形成马氏体多少的能力(或在相同条件下材料获得较大深度淬火马氏体的能力)。C 曲线越向右，其过冷奥氏体越稳定，则淬透性越好。淬透性可以用在某介质中钢材中心处刚好获得 50%马氏体时的试样尺寸(临界淬透直径)来衡量，采用此法有助于判断工件热处理后的淬透程度，对制订合理的热处理工艺及选材具有指导意义。

需要指出的是，淬硬(透)层深度或硬化深度与淬硬性是不同的概念。实际工件的淬硬(透)层深度是该工件在具体条件下淬火时，工件表面马氏体区到内层刚好有 50%马氏体处的深度，其与钢的淬透性、淬火介质、零件尺寸有关。而淬硬性是指淬火后钢所达到的硬度大小，主要取决于马氏体中的含碳量，而合金元素对其影响不大，但可增加其强度。

尺寸相同，但淬透性不同的零件，在截面上的力学性能存在很大差别，如图 3.14 所示。

另一方面，同样材料制成的不同尺寸的零件，在同样介质中冷却后接受淬火的能力也很不相同。截面越大，其热容量也越大，热量自钢件内部传导至表面并为淬火介质吸收、冷却所需的时间也越长，即钢件的冷却速度就越小。如图 3.15 所示，大尺寸工件表面和中心的冷却速度都较小尺寸工件缓慢，小型工件整个截面可以完全淬透，但大型工件甚至连表面都不能淬硬。

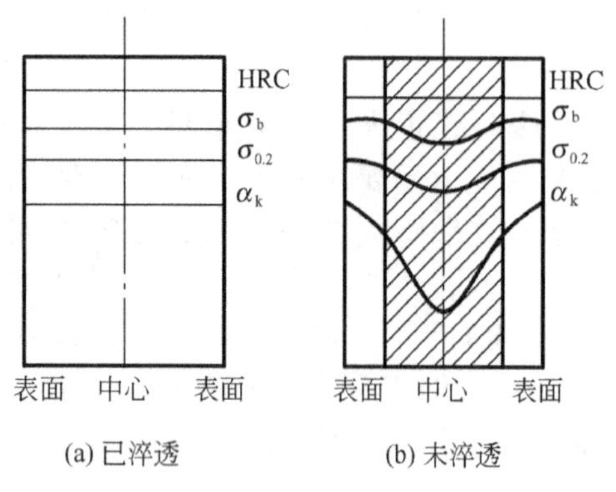

图 3.14 淬透性对调质后钢的力学性能的影响

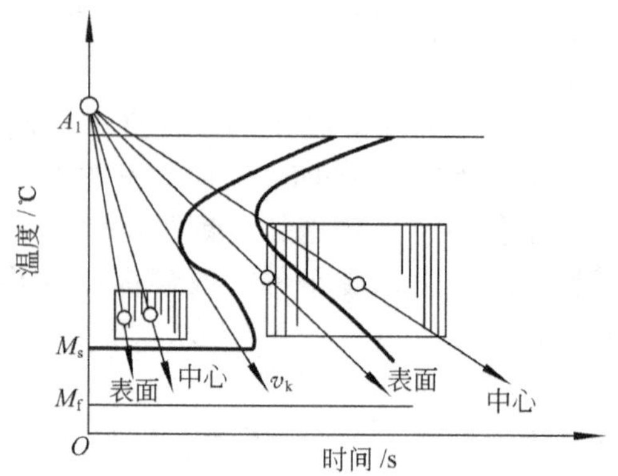

图 3.15 工件截面尺寸对淬透层深度的影响

(2) 淬火工艺。

① 淬火加热温度。如图 3.16 所示，亚共析钢用 A_{c3}＋(30～50℃)加热的完全淬火，避免因 A_{c3}以下铁素体的存在而使钢的硬度显著降低。过共析钢需要保留预先热处理球化组织中的部分碳化物，得到“细小马氏体＋粒状碳化物＋少量残余奥氏体”的组织，因此采用不完全淬火(A_{c1}＋(30～50℃))，所得马氏体组织细小，减少了残余奥氏体的数量，有利于提高钢的硬度与耐磨性。如仅加热到稍高于 A_{c1}的温度，还降低了高温奥氏体的碳量(此时 $w_C≈0.77\%$)，其转变成的马氏体含碳量也降低，从而降低了马氏体的脆性。若过共析钢也采用温度高于 A_{ccm}的完全淬火，则会得到粗大片状的高碳马氏体，使机械性能恶化，并使变形开裂倾向急剧增大。奥氏体化加热时间一般采取 0.5～1min/mm，具体钢种的淬火温度可参阅有关手册和书籍。

② 淬火介质及淬火方法。淬火介质主要有水(含盐水)、油、碱浴和盐浴。水价廉，冷却能力强，但易使零件因表、里温差大而开裂、变形。油(如锭子油、变压器油等)冷却能力弱，利于减小工件变形及开裂，但只适于过冷奥氏体较稳定的合金钢或尺寸较小的碳钢件，否则淬不透。而碱浴、盐浴沸点高，冷却能力介于水和油之间，常用于形状复杂、尺寸较小、变形要求小的工具的分级淬火和等温淬火。

淬火方法有单介质淬火、双介质淬火、分级淬火和等温淬火等，如图 3.17 所示。一般碳钢(淬透性低)用水淬，合金钢(淬透性高)及尺寸为 3～10mm 的小碳钢件可以用油淬。双介质淬火是先水淬后油冷或先水淬后空冷(均连续进行)，用于直径较大的简单碳钢件或容易产生淬火缺陷的复杂碳钢件。分级淬火是将奥氏体化后的钢件迅速淬入稍高于 M_s 点的液体介质(盐浴或碱浴)中，适当保温(一般为数分钟，使钢件内外温度均匀)后空冷，能有效地减少淬火应力，常用于尺寸不大的零件(如合金钢刀具)。而等温淬火多是在 250～400℃盐浴中等温 0.5～2h 后空冷，以获得良好强韧性的下贝氏体，适用于处理形状复杂、要求变形小或韧性高的合金钢零件，但周期长，生产率低。

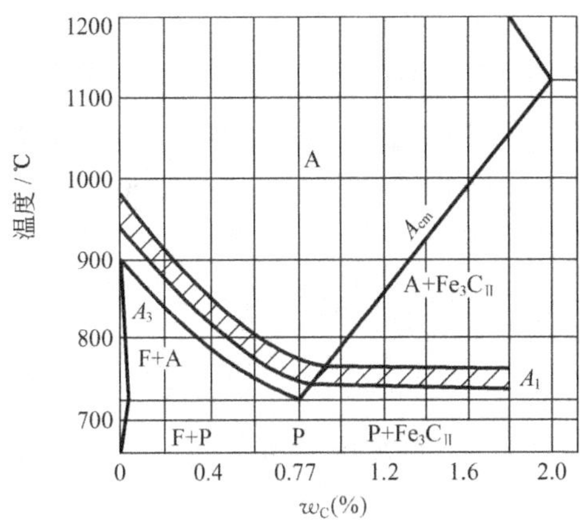

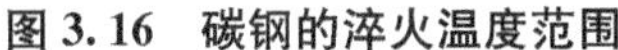
图 3.16　碳钢的淬火温度范围

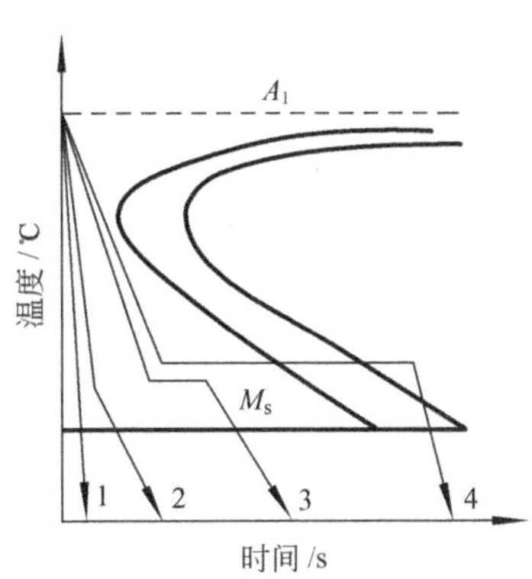

图 3.17　不同淬火冷却方法示意图

1—单介质淬火；2—双介质淬火；3—分级淬火；4—等温淬火

为了进一步提高钢的硬度、耐磨性和尺寸稳定性，可采用冷处理，即将淬火钢从室温继续冷却到 0℃以下，如－80～－60℃(冷却介质为干冰)或更低温度(常称深冷处理，如－196℃液氮处理)，使组织中的残余奥氏体继续转变为马氏体。这种处理对精密量具、模具、精密偶件等具有重要意义。

4）回火

回火是将淬火后的钢重新加热到 A_1 以下的某一温度，保温后冷却到室温的热处理工艺方法，是零件淬火后必不可少的后续工序。

(1) 回火的目的。淬火钢一般不能直接使用，这是由于：①零件处于高应力状态(可达 300～500MPa 以上)，在室温下放置或使用时很易引起变形和开裂；②淬火态(M＋A′)是亚稳定状态，使用中会发生组织、性能和尺寸变化；③淬火组织中的片状马氏体硬而脆，不能满足零件的使用要求。

通常钢淬火所得的马氏体和残余奥氏体都是极端非平衡组织，它们都具有向稳定组织($F+Fe_3C$)转变的自发趋向。但是这种转变必须依靠 Fe、C 原子的扩散才能实现。室温下原子扩散困难，淬火钢的组织基本上不发生变化。而升高温度并持续一段时间，增强了原子的活动性，为淬火组织的转变提供了条件，这就是回火过程。

因此，淬火钢必须及时进行回火，以减少或消除淬火应力，并获得所要求的组织和性能。

(2) 回火时的组织转变过程。随着回火温度的升高，在淬火钢内部依次要发生马氏体分解、残余奥氏体分解(形成过渡型不完全的碳化物 ε 相与过饱和的针状 α 相，即按照 C 曲线规律转变为下贝氏体或相当于回火马氏体)、ε 碳化物转变为细粒状的 Fe_3C，以及 Fe_3C 的聚集长大和 α 相再结晶(α 相由针片状转变为等轴状)。以上四个过程可以重叠，其他不稳定性(如快冷产生的内应力等)也逐渐向其平衡状态过渡，最终形成无应力的铁素体与渗碳体的混合物。

在低温回火时，Fe、C 扩散不易，仅会从淬火马氏体中弥散析出不完全的且与母相马氏体共格的$Fe_{2.4}C$(又称ε相)薄片，从而使马氏体饱和度降低，但马氏体形态未变，这样的混合组织称回火马氏体。在中温回火时，Fe、C原子扩散较易，则得到保持原马氏体形态的铁素体之间分布细粒状Fe_3C的混合组织，称回火屈氏体。而在高温回火时，Fe、C原子充分扩散，得到多边形铁素体基体上分布着细球状Fe_3C的混合物，称为回火索氏体。淬火钢回火转变的具体变化情况如图3.18和图3.19所示，典型回火组织如图3.20所示。

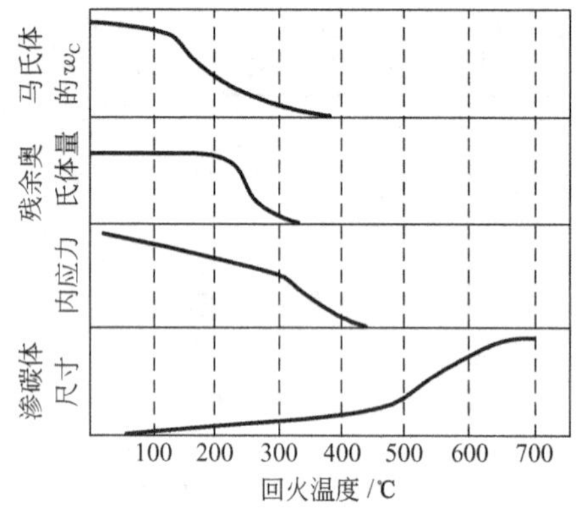

图3.18 淬火钢回火时的转变

图3.19 回火温度对40钢力学性能的影响

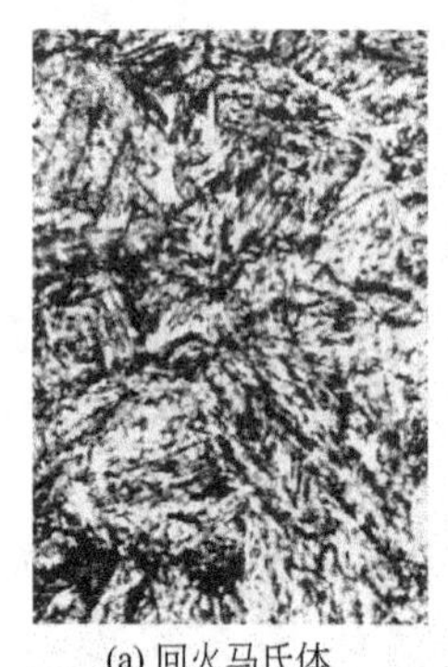
(a) 回火马氏体

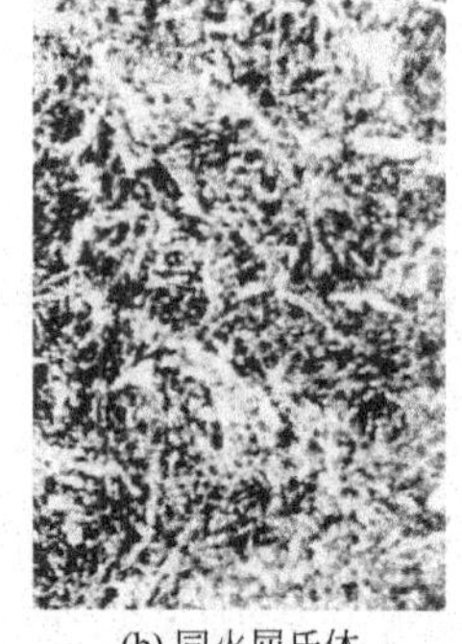
(b) 同火屈氏体

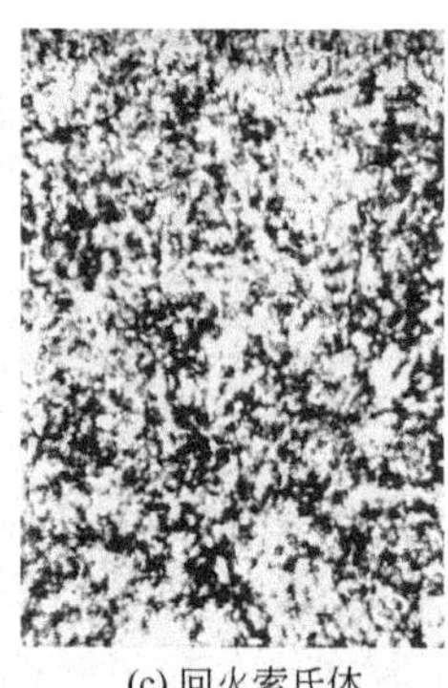
(c) 回火索氏体

图3.20 共析钢的回火组织

需指出，回火组织与连续冷却组织或等温冷却组织有所不同，尤其是中高温回火以后。如前所述，连续冷却或等温冷却所得的屈氏体与索氏体是片层状结构，而回火屈氏体与回火索氏体则是粒状渗碳体分布于铁素体基体上。它的组织微细，第二相是均匀细小的弥散状态，强度和韧性配合良好。另外，低碳钢的板条马氏体本身就处于强韧组织状态，工程上只需采取在200℃以下回火(甚至不回火)的工艺，以保持其强韧性。

添加合金元素的合金钢淬火后回火规律与碳钢类似，但由于大多数合金元素会阻碍铁、碳原子的扩散，将使各个回火阶段会移向更高的温度，尤其是含强碳化物形成元素的合金钢材，例如高速钢在560℃回火后的组织仍是回火马氏体。

3）回火的种类与应用。根据回火温度，钢淬火后可分为三类回火，具体见表3-2。

表3-2 回火分类

类别	回火温度/℃	组织和硬度/HRC	回火目的	应用举例
低温回火	150～250	回火马氏体，58～64	保持高硬度高耐磨性，消除应力，降低脆性	冲模、量具、渗碳件、表面淬火件、轴承
中温回火	350～500	回火屈氏体，35～50	获得高的屈服强度和弹性极限	弹簧、弹簧夹头、模锻锤杆、热作模具
高温回火	500～650	回火索氏体，25～35	得到高的综合机械性能	连杆、轴、齿轮等重要结构件

特别指出：通常不在250～350℃回火，以避免沿马氏体片边界析出脆性薄壳状碳化物，引起韧性下降(即低温回火脆性)。钢的回火性能主要取决于回火温度，也与回火时间有关(生产上回火时间为1～3h)，回火后通常空冷。某些合金钢(如Cr-Ni钢、Si-Mn钢等)为了防止高温回火脆性(在450～650℃回火后缓冷，韧性突然降低的现象)需要快冷(水冷或油冷)，以抑止有害元素P、As、Sb、Sn等向原奥氏体晶界的偏聚，而造成的晶界弱化变脆。

“淬火+高温回火”后得到的回火索氏体，其性能明显优于奥氏体直接分解的索氏体(片层状)。这是由于在外力作用下，片状Fe_3C尖端因应力集中形成微裂纹，导致零件过早破坏。而回火索氏体中Fe_3C呈细小粒状，既有强化的效果，又不易引起应力集中，因此综合力学性能好，常用于重要结构零件。所以生产中把淬火加高温回火称为调质处理。

某些高合金钢(如高速钢)需要进行2～3次回火，使组织充分转变，以获得优良性能。为获得低碳马氏体或在进行高频表面淬火等，可以采取淬火时冷却到200～300℃后再空冷的“自回火”(即空冷过程中利用余热使形成的马氏体获得部分回火)，而不进行专门的回火操作。

某些中碳合金结构钢(如30CrMnSi、38CrMoAlA等)的奥氏体稳定性高，退火时间长，当零件较小时，常用正火加高温回火(650～680℃)来代替完全退火，以提高生产率。

表3-3给出了45钢铸造、锻造、退火、正火与调质后的组织和性能。

表3-3 45钢铸造、锻造、退火、正火与调质后的组织和性能

状态	σ_b/MPa	δ/(%)	α_k/(J/cm^2)	硬度/HBS	组织
铸造	500～600	2～5	12～20	～200	疏松，晶粒粗大，成分不均匀
锻造	600～700	5～10	20～40	～230	致密，晶粒较粗，成分较均匀
退火(830℃)	650～700	25～30	40～60	～180	组织均匀，较细片状晶
正火(830℃)	700～800	15～20	50～80	～220	组织均匀，更细片状晶
调质(830℃水冷，520℃回火)	900～980	20～25	80～120	～250	细粒状Fe_3C均布在F基体上

5）整体热处理新技术简介

近年来发展了一些最终热处理的新技术，如真空热处理及形变热处理等，既满足各类零件对材料日益提高的性能要求，也可提高生产率，节约能源，减少环境污染。

(1) 真空热处理。真空热处理是在低于一个大气压(1.33～0.0133Pa 真空度)下进行加热的热处理工艺。如钢件经真空热处理后，其表面无氧化，不脱碳，表面光洁，变形小，还可起到真空脱气(脱出溶解的有害气体氢等)、表面净化(真空下材料表面油脂及氧化物的分解)的作用，可显著提高耐磨性、疲劳强度和使用寿命。而硅钢片经真空退火后，可除去大部分气体和杂质化合物，消除内应力和晶格畸变，显著提高磁感应强度和降低磁滞损耗。真空热处理除用于各种钢材外，还可用于与气体亲和力强的钛、铌、钼、锆等。主要工艺有真空淬火(水淬、油淬及惰性气体气冷均可)和真空退火，还应用于化学热处理领域，如真空渗碳、真空渗铬等。但真空中加热速度缓慢，设备复杂而昂贵，目前仅用于性能要求高的各种工具、结构件和精密零件。

(2) 形变热处理。形变热处理这是将钢的热塑性变形和热处理相结合，以提高钢件力学性能的复合工艺。变形使奥氏体晶粒碎化，产生大量晶体缺陷，并在随后的淬火中保留下来，还可使组织和亚结构细化等，产生显著的强韧化效果。形变热处理可以利用锻、轧加工的余热淬火来实现，可降低能耗，具有显著经济效益。主要有高温形变淬火和中温形变淬火，分别利用在高温奥氏体稳定区(亚共析钢、过共析钢分别在 A_{c3}、A_{c1} 以上)和过冷奥氏体稳定区(如合金钢双鼻尖 C 曲线的 550～600℃区域)进行一定程度的变形后，再淬火并回火。与普通淬火相比，高温形变热处理可提高强度 10%～30%，提高塑性 40%～50%，用于加工量不大的锻件，如连杆、曲轴、弹簧、叶片等；中温形变热处理强化效果更加明显，但对钢材淬透性有一定要求，工艺实践较难，主要用于弹簧、钢丝、轴承、刀具及飞机起落架等。

3. 钢的表面淬火与化学热处理

很多机器零件(如齿轮、转轴等)是在弯曲、冲击、疲劳等动载荷和摩擦条件下工作的，要求其表面应具有高的硬度和耐磨性以抵抗磨损或裂纹的产生，而心部要有足够的韧性以抵抗冲击破坏，即要求“表硬心强韧”。显然，选择单一性能的材料及整体热处理不能满足要求，此时，可采用表面淬火、化学热处理等表面强化技术。

1）钢的表面淬火

表面淬火为通过对钢铁零件表层进行快速加热，使之奥氏体化后随即迅速冷却获得表面淬火组织，以提高表面硬度与耐磨性，而工件内部仍保持原有组织与性能。常用的有感应加热表面淬火、火焰表面淬火、电接触表面淬火、盐浴表面淬火、电火花表面硬化以及激光、电子束表面淬火等。

(1) 高频感应加热淬火。在感应线圈中通以交流电，会在线圈周围产生与电流频率相同的交变磁场，而置于感应线圈内或附近的工件则会产生频率相同、方向相反的感应电流(也称涡流)。由于集肤效应，工件表面的电流密度高，电阻热大，数秒内就可达到 800～1000℃的高温，而工件内部的电流密度近于零，几乎不受影响。当表面达到淬火温度后，立即喷淋冷却剂而淬硬。感应电流透入工件表层的深度(即从表层 100%涡流强度到内层 37%涡流强度处的深度)与电流频率有关($\delta=(500\sim600)f^{1/2}$)，频率越高，深度越小，加热层也越薄。选用不同的电流频率，并配合一定的加热功率及加热时间，便可得到不同的淬硬层深度。

感应加热表面淬火按交变电流的频率分为：①高频(200～300kHz)感应加热，淬硬层深度0.5～2.0mm，用于中小模数齿轮及中小尺寸轴类零件的表面淬火；②超音频(30～60kHz)感应加热，淬硬层深度2.5～3.5mm，用于齿轮(模数$m=3\sim6$)、花键轴表面轮廓淬火，以及凸轮轴、曲轴等表面淬火；③中频(2～8kHz)感应加热，淬硬层深度2～10mm，用于较大尺寸轴和大中模数的齿轮等的表面淬火；④工频(50Hz)感应加热，淬硬层可达10～15mm以上，适用于较大直径零件的穿透加热及大直径零件(如轧辊、火车车轮等)的表面淬火。淬火介质以水为主，有时也用油、聚合物水溶液或压缩空气。

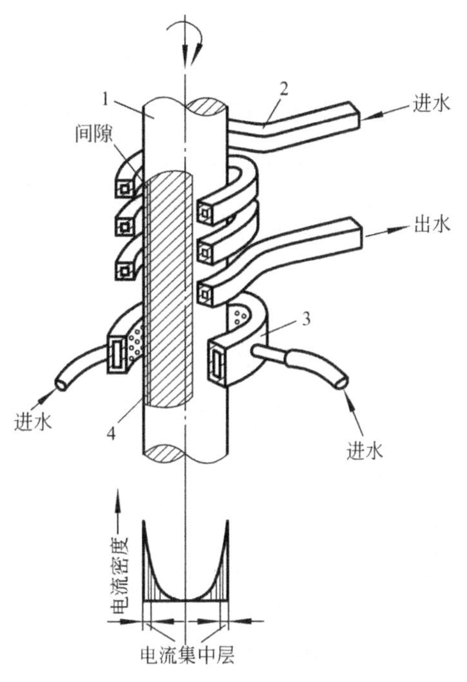

图3.21 感应加热表面淬火示意图

1—工件；2—感应线圈；
3—淬火喷水管；4—加热淬火层

与普通淬火相比，感应加热淬火的特点是：加热速度快，时间短，热效率高；淬火组织细小，淬火硬度比普通淬火高2～3HRC；变形小，氧化脱碳少；具有良好的冲击韧性、疲劳强度及耐磨性，表面还存在有利的压应力，工艺过程易于控制和易于实现机械化和自动化。感应加热淬火在汽车、机床等行业获得广泛的应用。

感应淬火一般用于中碳钢和中碳低合金钢(如45、40Cr、40MnB等钢)，经正火或调质预先热处理后进行表面淬火，达到表硬心韧，有时也可用于受较小冲击和承受交变负荷的高碳钢零件(如量具、刃具等)及铸铁件。在感应淬火后应进行低温(180～200℃)回火或自回火。

(2) 火焰和电接触加热表面淬火。用高温火焰(3000℃以上，常用乙炔-氧或煤气-氧火焰)加热表面，然后喷水冷却，如图3.22所示，火焰烧嘴相对于工件移动，调节烧嘴位置和移动速度可以获得不同厚度的淬硬层。这种方法使用的设备简单，成本低，灵活性大，适用钢种较广，但质量控制比较困难，主要用于单件、小批量及大型零件的表面淬火。火焰淬火后应及时回火。

电接触加热淬火如图3.23所示，就是通以低电压的大电流，利用滚轮或其他接触器和工件间的接触电阻热，使工件表面迅速加热奥氏体化，滚轮移去后靠自身未加热部分的热传导达到激冷淬火(不需回火)。电接触加热淬火的设备及工艺费用很低，操作方便，工件变形小，能显著提高工件的耐磨性及抗擦伤能力，已用于机床导轨、气缸套等。主要缺点是硬化层较薄(0.15～0.30mm)，组织与硬度的均匀性差，形状复杂的工件不宜采用。

(3) 激光和电子束表面淬火。利用高能量密度的激光束或加速的电子束扫描辐照、轰击工件表面，使工件表面加热到奥氏体区甚至熔化，在激光束或电子束移过后，依靠工件热传导迅速自冷淬火。它的加热速度高于感应加热与火焰加热，对工件基体的热影响极小，淬火后表层硬度极高，可获得很薄又不宜剥落的硬化层，可获超细晶粒，且变形极

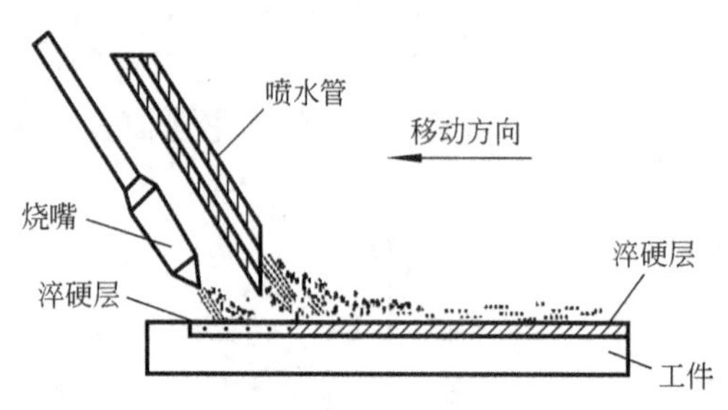

图 3.22　火焰加热表面淬火示意图

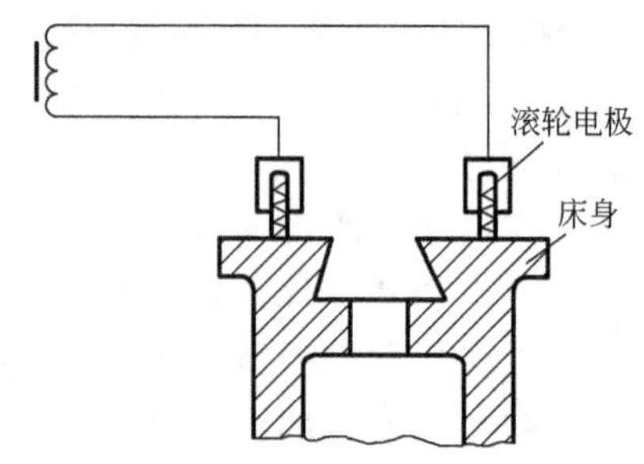

图 3.23　机床导轨电接触加热淬火示意图

小。激光表面淬火已投入工业应用，如气缸套内壁的硬化处理等，是很有发展前途的新技术。

2）表面化学热处理

化学热处理是将工件放在活性介质中加热到一定温度，使一种或几种元素渗入表层，以改变其化学成分、组织和性能的热处理工艺。化学热处理和表面淬火都属于表面热处理，但是表面淬火只是通过改变工件表层组织来改变性能，而化学热处理则同时改变化学成分和组织，因而能更有效地提高工件表层性能。化学热处理与后述的一些表面处理方法(如电镀、磷化、氧化处理等)也完全不同，它是通过渗入元素向内扩散，渗层与金属基体呈紧密的冶金结合，无明显分界面，在外力作用下不易剥落，因而工件具有高硬度、高耐磨性和高疲劳强度。

化学热处理由三个基本过程组成：①在高温下介质(渗剂)的化合物分子分解出渗入元素的活性原子，例如 $CH_4 \rightarrow 2H_2 + [C]$，$2NH_3 \rightarrow 3H_2 + 2[N]$；②零件表面吸收活性原子，进入固溶体或形成化合物；③表面富集的高浓度渗入元素向内部扩散，形成一定厚度的扩散层。

机械工业中常用的化学热处理工艺有：

(1) 渗碳。渗碳是把低碳钢件在渗碳介质中加热到 A_{c3} 以上温度并保温，使活性碳原子进入表面，并向内扩散而形成一定厚度渗碳层的热处理工艺。由于碳的扩散速度很高，且碳在 γ - Fe 中溶解度很大(最高达 2.11%)，因而使钢件表面的 w_C 很高(0.8%～1.2%)，并有很深的渗层(0.5～2mm 或更深)。低碳钢渗碳后再进行淬火、回火，表层为“高碳回火马氏体＋碳化物＋少量残余奥氏体”，有很高的硬度和强度，而心部仍保持低碳钢的高韧性及高塑性，达到“表硬心韧”。

根据所采用的渗碳剂，可分为固体渗碳(木炭＋碳酸盐如 Na_2CO_3)和气体渗碳(充入含碳气体如丙烷、天然气，或滴入碳氢化合物的有机液体，如煤油、丙酮等)。渗碳温度为900～930℃，平均渗碳速度为 0.15～0.2mm/h。气体渗碳法使用简便，生产率高，劳动条件好，且渗碳过程容易控制，渗碳质量好，在工业上应用极为广泛，如图 3.24 所示。表面最佳碳的质量分数为 0.85%～1.05%，渗碳后缓冷的组织从表面到内部连续地从过共析($P + Fe_3C_{II}$)、共析(P)、过渡区较高碳量的亚共析组织(F＋较多 P)到原始低碳亚共析(F＋较少 P)组织。一般规定，从表层到过渡区的一半处的深度称为渗碳层深度。

渗碳后必须进行淬火和低温回火，采用与表层碳的质量分数相同的高碳(合金)钢同样的方法处理。气体渗碳后的零件常采用从渗碳温度随炉降温到适宜的淬火温度(约850℃)，经一段保温均热后直接淬火(水或油)的处理工艺。有的重要零件渗碳空冷后，再重新加热进行淬火(称一次淬火法)。渗碳主要用于对表面有较高耐磨性要求并承受较大冲击载荷的低碳钢、合金渗碳钢零件，例如各种重载齿轮、活塞销、凸轮轴等。

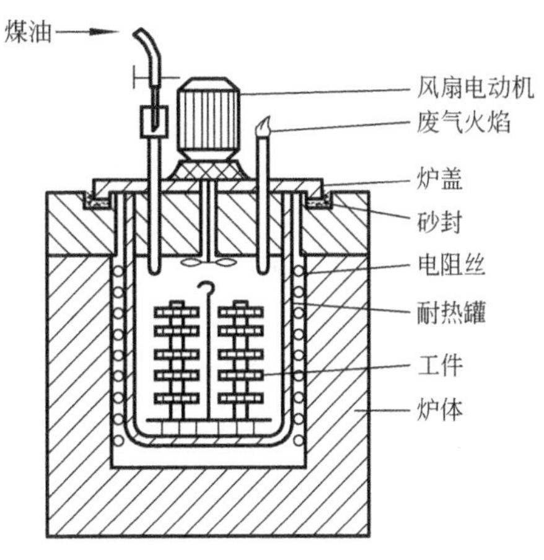

图3.24　气体渗碳示意图

相对表面淬火而言，渗碳处理比表面淬火的性能更好，但成本较高。

2) 渗氮(氮化)。氮化就是向钢件表面渗入氮原子的工艺。氮化的目的在于显著提高钢件表面的硬度和耐磨性，提高疲劳强度和抗蚀性。渗氮的原理及设备和渗碳很相似，目前广泛应用的是气体氮化。其为在渗氮炉中通入氨气，在380℃以上，氨经加热分解的活性氮原子被工件表面吸收并向内扩散，在表面形成氮化物层(如AlN、CrN、MoN、TiN、WN，硬度为950～1100HV)及扩散层。实际氮化的加热温度低于A_{c1}，一般为500～600℃(须低于调质的回火温度以保证心部强度)，这是由于氮在α-Fe中有一定溶解能力，无需加热到高温。氮化时间长达20～50h，氮化层厚度为0.3～0.5mm。由于表面存在极硬的化合物层，氮化后无需再进行热处理。由于渗氮后表层比容增大，产生大的压应力，因此有高的疲劳强度，同时还有高的抗咬合性及低的缺口敏感性。此外，因氮化后氮化物组织致密，化学稳定性，使零件具有很高的耐腐蚀能力。

38CrMoAl是氮化专用钢，也可用其他含Al、Cr、Mo、W、V、Ti等合金元素的钢，如不锈钢及钛合金(一般钢也可渗氮，但效果差)。钢件氮化前需预先调质以提高基体强韧性，而工件氮化后由于表层有残余压应力，疲劳强度可提高15%～35%，且其高硬度和耐磨性可保持到600～650℃。此外，氮化表面在水、过热蒸汽和碱溶液中很稳定。由于氮化温度低，变形很小，氮化后工件一般可不再加工或仅少量精加工(精磨或抛光)即可。氮化工艺复杂，周期长，成本高，所以只用于对耐磨性和精度要求更高的零件或要求抗热、抗蚀的耐磨件，例如发动机气缸、排气阀、精密机床丝杠、镗床主轴、汽轮机阀门、阀杆等。随着新工艺(如软氮化、离子氮化等，可大大缩短氮化时间)的发展，氮化处理已扩大了应用范围。

与渗碳相比，钢件渗氮后有更高的表面硬度(950～1200HV)，更高的耐蚀性及热硬性；由于氮化温低且渗氮后不再热处理，所以工件变形很小；氮化最大的缺点是工艺时间太长，且成本高，渗氮层薄而使抗冲击性比渗碳的差些。

(3) 碳氮共渗和氮碳共渗。碳氮共渗是在一定温度下，将碳、氮同时渗入钢件，并以渗碳为主；氮碳共渗则是以渗氮为主。目前，以中温气体碳氮共渗和低温气体氮碳共渗的应用较为广泛。

与渗碳类似，中温碳氮共渗是在加入含碳介质(如煤油、煤气)的同时通入氨，氮的渗入使碳浓度很快升高，从而使共渗温度降低和时间缩短。碳氮共渗温度为830～850℃，保温 1～2h 后渗层即可达 0.2～0.5mm，表层 w_C 为 0.7%～1.0%、w_N 为 0.15%～0.5%。由于未形成明显的化合物层，共渗后需直接进行淬火与低温回火，最终表层组织为含 C、N 的“回火马氏体、少量残余奥氏体和碳氮化合物粒子”。

低温碳氮共渗常用尿素、甲酰胺、三乙醇胺以及醇类加氨气等作渗剂，由于这种渗层的硬度比气体氮化的低，故又称为“软氮化”。其共渗温度为 500～570℃，渗层深度一般为 0.1～0.4mm(但化合物层不到 20μm)，硬度为 570～680HV。工件软氮化后一般不再进行热处理和机械加工，可直接使用。软氮化后的工件除具有较好的耐磨、抗疲劳性能外，还具有很好的抗咬合和抗擦伤能力。软氮化不受钢种限制，适用于碳钢、合金钢、铸铁等材料，目前多用于模具、量具及耐磨零件如汽车齿轮、曲轴等的处理。刀具软氮化处理后，耐磨性提高，减少了“粘刀”现象，热加工模具不易与工件“焊合”，使用寿命大幅度提高。

(4) 可控气氛热处理。可控气氛热处理是指将热处理加热炉中气体混合物的成分控制在预定范围，以防止钢件在空气等介质中加热时的氧化与脱碳，也可在其中进行渗碳、碳氮共渗等化学热处理。常用的可控气氛中含有 CO、CO_2、CH_4、H_2、N_2 甚至惰性气体等，通过控制 CO/CO_2、CH_4/H_2 等的比例，就可控制气氛的碳浓度，使得在一定温度下处于奥氏体状态的钢保持 w_C 不变。如气氛的 w_C=0.8%，共析钢在该气氛中加热时 w_C 不变，但在该气氛中亚共析钢则会增碳，趋向 0.8%的平衡浓度。这样，应用可控气氛并通过控制碳浓度，就可进行低碳钢的光亮退火(如用于冷轧钢带的中间退火)、中碳钢和高碳钢的光亮淬火以及控制表面碳浓度的渗碳处理。根据同样道理，也可进行可控渗氮等。

一种输出轴的热处理工艺改进

这里所介绍的输出轴是摆线液压马达的关键零件之一，在工作中不仅传递扭矩，还要承受较大的弯曲应力、接触应力及一定的冲击，故热处理的质量对其力学性能和使用寿命有决定性的影响。BM30 型电动机输出轴(图 3.25)是各种输出轴中较为特殊的一种(其他输出轴无 A 区槽)。该输出轴的内花键齿偶有断裂，而其他输出轴却无此情况发生。

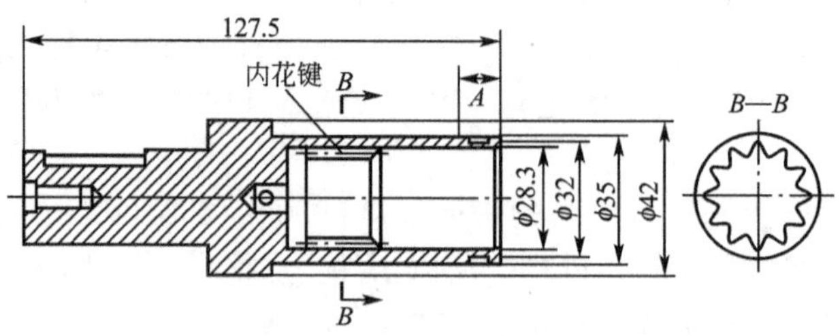

图 3.25 输出轴结构简图

该输出轴材料选用 20CrMnTi，热处理技术要求为：①有效硬化层深度 D_c=0.6～0.9mm；②表面硬度 58～63HRC，A 区硬度 35～45HRC。随着用户对质量要求的不断提高，解决该输出轴内花键断齿问题已是迫在眉睫。

1. 原工艺及分析

原工艺流程为：下料→正火→粗加工→碳氮共渗→车A区槽→淬火、回火→A区快速盐浴退火→发黑→精加工。

碳氮共渗工艺为：860℃强渗5h，扩散1h，空冷，设备为井式炉。淬火工艺为：860℃保温0.5h，油冷，设备为中温盐浴炉。回火工艺为：200℃保温2h。A区快速盐浴退火工艺为：850℃保温35s，空冷。

车A区槽安排在两步热处理工序之间而非之前，并增加A区快速盐浴退火工序，目的是防止A区槽硬化层过深、硬度高，在成品安装开口挡环时发生槽部脆性断裂，并利于车削加工A区槽。但其同时也割裂了两步热处理工序，使碳氮共渗后不能直接实现淬火，增加了一步冷却及一步加热过程，加大了内花键的变形倾向(变形数据见表3-4，注意：内花键的变形通过ϕ35mm外圆相对两端中心孔的跳动间接反应)。结果使该输出轴内花键在工作时，理论上与联动轴外花键线接触的部分变成了局部点接触，大幅度增加了接触应力。

表3-4

零件编号	1	2	3	4
热前跳动/mm	0.03	0.04	0.02	0.05
热后跳动/mm	0.10	0.07	0.06	0.011
变形量/mm	0.07	0.03	0.04	0.06

在快速盐浴退火过程中，用铁丝捆扎10只零件，并排吊起，在A区入盐。由于人工操作，吊起的高度难以保持一致，个别入盐深者，热影响区过大，降低了内花键处的硬度、强度。内花键所对应的ϕ35mm外圆处硬度可以间接地反映内花键处的硬度，断齿零件该处的硬度普遍在50～55HRC，明显低于技术要求。前道工序附着的残盐清洗后，零件容易生锈，因此应进行防锈发黑处理。

2. 改进后工艺及分析

改进后工艺流程为：下料→正火→粗加工→碳氮共渗→降温淬火、回火→A区高频退火→车A区槽→精加工。

应用天龙科技炉业的RM9多用炉，使碳氮共渗与降温淬火连续完成(工艺为：870℃强渗5h，扩散1h，降温至850℃保温0.5h，油冷)，减少了内花键的变形(变形数据见表3-5)。

表3-5

零件编号	1	2	3	4
热前跳动/mm	0.04	0.03	0.03	0.02
热后跳动/mm	0.06	0.04	0.05	0.05
变形量/mm	0.02	0.01	0.02	0.03

应用郑州科创电子的XG-40B2高频设备进行A区槽的高频退火，自制双顶尖工装固定零件，保证了A区的加热区域及热影响区，使内花键处的硬度得以受控。工艺参数为：输出电流最大值700～750A，加热时间2s，保温时间4s。高频退火后用硬质合金刀具加工A区槽。

由于经以上处理零件表面清洁无锈蚀，故取消发黑工序。

资料来源：宁云龙，等．一种输出轴的热处理工艺改进[J]．金属加工，2009(23).

根据以上案例所提供的资料，试分析：

(1) 由材料所给分析输出轴新、老工艺有何异同？说明了什么？

答：由输出轴的工艺流程可知，新、老工艺的不同处在于对A区槽的热处理工艺方式和安排。说明A区槽的性能(这里主要指硬度)要求与A区的不同，另外，对A区槽的热处理将影响内花键处的硬度。

(2) 新工艺的优点何在？

答：新工艺的优点：①使碳氮共渗与淬火回火连续完成，即保证了A区的硬度要求又减少了内花键的变形；②省去A区槽的发黑处理，即节约成本又节省时间；③新工艺将输出轴的热处理和机加工相对集中安排，减少了各工艺间的倒转，使整个输出轴的加工处理即降低了成本又缩短周期。

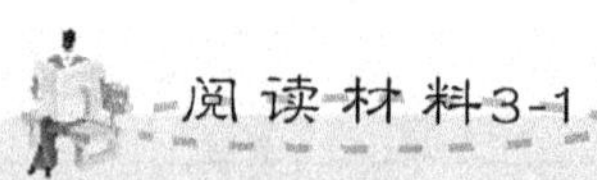
阅读材料3-1

常见热处理设备

1. 箱式淬火炉

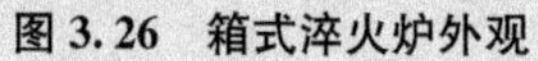
图3.26 箱式淬火炉外观

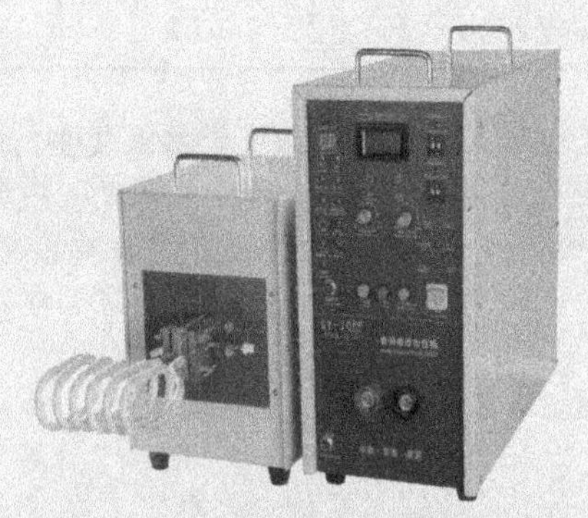

图3.27 小型高频感应淬火炉外观

箱式淬火炉主要用钢制工件的淬火、正火、退火等常规热处理之用的专用设备。

其特点：

(1) 电炉装载量大、生产率高，特别适用于小、中型机件的热处理加热用，节能达20%，炉温均匀，数显表，自动控制炉温，精密高；

(2) 电炉装卸料方便，操作条件好；

(3) 炉门与炉体的密封为自动密封，无需人工密封；

(4) 电炉设有连锁保护装置，可防止因误操作而发生的故障及事故。

2. 小型高频感应淬火炉

小型高频感应淬火炉主要由电源、感应器以及淬火用喷水管(套)组成。其结构特点：超小体积，占地不足1m²；24h不间断工作能力；节能省电，生产成本低；加热速度快，减少表面氧化；可避免表面脱碳，提高产品的质量；极大地改善车间工作环境。

适用范围：

(1) 各种五金工具及模具行业。如钳子、扳手、锤子、斧頭、旋具、剪刀(园艺剪)、小型模具、模具附件、模具内孔等的淬火；

(2) 各种汽车、摩托车配件。如曲轴、连杆、活塞销、链轮、铝轮、气门、摇臂轴、传动半轴、小轴、拨叉等的淬火；

(3) 各种五金金属零件、机械加工零件。如轴类、齿轮(链轮)、凸轮、夹头、夹具等的淬火；

(4) 机床行业类。如机床床面、机床导轨等的淬火。

3. 井式气体氮化炉及气体渗碳氮化热处理生产线

图3.28 井式气体氮化炉外观

图3.29 气体渗碳氮化热处理生产线外观

井式气体氮化炉用于金属模具、工具、轴、齿轮等的氮化热处理(目前在铝型材及活塞环行业也广泛使用)，配用KRN-W系列微机氮式控制柜时，气氛氮势、温度、时间、气体或液体流量可以得到自动控制和纪录；也可用于钢零件的多种软氮化、回火、去应力以及有色金属的固溶处理。

井式气体氮化炉特点：①该系列电炉若与KRN-W微机氮势控制柜配套，可以自动进行炉气氮势、温度、时间、气体流量的控制及纪录；②特殊的双层密封及循环风扇机组，氮势均匀性优于±0.1%，炉压大于800mm水柱；③先进的节能炉衬，快速加热，节能达20%，快冷风扇系统，大大缩短生产周期；④额外配置真空泵等装置可实现脉冲式可控氮化。

气体渗碳氮化热处理生产线可进行渗碳、碳/氮共渗、调质、保护气氛淬火等多种工艺，配有全自动温度、碳势控制系统和触摸屏/远程控制系统，是一种灵活多用、控制精度高、自动化程度高的新型热处理工艺装备，广泛用于汽车、拖拉机、工程机械、机床、自行车等行业。

3.1.2 铝合金的热处理

1. 固溶及时效处理

除了形变强化外，提高有色金属强度的主要方法就是在合金固溶体上分布一定数量的细小弥散第二相颗粒(金属间化合物)，因其硬而脆，能够有效地阻碍位错的运动，阻碍塑性变形，使合金得到强化。由于这些硬粒子是在室温或室温以上不太高的温度下长时间停置时沉淀析出的，故称为沉淀强化或时效强化。

合金进行沉淀析出的必要条件是固溶体具有一定的溶解度，并且溶解度随温度的降低而明显减少。Al－4%Cu 合金为其典型例子，如图 3.30 所示，其热处理经过以下三个步骤：

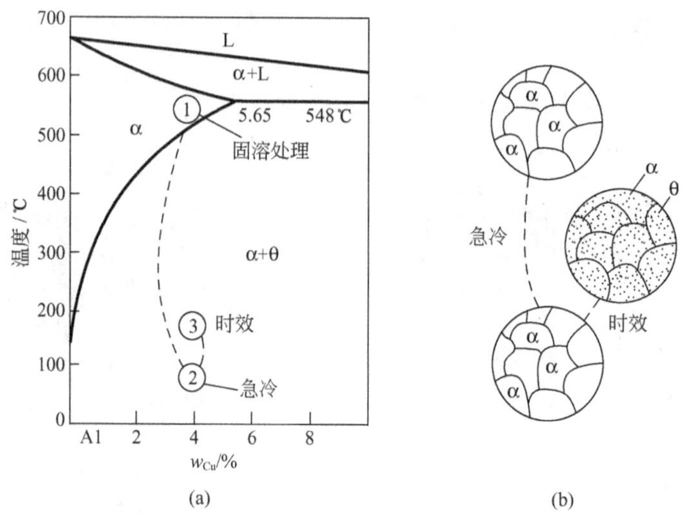

图 3.30　Al－4%Cu 合金的时效处理与沉淀强化

1）加热固溶

将合金加热到溶解度曲线以上的 α 单相区并保温一定时间，以获得成分均匀的固溶体，原合金中较粗大的 θ 相($CuAl_2$)溶解，并可减少合金中原有的成分偏析。Al－4%Cu 合金可在 500～548℃进行。

2）急冷

将上面只含 α 相的高温固溶合金水冷至室温，由于原子没有足够的时间扩散，θ 相无法析出形成，而得到过饱和的单相固溶体 α′，这种处理称为固溶处理。固溶处理后硬度和强度并未明显提高(Al－4%Cu 退火态，σ_b＝200MPa；水冷固溶后，σ_b＝250MPa，HV＝60)。

3）时效

因过饱和固溶体处于不稳定状态，在室温下放置(自然时效)或在一定加热温度下保温(人工时效)，都能促进原子进行短距离扩散，使过饱和固溶体的结构发生变化，析出细小弥散的沉淀相，并伴有强度和硬度升高。Al－4%Cu 合金固溶快冷后，在室温下放置 4～5 天强度可高达 400MPa。Al－4%Cu 合金常用的人工时效温度为 190～200℃，时间为 6～7h。大多数有色合金需要经过一定温度与时间的人工时效才能获得最佳强化效果。

除 Al 合金外，固溶时效强化也是 Ti 合金、沉淀硬化不锈钢及部分 Cu 合金的主要的强化方法。但应注意，时效硬化合金不适合在较高温度下使用，如 Al－4%Cu 合金从室温升至 500℃便迅速软化(过时效)，几乎完全丧失强化效果，这是由于沉淀相聚集长大的结果。

时效硬化处理的一个生动实例是用于飞机结构的铆接，铝制铆钉软，有延性，易铆入且配合紧密，但缺乏足够的强度。人们选择了一种铝合金，固溶处理成过饱和固溶体后马上进行铆接，之后逐渐变硬，达到所需强度水平。

2. 铝合金的热处理

1) 退火

为消除冷变形产生的残余应力，适当增加塑性，可进行200～300℃去应力退火。变形铝合金在用冷变形方法形成零件时会发生加工硬化，为消除加工硬化，铝和铝合金可进行350～415℃的再结晶退火。为消除铸件的成分偏析及内应力，提高塑性，还可作均匀化退火。对热处理不能强化的变形铝合金(如防锈铝)，为保持加工硬化后的效果，只进行去应力退火，退火温度低于再结晶退火。

2) 淬火(固溶)与时效

对除纯铝、防锈铝和简单铝硅合金以外的大多数变形铝合金，以及除ZL102、ZL302以外的铸铝合金，均可通过淬火与时效的热处理方法强化。铝合金的淬火温度较低，通常在500℃左右，淬火时用水冷。时效可采用自然时效(≥4天)或人工时效(≤200℃)。若是时效强化的铸件，无须专门进行退火，因为淬火加热就会使铝合金成分均匀和消除内应力。

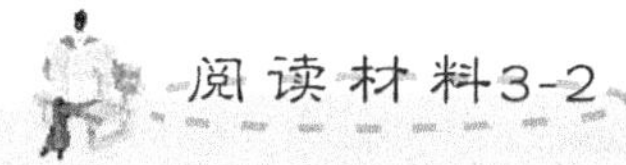

阅读材料3-2

铝合金热处理设备

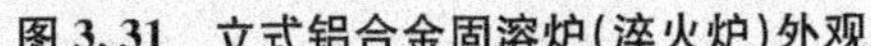

图3.31 立式铝合金固溶炉(淬火炉)外观

图3.32 铝合金时效炉外观

1. 立式铝合金固溶炉(淬火炉)

立式铝合金固溶炉由加热炉罩和移动式底架组成。方形(或圆形)炉罩顶部装有起重装置，通过链条和挂钩将料筐吊至炉膛。淬火时，先将底架上的水槽移至炉罩正下方，然后打开炉门，放下链条将料筐(工件)淬入水中。

用途：主要用于铝轮毂、铝铸件及各种铝合金标准件的快速固溶处理，恒温时间结束后，工件的转移速度10s以内。

特点：①高架结构炉型、顶装式加热元件，安装、更换方便；②强循环高压风机，风量大，效果显著，温差达±3～5 ℃；③淬火转移时间 5～10s 内可调，无明显的摆动与震动；④PID 调控炉温，上、下限报警，可进行计算机控制并具有联网功能。

2. 铝合金时效炉

用途：铝合金型材及铸件时效处理；功率：120～240kW，温度：160～180℃。

3.1.3 其他有色金属的热处理

1. 铜及铜合金的热处理

工业纯铜和铜合金的热处理与防锈铝类似，冷变形后或者进行再结晶退火，或者进行去应力退火。此外，普通黄铜($w_{Zn}>7\%$)冷加工后在潮湿的大气中、在含有氨气的大气或海水中易产生应力腐蚀而开裂。因此，对这种黄铜在冷加工后必须进行 200～300℃的去应力退火。铜合金的时效强化主要针对铍青铜进行，其为在氢或氩气等保护环境中加热到 800℃后水淬，再经 300℃、2h 的时效后，$\sigma_b=1200\sim1400$MPa，$\delta=2\%\sim4\%$，330～400HBW。

2. 钛及钛合金的热处理

1) 钛及钛合金的退火

(1) 消除应力退火：目的是消除工业纯钛和钛合金零件加工或焊接后的内应力。退火温度一般为 450～650℃，保温 1～4h，空冷。

(2) 再结晶退火：目的是消除加工硬化。对于纯钛再结晶退火温度一般为 550～690℃，而钛合金为 750～800℃，保温 1～3h，空冷。

2) 钛合金的淬火和时效

淬火和时效的目的是提高钛合金的强度和硬度。α钛合金和含β稳定化元素较少的(α+β)钛合金，自β相区淬火时，发生无扩散型的马氏体转变 $\beta\rightarrow\alpha'$。α'为β稳定化元素在α-Ti 中的过饱和固溶体。α'马氏体与α的晶体结构相同，具有密排六方晶格。α'硬度低、塑性好，是一种不平衡组织，加热时效时分解成α相和β相的混合物，强度、硬度升高。

β钛合金和含稳定化元素较多的(α+β)钛合金，淬火后β相变成介稳定的β相，加热时效时，介稳定β相析出弥散的α相，钛合金的强度和硬度提高。

α钛合金一般不进行淬火和时效处理，β钛合金和(α+β)钛合金可进行淬火时效处理提高强度、硬度。

钛合金的淬火温度一般选在(α+β)两相区的上部范围，淬火后部分α保留下来，细小的β相变成介稳定β相或α'相或两者均有(决定于β稳定化元素的含量)，经时效后可获得好的综合力学性能。假如加热到β单相区，β晶粒极易长大，则热处理后的韧性很低。一般淬火温度为 760～950℃，保温 5～60min，水中冷却。

钛合金的时效温度一般在 450～550℃之间，时间为几小时至几十小时。

钛合金热处理加热时应防止污染和氧化，并严防过热。β晶粒长大后，无法用热处理方法挽救。

3.2 金属的合金化改性

纯金属的力学性能一般较低，有些价格昂贵，一般很少用于机械零件及工程结构。通过人为地加入一些合金元素使之合金化，不但可改进其力学性能，以满足工程需要，而且不少合金还具有某些特别的电、磁、热及化学性能，可满足特殊的工程需要。

碳素钢(非合金钢)价格便宜，加工性能优良，通过热处理可以获得不同的性能，可以满足工业生产中的多种需求，因而得到了广泛应用。但由于淬透性差，综合机械性能低，不适合制造尺寸较大的重要零件，加之其耐热、耐蚀、耐磨性能均较差，难于满足一些重要场合和特殊环境对性能的要求。为提高钢的力学性能和理化性能，在冶炼时特意加入一些合金元素(合金化)，就形成了合金钢。合金化也是改善和提高钢铁材料和其他材料(有色金属合金、陶瓷材料甚至发展聚合物“合金”)性能的主要途径之一。

3.2.1 合金元素的存在形式

对应用最广泛的钢铁材料，根据合金元素与碳的作用不同，可将合金元素分为两大类：一类是碳化物形成元素，它们比 Fe 具有更强的亲碳能力，在钢中将优先形成碳化物，依其强弱顺序为 Zr、Ti、Nb、V、W、Mo、Cr、Mn、Fe 等；另一类是非碳化物形成元素，主要包括 Ni、Si、Co、Al 等，它们与碳一般不生成碳化物而固溶于固溶体中，或生成其他化合物如 AlN。合金元素在钢中的存在形式主要有下列三种：

1. 固溶体

合金元素溶入钢中的铁素体、奥氏体和马氏体中，形成合金铁素体、合金奥氏体和合金马氏体。此时，合金元素的直接作用是固溶强化。

2. 化合物

合金元素与钢中的碳、其他合金元素以及常存杂质元素之间可以形成碳化物、金属间化合物和非金属夹杂物。

碳化物的主要形式有合金渗碳体如$(Fe、Mn)_3C$ 等和特殊碳化物如 VC、TiC、WC、MoC、Cr_7C_3、$Cr_{23}C_6$ 等。碳化物一般具有硬而脆的特点。合金元素的亲碳能力越强，则所形成的碳化物就越稳定，并具有更高硬度及熔点。合金元素形成碳化物的直接作用主要是弥散强化。

在某些高合金钢中，金属元素之间还可能形成金属化合物，如 FeSi、FeCr、Fe_2W、Ni_3A1、Ni_3Ti 等，它们在钢中的作用类似于碳化合物。

合金元素与钢中常存杂质元素(O、N、S、P 等)所形成的化合物多属于非金属夹杂物，它们在大多数情况下是有害的，主要降低了钢的强度，尤其是韧性与疲劳性能，故应严格控制钢中夹杂物的量。

3. 游离态

钢中有些元素如 Pb、Cu 等既难溶于铁，也不易生成化合物，而是以游离状态存在；在某些条件下钢中的碳也可能以自由状态(石墨)存在。通常情况下，游离态元素将对钢的性能产生不利影响，但对改善钢的切削加工性能有利。

3.2.2 合金元素的作用

钢中常用的合金元素有 Mn、Si、Cr、Ni、W、Mo、V、Ti、B、Nb 等。这些元素既可单独加入钢中，也可将两种、三种或者更多元素同时加入钢中。

合金元素在钢中的作用如下：

1. 形成固溶体，产生固溶强化

大多数合金元素可以溶解在铁素体、奥氏体和马氏体中，形成合金铁素体、合金奥氏体和合金马氏体，产生固溶强化，各种常见合金元素对铁素体硬度及韧性的影响如图 3.33 (a)、(b)所示。显然，合金元素的量应控制在一定范围，才有很好的强韧化效果。

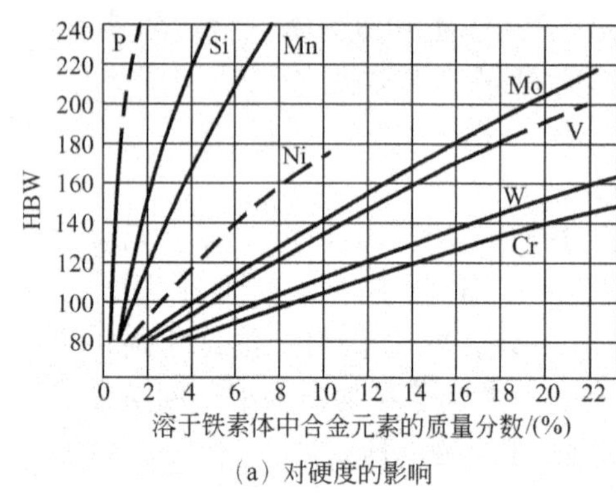

(a) 对硬度的影响

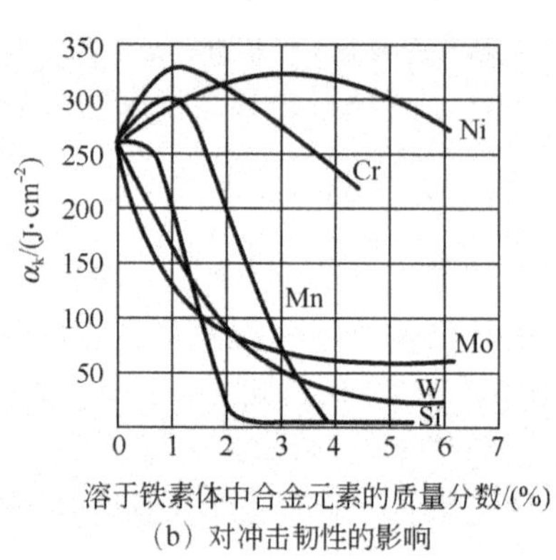

(b) 对冲击韧性的影响

图 3.33 合金元素对铁素体性能的影响

2. 形成金属化合物，产生弥散强化或第二相强化

合金渗碳体、合金碳化物和特殊碳化物都比渗碳体具有更高的稳定性、硬度和耐磨性，当它们分布在固溶体基体上时，可起到更为明显的第二相强化作用。如果合金经重新低温加热或长时间放置，而从过饱和的基体中沉淀析出细小弥散的第二相粒子(特殊碳化物或其他金属化合物)，使材料得到很大强化，这种强化作用也称沉淀或时效强化。W、Mo、Ti、V、Nb 等元素与碳的结合能力很强，可形成细小的特殊碳化物，如 TiC、WC、VC 等。它们的弥散强化效果很强，常作为高硬度、高耐热、高耐磨性钢的主要强化相。

3. 溶入奥氏体，提高钢的淬透性

除 Co 和 Al 以外，其他所有溶入奥氏体中的合金元素都能阻碍铁、碳的扩散，使奥氏体稳定性增加，导致 C 曲线右移，从而提高钢的淬透性，并使 M_s 线下降，甚至改变 C 曲线形状。其中硼(B)的作用特别值得一提，微量的 B(w_B=0.0005%~0.003%)就能明显提高钢的淬透性。而 M_s 的下降，则使淬火钢中残余奥氏体的数量增多。

4. 提高钢的热稳定性，增加钢在高温下的强度、硬度和耐磨性

溶入马氏体的合金元素大多阻碍马氏体分解，使合金碳化物也不易聚集长大，从而可提高钢的抗回火软化能力，使钢在高温下仍能保持较高的强度、硬度和耐磨性。材料在高温下保持高硬度的能力，称为材料的热硬性。

5. 细化晶粒，产生细晶强韧化

合金元素形成的各种碳化物、氮化物等金属化合物，其稳定性都比渗碳体高，加热时不易溶解，未溶的金属化合物会强烈阻碍奥氏体晶粒的长大，而获得细小的奥氏体晶粒，冷却后得到细小的组织，从而可产生细晶强韧化作用。

6. 形成钝化保护膜

当钢中含有一定数量的 Cr、Al、Si 等元素时，会形成致密、稳定的 Cr_2O_3、Al_2O_3、SiO_2 钝化膜，使钢具有一定的耐蚀性和耐热性，如不锈钢、耐蚀铸铁。

7. 对奥氏体和铁素体存在范围的影响

Ni、Mn、Cu 等面心立方晶格的元素使 Fe－C 相图中 A_1、A_3 温度降低，A_4 点上移，并使 S、E 点向左下方移动，从而使奥氏体区扩大。当 $w_{Mn}>13\%$，或 $w_{Ni}>9\%$时，其 S 点已降到室温以下，使在常温下的奥氏体仍处于稳定状态，称为奥氏体钢。而 Cr、Mo、Si、W 等体心立方晶格元素使相图中 A_1、A_3 升高，A_4 下降，使 S、E 点向左上方移动，从而使奥氏体区缩小。其中 Cr、Ti、Si 等超过一定含量时，奥氏体区消失，在室温下得到单相铁素体，称为铁素体钢。

另外，由于 S 点左移，使相同碳含量的合金钢比普通钢的珠光体数量增多，使钢得以强化；而 E 点左移，则会使原属于过共析钢的合金中具有莱氏体组织，而成为莱氏体钢。

8. 其他作用

不同的合金元素及数量还对铸造性能、压力加工性能，焊接性能、切削性能、热处理工艺性能及一些电、磁等物理性能和化学性能有影响。

3.3 金属的形变强化

3.3.1 冷塑性变形对金属组织与性能的影响

1. 金属塑性变形简介

1）单晶体的塑性变形

理想单晶体的塑性变形如图 3.34 所示，其为在平行于某晶面切应力 τ 的作用下，晶格的一部分相对另一部分从一种稳定状态沿滑移面滑移到另一稳定状态，此时为整体刚性滑移，所需的切应力很大，而作用在此晶面上的正应力只会引起晶格弹性伸长进而被拉断。

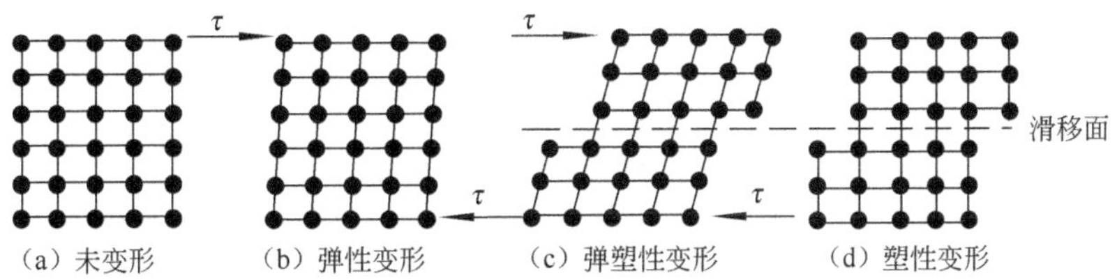

图 3.34 理想单晶体塑性变形示意图

研究证明，单晶体塑性变形的基本形式有滑移和孪生，其中滑移是主要的变形方式。滑移只在切应力作用下发生，滑移距离为原子间距的整数倍，滑移常沿晶体中原子的密排面和密排方向(因其间的原子间距大，结合力弱)进行。

实际晶体内或多或少存在一些位错缺陷，由于位错有易动性，使实际晶体滑移时所需的切应力要比刚性滑移小得多，如图3.35所示，这和实际晶体的塑性变形情况相符。所以，实际晶体的滑移是通过滑移面上位错的运动来实现的，无数位错的滑移则形成了晶体的宏观塑性变形。

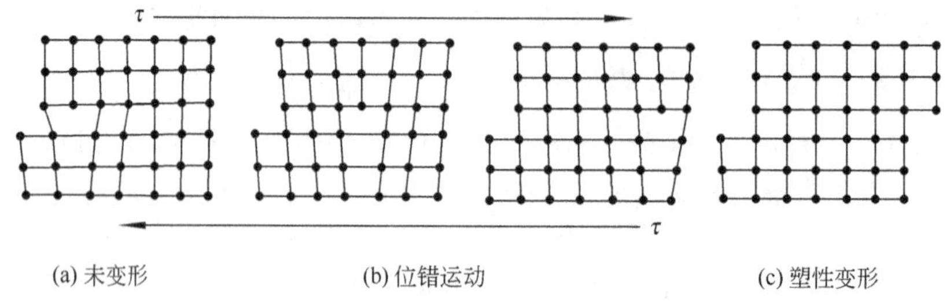

图3.35　通过位错运动而造成滑移的示意图

孪生则为在切应力作用下，晶体的两部分沿一定的晶面(孪晶面)和晶向(孪生方向)产生整体的剪切变形，如图3.36所示，孪生使晶体的两部分沿孪晶面构成了镜面对称关系。

2) 多晶体的塑性变形

工程上使用的金属材料几乎都是多晶体。多晶体是由许多形状、大小、取向各不相同晶体——晶粒所组成，其中每个晶粒的变形方式与单晶体一样，也是滑移和孪生。但于多晶体各晶粒之间位向不同和晶界的存在，使其塑性变形比单晶体要复杂得多。

(1) 晶界和晶粒方位的影响。图3.37所示为双晶粒的试样变形前后的形状，经拉伸变形后，出现晶界处不易变形使试样呈竹节状的现象。这是由于晶界处原子排列紊乱，杂质原子较多，增大了晶格的畸变，因而位错在该处滑移时受到的阻力较大，难以发生变形，使具有较高的塑性变形抗力。

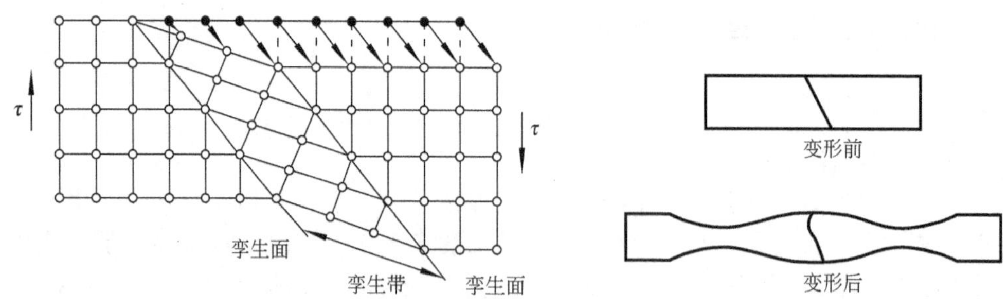

图3.36　孪生变形时晶格位向改变示意图　　**图3.37　双晶粒金属试样在拉伸时的变形**

(2) 多晶体塑性变形的特点。多晶体的塑性变形如图3.38所示，由于各晶粒的晶格位向(如图3.38中的A、B、C)不同，使在外力作用方向上的变形难易程度不同，其中任一晶粒的滑移变形都必然会受到它周围不同位向晶粒的约束和阻碍。为保持金属的连续性而不断裂，只有各晶粒间相互协调，才能产生塑性变形，进而导致相邻晶粒的转动及变形，使滑移从一批晶粒传递到另一批晶粒。显然，各晶粒塑性变形具有不同时性及不均匀性。

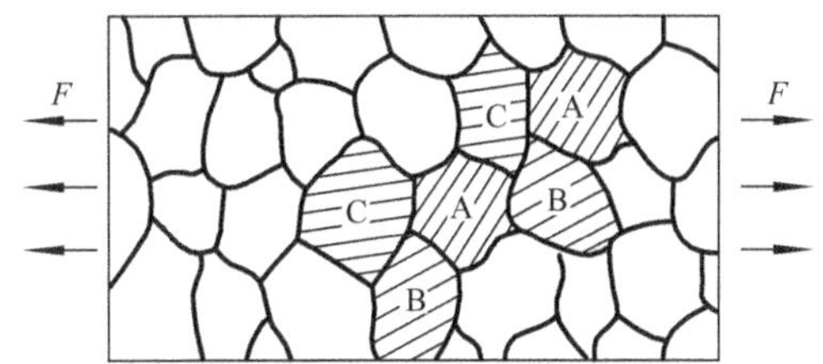

图 3.38 多晶体金属不均匀塑性变形过程的示意图

由上可知，金属的晶粒越细小，晶界面积就越大，每个晶粒周围具有不同取向的晶粒数目也越多，其塑性变形的抗力(即强度、硬度)就越高；同时，晶粒越细，在一定体积内的晶粒数目越多，则在同样变形量下，变形分散在更多晶粒内进行，变形也就越均匀，减少了应力集中，使塑性、韧性也较好。用细化晶粒提高金属强度的方法称为细晶强化。

特别地，细化得晶粒使晶界能增高，导致材料的高温稳定性变差。

2. 冷塑性变形对金属组织与性能的影响

冷塑性变形指金属在室温或较低的温度下发生的永久变形。金属的晶体结构不同，其塑性变形的难易也不同。面心立方金属(如铜)最易塑性变形，塑性最好；体心立方金属(如铁)次之；密排六方金属(如镁)的塑性最差。金属经过冷变形，不仅可以形成一定的形状和尺寸，而且还可以提高材料的强度和硬度。如经过热处理的高碳钢丝经冷拉制成的高强度弹簧钢丝，比一般钢材的强度高 4～6 倍。

1) 冷塑性变形时金属组织结构的变化

金属材料在经历冷塑性变形之后，在组织结构上会发生明显的变化，表现如下：

(1) 形成纤维组织。金属在发生塑性变形时，随着外形的不断变化，金属内部的晶粒形状也由原来的等轴晶粒变为沿变形方向延伸的畸变晶粒，进而使晶粒显著伸长成为细条状的纤维形态，这种组织称为冷加工纤维组织。

(2) 亚结构细化。塑性变形不仅使晶粒外形发生变化，同时使晶粒碎化，位错密度增加，内部亚结构也出现细化，亚晶界增加，晶体内部原子排列的规则性被破坏，导致晶体缺陷的密度增加。

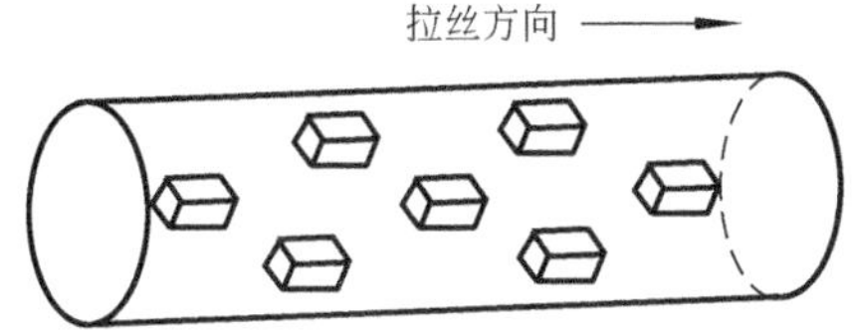

图 3.39 拉丝时变形织构示意图

(3) 出现择优取向。在塑性变形过程中，各晶粒不仅沿着受力方向发生伸长，同时按一定趋向发生转动。当变形量达到 70%以上时，原来取向各不相同的各个晶粒会转动到取得接近一致的位向，这种现象称为择优取向，形成的有序化的方向性结构叫形变织构，如图 3.39 所示(图中立方体为晶格示意)。

2) 冷塑性变形后金属性能的变化

随着塑性变形时金属组织结构的变化，金属的性能也发生了明显的变化。

(1) 加工硬化。金属在塑性变形过程中，随着变形程度增加，强度、硬度上升，塑性、韧性下降，这种现象称加工硬化(也叫形变强化)。现代科学证实，金属变形过程主要是通过位错沿着一定的晶面滑移实现的。在滑移过程中，位错密度大大增加，位错间又会相互干扰相互缠结，造成位错运动阻力增加，同时亚晶界的增多，从而出现加工硬化现象。

加工硬化加大了金属进一步变形的抗力，甚至使金属开裂，对压力加工产生不利的影响，因此需要采取措施加以软化，恢复其塑性，以利于继续形变加工。但是，对于如起重用的冷拔钢丝绳、用高锰钢制的拖拉机履带板和推土机铲齿，以及形变铝合金等不能用热处理方法强化的合金，加工硬化又是一种提高其强度的有效的强化手段。

(2) 产生残余应力。所谓残余应力(或称内应力)是指使金属发生塑性变形的外力去除后，残留且平衡于金属内部的应力，其是由于金属内部变形程度不均匀而造成的。

塑性变形时在晶格中造成晶格畸变而引起微观残余内应力，此为形变金属中的主要内应力，也是使金属强化的主要原因；在金属中各个晶粒间的不均匀变形也会产生应力；在工件各部位间也会由于变形的先后和变形程度的不同出现宏观残余应力。残余应力的存在，会降低材料的耐蚀性，宏观残余应力还会降低材料的承载能力，使工件在加工或使用过程中发生变形或裂纹，因此在生产中有时需要采取措施消除残余应力。

(3) 各向异性。变形量大的形变金属中会出现形变织构，即晶体的位向趋于一致的现象，导致金属的性能出现各向异性。在不同使用条件下，形变织构产生的影响是不同的。用于制造变压器铁心的硅钢片，沿某一晶向最易磁化。如果用具有易磁化方向的形变织构的材料来制造，则可明显增加铁心的磁导率，降低磁滞损耗，提高变压器的效率。在冲压薄板零件时，由于织构的存在，各个方向的变形程度产生差异，在工件各部位造成不均匀塑性变形，导致冲压件报废。

(4) 其他性能变化。如降低金属的抗腐蚀能力，提高金属材料的电阻率等。

3.3.2 冷塑性变形金属在加热时组织与性能的变化

金属在塑性变形后，发生了晶格畸变和晶粒破碎现象，处于组织不稳定状态。在室温下，金属原子的活动能力不大，这种亚稳定状态可以维持相当长时间而不发生变化。一旦温度升高，金属原子可以获得足够的活动能力，发生一系列组织和性能上的变化。

冷变形后的金属在加热中，随着温度的升高或加热时间的延长，其组织和性能一般要经历回复、再结晶、晶粒长大三个阶段的变化。

1. 回复

塑性变形后的金属加热到较低的某一温度时，开始阶段由于加热温度不高，原子获得的活动能力较小，只能进行短距离的扩散，而原子的短距离扩散使晶体缺陷减少(如空位与间隙原子合并，位错的移出或合并等)，晶格畸变大部分消除，材料中的残余应力基本消除，导电性和抗腐蚀能力也基本恢复至变形前的水平，这一变化称为回复，如图 3.40 所示。此时金属的显微组织仍保持纤维组织，力学性能也不发生明显的变化。生产中有时利用这一现象将冷变形金属的加工硬化保留，而消除其内应力，也称为去应力退火。

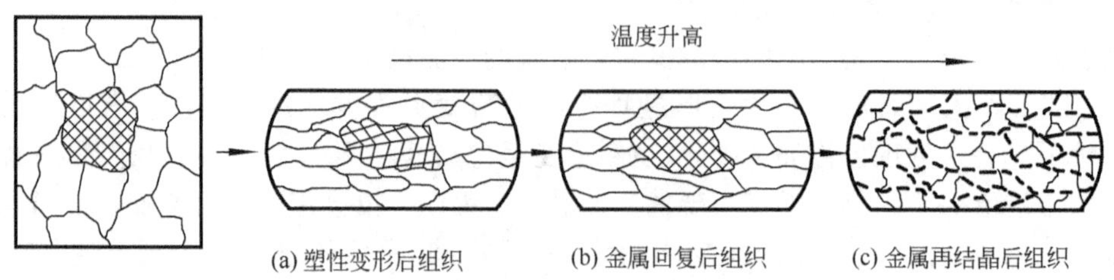

图 3.40 金属的回复和再结晶示意图

2. 再结晶

把经历回复阶段的金属加热到更高温度时，原子活动能力增大，金属晶粒的显微组织开始发生变化，由破碎的晶粒变成完整的晶粒，由拉长的纤维状晶粒转变成等轴晶粒。这种变化经历了两个阶段，即先在畸变晶粒边界上形成无畸变晶核，然后无畸变晶核长大，直到全部转化为无畸变的等轴晶粒。整个变化和结晶过程有相似性，也为原子扩散导致的形核、长大过程，但不发生相的类型变化，因此叫做再结晶。再结晶过程是在一定温度范围内进行的。通常，再结晶温度是指发生再结晶所需的最低温度，它与金属的熔点、成分、预先变形程度等因素有关。纯金属的再结晶温度 $T_{再}$ 大约是其熔点 $T_{熔}$ 的 0.4 倍左右，即 $T_{再} \approx 0.4T_{熔}$(用绝对温度表示)。

金属在再结晶过程中，由于冷塑性变形产生的组织结构变化基本恢复，力学性能也随之发生变化，金属的强度和硬度下降，塑性和韧性上升，加工硬化现象逐渐消失，金属的性能重新恢复至冷塑性变形之前的状态。

3. 晶粒长大

再结晶完成后，在一般情况下得到均匀的细等轴晶组织。此时如果继续加热或升温，细等轴晶会逐渐长大变粗，这一阶段叫做再结晶后的晶粒长大。晶粒的长大过程是能量降低的自发过程，大晶粒吞并小晶粒，最终形成粗大的等轴晶。

4. 影响再结晶后晶粒度的主要因素

由于晶粒大小对金属性能的影响很大，所以控制再结晶后的晶粒大小是一个重要的问题。再结晶后晶粒大小与以下两个因素有关：

1) 加热温度和保温时间。再结晶时的加热温度越高，保温时间越长，则再结晶后的晶粒越粗大。其中以加热温度的影响更为明显。

2) 变形程度。当变形程度很小时，金属中储存的变形能很小，不会发生再结晶。当预先变形度达到2%～10%时，再结晶后的晶粒特别粗大，这个变形度称为临界变形度，如图 3.41 所示。达到临界变形度的金属中只有部分晶粒破碎，因而再结晶后晶粒的不均匀度增大，利于大晶粒吞并小晶粒，形成特别粗大的晶粒；变形量超过临界变形度后，随着变形量的增大，晶粒破碎的均匀程度越来越大，再结晶后的晶粒越来越细；变形量达到一定程度后，再结晶晶粒度基本不变；当变形度大约为 95%时，又会出现再结晶后晶粒粗大的现象，这与形变织构的形成有关。

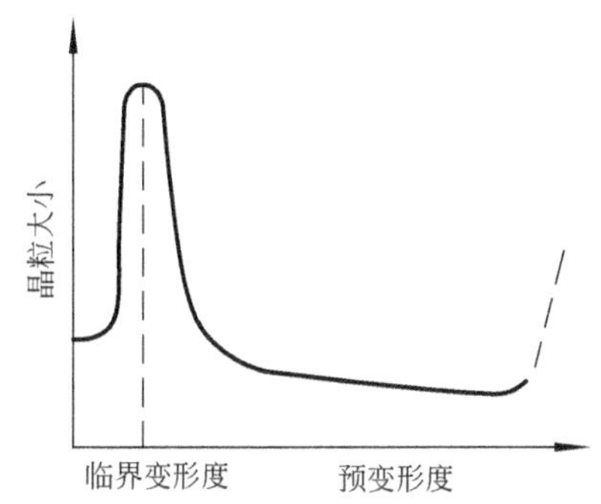

图 3.41 变形度对再结晶后晶粒大小的影响

3.3.3 金属的热变形

由于金属在较高温度下强度降低，塑性提高，因此热塑性变形比冷塑性变形容易得多。工业生产中，钢材和许多零件的毛坯都是加热到一定温度后再进行压力加工的(热轧、热锻等)。

1. 金属的热变形和冷变形

金属材料热变形(或热加工)和冷变形(或冷加工)的界限，是以再结晶温度来划分的。金属加热至再结晶温度以上进行变形，由塑性变形引起的加工硬化可以通过随后的再结晶过程加以消除。因此，把在再结晶温度以下进行的变形称为冷变形，把在再结晶温度以上进行的变形称为热变形。例如，纯铁的再结晶温度大约为600℃，在此温度以上的变形即属于热变形。钨的熔点为3399℃，其再结晶温度约为1200℃，因此即使在稍低于1200℃的变形仍然属于冷变形。另一些金属如铅和锡，再结晶温度低于室温(Pb的再结晶温度为－33℃)，因此在室温下对它们进行压力加工仍然属于热变形。

冷变形过程中，随着变形程度的增加，金属不断硬化，塑性不断降低，直到金属完全丧失变形能力发生断裂为止。

而在热变形过程中，金属一方面由于塑性变形引起加工硬化，另一方面由于变形过程在再结晶温度以上进行，会因瞬时再结晶而使硬化得到基本消除。但在此过程中，因加工硬化与变形是同步的，而再结晶属热扩散过程，硬化与软化这两个因素常不能恰好相互抵消。例如，当变形速度大、加热温度低时，由于变形所引起的硬化因素占优势，所以随着变形过程的进行，变形阻力越来越大，甚至会使金属断裂。反之，当变形速度较小而加热温度较高时，由于再结晶和晶粒长大占优势，这时虽然不会引起断裂，但金属的晶粒将变得粗大，也会使金属的性能变坏。因此，热变形时应当认真控制金属的温度与变形程度，使两者的配合尽可能恰当。

热变形可用较小的变形能量获得较大的变形量。但是，由于加工过程在高温下进行，金属表面易受到氧化，产品的表面粗糙度和尺寸精度较低。因此，热变形主要用于截面尺寸较大、变形度较大或材料在室温下硬度较高、脆性较大的金属制品或零件毛坯加工。冷变形则宜用于截面尺寸较小、对加工尺寸和表面粗糙度要求较高的金属制品或需要加工硬化的零件进行变形加工。

2. 热塑性变形对金属组织和性能的影响

和冷变形一样，热变形不仅改变了零件的外形和尺寸，还改变了金属的内部组织，并使其性能随之发生变化。

1) 改善铸态组织

通过热变形可焊合金属铸锭中的气孔和疏松，部分地消除偏析，使粗大的枝晶、柱状晶和粗大等轴晶粒破碎，并在再结晶过程中转变为细小均匀的等轴晶粒。此外，金属中的夹杂物、碳化物的形态、大小与分布也在热变形过程中得到改善，因而热变形可提高金属材料的致密度和力学性能。由于经热塑性变形后金属的塑性和冲击韧性均较铸态明显提高，所以工程上受力复杂、载荷较大的工件(如齿轮、轴、刃具和模具等)大都要经过热加工来制作毛坯。

2) 形成热变形纤维组织(流线)

热变形时铸态金属毛坯中的枝晶及各种夹杂物都会沿变形方向延伸与分布，排列成纤维状。这些呈纤维状的夹杂物在再结晶后形状也不会改变，因此在材料的纵向宏观试样上可以看到沿变形方向的平行的条纹组织(即原夹杂物等分布的痕迹)，即热加工纤维组织(流线)，如图3.42(a)所示。由于纤维组织的存在，金属材料的力学性能呈现出各向异性，沿纤维方向(纵向)较垂直于纤维方向(横向)具有较高的强度、塑性和韧性。因此，用热变形方法制造工件时，应使流线与工件工作时所受到的最大拉应力的方向一致，与剪应力或冲击方向垂直。生产中广泛采用模锻法制造齿轮和中小型曲轴，用局部镦粗法制造螺栓，其优点之一就是使流线合理分布，并适应工件工作时的受力情况，如图 3.42 所示。用上述方法获得的工件与用切削加工获得的工件相比，性能明显提高。

必须指出，依靠加热与冷却的热处理方法不能消除或改变工件中的流线分布，只能依靠适当的塑性变形来改善流线的分布。在不希望金属材料中出现各向异性时，应采用不同方向的变形来打乱流线的方向性，例如在锻造时可采用镦粗与拔长交替并改变方向(即十字锻造)的方法来进行加工。

3) 形成带状组织

亚共析钢经热加工后，呈带状分布的夹杂物和某些元素(如磷)会成为先共析铁素体析出时的地点，使铁素体也呈带状分布，在铁素体两侧是呈带状分布的珠光体。在过共析钢中，带状组织表现为密集的粒状碳化物条带，它是钢锭中的显微偏析在热变形过程中延伸而成的碳化物富集带，如图 3.43 所示。带状组织使钢的力学性能呈各向异性，特别是使横向的塑性、韧性降低。具有带状碳化物的钢制刀具或轴承零件，在淬火时容易变形或开裂，并使组织和硬度不均匀，使用时容易崩刃或碎裂。轻微的带状组织可以采用多次正火或高温扩散退火加以改善。

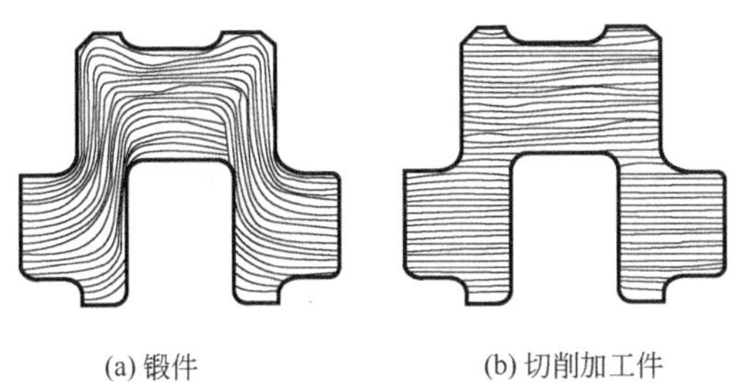

(a) 锻件　　(b) 切削加工件

图 3.42　曲轴的流线分布示意图

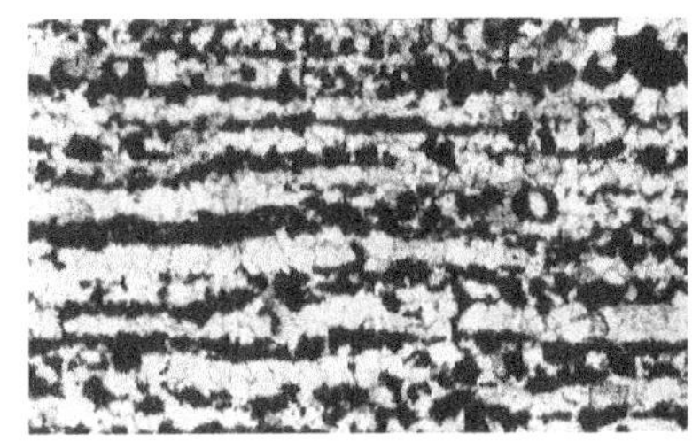

图 3.43　低碳钢热轧带状组织

3.4　液态金属结晶时的细晶强化方法

3.4.1　金属的晶粒度与性能的关系

由前述可知：在常温下，金属的晶粒越细，单位体积的晶界数量就越多，晶界对塑性变形的抗力越大，同时晶粒的变形也越均匀，致使强度、硬度越高，塑性、韧性越好(如表 3-6 所示为室温下纯铁的晶粒大小与其性能的关系)。因此，在常温下使用的金属材料，通常晶粒越细，其强韧性越高；而在高温下，因晶界为不稳定的高能量状态，使在高温下的稳定性变差，则晶粒越细，其高温性能就越差。

表 3-6　晶粒大小对纯铁力学性能的影响

晶粒直径/μm	σ_b/MPa	δ/(%)	晶粒直径/μm	σ_b/MPa	δ/(%)
70	184	30	1.6	270	50
25	216	40			

工程上，利用细化晶粒的方式来提高材料室温强韧性的方法称为细晶强化(面缺陷的增加，是细晶强化的主要原因)。对固态金属，可用热处理及塑性变形来细化晶粒，而对液态金属的结晶，则主要采用下面的方法来细化晶粒。

3.4.2 液态金属结晶时的细晶方法

晶粒度的大小与结晶时的形核率 N 和长大速度 G 有关。形核率越大，在单位体积中形成的晶核数就越多，每个晶粒长大的空间就越小，结晶结束后获得的晶粒也就越细小。同时，如果晶体的长大速度越小，则在晶体长大的过程中可能形成的晶粒数目就越多，因而晶粒也越小。

工程上常用的细化晶粒的方法有：

1. 增大过冷度

工业生产条件下，金属结晶时的形核率和晶体长大速度都是随着过冷度的增大而增加的，但形核率的增长倾向比晶体长大速度的增长倾向更为强烈。因此，增大过冷度可以提高形核率和长大速度的比值，使晶粒数目增大，获得细小晶粒，如图 3.44 所示。生产中，可以通过改变各种铸造条件来提高金属凝固时的冷却速度，从而增大过冷度。常用的方法如提高铸型导热能力、降低金属液的浇注温度等。

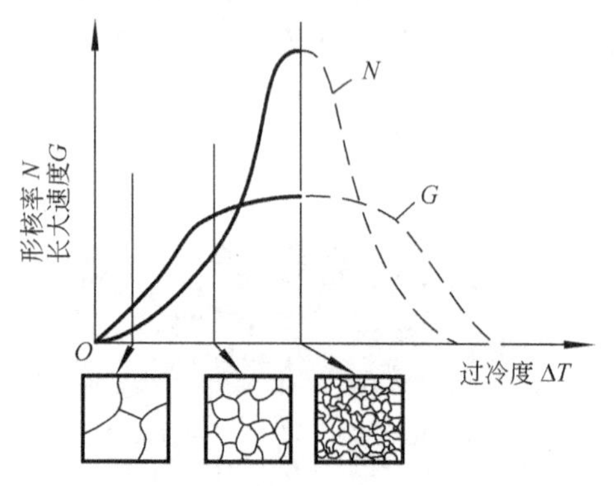

图 3.44 晶粒大小与形核率(N)和长大速度(G)的关系

2. 加入形核剂

在液态金属中加入细小的形核剂(又称孕育剂或变质剂)，使之分散在金属液中成为非自发形核的现成基底，或是在金属中形成一些局部的微小过冷区或阻碍晶粒的长大，都可能促进晶核的形成，大大提高形核率，达到细化晶粒的目的，这种方法叫做变质处理或孕育处理，这是生产中常用的细化晶粒的有效方法。对于不同的金属液，有效的孕育剂是不相同的。如在生产铸铁时使用稀土硅铁粉或稀土硅钙粉，生产铝合金时使用氯化钠、钛或锆，而在钢水中加入钛(Ti)、钒(V)、铝(Al)、铌(Nb)等。

3. 机械方法

用搅拌、振动等机械方法迫使凝固中的液态金属流动，可以使附着于铸型壁上的细晶粒脱落，或使长大中的树枝状晶断落，而进入液相深处，成为新晶核形成的基底，因而可以有效地细化晶粒，如超声振动、电磁搅拌、机械振动、人工搅拌等。

3.5 有机高分子材料和陶瓷材料的改性简介

3.5.1 高分子材料的改性

通过加聚反应和缩聚反应，可以得到很多的高聚物品种，它们提供了许多特异性能，如质轻、强韧、有弹性、耐化学腐蚀、易于加工成形等，这是其他材料所不具备的。但对具体高聚物来说，其性能还不能完全满足人们对它的要求，因此需要利用物理或化学的方法来改进现有高聚物的性能，称为聚合物的改性这是当前高分子材料研究中的重要方向。

1. 化学改性

化学改性是指用化学反应的方法，使不同的高聚物分子链或链段之间存在化学键，改变高聚物的化学组成与结构，改善与提高高分子材料的性能的方法。化学改性又分为接枝共聚改性、嵌段共聚改性和辐射交联改性等。

用两种以上不同类型的单体，通过缩聚或加聚反应，使它们交替同时进入聚合物的链段中去，就制得共聚物，这是高聚物改性的重要方法。如同金属之间可形成性质不同的合金一样，共聚物也称为高聚物的“合金”。

在共聚过程中，单体在链中有次序地相间隔排列时，称为交替共聚。这类共聚物不多。丙烯腈与丁二烯反应生成的交替共聚物弹性体丁腈橡胶就是交替共聚物的一个例子。

$$\left[\left(CH_2-CH=CH-CH_2\right)-CH_2-\underset{\underset{CN}{|}}{CH}\right]_n$$

把第一种单体聚合一段后，再引入第二种单体接上去聚合一段，称为嵌段共聚。例如乙烯和丙烯可生成乙丙嵌段共聚物。

$$\left[CH_2-CH_2\right]_n\left[CH_2-\underset{\underset{CH_3}{|}}{CH}\right]_m$$

在一种或几种单体组成的聚合物的主链上，接上由另一种单体组成的支链，称为接枝共聚物。例如ABS(丙烯腈-丁二烯-苯乙烯)就为典型接枝共聚物。

```
                          B—B—B—B—…
                          |
…—A—A—A—A—A—A—A—S—S—S—S—…
      |
      B—B—B—B—…
```

交联改性是指线型高分子彼此交联形成空间网状的结构，适度的交联可使力学性能、尺寸稳定性、耐溶剂性及化学稳定性得到提高。如橡胶经硫化剂交联后，其强度、耐磨性、耐热性等均明显提高。

2. 物理改性

物理改性中，不同高聚物之间不存在化学键，完全是一种机械混合的方法，从而形成复合材料。物理改性又分为填充增强改性、共混改性等。物理改性方法简单，适应性强，应用最广。

填充改性是在高聚物中加入有机或无机填料，使高分子材料的硬度、耐磨性、耐热性等得到改善，还能降低产品成本。不同的填料具有不同的作用。例如，以石墨和二硫化钼作填料，可提高高聚物的自润滑性；加入导电性填料石墨、铜粉、银粉等可增加导热、导电性；加入铁、镍等金属可制成导磁塑料。

增强改性在原理上属于填充改性，如加入布、石棉、玻璃纤维、碳纤维等增强材料可制得增强塑料；在聚丙烯中加入适量碳酸钙制成塑料，其冲击强度可比聚丙烯提高30%，还降低了成本。

共混改性是由两种或两种以上的高分子共混，形成具有它们综合性能的新的高分子材料的共混物，常被称为“高分子合金”，有塑料-塑料、塑料-橡胶、橡胶-橡胶等。

高分子共混可以是机械粉末共混、溶液共混、乳液共混、熔融共混，还可以采用化学接枝共混、互穿网络结构、以及化学反应性共混。采用高分子共混的方法比合成一种新的材料，其性能/价格比要大得多，而且简单方便。因此，研究高分子的互穿网络(IPN)和高分子共混、高分子合金是一个热门方向。

共混高聚物是几种高分子经物理混合而成的，但由于高分子链上附有许多基团，分子之间相互作用力总的加起来数值很大。因此，共混与接枝、嵌段等差别不大。通过共混，可以大大地改变高聚物原有性质，使高聚物具有多种多样的性能。

利用在高聚物中添加纳米超微粒子的纳米改性技术，可使材料在力学性能、物理及化学性能上有很明显的提高，已成为当今最热门的材料改性技术。如在塑料、涂料中加入纳米 TiO_2、ZnO 则可达到抗菌自洁效果。

此外，在高聚物中加入阻燃剂、抗老化剂、发泡剂、增塑剂等也是常用的改性内容。

3.5.2 陶瓷材料的增韧

陶瓷材料具有许多固有的优点，如高硬度、高耐磨性、耐高温、抗氧化、耐腐蚀等。但其高脆性的特征，使得陶瓷在应用上受到很大的限制。如能使陶瓷的韧性显著地提高，就有可能使陶瓷成为重要的高温结构材料。陶瓷材料的增韧增强途径主要有以下途径。

1. 制造微晶以及高密度、高纯度的陶瓷

陶瓷材料的实际断裂强度大大低于理论断裂强度，其原因是由于陶瓷材料在制备过程中，往往不可避免地存在气孔和裂纹等缺陷。消除缺陷，提高晶体的完整性，使材料细、密、匀、纯是陶瓷强韧化的最有效的途径之一。

2. 消除陶瓷表面缺陷

陶瓷材料的脆性断裂，往往是从表面或接近表面的缺陷处开始，因此消除表面缺陷可有效提高陶瓷材料的强韧性。如机械抛光、化学抛光、激光表面处理等都是改善陶瓷表面状态、提高韧性的方法。对于非氧化物陶瓷，可通过控制表面氧化技术来消除表面缺陷。另外，表面退火处理、离子注入表面改性等技术，都可在不同情况下消除表面缺陷达到提高强韧性的目的。

3. 在陶瓷表面引入压应力

通过工艺方法在陶瓷表面造成压应力层，则可减小表面处的拉应力峰值，阻止表面裂纹的产生和扩展。其相关实例如钢化玻璃。

4. 细化陶瓷晶粒

因为晶界对于裂纹扩展的阻碍作用，所以细化的陶瓷晶粒利于韧性的提高。

5. 自补强增韧

自补强增韧又称原位增韧，它是利用工艺因素的控制，使陶瓷在制备的过程中，在原处形成具有较大长径比的晶粒形貌，从而使之起到类似于晶须补强的效应。

6. 纤维(或晶须)补强增韧

采用一些纤维，如碳纤维、SiC纤维，使之均匀分布于陶瓷的基体中，制成陶瓷基复合材料。纤维除可承担一部分负荷，还可阻止或抑制裂纹的扩展。纤维复合是提高陶瓷之类脆性材料强韧性的最有效方法。

7. 异相颗粒弥散增韧

人为在陶瓷材料中加入板状或圆柱形第二相粒子，当裂纹通过增强颗粒后，裂纹表面势必形成粗糙凹坑，阻碍裂纹扩展。

8. 相变增韧

利用陶瓷材料中固态相变来增加韧性，是近年来的重要研究成果，是结构陶瓷材料提高韧性的一个重要途径。工程中典型的应用，是利用 ZrO_2 部分的相变膨胀来阻止或消耗裂纹的产生。

3.6 材料的表面改性技术简介

表面改性技术(或称表面改性处理)的主要目的是对材料的表面进行特殊的强化或作某些功能处理，以提高表面硬度、耐磨性、耐蚀性、耐热性，或提高零件的装饰性，或改变表面的电、磁性能等。表面改性技术一般不改变基体材料的成分或组织，前述表面淬火和化学热处理根据其工艺特点也可归入此类。

3.6.1 高能束表面改性

高能束表面处理技术是指将具有高能量密度(1012～1013W/m^2)的能源(如激光、电子束和离子束)，施加到材料表面，使之发生物理、化学变化，获得特殊性能的方法。其可对工件表面进行选择性的表面处理，能量利用率高，加热速度快，工件表面至内部温度梯度大，可以很快的速度自冷淬火，同时工件变形小，生产效率高。

1. 激光表面处理

激光表面处理除前述的激光表面淬火应用外，还有激光表面合金化与熔覆、激光上釉、激光冲击硬化淬火等。

激光表面合金化是应用激光束将合金化粉末和基材一起熔化后迅速凝固，在表面获得合金层的方法。主要用于提高基体材料的耐磨性、耐蚀性和耐热性，并可降低材料成本。例如对钢铁材料表面通过激光合金化加入较贵重的Cr、Co、Ni等元素，用于发动机阀座和活塞环、涡轮叶片等零件。

激光表面熔覆是应用激光束将预先涂覆在材料表面的涂层与基体表面一起熔化后迅速凝固，得到成分与涂层基本一致的熔覆层的方法。激光表面熔覆与激光表面合金化的不同在于：激光表面合金化是使添加的合金元素和基材表面全部混合，得到新的合金层；而激光表面熔覆是预覆层全部熔化而基体表面微熔，熔覆合金层的成分基本不变，只是与基材结合处受到稀释。表面覆层通常是钨铬钴耐热耐磨合金，可应用于阀座、涡轮叶片、活塞环、铝合金零件等。

激光上釉是利用激光功率密度大、停留加热时间短的特点，使材料表面基体迅速熔化和重铸，从而得到晶粒极细的组织，达到高耐磨和耐腐蚀性能的目的。这种方法可以用来消除表面缺陷或提高电化学覆层的完整性，可应用于涡轮叶片的改性，获得超硬覆层和高性能成分的表面层。

激光冲击硬化淬火为利用激光功率密度极大和以极短时间冲击在金属表面上时，表面立即气化而产生极大的冲击波，在冲击波的作用下使材料表面产生加工硬化的方法。

2. 电子束表面技术

当高速电子束照射到金属表面时，电子能深入金属表面一定深度，与基体金属的原子核及电子发生作用，所传递的能量立即以热能形式传给金属表层原子，从而使被处理金属的表层迅速升到高温。这与激光加热有所不同，激光加热时被处理的金属表面吸收光子能量，激光并未穿过金属表面。因此，电子束加热的深度和尺寸比激光大。

此外，相对激光加热而言，电子束表面强化还有设备功率稳定，输出功率比激光大，热电转换效率高，工件表面不需特殊处理(而激光表面淬火时工件表面常要先进行“黑化”处理，以提高对激光的吸收率)，成本较低等特点。其缺点是多要求在真空下工作。

电子束表面技术应用场合同激光表面处理基本类似。

3.6.2 电镀及化学镀

1. 电镀

电镀槽中的电解液是镀层金属的盐溶液，以金属或经过表面处理的部分非金属工件为阴极，镀层金属为阳极，通入直流电，在工件表面沉积上欲镀的金属，获得耐蚀、耐磨或具有其他功能的表面层，这种工艺方法称电镀。采用这种方法还可修复报废的零件。镀层材料可以是Cr、Ni、Cu、Sn、Pb、Au、Ag、Zn等，其中镀铬主要用于装饰性镀层和耐蚀、耐磨镀层。近年来，还发展了合金镀层(如Cr-C、Ni-P、Sn-Co、Cu-Pb等)及复合电镀(如Ni-SiC、Cr-ZrO_2、Au-BN等)。此外，还有一种电镀方法叫刷镀，由包裹着吸水纤维的不溶性阳极镀笔沾取镀液，在阴极工件上来回擦动而电镀，操作类似刷漆，用于单件或工件的修复，特别方便有效。

2. 化学镀

化学镀是把被镀工件浸入含有镀层金属盐类的水溶液中，经氧化还原反应在工件表面沉积形成镀层的方法。工艺参数有溶液成分、pH和反应温度。可用于镀Ni、Cu、Au、Co、Ag等，其中化学镀镍及其合金因在抗蚀性、硬度、可焊性、磁性、装饰性及镀层均匀性等方面性能优越而得到越来越多的应用。近年来，化学镀还应用于塑料，使之产生导电层和表面合金化，既美观又实用，能保护塑料免受溶剂的浸蚀，并且耐磨。

此外，还有一种属于物理原理的浸镀(或热镀)，其为将熔点高的被镀金属工件浸入熔点低的熔融镀层金属液中，取出后在工件表面附着(凝固)一层固态金属层，主要用于防蚀。如把钢板、钢带和型钢热浸Zn，形成防腐蚀涂层；薄钢板浸Sn和电镀Sn具有同样的性能，用于食品包装、制作容器及装饰等；浸Al可提高钢的耐热性、耐蚀性和抗氧化性。

3.6.3 气相沉积技术

将金属、合金或化合物放于真空室中，以各种物理方法使其蒸发，使这些气相原子、离子或分子沉积在工件表面的工艺方法称为物理气相沉积(PVD)，按蒸发机理的不同，PVD法又分真空蒸镀、阴极溅射和离子镀三大类。

将含有沉积元素的一种或几种已被气化的化合物、单质气体，使其在热基体(工件)表面产生化学反应而形成沉积薄膜的工艺方法称为化学气相沉积(CVD)，由气相反应的激发方式不同，也分多种类型，但热化学气相沉积应用最广。PVD法与CVD的基本特点比较见表3－7。

表3－7 PVD和CVD的基本特点比较

比较项目	PVD法			CVD法
	真空蒸镀	阴极溅射镀膜	离子镀膜	
镀膜材料	金属、合金、某些化合物(高熔点材料困难)	金属、合金、化合物、陶瓷、高分子	金属、合金、化合物、陶瓷	金属、合金、化合物、陶瓷
气化方式	热蒸发	离子溅射、电离	蒸发、溅射、电离	单质、化合物、气体
沉积粒子能量/eV	原子、分子 0.1～1.0	主要为原子 1.0～10.0	离子、原子 30～1000	原子 0.1
基体温度/℃	零下至数百，一般多为200～600，不超过800			150～2000(多数>1000)
镀膜沉积速度/($\mu m/min^{1}$)	0.1～75	0.01～2	0.1～50	0.5～50
镀膜致密度	较低	较高	高	最高
镀覆能力	绕镀性差，均镀性一般	绕镀性欠佳，均镀性较好	绕镀、均镀性好	绕镀、均镀性好
主要应用及其他特性	功能膜(光、电、磁膜)，装饰膜，耐蚀、润滑膜。镀层结合力差，不用于耐磨件。设备较简单，成本较低，可在金属、玻璃、塑料、纸张上沉积	适用材料广泛，可大面积沉积，设备复杂，主要用作装饰及光电功能膜，也可作耐磨、耐蚀膜	镀层结合力好、设备复杂，可在金属、塑料、玻璃、陶瓷、纸张上沉积，作耐磨、耐蚀及其他功能膜	镀层纯度易控制，适宜大批量生产，设备简单，作耐磨、减摩、耐蚀、装饰、光学等功能膜，仅可在有一定耐热性的金属及非金属上沉积

近年来，各种刃具、模具成功地应用了PVD法，在刃具、模具表面得到高硬度的灰色的TiC、金色的TiN等的单涂层或多涂层，硬度高达2000HV，提高了耐磨性，具有抗粘着性，使用寿命可提高数倍。此外也可用金属蒸镀法在聚合物表面形成Al涂层等。

3.6.4 热喷涂技术

热喷涂是将金属或非金属材料粉末(或丝材)熔化并用高速气流喷涂在工件表面形成覆

层(一般为0.13～5mm)的工艺方法，常用的有火焰喷涂(用氧-乙炔火焰加热，半熔化粉末用压缩空气喷射)、等离子喷涂(将粉末送入含Ar、He、H_2、N_2等气体的等离子枪内，加热微熔并喷射)、爆炸喷涂(氧-乙炔气体爆炸，将粉末熔化并喷涂在工件表面)和电弧喷涂(由喷涂材料制成的两电极丝间产生电弧来熔化成液滴，由压缩空气喷涂)等。喷涂用的材料有Al、Pb、Zn、Sn、Ni、Cu、Fe等金属及其合金，氧化物、氮化物、碳化物等无机物以及塑料等有机物。随着喷涂技术的发展，除金属表面外，对陶瓷、塑料等工件也可用喷涂覆层进行表面强化，以提高表面的耐腐蚀性、耐热性和耐磨性等，也可用于修复、装饰、隔热、绝缘等。

3.6.5 化学转化膜技术

通过化学或电化学手段使金属表面形成稳定的化合物膜层的方法称为化学转化膜技术。其在工件表面自身形成各种非金属覆盖层。

1. 发黑处理

将钢铁工件浸入含苛性钠、亚硝酸钠等的温热溶液中，使表面形成均匀致密的氧化膜(Fe_3O_4)。这层氧化膜可呈黑色、蓝黑色、红棕色、棕褐色等，厚度为0.6～1.5μm。此膜经浸油、皂化或重铬酸盐液钝化处理后，具有防锈作用，且增加光泽，已广泛用于机械零件、精密仪表和军械制造。

2. 磷化处理

将钢铁工件浸入含锰、锌、铁的磷酸盐溶液中，在表面形成不溶于水的磷酸盐多孔薄膜如$Fe_3(PO_4)_2$、$FeHPO_4$等。从浅灰色到深灰色，厚约3～50μm，呈吸附、耐蚀、减摩、绝缘的特征。磷化处理主要作为油漆的底层，以及挤压、冷拉钢材的表面润滑层等。

3. 阳极氧化

在酸性电解液中把金属工件作为阳极进行电解，因阳极表面析出氧而在工件表面形成氧化膜。铝合金的阳极氧化膜呈多孔的蜂窝状结构，利于涂饰、粘结及染色；另外，该膜还具有一定耐磨性、耐蚀性、耐热性及电绝缘性，且与基体结合力好。

4. 不锈钢酸性浴氧化着色法

其大致过程是：先用碱或洗涤剂等脱脂，在酸性液中作化学或电化学抛光，浸入含铬酐、重铬酸钾、偏钒酸钠的硫酸热溶液中进行氧化。随时间的不同，氧化膜厚度从0.2μm增加到0.4μm，在光的干涉下可显示出蓝色、金色、红色、绿色等，再在铬酐与硫酸的热电解液中作电解坚膜处理(工件接阴极，阳极用铅板)，最后再置于1%质量分数的硅酸盐水溶液中煮几分钟作孔隙封闭而成。彩色不锈钢色彩艳丽、柔和，色调自然并经久耐用，已广泛用于高层建筑、家用电器、体育用品、车辆、仪表、精密机械等。用不锈钢外装饰的大楼，随着太阳光入射角变化，从早到晚可以显示多种颜色的连续变化和相互辉映。

3.6.6 表面形变强化

把冷变形强化用于提高金属材料的表面性能，成为提高工件疲劳强度、延长使用寿命的重要工艺措施。目前，常用的有喷丸、滚压和内孔挤压等表面形变强化工艺。以喷丸强化为例，它是将高速运动的弹丸流(直径为0.2～1.2mm的铸铁丸、钢丸或玻璃丸)连续向零件喷射，使表面层产生极为强烈的塑性变形与加工硬化。此强化层内组织结构细密，又具有表面残余压应力，使零件具有高的疲劳强度，并可清除表面氧化皮。表面形变强化工艺已广泛用于弹簧、齿轮、链条、叶片、火车车轴、飞机零件等，特别适用于有缺口的零件、零件的截面变化处、圆角、沟槽及焊缝区等部位的强化。

除上述表面改性技术外，还有非金属涂覆和挂衬，其为在工件表面形成有机物或无机物薄层，以提高耐蚀性、耐磨性、装饰性及产生特定光、电功能等。一般层薄时称为涂覆，层厚时称为挂衬。其方法有陶瓷涂覆(如涂覆 Al_2O_3、Cr_2O_3 等)、玻璃挂衬(即搪瓷)、塑料挂衬(如用火焰喷涂法或静电喷涂法将聚乙烯涂于金属表面，提高金属零件的减摩性和耐蚀性)，以及广泛用于防腐、装饰的涂料涂装等。

习　　题

简答题

3-1　什么是珠光体、贝氏体、马氏体？它们的组织及性能有何特点？

3-2　钢件为什么能进行各种各样的热处理？

3-3　如合金元素使钢的淬透性增加，则此钢的C曲线、过冷奥氏体稳定性、淬火临界冷速 v_k 及过冷奥氏体转变孕育期怎样变化？残余奥氏体数量是增加还是减少？淬透性很高的钢空冷会得马氏体吗？

3-4　简述钢中主要合金元素的作用。

3-5　说明冷变形对金属的组织与性能的影响。

3-6　冷加工与热加工的主要区别是什么？热加工对金属的组织与性能有何影响？

3-7　金属铸件能否通过再结晶退火来细化晶粒？为什么？

3-8　什么是淬火？淬火的目的是什么？常用的淬火方法有几种？说明各种淬火方法的优缺点及其应用范。

3-9　对零件的力学性能要求高时，为什么要选用淬透性大的钢材？

3-10　钢淬火后为什么一定要回火？说明回火的种类及主要应用范围。

3-11　铝合金常用什么热处理工艺，它与钢的淬火加回火有何不同？

3-12　简述聚合物改性、提高性能的方法。

思考题

1. 试说明下列钢件应采用何种退火工艺、退火的目的及退火后的组织：

(1) 经冷轧后的15号钢钢板，要求降低硬度；

(2) 铸造成形的机床床身；

(3) 经锻造过热(晶粒粗大)的 $w_C=0.60\%$ 的锻件；

(4) 具有片状渗碳体组织的T12钢件。

2. 正火与退火的主要区别是什么？生产中应如何进行选择？

3. 在什么情况下采用表面淬火、表面化学热处理、表面形变强化及其他表面处理？用20钢进行表面淬火和用45钢进行渗碳处理是否合适？为什么？

第4章 常用金属材料

本章知识框架

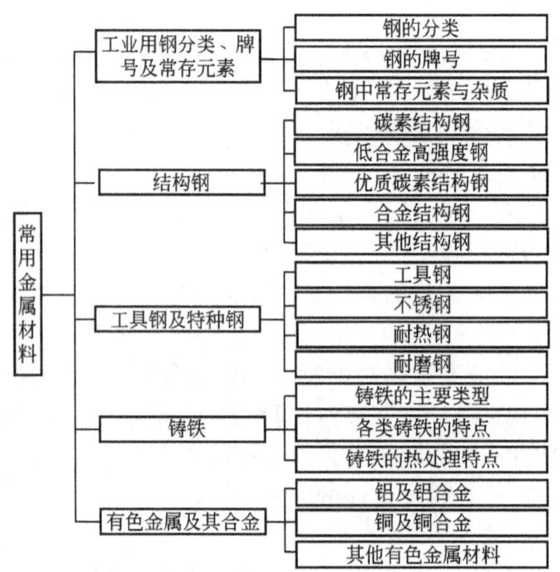

本章学习目标与要求

- ▲ 掌握常用(典型)工业用钢、铸铁、有色金属的牌号、种类、性能特点、强化方式、应用场合等。
- ▲ 熟悉合金元素对钢的组织和性能的影响规律。
- ▲ 熟悉铸铁的组织及性能特点。
- ▲ 了解工业用钢、铸铁、有色金属材料的牌号识别及含义。
- ▲ 了解铸铁的石墨化概念及其影响因素。

导入案例

金属材料的应用

金属材料可分为：①黑色金属材料(主要指钢铁)，其是工业材料的“脊梁”，人们常把钢铁生产及使用的数量和质量作为一个国家经济发展水平及实力大小的评价标志；②有色金属材料(又称非铁合金)，种类繁多可谓“丰富多彩”，其具有很多黑色金属所不具备的特性(如特殊的电、磁、热性能，耐蚀性能及高的比强度等)，已成为现代各类装备及工业生产中不可缺少的金属材料。

金属材料具有高强度、高弹性模量、高韧性和优异的物理特性及优良的可加工性，在材料领域及各行各业的应用中仍然占有重要地位。

金属材料正向着高性能方向研究开发。

加工机床约70%质量的零部件用铸铁制造

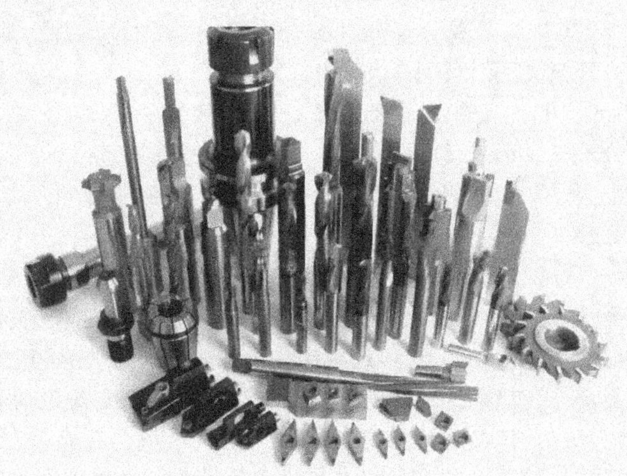

用工具钢制作的各种切削刀具

轿车约37%质量的零部件用铝合金制造

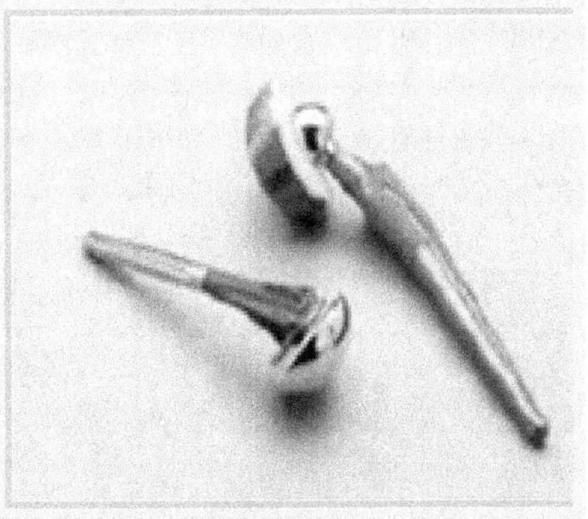

以Ti-Ni基制造的人工关节

美F-22战机约36%质量的零件用钛合金制造

用耐热不锈钢制造的汽轮机叶片

(1) 高性能合金钢。如通过超纯净、超细晶、控轧控冷和微合金化获得了新一代高强度铁素体-珠光体钢，Mn-Si铁素体-珠光体钢抗拉强度由400MPa提高到800MPa，且焊接性能优良、成分简单；德国蒂森集团已研制成功新型汽车用钢材料——Nirosta H系列汽车用优质合金钢，该钢是一种奥氏体Cr-Mn合金钢，Ni元素含量较低，具有强度高、密度低(与铝合金相当)、价格便宜及可成型性较好等优越性。

(2) 铝锂合金。Al-Li合金具有低密度、高比强度和高比刚度、优良的耐低温和耐蚀性及超塑成型性能等优点，用其取代常规铝合金可使构件质量减轻10%～15%，刚度提高15%～20%，且其价格比先进的复合材料便宜得多。因此，Al-Li合金被认为是21世纪航空航天及兵器工业最理想的轻质高强结构材料。铝锂合金虽然具有很多优良性能，但其塑性和断裂韧性较差，短横向强度较低，各向异性较大，成型工艺复杂。目前，材料工作者们正在致力于改善材料性能和工艺的研究，如通过合金化、形变热处理、分级时效、低Li化及纯净化改善Al-Li合金的塑韧性，通过适当的热处理等途径改善各向异性等。

(3) 高温合金。长程有序金属间化合物NiAl具有高熔点(比Ni基高约250℃)、密度低(约为Ni基合金的2/3)、导热性好(为Ni基的4～8倍)和优异的抗氧化性能等优点，有望成为新一代理想的高温结构材料，但其低温脆性和较低的高温强度和抗蠕变阻碍了其实际应用。20世纪90年代初，$MoSi_2$以其较高的熔点、极好的高温抗氧化性能和优异的电导热性而被认为是最有前途的高温结构材料并成为开发研究的热点，但因与NiAl具同样的缺点限制了其实际应用。

(4) 新型生物医学材料。以Ti-Ni基为代表的形状记忆合金既能满足生物力学功能要求，又能满足化学(人体内分解溶化等)和生物学(生物相容性、毒性等)要求，并经医学试验证明具有良好的生物化学稳定性，因而在制作牙齿矫形丝、牙根、弓形接骨板、血管夹、人工关节、血管扩张支架等方面得到了广泛的应用。

资料来源：http: //image. baidu. com/i? ct; 钟俐苹，胡泽豪，李立君等. 高性能金属材料研究进展 [J]. 金属热处理，2003(11).

人类文明的发展和社会的进步同金属材料关系十分密切。继石器时代之后出现的铜器时代、铁器时代，均以金属材料的应用为其时代的显著标志。现代，种类繁多的金属材料已成为人类社会发展的重要物质基础。

金属材料可分为黑色金属材料(主要指钢铁)和有色金属材料(又称非铁合金)，其中钢铁材料具有其他材料不可比拟的优越性，金属材料特别是钢铁材料仍是21世纪最主要的结构材料，非铁合金中的铝、铜、镁、钛等也有很重要的应用。

4.1 工业用钢分类、牌号及常存杂质

4.1.1 钢的分类

我国的金属材料国家标准大多参照和采用国际标准，如钢分类国家标准GB/T 13304—2008参照了国际标准ISO 4948/1和ISO 4948/2等。

1. 钢分类简介

1) 按化学成分分类(根据GB/T 13304—2008)

钢按照化学成分可分为非合金钢、低合金钢、合金钢三大类，它们的化学成分应分别符合国标中合金元素含量的界限值。

2) 按主要质量等级、主要性能或使用特性分类

按照钢的主要质量等级，非合金钢分为普通质量非合金钢、优质非合金钢和特殊质量非合金钢三类；低合金钢可分为普通质量低合金钢、优质低合金钢和特殊质量低合金钢三类；合金钢分为优质合金钢和特殊质量合金钢两类。普通质量钢是指生产过程中不需要特别控制质量要求并满足一些其他条件的钢种(如不规定热处理、硫和磷的质量分数均≤0.045%等)；优质钢是指在生产过程中需要特别控制质量的钢种(如控制晶粒度，降低硫、磷的质量分数，使其分别小于0.04%)；特殊质量钢是指在生产过程中需要严格控制质量和性能的钢种(如硫和磷的质量分数均≤0.025%)。

按照主要性能或使用特性，可对非合金钢、低合金钢和合金钢进一步分类。非合金钢可分为：以规定最高强度(硬度)或最低强度(硬度)为特性的非合金钢、非合金工具钢、非合金易切削钢等，低合金钢可分为可焊接的低合金高强度钢、低合金钢筋钢等。合金钢可分为：工程结构用合金钢、机械结构用合金钢、不锈钢、耐蚀钢和耐热钢、工具钢、轴承钢等。

2. 目前常用的钢分类方法

1) 按钢的 w_C 分类

按钢中 w_C 的高低可分为：低碳钢 $w_C \leqslant 0.25\%$；中碳钢 $w_C = 0.25\% \sim 0.60\%$；高碳钢 $w_C \geqslant 0.60\%$。

2) 按冶金特点分类

按钢中有害杂质元素硫、磷含量的高低，结构钢可分为：普通钢、优质钢、高级优质钢(在钢号后加A)和特级优质钢。按钢材冶炼时的脱氧程度可分为：沸腾钢、半镇静钢、镇静钢、特殊镇静钢，分别用汉语拼音首字母F、b、Z和TZ表示。

3）按钢的用途、成分、性能和热处理特点分类

按用途和性能可分为结构钢、工具钢、轴承钢、不锈钢、耐蚀钢和耐热钢等。按成分可分为非合金钢(即碳素钢)、低合金钢及合金钢(生产中常把合金总量小于5%的称低合金钢，合金总量在5%～10%的称中合金钢，而大于10%的称高合金钢)。合金钢又由所含合金元素分锰钢、铬钢、硅锰钢等。实际中经常把这些分类方法结合使用，参见图4.1。

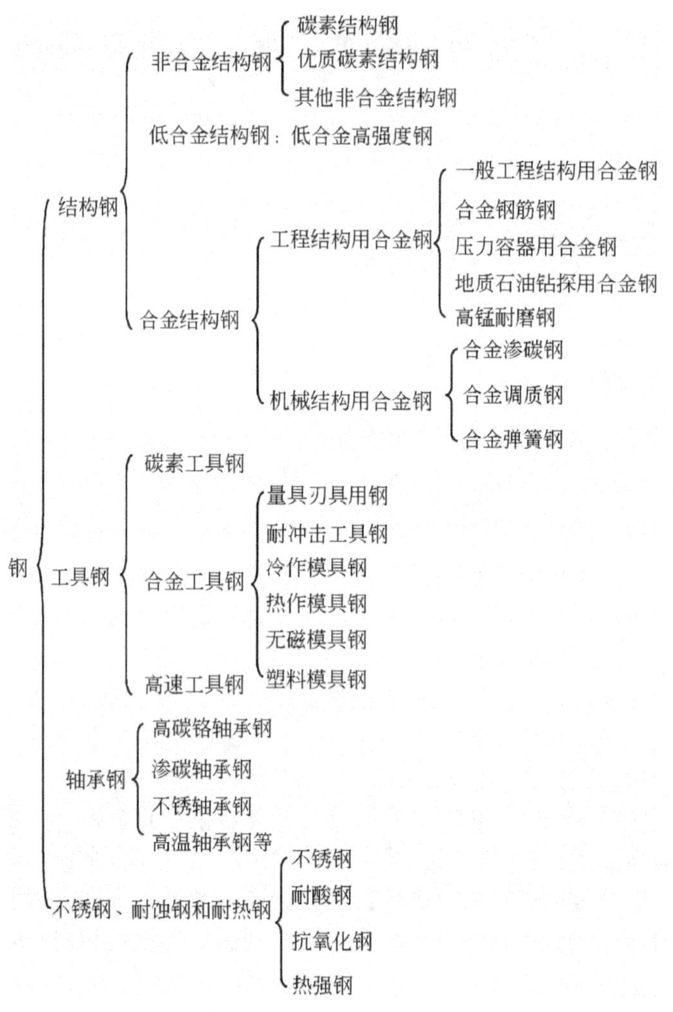

图4.1　钢的常用分类方法

此外，按退火状态分亚共析钢、共析钢、过共析钢；按正火或铸造状态分珠光体钢、贝氏体钢、马氏体钢、奥氏体钢、铁素体钢、莱氏体钢等。

4.1.2　钢的牌号

我国的钢号命名采用化学元素符号、汉语拼音和阿拉伯数字相结合的表示方法，较为直观实用，只需掌握各类钢的牌号，就可了解钢的类型、化学成分、性能特点和主要

用途。对于用户不需进行热处理的钢材，如碳素结构钢、低合金高强度钢、一般工程用铸造碳钢及各类铸铁，其牌号中给出了力学性能指标，对设计、选材提供了极大的便利。

根据 GB 221—2008 规定，钢铁产品牌号的表示通常采用大写汉语拼音字母、化学元素符号和阿拉伯数字相结合的方法表示。采用汉语拼音字母或英文字母表示产品名称、用途、特性和工艺方法时，一般从产品名称中选取有代表性的汉字的汉语拼音的首位字母或英文单词的首位字母。我国常用钢号所用缩写字母及含义见表 4-1。

常见钢号的表示方法说明见表 4-2，详细内容可参看有关标准。

表 4-1 中国钢号所用缩写字母及含义

缩写字母	钢号中位置	代表含义	举例	缩写字母	钢号中位置	代表含义	举例
A、B、C、D、E	尾	质量等级	Q235B 50CrVA	ML	首	铆螺钢	ML40
BL	首	标准件用碳钢	BL3	Q	首	屈服强度	Q235
B	尾	半镇静钢	08b	q	尾	桥梁用钢	16Mnq
C	首	船用钢	C20	R	尾	压力容器钢	15MVR
DG	首	电工用硅钢	DG5	T	首	碳素工具钢	T10
DR	首	电工用热轧硅钢	DR400-50	U	首	钢轨钢	U71Mn
DR	尾	低温压力容器钢	16MnDR	H	首	焊条用钢	H08MnSi
SM	首	塑料模具钢	SM1	H	尾	保证淬透性结构钢	40CrH
D	尾	低淬透性钢	55Tid	K	首	铸造高温合金	K213
F	尾	沸腾钢	08F	L	尾	汽车大梁用钢	08TiL
F	首	热锻非调质钢	F45V	Y	首	易切削钢	Y15Pb
G	首	滚动轴承钢	GCr15	Z	尾	镇静钢	45AZ
GH	首	变形高温合金	GH1130	ZG	首	铸钢	ZG200-400
G	尾	锅炉用钢	20g	ZU	首	轧辊用铸钢	ZU70Mn2

表 4-2 中国常见钢号的表示方法说明

钢类	钢号举例	表示方法说明
碳素结构钢	Q235A·F	Q代表钢的屈服强度，其后数字表示屈服强度值(MPa)，必要时数字后标出质量等级(A、B、C、D、E)和脱氧方法(F、b、Z)
碳素铸钢	ZG230-450 ZG25	ZG代表铸钢，第一组数字代表屈服强度值(MPa)，第二组数字代表抗拉强度值(MPa)；ZG25为用成分表示的铸钢，$w_C \approx 0.25\%$

(续)

钢类		钢号举例	表示方法说明
结构钢	优质碳素结构钢	08F，45，40Mn，20g	钢号头两位数代表以平均万分数表示的碳的质量分数；Mn含量较高的钢在数字后标出“Mn”，脱氧方法或专业用钢也应在数字后标出
	合金结构钢	20Cr，40CrNiMoA，60Si2Mn	钢号头两位数代表以平均万分数表示的碳的质量分数；其后为钢中主要合金元素符号，它的质量分数以百分数标出，若其含量<1.5%，则不必标，当其含量≥1.5%，≥2.5%，…则相应数字为2，3，…；若为高级优质钢，则在钢号最后标“A”
	低合金高强度结构钢	16Mn，16MnR，Q390E	表示方法同合金结构钢，专业用钢在其后标出缩写字母(如16MnR)，新标准(GB/T 1591—1994)表示方法同普通质量碳素结构钢(如Q390E)
工具钢	碳素工具钢	T8，T8Mn，T8A	T代表碳素工具钢，其后数字代表以平均千分数表示的碳的质量分数，含Mn量较高者在数字后标出“Mn”，高级优质钢标出“A”
	合金工具钢	9SiCr，CrWMn	当平均w_C≥1.0%时不标；平均w_C<1.0%时，以千分数标出碳含量，合金元素及含量表示方法基本上与合金结构钢相同
	高速工具钢	W6Mo5Cr4V2	钢号中一般不标出碳含量，只标合金元素及含量，方法同合金工具钢
滚动轴承钢		GCr15，GCr15SiMn	G代表滚动轴承钢，碳含量不标出，铬的质量分数以千分数标出，其他合金元素及含量表示同合金结构钢
不锈钢		1Cr18Ni9，0Cr18Ni9，00Cr19Ni13Mo3	钢号中碳的质量分数以千分之几的数字标出，若w_C≤0.03%或≤0.08%者，钢号前以“00”或“0”标出，合金元素及含量表示同合金结构钢

4.1.3 钢中常存元素与杂质

钢中的元素除了铁、碳和合金元素外，还有一些钢在冶炼时因工艺要求和各种复杂反应带入的其他元素(如Si、Mn、S、P、O、H等)、非金属夹杂物(如氧化物、硫化物)等杂质。Si和Mn主要来自于炼钢原料生铁和炼钢时所用的脱氧剂。在固态下，Si和Mn可以提高钢的强度、硬度，因此Si、Mn通常被看作是有益的常存元素，但其含量要控制在一定范围内。有时为了某种目的，也可人为提高其含量，如弹簧钢60Si2Mn。

硫在钢中以FeS形式存在，使钢变脆，尤其是FeS和Fe能形成低熔点(985℃)的共晶体，使钢在高温时处于脆弱状态，受力时易开裂，这种现象称为钢的热脆性。但如钢中存在一定量Mn时，则优先形成高熔点(约1600℃)的MnS，并呈粒状分布于晶内，可大大降低热脆性，且MnS还利于降低切削时刀具的粘着磨损，所以一些易切钢还加入少量的S。

由矿石带入的磷溶于铁素体中，虽可明显提高强度、硬度，但也使钢的塑性、韧性(尤其是低温韧性)降低，并使冷脆转变温度升高(量多时，形成极硬脆的Fe_3P分布于晶内或晶界)，产生冷脆性。

溶入钢中的氮在经过焊接等加热或冷变形后，经过一定时间，过量溶解的氮脱溶析出 Fe_2N、Fe_4N，使钢的强度、硬度升高，而韧性大大下降，这种现象称为时效脆化。如钢中含有 Al、Ti、Nb、V 等元素，则优先形成 AlN、TiN、VN、NbN，可防止时效脆化，这种处理称“永韧处理”或“固氮处理”。

氧主要形成非金属杂质物，使钢的性能变坏。

氢以原子态溶于钢中，如扩散到晶格缺陷处，形成氢分子或与碳形成甲烷，体积膨胀造成“氢脆”，而形成的微裂纹，称为“白点”。

4.2 结　构　钢

结构钢是各种工程构件(如建筑物桁架、桥梁、钻井架、电线塔、车辆构件等)和机器零件(如轴、齿轮等)用钢。根据其化学成分、力学性能和冶金质量特点，结构钢可分为碳素结构钢、低合金高强度钢、优质碳素结构钢、合金结构钢等。

4.2.1 碳素结构钢

碳素结构钢易于冶炼，价格便宜，性能基本能满足一般工程结构件的要求，大量用于制造各种金属结构和要求不很高的机器零件，是目前产量最大、使用最多的一类钢。其牌号、成分和力学性能见表 4-3。

表 4-3 普通碳素构钢的牌号、成分、性能与应用

牌号	等级	化学成分(%)			脱氧方法	力学性能			应用举例
		w_C	w_S	w_P		σ_s/MPa	σ_b/MPa	δ_5/(%)	
Q195	—	0.06～0.12	≤0.050	≤0.045	F、b、Z	195	315～390	≥33	承受载荷不大的金属结构、铆钉、垫圈、地脚螺栓、冲压件及焊接件
Q215	A	0.09～0.15	≤0.050	≤0.045	F、b、Z	215	335～410	≥31	
	B		≤0.045						
Q235	A	0.14～0.22	≤0.050	≤0.045	F、b、Z	235	375～460	≥26	金属结构件、钢板、钢筋、型钢、螺栓、螺母、短轴、心轴，Q235C、D 可用作重要焊接结构件
	B	0.12～0.20	≤0.045						
	C	≤0.18	≤0.040	≤0.040	Z				
	D	≤0.17	≤0.035	≤0.035	TZ				
Q255	A	0.18～0.28	≤0.050	≤0.045	Z	255	410～510	≥24	强度较高，用于制造承受中等载荷的零件如键、销、转轴、拉杆、链轮、螺纹钢筋、螺栓等
	B		≤0.045						
Q275	—	0.28～0.38	≤0.050	≤0.045	Z	275	490～610	≥20	

碳素结构钢大多以钢材(钢棒、钢板和各种型钢)形式供应，供货状态为热轧(或控制

轧制状态、空冷），供方应保证力学性能，用户使用时通常不再进行热处理。

碳素结构钢的质量等级分为A、B、C、D四级。A级、B级为普通质量钢，C级、D级为优质钢，不标F、b者便是镇静钢。应当指出，这类钢的力学性能随钢材厚度或直径的增大而降低。如Q235在钢材厚度和直径小于或等于16mm时，其屈服点σ_s为235MPa，断后伸长率δ为26%，而当钢材厚度或直径>150mm时，其σ_s下降到185MPa，δ下降到21%。

4.2.2 低合金高强度钢

碳素结构钢强度等级较低，难以满足重要工程结构对性能的要求。在碳素结构钢基础上加入少量(一般合金总量低于5%)合金元素形成的低合金高强度钢，其强度等级较高，塑性仍好，加工工艺性能良好，可满足桥梁、船舶、车辆、锅炉、高压容器、输油输气管道等大型重要钢结构对性能的要求，并且能减轻结构自重、节约钢材、降低成本。

低合金高强度钢中的合金元素主要有Mn、Si、Ni、Cr、V、Nb、Ti、Mo及稀土RE等。其中Mn、Si、Cr、Ni等元素主要起固溶强化作用，同时可通过增加珠光体的数量来提高钢的强度，Ni还使塑性、韧性明显提高；V、Ti、Nb等元素均为强碳化物形成元素，可形成细小弥散分布的碳化物，并可细化晶粒，从而通过弥散强化和细晶强韧化提高钢的强度、塑性和韧性；Mo能显著提高强度和高温抗蠕变及抗氢腐蚀能力；加入少量稀土，可脱硫、去气，使韧性升高。常见的低合金高强度钢的牌号、成分和力学性能见表4-4。

表4-4 常用低合金高强度钢的牌号、成分、性能与应用

牌号(等级)	旧牌号(GB/T 1591—1988)	σ_s/MPa	σ_b/MPa	δ/(%)	w_C/(%)	应用举例
Q295(A～B)	09MnV、09MnNb 09Mn2、12Mn	295	390～570	23	≤0.16	桥梁、车辆、容器、焊管
Q345(A～E)	12MnV、14MnNb 16Mn、16MnRE 18Nb、10MnSiCu	345	470～630	21	≤0.20	桥梁、车辆、压力容器、船舶、建筑结构
Q390(A～E)	16MnNb、15MnTi 15MnV、10MnPNbRE	390	490～650	20	≤0.20	桥梁、船舶、中压容器、起重设备
Q420(A～E)	15MnVN、 14MnVTiRE	420	520～680	19	≤0.20	大型桥梁、高压容器、大型船舶、大型起重设备
Q460(C～E)	14MnMoV 18MnMoNb	460	550～720	17	≤0.20	中温高压容器，大型桥及船

强度级别超过500MPa以后，铁素体+珠光体组织难以满足要求，于是在钢中适量加入Cr、Mo、Mn、B、V等元素，使C曲线右移，空冷也得贝氏体，从而获得低碳贝氏体钢，多用于高压锅炉及容器(如14CrMnMoVB、14MnMoVBRE、14MnMoV)。

如在低碳钢中加入少量的Cu、Cr、Ni、P、V、Nb及稀土等元素，则使基本电极电位有所提高，并改善了锈蚀层的附着性和致密性，从而得到在大气和海水中锈蚀缓慢的所谓耐候钢，如15MnCuCr、09CuPCrNi等。

近年来，通过降低碳和硫等含量，加入Nb、V、Ti等强碳氮化合物形成元素进行多元微合金化、以及控制轧制及冷却等技术措施，开发出了针状铁素体钢(用于寒带大直径输气管道)、微合金化低碳 F－M 双相钢，以及微合金化的低碳马氏体、低碳索氏体或低碳贝氏体钢等高性能钢种，已用于车辆、石化、桥梁等领域。

低合金高强度钢的供货状态通常为热轧或控制轧制状态，也可根据用户要求以正火或正火加回火状态供应；Q420、Q460 的 C 级、D 级、E 级钢也可按淬火加回火状态供应。用户在使用时通常均不进行热处理。同碳素结构钢相类似，低合金高强度钢的强度、塑性也与钢材的尺寸有关(详见 GB/T 1591—2008)，选用时要特别注意。

4.2.3 优质碳素结构钢

优质碳素结构钢(w_S、w_P 均≤0.035%)主要用于制造各种比较重要的机器零件和工程结构。优质碳素结构钢的牌号、成分、性能见表 4－5。

表 4－5 常用优质碳素结构钢的牌号、成分和力学性能

牌号	w_C/(%)	w_{Mn}/(%)	正火态力学性能(试样，纵向)				钢材交货状态硬度/HBS	
			σ_b/MPa	σ_s/MPa	δ_5/(%)	Ψ/(%)	不大于	
			不小于				未热处理	退火钢
08F	0.05～0.11	0.25～0.50	295	175	35	60	131	
08	0.05～0.12	0.35～0.65	325	195	33	60	131	
10	0.07～0.14		335	205	31	55	137	
20	0.17～0.24		410	245	25	55	156	
25	0.22～0.30	0.55～0.80	450	275	23	50	170	
40	0.37～0.45		570	335	19	45	217	187
45	0.42～0.50		600	355	16	40	229	197
50	0.47～0.55		630	375	14	40	241	207
60	0.57～0.65		675	400	12	35	255	229
70	0.67～0.75		715	420	9	30	269	229
15Mn	0.12～0.19	0.70～1.00	410	245	26	55	163	
60Mn	0.57～0.65		695	410	11	35	269	229
65Mn	0.62～0.70	0.90～1.20	735	430	9	30	285	229
70Mn	0.67～0.75		785	450	8	30	285	229

优质碳素结构钢的力学性能主要取决于碳的质量分数及热处理状态，从选材角度来看，碳的质量分数越低，其强度、硬度越低，塑性、韧性越高，反之亦然。锰的质量分数较高的钢，强度、硬度也较高。一般情况下，08～25 钢属低碳钢，这些钢具有良好的塑性和韧性，强度、硬度较低，其压力加工性能和焊接性能优良，主要用于制造冲压件、焊接件和对强度要求不高的机器零件；当对零件的表面硬度和耐磨性要求较高，同时整体要求高韧性时，可选用 15 钢、20 钢经渗碳、淬火加低温回火后使用；30～55 钢属于中碳钢，具有较高的强度、硬度和较好的塑性、韧性，通常要经过调质处理(淬火后高温回火)后使用，因此也

叫调质钢，主要用于制造受力较大的机器零件(如轴、齿轮、连杆等)；60钢及碳的质量分数更高的钢属高碳钢，具有更高的强度、硬度及耐磨性，且其弹性很好，但塑性、韧性、焊接性能及切削加工性能均较差，主要用于制造要求较高强度、耐磨性及弹性的零件(如钢丝绳、弹簧、工具)。w_{Mn}较高的优质碳素结构钢，其性能和用途与相同w_C而w_{Mn}较低的钢基本相同，但其淬透性稍好，可用于制造截面尺寸稍大或对强度要求稍高的零件。

4.2.4 合金结构钢

合金结构钢是在优质碳素结构钢的基础上，特意加入一种或几种合金元素而形成的能满足更高性能要求的钢种。合金结构钢可以根据其热处理特点和主要用途分为合金渗碳钢、合金调质钢和合金弹簧钢。

1. 合金渗碳钢

渗碳钢是指经渗碳、淬火和低温回火后使用的结构钢，属表面硬化钢。渗碳钢基本上都是低碳钢和低碳合金钢，主要用于制造高耐磨性、高疲劳强度和要求具有较高心部韧性(即表硬心韧)的零件，如各种变速齿轮及凸轮轴等。

合金渗碳钢是在低碳渗碳钢(如15、20钢)的基础上发展起来的。低碳渗碳钢淬透性低，经渗碳、淬火和低温回火后虽可获得高的表面硬度，但心部强度低，只适用于制造受力不大的小型渗碳零件。而对性能要求高，尤其是对整体强度要求高或截面尺寸较大的零件则应选用合金渗碳钢。

合金渗碳钢的碳的质量分数通常在0.10%～0.25%之间，以保证心部有足够塑性和韧性。合金元素主要有Cr、Ni、Mn、Si、B、Ti、V、Mo、W等。其中，Cr、Ni、Mn、Si、B的主要作用是提高淬透性，可使较大截面零件的心部在淬火后获得具有高强度、优良的塑性和韧性的低碳(板条)马氏体组织，该组织既能承受很大的静载荷，又能承受大的冲击载荷，从而克服了低碳渗碳钢零件心部得不到有效强化的缺点；Ti、V、W、Mo的主要作用是形成高稳定性、弥散分布的特殊碳化物，防止零件在高温长时间渗碳时奥氏体晶粒的粗化，从而起到细晶强韧化和弥散强化作用，并进一步提高表层耐磨性。

渗碳钢可根据淬透性分为低淬透性、中淬透性和高淬透性渗碳钢。低淬透性渗碳钢在水中的临界淬透直径为20～35mm，中淬透性渗碳钢在油中的临界淬透直径为25～60mm，高淬透性渗碳钢在油中的临界淬透直径在100mm以上。

常用渗碳钢的牌号、热处理、力学性能及用途见表4-6。

表4-6 常用渗碳钢的牌号、热处理、力学性能和用途

类别	牌号	热处理/℃		力学性能(不小于)				用途
		第一次淬火	第二次淬火	σ_b/MPa	σ_s/MPa	δ_5/(%)	A_k/J	
低淬透性	15	890，空	770～800，水	≥500	≥300	15		小轴、活塞销等
	20Cr	880，水、油	780～820，水、油	835	540	10	47	齿轮，小轴、活塞销等
	20MnV		880，水、油	785	590	10	55	同上，也可作锅炉、高压容器、管道等

（续）

类别	牌号	热处理/℃		力学性能(不小于)				用途
		第一次淬火	第二次淬火	σ_b/MPa	σ_s/MPa	δ_5/(%)	A_k/J	
中淬透性	20CrMnMo		850，油	1175	885	10	55	汽车、拖拉机变速箱齿轮等
	20CrMnTi	880，油	870，油	1080	835	10	55	同上
	20MnTiB		860，油	1100	930	10	55	代 20CrMnTi
高淬透性	18Cr2Ni4WA	950，空	850，空	1175	835	10	78	重型汽车、坦克、飞机的齿轮和轴等
	12Cr2Ni4	860，油	780，油	1080	835	10	71	同上
	20Cr2Ni4	880，油	780，油	1175	1080	10	63	同上

注：淬火后的回火温度均为200℃(另列出15钢数据以便进行对比)。

渗碳件热处理后其表面组织为细针状回火高碳马氏体＋粒状碳化物＋少量残余奥氏体，硬度约58～64HRC，心部按钢淬透性不同，可为铁素体＋屈氏体，或低碳马氏体，硬度为30～45HRC。

12Cr2Ni4也可经淬火加低温回火，以及18Cr2Ni4WA、20Cr2Ni4也可经调质后应用于制造高强韧的零件。

2. 合金调质钢

合金调质钢是在中碳调质钢基础上发展起来的，适用于对强韧性要求高、截面尺寸大的重要零件。

合金调质钢的碳质量分数在0.25%～0.50%之间，合金元素主要有Mn、Si、Cr、Ni、B、Ti、V、W、Mo等。其中，主加元素Mn、Si、Cr、Ni、B等的主要作用是提高钢的淬透性，并产生固溶强化；辅加合金元素Ti、V、W、Mo等的主要作用是形成高稳定性碳化物，阻止淬火加热时奥氏体晶粒的长大，起细晶强韧化作用。另外，Mo、W还能防止产生高温回火脆性。合金元素还可明显提高钢的抗回火能力，使钢在高温回火后仍能保持较高强硬度。

合金调质钢根据淬透性分为低淬透性、中淬透性和高淬透性调质钢，它们在油中的临界淬透直径相应为20～40mm、40～60mm、60～100mm。

常见调质钢的牌号、热处理、力学性能和用途见表4-7(列出45钢的数据，以便比较)。

此类钢常采用调质处理，在回火索氏体状态下使用，有时也在回火屈氏体、回火马氏体状态下使用。部分钢种(如45MnV、35MnS)通过控制锻造工艺参数也可达到调质的性能。

表4-7中的38CrMoAl又称渗氮钢，为表面硬化钢的一种，与渗碳表面硬化相比，渗氮钢有更高的表面硬度与耐磨性，咬合与擦伤倾向小，疲劳性能大幅提高，零件缺口敏感性大大降低，并有一定的耐热性(在低于渗氮温度下可保持较高的硬度)和一定的耐蚀性；此外，由于氮化处理温度较低(470～570℃)，故热处理变形小，适合于尺寸精度要求

较高的零件(如机床丝杆、镗杆等)。渗氮钢零件一般先经过调质处理、切削加工后，再在500～570℃之间氮化处理。随着渗氮新工艺的发展，如氮碳共渗、离子氮化等工艺的采用，通过氮化处理工艺可改善性能的钢种逐渐增多，如中碳合金结构钢、铬钼钢、镍铬钼钢、模具钢(4Cr5MoSiV)，各种铬不锈钢等。

表 4-7　常用调质钢的牌号、热处理、力学性能和用途

类别	牌号	热处理/℃		力学性能(不小于)				用途
		淬火	回火	σ_b/MPa	σ_s/MPa	δ_5/(%)	A_k/J	
低淬透性	45	840，水	600，空	600	355	16	39	尺寸小、中等韧性的另件，如主轴、曲轴、齿轮等
	40Cr	850，油	520，水、油	980	785	9	47	重要调质件，如轴、连杆、螺栓、重要齿轮等
	40MnB	850，油	500，水、油	980	785	10	47	性能接近或优于40Cr，用作调质零件
中淬透性	40CrNi	820，油	500，水、油	980	785	10	55	作大截面齿轮与轴等
	35CrMo	850，油	550，水。油	980	835	12	63	代 40CrNi 作大截面齿轮与轴等
	30CrMnSi	880，油	520，水、油	1080	885	10	39	高速砂轮轴、齿轮、轴套等
高淬透性	40CrNiMoA	850，油	600，水、油	980	835	12	78	高强度零件，如航空发动机轴及零件、起落架
	40CrMnMo	850，油	600，水、油	980	785	10	63	相当于40CrNiMoA的调质钢
	37CrNi3	820，油	500，水、油	1130	980	10	47	高强韧大型重要零件
	38CrMoAl	940，水、油	640，水、油	980	835	14	71	氮化零件，如高压阀门、钢套、镗杆等

有些钢种如 20CrMnTi、20MnV、15MnVB、27SiMn、20SiMnMoV 等经热处理后为低碳马氏体或下贝氏体组织也可代替调质钢在常温下使用。

3. 合金弹簧钢

合金弹簧钢是因为主要用于制造弹簧而得名的。弹簧钢应具有高的弹性极限、高的疲劳强度和足够的塑性与韧性。

弹簧钢一般为高碳钢和中碳合金钢、高碳合金钢(以保证弹性极限及一定韧性)。高碳弹簧钢(如 65、70、85 钢)的碳的质量分数通常较高，以保证高的强度、疲劳强度和弹性极限，但其淬透性较差，不适于制造大截面弹簧。合金弹簧钢有合金元素的强化作用，碳的质量分数通常在 0.45%～0.70%之间，而碳的质量分数过高会导致塑性、韧性下降较多。其中含有 Si、Mn、Cr、B、V、Mo、W 等合金元素，既可提高淬透性又可提高强度和弹性极限，可用于制造截面尺寸较大、对强度要求高的重要弹簧。常用的弹簧钢的牌号、热处理、力学性能和用途见表4－8。

表4－8 常用弹簧钢的牌号、热处理、力学性能和用途

牌号	热处理/℃		力学性能(不小于)				用途
	淬火	回火	σ_b/MPa	σ_s/MPa	δ_{10}/(%)	Ψ/(%)	
65	840，油	500	980	784	9	35	截面<12mm的小弹簧
65Mn	830，油	540	980	784	8	30	截面≤15mm的弹簧
55Si2Mn	870，油	480	1274	1176	6	30	截面≤25mm的机车板簧、缓冲卷簧
60Si2Mn	870，油	480	1274	1176	5	25	
60Si2CrVA	850，油	410	1862	1666	6(δ_5)	20	截面≤30mm的重要弹簧，如汽车板簧、≤350℃的耐热弹簧
50CrVA	850，油	500	1274	1127	10(δ_5)	40	

弹簧钢的热处理、弹簧成形方法和弹簧钢的原始状态密切相关。冷成形(冷卷、冷冲压等)弹簧，因弹簧钢已经冷变形强化或热处理强化，只需进行低温去应力退火处理即可。热成形弹簧通常要经淬火、中温回火热处理(得到回火屈氏体)，以获得高的弹性极限。目前，已有低碳马氏体弹簧钢的应用。对耐热、耐蚀应用场合，应选不锈钢、耐热钢、高速钢等高合金弹簧钢或其他弹性材料(如铜合金等)。

4.2.5 其他结构钢

1. 易切削结构钢

易切削钢中含较多的S、P、Pb、Ca等元素。S(w_S为0.04～0.33%)在钢中通常以(Mn，Fe)S微粒形式存在，Pb(w_{Pb}为0.15%～0.35%)通常以Pb微粒(3μm)均匀分布于钢中。这些硫化物和铅微粒可中断钢基体的连续性，切削时形成易断、易排出的切屑，切屑不易粘附在刀刃上，有利于降低零件表面的粗糙度，同时还具有自润滑作用，可减小摩擦力和刀具磨损，延长刀具寿命。P(w_P为0.04%～0.15%)在钢中主要溶于基体相铁素体中，可使铁素体的塑性、韧性明显降低，使切屑易断易排，并能降低零件表面粗糙度。钢中的Ca(w_{Ca}为0.002%～0.006%)在高速切削时能在刀具表面形成具有减摩作用的保护膜，可显著减小刀具磨损，延长刀具寿命。显然，上述元素的加入大多降低了钢的强韧性、压力加工性及焊接性。常见的易切削钢的牌号有Y12、Y12Pb、Y15、Y15Pb、Y20、Y40Mn、Y45Ca(GB 8731—1988)。

易切削钢常用于制造受力较小、强度要求不高，但要求尺寸精度高、表面粗糙度低且进行大批量生产的零件(如螺栓、销等)。这类钢在切削加工前不进行锻造和预先热处理，以免损害其切削加工性能，通常也不进行最终热处理(但Y45Ca常在调质后使用)。

2. 铸钢

铸钢是冶炼后直接铸造成形而不需锻轧成形的钢种。一些形状复杂、综合力学性能要求较高的大型零件，在加工时难于用锻轧方法成形，在性能上又不允许用力学性能较差的铸铁制造，即可采用铸钢。由化学成分不同分为碳素铸钢和合金铸钢。

碳素铸钢的碳的质量分数通常在0.12%～0.62%之间，为提高力学性能，可在碳素铸钢的基础上加入Mn、Si、Cr、Ni、Mo、Ti、V等合金元素形成合金铸钢，如耐蚀铸钢、耐热铸钢(参见GB 8492—2002)、耐磨铸钢(常指高锰钢，如ZGMn13)等。

铸造碳钢的牌号、力学性能及用途列于表4-9中，这类铸钢常用于制造结构件(如机座、箱体等)，通常不进行热处理。用于制造机器零件的铸造碳钢(如ZG15，ZG25，…，ZG55)和铸造合金钢(如ZG20SiMn、ZG40Cr、ZG35CrMo等)一般应进行正火或退火处理，以细化晶粒、消除魏氏组织、消除残余应力，重要零件还应进行调质处理，要求表面耐磨的零件可进行相应的表面处理。

表4-9 碳素铸钢的牌号、性能与用途

种类与钢号	对应旧钢号	力学性能(≥)					用途举例
		σ_s/MPa	σ_b/MPa	δ_5/(%)	Ψ/(%)	A_{kv}/J	
一般工程用碳素铸钢ZG200-400	ZG15	200	400	25	40	30	良好的塑性、韧性、焊接性能，用于受力不大、要求高韧性的零件
ZG230-450	ZG25	230	450	22	32	25	一定的强度和较好的韧性、焊接性能，用于受力不大、要求高韧性的零件
ZG270-500	ZG35	270	500	18	25	22	较高的强韧性，用于受力较大且有一定韧性要求的零件，如连杆、曲轴
ZG310-570	ZG45	310	570	15	21	15	较高的强度和较低的韧性，用于载荷较高的零件，如大齿轮、制动轮
ZG340-640	ZG55	340	640	10	18	10	高的强度、硬度和耐磨性，用于齿轮、棘轮、联轴器、叉头等
焊接结构用碳素铸钢ZG200-400H	ZG15	200	400	25	40	30	由于含碳量偏下限，故焊接性能优良，其用途基本同于ZG200-400、ZG230-450和ZG270-500
ZG230-450H	ZG20	230	450	22	35	25	
ZG275-485H	ZG25	275	485	20	35	22	

注：表中力学性能是在正火(或退火)+回火状态下测定的。

铸钢与铸铁相比，强度、塑性、韧性较高，但流动性差、收缩性大、熔点高、易氧化吸气，故其铸造性差，只用于制造形状复杂(尤其是内腔复杂)，并需要一定强韧性的零件。

3. 超高强度钢

工程上一般将屈服强度超过1200MPa或抗拉强度超过1500MPa的钢称为超高强度钢。超高强度钢是在合金结构钢的基础上，通过严格控制材料冶金质量、化学成分和热处理工艺而发展起来的，是以强度为首要要求并辅以适当韧性的钢种。为了保证极高的强度要求，这类钢材充分利用了马氏体强化、细晶强化、化合物弥散强化与溶质固溶强化等多种机制的复合强化作用。而改善韧性的关键是提高钢的纯净度(降低S、P杂质含量和非金属夹杂物含量)、细化晶粒(如采用形变热处理工艺),并减小对碳的固溶强化的依赖程度(故超高强度钢一般是中低碳,甚至是超低碳钢),合金则按多元少量的原则加入。

此类钢常加元素有Cr、Mn、Ni、Si、Mo、V、Nb、Ti、Al等。其中,Cr、Mn、Mo、Ni和Si能显著地提高钢的淬透性;Si还使钢的回火稳定性大大提高,致使第一类回火脆性区向高温方向偏移,从而使钢可在较高的温度下回火,有利于塑性、韧性的改善;Mo、V、Nb、Ti、Al等元素的加入能形成特殊碳化物(如Mo_2C、V_4C_3等)与金属间化合物(如Ni_3Mo、Ni_3Ti、$[(Ni\cdot Fe)_3(Ti\cdot Al)]$等),使钢产生二次硬化;V、Nb、Ti等元素还有细化晶粒的作用。

超高强度钢有与铝合金相近的比强度,而热强性更好(可在250~450℃下工作),并有一定的塑性、韧性、切削性及焊接性,价格低于钛合金,主要用于制造飞机起落架、机翼大梁、火箭及发动机壳体、高压容器和武器的炮筒、枪筒、防弹板等。

按化学成分和强韧化机制不同,超高强度钢可分为四类,见表4-10。

表4-10 部分超高强度钢牌号、热处理与性能

种类与钢号	热处理工艺	$\sigma_{0.2}$/MPa	σ_b/MPa	δ_5/(%)	Ψ/(%)	K_{IC}/MPa·$m^{1/2}$
低合金超高强度钢 30CrMnSiNi2A	900℃油淬 260℃回火	~1430	~1790	~10	~50	~67
40CrNi2MoA	840℃油淬 200℃回火	~1600	~1960	~12	~40	~68
二次硬化型超高强度钢 4Cr5MoSiV1(H13钢)	1010℃空冷 550℃回火	~1570	~1960	~12	~42	~37
20Ni9Co4CrMo1V	850℃油淬 550℃回火	~1340	~1380	~15	~55	~140
马氏体时效钢 00Ni18Co9Mo5TiAl (18Ni钢)	815℃固溶空(水)冷 480℃时效	~1400	~1500	~15	~68	80~180
超高强度不锈钢 00Cr16Ni4Cu3Nb (PCR钢)	1040℃固溶水(空)冷 480℃时效	~1270	~1350	~14	~55	—

低合金超高强度钢是以调质钢为基础发展起来的,最终热处理是淬火加低温回火,或用等温淬火,使用状态下的组织是回火马氏体或下贝氏体。其成本最低,应用最多,国内外常用的低合金超高强度钢有30CrMnSiNi2A、40CrMnSiMoV、30Si2Mn2MoWV、35Si2Mn2MoVA、40SiMnCrMoVRE、GC-19(35SiMnMo2Cr2V)、40CrNiMoA(AISI4340)、300M(40CrNi2Si2MoVA)、30Ni4CrMoA等。

二次硬化型超高强度钢为又分为两个系列,即中合金中碳超高强度钢(是从热作模具钢H11及H13上发展起来的,空冷即可得马氏体,靠Mo_2C、Cr_7C_3、VC等在550~650℃回火时能从马氏体中弥散析出而产生二次硬化)与中合金低碳超高强度钢,此类钢在300~500℃的使用温度下能保持较高比强度与热疲劳强度,可用于制造超音速飞机中承受中温的强力构件、高速飞机后机身受力构件、轴类和螺栓等零件,其在中温条件下的比强度和K_{IC}值等比钛合金更好。常用的牌号有4Cr5MoSiV(H11)、4Cr5MoSiV1(H13)和

4Cr5Mo2VA(HST140)。

马氏体时效钢是一种以铁-镍为基础的高合金钢，其成分特点是钢中含镍量极高(w_{Ni}为18%～25%)，而含碳量极低(w_C<0.03%)，硅、锰含量均小于0.1%，并含有Ti、Al、Nb及Mo、Co等元素。由于超高的Ni与超低的C含量，首先使此类钢加热固溶后在空冷条件下即可得到硬度不高(30～35HRC)、塑性及韧性都很好的低碳板条马氏体，此时易于切削加工及焊接；第二步是进行时效，即在一定温度下使金属间化合物(如Ni_3Mo、Ni_3Al、Ni_3Ti)同马氏体保持一定的晶格联系沉淀析出，从而获得超高强度。此钢有良好塑性及韧性，有高的断裂韧性和低的缺口敏感性，同时抗氢脆及应力腐蚀能力较好，可不预热而进行焊接。马氏体时效钢有多种类型，主要用于航空航天上要求强度高、热处理变形小、且可焊性较好的重要构件，如火箭发动机壳体与机匣、空间运载工具的扭力棒悬挂体、高压容器及高精度模具等。典型马氏体时效钢的牌号有00Ni18Co9Mo5TiAl(18Ni)、00Ni20Ti2AlNb(20Ni)和00Ni25Ti2AlNb(25Ni)。

超高强度不锈钢与上述所有钢类相比，它具有优异的耐腐蚀性，而强度略低。其可分为冷作硬化奥氏体不锈钢、马氏体不锈钢、沉淀硬化不锈钢、时效不锈钢、相变诱导塑性不锈钢等，每一类在航空航天领域都可能有应用。如马氏体不锈钢中的1Cr10Co6MoVNbBN、1Cr11Ni2W2MoVA钢主要用来制造航空发动机耐蚀承力件(如压气机盘及其叶片、隔圈)；沉淀硬化不锈钢中的0Cr17Ni4Cu4Nb用于制造要求高强度及耐蚀的发动机压气机机匣、燃气导管、液体燃料储箱；0Cr17Ni7Al用于制造飞机外壳结构件及导弹的压力容器及结构件；0Cr15Ni25Ti2MoAlVB钢用于飞机发动机受热耐蚀零部件；时效硬化不锈钢中的00Cr12Ni10Al1.2Ti主要用于火箭发动机壳体等。

4. 冷镦钢

在多工位冷镦机上高速高效冷镦成形的标准件和紧固件(如螺栓、螺钉)，应采用专用冷镦钢来制造。此类钢多为低、中碳钢(碳钢或低合金钢)，其冷镦成形性优良，即屈强比小，塑性高(为此应控制S、P、Si等元素的含量)，通过合适的热处理来改善组织(如采用球化退火获得球状珠光体)。国家标准GB/T 6478—2001中列出了我国常用冷镦钢的化学成分和性能，其典型牌号有ML08Al、ML20、ML45、ML20Cr、ML40Cr ML15MnVB等。

5. 冷冲压用钢

适用于冷冲压工艺的钢材要求有优良的冲压成形性能，如低的屈服强度和屈强比、高的塑性、高的形变强化能力和低的时效性等。为此，冷冲压用钢的碳含量应低(一般为低碳或超低碳)，氮含量也低，严格控制S、P杂质和非金属夹杂物含量，并加入强碳、氮化合物形成元素Ti、Nb、Al等来固定C、N原子，从而得到无间隙原子的纯净铁素体，即得超低碳无间隙元素钢，简称IF钢(为第三代冲压用钢)，为微合金化的超深冲压零件用钢。其他具有代表性的冷冲压用钢有08F钢(第一代冲压用钢，可用作一般的冷冲压零件)和08Al钢(第二代冲压用钢，可用作深冲压零件用钢)。

6. 低温钢

低温钢是指用于工作温度低于0℃(也有认为－40℃)的零件或结构的钢种，广泛用于化工、冷冻设备、液体燃料的制备与储运装置、海洋工程与寒地机械设施等。对其性能的要求主要为冷脆转变温度低，低温韧性好，良好的可焊性及冷塑性成形性。为此，其一般为低碳钢(w_C<0.2%)，并加入一定量的Ni、Mn及细化晶粒元素V、Ti、Nb甚至稀土RE，并严格限制有损韧性的P、Si等含量，而面心立方晶格的奥氏体结构比体心立方晶格的铁素体的低温韧性好得多。常用低温钢见表4-11。

表4-11 常用主要低温钢

钢类	温度等级/℃	钢号	热处理	组织类型
低碳锰钢	−40	16MnDR	正火	铁素体类
	−70	09Mn2VDR、09MnTiCuREDR(Q345E)	正火或调质	
低碳镍钢	−100	10Ni4(ASTM A203-70D)	正火或调质	
	−120～−170	13Ni5	正火或调质	
	−196	1Ni9 (ASTM A533-70A)	调质	
奥氏体钢	−253	OCr18Ni9、1Cr18Ni9	固溶	奥氏体类
	−253	15Mn26Al4	固溶或热轧	
	−269	OCr25Ni20(JIS G4304—1972)	固溶	

7. 非调质钢

非调质钢采用微量合金元素如钒、铌、钛等与碳、氮化合，通过控制钢材的锻(轧)态及冷却工艺，使其以弥散形式沉淀析出，能有效地阻止锻轧前加热、锻轧过程和锻轧后冷却过程中奥氏体晶粒的长大，在供货态就能使力学性能满足强韧性使用要求，而无需热处理，可实现制造过程的大量节能，是非常有利于再生循环的新型结构钢。非调质钢包括以下几种主要类型：

(1) 普通用钢，适用于不需感应加热淬火的零件，主要用于引进汽车国产化生产用钢。F35MnV为基本钢号，添加氮可使韧性稍有提高，添加硫可改善切削性能，如连杆用钢F30MnVS和F35MnVN已取代40Cr调质钢用于轻型载货车的重要零件。

(2) 感应加热淬火用钢，这种钢的碳含量较高，以保证表面淬火硬度，如F40MnV用于制造汽车半轴、花键轴等，48MnV用于制造发动机曲轴。

(3) 热锻空冷低碳贝氏体钢，如12Mn2VB，也是有前途的新型钢材，有的将其归为另一类非调质钢。

4.3 工具钢及特种钢

4.3.1 工具钢

用于制造各种工具的钢称为工具钢。工具钢根据用途分为刃具钢、模具钢和量具钢，其应用中对高硬度、高耐磨性等的要求是一致的，所以应用中并无严格界限。

1. 刃具钢

刃具钢是制造各种切削工具(如车刀、钻头、丝锥和锯条等)的钢。显然，刃具钢应具有高硬度、高耐磨性、高的热硬性(又称红硬性)，并应具有适量的强度和韧性以防脆断，因此刃具钢通常为高碳钢和高碳合金钢。常用的刃具钢有碳素工具钢、低合金工具钢和高速钢。

1) 碳素工具钢

碳素工具钢的碳的质量分数为0.65%～1.35%(以保证高硬度、高耐磨性)，均属高碳钢，其经淬火、低温回火后得到的主要组织为“高碳回火马氏体＋碳化物＋少量残余奥氏体”。不同牌号的碳素工具钢经淬火(760～820℃)、低温回火(≤200℃)后硬度差别不大，但耐磨性和韧性有较大差别。碳的质量分数越高，耐磨性越好，韧性越差。常采用球化退火来降低这类钢的硬度，以利切削加工，同时还可为淬火作好组织准备，以降低淬火组织的脆性。这类钢价格低，加工容易，但淬透性低，热硬性差，综合力学性能不高。碳素工具钢的牌号、成分、热处理、性能和主要用途见表4-12，表中同时列出了作为其他工具的用途。

表4-12　常用碳素工具钢的牌号、成分、热处理、力学性能和主要用途

<table>
<tr><th rowspan="2">牌号</th><th rowspan="2">w_C/(%)</th><th rowspan="2">w_{Mn}/(%)</th><th>退火状态</th><th colspan="2">试样淬火</th><th rowspan="2">用途</th></tr>
<tr><th>HB
不大于</th><th>淬火温度/℃
冷却剂</th><th>HRC
不小于</th></tr>
<tr><td>T7</td><td>0.65～0.74</td><td rowspan="2">≤0.40</td><td rowspan="3">187</td><td>800～820，水</td><td rowspan="6">62</td><td>承受冲击、韧性较好且硬度适当的工具，如手钳、大锤、扁铲、改锥等</td></tr>
<tr><td>T8</td><td>0.75～0.84</td><td rowspan="2">780～800，水</td><td>承受冲击、要求较高硬度的工具，如冲头、压缩空气工具、木工工具</td></tr>
<tr><td>T8Mn</td><td>0.80～0.90</td><td>0.40～0.60</td><td>同上，但淬透性较大，可制造断面较大的工具</td></tr>
<tr><td>T10</td><td>0.95～1.04</td><td>≤0.40</td><td>197</td><td rowspan="3">760～780，水</td><td>不受剧烈冲击、高硬度且耐磨的工具，如手锯条</td></tr>
<tr><td>T12</td><td>1.15～1.24</td><td>≤0.40</td><td>207</td><td>不受冲击、要求高硬度高耐磨的工具，如锉刀、刮刀、丝锥、量具</td></tr>
<tr><td>T13A</td><td>1.25～1.35</td><td>≤0.40</td><td>217</td><td>同上，要求更耐磨的工具，如刮刀、剃刀</td></tr>
</table>

2) 合金工具钢

为克服碳素工具钢淬透性较低等缺点，在碳素工具钢基础上加入Cr、Mn、Si、W、Mo、V等合金元素就形成了合金工具钢(合金刃具钢)。加入Cr、Mn、Si等元素的主要作用是提高钢的淬透性，Si还能提高钢的回火稳定性；加入W、Mo、V等元素的主要作用是提高钢的硬度、热硬性和耐磨性(弥散强化)，并能防止淬火加热时奥氏体晶粒长大，起细晶强韧化作用。

合金刃具钢的热处理特点与碳素工具钢相同，仍为淬火后低温回火，而得到的主要组织也为“高碳回火马氏体＋合金碳化物＋少量残余奥氏体”(部分也采用等温淬火获得下贝氏体，以保证良好的强韧性)，其性能特点为高硬度、高耐磨性，但热硬性仍然较差，工作温度不能超过300℃。合金刃具钢淬透性较高(如9SiCr在油中的临界淬透直径约为40mm)，可用于制造截面尺寸较大、形状较复杂的刀具。

常用合金刃具钢的牌号、热处理、性能和主要用途见表4-13。

表4-13 常用合金工具钢的牌号、热处理、力学性能和主要用途

钢组	钢号	交货状态硬度/HB	试样淬火		主要用途
			淬火温度/℃，冷却剂	硬度值不小于	
量具刃具用钢	9SiCr	241～179	820～860，油	62HRC	板牙、丝锥、钻头、铰刀、齿轮铣刀、冷冲模、冷轧辊等
	Cr2	229～179	830～860，油	62HRC	
冷作模具钢	Cr12	269～217	950～1000，油	60HRC	冷冲模冲头、冷切剪刀、粉末冶金模、拉丝模、木工切削工具等 圆锯、切边模、螺纹滚丝模等
	Cr12MoV	255～207	950～1000，油	58HRC	
	9Mn2V	≤229	780～810，油	62HRC	
	CrWMn	255～207	800～830，油	62HRC	
	6W6Mo5Cr4V	≤269	1180～1200，油	60HRC	
热作模具钢	5CrMnMo	241～197	820～850，油	324～364HBS	中、大型锻模，螺钉或铆钉、热压模、压铸模等
	5CrNiMo	241～197	830～860，油	364～402HBS	
	3Cr2W8V	255～207	1075～1125，油	40～48HRC	
	4Cr5MoSiV	≤235	1000，空	53～57 HRC	
	4Cr5MoSiV1	≤235	1000，空	53～57 HRC	
	4Cr5W2VSi	≤229	1030～1050，油或空	53～57 HRC	

碳素工具钢和合金工具钢这两类钢价格相对低廉，加工容易，但淬透性低，热硬性较差，综合力学性能不高(特别是碳素工具钢)，主要用于制作木工工具、切削速度较低的加工金属材料的手工工具和一般机用工具。

3) 高速钢

高速钢是一类具有很高耐磨性和很高热硬性的工具钢，在高速切削条件(如50～80m/min)下刃部温度达到500～600℃时仍能保持很高的硬度，使刃口保持锋利，从而保证高速切削，高速钢由此得名。

高速钢为高碳高合金钢。高速钢中的高碳(w_C=0.7%～1.6%)可保证钢在淬火、回火后具有高的硬度和耐磨性。高速钢中含有大量合金元素(W、Mo、Cr、V、Co、Al等)，其主要作用为：

(1) 提高热硬性。提高热硬性的元素主要是W和Mo，此钢加热淬火后得到含有大量W和Mo的马氏体，在回火温度达560℃左右时(对此钢仍得回火马氏体)析出弥散分布的高硬度高耐热的W_2C和Mo_2C，具有明显的弥散强化效果，产生二次硬化，其回火硬度甚至比淬火硬度还高2～3HRC。同时W_2C和Mo_2C在500～600℃温度范围非常稳定，不易聚集长大，仍保持弥散强化效果，因而具有良好的热硬性。

(2) 提高钢的淬透性。提高淬透性的元素主要是 Cr。Cr 在退火高速钢中多以 $Cr_{23}C_6$ 方式存在，而在淬火加热时几乎全部溶入奥氏体，可增大过冷奥氏体的稳定性，提高钢的淬透性，使在空气中冷却也能获得马氏体。实践表明，最佳 w_{Cr} 为 4%。加热时溶入奥氏体中的 W、Mo 等元素也可提高钢的淬透性。

(3) 提高钢的耐磨性。提高耐磨性的元素主要是 V，V 的碳化物 VC 硬度极高，对提高钢的硬度和耐磨性有很大的作用。W_2C 和 Mo_2C 对提高钢的耐磨性也有较大贡献。

(4) 防止奥氏体晶粒粗化。退火高速钢中约有 30%的各种合金碳化物，均具有较高的稳定性，尤其是 W、Mo、V 形成的 Fe_3W_3C、Fe_3Mo_3C、VC 稳定性很高，加热到 1160℃时才能较多地溶入奥氏体。其在淬火加热时通常约有 10%的未溶碳化物，可阻碍奥氏体晶粒的长大，使奥氏体在高温加热时仍保持细小晶粒，这对提高强度、保持韧性具有重要意义。

常用的高速钢牌号有：W18Cr4V、W6Mo5Cr4V2、W9Mo3Cr4V、W3Mo3Cr4V2 等(详见 GB/T 9943—2008)。

不同牌号高速钢的性能指标有很大差别：含钒量越高，耐磨性越高；钼系和钨钼系高速钢韧性最好，钨系高速钢次之，高含钴量的韧性最低；含钴高速钢的高温硬度最高。从刃具的磨削加工性考虑则与耐磨性相反。

在普通型高速钢中，采用最多的是 W6Mo5Cr4V2、W9Mo3Cr4V 以及更低合金的 W3Mo2Cr4VSi 等，它们正在逐步取代 W18Cr4V。W14Cr4VMnRE 锻造轧制工艺性能好，多用于热轧刀具，如麻花钻头。高碳、高钒高速钢 CW6Mo5Cr4V3 多用于难加工材料和切削速度较高的场合。在制造复杂刀具时，不宜选用钒的质量分数大于 3%的高速钢，因其磨削加工性很差。对高温硬度要求很高时，才选择含钴高速钢 W6Mo5Cr4V2Co5。为节约稀缺的钴资源，可用含铝高速钢(W6Mo5Cr4V2A1)代替前者。

不少高速钢因加入大量碳化物形成元素，已进入亚共晶的成分区域而成为所谓“莱氏体钢”，使其铸态组织含有大量粗大稳定的碳化物，热处理也不易消除，只能采用锻造方式来击碎。为此产生了用粉末冶金法生产的“粉末冶金高速钢”，其碳化物均匀细小，强韧性等性能更好，但成本高，仅适于制造大型复杂刀具和难切削材料刀具。

除用于制造高速切削或形状复杂的刃具外，高速钢还广泛用于冷作、热作模具。

2. 模具钢

模具钢是指主要用于制造各种模具(如冷冲模、冷挤压模、热锻模、塑料模等)成形零件的钢。模具钢根据其用途可分为冷作模具钢、热作模具钢和成形模具(成形模包括塑料模、橡胶模、粉末冶金模、陶土模)钢等。

1) 冷作模具钢

冷作模具钢是指主要用于制造冷冲模、冷挤压模、拉丝模等使被加工材料在冷态下进行塑性变形的模具用钢。冷作模具钢应具有高强度、高硬度和高的耐磨性，一定的韧性和较高的淬透性，因此冷作模具钢通常为高碳钢和高碳合金钢。

常用的冷作模具钢有碳素工具钢和合金工具钢。

碳素工具钢(如 T8A)价格低，淬透性差，用于制造要求不太高、尺寸较小的模具；低合金工具钢中的 9Mn2V、CrWMn 等主要用于制造要求较高、尺寸较大的模具。

高碳高铬的 Cr12、Cr12MoV 含有大量碳化物形成元素，属莱氏体钢，需特别锻造及热处理。其淬透性更好、淬火变形很小，用于制造要求更高的大型模具。

Cr4W2MoV 、Cr6WV、Cr5MoV1、8Cr2MnMoWVS 等为空冷淬火冷作模具钢，有很好的空冷淬硬性、韧性及耐磨性，热处理变形小，用于制造重负荷、高精度的模具。8Cr2MnMoWVS 中因加入了 S 元素，使易于切削加工。

基体钢为化学成分大致相当于高速钢(W6Mo5Cr4V2)淬火后基体组织成分的一类钢，因其中共晶碳化物的数量少并且细小均匀，使韧性比高速钢明显提高，可用于要求更强韧的冷挤压模，常用钢种如 6W6Mo5Cr4V、6 Cr4Mo2VNb、7Cr2Mo2V2Si(LD)、012Al、CG-2 等。

冷冲模中的拉伸模要特殊一些，主要是防擦伤和防粘着。拉深有色金属、碳素钢薄板时，应对模具表面进行氮化、镀铬或其他表面处理，批量较大时更应如此。拉深奥氏体不锈钢或高镍合金钢时，除对模具进行氮化处理外，有时采用铝青铜制造凹模。

为使模具承受较高的冲击载荷和表面具有更高的硬度和耐磨性，可采用镶块模具结构。镶块选用硬质合金 YG15、YG20 或钢结硬质合金 GT35、DT40、TLMW50 等制造。

此外，无磁冷作模具钢 7Mn15Cr2Al3V2WMo 在某些场合也有应用。

前述高速钢等也可用于冷作模具。部分冷作模具钢的牌号、热处理、力学性能和主要用途见表 4-12、表 4-13。

一般冷作模具钢的热处理及使用状态的组织同前述工具钢，多在淬火+低温回火状态下使用。而对于 Cr12、Cr12MoV 等高碳高铬模具钢，常高温淬火后在 510～520℃经多次回火以产生二次硬化，析出的碳化物能显著提高钢的耐磨性，其使用状态组织同刃具钢。此外，为提高耐磨性，部分含 Cr、Mo 等氮化物元素的钢种还常进行渗氮处理。

2）热作模具钢

热作模具钢是指用于制造热锻模、压铸模、热挤压模等使被加工材料在热态下成形的模具用钢。热作模具钢应具有较高的强度、良好的塑性和韧性、较高的热硬性和高的热疲劳抗力。

热作模具钢为中碳合金钢。中碳成分(w_C 为 0.3%～0.6%)可保证较高的强度、硬度，合适的塑性、韧性以及热疲劳抗力。Cr、Ni、Mn、Mo、W、V 等合金元素可提高钢的淬透性、强度和回火稳定性，Mo 可防止高温回火脆性，W、Mo、V 还能产生二次硬化，提高钢的热硬性。部分热作模具钢的牌号、热处理、力学性能和主要用途见表 4-13。

热作模具钢通常在淬火后中温或高温回火状态下(组织为回火屈氏体或回火索氏体)使用，也可为高硬度、高耐磨的回火马氏体基体(对某些专用模具钢)，以获得较高的强度、硬度和良好的塑性、韧性。应该指出，4Cr5MoSiV(H11)、4Cr5MoSiV1(H13)、4Cr5W2VSi 以及 3Cr3Mo3VNb 等新型空冷硬化热作模具钢以其优良的性能，有取代传统热作模具钢的趋势。

此外还有冷、热作兼用的热挤压模具钢 5Cr4Mo3SiMnVAl(012Al)，耐高温腐蚀的奥氏体型热作模具钢，如 5Mn15Cr8Ni5Mo3V2、4Cr14Ni14W2Mo，或高温耐蚀热作模具钢 2Cr9W2、2Cr12WMoVNbB，甚至硬质合金及高温合金 TZM 等都有一定的应用。

3）塑料模具钢

无论是热塑性塑料还是热固性塑料，其成形过程都是在加热加压条件下完成的。但一般加热温度不高(150～250℃)，成形压力也不大(大多为 40～200MPa)，故与冷、热模具相比，塑料模用钢的常规力学性能要求不高。然而塑料制品形状复杂、尺寸精密、表面光洁，成形加热过程中还可能产生某些腐蚀性气体。因此要求塑料模具钢具有优良的工艺性能(切削加工性、冷挤压成形性和表面抛光性)、良好的尺寸稳定性，较高的硬度(约45HRC)和耐磨、耐蚀性，以及足够的强韧性。

常用的塑料模具用钢包括各种工具钢、结构钢、不锈钢和耐热钢等。通常按模具制造方法分为两大类：即切削成形塑料模具用钢和冷挤压成形塑料模具用钢。

塑料模具钢还可分为渗碳塑料模具钢、预硬型塑料模具钢、时效硬化型塑料模具钢、耐腐蚀型塑料模具钢、非调质塑料模具钢等五种。目前，用得最多的是渗碳型塑料模具钢、预硬型塑料模具钢和时效硬化型塑料模具钢。

(1) 渗碳型塑料模具钢。渗碳型塑料模具钢的含碳量一般在0.10%～0.25%，退火后硬度低、塑性好，冷加工硬化效应不明显，可用冷挤压的方法加工成模具型腔，也称冷压钢。成形后经渗碳、淬火、回火可获得较高的表面硬度。常用的钢号有DT1、20、20Cr、10Cr5、10Cr2NiMo、12CrNi2、12CrNi3A、12Cr2Ni4、18CrNiW、20Cr2Ni4、20CrNiMo及最近研制的LJ钢(0Cr4NiMoV)等。形状简单、尺寸小、多型腔的塑料模具最适合用冷挤压方法制造，可有效地缩短制造周期，减少制造费用，提高制造精度。

(2) 预硬型塑料模具钢。预硬型塑料模具钢是调质处理到一定硬度(分别为10HRC、20HRC、30HRC、40HRC四个等级)供货的钢材，有较好的切削加工性能，可直接进行型腔加工，加工后直接使用，不再进行热处理。因省略了热处理及后续的精加工，降低了成本，并缩短了制造周期。常用的预硬型塑料模具钢有3Cr2Mo(P20)、3Cr2NiMo(P4410)、40CrMnVBSCa(P20BSCa)、SMI(Y55CrNiMnMoV)钢等。预硬型塑料模具钢适用于制造成形批量大、以及有镜面要求的模具，硬度范围一般在32～40HRC。

(3) 时效硬化型塑料模具钢。时效硬化型塑料模具钢适用于制造预硬化钢的强度满足不了要求，又不允许有较大热处理变形的模具。这种钢在调质状态进行切削加工，加工后通过数小时的时效处理，使硬度等力学性能大大提高，而时效处理的变形相当小，一般仅有0.01%～0.03%的收缩变形。若采用真空炉或辉光时效炉进行时效处理，则可在镜面抛光后再进行时效处理。时效硬化钢有低镍时效钢和马氏体时效钢两类。我国现有的低镍时效硬化钢有25CrNi3MoAl、SM2(Y20CrNi3AlMnMo)、PMS(10Ni3MnCuAlMoS)、06Ni(06Ni6CrMoVTiAl)等。

(4) 耐腐蚀型塑料模具钢。加工聚氯乙烯塑料、氟化塑料、阻燃塑料等塑料制品时，分解出的腐蚀性气体对模具有腐蚀作用，要求模具材料有一定的耐蚀性，为此需在模具表面镀铬或直接选用3Cr13、4Cr13、9Cr18、Cr18MoV、Cr14Mo、Cr14Mo4V、1Cr17Ni2、0Cr17Ni7Al等不锈钢，但Cr13系不锈钢的热处理变形较大，切削加工性能差，使用范围小。

(5) 非调质塑料模具钢。非调质塑料模具钢在锻、轧后即可达到预硬化，不需再进行调质处理，有利于节约能源、降低成本、缩短生产周期。为改善其切削加工性，可加入P、S、Ca等提高切削性的元素。典型钢号有25CrMnVTiSGaRE(FT)、2Cr2MnMoVS和2Mn12CrVCaS等，其锻、轧空冷后得到下贝氏体，直径100mm的FT钢硬度可达到30～35HRC。

目前，塑料模具材料仍以模具钢为主，但根据成形工艺的不同，也可采用铍青铜(如ZCuBe2、ZCuBe2.4)、铝合金、锌合金、钢结硬质合金、低熔点合金甚至塑料、橡胶、陶瓷等非金属材料。

3. 量具钢

量具钢是指用于制造各种测量工具(如卡尺、千分尺等)的钢。量具钢应具有高硬度、高耐磨性和高的尺寸稳定性。

量具钢无特别的钢种，多用高碳钢和高碳合金钢，很多碳素工具钢和合金刃具钢都可作为量具钢使用(见表4-13)。

低碳钢(如20钢)经渗碳、淬火及低温回火，中碳钢(如50钢)经表面淬火及低温回火后也可用于要求不太高的量具，如平样板、卡规等。要求高精度的量规、块规，如果尺寸不太大，可选用低合金工具钢CrWMn、9Mn2V或铬轴承钢GCr15。大尺寸且使用频繁、要求高耐磨性的量具，宜选用高合金工具钢(如Cr12)或高速钢制造。为了降低量具材料成本，也可采用镶块式结构，量具的基体和基座用时效处理后的铸铁制造，抗磨损镶块用淬硬的工具钢或硬质合金YG6、YG8制造。

为了提高量具的抗蚀性，一般对量具材料(如碳素钢或低合金钢)进行镀铬、磷化或渗氮等表面处理。对表面处理后不易保证精度的量具(如千分表量杆镀铬层剥落，会影响齿条精度)，应选用马氏体不锈钢(如9Cr18)制造，卡尺零件可采用马氏体不锈钢板3Cr13或4Cr13制造。

对碳素工具钢和合金工具钢制造的量具，通常在淬火及低温回火状态下使用。为获得高的尺寸稳定性，可在淬火后回火前进行冷处理，还可在精磨后进行时效处理。

4. 滚动轴承钢

滚动轴承钢是指主要用于制造各类滚动轴承的内圈、外圈以及滚动体的专用钢，常简称为轴承钢。滚动轴承钢应具有高的抗压强度和接触疲劳强度、高的硬度和耐磨性，同时应具有一定的韧性和抗腐蚀性。

滚动轴承钢的种类主要有高碳铬轴承钢、渗碳轴承钢、不锈轴承钢和高温轴承钢。

高碳铬轴承钢是使用最为广泛的滚动轴承钢，约占总量的90%，其碳的质量分数为0.95%～1.15%，以保证高强度、高硬度和高耐磨性；主加合金元素铬(w_{Cr}为0.40%～1.65%)的主要作用是提高钢的淬透性，并可形成合金渗碳体$(FeCr)_3C$，以提高钢的强度、接触疲劳强度及耐磨性；加入硅($w_{Si}=0.40\%$)和锰($w_{Mn}=1.20\%$)可进一步提高淬透性；其对硫、磷含量限制很严($w_S \leqslant 0.020\%$，$w_P \leqslant 0.007\%$)，以进一步保证接触疲劳强度，属高级优质钢。典型高碳铬轴承钢有GCr15、GCr15SiMn、GCr15SiMo、GCr18Mo等(注：仅Cr的质量分数以千分之几计)。其中以GCr15最为常用，主要用于制造中小型滚动轴承的内、外套圈及滚动体；而偏后者的淬透性高些，适于制造更大型的轴承。

由于GCr15等高碳铬轴承钢的成分、性能特点与低合金工具钢相似，也常用于制造量具、冷作模具、精密丝杠等，所用加工工艺路线也相同，一般也在淬火后低温回火状态下使用，组织也为“极细的回火马氏体+细粒状碳化物+少量残余奥氏体”。而对于精密轴承还常在淬火后立即进行一次冷处理(-60～-80℃)，并在随后的低温回火和磨削加工后进行低温时效处理，以进一步减少残留奥氏体和应力，保证尺寸稳定。

此外，还生产有高碳无铬轴承钢，如GSiMnMoV、GSiMnMoVRE等，由于加入了钼、钒及稀土，其性能与GCr15接近，耐磨性甚至还有所提高。

对于承受较大冲击的大中型滚动轴承，常用渗碳轴承钢制造，其主要牌号有G20CrMn、G20Cr2Ni4A、G20Cr2Mn2MoA等；对要求耐腐蚀的滚动轴承可用不锈轴承钢 9Cr18、9Cr18Mo 甚至 1Cr18Ni9Ti 来制造；而耐高温的轴承可用高碳的 Cr4Mo4V、CrSiWV、高铬的马氏体不锈钢 Cr14Mo4V、高速钢 W6Mo5Cr4V2 或渗碳钢 12Cr2Ni3Mo5A 来制造。

5. 典型工具钢——高速钢的加工工艺路线及热处理特点

1）高速钢刀具常用的加工工艺路线

下料→锻造→退火→机械加工→淬火＋回火→磨削加工→表面处理

2）典型高速钢刀具热处理实例

名称：直径 ϕ60mm 拉刀(图 4.2)，材料：W6Mo5Cr4V2。

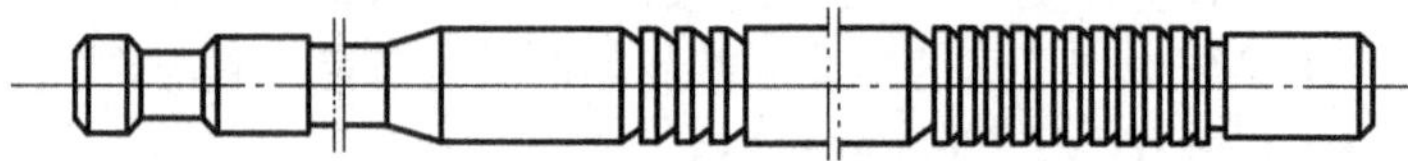

图 4.2 W6Mo5Cr4V2 拉刀

技术要求：刃部硬度 63～66HRC，柄部硬度 40～52HRC，碳化物级别不大于 5 级，淬火后晶粒度级别为 9.5～11 号。其预先热处理工艺如图 4.3 所示，最终热处理工艺如图 4.4所示。

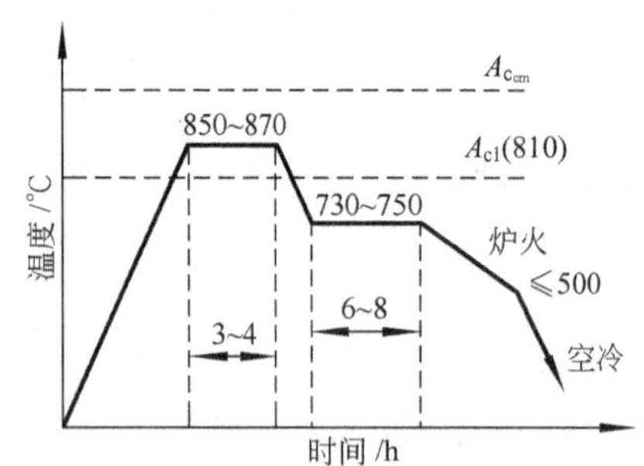

图 4.3 W6Mo5Cr4V2 的等温退火工艺曲线

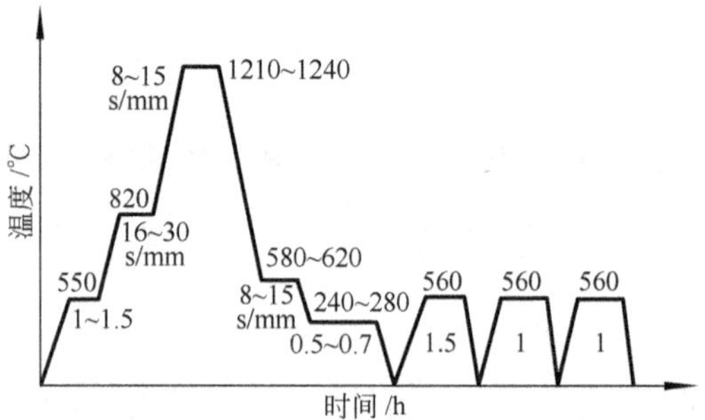

图 4.4 W6Mo5Cr4V2 的最终热处理工艺曲线

最终热处理工艺路线：

预热(二次)→加热→冷却→热校直→清洗→回火→热校直→回火→热校直→柄部处理→清洗→检验(硬度和变形量)→表面处理或喷砂。

表面处理(如硫化处理、硫氮共渗、TiC 及 TiN 涂层等)可进一步提高高速钢刀具寿命。

3）锻造及热处理特点

(1) 锻造特点。因其含较多的合金元素及碳，不仅使相图中的 E 点明显左移，而且使 C 曲线明显右移，其铸态组织为含有大量粗大鱼骨状共晶碳化物和树枝状马氏体与屈氏体组成的亚共晶组织，属于莱氏体钢。此组织不仅脆性大，而且很难用热处理消除掉。由于它们的存在，不仅造成刀具在使用中崩刃和磨损，并且在热处理过程中容易过热和过烧。因此，高速钢锻造的目的不仅在于成形，更重要的是击碎莱氏体中粗大的碳化物，以获得碳化物细小均匀分布的刀具锻造毛坯。

(2) 预先热处理特点。高速钢的退火与碳素工具钢相似，也属于不完全退火或球化退火。退火温度为 A_{c1} 以上 30～50℃(840～860℃)，在此温度下，碳化物未全部溶入奥氏体，最终获得共晶碳化物(已锻造细化)＋索氏体球化组织，以降低硬度，利于切削加工，并为淬火作组织准备。W6Mo5Cr4V2钢退火后硬度为229～269HBS。

(3) 最终热处理特点。高速钢的淬火、回火工艺特殊、复杂而且十分重要，必须予以重视，严格控制，具体要点如下：

① 淬火加热温度较高。为了保证高速钢的热硬性，淬火加热时应有足量的合金元素(如W、Mo、V)溶入奥氏体，才能在淬火、回火后析出较多的弥散分布的合金碳化物，产生明显的二次硬化效果。高速钢中的W、Mo、V等元素的碳化物稳定性较高，只有在加热温度超过1160℃时才能较多地溶入奥氏体。

② 高速钢属高碳高合金工具钢，塑性及导热性差，并且淬火加热温度高，因此淬火加热前必须预热。一般刀具可用一次中温(800～850℃)预热；大型或形状复杂的刀具，用中、低温(500～550℃)两次预热。预热可减少温差和热应力，预防变形和开裂。

③ 多采用盐浴分级淬火，以避免淬火变形和开裂。有时为进一步减小淬火变形、提高韧性，也采用多次分级或分级淬火后再在240～280℃进行贝氏体等温淬火。

④ 淬火后采用多次“高温”回火。一般在560℃左右回火(对高速钢而言仍属低温回火)，且重复三次。其原因是：高速钢淬火后残余奥氏体量达20%～25%，需要在560℃回火三次才能逐步减少残余奥氏体到合适量；此外，经550～570℃回火后，因产生二次硬化而使硬度和强度最高，塑性和韧性也有较大的改善。

同所有高碳工具钢一样，高速钢使用状态组织一般为回火马氏体＋粒状碳化物＋少量残余奥氏体。

4.3.2 不锈钢

1. 不锈钢耐蚀的主要原因

不锈钢是指在自然环境或一定工业介质中耐腐蚀(电化学腐蚀及化学腐蚀)的钢种，是典型的耐蚀合金。它是在碳钢基础上加入Cr、Ni、Si、Mo、Ti、Nb、Al、N、Mn、Cu等形成的。其中铬是保证“不锈”的主要元素，当呈原子态溶入钢中的铬含量达一定量($w_{Cr}>12\%$)时，不仅使基体电极电位大大提高(即使化学稳定性提高)，从而减小了腐蚀原电池形成的可能性，而且在氧化性介质中还会使钢表面快速形成致密、稳定、牢固的Cr_2O_3膜，以减小或阻断腐蚀电流(这是耐蚀的主要原因)；并且一定量的铬(或与其他元素配合)可使钢在室温下形成单相铁素体或奥氏体，而不利腐蚀原电池的产生，可进一步提高耐蚀性。

由于Cr为强碳化物形成元素，易与碳反应而使溶入基体中原子态的Cr含量降低，甚至低于12%，所以钢中碳越少、Cr越多，则越耐蚀(但却使强度、硬度有所降低)。为此，大多数不锈钢碳的质量分数均很低。特别地，Cr_2O_3膜易受氯等卤族元素的离子穿透及破坏，同时铬在非氧化性酸(如盐酸、稀硫酸)和碱中钝化能力较差，会使不少不锈钢在含此类离子的介质中易产生点蚀、应力腐蚀、晶界腐蚀等。而含一定量Mo、Nb、Ti等碳化物或金属化合物形成元素的不锈钢或更多Cr和Ni的不锈钢及双相不锈钢，则耐蚀性有所提高，强度也有所增加。在非氧化性酸中工作的部件，可选含一定量Mo、Cu的及高镍的钢种；在含卤族离子介质中的部件，可选含Mo、N、Si的和高铬的钢种以抗点蚀；抗应力腐蚀的则可选含硅较高或含铜及超低碳的奥氏体不锈钢、双相不锈钢、高纯高铬的铁素体不锈钢等。

2. 常用不锈钢

不锈钢按热处理后组织的不同，分为马氏体型、铁素体型、奥氏体型、奥氏体-铁素体型和沉淀硬化型5种(GB/T 1220—2007)。

1) 马氏体不锈钢

马氏体不锈钢的碳含量范围较宽(w_C=0.1%～1.0%)，含铬量w_{Cr}=12%～18%。由于合金元素单一，故此类钢只在氧化性介质中(如大气、海水、氧化性酸)耐蚀，而在非氧化性介质中(如盐酸、碱溶液等)因达不到良好的钝化而使耐蚀性很低。钢的耐蚀性随铬含量的降低和碳含量的增加而受到损害，但其强度、硬度和耐磨性则随碳的增加而增高。

常见此类钢有低、中碳的Cr13型(如1Cr13、2Cr13、3Cr13、4Cr13)和高碳的Cr18型(如9Cr18、9Cr18MoV等)。此类钢的淬透性良好，即空冷或油冷便可得到马氏体，锻造后须经退火处理来改善其切削加工性。工程上，一般将1Cr13、2Cr13进行调质处理，得到回火索氏体组织，作为耐蚀结构零件使用(如螺栓、汽轮机叶片、水压机阀等)；而对3Cr13、4Cr13及9Cr18进行淬火+低温回火处理，获得回火马氏体，用以制造高硬度、高耐磨性和一定耐蚀性结合的零件或工具(如医疗器械、量具、塑料模、滚动轴承、餐刀、弹簧等)。

马氏体不锈钢与其他类型不锈钢相比，具有价格最低、可热处理强化(即强度、硬度较高)的优点，但耐蚀性较低，塑性加工与焊接性能较差。

2) 铁素体不锈钢

铁素体不锈钢的碳含量较低(w_C<0.15%)、铬含量较高(w_{Cr}=12%～13%)，因而耐蚀性优于马氏体不锈钢。此外Cr是铁素体形成元素，致使此类钢从室温到高温(1000℃左右)均为单相铁素体，这进一步改善了耐蚀性，但却使其不可进行热处理强化，故强度与硬度低于马氏体不锈钢，而塑性加工、切削加工和焊接性较好。为了进一步提高其在非氧化性酸中的耐蚀性(如点蚀、应力腐蚀等)，也加入Mo、Ni、Ti、Cu等其他合金元素(如1Cr17Mo2Ti)或提高纯净度(如000Cr25Mo1)。铁素体不锈钢一般是在退火或正火状态使用。此类钢在氧化性介质如硝酸中有很高的耐蚀性，并且对应力腐蚀敏感性比一般奥氏体不锈钢低，因此，其主要用于对力学性能要求不高，而对耐蚀性和抗氧化性有较高要求的零件，如耐硝酸、有机酸及其盐、碱、硫化氢、磷酸的结构和抗高温氧化结构，也常用于装饰型材及厨具等方面。

常用的此类钢有0Cr13、1Cr17、1Cr17Ti、1Cr28等。热处理、焊接或锻造时应注意的主要问题是其脆性问题(如晶粒粗大导致的脆性，σ相析出脆性，475℃脆性等)。

铁素体不锈钢的成本虽略高于马氏体不锈钢，但因其不含贵金属元素Ni，故其价格远低于奥氏体不锈钢，应用仅次于奥氏体不锈钢。

3) 奥氏体不锈钢

奥氏体不锈钢原是在Cr18Ni8(简称18-8)基础上发展起来的，具有低碳(绝大多数w_C<0.12%)，高铬(w_{Cr}>17%～25%)和较高镍(w_{Ni}=8%～29%)的成分特点。由此可知，此类钢具有最佳的耐蚀性，对苛性碱(熔融碱除外)、硫酸及硝酸盐、硫化氢、磷酸、醋酸、大多数无机酸及有机酸、100℃以下的中低浓度硝酸及850℃以下高温空气环境耐蚀很好，并有良好抗氢、氮能力，而对还原性介质如盐酸、稀硫酸则不太耐蚀。Ni的存在使钢在室温下为单相奥氏体组织，这进一步改善了钢的耐蚀性，并且还赋予了奥氏体不锈钢优良的低温韧性、高的加工硬化能力、耐热性和无磁性等特性，其冷塑性加工性和焊接性能较好，但切削加工性差。其在化工设备、装饰型材等方面应用广泛。

这类钢典型牌号有 1Cr18Ni9、1Cr18Ni9Ti、0Cr18Ni9、00Cr17Ni14Mo2 等。加入 Mo、Cu、Si 等合金元素，可显著改善不锈钢在非氧化性酸等介质中的耐蚀性(因 Cr 在其中的钝化能力较差)，如 00Cr17Ni12Mo2。因 Mn、N 与 Ni 同为奥氏体形成元素，为了节约 Ni 资源，国内外研制了许多节镍型和无镍型奥氏体不锈钢（如 1Cr17Mn9、0Cr17Mn13Mo2N 和 1Cr18Mn10Ni5Mo3N 等，而 Mn、N 的加入还提高了其在有机酸中的耐蚀性)，无镍铬的奥氏体不锈钢(如 Mn30Al10Si)。因奥氏体不锈钢的切削加工性较差，为此还发展了改善切削加工性的易切削不锈钢(如 Y1Cr18Ni9Se 等)。

一类高钼含氮的奥氏体不锈钢(如 00Cr20Ni18Mo6N)常称为超级奥氏体不锈钢，其除在还原性介质中有优良的耐蚀性外，还有好的抗应力腐蚀、点蚀与缝隙腐蚀的能力。

一些奥氏体不锈钢退火组织为奥氏体+碳化物，该组织不仅强度低，而且耐蚀性也有所下降。为使耐蚀性得到保证，须进行固溶处理——高温加热使碳化物溶解，再快速冷却得单相奥氏体的组织。但其强度较低($\sigma_b \approx 600$MPa)，强度潜力未充分发挥。奥氏体不锈钢虽然不可热处理(淬火)强化，但因其具有强烈的加工硬化能力，故可通过冷变形方法使之显著强化(σ_b 升至 1200～1400MPa)，随后必须进行去应力退火(300～350℃加热空冷)，以防止应力腐蚀现象。

4) 双相不锈钢

双向不锈钢主要指奥氏体-铁素体双相不锈钢，它是在 Cr18Ni8 的基础上调整 Cr、Ni 含量，并加入适量的 Mn、Mo、W、Cu、N、Si 等合金元素，通过加热到 1000～1100℃淬火(韧化处理)而形成奥氏体和铁素体双相组织。双相不锈钢兼有奥氏体不锈钢和铁素体不锈钢的优点，如良好的韧性、焊接性能、较高的屈服强度($\sigma_s \geqslant 350$MPa)，但抗应力腐蚀、点蚀、晶间腐蚀、氯化物腐蚀及焊缝热裂能力大为提高。常用典型双相不锈钢有 00Cr22Ni5Mo3N、0Cr21Ni6Mo2Ti、1Cr18Mn10Ni5Mo3N、00Cr18Ni5Mo3Si2N 等，主要用于管道系统、阀门、热交换器、压力容器等。

5) 沉淀硬化不锈钢(PH 不锈钢)

奥氏体不锈钢虽可通过冷变形予以强化，但对尺寸较大、形状复杂的零件，冷变形强化的难度较大，效果欠佳。为了解决以上问题，在各类不锈钢中单独或复合加入硬化元素(如 Ti、Al、Mo、Nb、Cu 等)，并通过适当的热处理(固溶处理后再时效处理，促使析出金属间化合物，从而在马氏体和奥氏体基体上产生沉淀硬化)，而获得高的强度(σ_b = 1000～1500MPa)、高的韧性并具有较好的耐蚀性，这就是沉淀硬化不锈钢。包括马氏体沉淀硬化不锈钢(由 Cr13 型不锈钢发展而来，如 0Cr17Ni4Cu4Nb)、奥氏体沉淀硬化不锈钢(如 0Cr15Ni20Ti2MoAlVB)、奥氏体-马氏体沉淀硬化不锈钢(由 18－8 型不锈钢发展而来，如 0Cr17Ni7Al)等。与 18－8 型不锈钢相比，其耐蚀性稍差或相当，对应力腐蚀较敏感，常用于腐蚀条件不太苛刻但要求耐磨、耐冲刷的泵、阀、轴、反应器结构或零件，也可作超高强钢使用。

此外，还有适应海洋工程而开发的铁素体时效不锈钢(如 00Cr26Ni6Mo4Cu1Ti)、马氏体时效不锈钢(如 00Cr10Ni10Mo2AlTi)等。

此外，为了解决一般不锈钢无法解决的工程腐蚀问题，在化工设备及管道工程上还应用了镍(纯镍 N2、N4、N6)及镍基耐蚀合金，如 Ni－Cu(如 Monel 400 即 Ni70Cu28Fe)、

Ni－Cr(如 Inconel 600 即 0Cr15Ni75Fe)、Ni－Mo(如 NS322，即 00Ni70Mo28 或 Hastelloy B－2Hastelloy)型等。Ni－Cu 及 Ni－Mo 合金在还原性介质中具有良好的耐蚀性，但在氧化性介质中耐蚀性较差，而 Ni－Cr 合金则刚好相反。我国耐蚀合金以拼音字母"NS"加三位数字表示，如 NS322。镍及其合金价格高，多用于一般材料不宜胜任的氯碱、热碱等石油化工及高温耐蚀的容器、管道、阀门等。

4.3.3 耐热钢

金属长时间在高温、恒应力作用下，即使应力小于屈服强度，也会缓慢地产生塑性变形即发生蠕变，此时应选用耐热钢等高温结构材料。

耐热钢是指用于制造在高温条件下使用的零件或构件的钢。耐热钢应具有良好的抗氧化能力和高温强度。评定高温强度的指标有持久强度和蠕变极限两项指标。

1. 提高钢耐热性的方法

耐热钢多为中碳合金钢、低碳合金钢(w_C 较高则使塑性、抗氧化性、焊接性及高温强度下降)，所含合金元素主要有 Cr、Ni、Mn、Si、Al、Mo、W、V 等，这些合金元素均可产生固溶强化作用。其中，Cr、Si、Al 在高温下可被优先氧化形成致密的氧化膜，将金属与外界氧气隔离，避免氧化的进一步发生；Mo、V、W、Ti 等元素可与碳结合形成稳定性高、不易聚集长大的碳化物，起弥散强化作用。同时这些元素大多数可提高钢的再结晶温度，增大基体相中原子之间的结合力，提高晶界强度，从而提高钢的高温强度。如含少量稀土(Re)元素，则性能会进一步提高。

2. 常用耐热钢

按使用特性不同，耐热钢分为抗氧化钢和热强钢；按组织不同，耐热钢又可分为铁素体类耐热钢(又称 α－Fe 基耐热钢，包括珠光体钢、马氏体钢和铁素体钢)和奥氏体类耐热钢(又称 γ－Fe 基耐热钢)，详见 GB/T 1221—2007。

1) 珠光体热强钢

珠光体热强钢在正火状态下的组织为细片珠光体＋铁素体，用于 350～600℃以下工作的耐热构件。$w_C=0.10\%\sim0.40\%$(低、中碳)，典型钢种有：①低碳珠光体钢(如 15CrMo、12Cr1MoV)，具有优良的冷热加工性能，主要用于锅炉管线等(故又称锅炉管子用钢)，常在正火状态下使用；②中碳珠光体钢(如 35CrMo、35CrMoV 等)，在调质状态下使用，具有优良的高温综合力学性能，主要用于耐热的紧固件和汽轮机转子(主轴、叶轮等)，故又称紧固件及汽轮机转子用钢。钢中加入铬主要是提高抗氧化性，加入钼、钒则是为了提高高温强度。

2) 马氏体热强钢

马氏体热强钢淬透性良好，空冷即可形成马氏体，常在淬火＋高温回火状态下使用。包括两小类：①低碳高铬型，它是在 Cr13 型马氏体不锈钢基础上加入 Mo、W、V、Ti、Nb 等合金元素而形成，常用牌号有 1Cr11MoV、1Cr12WMoV 等，因这种钢还有优良的消振性，最适宜制造工作温度在 600℃以下的汽轮机叶片，故又称叶片钢；②中碳铬硅钢，常用牌号有 4Cr9Si2、4Cr10Si2Mo 等，经调质处理后有良好的高温抗氧化性和热强性，还有较高的硬度和耐磨性，最适合于制造工作温度在 750℃以下的发动机排气阀，故又称气阀钢(其中含钼者还不易产生回火脆性)。

3）奥氏体热强钢

奥氏体热强钢是在奥氏体不锈钢的基础上加入了热强元素 W、Mo、V、Ti、Nb、Al 等，它们强化了奥氏体并能形成稳定的特殊碳化物或金属间化合物。具有比珠光体热强钢和马氏体热强钢更高的热强性和抗氧化性，此外还有高的塑性、韧性及良好可焊性、冷塑性成形性。常用牌号有 1Cr18Ni12Ti、1Cr18Ni9Ti、4Cr14Ni14W2Mo 等，主要用于工作温度高达 800℃的各类紧固件与汽轮机叶片、发动机气阀，使用状态为固溶处理状态或时效处理状态。

工作温度达到 900～1050℃的汽轮机叶片和导向片，可使用镍基、钴基、钼基高温合金。工作温度升至 1050℃以上，就要使用以高温合金为基的复合材料，甚至要使用工程陶瓷。

4）铁素体型抗氧化钢

铁素体型抗氧化钢是在铁素体不锈钢的基础上加入了适量的 Si、Al 而发展起来的。其特点是抗氧化性强，但高温强度低、焊接性能差、脆性较大。常分为四小类：①低中 Cr 型，如 1Cr3Si、1Cr6Si2Ti，工作温度 800℃以下；②Cr13 型，如 1Cr13SiAl，工作温度 800～1000℃；③Cr18 型，如 1Cr18Si2，工作温度 1000℃左右；④Cr25 型，如 1Cr25Si2，工作温度 1050～1100℃。主要用于受力不大的炉用构件。

5）奥氏体型抗氧化钢

奥氏体型抗氧化钢是在奥氏体不锈钢的基础上加入适量的 Si、Al 等元素而发展起来的。其特点是比铁素体钢的热强性高，铸造和焊接性较好。典型钢号有 Cr－Ni 型(如 3Cr18Ni25Si2，工作温度 1100℃)、节 Ni 型(如 2Cr20Mn9Ni2Si2N 及 3Cr18Mn12Si2N，工作温度 850～1050℃)及无 Cr－Ni 型(如 6Mn18A15Si2Ti 及 6Mn28Al9TiRE，工作温度低于 1000℃)。奥氏体抗氧化钢多在铸态下使用(此时为铸钢，如 ZG3Cr18Ni25Si2)，也可制作锻件。

特别地，不少抗氧化钢及热强钢在应用中并无严格区别。

4.3.4 耐磨钢

常用的耐磨料磨损材料有四大类：合金钢(低合金钢和工具钢)、高锰钢、抗磨铸铁和硬质合金。

耐磨钢是指用于制造耐磨料磨损件的特殊钢种，习惯上是指在强烈冲击磨损下会发生冲击硬化而具有高耐磨耐冲击的高锰钢。

此钢成分特点是高碳(w_C＝0.90%～1.50%)、高锰(w_{Mn}＝11%～14%)。其铸态组织为粗大的奥氏体＋晶界析出碳化物，此时脆性很大，耐磨性也不高，不能直接使用。经固溶处理(1060～1100℃高温加热、快速水冷)后可得到单相奥氏体组织，此时韧性很高(故又称“水韧处理”)。高锰钢固溶状态下硬度虽然不高(～200HBS)，但当其受到高的冲击载荷和高应力摩擦时，表面发生塑性变形而迅速产生强烈的加工硬化，并诱发产生一定量的马氏体，从而形成硬(＞500HBW)而耐磨的表面层，心部仍为高韧性的奥氏体。随着硬化层的逐步磨损，新的硬化层不断向内产生、发展，故总能维持良好的耐磨性(永远表硬心韧)。而在低冲击载荷和低应力摩擦下，高锰钢的耐磨性并不比相同硬度的其他钢种高。因此高锰钢主要用于耐磨性要求特别好并在高冲击与高压力条件下工作的零件，如坦克、拖拉机、挖掘机的履带板、破碎机牙板、铁路道岔等。

高锰钢的加工硬化能力极强，故冷塑性加工性能和切削加工性能较差；且又因其热裂纹倾向较大、导热性差，故焊接性能也不佳。一般而言，大多数高锰钢零件都是铸造成形的。

常用高锰钢基本牌号为 ZGMn13，含有钼或稀土元素的高锰钢，则使耐磨性大大提高。

4.4 铸　　铁

铸铁是碳的质量分数大于 2.11%，并含有较多 Si、Mn 及杂质元素 S、P(与钢相比)的多元铁碳合金。与钢相比，铸铁的力学性能通常较低，特别是塑性、韧性较差，但石墨型铸铁具有优良的减震性、耐磨性、铸造性能和切削加工性能，而且成本较低廉，因此在工业生产中得到广泛的应用。

4.4.1 铸铁的主要类型

在铁碳合金中，碳的存在形式主要有化合态(如 Fe_3C)和游离态(石墨)。由于 Fe_3C 为亚稳定相，在高温、长时间及含有 Si 元素等促进碳原子扩散、聚集的条件下，Fe_3C 会分解出稳定态的石墨(即 $Fe_3C \rightarrow 3Fe + C$)；或在较慢冷却速度下，因碳原子易充分扩散，而直接从液态铁水或奥氏体中析出石墨，即石墨化。显然，碳(C)和硅(Si)越多，冷却速度越慢，则越利于石墨的析出。实际生产中，由于铸件的冷却速度随壁厚的增加而降低，铸件的壁厚与碳、硅含量均会对石墨的析出程度产生影响，从而形成不同的组织的铸铁，如图 4.5 所示。

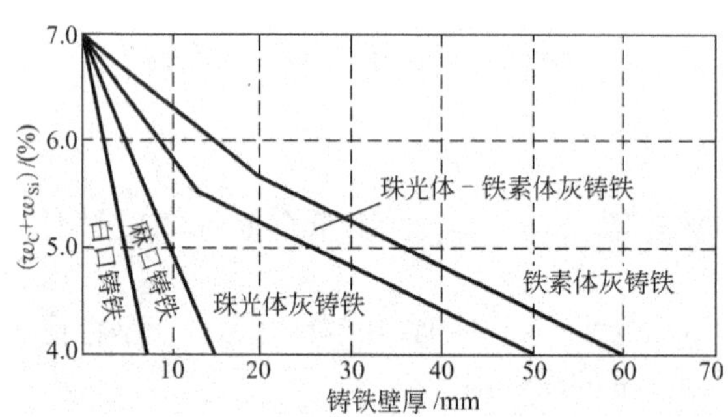

图 4.5　铸铁壁厚和碳、硅质量分数对铸铁组织的影响

根据碳的存在形式和石墨的形状，铸铁可分为五类。

(1) 白口铸铁。碳主要以 Fe_3C 等碳化物方式存在的铸铁。组织中有共晶莱氏体存在，组织粗大，很脆，断口呈白亮色。由于硬度很高，难于进行切削加工，仅用于部分要求耐磨等场合的产品。

(2) 灰铸铁。碳全部或大部分以片状石墨方式存在的铸铁。这类铸铁价格低廉，铸造性能及切削加工性能好，应用非常广泛。

(3) 可锻铸铁。碳全部或大部分以团絮状石墨方式存在的铸铁。与灰铸铁相比，具有较高的塑性和韧性，因此得名可锻铸铁，但实际上不能锻造。

(4) 球墨铸铁。碳全部或大部分以球状石墨方式存在的铸铁。这类铸铁力学性能好，在一定条件下可代替钢来制造重要零件。

(5) 蠕墨铸铁。碳全部或大部分以蠕虫状石墨方式存在的铸铁。

4.4.2 各类铸铁的特点

1. 共性特点

1) 成分特点

常用铸铁通常具有高碳、高硅的成分特点。高碳是形成石墨的必要条件之一。硅可促进石墨形成，含较多的硅也是形成石墨的重要条件之一。对铸铁中硫、磷的质量分数限制较宽，这是铸铁成本低廉、可在机械厂熔炼的重要原因之一。

2) 组织特点

常用铸铁中除石墨以外，基体组织还有铁素体(F)、铁素体+珠光体(F+P)、珠光体(P)、马氏体(M)、贝氏体(B)等类型，与钢的组织类型相同。因此通常把铸铁的组织看成是在钢基体上分布着一定数量、形态、大小的石墨。不同基体的灰铸铁、球墨铸铁、蠕墨铸铁和可锻铸铁的典型金相组织如图4.6所示。

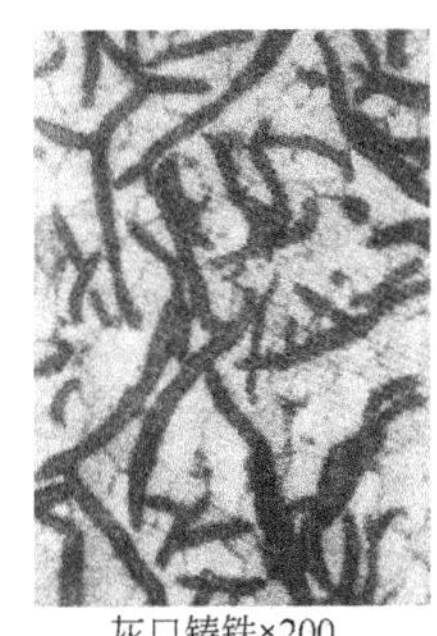
灰口铸铁×200

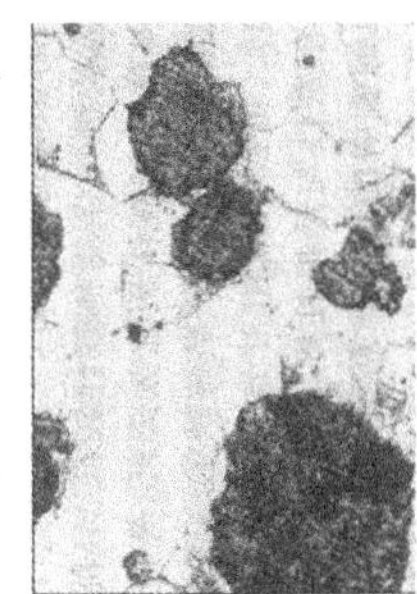
球墨铸铁×200

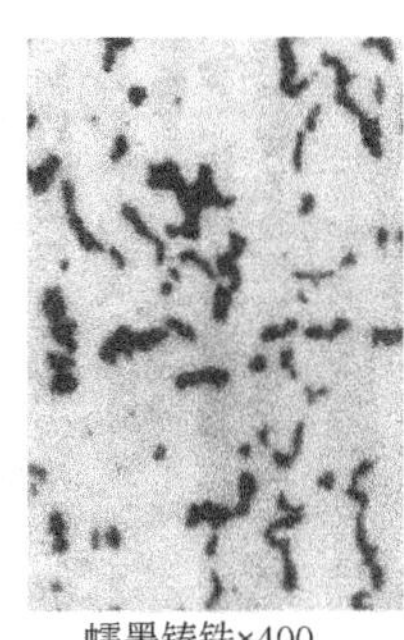
蠕墨铸铁×400

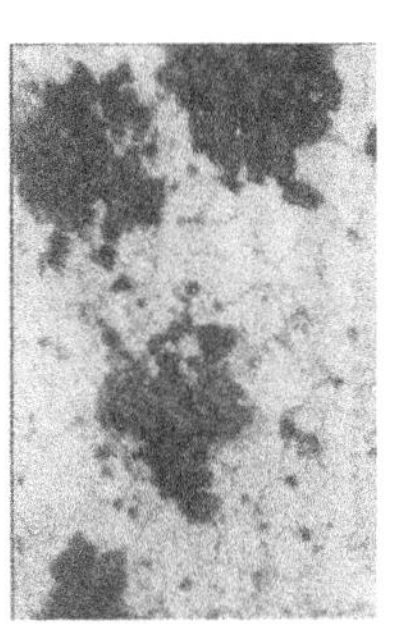
可锻铸铁×400

图4.6 典型铸铁的组织

3) 性能特点

常用铸铁的力学性能主要取决于基体组织类型和石墨的形状、数量、大小和分布。基体组织类型(受浇注工艺和对铸件进行的热处理的影响)对力学性能的影响与钢类似，但影响不太大。石墨本身的力学性能极差($\sigma_b \approx 20$MPa，硬度为3～5HBS，$\delta \approx 0$)，所以铸铁中石墨的存在可视为孔洞和裂纹(尤其是片状石墨)，它割裂了基体，减小了铸件的有效承载面积，并引起应力集中，导致铸铁的抗拉强度、塑性、韧性通常较低。但由于受压应力作用时裂纹不易扩展，因此铸铁的抗压强度较高，通常是抗拉强度的2.5～4.0倍。石墨的存在也赋予铸铁材料很多优点：使铸铁在切削加工时具有良好的断屑性能；石墨本身摩擦系数小，具有自润滑性能，可提高铸铁的耐磨性；另外石墨的存在，使铸铁具有良好的减振性和较小的缺口敏感性，优良的铸造工艺性。

2. 个性特点

1) 灰铸铁

灰铸铁件的化学成分范围是 w_C 为2.7%～3.6%，w_{Si} 为1.0%～2.2%，w_{Mn} 为0.5%～1.3%，w_P<0.3%，w_S<0.15%。灰铸铁的组织特点是在钢基体(F、F+P、P)

上分布着一些片状石墨。由于片状石墨对基体的割裂作用大，引起的应力集中也大，因此灰口铸铁的抗拉强度、塑性、韧性均较差。显然，石墨片数量越多，尺寸越大，石墨片越尖锐，灰铸铁的强度、塑性、韧性就越差(但消振性越好)。为改善灰铸铁的力学性能，可通过加入一定量的硅铁、硅钙合金作非自发核心的变质处理(也叫孕育处理)而形成孕育铸铁，使石墨片得到细化，并改善石墨片的分布，从而提高铸铁性能。灰口铸铁的牌号由HT(灰铁)和其后的最小抗拉强度值(由标准试样尺寸测定)组成。其中强度越高者，P越多，F及石墨越少，铸造性越差。其主要用于制造承压件或受力较小、不太重要的零件。灰铸铁的牌号、力学性能和主要用途见表4－14。

表4－14　灰铸铁的牌号、力学性能和主要用途

分类	牌号	铸件主要壁厚/mm	试棒毛坯直径 D/mm	抗拉强度 σ_b/MPa	抗压强度 σ_{bc}/MPa	硬度/HB	显微组织		应用举例
				≥			基体	石墨	
普通灰口铸铁	HT100	所有尺寸	30	100	500	143～229	F+P	粗片	下水管、外罩、底座
	HT150	4～8 >8～15 >15～30 >30～50 >50	13 20 30 45 60	280 200 150 120 100	650	170～241 170～241 163～229 163～229 143～229	F+P	较粗片	端盖、轴承座、阀壳、管子及管路附件、手轮，一般机床底座、床身及其他复杂零件、滑座、工作台等
	HT200	6～8 >8～15 >15～30 >30～50 >50	13 20 30 45 60	320 250 200 180 160	750	187～225 170～241 170～241 170～241 163～229	P	中等片	气缸、齿轮、底座、飞轮、齿条、衬筒，一般机床床身及中等压力液压筒、液压泵和阀的壳体等
孕育铸铁	HT250	>8～15 >15～30 >30～50 >50	20 30 45 60	290 250 220 200	1000	187～225 170～241 170～241 163～229	细珠光体	较细片	阀壳、油缸、气缸、联轴器、机体、齿轮、齿轮箱外壳、飞轮、衬筒、凸轮、轴承座等
	HT300	>15～30 >30～50 >50	30 45 60	300 270 260	1100	187～225 170～241 170～241	索氏体或屈氏体	细小片	齿轮、凸轮、车床卡盘、剪床、压力机的机身，导板、自动车床及其他重载荷机床的床身，高压液压筒、液压泵和滑阀的壳体等
	HT350	>15～30 >30～50 >50	30 45 60	350 320 310	1200	197～269 187～255 170～241			
	HT400	>20～30 >30～50 >50	30 45 60	400 380 370	—	207～269 187～269 197～269			

2）可锻铸铁

可锻铸铁是用含碳、硅较少的铁水先浇注成白口铸件，然后白口铸件再经高温长时间的石墨化退火，使白口铸件中的渗碳体全部或大部分分解成团絮状石墨的一种铸铁。

可锻铸铁的化学成分特点是适中的碳和硅的质量分数，以刚好能得白口铸件，且石墨化退火时 Fe_3C 易于分解形成石墨。合适的化学成分范围通常是 $w_C=2.2\%\sim2.8\%$、$w_{Si}=1.2\%\sim2.0\%$、$w_{Mn}=0.4\%\sim1.2\%$、$w_P\leqslant0.1\%$、$w_S\leqslant0.2\%$。

可锻铸铁的组织特点是在钢基体(F、P)上分布着一些团絮状石墨(将白口铸铁加热到900～980℃进行石墨化退火得到的)。团絮状石墨对钢基体的割裂作用较小，引起的应力集中也较小，因此可锻铸铁通常比具有相同基体组织的灰口铸铁具有较高的强度和塑性。

可锻铸铁的牌号由KTZ(可铁珠)、KTH(可铁黑)和其最小抗拉强度及最小断后伸长率组成。KTZ表示珠光体基体可锻铸铁，KTH表示黑心(断口中心为暗灰色，表层为灰白色)可锻铸铁。可锻铸铁比铸钢铸造性好，比灰口铸铁强韧，比球墨铸铁成本低，质量稳定，常用于制造形状复杂、承受一定冲击的薄壁件，如汽车拖拉机的后桥外壳、管接头、低压阀门、钢管脚手架接头等。可锻铸铁的牌号、力学性能和主要用途见表4-15。

表4-15 黑心可锻铸铁和珠光体可锻铸铁的牌号、性能和主要用途

牌号	抗拉强度 σ_b/MPa	屈服强度 σ_s/MPa	延伸率 δ/(%) ($L_0=3d_0$)	硬度/HBS	主要用途
	不小于				
KTH300-06	300	—	6	不大于150	弯头、三通等管件
KTH350-10	350	200	10		汽车、拖拉机前后轮壳、减速器壳、转向节壳、制动器等
KTZ450-06	450	270	6	150～200	曲轴、凸轮轴、连杆、齿轮、轴套、活塞环、方向接头、扳手、传动链条
KTZ550-04	550	340	4	180～230	
KTZ650-02	650	430	2	210～260	
KTZ700-02	700	530	2	240～290	

3) 球墨铸铁

球墨铸铁是在一定成分的铁水中加入少量球化剂(镁或稀土镁合金，如1.3%～1.6%的FeSiMg8RE5)和变质剂(硅铁或硅钙)后获得的在钢基体上分布着球状石墨的铸铁。球墨铸铁的成分特点是高C、高Si(比可锻铸铁和灰口铸铁都高)，以防止因球化处理而导致白口产生。通常球墨铸铁的成分范围是 $w_C=3.6\%\sim3.9\%$，$w_{Si}=2.0\%\sim2.8\%$、$w_{Mn}=0.6\%\sim0.8\%$、$w_S<0.07\%$，$w_P<0.1\%$。与可锻铸铁相比，虽然原料成本高些，但生产周期短，性能好，厚大件更易保证质量。

球墨铸铁的组织特点是在钢基体上分布着一些球状石墨。球状石墨对基体的割裂作用小，引起的应力集中也小，所以与具有相同基体组织的灰铸铁和可锻铸铁相比，球墨铸铁具有更高的强度和塑性；同时由于石墨对性能的影响减弱，基体组织对性能的影响相对增大，如通过热处理改变基体组织类型，可在很大范围内改变球墨铸铁的力学性能。

球墨铸铁的牌号由QT(球铁)和其最小抗拉强度、最小断后伸长率组成(与可锻铸铁相似)。球墨铸铁的力学性能可满足多种应用场合的要求，特别是屈强比高，为0.7～0.8(而碳钢为0.3～0.5)，可代替碳钢、合金钢、可锻铸铁和有色金属，用来制造一些受力复杂，对强度、韧性和耐磨性要求高的零件，如柴油机中的曲轴、连杆以及凸轮轴、齿轮等。但塑性、焊接性却比钢差，使其应用又受到一定限制。球墨铸铁的牌号、力学性能和主要用途见表4-16。

表4-16 球墨铸铁的牌号、力学性能和主要用途

牌号	抗拉强度 σ_b/MPa	屈服强度 σ_s/MPa	延伸率 δ/(%)	供参考		主要用途
	最小值			布氏硬度/HB	主要金相组织	
QT400-18	400	250	18	130～180	铁素体	汽车、拖拉机底盘零件、阀体、阀盖、管道
QT400-15	400	250	15	130～180	铁素体	
QT450-10	450	310	10	160～210	铁素体	
QT500-7	500	320	7	170～230	铁素体+珠光体	机油泵齿轮
QT600-3	600	370	3	190～270	珠光体+铁素体	
QT700-2	700	420	2	225～305	珠光体	汽、柴油机曲轴，车床主轴，冷冻机缸体、缸盖
QT800-2	800	480	2	245～335	珠光体或回火组织	
QT900-2	900	600	2	280～360	贝氏体或回火马氏体	汽车、拖拉机传动齿轮

4）蠕墨铸铁

蠕墨铸铁是在一定成分的铁水中加入一定量的蠕化剂(稀土、镁钛合金、镁钙合金)，以及少量孕育剂形成的石墨形态呈蠕虫状的一类铸铁。

蠕铁的成分特点是高碳、高硅、低硫、低磷，其组织特点通常是在钢基体上分布着一些蠕虫状的石墨。蠕虫状石墨的外形介于片状石墨和球状石墨之间，与片状石墨相似，但较短、较厚、端部较圆，形似蠕虫，对基体的割裂作用和引起的应力集中程度介于片状石墨和球状石墨之间，性能优于灰口铸铁。它的导热性、铸造性、减震性、切削加工性均优于球墨铸铁，是一种具有良好综合性能的铸铁。

蠕铁的牌号由“RuT”(蠕铁)和其最小抗拉强度值组成，其牌号有RuT260、RuT300、RuT340、RuT380、RuT420，可用于制造一些结构复杂、承受热循环载荷、组织致密、强度要求高的铸件，如缸盖、液压阀、气缸套、制动盘、制动鼓、玻璃模等。

除上述铸铁外，还有特殊场合使用的合金铸铁，如抗磨铸铁(如KmTBMn5W3、KmTBCr26)、耐热铸铁(如RQTAl5Si5、RTCr16)、耐蚀铸铁(如STSi15RE、STSi15Cr4RE)等，具体选用时可查相关资料。

4.4.3 铸铁的热处理特点

灰口铸铁因其尖片状石墨的特征，石墨的形态、大小、数量对性能起主导作用(石墨尖端易产生应力集中)，基体组织对性能的影响较小，一般不进行整体淬火(可进行表面淬火)，而仅由具体产品特点进行去应力退火、消除局部白口组织的高温石墨化退火(以利于切削加工)。而球墨铸铁石墨呈球状，石墨对性能的影响相对减小，基体对性能的影响相对变大，可以像钢一样进行各种处理，以改变基体组织类型，从而改变球铁的性能。

应注意的是热处理不能改变已存在石墨的形态和分布。

4.5 有色金属(非铁金属)及其合金

有色金属是指除钢、铸铁和其他以铁为基的合金之外的金属，又称非铁金属。有色金属材料种类繁多，具有很多黑色金属所不具备的特性，已成为现代工业生产中不可缺少的金属材料。

4.5.1 铝及其合金

1. 工业纯铝

铝是一种轻金属，密度约为2.7g/cm^3，纯铝的熔点为660℃，具有良好的导电(仅次于Ag、Cu、Au)、导热性能，磁化率极低。铝在大气中易于形成致密的Al_2O_3保护膜，故具有良好的耐大气腐蚀性。

固态的铝具有面心立方晶格，无低温脆性，其强度、硬度很低(σ_b仅为80～100MPa)，塑性很好(δ为30%～40%，ψ=80%)。铝无同素异构转变，故纯铝不能通过热处理强化，通过冷塑性变形即加工硬化后的纯铝强度升高(σ_b可达150～200MPa)，但塑性明显降低。工业纯铝不适于制造结构件和机器零件，主要用于制作导线和熔炼铝合金的原料。

一般纯铝牌号为：L04←L03←L02←L01←L00←L0←L1←L2←L3←L4←L5，从右向左，纯度越高，其中L1～L5为工业纯铝，其余为高纯铝。GB/T 16475—1996纯铝加工产品牌号用“1×××”四位数表示，其中“1”表示纯铝，第一个“×”为原始纯铝的改型情况(A、B～Y)，后两(××)为最低铝含量百分数(99%)小数点后的两位数。如1A97为原始纯铝，最低铝含量为99.97%(即L04)。

2. 铝合金

在纯铝中加入Cu、Si、Mg、Mn、Zn等元素制成铝合金，是提高强度的有效方法。多数铝合金还可通过热处理使强度进一步提高，用于制造承受较大载荷的结构件和机器零件。一般来说，铝合金强化方式有形变(或冷变形)强化、固溶-时效(弥散或沉淀)强化、细晶强化以及过剩相(或第二相)强化等。

1) 铝合金的分类

根据化学成分和加工工艺特点，可将铝合金分为变形铝合金和铸造铝合金两大类。很多铝合金具有图4.7所示的共晶类型的相图。在图4.7中，化学成分在D'点以左的合金，在高温下可得到单相固溶体α相，其塑性好、强度低，适于压力加工，故称为变形铝合金；化学成分在D'点以右的合金，由于在结晶时有共晶转变，其熔点低、流动性好，适合于铸造成形，故称为铸造铝合金。成分在F点以左的变形铝合金，因在加热、冷却过程中α相的平均成分、晶体结构、相

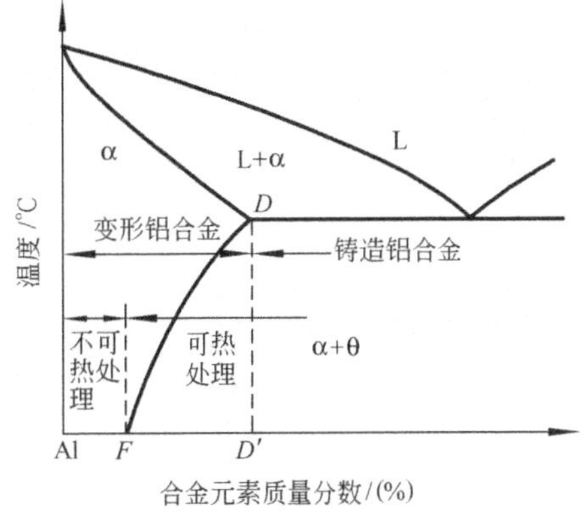

图4.7 铝合金相图的一般类型

组成均不发生变化，故不能通过热处理强化，称为不能热处理强化的铝合金；成分在 F 点以右的变形铝合金称为可热处理强化的铝合金，可通过固溶及时效处理产生所谓时效(或沉淀)强化。铸造铝合金一般也能通过热处理产生时效强化效果。

2) 变形铝合金

变形铝合金根据其性能和加工特点分为防锈铝、硬铝、超硬铝和锻铝，分别用汉语拼音字母 LF(铝防)、LY(铝硬)、LC(铝超)、LD(铝锻)和其后的顺序号组成的代号表示。GB/T 16475—1996 则用“数字×××”表示：其中“2”为 Al-Cu，“3”为 Al-Mn，“4”为 Al-Si，“5”为 Al-Mg，“6”为 Al-Mg-Si，“7”为 Al-Zn 合金，“8”为其他合金，“9”为备用组；第一个“×”为原始合金的改型情况(A、B～Y 或数字)，后两个“××”为产品区别代号。常见变形铝合金的代号、力学性能和主要用途见表 4-17。

表 4-17　常用变形铝合金的代号、成分、力学性能及用途

类别	牌号(代号)	化学成分(%)						热处理状态	机械性能			主要用途
		w_{Cu}	w_{Mg}	w_{Mn}	w_{Zn}	其他	w_{Al}		σ_b/MPa	δ/(%)	硬度/HB	
防锈铝合金	5AO5(LF5)	0.10	4.5～5.5	0.3～0.6	0.20	—	余量	0	270	15	70	中载零件、铆钉、焊接油箱、油管
防锈铝合金	3A21(LF21)	0.20	—	1.0～1.6	—	—	余量	0	130	23	30	管道、容器、铆钉、轻载零件及制品
硬铝合金	2A01(LY1)	2.2～3.0	0.2～0.5	0.2	0.10	Ti：0.15	余量	T4	300	24	70	中等强度、工作温度不超过 100℃的铆钉
硬铝合金	2A12(LY12)	3.8～4.9	1.2～1.8	0.3～0.9	0.3	Ti：0.15	余量	T4	480	11	131	高强度的构件及在 150℃以下工作的零件，如骨架、梁、铆钉
超硬铝合金	7A04(LC4)	1.4～2.0	1.8～2.8	0.2～0.6	5.0～7.0	Cr：0.1～0.25	余量	T6	600	12	150	主要受力构件及高载荷零件，如飞机大梁、加强框、起落架

（续）

类别	牌号(代号)	化学成分(%)						热处理状态	机械性能			主要用途
		w_{Cu}	w_{Mg}	w_{Mn}	w_{Zn}	其他	w_{Al}		σ_b/MPa	δ/(%)	硬度/HB	
超硬铝合金	2A09(LC9)	1.2～2.0	2.0～3.0	～0.15	7.6～8.6	Cr：0.16～0.30	余量	T6	680	7	190	主要受力构件及高载荷零件，如飞机大梁、加强框、起落架
锻铝合金	2A50(LD5)	1.8～2.6	0.4～0.8	0.4～0.8	0.3	Si：0.7～1.2	余量	T6	420	13	105	形状复杂和中等强度的锻件及模锻件
	2A14(LD10)	3.9～4.8	0.4～0.8	0.4～1.0		Si：0.5～1.2	余量	T6	480	10	135	高载荷锻件和模锻件

(1) 防锈铝。防锈铝是指以耐腐蚀性见长的铝合金，主要是Al-Mn系(3000系列)及Al-Mg系(5000系列)合金。Mn的作用主要是提高耐腐蚀能力，并产生固溶强化；Mg起固溶强化作用，并可减小材料的密度。防锈铝在退火状态下为单相固溶体，具有良好的耐腐蚀性、良好的塑性及低温韧性，适合于进行压力加工，焊接性能好，但切削加工性能稍差，强度低。防锈铝不能通过热处理强化，但可用冷变形来强化。

(2) 硬铝。硬铝是指高强度铝合金(σ_b通常可超过300MPa，比强度接近高强钢)，主要是Al-Cu-Mg系(2000系列)。Cu和Mg除起固溶强化作用外，还可形成θ相($CuAl_2$)、S相($CuMgAl_2$)等弥散强化相，对提高铝合金的强度起重要作用。硬铝中通常还含有一定量的锰，可提高材料的耐蚀性。硬铝合金经过热处理强化才可获得高强度，形变强化也有一定作用。

(3) 超硬铝。超硬铝是指具有更高强度的铝合金(σ_b通常可超过600MPa)，主要是Al-Zn-Mg-Cu系(7000系列)。超硬铝中所含的合金元素主要有铜、镁、锌，所形成的强化相为$MgZn_2$、$Al_2Mg_3Zn_3$等，具有更明显的强化效果。超硬铝也要经过热处理强化才可获得高强度。硬铝、超硬铝耐蚀性较差，常包一层高纯铝来提高耐蚀性。

(4) 锻铝。锻铝是指具有良好热锻造性能的铝合金，其铸造性、机械性能、耐蚀性及耐热性也较好，其以多元少量的合金化原则来达到所需性能。锻铝中的主要合金元素为铜、镁、硅、镍等，主要强化相为Mg_2Si(如2A50)，其经固溶-时效强化后的强度水平与硬铝相当。

(5) 铝锂合金。铝锂合金是一种新型的变形铝合金，含Li 0.9%～2.8%和Zr 0.08%～0.16%，主要有Al-Cu-Li系(如2090)、Al-Mg-Li系(如1420)和Al-Cu-Mg-Li

系(如8090)，其密度更低，比强度、比刚度大(优于普通铝合金及钛合金)，疲劳强度及耐蚀、耐热性较高，可用于制造航空构件及壳体等。

3）铸造铝合金

用来制作铸件的铝合金称为铸造铝合金，其力学性能大多不如变形铝合金，但铸造性能好，适宜用各种铸造成形来生产形状复杂的铸件。为使合金具有良好的铸造性能和足够的强度，加入合金元素的量比在变形铝合金中的要多，总量为8%～25%。合金元素主要有Si，Cu，Mg，Mn，Ni，Cr，Zn等。铸造铝合金种类很多，根据其主加合金元素的种类主要有Al-Si系、Al-Cu系、Al-Mg系和A1-Zn系等四类，其中A1-Si系应用最广泛。

铸造铝合金的牌号是由表示铸造铝合金的ZAl、主要合金元素的元素符号及其名义含量组成的，如ZAlSi7Mg，其中“Z”代表“铸”。铸造铝合金也常用ZL(铸铝)后跟上一个三位数作为其代号，第一位数字代表合金系类别(1为铝硅系、2为铝铜系、3为铝镁系、4为铝锌系)，后两位数字为顺序号，如ZL102表示2号铸造铝硅合金。常见铝合金的牌号、代号、热处理、力学性能和主要用途见表4-18。

表4-18　常用铸造铝合金的牌号、代号、力学性能和主要用途

类别	牌号	代号	机械性能					用途
			铸造方法	热处理	σ_b/MPa	δ/(%)	硬度/HB	
铝硅合金	ZA1Si7Mg	ZL101	J J SB	T4 T5 T6	190 210 230	4 2 1	50 60 70	形状复杂的零件，如飞机、仪器零件，抽水机壳体
	ZA1Si12	ZL102	J J	F T2	153 143	2 3	50 50	
	ZA1Si9Cu2Mg	ZL110	J S	T1 T1	170 150	— —	90 80	活塞、气缸体及高温下工作的其他零件
铝铜合金	ZA1Cu5Mn	ZL201	S S	T4 T5	300 340	8 4	70 90	砂型铸造、工作温度为175～300℃的零件，如内燃机气缸头、活塞
	ZA1Cu10	ZL202	S J	T6 T6	170 170	— —	100 100	高温下工作不受冲击的零件
	ZA1Cu4	ZL203	J J	T4 T5	210 230	6 3	60 70	中等载荷、形状比较简单的零件
铝镁合金	ZA1Mg10	ZL301 ZL302	S S，J	T4 —	280 150	9 1	20 55	在大气或海水中工作的零件，承受冲击载荷、外形不太复杂的零件，如舰船配件、氨用泵体
铝锌合金	ZA1Zn11Si7 ZA1Zn6Mg	ZL401 ZL402	J J	T1 T1	250 240	1.5 4	90 70	结构形状复杂的汽车、飞机、仪器零件，也可制造日用品

注：J为金属型铸造，S为砂型铸造，B为变质处理，F为铸态，T1为人工时效，T2为退火，T4为固溶处理加自然时效，T5为固溶处理加不完全人工时效，T6为固溶处理加完全人工时效。

(1) 铝硅系。这类合金的铸造性能与力学性能配合最佳。只含铝和硅元素的简单铝硅合金，具有良好的铸造性能，密度小，耐蚀、耐热性及焊接性较好，但强度较低，不可热处理强化。生产中常用钠盐等对合金液进行变质处理，达到细化晶粒，提高强度。加入Cu、Mg、Mn等元素经固溶-时效处理后，形成θ等强化相以提高强度，这些铝合金称为复杂铝硅合金。

(2) 铝镁系。这类合金具有密度小、抗蚀性好、强度较高等优点，但铸造性能较差(镁易燃)，耐热性较低。其常用自然时效强化。

(3) 铝铜系。这类合金具有较高的强度和塑性，在300℃以下使用时仍能保持较高的强度，可热处理强化，但铸造性能和抗蚀性差，密度大。

(4) 铝锌系。这类合金具有良好的铸造性能和较高的强度，价格低，但抗蚀性差，热裂倾向大，密度大。

4.5.2 铜及其合金

1. 工业纯铜

纯铜又叫紫铜，密度为8.93g/cm^3，熔点为1083℃，具有很好的导电(仅次于Ag)、导热性能，为抗磁性物质，在大气、淡水和非氧化性酸中有良好的耐蚀性(化学性质不活泼)，但不耐海水、氧化性酸和各种盐类的腐蚀。

固态的铜具有面心立方晶格，无低温脆性，其强度低($\sigma_b = 200 \sim 250$MPa)、硬度低(40～50HBS)，塑性很好(δ可达50%，ψ达70%)。铜无同素异构转变，故纯铜不能通过热处理强化，但可通过冷塑性变形来强化，强化以后塑性会明显降低。

纯铜的强度低、价格高，不适于制造工程结构件和机器零件，主要用于制作导线、导热件和耐蚀管带等制品，纯铜锭也可用于熔炼铜合金。常用的加工纯铜的牌号为T1、T2、T3、T4，数字越小，纯度越高。此外，由杂质含量还有无氧铜(如2号无氧铜TU2)、磷脱氧铜(如2号磷脱氧铜TP2)等。

2. 铜合金

在纯铜中加入Zn、Sn、Al、Be、Ni、Mn、Zr、Si、Ti等合金元素形成铜合金是改善性能的最有效方法，其强化方式也类似于铝合金。铜合金按加工方式可分为(压力)加工铜合金产品和铸造铜合金；而按成分则可分为黄铜、青铜和白铜。

1) 黄铜

黄铜是Cu-Zn二元合金或以Zn为主加元素的多元合金，其中Cu-Zn二元合金为普通黄铜。除Zn以外，还含有其他元素的多元合金为特殊黄铜。

普通黄铜中的含锌量对黄铜的组织和性能有很大影响。当w_{Zn}小于32%时，Zn可全部溶解于Cu中形成具有面心立方结构的α固溶体，室温组织为单相α固溶体，称为单相黄铜，适合进行冷、热变形加工。当w_{Zn}为32%～45%时，有一部分Zn形成金属间化合物β'(CuZn)，室温组织为$\alpha + 0'$，称为双相黄铜，仅热塑性好，常热轧成型材使用。当w_{Zn}超过45%时，室温组织几乎全是硬脆的β'相，已无使用价值。单相黄铜随w_{Zn}的增加，其强度和塑性提高；双相黄铜随w_{Zn}增加，其强度提高而塑性下降，这与硬脆的β'相数量增加有关。

特殊黄铜是在普通黄铜的基础上加入Ni、Pb、Sn、Al、Mn、Fe和Si等元素形成的。

根据除锌以外的主要合金元素，可分为镍黄铜、铅黄铜、锡黄铜、铝黄铜、锰黄铜、铁黄铜和硅黄铜。特殊黄铜通常有更高的强度、耐磨性和较好的耐蚀性。

加工普通黄铜的牌号用其 w_{Cu} 表示，如 90 黄铜(w_{Cu} 为 90%，代号为 H90，“H”代表“黄”，下同)。加工特殊黄铜的牌号是在“H”后跟上除锌以外的主要合金元素符号、铜和主要元素质量分数，其他元素只给出质量分数，如 HPb63－3 为 $w_{Cu}=63\%$、$w_{Pb}=3\%$，余下为锌的铅黄铜。铸造黄铜牌号表示方法类似铸铝。常用黄铜的代号、力学性能和主要用途见表 4－19。

表 4－19　常用黄铜的代号、成分、力学性能和主要用途

类别	组别	代号或牌号	化学成分(%)		力学性能				主要用途
			w_{Cu}	w_{Zn}	加工状态	σ_b/MPa	δ/(%)	硬度/HB	
加工黄铜	普通黄铜	H96	95.0～97.0	余量	软 硬	250 400	35 —	—	冷凝管、散热器及导电零件
		H68	67.0～70.0	余量	软 硬	300 400	40 15	54 150	形状复杂的深冲零件，散热器外壳、装潢件
		H62	60.5～63.5	余量	软 硬	300 400	40 10	56 164	机械、电气零件，铆钉、垫圈、散热器及焊接件、冲压件、水管
	复杂黄铜	HPb60－1	59.0～61.0	余量	软 硬	610	4	75 150	一般机器结构零件如衬套、螺钉、喷嘴
		HSn90－1	88.0～91.0	余量	软 硬	520	5	148	汽车、拖拉机弹性套管、耐蚀减摩件
		HA160－1－1	58.0～61	余量	软 硬	750	8	180	齿轮、蜗轮、轴及耐蚀零件
铸造黄铜	普通黄铜	ZCuZn38(ZH62)	60.0～63.0	余量	J S	300 300	30 30	70 60	散热器、阀门、螺母、日用五金件
	铝黄铜	ZCuZn31Al2 (ZHAl66－6－3－2)	64.0～68.0	余量	J S	650 650	7 7	160 160	压下螺母、重型蜗杆、衬套、轴套、船用耐蚀件
	锰黄铜	ZCuZn38Mn2Pb2 (ZHMn58－2－2)	57.0～60.0	余量	J S	350 250	18 10	80 70	轴承、衬套等耐磨零件

注：J—金属模，S—砂模；HPb60－1 的 w_{Pb} 为 0.6%～1.0%，HSn90－1 的 w_{Sn} 为 0.25%～0.75%，HA160－1－1 的 w_{Al} 为 0.75%～1.5%及 w_{Fe} 为 0.75%～1.0%；软—退火状态，硬—变形加工状态。

2) 青铜

青铜是指除黄铜和白铜以外的铜合金。以锡为主加元素的 Cu－Sn 合金即锡青铜，为普通青铜；不含锡的青铜即无锡青铜或特殊青铜。

普通青铜中锡的质量分数对组织和性能有很大影响。当 w_{Sn} 小于6%时，Sn可全部溶解于Cu中形成具有面心立方结构的α固溶体，室温组织为单相α固溶体，适合进行冷变形加工，强度和塑性随 w_{Sn} 增加而提高；当锡的质量分数超过6%时，实际生产中会形成α+共析体(α+δ)，δ相是一种金属间化合物，硬而脆，随锡的质量分数增加强度继续提高，但塑性下降。如 w_{Sn}=10%～14%，则只可作铸造合金。锡青铜的铸造流动性较差，易形成缩松，但体收缩小，适合铸造形状复杂、尺寸精确而对致密度要求不太高的铸件。其还有良好的耐蚀、减摩、抗磁及低温韧性，在大气、海水、蒸气及盐溶液中的耐蚀性比纯铜和黄铜好，但不太耐酸、氨水、亚硫酸钠等的腐蚀，常用于锅炉、海船的零构件及轴承、齿轮等耐磨件。工业用锡青铜的 w_{Sn} 一般为2%～12%。

特殊青铜不含锡，根据主加元素分为铝青铜、铍青铜、硅青铜、锰青铜等。铝青铜的 w_{Al} 为4%～12%，其力学性能、耐蚀性和耐热性均高于锡青铜和黄铜，但在热蒸气中不稳定，铸造性较差。

铍青铜是铜合金中性能最好的一种铜合金，也是唯一可热处理强化的铜合金。铍青铜的 w_{Be} 为1.6%～2.1%，其固溶度变化大，时效强化效果极佳(σ_b 可达1250～1450MPa)，强度、弹性极高，耐磨、耐蚀、耐低温很好，导电导热好，无磁性，且受冲击时不产生电火花，冷、热加工性及铸造性好，主要用于制造重要的精密弹簧、膜片等弹性元件，以及在高速、高温、高压下工作的轴承等耐磨零件、防爆工具等。

加工青铜的牌号用代表青铜的"Q"后跟主加元素符号及其质量分数表示，其他元素只给出质量分数，如QSn4—3为名义 w_{Sn} 为4%、名义 w_{Zn} 为3%的锡青铜。加工青铜的代号、力学性能和主要用途见表4-20。

表4-20 常用青铜的代号、成分、力学性能和主要用途

类别	组别	代号或牌号	化学成分(%)				机械性能				主要用途
			w_{Sn}	w_{Al}	w_{Be}	w_{Cu}	加工状态	σ/MPa	δ/(%)	硬度/HB	
加工青铜	锡青铜	QSn4-3	3.5～4.5			余量	软 硬	350 550	40 4	60 160	弹簧，化工耐磨、耐蚀零件和抗磁零件
	铝青铜	QA17		6.0～8.0		余量	软 硬	470 980	70 3	70 154	重要的弹簧及耐蚀弹性元件
	铍青铜	QBe2			1.9～2.2	余量	淬火 时效	500 1250	35 3	100 320	重要的弹簧及弹性元件，耐磨零件
铸造青铜	锡青铜	ZCuSn10Zn2(ZQSn10-2)	9.0～11.0			余量	S J	200 250	10 6	70 80	阀门、泵体、齿轮等中载荷零件
	铝青铜	ZCuAl10Fe3Mn2(ZQA110-3-1.5)		9.0～11.0		余量	S J	450 500	10 20	110 120	较高载荷的轴承、轴套和齿轮、耐蚀件

黄铜和青铜大多具有良好的铸造性能、切削加工性能，以及具有良好的减摩性和一定的耐蚀性，它们主要用于耐磨、耐蚀及电器方面产品，部分也用于建筑装饰及日用轻工品。铸造黄铜和青铜的牌号是由“ZCu”（铸铜)后跟各合金元素的符号及质量分数组成的，如ZCuZn38(铸造38黄铜)、ZCuSn3Zn8Pb6Ni1(铸造3-8-6-1锡青铜)。常用铸造黄铜、铸造青铜的牌号、力学性能和主要用途分别见表4-19和表4-20。

3）白铜

白铜分为简单白铜和特殊白铜，价格昂贵，主要用于耐蚀场合及电工仪表方面。白铜的组织为单相固溶体，不能通过热处理来强化。

简单白铜为Cu-Ni二元合金，代号用B+Ni的平均质量分数，常用代号有B5、B19等。简单白铜具有较高的耐蚀性和抗腐蚀疲劳性能，优良的冷、热加工性能，主要用于制造蒸汽和海水环境中工作的精密仪器、仪表零件和冷凝器、热交换器等。

特殊白铜是在Cu-Ni二元合金基础上添加Zn、Mn、Al等元素形成的，分别称为锌白铜、锰白铜、铝白铜等。常用锌白铜代号有BZn15-20，其具有很高的耐蚀性、强度和塑性，成本也较低，适于制造精密仪器、精密机械零件、医疗器械等。锰白铜具有较高的电阻率、热电势和低的电阻温度系数，用于制造低温热电偶、热电偶补偿导线、变阻器和加热器等，常用代号有BMn40-1.5(康铜)、BMn43-0.5(考铜)等。

4.5.3 其他有色金属材料简介

1. 镁及镁合金

纯镁密度为1.74g/cm³，熔点约649℃，具有密排六方晶格，强度低，室温塑性及耐蚀性也不太好，在空气中易氧化，高温熔化下易燃烧，只有配成合金才有应用价值。

在纯镁中加入一定量的Al、Zn、Mn、Zr、Li及稀土(RE)等元素而制成易压力加工的变形镁合金(用MB+顺序号表示，如MB1、MB5等)和易于铸造的铸造镁合金(用ZM+顺序号表示，如ZM1、ZM7等或ZMgZn5Zr，ZMgAl8Zn，ZMgAl4Si1Mn0.37)以及压铸镁合金(如YZ5)。

相对其他常用合金而言，镁合金有较高的比强度、比弹性模量（高于大多数铝合金)，其比弹性模量高但弹性模量低，使工件受到外力作用时应力分布更均匀，可避免过高的应力集中；其良好的抗冲击和抗压缩能力，使镁合金铸件受到冲击时，在其表面产生的疤痕比铝合金要小得多；镁合金的振动阻尼容量高，即高减振性、低惯性，被称为“敲不响的金属”，不仅可以抵抗振动、降低噪声，而且可防止共振引起材料的疲劳破坏，裂纹倾向较低，可承受比铝合金还大的冲击载荷，受冲击时不产生火花；镁合金还具有切削加工性很好，易于压力加工，大多也具有一定的焊接性；在100℃以下，镁合金可以长时间保持其尺寸的稳定性，不需要退火和消除应力就具有尺寸稳定性是镁合金的一个很突出的特性，是铸造金属中收缩量最低的一种；与铝合金相比，镁合金的单位热容量更低，这意味着它可在模具内能更快速地凝固，加上与铁亲和力小，不易粘模而使铸模寿命更高，并因其所需熔化能量更少而节能；镁合金具有良好耐腐蚀性、优良的散热性、电磁屏蔽性和可回收性，无毒性，质感高雅，使其非常适合3C产品轻、薄、小型化、高度集成化、散热好、防电磁屏蔽能力强、环保的发展要求，已逐渐成为制造3C产品器件壳体的理想材料，以及要求比强度高的航空、轿车工业产品中。

密度最小的 Mg - Li 系合金，具有很高的强度、韧性和塑性，是航空航天领域最有前途的金属结构材料之一。

限制镁合金在汽车和航空领域推广应用的一个主要因素是其耐热性差。另外，镁的化学活性很强，在空气中易氧化，易燃烧，且生成的氧化膜疏松，所以镁合金必须在专门的熔剂覆盖下或保护气氛中熔炼。

2. 钛及钛合金

钛是一种银白色金属，密度小(4.5g/cm^3)，熔点高(1668℃)，热膨胀系数小，导热较差，强度较低($\sigma_b \approx 350 \sim 550$MPa)，塑性好($\delta \approx 15\% \sim 25\%$)；冷却到 882.5℃时，会从体心立方结构的 β 相发生同素异构(晶)转变而成为密排六方结构的 α 相。另外，因其表面易形成致密稳定的氧化膜而使其在氧化性介质中比大多数不锈钢更加耐蚀，在海水等介质中也有极高的耐蚀性，主要用于制作 350℃下工作、强度要求不高的石油化工零件及冲压件。

工业纯钛主要有 TA1、TA2、TA3 三个牌号，其数字越大，纯度越低。

在钛中加入 Al、Mo、Cr、Mn、V、Sn、Zr 等元素形成的钛合金，其强度明显提高(部分 σ_b 可达 1000MPa 以上)。其按退火组织可分为 α 型、β 型、(α+β)型，分别用 TA、TB、TC 加顺序号表示(如 TA6、TB2、TC4 等)。钛合金也常用名义化学成分质量百分数表示，如 Ti - 6Al - 4V 即为 TC4。钛及大多数钛合金在氮气或高温空气中加热有燃烧的可能，在熔炼、焊接及高温加热时应在真空或惰性气体中进行。钛合金最大的优点是比强度大，且大部分还有良好韧性及热强性，低温韧性很好，在一定焊接方法下焊接性也好。但因价格贵，主要用于 500℃以下要求高比强度的航空工业及耐腐蚀、超低温的石化工业上的重要结构。

3. 锌及锌合金

纯锌密度为 7.1g/cm^3，熔点为 419℃，具有六方晶格，无同素异构转变，其具有一定的强度及耐蚀性，主要以合金状态使用及作其他合金的原料。

锌合金因熔点低、液态流动性好、不易熔蚀钢制模具而使铸造性好。同时其价格低，有一定耐磨性及耐蚀性，常用于制造日用五金方面产品及部分机器零件。由合金数量、种类的不同，可制成适于压力加工的变形锌合金(如 ZnAl4 - 1、ZnCu1 等)，适于铸造的锌合金(如 ZZnAl4、ZZnAl27 - 1.5、ZZnAl4 - 3 等) 及热镀用锌合金 RZnAl0.36 等。

4. (滑动)轴承合金

滑动轴承(如图 4.8 中的轴瓦)是指支承轴颈和其他转动或摆动零件的支承件，它是在滑动摩擦下工作的一类轴承。

1) 滑动轴承合金的组织要求

轴承合金是制造轴瓦及其内衬的材料。滑动轴承工作在与轴大面积接触的承载条件下，允许使用较软的材料，对轴的表面应具有一定的“顺应”能力，以保护轴并获得较理想的接触。根据轴承的工作条件，要求轴承合金具有足够的抗压强度和疲劳强度，良好的减摩性、磨合性和镶嵌性，还应具有一定的塑性及韧性，小的热膨胀系数和良好的导热性，经济性也应该好。从工作过程中的摩擦和磨损特性考虑，轴承应采用对轴所用的材料互溶性小的材料，以减小粘着和擦伤磨损的可能性。其金相组织一般应是软基体上分布有均匀的硬质点或硬基体上分布着均匀软质点，如图 4.9 所示，以达到理想的摩擦条件和极低的摩擦系数。此外，轴承材料中应含有适量的低熔点元素，以便在润滑较差甚至在干摩擦条件下发生局部熔化，形成一层薄润滑层。

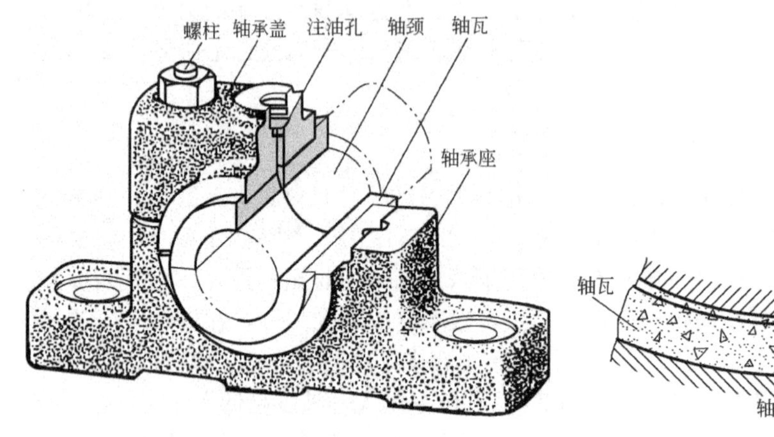

图 4.8 滑动轴承结构示意

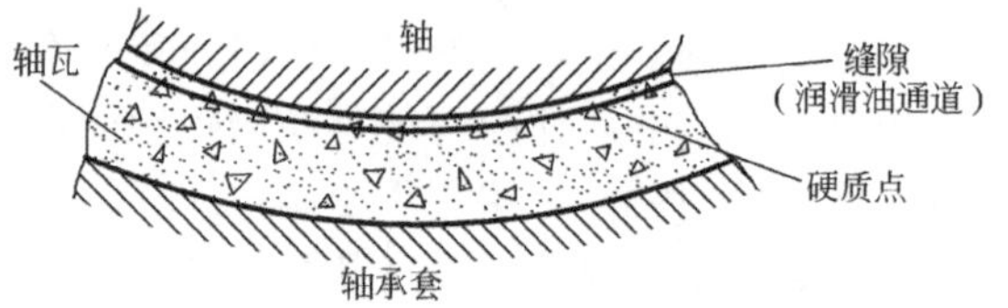

图 4.9 滑动轴承理想表面示意图

2) 常用轴承合金

常用轴承合金有锡基轴承合金(如 ZSnSb11Cu6)、铅基轴承合金(如 ZPbSb14Sn10Cu2、ZPbSb15Sn5)、铜基轴承合金(如 ZCuSn5Pb5Zn5、ZCuPb30)、铝基轴承合金(如 ZAlSn6Cu1Ni1)等，硬度一般应不小于 18～32HBS。锡基和铅基轴承合金又称巴氏合金，属于软基体加硬质点型的合金。

巴氏合金的减摩性优于其他所有减摩合金，但强度及耐热性不如青铜和铸铁，不能单独作为轴瓦或轴套，而仅作为轴承衬与低碳钢带等复合轧制来使用，主要用于中、高速重载条件下。就减摩性能来说以 ZSnSb11Cu6 最好，其次是 ZPbSb14Sn10Cu2。

铜基轴承合金中，锡青铜在铜合金中具有最好的减摩性，如 ZCuSn10Pb1 广泛用于高速和重载条件下。中速和中载条件下锡锌铅青铜 ZCuSn6Zn6Pb6 应用广泛，但是锡青铜强度较低，价格较高。铸铝青铜 ZCuAl9Mn2 适宜制造形状简单(其铸造性比锡青铜差)的大型铸件，如衬套、齿轮和轴承。ZCuAl10Fe3Mn2、ZCuAl9Mn2 的强度和耐磨性高，可用在重载和低中速条件下。ZCuPb30、ZCuPb12Sn8、ZCuPb10Sn10 等铸铅青铜冲击韧性、冲击疲劳强度高，主要用于大型曲轴轴承等高速和重的冲击与变动载荷条件下，可作为 ZSnSb11Cu6 的代表材料，且其疲劳强度比后者高。铸铝、铸铅青铜对轴颈的磨损较大，所以要求轴颈表面淬火和高光洁。

黄铜的减摩性能和强度显著低于青铜，但铸造工艺优异，易于加工，在低速和中等载荷下可作为青铜的代用品，常用的有铝黄铜 ZCuZn31Al2 和锰黄铜 ZCuZn38Mn2Pb2。

特别地，一些塑料、粉末冶金减摩材料、橡胶、陶瓷、灰铸铁以及涂覆减摩涂层的材料也可用于特定场合的滑动轴承。

5. 高温合金

高温合金是指以铁、镍、钴等为基体，能在 600℃以上的高温及一定应力作用下长期工作的一类金属材料，主要是为满足喷气发动机的要求而发展起来的，目前，也有用于要求高温强度及耐高温腐蚀的核能工业、石油化工等特殊场合。制造航空发动机、火箭发动机及燃气轮机零部件(如燃烧室、涡轮叶片、涡轮盘、导向叶片、尾喷管等)所用的材料，需在高温(一般指600～1100℃)氧化性气氛中和燃气腐蚀条件下承受震动、气流冲刷、高速旋转离心力(可达300～400MPa)而长期工作，要求材料应具有更高的热稳定性和热强度。高温合金有较高的高温强度、良好的抗氧化性和抗热腐蚀性能，以及良好的抗疲劳性、断裂韧性、塑性等综合性能。

按合金强化类型的不同，可分固溶强化型、时效沉淀强化型、氧化物弥散强化型以及纤维强化型高温合金等；按合金材料成形方式的不同，高温合金可分为变形高温合金(GH)、铸造高温合金(K)和粉末冶金高温合金(FGH)三类。变形高温合金的生产品种有饼材、棒材、板材、环形件、管材、带材和丝材等；铸造高温合金有普通精密铸造高温合金、定向凝固高温合金(DZ)和单晶高温合金(DD)之分；粉末冶金高温合金则有普通粉末冶金高温合金和氧化物弥散强化高温合金两种。

按合金基体成分，主要分为铁基(如GH1140，GH1035，K232)、镍基(如GH3044，GH4169，K417)和钴基高温合金三类。其中，字母后的第一位数字表示分类号：1和2表示铁基或铁-镍基高温合金，3和4表示镍基合金，5和6表示钴基合金(其中的奇数1、3和5为固溶强化型合金，偶数2、4和6为时效沉淀强化型合金)；字母后的第二、三、四位数字表示合金的编号。

相对而言，镍基高温合金的高温综合性能较好，铁基合金价格较低。钴基高温合金的高温强度与耐热腐蚀性能优于镍基合金，使用温度比镍基合金约可提高55℃。钴基合金的不足是价格较高，低温(200～700℃)的屈服强度较低。

6. 钼及其合金

钼是一种熔点高达2650℃的难熔金属。钼在高温下具有较高的抗拉强度、抗蠕变强度，热膨胀系数低，导热率高及导电率也高，同时对液态金属、钾、钠、铋和铯等及熔盐有良好的抗蚀性。

金属钼主要应用于制作高功率真空管、磁控管、加热管、X射线管和闸流管的元件等。钼及其合金也用于制造钼坩埚、冶金及化工耐热结构件。

钼合金(含Ti、Zr、C、W等)由于有极好的耐热性能和高温力学性能，可作航空发动机的火焰导向器和燃烧室，宇航器液体火箭发动机的喉管、喷嘴和阀门，重返飞行器的端头，卫星和飞船的蒙皮、船翼、导向片和保护涂层材料。钼热胀系数低和导热性能好，在太阳辐射光强烈作用下其尺寸稳定性特别好，用金属钼网做成人造卫星天线，可以保持其完全抛物面的外形，而比石墨复合天线质量更轻。

钼的中子吸收截面小，有较好的强度，对核燃料有较好的稳定性，抗液体金属腐蚀性好。如Mo－Re合金可用于空间核反应堆的热离子能量转换器包套材料以及加热器、反射器和其他的丝或薄板元件。

在钼中添加Ti、Zr、C的氧化物或碳化物而形成弥散强化的合金TZM，其除应用在宇航和核工业外，还可以做X射线旋转阳极零件、在870～1200℃下工作的压铸模具和挤压模具。TZM合金还非常适合做不锈钢热穿孔顶头，穿孔钢管内壁质量好，使用寿命长。

7. 钨合金

钨是熔点最高的金属，其熔点高达3410℃。钨合金在1900℃的高温下，强度仍有430MPa，而此温度下无论是钢还是耐热的超级合金也都熔化成液体了。钨具有优异的物理、机械、抗腐蚀和核性能。

钨的最重要应用之一是白炽灯灯丝。钨合金主要用来制造不需要冷却的各种类型火箭发动机喉衬；渗银的钨做成喷管可经受3100℃以上的高温，用于多种类型的导弹和飞行器；钨纤维复合材料制作的火箭喷管能耐3500℃的温度，还可做化工耐腐蚀部件。

以钨、镍、铁或钴等元素为主要成分的粉末冶金合金是制造穿甲弹的主要材料之一。

这种材料没有放射性和毒性，因此发展前景好于弹用铀合金。W-Cu合金可作为微电子散热材料、熔融反应器的分流盘材料和弹头材料(穿甲弹内衬)。

其他难熔金属及合金还有铌及其合金、钽及钽合金等。

8. 金属间化合物

金属间化合物是指金属和金属之间、类金属和金属原子之间以共价键为主并有部分金属键形式结合生成的化合物，其原子的排列遵循某种高度有序化的规律，其使用温度可介于高温合金和陶瓷材料之间(1100～1400℃)，脆性又比陶瓷低些，从而弥补了金属和陶瓷在使用温度上形成的鸿沟。由于它的特殊晶体结构，某些金属间化合物的强度在一定范围内反而随着温度的升高而升高，这就使它有可能作为新型的高温结构材料的基础。

金属间化合物的主要特点是耐高温，比强度高，具有优异的抗氧化性和耐疲劳性。

典型金属间化合物有Ti_3Al，TiAl，Ni_3Al，NiAl等。

Ti_3Al的最高使用温度达816℃，TiAl的使用温度可达982～1038℃，此类金属间化合物合金密度低，只有高温合金的一半，又具有优异的高温比强度、比刚度、抗蠕变、抗氧化以及抗燃烧等性能，可显著地提高发动机的推重比，是制造航空高压压气机和低压涡轮等高温零构件的理想材料。

Ni_3Al由于添加硼和引入高温强化相，已使其延伸率达到35%，主要用于汽轮机部件和航空航天紧固件等。

NiAl合金密度低(5.998/cm^3)，熔点高，导热性好，抗氧化性好，使用温度可达1100～1200℃，是制造涡轮叶片的理想材料。

金属间化合物存在的主要问题仍然是低温脆性和高温强度偏低。目前，解决这两个问题的主要途径是合金化和复合化。

案例分析

常用金属材料的防腐性能和生产应用

在化工和有色金属冶炼生产中，金属(特别是黑色金属)是制造化工及冶炼设备的重要材料。由于这些设备经常与酸、碱、盐及其他腐蚀介质接触，使设备造成腐蚀破坏，这不仅使大量的金属材料遭到损失，而且使生产不能正常进行，引起停工停产。此外，由于腐蚀的危害，使生产设备、管道的跑、冒、滴、漏现象时有发生，给环境带来了新的危害。

有色金属冶炼设备所处理和接触的物料一般都具有较强的腐蚀性，冶炼设备多在高压、高温、高速情况下运行，设备的耐蚀和防腐问题就变得更加突出，因此，合理的设计防腐蚀结构，正确选用和使用维护各种耐腐蚀材料及设备，使之不受或减轻腐蚀，这对保证设备正常运转，延长其使用寿命，节约金属材料，降低生产成本具有十分重要的意义。

1. 普通铸铁和碳钢

铸铁和碳钢在介质中的抗蚀能力与低合金钢、纯铁等类似，其耐蚀性基本相同，这类材料价格低廉，加工性能好，是选材首先应考虑的对象。

碳钢在稀硫酸中会遭到强烈腐蚀，但当酸浓度大于70%时，由于碳钢表面能生成一层保护膜而使其腐蚀率降低，保护膜的主要成分为硫酸铁或氧化铁。由于碳钢在常温下对浓硫酸具有耐蚀性，兼之价廉易得，在生产中可用于常温浓硫酸的贮槽、槽车等设备以及含SO_3大于20%的发烟硫酸的吸收塔、循环槽、管道等，酸温升高及酸的流速增加会加速碳钢的表面保护膜的破坏，使其迅速腐蚀，故碳钢不易用做酸温高、流速大的输酸管线。

在生产中，浓酸输送管路干燥、吸收塔烟道普遍采用了碳钢材料，降低制作和维修成本。灰口铸铁因其成分杂质含量较多，这些杂质大多对金属呈阴极性，因此灰口铸铁在稀硫酸中比碳钢腐蚀得更快。相反，在氧化性的浓硫酸中，这些阴极性杂质加强了阴极钝化，因而使铸铁的耐蚀性优于碳钢，能用于温度较高的场合，且对流速的影响不像碳钢那样敏感。灰口铸铁可用于浓硫酸的管道、吸收塔的淋酸装置等。

在制酸系统中，净化工序液体介质主要为稀硫酸，在选材中大多采用钢制衬铅和非金属材料，因铅具有良好的耐常温稀酸性。在干吸转化工序中，介质大多为90%以上的浓硫酸，硫酸输送管道均可采用铸铁和碳钢材料。

1) 高铬铸铁

含铬量20%～35%的铸铁有时也被称作高铬铸钢，如ZGCr28。此类铸铁因其有较高的铬含量，使其在高温氧化和硫化环境下具有很高的耐腐蚀和耐磨蚀性能，可用于氧化焙烧风帽和热电偶保护套管。但ZGCr28硬度高，加工性较差，适当降低化学组成中的碳含量，略提高硫含量，降低磷含量，可提高材料的塑性和韧性，使其具有良好的加工性和焊接性。

沸腾焙烧炉，是阜康冶炼厂铜系统的心脏设备，焙烧炉风帽因为在高温氧化和高含尘气流冲刷及硫酸腐蚀环境中使用，设计时曾采用普通耐热铸铁(RQTSi5)，使用不到一年，个别风帽即被腐蚀，后改用ZGCr28分体式风帽使用至今，尚未出现风帽被腐蚀现象。

2) 新型合金铸铁(LSB-1，LSB-2)

由于LSB-1和LSB-2添加有一定的合金元素，故具有比普通铸铁更好的耐硫酸性能，LSB-1经球化处理和特殊热处理，具有良好的强度和塑性，常用于酸温≤90℃以下的浓硫酸泵泵轴。LSB-2则常用于浓酸泵的泵体、进出酸管等。采用LSB-1和LSB-2制作的浓硫酸泵使用寿命大为提高。

2. 不锈钢

普通奥氏体不锈钢，典型材料如0Cr18Ni9、1Cr18Ni9Ti、00Cr17Ni14Mo2(即316L)，此类材料在硫酸中处于钝化-活化的边缘状态，它们仅在常温、浓度低于10%或高于90%的硫酸中才具有一定的耐蚀能力，且对介质的温度、流速、杂质含量等因素相当敏感。316L因其加入2%～4%的Mo和0.15%～0.7%的Ti而扩大了铬镍钢在腐蚀介质中的钝化范围，其性能较一般铬镍钢好，特别是在非氧化性酸、热的有机酸中的耐蚀能力比普通铬镍不锈钢好得多，抗晶间腐蚀和孔腐蚀能力较强。

K合金(0Cr24Ni20Mo2Cu3)因其加入2%～4%Cu和2%～4%的Mo，提高了镍含量并明显提高了不锈钢在硫酸中的耐腐蚀性能，特别适用于稀酸腐蚀严重及高温、高速下磨蚀严重的部件，如文氏管喷头等部件常采用K合金材料。

净化工序文氏管进气管，设计中采用整体碳钢制作烟道。因气体中含有SO_3气体，SO_3气体极易与水生成H_2SO_4，生产中不可避免地产生一些水雾喷溅，致使进气烟道接出口处加剧腐蚀造成停车，经过分析研究认为，碳钢耐稀硫酸腐蚀性能差，但材料价廉，整体更换烟道费用大，且腐蚀部位主要集中在烟道与文氏管接口处，故在文氏管接口处选用$\delta=3.5$。316L材料卷制一个DN400 $H=800$的烟道与原碳钢烟道焊接，降低了制作成本，提高了烟道的使用寿命。

3. 铅(Pb)

Pb在浓度低于80%的高温硫酸中具有良好的耐蚀性。因为Pb与硫酸接触时表面极易生成一层非常稳定的硫酸铅保护膜，以阻止金属铅继续遭到腐蚀。但硫酸浓度超过80%时，$PbSO_4$保护膜与H_2SO_4生成可溶性的酸式盐而使铅遭到破坏。

$$PbSO_4+H_2SO_4 \rightarrow Pb(HSO_4)_2$$

酸温升高或流速增加易使 $PbSO_4$ 保护膜破坏，增大其腐蚀率，如超过 85℃，$PbSO_4$ 即破坏。因此，生产中铅制设备使用温度不高于 80℃为宜。Pb 的纯度越高耐蚀性越好，但纯 Pb 的硬度和机械强度低，为提高 Pb 的机械强度和硬度，通常加入 4%～10%的锑(Sb)，俗称硬铅。硬铅在稀酸中的耐蚀性较纯铅低，实际上硬铅温度超过 87℃时，硬度强度迅速下降，而接近于纯铅，铅被用来制作温度低于 80℃的稀酸贮槽衬里等。

近来年，非金属材料在硫酸系统中获得了广泛的应用，如聚氯乙烯、聚乙烯等，但这些有机材料存在耐温性较差，高温时易变形或分解，热膨胀系数大等缺点，故应用范围受到了限制，在生产实践中应根据现场使用环境慎重选用。

资料来源：汪波. 浅论在腐蚀性介质中金属材料的选用和使用 [J]. 新疆有色金属，2001(12).

根据以上案例所提供的资料，试分析：

1) 由材料中所给的常用金属材料的防腐性能说明了什么?

答：金属(特别是黑色金属)是制造化工及冶炼设备的重要材料，由金属材料所制作的零部件其防腐性能直接影响到使用过程中接触腐蚀介质设备的运转、使用寿命及腐蚀给环境带来的危害。因此，金属材料的防腐性能对保证设备正常运转、延长其使用寿命、节约金属材料、降低生产成本和环保具有十分重要的意义。

2) 各类常用金属材料的耐蚀性有何特点?

答：铸铁和碳钢：价格低廉，加工性能好，且当硫酸浓度大于 70%时，表面能生成一层保护膜而使其腐蚀率降低，保护膜的主要成分为硫酸铁或氧化铁。故生产中用于常温浓硫酸的贮槽、槽车等设备以及含 SO_3 大于 20%的发烟硫酸的吸收塔、循环槽、管道等。

不锈钢：普通奥氏体不锈钢在常温、浓度低于 10%或高于 90%的硫酸中才具有一定的耐蚀能力；00Cr17Ni14Mo2(即 316L)在非氧化性酸、热的有机酸中的耐蚀能力比普通铬镍不锈钢好得多，抗晶间腐蚀和孔腐蚀能力较强。K 合金(0Cr24Ni20Mo2Cu3)特别适用于稀酸腐蚀严重及高温、高速下磨蚀严重的部件，如文氏管喷头等部件。

Pb：在浓度低于 80%、温度≤80℃的硫酸中具有良好的耐蚀性。

聚氯乙烯、聚乙烯等在硫酸系统中获得了广泛的应用，但这些有机材料存在耐温性较差，高温时易变形或分解，热膨胀系数大等缺点，故在生产实践中应根据现场使用环境慎重选用。

习　题

简答题

4-1　何谓渗碳钢? 从钢号如何判别是否为渗碳钢?

4-2　何谓调质钢? 从钢号如何判别是否为调质钢? 合金调质钢中常加入的合金元素有哪些? 为达到与调质钢相近的强韧性能，还可选用哪些钢种?

4-3　弹簧钢中碳的质量分数大约为多少? 弹簧钢中常加入的合金元素有哪些? 它们在钢中的主要作用是什么?

4-4　高碳刃具钢、高碳滚动轴承钢、高碳冷作模具钢的热处理方法、使用状态组织及性能有何异同处?

4-5　试比较冷作模具钢和热作模具钢的合金及含碳量特点、热处理特点和性能特点。

4－6　指出灰铸铁、可锻铸铁和球墨铸铁的化学成分、显微组织和性能的主要区别，以及它们的热处理特点，并指出球墨铸铁与铸钢的性能及应用异同点。

4－7　填写下表，说明表中铸铁牌号的类别、符号和数字的含义、组织特点和用途。

铸铁牌号	符号和数字的含义	类别	组织特点	应用举例
HT200				
KTH350－10				
RuT300				
QT600－3				

4－8　填写下表，指出表中金属材料的类别、牌号或代号的含义、特性和主要用途。

材料牌号或代号	类别	牌号或代号含义	特性	应用举例
5A05				
2A12				
H68				
HPb60－1				
ZA1Si12				
ZCuSn10Pb1				
ZCuPb30				
QBe2				

4－9　为使零件达到表面硬而心部韧的性能效果，可选用那些钢铁材料及相应的处理工艺?

思考题

1．常用滚动轴承钢的化学成分特点是什么?滚动轴承钢除了用于制造滚动轴承以外还有哪些用途?为什么?

2．不锈钢耐蚀的原理是什么?试比较1Cr13、1Cr18Ni19及1Cr18Ni9Ti的耐蚀性及强度大小，实际使用中该如何选用?

第 5 章 非金属材料及新型工程材料

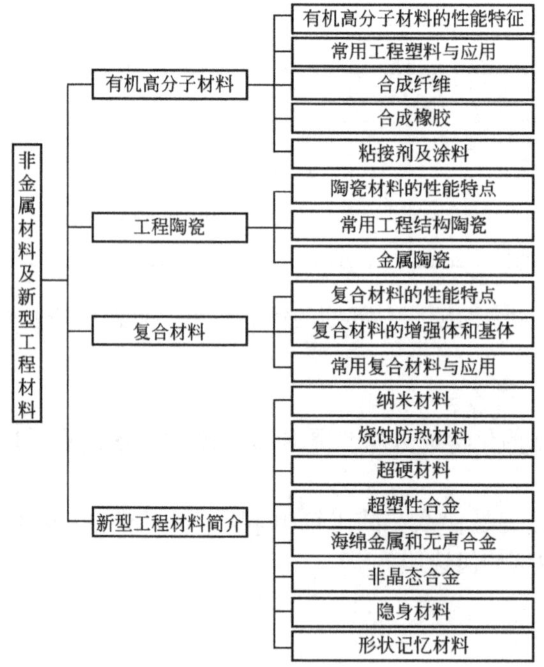

本章学习目标与要求

▲ 掌握部分常用高分子材料的名称、类别、性能特点与应用。
▲ 熟悉有机高分子材料特点。
▲ 了解普通陶瓷、特种陶瓷和金属陶瓷的基本概念以及性能特点和应用。
▲ 了解复合材料的基本概念、性能特点和应用。
▲ 了解纳米材料、烧蚀防热材料、超硬材料、非晶态合金、形状记忆材料等基本概念以及性能特点和应用。

导入案例

有机高分子材料的应用

发展迅速的有机高分子材料有塑料、合成纤维、合成橡胶、涂料等，它们目前和今后都会广泛应用于各行各业。

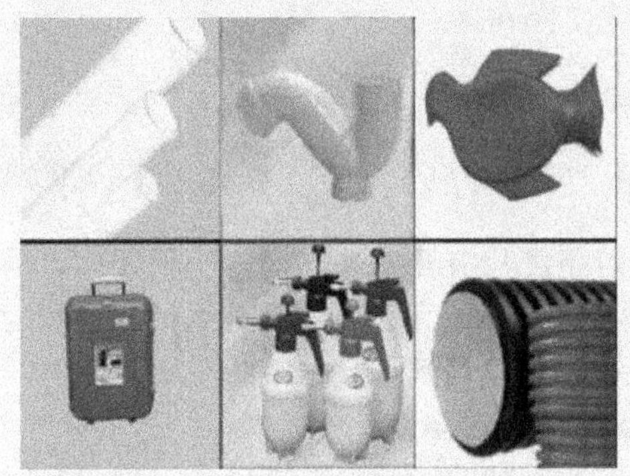

各类塑料件

防化服系采用双面涂覆耐腐蚀橡胶的高强度锦丝绸布。

汽车、摩托车橡胶配件

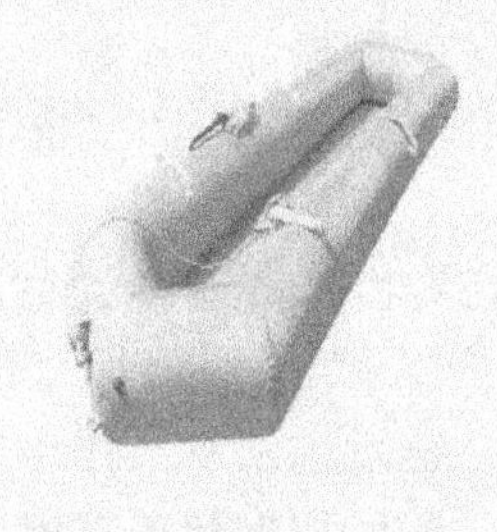

橡皮筏

轮胎内胎

暂且不说日用品、玩具、包装材料等领域大量使用塑料，当前在汽车工业中已大量使用塑料以代替各种有色金属和合金钢材，这是汽车工业提高设计的灵活性，降低零部件加工、装配和维修费用的有效途径。同时采用塑料生产汽车车身和各种零部件也是实现汽车轻量化、节能化的主要方向之一。

资料来源：庚晋，周洁，白木．塑料在汽车上的应用 [J]．工程塑料应用，2001.9.

5.1 有机高分子材料

塑料、合成纤维和合成橡胶是合成有机高分子材料的三大家族。由于有机高分子材料的品种繁多，原料来源丰富，加工简便，成本相对较低，又有质量轻、比强度高、耐蚀性好、绝缘性好，易于改性等特点，应用非常广泛。

塑料、橡胶、纤维和粘接剂等聚合物很难严格区分，可用不同的加工方式制成不同的种类的产品。

5.1.1 有机高分子材料的性能特征

1. 高分子材料的性能特点

与金属材料相比，高分子材料有以下的性能特点。

(1) 密度小。高聚物比金属和陶瓷的密度都小，密度在 $1000 \sim 2000 kg/m^3$ 之间，最轻的聚丙烯密度为 $910 kg/m^3$，而泡沫塑料只有 $10 kg/m^3$。

(2) 强度低，韧性低，比强度高。高聚物的抗拉强度只有几十兆帕，比钢低得多，但是由于密度小，其比强度却较高，某些塑料的比强度比钢铁还高。虽然聚合物的塑性相对较好，但由于其强度低，故其冲击韧性较钢铁等低得多，仅为其百分之一的数量级。

(3) 弹性模量小。其弹性模量约 2～20MPa，比金属低得多。

(4) 高弹性。不少高聚物(特别是含柔性链的轻度交联的高聚物)在玻璃化温度以上时具有典型的高弹性，弹性变形量可达 100%～1000%，而金属只有 0.1%左右。卷曲的大分子对振动的减振性也好。

(5) 绝缘性好。因无自由电子和离子，其导电能力低，介质损耗小，耐电弧，其导热系数为金属的 1/100～1/1000。

(6) 耐磨。虽然高聚物硬度低，但不少有自润滑性，摩擦系数小，在无润滑条件下，耐磨减摩性很多都优于金属材料。

(7) 耐蚀。它不受电化学腐蚀，大多也不和周围介质发生化学作用，具有很高的化学稳定性。

(8) 粘弹性。不少高聚物既具有弹性材料的一般特征，又具有黏性流体的一些特性，即受力后同时发生弹性变形和黏性流动，其变形量与时间有关，形变总是落后于应力变化。应力作用速度越快，链段越来不及作出反应，则粘弹性越显著。高聚物的粘弹性主要表现在蠕变、应力松弛、滞后和内耗等现象上，比其他材料明显很多。

(9) 可加工性好。可用各种方法加工，单件生产成本低。

(10) 膨胀系数大。其线膨胀系数大，为金属的 3～10 倍。

此外，高聚物对环境因素很敏感，如高温、紫外线等的作用可以使之氧化或软化，或者发生解聚作用，使性能恶化，部分易溶于一些有机溶剂，大多在 150℃以下才可使用。

2. 高分子化合物的老化与防老化

高分子材料一个较大的弱点，就是在氧、热、紫外线、机械力、水蒸气、微生物等一定时间的作用下逐渐失去弹性，出现龟裂、变硬或发粘软化，并变色，失去光泽，这种现象称为老化。

一般认为，大分子链产生交联或降解是产生老化的主要原因。所谓降解就是在氧、热、光等作用下的断链。显然，高分子化合物一旦产生相当程度的老化，零件就不能胜任所担负的规定功能。防止老化通常采用的措施是：改变聚合物的结构，减少高聚物各级结构层次上的薄弱环节，以提高其稳定性，推迟老化过程；加入防老化剂或稳定剂，阻碍分子链的降解和交联；进行表面防护，在高分子化合物零件或制品的表面涂镀金属或防老化剂，以隔离或减弱周围环境中引发的老化因素的作用；进行物理或化学改性。

5.1.2 常用工程塑料与应用

1. 塑料的组成及分类

目前，塑料的产量按体积计算已是钢的两倍，而其应用已深入到日常生活、工农业生产、医疗卫生、科学研究和尖端技术的各个领域，并在各行各业的生产发展与技术进步中发挥着越来越重要的作用。

塑料是一类以天然树脂或合成树脂(即高分子化合物)为基本原料，在一定的温度或压力下塑制成形，并在常温下保持其形状不变的高聚物。根据塑料的组成不同，可以分为简单组分与复杂组分两类。简单组分的塑料基本上由一种树脂组成，如聚四氟乙烯、聚苯乙烯等，仅加入少量的色料、润滑剂等。复杂组分的塑料由多种组分组成，或多种树脂混合以取长补短，同时加入各种添加剂，其后的橡胶、粘接剂、涂料也常如此。添加剂的使用根据塑料的种类和性能要求而定。

1) 塑料的组成

(1) 树脂。其在塑料中起胶粘各组分的作用，占塑料的40%～100%。树脂的种类及性质决定了塑料的类型及主要性能，大多数塑料以所用树脂命名。

(2) 填充剂。其又称填料，用来改善塑料的某些性能。常用填充剂有云母粉、石墨粉、炭粉、氧化铝粉、木屑、玻璃纤维、碳纤维等。

(3) 增塑剂。其用来增加树脂的塑性和柔韧性。增塑剂可渗入高聚物链段之间，降低其分子间力，使分子链容易移动，从而增加了可塑性。常用增塑剂有邻苯二甲酸酯、磷酸酯类、氯化石蜡、聚己二酸、2-丙二醇脂等。

(4) 稳定剂。其包括热稳定剂、光稳定剂及抗氧剂等。常用热稳定剂有硬脂酸盐、环氧化合物和铅的化合物等；光稳定剂有炭黑、氧化锌等遮光剂，以及水杨酸脂类、二苯甲酮类等紫外线吸收剂；抗氧剂有胺类、酚类、有机金属盐类、含硫化合物等。

(5) 润滑剂。其用来防止塑料粘着在模具或其他设备上。常用润滑剂有硬脂酸及其盐类、石蜡等。

(6) 固化剂。其为与树脂中的不饱和键或活性基团作用而使其交联成体网型热固性高聚物的一类物质，用于热固性树脂。不同的热固性树脂常使用不同的固化剂，如环氧树脂可用胺类、酸酐类，酚醛树脂可用六次甲基四胺等。

(7) 发泡剂。其为受热时会分解而放出气体的有机化合物，用于制备泡沫塑料等。常用发泡剂为偶氮二甲酰胺、氨气、碳酸氢铵等。

此外，还有着色剂、抗静电剂、阻燃剂等，具体选用时可查相关资料。

2) 塑料的分类

(1) 按塑料受热时的性质可分为热塑性塑料和热固性塑料。

热塑性塑料受热时软化或熔融，冷却后硬化，并可反复多次进行，为线型或支链分子；热固性塑料固化后，则成为不溶解、不熔化、具有体网分子的固体，不可再生。

(2) 按功能和用途可分为用量大、用途广的通用塑料(如聚乙烯、酚醛等)，有较高机械性能的工程塑料(如尼龙、ABS等)以及有特殊功能的功能塑料(如感光塑料、抗菌塑料等)。

目前，已商品化的塑料有300多个品种，比较常用的也有40余种。由于树脂多以其原料有机化合物的名称命名，因而塑料的名称中也就包含有较长而不为一般人熟悉的有机化合物名称，如俗称的有机玻璃塑料是以有机化合物甲基丙烯酸甲酯的聚合物为主要组分，故称聚甲基丙烯酸甲酯塑料。为避免使用长而难记的塑料名称，国内外均采用树脂英文名称各单词的大写首字母作为树脂和塑料的缩写代号，GB/T 1844—2008《塑料　符号和缩略语》对此作了统一规定，其中较常用塑料的代号见表5-1。

表5-1　常用塑料的英文缩写代号

塑料的名称	代号	塑料的名称	代号
聚乙烯 高宏度聚乙烯 低密度聚乙烯　}聚烯烃 线型低密度聚乙烯 聚丙烯	PE HDPE LDPE　}PO LLDPE PP	聚碳酸酯 聚苯酰 聚矾 聚四氧乙烯 聚三氟氧乙烯	PC PPO PSF(PSUL) PTFE(F_4) PCTFE(F_3)
聚苯乙烯	PS	聚全氟乙丙烯 FEP(F_{46})	
丙烯腈-苯乙烯共聚物	AS	聚酰亚胺	PI
丙烯腈-丁二烯-苯乙烯共聚物	ABS	氧化聚醛(聚氧醛)	CPE
聚甲基丙烯酸甲酯(有机玻璃)	PMMA	聚硅氧烷	SI
甲基丙烯本甲酯-丁二烯-苯乙烯共聚物	MBS	酚醛树脂	PF
聚氧乙烯	PVC	脲醛树脂	UF
聚偏氧乙烯	PVDC	三聚氯胺-甲醛树脂	MF
氧乙烯-醋酸乙烯酯共聚物	VC/VAC	环氧树脂	EP
氧化聚氧乙烯(聚二氧乙烯)	CPVA	不饱和聚酯	UP
乙烯-醋酸乙烯酯共聚物	E/VAC	聚氧基甲酸酯(聚氧酯)	PUR
聚酰胺(尼龙)	PA	聚邻苯二甲酸二烯丙酯	PDAP
聚对苯二甲酸乙二酯	PETP	醋酸纤维素	CA
聚甲醛	POM	聚乙烯醇	PVA

2. 典型热塑性塑料

1) 结构最简单的塑料——聚乙烯(PE)

聚乙烯是由乙烯单体聚合而成，为所有聚合物中最简单的一种，分子中无极性基团存在，使其吸水小，耐蚀性和电绝缘性能极好，在有机溶剂中一般不溶解而仅发生少许溶胀。大多数烯烃类聚合物都可看成是聚乙烯的一个或多个氢原子被其他基团取代后所得的衍生物。聚乙烯质感类似石蜡状，无味无毒，有良好的耐低温性、化学稳定性、加工性、电绝缘性，但耐热性不高，只可在80℃下使用。

由聚合反应时的压力，催化剂及其他条件的不同，可得不同种类的聚乙烯。

由高压法所得聚乙烯的分子质量较低，分子的支链较多，使其密度较小，仅0.91～0.92g/cm^3，所以又称低密度聚乙烯(LDPE)，其结晶度低，质地柔软，耐冲击为半透明状，常用于制薄膜、软管、瓶类等包装材料及电绝缘护套等。

由低压法制得的聚乙烯分子质量较高，分子支链较少，使其有较高密度，可达0.94～0.97g/cm^3，所以又称高密度聚乙烯(HDPE)，其结晶度较高，为乳白色，比较刚硬、耐磨、耐蚀、绝缘性也较好，可作化工耐蚀管道、阀、衬板及承载不高的齿轮、轴承等结构材料。用其制作的薄膜或包装袋更加结实耐用。此外，我们常见的塑料保温瓶壳、周转箱、洗发水瓶、铝塑管、圆珠笔芯、牙膏管、发泡水果包装网也多由HDPE制成。

茂金属线形低密度聚乙烯(m-LLDPE，或简写成m-PE)的分子量高且分布范围窄，支链少且短，密度低、高透明、高强度、高耐穿刺性，低热封温度，密度0.88～0.92g/cm^3，主要用于包装膜、医用软管等方面。

超高分子量聚乙烯(简称UHMPE)分子质量达上百万，结晶困难，与普通PE相比，耐磨性、抗冲击性、自润滑性、生理相容性、耐蚀性更好，但其硬度、强度、耐热性低些，熔融时黏度太高使成形加工较困难，可用于耐磨输送管道、机床耐磨导轨、小齿轮、人工关节、防弹衣、滑雪板等。

由乙烯与乙酸乙烯酯(VA)共聚制得的EVA树脂有良好柔软性、韧性、耐低温性、耐候性、耐应力开裂性、粘接性、透明性、高光泽性、抗臭氧性、着色性及与填料的熔合性等。由VA含量及反应条件不同，可得EVA树脂、EVA弹性体、EVA乳胶。其制成的农用膜保温性、透光性、耐老化性、无滴性均好于PE、还用于热收缩膜、保鲜膜、人造草坪、自行车座、发泡鞋底等。

2）一种热塑性的全能塑料——聚氯乙烯(PVC)

聚氯乙烯为最早实现工业化的合成热塑性树脂品种，由氯乙烯单体聚合而成。

聚氯乙烯分子由于有极性基团—Cl原子的存在，使分子产生极性，增加了分子间作用力，密度增高，可达1.4g/cm^{3}左右，所以使强度、硬度、刚度均高于PE，并有耐燃、自熄的特点。另外，其耐蚀性、电绝缘性、印刷性、焊接性也好，但热稳定性、耐冲击性、耐寒性、耐老化性较差，只可在－15～60℃使用。

PVC价格低廉，易于改性，常用作常温常压下的容器、管道、建筑门窗、电线套管、发泡塑料、地毯及墙纸、包装瓶、薄膜等工业及日用品等，为用途最广泛的通用塑料。

3）最轻且价低的塑料——聚丙烯(PP)

聚丙烯是由丙烯单体聚合而成的热塑性聚合物，由其大分子链上甲基的空间位置排列方式不同，有三种类别：等规PP具有高度的结晶性，熔点高，硬度和刚度大，力学性能好，用量占90%以上；无规PP难以用作塑料，常作改性载体；间规PP结晶度低，具有透明及柔韧性，属高弹性热塑性材料。

常用的PP耐蚀性、电绝缘性优良，力学性能、耐热性(可达150℃)在通用热塑性塑料中最高，耐疲劳性好，是常见塑料中密度最低(约0.9g/cm^3)、价格最低的塑料，但低温脆性大及耐老化性不好。其无味无毒，是可进行高温热水消毒的少数塑料品种之一。

PP可制成容器、管道及薄膜用于机械、电器、化工及日用品方面，如微波炉餐具、衣架、椅子、电器壳、化工管件、型材，其膜可作香烟、食品、衣服包装膜及粘胶带等。经共混或增强改性的PP可用于汽车上的仪表盘、转向盘、保险杠、工具箱等。由于PP耐曲折性特别好，常用于文具、洗发水瓶盖的整体弹性铰链，使结构简化。

4）最鲜艳且成形性较好的塑料——聚苯乙烯(PS)

聚苯乙烯为苯乙烯单体聚合而成的典型线形无定形热塑性塑料，因无极性的大苯环存在，使成为典型的非晶态高聚物，并有一些突出的特性。

PS为极易染成鲜艳色彩的透明度仅次于有机玻璃的塑料，制品表面富有光泽；几乎可用各种成型方法进行成型加工，成型收缩较小，成型性非常突出；电绝缘性(特别是高频绝缘性)极好，刚性好、脆性大，为敲击时唯一有清脆类似金属声的塑料；其无味无毒，但抗冲击强度低，易脆裂，能断不能弯，不耐高温(100℃以下使用)。因PS成型性优异，易于与其他树脂共混或共聚改性，生产中常以此来改善其强韧性。如用PS与丙烯酸酯或丙烯腈类单体共聚可得既透明又强韧性的塑料；将PS同柔韧的丁二烯共聚或共混，可得一种冲击韧性很高的塑料，称为高抗冲击聚苯乙烯(简称HIPS)。

PS可用于各类电器(特别是高频电器)配件、壳体、一般光学仪器、灯罩、玩具、建筑广告装饰板，发泡PS广泛用于缓冲包装垫及保温材料。HIPS目前正越来越多地用于电视机、复印机、计算机等电器壳体。还有最近20年才开发成功的茂金属聚苯乙烯(简称m-SPS)，具有优良的耐热性，其热变形温度为251℃，耐化学药品及耐热水性能好，冲击强度及刚性均高，已用于汽车保险杠、发动机部件、纤维、绝缘膜及其他耐热注塑件。

5) 强韧且易成形的白色塑料——ABS塑料

ABS的名称来自丙烯腈(Acrylonitrile)、丁二烯(Butadiene)和苯乙烯(Styrene)三种单体英文名字的第一个字母，为三种单体共聚或共混制备而成的唯一乳白不透明的线形无定形热塑性树脂，三种单体的量可任意变化而制成各种品级的树脂。

ABS兼有三种组元的共同性能，其中A使其耐蚀、耐热并有一定的表面硬度，B使其有高弹性和韧性，S使其有良好的成形性并提高电绝缘性。因此，ABS是一种原料易得、综合性能良好、价格较低、用途广泛的坚韧、质硬及刚性材料。此外，其无味无毒，表面还易进行电镀及印刷。但其不太耐高温(−40～100℃使用)，耐候性较差。

ABS在家电上广泛用于电视机、洗衣机、电话机、计算机等壳体及冰箱内衬；在汽车上可用于仪表盘、转向盘、挡泥板、手柄、扶手等，还有化工管板材、文具等。

6)最透明的树脂——聚甲基丙烯酸甲酯(PMMA)

PMMA由单体甲基丙烯酸甲酯聚合而成的典型线形无定形热塑性树脂，透光率比无机玻璃还好，俗称有机玻璃。

有机玻璃耐紫外线和大气老化，户外放置五年后，透光率仅下降1%；其密度为1.18g/cm^3，仅为无机玻璃的一半；拉伸强度为60～70MPa，冲击强度为1.2～1.3J，比无机玻璃高7～18倍；其成形性很好，不但可切削加工及吹塑、注射、挤压、浇铸成形，还易于用丙酮、氯纺等溶剂自体粘接。

如将有机玻璃在一定温度下进行双向(多轴)拉伸，则可明显提高其韧性，此时如用钉子或子弹穿透时，不易产生裂纹及锐角，因而也可作成飞机窗玻璃或防弹玻璃、风挡等。

有机玻璃还有很好染色性，如在其中加入珍珠粉或荧光粉，则可制成色彩鲜艳的珠光或荧光塑料。有机玻璃的最大不足是表面硬度较差，易划伤起毛，耐磨性较差。

有机玻璃常用于各种透明的装饰面板、仪表板、容器、包装盒、灯罩、文具、光盘、光纤、眼镜、假牙、工艺美术品等。

7) “透明金属”——聚碳酸酯(PC)

PC是一种线形无定形透明热塑性塑料，有多种品种，常见的为双酚A型聚碳酸酯。

PC的突出性能是优异的抗冲击性和透明性，其抗冲击性接近一般玻璃钢，透明度接近 PS，有优良的力学性能和电绝缘性，使用温度范围广(－130～130℃)，尺寸稳定性高，耐蠕变性高，是一种集刚、硬、韧、透明为一体的典型塑料。另外，PC 阻燃性较好，属自熄性材料，但 PC 耐应力开裂性差，缺口敏感性较高，在高温热水长期作用下易导致应力开裂。

PC 应用于建筑上阳光板、光盘、灯罩、防护玻璃、手机壳体、精密仪器中齿轮、相机零件、太空杯、饮用水周转桶、餐具等，其膜制品可用于电容器、录音(像)带等。

8) 塑料王——聚四氟乙烯(PTFE 或 F4)

PTFE 是一种线形结晶型聚合物，由于大分子链上有对称而均匀分布的电负性最强原子氟(F)，使大分子上的原子紧密而不带极性，显得“光滑”，从而有独特的性能。

在所有塑料中，PTFE 有最优良的耐高、低温性能，能在－260～250℃长期使用，几乎所有强酸、强碱、强氧化剂甚至“五水”都对其无影响，也不溶于任何溶剂，其化学稳定性超过玻璃、陶瓷、不锈钢甚至金、铂等；且其为为自然界中摩擦系数最小、介电损耗最小、吸水最小的塑料，所以又被称为“塑料王”。此外，其无味、无毒、不燃，有良好生理相容性及抗血栓性；其密度达 2.18g/cm^3，为塑料中的最大者。

也许是 PTFE 大分子过于“光滑”的缘故，其强度较其他塑料低，刚性差，冷流性大。由于其熔融温度很高，在加热到熔融温度以前约 390℃时，就开始分解，放出有毒气体，所以通常不能像一般塑料那样用注射法成型，只能用粉末冶金那样的冷压烧结成型或挤出烧结成型。

PTFE 典型应用场合是我们常见的不粘锅、不粘油的抽油烟机涂层，管道密封用的未经烧结的“生料带”，机械上的减摩密封零件、电器上耐高频绝缘零件及强腐蚀场合设备衬里及零件，医用材料中的人造血管、人工心脏、人工食道等。

为弥补 PTFE 的成形性差、强度低等不足，可选择聚三氟乙烯(简称 F3 或 PCTFE)，聚全氟乙丙烯(简称 FEP 或 F46)等氟塑料，不过其他性能则有所降低。

9) 强韧而耐磨耐油的塑料——聚酰胺(PA)

聚酰胺在商业上称尼龙(Nylon)，其丝制品又称锦纶，它由氨基酸脱水制得的内酰胺再聚合而成，或由二元胺与二元酸缩合而成，为大分子链上均含有酰胺基团[-CO-NH-]重复结构单元的一类聚合物。

尼龙是由原料单体中胺与酸中的碳原子数或氨基酸中的碳原子数来命名的。如尼龙 6(或 PA6)是由含 6 个碳原子的己内酰胺自身聚合而得名，尼龙 610(或 PA610)则是由含 6 个碳原子的己二胺与含 10 个碳原子的癸二酸缩合而成的。

尼龙的突出特点为优良的耐磨性、减摩性和自润滑性，较高的强韧性、优异的耐油性及气体阻隔性，耐疲劳性也较好，无味无毒，但吸湿性较大，并由此对力学及电学性能产生一定的影响。

利用 PA 的耐油性，可作汽车上的输油管、小车油箱；利用其强韧而耐磨的特点常作收录机、DVD 等的齿轮，机器螺母、滑动轴承等。

如旱冰鞋轴承外圈用 PA 代替钢后，有质轻、更耐磨、振动小而成本低的优点；利用其气体阻隔性好的特点，常与 HDPE 复合，用于肉、火腿等冷冻食品包装；此外，还大量用于拉链、一次性打火机壳、头盔、滑雪板、医用输血管、假发及日用电器等。

铸型尼龙(或称 MC 尼龙、MCPA)是一种用碱催化，以己内酰胺或戊内酰胺为单体，在模具内边聚合边成形的聚合物，其分子量更大，机械性能更高，常用作单件小批机器上小型、大型(上百公斤)的齿轮、轴承等产品；反应注塑尼龙(简称 RIMPA)的特性类似于 MCPA；由芳香胺与芳香酸缩合而成的芳香尼龙为有更耐高温、更耐辐射、更耐腐蚀及绝缘的新型 PA，可在 200℃下长期使用，为尼龙中耐热性最好的一种，用其制成的纤维称芳纶，强度可同碳纤维媲美，常见品种有聚间苯二甲酰间苯二胺(简称 mPIPA 或芳纶 1313)、聚对苯酰胺(简称 mPTPA 或芳纶 1414)，美军用的防弹头盔及防弹衣就含有芳纶材料。

10) 每天接触的塑料——热塑性聚酯(PET)

热塑性聚酯包括聚对苯二甲酸丁二醇酯(PBT)和聚对苯二甲酸乙二醇酯(PET)，两者性能有一定差异，PET 应用更广些。

PET 最大用途是制成纤维、薄膜，其次用于注塑制品，其纤维俗称涤纶或的确良。

PET 薄膜的突出性能为拉伸强度很高，可与铝箔媲美，是 HDPE 膜的 9 倍，是 PC 或 PA 膜的 3 倍。此外，其气体阻隔性、耐磨性、耐疲劳性、韧性、绝缘性良好，耐候性优良，可长期用于户外。但耐热性不高，开水作用易变形。

PET 膜和片材主要用于各种食品、药品、精密仪器的高档包装，也用于录音录像带、电影及照相胶片、光盘及磁卡基材、电器绝缘(如电容器膜)等，瓶类制品如碳酸饮料瓶、啤酒瓶、食用油瓶、矿泉(纯净)水瓶等，各种强韧的电器元件外壳及机械零件。用 PET 制的拉链为继尼龙和聚甲醛之后的第三代拉链材料，其丝制品广泛用于挺括的化纤布料及丝袜。

11) 高疲劳强度的塑料——聚甲醛(POM)

聚甲醛是一种没有侧链、高密度、高结晶性的线形热塑性聚合物，其综合性能接近甚至不少都超过尼龙，特别是疲劳强度及刚度在热塑性塑料中最大，且价格较低，正越来越多地代替尼龙作工业产品，如仪表壳体、塑料弹簧、拉链、塑料水龙头等，它特别适于制作耐摩擦及承受较高负荷的零件如齿轮、轴承等，用改性 POM 作汽车万向节轴承可行驶一万公里而不注油，寿命比金属的高近一倍。

3. 典型热固性塑料

1) 合成塑料的鼻祖——酚醛树脂(PF)

酚醛树脂于 1909 年由比利时裔的美国科学家贝克兰特发明并首先进行工业化生产，为 20 世纪对人类生活影响最大的十大科学发明之一。酚醛树脂为酚类单体(如苯酚、甲酚、二甲酚)和醛类单体(如甲醛、乙醛、糠醛)在酸性或碱性催化条件下加热合成的高分子聚合物，为产量最大的热固性树脂，其中以苯酚和甲醛为原料缩聚的酚醛树脂最为常用。

由酚和醛的比例及催化剂性质的不同，酚醛树脂可以分别合成粘液态的热固性树脂原料及粉状固态的热塑性树脂(此须再加固化剂)原料两种，它们在加热后则成为不熔不溶的体网形热固性塑料制品。

最初因纯酚醛树脂成本太高，人们就在酚醛树脂粉里加进一定量的锯木粉、石棉或陶土等廉价粉末，再放进成形模内加热加压成形，就聚合成热固性的酚醛塑料制品。其首先大量应用于电器中的灯头、开关、插座及日用品中钮扣、锅勺手把等场合。由于木粉在高温下炭化了，所以它们都呈黑色，人们又称酚醛塑料为“电木”或“胶木”。

酚醛树脂的原料价格便宜，生产工艺简单而成熟，制造及加工设备投资少，成形加工容易，树脂既可混入无机填料或有机填料做成模塑料，液态的还可浸渍织物制成层压制品，还可以发泡；其制品尺寸稳定，电绝缘性好，化学稳定性好(耐酸而不太耐碱)，耐热性突出，并有阻燃性及低烟释放和低燃烧毒性，制品硬而耐磨。但性能较脆，颜色单调，原料苯、酚都有一定毒性，不适于作食品包装材料。

酚醛树脂除上述应用外，还应用于汽车制动片、砂轮、印制电路板的粘接剂及轴承、无声齿轮、建筑用泡沫隔离板及涂料等。因在高温下分解后残留物炭化层较多(达60%以上)，所以又常用于火箭、宇宙飞船外壳的耐烧蚀保护层材料。

2) 像瓷玉一样的树脂——氨基树脂(AF)

氨基树脂为以含有氨基或酰胺基团的化合物如脲、三聚氰胺、苯胺等与醛类化合物如甲醛等缩聚反应制成的一类热固性树脂，加上填料、固化剂、着色剂、润滑剂等经成形固化即得氨基塑料及其制品。由合成原料的不同又分脲甲醛(或脲醛，英文简称UF)树脂、三聚氰胺甲醛(或密胺，英文简称MF)、苯胺甲醛等多种。

氨基塑料的特点是无色、硬度高、制品表面光洁，色泽鲜艳，耐油、耐电弧，故又称电玉。脲醛塑料价格低些，主要用于制各种鲜艳的日用品(如钮扣、瓶盖、发夹)、开关插座壳、普通食具、饰面板等。三聚氰胺甲醛塑料性能更好，甲醛释放量更低，主要用于制造耐电弧及防爆的电器，耐沸水的高级仿瓷食具及高级饰面板、高级强化木地板等。

氨基树脂最大用途为刨花板、胶合板的粘合剂，其次用于中高档涂料，仅少部分用于塑料制品及纤维。

3) 沙发海绵所用的树脂——聚氨酯(PU)

聚氨酯由多元异氰酸酯(主要是二元异氰酸酯)与聚酯或聚醚型的多元醇逐步聚合而得。由两种不同官能团的原料，可以分别得到结构为纯线形的高聚物、基本为线形但有松散交联的高聚物、紧密交联的体网型高聚物。

聚氨酯弹性体是一种密实制品，其性能介于橡胶与塑料之间，具有高回弹性、吸振性、耐磨、耐油、耐撕裂、耐化学腐蚀及耐辐射，强韧性高，低温韧性好，使用温度为(−60～80℃)，易于成型，生理相容性好。工业上它主要用来生产软质和硬质泡沫塑料、聚氨酯弹性体及纤维、胶粘剂和涂料，其为很好的隔热保温和吸音、防振材料，如座椅海绵、高级人造革、耐磨强韧的鞋底、体育跑道、实芯轮胎、人造血管、冰箱保温层等。

4) 广泛用于人造花岗石和玻璃钢制品的树脂——不饱和聚酯(UP)

UP是由二元醇与不饱和二元酸(或酸酐)或部分饱和二元酸(或酸酐)经缩聚反应得到线型聚合物，然后在引发剂(如过氧化物等)作用下与烯烃类单体固化剂(如苯乙烯)共聚交联成体网形结构的热固性树脂。它与前述饱和聚酯(如PET)的不同点在于它的大分子主链上含有不饱和的乙烯双键(—CH=CH—)，此双键易氧化，并能通过加成反应与其他乙烯单体(又称固化剂)交联聚合，形成热固性体网形聚合物。

UP原料呈褐色半透明状低黏度液体，价格较低，其制品质硬，力学性能较高，耐化学腐蚀性一般，突出特点为固化过程中没有挥发物逸出，可以在常温常压下用注塑、浇铸、压制、手糊、缠绕、喷射等方法成型，主要应用于制品粘接剂及涂料，如以玻璃纤维增强的汽车、化工容器、雷达罩、雨棚、屋顶水箱之类玻璃钢外壳，加入各种矿石填料用浇铸或压制成形可制成的人造大理石或花岗石卫生洁具、人造玛瑙，还可制汽车保险杠、仪表盘、发动机罩、整体浴室等。

5) 环氧塑料(EP)

大分子两端均含有环氧基团的一类线形树脂称为环氧树脂，由分子量大小有液态及固态两类，须加固化剂(如胺类，酸酐类)及其他添加剂后才成为体网形的环氧塑料。其较强韧，固化收缩率低，耐水、耐化学腐蚀(特别是碱)，耐溶剂，与许多材料可以牢固粘接，介电性能优良，使用温度(−80～150℃)。

液态环氧树脂是粘接性能优良的胶粘剂，有“万能胶”之称，可用来粘接各种材料(特别是金属)、制模具、封装电器、制环氧玻璃钢制品，还可配制防腐涂料。

6) 有机硅塑料(SI)

有机硅聚合物是分子主链由硅原子和氧的子组成、侧链为烃基的高聚物(又称聚硅氧烷或硅酮)。由于取代基组成和分子量大小的不同，有机硅聚合物有硅油、硅脂、硅橡胶以及硅树脂等状态。

有机硅塑料是由硅树脂与石棉、云母或玻璃纤维等配制而成的。产品有浇铸件、压塑件和层压制品。有机硅塑料的主要特点是不燃，有优良的电绝缘性，卓越的耐高低温性(−100～300℃)，耐臭氧，突出的憎水防潮性，良好的耐大气老化性及生理惰性，主要用于高频绝缘件、耐热件、防潮零件等。

除上述常见的热塑性及热固性树脂外，工程上还用到一些高性能的树脂，如高强度的耐高温透明热塑性塑料聚砜(PSF)、耐热性特好的聚酰亚胺(PI)、耐蚀耐热的氯化聚醚(CP)、

高刚度高强韧高耐热的聚苯硫醚(PPS)及聚苯醚(PPO)，耐辐射且热强的聚芳醚酮(PAEK)，以及性能最接近金属、热导率、耐热性、自润滑性、硬度、电绝缘性及耐磨性在已知塑料中最突出的聚苯酯(简称AP，其可在315℃下长期工作，耐辐射及耐候性也优良)；耐热(可在−70～180℃长期使用)，透明且价低的热塑性聚芳酯(PAR)。

5.1.3 合成纤维

有机纤维有天然纤维(如棉花)和化学纤维，化学纤维又分人造纤维(如硝化纤维、醋酸纤维、粘胶纤维等所谓“人造丝”、“人造棉”)和合成纤维，而合成纤维是由合成高分子化合物加工制成的。

1. 涤纶

涤纶化学名称为聚酯纤维，商品名称为涤纶或的确良，由聚对苯二甲酸乙二醇酯抽丝制成。涤纶的弹性好，弹性模量大，不易变形，强度高，抗冲击性能较锦纶高4倍，耐磨性仅次于锦纶，耐光性仅次于腈纶(好于锦纶)，化学稳定性和电绝缘性也较好，不发霉，不虫蛀。涤纶的缺点是吸水性差，染色性差，不透气，穿着感到不舒服，摩擦易起静电，容易吸附脏物。现在除大量用作纺织品材料外，工业上广泛用于运输带、传动带、帆布、渔网、绳索、轮胎帘子线及电器绝缘材料等。

而由聚对苯二甲酸丁二酯制成的聚酯纤维则具有很好的弹性，性能接近氨纶，可制游泳衣、弹力裤等。

2. 锦纶

锦纶化学名称为聚酰胺纤维，商品名称为锦纶或尼龙，由聚酰胺树脂抽丝制成，主要品种有锦纶6、锦纶66和锦纶1010等。

锦纶的特点是质轻、强度高(锦纶绳的抗拉强度较同样粗的钢丝绳还大)，弹性和耐磨性好。锦纶还具有良好的耐碱性、电绝缘性及染色性，不怕虫蛀，但耐酸、耐热、耐光性能较差，弹性模量低，容易变形，故用锦纶做成的衣服不挺括。

锦纶纤维多用于轮胎帘子线、降落伞、宇航飞行服、渔网、绳索、尼龙袜、手套等工农业及日常用品。

3. 腈纶

腈纶化学名称为聚丙烯腈纤维，商品名称为腈纶或奥纶。它是丙烯腈的聚合物，即由聚丙烯腈树脂经湿纺或干纺制成。

腈纶质轻，柔软轻盈，保暖性好，犹如羊毛，故俗称人造羊毛。腈纶毛线的强度较纯羊毛毛线大2倍以上。腈纶不发霉，不虫蛀，弹性好(仅次于涤纶)，吸湿小，耐光性能特别好(超过涤纶)，耐热性较好，能耐酸、氧化剂、有机溶剂，但耐碱性、染色性、耐磨性较差，弹性不如羊毛，摩擦易起静电和小球，主要用于帐篷、幕布、船帆等织物，还可与羊毛混纺织成各种衣料，也可作制备碳纤维的原料。

4. 芳纶纤维

芳纶纤维为芳香族聚酰胺纤维的商品名称，国外名Kevlar，常用品种有芳纶1414(Kevlar—29)、芳纶14(Kerlar—49)和我国的芳纶Ⅱ，其强度高(2800～3700MPa)，密度小，弹性模量很高，耐热(可达290℃)、耐寒、耐辐射、耐疲劳、耐腐蚀，主要用作高强度复合材料的增强材料(如防弹衣、头盔)。

5. 维纶

维纶化学名称为聚乙烯醇缩甲醛纤维，商品名称为维尼纶或维纶，由聚乙烯醇缩甲醛树脂经混纺制成。

维纶的最大特点是吸湿性好，和棉花接近，性能很像棉花，故又称合成棉花。维纶具有较高的强度(约为棉花的两倍)，耐磨性、耐酸碱腐蚀性均较好，耐日晒，不发霉，不虫蛀，成本低，其纺织品柔软保暖，结实耐磨，穿着时没有闷气感觉，是一种很好的衣着原料。但由于它染色性、弹性和抗皱性差，现在主要用作帆布、包装材料、输送带、背包、床单和窗帘等。

6. 丙纶

丙纶化学名称为聚丙烯纤维，商品名称为丙纶，由聚丙烯制成。

丙纶的特点是质轻、强度大，相对密度只有0.91，比腈纶还轻，为目前唯一能浮在水面上的合成纤维，故是渔网及军用蚊帐的好材料。

丙纶耐磨性良好，吸湿性很小，绝缘性好，还能耐酸碱腐蚀，但耐光性及染色性较差。用丙纶制的织物价格低，易洗快干，不走样，保暖性比羊毛高21%左右，故现在除用于衣料、毛毯、地毯、保暖袜、工作服外，还用作包装绳、降落伞、医用纱布和手术衣等。

7. 氯纶

氯纶化学名称为聚氯乙烯纤维，商品名称为氯纶。这种纤维的特点是保暖性好，遇火不易燃烧，化学稳定性好，能耐强酸和强碱，弹性、耐磨性、耐水性和电绝缘性均很好，并能耐日常照射，不霉烂，不虫蛀，但耐热性及染色性差，在沸水中收缩大。常用作化工防腐和防火衣着等用品，以及绝缘布、窗帘、地毯、渔网、绳索等。又因氯纶的保暖性好，静电作用强，做成贴身内衣，对风湿性关节炎有一定疗效。

8. 氨纶

氨纶为弹性聚氨酯纤维的商品名称，目前市场上主要有聚醚型和聚酯型两大类。

氨纶最大的特点为弹性特好，类似我们常见的橡皮筋，手感细腻柔软、吸湿能力强、容易染色。目前多用氨纶作内芯，在其外面包上一层其他纤维制成包芯纱，再织成体操服、游泳衣、滑雪衣等紧身服装，以减小运动阻力，并能展现人体美。

9. 超高分子量聚乙烯纤维(UHMWPE)

通常情况下，聚乙烯纤维的相对分子质量大于10^6，纤维的拉伸强度为3.5GPa，弹性模量为116GPa，延伸率为3.4%，密度为0.97g/cm^3，为比强度最高、耐磨性最好的纤维，并且有高比模量以及耐冲击、耐磨、自润滑、耐腐蚀、耐紫外线、耐低温、电绝缘等特性。聚乙烯纤维的不足之处是熔点较低(约135℃)，高温容易蠕变，因此仅能在100℃以下使用。

可用于制作武器装甲、防弹背心、航天航空部件等。

10. 碳纤维

碳纤维可分别由聚丙烯腈纤维、沥青纤维、粘胶纤维和酚醛纤维经特殊的高温碳化制得，属于无机纤维。其中含碳量高于99%的又称为石墨纤维。碳纤维具有很高的强度、高模量、高的化学稳定性，良好的导电及导热性。在空气中，当温度高于400 ℃时，则会出现明显的氧化，生成CO和CO_2。在无氧环境下可耐1000℃以上的高温，是制作高性能复合材料的重要纤维。

5.1.4 合成橡胶

橡胶是一种具有极高弹性及低刚度的高分子材料，其弹性变形量可达100%～1000%。同时，橡胶还有一定的耐磨性，很好的绝缘性和不透气、不透水性。它是常用的弹性材料、密封材料、减振防振材料和传动材料。

1. 橡胶制品的组成

从橡胶树上采集的天然橡胶及大多数人工合成用以制胶的高分子聚合物，还不具备橡胶的种种性能，称为生胶。生胶要先进行塑炼，使其处于塑性状态，再加入各种配料，经过混炼、成型、硫化处理(即使生胶分子由线形转变为立体网状结构)，才能成为可以使用的橡胶制品。

为了改善橡胶制品性能而加入的配料主要包括：硫化剂(即交联剂，如硫磺、含硫化合物、胺类及树脂类化合物)、硫化促进剂(如胺类、胍类、秋兰姆类、噻唑类及硫脲类)和补强填充剂(如炭黑、氧化锌、陶土、碳酸钙、氧化硅)等。

此外，还可加入防老化剂(如石蜡、胺类、酚类化合物)、着色剂、软化剂(如硬脂酸、凡士林)等。制作橡胶制品时，还常用天然纤维和合成纤维、金属纤维及其织物制成骨架，以提高机械强度。

2. 常用橡胶

1）最早应用的橡胶——天然橡胶(NR)

天然橡胶由橡胶树流出的胶乳制成的生胶(以异戊二烯为主要成分的不饱和状态的线形天然聚合物)经加工而成。

天然橡胶强度高，耐撕裂，弹性、耐磨性、耐寒性、耐碱性、气密性、防水性、绝缘性及加工工艺性优良，生热和滞后损失小，综合性能在橡胶中最突出，但耐热、耐油及耐老化性差。广泛用于制造各类轮胎、胶带、胶管、胶鞋、气球及医疗卫生品等。

2）产量最大的合成像胶——丁苯橡胶(SBR)

丁苯橡胶由丁二烯和苯乙烯为单体共聚而成，同天然橡胶相比，价格低，耐磨性及气密性好，但抗撕裂性和耐老化性较佳，同帘子布的粘接性差，用作轮胎在行驶过程中内耗大、发热多。其能和天然橡胶任意混合加工达到取长补短的效果，用于制造轮胎、胶带、胶管、胶鞋、硬质胶轮、硬质胶板等。

3）弹性最好的橡胶——顺丁橡胶(BR)

顺丁橡胶由丁二烯聚合而成，以弹性特好且耐磨而著称，耐低温性、耐热性、耐老化性比天然橡胶还好。此外，其生热和滞后损失小，成本较低。但其强度较低，加工性能及抗撕裂性较差，常与其他橡胶一起混用来取长补短。

顺丁橡胶是目前产量第二的合成橡胶，是一种制造轮胎的优良材料，也用于制三角胶带、橡胶弹簧、鞋底等。

4）“万能”橡胶——氯丁橡胶(CR)

氯丁橡胶是氯丁二烯的弹性高聚物，其分子结构同天然橡胶的结构十分相似，但分子链上挂有强极性的侧基－Cl，使氯丁橡胶不仅在物理、机械性能方面可与天然橡胶相比拟，而且还具有良好的耐油、耐溶剂、耐氧化、耐老化、耐酸碱、耐曲挠及不延燃性等性能，所以被称为“万能橡胶”。但其耐寒性较差(－40℃)，密度较大($1.25g/cm^3$)。氯丁橡胶用途很广，主要用于耐老化的电线电缆包皮、耐油耐蚀的胶管、强度高寿命长的输送带、阻燃的矿井用橡胶制品、油罐衬里、织物涂层、门窗封条及制氯丁粘接剂等。

5）耐油性好的橡胶——丁腈橡胶(NBR)

丁腈橡胶是由丁二烯和丙烯腈共聚而成，有优异的耐油和耐溶剂性能(其耐油性虽然仅次于聚硫橡胶和氟橡胶，但综合性能却更好得多)，其耐燃性、耐热性、耐磨性、耐老化性、耐腐蚀性也较好，但电绝缘性很差(在某些情况下却可用于制作导电橡胶制品)，耐寒性、耐臭氧性及抗撕裂性较差。其主要用于耐油制品，如输油胶管、耐油密封垫圈、耐油耐热输送带、印刷胶辊、耐油减振制品及粘接剂等。

6）密度最小的橡胶——乙丙橡胶(EPDM)

乙丙橡胶由乙烯和丙烯共聚而成。但其分子结构中不含双键，属饱和性聚合物，使其不容易硫化，加工性能较差，同帘子线或其他材料的粘接性较差，限制了其在轮胎工业中的应用。为克服上述缺点，目前采用加入少量二烯烃第三单体共混成为三元乙丙橡胶。

乙丙橡胶价廉易得，密度最小，制成的产品质轻色浅，耐臭氧性、耐老化性、电绝缘性、耐溶剂性等都十分优良，使用温度比天然橡胶宽 60 多度，弹性、耐磨性及耐油性同丁苯橡胶接近。可用于建筑防水材料、蒸汽胶管、胶带、电线绝缘层等场合，并常作为其他橡胶或塑料的改性剂。

7) 最耐热耐寒的硅橡胶(MQ)

硅橡胶为各种硅氧烷缩聚而成的一类元素有机弹性体。硅橡胶具有高柔性，有优异的抗老化性能，对臭氧、氧、光和气候的老化抗力大，其绝缘性能也很好，无毒无味，并有生理惰性。缺点是强度和耐磨性差、耐酸碱性也差，而且价格较贵。主要用于飞机和宇航中的密封件、薄膜、胶管、高压锅密封圈及医疗用橡胶制品等，也用于耐高温的电线、电缆、电子设备等。

8) 最耐蚀的氟橡胶(FPM)

以碳原子为主链、含有氟原子的一类高聚物总称为氟树脂，其中具有高弹性者称为橡胶，由于含有键能很高的碳氟键，故氟橡胶具有很高的化学稳定性。

氟橡胶的突出优点是高的耐腐蚀性，它在酸、碱、强氧化剂中的耐蚀能力居各类橡胶之首，其耐热性也很好，最高使用温度为300℃。其缺点是价格昂贵、耐寒性差、加工性能不好。主要用于耐油、耐热、耐蚀的高级密封件、高真空密封件及化工设备中的衬里。

9) 似橡胶似塑料的热塑性弹性体(TPE)

大多数橡胶都要经过硫化处理，形成不熔不溶的体网结构才能使用，是热固性材料，它们的加工过程复杂，劳动强度很大，并且其废弃物的回收成本也很高。近年来，人们通过高分子的合成反应，制备出了在常温下显示橡胶的高弹性，在高温下又能像热塑性塑料一样可塑化成形而无须硫化的一类高分子材料，被称为热塑性弹性体，英文简称 TPE。

热塑性弹性体之所以具有橡胶和塑料两者的特点，是由于其大分子链上同时存在类似橡胶的柔性链段和塑料的硬链段，它们以嵌段形式共聚。而在大分子链间存在一种化学或物理形式的交联，这种交联具有可逆性：在高温下交联丧失，使其具有热塑性塑料的加工性能；在常温下又恢复交联，使其具有橡胶的高弹性。其主要品种有 SBS(硬段苯乙烯 S 软段丁二烯 B 硬段苯乙烯的嵌段共聚物)弹性体、三元乙丙胶类弹性体(简称 EPDM)、聚硅氧烷类弹性体(简称 SI)、聚氨酯类弹性体(简称 TPU)、聚酯类弹性体(简称 TPEE)等。

热塑性弹性体主要应用于制鞋(如旅游鞋)，其次用于汽车配件，或作其他塑料的增韧改性共混材料、热熔粘接剂及其他弹性制品如冰鞋滚轮，飞机轮胎、塑胶跑道等。

一般来说，热塑性弹性体的弹性、耐磨性、加工性优于通用橡胶，通过调节软硬段比例可较容易改变弹性体的性能，但耐热性较差，强度较低，价格较贵，耐溶剂性不好。

10) 液体橡胶

液体橡胶是常温下呈液体状态，而在加工成形时通过交联或其他方法形成固体制品。其相对分子质量一般较低，通常在1000以下，至少具有触变流动性，交联固化之后同普通硫化胶无多大区别，但加工简便，不必使用大型设备，易于实现连续化和自动化，甚至可以现场成形。可以制成形状特别的制品，因此，颇有发展前途。适合于特殊条件和特殊场合下的加工，如密封件、粘接件。主要有液体聚硫橡胶、液体硅橡胶(又称玻璃胶)、液体丁苯橡胶、丁二烯橡胶和液体异戊橡胶等。

11) 其他橡胶品种

丁基橡胶气密性突出，耐蚀性高，耐热老化，广泛用于轮胎内胎；丙烯酸酯橡胶具有良好的耐热、耐老化及耐油性；聚硫橡胶用于建筑密封腻子；还有氯醇橡胶等。

表5－2可供选用橡胶时参考。

表5－2 橡胶选用参考

使用要求	橡胶选用品种(按顺序考虑)
耐热	硅、氟、三元乙丙、丁腈、丁基、丙烯酸酯、氯醇
耐寒	硅、三元乙丙、顺丁、丁基、天然、氯醇
耐油	聚硫、氟、丁腈、聚氨酯、氯丁、氯磺化聚乙烯、丙烯酸酯
耐水	丁腈、三元乙丙、氯醇、天然、顺丁、氟、氯丁
耐酸碱	氟、丁基、氯丁、氯磺化聚乙烯、三元乙丙、聚硫、天然
耐老化(含臭氧)	氟、硅、三元乙丙、氯磺化聚乙烯、丁基、氯丁、聚硫
抗撕性	天然、乙丙、氯丁、聚氨酯、丁基、丁苯
耐磨性	聚氨酯、顺丁、丁苯、天然、丁腈、乙丙、丁基
回弹性	天然、顺丁、聚氨酯、丁基、丁苯、乙丙、硅
气密性	丁基、丁腈、天然、聚氨酯、氯丁、氯醇、丁苯

注：橡胶应用中常多品种混合及加入各种添加剂，性能变化较大，天然橡胶含异戊橡胶。

5.1.5 粘接剂及涂料

有机粘接剂及涂料多为在操作使用时处于粘流态，固化后则成为塑料或橡胶状态的聚合物。粘接剂主要强调粘接性，为便于粘接操作，一般对热塑性树脂常用溶剂稀释或加热变成粘流态；而对热固性树脂则使用聚合前的呈液态的低聚物及固化剂，有时也加一定量的溶剂或加热成为粘流态。涂料则在强调粘接性(或附着性)的基础上，还要考虑流平性及装饰性等性能，一般所加的溶剂及着色颜料更多些，要求黏度更低，并常加入其他改性添加剂，部分涂料也通过加热熔融来提高附着性及流平性，甚至交联固化。

1．粘接剂

粘接剂又称粘合剂或胶粘剂，它是一类通过粘附作用，使同质或异质材料连接在一起，并在胶接面上有一定强度的物质。部分粘接剂须加增塑剂、固化剂、填料、溶剂等才可使用。

1）粘接剂的分类

按主要组成分：有机粘接剂和无机粘接剂；按固化形式分：溶剂型粘接剂、反应型粘接剂、热熔型粘接剂；按粘接强度的大小分：结构型、非结构型粘接剂；按用途分：通用粘接剂、特种粘接剂等。

2）常用粘接剂

(1) 树脂型粘接剂。

① 热固性树脂粘接剂。它是加入固化剂或加热时，含多个官能团的单体或低分子预聚体的液态或粉末状态树脂在液态下经聚合反应交联成网状结构，形成不溶、不熔的固体而粘接的合成树脂粘接剂。它的粘附性较好，其固化物具有较好的强度、耐热性和耐化学性；但大多耐冲击和弯曲性差，初粘力较小。常见热固性粘接剂见表5－3。

表 5-3　主要的热固性树脂粘接剂

粘接剂	特性	用途
环氧树脂	室温固化，收缩率低，强度较高，对金属粘附力强	金属、塑料、水泥、玻璃钢
酚醛树脂	耐热，室外耐久，但有色、有脆性，固化时需高温加压	胶合板、层压板、砂纸、金属、刹车片
脲醛树脂	价格低廉，但易污染、易老化，耐蚀、耐热、无色	普通胶合板、木材
三聚氰胺一甲醛树脂	无色，耐水，加热粘接快速，但贮存期短	优质胶合板、织物、纸制品
不饱和聚酯	室温固化，收缩较大，接触空气难固化、粘度低、价格低	水泥结构件、玻璃钢、人造大理石
聚氨酯	室温固化，耐低温，受湿气影响大，粘附力大，韧性好	金属、塑料、橡胶、织物、陶瓷
芳杂环聚合物	耐 250～500℃温度，但固化工艺苛刻	高温金属结构

② 热塑性树脂粘接剂。它是一种液态下使用的粘接剂，通过溶剂挥发或熔体冷却，有时也通过聚合反应，使之变成热塑性固体而达到粘接的目的。其力学性能、耐热性和耐化学性比较差，但使用方便，有较好的柔韧性，初粘力良好。它主要包括聚乙烯醇、聚醋酸乙烯酯、聚氯乙烯、聚酰胺等粘接剂，见表 5-4。

表 5-4　主要的热塑性树脂粘接剂

粘接剂	特性	用途
聚醋酸乙烯酯浮液(白乳胶)	无色、无毒，初期粘接力较高，不耐碱和热，不耐水	木料、纸制品、书籍、无纺布、发泡聚乙烯
乙烯-醋酸乙烯酯(热熔胶)	快速粘接，蠕变性低，用途广，但低温下不能快速粘接	簿册贴边、包装封口、聚氯乙烯板
聚乙烯醇	价廉，干燥快，挠性好、无毒，耐水较差	纸制品、布料、纤维板、瓷粉涂料
聚乙烯醇缩醛	无色，透明，有弹性，耐久，但剥离强度低	金属、安全玻璃、织物、瓷粉涂料
丙烯酸树脂	无色，挠性好，耐久，但略有臭味，耐热性较低	金属、无纺布、聚氯乙烯板
聚氯乙烯及过氯乙烯	快速粘接，但溶剂有着火危险	硬质聚氯乙烯板和管
聚酰胺	剥离强度高，但不太耐热和水	金属、蜂窝结构
a-氰基丙烯酸酯(501、502)	室温快速粘接，无色，不耐久，粘接面不宜大	金属、陶瓷、塑料、橡胶
厌氧性丙烯酸双酯	隔绝空气下快速粘接，耐水，耐油，但剥离强度低	螺栓坚固、密封

(2) 橡胶型粘接剂。它是以合成橡胶为基料制得的合成粘接剂。粘接强度不高，耐热性也差，属于非结构型粘接剂，但具有优异的弹性、使用方便、初粘力强等优点。可用于橡胶、塑料、织物、皮革、木材等柔软材料的粘接，或金属-橡胶等热膨胀系数相差较大的两种材料的粘接，也用作密封胶。其中主要品种有氯丁橡胶、丁腈橡胶、丁苯橡胶、聚异于烯及丁基橡胶、羧基橡胶、聚硫橡胶、硅橡胶、氯磺化聚乙烯弹性体等。

(3) 混合型粘接剂。它是由热固性树脂与热塑性树脂或合成橡胶为基料制成的。热固性树脂粘接剂加入足够量的热塑性树脂或合成橡胶，可以增加其韧性，提高抗冲击和抗剥离性能，使胶粘剂具有机械强度高、耐老化、耐热、耐化学介质、耐疲劳等性能，达到结构胶的结合性能指标，它主要用作结构胶。工业上应用较广的有环氧-尼龙、环氧-聚砜、酚醛-氯丁、酚醛-丁腈、环氧-丁腈，以及橡胶改性丙烯酸酯等结构粘接剂。

(4) 无机粘接剂。无机粘接剂主要有磷酸盐、硅酸盐、硼酸盐、硫酸盐粘接剂等，相对前述有机粘接剂而言，无机粘接剂耐高温、耐低温、耐油、耐老化、耐溶剂性优良，但脆性大，部分耐酸碱和耐水性较差。其中反应型的磷酸氧化铜粘接剂有优良的耐高低温性能，粘接强度高，广泛用于各种刀具粘接、机器设备制造与维修方面。

(5) 压敏胶。压敏胶指无溶剂，不加热，只要轻轻加压就能粘合的粘接剂。通常是用长链线形高分子(如各类橡胶、聚乙烯醚、聚丙烯酸酯、丙烯酸酯共聚物、SBS等)，加入增粘树脂和软化剂混炼即得到。聚丙烯酸酯压敏胶是现在主要的产品。压敏胶和压敏胶粘带已在医药、绝缘、日常生活、包装、标志等上得到应用。

2. 涂料

涂料是一种可涂覆于固体物质表面并能形成连续性薄膜的液态或粉末状态的物质。涂料的主要功能一是保护被覆物体免受腐蚀性气氛及介质、微生物、阳光、高温等的作用而发生的表面破坏；二是产生特定的装饰作用；三是某些涂料还有特殊功能或作用，如防火、防污、防静电、防结露、防辐射及导电、润滑、远红外放射性、温度敏感性、环境敏感性等。正因为如此，使其在现代工农业生产、日常生活等领域应用广泛。

1) 涂料的组成

一般情况下，按涂料各组分的作用不同，涂料由主要成膜物质、次要成膜物质和辅助成膜物质组成。

(1) 主要成膜物质。主要成膜物质也称粘接剂(或基料)，涂料的最终性能主要取决于主要成膜物质的性质。主要成膜物主要有桐油等油类，纤维素类人造树脂，各类热塑性或热固性合成树脂及橡胶等。

(2) 次要成膜物质。次要成膜物质指的是颜料，主要是一些矿物粉或合成的无机、有机化合物粉，能均匀地分散在涂料介质中形成悬浮体。颜料在涂膜中不仅能遮盖被涂面和赋予涂膜以绚丽多彩的外观，而且还能增加涂膜的强度、厚度，阻止紫外光穿透，提高耐久性和抗老化的作用，有些特殊颜料还可使涂膜产生耐蚀、反光、耐热、杀菌、导电等特殊功能或效果。

(3) 辅助成膜物质。其主要包括溶剂、稀释剂、催干剂、增塑剂、紫外光吸收剂、抑菌或杀菌剂、阻燃剂、消泡剂、防冻剂、稳定剂等辅助材料(又称助剂)。

2) 涂料的分类

涂料产品分类方法多种多样。按主要成膜物质的性质分：有机高分子涂料、无机高分子涂料，以及由有机和无机高分子组成的复合涂料；按溶剂之类分散介质的不同及含量分：水溶性涂料、乳胶型(或称乳液型)涂料，溶剂型(即有机溶剂型)涂料，粉末型涂料及无溶剂的液态涂料等；按是否含颜料分：清漆、色漆；按用途分：木器漆、绝缘漆、防锈漆、防火漆、美术漆、船壳漆、船底漆、内墙涂料、外墙涂料、塑料用漆等；按施工方法分：喷漆、浸漆、烘漆、电泳漆等；按施工工序分：底漆、腻子、面漆、罩光漆等。

我国规定，以主要成膜物质的种类不同分为17大类，见表5-5所示。

表5-5　以主要成膜物性质为基础的涂料分类、代码表

序号	代码	涂料类别	主要成膜物质
1	Y	油脂漆类	天然植物油、鱼油、动物油、合成油等
2	T	天然树脂漆类	松香及其衍生物、虫胶、乳酪素、动物胶、大漆及其衍生物等
3	F	酚醛树脂漆类	酚醛树脂、改性酚醛树脂等
4	L	沥青漆类	天然沥青、煤焦沥青、石油沥青等
5	C	醇酸树脂漆类	甘油醇酸树脂、季戊四醇酸树脂以及其他醇类的醇酸树脂、改性醇酸树脂等
6	A	氨基树脂漆类	尿醛树脂、三聚氰胺甲醛树脂等
7	Q	硝基漆类	硝酸纤维素(酯)、改性硝酸纤维素(酯)等
8	M	纤维素漆类	醋酸纤维素、乙基纤维素、羟甲基纤维素、醋酸丁酸纤维素等
9	G	过氯乙烯漆类	过氯乙烯树脂、改性过氯乙烯树脂等
10	X	烯类树脂漆类	聚醋酸乙烯及其共聚物、聚乙烯醇缩醛树脂、聚苯乙烯树脂、氯乙烯共聚树脂、含氟树脂、氯化聚丙烯树脂、石油树脂等
11	B	丙烯酸类	热塑性、热固性丙烯酸树脂及其改性树脂等
12	Z	聚酯漆类	饱和聚酯树脂、不饱和聚酯树脂等
13	H	环氧树脂漆类	环氧树脂、改性环氧树脂等
14	S	聚氨酯漆类	聚氨酯树脂等
15	W	元素有机漆类	有机硅树脂、有机钛树脂、有机铝树脂等
16	J	橡胶漆类	天然橡胶及其衍生物、合成橡胶及其衍生物等
17	E	其他漆类	上述16大类未包括的成膜物质，如无机高分子材料、聚酰亚胺树脂等

3）典型涂料的品种及类型简介

(1) 醇酸树脂涂料。醇酸树脂是由多元醇、多元酸和脂肪酸经酯化反应缩聚而成的。一般而言，醇酸树脂涂料耐候性较好，漆膜有较好附着力、柔韧性、耐热性、抗油性、抗溶剂性，施工方便，价格便宜。它的缺点是干透时间长，耐水、耐碱差，防霉、防湿、防盐雾差，涂膜较软。醇酸树脂主要用于一般工程机械、桥梁、铁塔、卡车及要求不太高的建筑、门窗及家具涂饰。

(2) 氨基树脂涂料。氨基树脂涂料指以氨基树脂和醇酸树脂为主要成膜物质的一类涂料，它是一种很重要的一类涂料。氨基涂料涂膜外观光亮，色彩鲜艳丰满，装饰性强，涂膜坚硬耐磨，并有较好的耐候性、耐油性和绝缘性，有防潮湿、防盐雾、防霉菌的“三防”性能，广泛用于轿车、面包车、自行车、缝纫机、电冰箱、医疗器械等产品涂饰。

(3) 硝化纤维素涂料。硝化纤维素涂料是由硝化纤维素、合成树脂、增塑剂、溶剂、颜料等配制而成的，常用于喷涂，干燥速度很快，而不宜采用刷涂，为典型热塑性溶剂挥发成膜涂料。其涂膜坚硬耐磨，可打蜡抛光，膜的光亮度高，装饰性强，有较好耐水耐油性，并易于修补和保养。但涂膜附着力较差，耐热性、耐化学药品性不良，且固体含量少，溶剂消耗大，环境污染严重，涂膜往往须多次喷涂才可达到所需厚度要求。硝基涂料可用于轿车、皮革、玩具、仪器仪表、木器等的中高级涂饰。

(4) 过氯乙烯树脂涂料。过氯乙烯树脂是聚氯乙烯进一步氯化，由原来的氯含量为56%左右增加到氯含量为61%～65%，再加溶剂等添加剂而制得的典型热塑性挥发成膜涂料，同硝基涂料一样也为“喷漆”。该涂料耐化学性及阻燃性好，防水、防霉、耐油性优异，并有较好耐候性和耐低温性，但附着力和耐热性较差。常用于化工厂房、设备防腐层，车辆、机床等的外用层，车、船及建筑内部的木材、纤维的防火涂料等。

(5) 丙烯酸树脂涂料。丙烯酸树脂涂料是由甲基丙烯酸酯与丙烯酸共聚，同时再加一定量的丙烯腈或丙烯酰胺、醋酸乙烯、苯乙烯等再共聚而成的。由于制造树脂时单体不同，该涂料可分为热塑性丙烯酸树脂涂料(为溶剂挥发成膜，溶剂消耗大，固体份含量少)和热固性丙烯酸树脂涂料(为热固性烘烤固化成膜)。

丙烯酸树脂涂料为高档重要涂料，纯丙烯酸清漆清似白水，而制成的白漆比其他任何白色涂料纯白得多，有优良的耐紫外线性能及保光保色性能，涂膜光亮丰满，装饰性极强，常作轿车、家电等产品的高级罩光涂料或配制高级金属(闪光)涂料。此外，它还有良好的耐化学药品性及耐热性，在180℃时性能仍保持稳定，并有优于过氯乙烯的耐湿热、耐盐雾、耐霉菌的“三防”性能。

(6) 环氧树脂涂料。环氧涂料是以环氧树脂作为主要成膜物质而制备的一类涂料，其应用面广，产量大，品种多。同环氧粘接剂一样，此涂料大多为改性的环氧树脂品种，也为交联固化成膜。环氧涂料对物体(特别是对金属)有极好的附着力，且强韧性、耐蚀性、耐碱性及电绝缘性均好，但耐候性差，紫外光长期照射易粉化，所以不宜作户外装饰性涂料，主要用于金属制品的底漆、防腐漆及电器绝缘漆，部分品种用于罐头盒内壁涂饰防腐。

环氧树脂涂料按所加固化剂及改性树脂可以分为很多种，如胺固化环氧涂料、聚酰胺固化环氧涂料、环氧酚醛涂料、环氧沥青涂料等；按组成形态又可分为有溶剂型环氧涂料、无溶剂型环氧涂料、水性环氧电泳涂料、环氧粉末涂料等；按其组成可为单组分、双组分。

(7) 聚氨酯涂料。聚氨酯涂料的主要特点是：涂膜附着力强，坚韧耐磨(耐磨性在涂料中名列前茅)，光亮，装饰性强，耐腐蚀性及绝缘性好，能和其他树脂并用，可加热固化，也可室温下固化，但成本高、施工要求严格，室外保光保色性稍差。

聚氨酯涂料主要用于产品的装饰，金属、木材、水泥制品的防腐防锈，木地板的耐磨涂饰及皮革、橡胶、塑料等柔性材料制品的涂饰场合。

(8) 粉末涂料。粉末涂料是以空气为分散介质的一种呈粉末状的涂料。其所用树脂应能够受热熔融，用高压静电空气喷涂或流化床涂覆，熔融的粉末在工件上粘附、流平、冷却固化或交联固化成膜。

按粉末涂料性质的不同，可分为热塑性型和热固性型两大类。热塑性型粉末涂料常见品种有聚乙烯、聚氯乙烯、聚酰胺、聚酯、聚四氟乙烯、氯化聚醚等；热固性型粉末涂料常见品种有环氧树脂、聚氨酯、热固性聚酯及丙烯酸酯等。

粉末涂料因无挥发溶剂，所以无“三废”公害及火灾隐患，是一种绿色环保涂料，其涂层较厚，涂膜质量好，装饰效果也好，且节省能源、工艺简单，但调色困难，光泽差，烘烤温度高。其已广泛用于轻工及家用电器等产品上，其中聚四氟乙烯粉末喷涂已广泛用于不粘锅及不粘油炉具上。

(9) 水溶性涂料。以水为溶剂，以水溶性树脂为主要成膜物质制得的涂料称为水溶性涂料。水溶性树脂之所以溶于水，主要是在成膜聚合物中引进亲水的或水可增溶的基团(如羧基、氨基)使之水溶。

电泳涂料就是一种典型水溶性涂料，它是利用在水中带电荷的水溶性成膜聚合物，在电场作用下，泳向相反电极表面而沉积析出，再经烘烤固化成膜。电泳涂料由于用水作溶剂，所以无毒，不燃，为另一种绿色环保涂料；且电泳方法涂覆可流水作业，生产率高，涂层均匀，附着力极强，所以被广泛作为大批量金属产品如汽车、缝纫机、家用电器的底漆。

乳胶涂料是在乳化剂和引发剂存在下产生乳液聚合所得到的合成树脂乳胶中加入各种辅助材料，分散于水中而形成的。乳液粒子尺寸在微米级左右分散于水中。

乳胶涂料种类很多，常见的有丁苯乳胶涂料、醋酸乙烯乳胶涂料、丙烯酸酯乳胶涂料、苯-丙乳胶(即苯乙烯和丙烯酸丁酯共聚乳液)、乙-丙乳胶(即醋酸乙烯和丙烯酸丁酯等的共聚乳液)涂料、聚氨酯乳胶涂料等。

乳胶涂料以水为分散介质，随着水分的蒸发而干燥成膜，无味、无毒、不燃，也为一种绿色保涂料，并且涂膜透气性高，不结露，耐水、耐候性良好，可刷涂可喷涂，也可在潮湿物体上涂饰，其非常适合建筑内墙涂饰，施工后工具易清洗，为目前最常用的墙体涂料。

(10) 光固化涂料(或光敏涂料、感光涂料)。光固化涂料是利用光(常为紫外光)的辐射能量，去引发树脂中含乙烯基的成膜物质和活性溶剂进行自由基或阳离子聚合，从而固化成膜的，也可看作是光敏树脂或光敏粘接剂在涂料上的应用。光固化涂料常用于流水线涂装，尤其是木材、纸张、塑料、织物、皮革等不宜高温烘烤的材料。其涂膜光亮丰满，耐水、耐热、耐溶剂、硬度高，为一种高档涂料。

(11) 金属闪光漆。金属闪光漆由漆料、透明性或低透明性彩色颜料、闪光铝粉或黄铜粉和溶剂配制而成，也可把闪光铝粉或闪光黄铜粉加入各色透明漆液中配制而成。闪光铝粉或闪光黄铜粉是一种表面平滑光亮的片状物，像多面小镜子一样以不同反射角排列在漆膜中，当平行光线照射上去时，会在不同角度反射，从而产生金属闪烁感。常见的品种有氨基醇酸类、热固性和热塑性丙烯酸酯类、环氧树脂类、聚酯类、聚氨酯类闪光涂料，常用于自行车、小汽车、家用电器及家具涂饰。

如在闪光漆中再加入发光剂，则被涂物在夜间受光照射下会呈现闪光和迷幻效果，可用于安全交通标志、建筑装饰、广告牌、家具等。

5.2 工 程 陶 瓷

陶瓷材料按原料来源分普通陶瓷(由天然矿物原料制成)和特种陶瓷(由高纯度的人工合成的化合物原料制成)；按用途和性能分日用陶瓷和工业陶瓷，其中工业陶瓷又可分为强调强度、耐热、耐蚀等性能的工程陶瓷及具有特殊电、磁、光、热等效应的功能陶瓷；按化学组成分硅酸盐陶瓷、氧化物陶瓷、碳化物陶瓷、氮化物陶瓷、硼化物陶瓷、金属陶瓷、复合陶瓷等；按组织形态分无机玻璃(即非晶质陶瓷)、微晶玻璃(即玻璃陶瓷)、陶瓷(即结晶质陶瓷)等。常用工程结构陶瓷包括普通陶瓷。特种陶瓷包括氧化物陶瓷和非氧化物陶瓷等。

5.2.1 陶瓷材料的性能特点

常见陶瓷材料有以下的性能特点。

(1) 弹性模量大，即刚性好，是各种材料中最高的。陶瓷材料在断裂前无塑性变形，是脆性材料，冲击韧性很低。如果设法减少材料内部的缺陷，陶瓷材料的强度和韧性会大大改善。

(2) 抗压强度比抗拉强度高得多，抗拉强度与抗压强度之比陶瓷为 1∶10(铸铁仅为 1∶3)。此外，陶瓷硬度高，一般在莫氏硬度 7 以上。

(3) 熔点高，高温强度高，线膨胀系数很小，是很有前途的高温材料。用陶瓷材料制造的发动机体积小，热效率大大提高，很有发展前景。

(4) 化学稳定性好。陶瓷材料在高温下不氧化，抗熔融金属的浸蚀性高，可用来制作坩埚，对酸、碱、盐大都具有良好耐蚀性。和金属相比，陶瓷抗热冲击性差，不耐温度的急剧变化。

(5) 优良的理化性能和功能性质。大部分陶瓷可作绝缘材料，有的可作半导体材料，还可以作压电材料、热电材料和磁性材料等。利用某些陶瓷的光学特性，可作激光材料、光色材料、光学纤维等。有的陶瓷在人体内无特殊反应，可作人造器官(称为生物陶瓷)。陶瓷材料作为功能材料具有广泛的应用前景。

陶瓷材料的主要缺点是：脆性大，可靠性差，加工性差，难以进行常规(如切削等)加工。

5.2.2 常用工程结构陶瓷

1. 普通陶瓷

普通陶瓷是以粘土($Al_2O_3 \cdot 2SiO_2 \cdot 2H_2O$)、长石($K_2O \cdot Al_2O_3 \cdot 6SiO_2$ 或 $Na_2O \cdot Al_2O_3 \cdot 6SiO_2$)、石英($SiO_2$)等为原料经配料、成形加工后烧结而成的，有时还加入 MgO、ZnO、BaO 等化合物来进一步改善性能。其组织中主晶相为莫来石($3\ Al_2O_3 \cdot SiO_2$)，占 25%～30%，次晶相为 SiO_2 等，玻璃相占 35%～60%，气相占 1%～3%。这类陶瓷质地坚硬，不氧化生锈，耐腐蚀，不导电，能耐一定高温，易成形，成本低。但因其组织中玻璃相比例大，强度较低，高温性能不如其他陶瓷。普通陶瓷除日用外，大量用于建材工业、电器绝缘材料、化工设备及对力学性能要求不高的耐磨零部件。

2. 玻璃

玻璃是指熔融物在冷却凝固过程中因熔体黏度大，原子或大分子不能作充分扩散结晶而得到的一种保持熔体结构的非晶态固体无机材料，可看作是孔隙率为零的非晶质陶瓷。

工业上大量生产的是以一定纯度的二氧化硅砂、石灰石及纯碱(为助熔剂)等为原料在1550～1600℃下熔融、成型、冷却而制得的钠钙硅酸盐玻璃，其可透各种可见光，吸收红外线及紫外线，广泛用于建筑平板玻璃、瓶罐玻璃方面。如用钾长石代替钠长石，则制成比钠钙玻璃更硬更光泽的钾钙玻璃，用于化学试验容器、高级玻璃日用品及作透红外玻璃；如用氧化铅代替氧化钙等，则成为折射率大，易吸收高能射线的铅玻璃，可用于荧光灯管、显像管、光学镜片、艺术器皿等；如加入某些成核物(如 TiO_2、P_2O_5、Z_rO_2 等)，经热处理后可得晶粒尺寸为 0.1～1μm，晶相体积占 90%以上的微晶玻璃，其膨胀系数特小，抗热冲击特好，可透过微波；透明彩色玻璃是在原料中加入一定量的金属氧化物或其他化合物而使玻璃带色，如加氧化钴可着蓝色。含 100%SiO_2 的石英玻璃又称水晶玻璃，其耐高温，耐热振，膨胀系数低，光学均匀性和透明性均很高，并能透过紫外线和红外线，是制作高级光学仪器及耐高温、耐高压等特殊制品的理想材料。如将平板玻璃在加热炉中加热到接近软化点温度(约 650℃)，出炉后立即向玻璃两面吹冷空气，造成表层及中心层因收缩不均匀而使表层存在压应力，中心层存在拉应力，这种玻璃强度很高，破碎后玻璃呈细小无尖锐棱角状，此即汽车常用的钢化玻璃。如在两层钢化玻璃中间夹一层强韧透明的高分子塑料膜，热压粘合后即得所谓安全玻璃或防弹玻璃。此外，还有激光玻璃、镀膜玻璃等各种功能玻璃。

3. 氧化物陶瓷

应用最多的氧化物陶瓷是 Al_2O_3、ZrO_2、MgO、CaO、BeO、ThO_2 等。氧化物陶瓷除了晶体相外，还有少量的玻璃相和气孔。

(1) 氧化铝陶瓷。氧化铝陶瓷以 Al_2O_3 为主要成分，Al_2O_3 的含量大于 46%时称为高铝陶瓷，Al_2O_3 含量为 90%～99.5%时称为刚玉瓷。刚玉瓷可在 1600℃高温下长期使用，蠕变很小，也不会氧化。由于铝、氧之间的键合力很大，所以氧化铝陶瓷特别耐酸、碱侵蚀，还能抵抗金属和玻璃熔体的侵蚀。此外，它还具有优良的电气绝缘性能。氧化铝含量越高则强度越高。氧化铝陶瓷的硬度仅次于金刚石、立方氮化硼、碳化硼、碳化硅，可达 92～93HRA。其中，微晶刚玉瓷硬度接近金刚石。氧化铝陶瓷用于制造高速切削刀具时胜过硬质合金，还可做拉丝模、人造宝石、量具测量部分的镶块、内燃机火花塞、高温炉零件、生产合成纤维的出丝嘴、导丝器。致密度高的可做真空陶瓷，多孔的可做绝热材料。刚玉陶瓷也是重要的坩锅材料。

(2) 其他氧化物陶瓷。ZrO_2 陶瓷导热系数小，耐蚀、耐热、硬度高，推荐使用温度 2000～2200℃，主要用作耐火坩锅、工模具、高温炉和反应堆的绝热材料、金属表面的防护涂层。

MgO、CaO 陶瓷能抗各种金属碱性渣的作用，但热稳定性差(MgO 在高温下易挥发，CaO 在空气中易水化)，它们可用来制造坩锅。MgO 可用作炉衬和用于制作高温装置。

BeO 陶瓷导热性极好，消散高能射线的能力强，具有很高的热稳定性，但强度不高，用于制造熔化某些纯金属的坩锅，还可做真空陶瓷和反应堆陶瓷。

ZrO_2 陶瓷导热系数小，耐蚀、耐热，硬度高，推荐使用温度 2000～2200℃，主要用作耐火坩锅、工模具、高温炉和反应堆的绝热材料、金属表面的防护涂层。

4. 碳化物陶瓷

碳化物陶瓷包括碳化硅、碳化硼、碳化铈、碳化钼、碳化铌、碳化钛、碳化钨、碳化钽、碳化钒、碳化锆、碳化铪等。该类陶瓷的突出特点是具有很高的熔点、硬度(近于金刚石)和耐磨性(特别是在侵蚀性介质中)，缺点是耐高温氧化能力差(900～1000℃)、脆性极大。

(1) 碳化硅陶瓷。碳化硅陶瓷是以 SiC 为主要成分的陶瓷。碳化硅陶瓷按制造方法分为反应烧结陶瓷、热压烧结陶瓷和常压烧结陶瓷。

碳化硅陶瓷具有很高的高温强度，在 1400℃时抗弯强度仍保持在 500～600MPa，工作温度可达 1700℃。它具有很好的热稳定性、抗蠕变性、耐磨性、耐蚀性、良好的导热性(在陶瓷中仅次于氧化铍陶瓷)、耐辐射性及低的热膨胀性，但在 1000℃左右易产生缓慢氧化现象。

碳化硅陶瓷可用于火箭尾喷管或喷嘴、浇注金属的浇道口、高温轴承、电加热管、砂轮磨料、热电偶保护套管、炉管及核燃料包封材料。

(2) 碳化硼陶瓷。碳化硼陶瓷的硬度极高，抗磨粒磨损能力很强，熔点高达 2450℃左右，但在高温下会快速氧化，并且会与热或熔融的黑色金属发生反应，因此其使用温度限定在 980℃以下。其主要用途是作磨料，有时用于超硬质工具材料。

5. 氮化物陶瓷

最常用的氮化物陶瓷为氮化硅(Si_3N_4)和氮化硼(BN)。

(1) 氮化硅陶瓷。氮化硅陶瓷是以 Si_3N_4 为主要成分的陶瓷。根据制作方法可分为热压烧结陶瓷和反应烧结陶瓷。

氮化硅陶瓷具有很高的硬度，有自润滑作用，摩擦系数小，耐磨性好，抗氧化能力强，抗热振性大大高于其他陶瓷。它具有优良的化学稳定性，能耐除氢氟酸以外的其他酸和碱性溶液的腐蚀，以及抗熔融有色金属的侵蚀。它还具有优良的绝缘性能及低的热膨胀性。

热压烧结氮化硅($\beta-Si_3N_4$)陶瓷的强度、韧性都高于反应烧结氮化硅陶瓷，主要用于制造形状简单、精度要求不高的零件，如切削刀具、高温轴承等。反应烧结氮化硅($\alpha-Si_3N_4$)陶瓷工艺性好，硬度较低，用于制造形状复杂、精度要求高的零件，并且要求耐磨、耐蚀、耐热、绝缘等场合，如泵密封环、热电偶保护套、高温轴承、增压器转子、缸套、活塞环、电磁泵管道和阀门等。氮化硅陶瓷还是制造新型陶瓷发动机的重要材料。

在氮化硅基础上发展的赛隆陶瓷是在 Si_3N_4 中添加有一定量的 Al_2O_3、MgO、Y_2O_3 等氧化物形成的一种新型陶瓷，其为目前强度最高的陶瓷，有优异的化学稳定性和耐磨性，抗热震性好，主要用于切削刀具、金属挤压模内衬、与金属材料组成摩擦副，或用于汽车上的针形阀、底盘定位销等。

(2) 氮化硼(BN)陶瓷。氮化硼陶瓷分为低压型和高压型两种。

低压型 BN 为六方晶系，结构与石墨相似，又称为白石墨。其硬度较低，具有自润滑性，还有良好的高温绝缘性、耐热性、导热性及化学稳定性。用于耐热润滑剂、高温轴承、高温容器、坩埚、热电偶套管、散热绝缘材料、玻璃制品成型模等。

高压型 BN(即 CBN)为立方晶系，硬度接近金刚石，在 1925℃以下不会氧化，用于磨料、金属切削刀具及高温模具。

6. 硼化物陶瓷

最常见的硼化物陶瓷包括硼化铬、硼化铝、硼化钛、硼化钨和硼化锆等。其特点是高硬度，同时具有较好的耐化学侵蚀能力。其熔点范围为 1800～3000℃。比起碳化物陶瓷，硼化物陶瓷具有较高的抗高温氧化性能，使用温度达 1400℃。硼化物陶瓷主要用于高温轴承、内燃机喷嘴、各种高温器件、处理熔融铜、铝、铁的器件等。此外，二硼化物如 ZrB_2、TiB_2 还有良好导电性，电阻率接近铁或铂，可用于电极材料。表 5-6 列出了常用陶瓷材料的性能。

表 5-6　常用陶瓷材料的性能

类别	材料		性能				
			密度/(g/cm^3)	抗弯强度/MPa	抗拉强度/MPa	抗压强度/MPa	断裂韧度/($MPa \cdot m^{1/2}$)
普通陶瓷	普通工业陶瓷		2.2～2.5	65～85	26～36	460～680	—
	化工陶瓷		2.1～2.3	30～60	7～12	80～140	0.98～1.47
特种陶瓷	氧化铝陶瓷		3.2～3.9	250～490	140～150	1200～2500	4.5
	氮化硅陶瓷	反应烧结	2.20～2.27	200～340	141	1200	2.0～3.0
		热压烧结	3.25～3.35	900～1200	150～275	—	7.0～8.0
	碳化硅陶瓷	反应烧结	3.08～3.14	530～700	—	—	3.4～4.3
		热压烧结	3.17～3.32	500～1100	—	—	—
	氮化硼陶瓷		2.15～2.3	53～109	110	233～315	—
	立方氧化锆陶瓷		5.6	180	148.5	2100	2.4
	Y-TZP 陶瓷		5.94～6.10	1000	1570	—	10～15.3
	Y-PSZ 陶瓷(ZrO_2+3%molY_2O_3)		5.00	1400	—	—	9
	氧化镁陶瓷		3.0～3.6	160～280	60～98.5	780	—
	氧化铍陶瓷		2.9	150～200	97～130	800～1620	—
	莫来石陶瓷		2.79～2.88	128～147	58.8～78.5	687～883	2.45～3.43
	赛隆陶瓷		3.10～3.18	1000	—	—	5～7

5.2.3 金属陶瓷

金属的塑性及抗热振性好，但容易氧化，高温强度不高；陶瓷的耐热性好，耐蚀性强，但脆性大。金属陶瓷就是将二者结合起来制成的优异的新材料。金属陶瓷的陶瓷相(即晶体相)是氧化物(Al_2O_3、ZrO_2 等)、碳化物(WC、TiC、SiC 等)、硼化物(TiB、ZrB、CrB_2 等)、氮化物(TiN、BN、Si_3N_4 等)，它们是金属陶瓷的基体或骨架。金属相(其作用相当于玻璃相，但又有别于玻璃相，呈晶体状态)主要是铁、钛、铬、镍、钴及其合金，起粘接作用，也称粘接剂。陶瓷相和金属相的种类及相对数量对金属陶瓷的性能影响特别大，以陶瓷相为主的多为工具材料，金属相含量高的多为结构材料。

1. 氧化物基金属陶瓷

氧化物基金属陶瓷用得最多的是以 Al_2O_3 为陶瓷相、不超过10%的铬做金属相的金属陶瓷。铬的高温性能好，表面氧化时形成 Cr_2O_3 薄膜，Cr_2O_3 和 Al_2O_3 形成的固溶体将氧化铝粉粒牢固地粘接起来，因而比纯氧化铝陶瓷的韧性好，且热稳定性、抗氧化性都有所改善。也可通过加入镍、铁及其他元素，或细化陶瓷粉粒和晶粒，用热压成型等方法来提高致密度，而使韧性进一步提高。氧化物基金属陶瓷主要做工具材料，它的红硬性可达1200℃，抗氧化性好，高温强度高，与被加工材料粘着趋向小，适宜高速切削。可切削65HRC的冷硬铸铁和淬火钢，并可切削加工34～42HRC的长管件，如炮筒、枪管。此外还用于制造模具、喷嘴、热拉丝模、机械密封环等。

2. 碳化物基金属陶瓷

在碳化物基金属陶瓷中，基体常用WC、TiC等，粘接剂主要是铁族元素，如Co、Ni等。粘接剂对碳化物有一定溶解度，能将碳化物粘接起来，如WC-Co、TiC-Ni等。碳化物基金属陶瓷可做工具材料，也可做耐热结构材料。

常用的硬质合金就是将80%以上的碳化物粉末(WC、TiC等)和粘接剂(Co、Ni等)混合，加压成形后再经烧结而成的金属陶瓷。它的硬度很高(89～92HRA)，红硬性可达800～1000℃，抗弯强度880～1470MPa，常用硬质合金有以下几种：

1) 钨钴(YG)类。以WC为基体，Co作粘接剂。w_{Co}越高，韧性和强度越好，但硬度和耐磨性稍有降低。常用牌号有YG3、YG6、YG8。钨钴类常用于加工断续切削的脆性材料，如铸铁、有色金属和非金属材料。

2) 钨钴钛(YT)类。用WC、TiC做基体，Co做粘接剂。其红硬性优于钨钴类，但韧性、强度略有下降。常用牌号有YT30、YT15。常用于切削碳钢、合金钢的切削刀具。

3) 万能硬质合金(YW)。由WC、TiC、TaC和Co构成，兼有上述两种硬质合金的优点，可用于切削难加工材料，常用牌号有YW1、YW2。

4) 钢结硬质合金。碳化物少，30%～50%，粘接剂为各种合金钢和高速钢粉末。其红硬性和耐磨性低于一般硬质合金，但优于高速钢，韧性比硬质合金好得多，加工性能好，可以像钢一样进行锻、切削、热处理，可用于制造模具及某些耐磨零件。典型牌号如以TiC为硬质相的GT35(合金钢基体)、T1(钨-钼高速钢基体)、TM60(高锰钢基体)及以WC为硬质相的GW50、DT40、TLMW50(均为合金钢基体)等。

以碳化铬 Cr_3C_2 为基体(有时还加入少量WC)，以Ni或其合金为粘接剂形成的碳化铬硬质合金，有极高的抗高温氧化性及高的耐磨性和耐蚀性，但强度较低。典型牌号如YLN15(P)、YLWN15(数字为镍的质量百分数)，可用于玻璃器皿成型模、铜材挤压模、燃油喷嘴等。

以TiC、TiN等为基体(常加入一定量的WC、TaN)，以Ni-Mo为粘接剂的硬质合金耐磨性接近陶瓷，热硬性极高，高温抗氧化性优良，与钢的摩擦系数较低，但较脆，适宜作钢铁的高速精加工切削刀具。典型牌号有YN10、YN05。

此外，还有身怀绝技的功能陶瓷，其大概的分类及用途见表5-7所示。

表 5-7 常见功能陶瓷及用途

功能	系列	材料	用途
电功能陶瓷	绝缘陶瓷	Al_2O_3，BeO，MgO，A1N，SiC	集成电路基片、封装陶瓷、高频绝缘瓷
	介电陶瓷	TiO_2，$La_2Ti_2O_7$，$Ba_2Ti_9O_{20}$	陶瓷电容器、微波陶瓷等
	铁电陶瓷	$BaTiO_3$，$SrTiO_3$	陶瓷电容器
	压电陶瓷	PZT，PLZT	超声换能器、谐振器、滤波器、压电点火器、压电马达、微位移器
	半导体陶瓷	NTC(SiC，$LaCrO_3$，ZrO_2)	温度传感器、温度补偿器
		PTC($BaTiO_3$)	温度补偿器、限流元件、自控加热元件
		CTR(V_2O_5)	热传感元件、防火传感器
		ZnO 压敏电阻	浪涌电流吸收器、噪声消除及避雷器
		SiC 发热体	中高温电热元件、小型电热器
		半导性 $BaTiO_3$，$SrTiO_3$	晶界层电容器
	快离子导体陶瓷	ZrO_2，β- Al_2O_3	氧传感器、氧泵、燃料电池、固体电解质
磁功能陶瓷	软磁铁氧体	Mn-Zn，Cu-Zn，Ni-Zn，Cu-Zn-Mg	记录磁头、温度传感器、电器磁芯、磁头、电波吸收体
	硬磁铁氧体（陶瓷）	Ba、Sr 铁氧体，钕铁硼磁体	铁氧体磁石、永久磁铁
	记忆用铁氧体	Li，Mn，Ni，Mg，Zn 与铁形成的尖晶石型铁氧体	计算机磁芯
光功能陶瓷	透明氧化铝陶瓷	Al_2O_3	高压钠灯
	透明氧化镁陶瓷	MgO	照明或特殊灯管、透红外材料
	透明氧化物陶瓷	Y_2O_3、BeO、ThO	激光元件
	PLZT 透明铁电陶瓷	PbLa(Zr，Ti)O_3	光存储元件、视频显示和存储系统、光开关、光阀
生化陶瓷	湿敏陶瓷	MgCrO-TiO_2，TiO_2-V_2O_5，Fe_3O_4，$NiFe_2O_4$	湿敏传感器
	气敏陶瓷	SnO_2，α-Fe_2O_3，ZrO_2，ZnO	各种气体传感器
	载体用陶瓷	堇青石瓷，Al_2O_3，SiO_2-Al_2O_3	汽车尾气催化剂载体、气体催化剂载体
	催化用陶瓷	沸石、过渡金属氧化物	接触分解反应催化、排气净化催化
	生物陶瓷	Al_2O_3，氢氧(或羟基)磷灰石，生物活性玻璃	人造牙齿、人造骨骼等

5.3 复合材料

复合材料为两种或两种以上物理和化学性质不同的物质组合而成的一种多相固体材料。一般根据基体和增强材料的种类命名复合材料：强调基体时称“×××基复合材料”，如树脂基(主要为合成树脂和橡胶)复合材料、金属基(主要为铝、镁、钛及其合金)复合材料、陶瓷基复合材料等；强调增强材料时称“×××增强复合材料”，如碳纤维增强复合材料、玻璃纤维增强复合材料等；同时强调基体和增强材料时称“×××-×××复合材料”，如碳纤维-环氧树脂复合材料、不饱和聚酯树脂-玻璃纤维层压复合材料；强调增强相形态时则有纤维增强复合材料、晶须增强复合材料、颗粒增强复合材料、叠层复合材料等；按用途分则有结构复合材料、功能复合材料、结构/功能一体化复合材料等。

5.3.1 复合材料的性能特点

常见高性能增强复合材料有以下的性能特点。

(1) 复合材料的比强度和比刚度较高。材料的强度除以密度称为比强度；材料的刚度除以密度称为比刚度。这两个参量是衡量材料承载能力的重要指标，如钢的比强度(σ_b/ρ)为1.29(10^5N·m/kg)，比刚度(E/ρ)为26(10^6N·m/kg)，而硼纤维-铝基复合材料分别为3.78(10^5N·m/kg)和74(10^6N·m/kg)。比强度和比刚度较高说明材料质量小，而强度和刚度大。这是结构设计，特别是航空、航天结构设计对材料的重要要求。现代飞机、导弹和卫星等机体结构正逐渐扩大使用纤维增强复合材料的比例。

(2) 复合材料的力学性能可以设计，即可以通过选择合适的原材料和合理的铺层形式，使复合材料构件或复合材料结构满足使用要求。例如，在某种铺层形式下，材料在一方向受拉而伸长时，在垂直于受拉的方向上材料也伸长，这与常用材料的性能完全不同。又如利用复合材料的耦合效应，在平板模上铺层制作层板，加温固化后，板就自动成为所需要的曲板或壳体。

(3) 复合材料的抗疲劳性能良好。一般金属的疲劳强度为抗拉强度的40%～50%，而某些复合材料可高达70%～80%。复合材料的疲劳断裂是从基体开始，逐渐扩展到纤维和基体的界面上，没有突发性的变化。因此，复合材料在破坏前有预兆，可以检查和补救。纤维复合材料还具有较好的抗声振疲劳性能。用复合材料制成的直升机旋翼，其疲劳寿命比用金属的长数倍。

(4) 复合材料的减振性能良好。纤维复合材料的纤维和基体界面的阻尼较大，因此具有较好的减振性能。用同形状和同大小的两种梁分别作振动试验，碳纤维复合材料梁的振动衰减时间比轻金属梁要短得多。

(5) 复合材料通常都能耐高温。在高温下，用碳或硼纤维增强的金属其强度和刚度都比原金属的强度和刚度高很多。普通铝合金在400℃时，弹性模量大幅度下降，强度也下降；而在同一温度下，用碳纤维或硼纤维增强的铝合金的强度和弹性模量基本不变。复合材料的热导率一般都小，因而它的瞬时耐超高温性能比较好。

(6) 复合材料的安全性好。在纤维增强复合材料的基体中有成千上万根独立的纤维。当用这种材料制成的构件超载，并有少量纤维断裂时，载荷会迅速重新分配并传递到未破坏的纤维上，因此整个构件不至于在短时间内丧失承载能力。

(7) 复合材料的成型工艺简单。纤维增强复合材料一般适合于整体成型，因而减少了零部件的数目，从而可减少设计计算工作量并有利于提高计算的准确性。另外，制作纤维增强复合材料部件的步骤是把纤维和基体粘接在一起，先用模具成型，而后加温固化，在制作过程中基体由流体变为固体，不易在材料中造成微小裂纹，而且固化后残余应力很小。

(8) 良好的尺寸稳定性。加入增强体到基体材料中不仅可以提高材料的强度和刚度，而且可以使其热膨胀系数明显下降。通过改变复合材料中增强体的含量，可以调整复合材料的热膨胀系数。

5.3.2 复合材料的增强体和基体

复合材料是多相体系，由基体(即连续相)和增强材料(即增强相)通过一定的工艺方法组合而成。基体相主要起粘接和固定作用，增强相主要起承受载荷作用。不同的基体和增强材料可以组成不同的复合材料。

以纤维增强为例，对增强体和基体提出以下基本要求。

(1) 纤维。纤维是复合材料主要的承载相，应有比基体更高的强度和刚度。纤维的密度要小，热稳定性要高。现在应用最多的是玻璃纤维、碳纤维、芳纶纤维、硼纤维、陶瓷的线形晶体和晶须、高熔点的金属丝。可根据具体要求选用长、短纤维，束状或织物状纤维。常用纤维性能见表 5-8。

表 5-8 常用增强材料的性能比较

材料	性能				
	密度/(g/cm^3)	抗拉强度/MPa	拉伸模量/GPa	比强度/($10^5 N\cdot m/kg^1$)	比模量/($10^6 N\cdot m/kg^1$)
无碱玻璃纤维	2.55	3400	71	13.3	28
高强度碳纤维	1.76	3530	230	20.06	130.68
高模量碳纤维	1.81	2740	392	15.14	216.57
硼纤维	2.36	2750	382	11.65	161.86
碳化硅纤维	2.55	2800	200	10.98	78.43
芳纶纤维(Kevlar49)	1.44	3620	125	25.14	86.8
钢丝	7.74	4200	200	5.43	25.84
氧化铝纤维	3.20	2600	250	8.13	78.13
α-SiC 晶须	3.15	6890～34500	483	21.87～109.52	153.33
温石棉纤维	2.5	620	—	2.48	—

除纤维外，增强相还可用颗粒状的 Al_2O_3、SiC、Si_3N_4、WC、TiC、ZnO、$CaCo_3$、石墨等。

(2) 基体。基体对纤维要有很好的相容性和浸润性，以使二者在界面处有较强的结合力，并能起保护纤维免受损伤的作用。能同时满足两者要求的只能是高聚物和金属。

对于颗粒增强复合材料，当基体材料为金属时，粒子可阻止金属基体内位错的运动(粒子小于 0.1μm)；当基体为高分子时，粒子可阻止分子链的运动(通常粒子大于 0.1μm)，表现出高的变形抗力。

对纤维增强复合材料，基体材料将复合材料所受外载荷通过一定的方式传递并分布给增强纤维，增强纤维承担大部分外力，基体主要提供塑性和韧性。纤维处于基体之中，相互隔离，表面受基体保护，不易损伤，受载时也不易产生裂纹。当部分纤维产生断裂时，基体能阻止裂纹迅速扩展并改变裂纹扩展方向，将载荷迅速重新分布到其他纤维上，从而提高了材料的强韧性。纤维增强复合材料的性能，既取决于基体和纤维的性能及相对数量，也与二者之间的结合状态及纤维在基体中的排列方式等因素有关。增强纤维在基体中的排列方式有连续纤维单向排列、长纤维正交排列、长纤维交叉排列、短纤维混杂排列等。

不同形态的复合材料示意图如图 5.1 所示。

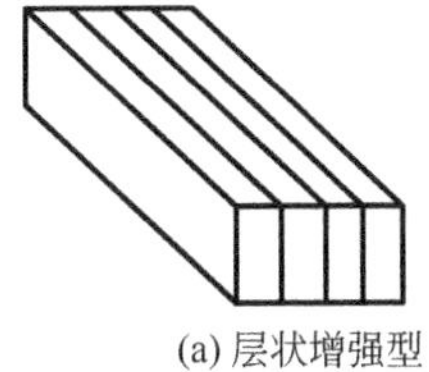
(a) 层状增强型

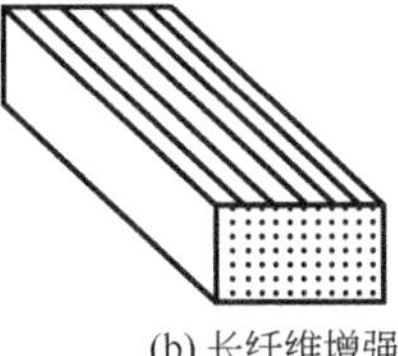
(b) 长纤维增强型

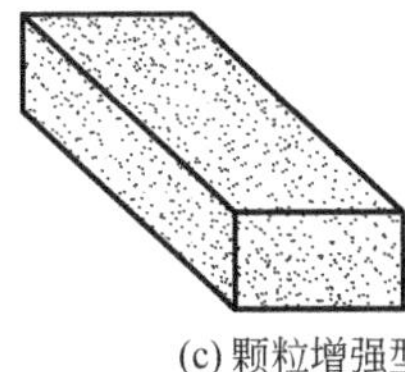
(c) 颗粒增强型

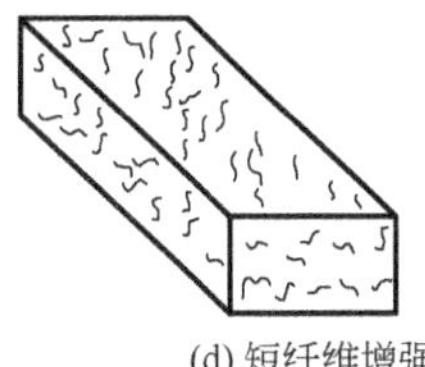
(d) 短纤维增强型

图 5.1 不同形态的复合材料

5.3.3 常用复合材料与应用

典型结构复合材料特性及用途见表 5-9。

表 5-9 常用结构复合材料特性及用途

类别	名称	主要性能及特点	用途举例
纤维复合材料	玻璃纤维复合材料(包括织物，如布、带)，又称玻璃钢	热固性树脂与纤维复合，密度小、强度高、绝缘绝热，易成形、抗冲击强度高，耐蚀，收缩小。热塑性树脂与纤维复合，常温成形工艺性、强度、刚度、耐热性等一般比热固性的差，但低温韧性、注射成形性较好。成本低，刚度较低	主要用于耐磨、耐蚀、无磁、绝缘、减摩及一般机械零件、管道、泵阀、汽车及船舶壳体、容器、飞机机身，可透过电磁波
	碳纤维、石墨纤维复合材料(包括织物，如布、带)	碳-树脂复合、碳-碳复合、碳-金属复合、碳-陶瓷复合等，比强度、比刚度高，线膨胀系数小，耐摩擦磨损性和自润滑性好，耐蚀、耐热，热导率高，纤维与基体结合力较差，成本较高	在航空、宇航、原子能等工业中用于压气机叶片、发动机壳体、轴瓦、齿轮、机翼、螺旋桨
	硼纤维复合材料	纤维与基体结合力较好；硼与环氧树脂或铝复合，比强度、比刚度很高，成本高	用于飞机、火箭构件，可减轻质量 25%～40%
	晶须复合材料(包括自增强纤维复合材料)	晶须是单晶，无一般材料的空穴、位错等缺陷，机械强度特别高，有 Al_2O_3、SiC 等晶须，成本高。用晶须毡与环氧树脂复合的层压板，抗弯模量可达 70000MPa	可用于涡轮叶片

（续）

类别	名称	主要性能及特点	用途举例
纤维复合材料	石棉纤维复合材料(包括织物，如布、带)	有温石棉及闪石棉，前者不耐酸；后者耐酸，较脆，成本低，力学性能较差	与树脂复合，用于密封件、制动件、绝热材料等
	SiC纤维复合材料(包括布、带等)	主要增强金属、陶瓷，高温性能好，比强度、比刚度高，线膨胀系数小，成本高	航空航天结构
	合成纤维复合材料	尼龙、芳纶、聚酯纤维增强橡胶及塑料，使强度、韧性、抗撕裂性大大提高。	增强橡胶用于轮胎、胶管等；增强塑料用于壳体类件
颗粒复合材料	金属粒与塑料复合材料	金属粉加入塑料，可改善导热性及导电性，降低线胀系数	高含量铅粉塑料作γ射线的罩屏及隔音材料，铅粉加入氟塑料作轴承材料
	陶瓷粒与金属复合材料(又称金属陶瓷)	提高高温耐磨、耐腐蚀、润滑等性能(如硬质合金)	氧化物金属陶瓷作高速切削材料及高温材料；碳化铬用作耐腐蚀、耐磨喷嘴、重载轴承、高温无油润滑件；钴基碳化钨用于切割、拉丝模、阀门；镍基碳化钨用作火焰管喷嘴等高温零件
	弥散强化复合材料	尺寸小于0.1μm的硬质粒子均匀分布在金属基体中，使强度、耐热性、耐磨性大大提高，膨胀系数变小	用于耐热、耐磨件，比强度高的工件
层叠复合材料	多层复合材料	钢-多孔性青铜-塑料三层复合	用于轴承、热片、球头座耐磨件
	玻璃复层材料	两层玻璃板间夹一层聚乙烯醇缩丁醛	用于安全玻璃
	塑料复层材料	普通金属板上覆一层塑料，以提高耐蚀性	用于化工及食品工业，铝塑板
骨架复合材料	多孔浸渍材料	多孔材料浸渗低摩擦系数的油脂或氟塑料	可作油枕及轴承，浸树脂的石墨作抗磨材料
	夹层结构材料	一般由上下两块薄面板(金属、玻璃钢板等)与泡沫芯材、波纹板、蜂窝结构等粘接而成。质轻，抗弯强度大	可作飞机机翼、舱门、大电动机罩

除上述结构复合材料外，还有各种功能复合材料，如电功能复合材料、光功能复合材料、热功能复合材料、磁功能复合材料、隐身功能复合材料、摩擦复合材料等。

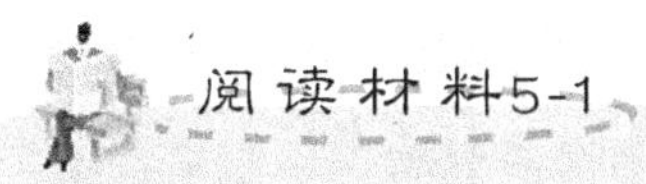

复合材料发展概况

材料是高新技术发展和现代文明的物质基础，材料科学一直是活跃的科学前沿。材料是人类文明发展的里程碑：历史上所谓石器-青铜-铁器时代，就以材料作为时代标志。材料是技术进步的关键。没有半导体材料，就不会有计算机；没有耐高温、高强、低容重的结构材料就没有宇航事业。而在当今材料的应用中，复合材料的应用是尤为重要的。

1. 复合材料中存在的问题

(1) 常规材料存在的力学问题，如结构在外力作用下的强度、刚度，稳定性和振动等问题，在复合材料中依然存在，但由于复合材料有不均匀和各向异性的特点，以及由于材料几何(各材料的形状、分布、含量)和铺层几何(各单层的厚度、铺层方向、铺层顺序)等方面可变因素的增多，上述力学问题在复合材料力学中都必须重新研究，以确定那些适用于常规材料的力学理论、方法、方程、公式等是否仍适用于复合材料，如果不适用，应怎样修正。

(2) 复合材料中还有许多常规材料中不存在的力学问题，如层间应力(层间正应力和剪力耦合会引起复杂的断裂和脱层现象)、边界效应以及纤维脱胶、纤维断裂、基体开裂等问题。

(3) 复合材料的材料设计和结构设计是同时进行的，因而在复合材料的材料设计(如材料选取和组合方式的确定)、加工工艺过程(如材料铺层、加温固化)和结构设计过程中都存在力学问题。

(4) 复合材料难以分解，污染环境，且焚烧会产生有毒物质，危害人的身体健康。

这些还有待我们的进一步研究来解决，使复合材料更适合我们人类使用。

2. 复合材料受到世界各国如此重视，得到迅速发展的原因?

(1) 国际军事工业激烈竞争，航空航天技术发展需要。如宇宙飞船或卫星返回地面若不控制，外表温度可达4000℃。合金钢2000℃也熔化了。目前没有任一种单一材料可抵此温度。飞船宇宙飞行时，外壁温度为－110℃，返回地面，高温冲击时间30min，外壁温度为1250℃。美国航天飞机“哥伦比亚号”外表覆盖了可重复使用的聚合物基复合材料隔热瓦片30757块，成功解决了难题。

(2) 新技术的需要促进了复合材料的发展。

(3) 地球上金属资源与化石能源越用越少，石油天然气等本世纪末将用尽，开发与节约能源为当务之急。

(4) 科学技术的进步为复合材料的发展提供了条件。

(5) 为了克服碳纤维、硼纤维不耐高温和抗剪切能力差等缺点。

3. 复合材料的发展近况

从全球范围看，世界复合材料的生产主要集中在欧美和东亚地区。进入21世纪以来，全球复合材料市场快速增长，复合材料应用领域如航空、运输业、消费品、风能、管道、建筑、电子设备等行业在亚太地区的增长比世界上任何地区的增长都要快，亚洲尤其中国市场增长较快。2003—2008年间中国年均增速为15%，印度为9.5%，而欧洲和北美年均增幅仅为4%。

历经半个世纪，尤其是改革开放以来的30年，通过自主创新与吸收国际先进技术，复合材料在中国已成为星罗棋布的朝阳产业。1986—2008年，我国复合材料(热固性)增长近60倍，总量在20世纪90年代末期超过德国，21世纪初超过日本，热固性复合材料已超过欧洲总和。如今我国复合材料年产量仅次于美国，而居世界第二位。

资料来源：http://www.ccfxx.com.8082/Sort/；//www.frpbbs.com/b2b/

5.4 新型工程材料简介

一般认为，新型工程材料包含具有高比强度、高比刚度、耐高温、耐腐蚀、耐磨损的新型结构材料，以及除了具有机械特性外，还具有光、电、磁、热、化学、生化等方面特别功能特性的功能结构材料。它们是21世纪信息、生物、能源、环保、空间等高技术领域的关键材料，是支撑航空航天、交通运输、电子信息、能源动力及国家重大基础工程建设等领域的重要物质基础。新型工程材料包括新型金属材料、新型陶瓷材料和新型高分子材料等。其中的功能材料种类繁多，按使用性能，可分为微电子材料、光电子材料、传感器材料、信息材料、生物医用材料、生态环境材料、能源材料和机敏(智能)材料等。这里仅介绍纳米材料、烧蚀防热材料、超硬材料、超塑性合金、海绵金属和“无声”合金、非晶态合金、隐身材料及形状记忆材料。

5.4.1 纳米材料

“纳米”是英文namometer的译名，是一种度量单位，1纳米(nm)$=10^{-9}$m，即1毫微米。纳米材料是指组成相或晶粒在三维空间中至少有一维尺寸小于100nm的材料的总称。其主要类型有纳米粉末、纳米涂层、纳米薄膜、纳米丝、纳米管、纳米固体等。由于纳米材料表现出特异的光、电、磁、热、机械等性能，现已成为当前材料科学研究的一个热点。

1. 纳米材料的特征

纳米微粒是处于亚稳状态的原子或分子团，具有传统大块材料所不具备的新特性。

1) 表面效应

由于处于固体表面的原子的键合状态是不完整的，处于较高的能量状态，因此具有较大的化学活性、较高的与异类原子化学结合的能力，较强的吸附能力。表面原子的特性对对大块材料的整体性能而言，其表面原子数相对总原子数太少，这种作用可以忽略。随着颗粒尺寸的减小，体系的总表面能比例大增，当颗料尺寸小到纳米尺度时表面原子相对数量已相当大，表面原子的作用会引起种种特异的表面效应。利用这一特性可提高催化剂的效率、吸波材料的吸波率、涂料的覆盖率及杀菌剂的效率等。

2) 小尺寸效应

当微粒的尺寸小到纳米尺度，并与某些物理特征尺寸，如传导电子的德布罗意波长、电子自由程、磁畴、超导态相干波等相接近时，由于晶体的周期性边界条件被破坏，会使原大块材料所具有的某些电学、磁学、光学、声学、热学性能随尺寸减小发生突变，这种效应称小尺寸效应。如纳米材料的光吸收明显加大，非导电材料的导电性出现，磁有序态向磁无序态转化等。

3）量子尺寸效应

当颗粒尺寸小到纳米尺度，特别是几个纳米时，固体原子中费米能级附近的电子所处的能级由准连续态变为分裂的能级状态。此时分裂能级的能量间隔增大，并可能超过热能、磁能、静磁能、静电能、超导态凝聚态能、光子等的量子能量，这时将导致一系列物理性能的重大变化，甚至发生本质上的变化，如纳米镍粉成为绝缘体，这种变化称之为量子尺寸效应。

此外，还有宏观量子隧道效应。

上述表面效应、小尺寸效应、量子尺寸效应等都与颗粒尺寸有关，都在 1～100nm 尺度内显示出来，可统称为纳米效应，是纳米材料产生新特性的本质原因也是其应用的基础。如在纳米尺寸范围内，原来是良导体的金属可能变成了绝缘体；若原来是典型的共价键、无极性的绝缘体，则电阻可能大大下降，甚至可能导电；原来是铁磁性的粒子可能变成超顺磁性，矫顽力为零；原来是 P 型半导体，而在纳米状态下变为 N 型半导体等；在理论上根本不相溶的两种元素，在纳米状态下既可以合成一起制备出新型的材料，又可以合成原子排列状态完全不同的两种或多种物质的复合材料等。

纳米粉末的制备方法有蒸发-冷凝法、球磨法、化学气相法、溶胶-凝胶法、电解法、溶剂蒸发法、水热法、化学沉淀法等；纳米涂层和纳米薄膜的制备方法主要为各种物理及化学的沉积方法等。

2. 纳米材料的应用

在工程上，主要是将纳米超微粒子作为改性添加剂加入到金属、陶瓷、有机高分子中，来生产具有特殊物理、化学性能的纳米金属、纳米陶瓷、纳米塑料等。

纳米材料已经或即将在电子、医药、化工、通信、环保等领域得到应用。

在合成树脂中添加纳米 TiO_2、ZnO 等可制成抗菌塑料、纤维及涂料等。

对机械关键零部件进行金属表面纳米粉料涂层处理，可以提高机械设备的耐磨性、硬度和使用寿命。

若将超微小的金属纳米颗粒放入常规陶瓷中复合成形后，可大大改善材料的力学性能。若将超微小的纳米 Al_2O_3 粒子放入橡胶中复合成形后，可提高橡胶的介电性和耐磨性；放入金属或合金中复合成形后，又可以使其晶粒细化，大大改善力学性质。

同理，若将纳米 Al_2O_3 弥散分布到透明的玻璃中进行复合，既不影响玻璃的透明度，又可提高其高温冲击韧性等。不少纳米金属是良好的吸波材料，可作为雷达波及红外波的隐身涂层。由于磁性纳米微粒制作的磁记录材料可以提高声噪比，改善图像质量。在润滑油中添加纳米铜或钼，可形成“自修复”功能的润滑油；除此以外，纳米微粒在催化、电子、光学、纳米药物及抗体等方面也有广阔的应用前景。

5.4.2 烧蚀防热材料

航天飞机返回大气层时受气动加热，其鼻锥帽温度可达 1600℃，并且要在此高温下持续约 30min；洲际导弹在进入大气层时，表面温度可高达 2000℃以上。这些情况都需要质量轻、耐高温、抗热振、绝热性好的材料加以防护，以保证航天器飞行的成功。

烧蚀防热复合材料就是为了解决上述极端条件下的结构防热而开发研究的材料品种。其功能是在热流作用下能发生分解、熔化、蒸发、升华、辐射等多种物理和化学变化，借助材料的质量消耗带走大量热量，以达到阻止热流传入结构内部的目的。其用于预防工程结构在特殊气动热环境中免遭烧毁破坏，并保持必需的气动外形，是航天飞行器、导弹等必不可少的关键材料。这里的"烧蚀"是指导弹和飞行器再入大气层时，在热流的作用下，由热化学和机械过程引起的固体表面的质量迁移(材料消耗)现象。

1. 对烧蚀防热材料的特性要求

材料的烧蚀防热是借助消耗质量而带走热量，以达到热防护的目的，并希望材料能以最小的质量消耗来抵挡最多的气动热量。因此，烧蚀防热材料一般应要求比热容大(以便在烧蚀过程中可吸收大量的热量)，同时要求导热系数小、密度小、烧蚀速率低。

作为导弹鼻锥(隔热罩)、航天飞机头锥及机翼前缘、火箭发动机喷管喉衬等所用的烧蚀防热材料，除应具备良好的耐烧蚀防热性能外，还应具有良好的力学性能和热物理性能，使其在高温气动环境下仍能保持结构的承载能力和气动外形。

2. 烧蚀防热复合材料的分类

烧蚀防热复合材料按其防热机制的不同可分为升华型(如 C_f/C 复合材料、聚四氟乙烯)、熔化型(如 C_f/SiO_2 复合材料 C_f/SiC、SiC_f/SiC、C_f/SiO_2)和炭化型(SiO_2 纤维/酚醛复合材料、碳纤维/酚醛复合材料、碳纤维/聚酰亚胺复合材料)三种。

按所用基体的不同，可将烧蚀防热复合材料分为树脂(含橡胶)基、碳基和陶瓷基三类。

3. 碳/碳防热复合材料

在现有的抗烧蚀材料中，C/C 复合材料是最好的抗烧蚀热结构材料，其是典型的升华-辐射型烧蚀材料(与石墨材料的机理一致)。碳/碳(或 C/C、C_f/C)复合材料是指以碳纤维、石墨纤维或它们的织物作为骨架，埋入碳基体中以增强基体所制成的复合材料。增强材料常作成炭布、炭毡或碳纤维多维编织物，基体材料主要是气相沉积(CVD 法)炭或液体浸渍热解炭(如沥青、酚醛基体热解炭)。元素碳具有高的比热容和气化能，熔化时要求有很高的压力和温度，因此在不发生微粒被吹掉的前提下，它具有比任何材料都高的烧蚀热。由于炭材料可在烧蚀条件下向外辐射大量的热量，而且其本身有较高的辐射系数，可进一步提高其抗烧蚀性。因此 C/C 复合材料在高温下利用升华吸热和辐射散热的机制，以相对小得多的单位材料质量耗散来带走更多的热量，使有效烧蚀热大大提高。

此外，C/C 复合材料有很高的比强度及比刚度，其强度随温度的升高而增大，到约2500℃时强度和刚度达到最大值，线膨胀系数特小，还有良好的耐蚀性、摩擦减振性及热、电传导特性，较高的比热容等，因此可作为高温结构及烧蚀防热材料。C/C 复合材料最大的缺点是在氧化气氛下于 600℃左右会发生氧化。在其表面常施加抗氧化涂层(如 SiC 涂层)，则在氧化性气氛中可使用到 1500℃。其典型应用有：

(1) 固体火箭发动机喷管是一种非冷却型喷管，其承受高温高压及高速气流的冲击，常选用有更好烧蚀性能的高密度的三维 C/C(沥青基炭)复合材料。其已代替了钨等高温金属及 CFRP 而成为目前固体火箭喷管的最理想材料。此外，已用于火箭和导弹头锥、航天飞机机翼前缘、方向舵、尾喷口喉衬等使用温度高、并且要求烧蚀量小、需保持良好的烧蚀气动外形的特殊场合，甚至用于发动机低压涡轮叶片、鱼鳞片、涡轮盘等。C/C复合材料是最好的也是唯一可用于2000℃以上防热结构的备选材料(其在2000℃以下的比强度基本上不随温度的升高而变化)。

(2) 飞机在制动过程中，静盘和动盘的表面温度高达2000℃，这要求高性能制动材料应有高比热、高熔点、在高温下有足够的强度、一定的热导率、低的热膨胀系数及稳定的摩擦系数。C/C防热复合材料也是飞机制动片最优良的材料，其比热容比钢高出2.5倍，高温强度高，质量轻，使用寿命长。

(3) 用于钛合金超塑成形吹塑模、钴基粉末冶金热压模、医学上的人工骨、电器的电极、化工耐蚀结构等。

5.4.3 超硬材料

超硬材料通常是指莫氏硬度达到或接近10的材料。主要指金刚石和立方氮化硼。金刚石是碳的同素异形体，又称钻石，包括天然金刚石、人造聚晶金刚石、化学气相沉积金刚石等。其中以人造聚晶金刚石占主导地位。立方氮化硼烧结体的硬度仅次于金刚石。超硬材料适于用来制造加工其他材料的工具，尤其是在加工硬质材料方面。

1. 单晶金刚石

天然及人造单晶金刚石是一种各向异性的单晶体。硬度达9000～10000HV，是自然界中最硬的物质。它耐磨性极好，制成刀具在切削中可长时间保持尺寸的稳定，故而有很高的使用寿命。天然单晶金刚石制成的刀具刃口可以加工到极其锋利。可用于制作眼科和神经外科手术刀，可用于加工隐形眼镜的曲面，用于加工黄金、白金首饰的花纹。最重要的用途在于高速超精加工有色金属及其合金。

天然单晶金刚石材料韧性很差，抗弯强度很低，仅为0.2～0.5GPa。热稳定性差，温度达到700～800℃时就会失去硬度。

人造单晶金刚石硬度略逊于天然金刚石，其他性能都与天然金刚石不相上下，有相对较好的一致性和较低的价格，可作为替代天然金刚石的新材料。

其与除铁以外的金属摩擦系数很低，一般低于0.1，抗磨性极好。而与钢件在高速摩擦时，因其中碳会向铁中扩散，使耐磨性下降。

金刚石在氧化性气氛中热稳定性不好，在空气中最高使用温度850～1000℃。此外，其热胀系数也为最低，弹性模量极高，为极优良的透光及传声材料，也为优良的绝缘体。

纯的金刚石具有高的折射率和强的散光性，产生艳丽光彩。

2. 人造聚晶金刚石

人造聚晶金刚石是在高温高压下将金刚石微粉加溶剂聚合而成的多晶体材料。其硬度比天然金刚石低(6000HV左右)，但抗弯强度比天然金刚石高很多。另外由于人造聚晶金刚石的种类很多，其粒度、浓度等都会影响硬度、耐磨性等性能。人造聚晶金刚石主要用来制作刀具。

人造聚晶金刚石刀具比天然金刚石刀具的抗冲击和抗震性能高出很多。人造聚晶金刚石刀具同天然金刚石刀具一样，不适合加工钢和铸铁。这种刀具主要用于加工有色金属及非金属材料，如铝、铜、锌、金、银、铂及其合金，还有陶瓷、碳纤维、橡胶、塑料等。

该类刀具的另一大应用是加工木材和石材。人造聚晶金刚石刀具特别适合加工高硅铝合金，因此在汽车、航空、电子、船舶工业中得到了广泛的应用。

3. 化学气相沉积金刚石膜

金刚石膜是采用化学气相沉积(简称 CVD)的方法制备出来的一种多晶纯金刚石材料，它呈膜状附着于基体表面，故又常称金刚石膜。CVD 金刚石膜的制备成本远低于大颗粒的天然单晶金刚石，可以大面积化和曲面化，而且其厚度可按需要从不足 1 微米直至数毫米。

金刚石膜刀具在汽车发动机、航空发动机的铝、硅铝合金等轻质高强度部件的加工方面得到广泛应用。同时它的出现为拉丝模行业带来新的活力。此外，CVD 金刚石膜的极高的声音传播速度可在未来卫星通讯和移动电话中制作频率响应最高的、极有前景的声表面波器件以及频响可达到 60kHz 以上的高音扬声器及声传感器。

金刚石膜又是自然界最好的导热材料，它的热导率比银、铜等金属高出 5 倍以上。它得天独厚的膜片状形态使之成为极为理想的电子器件大面积散热材料。将来，信息领域中的固体微波器件、三维固体电路及高速计算机芯片的散热片必须使用具有最高热导率的金刚石膜。

金刚石膜可在恶劣环境中用作光学窗口，如各种光制导的导弹头罩；它卓越的透 X 光特性可成为未来微电子学器件制备中亚微米级光刻技术的理想材料。CVD 金刚石膜高温抗辐射性质可用作在高温强辐射环境中工作的半导体器件和传感器等。最有前景的是高温金刚石半导体器件，工作温度可达到 600℃。而现有的硅器件仅为 150℃，目前最好的砷化镓的工作温度也不超过 250℃。金刚石半导体器件的问世将是电子技术的一场革命。

值得强调指出地是，金刚石材料的成分是碳，与铁系材料有较大的亲和力。此外，切削过程中，虽然金刚石的导热性优越，散热快，但是要注意切削热不宜高于 700℃，否则会发生石墨化现象，工具会很快磨损。金刚石在高温下和 W、Ta、Ti、Zr、Fe、Ni、Co、Mn、Cr、Pt 等会发生反应，与黑色金属(铁碳合金)在加工中会发生化学磨损。所以，金刚石不能用于加工黑色金属，只能用在有色金属和非金属材料上。而立方氮化硼即使在 1000℃的高温下，切削黑色金属也完全能胜任，已成为未来难加工材料的主要切削工具材料。

4. 立方氮化硼

作为刀具的立方氮化硼一般做成聚晶复合片。立方氮化硼微粉的显微硬度为 8000～9000HV，仅次于金刚石，但热硬度和热稳定性比金刚石高很多。立方氮化硼在 1300℃时仍能保持其硬度。这种材料不与铁系金属发生化学作用，可用于加工钢和铸铁，因此成为黑色金属切削刀具的重要材料。

立方氮化硼刀具主要用来加工淬硬高速钢、淬硬合金钢、淬硬轴承钢、渗碳钢、冷硬铸铁、球墨铸铁等，也常用于加工各种镍基高温合金和各类喷焊材料等难加工材料。

5. 立方氮化硼烧结体

立方氮化硼烧结体是立方氮化硼颗粒与结合剂一起烧结而成。

立方氮化硼烧结体具有较高的硬度(3000～5000HV)和耐磨性，并具有很高的热稳定性，在 800℃时的硬度还高于陶瓷和硬质合金的常温硬度。立方氮化硼烧结体具有优良的化学稳定性，900℃以下无任何变化，甚至在1300℃时，和Fe、Ni、Co等也几乎没有反应，更不会像金刚石那样急剧磨损，仍能保持很高的硬度，因此，它不仅能切削淬火过的钢零件或冷硬铸铁，而且能广泛应用于高速或超高速的切削工作上。立方氮化硼烧结体具有较好的导热性，而且随着温度的升高，它的导热系数增加。立方氮化硼烧结体还具有较好的摩擦系数，且随着切削速度的提高，摩擦系数是减小的。

总之，金刚石和其他超硬材料由于性能优越，应用不断地在扩大，已从金属加工发展到了光学玻璃加工、石材加工、陶瓷加工、硬脆材料加工等传统加工难进行的领域，对各种工业的发展将起到巨大的推动作用，前景十分广阔。

5.4.4 超塑性合金

1. 超塑性的定义

通常情况下，软钢(低碳钢)的延伸率可达40%，有色金属60%，在高温时也不超过100%。但在某些特定的条件下有些合金的延伸率超过100%，甚至可高达1000%～6000%，而变形所需应力却很小，只有普通金属变形应力的几分之一到十几分之一；而且变形均匀，拉伸时不产生颈缩；无加工硬化，无弹性回复；变形后内部无残余应力，无各向异性，晶粒的形状也基本不变，这种现象称为超塑性。

金属材料在一般条件下没有超塑性。要使其能够发生超塑性形变，必须具备以下三个条件：①材料必须为具有细小等轴晶粒的两相组织，晶粒直径必须小于10μm(超细晶粒)，且在超塑性形变过程中晶粒不显著长大；②超塑性形变要求一定的温度范围，一般为熔点的0.5～0.65倍；③超塑性形变时的应变速率很小，一般需在0.01～0.0001s^{-1}的范围内。

2. 超塑性行为的产生

研究发现，在两种特定的条件下，会出现合金的超塑性行为。

(1) 相变超塑性。如果使某些金属块在相变温度(如铁在910℃)附近反复上下波动，同时对其施加作用力，如拉伸、挤压、扭曲等，该金属块会变成像麦芽糖一样异常软顺，呈现相变超塑性行为，这就是相变超塑性。

(2) 微细晶粒超塑性。微细晶粒状态下，尽管变形量很大，超塑性合金的晶粒形状不变，试样形状的改变只是通过晶粒位置发生变化来实现的，变形主要发生在晶粒的界面上。在应力作用下通过短程扩散的晶界滑动而变换了晶粒的排列，晶界滑动是微晶超塑性重要的变形机制。

(3) 超塑性合金的应用

第一个实用的超塑性合金是Zn-22Al。通过吹塑气压法，Zn-22Al可塑制薄壳体，如车身外壳、汽车门内板以及具有凸肚精细花纹的空心球体。Zn-22Al合金形成超塑性的温度范围为250～270℃，压力范围为0.39～1.37MPa，这样的条件在工厂里很容易实现。而普通金属要进行加压力成形，压力范围高达2000～4000MPa。Zn-22Al超塑性合金一次整体成形所需的时间很短，小部件只要1～2min，复杂部件也只需5～6min。Zn-22Al合金的超塑性行为除了加工成形压力低、节省加工时间外，还能降低加工成形的温度，降低模具费用，所以此合金后来风靡全世界。

航空航天要求具有高强度、耐高温和能够实施复杂形状的加工成形。但是，材料的强度越高，形状越复杂，加工成形就越困难，特别是整体成形就更困难了。普通的高强度材料要满足这样的目标需要很高的压力，而且材料的利用率低，所以成本居高不下。所以超塑性合金便当仁不让成为上述结构的首选材料。

如人造卫星上的球形燃料箱，如果用普通钛合金制造，根本无法成形。采用超塑性钛合金材料，在680～790℃加热，通过吹塑法一次成形(像吹玻璃器皿一样，吹塑成形)，成形压力为1.40～2.10MPa，加工时间只有8min，既快速又保证质量。

又如航空航天器上某些部件要压接在一起，一般材料需要在高温高压条件下压接，制造很困难。采用超塑性材料，只要很小的压力，而且可以压接得很好，甚至用X射线也发现不了压接的焊缝。

5.4.5 海绵金属和“无声”合金

1. 海绵金属

海绵金属也称为泡沫金属，这种金属从里到外，布满了孔洞，其孔洞体积可占整个金属体积的90%以上，所以非常轻。实际上是金属与气体的复合材料，既可作为许多场合的功能材料，也可作为某些场合的结构材料。而一般情况下它兼有功能和结构双重作用，是一种性能优异的多用途工程材料。作为结构材料，它具有轻质、高比强度的特点；作为功能材料，它具有多孔、减振、阻尼、吸音、隔音、散热、吸收冲击能、电磁屏蔽等多种物理性能，因此在国内外一般工业领域及高科技领域都得到了越来越广泛的应用并呈现出广阔的应用前景。

1) 海绵金属的实现

(1) 铸造法。该方法的原理是先在铸模内填充粒子，再采用加压铸造法把熔融金属或合金压入粒子间隙中，冷却凝固后即形成多孔泡沫金属。

(2) 发泡法。发泡法是通过向基体材料中加入发泡剂或吹入气体，加热使发泡剂分解产生气体，气体膨胀使基体材料发泡，这时候使熔融的金属快速凝固，气泡还没有来得及跑掉就被“冻结”在固化的金属中，冷却后即得到泡沫金属。

(3) 泡沫树脂法。泡沫树脂法是以泡沫树脂为骨架，在骨架周围涂敷金属，然后把树脂烧掉，就得到所需的海绵金属了。

(4) 烧结法。烧结法就是以金属粒子或金属纤维作原料，在较高温度时物料产生初始液相，在表面张力和毛细管的作用下，物料颗粒相互接触、相互作用，冷却后物料发生固结而成为泡沫金属。

(5) 沉积法。该类方法是在具有三维网状结构的特殊高分子材料的骨架上沉积各种金属，再经焙烧除去内部的高分子材料而得。

2) 海绵金属的性能及其应用

由于独特的多孔结构，海绵金属有一些独特的性能及应用，如减噪消振、过滤、控制导热导电、催化以及热交换和集热等。

海绵金属具有相当强的吸音能力，声波通过它时，衰减很厉害，可以在空气压缩机上用来消除或减小机器的噪声，对时大时小的脉动空气流动起缓冲作用。海锦金属还可用作减轻工作机械振动的地基材料。

海绵金属的孔洞相互串通一气，气体、液体能顺利通过它，压力损失也很小。可以用来制作各种过滤器，应用于石油化工、国防军工和尖端技术等各个方面，以过滤各种气体、水溶液、以及熔融的合成树脂或金属液，也可用作气垫或通气性很好的金属膜。

金属是传热导电的高手，气体却是热和电的不良导体。由于海绵金属有百分之八、九十的体积被气体所占据，所以其传热导电能力大为降低。想要调整海绵金属对热和电的传导本领，只需要相应地调整它的孔隙率就行了。

海绵金属的孔洞多，总表面积要比同体积的无孔金属大几百倍甚至上千倍，这就使它成为制作化学催化剂衬板和催化剂载体，提高催化剂的催化活性和催化效率的理想材料。同样，由于海绵金属大的表面积并能使流体产生复杂的三维流动，所以用作热交换器可以显著提高热交换的效率。

海绵金属可制作太阳能集热体，射来的阳光会在金属体内发生漫反射，从而更好地吸收并保存太阳能，其集热效率达 75%。

海绵金属的用途还有很多，如轻质的结构材料、墙壁的隔音嵌板、电波的屏蔽材料，以及隔焰防爆装置、防冻装置等。

2. 无声合金

无声合金是一种高性能的减振合金，其减振性能非常可观。例如，用铁锤敲打锰铜无声合金板，发出的声音很微弱，就像敲打橡胶一样。它是由于物体内部原子、晶体缺陷等组成单元不断运动及相互作用、相互干扰从而消耗声波的能量——内耗而引起的。

1) 无声合金的分类

引起金属内耗的原因很多。振动发生的时候，金属内部出现的间隙原子跳动、位错运动、原子微扩散、磁性材料的磁性变化等，都会消耗振动的能量。

根据引起内耗的主要原因的不同，可以把无声合金分为 4 类。

(1) 依靠相界面作用的内耗。相应地有灰口铸铁、铸造铝锌合金等，属于复合型，其内部组织由两种或两种以上的不同软硬的合金相组成，内耗主要是在相界面上进行的。可在较高温度下使用。

(2) 依靠磁性的变化的内耗。有铁镍、铁铬、铁铬铝、铁铬铜等强磁性无声合金，它们主要依靠磁性材料受磁场作用时会改变尺寸的磁致伸缩效应，以及受外力作用时又会产生磁致逆效应而消耗能量。在居里点下使用。

(3) 依靠位错的内耗。镁、镁锆、镁镍等无声合金依靠的是位错运动来消耗能量，所以叫做位错型无声合金。这类合金使用温度常在 15℃以下。

(4) 依靠孪晶的内耗。锰铜、锰铜铝、铜铝镍、镍钛等属于孪晶型的无声合金，内耗主要就是在孪晶面上发生的。

总之，由于合金内部在每个应力循环过程中都有显著的能量消耗，所以能够达到无声防噪的目的。

2) 无声合金的应用——降低噪声

早在 20 世纪 20 年代，铁磁性不锈钢(含铬 12%，镍 0.5%，其余都是铁)就被应用于蒸汽轮机，直到今天，它仍然是一种很受欢迎的减振材料。

Mn - Cu - Al - Fe - Ni 合金用作潜水艇的螺旋桨材料已经十几年了，实践证明，这种材料的减振效果特别好，使潜水艇能减少被声纳发觉的机会。把这种合金用到链式运输机上，可使噪声降低 5dB，用在高速凿岩机上可降低 14dB 噪声，用到碎石机上可降低 13dB 噪声。

通常用于木材加工的圆盘锯工作时能发出斯耳的噪声，如果用可锻铸铁来制造圆盘锯，噪声就能降低 10dB；而用锰铜铝合金制造圆盘锯，可降低噪声 13～30dB。

在航空、宇宙技术中可用做火箭、导弹、喷气式飞机的控制盘或导航仪等精密仪器以及发动机罩、汽轮机叶片等发动机部件。

另外，微晶超塑性材料将来在减振材料中可能占有相当的地位，有人认为这类材料的减振机理可能是由晶体界引起的应力缓和松弛。

5.4.6 非晶态合金

1. 非晶态合金的形成

如果金属或合金的凝固速度非常快，原子来不及整齐排列便被冻结住了，最终的原子排列方式类似于液体，是混乱的，这就是非晶态合金。因为其原子的混乱排列情况类似于玻璃，所以又称为金属玻璃。

不同的物质形成非晶态所需要的冷却速度大不相同。例如，普通的玻璃只要慢慢冷却下来，得到的玻璃就是非晶态的。而纯金属则需要每秒高达一亿摄氏度以上的冷却速度才能形成非晶态。由于目前工艺水平的限制，实际生产中难以达到如此高的冷却速度，也就是说，单一的金属难以从生产上制成非晶态。

为了获得非晶态的金属，一般将金属与其他物质混合形成合金。这些合金具有两个重要性质：第一，合金的成分一般在冶金学上的所谓“共晶”点附近，它们的熔点远低于纯金属，例如纯铁的熔点为 1538℃，而铁硅硼合金的熔点一般为 1200℃以下；第二，由于原子的种类多了，合金在液体时它们的原子更加难以移动，在冷却时更加难以整齐排列，也就是说更加容易被“冻结”成非晶了。例如，铁硼合金只需要 106℃/s 的冷却速度就可以形成非晶态。有了上面的两个重要条件，合金才可能比较容易地形成非晶。

2. 非晶态合金的优点及应用

(1) 高强韧性及耐磨性。非晶合金的强韧性明显高于传统的钢铁材料，可以作为复合材料增强体，如制作钓鱼竿、高尔夫球杆等。国外已经把块状非晶合金应用于高尔夫球拍和微型齿轮。非晶合金丝材还可用在结构零件中，起强化作用。另外，非晶合金具有优良的耐磨性。

(2) 优良的磁性。具有高的磁导率、低的铁损耗及低的矫顽力，是优良的软磁材料。代替硅钢、坡莫合金(铁镍合金)和铁氧体等作为变压器铁心、互感器、传感器等，可以大大提高变压器效率，缩小体积、减轻重量、降低能耗。图书馆或超市中书或物品中所暗藏的报警金属条就是一种非晶态软磁材料。非晶合金具有优良的耐磨性，可以制造各种磁头。

(3) 高的耐蚀性。此外，许多非晶态合金的耐腐蚀性能比最好的不锈钢高 100 倍。实验证明，当非晶态合金中含有一定量的铬和磷时，它就具有极高的抗腐蚀能力。不久的将来，非晶态合金将在许多特殊的场合取代不锈钢，成为重要的耐腐蚀材料。

5.4.7 隐身材料

雷达技术是探测空中目标的主要手段，因此，狭义的隐身技术即指雷达隐身技术，隐身技术中的关键是吸波材料，吸波材料能够将雷达和激光照射到其表面的信号吸收，从而使雷达、激光探测不到反射的信号。目前，吸波复合材料主要应用于军事装备领域，如机身、机翼。此外，吸波材料还可用于雷达、微波炉、电视、移动电话的防干扰或屏蔽。

1. 吸波材料的分类功能要求、分类及特征

理想的吸波材料应当具有吸收频带宽(典型的为 2～18GHz)、质量小、厚度薄、物理机械性能好，使用简便等特点，然而现有材料很难同时满足这些要求，所以对吸收材料电磁参量的优化组合、最佳工艺配方和涂层结构的选择是进行隐形材料设计施工必须综合考虑的问题。

材料对电磁波产生吸收要有两个条件：一是入射到材料表面的电磁波能最大限度地进入材料内部，即电磁匹配要好(匹配特性)；二是进入到材料内部的电磁波能迅速地被衰减掉，即电磁损耗要大(衰减特性)。

吸波材料的主要组分包括吸收剂和基体材料，吸收剂提供吸波性能，基体材料提供粘接或承载等性能。

因此按其工作原理，吸波材料可分为干涉型和吸收型两种；若按使用的方式，吸波材料则可分为涂料型和结构型两大类。

涂料型吸波材料是将吸收剂与各种粘接剂或涂料混合后，涂敷于目标表面而制成吸波涂层；结构型吸波材料是将吸收剂分散到纤维增强的热固性与热塑性塑料中，并采用适当的结构隐身设计而得。

干涉型吸波材料是依靠电磁波的干涉使入射电磁波和反射电磁波相互干涉抵消，该类材料的频率范围窄，但是在高频下使用时，材料可以做得很薄。

吸收型吸波材料是利用入射的电磁波在材料中的介电损耗和磁滞损耗，把电磁波的能量转变成热能或其他形式的能量。

2. 主要吸收剂

以超细羰基铁、羰基镍、羰基钴、锂镉铁氧体、锂锌铁氧体、镍镉铁氧体及陶瓷铁氧体等粉末，特别是纳米相材料等为代表的吸收剂是典型的磁损耗型的吸波材料；含有各种导电性石墨粉、烟墨粉、碳化硅粉末、炭粒及碳纤维、金属短纤维、钛酸钡陶瓷体和各种导电性高聚物等则属电损耗型吸波材料。

陶瓷微波吸收剂应用最广的是碳化硅。

导电高聚物吸收剂有聚乙炔、聚吡咯、聚苯胺、聚 3 -辛基噻吩等；导电纤维或金属晶须(或丝)吸收剂有导电短纤维或金属丝(由 Fe、Ni、Co 及其合金制成)；此外还有碳纳米管吸收剂、视黄基席夫碱盐等。

特别指出，呈纳米态的吸收剂因其具有极好的吸波特性，同时具备宽频带、兼容性好、质量小和厚度薄等特点，已成为最重要的吸收剂。

5.4.8 形状记忆合金

形状记忆材料是指具有一定初始形状的材料经变形并固定成另一种形状后，通过热、光、电等物理刺激或化学刺激的处理后，又可恢复成初始状态(形状)的材料。近年来，又在高分子聚合物、陶瓷、玻璃材料、超导材料中发现形状记忆现象。这里主要介绍形状记忆合金。

1. 形状记忆效应

具有一定形状的固体材料，在某一低温状态下经过塑性变形后，通过加热到这种材料固有的某一临界温度以上时，材料又恢复到初始形状的现象，称为形状记忆效应。大部分形状记忆合金和陶瓷记忆材料是通过马氏体相变而呈现形状记忆效应的。

形状记忆效应是热弹性马氏相变产生的低温相在加热时向高温相进行可逆转变的结果。如 Ti－Ni 合金丝较高温度时为某一形状(如密绕弹簧)，在低温时，加外力使其变形(弹簧拉长)，外力除去后，其变形保留；但若将其加热到一定温度，则合金丝能自动地恢复到原先的性状(密绕弹簧)，这就是最简单的形状记忆效应。

2. 形状记忆合金的分类

形状记忆合金是因热弹性马氏体相变及其逆转变而具有形状记忆效应的合金材料。按照合金组成和相变特征，具有较完全形状记忆效应的合金可分为三大系列：Ti－Ni 系形状记忆合金、铜基系形状记忆合金和铁基系形状记忆合金。目前较成熟的形状记忆合金有 Ti－Ni 合金与 Cu－Zn－Al 合金。

3. 形状记忆合金的应用

(1) 飞行器用天线。形状记忆合金最典型的应用是制造人造卫星天线。由 Ti－Ni 合金板制成的天线能卷入卫星体内。当卫星进入轨道后，利用太阳能或其他热源加热就能在太空中展开。

(2) 连接紧固件。形状记忆合金的最早应用是在管接头和紧固件上。如用形状记忆合金加工成内径比所要连接管的外径小 4%的套管，然后在液氮温度下将套管扩径约 8%，装配时将这种套管从液氮取出，将欲连接的管子从两端插入，当温度升高至常温时，套管收缩即形成紧固密封。这种连接方式接触紧密能防渗漏，装配时间短，远胜于焊接，特别适合于在航天、航空、核工业及海底输油管道等危险场合应用。此外，也可用于安全报警系统，如火灾报警器等。

(3) 智能驱动元件。形状记忆合金作为一种兼有感知和驱动功能的新材料，利用其在加热时形状恢复的同时，恢复力对外做功的特性，制作智能驱动元件。这种驱动结构简单，灵敏度高，可靠性好。1994 年 2 月 3 日，美国 Clementine 航天器利用这类驱动元件在 15s 内成功释放了 4 只太阳能板。

(4) 医学上的应用。Ti－Ni 合金由于优越的生物相溶性，已成功地将 Ti－Ni 合金用于临床，如制造血栓过滤器、脊柱矫形棒、牙齿矫形弓丝、接骨板、人工关节、各类腔内支架等。

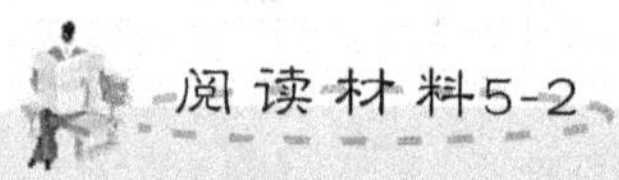

新材料研究发展与产业化趋势

人类的历史已经证明，材料是人类社会发展的物质基础和先导，而新材料则是人类社会进步的里程碑。

美国数百位资深科学家历经数年，对 20 世纪 90 年代国际上材料科学与工程的发展进行了详细的分析和预测后指出，国际上材料的竞争将更为激烈，因为材料高技术事关国家的实力与安危。

总之，发展材料高技术体现了国家利益，发展材料高技术是一项国家战略。

1. 国内新材料的发展现状和差距

1）国内新材料研究进展

(1) 在人工晶体材料方面，我国的非线形光学晶体材料处于国际领先地位，当今国际上综合性能优良、有工业应用价值的三种晶体中，BBO、LBO两种晶体为我国所发现；激光晶体制备技术在一些方面也达到国际领先水平；压电石英晶体和人造云母材料达到国际先进水平。

(2) 在高性能陶瓷材料方面，通过系统研究开发各种陶瓷粉体的制备与处理、成形、烧结、加工、连接、无损检测等工艺技术及其基础科学问题，使我国高性能陶瓷材料的研究水平和材料性能达到或接近国际先进水平。

(3) 在高温超导材料、钕铁硼永磁材料、高温合金和金属间化合物结构材料等方面，取得了在国际上有重要影响的研究成果，在一系列新材料的研究开发上，也具有独立自主的知识产权，从而为我国材料高技术在21世纪初的持续发展奠定了较好的基础。

2）国内新材料研究差距

我国新材料的发展与世界先进水平相比还有相当大的差距，主要如下。

①在新材料的研究开发和产业化方面统筹规划不够；②各种新材料研究发展计划实施以来，大学、科研院所参与多，而企业参与少，成果转化困难；③跟踪仿制多，自主创新少，导致我国的材料体系杂乱；④新材料产品质量(如高性能金属材料、基础电子材料、激光晶体、高性能复合材料等)的重复性、稳定性和可靠性不够，反映出生产制造技术的不成熟；⑤高性能新材料品种不全，配套能力较差；⑥材料制备装置相对落后，自主开发能力不足；⑦分析表征技术整体水平不够先进。

2. 新材料研究发展与产业化趋势

1）新材料设计技术迅速发展

在微观、介观和宏观不同层次上的新材料设计技术迅速发展，在分子、原子、电子层次上按预定性能设计和制备新材料日趋成熟。现代材料科学在很大程度上依赖于对材料的性能与原子分子结构、显微组织、成分及其制备加工工艺之间关系的理解，按照要求的实用性能，依据现代材料科学理论，在微观、介观和宏观的不同尺度上，用经验、半经验或理论的推理和计算方法对材料进行设计，改进传统的“炒菜”式研究方法。我国在无机非线性人工晶体研究方面，在国际上首创的阴极基团理论，导致了偏硼酸钡(BBO)等晶体的发现就是一个成功的实例。

2）注重多学科交叉、综合，利用现代科学技术的最新成就

新材料的研究发展与产业化已经不再是基于单一学科的成就，而是注重学科交叉、综合，利用现代科学技术的最新成就。例如，近年来兴起的纳米材料、智能材料、先进复合材料和生态环境材料等无一不是多学科交叉的结果。从材料来看是无机材料与有机材料的交叉，从学科来看是物理、化学、力学等的交叉，从更广的范围来看，甚至是自然科学与社会科学(人文、经济等)的交叉。

3）新材料向高性能化、多功能化、复合化、智能化和低成本化方向发展

结构材料追求高性能化，功能材料要求多功能化，而复合化和智能化则是新材料发

展的共同趋势，材料的低成本化是新材料和传统材料共同追求的目标。

4）材料的制备技术和表征评价技术是新材料发展的重要基础，新技术和新装备不断涌现

材料的先进制备技术是发展新材料的关键。根据国际上的发展趋势来看，材料表面改性和薄层材料制备技术、材料在不同尺度(毫米、微米、纳米、分子、原子)上的复合新技术、材料成分与组织的精密控制新技术、高纯材料制备技术以及材料的智能合成与制备新技术等都是亟待发展的共性关键技术，其中包括关键新装备的研制。材料的表征和评价技术则是材料研究发展的基础，是保证材料制备质量及在实际使用环境中具有满意使用性能的关键，也是对材料设计结果的检验。

5）新材料的发展带动和促进了基础材料和传统材料的改造与更新

材料高技术促进了新兴产业的发展，也对传统产业的改造和升级发挥越来越重要的作用。在新材料的研究发展中所涌现出来的高新技术，一方面促进了新兴产业的发展，另一方面新材料、新技术的涌现必然会对传统产业的改造和提高发挥作用。目前，我国产量居世界第一的钢铁、水泥、煤炭正在进行的“超级钢”研究发展计划、高品质水泥的研究发展计划，以及清洁煤燃烧技术的研究发展计划等，对我国的国计民生具有极为重要的价值。

6）材料及其制品和生态环境与资源的协调性备受重视

环境的恶化是社会可持续发展的重大障碍，材料在提取、制备、生产和制品的使用与废弃过程中不仅消耗了大量的资源和能源，而且还造成了严重的环境污染。据1994年统计，我国各种材料的生产使用过程中每年共排放废水66.78亿t、废气5.05万亿m^3、固态废弃物4.11亿t，这已成为严重的环境问题和社会问题。要解决上述问题，需要开展材料环境协调性评价技术、材料延寿新技术，以及材料回收再生和综合利用新技术等方面的研究，使之与国际上有关标准法规(如ISO 14000)接轨，提高我国新材料及其制品的国际竞争能力，使资源得到更有效的利用，使环境得到更妥善的保护。

资料来源：李成功. 新材料研究发展与产业化趋势[J]. 中国机械工程，2000(2).

案例分析

工程塑料在农业机械中的应用

工程塑料密度小、耐腐蚀、强度高，有些还具有优异的光、电、磁、声等性能；同时工程塑料还有原材料来源丰富、易成型加工、价格低、化学稳定性好、电绝缘性好及耐磨和减摩性好等特点. 因此，工程塑料在农业机械中的应用越来越广泛，并正逐步取代黑色金属成为重要的农业机械用材料。

1. 尼龙万向节衬套和半轴、行星齿轮垫片

用尼龙66制作的载重农用车万向节衬套在行驶5万km后表面仍很光洁并可继续使用，而铜衬套在运行同样里程后即需更换。采用浇铸(MC)尼龙垫片的半轴齿轮在行驶12万km后磨损仅0.038mm，而采用铜垫片的半轴齿轮在行驶4万km后磨损达0.12mm。采用尼龙6垫片的行星齿轮在行驶12万km后磨损0.09mm，而采用铜垫片的行星齿轮在行驶4万km磨损达0.42mm。

2. 聚四氟乙烯活塞环

活塞环在动力机械中主要是防止气体从压缩容器内漏出因此活塞环的材料除了要具有一定的力学性

能与弹性外，还应有自润滑性和减摩、耐磨性，这样才能保持活塞有良好的密封性。聚四氟乙烯的自润滑性最好，摩擦系数极低，仅为0.04。其耐热性也很好，可在−100～200℃长期使用。在无油的情况下聚四氟乙烯活塞环可在滑动速度4m/s、200℃高温和2×10^7Pa负载下运动。由60%青铜填充的聚四氟乙烯的耐磨性最好，寿命可达4000h以上，为活塞环的首选材料。使用聚四氟乙烯活塞环还有自润滑、可提高压缩空气的纯洁度等优点；可以避免催化剂的“中毒”现象，不需要添加润滑剂，不用润滑剂的分离设备，大大节约了企业的生产成本，同时还可避免因润滑剂泄漏而影响环境卫生。

3. 尼龙衬套

图5.2所示为淮阴拖拉机厂生产的拖拉机前桥总成中的衬套。原来所用材料为铁基粉末冶金，但粉末冶金强度及塑性较差，装配时易损坏，且成本高。分析认为该零件在前桥中属于轴承、轴套性质的摩擦件，受力不大，对力学强度要求不高，但要求有良好的自润滑性、较低的摩擦系数及一定的耐油性。经过成本和性能的可行性比较分析，采用尼龙66注射成型的衬套效果良好，不仅工艺简单，且成本较低，达到了使用要求。在材料中加入一定的MoS_2，可提高衬套的自润滑性。从经济成本分析看，每10万台拖拉机可节约6万元。

4. MC尼龙端盖与ABS封盖

图5.3所示为小型拖拉机前轮体端盖和前轮轮毂封盖示意图。这两种零件均属于一般结构件，承受载荷不大，但需要有一定的力学强度。因此，这种零件可选用价格低廉、成型工艺好的工程塑料。前轮体端盖采用MC尼龙，前轮轮毂封盖采用(丙烯腈/丁二烯/苯乙烯)共聚物(ABS)，这两种材料不仅综合性能优良，价格便宜，耐冲击，尺寸稳定，易于加工成型，表面还可电镀与喷漆，而且装配性能良好，具有足够的刚度和强度，表面光滑美观。从经济成本分析看，若前轮体端盖与前轮轮毂封盖材料分别用MC尼龙和ABS代替，每10万台拖拉机可节约20万元。

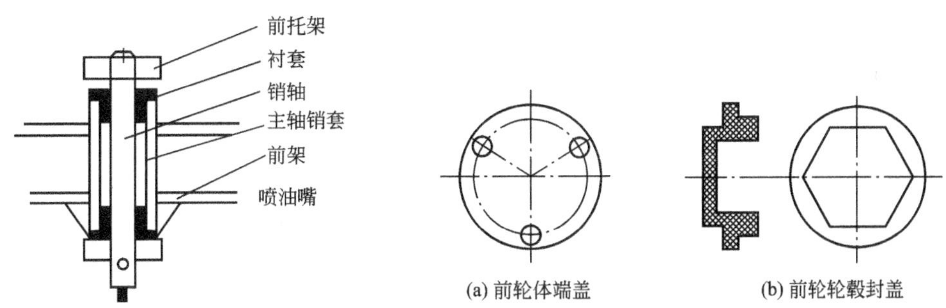

图5.2　拖拉机前桥总成中的衬套示意图　图5.3　小型拖拉机前轮体端盖和前轮轮毂封盖示意图

5. 尼龙轴承

尼龙作为轴承材料广泛用于汽车、拖拉机、船舶、纺织和仪表等领域。用尼龙1010、尼龙6和玻璃纤维增强尼龙制造滚动轴承保持架，以替代布质酚醛层压板切削加工框架保持器，可大大提高劳动生产率，降低成本。用尼龙10ro代替夹布胶木制造的单列向心推力球轴承，在转速5000r/min下运转情况良好。采用喷涂尼龙1010(填充5%MoS_2)代替巴氏合金制造的大马力柴油机主轴推力轴承，在滑动线速度7m/s、负载1.5MPa下经6000h运转，磨损量仅为0.02～0.03mm。

6. 尼龙、聚砜柴油机调速盘

图5.4所示为柴油机调速盘示意图。该零件在高速压力盘外面，是一个壁厚仅有2mm的碗形零件，四周受钢球的离心力作用，要求该零件耐磨、耐冲击并应有一定的刚性，同时由于运行时该零件处于较高温(80～120℃)及高速(2000～2100r/min)环境，因此，所用材料要具有高的力学强度、良好的耐热性能、较低的摩擦系数，以及蠕变小、尺寸稳定性好等特性。

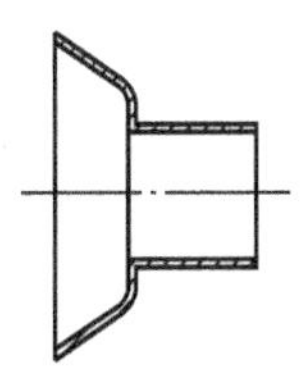

图5.4　柴油机调速盘示意图

以往较原始的工艺是用ϕ80mm的钢棒(质量2.5kg)车制，经渗碳淬火和磨削加工，最后成品质量为0.11kg，钢材利用率仅为4.4%，有时还会在热处理中产生龟裂而导致报废。若用4mm厚的08钢板冲压成型，再经机加工和热处理，每件消耗原材料0.45kg，材质稍差时冲压后经常会产生裂纹，成品率只有20%左右，有时还会因冲压精度不够，中心稍有偏移即无法进行磨削加工而报废。

经对原结构改进设计后，分别采用增强尼龙、增强聚砜等工程塑料制造，特别是将高速压力盘与滑动盘合为一体，这样既增加了刚性又减少了一个零件，且工程塑料件成型工艺简单，因而更显现出其优越性。经装车试验证明材料及工艺可行。为企业大大地降低了成本，每10万台拖拉机可节约90万元。

资料来源：何扬清，杨锦华，章世秀. 工程塑料在农业机械中的应用 [J]. 工程塑料应用，2004(4).

根据以上案例所提供的资料，试分析：

1）由材料中所给说明工程塑料的性能特点是什么？

答：工程塑料的性能特点：

工程塑料密度小、耐腐蚀、比强度高，有些还具有优异的光、电、磁、声等性能；同时工程塑料还有原材料来源丰富、易成型加工、价格低、化学稳定性好、电绝缘性好及耐磨性和减摩性好等。但其对环境因素较敏感，如高温、紫外线等的作用可以使之氧化或软化，或者发生解聚作用，使性能恶化，部分易溶于一些有机溶剂，大多在150℃以下才可使用。

2）根据所学知识分析工程塑料适宜制造哪些零部件？不适宜做哪些零部件？

答：工程塑料适宜制造：

(1) 对强硬度要求低、质轻、耐蚀、常温或150℃以下才可使用的各类工程机械装(设)备的结构类零部件、玩具、日用品、办公用品等；

(2) 使用温度低于150℃的小型耐磨类零件，如(尼龙)衬套、垫片、(聚四氟乙烯)活塞环、滚轮等；

(3) 各类要求耐蚀、美观、质轻的装饰件，各类电绝缘件等。

工程塑料不适宜制造：

(1) 强硬度要求高、刚度好、耐热的各类工程机械装(设)备的结构类零部件及工具类构件；

(2) 溶于有机溶剂的各类构件；

(3) 单件、小批量生产的各类构件。

习　题

简答题

5-1　热固性与热塑性塑料的区别和特点大致有哪些？分别简述生活中常用(或常接触)的三种热固性和热塑性塑料的特性及用途。

5-2　一般塑料、橡胶、纤维、有机涂料及粘接剂在组成、使用状态及用途上有何联系与区别？

5-3　要求耐磨、耐油的橡胶制品可选用什么橡胶？要求气密性好的橡胶制品选用什么橡胶？

5-4　硬质合金有哪几类？它们的性能及应用特点是什么？

5-5 简述新型工程材料的性能特点及应用。

思考题

1. 有机高分子材料性能如何？为什么在各行各业中替代金属材料或无机材料制作零部件或物品？有机高分子材料不适用于那些场合(或使用条件)？

2. 什么是复合材料？复合材料具有哪些结构特点和性能特点？分别举一颗粒增强及纤维增强复合材料应用例子，并简述两种增强原理的特点或区别。

第 6 章

工程设计制造中的材料选择

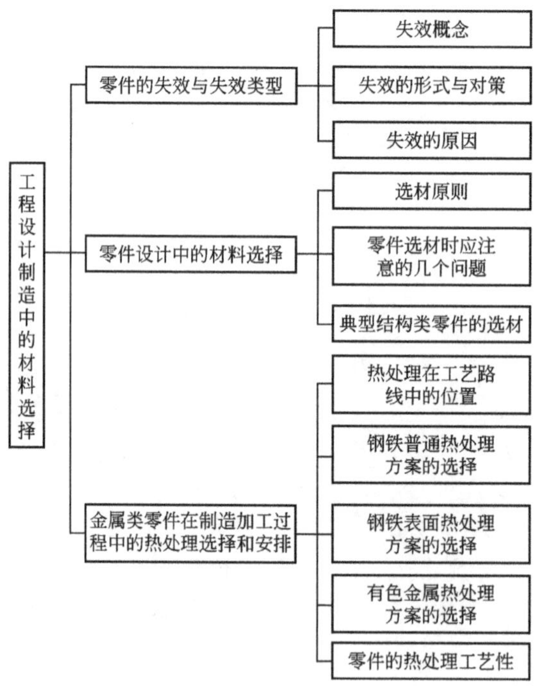

本章学习目标与要求

- ▲ 掌握典型零件的选材、热处理方法及技术要求的确定，加工工艺路线的分析。
- ▲ 熟悉机械零件选材的一般原则。
- ▲ 了解失效和失效分析的基本概念。

导入案例

面向绿色制造的金属材料的选用

制造业是创造人类财富的支柱产业，在大量消耗掉人类社会的有限资源的同时，也产生了大量的废弃物，对环境造成了严重的污染。如：切削加工时工作现场的声、热、振动、粉尘、有毒气体等影响工作环境；加工过程中使用的冷却液、热处理和表面处理时排出的废液废渣、产生大量切屑和粉尘等固体废弃物影响自然环境等；产品的包装和运输所用材料几乎全部成为垃圾；产品使用过程中可能产生的有害物、产品的报废处理形成的固体垃圾等均影响人类的生存环境。为此制造业实施可持续发展战略已势在必行。

1. 新的制造战略绿色制造

绿色制造又称环境意识制造(Environment-ally Conscious Manufacturing)、面向环境制造(Manufacturing for Environment)等。它是一个综合考虑环境影响和资源效率的现代制造模式，其目标是使产品从设计、制造、包装、运输、使用到报废处理的整个产品生命周期中，对环境的负面影响最小，资源利用率最高，并使企业经济效益和社会效益协调优化。绿色制造实质上是人类社会可持续发展战略在现代制造业中的体现。

2. 绿色制造模式中材料的绿色度要求

在传统的机械制造中，金属材料的选择主要是从材料的使用性、工艺性和经济性3个方面综合考虑，根本没有考虑材料本身及其加工过程对环境的影响，也没有考虑报废后的回收处理问题。绿色制造模式则要求材料的使用性、工艺性、经济性和绿色度的平衡，力求材料具有高的力学性能、较好的加工工艺性、较低经济成本和较低的环境影响。

材料的绿色度主要表现在两个方面，一是材料在其生命周期中对环境破坏小，不造成环境污染(或环境污染最小)，即材料具有很低的环境负荷值；二是材料具有较高的可循环利用率，材料的再生利用可以节约资源和能源，减少材料生产制造过程中产生的污染。金属材料从采矿、冶炼、轧制、产品制造、产品使用、一直到产品报废和材料再利用，始终伴随着材料的绿色度问题。

材料的绿色度则包括节能、降耗、环保和劳保四方面的内容。它的实现除了可通过在产品生产过程中采取各种绿色措施外，更重要的是通过采用绿色工艺来保证的，因此要提高材料的绿色度，应考虑如下要求：①资源最佳利用原则，即产品生产过程中，废气、废水、废渣等排放物的排量趋于零，即“零排放”；资源的投入产出比率趋于1。②能源消耗最少原则，即产品生产过程中消耗的能源最少，输入与输出能源的比值最大。③环境污染最小原则，即产品生产过程中产生的环境污染最小。④对人类健康的损害最小原则，即产品生产过程中对人类健康的损害最小。

3. 面向绿色制造的绿色度选材原则

面向绿色制造的金属材料选择，应从材料的使用性、工艺性、经济性和绿色度4个方面综合考虑。从提高产品的绿色度出发，选材时应遵循以下原则：

(1) 尽量不选择含枯竭性元素的材料。我国富产金属元素主要有Si、Mn、Mo、W、V、B及稀土金属等，选材时应优先选用含此类元素的金属材料。

(2) 优先选择对生态环境无污染(或少污染)、特别是不含对人体有毒害作用元素的材料。合金元素中对人体毒害作用最大的是离子状的Cr，其次是As、Pb、Ni、Hg等。含这些合金元素的材料废弃后，会造成空气、水域和土壤的污染，直接危害人体或者通过生物链对人体造成毒害。

(3) 选择零件加工中无污染(或少污染)、消耗能源少的材料。基本原则有：①采用不需要热处理的材料。在机械零件加工工艺中，热处理是决定机械零件性能和寿命的关键工艺，同时也是耗能最大、对环境污染较严重的工艺之一。所以应尽量选用在热轧、冷拔状态下即可达到性能要求的材料。②采用热处理工序少的材料。使用热处理不仅意味着资源的消耗，也意味着大量污染的产生。热处理工序少的材料，其环境影响也小。③选用适合于干切削的材料。切削加工时，使用切削液不仅费用约占零件制造成本的16%，而且切削液的各个时期均有较为严重的环境污染和危害。解决切削液带来的这些问题的最有效途径是采用少、无切削液的干切削加工技术，保护环境和降低成本。采用干切削刀具进行干切削加工时，应选择适合用于干切削的材料。④选用污染少的热处理方式。由于不同的材料组成涉及不同的合金资源，不同的热处理方式涉及不同的工艺能耗，所以热处理强化实质上是以能源换资源，选用时应综合考虑。如采用余热淬火、或表面淬火、或太阳能热处理等方式是比较合理的。

总的来说，热处理不但耗能较大，而且污染环境。其对环境影响的总趋势为：(从弱到强排列)电子束表面处理→电火花表面处理→激光表面处理→加热处理→气体表面碳化处理→火焰表面处理→离子化学热处理。在选择热处理方式时应注意选择对环境影响小的工艺。

(4) 选择强化的金属材料。强化的金属材料具有较高的强度，可以减少材料使用量，带来直观的良性环境效应，即减少资源消耗、能源消耗和三废排放；而长的服役寿命更使性能要求与环境要求得到很好的协调，提高了材料的利用率，减轻了环境负担。

(5) 选用易回收、易处理、可再生循环利用的材料。材料的再生循环利用是节约资源的一个重要途径。目前，各国正式颁布的金属材料及其合金的种类大约有3000多种，仅常用钢种就有100多种。这些材料的合金含量和合金元素类型是各不相同的。再生循环过程中，种类繁多的材料混杂在一起，使废料的回收处理和再生循环利用变得非常困难。因此从提高金属材料的再生循环性出发，机械产品的全部零部件应由单一合金系来制造最为理想。合金系中的组元越少，合金的再生循环性能越好，环境负荷值越低。

作为合金组元数量少、不含有害人体及生态环境元素、不含枯竭性元素的低合金结构钢，具有简单的组元和类似的化学成分，既能通过适当的热加工工艺获得大范围变化的显微组织和力学性能，满足不同用途的材料性能要求，又能保证在再生循环过程中回收的废钢具有大致相同的成分，易于再生循环利用。Fe－C－Si－Mn系合金就属于此类合金。

另外，采用涂、镀工艺虽然可以改善和提高零件表面的某些性能，但其工艺过程不仅会污染环境，而且给产品报废后的材料回收处理和再利用带来了困难。因此在选择此类用材时，应综合考虑对环境的影响。

资料来源：李凤银．面向绿色制造的金属材料的选用研究［J］．现代制造技术，2006(11)．

6.1 零件失效与失效类型

6.1.1 失效概念

失效就是机械零件丧失规定功能的现象。失效的含义有三：一是零件破损，不能正常工作；二是虽然还可以安全工作，但不能满足原有的功能要求；三是还可继续工作，但不安全。上述三种情况中的任何一种发生，就认为该零件已经失效了。例如桥梁因焊接等质量问题突然垮塌，属于第一种情况；轴承经长期使用后由于磨损出现噪声，旋转精度下降，虽然还能继续使用，也应视为已经失效，属于第二种情况；火车紧急制动失灵，虽不影响火车运行，但在前进方向出现异常情况时，因不能实施紧急有效的制动，影响了行车的安全性，属于第三种情况。

若是低于规定的期限或超出规定的范围发生的失效，则称之为早期失效。失效分析就是针对早期失效进行的。进行失效分析的目的就是找出失效的原因，并提出相应的改进措施，失效分析也是选材过程的一个主要环节。

6.1.2 失效的形式与对策

机器零件及工程结构的失效形式主要有以下 4 种，如图 6.1 所示。

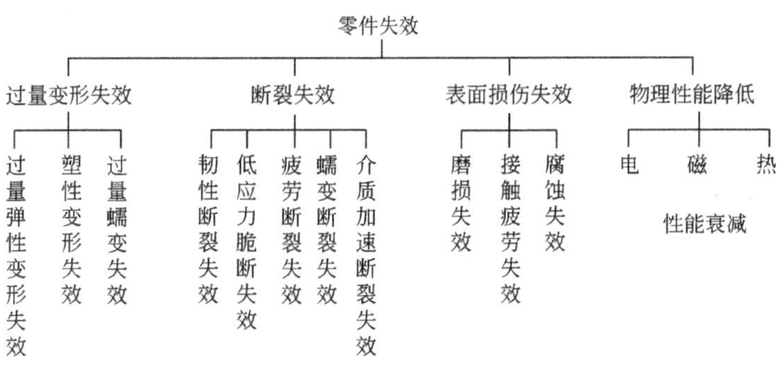

图 6.1 机器零件及工程结构的失效形式

1. 过量变形失效

(1) 过量弹性变形失效。金属零件或构件在外力作用下总要发生弹性变形，在大多数情况下要对变形量加以限制，这就是零件设计时要考虑的刚度问题。不同的零件对刚度的要求大不相同，如镗床镗杆的刚度不足，会发生过量的弹性变形，就会产生“让刀”现象，使被加工件出现较大误差。零件的刚度取决于材料的弹性模量和零件的截面尺寸与形状。陶瓷材料和金属材料的弹性模量远大于高分子材料。但是，如果对零件或构件要求很高的刚度时，则主要靠增加截面尺寸和改变截面形状来增加刚度。

(2) 塑性变形失效。塑性变形失效是零件的实际工作应力超过材料的屈服强度引起的。冷镦冲头工作端部镦粗、紧固螺栓在预紧力和工作应力作用下的塑性伸长等都是塑性变形失效。选用高强度材料、采用强化工艺、加大零件的截面尺寸、降低应力水平等都是解决塑性变形失效的有效途径。

(3) 过量蠕变失效。它是零件或构件在高温、长时间力的作用下产生的缓慢塑性变形失效。通过热处理、合金化(如热强钢、高温合金)及复合增强等途径可提高零件的高温抗蠕变能力。

2. 断裂失效

断裂是零件最危险的失效形式，特别是在没有明显塑性变形的情况下的脆性断裂，可能会造成灾难性后果，必须予以充分关注。

(1) 韧性断裂。零件所受应力大于断裂强度，断裂前有明显塑性变形的失效称之为韧性断裂。其主要发生于韧性较好的材料产品中，此时断裂是较缓慢进行的过程，需消耗较多的变形能量。板料拉伸的断裂、拉伸试样出现颈缩的断裂等都是韧性断裂的例子。只要把零件所受应力控制在许用应力范围内，就可以有效地防止这类断裂。

(2) 低应力脆断。构件所受名义应力低于屈服极限，在无明显的塑性变形的情况下产生的突然断裂称为低应力脆断。低应力脆断最为危险，多发生在焊接结构或某些大截面零件中。此时构件或工作于低温环境，或受冲击载荷，或存在冶金、焊接缺陷，或有突出的应力集中源等。主要从提高材料的断裂韧性、保证零件加工质量、减少应力集中源等方面来预防这类断裂。

(3) 疲劳断裂。疲劳断裂是在零件承受交变负荷，且在负荷循环了一定的周次之后出现的断裂。一般，疲劳断裂前没有塑性变形的征兆，此时出现的疲劳断裂有很大的危险性。在齿轮、弹簧、轴、模具等零件中常见到这种失效。疲劳断裂多起源于零件表面的缺口或应力集中部位，在交变应力作用下，经过裂纹萌生、扩展直至剩余截面积不能承受外加载荷的作用而发生突然的快速断裂。为了提高零件抵抗疲劳断裂的能力，应选择高强度和较好韧性的材料，在零件结构上避免或减少应力集中，降低表面粗糙度值，采用表面强化工艺等。

(4) 蠕变断裂失效。它是在高温下工作的零件或构件，当蠕变变形量超过一定范围时产生韧性断裂。此时，正确选择耐热材料才是防止断裂的关键。

(5) 介质加速断裂失效。其为受力零件或构件在特定介质中经过一定时间后出现的低应力脆断，主要有应力腐蚀断裂、氢脆断裂及腐蚀疲劳断裂等。

3. 表面损伤失效

(1) 磨损失效。当相互接触的两个零件作相对运动时，由于摩擦力的作用，零件表面材料逐渐脱落，使表面状态和尺寸改变而引起的失效称为磨损失效。提高材料硬度，降低表面粗糙度可减少磨损。

(2) 接触疲劳失效。两个零件作相对滚动或周期性地接触，由于压应力或接触应力的反复作用所引起的表面疲劳破坏现象称为接触疲劳失效。其特征是在零件表面形成深浅不同的麻点剥落。齿轮、滚动轴承、冷镦模、凿岩机活塞等常出现这种失效。

提高材料的冶金质量，降低接触表面粗糙度值，提高接触精度，以及硬度适中，都是提高接触疲劳抗力的有效途径。

(3) 腐蚀失效。金属零件或构件的表面在介质中发生化学或电化学作用而逐渐损坏的现象称为腐蚀失效。选择抗腐蚀性强的材料(如不锈钢、有色金属、工程塑料)，对金属零件进行防护处理，采取电化学保护措施，改善环境介质，是目前常用的应对腐蚀的方法。

6.1.3 失效的原因

1. 设计

(1) 应力计算错误。其表现为对零件的工作条件或过载情况估计不足造成的应力计算错误，多见于形状复杂的零件、组合变形的零件、负荷对工作条件依赖性较强的零件。

(2) 热处理结构工艺性不合理。结构工艺性不合理，常表现为把零件受力大的部位设计成尖角或厚薄悬殊等，这样导致应力集中、应变集中和复杂应力等，从而容易产生不同形式的失效。

2. 选材与热处理

(1) 选材错误。材料牌号选择不当、错料、混料，均会造成零件的热处理缺陷或力学性能得不到保证和使用寿命下降。

(2) 热处理工艺不当。材料选择合理，但是在热处理工艺或是热处理操作上出现了问题，即使零件装配前没有报废，也容易造成早期失效。

(3) 冶金缺陷。夹杂物、偏析、微裂纹、不良组织等超标，均会产生废品和零件失效。

3. 加工缺陷

冷加工和热加工工艺不合理会引起加工的缺陷，缺陷部位可能成为失效的起源。

切削加工缺陷主要指敏感部位的粗糙度太高，存在较深的刀痕；由于热处理或磨削工艺不当造成的磨削回火软化或磨削裂纹；应力集中部位的圆角太小，或圆角过渡不好；零件受力大的关键部位精度偏低，运转不良，甚至引发振动等，均可能造成失效。

4. 装配与使用

装配时零件配合表面调整不好、过松或过紧、对中不好、违规操作、对某些零件在使用过程中未实行或未坚持定期检查、润滑不良以及过载使用等，均可能成为零件失效的原因。

对具体零件进行失效分析，一定要认真找出失效的具体原因，以指导零件设计、选材和制造工艺。

6.2 零件设计中的材料选择

6.2.1 选材原则

现代制造业选用的材料应尽可能同时满足对功能、寿命、工艺、成本及环保等的要求，为此必须遵循使用性能原则、工艺性原则、经济性原则和绿色原则。

1. 使用性能原则与选材基本步骤

使用性能是零件在使用中应该具有的性能，这是保证零件完成规定功能的必要条件。从材料角度，可以认为，使用性能体现为材料的力学性能、物理性能和化学性能。物理性能和化学性能是零件工作于特殊条件下对零件提出的特殊功能要求，如工作于大气、土壤、海水等介质中的零件要具备耐蚀性，传输电流的导线或零件要有良好的导电性。零件总要承受一定的负荷，尤其是机械零件，对力学性能的要求是主要的或者是唯一的。选材的基本步骤如图 6.2 所示。

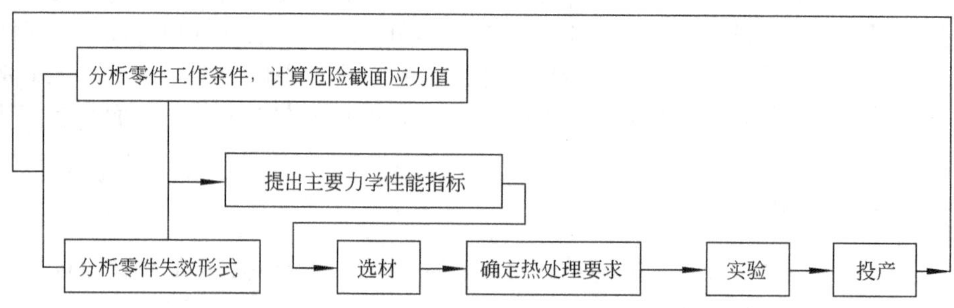

图 6.2　按力学性能选材的基本步骤

在选材之前必须明了零件的外力和工作条件，即力学负荷、热负荷及环境介质作用的具体情况。进行强度计算和强度设计以前，要明了应力和应力状态，不仅要解决计算和设计问题，还要确定危险截面，外力与应力的大小通过力学计算或实验应力分析确定。知道零件的工作条件后，要对零件在工作条件下可能的失效形式作出判断、估计和预测。通常相同或相近的已知零件失效的结论可以作为所设计零件可能失效形式的借鉴，见表 6 - 1。

表 6 - 1　几种常见零件工作条件、失效形式及要求的力学性能

零件	工作条件			常见失效形式	力学性能指标
	变形方式	载荷性质	其他		
紧固螺栓	拉、剪	静		过量变形、断裂	强度、塑性
传动轴	弯、扭	循环、冲击	轴颈处摩擦、振动	疲劳破坏、过量变形、轴颈处磨损	综合力学性能：σ_s、σ_{-1}、α_K、局部 HRC 等
齿轮	压、弯	循环、冲击	强烈摩擦、振动	磨损、疲劳麻点、齿折断	表面有高硬度及高的疲劳极限，心部有较高强度及韧性
弹簧	扭(螺旋簧)	循环、冲击	振动	弹性丧失、疲劳破坏	弹性极限、屈强比、疲劳极限
油泵柱塞副	压	循环、冲击	摩擦、油的腐蚀	磨损	硬度、抗压强度
冷作模具	复杂组合变形	循环、冲击	强烈摩擦	磨损、脆断	高硬度、高强度、足够的韧性
压铸模	复杂组合变形	循环、冲击	高温、摩擦、金属液腐蚀	热疲劳、脆断、磨损	高温强度、抗热疲劳性、足够韧性与热硬性

最后通过查阅有关手册，将对零件的力学性能要求转化为材料的力学性能指标(如 σ_b、HB、δ 等数值大小)，凡是满足要求的材料都列入预选材料。一般预选的材料不是唯一的，可能存在几种、十几种，综合分析预选材料的使用性能、工艺性能和经济性，确定出选用的材料。实际中，如对零件所受的外力和应力的大小并不十分清楚，使选材的定量化受到限制，这时可参考相同或相近的、经过实践证明是可行的零件和材料进行类比选材，多数模具零件、标准件、机床零件都是这样选材的。

成批、大量生产的零件或非常重要的零件，还要进行台架试验、模拟试验或试生产，以验证所选零件的功能和可靠性。

实验以后或投产以后如发现所选材料不能满足要求，这时候应重复上述过程，直到选出合适的材料。

2. 工艺性原则

工艺性是指材料经济地适应各种加工工艺而获得规定使用性能或形状的能力。材料本身工艺性能的好坏，将直接影响零件或产品的质量、生产率及成本。凡是生产一个合格的零件或产品，都要经过一系列的加工过程，如铸造、锻压、焊接、热处理、切削加工及其他成形工艺。每种工艺都对材料性能及零件形状有不同要求，每种材料都有最适应的几种工艺方法，这就使材料的工艺性具有相对多样性及复杂性。如铸铁适宜作复杂箱体件，切削工艺性好，铸造工艺性好，但焊接工艺性及锻造工艺性差；而低碳钢、热塑性塑料几乎可用各种工艺方法成形各种形状，工艺费用低(特别是塑料)，所以应用广泛。

大多数情况下，工艺性原则只是一个辅助性原则，但如果大批量生产使用性能要求不高或很容易满足其性能的产品，且工艺方法高度自动化等，此时工艺性能将成为选材的决定性因素，如上述复杂箱体选铸铁用铸造成形，用易切钢生产普通标准紧固件(螺栓等)。

3. 经济性原则

零件或产品的经济性涉及原材料成本、加工成本及市场销售利润等方面。选材时应进行综合评价与比较，从中选择最合适的(不一定是最好的、单价最贵的或单价最低的)材料，以使总成本最低或市场效益最大，这就是经济性原则。而零件的总成本不只是材料价格本身，零件的功能要求、精度、可靠性、提供的毛坯形式、切削加工工艺、热处理工艺、零件重量、维修费用等诸多方面都影响零件总成本。

4. 绿色原则

现在选材(包括所选材料的加工以及达到寿命后的废弃情况等)还应考虑材料的资源、节能、环境保护和可持续发展等问题。

6.2.2 零件选材时应注意的几个问题

零件选材原则的实质是在技术和经济合理的前提下，保证材料的使用性能与零件(产品)的设计功能相适应。掌握上述原则后，选材时还要注意以下几方面：

(1) 在多数情况下优先考虑使用性能，工艺性、经济性等原则次之。

(2) 有些力学性能指标(如 σ_b、$\sigma_{0.2}$、σ_{-1}、K_{IC})可直接用于设计计算；δ、Ψ、α_k 等不能直接用于计算，而是用于提高零件的抗过载能力，以保证零件工作安全性。

(3) 设计时确定的主要力学性能指标是零件应该具备的性能，在查阅手册转化为相应材料的性能指标时，要注意手册上给出的组织状态：如果零件的最终状态与手册上给出的相同，可直接引用；否则，还要查阅其他手册、文献资料或进行针对性的材料力学性能试验。

(4) 手册或标准给出的力学性能数据是在实验室条件下对小尺寸试样的试验结果，引用这些数据时要注意尺寸效应。所谓尺寸效应是指材料截面尺寸增大、力学性能下降的现象。这是因为截面尺寸越大，材料缺陷越多，应力集中越明显，热处理组织越不均匀。例如，对45钢调质状态标准拉伸试样(ϕ10mm)测得的屈服强度为450MPa，但对于同一材料、尺寸为ϕ180mm的试件来说，其调质状态下的屈服强度远远低于450MPa。

(5) 由于材料的成分是一个范围，试样毛坯的供应状态可以有多种，因此即使是同一牌号的材料，性能也不完全相同。国家或国际标准的数据可靠，而技术资料、论文中指出的数据一般是平均值，使用时要加以注意。

(6) 同一材料的不同供应或加工状态(如铸造、锻造、冷变形等)对数据影响较大。

(7) 选材时要同时考虑所选材料的成形加工方法。显然，如选用灰铸铁、球铁等铸铁，只能铸造成形；选用角钢、钢板等型材组合，只能焊接；如选轧制圆钢，则用锻造成形或直接切削成形。不同的成形方法会对零件设计、零件加工路线、零件热处理方法、零件使用性能及零件成本等带来重要影响。

6.2.3 典型零件结构的选材简介

1. 轴类零件选材

1) 轴的工作条件与性能要求

(1) 工作条件。轴的功能是支承旋转零件、传递动力或运动。轴类零件是机床、汽车、拖拉机以及各类机器的重要零件之一。

按承载特点，轴有转轴、心轴和传动轴之分；按结构特点有阶梯轴和等径轴之分；此外还可分为直轴、曲轴、空心轴、实心轴等。转轴在工作时承受弯曲和扭转应力的复合作用，心轴只承受弯曲应力，传动轴主要承受扭转应力。除固定的心轴外，所有作回转运动的轴所承受的应力都是交变应力，轴颈承受较大的摩擦。此外，轴大多都承受一定的过载或冲击。

根据工作特点，轴类零件的主要失效形式有以下几种：断裂，大多是疲劳断裂；轴颈或花键处过度磨损；发生过量弯曲或扭转变形；此外，有时还可能发生振动或腐蚀失效。

(2) 性能要求。根据轴类零件的工作条件及失效形式，对所用材料的性能提出如下要求。

① 良好的综合力学性能，即强度和塑性、韧性有良好的配合，以防止过载或冲击断裂。

② 高的疲劳强度，防止疲劳断裂。

③ 有相对运动的摩擦部位(如轴颈、花键等处)，应具有较高的硬度和耐磨性。

2) 轴类零件材料选择

轴类零件一般按强度、刚度计算和结构要求进行零件设计与选材。通过强度、刚度计算保证轴的承载能力，防止过量变形和断裂失效。结构要求则是保证轴上零件的可靠固定与拆装，并使轴具有合理的结构工艺性及运转的稳定性。

制造轴类零件的材料主要是碳素结构钢和合金结构钢，特殊场合也用不锈钢，有色金属甚至塑料。下面介绍不同工况下钢(铁)轴的材料选用。

(1) 轻载、低速、不重要的轴(如心轴、联轴节、拉杆、螺栓等)，可选用 Q235、Q255、Q275 等普通碳素结构钢，这类钢通常不进行热处理。

(2) 受中等载荷且精度要求一般的轴类零件(如曲轴、连杆、机床主轴等)常选用优质中碳结构钢，如 35、40、45、50 钢等，其中以 45 钢应用最多。为改善其性能，一般要进行正火或调质处理。要求轴颈等处耐磨时，还可进行局部表面淬火及低温回火。

(3) 受较大载荷或要求精度高的轴，以及处于强烈摩擦或在高、低温等恶劣条件下工作的轴(如汽车、拖拉机、柴油机的轴，压力机曲轴等)应选用合金钢。常用的有 20Cr、20CrMnTi、12CrNi3、40MnB、40Cr、30CrMnSi、35CrMo、40CrNi、40CrNiMo、38CrMoAlA、9Mn2V 和 GCr15 等。根据合金钢的种类及轴的性能要求，应采用调质、表面淬火、渗碳、氮化、淬火＋回火等处理，以充分发挥合金钢的性能潜力。

特别地，18CrMnTi、20MnV、15mNVB、20Mn2、27SiMn 等的低碳马氏体状态下的强度及韧性均大于 40Cr 的调质态，在无需表面淬火场合正得到越来越多的应用。非调质钢 35MnVN、35MnVS、40MnV、48MnV 等以及贝氏体钢如 12Mn2VB 等已用于汽车连杆、半轴等重要零件，这些钢无需调质，在供货状态下就能达到或接近调质钢的性能。

近年来，球墨铸铁和高强度铸铁(如 HT350、KTZ550－06)已越来越多地作为制造轴的材料，如内燃机曲轴、普通机床的主轴等。其有成本较低、切削工艺性好、缺口敏感性低，减振及耐磨等特点，所用热处理方法主要是退火、正火、调质及表面淬火等。

此外，在特殊场合轴的选材上，要求高比强度的场合(如航空航天)则多选超高强度钢、钛合金、高性能铝合金甚至高性能复合材料，高温场合则选耐热钢及高温合金，腐蚀场合则选不锈钢或耐蚀树脂基复合材料等。

3) 轴类零件加工工艺路线

制造轴类零件常采用锻造、切削加工、热处理(预先热处理及最终热处理)等工艺，其中切削加工和热处理工艺是制造轴类零件必不可少的。台阶尺寸变化不大的轴，可选用与轴的尺寸相当的圆棒料直接切削加工而成，然后进行热处理，不必经过锻造加工。

下面以内燃机曲轴类零件为例进行具体分析。

曲轴是内燃机的重要零件之一，在工作时承受内燃机周期性变化的气体压力、曲柄连杆机构的惯性力、扭转和弯曲应力以及冲击力等的作用。在高速内燃机中，曲轴还受到扭转振动的影响，产生很大的应力。

曲轴分为锻钢曲轴和球墨铸铁曲轴两类。长期以来，人们认为曲轴在动载荷下工作，材料有较高的冲击韧性更为安全。实践证明，这种想法不够全面。目前，轻、中载荷，低、中速内燃机已成功地使用球墨铸铁曲轴。如果能保证铸铁质量，对一般内燃机曲轴完全可以采用球墨铸铁制造，同时可简化生产工艺，降低成本。

(1) 球墨铸铁曲轴。以 110 型柴油机球墨铸铁曲轴为例，说明其加工工艺路线。

材料：QT600－3 球墨铸铁。

热处理技术条件：整体正火，$\sigma_b \geqslant 650MPa$，$\alpha_k \geqslant 15J/cm^2$，硬度240～300HBS；轴颈表面淬火+低温回火，硬度不低于55HRC；珠光体数量：试棒不低于75%，曲轴不低于70%。

加工工艺路线：铸造成形→正火+高温回火→切削加工→轴颈表面淬火+回火→磨削。

这种曲轴质量的关键在于铸造，例如铸造后的球化情况、有无铸造缺陷、成分及显微组织是否合格等都十分重要。在保证铸造质量的前提下，球墨铸铁曲轴的静强度、过载特性、耐磨性和缺口敏感性都比45钢锻钢曲轴好。

正火的目的是为了增加组织内珠光体的数量并细化之，以提高抗拉强度、硬度和耐磨性。高温回火的目的是为了消除正火风冷所造成的内应力。轴颈表面淬火是为了进一步提高该部位的硬度和耐磨性。

(2) 锻造合金钢曲轴。以机车内燃机曲轴为例，说明其选材及加工工艺路线。

材料：50CrMoA。

热处理技术条件：整体调质，$\sigma_b \geqslant 950MPa$、$\sigma_s \geqslant 750MPa$、$\alpha_k \geqslant 56J/cm^2$、$\delta \geqslant 12\%$、$\psi \geqslant 45\%$、30～35HRC；轴颈表面淬火回火，60～65HRC、硬化层深度3～8mm。

加工工艺路线：锻造→退火→粗加工→调质→半精加工→表面淬火+回火→磨削。

锻造的目的一是成形，二是改善组织，提高韧性。退火的目的是改善锻造后的组织，并降低硬度以利于切削；调质则是为得到强韧的心部组织；轴颈表面淬火是为提高该部位的硬度和耐磨性。

曲轴颈采用圆角滚压强化，可提高疲劳强度约60%。

2. 齿轮类零件材料选择

1) 齿轮的工作条件与性能要求

(1) 工作条件。齿轮是各类机械、仪表中应用最多的零件之一，其作用是传递动力、改变运动速度和运动方向。只有少数齿轮受力不大，仅起分度作用。

齿轮工作时的受力情况是：齿根承受很大的交变弯曲应力；换挡、启动或啮合不均时，齿部承受一定冲击载荷；齿面相互滚动或滑动接触，承受很大的接触应力，并发生强烈的摩擦。此外，有害介质的腐蚀及外部硬质磨粒的侵入等，都可加剧齿轮工作条件的恶化。

按照工作条件的不同，齿轮的主要失效形式有断齿、齿面剥落及过度磨损。

(2) 性能要求。

① 具有高的接触疲劳强度、高的表面硬度和耐磨性，防止齿面损伤。

② 具有高的抗弯强度、适当的心部强度和韧性，防止疲劳、过载及冲击断裂。

③ 具有良好的切削加工性和热处理工艺性，以获得高的加工精度和低的表面粗糙度，提高齿轮抗磨损能力。

此外，在齿轮副中两齿轮齿面硬度应有一定差值，小齿轮的齿根薄，受载次数多，应比大齿轮的硬度高5HRC左右。

2) 齿轮材料选择

齿轮用材绝大多数是钢(锻钢与铸钢)，某些开式传动的低速齿轮可用铸铁，特殊情况下还可采用有色金属和工程塑料。

确定齿轮用材的主要依据是：齿轮的传动方式(开式或闭式)、载荷性质与大小(齿面接触应力和冲击负荷等)、传动速度(节圆线速度)、精度要求、淬透性及齿面硬化要求、齿轮副的材料及硬度值的匹配情况等。

(1) 钢制齿轮。钢制齿轮有型材和锻件两种毛坯形式。一般锻造齿轮毛坯的纤维组织与轴线垂直，分布合理，故重要用途的齿轮都采用锻造毛坯。

钢质齿轮按齿面硬度分为硬齿面和软齿面：齿面硬度≤350HBS为软齿面，齿面硬度>350HBS为硬齿面。

① 轻载，低速与中速，冲击力小、精度较低的一般齿轮，选用中碳钢(如Q275、40、45、50、50Mn等)制造，常用正火或调质等热处理制成软面齿轮，正火硬度为160～200HBS，调质硬度一般为200～280HBS(不超过350HBS)。此类齿轮硬度适中，齿的加工可在热处理后进行，工艺简单，成本低，主要用于标准系列减速箱齿轮，以及冶金机械、重型机械和机床中的一些次要齿轮。

② 中载、中速、受一定冲击载荷、运动较为平稳的齿轮，选用中碳钢或合金调质钢，如45、50Mn、40Cr、42SiMn等，也可采用55Tid、60Tid等低淬透性钢($w_{Ti}=0.1\%\sim0.3\%$，d表示低淬透性)。用低淬透性钢进行表面淬火易控制硬化层深度(不致过深致使小模数齿部完全淬透)，并保证复杂轮廓淬硬的均匀性。其最终热处理采用高频或中频淬火及低温回火，制成硬面齿轮，硬度可达50～55HRC，而齿心部保持原正火或调质状态，具有较好的韧性。机床中大多数齿轮属于这种类型。

③ 重载、中速与高速并且受较大冲击载荷的齿轮，选用低碳合金渗碳钢或碳氮共渗钢，如20Cr、20MnB、20CrMnTi、30CrMnTi、20SiMnVB等。其热处理是渗碳、淬火、低温回火，齿轮表面获得58～63HRC的硬度，因淬透性高，齿轮心部有较高的强度和韧性。这种齿轮的表面耐磨性、抗接触疲劳强度、抗弯强度及心部的抗冲击能力都比表面淬火的齿轮高，但热处理变形较大，在精度要求较高时应安排磨削加工。主要用于汽车、拖拉机的变速箱和后桥中的齿轮。

内燃机车、坦克、飞机上的变速齿轮，其负荷和工作条件比汽车齿轮更重、更苛刻，对材料的性能要求更高，应选用含合金元素较多的渗碳钢(如20CrNi3、18Cr2Ni4WA)，以获得更高的强度和耐磨性。

④ 精密传动及高速齿轮，或磨齿有困难的硬齿面齿轮(如内齿轮)，其要求精度高、热处理变形小，宜采用氮化钢，如35CrMo、38CrMoAl等。热处理采用调质加氮化，氮化后齿面硬度高达850～1200HV(相当于65～70HRC)，热处理变形极小，热稳定性好(在500～550℃仍能保持高硬度)，并有一定耐磨性。其缺点是硬化层薄，不耐冲击，不适用于重载齿轮，多用于载荷平稳的精密传动齿轮或磨齿困难的内齿轮。

特别地，部分Mn-B系渗碳钢及部分贝氏体钢经渗碳后可直接空冷淬火，可显著减小渗碳淬火的变形量，选材时应注意。

(2) 铸钢齿轮。某些尺寸较大(如直径大于400mm)、形状复杂并受一定冲击的齿轮，其毛坯用锻造难以加工时，需要采用铸钢。常用碳素铸钢为ZG270-500、ZG310-570、ZG340-640等，载荷较大的采用合金铸钢，如ZG40Cr、ZG35CrMo、ZG42MnSi等。

铸钢齿轮通常是在切削加工前进行正火或退火，以消除铸造内应力，改善组织和性能的不均匀性，从而提高切削加工性。对于要求不高、转速较低的铸钢齿轮，可在退火或正火处理后使用；对耐磨性要求高的，可进行表面淬火(如火焰淬火)。

(3) 铸铁齿轮。一般开式传动齿轮多用灰铸铁制造。灰铸铁组织中的石墨起润滑作用，减摩性较好，不易咬合，切削加工性能好，成本低。其缺点是抗弯强度差、性能脆、不耐冲击。灰铸铁只适用于制造一些轻载、低速、不受冲击的齿轮。

常用灰铸铁的牌号有 HT200、HT250、HT300 等。在闭式齿轮传动中，有用球墨铸铁(如 QT600－3、QT450－10、QT400－15 等)代替铸钢的趋势。

铸铁齿轮在铸造后一般进行去应力退火或正火、回火处理，硬度在 170～270HBS 之间，为提高耐磨性还可进行表面淬火。

(4) 有色金属齿轮。对仪表齿轮或接触腐蚀介质的轻载齿轮，常用抗蚀、耐磨及无磁性的有色金属制造。常见的有黄铜(如 CuZn38、CuZn40Pb2)、铝青铜(如 CuAl9Mn2、CuAl10Fe3)、硅青铜(如 CuSi3Mn1)、锡青铜(CuSn6P)。硬铝和超硬铝(如 2A12、7A04)可制作要求重量轻的齿轮。另外，对蜗轮蜗杆传动，由于传动比大、承载力大，常用锡青铜制作蜗轮(配合钢制蜗杆)，以减摩和减少咬合粘着现象。

(5) 工程塑料齿轮。在轻载、无润滑条件下工作的小型齿轮，可以选用工程塑料制造，常用的有尼龙、聚甲醛、氯化聚醚、聚碳酸酯、夹布层压热固性树脂(如夹布酚醛)等。工程塑料具有重量轻、摩擦系数小、减振、成形工艺性好、工作噪声低等特点，适于制造仪表、小型机械的无润滑、轻载齿轮。其缺点是强度低，工作温度低，不宜用于制作承受较大载荷的齿轮。

(6) 粉末冶金(材料)齿轮。粉末冶金齿轮可实现精密、少量或无切削成形，特别是随着粉末热锻技术的应用，使所制齿轮在力学性能及技术经济效益方面明显提高。一般适于大批量生产的小齿轮，如使用铁基(Fe－C 系)粉末冶金材料制造发动机、分电器齿轮等。

3) 典型齿轮选材及加工工序安排举例

汽车、拖拉机(或坦克)齿轮主要分装在变速箱和差速器中，它们传递的功率和承受的冲击力、摩擦力都很大，工作条件比机床齿轮繁重得多。因此，对耐磨性、疲劳强度、心部强度和冲击韧性等都有更高的要求。要求齿轮表面有较高的耐磨性和疲劳强度，心部有较高的强度($\sigma_b>1000$MPa)及韧性($\alpha_k>60$J/cm^2)。工程应用表明，选用合金渗碳钢，如 20CrMnTi、20CrMnMo、20MnVB 等，经渗碳(或碳氮共渗)、淬火及低温回火后使用最为合适。齿轮的不同热处理工艺比较见表 6－2。

表 6－2　齿轮的不同热处理工艺比较

工艺方法	材料	表层组织及硬度/HRC	心部组织及硬度/HRC	硬化层形状	硬化层深度	工艺周期及成本	热处理变形	应用范围
感应加热表面淬火	中碳钢或中碳低合金钢	马氏体，45～60	索氏体或回火索氏体，25～35	大多数分布不均匀	不易控制	短、低	较小	用于轻载齿轮，如机床等

（续）

工艺方法	材料	表层组织及硬度/HRC	心部组织及硬度/HRC	硬化层形状	硬化层深度	工艺周期及成本	热处理变形	应用范围
渗碳及碳氮共渗	低碳钢或低碳合金钢	马氏体＋碳化物＋残余奥氏体，56～62	低碳马氏体或屈氏体，35～44	沿齿廓均匀分布	易控制	较长、较高	较大	用于重载齿轮，如汽车、拖拉机等
氮化	调质钢 38CrMoAl	氮化物，65～72	回火索氏体，～30	沿齿廓均匀分布	易控制	长、高	最小	用于高精度、高耐磨、高速齿轮

热处理技术条件：表层 w_C＝0.8%～1.05%，渗碳层深度为 0.8～1.3mm，齿面硬度 58～62HRC，心部硬度 33～45HRC。

加工工艺路线：下料→锻造→正火→粗加工、半精加工→渗碳、淬火＋低温回火→喷丸→磨削。

锻造的目的一是成形；二是改善组织，提高韧性。正火可使组织均匀，调整硬度，改善切削加工性。“渗碳、淬火＋低温回火”是使齿面获得高碳的耐磨抗疲劳层，心部获得强韧的低碳马氏体、贝氏体或屈氏体层。喷丸处理可提高齿面硬度 1～3HRC，增加表面残余压应力，从而提高接触疲劳强度。

该齿轮属于大批量生产，考虑到形状结构特点，毛坯采用模锻件，以提高生产率、节约材料，使纤维分布合理，提高力学性能。

热处理方法：正火 950～970℃，空冷，179～217HBS；渗碳 920～940℃，保温 4～6h，预冷至 830～850℃直接入油淬火，低温回火在(180±10)℃保温 2h。

3. 箱体支承类零件材料选择

1) 箱体支承类零件功能与性能要求

(1) 工作条件。箱体及支承件是机器中的基础零件。轴和齿轮等零件安装在箱体中，以保持相互的位置并协调地运动；机器上各个零部件的重量都由箱体和支承件承担，因此箱体支承类零件主要受压应力，部分受一定的弯曲应力。此外，箱体还要承受各零件工作时的动载作用力以及稳定在机架或基础上的紧固力。

(2) 性能要求。根据箱体支承类零件的功能及载荷情况，它对所用材料的性能要求是：有足够的强度和刚度，良好的减振性及尺寸稳定性。箱体一般形状复杂，体积较大，且具有中空壁薄的特点。因此，箱体材料应具有良好的加工性能，以利于加工成形，一般多选用铸造毛坯。

2) 箱体支承类零件材料选择

(1) 铸铁。铸铁的铸造性好，价格低廉，消振性能好，故形体复杂、工作平稳、中等载荷的箱体、支承件一般都采用灰口铸铁或球墨铸铁制作。例如金属切削机床中的各种箱体、支承件。

(2) 铸钢。载荷较大、承受较强冲击的箱体支承类部件常采用铸钢制造，其中ZG35Mn、ZG40Mn应用最多。铸钢的铸造性较差，由于其工艺性的限制，所制部件往往壁厚较大、形体笨重。

(3) 有色金属。要求质量轻、散热良好的箱体可用有色金属(铝、镁及其合金)等制造。例如柴油机喷油泵壳体，还有飞机及摩托车发动机上的箱体多采用铸造铝合金生产。而要求一定强度及耐蚀性也可选用铜合金。部分小型复杂件也可选用锌合金，钛合金、高温合金在航空航天及石油化工领域也有应用。

(4) 型材焊接。体积及载荷较大、结构形状简单、生产批量较小的箱体，为了减轻重量也可采用各种低碳钢型材(或其他可焊材料)拼制成焊接件。常用钢材为焊接性优良的Q235、20、16Mn等。对要求耐蚀的还可选不锈钢，如1Cr18Ni9Ti、1Cr17Ti等。

(5) 工程塑料及玻璃钢。工程塑料及玻璃钢因其特有的综合性能正越来越多地应用于产品中，特别是在要求耐蚀、低成本、低重量、绝缘、形状复杂、受力及受热不太大的中小型箱体(或壳体)上应用广泛。此外，聚合物(如环氧、不饱和聚酯)混凝土、人造花岗石已有用于制造精密机床床身或基体，其优点是加工成本低，密度小(铸铁的1/3)，尺寸稳定性好，对振动的衰减能力强(铸铁的7～8倍)，不生锈。

3) 铸造箱体支承类零件的加工工艺路线

加工工艺路线：铸造→人工时效(或自然时效)→切削加工。

箱体支承类零件尺寸大、结构复杂，铸造(或焊接)后形成较大的内应力，在使用期间会发生缓慢变形。因此，箱体支承类零件毛坯(如一般机床床身)，在加工前必须长期放置(自然时效)或进行去应力退火(人工时效)。对精度要求很高或形状特别复杂的箱体(如精密机床床身)，在粗加工以后、精加工以前增加一次人工时效，消除粗加工所造成的内应力影响。

去应力退火一般在550℃加热，保温数小时后随炉缓冷至200℃以下出炉。

部分箱体支承类零件的用材情况见表6-3。

表6-3 部分箱体支承类零件用材情况

代表性零件	材料种类及牌号	使用性能要求	热处理及其他
机床床身、轴承座、齿轮箱、缸体、缸盖、变速器壳、离合器壳	灰口铸铁HT200	刚度、强度、尺寸稳定性	时效
机床座、工作台	灰口铸铁HT150	刚度、强度、尺寸稳定性	时效
齿轮箱、联轴器、阀壳	灰口铸铁HT250	刚度、强度、尺寸稳定性	去应力退火
差速器壳、减速器壳、后桥壳	球墨铸铁QT400-15	刚度、强度、韧性、耐蚀	退火

（续）

代表性零件	材料种类及牌号	使用性能要求	热处理及其他
承力支架、箱体底座	铸钢 ZG270－500	刚度、强度、耐冲击	正火
支架、挡板、盖、罩、壳	钢板 Q235、08、20、16Mn	刚度、强度	不热处理
车辆驾驶室、车厢	钢板 08	刚度	冲压成形

6.3 金属类零件在制造加工过程中的热处理选择和安排

6.3.1 热处理在工艺路线中的位置

1. 热处理在工艺路线中的位置的安排原则

按照预先热处理与最终热处理的划分，常见的最终热处理的应用及与其他加工工序的相互关系如下。

(1) 经过以淬火＋低温回火为代表的最终热处理以后零件硬度较高，除磨削外，不宜进行其他切削加工。所以最终热处理一般安排在半精加工之后、精加工之前。

(2) 最终热处理可以不止进行一次，如氮化零件、精密零件热处理等。

(3) 整体淬火和表面淬火在工艺路线中的位置相同。为保证心部性能，在表面淬火前可先进行正火或调质，调质的效果更好。

(4) 如果零件整个表面都要求渗碳(或碳氮共渗，以下同)，对于一般渗碳件，渗碳后(指气体渗碳)进行直接淬火或进行重新加热的一次淬火，即渗碳与淬火、回火在工艺路线上是紧邻的。

(5) 当零件需要进行局部渗碳时，若采用预留加工余量法，则渗碳与淬火、回火之间应安排切削加工工序，以除去不需渗碳的渗碳层，此时不能进行渗碳后的直接淬火；若采用镀铜法防渗，在渗碳前应安排镀铜工序。

(6) 零件表面软氮化和表面渗硫的减摩处理，因渗层极薄(分别为 0.01～0.02mm 和不超过 0.01mm)，渗后不能进行任何切削加工。

(7) 对某些精度要求高的零件，为防止热处理变形或尺寸不稳定，可考虑在工艺路线上增加一次或两次去应力退火处理，对精密零件甚至要进行冷处理。

(8) 调质一般放在粗加工之后，半精加工之前，既利于淬透，又给后续加工留有校正余量。

2. 热处理在工艺路线中的位置

根据上述原则，机械制造中常见的工艺路线见表 6－4。

表 6－4 机械制造中常见热处理零件工艺路线

序号	类别与目的	工艺路线中热处理工序位置
1	为使尺寸稳定，对灰铸铁和球铁铸件进行去(铸造)应力退火，又称铸件时效处理	铸→粗加工→时效→半精加工→精加工

（续）

序号	类别与目的	工艺路线中热处理工序位置
2	高精度精密机床床身和箱体等灰铸铁零件	铸→粗加工→时效→半精加工→时效→精加工
3	高强度球铁进行正火，保证足够的珠光体数量和强度	铸→正火→粗加工→去应力退火→半精加工→精加工
4	要求较高的综合力学性能、尺寸较大的球铁铸件，如曲轴、齿轮等	铸→粗加工→调质→半精加工(→精加工)
5	消除焊接件焊接应力	焊→去应力退火(正火)(→切削加工)
6	HBS<300 的加工余量小或尺寸不大的调质件	锻→调质→切削加工
7	HBS<300 的自由锻大件	锻→退火(或正火)→粗加工→调质→半精加工(→精加工)
8	HBS>300 的使用锻造毛坯的零件	锻→退火(或正火)→粗加工→半精加工→淬火、回火(→精加工)
9	表面淬火件	锻→调质(或正火)→粗加工→半精加工→表面淬火、回火(→精加工)
10	表面渗碳或碳氮共渗，包括用涂层法的局部防渗件	锻→正火(或退火)→粗加工→半精加工→渗碳或碳氮共渗、淬火、回火(→精加工)
11	采用镀铜法局部防渗的渗碳或碳氮共渗	锻→正火(或退火)→粗加工→半精加工→镀铜→渗碳或碳氮共渗、淬火、回火(→精加工)
12	用预留余量法防渗碳或碳氮共渗	锻→正火(或退火)→粗加工→半精加工→渗碳或碳氮共渗→去除预留余量→淬火、回火(→精加工)
13	氮化零件	锻→退火→粗加工→调质→半精加工→去应力退火→粗磨→氮化(→精磨)
14	要求尺寸稳定性高的零件，如量具、精密轴承、油泵油嘴偶件等	锻→球化退火→粗加工→半精加工→淬火、冷处理、回火→粗磨→时效→精磨→时效→研磨
15	螺旋弹簧 冷绕 热绕	绕制→去应力退火 绕制→退火→磨平两端面→淬火、回火
16	软氮化、渗硫等零件	锻→退火→粗加工→调质→半精加工→去应力退火→精加工→软氮化或渗硫

注：1. 工艺路线中的(→精加工)，由零件的精度及粗糙度要求决定有无。

2. 对 5、6 的(→切削加工)，根据零件的要求，可停留在加工过程的不同阶段。

3. 对 6、7、8、9、10、11、12、13、14、16 若使用退火型材，去掉工艺路线中的“锻→退火或正火”，代之以“下料”。

4. 上述工艺路线只是给出某一类零件工艺路线的安排方法，使用中应根据具体零件的要求进行调整，如对一般的量具、轴承零件无须进行冷处理，可进行一次时效，有时甚至连时效也不需要。

6.3.2 钢铁普通热处理方案的选择

在零件的设计图纸上要注明热处理的工艺类别及相关的技术要求，非常重要的零件还要注明σ_b、σ_s、δ、ψ、α_k等力学性能指标。选择什么热处理工艺类别和提出什么样的要求，由实际零件的大小、形状、工作条件、材料等决定。下面针对不同目的，给出不同的热处理工艺类别和要求，可供参考，见表6－5。

表6－5 钢铁普通热处理方案的选择

序号	目的	材料	热处理
1	改善切削加工性	w_C为0.5%以下的碳钢及40Cr、20CrMnTi、20Cr等低碳低合金钢 中、高碳(合金)钢	正火 (球化)退火
2	提高冷变形加工性能	各种钢	软化退火(含再结晶退火及球化退火)
3	降低或消除内应力	各种弹簧钢 各种钢 灰铸铁、球铁 焊接件 结构钢、工具钢 各种钢 结构钢、量具钢	冷卷弹簧去应力回火 冷变形加工的再结晶退火 时效 去应力退火 淬火后高、中、低温回火 正火、各种退火 淬火、低温回火后时效(稳定尺寸)
4	提高弹性极限	各种弹簧钢	淬火、中温回火，硬度为39～52HRC
5	提高耐磨性	各种过共析钢、中碳钢和中碳合金钢 各种渗碳钢 38CrMoAl 结构钢、工具钢、不锈钢、铸铁、粉末冶金材料	淬火、低温回火，硬度在58～63HRC内选；高中频感应加热表面淬火或火焰淬火，硬化层在0.5～2.5mm(高频)或2～10mm(中频)内选，硬度在45～63HRC内选 渗碳、淬火、低温回火，渗层在0.2～2.0mm内选，硬度在56～62HRC内选；碳氮共渗、淬火、低温回火，渗层取渗碳的2/3左右，硬度在51～61HRC内选 氮化，渗层在0.3～0.5mm、硬度在1000～1200HV内选 软氮化，渗层在0.005～0.02mm内选，硬度在500～1200HV内选
6	提高疲劳强度	结构钢、工具钢	工艺类别同5。不同的是在淬火、回火一类工艺中，硬度可在45～63HRC范围内选
7	提高耐冲击性能	结构钢、工具钢 各种渗碳钢 工具钢、球铁	淬火、回火，硬度在30～63HRC内选 渗碳，渗层深度及硬度同5 等温淬火，硬度在50～60HRC内选

（续）

序号	目的	材料	热处理
8	要求耐磨、高的屈服极限	高碳钢及高碳合金钢	淬火、低温回火，硬度在58～63HRC内选
9	要求高温强度、韧性、抗热疲劳	中碳合金钢	淬火、高温或中温回火，硬度在35～48HRC内选
10	提高耐蚀性	18-8型不锈钢	固溶处理，稳定化处理等

6.3.3 钢铁表面热处理方案的选择

几种常用表面热处理方法的比较见表6-6。

高频淬火用于要求高硬度和耐磨性、较高疲劳强度、形状简单、变形较小及局部硬化的零件，如轴、机床齿轮，材料多为中碳钢或中碳合金钢，大批生产时成本低。

渗碳用于耐磨性要求高(高于高频淬火)、重载和很大冲击载荷的复杂零件，如汽车拖拉机齿轮、轴等，成本较高，材料多为低碳钢或低碳合金钢。

碳氮共渗用于耐磨性要求高(高于渗碳)、中等或较重载荷和承受冲击负荷的零件，生产周期比渗碳短，成本较高，材料同渗碳钢。

软氮化用于要求减摩、疲劳强度高、变形小的中碳钢及中碳合金钢零件和高合金钢制造的模具、刀具等零件，成本较高。

氮化其生产周期长，使得成本高，主要用于要求非常耐磨、疲劳强度高、变形小的精密零件，如轴、丝杠等，材料多为含Cr、Mo、Al等氮化物形成元素的钢，如38CrMoAl。

表6-6　几种常用表面热处理方法的比较

	表面淬火	渗碳	碳氮共渗	软氮化	氮化
预处理	正火或调质	正火或退火	正火或退火	淬火和略高于软氮化温度的回火	调质
加热温度/℃	比普通淬火高40～130	930	840～860	500～600	500～600
加热时间	几s至几min	3～9h	1～6h	1～6h	30～50h
硬化层深/mm	0.5～2.5	0.2～2.0	渗碳层的2/3	0.005～0.02	0.3～0.5
硬度	45～63HRC	56～62HRC	52～61HRC	500～1200HV	1000～1200HV
心部硬度	正火或调质硬度	30～45HRC	30～35HRC	调质硬度	调质硬度
硬化层分布	零件截面复杂时较差	好	好	好	好
后续处理	低温回火	淬火、低温回火	淬火、低温回火	不处理	不处理

（续）

	表面淬火	渗碳	碳氮共渗	软氮化	氮化
变形	小	大	小	很小	很小
耐磨性	比普通淬火好	很好	很好	很好	最好
疲劳强度	较好	较好	好	好	很好
耐蚀性	一般	一般	较好	好	最好
承载能力	较大	很大	大	一般	小
承受冲击能力	较大	很大	大	大	小

6.3.4 非铁合金热处理方案的选择

1. 铝及铝合金

铸造铝合金进行退火是为了消除铸造时产生的偏析及内应力，使组织稳定，提高塑性。这种退火一般是均匀化退火，退火温度取决于铝合金种类。若是固溶时效强化的铸件，无须专门进行退火，因为淬火加热就会使铝合金成分均匀和消除内应力。

变形铝合金在用冷变形方法形成零件时会发生加工硬化，需要在一次或几次变形后进行再结晶退火。对热处理不能强化的变形铝合金(如防锈铝)，为保持加工硬化后的效果，只进行去应力退火，退火温度低于再结晶退火。硬铝、超硬铝、锻铝这三种变形铝合金及除 ZAlSi12、ZAlMg10 以外的铸铝合金，都可进行固溶时效强化。

2. 铜及铜合金

工业纯铜和铜合金的热处理与防锈铝类似，冷变形后或者进行再结晶退火，或者进行去应力退火。此外，普通黄铜($w_{Zn}>7\%$)冷加工后在潮湿的大气中、在含有氨气的大气或海水中易产生应力腐蚀而开裂，因此，对这种黄铜在冷加工后必须进行 200～300℃的去应力退火。铍青铜可进行时效强化处理，通常在氩或氢气的保护环境下经 800℃水淬，350℃、2h 人工时效后，具有极高的强硬度和弹性极限。

6.3.5 零件的热处理工艺性

1. 热处理技术要求的标注

大量数据表明硬度与强度等力学性能有一定对应关系，从硬度值即可推测出材料强度的高低。由于测试硬度简单方便，又不损害工件，所以硬度是零件热处理后最主要的检验指标，只有少数重要的零件(如枪械上的零件)才检验其他力学性能。因此，硬度要求是零件热处理最重要的技术要求之一。

图纸上的“热处理技术要求”要写明材料工艺类别、硬度要求，如渗碳、高频淬火、氮化等。对于整体淬火，可以写“淬火、回火 58～62HRC”或“热处理 58～62HRC”或简写成“淬火 58～62HRC”。金属热处理工艺的代号写法也可参照附录 5 的 GB/T 12603—1990。一般情况下，图纸上不注明热处理工艺的具体细节。

图纸上提出的硬度范围为：HRC在5个单位左右，HBS在30～40个单位范围。标注HRC时，在高硬度范围内可以小一些，如60～63HRC、62～65HRC是在4个单位内变化；在其他的硬度范围内，可在5～6个单位内变动，如40～45HRC，即在6个单位范围内变动。图纸上不允许提出诸如46HRC、237HBS这样的准确要求，因为工艺及操作上不能保证。

对于表面热处理，要提出硬化层深度(如高、中频淬火)和渗层深度(如渗碳等)要求。

“热处理技术要求”标注在标题栏上方、标题栏中或图纸的右上角均可。热处理技术要求要健全、明确。

整体热处理与局部热处理标注实例见图6.3所示。

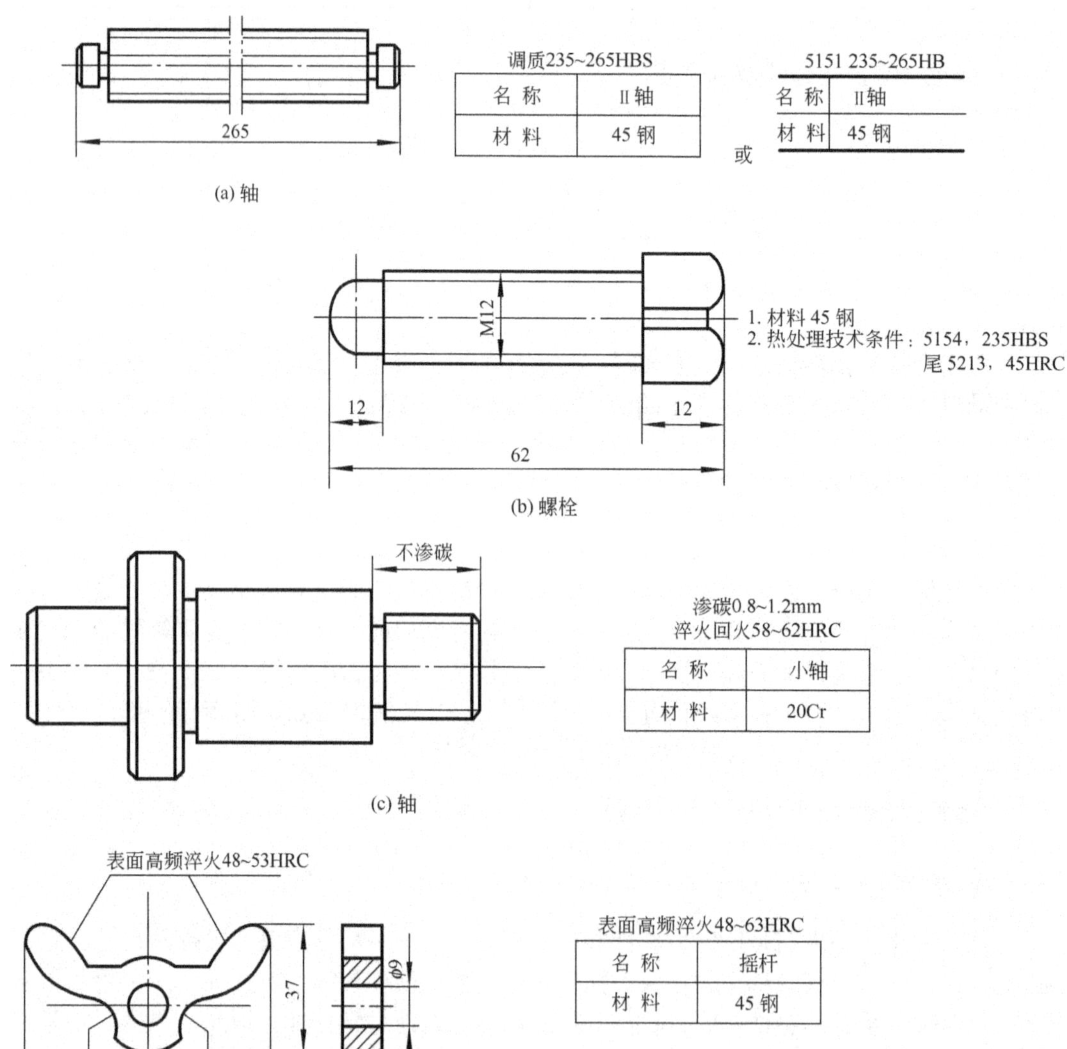

图6.3 热处理零件图标注实例

2. 零件的热处理工艺性

零件的热处理工艺性即在对零件进行结构设计时，要考虑其热处理的工艺性如何以及这样的零件结构对零件使用性能的影响。它要解决三个问题：一是零件的结构要使热处理易于进行；二是零件结构有利于减少变形，防止开裂；三是零件结构使零件不会发生早期失效，具有较高的寿命。良好的结构设计在满足使用性能的同时，还要满足成形、热处理、机加工等工艺性的要求。为使零件的结构即易于进行热处理又有利于减少热处理变形和防止开裂，故设计中应注意：

1）避免零件的厚薄悬殊

厚薄悬殊的零件，淬火时冷却不均匀，容易变形、开裂，使用寿命也低，如图 6.4 所示。改进的办法是修改设计。

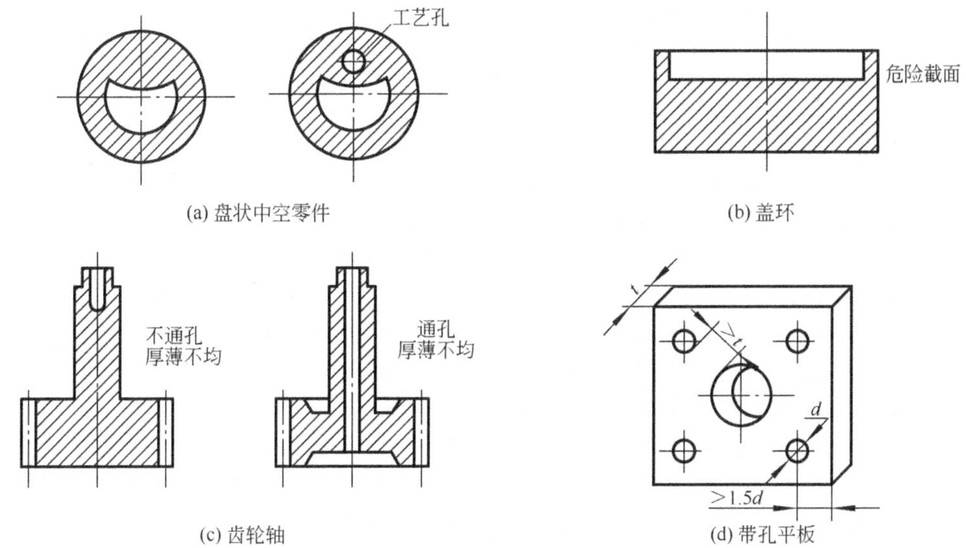

图 6.4　零件截面厚薄不同的几个实例

2）避免尖角

零件的尖角易使淬火应力集中，从而导致淬火裂纹。应尽量将尖角改成圆角或倒角，零件不仅在淬火时不易开裂，在工作条件下应力集中也小，寿命较高，如图 6.5 所示。

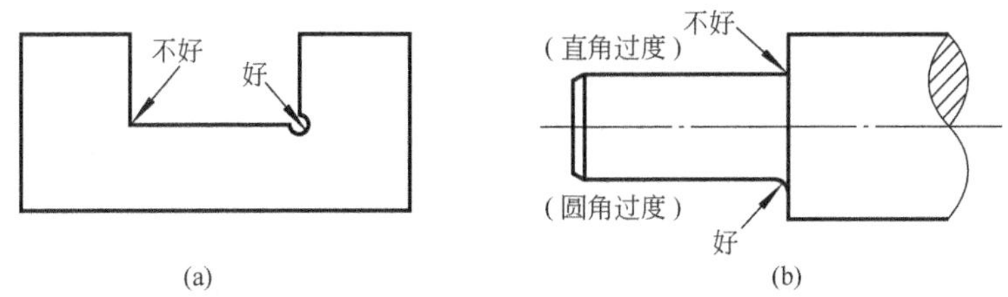

图 6.5　避免尖角实例

3）采用封闭和对称结构

开口和不对称的零件淬火时变形非常大，故应改成封闭或者对称的结构。如图 6.6 所示的弹簧卡头在铣床切槽时，在带锥端的尖角处要留下 5～6mm，留待淬火回火后再切口。如图 6.7 所示为镗杆某一截面，原设计只在一侧有键槽，氮化后变形大；在另一侧对称地开了同样大小的键槽以后，使镗杆氮化变形大为减少。

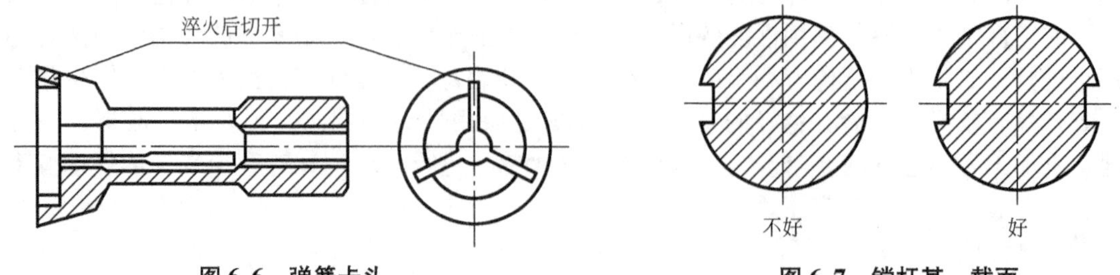

图 6.6　弹簧卡头　　图 6.7　镗杆某一截面

4）采用组合结构

对于大型、复杂且有尖角的零件或是对不同部位的性能要求不同的零件应采用组合结构，不但可以避免变形、开裂，也简化了切削加工，明显提高了零件寿命。图 6.8 为硅钢片落料凸模，淬火后①、③两脚间尺寸变大，改进为由四块拼成，避免了变形。

5）合理布置孔洞位置

零件上孔洞位置安排不当，淬火时由于冷速不均匀，也会引起变形甚至开裂。图 6.4(d)指出了孔洞相对零件的尺寸要求，图 6.9 是孔洞排布好与不好的例子。

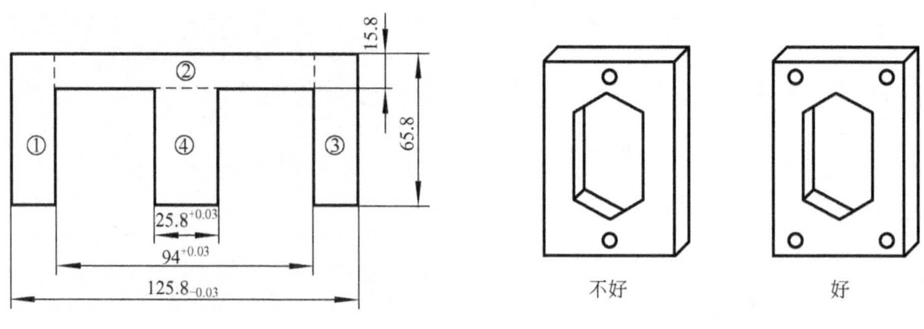

图 6.8　凸模　　图 6.9　凹模

6）设置工艺孔

当零件截面无法避免厚薄悬殊时，在结构或功能许可的条件下可以设置热处理工艺孔，使零件淬火冷却均匀，减少变形。图 6.4(a)、(c)是设置工艺孔的例子。

7）采用局部淬火或整体淬火

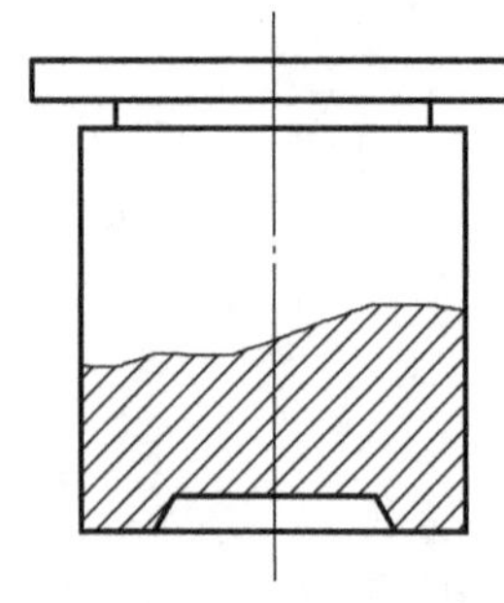

图 6.10　冲孔凸模

对长杆或薄片类零件若采用局部淬火就可满足要求时，不应提出整体淬火的要求。这是因为局部淬火的变形很小。相反，对较短的零件或三维尺寸接近的零件，若整体淬火能满足要求，不应要求局部淬火或要求两个甚至三个硬度(很难实施与保证)，但高频淬火例外。图 6.10 所示的冲孔凸模，材料为 GCr15，要求硬度为 58～62HRC。整体淬火后沿固定端的砂轮越程槽处开裂，改为在下端刃口处局部淬火，避免了开裂。

考虑零件的热处理工艺性时切忌绝对化。如果零件的结构是合理的、必须的，那么热处理工艺性应服从零件结构的总体要求。例如冲孔、落料凹模，要求制件必须有尖角时，模具上的尖角就是合理的。如果零件的结构可以变动或者允许局部的修改，那么零件的结构一定要服从热处理工艺性的需要。

高频感应加热的热处理结构工艺性有特殊要求，可参阅有关专著。

3. 减少零件热处理变形和防止开裂的方法

常见的热处理缺陷有变形与开裂、过热与过烧 、氧化与脱碳等。热处理变形与开裂的根本原因是工件受不均匀加热和冷却所形成的热应力及相变应力所致。热处理开裂是不可弥补的缺陷，必须杜绝，而热处理变形则尽可能减小。一般从材料选择，工艺及结构设计上采取措施来减小或防止。

1）选材

选屈服强度较高、且淬透性好的合金钢，可采用缓和的淬火介质进行冷却，降低了零件的内应力，显著减少了零件的变形与开裂倾向。图 6.11 所示的凸凹模原用 CrWMn 钢，采用各种方法淬火后，因 ϕ202 尺寸膨大而报废；更换空冷微变形钢 Cr12MoV 后，经空冷淬火，其变形在要求的范围之内。

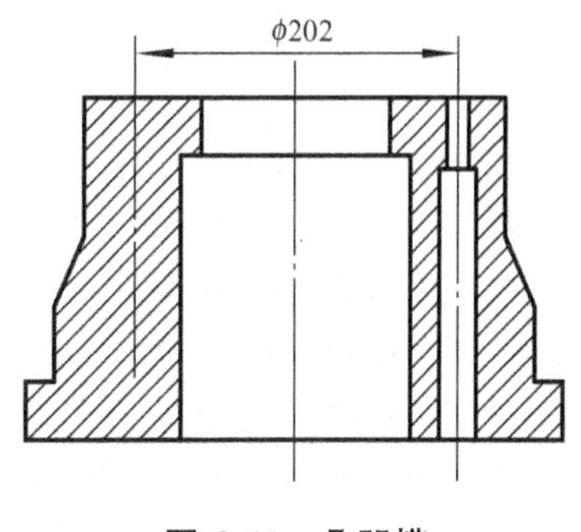

图 6.11 凸凹模

2）预留加工余量

大多数情况下，若热处理变形不是很大，用后续的精加工消除变形是许可的。此时并不刻意追求小变形、微变形。那么在热处理前的半精加工就要预留余量，余量必须大于变形量。调质件、轴、套、环、渗碳件的加工余量可查阅有关金属切削手册或热处理手册。

3）按变形规律调整切削加工尺寸

对变形要求严格的零件，可在热处理后统计出这个零件相应的变形规律，据此在淬火前的半精加工中调整这个尺寸，利用变形刚好达到设计要求。

图 6.12 所示的凸凹模镶块，材料为 CrWMn，淬火后孔距要变大。为此，淬火前将孔距镗成 $90^{-0.03}_{-0.05}$，淬火以后该尺寸涨大 0.06～0.08mm，使预留偏差与热处理的变形相抵消，正好符合图纸要求。

4）合理安排工艺路线

如果热处理工序在工艺路线中的位置安排不当，零件有可能因变形而报废。图 6.13 所示的塔形齿轮，轮辐上有 6 个孔靠近齿根。若先加工出孔再高频淬火，近孔部位齿节圆

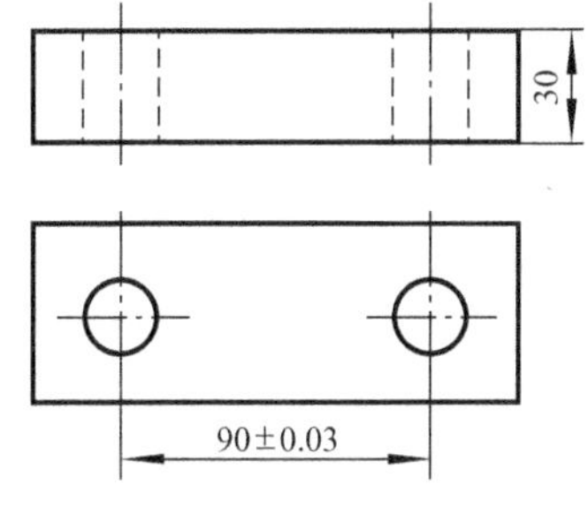

图 6.12 凸凹模镶块

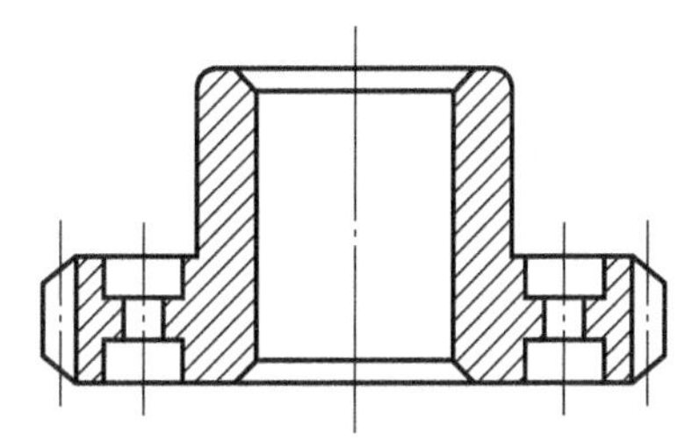

图 6.13 塔形齿轮

下凹；若改为先对轮齿高频淬火，后加工 6 个孔，可避免节圆变形。

精密零件为减少变形，可在工艺路线的适当位置安排消除应力处理或时效处理。

5）降低零件表面粗糙度

降低零件敏感部位的粗糙度值，可减少甚至完全避免零件沿外表面过深刀痕处的开裂。轴承套圈淬火时就有沿加工粗糙的外圆周走向开裂的例子。

6）合理的锻造和热处理

合理的锻造使工具钢的冶金质量获得改善，随后热处理时变形小而均匀，对高碳高合金钢(如 Cr12 型模具钢)尤为重要。合适的预先热处理可减少变形，如模具零件采用调质处理有时比球化退火好。采用双介质淬火、分级淬火或等温淬火及分段加热等，也是常用的减少变形和开裂的措施。

7）修改技术条件

对某些易变形工件，可在使用性能要求许可的条件下，降低对热处理变形或开裂敏感部位的尺寸公差或形位公差的要求，从而大幅度提高零件的合格率。中、低合金钢尤其是碳钢的零件，如既对变形要求很严、又对硬度要求很高时，必须采用剧烈的介质冷却，此时对硬度和变形的要求加以兼顾是较为困难的。若将硬度降至 35HRC 以下，可将毛坯(或先经粗加工)先调质再切削加工，既保证了技术要求，又完全避免了变形的后顾之忧。这种办法对易开裂零件也有效。

8）采用先进设备

采用坐标磨及特种加工(如电火花加工)方法，零件可以在高硬度状态下进行加工，使很多零件的变形问题得到彻底解决。如图 6.11 所示的凸凹模，对两孔距的公差要求很高，采用钻孔(坐标镗，留余量)→淬火、回火→坐标磨的方法，使孔距尺寸公差很容易得到保证。

面向绿色制造的选材应用实例

(1) 实例 1：钎焊时用 Sn－Ag 合金取代 Sn－Pb 合金。

具有良好焊接性能的含 Pb37%的 Sn－Pb 合金，被广泛地用于制作电子集成电路、印制电路板装配元件。印制电路板废弃后，难以回收，一般采用填埋方法处理。由于 Pb 能造成空气、水域和土壤的污染直接危害人体或者通过生物链对人体造成毒害，目前焊接生产时，人们已采用绿色度更好的 Sn－Ag 钎焊合金来取代 Sn－Pb 合金。

(2) 实例 2：用 55D 钢代替 18CrMnTi 制作手扶拖拉机犁的传动齿轮。

用低淬透性钢制造齿轮，即使穿透加热，在冷却时也只能表面淬硬，各齿的心部仍保持坚韧状态，且淬硬层基本上沿齿廓分布。对它予以感应加热淬火可以部分取代合金渗碳钢＋渗碳淬火，达到减少对环境的污染、降低能耗、节约合金元素使用的目的。

如在手扶拖拉机犁的传动齿轮制造上，利用 55D 钢进行感应加热淬火代替原 18CrMnTi 钢渗碳淬火，由于热处理工序少，可使材料费节约 1/3，电费节约 2/3，辅助材料费节约 3/4，生产效率提高了 8 倍。

(3) 实例 3：用 20SiMn 钢低碳马氏体强化代替 40B 优质钢＋调质处理、用 20 钢淬火＋低温回火代替 40Cr 钢＋调质处理。

由于低碳马氏体钢具有优良的综合机械性能，与调质后的中碳结构钢相当，某些性能甚至超过中碳结构钢，如脆性转变温度、静载荷缺口敏感性、疲劳缺口敏感度和多次冲击抗力等。采用上述替代后，由于热处理工艺简化，致使其工艺性能、冷变形抗力、焊接性能优良，热处理脱碳及变形开裂倾向小，产品质量提高，能耗减少，产品绿色度提高。

(4) 实例4：用国产非调质钢30MnVS和35MnVN取代40Cr调质用于生产五十铃NHR\NKR轻型载货车前桥总成中的主要零件、非调质钢12Mn2VBS代替45钢调质制造汽车前轴等。

由于非调质钢可通过控温轧制(锻制)、控温冷却、在铁素体和珠光体中弥散析出碳(氮)化合物为强化相，使之在轧制(锻制)后不经调质处理，即可获得碳素结构钢或合金结构钢经调质处理后所达到的力学性能，能耗显著降低。

(5) 实例5：新型贝氏体钢在机械制造中的广泛应用。

新型贝氏体钢在锻轧空冷后，可得到贝氏体-马氏体的复相组织，它不仅具有良好的强韧性，而且省去了淬火工序。由于热处理工序简化，节能效果明显。在机械制造中，中高碳贝氏体钢已广泛用于橡胶及塑料模具、矿井采煤运输机的大型齿条、破碎设备等；中碳贝氏体钢用于铁路弹性扣件、机车车辆弹簧等；低碳贝氏体钢用于卡车前轴、连杆、半轴套管等。

(6) 实例6：合金钢、复合材料、双相钢等的强化应用。

合金钢中的合金元素在钢中或溶入固溶体中，或形成各种碳化物，或形成稳定的氧化物、氮化物等，都可有效地改变碳素钢的力学性能，提高材料的利用率，有效地减少资源的消耗。在保持性能指标基本不变的前提下，尽量选用地球储量丰富或对生态环境影响小的元素或物质作为强化组元的合金钢；强化合金元素少含量低的合金钢；以同类元素或物质作为复合强化的第二相的材料，如Fe-Fe复合材料、Fe-M双相钢等。使用此类钢时，应注意生产合金钢及合金钢使用时的环境影响。

资料来源：李凤银．面向绿色制造的金属材料的选用研究［J］．现代制造技术，2006(11).

根据以上案例所提供的资料，试分析：

(1) 由材料中所给的实例说明了什么？

答：从所给的几个实例可看出：

在满足使用性能的前提下，更加注重选用节能、降耗、环保的材料替代常规(传统)采用的材料来制造加工零部件，以达到减少工序(尤其是热处理工序)、降低能耗、节约原辅材料、减少对环境的污染或危害等目的。

(2) 根据所掌握的知识，就面向绿色制造的选材谈谈自己的看法？

答：制造业是创造人类财富的支柱产业，在大量消耗掉人类社会的有限资源的同时，也产生了大量的废弃物，对环境造成了严重的污染。如：切削加工时工作现场的声、热、振动、粉尘、有毒气体等影响工作环境；加工过程中使用的冷却液、热处理和表面处理时排出的废液废渣、产生大量切屑和粉尘等固体废弃物影响自然环境等；产品的包装和运输所用材料几乎全部成为垃圾；产品使用过程中可能产生的有害物、产品的报废处理形成的固体垃圾等均影响人类的生存环境。为此制造业实施可持续发展战略已势在必行。

面向绿色制造的选材，应注重考虑：

① 在保持性能指标基本不变的前提下，尽量选用地球储量丰富或对生态环境影响小的元素或物质作为零部件用材。

② 选择零件制造加工中无污染(或少污染)、消耗能源少的材料。

③ 选用易回收、易处理、可再生循环利用的材料。

习　题

简答题

6-1　零件失效有哪些类型？试分析零件失效的主要原因。

6-2　选材原则是什么？零件选材时应注意什么问题？

6-3　影响零件弹性变形失效和塑性变形失效的主要力学性能指标是什么？

6-4　热处理结构工艺性要解决什么问题？

6-5　怎样利用切削加工消除热处理变形的影响？

6-6　钢材的淬透性对选材、工艺路线、变形开裂有什么影响？

6-7　根据下列零件的性能要求及技术条件，试选择热处理工艺方法并说明理由。

① 用45钢制作的某机床主轴，其轴颈部分和轴承接触，要求耐磨，52～56HRC，硬化层深1mm。

② 用20CrMnTi制作的某汽车传动齿轮，要求表面高硬度高耐磨性，58～63HRC，硬化层深0.8mm。

③ 用65Mn制作直径为5mm的某弹簧，要求高弹性，38～40HRC，回火屈氏体组织。

④ 用HT200制作减速器壳，要求具有良好的刚度、强度、尺寸稳定性。

6-8　汽车、拖拉机变速箱齿轮多用渗碳钢制造，而机床变速箱齿轮又多采用调质钢制造，原因何在？

6-9　制造直径为ϕ60mm的轴，要求心部硬度为30～40HRC、轴颈表面硬度为50～55HRC。现有20CrMnTi、40Cr两种钢，问选用哪种钢为宜？其工艺路线如何安排？说明热处理的主要目的及工艺方法。

思考题

1. 指出下列零件在选材和制定热处理技术条件中的错误，并说明理由及改进意见。

① 直径30mm、要求良好综合力学性能的传动轴，材料用20钢，热处理技术条件：调质40～45HRC。

② 转速低、表面耐磨及心部强度要求不高的齿轮，材料用45钢，热处理技术条件：渗碳+淬火，58～62HRC。

③ 弹簧(直径ϕ15mm)，材料用45钢，热处理技术条件：淬火+回火，55～60HRC。

④ 机床床身，材料用QT400－15，采取正火热处理。

⑤ 表面要求耐磨的凸轮，选用45钢，热处理技术条件：淬火、回火，60～63HRC。

2. 如镗杆选用38CrMoAl制造，其工艺路线如下：

下料→锻造→退火→粗加工→调质→半精加工→去应力退火→粗磨→氮化→精磨→研磨，试从力学性能和成分的角度说明选择38CrMoAl的原因及各热处理工序的作用。

第二篇

材料成形技术基础

在产品的设计技术中，人们解决了要“做什么”的问题，即给出了零件或产品的使用功能和作用，设计了零件或产品的几何结构形状和尺寸，确定了技术要求，选择了不同的材料及强化或处理方法等。接下来的另一个问题就是要解决“怎么做”。“怎么做”有两个大的方面：其一是对于各种不同材料、不同结构形状和尺寸、不同技术要求、不同生产或制造批量的零件或产品该用什么样的机械制造加工方法或技术来做，这些方法或技术的水平如何，有哪些设备工装，该用什么样的生产管理模式，生产条件和环境条件如何，等等；其二是材料的工艺性如何，即“好不好做”以及所做出的制品能否达到技术要求或满足客户要求。

工业中所得到的材料尤其是金属材料绝大多数是原材料(如金属锭、板材、型材、管材、线材等形态，如下图所示)，而构成机器装备的零件的形状和大小则是各式各样千变万化。因此，必须通过改变原材料的形态，使其接近或达到零件的几何形状、尺寸大小和技术要求等，工业上把这些通过改变原材料的形态从而获得毛坯或零件的制造加工方法统称为材料成形技术。

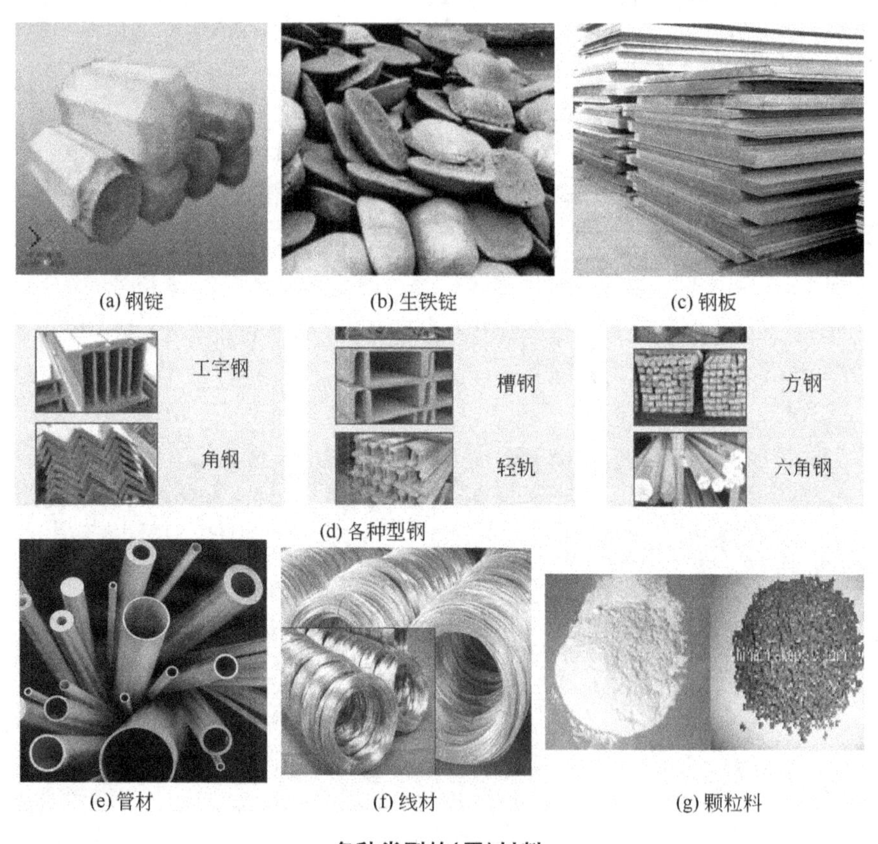

各种类型的(原)材料

材料的种类数量众多，性能各有不同，形态互有差异，使得材料成形技术也就多种多样。

从第 7 章起，将阐述通过改变原材料的形态以获得毛坯或零件的材料成形技术基础知识，以使机械制造业中非材料成形技术专业的学生、工程技术人员和管理人员对各类材料成形技术有系统全面的了解，为今后从事零件的材料选择、结构设计、技术要求确定、材料成形技术的选择等，以及后续和相关课程的学习或研修奠定必要的基础。

第7章 金属材料的液态成形技术

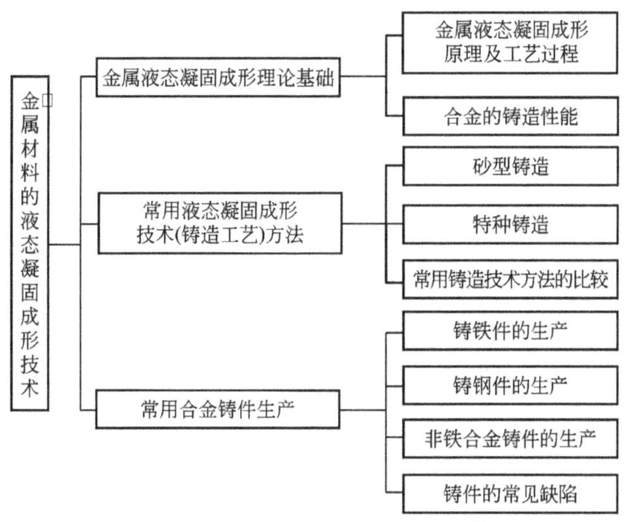

本章学习目标与要求

▲ 掌握金属液态凝固成形的原理。

▲ 熟悉铸造生产的实质、特点与用途，常用合金的铸造性能；

▲ 熟悉各种铸造方法的特点及应用。

▲ 了解铸件的结构工艺性。

▲ 了解常用合金铸件的生产。

导入案例

铸造的发展史

铸造是人类掌握比较早的一种金属热加工工艺，已有约6000年的历史。中国约在公元前1700～前1000年之间已进入青铜铸件的全盛期，工艺上已达到相当高的水平。中国商朝重875kg的后母戊鼎，战国时期的曾侯乙尊盘，西汉的透光镜，都是古代铸造的代表产品。早期的铸件大多是农业生产、宗教、生活等方面的工具或用具，艺术色彩浓厚。那时的铸造工艺是与制陶工艺并行发展的，受陶器的影响很大。中国在公元前513年，铸出了世界上最早见于文字记载的铸铁件——晋国铸刑鼎，重约270kg。

商朝的后母戊鼎

战国时期的曾侯乙尊盘

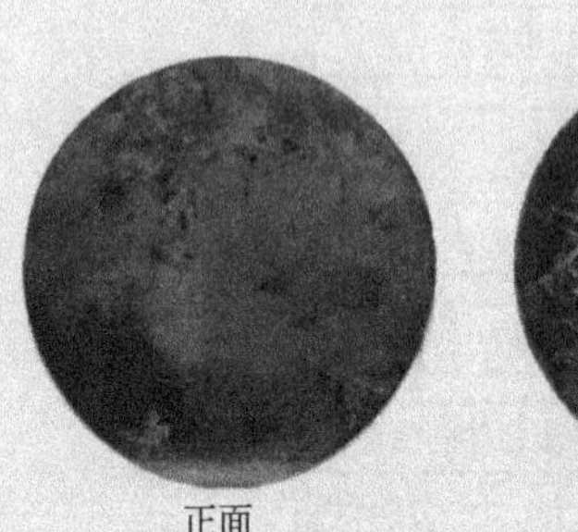
正面　　背面

西汉的透光镜

晋国铸刑鼎

欧洲在公元8世纪前后也开始生产铸铁件。铸铁件的出现，扩大了铸件的应用范围。例如在15～17世纪，德、法等国先后敷设了不少向居民供饮用水的铸铁管道。18世纪的工业革命以后，蒸汽机、纺织机和铁路等工业兴起，铸件进入为大工业服务的新时期，铸造技术开始有了大的发展。

铸造是比较经济的毛坯成形方法，对于形状复杂的零件更能显示出它的经济性。如汽车发动机的缸体和缸盖，船舶螺旋桨以及精致的艺术品等。有些难以切削的零件，如燃汽轮机的镍基合金零件不用铸造方法无法成形。

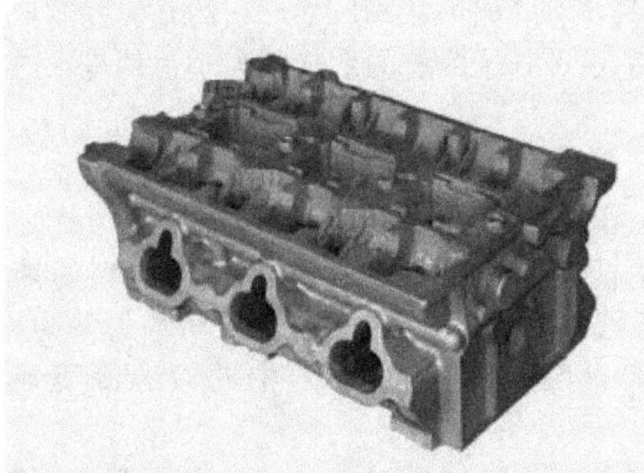

发动机缸体铸件

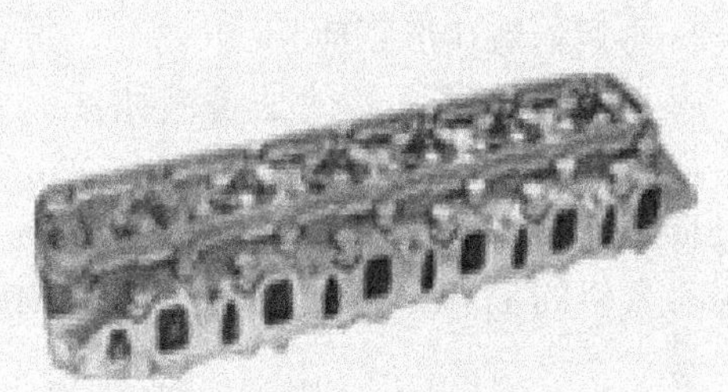
发动机缸盖铸件

我国的铸造业虽具有年产1500万t的生产能力，进入20世纪90年代后期，每年生产铸件的产量都在1000万t以上，并涌现了一大批很有实力的铸造企业，但就整个行业而言，其现状仍然是厂点散(达2万多个)、从业人员多(在120万人以上)、效益低(全员人均产值不足4万元，厂均铸件仅为500t/年)，铸件质量与美、日、德、法等铸造强国相比还有较大差距。我国铸造生产必须走优质、高效、低耗、清洁、可持续发展的道路，才能迅速由大变强。

进入20世纪，铸造的发展速度很快，其重要因素之一是产品技术的进步，要求铸件各种机械物理性能更好，同时仍具有良好的机械加工性能；另一个原因是机械工业本身和其他工业如化工、仪表等的发展，给铸造业创造了有利的物质条件。如检测手段的发展，保证了铸件质量的提高和稳定，并给铸造理论的发展提供了条件；电子显微镜等的发明，帮助人们深入到金属的微观世界，探查金属结晶的奥秘，研究金属凝固的理论，指导铸造生产；机器人和电子计算机在铸造生产和管理领域里的应用，也日益广泛。

铸造业是典型的劳动密集型产业，同时也是资源和能源消耗大户，要提高其经济效益，不单纯是技术进步的问题，科学管理也十分重要。在铸造生产中，最大限度地提高劳动力，资本、资源和技术各生产要素的使用效率，实现集约化生产是使铸造业获得最大产出和效益的唯一方法。铸造产品发展的趋势是要求铸件有更好的综合性能、更高的精度、更少的余量和更光洁的表面。此外，节能的要求和社会对恢复自然环境的呼声也越来越高。为适应这些要求，新的铸造合金将得到开发，冶炼新工艺和新设备将相应出现。

7.1 金属液态凝固成形技术理论基础

7.1.1 金属液态凝固成形原理及工艺流程

1. 金属液态凝固成形原理

1) 液态的物态特征

在物理特征上，液体自身有良好的流动性但其没有几何形状和尺寸，它的几何参数取决于装盛液体容器的几何参数，比如用各种杯子盛水，杯子内腔的形状和大小也就是水的“形状和大小”。

2）金属液态成形原理

液态凝固成形原理就是将液体注入预先制作好的“容器”内腔中，通过冷凝定形后取出，即得到所需的制品。例如，日常生活中制作冰棒或冰块，就是典型的液态凝固成形例子，其对应技术即制冰技术。可见，实现液态凝固成形的基本条件为：①要有合格的液体；②准备好装盛液体的“容器”；③该“容器”中的液态冷凝成(定)形。

金属材料在机械制造业中占有主导地位，工业上实现金属材料的“液态凝固成形”(简称液态成形)的方法或技术称为铸造——将金属(合金)液注入预先制作好的铸型型腔中，待其冷凝定形后开型清理，得到所需制品即铸件，具体的方式或过程称为铸造工艺。

由于各类机械装备上所使用的大多数金属材料的熔点都较高，故对用来形成铸件的铸型(装盛金属液的容器)的耐热性、退让性、溃散性、回用性等要求较高。

2. 工艺流程

实际生产中铸造工艺有许多，如砂型铸造、金属型铸造、熔模铸造、低压铸造、压力铸造、消失模铸造等，各种铸造工艺在铸件的成形原理上都是相同的即“液态凝固成形”且工艺过程的基本作业模块(工艺流程)也大致相同，如图 7.1 所示。

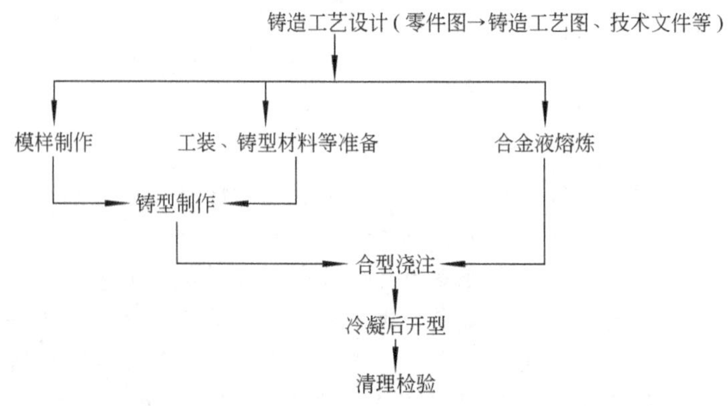

图 7.1　铸造工艺作业基本模块

因零件的功用、材质、结构、批量，尤其是技术要求等各不相同，加之铸造生产的成形原理属液态凝固成形，工业生产中需要控制的与铸件成形相关的因素较多，故铸造生产得到的产品——铸件绝大多数是毛坯，铸件还需经切削加工或其他处理加工才能成为用于装配或作为备件的零件。

由于金属(合金)呈液态时自身具有流动性，故金属液态凝固成形技术即铸造有其突出的优点。

(1) 适应性很广，工艺灵活性大。具体来说就是铸件的形状几乎不受限制，且最适合具有复杂内腔的箱体、缸体、泵体、机架、床身、工作台等；铸件的大小几乎不受限制，重可高达数百吨、轻至几克；铸件的材质几乎不受限制，尤其适宜脆性材料和低熔点材料；铸件的生产批量不受限制等。

(2) 成本较低，原辅材料广泛。铸件与最终零件的形状相似、尺寸相近，降低了复杂零件的成形和加工成本。

因此，铸造(生产)在国民经济中占有重要地位，从铸件在机械产品中所占比重可知其重要性：在机床、内燃机、重型机械中，铸件占70%～90%；在风机、压缩机中占60%～80%；在农业机械中占40%～70%；在汽车中占20%～30%；在其他机械装备中铸件也占有相当的比例。

铸造的主要问题为：铸造工艺过程较繁杂；在由高温液态冷凝质室温固态的过程中铸件常出现缩孔、缩松、气孔、夹渣、变形等铸造缺陷，导致铸件品质不易控制；生产周期较长，能耗较高，对环境有污染，操作者的劳动环境较差等。

7.1.2 合金的铸造性能

合金的铸造性能(简称为可铸性或称液态成形性)是指合金材料对一定铸造工艺的适应程度即获得形状完整、轮廓清晰、品质合格的铸件的能力，如果合金的可铸性差，必然带来铸造生产成本提高或无法得到合格铸件的后果。衡量合金可铸性的指标如下：

1. 液态合金的流动性

1) 流动性

合金的流动性指液态合金充满铸型型腔，形成轮廓清晰、形状和尺寸符合要求的优质铸件的能力。合金的流动性用螺旋形流动性试样测量，如图7.2所示。

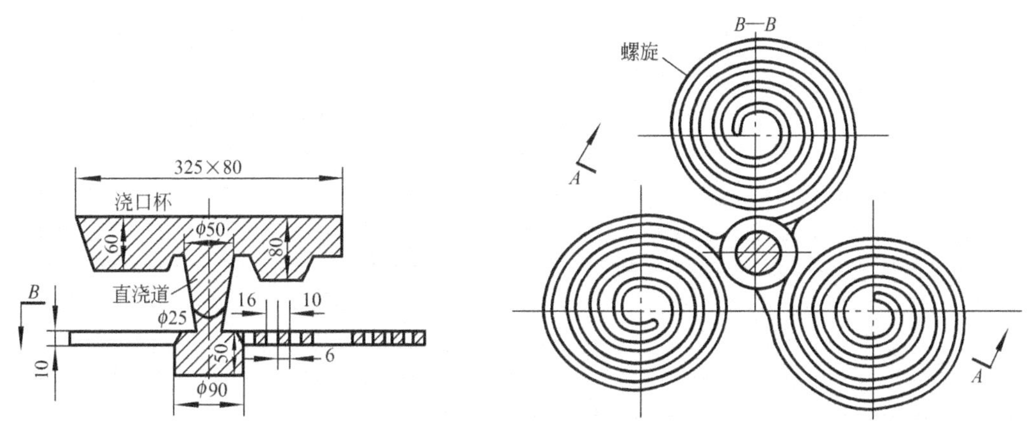

图7.2 螺旋形试样

铸件的有些缺陷是因合金的流动性造成的，若合金的流动性差则铸件易产生浇不足、冷隔、气孔和夹杂等铸造缺陷。

流动性好的合金：易于充满整个型腔，有利于气体和非金属夹杂物上浮和对铸件进行补缩。

在常用铸造合金中，灰铸铁、硅黄铜的流动性最好，铸钢的流动性最差。常用合金的流动性数值见表7-1。

表 7-1 常用合金的流动性(砂型，试样截面 8mm×8mm)

合金种类	铸型种类	浇注温度/℃	螺旋线长度/mm
铸铁：$w_{C+Si}=6.2\%$	砂型	1300	1800
$w_{C+Si}=5.9\%$	砂型	1300	1300
$w_{C+Si}=5.2\%$	砂型	1300	1000
$w_{C+Si}=4.2\%$	砂型	1300	600
铸钢：$w_C=0.4\%$	砂型	1600	100
	砂型	1640	200
铝硅合金(硅铝明)	金属型(300℃)	680～720	700～800
镁合金(含 Al 和 Zn)	砂型	700	400～600
锡青铜($w_{Sn}\approx10\%$，$w_{Zn}\approx2\%$)	砂型	1050	420
硅黄铜($w_{Si}=1.5\%\sim4.5\%$)	砂型	1100	1000

2）影响合金流动性的因素

(1) 化学成分。这是合金自身的性质，不同种类及不同含量的金属材料其流动性各有差异(表 7-1)，但化学成分的变化对流动性的影响有其规律性：纯金属和共晶成分的合金，由于是在恒温下进行结晶，液态合金从表层逐渐向中心凝固，固液界面比较光滑，对液态合金的流动阻力较小，同时，共晶成分合金的凝固温度最低，可获得较大的过热度，推迟了合金的凝固，故流动性最好；其他成分的合金是在一定温度范围内结晶的，由于初生树枝状晶体与液体金属两相共存，粗糙的固液界面使合金的流动阻力加大，合金的流动性大大下降，合金的结晶温度区间越宽，流动性越差。

Fe-C 合金的流动性与状态图的关系如图 7.3 所示。由图可见，亚共晶铸铁随含碳量增加，结晶温度区间减小，流动性逐渐提高，越接近共晶成分，合金的流动性越好。

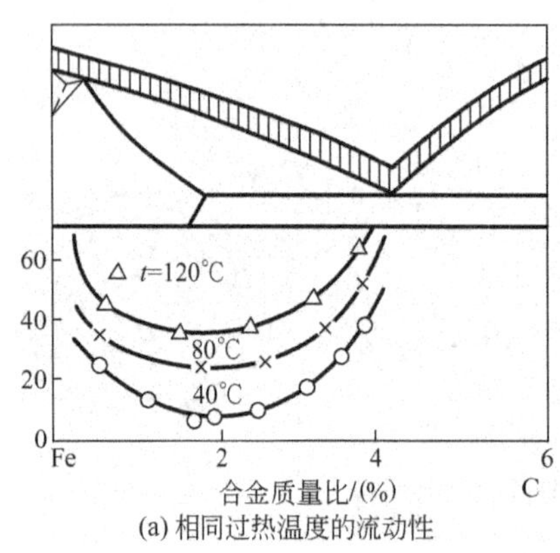

(a) 相同过热温度的流动性

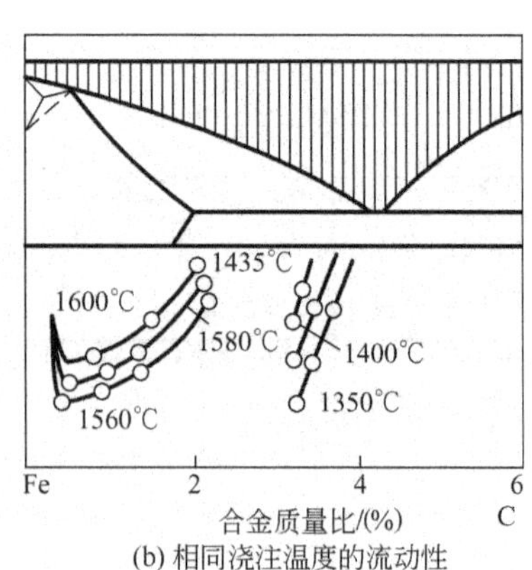

(b) 相同浇注温度的流动性

图 7.3 Fe-C 合金的流动性与状态图的关系

(2) 铸型及浇注条件。这是外界因素，如铸型的发气量大、排气能力较低，铸型的结构越复杂、热容量大、导热性越好，浇注系统的结构越复杂等，则对液态合金的流动阻碍和温度下降就越大，使合金的流动性下降；提高合金液的浇注温度(如铸钢 1520～1620℃，铸铁 1230～1450℃，铝合金 680～780℃)和浇注速度，增大静压头的高度等会增加合金的流动性。

2. 合金的收缩性

1）收缩的概念

液态合金在凝固和冷却过程中，体积和尺寸减小的现象称为合金的收缩。收缩可能使铸件产生缩孔、缩松、内应力、变形和裂纹等铸造缺陷。

合金的收缩经历如下3个阶段，如图7.4所示。

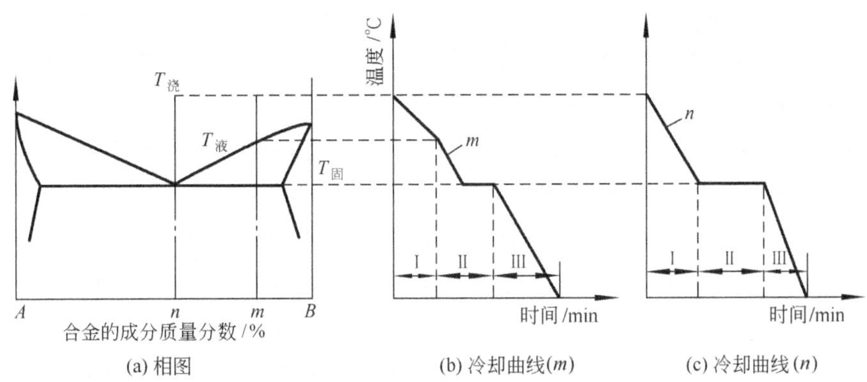

(a) 相图 (b) 冷却曲线(*m*) (c) 冷却曲线(*n*)

图7.4 合金收缩的3个阶段

m—有一定结晶温度范围的合金；*n*—在恒温下凝固的合金

(1) 液态收缩。从浇注温度($T_浇$)到凝固开始温度(即液相线温度 T_l)间的收缩。

(2) 凝固收缩。从凝固开始温度(T_l)到凝固终止温度(即固相线温度 T_s 或 $T_固$)间的收缩。

(3) 固态收缩。从凝固终止温度(T_s)到室温间的收缩。

由于合金的液态收缩和凝固收缩表现为合金体积的缩减，故常用单位体积收缩量来表示，即体收缩率。合金的固态收缩不仅引起体积上的缩减，同时还使铸件在尺寸上减小，因此常用单位长度上的收缩量来表示，即线收缩率。

合金的收缩率为体收缩率及线收缩率的总和。

常用铸造合金中，铸钢的收缩率最大，灰铸铁最小。几种铁碳合金的体积收缩率见表7-2；常用铸造合金的线收缩率见表7-3。

表7-2 几种铁碳合金的体积收缩率

合金种类	含碳量/(%)	浇注温度/℃	液态收缩/(%)	凝固收缩/(%)	固态收缩/(%)	总体积收缩/(%)
碳素铸钢	0.35	1610	1.6	3.0	7.86	12.46
白口铸铁	3.0	1400	2.4	4.2	5.4～6.3	12～12.9
灰铸铁	3.5	1400	3.5	0.1	3.3～4.2	6.9～7.8

表7-3 常用铸造合金的线收缩率

合金种类	灰铸铁	可锻铸铁	球墨铸铁	碳素铸钢	铝合金	铜合金
线收缩率/(%)	0.8～1.0	1.2～2.0	0.8～1.3	1.38～2.0	0.8～1.6	1.2～1.4

化学成分、凝固特征不同，合金的收缩率也有差别。例如，碳素铸钢随含碳量的增加，其结晶温度范围变宽，凝固收缩率增大；灰铸铁在凝固时有石墨化膨胀，故随碳当量(C%+1/3Si%)增加，凝固收缩减小等。

几种铸造碳钢的凝固收缩率见表7-4。

表7-4　几种铸造碳钢的凝固收缩率

含碳量/(%)	0.10	0.25	0.35	0.45	0.70
凝固收缩率/(%)	2.0	2.5	3.0	4.3	5.3

2) 体收缩对铸件的影响

若铸件的体收缩(液态收缩和凝固收缩)所缩减的体积得不到足够的补偿，则在铸件的最后凝固部位会形成一些孔洞。按照孔洞的大小和分布，将其分为缩孔和缩松两类铸造缺陷。缩孔是集中在铸件上部或最后凝固部位、容积较大的孔洞，缩孔多呈倒圆锥形，内表面粗糙；缩松为分散在铸件某些区域内的细小孔洞。

(1) 缩孔和缩松的形成过程。

缩孔的形成主要出现在合金在恒温或很窄温度范围内结晶，铸件壁呈逐层凝固方式的条件下，如图7.5所示。

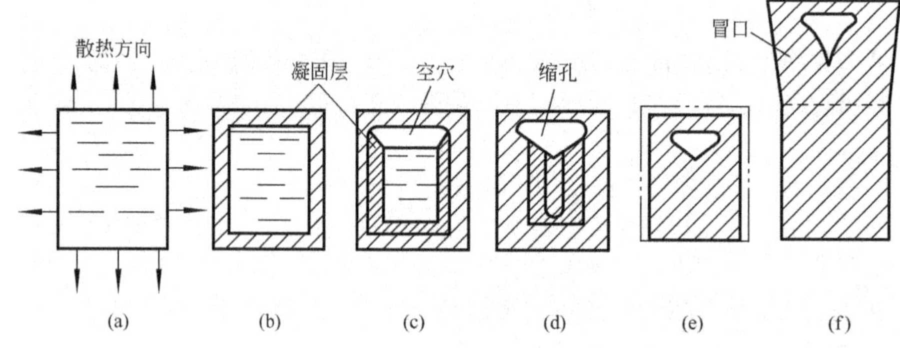

图7.5　缩孔形成过程示意图

如图7.5(a)所示，金属液充满型腔，降温时发生液态收缩，可从浇注系统得到补偿。

如图7.5(b)所示，当铸件表面散热条件相同时，表面层先凝固结壳，此时内浇口被冻结。

如图7.5(c)所示，继续冷却时，内部液体发生液态和凝固收缩，使液面下降。同时外壳进行固态收缩，使铸件外形尺寸缩小，如果两者的减少量相等，则凝固外壳仍和内部液体紧密接触，若金属液的收缩超过外壳的固态收缩，则金属液将与硬壳顶面脱离。

如图7.5(d)所示，硬壳不断加厚，液面不断下降，当铸件全部凝固后，在上部形成一个倒锥形缩孔。

如图7.5(e)所示，继续降温至室温，整个铸件发生固态收缩，缩孔的绝对体积略有减少，但相对体积不变。

如图7.5(f)所示，如果在铸件顶部设置冒口，缩孔将移至冒口中。

合金的液态收缩和凝固收缩越大，浇注温度越高，铸件的壁越厚，缩孔的容积就越大。

缩松的形成主要出现在呈糊状凝固方式的合金中或断面较大的铸件壁中，是被树枝状晶体分隔开的液体区难以得到补缩所致。缩松大多分布在铸件中心轴线处、热节处、冒口根部、内浇口附近或缩孔下方等，如图7.6所示。

图7.6 缩松示意图

(2) 缩孔和缩松的防止。

铸件的体收缩是客观存在的，只有掌握了铸件体收缩的特征和规律，才能合理地防止铸件在凝固过程中产生缩孔和缩松。

针对合金的体收缩特点，在进行铸造工艺设计时，合理确定内浇口位置、应用冒口、冷铁等技术措施控制铸件的凝固方向，使之实现顺序凝固。

顺序凝固即铸件的冷凝是从远离冒口的部分先开始，冒口最后凝固，如图7.7所示。在铸件可能出现缩孔缩松的厚大部位，通过安放冒口、冷铁等工艺措施，使铸件上远离冒口的部位最先凝固，然后是朝着靠近冒口的部位凝固，冒口本身最后凝固。按照这样的凝固顺序，在先凝固部位的收缩时，其缩减的体积由后凝固部位的金属液来补充；后凝固部位的收缩，由冒口中的金属液来补充从而将缩孔缩松转移到冒口之中。顺序凝固虽可防止铸件产生缩孔缩松尤其是缩孔，但使铸件各部分的温差加大对减小热应力不利。

冒口不是铸件的组成部分，它是铸造中实现顺序凝固防止铸件产生凝固缩孔缩松的一项工艺措施，铸件在开箱清理时或者清理后要将冒口去除。

冷铁也不是铸件的组成部分，它是为了实现顺序凝固，在砂型铸造工艺中安放冒口的同时，在铸件上某些较厚大部位增设的金属块(因金属材料的导热好、蓄热大，可提高铸件安置冷铁部位的冷却速度，以加快该处的凝固)，如图7.8所示。冷铁的使用可减少冒口的数量或体积，降低材料消耗等，另外，铸件在开箱清理后，冷铁不会损坏且可反复使用。

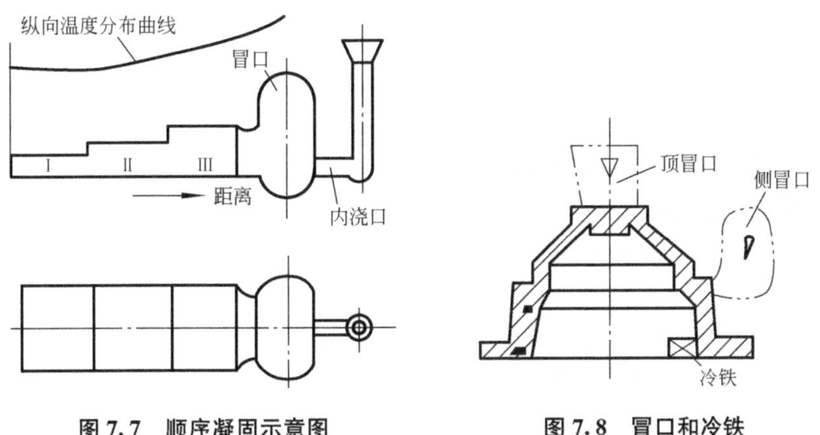

图7.7 顺序凝固示意图

图7.8 冒口和冷铁

冒口、冷铁等的综合运用是防止(或消除)铸件在凝固过程中产生缩孔缩松较有效的措施。

另外，合理地浇注条件，采用加压补缩、离心浇注等技术防止(或消除)铸件在凝固过程中产生缩孔和缩松。

总之，了解金属的凝固过程并掌握其有关规律，对于控制铸件品质、提高金属零件的性能，特别是其使用性能等，是铸造技术发展的十分重要的内容。

3）线收缩对铸件的影响

若铸件的线收缩在铸件固态冷却中受到阻碍，则会在铸件内产生铸造内应力。铸造内应力有热内应力和机械内应力两类，它们是铸件产生变形和裂纹的基本原因。

(1) 热内应力(简称热应力)的形成。由于铸件各部分冷却速度不同，以致在同一时期铸件各部分冷却收缩不一致即冷却快的先收缩，冷却慢的后收缩，造成铸件各部分相互制约从而引起热应力。

图 7.9 所示为应力框(铸件)热应力的形成过程。由应力框的结构知：①部分壁较厚，②部分壁较薄，故在应力框铸件因固态冷却而进行线收缩时，厚壁的①部分蓄热相对多，故其冷却慢，这样线收缩滞后；薄壁的②部分蓄热相对少冷却快则其先收缩，造成在一个铸件上各个部分冷却收缩不一致而各部分相互制约，导致铸件在弹性阶段厚壁冷却收缩完毕后其内形成拉应力，而薄壁受压应力。

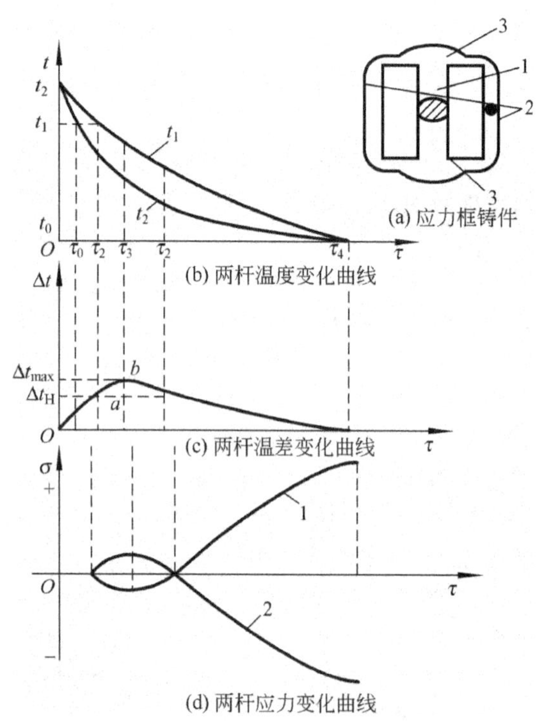

图 7.9 应力框(铸件)热应力的形成过程

1—粗杆；2—细杆；3—横梁；t—合金线收缩温度

热应力形成规律：铸件的厚壁或心部部分即冷却慢的部分，冷却完毕后其内受拉应力；薄壁或表层部分即冷却快的部分其内受压应力。

在铸件生产中，由于铸件各部分(如厚壁处与薄壁处，表层与心部，与内浇道、冒口连接处和非连接处等)的蓄热和散热几乎是不可能达到一致，因此铸件的线收缩也不可能一致，这样导致铸件各部分在固态冷却的线收缩过程中相互制约，使其内不可避免的将产生热应力。

(2) 机械应力的形成。机械应力是合金在线收缩时受到铸型或型芯、浇冒口系统等的机械阻碍而形成的内应力，如图 7.10 所示。这就是为什么型砂尤其是芯砂要有足够的退让性的原因。

机械应力使铸件产生拉伸或剪切内应力是暂时存在的，当机械阻碍去除后这种内应力便可自行消除，如铸件在落砂清理之后机械应力也就消除了。

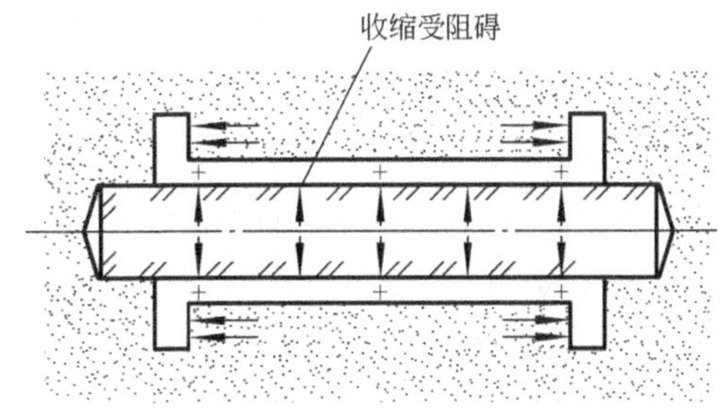

图 7.10　受砂型和砂芯机械阻碍的铸件

可见，铸件在生产过程中难免会出现内应力，当铸造内应力超过铸件当时的材料屈服极限($\sigma_{内} > \sigma_s$)时，铸件产生变形，尤其是厚薄不均匀、截面不对称及细长的杆类、板类及轮类等刚度较差的铸件易产生翘曲变形，如图 7.11 所示的架框型铸件和图 7.12 所示的 T 型梁铸钢件，若变形过大铸件则可能报废。当铸造内应力超过铸件当时的材料强度极限($\sigma_{内} > \sigma_b$)时，铸件则可能产生裂纹，造成铸件报废。

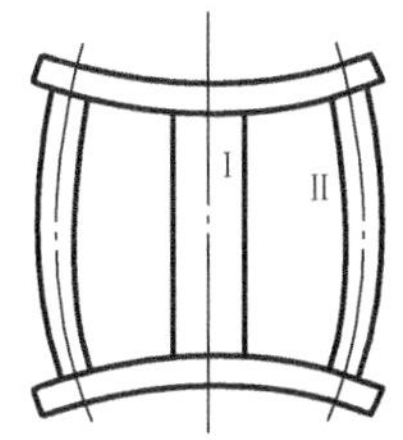

图 7.11　架框铸件变形示意

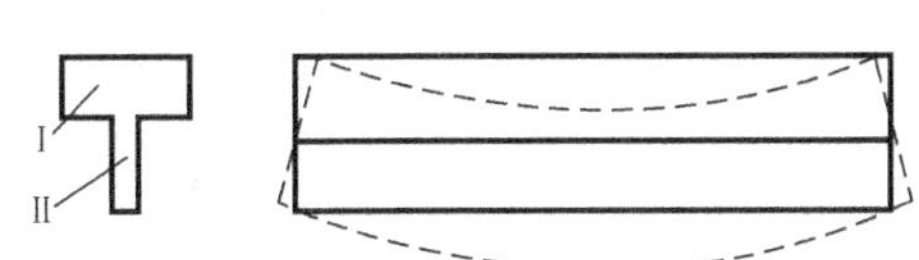

图 7.12　T 型梁铸钢件变形示意

内部存在铸造内应力的铸件是一个不稳定的系统，它会自行地向减小或松弛内应力状态发展，如刚度较差的铸件通过“热凹冷凸”，即产生冷得慢的部分下凹，冷得快的部分突出的变形，来减小或松弛内应力，但不会消除，故铸件内总是存在着残余的铸造内应力。

(3) 减小内应力防止变形的措施。合金的线收缩来自于其本身，又受制于其他因素，因此减小内应力和防止变形的工艺措施也因铸件而异。

① 对体收缩较小的合金，在铸造工艺上采取“同时凝固原则”，即尽量减小铸件各部位间的温度差，使铸件各部位同时冷却凝固。

② 合理的铸件结构设计，尽可能地减小壁厚差异，增加铸件刚度。

③ 反变形法，即铸造较大的平板类、床身类等铸件时，由于冷却速度的不均匀性，铸件冷却缓慢的部分受拉应力而产生内凹变形，冷却较快的部分受压应力而发生外凸，使整个铸件产生翘曲。为解决此问题，在制造模样时，按铸件可能产生变形的相反方向做出反变形模样，使铸件冷却后变形的结果正好将反变形抵消，这种在模样上做出的预变形量的工艺方法称为反变形法。如图 7.13 所示的车床床身。反变形法可有效地防止变形的产生，但判明铸件的变形方向和确定反变形量是应用反变形法的关键。

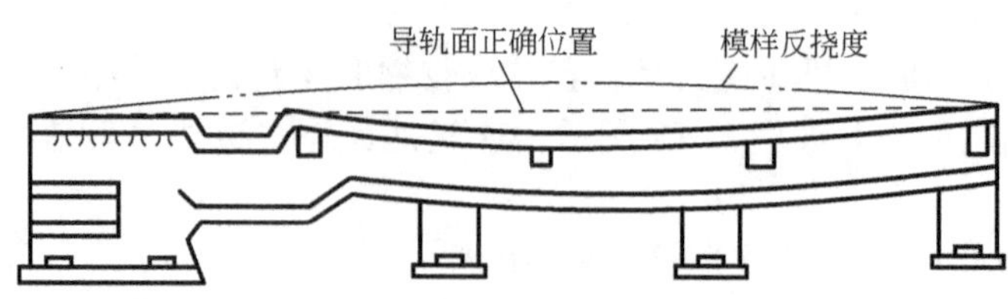

图 7.13　床身导轨面的翘曲变形

(4) 防止裂纹的措施。如上所述，当铸造内应力超过金属材料的抗拉强度时，铸件便产生裂纹，根据铸件所处温度的不同，裂纹可分为热裂和冷裂两种。

① 热裂。高温下的金属强度很低，如果金属的线收缩受到铸型或型芯的阻碍，机械应力超过该温度下金属的强度，便产生热裂。

热裂纹特征：热裂纹尺寸较短、缝隙较宽、形状曲折、缝内呈严重的氧化色。

影响热裂因素主要是合金性质(合金的结晶特点和化学成分)和铸型阻力(铸型、型芯的退让性)。

防止热裂的方法：合理的铸件结构；良好的型砂和芯砂的退让性；严格限制钢和铸铁中硫的含量(特别是后者，因为硫能增加钢和铸铁的热脆性，使合金的高温强度降低)等。

② 冷裂。低温形成的裂纹为冷裂。

冷裂纹特征：表面光滑，具有金属光泽或呈微氧化色，贯穿整个晶粒，常呈圆滑曲线或直线状。脆性大、塑性差的合金，如白口铸铁、高碳钢及某些合金钢最易产生冷裂纹，大型复杂铸铁件也易产生冷裂纹。冷裂往往出现在铸件受拉应力的部位，特别是应力集中的部位。

防止冷裂的方法：减小铸造内应力和降低合金的脆性。如铸件壁厚要均匀；增加型砂和芯砂的退让性；降低钢和铸铁中的磷含量(因为磷能显著降低合金的冲击韧度，使钢产生冷脆。如铸钢的磷含量大于0.1%、铸铁的磷含量大于0.5%时，因冲击韧度急剧下降，冷裂倾向明显增加)。

(5) 铸件残余内应力的消除。将铸件加热到550～650℃之间，保温数小时，进行去应力退火可消除铸件内的(残余)内应力。

3. 合金的氧化吸气性

合金呈液态与空气中的氧发生氧化，氧化不仅耗损金属且若形成的氧化物不及时清除则在铸件中就可能出现夹渣缺陷。夹渣的形状通常不规则，孔眼内充满熔渣。夹渣对铸件外表、抗冲击性和抗疲劳性、致密性、耐腐蚀性等均有不良影响。

合金呈液态时，溶解(吸收)气体的能力称为吸气性。如果合金液态时吸气多，则在铸件凝固结壳之前若来不及逸出，就可能在铸件中出现气孔、白点等缺陷。气孔的内壁光滑，明亮或带有轻微的氧化色。铸件中产生气孔后，将会减小其有效承载面积，且在气孔周围会引起应力集中而降低铸件的抗冲击性和抗疲劳性。气孔还会降低铸件的致密性，致使某些要求承受水压试验的铸件报废。另外，气孔对铸件的耐腐蚀性和耐热性也有不良的影响。

影响氧化吸气的主要因素是合金的化学成分和合金液温度。化学性质活跃则易氧化也易吸气，合金液的温度高，溶解(吸收)气体的能力也就大，也易氧化。

4. 合金的偏析性

铸件凝固后各部分化学成分不均匀的现象称为偏析。铸件中偏析分为枝晶(又称微观)偏析和区域(又称宏观)偏析。

(1) 枝晶(微观)偏析。是指铸件中各晶粒内部的化学成分不均匀。合金在冷却凝固过程中，熔点较高的组元先凝固，较多地集中在初晶轴线上，熔点较低的组元后凝固，充填于晶轴线空隙间，而在凝固完毕后又来不及扩散均匀，就出现了枝晶偏析。

在实际铸造生产中由于合金在凝固过程中冷却速度一般都较快，且在固态下原子扩散又很困难，致使晶粒内部的原子扩散来不及充分进行，造成铸件产生枝晶偏析。枝晶偏析对铸件的品质影响较小，加之消除枝晶偏析的扩散退火耗能费时，故大多数铸件不进行扩散退火；对于枝晶偏析严重的铸件，因枝晶偏析会降低铸件的塑韧性和耐蚀性，故需将铸件加热至低于固相线100～200℃的高温并较长时间保温，即进行扩散退火，使偏析原子充分扩散以达到晶粒内化学成分均匀化。

(2) 区域(宏观)偏析。是指铸件各部分的化学成分不均匀现象。例如：铅锡合金、铅青铜等由于铅与其他组元之间比重相差较大，先凝固出的晶体与剩余液相间的密度相差较大，引起铅相的聚集和粗化，造成铸件上下部分产生严重的比重偏析。

严重的区域(宏观)偏析会恶化铸件的性能，加之其范围大，不能用扩散退火的方法消除。主要靠在合金呈液态时及凝固过程中加强搅拌和采取快速冷却进行预防或减轻。

5. 常用铸造合金的可铸性

由于铸造是液态凝固成形，从原理上讲只要能将金属材料熔化为液体，都可进行铸件生产。但在实际工业生产中，因金属材料的性质、生产条件和技术、零件的几何参数和品质要求、生产纲领、经济性等因素，目前大都限于在铸造性能相对较好的金属材料进行铸件生产。常用铸造合金的可铸性比较见表7-5。

表7-5 常用铸造合金的可铸性比较

合金种类 / 可铸性	铸铁	铸钢	铝合金	铜合金
流动性	好	差	适中	适中
收缩性	小	大	较大	较大
氧化吸气性	小	大	大	大
偏析性	小	较大	较大	较大
熔点温度	较高	高	较低	适中

7.2 常用液态凝固成形技术(铸造工艺)方法

工业上实现金属材料的“液态凝固成形”的方法或技术即铸造的工艺方法有许多，这些铸造工艺之间的不同点是实现或完成某个或某些过程或工序(尤其是制备铸型)的手段或方法不同而已。铸造工程师要根据零件的特征、各种要求和条件、技术经济性等，确定选用哪种铸造工艺进行生产以获得所需铸件。

工业上通常把砂型铸造(即以砂质材料为主制作铸型的铸造工艺)称为普通铸造或普通砂型铸造，其工艺特点：适应性广(占铸件总产量的80%以上)，技术灵活性大，生产准备相对较简单，铸件材质主要为铸铁；但铸件精度及表面粗糙度较差，对环境污染较大等。其他的铸造工艺统称为特种铸造，它们的特点：大多数工艺方法生产的铸件精度及表面粗糙度较好，生产中少用砂或不用砂，一般适宜于大批量生产，生产过程易于实现机械化、自动化，铸件材质主要为铸钢和有色金属；但适应性差，生产准备工作量大，多数特种铸造需要专门的技术装备等。

7.2.1 砂型铸造

1. 砂型铸造生产过程

砂型铸造是传统的铸造方法，它适用于各种形状、大小、批量及各种常用合金铸件的生产。

压盖铸件砂型铸造生产过程如图7.14所示。

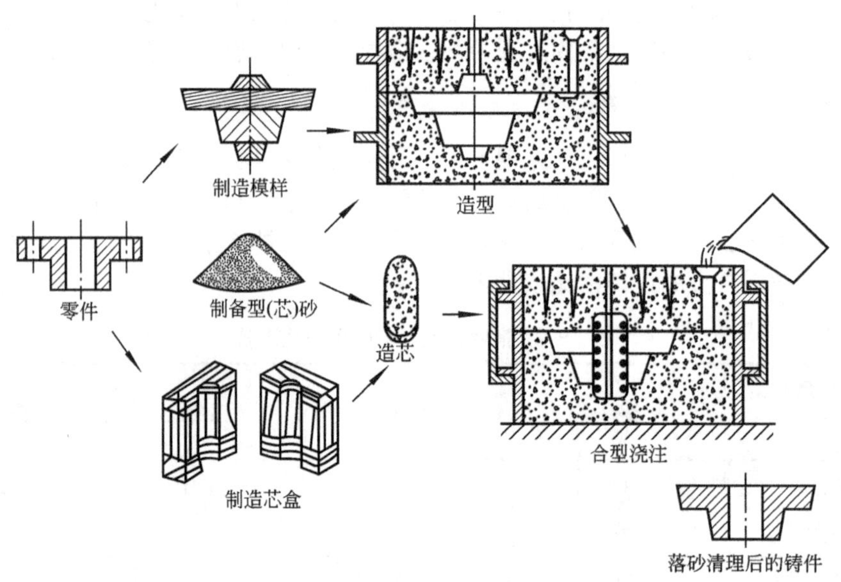

图7.14 压盖铸件砂型铸造生产过程图

2. 砂型铸造工艺设计

任何铸件在进行铸造生产前，铸造工程师都须依据具体零件的技术要求、材质、形状尺寸、生产批量、生产条件等对其进行铸造工艺设计。目的是为了获得健全的合格铸件，减小铸型制造的工作量，降低铸件成本。因此，在砂型铸造的生产准备过程中，必须合理地制订出铸造工艺方案，绘制出铸造工艺图和工装图，编写技术文件等。

1) 铸造工艺设计的一般程序

铸造工艺设计：在生产铸件之前，编制出控制该铸件生产工艺的技术文件，这是铸造生产的指导性文件，也是生产准备、管理和铸件验收的依据。因此，铸造工艺设计的好坏，对铸件的质量、生产率及成本起着决定性的作用。

一般大量生产的定型产品、特殊重要的单件生产的铸件，铸造工艺设计制订得较细致，内容涉及较多。单件、小批生产的一般性产品，铸造工艺设计内容可以简化，在最简单的情况下，只须绘制一张铸造工艺图即可。

铸造工艺设计的内容和一般程序见表7－6。

表7－6 铸造工艺设计的内容和一般程序

项目	内容	用途或应用范围	设计程序
铸造工艺图	在零件图上用规定的红、兰等各色符号表示出：浇注位置和分型面，加工余量，收缩率，起模斜度，反变形量，浇、冒口系统，内外冷铁，铸肋，砂芯形状、数量及芯头大小等	制造模样、模底板、芯盒等工装以及进行生产准备和验收的依据。 适用于各种批量的生产	① 产品零件的技术条件和结构工艺性分析 ② 选择铸造及造型方法 ③ 确定浇注位置和分型面 ④ 选用工艺参数 ⑤ 设计浇冒口、冷铁和铸肋 ⑥ 型芯设计
铸件图	把经过铸造工艺设计后，改变了零件形状、尺寸的地方都反映在铸件图上	铸件验收和机加工夹具设计的依据。适用于成批、大量生产或重要铸件的生产	⑦ 在完成铸造工艺图的基础上，画出铸件图
铸型装配图	表示出浇注位置，型芯数量、固定和下芯顺序，浇冒口和冷铁布置，砂箱结构和尺寸大小等	生产准备、合箱、检验、工艺调整的依据。 适用于成批、大量生产的重要件，单件的重型铸件	⑧ 通常在完成砂箱设计后画出
铸造工艺卡片	说明造型、造芯、浇注、打箱、清理等工艺操作过程及要求	生产管理的重要依据。 根据批量大小填写必要条件	⑨ 综合整个设计内容

2）铸造工艺设计举例——支承台铸造工艺设计

现有一支承台零件如图7.15所示，材料为HT150。工作条件：零件在中等静载荷的条件下工作；生产数量：100件。

按铸造工艺设计程序对支承台零件进行砂型铸造工艺设计：

(1) 零件的技术条件和结构工艺性分析。由图7.15支承台零件图可知：该件无特殊表面质量要求；形状较简单，结构为“带法兰的圆筒形”；尺寸不大属小件。

(2) 选择铸型种类和造型方法。因该件属小型件且小批量生产，可采用湿砂型手工造型的铸造工艺。

(3) 浇注位置和分型面确定。根据浇注位置选择原则，将铸件水平放置，使两加工面

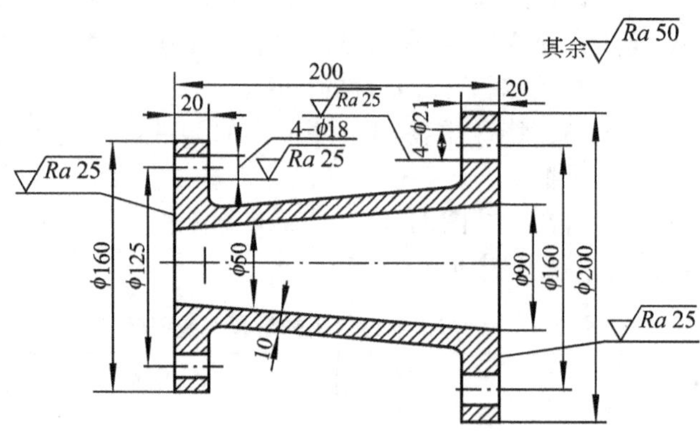

图 7.15 支承台零件图

在侧立位置，有利于加工面铸造质量的保证，且型芯的固定、排气和检验便捷。选中心线对称的最大截面为分型面，以便于起模、下芯和检验；分型面与分模面一致。

(4) 铸造工艺参数的确定。根据零件最大尺寸为 200mm，加工面与基准面的距离(即两端面的距离)为 200mm，由铸造工艺设计手册查表选取两端面的机加工余量分别为 4mm、3.5mm；起模斜度为 2°；铸造圆角为 $R3\sim R5$mm。

(5) 型芯设计。中央内腔形状简单，尺寸不大，只需一整体型芯铸出即可；其芯头尺寸和间隙、斜度值可查表确定。ϕ18mm 和 ϕ21mm 各孔因放机加工余量后尺寸太小，不铸出。

(6) 设计浇冒口系统、冷铁等。

① 浇注系统。浇注系统由浇口杯、直浇道、横浇道和内浇道组成。浇注系统是液态金属流入铸型型腔的通道，其主要功能是：将铸型型腔与浇包连接起来，并平稳地导入液态金属；挡渣及排除铸型型腔中的空气及其他气体；调节铸型与铸件各部分的温度分布以控制铸件的凝固顺序；保证液态金属在最合适的时间范围内充满铸型，不使金属过度氧化，有足够的压力头，并保证金属液面在铸型型腔内有必要的上升速度等。

本件采用封闭式浇注系统，内浇道开设在分型面上，从两端法兰的外圆注入。

由计算知铸件质量为 10.2kg，考虑浇冒口质量为铸件的 30%，则总质量为 13.26kg，按铸件的主要壁厚为 10mm 查表得 $\sum A_{内}=2.4\text{cm}^2$(内浇道总横截面积)，内浇道为两个，每个内浇道横截面积 $A_{内}=1.2\text{cm}^2$，选扁梯形截面，尺寸如图 7.16 所示。

横浇道的截面积 $\sum A_{横}=1.1\sum A_{内}=2.6\text{cm}^2$，参照有关表的数值按比例定出横浇道尺寸，横绕道开在上箱分型面上，与内浇道相接且高于内浇道，其长度尺寸如图 7.16 所示。

直浇道的截面积 $A_{直}=1.15\sum A_{内}=2.76\text{cm}^2$，求得直浇道直径 $D=19$mm。

② 冒口及冷铁。冒口是铸型内用以储存金属液的空腔，在铸件形成时补给金属液。冒口的主要作用是“补缩铸件”，此外还有集渣和通、排气作用。本铸件材质为灰口铸铁，又无厚大部分，故开设出气冒口。

冷铁是用来控制铸件凝固最常见的一种激冷物。其主要作用是加快铸件某一部分的冷却速度；调节铸件的凝固顺序；与冒口相配合，可扩大冒口的有效补缩距离和减少冒口数

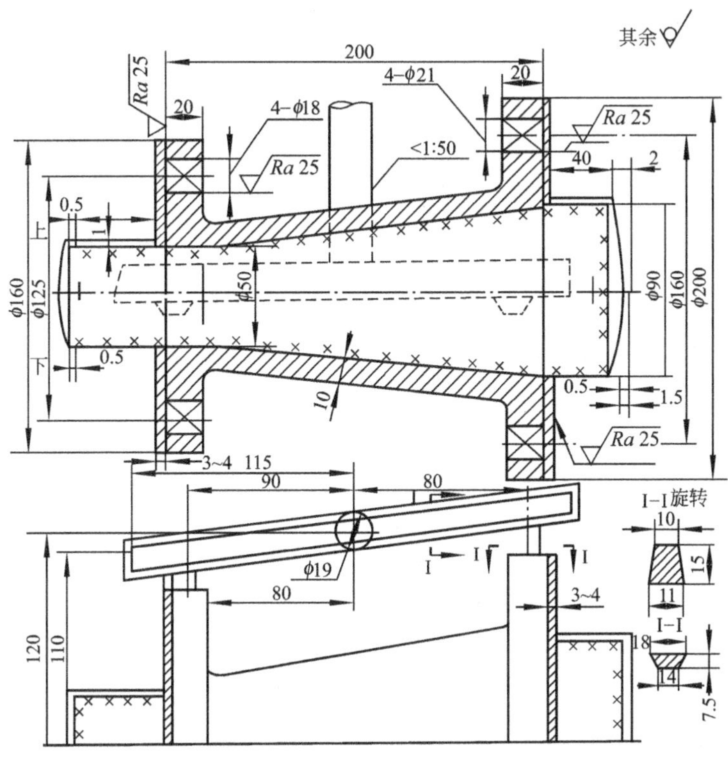

图 7.16　支承台铸造工艺图

量。根据铸件材质和结构，无需使用冷铁。

(7) 绘出铸造工艺图。在零件图上用各种工艺符号表示出铸造工艺方案的图形，其中包括：铸件的浇注位置，铸型分型面，型芯的数量、形状、固定方法及下芯次序，加工余量，起模斜度，收缩率，浇注系统，冒口、冷铁的尺寸和布置等如图 7.16 所示。

依据铸造工艺图，结合所选造型方法，便可绘制出铸件图、合箱图等。铸造工艺图是指导模样(芯盒)制作、生产准备、铸型制造和铸件检验的基本工艺文件。

支承台铸件开箱落砂后(未清除浇冒口系统)如图 7.17 所示，清理后的铸件如图 7.18 所示。

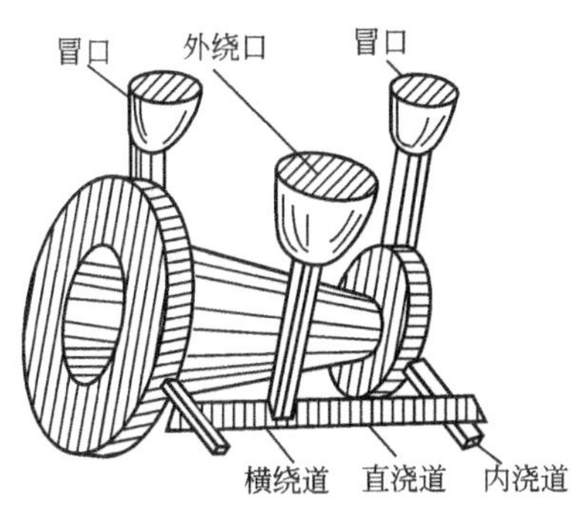

图 7.17　落砂后未去浇冒口

图 7.18　铸件实物图

3. 模样制作及工装准备

1) 模样制作

由铸造的“液态凝固成形”可知，装盛合金液的“容器”即铸型的内腔与铸件有着“空”与“实”的关系，即铸型内“空”的形状和尺寸浇注后得到铸件上“实”的部分(即铸件的外形和大小)；而铸型内“实”的部分清理后得到铸件上“空”的部分(即铸件的内腔形状和尺寸)。铸造中用模样(又称模型)来完成铸型与铸件的“空”与“实”的转换。

模样是按照铸造工艺图进行制作的，它主要包括外模(又称模样，形成铸件的外形和大小)、芯盒(形成铸件的内腔形状和尺寸)、浇冒口系统等。模样可做成各种结构形式，如整体模、组合模、刮(车)板模等以适应不同形状、大小和批量的铸件。

模样按使用次数分为永久模和一次性模。

(1) 永久模。永久模主要有木模和金属模两种。

① 木模。具有轻便，容易加工，来源广，价格低廉的优点；但其强度低，易吸潮而变形，精度较低，寿命短。适用于单件、中小批生产的各种铸件模样。

我国常用木材有红松、落叶松、白松、黄松、杉木、柏木、桂木等。柏木、银杏木、桂木一般纹理平直，质地细，容易加工，不易变形，是优质木模材料；但价格贵，来源少，用于高级木模或制造木模上的一些精细部分。红松，纹理平直，易加工，吸水性低变形小，但质地松软，耐磨性差，盛产于东北地区，价格较低，广泛用于普通木模。白松、黄松等，大都质地松软或易变形，多用于制作低级木模。

② 金属模(样)。表面光洁，尺寸精确，强度高，刚性好，使用寿命长；但其难加工，生产周期长，成本高。适用于大量、成批生产的各种铸件模样。制造前，通常需经过专门的设计。

常用的金属材料有铝合金和碳钢。铝合金质轻、耐蚀、易机加工，故使用很广泛；碳钢主要用于制作铝合金模上的一些耐磨部分。

其他材料的模样，如菱苦土模、石膏模等目前很少使用。

(2) 一次性模。有些铸造工艺使用一次性模样。

① 聚苯乙烯泡沫塑料模(气化模又称消失模)。造型后不取出模样，直接浇注，模样遇金属液气化烧去。要求模样气化迅速，烟尘和残留物少，密度小(0.15～0.03g/cm^3)。对单件生产的中、大模样，一般用泡沫板粘合(常用的粘合剂为聚醋酸乙烯乳液)、手工加工成需要的形状和大小。对大批量的中、小模样，一般直接发泡成型(即把少量经过预发泡的聚苯乙烯珠粒放于金属阴型内，吹入蒸汽或热空气加热3～20min，珠粒熔融，内部气体膨胀使珠粒长大并相互粘接，冷却后即得到光洁的模样)。

使用泡沫塑料性能简化造型，节约砂芯，铸件尺寸精度较高，易实现机械化、自动化生产。但模样只能用一次，舂砂时模样易变形，浇注时有烟尘。多用于不舂砂实型造型、磁丸造型的中、小铸件和单件生产的中、大型铸钢铸铁件模样。

② 蜡模。蜡模材料一般用蜡料、松香和合成树脂等配制。制作前，需用经专门设计的压型(用来压制蜡模的模型)和设备。蜡模的应用在下一节“特种铸造”中

介绍。

2）工装准备

铸造工艺装备是造型、制芯及合箱过程中所使用的模具和装置的总称。除上述模样(型)外还有平板、模板框、砂箱、砂箱托板、烘干板(器)，芯骨、砂芯修整磨具、量具及检验样板、套箱、紧固件、压铁等。

对于大批量生产的重要铸件，应经过试制阶段，证明铸造工艺切实可行后，才进行工装设计，以便所设计的各种工装满足铸件生产要求且加工、使用方便和成本低廉。

4. 砂型铸造制作铸型(即造型制芯)的方法

砂型是由原砂、粘接剂和添加物组成，在外力作用下成型并达到一定的紧实度，制作砂质铸型的工艺过程称为造型制芯又简称为造型。造型是砂型铸造关键且最基本的工序，其是否合理直接关系到铸件的质量和成本。

通常分为手工造型和机器造型两大类。

1）手工造型

手工造型特点：操作方便灵活、适应性强，对模样、砂箱的要求不高，模样生产准备时间短，投资少。但生产率低，铸件的精度及表面质量均不高，对工人的技术要求较高，劳动强度大，劳动环境差等。适用于各种批量的铸造生产（尤其适用于单件、小批量生产）。

2）机器造型

机器造型特点：大批量生产砂型的主要方法，能够显著提高劳动生产率，改善劳动条件，并提高铸件的尺寸精度和表面质量使得机加工余量减小。

机器造型工艺特点通常是采用模底板进行的两箱造型。模底板是将模样、浇注系统沿分型面与底板联结成一个整体的专用模具，造型后，底板形成分型面，模样形成铸型空腔。模底板的厚度不影响铸件的形状和大小。

3）制芯

当铸造有空腔的铸件，或铸件的外壁内凹，或铸件具有影响起模的外凸时，经常要用到型芯，制作型芯的工艺过程称为制芯。型芯作用就是形成铸件的内腔或外壁的内凹等，对形状复杂的型芯可分块制作，然后粘合成整体。型芯可用手工制作，也可用机器制作。

在制作型芯的过程中，为了提高型芯的刚度和强度，需在型芯中放入芯骨；为了提高型芯的透气性，需在型芯的内部作出通气孔；为了提高型芯的强度和透气性，一般型芯需烘干后使用。

在现代化的铸造车间里，铸造生产中的造型、制芯、型砂处理、浇注、落砂等工序均由机器来完成。并把这些工艺过程组成机械化的连续生产流水线，不仅提高了生产率，而且也提高了铸件精度和表面质量，改善了劳动条件。尽管设备投资较大，但在大批量生产时，铸件成本可显著降低。

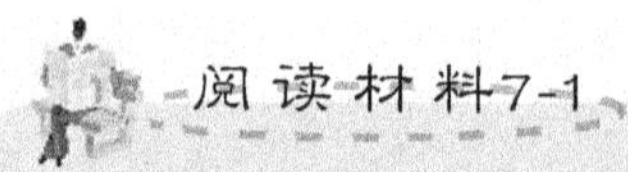
阅读材料7-1

造型制芯设备

1. 造型机

造型机按其紧实型砂的方法不同可分为震压式、压实式、射压式造型机和抛砂机等，现代已出现一些低噪声、低粉尘、低能耗、造型精度高的造型机，如真空造型机、静压造型机、气体冲击造型机等。

目前，应用较多的造型机主要有震压式造型机，其工作过程：填砂→震击紧砂→辅助压实→起模，如图 7.19 所示。

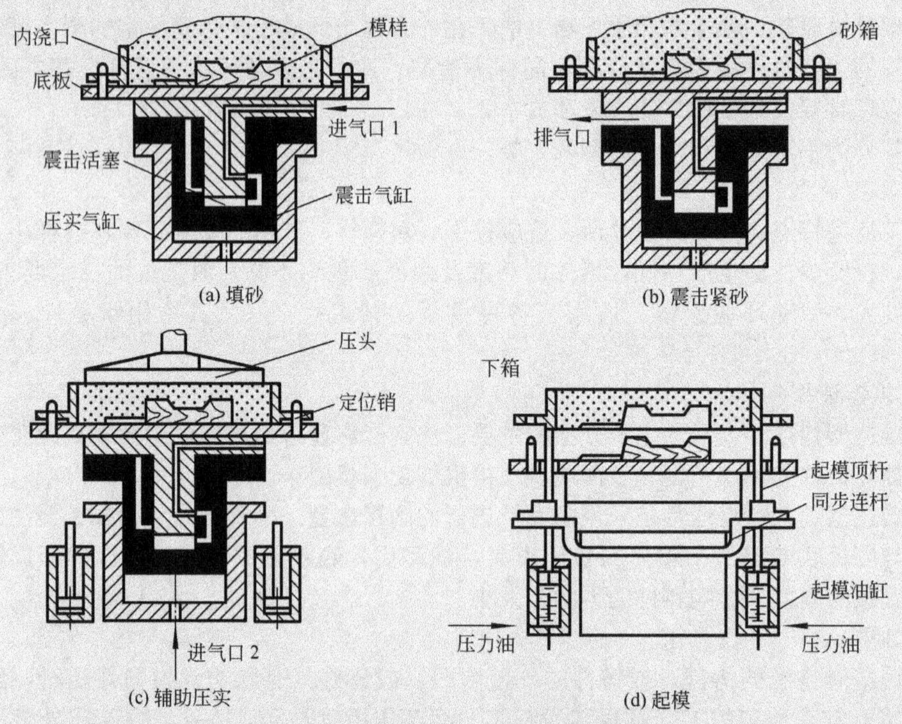

图 7.19　震压造型机的工作过程示意图

震压式造型机对震实的砂型再进行压实，可以获得上下部紧实的砂型。常用的是微震压实式造型机(图 7.20)，利用工作台下落与浮动的震铁相撞，微震紧实型砂，再进行压实。微震是以较高频率(500～1000 次/min)，小振幅(5～25mm)的振动代替震击式造型机的低频率 (60～120 次/min)、大振幅的振动。这种造型机造出的砂型质量好，对基础要求也较低。

2. 射芯机

铸造中用机器制作型芯的设备称为射芯机，按芯盒模具在射芯机工作台上的分型位置分为垂直分型和水平分型射芯机。

1) 垂直分型射芯机

图 7.21 所示为 Z94 系列射芯机，其采用垂直分型，适合实心砂芯，具有单动模、

双动模有中间板或无中间板等各种规格，可选择气动或液压方式。

标准配置：①无触点接迈开关，欧姆龙或三菱 PLC 控制；②进口品牌低压器或施耐德电器；③进口及国产品牌液压件，油缸、气缸；④加热及数显温控；⑤电加热或煤气加热。

选配件：①接芯小车；②中间滑收伸出；③斗式提升机；④安全光栅；⑤进口油缸及气缸；⑥文本显示，工艺参数可调。

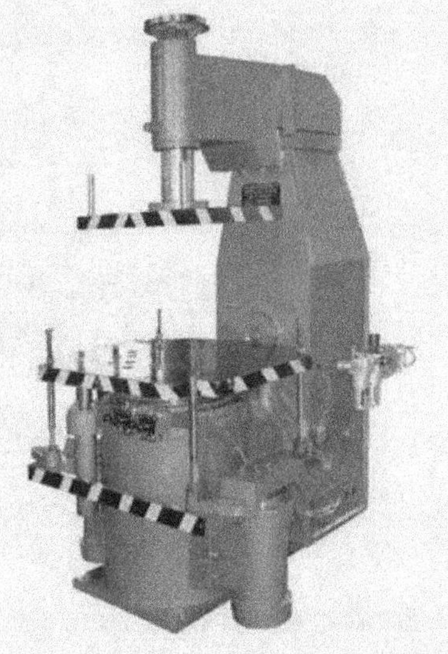

图 7.20 Z14 系列震压造型机

图 7.21 Z9406 垂直分型射芯机

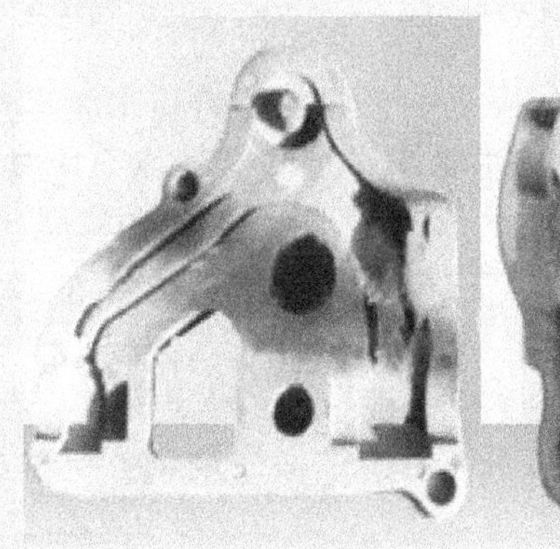

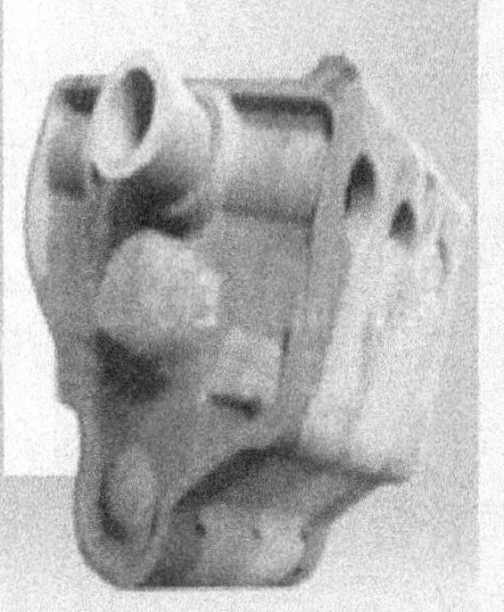

图 7.22 所制砂芯

2) 水平分型射芯机

图 7.23 所示为 ZH－650 水平分型射芯机，其采用水平分型，四立柱导向适用于平面尺寸较大的砂芯，各类缸体缸盖及水套芯，端盖芯曲轴箱芯或壳型铸造的外模砂芯，可选用覆膜砂，湿态砂，热芯盒工艺树脂砂生产实芯，抽空砂芯或壳芯。具有上顶芯装置，确保砂芯留在下型，下顶芯接芯车取芯，并带有自动刮砂装置和模具射板快换装置。驱动方式有气动或液压。

标准配置：①无触点接迈开关，欧姆龙或三菱PLC控制；②进口品牌低压器或施耐德电器；③人机界面(显示屏)工艺参数可调；④数显温控；⑤电加热或煤气加热或冷芯。

选配件：①接芯小车；②斗式提升机；③安全光栅；④进口油缸及气缸；⑤自动换模装置。

图7.23 ZH-650水平分型射芯机

图7.24 所制砂芯

5. 铸件的结构设计

铸件的结构也就是零件的结构，实际上一个好的用铸造来生产毛坯的零件是经过以下设计步骤完成的：功用设计，即零件在使用条件或环境下应具备的功能或作用；冶金设计，即零件材质的选择和适用性；依据铸造经验修改和简化设计，即在满足功用设计的前提下，依据铸造经验对零件结构和尺寸进行修改和简化；考虑经济性。

铸件结构设计需要保证其工作性能和力学性能要求、考虑铸造工艺和合金铸造性能对铸件结构的要求，铸件结构设计合理与否，对铸件的质量、生产率及其成本有很大的影响。

1) 砂型铸造工艺对铸件结构设计的要求

零件设计者尤其是铸造工艺知识和经验缺乏者往往只顾及零件的功用，而忽视了铸造工艺对铸件结构的要求，这对保证铸件质量、简化铸造工艺过程及降低成本等均不利，因此须重视零件结构的铸造工艺性，即所设计的零件结构满足或适应铸造工艺过程。砂型铸造工艺对铸件结构设计的要求见表7-7。

2) 合金铸造性能对铸件结构设计的要求

缩孔、变形、裂纹、气孔和浇不足等铸件缺陷的产生，有时是由于铸件结构设计不够合理，未能充分考虑合金铸造性能的要求所致，为此在设计过程中应注意下列几个方面。

表7-7 砂型铸造工艺对铸件结构设计的要求

对铸件结构的要求	图例	
	a. 不合理	b. 合理
1. 尽量避免铸件起模方向存有外部侧凹，以便于起模 (1) 图a存有上下法兰，通常要用三箱造型 图b去掉上部法兰，简化了造型 (2) 图a需增加外部圈芯，才能起模 图b去掉了外部圈芯，简化了制模和造型工艺	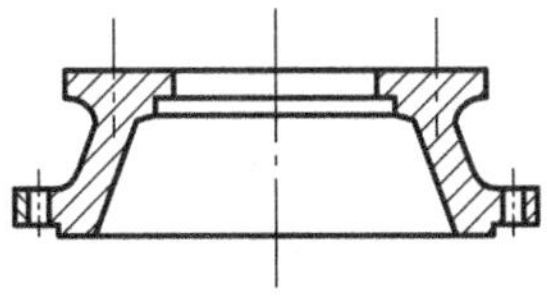 圈芯 凹入部分 主型芯	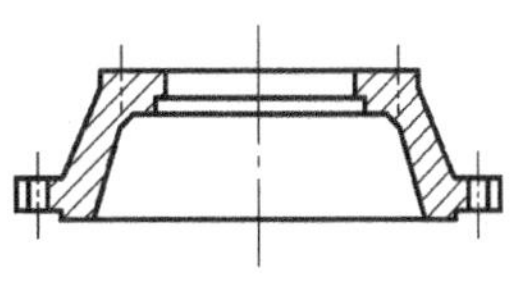 主型芯
2. 尽量使分型面为平面 图a分型面需采用挖砂造型，图b去掉了不必要的外圆角，使造型简化	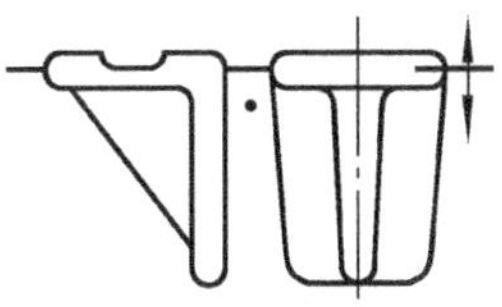	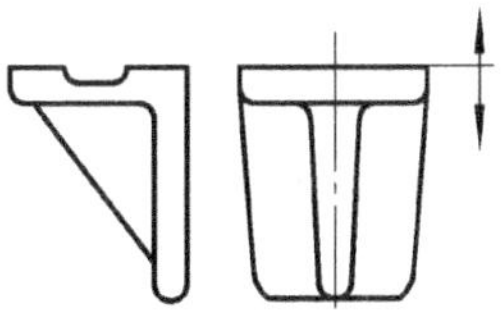
3. 凸台和筋条结构应便于起模 (1) 图a需用活块或增加外部型芯才能起模。图b将凸台延长到分型面，省去了活块或型芯 (2) 图a筋条和凸台阴影处阻碍起模。图b将筋条和凸台顺着起模方向布置，容易起模	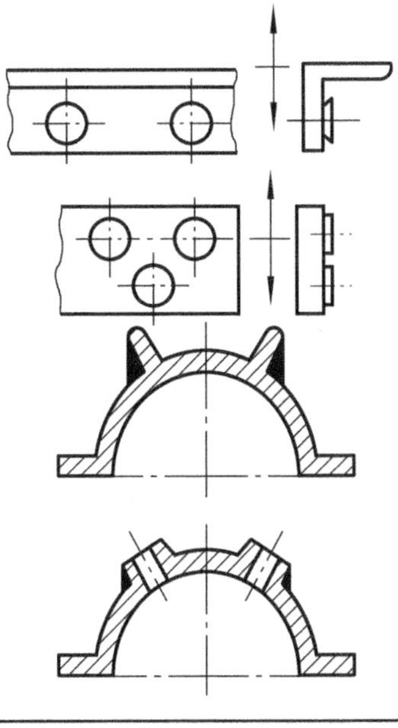	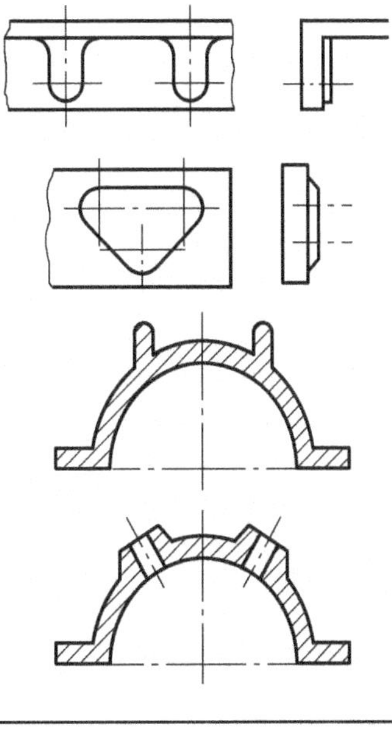

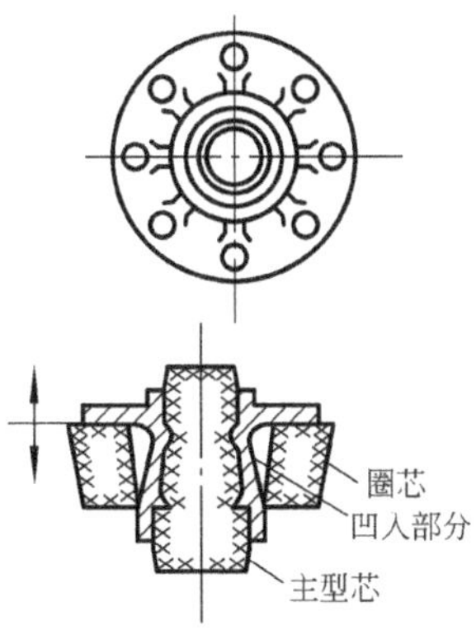

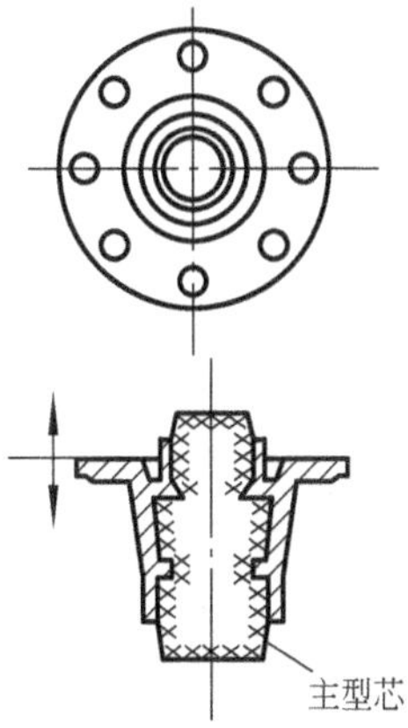

（续）

对铸件结构的要求	图例	
	a. 不合理	b. 合理
4. 垂直分型面上的不加工表面最好有结构斜度 (1) 图b具有结构斜度，便于起模。 (2) 图b内壁具有结构斜度，便于用砂垛取代型芯	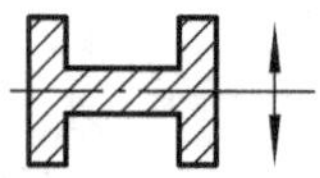	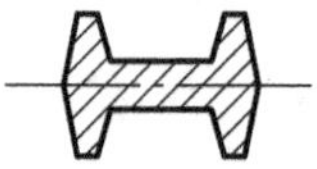
	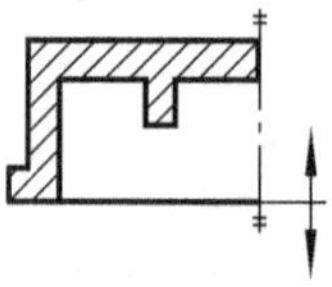	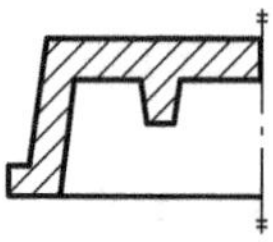
5. 尽量不用和少用型芯 (1) 图a采用中空结构，要用悬臂型芯和型芯撑加固，图b采用开式结构，省去了型芯 (2) 图a因出口处尺寸小，要用型芯形成内腔。图b扩大了出口，且$D>H$，故可用砂垛(自带型芯)形成内腔，从而省掉型芯	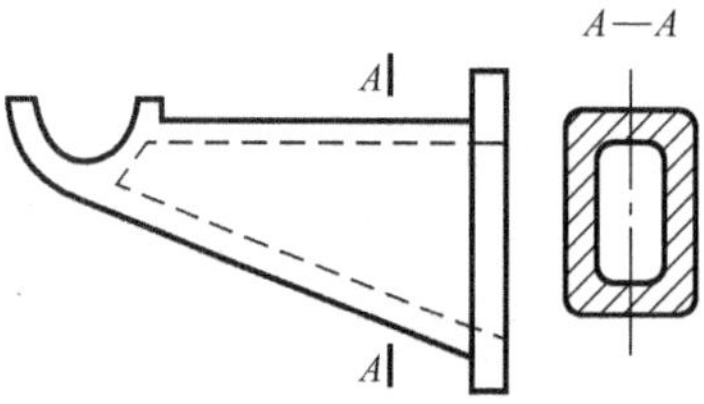 A—A A A	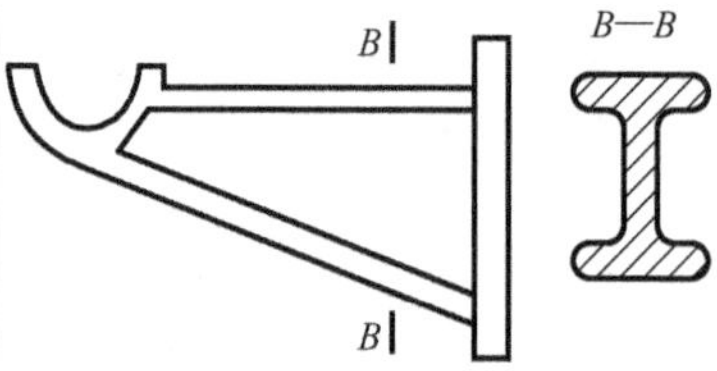 B—B B B
	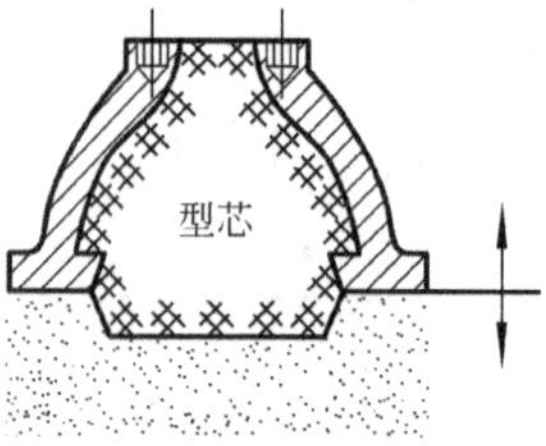 型芯	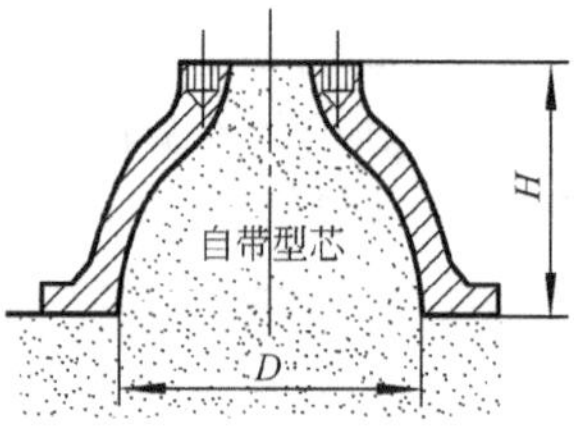 自带型芯 H D
6. 应有足够的芯头，以便于型芯的固定、排气和清理。图a采用悬臂型芯，需用型芯撑加固，下芯，合箱和清理费工，对于薄壁件、加工表面和耐压铸件均不宜采用型芯撑。图b增加两个工艺孔，因而避免了型芯撑，并使型芯定位稳固，有利于排气和清理。工艺孔在加工后可用螺钉堵住	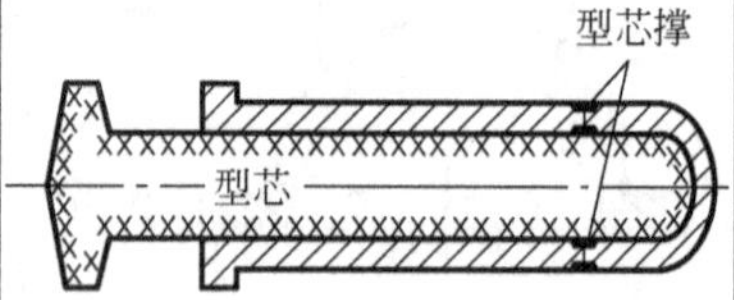 型芯撑 型芯	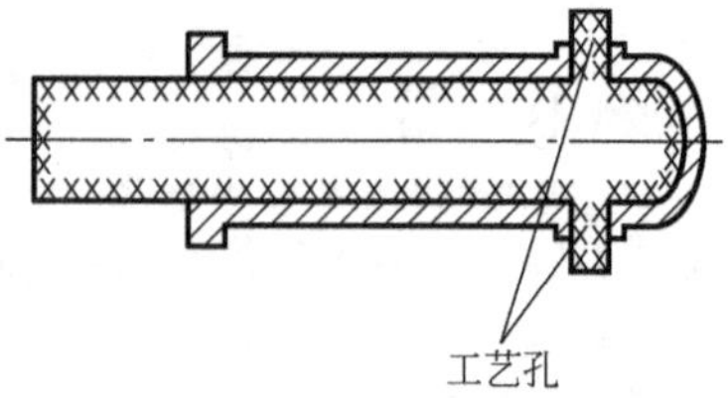 工艺孔

(1) 合理设计铸件壁厚。灰铸铁件壁厚及肋厚的参考值见表7-8。

表7-8 灰铸铁件壁及肋厚参考值

铸件质量/kg	铸件最大尺寸/mm	外壁厚度/mm	内壁厚度/mm	肋的厚度/mm	零件举例
5	300	7	6	5	盖、拨叉、轴套、端盖
6～10	500	8	7	5	挡板、支架、箱体、闷盖
11～60	750	10	8	6	箱体、电动机支架、溜板箱、托架
61～100	1250	12	10	8	箱体、液压缸体、溜板箱
101～500	1700	14	12	8	油盘、带轮、镗模架
501～800	2500	16	14	10	箱体、床身、盖、滑座
801～1200	3000	18	16	12	小立柱、床身、箱体、油盘

最小壁厚：每种铸造合金都有其适宜的壁厚，不同铸造合金所能浇注出铸件的最小壁厚也不相同，主要取决于合金的种类和铸件的大小，见表7-9。

表7-9 砂型铸造铸件最小壁厚的设计 (单位：mm)

铸件尺寸	铸钢	灰铸铁	球墨铸铁	可锻铸铁	铝合金	铜合金
<200×200	5～8	3～5	4～6	3～5	3～3.5	3～5
200×200～500×500	10～12	4～10	8～12	6～8	4～6	6～8
>500×500	15～20	10～15	12～20	—	—	—

(2) 铸件的壁厚应尽可能均匀。在铸件结构设计中，应尽可能使铸件各部分的壁厚均匀，如图7.25和图7.26所示。

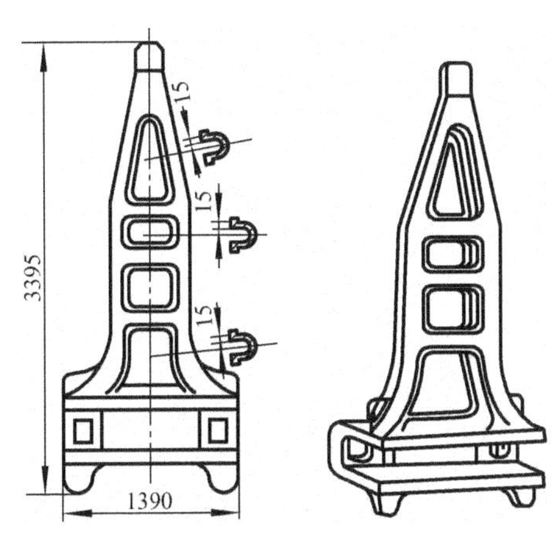

图7.25 导架铸件结构

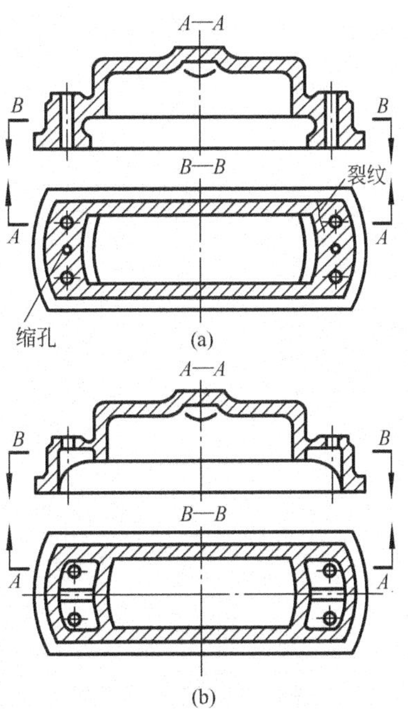

图7.26 顶盖的结构设计

(3) 铸件壁的连接。

① 铸件的结构圆角。在铸件设计时，凡壁的转角处都应是圆角。如图 7.27 所示为直角和圆角的热节和应力分布情况，图 7.28 为直角和圆角的结晶示意，表 7-10 给出料铸件上转角的铸造内圆角半径 R 值。

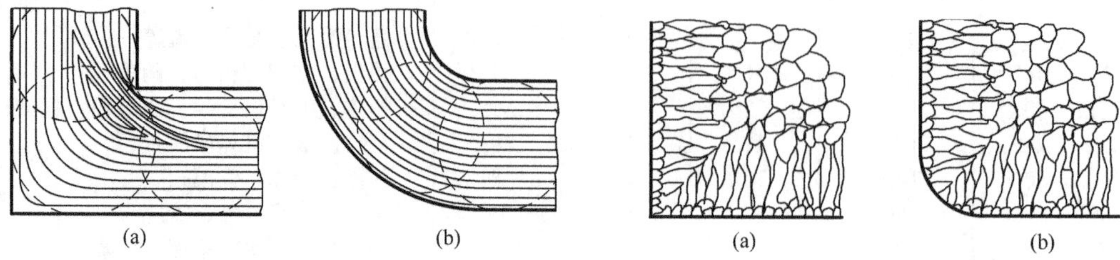

图 7.27　不同转角的热节和应力分布　　**图 7.28　合金结晶的方向性**

表 7-10　铸造内圆角半径 R 值　　(单位 mm)

	$\frac{a+b}{2}$	≤8	8～12	12～16	16～20	20～27	27～35	35～45	45～60
	铸铁	4	6	6	8	10	12	16	20
	铸钢	6	6	8	10	12	16	20	25

② 避免锐角连接。铸壁的连接处相对来说凝固较慢，产生应力集中、裂纹、缩孔缩松等铸造缺陷的倾向大，故应避免锐角、交叉连接以减少和分散热节点。图 7.29 所示为几种锐角连接方式，图 7.30 所示为常见的筋的布置形式。

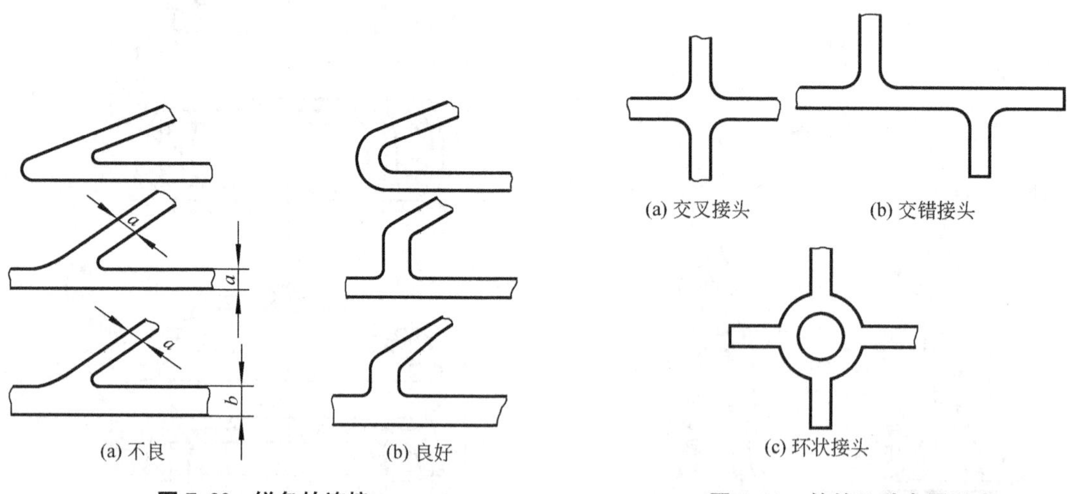

图 7.29　锐角的连接　　**图 7.30　筋的几种布置形式**

③ 厚壁与薄壁间的连接要逐步过渡。铸件上不同壁厚的不应直接连接而是逐步过渡连接。几种壁厚过渡的形式和尺寸见表 7-11。

表 7-11 几种壁厚过渡的形式和尺寸

图例	尺寸		
	$b \leqslant 2a$	铸铁	$R \geqslant \left(\frac{1}{6} \sim \frac{1}{3}\right)\left(\frac{a+b}{2}\right)$
		铸钢	$R \approx \frac{a+b}{4}$
	$b > 2a$	铸铁	$L > 4(b-a)$
		铸钢	$L \geqslant 5(b-a)$
	$b > 2a$	$R \geqslant \left(\frac{1}{6} \sim \frac{1}{8}\right)\left(\frac{a+b}{2}\right)$ $R_1 \geqslant R + \left(\frac{a+b}{2}\right)$ $C \approx 3\sqrt{b-a}$，$h \geqslant (4 \sim 5)C$	

④ 防裂筋的应用。防裂筋可增加铸件的力学性能和减轻铸件重量，减少缩孔的出现和防止裂纹、变形、夹砂等，如图 7.31 所示。

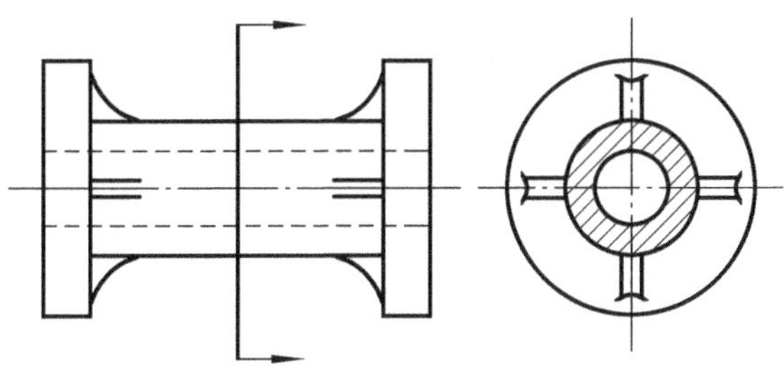

图 7.31 防裂筋的应用

⑤ 减缓筋、幅收缩的阻碍。如图 7.32(b)和(c)所示，将轮辐设计为奇数或弯曲的，借助轮辐或轮缘的微量变形自行减缓筋、幅收缩的阻碍，以减小铸造内应力，防止开裂。

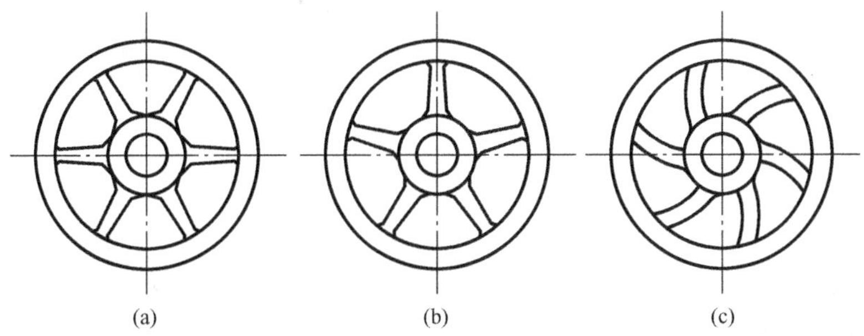

图 7.32 轮辐的设计

以上介绍的只是砂型铸造工艺铸件结构设计的特点，在特种铸造方法中，应根据每种不同的铸造工艺方法及其特点进行相应的铸件结构工艺性设计，以满足不同的铸造方法对铸件结构设计的工艺性要求，从而获得优质、高产、低耗的铸件产品。

7.2.2 特种铸造

特种铸造的成形原理和基本作业模块与砂型铸造是相同的，它们之间的不同处是实现或完成某个或某些工艺过程或工序(尤其是制备铸型)的手段或方法不同而已，这就使特种铸造的工艺方法较多，如熔模铸造、金属型铸造、压力铸造、低压铸造、离心铸造、陶瓷型铸造和磁型铸造等。特种铸造中铸型用砂较少或不用砂，采用特殊工艺装备，具有铸件精度和表面质量高、铸件内在性能好、原材料消耗低、工作环境好等优点。但铸件的结构、形状、尺寸、重量、生产批量等往往受到一定限制。

1. 熔模铸造(又称失蜡铸造)

1) 熔模铸造的工艺过程

熔模铸造的工艺流程如图 7.33 和图 7.34 所示。

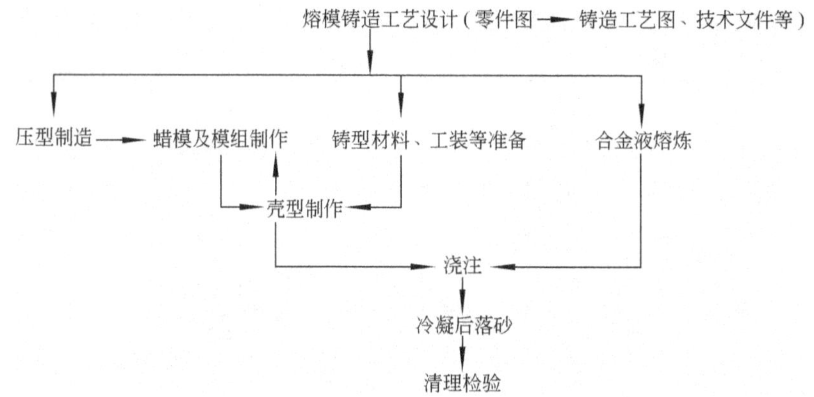

图 7.33 熔模铸造工艺流程图

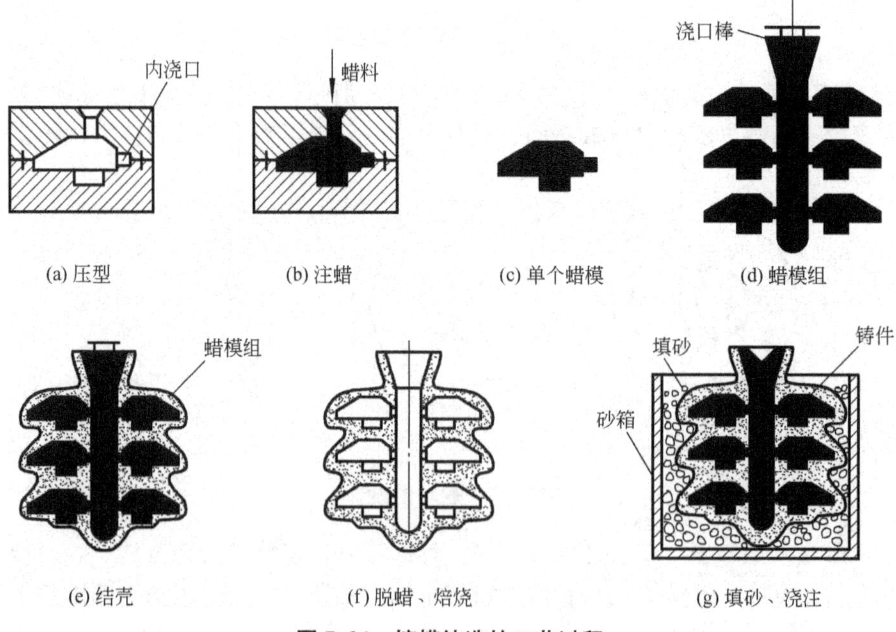

图 7.34 熔模铸造的工艺过程

(1) 压型(模)的设计及制造。压型是用来压制蜡模的模具(型)，熔融的(蜡)模料压入模具中冷却后，直接形成蜡模的几何形状和尺寸，故对压型型腔的设计和制造要求较高。压型的材质多用铝合金或钢经机械制造加工做成，如图7.34(a)所示。

(2) 蜡模及模组制作。蜡模材料分蜡基模料(如常用50%石蜡和50%硬脂酸配制而成)和树脂基模料(如常用松香75%+地蜡15%+聚乙烯5%+川蜡5%)。将配制好的模料压入压型即得到蜡模，如图7.34(c)所示。为提高生产率，常把数个蜡模焊在蜡棒上，成为蜡模组，如图7.34(d)所示。

(3) 壳型制作。在蜡模组表面浸挂一层以粘结剂(如水玻璃)和耐火材料粉(如石英粉)配制的涂料，然后在上面撒一层较细的耐火材料颗粒(如硅砂)，并放入固化剂(如氯化铵水溶液等)中硬化。反复多次使蜡模组外面形成由多层(一般为4~10层)耐火材料组成的坚硬型壳，型壳的总厚度为5~7mm，如图7.34(e)所示。

(4) 脱蜡、壳型的焙烧。通常将带有蜡模组的型壳放在80~90℃的热水中蒸煮，使蜡模料熔化后从浇注系统中流出，即脱蜡得到中空的壳型。脱蜡后的模料可回用。

把脱蜡后的壳型放入加热炉中，加热到800~950℃，保温0.5~2h，烧去壳型内的残蜡和水分，并使壳型强度进一步提高。

(5) 浇注。将壳型从焙烧炉中取出后放置于砂箱中，周围堆放干砂以加固壳型，然后趁热(600~700℃)浇入合金液，并凝固冷却，如图7.34(g)所示。

(6) 脱壳和清理。用人工或机械方法去掉型壳、切除浇冒口，清理后即得铸件。

2) 熔模铸造铸件的结构工艺性

熔模铸造铸件的结构，除应满足一般铸造工艺的要求外，还具有其特殊性，主要表现在以下几个方面。

(1) 铸孔不能太小和太深，否则涂料和砂粒很难进入蜡模的空洞内，只有采用陶瓷芯或石英玻璃管芯，工艺复杂，清理困难。一般铸孔应大于2mm。

(2) 铸件壁厚不可太薄，一般为2~8mm。

(3) 铸件的壁厚应尽量均匀，熔模铸造工艺一般不用冷铁，少用冒口，多用直浇口直接补缩，故尽可能不要有分散的热节。

3) 熔模铸造的特点和应用

熔模铸造有以下特点。

(1) 铸件精度高、表面质量好，是少、无切削加工铸造工艺的重要方法之一，其尺寸精度可达IT11~IT14，表面粗糙度为Ra12.5~1.6μm。如熔模铸造的涡轮发动机叶片，铸件精度已达到无加工余量的要求。

(2) 可制造形状复杂铸件，其最小壁厚可达0.3mm，最小铸出孔径为0.5mm。对由几个零件组合成的复杂部件，可用熔模铸造一次铸出。

(3) 铸造合金种类不受限制，用于高熔点和难切削合金，更具显著的优越性。

(4) 生产批量基本不受限制，既可成批、大批量生产，又可单件、小批量生产。

其缺点是工艺过程繁杂，有些工序不易控制，生产周期长，原辅材料费用比砂型铸造高，生产成本较高，铸件不宜太大、太长。

主要用于生产汽轮机及燃气轮机的叶片、泵的叶轮、切削刀具，以及飞机、汽车、拖拉机、风动工具等的中、小型铸件。

2. 金属型铸造

1）金属型铸造的工艺过程

金属型铸造工艺作业基本模块如图 7.35 所示。

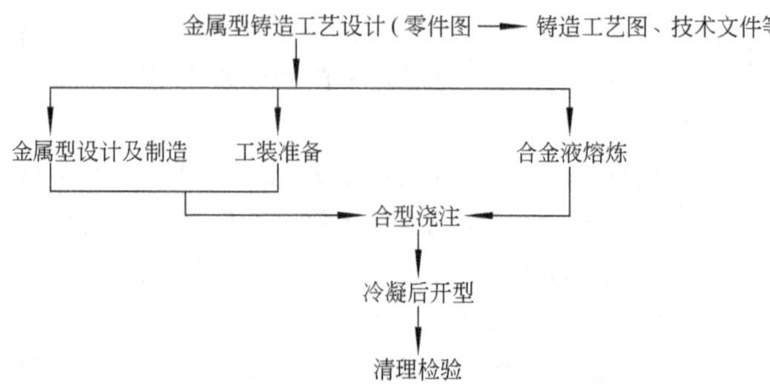

图 7.35　金属型铸造工艺作业基本模块

(1) 金属型的设计与制造。金属型铸造是将液体金属在重力作用下浇入金属制作的铸型中，以获得铸件的一种方法。铸型用金属制成，可以反复使用成千上万次。因此金属型的设计和制造都要求较高。

根据分型面位置的不同，金属型可分为垂直分型式、水平分型式和复合分型式三种结构，其中垂直分型式金属型开设浇注系统和取出铸件比较方便，易实现机械化，应用较广。

图 7.36 所示为铸造铝合金活塞用的垂直分型式金属型，它由两个半型组成。上面的大金属芯由三部分组成，便于从铸件中取出。当铸件冷却后，首先取出中间的楔片及两个小金属芯，然后将两个半金属芯沿水平方向向中心靠拢，再向上拔出。

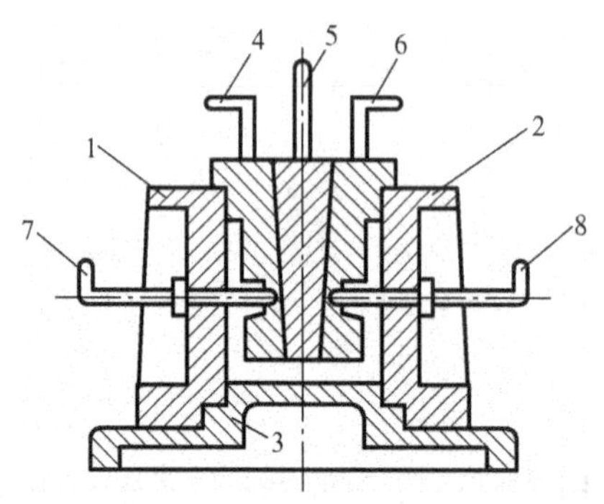

图 7.36　铸造铝合金活塞用的垂直分型式金属型

1、2—左、右半型；3—底型；4、5、6—分块金属型芯；7、8—销孔金属型芯

制造金属型的材料熔点一般应高于浇注合金的熔点。如浇注锡、锌、镁等低熔点合金，可用灰铸铁制造金属型；浇注铝、铜等合金，则要用合金铸铁或钢制金属型。金属型用的芯子有砂芯和金属芯两种。

(2) 金属型的铸造工艺措施。由于金属型导热速度快，没有退让性和透气性，为了确保获得优质铸件和延长金属型的使用寿命，必须采取下列工艺措施：

① 对金属型进行预热后再浇注，预热温度不低于 150℃。

② 金属型浇注时，合金的浇注温度和浇注速度必须适当。

③ 及时开型取件。因金属型无退让性，除在浇注时正确选定浇注温度和浇注速度外，浇注后，如果铸件在铸型中停留时间过长，铸件不宜取出且易引起过大的铸造应力而导致铸件开裂。因此，当铸件冷却到塑性变形温度范围，并有足够的强度时，就可抽芯取件。通常铸铁件出型温度为 800～950℃，开型时间为 10～60s。

④ 金属型在生产过程中温度变化要恒定，可采取风冷、间接水冷、直接水冷的方式对金属型进行冷却。

⑤ 可在金属型的工作表面喷刷涂料。

⑥ 可采用复砂金属型。

⑦ 加强金属型的排气，采取一系列措施提高金属型寿命。

2) 金属型铸件的结构工艺性

(1) 铸件的结构一定要保证能顺利出型，铸件结构斜度应较砂型铸件的大。

(2) 铸件壁厚尽可能均匀，壁厚不能过薄(如 Al-Si 合金 2～4mm，Al-Mg 合金为 3～5mm)。

(3) 为便于金属型芯的安放和抽出，铸孔的孔径不能过小、过深。

3) 金属型铸造的特点及应用范围

金属型铸造有如下特点：

(1) 尺寸精度高(IT12～IT16)、表面粗糙度小(Ra12.5～6.3μm)，机械加工余量小。

(2) 铸件的晶粒较细，力学性能好。

(3) 可实现一型多铸，提高了劳动生产率，易于机械化，且节约造型材料等。

但金属型的制造成本高，不宜生产大型、形状复杂和薄壁铸件；由于冷却速度快，铸铁件表面易产生白口，切削加工困难；受金属型材料熔点的限制，熔点高的合金不适宜用金属型铸造。

主要用于铝合金、铜合金等铸件的大批量生产，如活塞、连杆、气缸盖等。铸铁件的金属型铸造目前也有所发展，但其尺寸限制在 300mm 以内，如电熨斗底板等。

3. 压力铸造(简称压铸)

1) 压力铸造的工艺过程

压铸的工艺作业基本模块如图 7.37 所示。

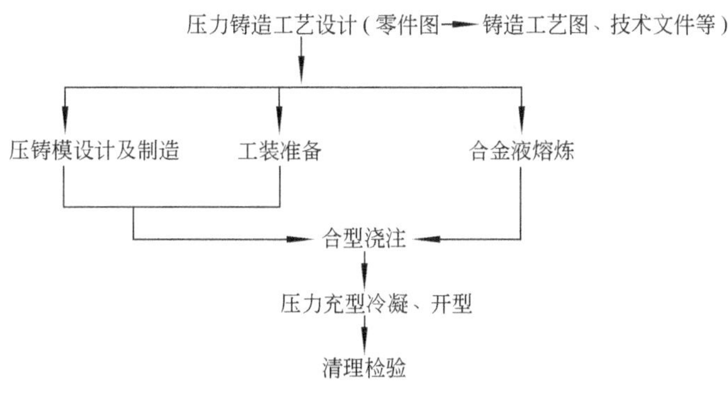

图 7.37 压铸工艺作业基本模块

(1) 压铸模的设计与制造。压力铸造是在高压(几十至几百个大气压)作用下，使液态或半液态合金以较高的速度充填型腔(充型时间 0.01～0.2s)并在压力下凝固以形成铸件的一种液态成形技术。

压铸模工作部分(即型腔)通常用热作模钢制成，一副压铸模要压铸成千上万的压铸件，因此对压铸模的设计和制造都要求较高。压铸模除工作部分的其他部分目前已有系列化通用化产品，在设计压铸模时可选用。

(2) 压铸机。压铸机是压力铸造的专业设备，根据压室工作条件不同，分为冷压室压铸机和热压室压铸机两类。热压室压铸机的压室与坩埚连成一体，而冷压室压铸机的压室是与坩埚分开的。冷压室压铸机又可分为立式和卧式两种，目前以卧式冷压室压铸机应用较多，其工作原理如图 7.38 所示，动、定模合模后，将定量金属液浇入压室，柱塞向前推进，金属液经浇道压入压铸模型腔中，经冷凝后开型，由推杆将铸件推出。冷压室压铸机，可用于压铸熔点较高的非铁金属，如铜、铝和镁合金等。

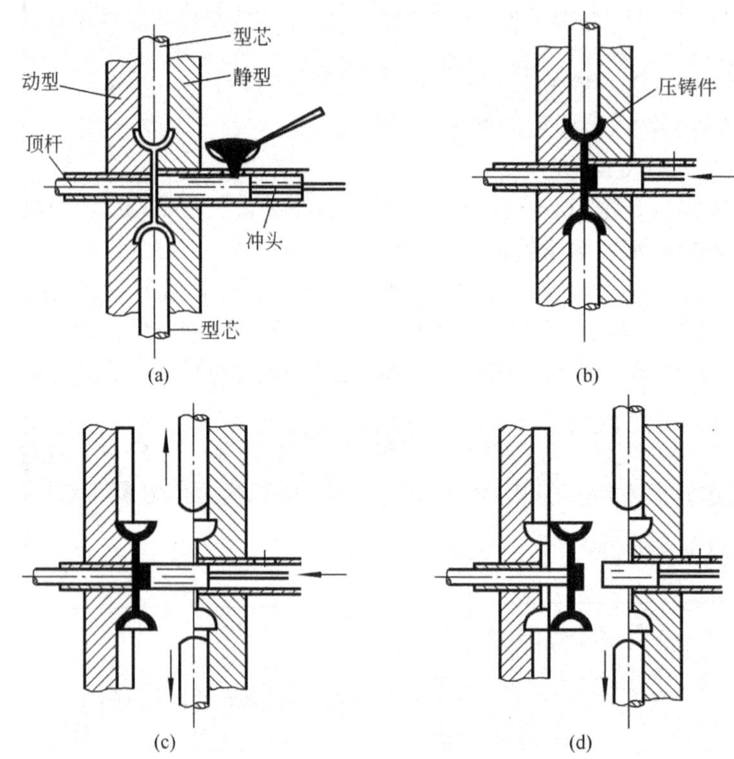

图 7.38　卧式冷压室压铸机工作原理

2) 压铸件的结构工艺性

(1) 压铸件上应有内侧凹，以保证压铸件从压型中顺利取出。

(2) 压力铸造可铸出细小的螺纹、孔、齿和文字等，但有一定的限制。

(3) 应尽可能采用薄壁并保证壁厚均匀。由于压铸工艺的特点，金属浇注和冷却速度都很快，厚壁处不易得到补缩而形成缩孔、缩松。压铸件适宜的壁厚：锌合金为 1～4mm，铝合金为 1.5～5mm，铜合金为 2～5mm。

(4) 对于复杂而无法取芯的铸件或局部有特殊性能(如耐磨、导电、导磁和绝缘等)要求的铸件，可采用嵌铸法，把镶嵌件先放在压型内，然后和压铸件铸合在一起。

3) 压力铸造的特点及其应用

压铸有如下特点：

(1) 压铸件尺寸精度高，表面质量好，尺寸公差等级为 IT11～IT13，表面粗糙度 Ra 值为 6.3～1.6μm，可不经机械加工直接使用，而且互换性好。

(2) 可以压铸壁薄、形状复杂以及具有很小孔和螺纹的铸件，如锌合金的压铸件最小壁厚可达0.8mm，最小铸出孔径可达0.8mm、最小可铸螺距达0.75mm。还能压铸镶嵌件。

(3) 压铸件的强度和表面硬度较高。压力下结晶，加上冷却速度快，铸件表层晶粒细密，其抗拉强度比砂型铸件高25%～40%。

(4) 生产率高，可实现半自动化及自动化生产。

不足之处在于气体难以排出故压铸件易产生皮下气孔，压铸件不能进行热处理，也不宜在高温下工作；金属液凝固快，厚壁处来不及补缩，易产生缩孔和缩松；设备投资大，压铸模制造周期长、造价高，不宜小批量生产。

主要应用于汽车、拖拉机制造业，仪表和电子仪器工业，农业机械，国防工业，计算机、医疗器械等制造业的锌合金、铝合金、镁合金和铜合金等铸件。

4. 低压铸造(压力在0.02～0.06MPa)

1) 低压铸造的工艺过程

低压铸造的工艺过程如图7.39所示。

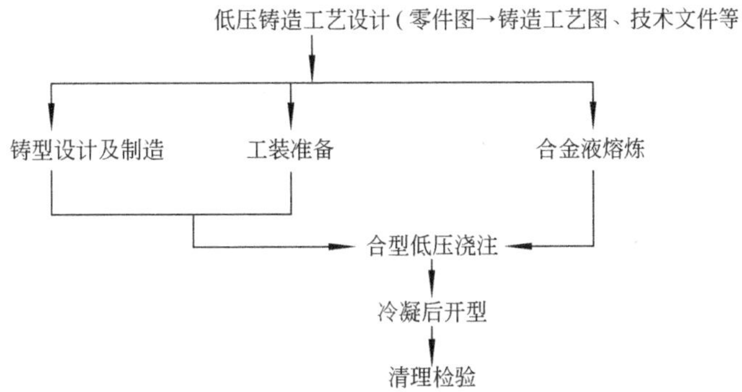

图7.39 低压铸造工艺作业基本模块

低压铸造装置如图7.40所示。

低压铸造机主要由三部分组成：保温炉及其附属装置(如升液管、密封垫等)；开合铸型机构；金属液面加压供气系统。

工作时，闭合铸型。缓慢地向储有液态金属的密封坩埚炉内通入干燥的压缩空气或惰性气体，金属液受气体压力的作用，由下而上沿着升液管和浇注系统平稳地充满铸型型腔。保持密封坩埚内液面上的压力，直到型腔内铸件完全凝固为止，及时解除液面上的压力，使升液管内未凝固的液态金属在重力流回坩埚中。开启铸型，取出铸件。准备下一次生产循环。

2) 低压铸造的特点及应用

低压铸造有以下特点：

(1) 浇注时的压力和速度可以调节，故可适用于各种不同铸型(如金属型、砂型等)，铸造各种合金及各种大小的铸件。

(2) 采用底注式充型，金属液充型平稳，无飞溅现象，可避免卷入气体及对型壁和型芯的冲刷，提高了铸件的合格率。

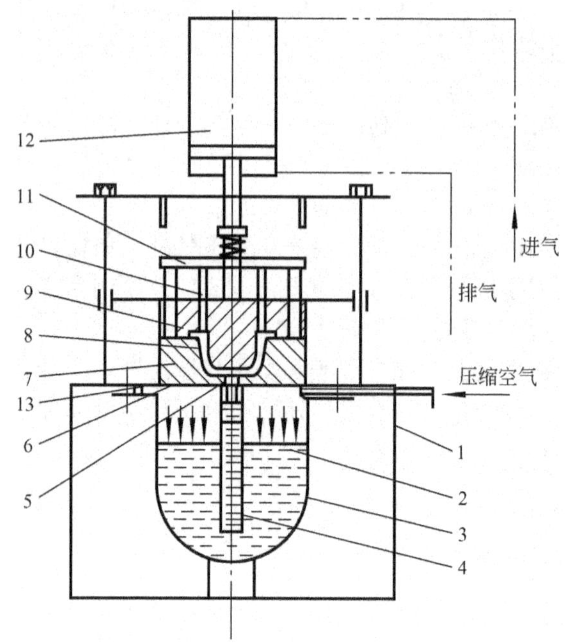

图 7.40　低压铸造技术过程基本原理图

1—保温炉；2—液态金属；3—坩埚；4—升液管；5—浇口；6—密封盖；7—下型；8—型腔；9—上型；10—顶杆；11—顶杆板；12—气缸；13—石棉密封垫

(3) 铸件在压力下结晶，铸件组织致密、轮廓清晰、表面光洁，力学性能较高，对于大薄壁件的铸造尤为有利。

(4) 省去补缩冒口，金属利用率提高到90%～98%。

(5) 劳动强度低，劳动条件好，设备不太复杂，易实现机械化和自动化。

不足之处在于生产率不高，不适宜黑色金属，设备投资大，造价高，不宜小批量生产等。

应用：汽车发动机缸体、缸盖、活塞、叶轮等。

5. 离心铸造

离心铸造是指将熔融金属浇入旋转的铸型中，使液体金属在离心力作用下充填铸型并凝固成形的一种铸造方法。

1) 离心铸造的类型

为实现上述工艺过程，必须采用专用设备(离心铸造机)使铸型(金属型或砂型)旋转，铸型的转速是根据铸件直径的大小来确定，一般在250～1500r/min。根据铸型旋转轴在空间位置不同，离心铸造机通常分为立式和卧式两大类。立式离心铸造机的铸型是绕垂直轴旋转的，它主要用于生产高度小于直径的圆环类铸件，有时也用于异形铸件的离心浇注；卧式离心铸造机的铸型是绕水平轴旋转的，它主要用于生产长度大于直径的管套类铸件。离心铸造机原理图如图7.41所示。

2) 离心铸造的特点及应用范围

离心铸造的特点是：

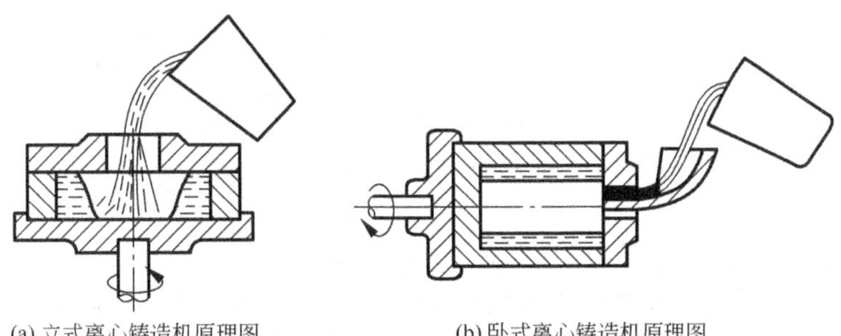
(a) 立式离心铸造机原理图　　(b) 卧式离心铸造机原理图

图 7.41　离心铸造机原理图

(1) 液体金属能在铸型中形成中空的自由表面，不用型芯即可铸出中空铸件，简化了套筒、管类铸件的生产过程。

(2) 由于旋转时液体金属所产生的离心力作用，离心铸造可提高金属充填铸型的能力，因此一些流动性较差的合金和薄壁铸件都可用离心铸造法生产。

(3) 由于离心力的作用，改善了补缩条件，气体和非金属夹杂物也易于自金属液中排出，产生缩孔、缩松、气孔和夹杂等缺陷的概率较小。

(4) 无浇注系统和冒口，节约金属。

不足之处在于金属中的气体、熔渣等夹杂物，因密度较轻而集中在铸件的内表面上，所以内孔的尺寸不精确，质量也较差；铸件易产生成分偏析和密度偏析。

应用于铸铁管、气缸套、铜套、双金属轴承、特殊钢的无缝管坯、造纸机滚筒等铸件的生产。

6. 陶瓷型铸造

1) 陶瓷型铸造的工艺过程

陶瓷型铸造工艺过程原理图如图 7.42 所示。

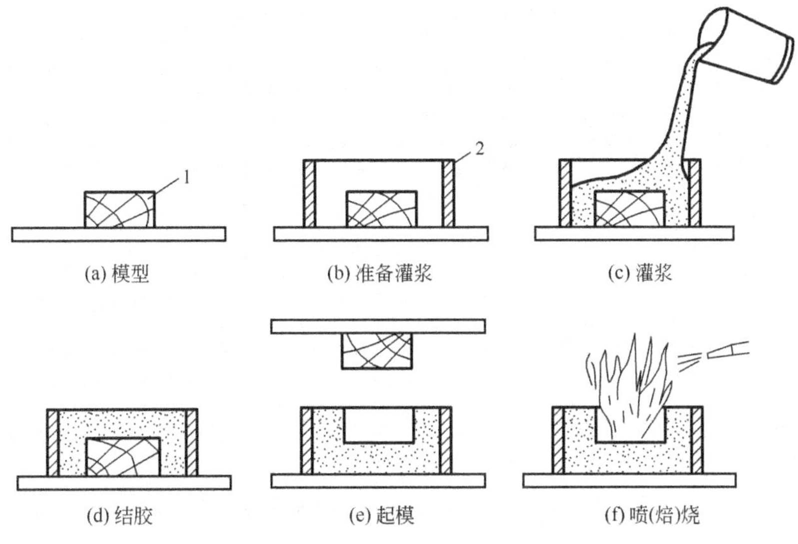

(a) 模型　(b) 准备灌浆　(c) 灌浆
(d) 结胶　(e) 起模　(f) 喷(焙)烧

图 7.42　陶瓷型工艺过程原理图

1—模型；2—砂箱

(1) 准备灌浆。此过程与砂型铸造准备造型相同(图 7.42(b))。

(2) 灌浆与胶结。其过程是将铸件模样固定于模底板上，刷上分型剂，将配制好的陶瓷浆料从浇注口注满砂箱(图 7.42(c))，经数分钟后，陶瓷浆料便开始结胶。

陶瓷浆料由耐火材料(如刚玉粉、铝矾土等)、粘接剂(如硅酸乙酯水解液)等组成。

(3) 起模与喷烧。浆料浇注 5～15min 后，趁浆料尚有一定弹性便可起出模样。为加速固化过程提高铸型强度，必须用明火喷烧整个型腔(图 7.42(f))。

(4) 焙烧与合箱浇注。浇注前要加热到 350～550℃焙烧 2～5h，烧去残存的水分、并使铸型的强度进一步提高。然后合箱浇注以便获得轮廓清晰的铸件。

2) 陶瓷型铸造的特点及适用范围

陶瓷型铸造有以下特点：

(1) 陶瓷面层在具有弹性的状态下起模，同时陶瓷面层耐高温且变形小，故铸件的尺寸精度和表面粗糙度等与熔模铸造相近。

(2) 陶瓷型铸件的大小几乎不受限制，可从几公斤到数吨。

(3) 在单件、小批量生产条件下，投资少、生产周期短，在一般铸造车间即可生产。

(4) 陶瓷型铸造不适于生产批量大、重量轻或形状复杂的铸件，生产过程难以实现机械化和自动化。

可用于生产厚大的精密铸件，广泛用于生产冲模、锻模、玻璃器皿模、压铸型和模板等，也可用于生产中型铸钢件等。

7. 消失模铸造

消失模铸造是指采用聚苯乙烯发泡塑料模样代替普通模样，造好型后不取出模样就浇入金属液，在金属液的作用下，塑料模样燃烧、气化、消失，金属液取代原来塑料模所占据的空间位置，冷却凝固后获得所需铸件的铸造方法。其工艺过程如图 7.43 所示。

(a) 组装后的泡沫塑料模样

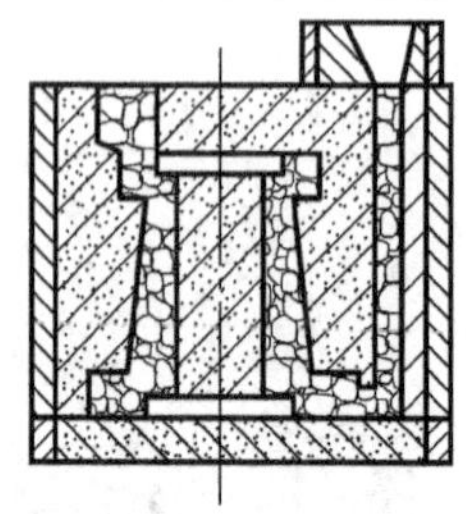
(b) 紧实好的待浇铸型

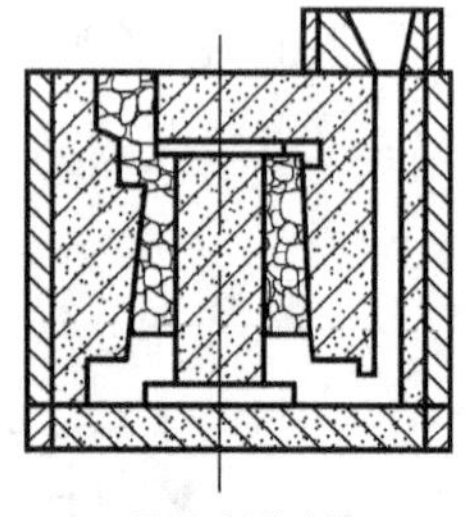
(c) 浇注充型过程

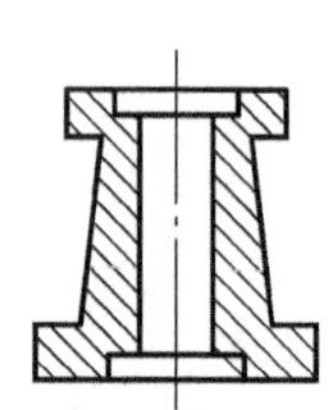
(d) 去除浇冒口后的铸件

图 7.43 消失模铸造浇注的工艺过程

消失模铸造具有以下特点：

(1) 由于采用了遇金属液即气化的泡沫塑料模样，无需起模，无分型面，无型芯，因而无飞边毛刺，铸件的尺寸精度和表面粗糙度接近熔模铸造，但尺寸却可大于熔模铸造。

(2) 各种形状复杂铸件的模样均可采用泡沫塑料模粘合，成形为整体，减少了加工装配时间，可降低铸件成本 10%～30%，也为铸件结构设计提供充分的自由度。

(3) 简化了铸件生产工序，缩短了生产周期，使造型效率比砂型铸造提高 2～5 倍。

消失模铸造的缺点是模样只能使用一次，且泡沫塑料的密度小、强度低，模样易变形，影响铸件尺寸精度；浇铸时模样产生的气体污染环境。

消失模铸造主要用于不易起模等复杂且较大铸件(如大型模具)的批量及单件生产。

8. 磁型铸造

磁型铸造是20世纪60年代末期发展起来的一种铸造新技术，利用磁丸(又称铁丸)代替干砂，并微震紧实，再将砂箱放在磁型机里，磁化后的磁丸相互吸引，形成强度高、透气性好的铸型。模型是与消失模铸造的一样，即用聚苯乙烯等泡沫塑料制成的带有浇注系统的汽化模，在其上涂敷耐火涂料。浇注时汽化模在液体金属热的作用下汽化并逸出铸型，金属液替代了汽化模的空间而充满型腔，待凝固冷却后，解除磁场，磁丸恢复原来的松散状，便能方便地取出铸件。

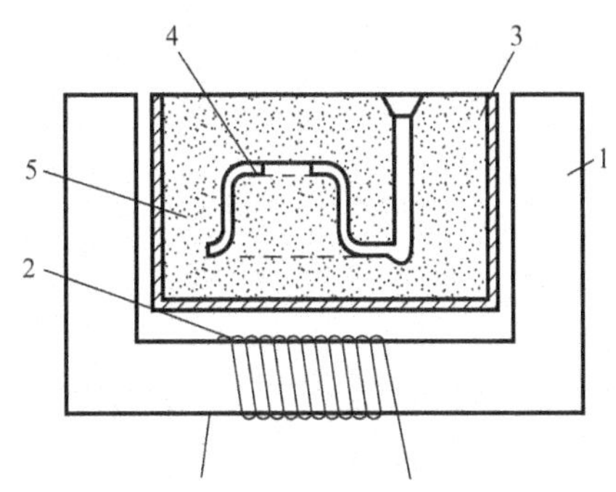

图7.44 磁型铸造原理图

1—磁铁；2—线圈；3—磁性砂箱；4—汽化模；5—铁丸

磁型铸造少用甚至不用型砂，解除磁后铁丸溃散容易，只需简单的筛分处理后回用，造型材料相对单一。磁型铸造原理如图7.44所示。

磁型铸造具有以下特点：

(1) 提高了铸件的质量。因为磁型铸造无分型面，不起模，不用型芯，造型材料不含粘接剂，流动性和透气性好，可以避免气孔、夹砂、错型和偏芯等缺陷。

(2) 所用工装设备少，通用性大，易实现机械化和自动化生产。

(3) 节约了金属及其他辅助材料，生产过程中粉尘少、噪声小，改善了劳动条件，降低了铸件成本。

用于机车车辆、拖拉机、兵器、农业机械和化工机械等制造业。主要适用于形状不十分复杂的中、小型铸件的生产，以浇注黑色金属为主。其质量范围为0.25～150kg，铸件的最大壁厚可达80mm。

9. 挤压铸造

挤压铸造是将定量金属液浇入铸型型腔内并施加较大的机械压力，使其凝固、成形后获得毛坯或零件的一种工艺方法。挤压铸造按液体金属充填的特性和受力情况，可分为柱塞挤压、直接冲头挤压、间接冲头挤压和型板挤压4种。

1) 挤压铸造的工艺过程

挤压铸造原理图如图7.45所示。

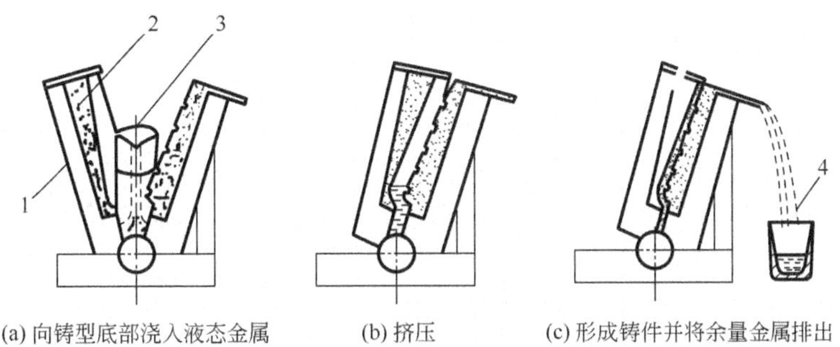

(a) 向铸型底部浇入液态金属　　(b) 挤压　　(c) 形成铸件并将余量金属排出

图7.45 挤压铸造原理图

1—挤压铸造机；2—型芯；3—浇包；4—排出余量金属

(1) 铸型准备。对铸型清理、型腔内喷涂料和预热等，使铸型处于待注状态。

(2) 浇注。将定量的金属液浇入型腔。

(3) 合型加压。合型锁紧，依靠压力使金属液充满型腔，进而升压并在预定的压力下保持一定时间，使金属液凝固。

(4) 取出铸件。卸压、开型、取出铸件。

2) 挤压铸造的特点及应用范围

挤压铸造具有以下特点：

(1) 压铸件的尺寸精度高(IT11～IT13)，表面粗糙度小($Ra6.3\sim1.6\mu m$)，铸件的加工余量小。

(2) 无需设浇冒口，金属利用率高。

(3) 铸件组织致密，晶粒细小，力学性能好。

(4) 工艺简单，节省能源和劳动力，易实现机械化和自动化生产，生产率比金属型铸造高1～2倍。

挤压铸造的缺点是浇到铸型型腔内的金属液中夹杂物无法排出。挤压铸造要求准确定量浇注，否则影响铸件的尺寸精度。

主要用于生产强度要求较高、气密性好、薄板类铸件。如各种阀体、活塞、机架、轮毂、耙片和铸铁锅等。

10. 与液态成形相关的新工艺、新技术简介

1) 模具快速成形技术

快速成形(Rapid Prototyping，RP)是利用材料堆积法制造实物产品的一项高新技术。它能根据产品的三维模样数据，不借助其他工具设备，迅速而精确地制造出该产品，集中体现在计算机辅助设计、数控、激光加工、新材料开发等多学科、多技术的综合应用。传统的零件制造过程往往需要车、钳、铣、刨、磨等多种机加工设备和各种工装、模具，成本高又费时间。一个比较复杂的零件，其加工周期甚至以月计，很难适应低成本、高效率生产的要求。快速成形技术是现代制造技术的一次重大变革。

(1) 快速成形工艺。快速成形技术就是利用三维CAD的数据，通过快速成形机，将一层层的材料堆积成实体原型。迄今为止，国内外已开发成功了10多种成熟的快速成形工艺，其中比较常用的有以下几种。

① 纸层叠法——薄形材料选择性切割(LOM法)。计算机控制的CO_2激光束按三维实体模样每个截面轮廓对薄形材料(如底面涂胶的卷状纸、或正在研制的金属薄形材料等)进行切割，逐步得到各个轮廓，并将其粘结快速形成原型。用此法可以制作铸造母模或用于“失纸精密铸造”。

② 激光立体制模法——液态光敏树脂选择性固化(SLA法)。液槽盛满液态光敏树脂，它在计算机控制的激光束照射下会很快固化形成一层轮廓，新固化的一层牢固地粘接在前一层上，如此重复直至成形完毕，即快速形成原型。激光立体制模法可以用来制作消失模，在熔模精密铸造中替代蜡模。

③ 烧结法——粉末材料选择性激光烧结(SLS法)。粉末材料可以是塑料、蜡、陶瓷、金属或它们复合物的粉体、覆膜砂等。粉末材料薄薄地铺一层在工作台上，按截面轮廓的信息，CO_2激光束扫过之处，粉末烧结成一定厚度的实体片层，逐层扫描烧结最终形成快

速原型。用此法可以直接制作精铸蜡模、实型铸造用消失模、用陶瓷制作铸造型壳和型芯、用覆膜砂制作铸型以及铸造用母模等。

④ 熔化沉积法——丝状材料选择性熔覆(FDM法)。加热喷头在计算机的控制下，根据截面轮廓信息作 X—Y 平面运动和高度 Z 方向的运动，塑料、石蜡质等丝材由供丝机构送至喷头，在喷头中加热、熔化，然后选择性地涂覆在工作台上，快速冷却后形成一层截面轮廓，层层叠加最终成为快速原型。用此法可以制作精密铸造用蜡模、铸造用母模等。

此外还有粉末材料选择性粘结法(TDP法)、直接壳型铸造法(DSPC法)以及立体生长成形(SGC法)等方法。快速成形技术系统的工作流程如图7.46所示。

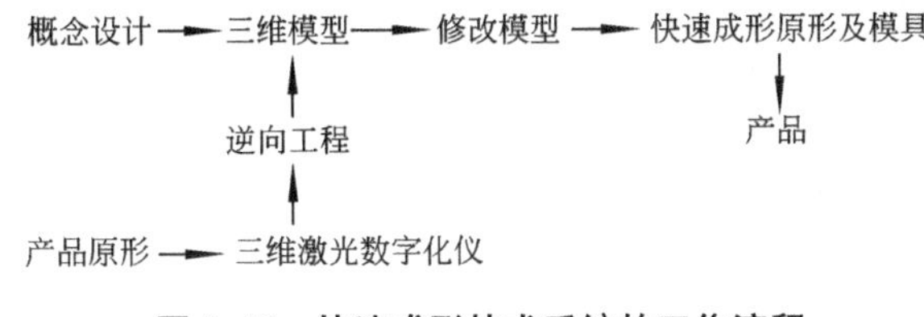

图7.46 快速成形技术系统的工作流程

快速成形技术特点：材料不限，各种金属和非金属材料均可使用；原型的复制性、互换性高；制造工艺与制造原型的几何形状无关，在加工复杂曲面时更显优越；加工周期短，成本低，成本与产品复杂程度无关，一般制造费用降低50%，加工周期缩短70%以上；高度技术集成，可实现设计制造一体化。

(2) 快速成形的应用。应用于铸造模具和各种铸型。可以利用快速成形技术制得的快速原型，结合硅胶模、金属冷喷涂、精密铸造、电铸、离心铸造等方法生产铸造用的模具。

2) 半固态金属(SSM)成形

半固态成形是指在金属凝固过程中，进行强烈搅拌，使普通铸造易于形成的树枝晶网络被打碎，得到一种液态金属母液中均匀悬浮着一定颗粒状固相组分的固—液混合浆料，采用这种既非液态、又非完全固态的金属浆料加工成形的方法，称为金属的半固态加工。

成形特点：是指由于SSM本身具有均匀的细晶粒组织及特殊的流变特性，在压力下成形使工件具有很高的综合力学性能；成形温度比全液态成形温度低，减少液态成形缺陷，提高铸件质量，拓宽压铸合金的种类至高熔点合金；能够减轻成形件的质量，实现金属制品的近净成形；用常规液态成形方法不可能制造的合金，例如某些金属基复合材料的制备。因此，半固态金属成形技术以其诸多的优越性而被视为划时代的金属成形加工新工艺。

(1) 半固态金属制备方法。制备方法是熔体搅拌法、应变诱发熔化激活法、热处理法、粉末冶金法等。其中熔体搅拌法是应用最普遍的方法。熔体搅拌法根据搅拌原理的不同可分成如下两种：

① 机械搅拌法。机械搅拌法设备技术比较成熟，易于实现，搅拌状态和强弱易控制，剪切效率高；但对搅拌器材料的强度、可加工性及化学稳定性要求很高。在半固态成形的早期研究中多采用机械搅拌法。

② 电磁搅拌法。在旋转磁场的作用下，使熔融金属液在容器内作涡流运动。电磁搅拌法的突出优点是不用搅拌器，对合金液成分影响小，搅拌强度易于控制，尤其适合于高熔点金属的半固态制备。

(2) 半固态金属的成形工艺。由原始浆料连铸或直接成形的方法被称为“流变铸造

(rheocasting)”，另一条途径用术语描述为“触变成形(thixoforming)”。一般触变成形中半固态组织的恢复仍用感应加热的方法，然后进行压铸、锻造加工成形。

半固态金属成形工艺流程如图7.47所示。

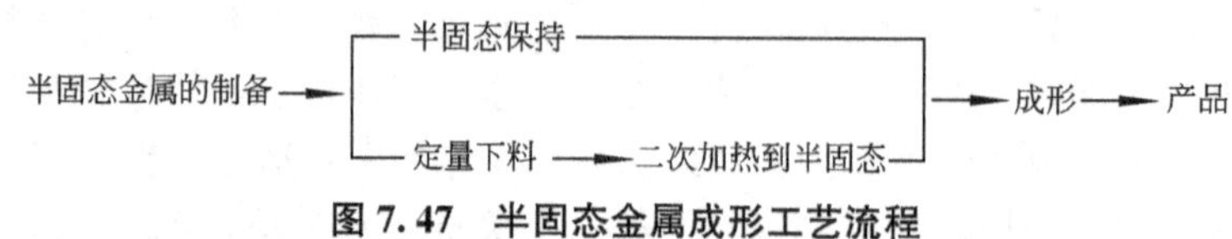

图7.47 半固态金属成形工艺流程

(3) SSM的工业应用与开发前景

半固态成形(SSF)的铝和镁合金件已经大量地用于汽车工业的特殊零件上，生产的汽车零件主要有汽车轮毂、主制动缸体、反锁制动筏、盘式制动钳、动力换向壳体、离合器总泵体、发动机活塞、液压管接头、空压机本体、空压机盖等。

3) 计算机铸造数值模拟技术

用计算机数值模拟技术模拟铸件凝固过程，可以模拟计算包括冒口在内的三维铸件的温度场分布，即将铸件首先剖分成六面体的网格，每一个网格单元有一初始温度。然后计算其在实际生产条件下，在各种铸型中的传热情况。计算出各个时刻每个单元的温度值、分析铸件薄壁处、棱角边缘处的凝固时间，厚壁处、铸件芯部和冒口处的凝固时间，看看冒口是否能很好补缩铸件，铸件最后凝固处是否在冒口处可预测铸件在凝固过程中是否出现缩孔、缩松缺陷，这种模拟计算可以概括为电脑试浇。由于工艺设计的不同，如砂型种类(硅砂、铬铁矿砂、锆砂)，冒口大小和位置，初始浇注温度，冷铁多少、大小的不同，其电脑试浇的结果也不同，反复试浇(即反复模拟计算)，总可以找到一种科学、合理的工艺，即通过电脑模拟计算优化了的工艺，进而组织生产，就可以得到优质铸件，这就是当今所说的“铸造工艺CAD技术”。由于电脑试浇并非真正的人力、物力投入进行生产试验，只要有一台计算机，在一定的程序软件下进行模拟计算就行，因而可以大量节省生产试制成本，而且可以进行工艺优化，因而其经济效益十分显著。

基于液态成形原理的特种铸造或新工艺新技术的发展很快，除以上外，还有许多其他的液态成形技术方法，如连续铸造、液态模锻、喷雾沉积技术、真空吸铸和冷冻铸造等。

7.2.3 常用铸造技术方法的比较

不同的液态凝固成形技术方法有其特点和应用场合，选择具体的铸造工艺时，应从技术、经济、节能降耗、生产条件以及环境保护等多方面综合分析比较，以确定哪种成形方法较为合理，即选用较低成本，在现有或可能的生产条件下制造出合乎质量要求的铸件。就铸件本身而言，主要从以下几方面考虑：

(1) 合金种类。取决于铸型的耐热状况。砂型铸造所用硅砂耐火度达1700℃，比碳钢的浇注温度还高100～200℃，因此砂型铸造可用于铸钢、铸铁、非铁合金等各种材料。熔模铸造的型壳是由耐火度更高的纯石英粉和石英砂制成，因此它还可用于生产熔点更高的合金钢铸件。金属型铸造、压力铸造和低压铸造一般都是使用金属铸型和金属型芯，即使表面刷上耐火涂料，铸型寿命也不高，因此一般只用于非铁合金铸件。

(2) 铸件大小及形状。主要与铸型尺寸、金属熔炉、起重设备的能力等条件有关。砂型铸造限制较小，可铸造小、中、大件。熔模铸造由于难以用蜡料做出较大模样以及型壳强度和刚度所限，一般只宜于生产中小件。对于金属型铸造、压力铸造和低压铸造，由于制造大型金属铸型和金属型芯较困难及设备吨位的限制，一般用来生产中、小型铸件。凡是采用砂型和砂芯生产铸件，可以做出形状很复杂的铸件。但是压力铸造采用结构复杂的压铸型也能生产出复杂形状的铸件，这只有在大量生产时才是经济的。因为压铸件节省大量切削加工工时，综合计算零件成本还是经济的。离心铸造较适用于管、套等这一类特定形状的铸件。

(3) 尺寸精度和表面粗糙度的要求。与铸型的精度与表面粗糙度有关。砂型铸件的尺寸精度最差，表面粗糙度 Ra 值最大。熔模铸造因压型加工的很精确、光洁，故蜡模也很精确，而且型壳是个无分型面的铸型，所以熔模铸件的尺寸精度很高，表面粗糙度 Ra 值很小。压力铸造由于压铸型加工的较准确，且在高压、高速下成形，故压铸件的尺寸精度也很高，表面粗糙度 Ra 值很小。金属型铸造和低压铸造的金属铸型(型芯)不如压铸型精确、光洁，且是重力或低压下成形，铸件的尺寸精度和表面粗糙度都不如压铸件，但优于砂型铸件。

几种常用铸造方法基本特点的比较见表7-12。

表7-12 几种常用铸造方法的比较

比较项目 \ 铸造方法	砂型铸造	熔模铸造	金属型铸造	压力铸造	低压铸造	离心铸造
适用合金种类	各种合金	不限，以铸钢为主	不限，以非铁合金为主	非铁合金	以非铁合金为主	铸钢、铸铁、铜合金
适用铸件大小	不受限制	几十克至几十公斤	中、小铸件	中、小件，几克至几十公斤	中、小件，有时达数百公斤	零点几公斤至十多吨
铸件最小壁厚/mm	铸铁>3～4	0.5～0.7 孔 ϕ0.5～2.0	铸铝>3 铸铁>5	铝合金0.5 铜合金2	2	优于同类铸型的常压铸造
铸件加工余量	大	小或不加工	小	小或不加工	较小	外表面小，内表面较大
表面粗糙度 Ra/μm	50～12.5	12.5～1.6	12.5～6.3	6.3～1.6	12.5～3.2	决定于铸型材料
铸件尺寸公差/mm	100±1.0	100±0.3	100±0.4	100±0.3	100±0.4	决定于铸型材料
工艺出品率①/(%)	30～50	60	40～50	60	50～60	85～95
毛坯利用率②/(%)	70	90	70	95	80	70～90
投产的最小批量(件)	单件	1000	700～1000	1000	1000	100～1000
生产率（一般机械化程度）	低中	低中	中高	最高	中	中高
应用举例	床身、箱体、支座、轴承盖、曲轴、气缸体、缸盖、水轮机转子等	刀具、叶片、自行车零件、刀杆、风动工具等	铝活塞、水暖器材、水轮机叶片、一般非铁合金铸件等	汽车化油器、缸体、仪表和照相机的壳体和支架等	发动机缸体、缸盖、壳体、箱体、船用螺旋桨、纺织机零件等	各种铸铁管、套筒、环叶轮、滑动轴承等

① 工艺出品率=铸件质量/(铸件质量+浇冒口系统质量)×100%。

② 毛坯利用率=零件质量/毛坯质量×100%。

7.3 常用合金铸件生产

机械制造业中常用合金有铸铁、铸钢和非铁合金中的铝、铜及其合金，本节主要介绍这几种合金的性能、生产特点、应用等。

7.3.1 铸铁件的生产

铸铁是含碳量大于2.11%的铁碳合金，铸造合金中应用最广。在实际应用中，铸铁是以铁、碳和硅为主要元素的多元合金。铸铁的常用成分范围见表7-13。

表7-13 铸铁的常用成分范围

组元	w_C	w_{Si}	w_{Mn}	w_P	w_S	w_{Fe}
成分(%)	2.4～4.0	0.6～3.0	0.4～1.2	≤0.3	≤0.15	其余

根据碳的存在形式的不同，铸铁可分为白口(碳以渗碳体形式存在)铸铁、石墨型(碳以石墨形式存在)铸铁和麻口(即有白口又有石墨)铸铁；根据铸铁中石墨形态的不同，石墨型铸铁又分为普通灰铸铁(简称灰铸铁)、可锻铸铁、球墨铸铁和蠕墨铸铁；根据铸铁化学成分的不同，还可将铸铁分为普通铸铁和合金铸铁。在实际应用和生产中，石墨型铸铁最普遍而且最多。

1. 灰铸铁

1) 灰铸铁的显微组织和性能特点

灰铸铁的显微组织为金属基体(F、F+P、P)与片状石墨(G)所组成，如图7.48所示。

性能特征：灰铸铁的抗拉强度和弹性模量均比钢低得多，通常 σ_b 为120～250MPa，抗压强度与钢接近，一般可达600～800MPa，塑性和韧度近于零，属于脆性材料，不能锻造和冲压；焊接时产生裂纹的倾向大，焊接区常出现白口组织，焊后难以切削加工，焊接性差；灰铸铁的铸造性能优良，铸件产生缺陷的倾向小；由于石墨的存在切削加工性能好，切削加工时呈崩碎切屑，通常不需加切削液；灰铸铁的减振能力为钢的5～10倍，是制造机床床身、机座的主要材料；灰铸铁的耐磨性好，适于制造润滑状态下工作的导轨、衬套和活塞环等。

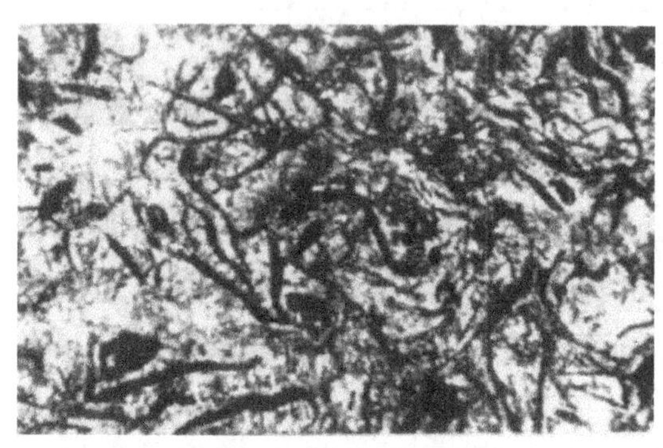

图7.48 灰铸铁的显微组织

影响铸铁性能的因素主要为基体组织和石墨的分布状况。珠光体越多，石墨分布越细小均匀，强度、硬度也越高，耐磨性越好。要想控制铸铁的组织和性能，必须控制铸铁的石墨化程度。

影响铸铁石墨化的主要因素是化学成分和冷却速度。

(1) 化学成分。它们对铸铁石墨化的影响如下。

碳和硅：碳和硅是铸铁中最主要的元素，对铸铁的组织和性能起着决定性的影响。

碳：是形成石墨的元素，也是促进石墨化的元素。含碳量越高，析出的石墨就越多、越粗大，而基体中的铁素体含量增多，珠光体减少；反之，石墨减少且细化。

硅：是强烈促进石墨化的元素。实践证明，若铸铁中含硅量过少，即使含碳量很高，石墨也难以形成。硅除能促进石墨化外，还可改善铸造性能，如提高铸铁的流动性、降低铸件的收缩率等。

锰和硫：锰和硫在铸铁中是密切相关的。

硫：严重阻碍石墨化的元素。含硫量高时，铸铁有形成白口的倾向。硫在铸铁晶界上形成低熔点(985℃)的共晶体(FeS+Fe)，使铸铁具有热脆性。此外，硫还使铸铁铸造性变坏(如降低铁液流动性、增大铸件收缩率等)，通常限制在0.1%～0.15%以下，高强度铸铁则应更低。

锰：能抵消硫的有害作用，故属于有益元素。因锰与硫的亲和力大，在铁液中会发生如下反应：Mn+S=MnS，Mn+FeS=Fe+MnS。MnS的熔点约为1600℃，高于铁液温度，因它的相对密度较小，故上浮进入熔渣而被排出炉外，而残存于铸铁中的少量MnS呈颗粒状，对力学性能的影响很小。铸铁中的锰除与硫发生作用外，其余还可溶入铁素体和渗碳体中，提高了基体的强度和硬度；但过多的锰则起阻碍石墨化的作用。铸铁中锰的含量一般为0.6%～1.2%。

磷：磷的影响不显著，可降低铁液的黏度而提高铸铁的流动性。当铸铁中磷的含量超过0.3%时，则形成以Fe_3P为主的共晶体，这种共晶体的熔点较低、硬度高(390～520HB)，形成了分布在晶界处的硬质点，因而提高了铸铁的耐磨性。因磷共晶体呈网状分布，故含磷过高会增加铸铁的冷脆倾向。因此，对一般灰铸铁件来说，一般应限制在0.5%以下，高强度铸铁则应限制在0.2%～0.3%以下，只是某些薄壁件或耐磨件中的磷的含量可提高到0.5%～0.7%。

(2) 冷却速度。相同化学成分的铸铁，若冷却速度不同，其组织和性能也不同，图7.49表示铸铁组织与成分和冷却速度(用铸件壁厚表示)的关系。从图7.50所示的三角形试样的断口处可以看出，冷却速度很快的下部尖端处呈银白色，属于白口组织；其心部晶粒较为粗大，属于灰口组织；在灰口和白口交界处属麻口组织。这是由于缓慢冷却时，石墨得以顺利析出；反之，石墨的析出受到了抑制。为了确保铸件的组织和性能，必须考虑冷却速度对铸铁组织和性能的影响。铸件的冷却速度主要取决于铸型材料的导热性和铸件的壁厚。

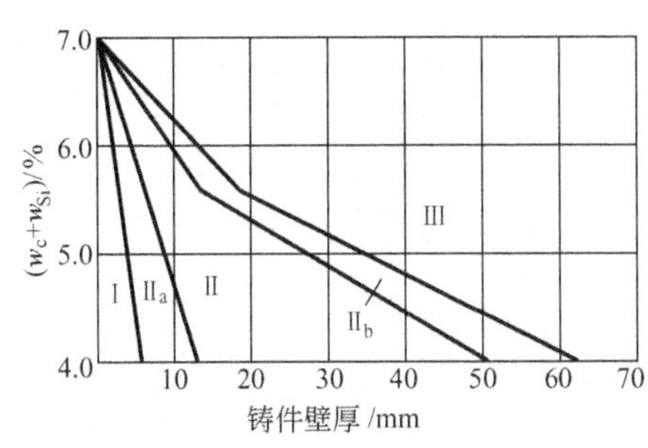

图7.49 铸铁组织与成分和铸件壁厚的关系

Ⅰ—白口区；$Ⅱ_a$—麻口区；Ⅱ—珠光体灰口区；
$Ⅱ_b$—珠光体+铁素体灰口区；Ⅲ—铁素体灰口区

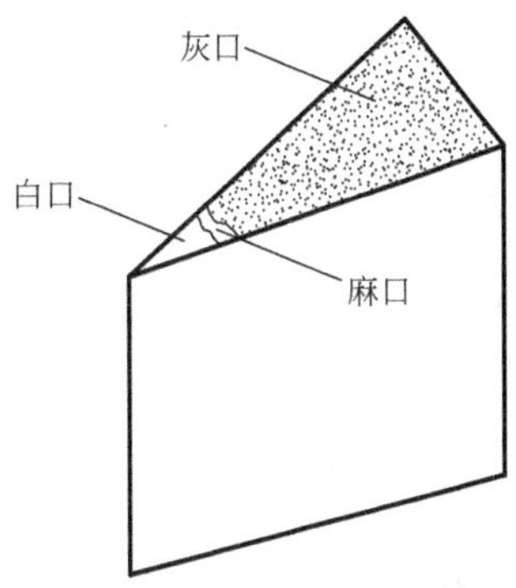

图7.50 三角形试样的断口

利用激冷在同一铸件的不同部位采用不同的铸型材料，使铸件各部分的组织和性能不同。如冷硬铸造轧辊、车轮时，就是采用局部金属型(其余用砂型)以激冷铸件上的耐磨表面，使其产生耐磨的白口组织。

在铸型材料相同的条件下，壁厚不同的铸件因冷却速度的差异，铸铁的组织和性能也随之而变，因此，必须按照铸件的壁厚选定铸铁的化学成分和牌号。

2) 灰铸铁的用途

灰铸铁应用广泛：低负荷和不重要的零件，如防护罩、小手柄、盖板和重锤等；承受中等负荷的零件，如机座、支架、箱体、带轮、轴承座、法兰、泵体、阀体、管路、飞轮和电动机座等；承受较大负荷的重要零件，如机座、床身、齿轮、气缸、飞轮、齿轮箱、中等压力阀体、气缸体和气缸套等；承受高负荷、要求耐磨和高气密性的重要零件，如重型机床床身、压力机床身、高压液压件、活塞环、齿轮和凸轮等。

3) 灰铸铁的孕育处理

向铁液中冲入硅铁合金孕育剂，然后进行浇注的处理方法。用这种方法制成的铸铁称为孕育铸铁。由于铁液中均匀地悬浮着外来弥散质点，增加了石墨的结晶核心，使石墨化作用骤然提高，因此石墨细小且分布均匀，并获得珠光体基体组织，使孕育铸铁的强度、硬度比普通灰铸铁显著提高，含碳量越少、石墨越细小，铸铁的强度、硬度越高。

孕育铸铁的另一优点是冷却速度对其组织和性能的影响甚小，因此铸件上厚大截面的性能较为均匀。

孕育铸铁主要用于静载荷下要求较高强度、高耐磨性或高气密性铸件以及厚大铸件。

在生产工艺上须熔炼出碳、硅含量均低的原始铁液(w_C＝2.7％～3.3％、w_{Si}＝1％～2％)。孕育剂为含硅75％的硅铁，加入量为铁液质量的0.25％～0.60％。孕育处理时，应将硅铁均匀地加入到出铁槽中，由出炉的铁液将其冲入浇包中。由于孕育处理过程中铁液温度要降低，故出炉的铁液温度必须高达1400～1450℃。

4) 灰铸铁的生产特点

灰铸铁主要在冲天炉内熔化，一些高质量的灰铸铁可用电炉熔炼。灰铸铁的铸造性能优良，铸造工艺简单，便于制造出薄而复杂的铸件，生产中多采用同时凝固原则，铸型不需要加补缩冒口和冷铁，只有高牌号铸铁采用定向凝固原则。

灰铸铁件主要用砂型铸造，浇注温度较低，因而对型砂的要求也较低，中小件大多采用经济简便的湿型铸造。灰铸铁件一般不需要进行热处理，或仅需时效处理即可。

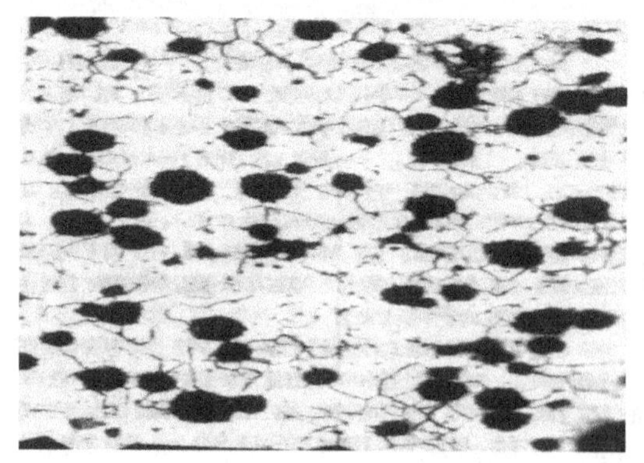

图 7.51　球墨铸铁的显微组织

2. 球墨铸铁

1) 球墨铸铁的组织和性能特点

球墨铸铁的组织为基体(F、F＋P、P)加球状石墨组成，随着化学成分、冷却速度和热处理方法的不同可得到不同的基体组织，如图7.51所示。

球墨铸铁的石墨呈球状，它对基体的割裂作用减至最低限度，基体强度的利用率可达70％～90％，因此球墨铸铁具有比灰铸铁高得多的力学性能，抗拉强度可以和钢媲美，塑性和韧度大大提高。通常 $\sigma_b=(400\sim900)$MPa，$\delta=2\%\sim18\%$，同时，仍保持灰铸铁某些优良性能，如良好的耐磨性和减振性，缺口敏感性小，切削加工性能好等。球墨铸铁的焊接性能和热处理性能都优于灰铸铁。珠光体球墨铸铁与45号锻钢的力学性能比较见表7-14。

表7-14 珠光体球墨铸铁和45号锻钢的力学性能比较

性能	45号锻钢(正火)	珠光体球墨铸铁(正火)
抗拉强度 σ_b/MPa	690	815
屈服强度 $\sigma_{0.2}$/MPa	410	640
屈强比 $\sigma_{0.2}/\sigma_b$	0.59	0.785
伸长率 δ/(%)	26	3
疲劳强度(有缺口试样) σ_{-1}/MPa	150	155
硬度/HBS	<229	229～321

2) 球墨铸铁的生产特点

(1) 铁液要求。要有足够高的含碳量，低的硫、磷含量，有时还要求低的含锰量。高碳(3.6%～4.0%)可改善铸造性能和球化效果，低的锰、磷可提高球墨铸铁的塑性与韧度。硫易与球化剂化合形成硫化物，使球化剂的消耗量增大，并使铸件易于产生皮下气孔等缺陷。球化和孕育处理使铁水温度要降低50～100℃，为防止浇注温度过低，出炉的铁水温度必须高达1400℃以上。

(2) 球化处理和孕育处理。球化处理和孕育处理是制造球墨铸铁的关键，必须严格控制。

球化剂：我国广泛采用的球化剂是稀土镁合金。镁是重要的球化元素，但它密度小($1.73g/cm^3$)、沸点低(1120℃)，若直接加入铁液，镁将浮于液面并立即沸腾，这不仅使镁的吸收率降低，也不够安全。稀土元素包括铈(Ce)、镧(La)、镱(Yb)和钇(Y)等17种元素。稀土的沸点高于铁水温度，故加入铁水中没有沸腾现象，同时，稀土有着强烈的脱硫、去气能力，还能细化组织、改善铸造性能。但稀土的球化作用较镁弱，单纯用稀土作球化剂时，石墨球不够圆整。稀土镁合金(其中镁、稀土含量均小于10%，其余为硅和铁)综合了稀土和镁的优点，而且结合了我国的资源特点，用它作球化剂作用平稳、节约镁的用量，还能改善球铁的质量。球化剂的加入量一般为铁水质量的1.0%～1.6%。

孕育剂：促进铸铁石墨化，防止球化元素造成的白口倾向，使石墨球圆整、细化，改善球铁的力学性能。常用的孕育剂为含硅75%的硅铁，加入量为铁水质量的0.4%～1.0%。由于球化元素有较强的白口倾向，故球墨铸铁不适合铸造薄壁小件。

球化处理：以冲入法最为普遍，即将球化剂放在铁液包的堤坝内，上面铺硅铁粉和稻草灰，以防球化剂上浮，并使其缓慢作用。开始时，先将铁液包容量2/3左右的铁液冲入包内，使球化剂与铁液充分反应。尔后，将孕育剂放在冲天炉出铁槽内，用剩余的1/3包铁液将其冲入包内，进行孕育。

球化处理后的铁液应及时浇注，以防孕育和球化作用的衰退。

(3) 铸型工艺。球墨铸铁含碳量较高，接近共晶成分，凝固收缩率低，但缩孔、缩松倾向较大，这是其凝固特性所决定的。球墨铸铁在浇注后的一个时期内，凝固的外壳强度较低，而球状石墨析出时的膨胀力却很大，若铸型的刚度不够，铸件的外壳将向外胀大，造成铸件内部金属液的不足，于是在铸件最后凝固的部位产生缩孔和缩松。为防止上述缺陷，可采取如下措施：在热节处设置冒口、冷铁，对铸件收缩进行补偿；增加铸型刚度，防止铸件外形扩大。如增加型砂紧实度，采用干砂型或水玻璃快干砂型，保证砂型有足够的刚度，并使上下型牢固夹紧。

球铁铸件生产的另一个问题是球墨铸铁件容易出现皮下气孔，即在铸件表皮下0.5～2mm处，气孔直径1～2mm，它的产生是因铁液中过量的Mg或MgS与砂型表面水分发生如下化学反应生成气体而形成的。

$$Mg+H_2O \longrightarrow MgO+H_2\uparrow \quad 或 \quad MgS+H_2O \longrightarrow MgO+H_2S\uparrow$$

防止皮下气孔的产生：降低铁液中含硫量和残余镁量，降低型砂含水量或采用干砂型，浇注系统应使铁液平稳地导入型腔，并有良好的挡渣效果，以防铸件内夹渣的产生。

3）球墨铸铁的用途

球墨铸铁具有较高的强度和塑性，尤其是屈强比($\sigma_{0.2}/\sigma_b$)优于锻钢，用途非常广泛，如汽车、拖拉机底盘零件，阀体和阀盖，机油泵齿轮，柴油机和汽油机曲轴、缸体和缸套，汽车拖拉机传动齿轮等。目前，球墨铸铁在制造曲轴方面正在逐步取代锻钢。

4）球墨铸铁的热处理

铸态球墨铸铁的基体多为珠光体一铁素体混合组织，有时还有自由渗碳体，形状复杂件还存在残余内应力。因此，多数球墨铸铁件要进行热处理，以保证应有的力学性能。常用的热处理为退火和正火。退火的目的是获得铁素体基体，以提高球墨铸铁件的塑性和韧度。正火的目的是获得珠光体基体，以提高球铁的强度和硬度。另外，用于钢的热处理工艺都可用于球铁。

3. 可锻铸铁

1）可锻铸铁的组织、性能及应用

可锻铸铁的显微组织由金属基体和团絮状石墨组成，可锻铸铁分为铁素体基体(黑心)可锻铸铁和珠光体基体可锻铸铁，如图7.52所示。

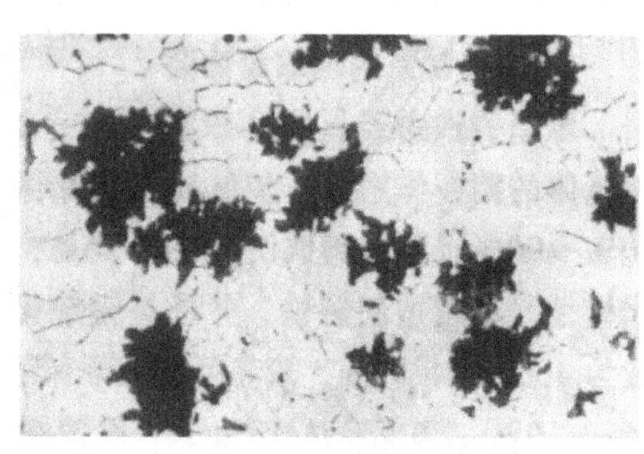

图7.52 可锻铸铁显微组织

可锻铸铁有一定的冲击韧度和强度，同时，仍保持灰铸铁某些优良性能，如良好的耐磨性和减振性，缺口敏感性小，切削加工性能好等，适用于制造形状复杂、承受冲击载荷的薄壁小件，铸件壁厚一般不超过25mm。

用途：低动载荷及静载荷、要求气密性好的零件，如管道配件、中低压阀门、弯头、三通等，农机犁刀、车轮壳和机床用扳手等。较高的冲击、振动载荷下工作的零件，如汽车、拖拉机上的前后轮壳、制动器、减速器壳、船用电动机壳和机车附件等。承受较高载荷、耐磨和要求有一定韧度的零件，如曲轴、凸轮轴、连杆、齿轮、摇臂、活塞环、犁刀、耙片、闸、万向接头、棘轮扳手、传动链条和矿车轮等。

但是由于其生产周期长、耗能大、工艺复杂，应用和发展受到一定限制，某些传统的可锻铸铁零件，已逐渐被球墨铸铁所代替。

2）可锻铸铁的生产特点

可锻铸铁是白口铸铁件通过石墨化退火处理后得到的，其生产分两个步骤：

第一步：先铸造出白口铸铁铸件。为保证在通常的冷却条件下铸件能得到合格的全白口组织，其成分通常是 $w_C=2.2\%\sim2.8\%$，$w_{Si}=1.2\%\sim2.0\%$，$w_{Mn}=0.4\%\sim1.2\%$，$w_P\leqslant0.1\%$，$w_S\leqslant0.2\%$。

第二步：对白口铸铁铸件进行长时间的石墨化退火处理，使 Fe_3C 分解得到团絮状石墨。退火加热温度 900～980℃，保温时间 36～70h 不等。其石墨化退火工艺如图 7.53 所示。

4. 蠕墨铸铁

1）蠕墨铸铁的性能及应用

蠕墨铸铁中的石墨片比灰铸铁中的石墨片的长厚比要小，端部较钝、较圆，介于片状和球状之间的一种石墨形态，如图 7.54 所示。

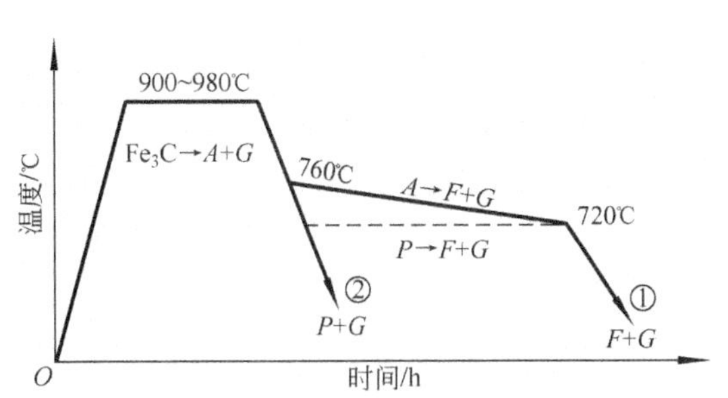

图 7.53　可锻铸铁的石墨化退火工艺

①—铁素体可锻铸铁的石墨化退火工艺；

②—珠光体可锻铸铁的石墨化退火工艺

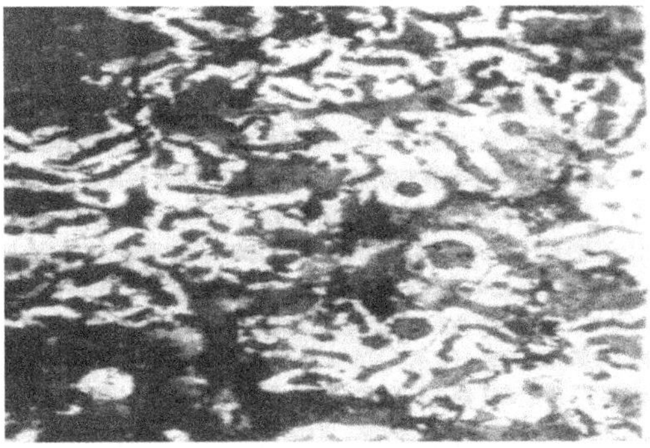

图 7.54　蠕墨铸铁显微组织

蠕墨铸铁的力学性能高于灰铸铁，强度接近球墨铸铁，具有一定的韧度，较高的耐磨性，同时又兼有良好的铸造性能、机加工性能和导热性等。

主要应用于生产气缸盖、气缸套、钢锭模、轧辊模、玻璃瓶模和液压阀体等铸件。

2）蠕墨铸铁的生产

在一定成分的铁液中加入适量的蠕化剂进行蠕化处理而成的。所谓蠕化处理是将蠕化剂放入经过预热的堤坝或铁液包内的一侧，从另一侧冲入铁液，利用高温铁液将蠕化剂熔化的过程。蠕化剂有镁钛合金、稀土镁钛合金或稀土镁钙合金等。

5. 铸铁的熔炼

熔炼目的：获得化学成分合格、纯净、温度合适的铁液。

熔炼设备：主要有冲天炉和感应电炉。

在冲天炉熔化过程中，金属料与炽热的焦炭和炉气直接接触，在高温炉气上升、炉料下降，冶金反应使铁液化学成分将发生某些变化，为了熔化出成分合格的铁液，在冲天炉配料时必须考虑化学成分的如下变化：

（1）硅和锰。炉气的氧化性使铁液中的硅、锰产生熔炼损耗，通常的熔炼损耗为：硅 10%～20%，锰 15%～25%。

(2) 碳。铁料中的碳，一方面可能被炉气氧化熔炼损耗，使含碳量减少；另一方面，由于铁液与炽热焦炭直接接触吸收碳分，使含碳量增加。含碳量的最终变化是炉内渗碳与脱碳过程的综合结果。实践证明，铁液含碳量变化总是趋向于共晶含碳量(即饱和含碳量)，当铁料含碳量低于3.6%时，将以增碳为主；高于3.6%时，则以脱碳为主。鉴于铁料的含碳量一般低于3.6%，故多为增碳。

(3) 硫。铁液因吸收焦炭中的硫，使铸铁含硫量增加50%左右，但因锰与硫化合又可降低铸铁中硫的含量。

(4) 磷。基本不变。

炉料配制原则：根据铁液化学成分要求和有关元素的熔炼损耗率折算出铁料应达到的平均化学成分、各种库存铁料的已知成分，确定每批炉料中生铁锭、各种回炉铁、废钢的比例。为了弥补铁料中硅、锰等元素的不足，可用硅铁、锰铁等铁合金补足。由于冲天炉内通常难以脱除硫和磷，因此，欲得到低硫、磷铁液，主要依靠采用优质焦炭和铁料来实现。

7.3.2 铸钢件的生产

铸钢件的优点：力学性能高，特别是塑性和韧度比铸铁高，如$\sigma_b=400\sim650\text{N/mm}^2$，$\delta=10\%\sim25\%$，$\alpha_{KU}=20\sim60\text{J/cm}^2$，合金钢还有某些特殊性能；焊接性能优良，适于采用铸、焊联合工艺制造重型机械。但铸造性能、减振性和缺口敏感性等都比铸铁差，且熔点高，大大增加了铸造生产成本。

铸钢分类：碳素铸钢、低合金铸钢和高合金铸钢等。

铸钢用途：承受重载荷及冲击载荷的零件，如铁路车辆上的摇枕、侧架、车轮及车钩，重型水压机横梁，大型轧钢机机架、齿轮等。

1. 铸钢的铸造工艺特点

铸造性能差：熔点高，钢液易氧化；流动性差，薄壁件、复杂件不易铸出；收缩较大，体收缩约为灰铸铁的三倍，线收缩约为灰铸铁的两倍等。因此铸钢较铸铁铸造困难，为保证铸钢件质量，避免出现缩孔、缩松、裂纹、气孔和夹渣、浇不足等缺陷，必须采取一些工艺措施：

(1) 型砂的强度、耐火度和透气性要高。原砂要采用耐火度较高的人造石英砂。中、大件的铸型一般都采用强度较高的CO_2硬化水玻璃砂型和黏土干砂型或树脂砂。为防止黏砂，铸型表面应涂刷一层耐火涂料。

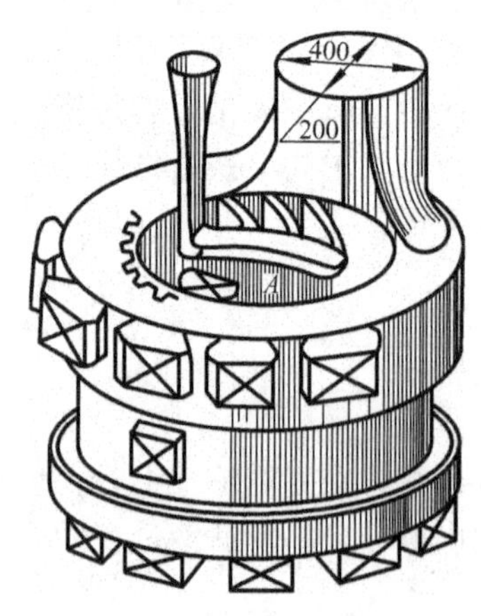

图7.55 ZG230-450带内齿圈联轴套的铸造工艺

(2) 使用补缩冒口和冷铁，实现顺序凝固。补缩冒口一般为铸钢件质量的25%～50%，给造型和切割冒口增大了工作量。如图7.55所示为ZG230-450带内齿圈联轴套的铸造工艺。该套壁厚不均匀，上圈壁厚较大(80mm)，心部的热节处(整圈)极易形成缩孔和缩松，铸造时必须保证对心部的充分补缩。为实现顺序凝固和减少冒口数量，在底端和冒口对称位置安放冷铁。浇入的钢液首先在冷铁处凝固，形成朝着冒口方向的顺序凝固，使套上各部分的收缩都能得到冒口金属液的补充。

(3) 严格掌握浇注温度，防止过高或过低。低碳钢(流动性较差)、薄壁小件或结构复杂不容易浇满的铸件，应取较高的浇注温度；高碳钢(流动性相对好些)、大铸件、厚壁铸件及容易产生热裂的铸件，应取相对较低的浇注温度，一般为1500～1650℃。

2. 铸钢的熔炼

钢液熔炼是铸钢生产中的重要环节，钢液的质量直接关系到铸钢件的质量。

冶炼设备：电弧炉、感应电炉等。电弧炉用得最多，平炉仅用于重型铸钢件，感应电炉主要用于合金钢中、小型铸件的生产。

1) 电弧炉炼钢

利用电极与金属炉料间电弧产生的热量来熔炼金属。炉子容量5～50t，熔炼速度快，一般为2～3h一炉，钢液质量较好，温度容易控制。炼钢的金属材料主要是废钢、生铁和铁合金等，其他材料有造渣材料、氧化剂、还原剂和脱碳剂等。

2) 感应电炉炼钢

在精密铸造和高合金钢铸造中应用最普遍。感应电炉利用感应线圈中交流电的感应作用，使坩埚内的金属炉料及钢液产生感应电流发出热量使炉料熔化，感应器与金属炉料中的电流密度分布如图7.56所示。

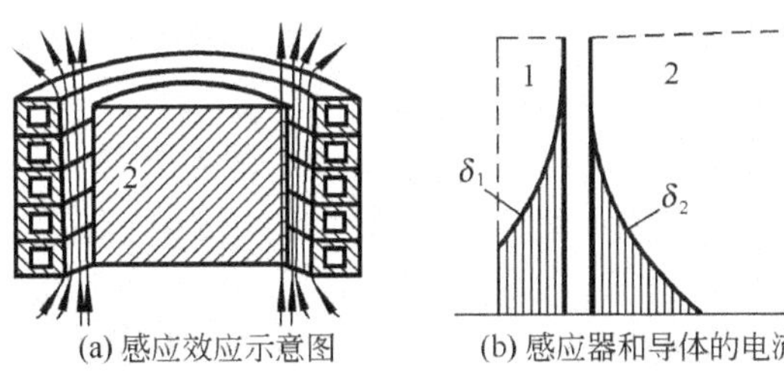

(a) 感应效应示意图　(b) 感应器和导体的电流分布

图7.56 感应器与金属炉料中的电流密度分布

1—感应器；2—金属炉料

优点：加热速度较快，热量散失少，热效率较高，氧化熔炼损耗较小，吸收气体较少。

缺点：炉渣温度较低，化学性质不活泼，不能充分发挥炉渣在冶炼过程中的作用，基本上是炉料的重熔过程。

3. 铸钢的热处理

铸钢件的金相组织通常有不足处，如晶粒粗大和魏氏组织(铁素体成长条形状分布在晶粒内部)，使塑性大大降低，力学性能比锻钢件差，特别是冲击韧度低。此外铸钢件内存在较大的铸造应力，浇冒口切割处有硬化组织等。

铸钢的热处理目的：细化晶粒、消除魏氏组织、消除铸造应力和硬化组织、提高力学性能和机加工性能。

工艺：退火和正火处理。退火适于$w_C \geq 0.35\%$或结构特别复杂的铸钢件。因这类铸钢件塑性较差，残留铸造应力较大，铸件易开裂。正火适用于$w_C < 0.35\%$的铸钢件，因这类铸钢件塑性较好，冷却时不易开裂。铸钢正火后的力学性能较高，生产效率也较高，但残留内应力较退火后的大。为进一步提高铸钢件的力学性能，还可采用正火加高温回

火。铸钢件不宜淬火，淬火时铸件极易开裂。

7.3.3 非铁合金铸件的生产

人们常把钢铁材料以外的金属材料通常为非铁合金(有色金属)，常用的非铁合金主要有铝、铜及其合金。

1. 铸造铝合金

铝合金密度低，熔点低，导电性和耐蚀性优良，机加工性好，因此也常用来生产铸件。

铸造铝合金：包括铝硅、铝铜、铝镁及铝锌合金。铝硅合金又称硅铝明，其流动性好、线收缩率低、热裂倾向小、气密性好，又有足够的强度，所以应用最广，约占铸造铝合金总产量的50%以上。铝硅合金适用于形状复杂的薄壁件或气密性要求较高的零件，如内燃机气缸体、化油器、仪表外壳等。铝铜合金的铸造性能较差，如热裂倾向大、气密性和耐蚀性较差，但耐热性较好，主要用于制造活塞、气缸头等。

2. 铸造铜合金

铜的分类：纯铜(紫铜)、黄铜和青铜。

纯铜熔点为1083℃，导电性、导热性、耐腐蚀性及塑性良好；强度、硬度低且价格较贵，极少用它来制造机械零件，广泛使用的是铜合金。

黄铜是铜和锌的合金，锌在铜中有较高的溶解度，随着含锌量的增加，合金的强度、塑性显著提高，但含锌量超过47%后黄铜的力学性能将显著下降，故黄铜的含锌量小于47%。铸造黄铜除含锌外，还常含有硅、锰、铝和铅等合金元素。铸造黄铜有相当高的力学性能，如$\sigma_b=250\sim450$MPa，$\delta=7\%\sim30\%$，硬度为60～120HBS，而价格却较青铜低。铸造黄铜的熔点低、结晶温度范围窄，流动性好、铸造性能较好。铸造黄铜常用于一般用途的轴承、衬套、齿轮等耐磨件和阀门等耐蚀件。

青铜是铜与锌以外的元素构成的合金。其中，铜和锡构成的合金称为锡青铜。锡青铜的力学性能较黄铜差，且因结晶温度范围宽、容易产生显微缩松缺陷；但线收缩率较低，不易产生缩孔，其耐磨、耐蚀性优于黄铜，适于致密性要求不高的耐磨、耐蚀件。此外，还有铝青铜、铅青铜等，其中，铝青铜有着优良的力学性能和耐磨、耐蚀性，但铸造性较差，故仅用于重要用途的耐磨、耐蚀件等。

3. 铜、铝及其合金铸件的生产特点

熔炼特点：金属炉料不与燃料直接接触，可减少金属的损耗、保持金属液的纯净。在一般铸造车间里，铜、铝合金多采用以焦炭为燃料或以电为能源的坩锅炉来熔炼。

1) 铜合金的熔炼

铜合金熔炼工艺要点：严格控制合金的化学成分，准确配料；净化合金液，防止铜液氧化、吸气；高温熔炼，快速熔化，低温浇注。

铜合金极易氧化，形成的氧化物(Cu_2O)而使合金的力学性能下降。为防止铜的氧化，熔化青铜时应加熔剂(如玻璃、硼砂等)以覆盖铜液。为去除已形成的Cu_2O，最好在出炉前向铜液中加入0.3%～0.6%的磷铜(Cu_3P)来脱氧。由于黄铜中的锌本身就是良好的脱氧剂，所以熔化黄铜时，不需另加熔剂和脱氧剂。

2）铝合金的熔炼

铝合金的氧化物 Al_2O_3 的熔点高达 2050℃，比重稍大于铝，所以熔化搅拌时容易进入铝液，呈非金属夹渣。铝液还极易吸收氢气，使铸件产生针孔缺陷。

防止氧化和吸气：向坩埚炉内加入 KCl、NaCl 等作为熔剂，将铝液与炉气隔离。为驱除铝液中已吸入的氢气、防止针孔的产生，在铝液出炉之前应进行驱氢精炼。驱氢精炼较为简便的方法是用钟罩向铝液中压入氯化锌（$ZnCl_2$）或六氯乙烷（C_2Cl_6）等氯盐或氯化物，发生如下反应：

$$2Al+3ZnCl_2 \rightarrow 3Zn+2AlCl_3;$$

$$C_2Cl_6 \rightarrow C_2Cl_4+Cl_2,\ 3Cl_2+2Al \rightarrow 2AlCl_3;\ 3C_2Cl_6+2Al \rightarrow 3C_2Cl_4+2AlCl_3$$

反应生成的 $AlCl_3$ 沸点仅为 183℃，故形成大量气泡，而氢在 $AlCl_3$ 等气泡中的分压力等于零，所以铝液中的氢向气泡中扩散，被上浮的气泡带出液面。与此同时，上浮的气泡还将 Al_2O_3 夹杂一并带出。

3）铸造工艺

为减少机械加工余量，应选用粒度较小的细砂来造型。特别是铜合金铸件，由于合金的比重大、流动性好，若采用粗砂，铜液容易渗入砂粒间隙，产生机械粘砂，使铸件清理的工作量加大。

铜、铝合金的凝固收缩率大，除锡青铜外一般多需加冒口使铸件实现顺序凝固，以便补缩；铜、铝合金易氧化吸气，故应采用充型平稳的浇注系统，以减少或防止合金液的氧化吸气。

为防止铜液和铝液的氧化，浇注时勿断流，浇注系统应能防止金属液的飞溅，以便将金属液平稳地导入型腔等。

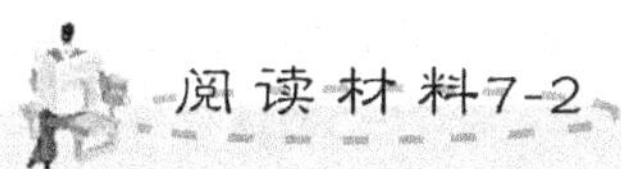

铸造熔炼设备

1. 冲天炉

1）先进的全自动外热风水冷长炉龄冲天炉(图 7.57)

图 7.57 全自动外热风水冷长炉龄冲天炉熔炼现场

(1) 用途：用于铸铁熔炼。

(2) 设备特点：热风温度450～500℃；铁水温度高；余热和炉气回收利用率大于98%，炉气中一氧化碳回收利用率大于95%；熔化全过程保持2%的富氧送风；计算机控制的底吹氮连续脱硫；连续不间断熔化时间可达650h；粉尘排放小于10mmg/(Nm^3)；成套设备全部实现无按钮、全键盘、鼠标式自动化操作，各个部位的参数均实时显示并故障自动分析文字提示。

2) 冲天炉的熔炼过程

先加热点燃底焦后送风使底焦燃烧，金属炉料被预热、熔化和过热并流入前炉，在熔炼过程中，要不断地添加金属料和燃料(焦炭)等以使熔炼过程连续进行；因此，金属在冲天炉内并非简单的熔化，实质上是一种冶炼过程。

熔炼铸铁的炉料有金属料、燃料和熔剂。

(1) 金属料。铸造生铁锭、回炉料(浇冒口、废铸件)、废钢、少量铁合金(硅铁、锰铁等)。铸造生铁锭是炼铁厂在高炉中用铁矿石冶炼而成的，它是熔炼铸铁的主要金属料，配料时常占40%～60%。回炉料和废铁是废料的回用。使用废钢是为降低铸铁的含碳量。回炉料和废钢铁等金属料再入炉前必须清除其上的粘砂、铁锈及其他污物，不然会消耗较多的燃料和熔剂，还影响铁液熔炼质量。铁合金是用来调整铁水化学成分的，应按配料计算加入。

(2) 燃料。熔炼铸铁所用燃料主要是焦炭，它发热量高、灰分少、在高温下仍有较好的强度，是冲天炉熔炼的一种较好的燃料。

(3) 熔剂。在冲天炉熔炼过程中，燃料燃烧后的灰分、金属氧化物及其他夹杂物(砂子、炉衬的侵蚀物)都生成熔渣。熔剂的作业是使炉渣稀释，并有较好的流动性以便于其上浮和排除，从而保证铁水质量和熔炼正常。为此，在冲天炉每加一金属料和燃料时，就要加一定量的溶剂。常用的熔剂有石灰石，白云石等。

2. 电弧炉(图7.58)

(1) 用途：用于熔炼普碳钢、优质碳素钢及各种合金钢、不锈钢。

(2) 设备特点：HX系列电弧炉(图7.59)按功率匹配分为普通功率、高功率和超高功率；按操作形式可分为左操作、右操作两种；炉盖为旋开顶加料式；全套设备设计合理，运行可靠，性能优越。

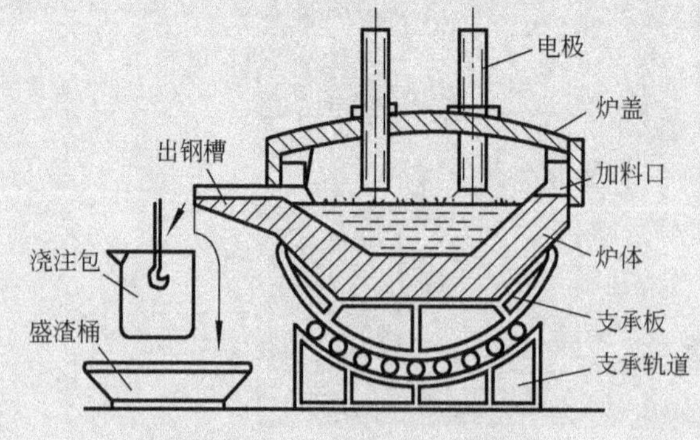

图7.58　电弧炉炼钢示意图

图7.59　HX系列交直流电弧炉

(3) 设备组成：

① 炉体：分为钢槽出钢和偏心低出钢两种，根据功率匹配情况，有传统炉壳和管式水冷炉壳。

② 倾炉结构。

③ 电极升降结构：分小车移动式和立柱升降式，其驱动方式有电动驱动式和液压驱动两种，电极臂有新型全水冷导电横臂和普通铜管导电横臂。

④ 炉盖提升旋转机构：分为基础整体式和基础分开式。

⑤ 冷却水及其监视、报警设备；

⑥ 液压站及控制阀系统；

⑦ 电气控制系统：电气控制系统采用电机式调节器或液压式调节器，后者可配CRT显示，设备各部分动作的控制及连锁保护采用PLC控制。

3. 感应电炉(图7.60)

感应电炉按电流频率分：高频感应电炉，频率1000Hz以上，容量一般在100kg以下；中频感应电炉(图7.61)，频率500～300Hz之间，容量一般是60～1000kg；工频感应电炉，工业频率50Hz，容量一般是100～10000kg。感应电炉可用于钢、合金钢、铁等黑色金属材料以及不锈钢、铜、铝、锌等有色金属材料的熔炼。

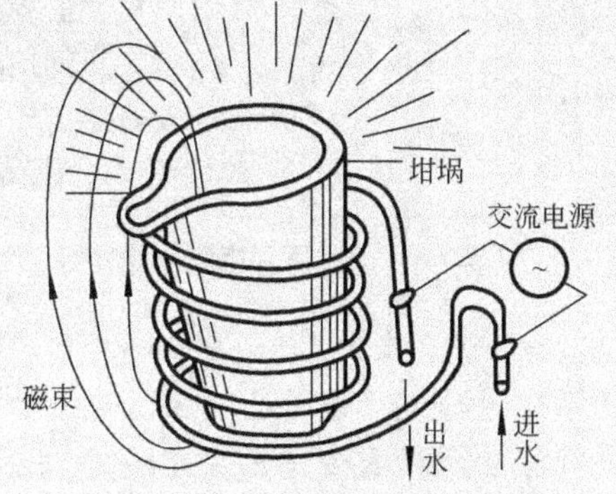

图7.60 感应电炉加热原理图

图7.61 中频感应电炉

图7.62所示为一台总功率为3000kW的中频电源装置，同时向两台感应炉供电，功率分配如下：图中右边2#炉达到浇注温度受控分配300kW做保温浇注，而其余的约2700kW自动分配到左边1#炉作升温熔炼；等2#炉铁水出完，这时1#炉铁水也熔化达到额定温度，可减小功率出铁水，这时总功率自动向2#炉转送，2#炉加料进入熔化，周而复始。提高生产率、节电、优化工艺。熔炼现场如图7.63所示。

4. 电阻坩埚炉(图7.64)

坩埚炉主要供低熔点的有色金属及合金(如铝、锌、铅、锡、镉及巴氏合金等)熔化或熔炼之用。坩埚炉按热源分燃料加热和电加热，电加热坩埚炉(如电阻坩埚炉，如图7.65所示)通常具有热效率高、结构简单、操作简便、控制系统先进可靠，并设有超温、泄漏报警等安全联锁装置，能源消耗低等优点，故生产中使用较广。

坩埚炉熔炼：

图 7.62　中频电源装置

图 7.63　熔炼现场

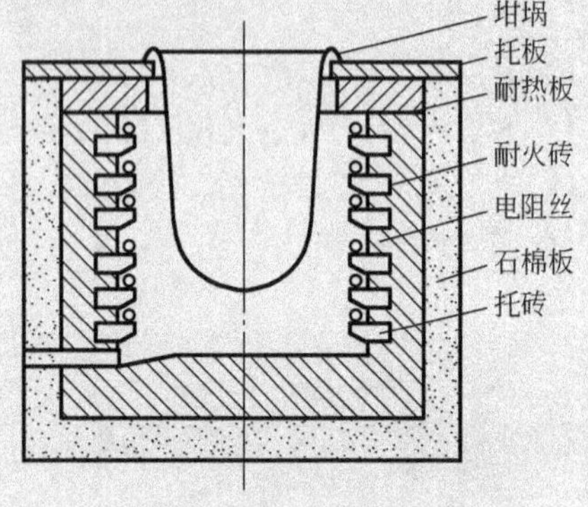

图 7.64　电阻坩锅炉示意图

图 7.65　QR_2 系列电阻坩埚炉

(1) 新坩埚及长期未用的旧坩埚，使用前均应吹砂，并加热到 700～800℃，保持 2～4h，以烧除附着在坩埚内壁的水分及可燃物质，待冷到 300℃以下时，仔细清理坩埚内壁，在温度不低于 200℃时喷涂料。坩埚使用前应预热至暗红色(500～600℃)，并保温 2h 以上。新坩埚外熔炼之前，最好先熔化一炉同牌号的回炉料。

(2) 熔炼工具的准备：钟罩、压瓢、搅拌勺、浇包、锭模等。使用前均应预热，并在 150～200℃涂以防护性涂料，并彻底烘干，烘干温度为 200～400℃，保温时间 2h 以上，使用后应彻底清除表面上附着的氧化物、氟化物，最好进行吹砂。

7.3.4　铸件的常见缺陷

铸件缺陷有：冷隔、浇不足、气孔、粘砂、夹砂、缩孔缩松、胀砂等。

1. 冷隔和浇不足

液态金属充型能力不足，或充型条件较差，在型腔被填满之前，金属液便停止流动，将使铸件产生浇不足或冷隔缺陷。浇不足时，会使铸件不能获得完整的形状；冷隔时，铸件虽可获得完整的外形，但因存有未完全融合的接缝，铸件的力学性能严重受损。

防止浇不足和冷隔主要工艺措施：提高浇注温度与浇注速度；设法提高合金液的充型能力等。

2. 气孔

气孔是指气体在金属液中未及时逸出，在铸件内生成的孔洞类缺陷。气孔的内壁光滑，明亮或带有轻微的氧化色。铸件中产生气孔后，将会减小其有效承载面积，且在气孔周围会引起应力集中而降低铸件的抗冲击性和抗疲劳性。气孔还会降低铸件的致密性，致使某些要求承受水压试验的铸件报废。另外，气孔对铸件的耐腐蚀性和耐热性也有不良的影响。

防止气孔的产生主要工艺措施：降低金属液中的含气量，增大砂型的透气性，以及在型腔的最高处增设出气冒口等。

3. 黏砂

铸件表面上粘附有一层难以清除的砂粒称为黏砂。黏砂既影响铸件外观，又增加铸件清理和切削加工的工作量，甚至会影响机器的寿命。例如，铸齿表面有黏砂时容易损坏，泵或发动机等机器零件中若有粘砂，则会影响燃料油、气体、润滑油和冷却水等流体的流动，并会玷污和磨损整个机器。

防止黏砂的主要工艺措施：在型砂中加入煤粉，以及在铸型表面涂刷防黏砂涂料等。

4. 夹砂

在铸件表面形成的沟槽和疤痕缺陷称为夹砂，在用湿型铸造厚大平板类铸件时极易产生。

铸件中产生夹砂的部位大多是与砂型上表面相接触的地方，型腔上表面受金属液辐射热的作用，容易拱起和翘曲，当翘起的砂层受金属液流不断冲刷时可能断裂破碎，留在原处或被带入其他部位。铸件的上表面越大，型砂体积膨胀越大，形成夹砂的倾向性也越大。

5. 缩孔缩松

在铸件内部尤其是厚大部分生成的不规则的粗糙孔洞类缺陷称为缩孔缩松。铸件中缩孔缩松会减小其有效承载面积，且在缩孔缩松周围会引起应力集中而降低铸件的强度、抗冲击性和抗疲劳性，缩孔缩松还会降低铸件的致密性，致使某些要求承受水压试验的铸件报废等。

防止缩孔的主要工艺措施：合理科学的浇冒口系统设计及凝固顺序设计，适当提高浇注压头等。

6. 胀砂

浇注时在金属液的压力作用下，铸型型壁移动，铸件局部胀大形成的缺陷称为胀砂。

为了防止胀砂，应提高砂型强度、砂箱刚度、加大合箱时的压箱力或紧固力，并适当降低浇注温度，使金属液的表面提早结壳，以降低金属液对铸型的压力。

案例分析

泵体类铸件铸造生产工艺分析

挖泥泵是目前疏浚行业的专业用泵，过流部件材质主要采用耐磨钢和抗磨白口铸铁等。泵壳是挖泥泵主要零件，也是其最大的耐磨材质铸件，在铸造生产中有一定难度，容易发生缩孔、缩松、气孔和裂纹等缺陷。本文分析了该类铸件的工艺特点，采取了一系列工艺措施收到了良好的效果。

1. 铸件的结构特点

图 7.66 所示为挖泥泵泵体结构。

挖泥船泵体类铸件属厚壁铸件，轮廓尺寸均在 2000mm×2000mm 以上，总高 600～1000mm，壁厚 60～100mm；使用材质多为抗磨白口铸铁，以适应工矿介质的较大磨损。

2. 铸造工艺分析

抗磨白口铸铁的体收缩和线收缩都很大，原则上采用和铸钢类似的铸造工艺；同时结合铸件壁厚较厚的特点，为提高补缩效果，一般优先采用顶冒口补缩，以及适当加大浇道等工艺措施。

(1) 浇注系统的开设。浇注系统均采用浇口杯、流钢砖、四孔六角砖和成形陶瓷管铺设而成，采用双层浇注系统，上下两层对称分开各对入上下口环。浇口杯为 ϕ270/ϕ90mm 陶瓷成形，直浇道为不同直径系列的流钢砖，内浇道采用不同直径系列成形陶瓷浇口管。各浇道单元按 $F_{直}:F_{横}:F_{内}=1:(1\sim1.5):(1\sim1.5)$确定大小，其中阻流断面积一般取灰铸铁件的 1.2～2 倍。

(2) 冒口设置。根据既定的补缩原则，结合泵体的涡壳形状，采用在小断面处用侧冒口、其余部位用顶冒口的混合工艺，侧冒口要加高至顶冒口相同的高度。冒口按模数法结合比例法确定大小。

(3) 冷铁的布置。在下箱底面放置一圈冷铁，一般为多块间隔开来的方式。隔舌(出水口与主体交接部位)处是此类铸件典型的热节部位，且不易用冒口进行补缩，一般采用覆砂的随型冷铁激冷，以减小缩孔缺陷的产生。

(4) 其余工艺参数。可按照手册酌情选取。

典型的泵体铸造工艺如图 7.67 所示。

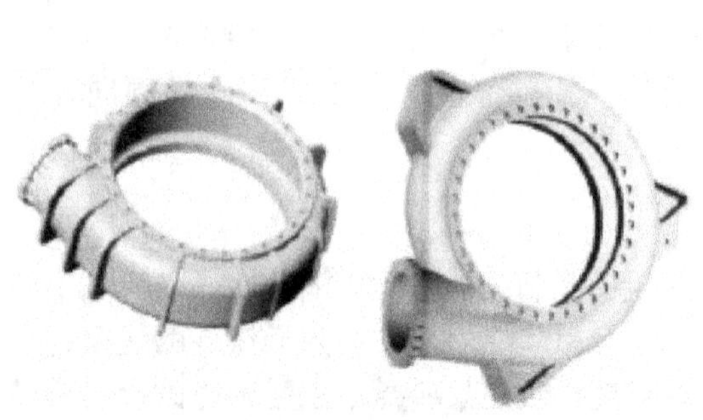

图 7.66 挖泥泵泵体结构

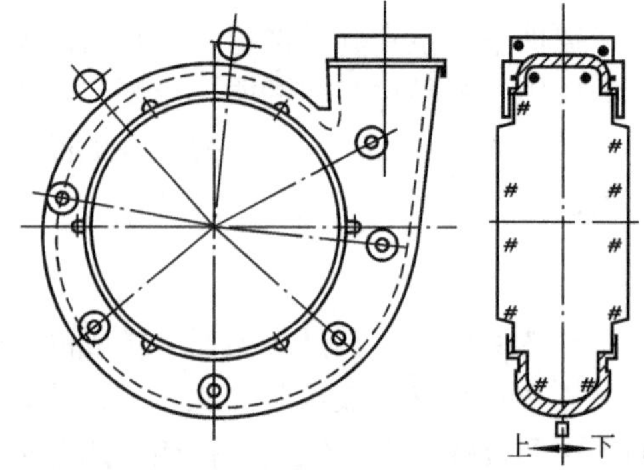

图 7.67 泵体铸造工艺

3. 生产工艺措施及实施

(1) 涂料及涂刷。对于一般泵体砂型(芯)采用铸钢件用醇基锆英粉涂料；大型挖泥泵体砂型(芯)均采用铸钢件用醇基锆英粉或水基锆英粉涂料。

涂刷工艺：对于水基涂料涂刷的砂型(芯)要求出芯之后，先用较稠的涂料涂刷一遍，再用压勺压平压实，并反复操作，保证涂料厚度在 1.5～2mm 之间然后自然晾干。第二天再刷一遍，进窑烘干，要求窑温(250±10)℃，保温 2h，升温速度控制在 100℃/h 左右。

对于铸钢件用醇基锆英粉涂料，采取与水基类似的办法，先用浓度较高的涂料刷，再压、刷静置 3min 后点燃，以涂层厚度 1.5～2mm 且没有气泡分层现象为原则。

(2) 铸字标识的处理。为保证铸字标识清晰美观采用锆砂打制，用手工混制锆砂覆于铸字之上，或采用专业制造的铸字砂芯效果更好。起型之后用浓度较小的涂料涂刷处理，要防止死角“积灰”。

(3) 排气措施。在芯铁上绑草绳形成气道，不少于 6 股草绳，并从芯头顺出，在芯头外用 ϕ60mm 的孔将气引出。砂型上箱中心芯头处用 ϕ60mm 的孔形成 2～3 个气道。

(4) 其他相关措施。制芯时，用草绳团若干置于芯中，增强排气和芯子退让性。冒口颈处用精制石英砂或耐火度较高的特种砂打制。对于泵体起吊孔芯用锆英砂打制。

(5) 熔炼与浇注。出炉前，铁液包内加入0.6%Al+0.2%CaSi除气。采用铁渣混出的方法出铁。浇包的耐火材料衬层必须充分干燥，并烘烤至暗红色或红色。浇包用的塞头和座砖应精心挑选，选择接触面紧凑，黏土质均匀的成形砖，防止浇注时打不开包眼。出炉温度为1450～1480℃，浇注温度1400～1430℃。可以视铸件的具体结构做适当的调整。铁液出炉后在浇包中静置片刻后开始浇注。

(6) 铸件压箱。压箱时间视铸件情况而定，保证铸件落砂温度在200℃以内。

(7) 清理。清理程序：落砂→冒口去除→去批缝→热处理→磨冒口→修补→修磨→涂漆→入库。

(8) 热处理。淬火+回火处理。

资料来源：范建伟，郭代营. 泵体类铸件铸造生产工艺分析 [J]. 金属加工(热加工)，2010(1).

根据以上案例所提供的资料，试分析：

1) 由材料所给，作者从哪些方面考虑该泵体铸件的铸造工艺？并作了什么样的处理？

答：因抗磨白口铸铁的体收缩和线收缩都很大，作者的工艺设计原则采用和铸钢类似的铸造工艺，采用顶冒口补缩，以及适当加大浇道等工艺措施。

① 浇注系统的开设：采用双层浇注系统，上下两层对称分开各对入上下口环；各浇道单元按$F_{直}:F_{横}:F_{内}=1:(1\sim1.5):(1\sim1.5)$确定大小，其中阻流断面积取灰铸铁件的1.2～2倍；直、横、内浇道采用流钢砖和成形陶瓷管铺设而成。

② 冒口设置：采用在小断面处用侧冒口、其余部位用顶冒口的混合工艺，侧冒口要加高至顶冒口相同的高度；冒口按模数法结合比例法确定大小。

③ 冷铁的布置：在下箱底面放置一圈冷铁，为多块间隔开来的方式；隔舌(出水口与主体交接部位)处是此类铸件典型的热节部位，采用覆砂的随型冷铁激冷。

④ 其他如涂料、排气、浇注等也做了相应的措施。

2) 根据你所学的有关知识，对作者在生产中所采取的工艺措施有何看法或认识？

答：由于该抗磨白口铸件容易发生缩孔、缩松、气孔和裂纹等缺陷，故在生产中针对其工艺特点，采取相应的工艺措施如：砂型(芯)采用铸钢件用的醇基锆英粉涂料，采用锆砂打制铸字，在芯铁上绑草绳形成气道，在芯头外用ϕ60mm的孔引气，砂型上箱中心芯头处用ϕ60mm的孔形成2～3个气道，较高的浇注温度(1400～1430℃)等。目的都是以确保获得合格的铸件，虽然这些工艺措施会略增加成本或增多工序，但是值得的。

习　题

简答题

7-1 铸造的成形原理是什么？这种成形原理有什么特点？

7-2 铸造技术的工艺过程如何？是否容易实现？

7-3 何谓合金的铸造性能？若合金的铸造性能不好，会引起哪些铸造缺陷？

7-4 金属材料凝固时，有什么物理现象发生？对其性能有何影响？

7-5 铸件的缩孔和缩松是怎么形成的？可采用什么措施防止？为什么铸件的缩孔比缩松容易防止？

7-6 铸造应力有哪几种？从铸件结构和铸造技术两方面考虑，如何减小铸造应力、防止铸件变形和裂纹?

7-7　试比较灰铸铁、铸造碳钢和铸造铝合金的铸造性能特点，哪种金属的铸造性能好？哪种金属的铸造性能差？为什么？

7-8　铸件上的凸台、肋条结构应如何设计？

7-9　浇注系统的作用是什么？其基本构成如何？在设计浇注系统时，应满足什么要求？

7-10　熔模铸造、金属型铸造、压力铸造、离心铸造与砂型铸造相比各有何特点？它们各有何应用的局限性？

7-11　试比较灰铸铁件和铸造碳钢件的生产特点？

思考题

1. 什么是顺序凝固和同时凝固原则？各适用于什么类型的合金？在铸造工艺设计中如何实现？

2. 试分析图7.68所示的座体零件，解答下述问题：

(1) 浇注位置和分型面该如何选择？

(2) 小批量砂型铸造生产和大批量砂型铸造生产应选用什么造型方法？铸造工艺设计有何不同？

(3) 若座体的材质改为铸钢(ZG230-450)，则铸造工艺上要考虑什么？

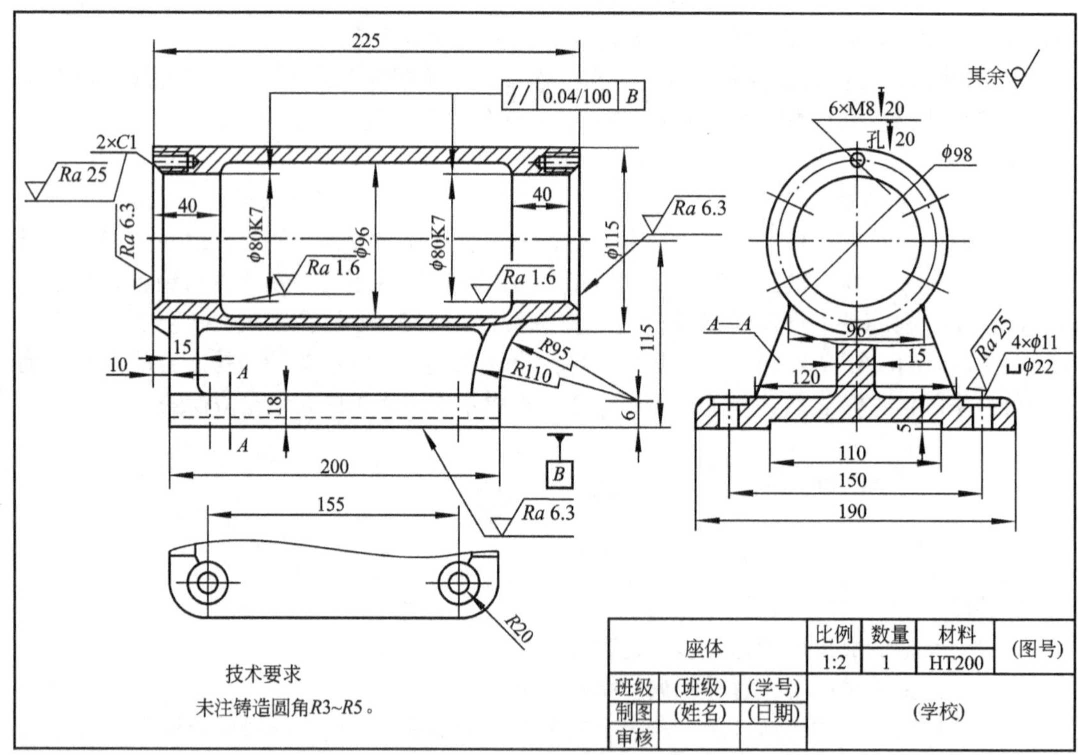

图7.68　座体

第8章 金属固态塑性成形技术

本章知识框架

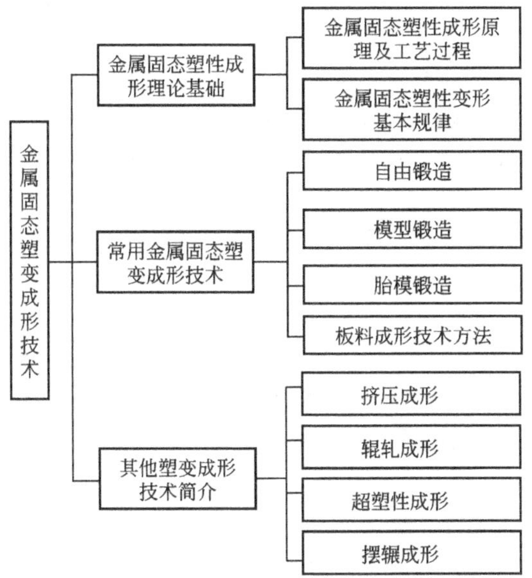

本章学习目标与要求

▲ 掌握金属的固态塑性变形成形的理论基础。

▲ 熟悉金属固态塑性变形基本规律。

▲ 熟悉自由锻、锤上模锻、冲压的特点及应用。

▲ 了解自由锻、锤上模锻、冲压件的结构工艺性。

▲ 了解其他塑变成形技术。

导入案例

金属塑性加工技术发展

金属塑性加工的出现可以追溯到铜器时代，当时它只是一种工匠技艺，直到20世纪初叶，伴随着力学及现代机械的发展和人来对金属行为不断深入认识，才形成了作为一门技术科学的金属塑性加工学科。这一学科在20世纪后半叶尤其是近30年迅速发展的势头令人眩目。

众所周知，目前几乎95%以上的钢铁材料需要经过轧制、锻造、冷成形等塑性加工过程制成所需形状、尺寸、组织和性能的制品才能使用。此外，金属塑性加工在非铁金属领域也有十分广泛的应用，因此金属塑性加工直接影响到国民经济各有关领域的技术发展，有着举足轻重的地位。

金属塑性加工具有高产、优质、低耗等显著特点，已成为当今先进制造技术的重要发展方向。零件粗加工的75%和精加工的50%采用塑性成形的方式实现。工业部门的广泛需求为塑性加工新工艺和新设备的发展提供了强大的原动力和空前的机遇。

新世纪科学技术面临着巨大的变革，通过与计算机的紧密结合，数控加工、激光成形、人工智能、材料科学和集成制造等一系列与塑性加工相关联的技术发展速度之快，学科领域交叉之广是过去任何时代所无法比拟的，塑性加工新工艺和新设备如雨后春笋般地涌现，把握塑性加工技术的现状和发展前景有助于我们及时研究、推广和应用高新技术，推动塑性加工技术的持续发展。在精密压力加工方面，精冲技术、超塑成形技术、冷挤压技术、成形轧制、无飞边热模锻技术、温锻技术、多向模锻技术发展很快。例如700mm汽轮机叶片精密辊锻和精整复合工艺已成功应用于生产，楔横轧技术在汽车、拖拉机精密轴类锻件的生产中显示出极佳的经济性。除传统的锻造工艺外，近年来半固态金属成形技术也日趋成熟，引起工业界的普遍关注。所谓半固态金属成形是指对液态金属合金在凝固过程中经搅拌等特殊处理后得到的具有非枝晶组织结构、固液相共存的半固态坯料进行的各种成形加工。这种新的金属加工技术可分为半固态锻造、挤压、轧制和压铸等几种主要工艺类型，具有节省原材料、降低能耗、提高模具寿命、改善制品性能等一系列优点，并可生产复合材料的产品，被誉为21世纪新兴金属塑性加工的关键技术。

现代先进制造技术正在改变塑性加工领域的许多传统观念和生产组织方式，技术创新已成为21世纪企业竞争的焦点。由于新技术的应用和引导，塑性加工在国民经济中的作用越来越大，在一定程度上决定了我国机械制造业在21世纪的市场竞争能力，对此，我们要有足够的认识并采取得力的措施。

问题：

1. 塑性是金属材料塑性成形的前提条件，没有塑性或塑性很差的材料能否进行塑性加工?
2. 金属材料的塑性加工受哪些因素的影响?
3. 机械制造业中主要采用哪些塑性加工技术?

资料来源：陈其安，康永林．面向21世纪的金属塑性加工新技术及其发展趋势［J］．钢铁，1999.10(增刊)．

8.1 金属固态塑性成形技术理论基础

8.1.1 金属固态塑性成形原理及工艺过程

1. 金属固态塑性成形原理

1) 固态的物态特征

在物理特征上，任何固体自身都具有一定的几何形状和尺寸，固态成形就是改变固体原有的形状和尺寸，从而获得所需(预期)的形状和尺寸的过程。

2) 金属固态塑性成形原理

金属材料的固态塑性成形原理即在外力作用下固态金属材料通过塑性变形，以获得具有一定形状、尺寸和力学性能的毛坯或者零件。可见，所有在外力下产生塑性变形而不破坏的金属材料，都有可能进行固态塑性变形成形(简称塑变成形)。

要实现金属材料的固态塑变成形，必须要有如下两个基本条件。

(1) 被成形的金属材料应具备一定的塑性。

(2) 要有外力作用在固态金属材料上。

可见，金属材料的固态塑变成形受到内外两方面因素的制约，内在因素即金属本身能否进行固态塑性变形和可形变的能力大小，外在因素即需要多大的外力，且成形过程中两因素相互影响；另外，外界条件(如温度，变形速度等)对内外因素也有相当的影响。

金属材料中，低、中碳钢及大多数有色金属的塑性较好，都可进行固态塑变成形加工；而铸铁、铸铝合金等材料，塑性很差，不能或不宜进行固态塑变成形。

2. 金属的固态塑变成形加工方法

工业上实现金属材料的“固态塑变”的方法或技术叫金属塑性加工(又简称锻压)——在外力作用下，使金属材料产生预期的塑性变形来改变其原有的形状和尺寸，以获得所需形状、尺寸和力学性能的毛坯或零件。具体的方式或过程称为锻压工艺(又称压力加工工艺)。工业生产中金属的固态塑变成形工艺多种多样，主要有自由锻、模锻、板料冲压、轧制、挤压、拉拔等，其塑变成形方式(技术)示意图如图 8.1～图 8.4 所示。

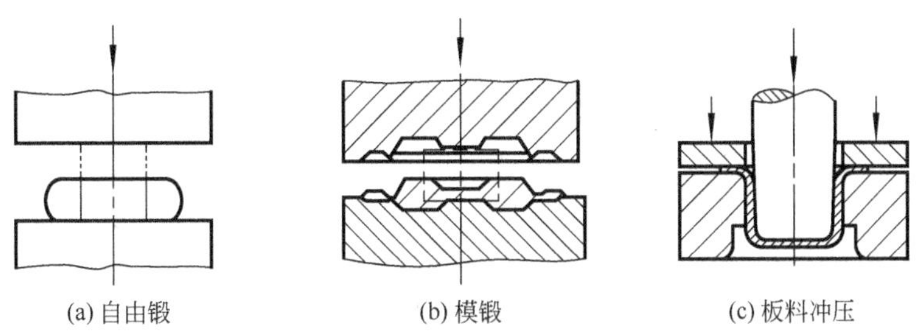

(a) 自由锻　　(b) 模锻　　(c) 板料冲压

图 8.1　锻造生产方式示意图

(1) 自由锻造——将加热后的金属坯料置于上下砧铁间受冲击力或压力而塑性变形的加工方法，如图 8.1(a)所示。

(2) 模型锻造(又叫模锻)——将加热后的金属坯料置于具有一定形状和大小的锻模模膛内受冲击力或压力而塑性变形的加工方法，如图 8.1(b)所示。

(3) 板料冲压——金属板料在冲压模之间受压产生分离或变形而形成产品的加工方法，如图 8.1(c)所示。

(4) 轧制——将金属通过轧机上两个相对回转轧辊之间的空隙，进行压延变形成为型材(如钢、角钢、槽钢等)的加工方法称为轧制，如图 8.2(a)所示。轧制生产所用坯料主要是金属锭，坯料在轧制过程中靠摩擦力得以连续通过而受压变形，结果坯料的截面减小，轧出的产品截面与轧辊间的空隙形状和大小相同，长度增加。

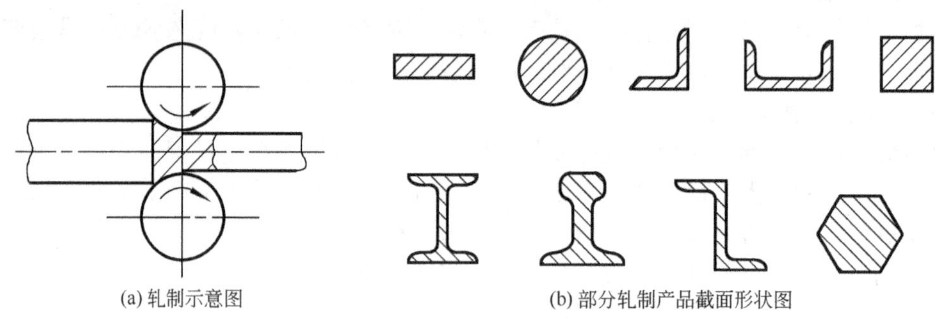
(a) 轧制示意图　　(b) 部分轧制产品截面形状图

图 8.2　轧制及产品

(5) 挤压——将金属置于一封闭的挤压模内，用强大的挤压力将金属从模孔中挤出成形的方法，如图 8.3(a)所示。挤压过程中金属坯料的截面依照模孔的形状减小，坯料长度增加。挤压可以获得各种复杂截面的型材或零件。

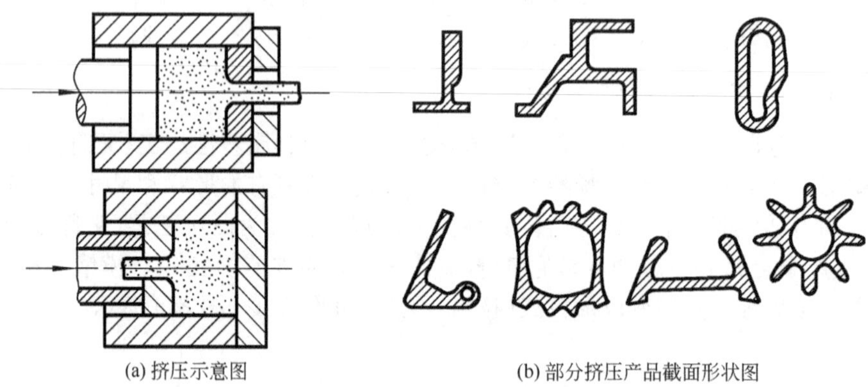
(a) 挤压示意图　　(b) 部分挤压产品截面形状图

图 8.3　挤压及产品

(6) 拉拔——将金属坯料拉过拉拔模模孔，而使金属拔长、其断面与模孔相同的加工方法。主要用于生产各种细线材、薄壁管和一些特殊截面形状的型材，如图 8.4 所示。

通常，轧制、挤压、拉拔主要是用来生产各类型材、板材、管材、线材等工业上作为二次加工的原(材)料，也可用来直接生产毛坯或零件如热轧钻头、齿轮、齿圈、冷轧丝杆、叶片的挤压等；机械制造业中用锻造(自由锻和模锻)来生产高强度、高韧度的机械零件毛坯，如重要的轴类，齿轮、连杆类，枪炮管等；板料冲压则广泛用于汽车制造、船舶、电器、仪表、标准件、日用品等工业中。

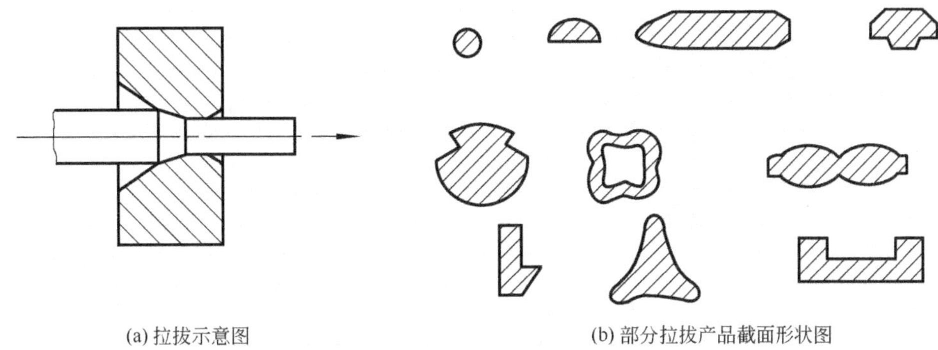

(a) 拉拔示意图　　(b) 部分拉拔产品截面形状图

图 8.4　拉拔及产品

3. 金属塑变成形(压力加工)的特点

(1) 改善金属的内部组织、提高或改善力学性能等。金属材料经压力加工后，其组织、性能都得到改善或提高，如热塑性变形加工能消除金属铸锭内部的气孔、缩孔和树枝状晶等缺陷，并由于金属的塑性变形和再结晶，可使粗大晶粒细化，得到致密的金属组织和纤维组织，从而提高金属的力学性能。在零件设计时，若正确选用零件的受力方向与纤维组织方向，可以提高零件的抗冲击性能等。又如冷塑性变形加工能使形变后的金属制件具有加工硬化现象，使金属的强度和硬度大幅提高，这对那些不能或不易用热处理方法提高强硬度的金属构件，利用金属在冷塑变成形过程中的加工硬化来提高构件的强硬度不但有效且经济；另外，冷塑变成形制成的产品尺寸精度高、表面质量好。

(2) 材料的利用率高。金属塑性成形主要是靠金属的体积重新分配，而不需要切除金属，因而材料利用率高。

(3) 较高的生产率。塑性成形加工一般是利用压力机和模具进行成形加工的，生产效率高。例如，利用多工位冷镦工艺加工内六角螺钉，比用棒料切削加工工效提高约 400 倍以上。

(4) 毛坯或零件的精度较高。应用先进的技术和设备，可实现少切削或无切削加工。例如，精密锻造的伞齿轮齿形部分可不经切削加工直接使用，复杂曲面形状的叶片精密锻造后只需磨削便可达到所需精度等。

承受冲击或交变应力的重要零件(如机床主轴、齿轮、曲轴、连杆等)及薄壁件等，都应采用锻压生产的制品(即锻压件)。所以金属压力加工在机械制造、军工、航空、轻工、家用电器等行业中成为不可缺少的材料成形技术。例如，飞机上的塑性成形零件的质量分数占 85%；汽车，拖拉机上的锻压件质量分数占 60%～80%。

其缺点在于不能压力加工脆性材料(如铸铁，铸铝合金等)和形状特别复杂(尤其是内腔形状复杂)或体积特别大的毛坯或零件；另外，多数压力加工工艺的投资较大等。

4. 各种锻压工艺过程的基本作业模块

各种锻压工艺过程的基本作业模块(工艺流程)如图 8.5 所示。

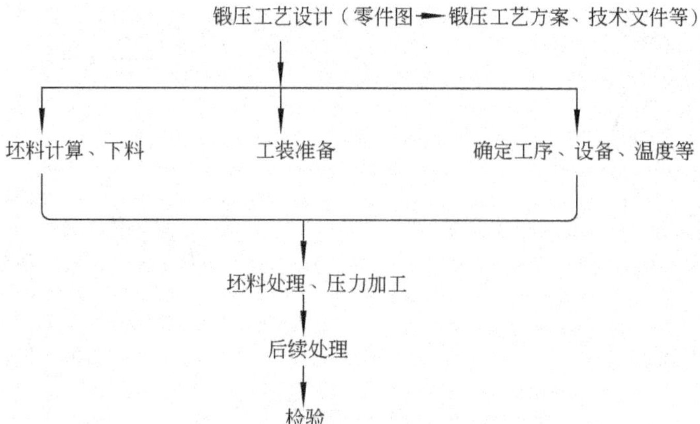

图 8.5　锻压工艺过程的基本作业模块

8.1.2　金属固态塑性变形理论基础

要对金属材料进行固态塑变成形，则须对金属在工业上实现这类工艺过程的可能性和局限性作出正确的评价，以便于掌握和运用。

1. 金属的塑性变形能力

金属的塑性变形能力是用来衡量压力加工工艺性好坏的主要工艺性能指标，称为金属的塑性成形性能(又称金属的可锻性)，是指金属材料在塑性成形加工时获得优质毛坯或零件的难易程度。金属的塑性成形性好，表明该金属适用于压力加工；可锻性差，说明该金属不宜于选用塑性成形加工。衡量金属的塑性成形性，常从金属材料的塑性和变形抗力两个方面来考虑，材料的塑性越好，变形抗力越小，则材料的塑性成形性越好，越适合压力加工。在实际生产中，往往优先考虑材料的塑性。金属塑性成形性的优劣受金属本身性质和成形加工条件等内外因素的综合影响。

1) 金属材料本身的性质

(1) 材料化学成分的影响。不同种类的金属材料以及不同成分含量的同类材料的塑性是不同的。铁、铝、铜、金、银、镍等的塑性就好，且一般情况下，纯金属的塑性较合金的好，如纯铝的塑性就比铝合金得好。又如低碳钢的塑性就比中高碳钢的好。而碳素钢的塑性又比含碳量相同的合金钢的好；合金元素会生成合金碳化物，形成硬化相，使钢的塑性下降，塑性变形抗力增大，通常合金元素含量越高，钢的塑性成形性能也越差，杂质元素磷会使钢出现冷脆性，硫使钢出现热脆性。降低钢的塑性成形性能。

(2) 材料内部组织的影响。金属内部组织结构的不同，其塑性成形性有较大的差异。纯金属及单相固溶体合金的塑性成形性能较好，成形抗力低；具有均匀细小等轴晶粒的金属，其塑性成形性能比晶粒粗大的柱状晶粒好；钢的含碳量对钢的塑性成形性影响很大，对于碳质量分数小于 0.25%的低碳钢，主要以铁素体为主(含珠光体量很少)，其塑性较好，随着碳质量分数的增加，钢中的珠光体量也逐渐增多，甚至出现硬而脆的网状渗碳体，使钢的塑性大大下降，塑性成形性也越来越差。

2) 金属塑性成形加工条件(又称变形条件)

(1) 成(变)形温度的影响。就大多数金属材料而言，提高塑性成形时的温度，金属的塑性指标(延伸率 δ 和断面减缩率 ψ)增加，成形抗力降低，是改善或提高金属塑性成形性的有效措施。故热塑变成形中，都要将温度升高到再结晶温度以上(图 8.6)，不仅提高金属塑性降低成形抗力，而且可使加工硬化不断被再结晶软化消除，金属的塑性成形性能进一步提高。

金属随着温度的升高，其力学性能变化较大。图 8.7 所示为低碳钢的力学性能与温度变化的关系，由图可见，在 300℃以上，随着温度升高低碳钢的塑性指标 δ 和 ψ 上升，成形抗力下降。原因之一是金属原子在热能作用下，处于极活跃的状态，很易进行滑移变形；其二是碳钢在加热温度位于 $AESG$ 区(图 8.6)时，其内部组织为单一奥氏体，塑性好，故很适宜于进行塑性成形加工。

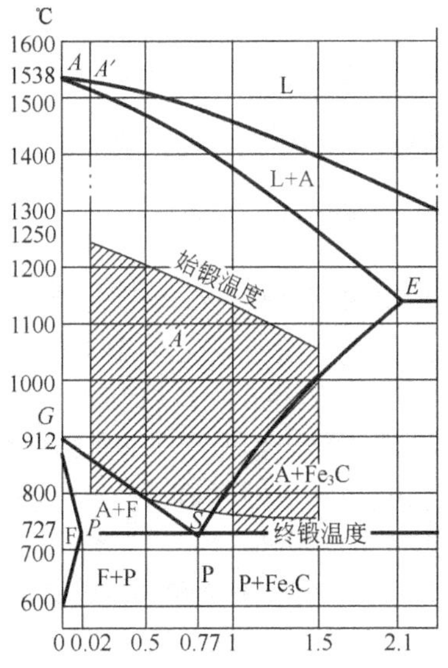

图 8.6 碳钢锻造温度范围

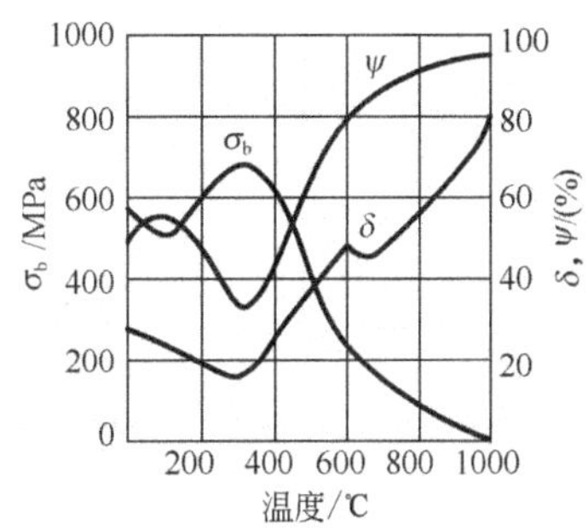

图 8.7 低碳钢的力学性能与温度变化的关系

热塑变成形时对金属的加热还应使金属在加热过程中不产生微裂纹、过热(加热温度过高，使金属晶粒急剧长大，导致金属塑性减小，塑性成形性能下降)、过烧(如果加热温度接近熔点，会使晶界严重氧化甚至晶界低熔点物质熔化，导致金属的塑性变形能力完全消失)；另外，希望加热时间较短和节约燃料等。为保证金属在热变形过程中具有最佳变形条件以及热变形后获得所要求的内部组织，须正确制定金属材料的热变形加热温度范围。例如，碳钢的热变形温度范围即锻造温度范围，如图 8.6 中阴影所示。碳钢的始锻温度(开始锻造温度)比固相线温度低 200℃左右，过高会产生过热甚至过烧现象；终锻温度(停止锻造温度)约为 800℃，过低会因出现加工硬化而使塑性下降，变形抗力剧增，变形难于进行，若强行锻造，可能会导致锻件破裂而报废。

(2) 变形速度的影响。变形速度是指单位时间内变形程度的大小。它对金属塑变成形的影响比较复杂，一方面变形速度的增大，金属在冷变形时的变形强化趋于严重，热变形时再结晶来不及完全克服加工硬化，金属表现出塑性下降(图 8.8)，导致变形抗力增大；另一方面，当变形速度很大时(图 8.8 中 a 点以后)，金属在塑变过程中消耗于塑性变形的能量有一部分转换成热能，当热能来不及散发，会使变形金属的温度升高，这种现象称为“热效应”，它有利于金属的塑性提高，变形抗力下降，塑性变形能力变好。

在锻压加工塑性较差的合金钢或大截面锻件时，一般都应采用较小的变形速度，若变形速度过快会出现变形不均匀，造成局部变形过大而产生裂纹。

(3) 应力状态的影响。金属材料在经受不同方法进行变形时，所产生的应力大小和性质(指压应力或拉应力)是不同的。例如，拉拔时为两向受压、一向受拉的状态，如图 8.9 所示；而挤压变形时为三向受压状态，如图 8.10 所示。

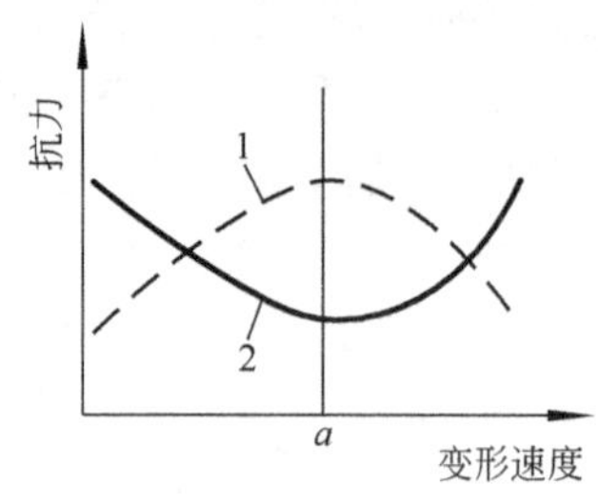

图 8.8　变形速度与塑性和抗力间的关系

1—变形抗力曲线；2—塑性变化曲线

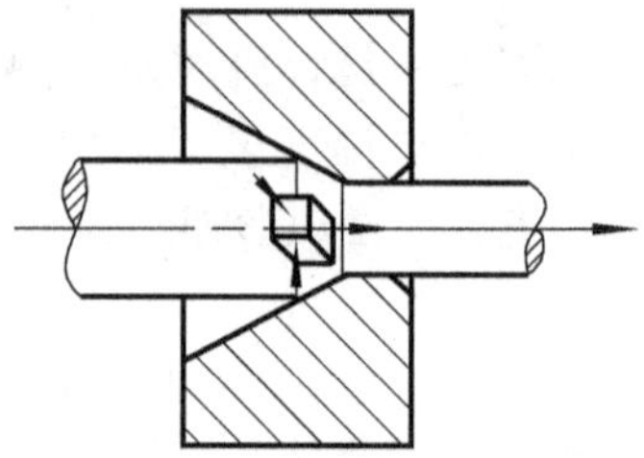

图 8.9　拉拔时金属应力状态

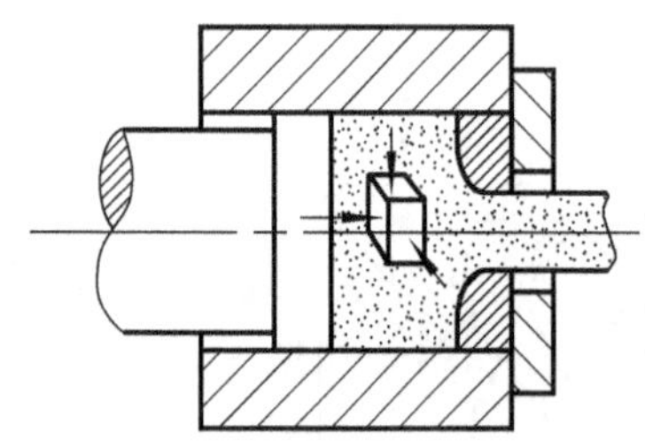

图 8.10　挤压时金属应力状态

实践证明，金属塑性变形时，3 个方向中压应力的数目越多，则金属表现出的塑性越好；拉应力的数目多，则金属的塑性就差。而且同号应力状态下引起的变形抗力大于异号应力状态的变形抗力。当金属内部有气孔、小裂纹等缺陷时，在拉应力作用下，缺陷处易产生应力集中，导致缺陷扩展，甚至使其破裂。压应力会使金属内部摩擦增大，变形抗力也随之增大；但压应力使金属内原子间距减小，又不易使缺陷扩展，故金属的塑性得到提高。在锻压生产中，人们通过改变应力状态来改善金属的塑性，以保证生产的顺利进行。例如，在平砧上拔长合金钢时，容易在毛坯心部产生裂纹，改用 V 形砧后，因 V 形砧侧向压力的作用，增加了压应力数目，从而避免了裂纹的产生。对某些有色金属和耐热合金等，由于塑性较差，常采用挤压工艺来进行开坯或成形。

综上所述，金属的塑性成形性既取决于金属的本质，又取决于成(变)形条件。因此，在金属材料的塑性成形加工过程中，力求创造最有利的变形加工条件，提高金属的塑性，降低变形抗力，达到塑性成形加工目的。另外，还应使成形过程能耗低、材料消耗少、生产率高、产品质量好等。

3) 其他

如模具，模锻的模膛内应有圆角，这样可以减小金属成形时的流动阻力，避免锻件被撕裂或纤维组织被拉断而出现裂纹；板料拉深和弯曲时，成形模具应有相应的圆角，才能保证顺利成形。又如润滑剂可以减小金属流动时的摩擦阻力，有利于塑性成形加工等。

综上所述，金属的塑性成形性能既取决于金属的本质，又取决于变形条件。在塑性成形加工过程中，要根据具体情况，尽量创造有利的变形条件，充分发挥金属的塑性，降低其变形抗力，以达到塑性成形加工的目的。

2. 金属塑性变形的基本规律

金属的塑性变形属固态成形，其遵循的基本规律主要有体积不变规律、最小阻力定律和加工硬化等。

1）塑性变形时的体积不变规律

金属材料在塑性变形前、后体积保持不变，称为体积不变定理(又叫质量恒定定理)。实际上金属在塑性变形过程中，体积总有些微小变化，如锻造钢锭时，因气孔、缩松的锻合，钢坯的密度略有提高，以及加热过程中因氧化生成的氧化皮耗损等。然而这些变化对比整个金属坯料是微小的尤其是在冷塑性成形中，故一般可忽略不计。因此，依据体积不变规律，坯料在塑性成形工艺的工序中，一个方向的尺寸减小，必然在其他方向有所增加，这就可确定各工序间坯料或制品的尺寸变化。

2）最小阻力定律

最小阻力定律：金属在塑性变形过程中，如果金属质点有向几个方向移动的可能时，则金属各质点将沿着阻力最小的方向移动。最小阻力定律符合力学的一般原则，它是塑性成形加工中最基本的规律之一。

一般来说，金属内某一质点塑性变形时移动的最小阻力方向就是通过该质点向金属变形部分的周边所作的最短法线方向。因为质点沿这个方向移动时路径最短而阻力最小，所需做的功也最小。因此，金属有可能向各个方向变形时，则最大的变形将向着大多数质点遇到的最小阻力的方向。

在锻造过程中，应用最小阻力定律可以事先判定变形金属的截面变化和提高效率。例如，镦粗圆形截面毛坯时，金属质点沿半径方向移动，镦粗后仍为圆形截面；镦粗正方形截面毛坯时，以对角线划分的各区域里的金属质点都垂直于周边向外移动。这是因为在镦粗时，金属流动距离越短，摩擦阻力也越小，沿四边垂直方向摩擦阻力最小，而沿对角线方向阻力最大，金属在流动时主要沿垂直于四边方向流动，很少向对角线方向流动，随着变形程度的增加，断面将趋于圆形，图 8.11(b)所示为正方形坯料镦粗的情况。由于相同面积的任何形状总是圆形周边最短，因而最小阻力定律在镦粗中也称为最小周边法则。这就不难理解为什么正方形截面会逐渐向圆形变化，长方形截面会逐渐向椭圆形变化的规律了，如图 8.11 所示。

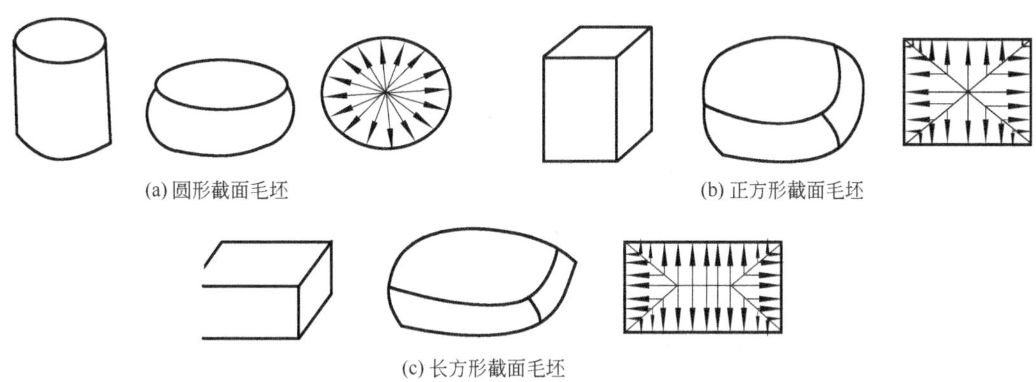

图 8.11 金属镦粗后外形及金属流向

通过调整某个方向的流动阻力来改变某些方向上金属的流动量，以便合理成形，消除缺陷。例如，在模锻中增大金属流向分型面的阻力，或减小流向型腔某一部分的阻力，可以保证锻件充满型腔。在模锻制坯时，可以采用闭式滚挤和闭式拔长模膛来提高滚挤和拔长的效率。又如，毛坯拔长时，送进量小，金属大部分沿长度方向流动；送进量越大，更多的金属将沿宽度方向流动，故对拔长而言，送进量越小，拔长的效率愈高。另外，在镦粗或拔长时，毛坯与上、下砧铁表面接触产生的摩擦力使金属流动形成鼓形。

3）加工硬化及卸载弹性恢复规律

金属在常温下随着变形量的增加，变形抗力增大，塑性和韧度下降的现象称为加工硬化。表示变形抗力随变形程度增大的曲线称为硬化曲线，如图 8.12 所示。由图可知，在弹性变形范围内卸载，没有残留的永久变形，应力、应变按照同一直线回到原点，如图 8.12 所示的 OA 段。当变形超过屈服点 A 进入塑形变形范围，达到 D 点时的应力与应变分别为 σ_b、ε_D，再减小载荷，应力-应变的关系将按另一直线 DC 回到 C 点，不再重复加载曲线经过的路线。加载时的总变形量 ε_D 可以分为两部分，一部分 ε_t 因弹性恢复而消失，另一部分 ε_s 保留下来成为塑性变形。

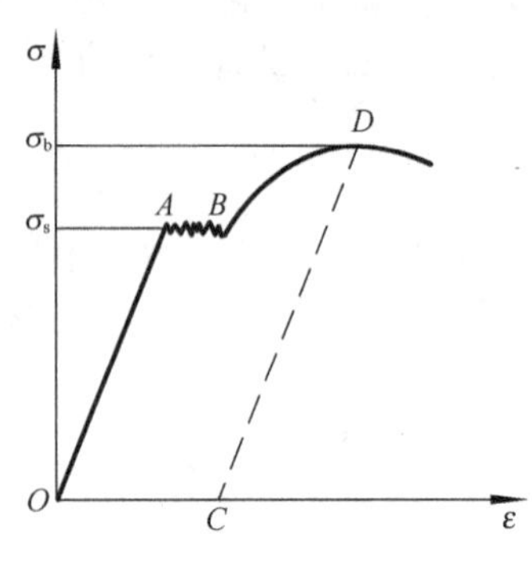

图 8.12　硬化曲线

如果卸载后再重新加载，应力应变关系将沿直线 CD 逐渐上升，到达 D 点，应力 σ_D 使材料又开始屈服，随后应力-应变关系仍按原加载曲线变化，所以 σ_D 又是材料在变形程度为 ε_D 时的屈服点。硬化曲线可以用函数式表达为

$$\sigma=A\varepsilon^n$$

式中　A——与材料有关的系数(MPa)；

n——硬化指数。

硬化指数 n 大，表明变形时硬化显著，对后续变形不利。例如，20 钢和奥氏体不锈钢的塑性都很好，但是奥氏体不锈钢的硬化指数较高，变形后再变形的抗力比 20 钢大得多，所以其塑性成形性也较 20 钢差。

3. 金属塑变成形对组织和性能的影响

按金属固态塑变成形时的温度，其成形过程分为两大类。

1）冷变形(又称冷成形)过程及其影响

冷变形是指金属在进行塑性变形时的温度低于该金属的再结晶温度。

冷变形的特征是金属塑性变形后具有加工硬化现象，即金属的强度、硬度升高，塑性和韧度下降；冷变形制成的产品尺寸精度高、表面质量好；对于那些不能或不易用热处理方法提高强度、硬度的金属构件(特别是薄壁细长件)，利用金属在冷成形过程中的加工硬化来提高构件的强度和硬度不但有效，而且经济。例如各类冷冲压件、冷轧冷挤型材、冷卷弹簧、冷拉线材、冷镦螺栓等等，故冷变形加工在各行各业中应用广泛。

冷变形过程加工出来的制品，其中有一些复杂件或要求较高的制件，还需进行消除内应力但保留加工硬化的低温回火处理。

由于冷变形过程中的加工硬化现象，使金属材料的塑性变差，给进一步塑性变形带来困难，故冷变形需重型和大功率设备；对加工坯料要求其表面干净、无氧化皮、平整等；另外，加工硬化使金属变形处电阻升高，耐蚀性降低等。

2) 热变形(又称热成形)过程及其影响

热变形是指金属材料在其再结晶温度以上进行的塑性变形。

金属在热变形过程中，由于温度较高，原子的活动能力大，变形所引起的硬化随即被再结晶消除。

(1) 金属在热变形中始终保持着良好的塑性，可使工件进行大量的塑性变形；又因高温下金属的屈服强度较低，故变形抗力低，易于变形。

(2) 热变形使金属材料内部的缩松、气孔或空隙被压实，粗大(树枝状)的晶粒组织结构被再结晶细化，从而使金属内部组织结构致密细小，力学性能(特别是韧度)明显改善和提高。碳钢锻造状态与铸造状态的力学性能的比较见表8-1。

表8-1 碳钢(0.3%C)锻造状态与铸造状态力学性能比较

毛坯热加工方法	σ_b/MPa	σ_s/MPa	δ/(%)	α_k/(J/cm^2)
锻造	530	310	20	70
铸造	500	280	15	35

(3) 热变形使金属材料内部晶粒间的杂质和偏析元素沿金属流动的方向呈线条状分布，再结晶后，晶粒的形状改变了，但定向伸长的杂质并不因再结晶的作用而消除，形成了纤维组织，使金属材料的力学性能具有方向性。即金属在纵向(平行于纤维方向)具有最大的抗拉强度且塑性和韧度较横向(垂直于纤维方向)的好；而横向具有最大的抗剪切强度。因此，为了利用纤维组织性能上的方向性，在设计和制造零件或毛坯时，都应使零件在工作中所承受的最大正应力方向尽量与纤维方向重合，最大剪切应力方向与纤维方向垂直，以提高零件的承载能力。例如，锻造齿轮毛坯，应对棒料镦粗加工，使其纤维呈放射状，有利于齿轮的受力；曲轴毛坯的锻造，应采用拔长后弯曲工序，使纤维组织沿曲轴轮廓分布，这样曲轴工作时不易断裂等。另外，纤维组织形成后，不能用热处理方法消除，只能通过锻造方法使金属在不同方向变形，才能改变纤维的方向和分布。

金属的热变形程度越大，纤维组织现象越明显。纤维组织的稳定性很高，无法消除，只能经过热变形来改变其形状和方向。

热变形广泛应用于大变形量的热轧、热挤以及高强度高韧度毛坯的锻造生产等。但热变形中，金属表面氧化较严重，工件精度和表面品质较冷变形低。另外，设备维修工作量大，劳动强度也较大。

3) 变形程度的影响

塑性变形程度的大小对金属组织和性能有较大的影响。变形程度过小，不能起到细化晶粒提高金属力学性能的目的；变形程度过大，不仅不会使力学性能再增高，还会出现纤维组织或形变织构，增加金属的各向异性，当超过金属允许的变形极限时，将会出现开裂等缺陷。

对不同的塑性成形加工工艺，可用不同的参数表示其变形程度。

在锻造加工工艺中用锻造比$Y_{锻}$来表示变形程度的大小，如拔长：$Y_{锻}=S_0/S$(S_0、S分别表示拔长前后金属坯料的横截面积)；镦粗：$Y_{锻}=H_0/H$(H_0、H分别表示镦粗前后金属坯料的高度)。碳素结构钢的锻造比在2～3范围选取，合金结构钢的锻造比在3～4

范围选取，高合金工具钢(如高速钢)组织中有大块碳化物，需要较大锻造比($Y_{锻}=5\sim12$)，采用交叉锻，才能使钢中的碳化物分散细化。以钢材为坯料锻造时，因材料轧制时组织和力学性能已经得到改善，锻造比一般取1.1～1.3即可。

表示变形程度的技术参数还有：相对弯曲半径(r/t)、拉深系数(m)、翻边系数(k)等。挤压成形时则用挤压断面缩减率(ε_p)等参数表示变形程度。

4. 常用合金的塑性成形性能

常用塑性成形合金：各种钢材、铝、铜合金等都可以压力加工。其中，Q195、Q235、10、15、20、35、45、50钢等中低碳钢，20Cr，铜及铜合金，铝及形变铝合金等锻造性能较好。

冷冲压是在常温下加工，对于分离工序，只要材料有一定的塑性就可以进行。对于变形工序，如弯曲、拉延、挤压、胀形、翻边等，则要求材料具有良好的冲压成形性能。Q195、Q215、08、08F、10、15、20等低碳钢，奥氏体不锈钢，铜，铝等都有良好的冷冲压成形性能。

综上所述，利用金属固态塑性成形过程不仅能得到强度高、性能好的产品，且多数成形过程具有生产率高、材料消耗少等优点。但成形件(如锻件、挤压件、冲压件等)的形状和大小受到一定的限制，另外，大多数固态塑性成形方法的投资较大，能耗也较大。由于金属固态塑性成形过程在技术经济上的独特之处，使其在各行业中成为不可缺少的材料成形方法。

8.2 常用金属固态塑性成形技术

金属塑变成形技术的选择和实施，与材料、成形件的几何形状、工艺过程的实施条件(压力、温度、速度等)等有着密切关系。机械制造业中，人们充分利用冷、热塑性变形及其相应工艺的优点，生产出各类毛坯或零件。

8.2.1 自由锻造

自由锻造(简称自由锻)是指利用冲击力或压力，使金属材料在上、下砧铁之间或锤头与砧铁之间产生塑性变形而获得所需形状、尺寸以及内部质量锻件的一种锻压加工方法。

1. 自由锻成形的工艺特征

(1) 成形过程中坯料整体或局部塑性成形，除与上、下砧铁接触的金属部分受到约束外，金属坯料在水平方向能自由变形流动，不受限制，故无法精确控制变形的发展。自由锻锻件的形状和尺寸取决于操作者的技术水平，但锻件质量不受限制。

(2) 自由锻要求被成形材料(黑色金属或有色金属)在成形温度下须具有良好的塑性。经自由锻成形所获得的锻件，其精度和表面品质差，故自由锻适用于形状简单的单件或小批量毛坯成形，特别是重型、大型锻件的生产。

(3) 自由锻可使用多种锻压设备(空气锤、蒸汽锤、机械压力机、液压机等)，其锻造所用工具简单且通用性大，操作方便。但是，自由锻生产率低，金属损耗大，劳动条件较差。

2. 自由锻成形工艺流程

自由锻成形工艺流程如图8.13所示。

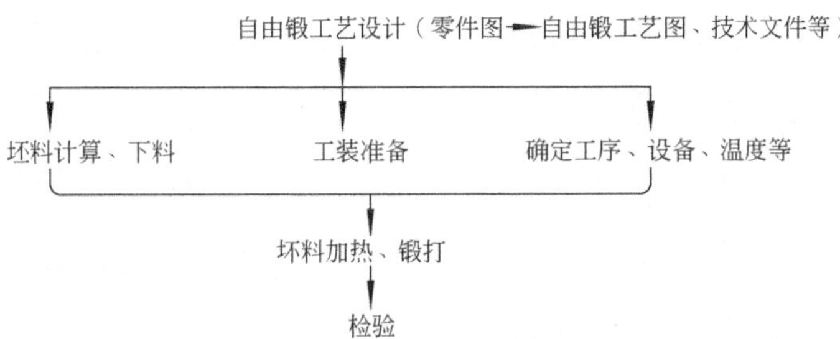

图 8.13 自由锻工艺作业流程图

1）绘制自由锻工艺图

自由锻工艺图是以零件图为基础结合自由锻过程特征绘制的技术资料。一个零件的毛坯若是用自由锻生产，则应根据零件图中所示零件的形状及尺寸、技术要求、生产批量以及所具有的生产条件和能力，结合自由锻过程中各种因素，用不同色彩的线条直接绘制在图纸上或用文字注在图纸上，这就得到自由锻工艺图又叫锻件图。绘制锻件图是进行自由锻生产必不可少的技术准备工作，锻件图是组织生产过程、制定操作规范、控制和检查产品品质的依据。

绘制锻件图要考虑下列几个因素。

(1) 敷料。敷料是为了简化锻件形状便于锻造而增添的金属部分。由于自由锻只适宜于锻制形状简单的锻件，故对零件上一些较小的凹挡、台阶、凸肩、小孔、斜面、锥面等都应进行适当的简化，以减少锻造的困难，提高生产率。

(2) 机加工余量。由于自由锻锻件的尺寸精度低、表面品质较差，需再经切削加工才能成为零件。所以，应在零件的加工表面上增加供切削加工用的金属部分，称为机加工余量。锻件机加工余量的大小与零件的形状、尺寸、加工精度、表面粗糙度等因素有关。通常中小型自由锻锻件的加工余量为3～7mm，它与生产的设备、工装精度、加热的控制和操作技术水平有关，零件越大，形状越复杂，则余量越大。

(3) 锻件公差。锻件公差是锻件名义尺寸的允许变动量。因为锻造操作中掌握尺寸有一定困难，外加金属的氧化和收缩等原因，使锻件的实际尺寸总有一定的误差。规定锻件的公差，有利于提高生产率。中小型自由锻锻件的公差一般为±1～±2mm。

自由锻锻件机加工余量和自由锻锻件公差的具体值可查锻造手册。

为了使锻工了解零件的形状和尺寸，有些工厂或企业直接在零件图上绘制锻件图，有些则另绘制锻件图并在锻件图上用双点划线画出零件主要轮廓形状并在锻件尺寸线下面用括弧标注出零件的名义尺寸。

【例 8.1】 如图 8.14 所示的双联齿轮，批量为 50 件/月，材料为 45 号钢。

由双联齿轮零件图可得：齿形、退刀槽及孔不锻出——用敷料，加工表面的机加工余量为半径加 3.5mm，高度加 3mm，锻件公差取±1mm。通过工艺设计后得到如图 8.15 所示的锻件图，这样自由锻后就得到一圆盘形阶梯实体锻件。

【例 8.2】 如图 8.16 所示的轴齿轮零件，批量为 60 件/月，材料为 40Cr 钢。

由轴齿轮零件图可得：齿形、平台及小台阶不锻出——用敷料，加工表面的机加工余量为半径加 4mm，总长度加 10mm(单侧 5mm)、其余 7mm，锻件公差总长度取±1.5mm、其余±1mm。通过工艺设计后得到如图 8.17 所示的锻件图，这样，锻工就按锻件图所给的形状和尺寸进行锻打(成形)。

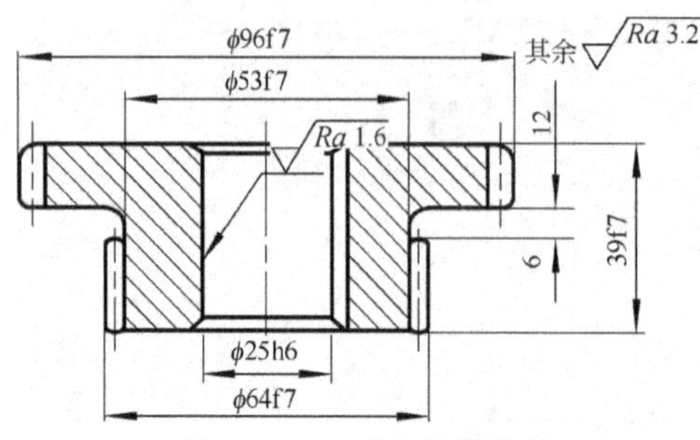

图 8.14 双联齿轮零件图

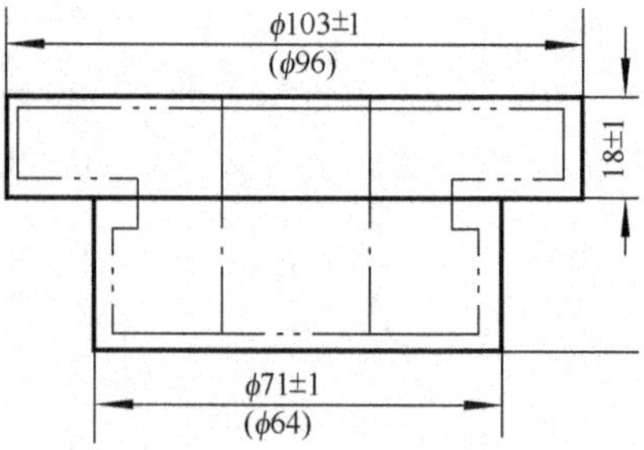

φ103±1
(φ96)
18±1
φ71±1
(φ64)

图 8.15 锻件图

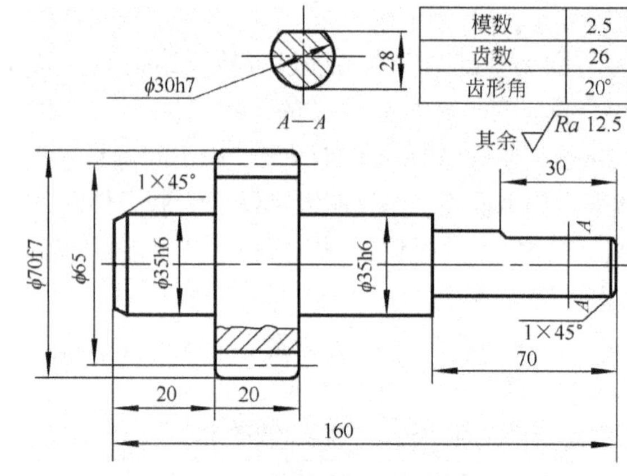

图 8.16 轴齿轮零件图

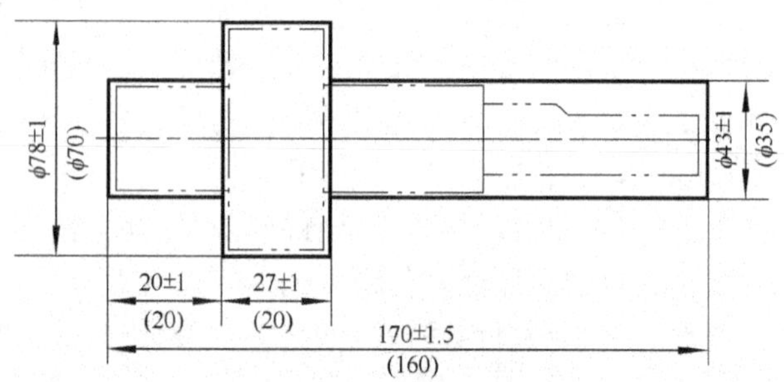

图 8.17 轴齿轮锻件图

2) 坯料质量及尺寸计算

坯料质量可按下式计算

$$G_{坯料}=G_{锻件}+G_{烧损}+G_{料头}$$

式中 $G_{坯料}$——坯料质量；

$G_{锻件}$——锻件质量；

$G_{烧损}$——加热时因坯料表面氧化而烧损的质量。通常，第一次加热取被加热金属的2%～3%，以后各次加热取1.5%～2%；

$G_{料头}$——指在锻造中被切掉或冲掉的那部分金属质量。如用铸锭(如钢锭)时，则要考虑切掉钢锭头部和尾部的质量。

通常，对于中、小型锻件，都采用型材(使用最多的是圆截面如圆钢)，这样可不考虑料头因素，故可将上式简化为

$$G_{坯料}=(1+K)G_{锻件}$$

式中 K——与锻件形状有关的系数。对于实心盘类锻件，$K=2\%\sim3\%$；对于阶梯轴类锻件，$K=8\%\sim10\%$；对于空心类锻件，$K=10\%\sim12\%$；对于其他形状的锻件，可视其复杂程度参照上述三类锻件取 K 值。

锻件的质量是根据锻件的名义尺寸来计算的。即

$$G_{锻件}=rV_{锻件}(\mathrm{g})$$

式中 r——金属的密度($\mathrm{g/cm^3}$)；

$V_{锻件}$——锻件体积。

在坯料质量求出后，需计算坯料的尺寸。对于圆截面坯料(如圆钢)计算过程如下。

(1) 当锻件锻造的第一工序为镦粗时，则坯料直径

$$D=(0.8\sim1)V_{坯料}^{1/3}$$

式中 $V_{坯料}$——坯料的体积，$V_{坯料}=G_{坯料}/r$($G_{坯料}$——坯料的重量)。

坯料的高度或长度

$$H=V_{坯料}/[\pi(D/2)^2]$$

且 H 应满足：$1.25D\leqslant H\leqslant2.5D$，这是因为在体积一定的情况下，坯料高度过大，则直径较小，镦粗时易镦弯；而直径过大，则下料困难且锻造效果不好。

(2) 当锻造件的第一工序为拔长时，则

$$F_{坯料}\geqslant yF_{锻}(\mathrm{mm^2})$$

式中 $F_{坯料}$——坯料的截面积；

y——锻造比，对于圆钢 $y=1.3\sim1.5$；

$F_{锻}$——锻件的最大截面积。

坯料的直径：

$$D=2(F_{坯料}/\pi)^{1/2}(\mathrm{mm})；$$

坯料的长度：

$$L=V_{坯料}/F_{坯料}(\mathrm{mm})。$$

要注意的是，圆钢直径的大小是有标准的，如 $\phi25$，$\phi30$，$\phi35$，$\phi40$，…。如计算的坯料直径 D 与圆钢标准直径不符，则应将坯料直径就近取成圆钢直径，然后再重新计算坯料高度 H 或长度 L。

【例 8.3】 如图 8.15 所示双联齿轮锻件的坯料质量和尺寸计算。

由锻件图(图 8.15)可得：

$$V_{锻}=\pi(10.3/2)^2 1.8+2.7\pi(7.1/2)^2=(150+106.9)=256.9(\mathrm{cm^3})$$

锻件的质量：

$$G_{锻}=V_{锻}\ r=256.9\times7.8=2003.8(\mathrm{g})\approx2(\mathrm{kg})$$

坯料的质量：

$$G_{坯}=(1+K)G_{锻}$$

K 取 3%(该件为实心盘类锻件)，故：

$$G_{坯}=(1+0.03)G_{锻}=1.03\times2\approx2.1(\mathrm{kg})$$

该锻件为盘类锻件，第一工序为镦粗，故坯料的直径：

$D=(0.8\sim1)V_{坯料}^{1/3}$，系数取 1；

$$D=V_{坯料}^{1/3}=(G_{坯}/r)^{1/3}=(2100/7.8)^{1/3}=6.48(\mathrm{cm})\approx\phi65(\mathrm{mm})$$

坯料的高度：

$$H=V_{坯料}/[\pi(D/2)^2]=269.2/[3.1416\times(6.5/2)^2]=8.11(cm)\approx81(mm)$$

$H/D=83/65=1.277$，满足 $1.25D\leqslant H\leqslant2.5D$。

因此，该锻件的坯料尺寸为 ϕ65mm×81mm，质量为 2.1kg。

【例 8.4】 如图 8.17 所示轴齿轮的锻件坯料质量和尺寸计算。

由锻件图(图 8.17)可得：

$$V_{锻}=2.7\pi(7.8/2)^2+\pi(4.3/2)^2\times(17-2.7)=(129+213.5)=342.7\ (cm^3)$$

锻件的最大截面面积：

$$F_{锻}=\pi(7.8/2)^2\approx47.8(cm^2)$$

锻件的质量：

$$G_{锻}=Vr=342.5\times7.8=2671.5(g)\approx2.67(kg)$$

坯料的质量：

$$G_{坯}=(1+K)G_{锻}$$

K 取 8%(该件为阶梯轴类锻件)，故：

$$G_{坯}=(1+0.08)\times2.67\approx2.9(kg)$$

该锻件为轴类锻件，第一工序为拔长，故：

$$F_{坯}=(1.3\sim1.5)F_{锻}=1.3\times47.8=62.1(cm^2)$$

坯料的直径：$D=2(F_{坯}/\pi)^{1/2}=2(62.1/3.1416)^{1/2}=8.9(cm)$

取坯料直径 $D=90(mm)$

又由坯料的长度：

$L_{坯}=V_{坯}/F_{坯}=G_{坯}/(rF_{坯})=2900/(7.8\times62.1)=5.99(cm)\approx60(mm)$

故坯料的尺寸为 ϕ90mm×60mm，质量为 2.9kg。

3) 选择锻造工序、确定锻造温度和冷却规范

(1) 选择锻造工序。

自由锻中可进行的工序较多，通常分为基本工序、辅助工序和精整工序三大类。

自由锻的基本工序是使坯料产生一定程度的热变形，逐渐形成锻件所需形状和尺寸的成形过程。基本工序有镦粗(坯料高度减小而截面增大)、拔长(坯料截面减小而长度增大)、冲孔、切割、弯扭和错移等。

辅助工序是为了基本工序便于操作而进行的预先变形工序，如压肩、倒棱等。

精整工序是用以改善锻件表面品质而进行的工序，如整形、清除表面氧化皮等。精整工序用于要求较高的锻件，它是在终锻温度以下进行。

选择自由锻工序是根据锻件形状和要求来确定的。对一般锻件的大致分类及锻造用工序见表 8-2。

表 8-2 锻件分类及锻造用工序

锻件类别	图例	锻造用工序
盘类锻件		镦粗，冲孔，压肩，整修
轴及杆类锻件		拔长，压肩，整修

（续）

锻件类别	图例	锻造用工序
筒及环类锻件		镦粗，冲孔，在芯轴上拔长（或扩孔），整修
弯曲类锻件		拔长，弯曲
曲拐轴类锻件		拔长，分段，错移，整修
其他复杂锻件（如图例所示）		拔长，分段，镦粗，冲孔，整修

（2）锻造温度范围及加热冷却规范。

金属的锻造是在一定温度范围内进行的。一些常用金属材料的锻造温度范围见表8－3。

表8－3　常用金属材料的锻造温度范围

合金种类	始锻温度/℃	终锻温度/℃
15，25，30 碳素钢：35，40，45 60，65，T8，T10	1200～1250 1200 1100	750～800 800 800
合金结构钢 合金钢：低合金工具钢 高速钢	1150～1200 1100～1150 1100～1150	800～850 850 900
有色金属：H68黄铜 硬铝	850 470	700 380

金属坯料加热的常用设备为箱式加热炉（利用煤或油等燃烧产生的热能或利用电能加热金属坯料）。

为缩短加热时间，对塑性良好的中小型低碳钢坯料，把冷的坯料直接送入高温的加热炉中，尽快加热到始锻温度。这样不仅可以提高生产率，还可以减小坯料的氧化和钢的表面脱碳，并防止过热。但快速加热会使坯料产生较大的热应力，甚至可能会导致内部裂纹。因此，对导热率和塑性较低的大型合金钢坯料，常采用分段加热，即先将坯料随炉升温至800℃左右，并适当保温以待坯料内部组织和内外温度均匀，然后再快速升温至始锻温度并在此温度保温，待坯料内外温度均匀后出炉锻造。

锻造后锻件的冷却也须注意。锻好后的锻件仍有较高的温度，冷却时由于表面冷却快，内部冷得慢，使锻件表里收缩不一致，可能会使一些塑性较低或大型复杂锻件产生变形或开裂等缺陷。锻件冷却方式常有下列三种：

① 直接在空气中冷却(简称空冷)。此方法多用于 $w_C \leqslant 0.5\%$ 的碳钢和 $w_C \leqslant 0.3\%$ 的低合金钢中小锻件。

② 在炉灰或干砂中缓冷。多用于中碳钢、高碳钢和大多数低合金钢的中型锻件。

③ 随炉缓冷。锻后随即将锻件放入 500～700℃的炉中随炉缓冷，多用于中碳钢和低合金钢的大型锻件以及高合金钢的重要锻件。

(3) 锻造设备选择。

中、小型自由锻件所采用的锻造设备主要是空气锤。空气锤吨位的选择见表 8 - 4 或查锻造手册。

表 8 - 4　常用空气锤吨位选用参考表

锤的吨位/kg	150	250	400	560
锻件质量/kg	6	10	26	40

4) 自由锻典型过程举例

(1) 盘类锻件的锻造过程。由前述双联齿轮锻件图(图 8.14)可知其属盘类锻件，自由锻工艺的基本工序有镦粗、拔长、打圆，辅助工序有压肩。坯料已算出，锻造温度和设备等可查表或锻造手册。双联齿轮锻件(图 8.14)的自由锻工艺过程卡见表 8 - 5。

表 8 - 5　双联齿轮锻件的自由锻工艺过程卡

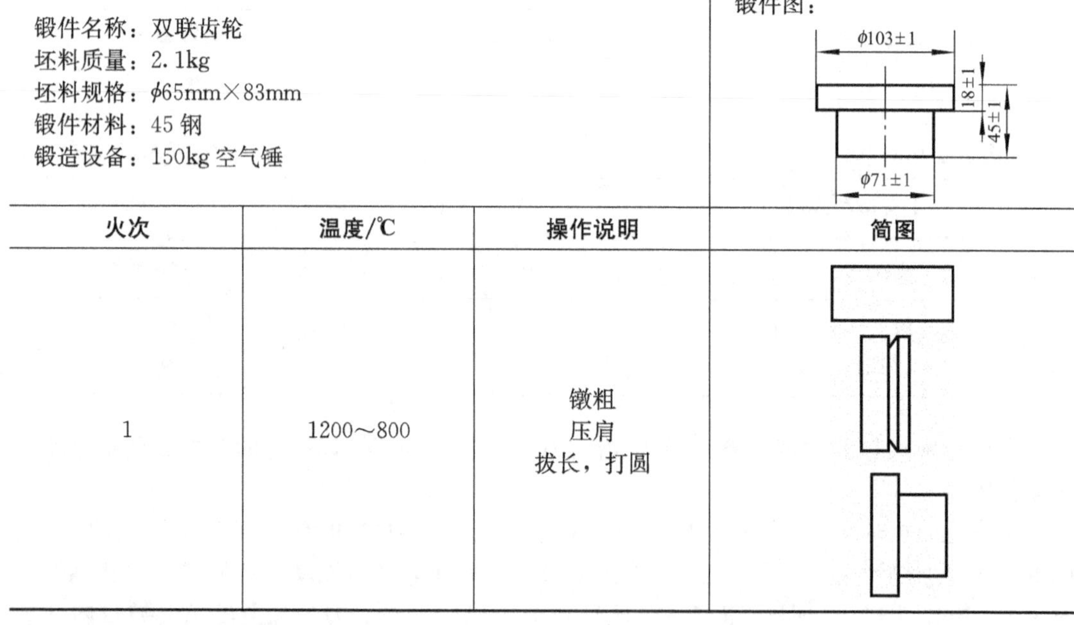

锻件名称：双联齿轮 坯料质量：2.1kg 坯料规格：ϕ65mm×83mm 锻件材料：45 钢 锻造设备：150kg 空气锤			锻件图：
火次	温度/℃	操作说明	简图
1	1200～800	镦粗 压肩 拔长，打圆	

(2) 轴类锻件的锻造过程。

由前述轴齿轮锻件图(图 8.17)可知其属阶梯轴类锻件，自由锻工艺的基本工序有拔长、打圆，辅助工序有压肩。坯料已算出，锻造温度和设备等可查表或锻造手册。轴齿轮锻件(图 8.17)的自由锻工艺过程卡见表 8 - 6。

表 8-6 轴齿轮锻件的自由锻工艺过程卡

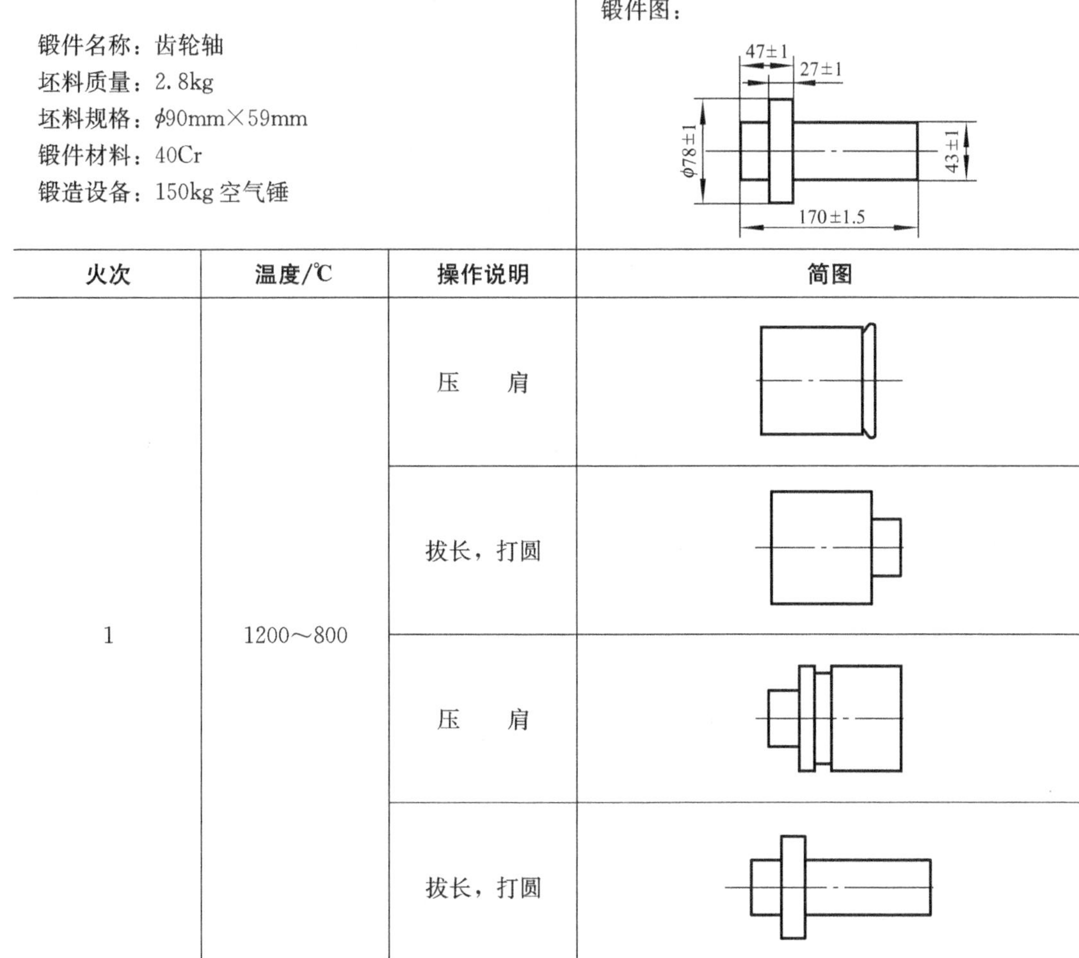

注：表 8-5、表 8-6 中的火次是指坯料或半成品的加热次数。

3. 自由锻件结构技术特征

自由锻造属金属固态塑性成形的生产过程，由于受固态金属材料本身的塑性和外力的限制，加之自由锻过程的特点，使自由锻件的几何形状受到很大限制。因此，在保证使用性能的前提下，为简化锻造工艺过程，保证锻件品质，提高生产率，在零件结构设计时应尽量满足自由锻的技术特征要求。对于用自由锻制作毛坯的零件，其结构设计应注意以下原则：

(1) 自由锻件上应避免锥体、曲线或曲面交接以及椭圆形、工字形截面等结构。因为锻造这些结构须制备专用工具，锻件成形也比较困难，锻造过程复杂，操作极不方便。如图 8.18 所示。

(2) 自由锻件上应避免加强筋、凸台等结构。因为这些结构难以用自由锻获得。若采用专用工具或技术措施来生产，必将大大增加锻件成本，降低生产率，如图 8.19 所示。

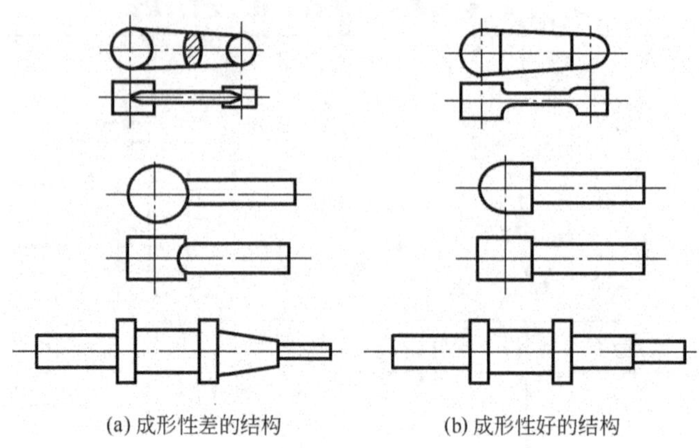

图 8.18　轴、杆类锻件结构比较

（3）当锻件的横截面有急剧变化或形状较复杂时，可采用特别的技术措施或工具；或者将其设计成几个简单件构成的组合件，锻造后再用焊接或机械连接方法将几个简单锻件连成整体件，如图 8.20 所示。

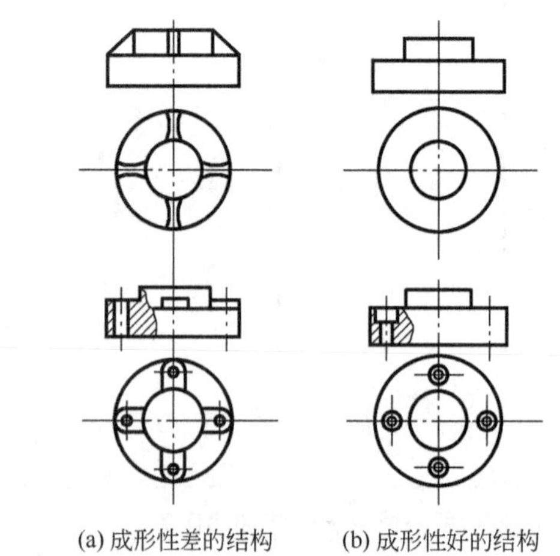

图 8.19　盘类锻件结构比较

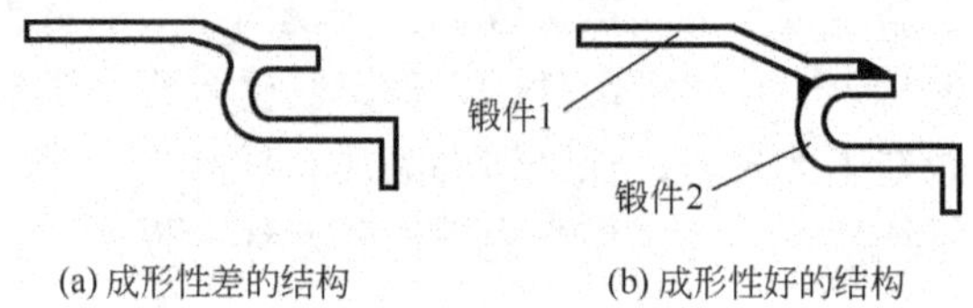

图 8.20　复杂件结构

8.2.2　模型锻造

模型锻造包括模锻和镦锻，是将加热或不加热的坯料置于锻模模膛内，然后施加冲击力或压力使坯料发生塑性变形而获得锻件的锻造成形工艺方法。

1. 模型锻造成形过程特征

(1) 模型锻造时坯料是整体塑性成形，坯料三向受压。坯料放于固定锻模模膛中，当动模作合模运动时(一次或多次)，坯料发生塑性变形并充满模膛，随后，模锻件由顶出机构顶出模膛。热成形要求被成形材料在高温下具有较好的塑性，而冷成形则要求材料具有足够的室温塑性。热成形过程主要是模锻，可生产各种形状的锻件，锻件形状仅受成形过程、模具条件和锻造力的限制。

(2) 热成形模锻件的精度和表面品质除锻模的精度和表面品质外，还取决于氧化皮的厚度和润滑剂等，一般都符合要求，但要得到零件配合面最终精度和表面品质还须再进行精加工(如车削、铣削、刨削等)，冷成形件则可获得较好的精度(≈±0.2mm)与表面品质，几乎可以不再进行或少进行机械加工。

(3) 模锻可使用多种锻压设备(蒸汽锤、机械压力机、液压机、卧式机械镦锻机等)，所需设备要根据生产量和实际采用的成形工艺来选择。

鉴于模锻的优点，它广泛用于飞机、机车、汽车、拖拉机、军工、轴承等制造业中。据统计，如按质量计算，飞机上的锻件中模锻件约占85%，轴承上约占95%，汽车上约占80%，坦克上约占70%，机车上约占60%。最常见锻件的零件是齿轮、轴、连杆、杠杆、手柄等，但模锻常限于150kg以下的零件。冷成形工艺(冷镦、冷锻)主要生产一些小型制品或零件，如螺钉、钉子、铆钉、螺栓等。由于锻模造价高，制造周期长，故模锻适宜于大批量生产的锻件。

由于模锻是最主要且应用最多的模型锻造，故本节主要讲模锻。

2. 模锻工艺流程

模锻生产工艺的流程如图8.21所示。

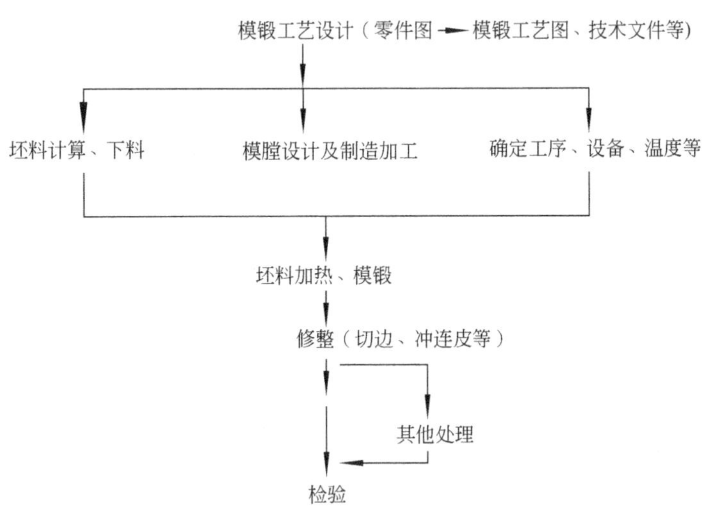

图8.21 模锻工艺作业流程图

1) 绘制模锻工艺图

如前所述，模锻工艺图是生产过程中各个环节的指导性技术文件。在制订模锻工艺图时应考虑的因素有：

(1) 分模面。分模面即上、下锻模在锻件上的分界面，它很相似于铸造中的分型面。锻件分模面选择的好坏直接影响到锻件的成形、锻件出模、锻模结构及制造费用、材料利用率、切边等一系列问题。在制订模锻工艺时，须遵照下列原则确定分模面位置。

① 要保证模锻件易于从模膛中取出，故通常分模面选在模锻件最大截平面上。

② 所选定的分模面应能使模膛的深度最浅，这样有利于金属充满模膛，便于锻件的取出和锻模的制造。

③ 选定的分模面应能使上下两模沿分模面的模膛轮廓一致，这样在安装锻模和生产中发现错模现象时，便于及时调整锻模位置。

④ 分模面最好是平面，且上下锻模的模膛深度尽可能一致，便于锻模制造。

⑤ 所选分模面尽可能使锻件上所加的敷料最少，这样既可提高材料的利用率，又减少了切削加工的工作量。

如图 8.22 中 c—c 面就满足上述原则。

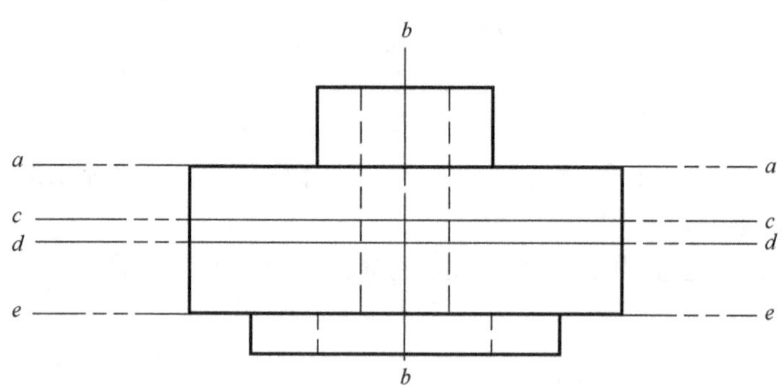

图 8.22　模锻件分模面选择比较图

(2) 机加工余量、锻件公差和敷料。模锻件的尺寸精度较好，其余量和公差比自由锻件的小得多。小型模锻件的加工余量一般在 2～4mm，锻件公差一般为±0.5～±1mm。模锻件加工余量及模锻件公差可查锻造手册或其他工程手册。

对于孔径 $d>25$mm 的模锻件，孔应锻出，但须留冲孔连皮；冲孔连皮厚度与孔径有关，当孔径在 $\phi30$～$\phi80$mm 时，连皮厚度为 4～8mm。

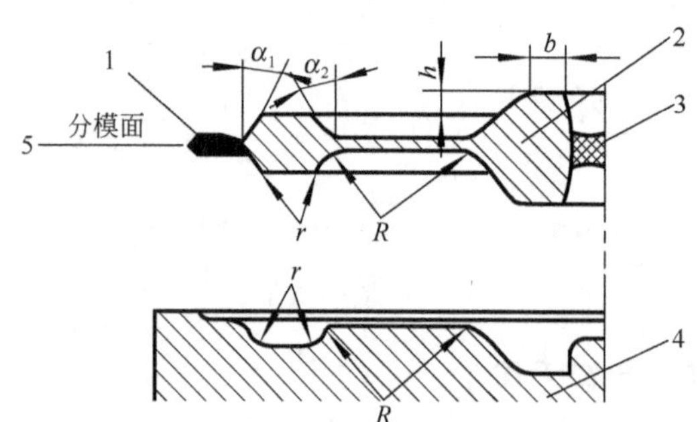

图 8.23　模锻斜度及模锻件圆角

1—飞边；2—锻件；3—连皮；4—锻模；5—分模面

(3) 模锻斜度。模锻件上凡平行于锻压方向的表面(或垂直于分模面的表面)都须具有斜度，如图 8.23 所示。这样便于从模膛中取出锻件。常用的模锻斜度系列为：3°，5°，7°，10°，12°，15°。模锻斜度与模膛深度有关，当模膛深度与宽度的比值(h/b)越大时，取较大的斜度值；内壁斜度(锻件冷却收缩时与模壁呈夹紧趋势的表面)应比外壁斜度大2°～5°；在具有顶出装置的锻压机械上，其模锻件上的斜度比没有顶出装置的小一级。

(4) 模锻件圆角半径。模锻件上凡是面与面相交处均应做成圆角。如图 8.23 所示。这样，可增大锻件强度，利于锻造时金属充满模膛，避免锻模上的内尖角处产生裂纹，减缓锻模外尖角处的磨损，提高锻模的使用寿命。钢质模锻件外圆角半径(r)取 1.5～12mm，内圆角半径比外圆角大 2～3 倍。模膛深度越深，圆角半径取值越大。

【例 8.5】 图 8.24 为一齿轮，材料为 45 钢，产量为 3000 件/月，故选用模锻。

该件 ϕ25mm 的孔不锻出(因加机加工余量后孔径小于 25mm)，外径的加工余量放 4mm(半径上加 2mm)，高度上加工余量放 2.5mm。分模面选取如图 8.25 所示。凡垂直于分模面的立壁均放模锻斜度 5°。

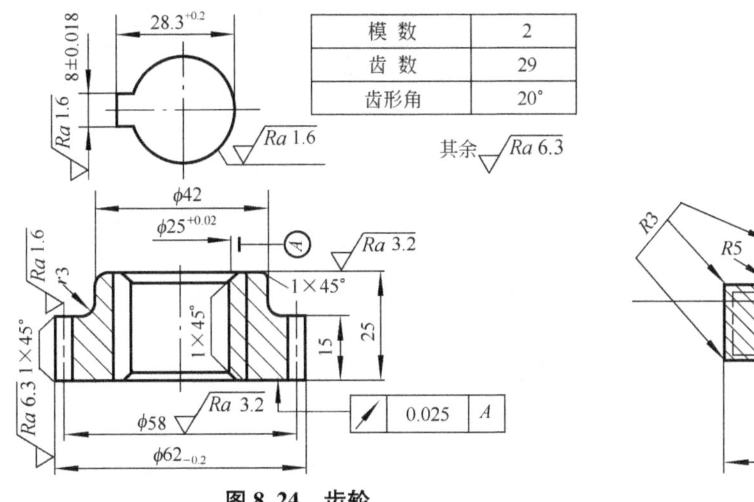

图 8.24 齿轮

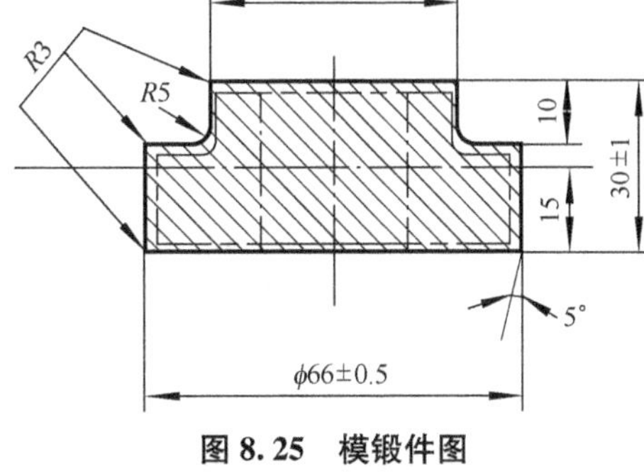

图 8.25 模锻件图

2) 坯料质量和尺寸计算

模锻件坯料质量＝模锻件质量＋氧化烧损质量＋飞边(连皮)质量。

飞边质量的多少与锻件形状和大小有关，一般可按锻件质量的 10%～20%计算。氧化烧损按锻件质量和飞边质量总和的 3%～4%计算。

其他规则可参照自由锻坯料质量及尺寸计算。

3) 模锻工序的确定

模锻工序与锻件的形状、尺寸有关。由于每个模锻件都必须有终锻工序，所以工序的选择实际上就是制坯工序和预锻工序的确定。

(1) 轮盘类模锻件。这类锻件指圆形或宽度接近于长度的锻件如齿轮锻件、十字接盘、法兰盘锻件等，如图 8.26 所示。这类模锻件终锻时金属沿高度和径向或长度、宽度方向均产生流动。

一般的轮盘类模锻件，采用镦粗和终锻工序；对于一些高轮毂、薄轮辐等模锻件，采用镦粗—预锻—终锻工序，如图 8.26(c)、(e)所示。

(2) 长轴类模锻件。这类锻件的长度与宽度之比较大，终锻时金属沿高度与宽度方向流动，沿长度方向流动不大。

长轴类锻件例如主轴、传动轴、转轴、销轴、曲轴、连杆、杠杆、摆杆锻件等，如图 8.27所示。这类模锻件的形状多种多样，通常模锻件沿轴线在宽度或直径方向上的变化较大，这样一来就给模锻带来一定的不便和难度，因此，长轴类模锻件的成形较轮盘类模锻件困难，模锻工序也较多，模锻过程也较复杂。

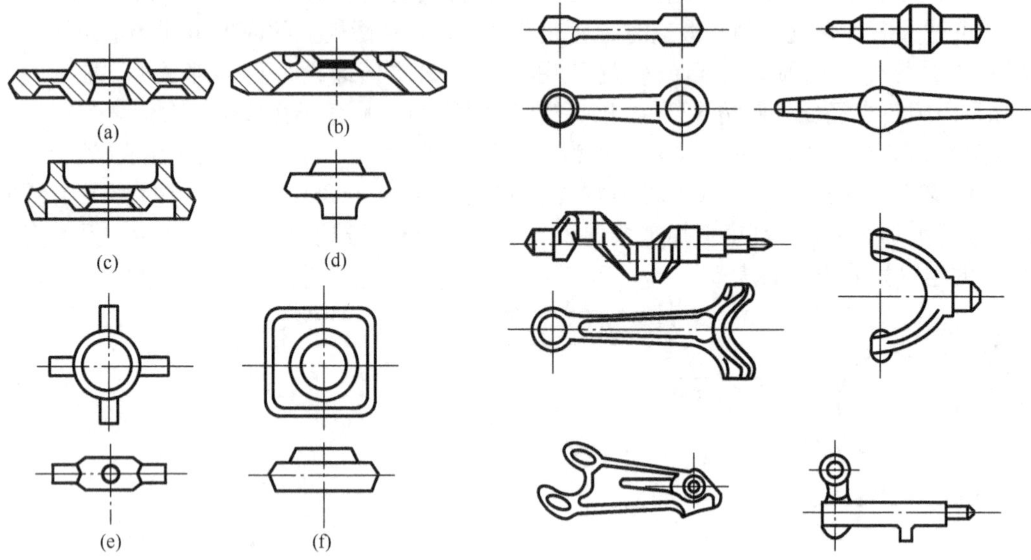

图 8.26　轮盘类模锻件　　**图 8.27　长轴类模锻件**

长轴类模锻件工序选择有：①预锻—终锻；②滚压—预锻—终锻；③拔长—滚压—预锻—终锻；④拔长—滚压—弯曲—预锻—终锻等。工序越多，锻模的模膛数就越多，这样，锻模的设计和制造加工就越难，成本也就越高。

模锻件成形过程中工序的多少与零件结构设计、坯料形状及制坯手段等有关。

由于在锻压机上不适宜进行拔长和滚压工序，因此锻造截面变化较大的长轴类锻件时，常采用断面呈周期性变化的坯料，如图 8.28 所示，这样可省去拔长和滚压工序；或者用辊锻机来轧制原坯料代替拔长和滚压工序，如图 8.29 所示。这样可使模锻过程简化，生产率提高。

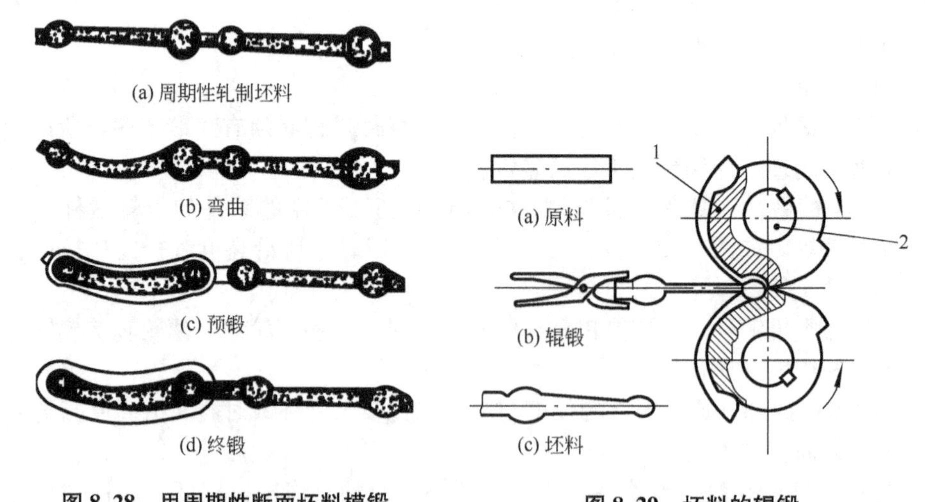

图 8.28　用周期性断面坯料模锻

图 8.29　坯料的辊锻

1—扇形辊锻模；2—锻辊

图 8.30 所示为弯曲连杆在锤上模锻的过程。

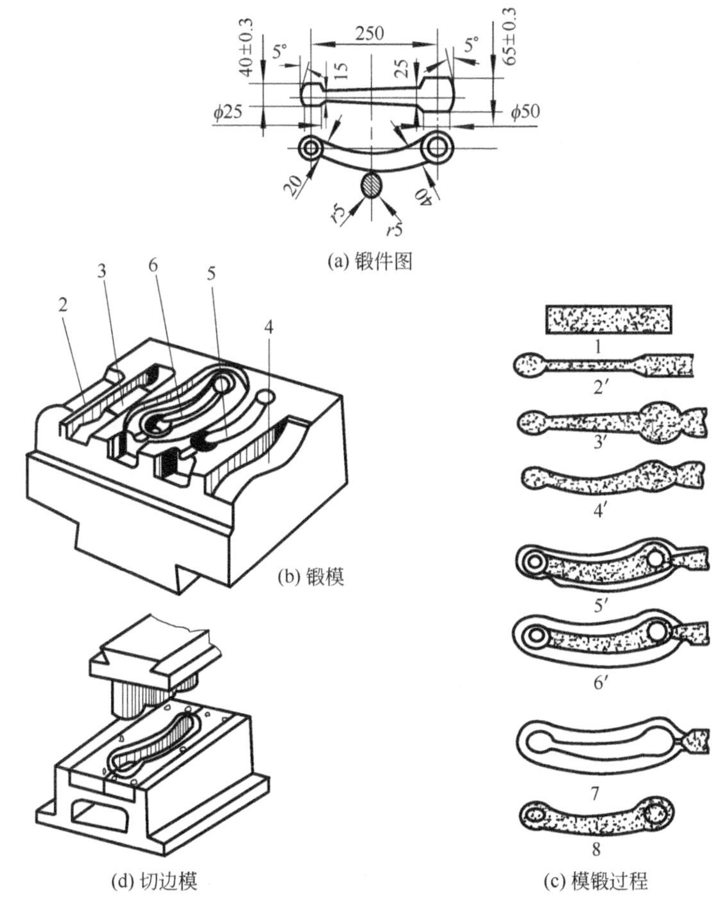

图 8.30 弯曲连杆在锤上模锻的过程

1—料坯；2—拔长模膛；2′—拔长；3—滚压模膛；3′—滚压；4—弯曲模膛；4′—弯曲；5—预锻模膛；5′—预锻；6—终锻模膛；6′—终锻；7—切边；8—锻件

4）修整工序

由锻模模膛锻出的模锻件，尚需经过一些修整工序才能得到符合要求的锻件。修整工序有：

(1) 切边与冲孔。刚锻制成的模锻件，通常其周边都带有横向飞边，有通孔的锻件还有连皮，须用切边模和冲孔模在压力机上将飞边和连皮从锻件上切除。

对于较大的模锻件和合金钢模锻件，常利用模锻后的余热立即进行切边和冲孔，其特点是所需切断力较小，但锻件在切边和冲孔时易产生轻度的变形；对于尺寸较小的和精度要求较高的锻件，常在冷态下切边和冲孔，其特点为切断后锻件切面较整齐，不易产生变形，但所需的切断力较大。

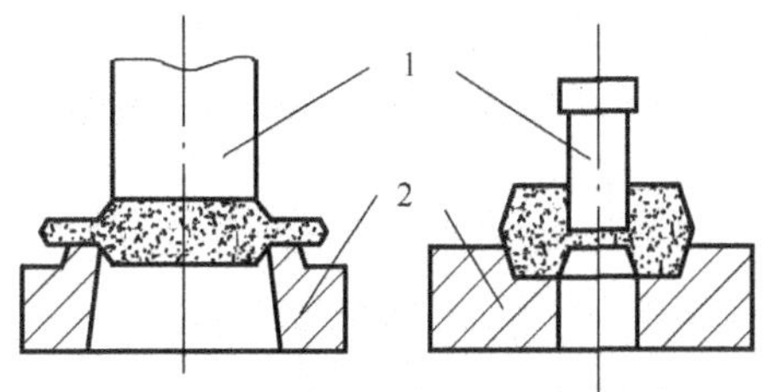

图 8.31 切边模和冲孔模

1—凸模；2—凹模

切边模和冲孔模由凸模和凹模组成，如图 8.31所示。切边凹模的通孔形状和锻件在分模面上的轮廓一样，一般凸模工作面的形状和锻件上部外形相符。冲孔凹模作为锻件的支座，应使锻件放在模中能对准冲孔中心，冲孔连皮从凹模孔落下。

当锻件批量很大时，切边和冲连皮可在一个较复杂的复合式连续模上联合进行。

(2) 校正。在切边及其他工序中有可能引起锻件变形，因此对许多锻件特别是形状复杂的锻件在切边(冲连皮)之后还需进行校正。校正可在锻模的终锻模膛或专门的校正模内进行。

(3) 热处理。模锻件进行热处理的目的是为了消除模锻件的过热组织或加工硬化组织、内应力等，使模锻件具有所需的组织和性能。热处理一般用正火或退火。

(4) 清理。清理是去除在生产过程中形成的氧化皮、所沾油污及其他表面缺陷，以提高模锻件的表面品质。清理有下列几种方法：滚筒打光、喷丸清理、酸洗等。

① 滚筒打光。将锻件装入旋转的滚筒内，靠锻件互相撞击打落氧化皮、光洁表面等，此法缺点是噪声大，刚性差的锻件可能产生变形，故一般适宜于清理小件。

② 喷丸清理。喷丸清理是在有机械化装置的钢丸喷射机上进行，清理时锻件一边移动一边翻转，同时受到 $\phi0.8$～$\phi1.5$mm 的钢丸高速冲击。这种设备生产率高，清理质量好且锻件表面留有残余压应力，但其投资较大。

③ 酸洗。酸洗是在温度大约为 55℃、浓度为 18%～22%的稀硫酸溶液中进行，酸洗后的锻件须立即在 70℃的水中洗涤。酸洗中因酸液挥发、飞溅等，会污染空气和环境，且劳动条件较差，故应用不多。

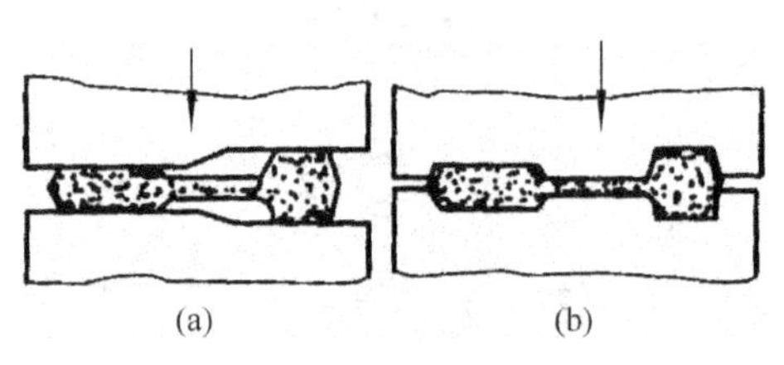

图 8.32　精压

对于要求精度高和表面粗糙度低的模锻件，除进行上述各修整工序外，还应在压力机上进行精压，如图 8.32 所示。

5) 锻模模膛

由上述模锻工序可知，模膛按其功用分为模锻模膛和制坯模膛两大类。

(1) 模锻模膛。模锻模膛分为终锻模膛和预锻模膛两种。

① 终锻模膛。其作用是使坯料最后变形到锻件所要求的形状和尺寸。它的形状与锻件的形状相同，因锻件冷却时要收缩，终锻模膛的尺寸应比锻件尺寸放大一个收缩量，一般钢件收缩量取 1.2%～1.5%。另外，沿模膛四周有飞边槽，飞边槽的作用一主要是促使金属充满模膛，增加金属从模膛中流出的阻力，同时容纳多余的金属。对于具有通孔的锻件，由于不可能靠上、下模的突出部分把金属完全挤压形成通孔，故终锻后在孔内留下一薄层金属即冲孔连皮。把飞边和连皮切除以后，才能得到模锻件。飞边槽如图 8.33 所示。

② 预锻模膛。其作用是使坯料变形到接近于锻件的形状和尺寸，这样再进行终锻时，金属容易充满终锻模膛，同时也减小了终锻模膛的磨损，延长其使用寿命。预锻模膛和终锻模膛的主要区别是，前者的圆角和斜度较大，没有飞边槽。对于形状简单或批量不太大的模锻件可不设置预锻模膛。

(2) 制坯模膛。对于形状复杂的模锻件(尤其是长轴类模锻件)，为了使坯料形状基本接近模锻件形状，使金属能合理分布和很好地充满模膛，须预先在制坯模膛内制坯，然后再进行预锻和终锻。制坯模膛有：

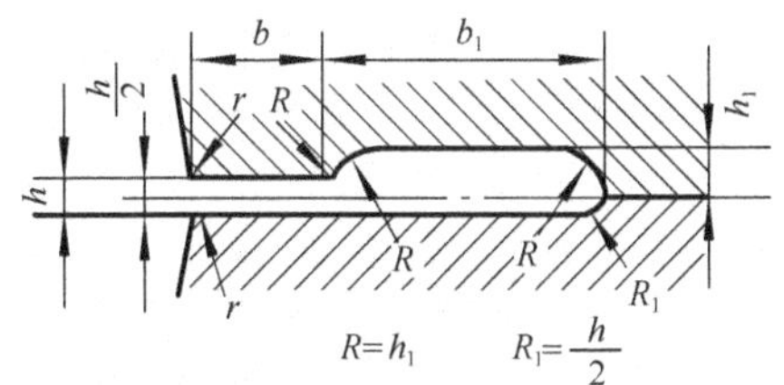

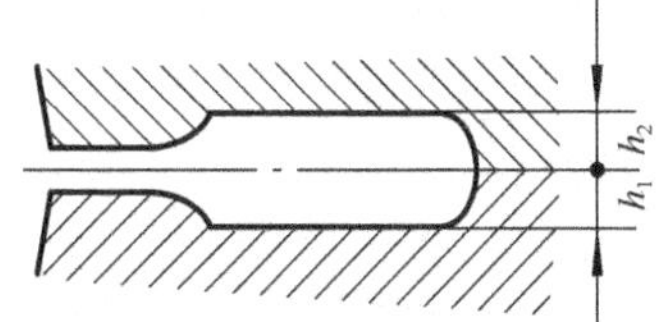

图 8.33 飞边槽的基本结构形式

注：(1) 飞边槽除基本结构形式外，还有其他结构形式；

(2) 飞边槽的尺寸与模锻件的材质、设备吨位有关，可查阅锻造手册。

① 拔长模膛。它是用来减小坯料某部分的横截面积，以增加该部分的长度，如图 8.34所示。当模锻件沿轴向横截面相差较大时，用这种模膛进行拔长。此模膛一般设置在锻模的边缘，操作时坯料除送进外还需翻转。

② 滚压模膛。用来减小坯料某部分的横截面积，以增大另一部分的横截面积。它主要是使金属按模锻件形状分布。滚压模膛分开式的闭式两种，如图 8.35 所示。当模锻件沿轴线的横截面积相差不很大或作修整拔长后的坯料时采用开式滚压模膛。当模锻件的最大和最小截面相差较大时，采用闭式滚压模膛。操作时需不断翻转坯料。

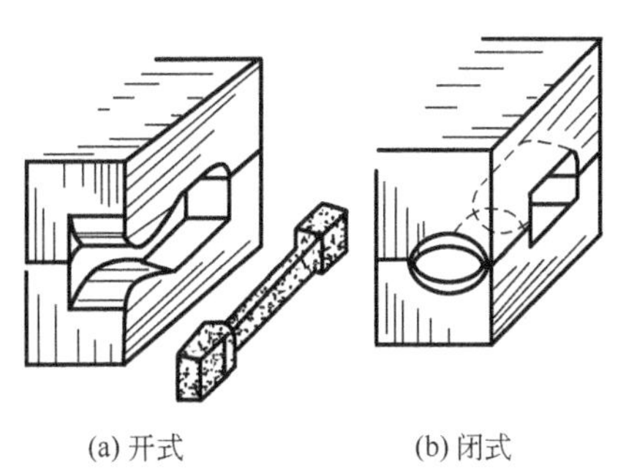
(a) 开式　(b) 闭式

图 8.34 拔长模膛

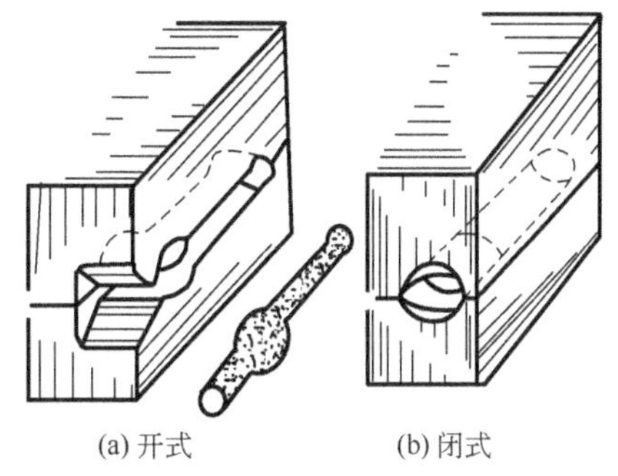
(a) 开式　(b) 闭式

图 8.35 滚压模膛

③ 弯曲模膛。对于弯曲的杆类模锻件，需用弯曲模膛来弯曲坯料。坯料可直接或先经其他制坯工序后再放人弯曲模膛内进行弯曲变形，如图 8.36 所示。

④ 切断模膛。它是在上模与下模的角部组成的一对刀口，用来切断金属，如图 8.37 所示。单件锻造时，用它从坯料上切下锻件或从锻件上切下钳口部金属；多件锻造时，用它来分离成单个件。

此外，尚有成形模膛、镦粗台及击扁面等制坯模膛。由于制坯模膛增加了锻模体积和制造加工难度，加之有些制坯工序(如拔长、滚压等)在锻压机上不宜进行，故对截面变化较大的长轴模锻，目前多用辊锻机或楔形模横轧来轧制原(坯)料以替代制坯工序，从而大大简化锻模。

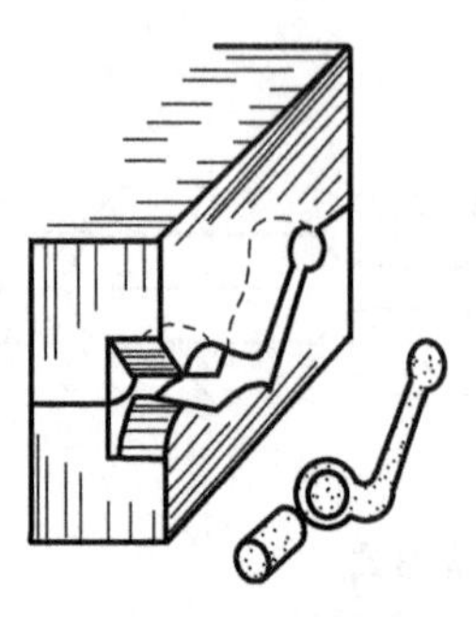

图 8.36　弯曲模膛

图 8.37　切断模膛

根据模锻件的复杂程度，所需变形的模膛数量不等，可将锻模设计成单膛锻模或多膛锻模。单膛锻模是在一副锻模上只有一个模膛，如齿轮坯模锻件就可将截下的圆柱形坯料直接放入单膛锻模中成形。多膛锻模是在一副锻模上具有两个以上模膛的锻模，如图 8.30 所示的弯曲连杆模锻件的锻模即为多膛锻模。锻模的模膛数越多，设计、制造就越难，成本也就越高。

6）金属在模膛内的变形过程

将金属坯料置于终锻模膛内，从锻造开始到金属充满模膛锻成锻件为止，其变形过程可分为三个阶段。现以锤上模锻盘类锻件为例来说明：

第一阶段为充型阶段。在最初的几次锻击时，金属在外力作用下发生塑性变形，坯料高度减小，水平尺寸增大，并有部分金属压入模膛深处。这一阶段直到金属与模膛侧壁接触达到飞边槽桥口为止，如图 8.38(a)所示。在这一阶段模锻所需的变形力不大，变形力与行程的关系如图 8.38(d)所示。

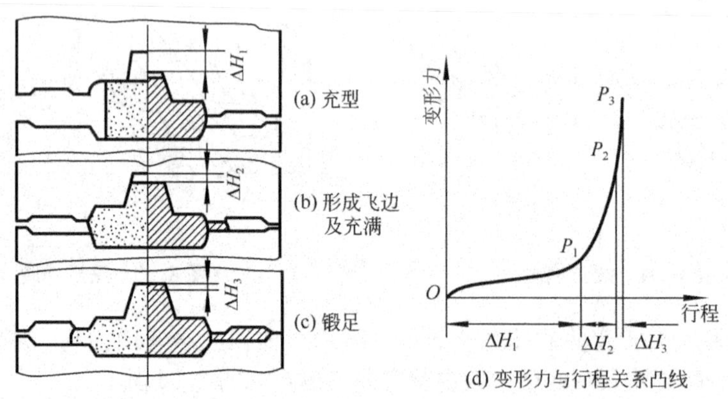

图 8.38　金属在模膛内的变形过程

第二阶段为形成飞边和充满阶段。在继续锻造时，由于金属充满模膛圆角和深处的阻力较大，金属向阻力较小的飞边槽内流动，形成飞边。此时，模锻所需的变形力开始增大。随后，金属流入飞边槽的阻力因飞边变冷而急剧增大，这个阻力一旦大于金属充满模膛圆角和深处的阻力，金属便向模膛圆角和深处流动，直到模膛各个角落都被充满为止。如图 8.38(b)所示。这一阶段的特点是飞边完成强迫充填的作用。由于飞力的出现，变形力迅速增大，如图 8.38(d)中 P_1P_2 线所示。

第三阶段为锻足阶段。如果坯料的形状、体积以及飞边槽的尺寸等工艺参数都设计得恰当，则当整个模膛被充满之时，正好就是锻到锻件所需高度而结束锻造之时，如图 8.38(c)所示。但是，由于坯料体积总是不够准确且往往都偏多或者飞边槽阻力偏大，因而，虽然模膛已经充满，但上下模还未合拢，需进一步锻足。这一阶段的特点是变形仅发生在分模面附近区域，以便向飞边槽挤出多余的金属，此阶段变形力急剧增大，直至达到最大值 8 为止，如图 8.38(d)中 P_2P_3线所示。由上可知，飞边有三个作用：强迫充填；容纳多余的金属；减轻上模对下模的打击，起缓冲作用。

影响金属充满模膛的因素有：

① 金属的塑性和变形抗力。显然，塑性高、变形抗力低的金属较易充满模膛。

② 金属模锻时的温度。金属的温度高，则其塑性好、抗力低，易于充满模膛。

③ 飞边槽的形状和位置。飞边槽部宽度与高度之比(b/h)及槽部高度 h 是主要因素。

(b/h)越大，h 越小，则金属在飞边流动阻力越大。强迫充填作用越大，但变形抗力也增大。

④ 锻件的形状和尺寸。具有空心、薄壁或凸起部分的锻件难于锻造。锻件尺寸越大，形状越复杂，则越难锻造。

⑤ 设备的工作速度。一般而言，工作速度较大的设备其充填性较好。

⑥ 充填模膛方式。镦粗比挤压易充型。

⑦ 其他如锻模有无润滑、有无预热等。

7）模锻件结构技术特征

为了确保锻件品质，利于模锻生产和降低成本、提高生产率，设计模锻件时，应在保证零件使用要求的前提下，结合模锻工艺过程特点，使零件结构符合下列原则：

(1) 模锻零件必须具有一个合理的分模面，以保证模锻件易于从锻模中取出、敷料最少、锻模制造容易。

(2) 零件外形力求简单、平直和对称，尽量避免零件截面间差别过大，或具有薄壁、高筋、高凸起等结构，以便于金属充满模膛和减少工序。

(3) 尽量避免有深孔或多孔结构。

(4) 在可能的情况下，对复杂零件采用锻、焊组合，以减少敷料，简化模锻过程。

图 8.39 所示为模锻时零件结构技术特征(又叫工艺性)差的零件。对于这些结构；若允许的话最好是改进结构，若不允许或有困难的话，可用敷料解决。另外，可考虑锻-焊组合结构。

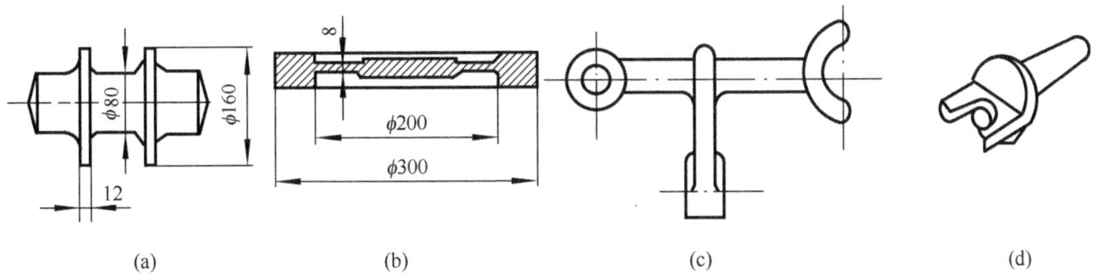

图 8.39 结构工艺性差的模锻件

8.2.3 胎模锻造

胎模锻造是在自由锻造设备上使用不固定在设备上的各种称为胎模的单膛模具，直接将已加热的坏料(或用自由锻方法预锻成接近锻件形状)，然后用胎模终锻成形的锻造方法。它广泛应用于中、小批量的中、小型锻件的生产。

与自由锻相比，胎模锻具有锻件品质较好(表面光洁、尺寸较精确、纤维分布合理)、生产率高和节约金属等优点。

与固定锻模的模锻相比，胎模锻具有操作比较灵活、胎模模具简单、容易制造加工、成本低、生产准备周期短等优点。它的主要缺点有：胎模锻件比模锻件表面品质较差、精度较低、所留的机加工余量大、操作者劳动强度大、生产率和胎模寿命较低等。

胎模的种类较多，主要有：

(1) 扣模。用于锻造非回转体锻件，具有敞开的模膛，图 8.40(a)所示。锻造时工件一般不翻转，不产生毛边。既用于制坯，也用于成形。

(2) 套筒模。主要用于回转体锻件如齿轮、法兰等。有开式和闭式两种。

开式套筒模一般只有下模(套筒和垫块)，没有上模(锤砧代替上模)。其优点为结构简单，可以得到很小或不带锻模斜度的锻件。取件时一般要翻转 180°。缺点是对上下砧的平行度要求较严，否则易使毛坯偏斜或填充不满。

闭式套筒模一般由上模、套筒等组成，如图 8.40(b)所示。锻造中金属处于模膛的封闭空间中变形，不形成毛边。由于导向面间存在间隙，往往在锻件端部间隙处形成纵向毛刺，需进行修整。此法要求坯料尺寸精确，否则会增加锻件垂直方向的尺寸或充不满模膛。

(3) 合模。合模一般由上、下模及导向装置组成，如图 8.40(c)所示。用来锻造形状复杂的锻件，锻造过程中多余金属流入飞边槽形成飞边，合模成形与带飞边的固定模模锻相似。

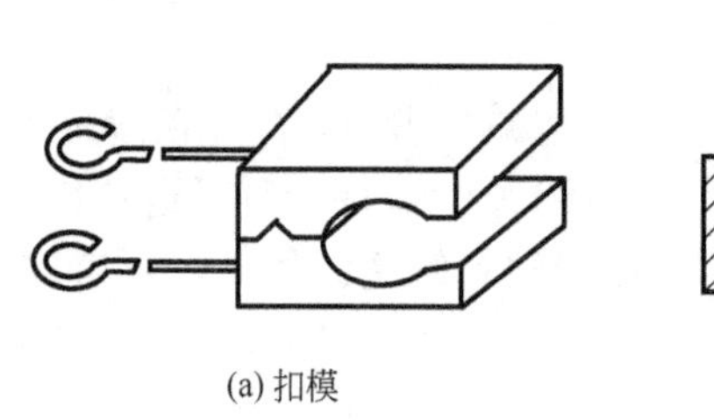
(a) 扣模

(b) 套筒模

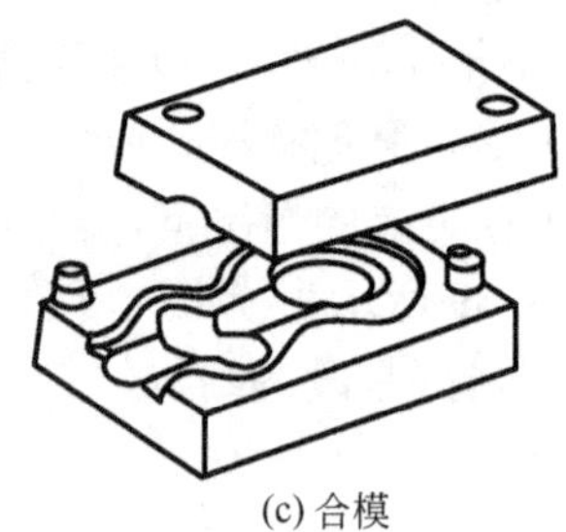
(c) 合模

图 8.40 胎模类型

锻造生产与铸造生产一样，也是机械制造中的基础生产。了解技术经济指标，促使锻压生产朝着优质、高产、低耗、无污染方向发展是很必要的。

1) 锻件成本及降低成本的主要途径

(1) 锻件成本由下列几项组成。

① 原材料费用。主要是锯割好的各类型材或坯料的费用。

② 燃料费用。即加热炉用的燃油、煤、煤气等的费用。

③ 动力费用包括电力、蒸汽和压缩空气。

④ 生产工人工资及其附加费用。

⑤ 专项费用。如添置过程装备费用，购置锻模等。

⑥ 车间经费包括为管理和组织车间生产所发生的各项费用，如车间管理人员的工资及附加费、办公费、水电费、折旧费、修理费、运输费、低值易耗品、劳动保护费、差旅费、停工损失、在存产品盘亏和损毁等。

⑦ 企业管理费在计算时，若把②～⑦项费用的总和分摊给全月完成工时总量，得出单位小时生产费用成本；若把②～⑦项费用总和分摊给全月锻件总质量则得出每单位质量生产费用，即各种锻件的平均(kg)单位成本。再加上原材料费用，就可得到锻件的实际成本。

(2) 降低成本的主要途径如下：

① 提高锻件品质，减少废品损失，提高劳动生产率。减少废品损失就能减少原材料消耗和工时损失。为此，要不断采用新技术，改进产品设计和成形加工方法，提高操作者的技能和责任感，推行全面品质管理制度和责任制度等。

② 尽量节省燃料和动力。锻造过程多数属于热加工，能源消耗量较大。因此，要尽量节省煤、燃油、电力、蒸汽等的消耗。

③ 改进管理工作，降低车间经费和节省企业管理费用。

2) 锻造生产技术经济指标

锻造车间技术经济指标主要有下列几项。

① 每一锻工锻件年产量，kg/人。

② 每一生产工人锻件年产量，kg/人。

③ 车间总面积年产量，kg/m^2。

④ 车间生产面积年产量，kg/m^2。

⑤ 每 10^4kN 锻压设备能力年产量，$kg/10^4kN$。

⑥ 锻件成品率，%。

⑦ 锻件千克成本，元/kg。它是各项技术经济指标最终的综合体现，该数值的大小与该车间生产规模、设备技术条件和产品品种等诸因素有关。

8.2.4 板料成形技术方法

板料成形(又叫板料冲压)是利用压力装置和模具使板材产生分离或塑性变形，从而获得成形件或制品的成形方法。金属板料的厚度一般都在6mm以下，且通常是在常温下进行，故板料成形又常称为冷成形(冷冲压)。只有当板料厚度超过8mm时，才采用热成形(热冲压)。

目前，几乎所有制造加工金属制品的工业部门中，都广泛地采用板料成形，特别是在汽车、自行车、航空、电器、仪表、国防、日用器皿、办公用品等工业中，板料成形占有重要位置。由于板料成形模具较复杂，设计和制作费用高、周期长，故只有在大批量生产的情况下，才能显示其优越性。

板料成形用的原材料，特别是制造杯状和钩环状等零件的原材料，须具有足够好的塑性。常用的金属材料有低碳钢、高塑性合金钢、铜、铝、镁合金等，非金属材料如石棉板、硬橡皮、绝缘纸等也广泛采用板材冲压成形。

板料冷成形(冷冲压)过程的一般流程为：

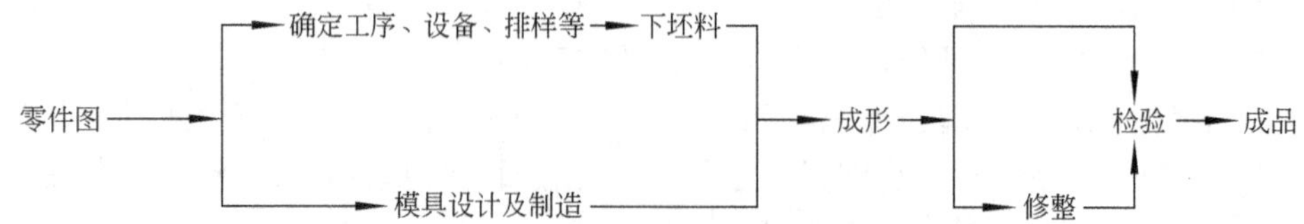

板料成形按特征分为分离(又叫冲裁)过程及成形过程两大类。

1. 板料的分离过程

分离过程是使坯料一部分相对于另一部分产生分离而得到工件或者料坯。如落料、冲孔、切断、修整等。

分离过程用于生产有孔的、形状简单的薄板(一般铝板<3mm，钢板≤1.5mm)件以及作为成形过程的先行工序或者为成形过程制备料坯。除金属薄板外，还可是非金属板材。

分离过程所得到的制品精度较好，通常不需切削加工，表面品质与原材料相同，所用设备为机械压力机。

1) 落料与冲孔

落料和冲孔又统称为冲裁。落料和冲孔是使坯料按封闭轮廓分离。这两个过程中坯料变形过程和模具结构相同，只是用途不同。落料是被分离的部分为所需要的工件，而留下的周边部分是废料；冲孔则相反。为能顺利地完成冲裁过程，要求凸模和凹模都应有锋利的刃口，且凸模与凹模之间应有适当的间隙 z。

冲裁件品质、冲裁模结构与冲裁时板料的塑性变形有关。

(1) 金属板料冲裁成形过程。冲裁成形过程示意如图 8.41 所示。

开始时，金属板料被凸模(又叫冲头)下压略有弯曲，凹模上的板料略有上翘，随着冲压力加大，在较大剪切应力作用下，金属板料在刃口处因塑性变形产生加工硬化，且在刃口边出现应力集中现象，使得金属的塑性变形进行到一定程度时，沿凸凹模刃口处开始产生裂纹，当上下裂纹相遇重合时，坯料被分离。

冲裁件被剪断分离后，其断裂面分成两部分。塑性变形过程中，由冲头挤压切入所形成的表面很光滑，表面品质最佳，称为光亮带。材料在剪断分离时所形成的断裂表面较粗糙，称为剪裂带。

(2) 凸凹模间隙(z)。凸凹模间隙不仅影响冲裁件断面品质，且影响模具寿命、卸料力、冲裁力、冲裁件尺寸精度等。间隙过小，凸模刃口附近的剪裂纹较正常间隙时向外错开，上下裂纹不能很好重合，导致毛刺增大。间隙过大，凸模刃口附近的剪裂纹较正常间隙时向内错开，因此光亮带小一些，剪裂带和毛刺均较大，如图 8.42 所示。

冲裁过程中，凸模与冲孔之间，凹模与落料之间均有摩擦，间隙越小，摩擦越严重。实际生产中，模具受到制造误差和装配精度的限制，凸模不可能绝对垂直于凹模平面，间隙也不会均匀分布，所以过小的间隙对延长模具使用寿命很不利。因此，选择合理的间隙对冲裁生产是很重要的。选用时主要考虑冲裁件断面品质和模具寿命这两个因素。当冲裁件断面品质要求较高时，应选取较小的间隙值。对冲裁件断面品质无严格要求时，应尽可能加大间隙，以利于提高冲模寿命。

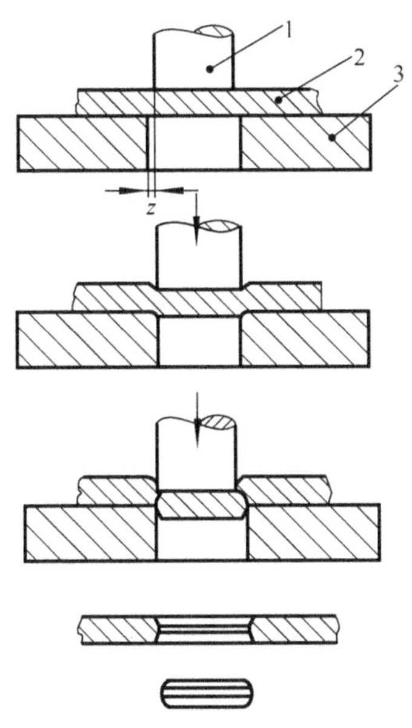

图 8.41 冲裁成形过程

1—凸模；2—坯料；3—凹模

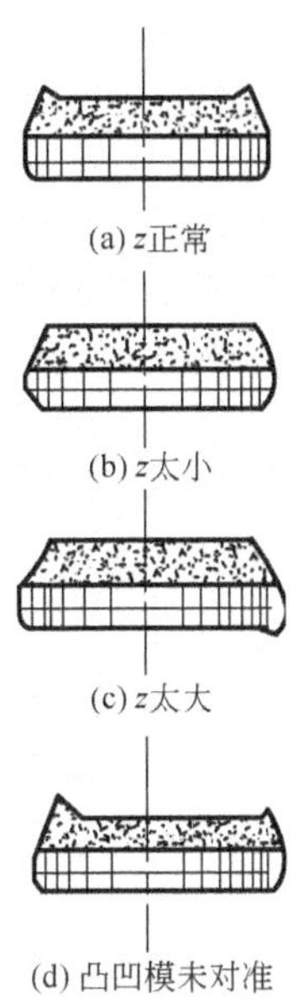

图 8.42 冲裁件周边品质

合理间隙 z 的数值可按经验公式计算。

$$z=MS$$

式中 S——材料厚度(mm)；

m——与材质及厚度有关的系数。

实用中，板材较薄时，m 可按如下数据选用：

低碳钢、钝铁　　$m=0.06\sim0.09$

铜、铝合金　　$m=0.06\sim0.10$

高碳钢　　$m=0.08\sim0.12$

当板料厚度 $S>3$mm 时，因冲裁力较大，应适当放大系数 m。对冲裁件断面品质无特殊要求时，系数 m 可放大 1.5 倍。

(3) 凸、凹模刃口尺寸确定。设计落料时，凹模刃口尺寸即为落料件尺寸，然后用缩小凸模刃口尺寸来保证间隙值；设计冲孔模时，凸模刃口尺寸为孔的尺寸，然后用扩大凹模刃口尺寸来保证间隙值。

冲模在工作过程中必有磨损，落料件尺寸会随凹模刃口的磨损而增大。而冲孔件尺寸则随凸模的磨损而减小。为保证零件的尺寸要求，提高模具的使用寿命，落料时取凹模刃口的尺寸应靠近落料件公差范围的最小尺寸；而冲孔时则取凸模刃口的尺寸靠近孔的公差范围内的最大尺寸。

(4) 冲裁力的计算。冲裁力是选用设备吨位和检验模具强度的一个重要依据。计算准确，有利于发挥设备的潜力。计算不准确，则有可能使设备超载而损坏，严重时造成事故。

对于平刃冲模的冲裁力可按下式计算。

$$P=kLS\tau$$

式中　P——冲裁力(N)；

L——冲裁周边长度(mm)；

S——板料厚度(mm)；

τ——材料抗剪切强度(MPa)；

k——系数。

系数 k 是考虑到实际生产中的各种因素而给出的一个修正系数。这些因素有：模具间隙的波动和不均匀、刃口的钝化、板料力学性能及厚度的变化等。根据经验一般取 $k=1.3$。

2）切断

切断是指用剪刃或冲模将板料或其他型材沿不封闭轮廓进行分离的工序。

切断用以制取形状简单、精度要求不高的平板类工件或下料。

3）修整

如果零件的精度和表面粗糙要求较高，则需用修整工序将冲裁后的孔或落料件的周边进行修整，以切掉普通冲裁时在冲裁件断面上存留的剪裂带和毛刺，以提高冲裁件的尺寸精度和降低表面粗糙度。

修整所切除的余量很小，一般每边为 0.05～0.2mm，表面粗糙度可达 $Ra=1.6\sim0.8\mu m$，精度可达 IT7～IT6。实际上，修整工序的实质属于切削过程，但比机械加工的生产率高得多。

2. 板料的成形过程

成形过程是使坯料发生塑性变形而成一定形状和尺寸的工件。主要工序有拉深、弯曲、翻边、成形等。

1）拉深

拉深是将平板板料放在凹模上，冲头推压金属料通过凹模形成杯形工件的工序。

过程特点一维成形，拉伸应力状态。一般可获得较好的精度(公差小于 $0.5\%D$)和接近原材料的表面品质。材料要求具有足够的塑性，如果变形较大，工件进行中间退火。

机械设备广泛使用的是液压机，也可使用机械压力机。

冷拉深广泛用于生产各种壳、柱状和棱柱状杯等，例如：瓶盖、仪表盖、罩、机壳、食品容器等；热拉深通常用于生产厚壁筒形件，如：氧气瓶、炮弹壳、桶盖、短管等。

拉深过程示意图如图 8.43 所示。进行拉深时，平板坯料放在凸模和凹模之间，并由压边圈适度压紧，以防止坯料厚度方向变形。在凸模的推压力作用下，金属坯料被拉入凹模，尔后变形成为筒状或匣状的工件。

拉深用的模具构造与冲裁模相似，主要区别在于工作部分凸摸凹模的间隙不同，而且拉深的凸凹模上没有锋利的刃口，凸模与凹模之间的间隙 z 应大于板料厚度 S，一般 $z=(1.1\sim1.3)S$。z 过小，模具与拉深件间的摩擦增大，易拉裂工件，擦伤工件表面，降低模具寿命；z 过大，又易使拉深件起皱，影响拉深件精度。拉深模的凸凹模端部的边缘都有适当的圆角，$r_{凹}\geqslant(0.6-1)r_{凸}$，圆角过小，则易拉裂产品。

由图 8.43 可见，在拉深过程中，工件的底部并未发生变形，而工件的周壁部分则经历了很大程度的塑性变形，引起了相当大的加工硬化作用。当坯料直径 D 与工件直径 d

相差越大，则金属的加工硬化作用就越强，拉深的变形阻力就越大，甚至有可能把工件底部拉穿。因此，d 与 D 的比值 m(称为拉深系数)应有一定的限制，一般 $m=0.5\sim0.8$。拉深塑性高的金属，拉深系数 m 可以取较小值。若在拉深系数的限制下，较大直径的坯料不能一次被拉成较小直径的工件，则应采用多次拉深。第二次拉深如图 8.44 所示。必要时在多次拉深过程中进行适当的中间退火，以消除金属因塑性变形所产生的加工硬化，以利进行下一次拉深。

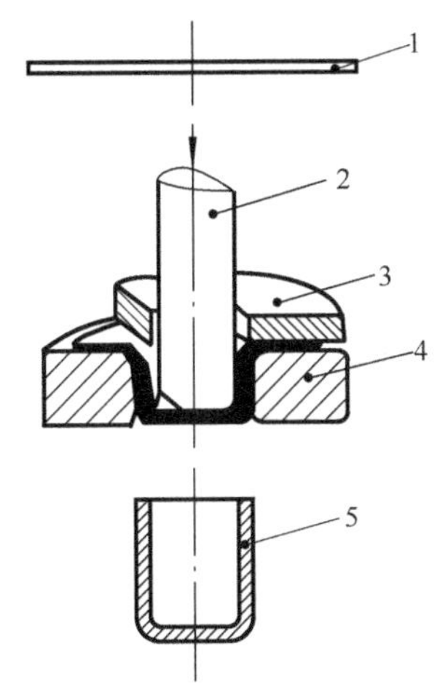

图 8.43 拉深过程示意图

1—坯料；2—凸模；3—压边圈；4—凹模；5—工件

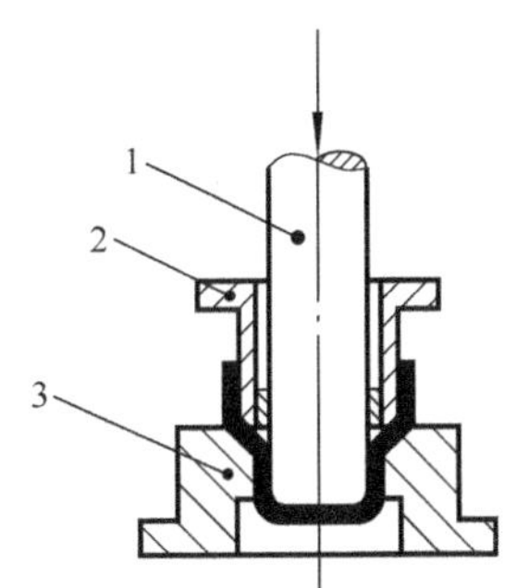

图 8.44 二次拉深示意图

1—凸模；2—压边圈；3—凹模

为减小摩擦，降低拉深件壁部的拉应力，减少模具的磨损，拉深时通常加润滑剂。

拉深过程中常见的一种缺陷是起皱，如图 8.45 所示。这是由于法兰部分在切向压应力作用下易发生的现象。拉深件若严重起皱，则法兰部分的金属不能正常通过凸凹模间隙，致使坯料被拉断而报废；轻微起皱，法兰部分勉强通过间隙，但在产品侧壁留下起皱痕迹，影响产品品质。实践证明，当板料厚度 S 与坯料直径 D 即 $S/D\times100<2$ 时，必须应用压边圈，否则坯料边缘会起皱而造成废品。

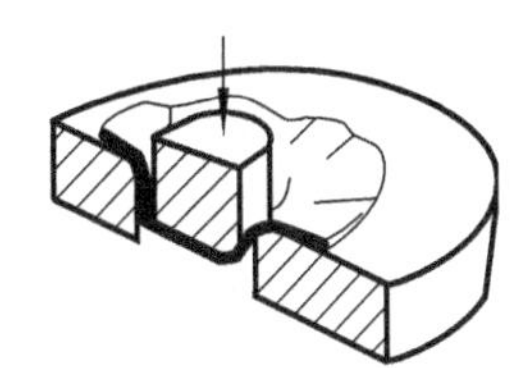

图 8.45 拉深起皱

选择设备时，应结合拉深件所需的拉深力来确定。设备能力(吨位)应比拉深力大。对于圆筒件，最大拉深力可按下式计算：

$$P_{max}=3(\sigma_b+\sigma_s)(D-d-r_{凹})S$$

式中 P_{max}——最大拉深力(N)；

σ_b——材料的抗拉强度(MPa)；

σ_s——材料的屈服强度(MPa)；

D——坯料直径(mm)；

d——拉深凹模直径(mm)；

$r_{凹}$——拉深凹模圆角半径(mm)；

S——材料厚度(mm)。

对于坯料尺寸的计算，可按拉深前后的面积不变原则进行计算。具体计算中可把拉深件划分成若干容易计算的几何体，分别求出各部分的面积，相加后即得所需坯料的总面积，然后再求出坯料直径。

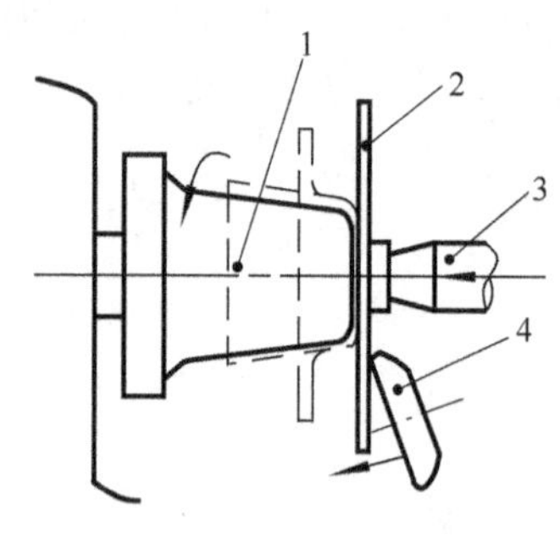

图 8.46　旋压工件简图

1—芯模；2—坯料；3—顶柱；4—压杆(压轮)

对于有些拉深件还可以用旋压的方法来制造，旋压过程特点是整体成形，剪切应力状态。旋压在专用的旋压机上进行，图 8.46 所示为旋压工件简图。工作时先将预先下好的坯料 2 用顶柱 3 压在芯模 1 的端部，通常用木质的芯模固定在旋转卡盘上。推动压杆 4，使坯料在压力作用下变形，最后获得与芯模形状一样的成品。例如：常用于生产碗形件、钟形状、灯口、反光罩、炊具、空心轴等。这种方法的优点是不需要复杂的冲模，变形力较小。故一般用于中小批量生产。

2）弯曲与卷边

弯曲是用模具把金属坯料弯折成所需形状的工序。弯曲可以在各类机械或液压压力机上进行。弯曲过程简图如图 8.47所示。金属坯料在凸模的压力作用下，按凸凹模的形状发生整体弯曲变形。工件弯折部分的内侧被压缩，外侧则被伸长。这种塑性变形程度的大小与弯曲半径 r 的大小有关。r 越小，变形程度越大，金属的加工硬化作用越强。r 太小，就有可能在工件弯曲部分的外侧发生开裂。因此规定 r 值应大于$(0.25\sim1)S$；弯曲塑性高的金属，弯曲半径 r 可取较小值。

弯曲时应注意金属板料的纤维分布方向，如图 8.48 所示。

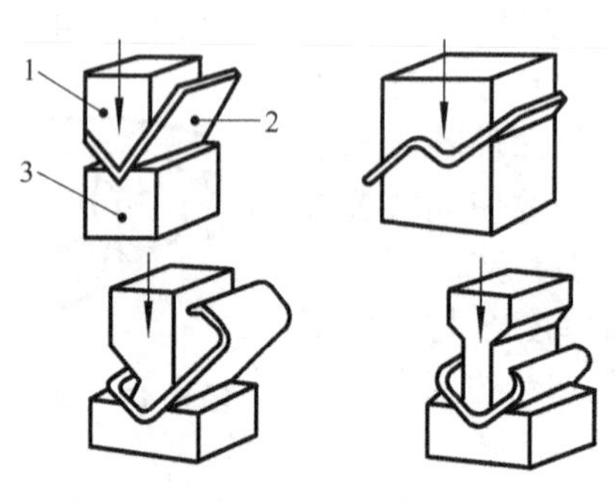

图 8.47　弯曲工程示意图

1—凸模；2—工件；3—凹模

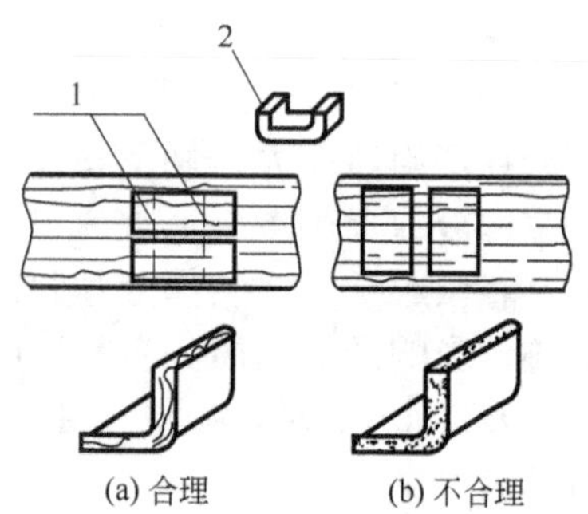

图 8.48　弯曲线与纤维方向

1—弯曲线；2—工件

当弯曲变形完毕后，凸模回程时，工件所弯的角度会因金属弹性变形的恢复而略有增加，称为回弹现象。它主要与材质有关，某些材质的回弹角度甚至高达 10°，故在设计模具时应考虑到它的影响。

卷边也是弯曲的一种。板材经卷边成形可做成铰接耳，起加固和增强作用且美观。卷边示意图如图 8.49 所示。

3）翻边

翻边是在带孔的坯料上获得凸缘的工序，如图 8.50 所示。当工件所需凸缘的高度较大，用一次翻边成形可能会使孔的边缘造成破裂，则可采用先拉深、后冲孔、再翻边成形的过程来实现。

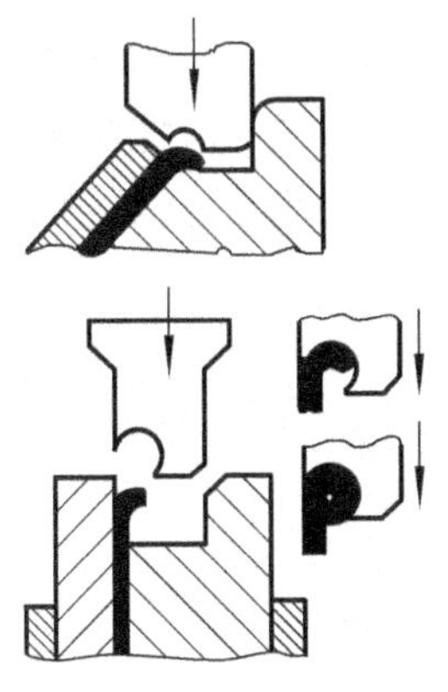

图 8.49 卷边示意图

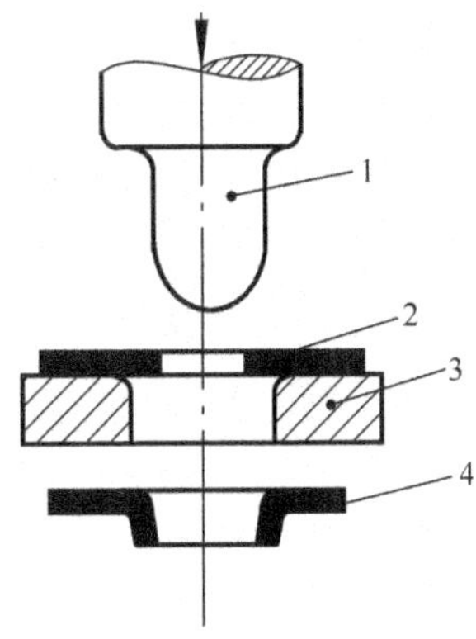

图 8.50 翻边简图

1—凸模；2—工件；3—凹模

4）成形与收口

成形是利用局部变形使坯料或半成品改变形状的工序，如图 8.51 所示。主要用于成形刚性筋条，或增大半成品的局部半径等。成形过程中，工件置于一模具中，对介质(弹性介质、液体介质)施加高压，能量通过介质传递到工件上使其成形。要求材料有足够高的塑性失稳应变。成品精度较好，表面品质主要决定于原坯。设备主要使用各类机械压力机和液压机。

收口是使中空件口部缩小的过程，如图 8.52 所示。

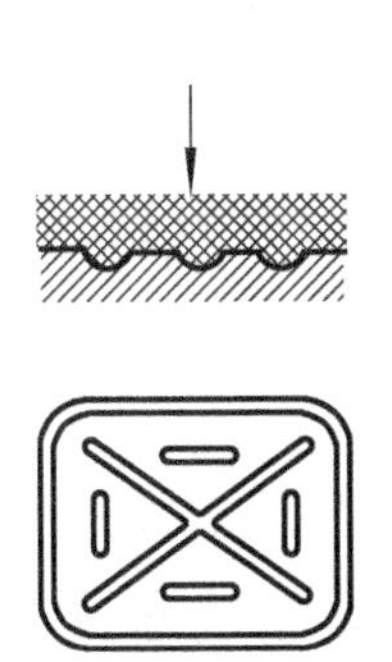

图 8.51 成形简图

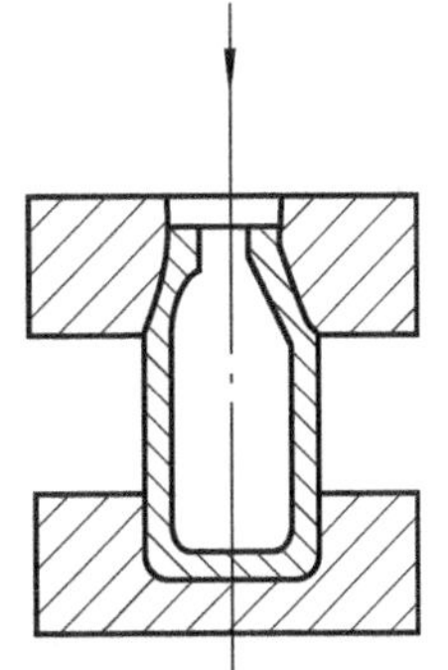

图 8.52 收口简图

5）滚弯(含卷板)

滚弯是板料(工件)送入可调上辊与两个固定下辊间，根据上下辊的相对位置不同，对板施以连续的塑性弯曲成形，如图 8.53 所示。改变上辊的位置可改变板材滚弯的曲率。还有一种滚弯是将板料一次通过若干对上下辊，每通过一对上下辊产生一定的变形，最终使板料成形为具有一定形状的截面。

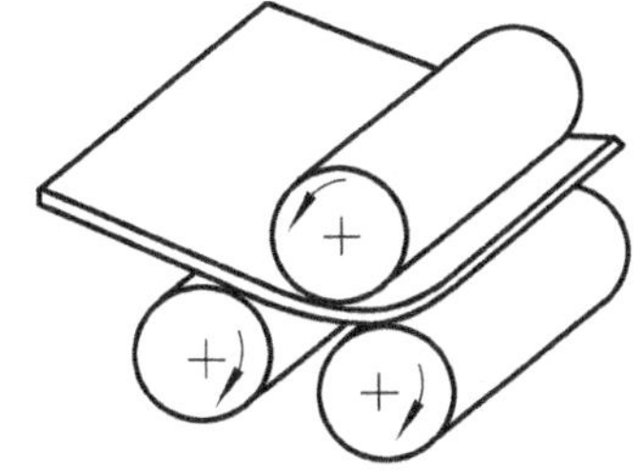

图 8.53 滚弯简图

滚弯用于生产直径较大的圆柱、圆环、容器及各种各样的波纹板以及高速公路护栏等，尤其厚壁件。要求材料有足够的塑性，使工件外表面不超过断裂应变。精度一般符合要求，表面品质主要取决于原材料。设备用专门的滚弯机。

利用板料制造各种冲压产品零件时，各种工序的选择、过程顺序的安排和各工序的应用次数，都是以产品零件的形状和尺寸及每道工序中材料所允许的变形程度为依据的。形状比较复杂或者特殊的零件，往往要用几个基本工序多次冲压才能完成；变形程度较大时，还要进行中间退火等。

图 8.54 所示为某零件的冲压过程，材质为 Q235。图 8.55 所示为黄铜(H59)弹壳的冲压过程，弹壳壁要经过多次减薄拉深，由于变形程度较大，工序间要进行多次退火。

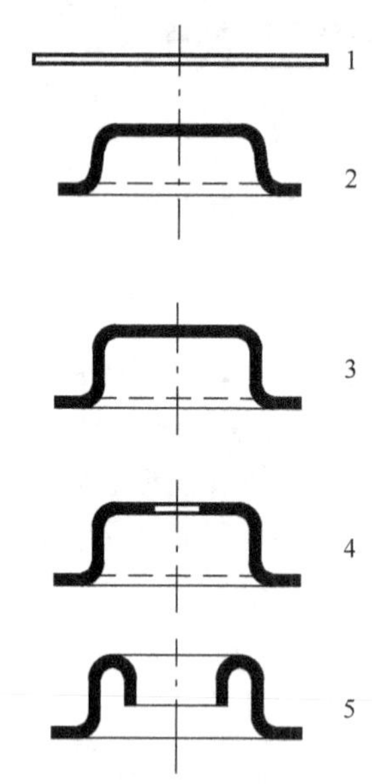

图 8.54　某零件的冲压过程

1—落料；2—拉深；
3—第二次拉深；4—冲孔；5—翻边

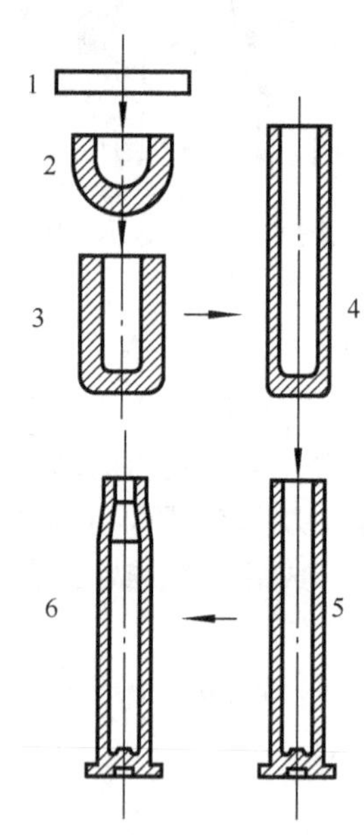

图 8.55　弹壳冲压过程

1—落料；2—拉深；3—第二次拉深；
4—多次拉深；5—成形；6—收口

3. 冲模的分类及构造简介

冲模是板料成形(冲压)生产中必不可少的模具。冲模结构是否合理对冲压生产的效率和模具寿命等都有很大影响。冲模按基本构造可分为简单模、连续模和复合模三类。

1) 简单模

简单模是指在曲柄压力机(又叫冲床)的一次行程中只能完成一个工序的冲模。图 8.56 所示为落料用的简单模。

2) 连续模

把两个以上冲压工序安排在一块模板上，冲压设备在一次行程内可完成两个或两个以上的冲压工序的冲模。这种冲模提高了生产率。图 8.57 所示为落料冲孔连续模。设计此类模具要注意各工位之间的距离、零件的尺寸、定位尺寸及搭边的宽度等。

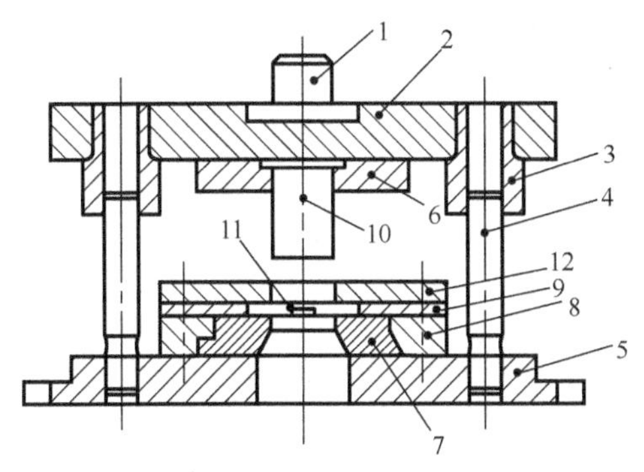

图 8.56 简单模

1—模柄；2—上模板；3—导套；4—导柱；
5—下模板；6—压板；7—凹模；8—压板；
9—导板；10—凸板；11—定位销；12—卸料板

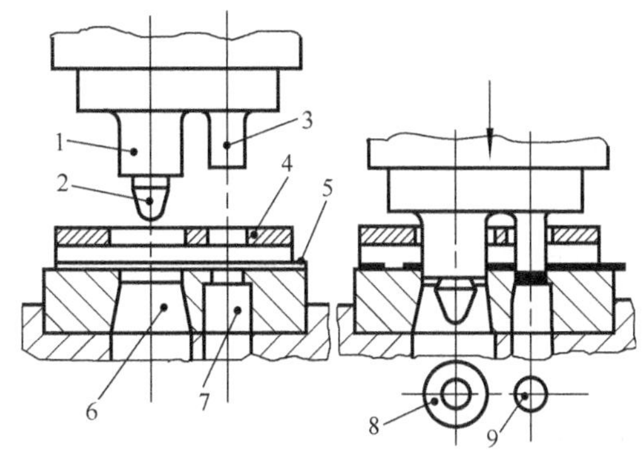

图 8.57 连续模

1—落料凸模；2—定位销；3—冲孔凸模；
4—卸料板；5—坯料；6—落料凹模；
7—冲孔凹模；8—成品；9—废料

3）复合模

在冲压设备的一次行程中，在模具同一部位同时完成数道冲压工序的冲模。图 8.58 所示为落料冲孔复合模。此类模具的最大特点是有一个凹凸模，如图 8.58 所示的凹凸模的外端为落料的凸模刃口，而内孔则为冲孔的凹模，因此冲床一次行程内可完成落料和冲孔。复合模生产率较高，冲压件相互位置精度高、工件平整程度好。不足之处是冲模复杂，凹凸模的强度受冲压件形状影响。复合模适用于产量大、精度高的冲压件。

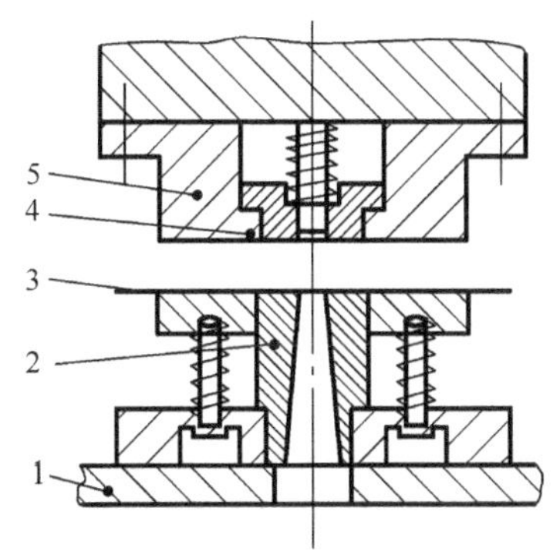

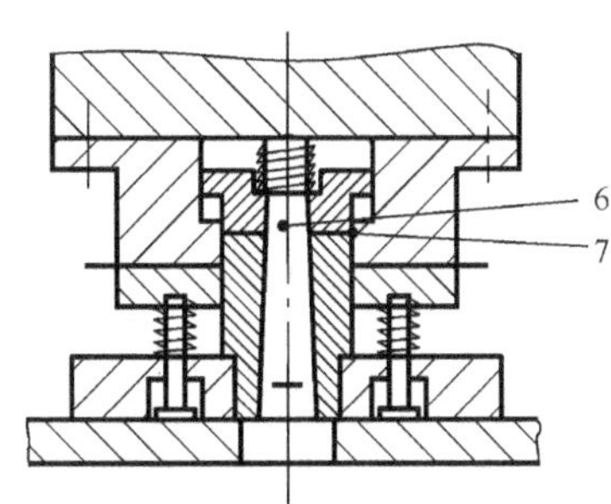

图 8.58 落料及冲孔复合模

1—模板；2—凸凹模；3—坯料；4—压板(卸件器)；5—落料凹模；6—冲孔凸模；7—零件

由图可见，上述各类冲模都是由工作部件(如凸模和凹模)、模架零件(如上模板、下模板等)、固定板，卸料器件、定位、导向等零件组成。

4. 板料冲压件结构技术特征

板料冲压件通常都是大批量生产的，因此冲压件的设计不仅要保证它的使用性能要求，且还应具有良好的冲压结构技术特征。这样才能易于保证冲压件品质，减少板料的消耗，延长模具的使用寿命，降低成本及提高生产率等。

冲压件的设计应注意下列事项：

1）冲压件的精度和表面品质

对冲压件的精度要求，不应超过冲压工序所能达到的一般精度，并应在满足需要的情况下尽可能降低要求，不然将增加过程的工序，提高冲压件成本，降低生产率。

冲压工序的一般精度为：落料不超过IT10，冲孔不超过IT9，弯曲不超过IT9～IT10，拉深件直径方向在IT9～IT10，高度尺寸为IT8～IT10。

一般对冲压件表面品质的要求，尽可能不要高于原材料所具有的表面品质，否则将要增加切削加工等工序，使产品成本大为提高。

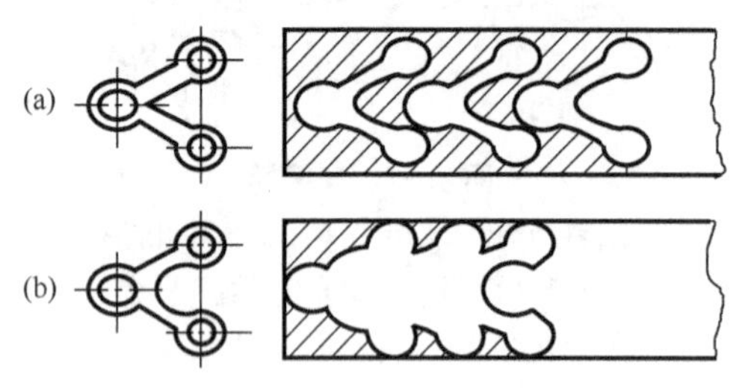

图8.59　零件形状与排样

2）冲压件的形状和尺寸

(1) 落料件的外形应能使排样合理，废料最少。如图8.59所示，两零件在使用功能上相同，可见图8.59(b)中无搭边排样的形状较图8.59(a)合理，材料利用率高达79%。另外，应避免长槽与细长悬臂结构，因这些结构模具制造困难、模具寿命低。

(2) 落料和冲孔的形状、大小应使凸、凹模工作部分具有足够的强度。因此，工件上孔与孔的间距不能太小，工件周边的凹凸部分不能太窄太深，所有的转角都应有一定的圆角等。一般这些与板料的厚度有关，见图8.60所示。

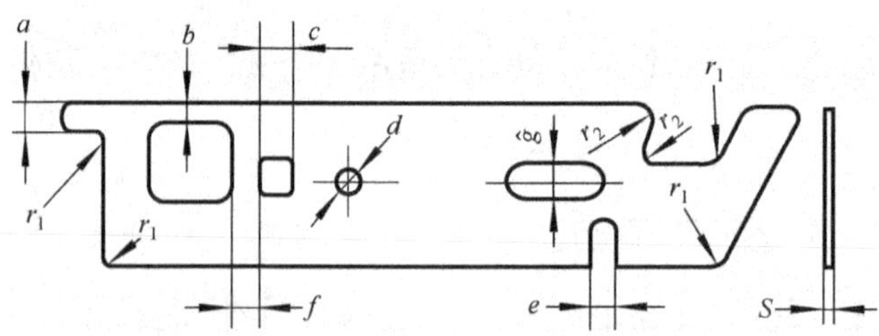

图8.60　冲裁件尺寸与厚度的关系

通常对于钢材：$a>1.5S$；$b\geqslant 1S$；$c\geqslant 1S$；$d>1S$；$e>1S$；$f>1S$；$r_1\geqslant 0.5S$；$r_2>0.8S$

(3) 弯曲件形状应尽量对称，弯曲半径不能小于材料允许的最小弯曲半径。弯曲件和拉深件上冲孔的位置应在圆角的圆弧之处，若孔的形状和位置精度要求较高时，应在成形后再冲孔。

(4) 拉深件的外形应力求简单对称且不宜太高，以便易于成形和减少拉深次数。拉深件的圆角半径在不增加成形过程工序的情况下，最小许可半径如图8.61所示。不然的话将增加拉深次数和整形工件，增多模具数量和提高成本等。

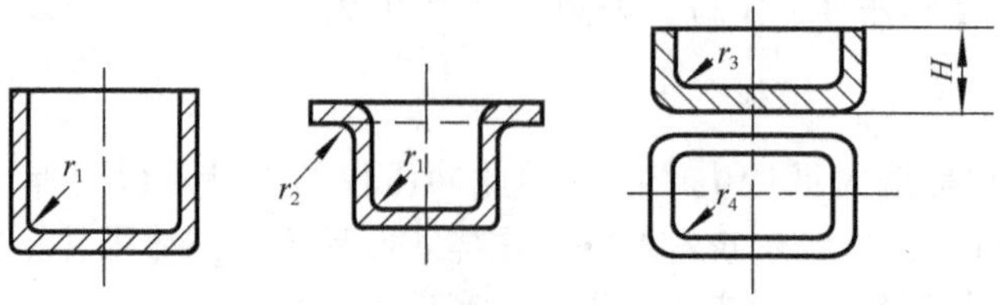

图8.61　拉深件最小允许半径

$r_1>2S$；$r_2=3\sim 4S$；$r_3>3S$；$r_4>0.15H$

3）结构设计应尽量简化成形过程和节省材料

（1）在使用功能不变的情况下，应尽量简化结构，以便减少工序，节省材料，降低成本。如消声器后盖零件，原结构设计如图 8.62(a)所示，须由八道冲压成形工序完成；经改进后如图 8.62(b)所示，只需三道冲压成形工序且材料节省 50%。

（2）采用冲口，以减少一些组合件。如图 8.63 所示，原设计用三个件铆接或焊接组合而成，现采用冲口(切口-弯曲)制成整体零件，节省了材料，也简化了成形过程，提高了生产率。

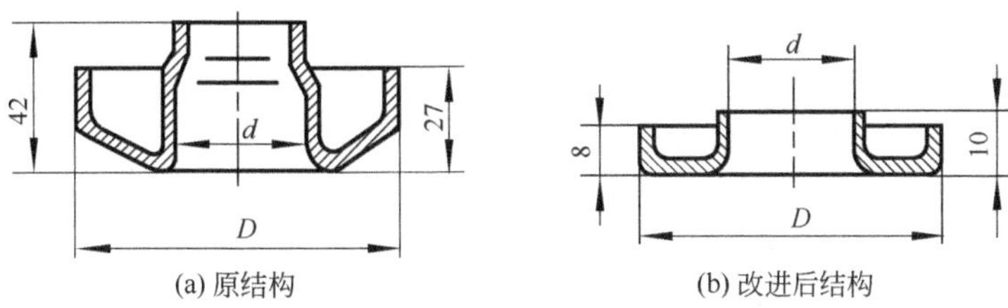

(a) 原结构　　(b) 改进后结构

图 8.62　消声器后盖零件结构

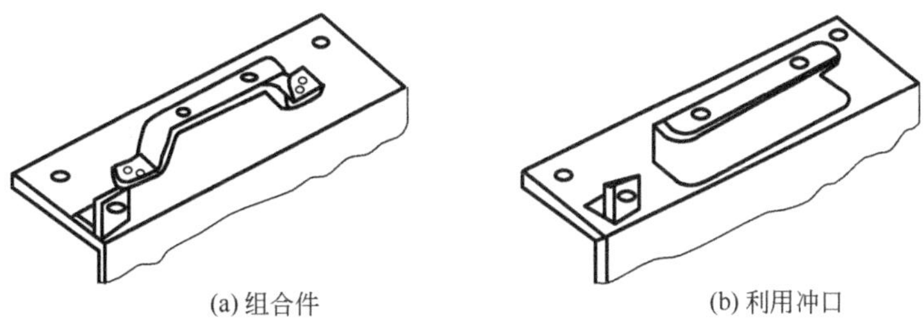
(a) 组合件　　(b) 利用冲口

图 8.63　冲口应用

（3）采用冲焊结构。对于某些形状复杂或特别的冲压件，可设计成若干个简单的冲压件，然后再焊接或用其他连接方法形成整体件。如图 8.64 所示的冲压件由两个简单冲压件 1 和 2 组成。

（4）冲压件的厚度。在强度、刚度允许的情况下，应尽量采用厚度较薄的材料来制作冲压件，以减少金属的消耗，减轻结构的质量。对局部刚度不够的地方，可采用加强筋，如图 8.65 所示。

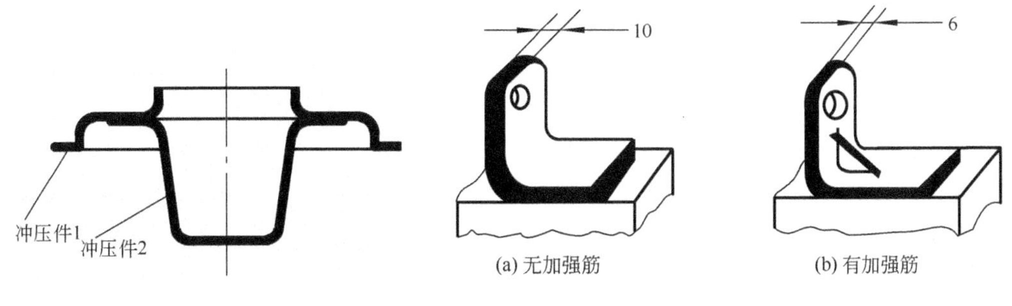

(a) 无加强筋　　(b) 有加强筋

图 8.64　冲焊结构件　　**图 8.65　使用加强筋**

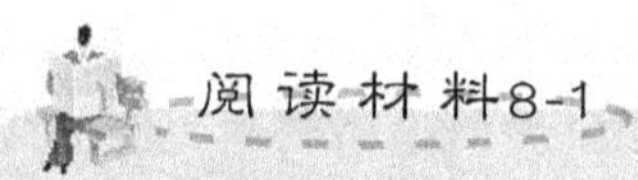
阅读材料8-1

金属塑性加工设备

1. 锤类设备

锻锤是由重锤落下或强迫高速运动产生的动能，对坯料做功，使之塑性变形的机械。锻锤是最常见、历史最悠久的锻压机械。它结构简单、工作灵活、使用面广、易于维修，适用于自由锻和模锻。

1) 空气锤

空气锤工作原理(图 8.66)：电动机通过减速机构和曲柄，连杆带动压缩气缸的压缩活塞上下运动，产生压缩空气。当压缩缸的上下气道与大气相通时，压缩空气不进入工作缸，电动机空转，锤头不工作，通过手柄或脚踏杆操纵上下旋阀，使压缩空气进入工作气缸的上部或下部，推动工作活塞上下运动，从而带动锤头及上砥铁的上升或下降，完成各种打击动作。旋阀与两个气缸之间有四种连通方式，可以产生提锤、连打、下压、空转四种动作。操作灵活，广泛用于中小型锻件的生产。空气锤适用于各种自由锻造工序：如延伸、镦粗、冲孔、剪切、锻焊、扭转、弯曲等。使用垫模即可进行各种开式模锻。

C41－150 空气锤(图 8.67)技术参数：落下部分质量 150kg；打击能量 2.5kJ；打击次数 180 次/min；工作区间高度 370mm；可锻毛坯 ϕ145mm；电动机功率 18.5/kW；机器质量：主机 3260kg，砧座 1500kg；机器外形尺寸 2390mm×1085mm×2150mm (长×宽×高)。

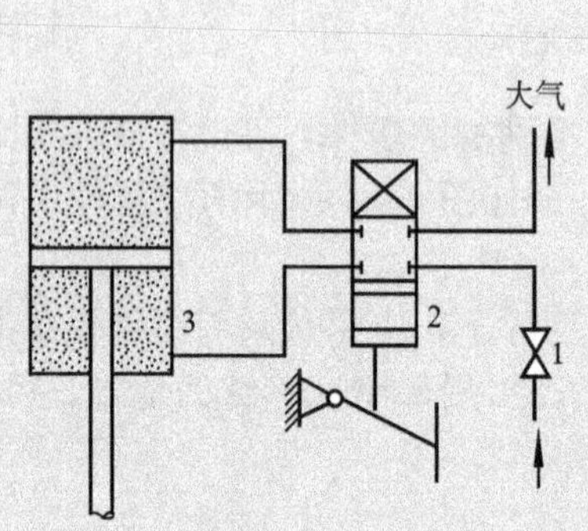

图 8.66 空气(蒸汽)锤工作原理简图

1—阀门；2—操纵阀；3—工作缸

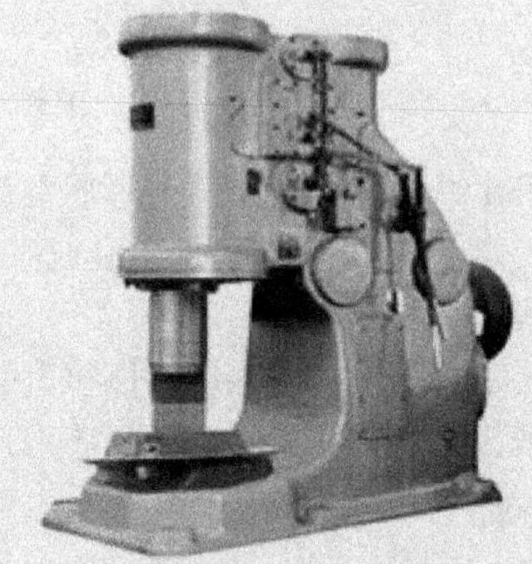

图 8.67 C41－150 空气锤

2) 电液锤

图 8.68 所示为放油打击型电液锤的工作原理简图。当液压泵 2 启动后，高压油经单向阀 3 进入蓄能器 6，待其蓄满后，即可操纵滑阀 4，推入阀芯，工作缸 5 下腔进油，活塞上移并压缩上缸带压氮气，若拉出阀芯，下缸与油箱相通，上腔高压气体膨胀，推动活塞下行进行打击。由于液路利用蓄能器作恒压源，还降低了液压泵的排量要求和电动机拖动功率(仅为直给型的 1/5)。电液锤的电液驱动头工作原理简言之就是液压蓄能、气体膨胀和自重做功。

电液锤是一种节能、环保的新型锻造设备，有单臂电液锤、双臂电液锤之分，工作原理与电液动力头相同，但机身与原蒸空锤有所区别，锤头的导向改为“X”导轨，可使导轨间隙调到 0.3mm 以内，大大提高了电液锤的导向精度，提高锻件质量、延长锤杆寿命。

电液锤可用于自由锻和模锻生产，操作机构可手动操作，也可脚踏操作。

C66－35 电液锤(图 8.69)技术参数：落下部分质量 1300kg；打击能量 35kJ；打击次数 50～58 次/min；工作区间高度 1000mm；主油泵型号 A2F160R2P3；主电动机功率 55kW；机器外形尺寸 3600mm×1500mm×6000mm(长×宽×高)。

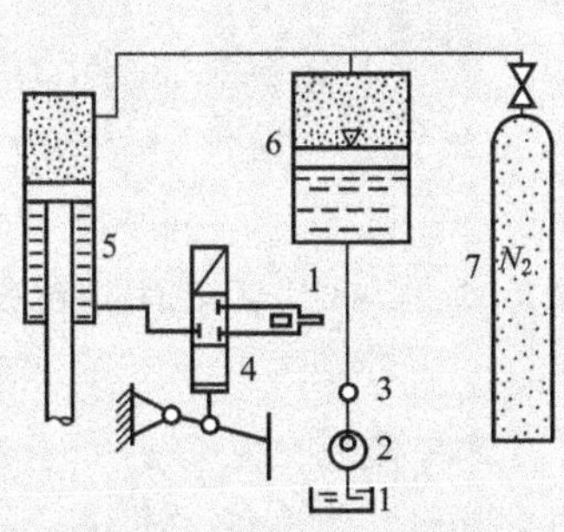

图 8.68　放油打击型电液锤的工作原理简图

1—油箱；2—液压泵；3—单向阀；4—滑阀；5—工作缸；6—蓄能器；7—氮气瓶

图 8.69　C66—35(1T)电液锤

2. 锻造操作机

T 系列锻造操作机(图 8.70)有全液压、机械液压混合等传动形式，具有大车行走、夹钳夹紧、钳头旋转、钳架升降、钳架回转等功能。它主要用于夹持轴类锻件及坯料配合锻锤进行锻造操作，并且很大程度地提高生产效率和锻件质量，减轻工人劳动强度，实现锻件生产机械化。使用该机可实现锻造操作机械化，大大减轻锻工的劳动强度，提高锻造工效、并可节省劳动力。

图 8.70　T 系列锻造操作机

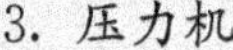

3. 压力机

1) 机械压力机

机械压力机(图 8.71)是用曲柄连杆或肘杆机构、凸轮机构、螺杆机构传动，工作平稳、工作精度高、操作条件好、生产率高，易于实现机械化、自动化，适于在自动线上工作。

2) 液压机

液压机是以高压液体(油、乳化液等)传送工作压力的锻压机械。液压机的行程是可变的，能够在任意位置发出最大的工作力。液压机工作平稳，没有震动，容易达到较大的锻造深度，最适合于大锻件的锻造和大规格板料的拉深、打包和压块等工作。液压机主要包括油压机(图 8.72)和水压机(图 8.73)。

图 8.71　JH21 系列曲柄压力机

图 8.72　YM32B 系列四柱通用液压机

3) 旋转锻压机

旋转锻压机是锻造与轧制相结合的锻压机械。在旋转锻压机上，变形过程是由局部变形逐渐扩展而完成的，所以变形抗力小、机器质量小、工作平稳、无振动，易实现自动化生产。辊锻机(图 8.74)、成形轧制机、卷板机(图 8.75)、多辊矫直机、辗扩机、旋压机(图 8.76)等都属于旋转锻压机。

图 8.73　15000 吨水压机锻造现场图

图 8.74　辊锻机

辊锻机适用于模锻件的预锻，也可用于终锻成形。可与锻压机或螺旋压力机组成锻造生产线，配上机械手后可实现辊锻过程自动化。由于辊锻速度高，预锻和终锻可在一火内完成。辊锻与锤锻相比，具有生产效率高，噪声和振动小的优点。

旋压机用于壁厚不变或少许变化的锥形、筒型、曲母线型等特殊形状的零件各类复杂曲面的高效旋制加工。

图 8.75 W11S－40X3200 上辊万能式卷板机

图 8.76 XYK10－350 数控旋压机床

8.3 其他塑性成形技术简介

随着科技和工业的不断发展，对基础生产过程提出了越来越高的要求，不仅要求生产的毛坯质优，生产效率高、消耗低、无污染，且要求能生产出切削加工量少的毛坯甚至直接生产出零件。近年来，在塑性成形加工方面出现了不少新技术，如零件的挤压、辊轧成形、超塑性成形、摆动辗压、液态模锻等。并且这些技术还在不断地发展。下面进行简要介绍。

8.3.1 挤压成形

早期，挤压过程主要用于金属型材和管件的生产。二战后，挤压过程也广泛地用于零件的制造。

1. 零件的挤压方式

零件挤压的基本方式如图 8.77 所示。

(1) 正挤压。挤压时金属的流动方向与凸模的运动方向一致。正挤压法适用于制造横截面是圆形、椭圆形、扇形、矩形等的零件，也可是等截面的不对称零件。

(2) 反挤压。挤压时金属的流动方向与凸模的运动方向相反。反挤压适用于制造横截面为圆形、方形、长方形、多层圆形、多格盒形的空心件。

(3) 复合挤压。挤压时坯料的一部分金属流动方向与凸模运动方向一致，而另一部分金属的流动方向则与凸模运动方向相反。复合挤压法适用于制造截面为圆形、方形、六角形、齿形、花瓣形的双杯类、杯-杆类零件。

(4) 径向挤压。挤压时金属的流动方向与凸模的运动方向相垂直。此类成形过程可制造十字轴类零件，也可制造花键轴的齿形部分、齿轮的齿形部分等。

挤压设备为机械压力机或液压机。

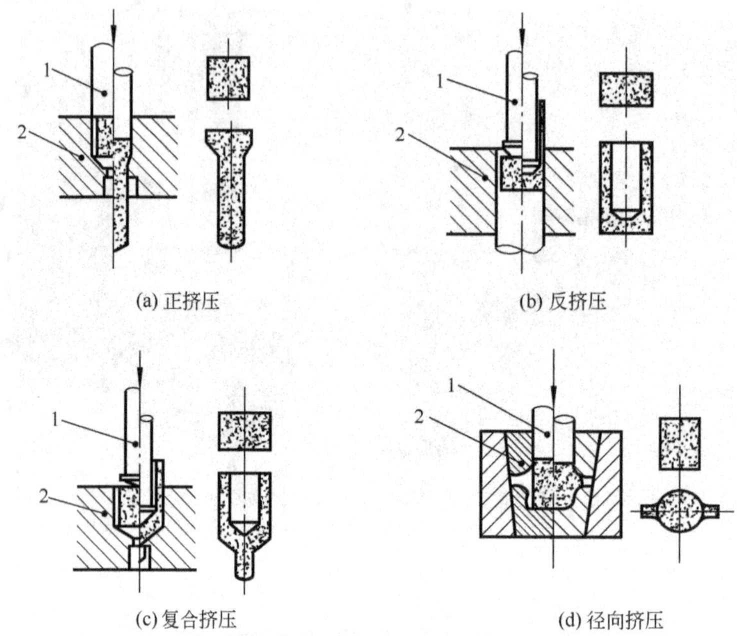

图 8.77 挤压方式

1—凸模；2—凹模

2. 挤压的特点及应用

1) 冷挤压的特点及应用

金属材料在再结晶温度以下进行的挤压称为冷挤压。对于大多数金属而言，其在室温下的挤压即为冷挤压。冷挤压的主要优点如下：

(1) 由于冷挤压过程中金属材料受三向压应力作用，挤压变形后材料的晶粒组织更加致密；金属流线沿挤压件轮廓连续分布；加之冷挤压变形的加工硬化特性，使挤压件的强度、硬度及耐疲劳性能显著提高。

(2) 挤压件的精度和表面品质较高。一般尺寸精度可达 IT7～IT6，表面粗糙度 Ra= 1.6～0.2μm。故冷挤压是一种净形或近似净形的成形方法，且能挤压出薄壁、深孔、导型截面等一些较难进行机加工的零件。如图 8.78 所示的零件，用冷挤压直接可得到零件。

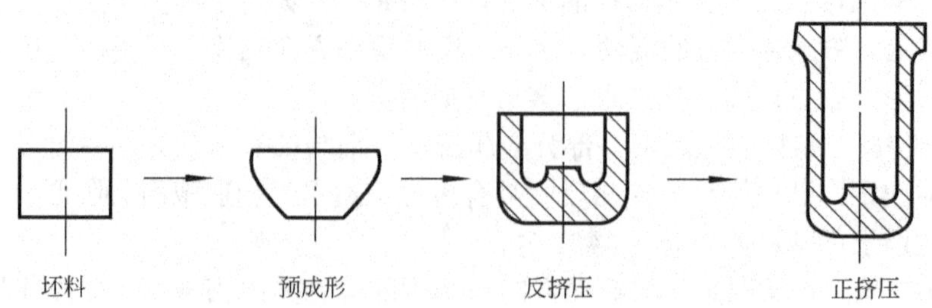

图 8.78 缝纫机梭心套壳(材料 2Crl3)冷挤压

(3) 材料利用率高，生产率也较高。冷挤压已在机械、仪表、电器、轻工、宇航、军工等部门得到应用。

但冷挤压的变形力相当大，特别是对较硬金属材料进行挤压时，所需的变形力更大，这就限制了冷挤压件的尺寸和质量；冷挤压模材质要求高，常用材料为 W18Cr4V、Cr12MoV 等；设备吨位大。为了降低挤压力，减少模具磨损，提高挤压件表面品质，金属坯料常须进行软化处理，尔后清除其表面氧化皮，再进行特殊的润滑处理。

2) 温挤压的特点及应用

温挤压即把坯料加热到强度较低、氧化较轻的温度范围进行挤压。温挤压兼有冷、热挤压的优点，又克服了冷、热挤压的某些不足。虽然温挤压件的精度和表面品质不如冷挤压，但对于一些冷挤压难以塑性成形的材料如：不锈钢、中高碳钢及合金钢、耐热合金、镁合金、钛合金等，均可用温挤压。而且坯料可不进行预先软化处理和中间退火，也可不进行表面的特殊润滑处理。这有利于机械化、自动化生产，另外，温挤压的变形量较冷挤压大，这样可减少工序、降低模具费用，且不一定需要大吨位的专用挤压机。如图 8.79 所示的微型电动机外壳，材料为 1Cr18Ni9Ti，坯料尺寸为 ϕ5.8mm×14mm，若采用冷挤压则需经多次挤压才能成形，生产率低。若将坯料加热到 260℃，采用温挤压，只需两次挤压即可成形。其过程为：第一次用复合挤压得到尾部 ϕ21，如图 8.79(b)所示，第二次用正挤压即得零件，如图 8.79(c)所示。

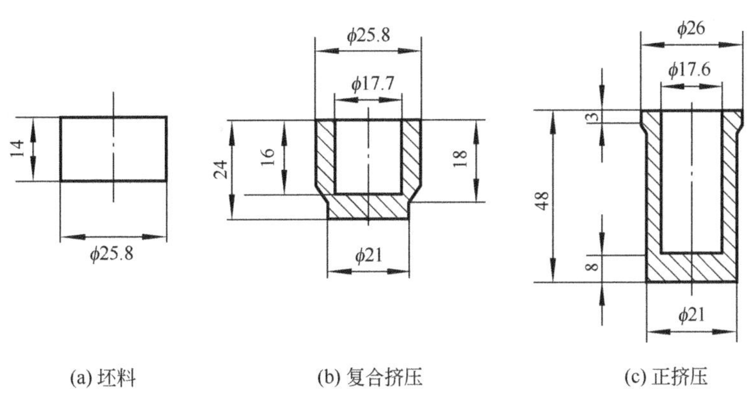

图 8.79 微型电动机外壳温挤压过程

3) 热挤压的特点及应用

热挤压时，由于坯料加热至锻造温度，这使得材料的变形抗力大为降低；但由于加热温度高，氧化脱碳及热胀冷缩等问题，大大降低了产品的尺寸精度和表面品质。因此，热挤压一般都用于高强(硬)度金属材料如高碳钢、高强度结构钢、高速钢、耐热钢等的毛坯成形。如热挤发动机气阀毛坯、汽轮机叶片毛坯、机床花键轴毛坯等。

8.3.2 辊轧成形

辊轧过程近年来在机械制造业中得到较广泛的应用。用辊轧过程生产某些机器的毛坯或零件，具有原料省、生产率高、产品品质好、成本低等优点。常见辊轧过程有以下几种。

1. 辊锻

辊锻是由轧制过程发展起来的一种锻造过程。辊锻是使坯料通过装有圆弧形模块的一对相对旋转的轧辊时，受压而变形的生产方法，如图 8.80 所示。它与轧制不同的是这对模块可装拆更换，以便生产出不同形状的毛坯或零件。

辊锻不仅可作为模锻前的制坯工序，还可直接辊锻出制品，如各种扳手、钢丝钳、镰刀、锄头、犁铧、麻花钻、连杆、叶片、刺刀、铁道道岔等。

2. 辊环轧制(扩孔)

辊环轧制是用来扩大环形坯料的外径和内径，以得到各种环状毛坯或零件的轧制过程，如图 8.81 所示。用它代替锻造方法生产环形锻件，节省金属 15%～20%。

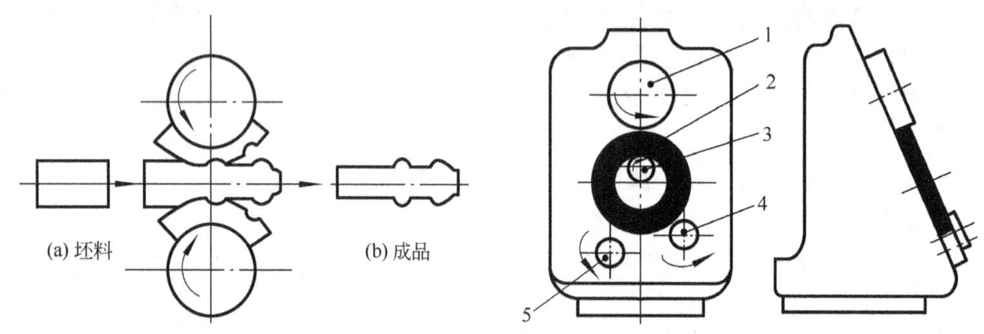

图 8.80 辊锻示意图

图 8.81 辊环轧制示意图
1—驱动辊；2—毛坯；3—从动辊；4—导向辊；5—信号辊

这种方法生产的环类件，其横截面可以是多种形状的，如火车轮轮箍、大型轴承圈、齿圈、法兰等。

3. 横轧过程

横轧是轧辊轴线与坯料轴线互相平行的轧制方法。常见的有以下几种。

(1) 齿轮齿形轧制是一种净形或近似净形加工齿形的新技术，如图 8.82 所示。在轧制前将坯料外缘加热，然后将带齿形的轧轮做径向进给，迫使轧轮与坯料对辗。在对辗过程中，坯料上一部分金属受压形成齿谷，相邻部分的金属被轧轮齿部“反挤”而形成齿顶。直齿和斜齿均可用热轧成形。

(2) 螺旋斜轧是用两上带有螺旋形槽的轧辊，相互交叉成一定角度，并做同方向旋转，使坯料在轧辊间既绕自身轴线转动，又向前推进，同时辊压成形，得到所需产品。如钢球轧制(图 8.83(a))、周期性毛坯轧制(图 8.83(b))、冷轧丝杆、带螺旋线的高速钢滚刀毛坯轧制等。

(3) 楔横轧是用两个外表面镶有楔形凸块，并作同向旋转的平行轧辊对沿轧辊轴向送进的坯料进行轧制成形的方法，如图 8.84 所示。楔横轧还有平板式、三轧辊式和固定弧板式三种类型。

楔横轧的变形过程主要是靠轧辊上的楔形凸块压延坯料，使坯料径向尺寸减小，长度尺寸增加。其产品精度和品质较好，生产率高，节省原材料，模具寿命较高，且易于实现机械化和自动化。楔横轧限于制造阶梯轴类、锥形轴类等回转体毛坯或零件，如图 8.85 所示。

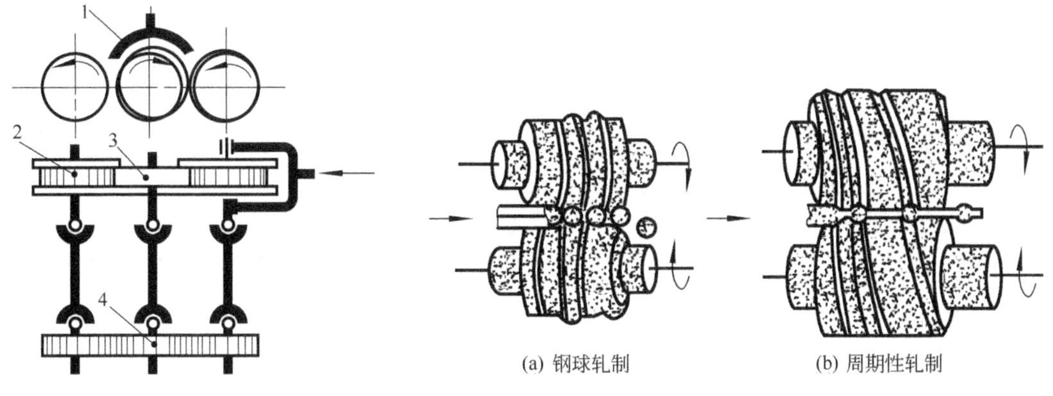

图 8.82 热轧齿形示意图

1—感应加热器；2—轧轮；3—坯料；4—导轮

图 8.83 螺旋斜轧示意图

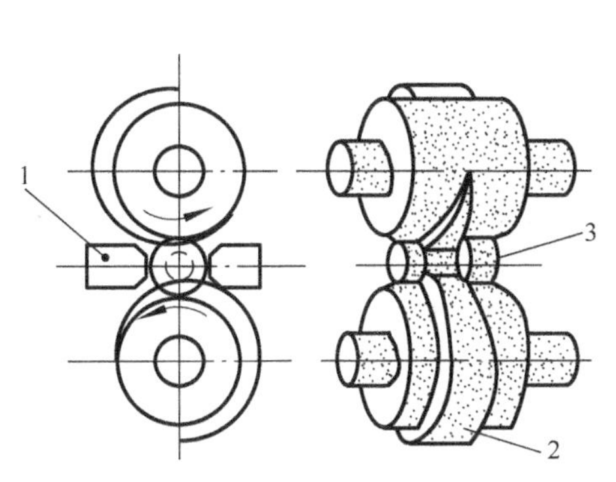

图 8.84 两辊式楔横轧

1—导板；2—带楔形凸块的轧辊；3—轧件

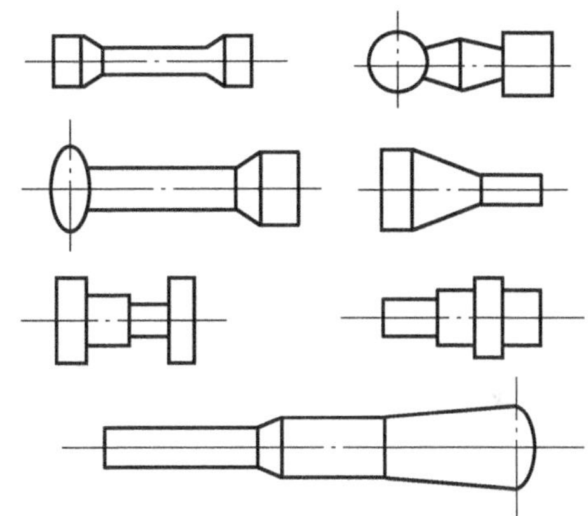

图 8.85 部分楔横轧产品形状

8.3.3 超塑性成形

1. 金属的超塑性概念

一般工程上用延伸系数 δ 来判断金属材料的塑性高低。通常，在室温下，黑色金属的 δ 值一般不超过 40%，有色金属也还会超过 60%，即使在高温时也很难超过 100%。但有些金属材料在特定的条件下，即超细等轴晶粒(晶粒平均直径在 0.5～5μm)、一定的变形温度(一般为 0.5～0.7$T_{熔}$)、极低的形变速度($s=10^{-4}\sim10^{-2}$m/s)，其相对延伸系数 δ 会超过 100%，某些材料如锌铝合金甚至超过 1000%。超塑性成形材料主要有：锌铝合金、铝基合金、钛合金、镍基合金等。黑色金属甚至冷热模具钢均可进行超塑性成形。

2. 超塑性成形的特点

(1) 超塑性状态下的金属在拉伸变形过程中不产生缩颈现象，变形应力可比常态下金属的变形应力降低几倍至几十倍。这样，对某些变形抗力大、可锻性低、锻造温度范围窄的金属材料，如镍基高温合金、钛合金等，经超塑性处理后，可进行超塑性成形。

(2) 可获得形状复杂、薄壁的工件，且工件尺寸精确。为净形或近似净形气精密加工开辟了一条新的途径。

(3) 超塑性成形后的工件，具有较均匀而细小的晶粒组织，力学性能均匀一致；具有较高的抗应力腐蚀性能，工件内不存在残余应力。

(4) 在超塑性状态下，金属材料的变形抗力小，可充分发挥中、小型设备的作用。

但是，超塑性成形前或过程中需对材料进行超塑性处理，还要在超塑性成形过程中保持较高的温度。

3. 超塑性成形的应用

(1) 板料深冲。如图 8.86(a)所示的零件，其直径小但很长。若用普通拉深，则需多次拉深及中间退火；若用锌铝合金等超塑性材料则可一次拉深成形，如图 8.86(b) 所示，且产品品质好，性能无方向性。

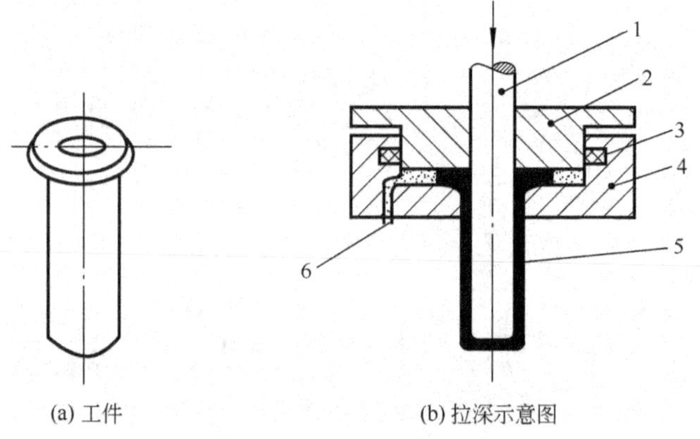

(a) 工件　(b) 拉深示意图

图 8.86　超塑性板料拉深

1—冲头；2—压板；3—加热器；4—凹模；5—工件；6—液压管

(2) 超塑性挤压。主要用于锌铝合金、铝基合金及铜基合金。

(3) 超塑性模锻。主要用于镍基高温合金及钛合金。过程是：先将合金在接近正常再结晶温度下进行热变形，以获得超细晶粒组织，然后在预热的模具(预热温度为超塑性变形温度)中模锻成形，最后对锻件进行热处理以恢复合金的高强度状态。

8.3.4　摆辗成形

摆辗又叫摆动辗压，是用一具有一定图形母线的上模，上模中线与摆辗机主轴中心线相交成 α 角(此角称摆角)，当主轴旋转时，上模又绕主轴作轨迹运动，与此同时，滑块在油缸作用下上升对坯料施压，这样上模母线在坯料表面连续不断地滚压，使坯料表面由连续的局部塑性变形而达到整体变形，从而得到所需形状和尺寸的零件或制品，如图 8.87 所示。

上模母线决定了辗压工件表面的形状，若上模母线为一直线，辗压工件表面为平面；若上模母线为一曲线，辗压工件表面为一定形状的曲面。

摆辗要求材料有足够的塑性(无论是冷辗还是热辗)。摆辗件的尺寸精度和表面品质均较好，一般无需进行切削加工。设备为摆辗机。另外，辗压中噪声及振动小，过程易实现机械化和自动化。

摆辗主要适用于生产饼盘类及带法兰的半轴类件。如汽车半轴、推力轴承圈、碟形弹簧、锥齿轮、铣刀毛坯等。

除上述介绍的塑性成形方法外，还有爆炸成形、液电成形等。

本章阐述了以固态金属材料的塑性变形为基础的成形技术原理、成形方法、结构技术特征、过程特点及应用等知识，然而，更为重要的是使读者能以崭新的方法，富有想象力地去运用这些基本原理和基本知识，在生产实践中取得技术与经济上的进步。

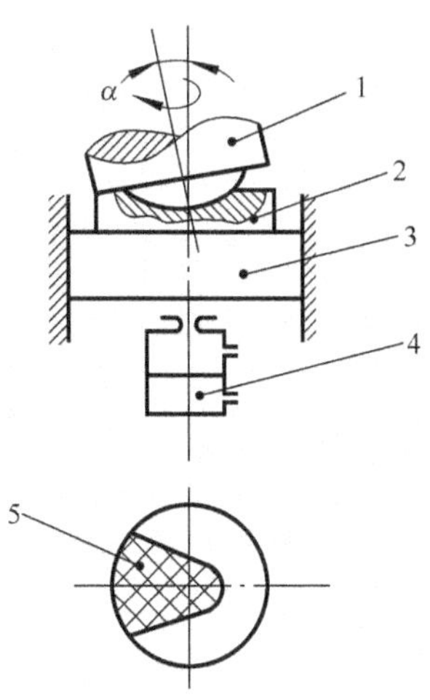

图8.87 摆辗工作原理图

1—上模(摆头)；2—坯料；3—滑块；4—进给缸；5—摆头

案例分析

中、小曲轴精锻件锻造新工艺的探讨

1. 曲轴精锻件的工艺分析

以重庆大江信达车辆股份有限公司铸锻造公司新近开发的一种微车曲轴精锻件为例，阐述微车曲轴精锻件锻造新工艺，如图8.88所示。

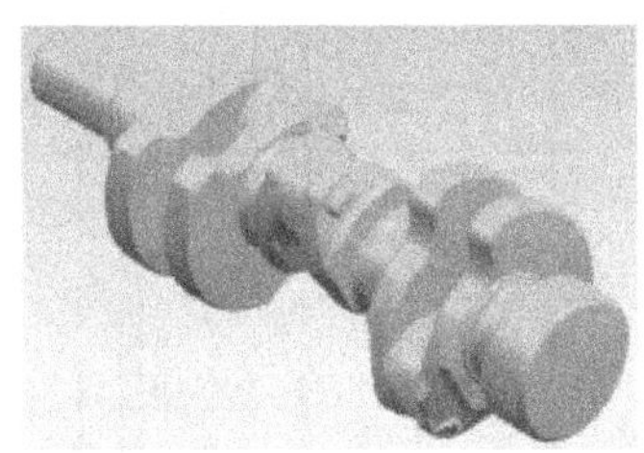

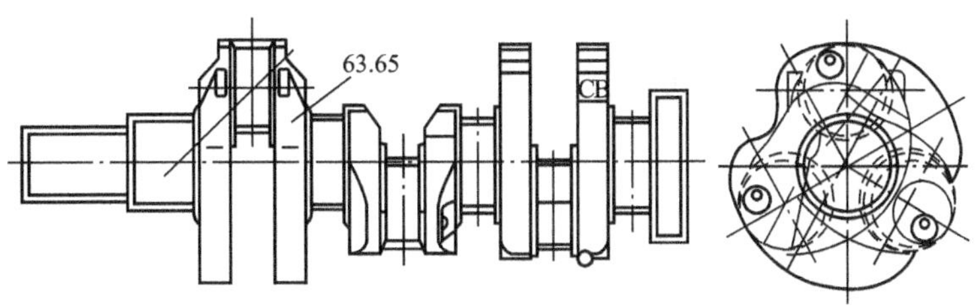

图8.88 三缸曲轴

它是一个三缸曲轴，锻件质量为16.5kg，锻件总长423.5mm。靠近大头处第一块平衡板的截面积为12420.9mm^2，平衡板的高度为120mm，板宽22mm，拔模斜度为2.5°。该曲轴的6个平衡板都不机加工，只有连杆颈、主轴颈、大小头的台阶要机加工，且机加工余量仅1～2mm，上下模的对称度要求≤

0.3mm(一般曲轴未作此项要求)。该曲轴呈120°分模，各个连杆之间有一定的角度偏差，因此极易造成锻件变形。由于锻造精度要求高，锻造难度比较大，为此决定采用4000t热模锻压力机来生产，原材料采用40Cr。

采用原来的工艺方法，材料利用率仅为63%，曲轴的平衡板较深处易不满型，尤其是大头第1块平衡板极易不满型。由于坯料体积太大，锻造时金属变形抗力也大，金属流动剧烈，锻后锻件高度尺寸超上差，锻件表面质量较差，模具寿命仅1000件左右。对热模锻压力机的损害也很大，锻件良品率仅为30%左右。针对这些情况重新对模具进行了设计，调整了锻造工艺。

新的工艺流程如下：下料—加热—模锻(制坯—预锻—终锻)—热切边—热校正—调质—抛丸—磁力探伤—浸油—包装。

2. 预、终锻模设计

曲轴采用的毛坯规格为100mm×350mm，毛坯质量为21.6kg，材料利用率为76.4%。

(1) 预、终锻热锻件图设计。由于该锻件6个平衡板都不机加工，平衡板宽22.3mm(热锻件图)。如果将预、终锻的平衡板做成22.3mm宽，模具锻造的曲轴越多，型腔将越来越大，平衡板宽度尺寸达到20mm时，将影响连杆颈台阶、主轴颈台阶的机加工。此时，模具只生产了3000件左右，未达到5000～6000件的寿命要求，因此在设计预、终锻热锻件图时，综合考虑锻件尺寸公差，将平衡板的宽度设计为21.8mm。这样既可以保证锻件尺寸在公差之内，又提高了模具的寿命，降低了锻件的成本。

(2) 平衡板单面的深度为60mm，终锻后平衡板最深处不易充满，为了让终锻后平衡板最深处能满型，增大了预锻模平衡板的圆角，如图8.89所示。

(3) 预、终锻模模具结构的设计。在预、终锻模平衡板上下模桥部做阻力墙，从而增大了金属流向桥部的阻力，如图8.90所示。因为靠近小头的第1个平衡板截面积最大，为了让金属在锻造时不过早地流出型腔，特别在小头处设计了阻力墙。经实践检验，这样的结构对靠近小头的第1个平衡板的起型特别有作用。

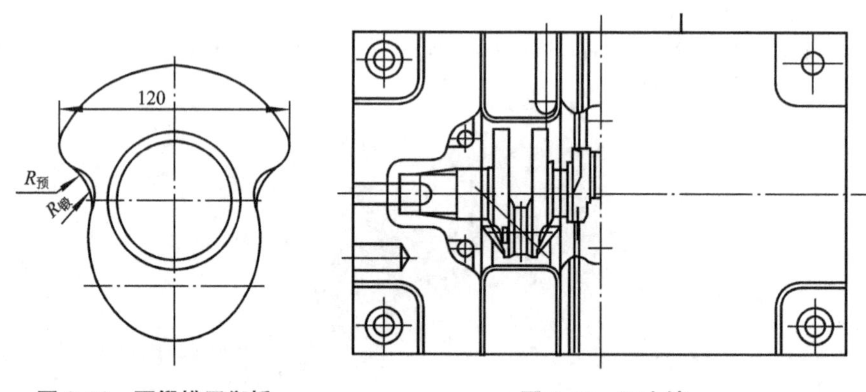

图8.89 预锻模平衡板　　**图8.90 阻力墙**

(4) 在终锻6个平衡板最深处作ϕd的排气孔，让终锻时此处的空气顺利排出，金属易于充满型腔，如图8.91所示。

3. 切边、校正模的设计

由于该曲轴要求上下模对称度不超过0.3mm，切边时冲头与锻件平衡板接触处应做出δ的让位。这样切边时，锻件其他部位与冲头先接触，与平衡板最深处后接触，平衡板受力小，不会被冲头压变形，切完边后锻件上下模对称度不超过0.3mm。

设计校正模时，为了达到锻件弯曲度不超过1mm的目的，并保证锻件校正后能顺利出模，锻件的主轴颈、连杆颈及大小头台阶轴与模具接触，锻件的其余面与模具不接触，并同时增大模口R。

4. 热处理调质

该工序决定了锻件最终的机械性能是否合格，以及热处理后能否满足机加。首先制定合理的热处理

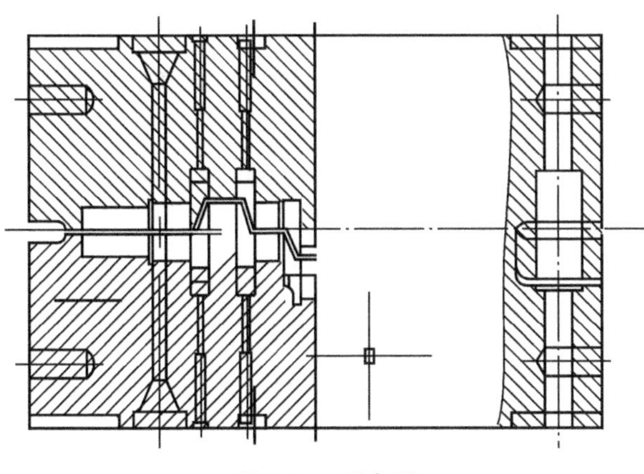

图 8.91 排气孔

工艺：锻件淬火时装炉温度要求不超过860℃，加热温度(860±10)℃，控制好加热时间；回火温度不超过500℃，控制好保温时间。要求在热处理装炉操作时一定要认真仔细摆放好各个锻件，不允许随意乱扔，杜绝野蛮操作，否则热处理后锻件的弯曲变形相当严重，直接影响锻件机加工合格率。

资料来源：凌君．中、小曲轴精锻件锻造新工艺的探讨［J］．精密成形工程，2009(3)．

根据以上案例所提供的资料，试分析：

1) 由材料中所给的曲轴精锻件锻造新工艺流程中，说明主要工序有哪些？作者对这些主要工序作了什么样的考虑(处理)？

答：主要工序有：预锻，终锻，热切边，热校正，调质。

预锻：平衡板的宽度设计为21.8mm，增大预锻模平衡板的圆角，预锻模平衡板上下模桥部做阻力墙。

终锻：平衡板的宽度设计为21.8mm，终锻模平衡板上下模桥部做阻力墙，平衡板最深处作ϕd的排气孔。

热切边：切边时冲头与锻件平衡板接触处应做出δ的让位。

热校正：锻件的主轴颈、连杆颈及大小头台阶轴与模具接触，锻件的其余面与模具不接触，并同时增大模口R。

调质：制定合理的热处理工艺及工件装炉操作规范。

2) 该曲轴精锻件锻造新工艺的优点何在？

答：新工艺使该曲轴精锻的材料利用率由原来的63%提高到76.4%，锻件良品率也提高，既保证锻件尺寸在公差之内，又提高了模具的寿命，而且降低了锻件的成本。

习 题

简答题

8-1 锻压的成形原理是什么？这种成形原理有什么特点？

8-2 为什么金属材料的固态塑性成形不像铸造那样具有广泛的适应性？

8-3 冷变形和热变形各有何特点？它们的应用范围又如何？

8-4 碳钢在锻造温度范围内进行塑性变形时，是否会出现加工硬化现象？

8-5 提高金属材料可锻性最常用且有效的办法是什么？为何这样？

8－6　绘制模锻件图与自由锻件图有何不同?

8－7　锻上模锻大都有飞边和冲孔连皮，是否能直接锻出没有冲孔连皮的通孔和没有飞边的模锻件?

8－8　金属板料塑性成形过程中是否会出现加工硬化现象? 为什么?

8－9　加工硬化对金属板料成形有何影响?

8－10　比较落料或冲孔与拉深过程凹、凸模结构及间隙 z 有何不同? 为什么?

8－11　用 ϕ250mm×1.5mm 的低碳钢坯料，能否一次拉深直径 ϕ50mm 的拉深件? 为什么? 应采取什么措施才能完成?

8－12　试述图 8.50 消声器后盖两种结构的冲压过程。

思考题

1. 图 8.92 所示为汽车离合器从动片上的孔形，它们都能保证使用要求，试分析哪种孔形最佳? 为什么?

2. 下列图示零件(图 8.93、图 8.94、图 8.95)若各自分别按单件小批量、成批量和大批量的锻造生产毛坯，试解答:

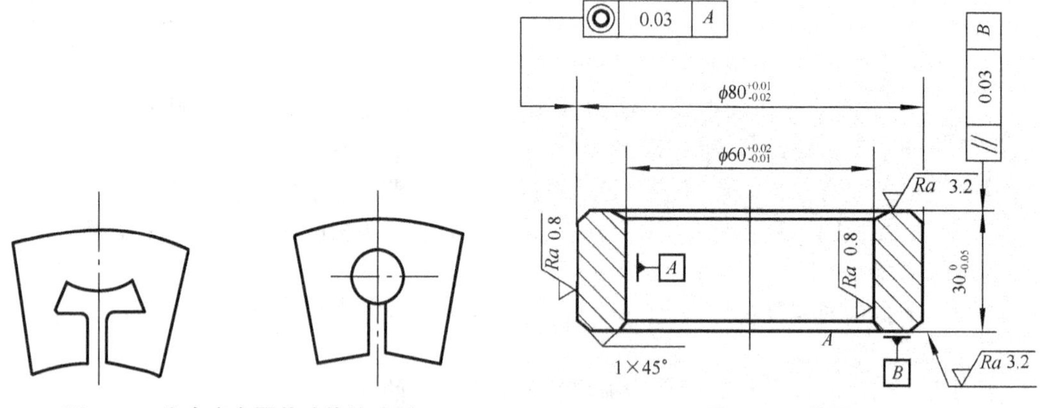

图 8.92　汽车离合器从动片的孔形　　**图 8.93　外圈**

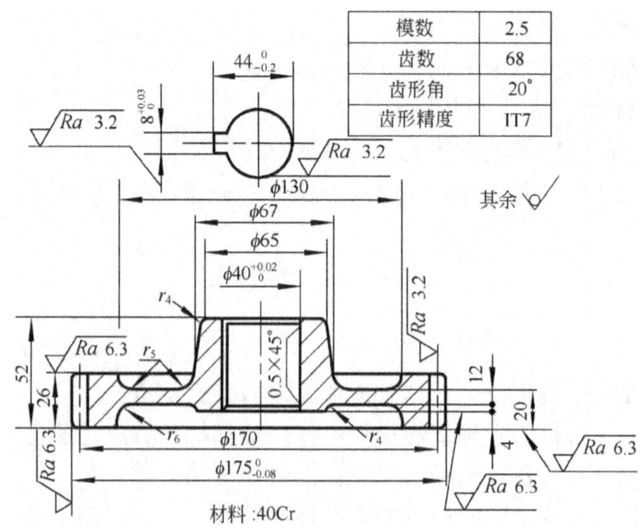

图 8.94　齿轮

(1) 根据生产批量选择锻造方法。

(2) 由选取的锻造方法绘制出相应的锻造过程图(即锻件图)。

(3) 确定所选锻造过程的工序并计算坯料的质量和尺寸。

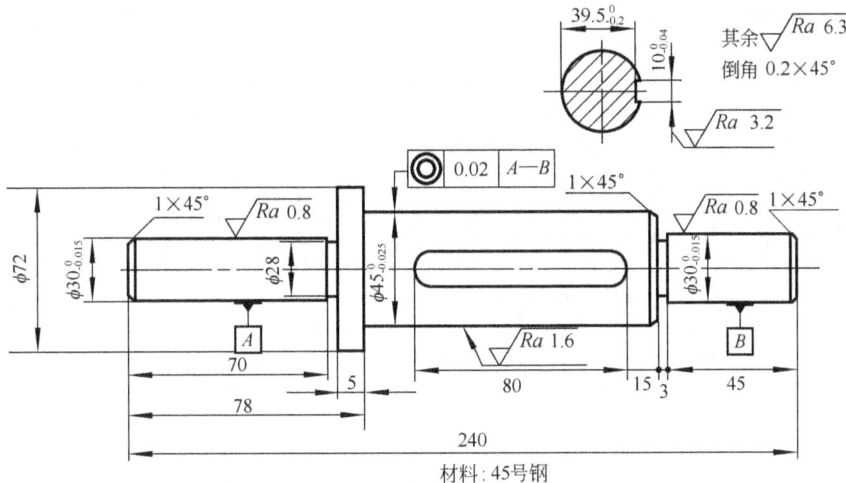

图 8.95 轴

第9章 粉末压制和常用复合材料成形简介

本章知识框架

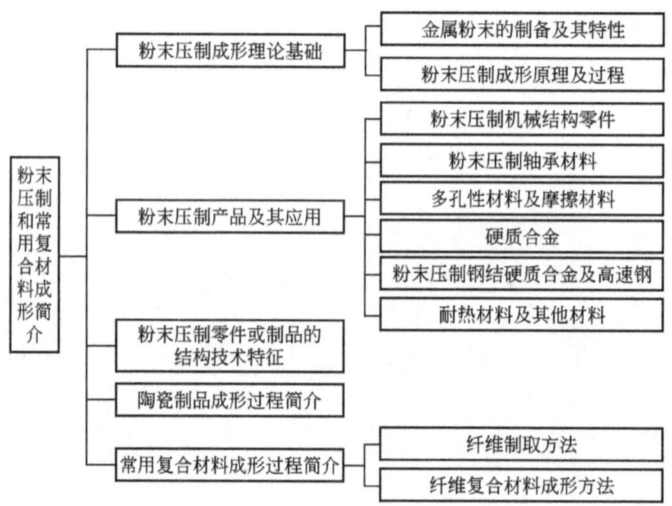

本章学习目标与要求

▲ 掌握粉末压制的成形原理。

▲ 熟悉粉末压制的成形工艺过程。

▲ 熟悉常见粉末压制产品及其应用。

▲ 了解粉末压制品的结构技术特征。

▲ 了解陶瓷的分类及制品的成形过程。

▲ 了解纤维复合材料的成形方法。

导入案例

粉末冶金技术发展史

粉末冶金虽然是人类历史上最早制得如铁、青铜等金属材料的技术，但随着19世纪冶金炉技术的发展，采用熔炼方法能够大批量地生产钢铁和有色金属，而使粉末冶金工艺逐渐被熔铸技术所取代。直到20世纪，用粉末冶金工艺制成了白炽灯钨丝，才使粉末冶金这一古老技术重新受到重视，并且在整个20世纪获得了快速的发展。

各种粉末冶金结构件和轴承

各种粉末冶金摩擦片及其他件

现代粉末冶金技术发展经历了三个重要历史阶段。

第一阶段：采用粉末冶金技术，能够生产出用熔铸方法等其他技术无法制得的各类材料和制品。即粉末冶金是唯一可以制取这些材料和制品的技术方法，如由钨矿石制取纯钨粉、钨粉成形为棒条，通过烧结、锤锻和拉丝，奠定了现代粉末冶金一个相当完整的工艺技术过程。白炽灯钨丝作为电光源的新材料，给人类长夜带来了光明，是一个划时代的进步。随后许多难熔金属材料钨、钼、钽、铌等无不都是以粉末冶金为唯一的工艺方法，并在20世纪20年代，这一独特的工艺技术成功地制造了硬质合金。用粉末冶金工艺制作的硬质合金刀具，比工具钢制作的切削刀具，切削速度和刀具寿命等提高了数倍甚至数十倍，也使一些难加工的材料可以进行加工。正是由于用粉末冶金制得了难熔金属和硬质合金等一系列熔铸方法难于制备的高熔点、高硬度等许多新型材料，从而奠定了它在材料领域中的地位。

第二阶段：在20世纪二三十年代，用粉末冶金工艺成功制得多孔含油轴承，含油轴承的普遍使用引发了机械设计和机械制造业的变革和进步。首先是青铜基含油轴承，不久又采用廉价铁粉制成铁基含油轴承，并且很快在汽车工业、纺织工业等领域广泛应用。随后随着铁粉质量不断提高，成形和烧结技术不断完善，进一步开发出高密度、高强度、形状复杂、精度又高的各类粉末冶金结构零件，使粉末冶金技术成为高效节能、节材、无切削和少切削的新型加工工艺，成为整个粉末冶金技术领域中产量最大、应用面最广的一个产业部门。

第三阶段：20世纪五六十年代以后，粉末冶金技术被化工、冶金、材料、机械等学科的科技工作者和生产企业关注和重视，学科之间互相渗透，开发出如粉末高速钢、粉末超合金、金属陶瓷、弥散强化材料、纤维增强材料等新材料，以及注射成形、粉末锻造、等静压制、温压技术等新工艺。随着现代技术经济对各类新材料、新产品的需求，粉末冶金技术还将向更高水平、更广阔的领域拓展。

问题：

1. 粉末有何特征？工业上是如何将“松散状的颗粒态材料——粉末”成形为人们所需的材料或制品？

2. 粉末冶金中使用的粉末只有金属粉末吗？为什么？

9.1 粉末压制成形理论基础

粉末压制(这里主要指粉末冶金)是用金属粉末(或者金属和非金属粉末的混合物)做原料，经压制成形后烧结而制造各种类型的材料、零件或产品的成形方法。随着全球工业化的蓬勃发展，粉末冶金行业发展迅速，粉末冶金技术已被广泛应用于交通、机械、电子、航天、航空、核能等领域。

粉末压制的特点：

(1) 能够生产出其他方法不能或很难制造的制品。可制取难熔、极硬和特殊性能的材料，例如：钨丝、硬质合金、磁性材料、高温耐热材料等；又能生产净形和近似净形加工的优质机械零件，如：多孔含油轴承、精密齿轮、摆线泵内外转子、活塞环等。

(2) 材料的利用率很高，接近100％。

(3) 虽然用其他方法也可以制造，但用粉末冶金法更为经济。

(4) 一般来说，金属粉末的价格较高，粉末冶金的设备和模具投资较大，零件几何形状受一定限制，因此粉末冶金适宜于大批量生产的零件。

9.1.1 金属粉末的制取及其特性

1. 金属粉末的制备方法

从金属粉末的制取的过程实质来看，现有制粉方法大体上可归纳为两大类：即机械法(如机械破碎法，研磨法等)和物理化学法(如还原法、雾化法和电解法等)。从工业规模而言，应用最广泛的是还原法、雾化法和电解法。但随着科技的发展，越来越多的新技术在粉末的制备过程中正起着越来越重要的作用。

1) 矿物还原法制取粉末

矿物还原法是金属矿石在一定冶金条件下被还原后，得到一定形状和大小的金属料，然后将金属料经粉碎等处理以获得粉末。

例如，在铁粉生产中，将纯洁的干燥铁矿石与煤粉、焦炭、砾石、白垩一起装在密封的桶里，在1200℃加热90h铁矿石被还原后得到海绵状铁块，经粉碎磨细置于氢气氛中热处理，使氧化物进一步还原，并使铁粉微粒退火。这种铁粉中含有从矿石中带来的杂质，且单个的颗粒含有许多内部微孔，密合这些内部微孔需极高的压力，故这种铁粉不适于压制高密度产品。根据生产条件的不同，颗粒的内部微孔的多少和大小也在变化，且形状一般也不规则。

矿物还原法主要适用于铁粉生产，铁粉纯度直接与铁矿石的纯度有关。除铁粉外，用矿物还原法还能生产钴、钼、钙等粉末。例如，难熔的金属化合物粉末如碳化物、硼化物、硅化物粉末，是通过金属氧化物粉末与碳、硼或硅粉末的化合作用或者化学置换的方法而获得的。碳化物粉的制取，可采用炭黑粉直接还原金属氧化物，其反应如下：

MO、MC泛指金属氧化物、金属碳化物，

$$MO+2C \rightarrow MC+CO\uparrow$$

这种还原过程所需温度比较高，如制取碳化钨粉时为1400～1600℃，通常在碳管炉中进行，反应过程中可通过氢气或在真空中进行。

2）电解法

电解法是采用金属盐的水溶液电解析出或熔盐电解析出金属颗粒或海绵状金属块，再用机械法进行粉碎。

电解法生产的金属品种多，纯度高，粉末颗粒显树枝状或针状，其压制性和烧结性都较好。

3）雾化法制取粉末

雾化法是将熔化的金属液通过喷射气流(空气或惰性气体)、水蒸气或水的机械力和急冷作用使金属熔液雾化，而得到金属粉末，如图9.1所示。

雾化法制粉是在液态下进行的，这样就为材料选择与合金化提供了很大的灵活性。粉末的纯度直接与原材料及熔化、精炼的过程有关。根据过程参数不同，粉末颗粒的形状及大小可在较宽的范围内变化。如气体雾化将得到较大的球状颗粒；而水雾化则得到没有内部微孔的细小而不规则颗粒。

由于雾化法制得的粉末纯度较高，又可合金化，粉末有其特点，且产量高、成本较低，故其应用发展很快。可用来生产铁、铅、铝、锌、铜及其合金等的粉末。

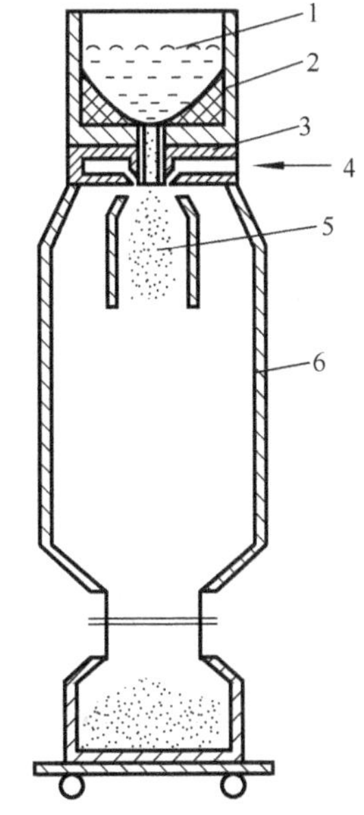

图9.1 典型雾化法示意图

1—金属液；2—保温容器；3—雾化器；4—高压气体或水；5—雾化金属粉末；6—雾化塔

4）机械粉碎法

机械破碎法中最常用的是钢球或硬质合金球对金属块或粒原料进行球磨，适宜于制备一些脆性的金属粉末，或者经过脆性化处理的金属粉末(如经过氢化处理变脆的钛粉)。

对于软金属料，可采用旋涡研磨法，即通过螺旋桨的作用产生旋涡高速气流，使金属颗粒自行相互撞击而磨碎。

2. 制备方法应用

一些重要的金属粉末生产方法见表9-1，表中各元素的先后顺序系按其在工业上应用的广泛程度排列。

表 9-1　一些重要的金属粉末生产方法

金属粉末	生产方法
铁	还原法、水雾化法、空气雾化法、研磨法
铜、镍	电解法、雾化法、还原法
钨、钼、钒、钴	还原法
钛、锆、钽	还原法、电解法
铌、钍、铬、锰	电解法、还原法
铍	研磨法、还原法、电解法
银	电解法、沉淀法
硅	研磨法
铝	雾化法、研磨法
锌、锡、铅	雾化法

3. 制备方法的发展趋势

粉末冶金材料和制品不断增多，质量不断提高，要求提供的粉末的种类也越来越多。为了满足对粉末的各种要求，出现了各种各样生产粉末的新方法。

1）机械合金化法

机械合金化是由 Benjamin 等提出的一种制备合金粉末的高能球磨技术。它是在高能球磨条件下，利用金属粉末混合物的反复变形、断裂、焊合、原子间相互扩散或发生固态反应形成合金粉末。机械合金化是在固态下实现合金化，不经过气相、液相，不受物质的蒸气压、熔点等物理特性因素的制约，使过去用传统熔炼工艺难以实现的某些物质的合金化和远离热力学平衡的准稳态、非平衡态及新物质的合成成为可能，因此机械合金化的理论和应用方面的研究均显示出十分诱人的前景。机械合金化法最初主要用于制备氧化物弥散强化镍基合金。迄今为止，机械合金化法技术已广泛用于研制和开发各种弥散强化材料、高温材料、储氢材料、超导材料、过饱和固溶体、非晶、纳米晶、准晶、难熔金属化合物、稀土硬磁合金等新材料。目前，机械合金化法是一种制备纳米晶金属粉末的重要方法。

2）喷雾干燥法

喷雾干燥是指用雾化器将一定浓度的原料液喷射成雾状液滴，并用热空气(或其他气体)与雾滴直接接触的方式使之迅速干燥，从而获得粉粒状产品的一种粉末制备过程。一般喷雾干燥过程包括四个阶段：①料液雾化；②雾滴与热干燥介质接触混合；③雾滴的蒸发干燥；④干燥产品与干燥介质分离。制备的粉末可以根据需要，成粉状、颗粒状、空心球状或团粒状等。原料液的形式可以是溶液、悬浮液、乳浊液等用泵可以输送的液体。采用喷雾干燥可以制备出质量均一、重复性良好的粉料，并且缩短粉料的制备过程，有利于自动化、连续化生产，是大规模制备优良超微粉的有效方法。

4. 金属粉末的特性

金属粉末的特性对粉末的压制、烧结过程、烧结前强度及最终产品的性能都有重大影响。

影响金属粉末的基本性能因素包括：成分、粒径分布、颗粒形状和大小以及技术特征等。

(1) 成分。粉末的成分通常指主要金属或组分、杂质及气体的含量。金属粉末中主要金属的含量大都不低于98%～99%，完全可以满足烧结机械零件等的要求。但在制造高性能粉末冶金材料或制品时，需要使用纯度更高的粉末。

金属粉末中最常存在的夹杂物是氧化物。氧化物使金属粉末的压缩性变坏，增大压模的磨损。有时，少量的易还原金属氧化物有利于金属粉末的烧结。

由于金属粉末的比表面大、体积小，在金属粉末颗粒表面吸附有大量气体。在金属粉末制取过程中还会有不少的气体溶解其中。金属粉末中含有的主要气体是氧、氢、一氧化碳及氮，这些气体使金属粉末脆性增大和压制性变坏，特别是使一些难熔金属与化合物(如 Ti、Zr、Cr、碳化物、硼化物、硅化物)的塑性变坏。加热时，气体强烈析出，可能会影响压坯在烧结时的正常收缩。因此，对一些金属粉末往往要进行真空脱气处理。

(2) 颗粒形状和大小。颗粒形状是影响粉末工艺性能(如松装密度、流动性等)的因素之一。通常，粉粒以球状或粒状为好。

颗粒大小常用粒度表示。工业上制造的粉末粒度通常在0.1～500μm，150μm以上的定为粗粉，40～150μm定为中等粉，10～40μm的定为细粉，0.5～10μm为极细粉，0.5μm以下的叫超细粉。粉末颗粒大小通常用筛号表示其范围，各种筛号表示每1平方英寸筛网上的网孔数。筛子的筛号与网孔大小的对应关系见表9-2。

表9-2 筛子的筛号与网孔大小的对应关系

筛号/目	32	42	60	80	100	150	200	250	325	400
网孔大小/μm	495	351	246	175	147	104	74	61	44	37

例如，一批粉末通过了200目筛，而未能通过250目筛，则其中颗粒大小的范围是61～74μm，一般用－200＋250目来表示。如要较精确地测量粉粒大小，可用显微镜法、沉降分析法等。

粉粒大小直接影响粉末冶金制品的性能，尤其对硬质合金、陶瓷材料等，要求粉粒越细越好。但制取细粉比较困难，经济性也差。

(3) 粒度分布。指大小不同的粉粒级别的相对含量，也叫粒度组成。粉末粒度组成的范围广，则制品的密度高，性能也好，尤其对制品边角的强度尤为有利。

(4) 工艺性能。粉末的成形工艺性能主要有：

① 松装密度。松装密度也称松装比，指单位容积自由松装粉末的质量。受粉末粒度、粒形、粒度组成及粒间孔隙大小决定。松装比的大小影响压制与烧结性能，同时对压模设计是一个十分重要的参数。例如，还原铁粉的松装密度一般为2.3～3.0g/cm^3，若采用松装密度为2.3g/cm^{3}的还原铁粉压制密度为6.9g/cm^{3}的压坯，则压缩比(粉末的充填高度与压坯高度之比)为6.9∶2.3＝3∶1，即若压坯高度为1cm时，模腔深度须大于3cm才行。

② 流动性。它是指50g粉末在粉末流动仪中自由下降至流完后所需的时间。时间越

短，流动性越好。流动性好的粉末有利于快速连续装粉及复杂零件的均匀装粉。

③ 压制性。粉末的压制性包括压缩性与成形性。压缩性的好坏决定压坯的强度与密度，通常用压制前后粉末体的压缩比表示。粉末压缩性主要受粉末硬度、塑性变形能力与加工硬化性决定。经退火后的粉末压缩性较好。为保证压坯品质，使其具有一定的强度，且便于生产过程中的运输，粉末需有良好的成形性。成形性与粉末的物理性质有关，此外还受到粒度、粒形与粒度组成的影响。为了改善成形性，常在粉末中加入少量润滑剂如硬脂酸锌、石蜡、橡胶等。通常用压坯的抗弯强度或抗压强度作为成形性试验的指标。

9.1.2 粉末压制成形原理及过程

1. 粉末压制成形原理

粉末即颗粒状材料，其整体在物理特征上呈松散状，就像人们常说的“一盘散沙”，但若采用一定的方法(如粉末与粘接剂配混、加压加热等)使其连接成坚固的“整体”，则可被人们所使用。

由于粉末兼有液体和固体的双重特性，即整体具有一定的流动性和每个颗粒本身的塑性，人们正是利用这些特性来实现粉末的成形，以获得所需的产品。

粉末成形原理就是将混合粉料装入预先制作好的“容器”内腔中，通过压制、烧结(固结)定形后取出，得到所需的制品，即粉末压制固结成形。例如，建筑业中浇灌混凝土，就是典型的颗粒态材料成形例子，对应技术即混凝土制备技术。可见，实现颗粒态材料成形的基本条件：①要有合理的混合粉料；②准备好成形的“型腔”；③“型腔”中混合粉料固结定形。

机械制造业中实现颗粒态材料的“粉末固结成形”原理的方法或技术叫粉末压制或粉末冶金。目前，粉末冶金已成为新材料科学和技术中最具有发展活力的领域之一。

2. 粉末压制成形工艺过程

粉末压制(冶金)生产工艺流程如下：

原材料粉末、添加剂→配混→压制成形→烧结→后续处理或加工→制品

1) 粉末配混

粉末配混是根据产品配料计算并按特定的粒度分布把各种金属粉末及添加物(如润滑剂等)进行充分地混合，此工序通过混粉机完成。

添加物的加入主要在于改善混合粉的成形技术特征。如加入润滑剂(如硬脂酸锌，质量比0.25%～1%)可改善混合粉的流动性，增加可压制性。压制后，在烧结前用加热方法将润滑剂(如硬脂酸锌在375～425℃的热空气中)排除。

混合粉的特性常用混匀度表示。混匀度越大，表示混合越均匀；也就越有利于制品的性能要求。但粉末混合过程须谨慎，太激烈的混合将会引起变形硬化、颗粒相互磨损、起层等，故一定要按照成形技术要求和规范进行。

2) 压制成形

粉末的压制成形是主要且基本的工序。它的过程包括称粉、装粉、压制、保压及压坯脱模等。

压制成形的方法有很多，如钢模压制、流体等静压制、三向压制、粉末锻造、挤压、振动压制、高能率成形等。常用的有以下几种。

(1) 钢模压制。它是指在常温下，用机械式压力机或液压机，以一定的比压(压力常在150～160MPa)将钢模内的松装粉末成形为压坯的方法。这种成形技术方法应用最多最广泛。图9.2所示为双向压制示意图。

(2) 流体等静压制。它是利用高压流体(液体或气体)同时从各个方向对粉末材料施加压力而成形的方法，如图9.3所示。

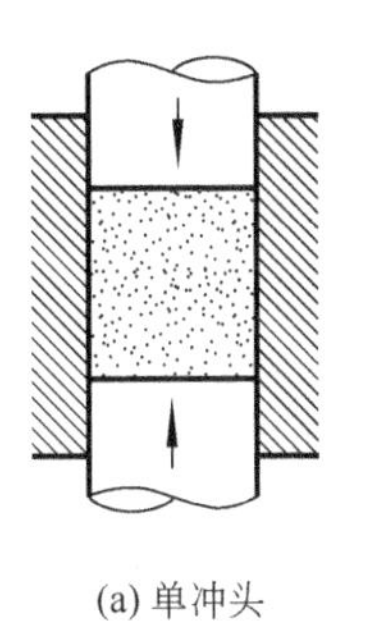
(a) 单冲头

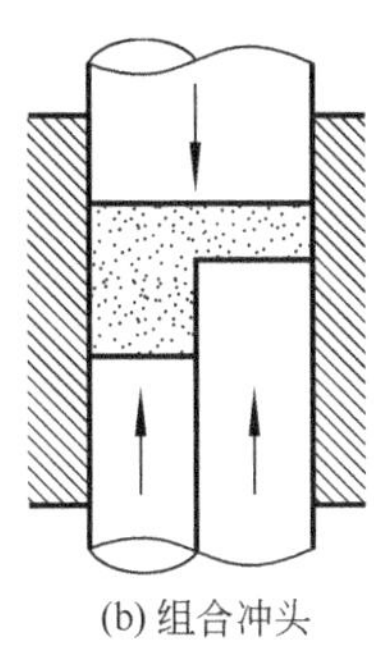
(b) 组合冲头

图9.2 双向压制示意图

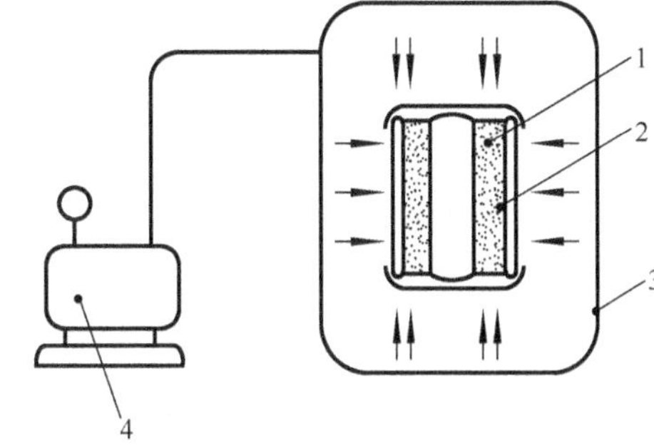

图9.3 等静压制示意图

1—工件；2—橡胶或塑料模；3—高压容器；4—高压泵

(3) 三向压制。它综合了单向钢模压制与等静压制的特点。这种方法得到的压坯密度和强度超过用其他成形方法得到的压坯。但它适用于成形形状规则的零件，如圆柱形、正方形、长方形、套筒等，如图9.4所示。另外，可利用挤压与轧制直接从粉末状态生产挤压制品或轧制产品，如杆件、棒料、薄板、构件等。根据材料和性能要求的不同，可选择不同的加热及加工顺序。目前，这个生产领域发展较快。

通常一个理想的零件，其各个部位都必须具有均匀的密度分配。在粉末冶金中，压制成形的主要问题是如何使成形的压坯密度均匀，它不仅标志着压制对粉末密实的有效程度，且可决定随后烧结时材料的形状。图9.5表示软、硬两种粉末在压制中压力与密度的关系。

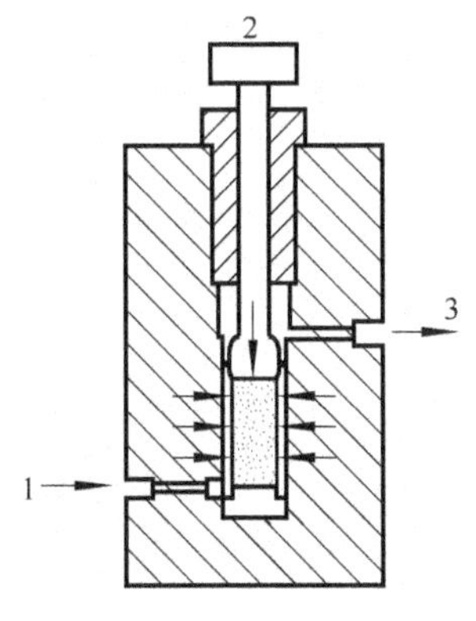

图9.4 三向压制示意图

1—侧向压力；2—轴向冲头；3—放气孔

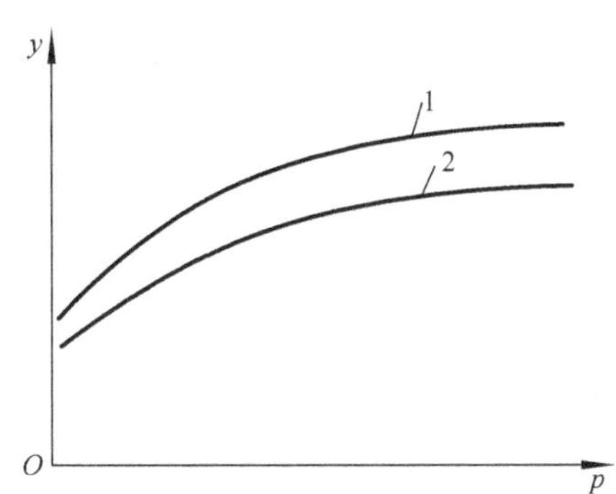

图9.5 压力与密度之间的关系

1—软质材料粉末；2—硬质材料粉末

一个粉末冶金产品是以密度、强度、精度来表示的。工业中约90%的粉末零件的密度在5.7～6.8g/cm³之间。然而近年来密度在7.0～7.2g/cm³的零件的用量不断增加，这些零件具有出色的力学性能。一般来说，压坯密度随压制压力增高而增大，这是因为压制压力促使颗粒移动、变形及破裂；压坯密度随粉末的粒度或松装密度增大而增大；粉末颗粒的硬度和强度减小时，有利于颗粒变形，从而促使压坯密度增大；减低压制速度时，有利于粉末颗粒移动，从而促使压坯密度增大。过分提高压力对密度的影响很小，但会降低模具寿命，引起压坯在烧结过程中因内应力大而产生裂纹。

压坯的强度是一个比较重要的品质指标。压制过程中，随着压力增大，压坯强度也提高，这主要是因为一方面粉末接触表面的塑性变形导致的原子间作用力增大，另一方面是粉粒表面凹凸不平而产生的机械啮合力的结果。

压坯的密度和强度大小对烧结体的品质有直接的影响，密度大，强度高，烧结体的品质也好。另外，坚固的压坯便于生产过程中的运输和半成品加工。对于某些硬质材料的粉粒，因塑性变形能力差，压制中即使增大压力也产生不了很大效果。故生产中常靠加入润滑剂(又叫成形剂)来增加压制时粉末间的粘结与压坯的强度。凡影响成形性的因素都将影响压坯的密度和强度。

3) 压坯烧结

烧结是粉末压制技术的关键性过程之一，只有通过正确的烧结，制品才能获得所要求的力学与物理性能。在烧结过程中，通过高温加热发生粉粒之间原子扩散等过程，使压坯中粉粒的接触面结合起来，成为坚实的整块。烧结过程在专用的烧结炉中进行，主要技术参数为烧结温度、保温时间与炉内气氛。

由于粉末冶金制品组成成分与配方的不同，烧结过程可是固相烧结或是液相烧结(如硬质合金、金属陶瓷等特殊产品的烧结)。所谓固相烧结指粉粒在高温下仍然保持固态，采用的烧结温度为：

$$T_{烧结}=(2/3\sim3/4)T_{熔点}$$

式中　$T_{烧结}$——烧结温度；

　　$T_{熔点}$——粉粒熔化温度。

液相烧结的烧结温度超过了其中某种组成粉粒的熔点，高温下出现固、液相共存状态，烧结体将更为致密坚实，进一步保证了烧结体品质。实际上在烧结温度下并不允许液相处于完全自由流动状态。如钨钴硬质合金的烧结温度随钴含量不同在1380～1490℃之间变化。正确地控制烧结温度对制品性能有极为重要的影响，通常较高的烧结温度可促使粉粒间原子扩散易于进行，从而使烧结体的硬度和强度升高。

烧结保温时间也影响制品品质。由于保温时间与设备情况和装炉量有关，一般小件保温时间短，大件保温时间长；当出现液相烧结时，若液相相对量较大，则往往采用下限烧结温度而延长保温时间以防烧结时液相从表面渗出。

粉末压坯一般因孔隙度大，表面积大，在烧结中高温长时间加热下，粉粒表面容易发生氧化，造成废品。因此，烧结必须在真空或保护气氛中进行，若采用还原性气体作保护气氛则更为有利。如硬质合金和某些磁性材料采用真空或氢气，铁、铜制品往往采用发生炉煤气与分解氨。

为了解并控制烧结品质，下面介绍在烧结过程中可能发生的一些问题，以助工程技术人员鉴别产生的原因。

(1) 翘曲。翘曲是常见的问题，在零件使用前能察看出来。翘曲会提高废品率。翘曲一般是由于烧结时没有支撑好压坯，或压坯体中的密度分布不均(波动)造成的。前者可用调整压坯在炉中的方位或用匣钵(一般用耐火材料制成)托住压坯，予以校正，使压坯在烧结时不发生变形。后者只能在零件的结构设计和在引起密度分布不均匀性的前道工序中予以解决。

(2) 过烧。过烧是烧结中另一种常见的问题。它会引起翘曲、压坯胀大或压坯内部晶粒成长过大。前两项一般易被直接发现，晶粒成长过大只能在显微镜下观察。这类问题主要是因烧结温度过高或保温时间过长引起的。

(3) 分解反应及多晶转变。粉末压制品的组成往往是较复杂的，在烧结过程中或随后的冷却中，因种种原因(有化学原因、物理原因、物理化学原因等)，可能出现不正常组成或不均匀现象，导致削弱或降低粉末压制品的某项或某些性能。这类问题在粉末压制品中不常出现，要用现代的检测方法(如X射线衍射分析、电子显微分析等)才能观测到。

(4) 粘接剂烧掉。这类问题常出现在加入有机化合物的粉末压制品中。在烧结过程中如果时间、温度、气氛参数控制不当的话，有机化合物烧掉后会留下碳在制品内。如碳量过大会影响制品的性能。

4) 烧结后的其他处理或加工

对于一些要求较高的粉末冶金制品，烧结后还需要进行其他处理与加工，以满足要求。

(1) 渗透(又叫熔渗)。把低熔点金属或合金渗入到多孔烧结制品的孔隙中去的方法，称为熔渗。通过渗透获得致密制品。此法也可用于烧结体的补充处理。当金属组元液态互不相溶时，采用渗透法通过毛细管作用也可形成合金。渗透法获得的制品密度高，组织均匀细致，制品的强度一般、塑性与抗冲击能力都有较大幅度增加，但此过程费用较贵，过程时间长。

(2) 复压。将烧结后的粉末压制件再放到压形模中压一次，叫做复压。复压可起一定的校形作用。

(3) 粉末金属锻造。以金属粉末为原料，先用粉末冶金法制成具有一定形状和尺寸的预成形坯，然后将预成形坯加热后置于锻模中锻成所需零件的方法。

(4) 精压。对于某些制品，为了严格保证其尺寸精度，及进一步提高密度，常在烧结后进行锻造或冲压整形的工序。

粉末制品经过再加压后其孔隙度可接近于零，达到计算密度的98%以上。例如，碳的质量分数为0.4%的雾化碳钢粉制品烧结后密度为6.6g/cm^3、抗拉强度为161MPa、延伸率为1.8%。烧结后热锻，其密度为7.67g/cm^3、抗拉强度为515MPa、延伸率为25%。可见，热锻后效果显著。烧结后冷镦可提高制品的尺寸精度和表面品质。除铁粉制品外，其他如铝粉制品、工具材料及耐热材料等也广泛采用粉末锻造过程制成齿轮、凸轮、连杆及各种工具，可显著提高使用寿命。

(5) 其他后续处理。粉末冶金制品有一些后续工序，如含油轴承的浸油处理，以及机械加工、喷砂处理，须进行一些必要的热处理等。

3. 粉末压制成形工艺选择

根据产品技术要求，金属粉末制品的生产可选择下述工艺：

① 压制+烧结；

② 压制+烧结+复压；

③ 压制+预烧结+精压+烧结；

④ 压制+预烧结+精压+烧结+复压。

通常情况下，①类工艺过程的应用约占80%，②类工艺过程的应用也不少，而较复杂的③类和④类工艺过程仅用于某些特殊制品。近年来，由于可压实性粉末材料及高耐磨模具材料的开发，有时用一次压制就可获得较高强度的制品。

对于制品的尺寸精度，一般情况下可认为：

压制+烧结，可达到的精度相当于切削加工中的车削、铣削、刨削、钻削等(轴向~0.005mm/mm，径向~0.002mm/mm)。

压制+烧结+复压(压制+预烧结+精压+烧结)，可达到的精度相当于磨削(轴向~0.003mm/mm，径向~0.001mm/mm)。

表面粗糙度一般在10~15μm，但通过校形或精压可减至1~4μm。

9.2 粉末压制产品及应用

现代汽车、飞机、工程机械、仪器仪表、航空航天、军工、核能、计算机等工业中，需要许多具有特殊性能的材料或在特殊工作条件下的零部件，粉末压制在很大程度上满足了这些特殊需求。

1. 粉末压制机械结构零件

粉末压制机械结构零件(图9.6)又称烧结结构件，这类制品在粉末冶金工业中产量最大、应用面最广。在现今汽车工业中广泛采用粉末压制制造零件。烧结结构件总产量的60%~70%用于汽车工业，如发动机、变速箱、转向器、起动机、刮水器、减振器、车门锁等中都使用有烧结零件。此外，摩托车上也有许多烧结零件。在电动工具、办公机械、缝纫机、自行车、家用电器、液压元件、纺织机械、机床、船舶等行业也广泛采用烧结零件。

2. 硬质合金

硬质合金是将一些难熔的金属碳化物(如碳化钨、碳化钛等)和金属粘接剂(如钴、镍等)粉末混合，压制成形，并经烧结而成的一类粉末压制制品。由于高硬度的金属碳化物作为基体，软而韧的钴或镍起粘接作用，使硬质合金既有高的硬度和耐磨性，又有一定的强度和韧度。

硬质合金硬度高(69~81HRC)，热硬性好(可达900~1000℃)，耐磨性好，用硬质合金制作刀具，寿命可提高5~8倍，切削速度比高速钢高十几倍。硬质合金还能加工硬度在50HRC左右的较硬材料及较难加工的奥氏体耐磨钢和不锈钢等韧性材料。但是，由于硬质合金硬度太高且又较脆，很难进行机械加工。因而，常将硬质合金制成一定规格的刀片，镶焊或装夹刀体上使用。硬质合金还广泛用于制作模具、量具和耐磨零件等(图9.7)。

图9.6 部分粉末压制零件

图9.7 硬质合金制品

硬质合金刀(片)具有大三类：

(1) 钨钴类(YG)。主要组成为碳化钨(WC)和钴(Co)。常用牌号有YG3、YG6、YG8等。YG是"硬钴"两字的汉语拼音字首，后面数字表示钴的含量。如YG6表示含钴6%，含碳化钨94%的钨钴类硬质合金。

钨钴类硬质合金有较好的强度和韧度，适宜制作切削脆性材料的刀具。如切削铸铁、脆性有色合金、电木等。且含钴越高，强度和韧度越好，而硬度、耐磨性降低，因此，含钴量较多的牌号一般多用作粗加工，而含钴量较少的牌号多用于作精加工。

(2) 钨钴钛类(YT)。主要组成为碳化物、碳化钛(TiC)和钴。常用牌号有YT5、YT10、YT15等。YT是"硬钛"两字的汉语拼音字首，后面数字表示碳化钛的含量。如TY10表示含碳化钛10%，其余为碳化钨和钴的钨钴钛类硬质合金。

钨钴钛类硬质合金含有比碳化钨更硬的碳化钛，因而硬度高，热硬性也较好，加工钢材时刀具表面会形成一层氧化钛薄膜，使切屑不易粘附，故适宜制作切削高韧度钢材的刀具。同样含钴量较高(如YT5，含钴9%)的牌号用作粗加工。

(3) 钨钽类(YW)。主要组成为碳化钨、碳化钛、碳化钽(TaC)和钴。其特点是抗弯强度高。牌号主要有YW1(84%WC、6%TiC、4%TaC、6%Co)，YW2(82%WC、6%TiC、4%TaC、8%Co)两种。这类硬质合金制作的刀具用于加工不锈钢、耐热钢、高锰钢等难加工的材料。

3. 粉末压制轴承材料

1) 多孔含油轴承材料

多孔含油轴承材料是一种利用粉末压制材料制作的多孔性浸渗润滑油的减摩材料，用作轴承、衬套等。常用的有铁-石墨和青铜-石墨含油轴承材料。

含油轴承工作时，由于摩擦发热，使润滑油膨胀从合金孔隙中压到工作表面，起到润滑作用。运转停止后，轴承冷却，表面上润滑油由于毛细管现象的作用，大部分被吸回孔隙，少部分仍留在摩擦表面，使轴承再运转时避免发生干摩擦。这样就可保证轴承能在相当长的时间内，不需加油而能有效地工作。

含油轴承材料的孔隙度通常是18%～25%。孔隙度高则含油多，润滑性好，但强度较低，故适宜在低负荷、中速条件下工作；孔隙度低则含油少，强度较高，适宜于中、高负荷，低速条件下工作，有时还需补加润滑油。目前，这类材料广泛用于汽车、拖拉机、纺织机械和电动机等轴承上。

2）金属塑料减摩材料

这是一种具有良好综合性能的无油润滑减摩材料。由粉末压制多孔制品和聚四氟乙烯、二硫化钼或二硫化钨等固体润滑剂复合制成。这种材料的特点是工作时不需润滑油，有较宽的工作温度范围(−200～+280℃)，能适应高空、高温、低温、振动、冲击等工作条件，还能在真空、水或其他液体中工作。故在电器、仪器仪表轴承等方面广泛使用。

使用这两类轴承可大大简化机器、仪器仪表等的结构或机构，减小其体积。

4. 多孔性材料及摩擦材料

1）多孔性材料

粉末压制多孔性材料制品有过滤器、热交换器、触媒以及一些灭火装置等。过滤器是最典型的多孔性材料制品。过滤器主要用来过滤燃料油、净化空气、以及化学工业上过滤液体与气体等。所使用的主要粉料有青铜、镍、不锈钢等。通常在性能上既要求有效孔隙度高，又要求一定的力学性能与耐蚀性和热强性。

多孔性材料的生产过程与多孔含油轴承材料相类似，由于性能的要求较高，因此在生产技术上有一定的难度，特别难以达到孔隙度的控制，故一般要求采用球形的雾化粉。

多孔性材料还可采用纤维压制法进行制造，首先制成金属纤维，再压制、烧结。其强度与耐热性都较好。

2）摩擦材料

摩擦材料用来制作制动片、离合器片等，用于制动与传递转矩。因此对材料性能的要求是摩擦系数要大，耐磨性、耐热性与热传导性要好。烧结材料结构上的多孔性特点，用其作摩擦材料制品特别有利于在高温条件下工作。

粉末摩擦材料主要分为铜基与铁基两大类，常用铜基与铁基摩擦材料的组分见表9-3。

表9-3 常用铜基与铁基摩擦材料的组分

摩擦材料	化学成分的质量分数(%)								
	Fe	Cu	Su	Pb	石墨	MnS_2	SiO_2	SiC	石棉
铜基Ⅰ	6	69	8	8	6	—	3	—	—
铜基Ⅱ	11	68	4.5	2.5	5	3	5.5	—	—
铁基Ⅰ	56	5	—	2	7	5	—	5	—
铁基Ⅱ	59	25	—	—	23	5	1	—	2

通常，烧结摩擦材料的强度较低，可采用钢制或铁制衬背解决该问题。

5. 粉末压制钢结硬质合金及高速钢

1）钢结硬质合金

钢结硬质合金是20世纪50年代出现的一种新型工模具材料，它具备以下主要特点。

(1) 合金的基本组成是碳化物加合金钢。从结构上看是通过钢来胶结碳化物，或者是大量的一次碳化物分布在钢基体上的金属基复合材料；

(2) 由于钢的组成物在显微组织中占有一定的比例，因此，钢结硬质合金具有一定的锻造、焊接、热处理及机械加工等技术性能。尤其是通过不同的热处理可使同一成分的合金在一定范围内表现出不同的力学性能；

(3) 在力学性能上不仅保持了合金钢和硬质合金的基本特性，且还有不同程度的发展。

钢结硬质合金目前已广泛用作工模具与结构零件，并收到良好的效果。

目前，钢结硬质合金所用的碳化物主要是碳化钛与碳化钨，可单一使用或复合应用。有时也加入少量的钼、铬、钽、铌、钒的碳化物，其作用类似于碳化钨或碳化钛。碳化物在合金中的相对体积百分数为30%～50%。作为胶结剂的钢以合金钢为主，很少采用碳钢。常加的合金元素有钼、铬、钒、镍、铜等。例如，一种成分为33%TiC、3%Cr、3%Mo和0.3%C其余为Fe的钢结硬质合金适用面比较广，主要用作高硬度、高耐磨性的冷作模具。

2) 粉末压制高速钢

高速钢是一种用量较大的工具钢。高速钢的含碳量尤其是合金元素含量较高，属于莱氏体钢，在铸态的显微组织中出现大量骨骼状碳化物，其分布极不均匀且粗大。即使经过热轧或锻造后，碳化物的偏析及不均匀度仍然较严重，这对高速钢的使用性能与技术性能带来不良影响。如热变形塑性差，热处理变形较大，淬火开裂的敏感性强，磨削性能差，切削刃抗弯强度低及易于剥落崩裂等，故影响刀具的品质和使用寿命。

生产粉末压制高速钢粉粒的方法主要是雾化法，每一颗高速钢粉粒相当于一微型铸锭，最终的烧结制品不存在偏析，经切削试验表明，与同成分的普通高速钢相比，粉末压制高速钢的切削寿命可提高一倍左右。

目前国内外所生产的粉末高速钢牌号主要有两种：W6Mo5 Cr4V2和W18Cr4V。

通过粉末压制过程生产的粉末高速钢坯料可进行锻造，以改变外形尺寸并适当地提高密度。其热处理技术参数与成分相同的普通高速钢基本上相同，只是粉末压制高速钢组织中的碳化物分布比较均匀和细致，在加热过程中容易固溶于奥氏体，淬火加热温度可稍低些。

6. 耐热材料及其他材料

1) 难熔金属耐热材料

难熔金属是指熔点超过2000℃以上的金属，如钨(熔点为3380℃)、钼(2600℃)、钽(2980℃)、铌(2468℃)等。这些金属常用还原法或从其他冶金方法得到金属粉末，这些金属与合金通过粉末冶金制成的耐热材料广泛应用导弹和宇宙飞行器的结构件以及燃烧室、喷嘴构件、加热元件、热电偶丝等。

2) 耐热合金材料

以钴镍铁等为基的耐热合金材料由于机加工比较困难，金属消耗量大，也常采用粉末冶金法制造。粉末冶金得到的耐热合金材料的组织细致均匀，尤其高温蠕变强度与抗拉强度比铸造材料要高得多。

3) 其他材料

通过粉末冶金还能获得在特殊条件或核能工业中所使用的材料，如弥散强化型材料(有金属陶瓷材料、弥散型合金材料等)、原子能工程材料等。

9.3　粉末压制零件或制品的结构技术特征

结构技术特征(又称结构工艺性)就是指制品的结构是否适应所采用的成形过程或制造方法，使制品在整个生产过程中达到优质、高产、低耗。

用粉末压制法制造零件或产品，设计师必须了解粉末压制成形过程的特点，对零件或制品的几何形态及尺寸(即结构)在技术上和经济上的可能性和限制性作充分考虑及评价。有时，原来设计的用常规机械制造加工的零件，虽也可用粉末压制法制造，但若针对粉末压制过程特点稍加修改一下零件的结构设计，则可能改善零件制造的结构技术特征和降低零件的生产成本。粉末压制法与一般采用的铸或锻-机械加工相比，在零件或制品结构上有一定的限制。因此，粉末压制成形零件结构设计时应遵循以下基本原则。

1. 压制件应能顺利地从压模中取出

由于烧结零件是在压模中压制成形(一般都是在上下方向进行的)。成形后，压坯必须从压模中脱出，所以，除端面以外，在垂直压制方向的面(无论内、外面)上的复杂形状或周边沟槽就难以甚至无法成形，须将它们修改成易于脱模的形状，烧结后再进行后续加工(如切削加工)来完成，如图 9.8 所示。

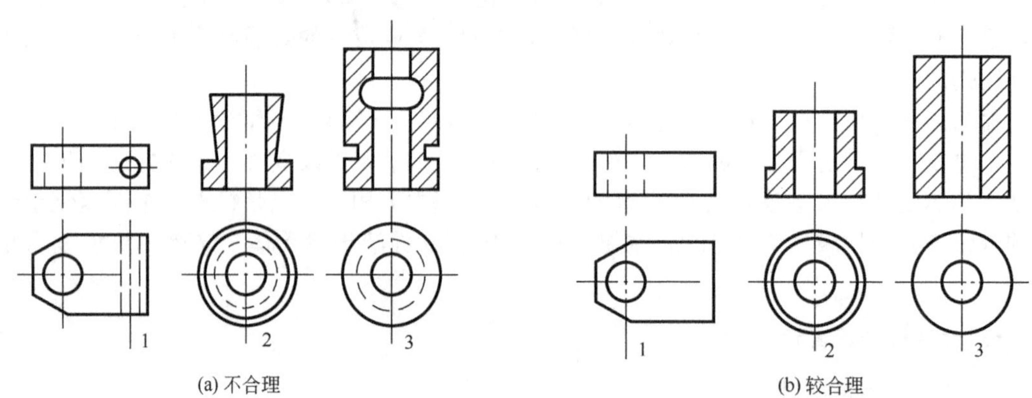

图 9.8　受脱模限制的形状示例

2. 应避免压制件出现窄尖部分

压制成形时，要将配混好的粉末装填在压模型腔中，但有时型腔的窄尖部分会出现装粉不足，使压制成形困难。另外，这些窄尖部分还会影响压模的强度和寿命。具有薄壁(壁厚小于 2mm)、窄键、尖端、直径小(小于 3mm)且较深的孔等部分的零件均属这类情况，如图 9.9 所示。

3. 零件的壁厚

零件的壁厚应尽量均匀，台肩尽可能少，高(长)宽(直径)比不超过 2.5(厚壁零件不超过 4)。

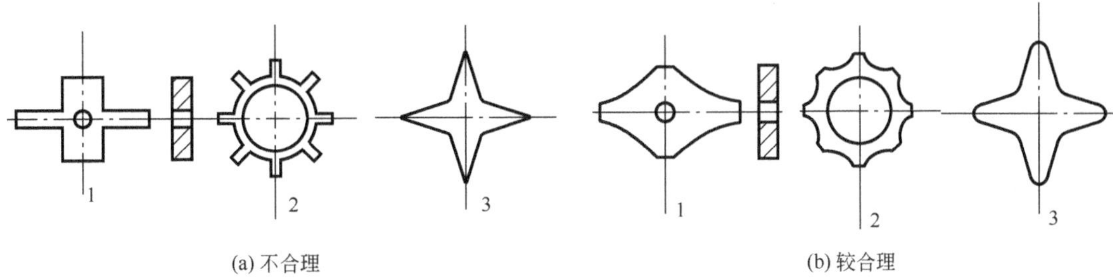

图 9.9 受装粉和压模强固性限制的形状示例

粉末压制大多数都是双向压制成形的，因此，零件的高度太高，压制方向上的台肩多，壁厚相差过大等，都会造成压制件的密度分布不均匀，而压制成形中压坯密度的均匀性，很大程度上影响到压坯烧结后的性能，如图 9.10 所示。

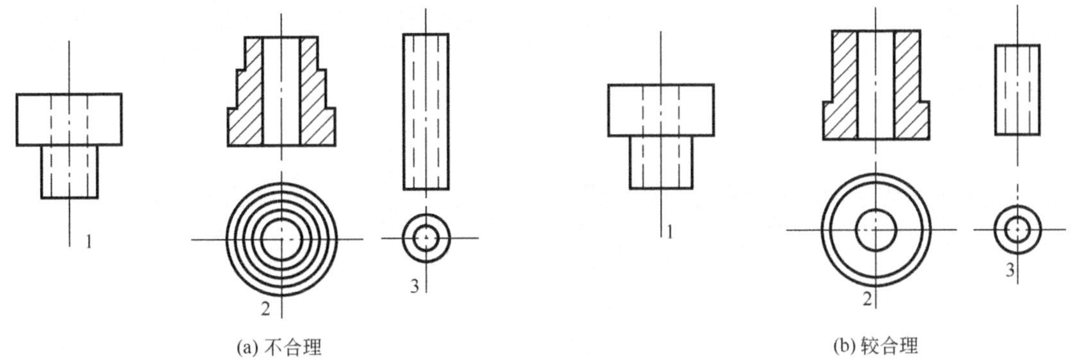

图 9.10 受密度不均限制的形状示例

4. 制品的尺寸精度及表面粗糙度

压制烧结零件的尺寸精度，在压制方向和与之垂直的方向有显著差异。在垂直压制轴线的方向，零件的尺寸精度主要取决于压模的尺寸精度，一般都较高。在压制方向，除模压头与压模的尺寸精度外，压机的精度也影响压坯的精度。因此，提高零件压制方向的尺寸精度颇为困难，另外，阴模、压头、芯棒等相互间均有一定间隙，所以，零件的同心度也难以达到很高的精度。要想制造出尺寸精度高的压制烧结零件，除压模的精度高外，还必须严格控制粉末的特性、配比及烧结过程。因此，压制烧结零件的尺寸精度，应以能满足零件的技术要求为准；既不要盲目地追求过高的尺寸精度，这样不仅大大增加生产成本，且甚至无法达到；又不要不必要地降低尺寸精度，从而抹杀粉末压制的技术特点。

制品的表面粗糙度取决压模的表面粗糙度，烧结后一般为 10～15μm，若想进一步降低表面粗糙度，则需要进行复压校形或精压。

总之，设计师在确定使用某种粉末压制过程前，必须根据零件的性能要求，粉末材料的特性以及其对各种过程参数的影响，所用粉末压制方法的特点，已有的生产能力及条件等，对零件作出优良的结构技术特征设计，从而迅速且经济地生产出合格产品。

9.4 陶瓷制品成形过程简介

9.4.1 概述

陶瓷的发明是人类文明的重要进程——是人类第一次利用天然物，按照自己的意志创造出来的一种崭新的东西。陶瓷制品是人类最早使用的制品，它的生产已经有许多个世纪了。早期的陶瓷器是由粘土、长石、石英等天然原料制成的。在古代文化时期，发现了粘土加水后具有相当的可塑性，而且能模压成形，成形后的器件在太阳下晒干，再置于炉中煅烧便硬固。这些制品通常称为传统陶瓷(又称普通陶瓷)，现在一般也把其归属为硅酸盐产品。

20 世纪初期，科学家和工程师已进一步认识了陶瓷材料及其生产技术，并且发现了天然矿物能够提纯或人工合成新组成的原料，可以获得极好的性能。这些精制陶瓷或新型陶瓷通常称为现代陶瓷(又称工业陶瓷)，它们是制造业人员最愿意了解的，故此主要介绍现代陶瓷及其生产技术。

9.4.2 现代陶瓷制品的成形过程及技术特征

现代陶瓷的独特之处是具有精确控制的组成和结构，并且可设计成比传统陶瓷更能满足某些应用的要求。现代陶瓷包括氧化物陶瓷(诸如 Al_2O_3、ZrO_2、BeO、M_gO、ZnO_2 等)，磁性陶瓷(如 $PbFe_{12}O_{19}$、$ZnFe_2O_4$ 等)，原子核燃料(如 UO_2、UN 等)，以及氮化物、碳化物、硼化物陶瓷(如 Si_3N_4、SiC、B_4C、TiB_2 等)等，部分产品如图 9.11 所示。

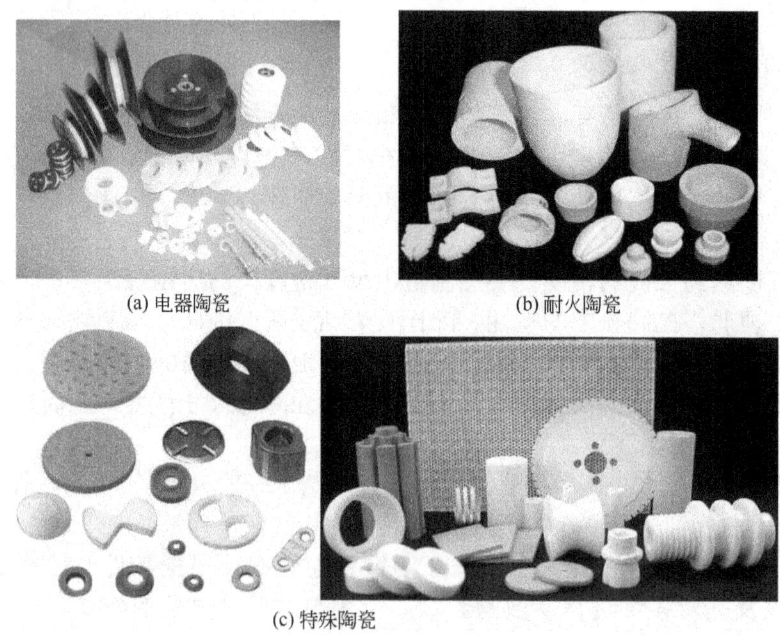

(a) 电器陶瓷　(b) 耐火陶瓷

(c) 特殊陶瓷

图 9.11　部分陶瓷产品

现代陶瓷制品的成形属粉末或颗粒状材料成形，其成形过程与粉末压制的相同(可以说粉末压制是沿用了陶瓷制作的技术)，主要工序都是粉末制备—成形—烧结，设备、工装、技术规范等都相同或相似。在粉末特性、烧结理论、制品(零件)的结构技术特征、产品品质控制及检测等方面，现代陶瓷也与粉末压制相同或相似，这里不再赘述。

在技术方面，现代陶瓷技术和粉末压制技术相互结合，互相渗透，并共同发展了许多新技术，例如，粉末制备方法中的化学气相沉积、气相冷凝法、气相化合物热分解法、液相化学沉淀法；成形烧结过程中的热压法、热等静压法、爆炸法等。另外，现代陶瓷技术还吸收了其他相邻技术，如高分子材料的注射成形、粉浆灌注等。

前面讲述的粉末压制可以说是金属与陶瓷的交叉学科与技术，而现代陶瓷则是硅酸盐陶瓷与粉末压制的交叉学科与技术。

根据国内外在陶瓷和粉末压制方面的专著、教科书、期刊和文摘，表9-4列出了陶瓷和粉末压制的制品或材料。

表9-4　陶瓷和粉末压制的制品或材料

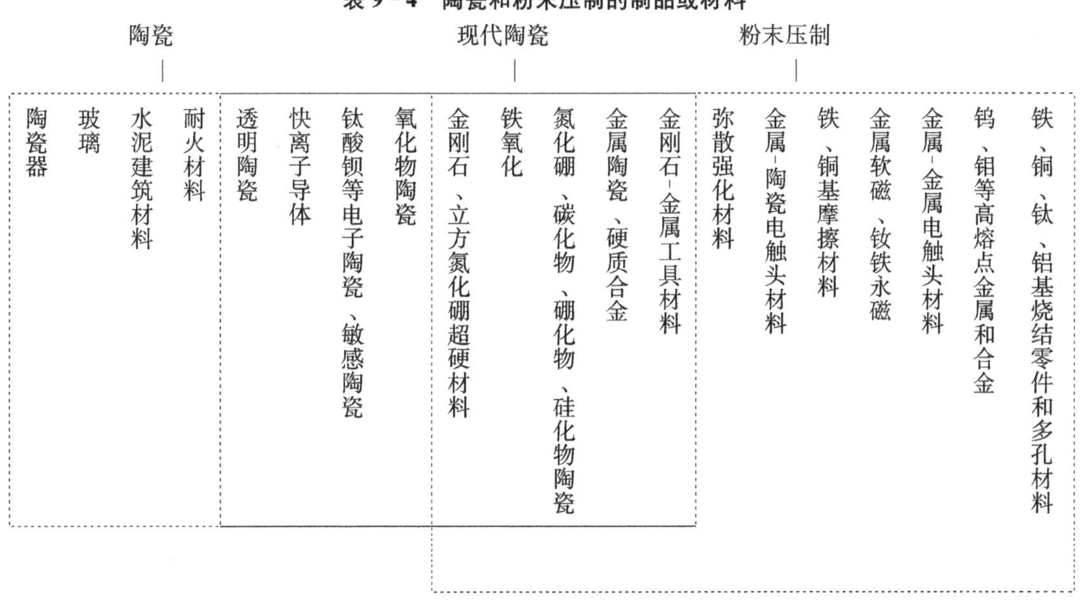

注：虚线框内为陶瓷或者粉末压制制品或材料；实线框内为陶瓷与粉末压制的重叠部分。

9.5　常用复合材料成形过程简介

目前，各类复合材料中使用最多且最重要的是纤维复合材料。故这里主要简介制造机器构件的纤维复合材料成形过程。

9.5.1　纤维制取方法

纤维复合材料中的纤维，主要使用的有玻璃纤维、碳纤维、硼纤维、陶瓷纤维和金属细丝，制取方法大致有如下几种：

(1) 熔体抽丝法。将所制取材料(如玻璃)熔化成液体，然后从液体中以极快的速度抽出细丝。此法主要应用于制取玻璃、氧化铝等纤维。

(2) 热分解法。将人造或天然纤维在200～300℃的空气中预氧化，然后在1000～2000℃的氮气中碳化，可制得碳纤维。若将碳纤维在2500～3000℃氩气中石墨化后可得到石墨纤维。此法主要用于获得碳或石墨纤维。

(3) 拔丝法。将冶炼或粉末压制生产的金属坯料，在高温且有保护气氛中反复拉拔成细丝。此法主要应用于获得金属细丝。

(4) 气相沉积法。主要应用于制取硼、碳化硼、碳化硅等纤维。例如，将三氯化硼气体与氢气按一定比例混合，加热到2000℃以上，使硼沉积在极细的钨丝上，得到硼纤维。

上述方法所得纤维的形态有短纤维、晶须(如用熔体抽丝法、气相沉积法)以及连续纤维(如用热分解法、拔丝法)。

9.5.2 纤维复合材料成形方法

复合材料均是基体材料与增强物组合起来而形成的。用纤维复合材料制作制品的成形方法按基体材料在成形时的状态主要分为两大类：

1. 固态法

固态法即纤维复合材料中的基体与增强物(短纤维、晶须、颗粒等)在成形过程中均处于固体状态。此法是将基体材料或箔与增强物按设计要求以一定的含量、分布、方向混合排布在一起，置于模具中，再经加热加压使基体与增强物复合粘接而制成(纤维)复合材料零件或制品。固体法中，基体材料主要是塑性好的Al、Cu、Ti及其合金等。当增强物为短纤维、晶须或颗粒时，其成形过程与粉末压制(冶金)成形相似。

粉末压制法、热压固结法(又称扩散粘接法)、热等静压法、轧制法、拉拔法、挤压法等均属此类成形方法。其中，热等静压法、轧制法、拉拔法、挤压法等主要用于制造复合材料管、棒、筒、锭坯等。目前，粉末压制法和热压固结法发展较成熟，应用较多；而轧制、拉拔、挤压等复合材料成形方法技术不够成熟，应用较少。

2. 液态法

液态法即基体材料在成形时处于熔融状态，与固体增强物复合后，通过基体材料的固化或凝固而获得复合材料零件或制品的方法。此法中，因基体在熔融态时流动性好，在一定的外界条件(可以是单独的热作用，也可以是热和压力复合作用)下容易进入增强物间隙中，故液态法在纤维复合材料成形过程中应用较多。液态法中的基体材料采用最多的是树脂，也有金属材料。液态法可用来直接制造纤维复合材料零件，也广泛用来制造纤维复合丝、复合带、复合板、锭坯等作为二次加工成零件的原材(料)。

例如，由玻璃、碳、硼纤维等与树脂成形复合材料(又叫连续纤维增强热塑性塑料，Continuous Fibre Reinforced Thermoplastic Plastics，CFRTP)制品的液态法就有许多种，按成形过程的特征主要有：

(1) 喷射成形法。把切成小段的(玻璃)纤维和树脂一起喷涂到模具表面，然后固化成形。如制造玻璃纤维艇外壳等，喷射成形示意图如图9.12所示。

(2) 压制成形法。在模具上铺好(玻璃)纤维制品，然后浇上配好的室温固化树脂加压固化成形。此法主要用来制造玻璃纤维艇零件、飞机零件、货车零件、汽车零件、容器、托盘、头盔、机器护罩、行李箱等。压制成形示意图如图9.13所示。

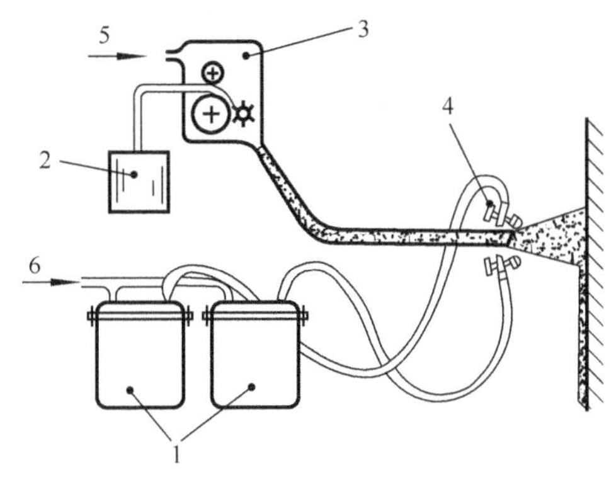

图9.12 喷射成形示意图

1—树脂混合物；2—纤维丝；3—切断装置；4—喷枪；5—压缩空气

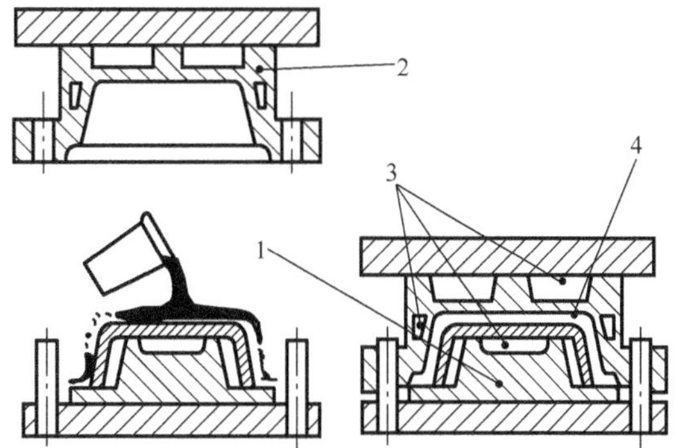

图9.13 压制成形示意图

1—下模；2—上模；3—加热通道；4—制品

(3) 纤维缠绕成形法。把连续纤维一边浸以树脂(通过树脂浴槽)，一边缠绕在芯轴上，然后固化成形。此法主要制造管子、压力筒等。缠绕成形示意图如图9.14所示。

(4) 连续成形法。把连续纤维不断地浸以树脂，并通过模口和固化炉，固化成形板、棒或其他型材。连续成形示意图如图9.15所示。

(5) 层压成形法。把纤维制品(板或片状)或者纸板、织物(如棉布)、石棉、木材等经浸渍或涂敷树脂后叠堆，在加热加压下固化成各种夹层结构，以获得复合纤维板、棒、管和其他特殊形状，在电器绝缘件、家具等中广泛应用。层压成形示意图如图9.16所示。

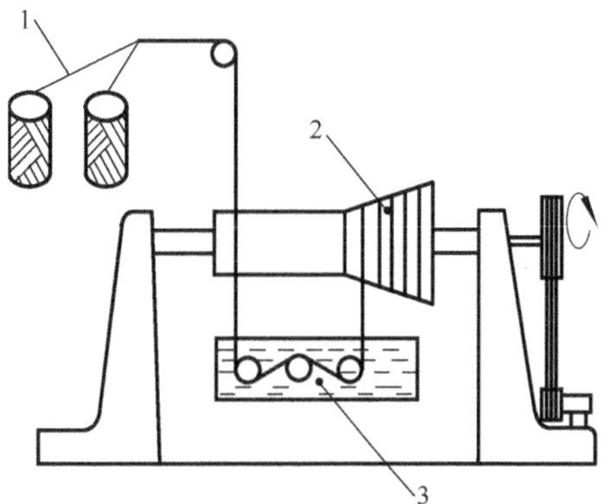

图9.14 缠绕成形示意图

1—纤维；2—型模(芯轴)；3—树脂浴槽

上述方法中基体(树脂)的固化过程与高聚物的相同。

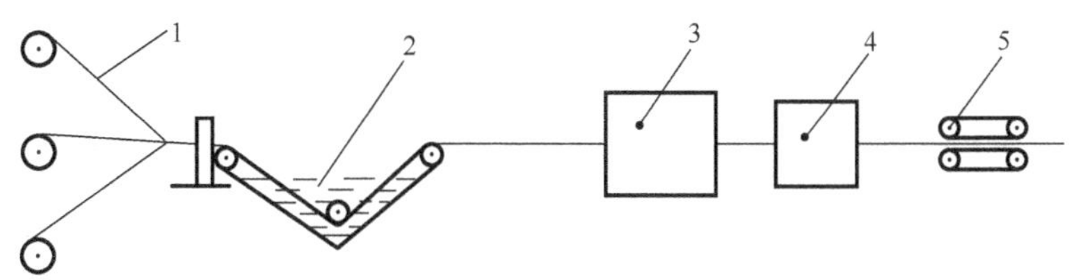

图9.15 连续成形示意图

1—纤维；2—树脂浴槽；3—成形模；4—固化炉；5—牵引装置

除上述所介绍的方法外，还有复合涂(镀)法，即将增强物(主要是细颗粒或短纤维)悬浮于镀液中，通过电镀或化学镀将金属与颗粒同时沉积在基板或零件表面，形成复合材料层；也可用等离子等热喷镀法将金属和增强物同时喷镀在底板上形成复合材料层。复合涂

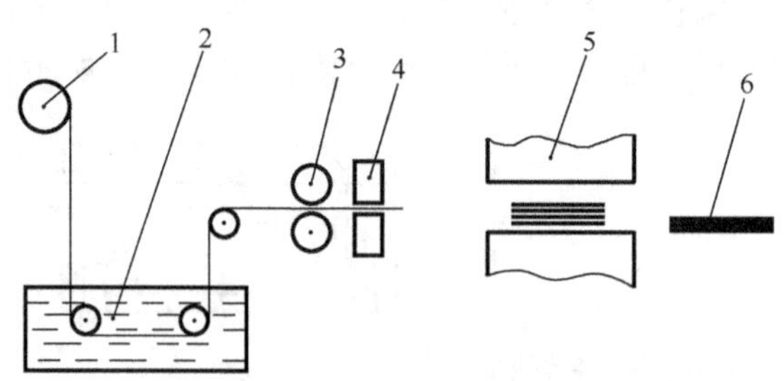

图 9.16　层压成形示意图

1—纤维；2—树脂浴槽；3—牵引装置；4—切割；5—层压固化；6—制品

(镀)法一般用来在零件表面形成一层复合涂层，起提高耐磨、耐热性等作用。对于金属基复合材料还有挤压铸造法、真空压力浸渍法等。

案例分析

树脂基复合材料成型工艺的发展

1. 纤维增强树脂基复合材料(FRP)在国防、宇航业占据重要地位

研究开发智能、多功能和高性能的新型复合材料，是当今世界材料科学的发展趋势。其中，纤维增强树脂基复合材料(FRP)占据着重要地位。以当代先进的第四代战斗机——美国 F-22 战斗机所用材料为例，树脂基复合材料、钛合金分别上升为 24%和 41%，而铝合金、钢分别降为 15%和 5%；波音 B-777 大型客机中 FRP 原只占 11%(重量比)，新指标则升为 60%；欧洲 EF-200 战斗机(英、意、德和西共同研制)上使用的 FRP 占 40%，RAH-66 轻型隐身侦察攻击直升机上使用的 FRP 占 52.9%(其中 Kevlar、CF 先进复合材料分别占 44%和 8.9%)；Eurofighter Typhoon 大型客机骨架蒙皮(airframe surface)中 GF(石墨纤维)、CF(碳纤维)复合材料占 85%等，可见一斑。

2. 我国 FRP 成型工艺亟需更新换代

目前，我国复合材料工业快速发展进程中，存在着许多问题和障碍，如：原材料和制品的成本昂贵、制品的成型工艺陈旧落后、复合材料回收再利用等，都亟待研究解决。

众所周知，成型工艺的优劣直接影响其制品的质量、成本和销路。选择成型工艺的标准有：①科技水平高，确保制品质优、符合市场要求，销路好；②操作简便、安全且效率高；③产品的性价比高；④污染小，符合环保法规要求。若用上述标准来观察、衡量我国 FRP 成型工艺现状，不难发现：手糊和喷射工艺(开模模塑)严重污染环境，劳动条件恶劣，制品的质量难以控制；SMC、BMC 模塑和热压釜工艺的设备昂贵，生产周期较长。

3. RTM 成型工艺概述

目前，在发达国家里复合材料工业已由“产量大、消费大”步入“个性化、高级化、产量中等”阶段，这也正适合“个性化、高级化、产量中等”要求的树脂传递模塑(RTM)工艺，从而使其获得蓬勃发展。至今，该工艺呈现两大发展趋势：①名目(变种)层出不穷，这得益于该工艺灵活、适应性好；②该工艺与其他工艺的有机结合，如以其他工艺(如：缠绕、拉挤)的制品当作预型坯的 RTM 工艺。这可算是 RTM 工艺甚至是复合材料工艺的一大突破。

4. RTM 成型工艺的优点

(1) 可选用的树脂很多，如：不饱和聚酯树脂、乙烯基树脂(国内已出产品)、酚醛树脂、环氧树脂、氰酸酯树脂、双马来酰亚胺(国内已研究)、丁二烯树脂、丁基丙烯酸树脂、聚醚酰亚胺等(发达国家已出产品或研究)。

(2) 可选用的增强材料很多，如：纤维布、毡、预型纤维坯、三维纤维织物，也可采用嵌件和芯材(如：塑料泡沫芯、橡胶芯)，来提高材料的剪切强度以及制品的整体机械性能。

(3) 所用的树脂系液态的，而增强材料又单独设计，也可兼用溶芯技术，这样就极大地提高了工艺的灵活性以及制品结构的可设计性。

(4) 制品的空隙率低、机械性能较高、尺寸稳定性好、精度较高，可双面达到A级表面精度，脱模即成为最终成品，生产率较高，制品的性价比高。

(5) 工艺具有以下特点：①“一长”指树脂凝胶时间长，②“一快”指树脂固化时间快，③“两高”指树脂的消泡性高、浸润性高，④“四低”指树脂的黏度低、有机挥发物(VOC)低、固化收缩率低、放热峰值低。

(6) 设备费用和制品成本适中(高于手糊和喷射工艺，低于SMC、BMC模塑和热压釜成型工艺)。

5. RTM成型工艺的制品及成果

研究结果表明：与其他FRP成型工艺相比，RTM成型的CF经纬布复合材料(大型喷气式客机的)副翼的剪切强度最高、模塑周期快30%。

Lockheed - Martin F - 22 Raptor战斗机使用350余件RTM成型的FRP构件。英国Vosper Thomycraft公司，采用SCRIMP工艺成型扫雷艇的低磁性复合材料壳体和主要结构构件。某波音客机的“J”形机骨架是RTM成型的由织物纤维增强的复合材料。某Douglas飞机的机翼和机身蒙皮，也是由RTM成型的缝合纤维增强的复合材料，其冲击强度提高了，成本比预浸带工艺低。Hercules公司采用RTM成型的复合材料制品有：①结构独特复杂的Pegasus三级触发器；②导弹壳体、机翼等构件，成本仅为缠绕工艺的1/4~1/3。澳大利亚悉尼公司采用真空浸渍RTM工艺成型船体(canoes)，与手糊工艺相比，没有苯乙烯挥发，树脂消耗量下降30%，模塑周期和废品率都下降2/3。AH - 64 Apache直升机的机舱和中段机身采用RTM成型，模具费仅约占该制品生产费的20%。

6. 辐射固化技术概述

辐射源很多，如：α、β^-、β^+、γ和中子射线。主要的辐射固化(radiation curing)有电子束固化(EB)和紫外线固化(UV)两种。常用的核辐射源是60Co源。

常用的电子加速器有：高压加速器(电子静电加速器)、高频高压发生器(“地拉米”)、绝缘磁心(共振)变压器(ICT)、直线加速器、回旋加速器、脉冲加速器电子帘加速器等。辐射固化本身并不是成型工艺仅辅助成型工艺起固化作用而已。

美国某飞机机身的成型工艺是RTM(或VRTM-真空RTM)+EB固化，模具总费用约150美元。而传热固化工艺对应费用却高达1.5万美元。美国某10吨级FRP船舱(8m×6m×3m)的成型工艺是VRTM+UV固化。北京航空材料研究院研制了某种在自然阳光下照射10~30min就可固化(与阳光的强弱有关系)的树脂。法国宇航公司采用EB固化了直径4m，长10m的FRP制品，固化周期约为热压釜工艺的1/10。

我国辐射固化研发较晚，数量也少。如吕智研究了双马来酰亚胺树脂及其碳纤维复合材料EB。

7. 辐射固化技术的优点

(1) 采用无膨胀的工装，在室温或低温下进行化，制品不受温度的影响，因而产生的残余热应小，制品的尺寸稳定性好；

(2) 固化速度快，成型周期短，例如：加速器功为50kW的EB固化速度为1200kg/h，比热压釜工艺快；

(3) 不需化学引发剂，溶剂挥发物极少，产品密，性能好，且对人和环境的危害极小；

(4) 所使用的树脂在室温下的适用期很长，输入的能量和固化部位都可选择，还可连续化，工艺操作方便；

(5) 最适合固化面积大的制品。

资料来源：董永祺．我国树脂基复合材料成型工艺的发展方向[J]．纤维复合材料，2003(2)．

根据以上案例所提供的资料，试分析：

1) 由材料中所给的新工艺(技术)与传统或常规的树脂基复合材料成形工艺，作者是怎么认为的?

答：依据目前复合材料工业已由“产量大、消费大”步入“个性化、高级化、产量中等”的发展趋势，作者认为选择成型工艺的标准有：①科技水平高，确保制品质优、符合市场要求，销路好；②操作简便、安全且效率高；③产品的性价比高；④污染小，符合环保法规要求。

树脂传递模塑(RTM)工艺及其衍生工艺将越来越显示出它的优势。

2) 这些新工艺(技术)的优点何在?

答：RTM 成形工艺的优点：可选用的树脂和增强材料很多；所用树脂系液态的，极大地提高了工艺的灵活性以及制品结构的可设计性；制品的空隙率低、机械性能较高、尺寸稳定性好、精度较高，可双面达到 A 级表面精度，脱模即成为最终成品，生产率较高，制品的性价比高；设备费用和制品成本适中。

固化是树脂基复合材料成型工艺的辅助工序，起固化定形作用。辐射固化是树脂基复合材料成型工艺中新的固化技术，它具有比传统或常规的固化技术“质优、效率高、成本低、环保”的特点。

习　　题

简答题

9-1　颗粒态材料的成形原理是什么?这种成形原理有什么特点?

9-2　粉末压制技术的工艺过程如何?容易实现吗?

9-3　对于中小批量生产的制品是否适宜用粉末压制法制造?为什么?

9-4　还原粉末和雾化粉末的特点是什么?

9-5　粉末压制机械零件、硬质合金、陶瓷都是用粉末经压制烧结而成的。它们之间有何区别?各适用于哪些制品?

9-6　硬质合金中的碳化钨和钴各起什么作用?能否用镍、铁代替钴?为什么?

9-7　粉末压制件设计的基本原则是什么?为什么要这样规定?

思考题

1. 粉末压制品为什么在压制后，一定要经过烧(固)结才能达到所要求的强度和密度?

2. 粉末压制(冶金)生产中最重要且基本的工序有哪些?现代粉末冶金技术对这些工序有何发展态势?

第10章 固态材料的连接成形技术

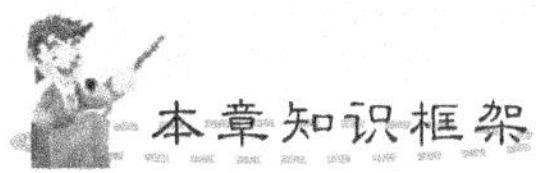

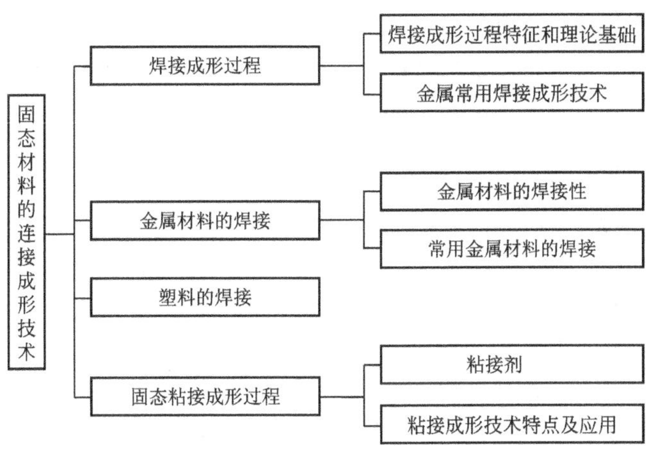

本章学习目标与要求

- ▲ 掌握焊接接头形成的物理和冶金过程以及控制焊接质量的内在因素。
- ▲ 熟悉焊接接头的组织与性能。
- ▲ 熟悉各种常用焊接方法的实质，针对不同材料的焊接特点，选用合适的焊接方法。
- ▲ 了解电焊条的选择和接头设计。
- ▲ 了解焊接件结构工艺性和防止焊接缺陷产生的措施。
- ▲ 了解塑料的焊接和固态粘接成形。

导入案例

固态连接(焊接)技术发展史

连接技术包括焊接技术、机械连接技术和粘接技术，是制造技术的重要组成部分。

各类运输装备

各种工程机械

20世纪初电弧应用于焊接产生了电弧焊，在造船、汽车、桥梁、航空航天等工业，创造出了许多大型焊接结构，使焊接成为一种重要的连接技术。20世纪中期，电子束、等离子弧、激光束相继问世，高能束连接技术应运而生，其应用(如航空发动机的电子束焊接)立即创造出了明显的经济和社会效益。焊接结构件在喷气发动机零部件总数中所占比例已超过50%，焊接的工作量已占发动机制造总工时的10%左右。在飞机结构中，F111的机翼支承梁(钢结构)和狂风及F14的钛合金中央翼翼盒、机翼盒形梁、整体壁板结构等重要的结构上采用了焊接技术。F22后机身前后梁采用了热等静压钛合金铸件的电子束焊接结构。用氩弧焊、电子束焊制造了米格29的机身整体油箱和米格33的机头(含座舱)，该油箱与原苏联D16铝合金铆接油箱相比，减重24%。其中，由于1420铝锂合金的密度小，减重12%(若重新设计，可减重15%～16%)；另12%是因为焊接结构省掉金属重叠部分、铆钉、螺栓和密封胶。该油箱可在机场条件下修理，因为该结构补焊后无需热处理工序。

古代焊接技术的历史源远流长。中国商朝制造的铁刃铜钺，就是铁与铜的铸焊件，其表面铜与铁的熔合线蜿蜒曲折，接合良好。春秋战国时期曾侯乙墓中的建鼓铜座上有许多盘龙，是分段钎焊连接而成的。战国时期制造的刀剑，刀刃为钢，刀背为熟铁，一般是经过加热锻焊而成的。据明朝宋应星所著《天工开物》一书记载：中国古代将铜和铁一起入炉加热熔炼，经锻打制造刀、斧；用黄泥或筛细的陈久壁土撒在接口上，分段锻焊大型船锚。西方早在青铜器时代就出现了焊接技术，人们把搭接接头通过加压的方式熔接在一起，制成圆形的小金盒子。到了铁器时代，埃及人和地中海东部地区的居民已经掌握了将铁片焊接在一起的技术。中世纪的西方出现了锻造技术，许多铁制品是通过锻焊的方法制造的。

现在我们知道，直到19世纪才出现了真正的焊接技术。1800年，Humphry Davy爵士使用电池在两个碳极之间生成了电弧，发明了碳弧焊。1836年，英国人Edmund

春秋战国时期的建鼓铜座

战国时期制造的刀剑

Davy 发现了乙炔。在 19 世纪中叶，电动机的发明使电弧得到了广泛应用。19 世纪末出现了气焊和切割，碳弧焊和金属极电弧焊得到了发展，与此同时，电阻焊技术得到发展。美国人汤普森是电阻焊的创始人，他在 1885—1900 年间申请了多项专利。在这个时期，制氧技术、空气液化技术及 1887 年焊炬(吹管)的发明使气焊和切割技术也得到了完善。

1919 年，C. J. Holslag 发明了交流电源，但直到 20 世纪 30 年代人们开始大量使用厚药皮焊条(A. O. Smith 公司采用挤出法生产了厚药皮焊条并于 1927 年投入使用)时，交流电源才得到广泛应用。1930 年，美国人罗宾诺夫获得了埋弧焊技术的专利权。钨极惰性气体保护电弧焊源于 C. L. Coffin 在非氧化气氛中进行焊接的概念，他在 1890 年申请了相关专利。20 世纪 20 年代末，H. M. Hobact 等完善了这一概念，前者采用氦气，后者采用氩气，从此钨极惰性气体保护电弧焊技术逐渐成为最重要的焊接技术之一。

1953 年，Lyubavskii 和 Novoshilov 宣布他们采用熔化电极，在 CO_2 气氛下进行了气体保护电弧焊。由于 CO_2 气体保护电弧焊可以利用熔化极惰性气体保护焊的设备，因此立即受到了人们的欢迎。20 世纪 60 年代早期，有人将惰性气体和少量氧气混合作为保护气体，从而获得喷射型电弧过渡。后来又有人采用脉冲电流产生脉冲电弧，以熔化金属并控制熔滴过渡。

从 20 世纪 50 年代起，相继出现了新的焊接方法和技术如：冷压焊、电子束焊(EBW)、等离子弧焊(PAW)、摩擦焊、爆炸焊、水下焊接技术、多电弧共熔池焊接技术等。

固态连接作为一种优质、高效、节能、低耗、清洁的先进连接技术，在高新技术产业发展和传统产业产品技术升级中都具有巨大的技术开发潜力和广阔的商业化前景。通过与材料技术、信息技术、计算机技术、机电一体化技术、过程仿真技术、无损检测技术的相互渗透融合，在先进材料、机电一体化及先进制造技术领域中，固态连接技术正在以高新技术的面貌展示在人们面前。

随着高技术新型材料(简称先进材料)，诸如新型金属材料、陶瓷材料、复合材料、有序金属间化合物和功能材料等需求的日益增长，在其构件的制造过程中，不可避免地存在着结构分离面和工艺分离面，故当它们作为结构材料应用时，会遇到大量同质材料、异质材料乃至多层材料的连接问题。鉴于连接部位是整体结构的薄弱环节，因此解决先进材料、异质材料和多层材料的高质量、高可靠性连接这一关键问题，对减轻结构质量，改善结构性能，促进先进材料在航空、航天、海洋开发、核能、兵器以及其他军用和民用产品上的推广应用与商业化都具有重要意义。

问题：

1. 为什么说固态连接技术是制造技术的重要组成部分？
2. 机械制造业中有哪些焊接方法(工艺)？

资料来源：李军花. 焊接发展史(一) [J]. 焊接技术，2006(5)；江治刚. 焊接发展史(二) [J]. 焊接技术，2006(6).

固态材料的连接可分为永久性或非永久性两种。永久性连接主要通过焊接和粘接过程实现。非永久性连接过程使用特制的连接件或紧固件(如铆钉、螺栓、键、销等)将零件或构件连接起来。本章主要讨论固态材料的永久性连接成形技术过程的原理和方法。

10.1 焊接成形过程

将分离的金属用局部加热或加压等手段，借助于金属内部原子的结合与扩散作用牢固地连接起来，形成永久性接头的成形过程称为焊接。

在焊接广泛应用之前，金属结构件的连接靠铆接。与铆接比较，焊接具有节省材料、减轻重量，接头的密封性好，可承受高压，简化加工与装配工序，缩短生产周期，易于实现机械化和自动化生产等优点。因此，焊接在现代化工业生产中具有十分重要的作用，广泛应用于装备制造业中的各种金属结构件，如高炉炉壳、建筑构件、锅炉与受压容器、汽车车身、桥梁、船舶、飞机构件等。此外，焊接还用于零件的修复焊补等。

目前，焊接技术还存在一些问题，主要有焊接结构的残余应力和变形、焊接接头性能不够均匀、焊接件品质检验比较困难等。

10.1.1 焊接成形过程特征和理论基础

1. 焊接方法的类别及原理特征

1) 焊接成形方法的类别及连接原理

从焊接过程的物理本质考虑，母材接头可以在固态或局部熔化状态下进行焊接，影响焊接的主要因素有温度及压力。当母材接头被加热到熔化温度以上，它们在液态下相互熔合，冷却时便凝固在一起，这就是熔化焊接。在固态下进行焊接时，又有两种方式：第一种方式是利用压力将母材接头焊接，加热只起着辅助作用，有时不加热，有时加热到接头的高塑性状态，甚至使接头的表面薄层熔化，这便是压力焊接；第二种方式是在接头之间加入熔点远较母材低的合金，局部加热使这些合金熔化，借助于液态合金与固态接头的物理化学作用而达到焊接的目的，这便是钎焊，钎焊用的合金称为钎焊合金(钎料)。

焊接成形方法的类别及原理特征见表 10-1。

表 10-1　焊接成形方法的类别及原理特征

焊接方法类别	接头处材料状态	连接原理
熔化焊	被加热到熔化(液态)	结晶或凝固
压力焊	被加热到半熔化(液态＋高塑态)	结晶或凝固＋塑变
钎焊	钎料被加热到熔化(液态)	钎料的结晶或凝固

随着加热方式、熔化过程、钎焊合金等的不同，在工业上实现或使用的焊接成形方法有几十种，如图 10.1 所示。

- 焊接
  - 熔化焊
    - 电弧焊
      - 手工电弧焊
      - 气体保护焊
        - 氩弧焊
        - CO_2保护焊
      - 埋弧焊
      - 等离子弧焊
    - 气焊
    - 电渣焊
    - 电子束焊
    - 激光焊
  - 压力焊
    - 电阻焊
      - 点焊
      - 缝焊
      - 对焊
    - 摩擦焊
    - 冷压焊
    - 感应焊
      - 高频焊
      - 工频焊
    - 爆炸焊
    - 超声波焊
    - 扩散焊
  - 钎焊
    - 软钎焊
      - 锡焊
    - 硬钎焊
      - 铜焊
      - 银焊

图 10.1　焊接方法

2) 焊接成形过程流程

焊接成形方法虽多，但焊接构件作业流程的基本模块或工序如图 10.2 所示。

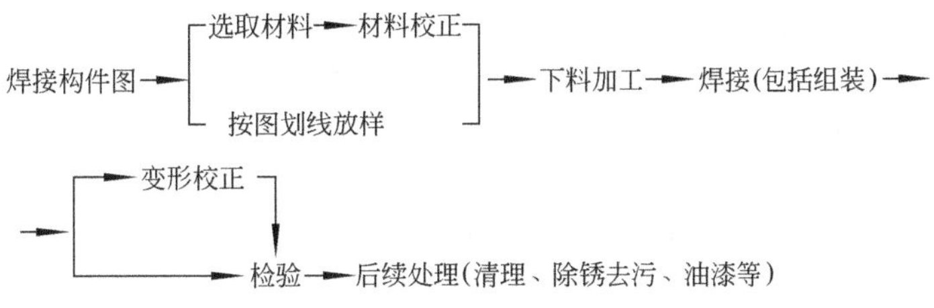

图 10.2　焊接构件作业流程的基本模块或工序

2. 各类焊接方法及其特点

1) 熔化焊

熔化焊由于加热方式的区别，有以下几种主要类型：

(1) 气焊。利用气体混合物燃烧形成高温火焰，用火焰来熔化焊件接头及焊条。最常用的气体是氧与乙炔的混合物，调整氧与乙炔的比值，可以获得氧化性、中性及还原性火焰。这种方法所用的设备较为简单，而加热区宽，焊接后焊件的变形大，并且操作费用较高，因而逐渐为电弧焊代替。

(2) 电弧焊。这是应用最广泛的焊接方法。电弧焊的主要特点为能够形成稳定的电弧，能保证填充材料的供给以及对熔化金属的保护和屏蔽。通常，电弧可通过两种方法产生：第一种电弧发生在一个可消耗的金属电焊条和金属材料之间，焊条在焊接过程中逐渐熔化，由此提供必需的填充材料而将结合部填满；第二种电弧发生在工件材料和一个非消耗性的钨极之间，钨极的熔点应比电弧温度要高，所必需的填充材料则必须另行提供。

电弧焊通常要对金属熔池加以保护或屏蔽。其保护方法有多种，例如，用适当的焊剂覆盖在消耗性的焊条之上；用颗粒状的焊剂粉末或惰性气体来形成保护层或气体屏蔽。

根据电弧的作用、电极的类型、电流的种类、熔池的保护方法等电弧焊可分为手工电弧焊、埋弧焊、气体保护焊、等离子弧焊等，应用最广泛的是手工电弧焊。

(3) 电渣焊。它是利用电流通过熔渣所产生的电阻热来熔化金属。这种热源范围较电弧大，每一根焊丝可以单独成一个回路，增加焊丝数目，可以一次焊接很厚的焊件。

(4) 真空电子束焊。这是一种特种焊接方法，用来焊接尖端技术方面的高熔点及活泼金属的小零件。它的特点是将焊件放在高真空容器内，容器内装有电子枪，利用高速电子束打击焊件将焊件熔化而进行焊接。这种方法可以获得高品质的焊件。

(5) 激光焊。这也是一种特种焊接方法，是以聚焦的激光束作为能源轰击焊件所产生的热量进行焊接的方法。

2) 压力焊

根据加热和施压方式的不同，有以下几种主要类型。

(1) 电阻焊。这是利用电阻加热的方法，最常用的有点焊、缝焊及电阻对焊三种。前两者是将焊件加热到局部熔化状态并同时加压，而电阻对焊是将焊件局部加热到高塑性状态或表面熔化状态，然后施加压力。电阻焊的特点是机械化及自动化程度高，故生产率高，但需强大的电流。

(2) 摩擦焊。利用摩擦热使接触面加热到高塑性状态，然后施加压力的焊接，由于摩擦时能够去除焊接面上的氧化物，并且热量集中在焊接表面，因而特别适用于导热性好及易氧化的有色金属的焊接。

(3) 冷压焊。这种方法的特点是不加热，只靠强大的压力来焊接，适用于熔点较低的母材，例如铅导线、铝导线、铜导线的焊接。冷压焊时，虽然没有加热，但由于塑性变形的不均匀性，所放出的热局限于真实接触的部分，因而也有加热的效应。

(4) 超声波焊接。这也是一种冷压焊，借助于超声波的机械振荡作用，可以降低所需用的压力，目前只适用于点焊有色金属及其合金的薄板。

(5) 扩散焊。扩散焊是焊件紧密贴合，在真空或保护气氛中，在一定温度和压力下保持一段时间，使接触面之间的原子相互扩散而完成焊接的焊接方法。扩散焊主要用于焊接熔化焊、钎焊难以满足技术要求的小型、精密、复杂的焊件。

压力焊接时，压力使接触面的凸出部分发生塑性变形，减少凸出部分的高度，增加真实的接触面积。温度使塑性变形部分发生再结晶，并加速原子的扩散。此外，表面张力也可以促使接触面上空腔体积的缩小。这种加热的压力焊接过程与粉末冶金中的热压烧结过程相似。

3) 钎焊

钎焊是与上述方法完全不同的焊接过程，它利用熔点比焊件金属低的钎料作填充金属，适当加热后，钎料熔化然后再凝固，这样将处于固态的焊件粘接起来的一种焊接方法。

根据钎料熔点的不同，钎焊可分为硬钎焊和软钎焊两大类。

(1) 硬钎焊。硬钎焊是使用熔点高于450℃的钎料进行的钎焊。常用的硬钎焊钎料有铜基、银基、铝基合金。硬钎焊使用的焊剂主要有硼砂、硼酸、氟化物、氯化物等。

硬钎焊接头强度较高(>200MPa)，工作温度也较高，常用于焊接受力较大或工作温度较高的焊件，如车刀上硬质合金刀片与刀杆的焊接。

(2) 软钎焊。软钎焊是使用熔点低于450℃的钎料进行的钎焊。常用的软钎料有锡-铅合金和锌-铝合金。焊剂主要有松香、氧化锌溶液等。

软钎焊接头强度低，用于无强度要求的焊件，如各种仪表中线路的焊接。

与一般焊接方法相比，钎焊只需填充金属熔化，因此焊件加热温度较低，焊件的应力和变形较小，对材料的组织和性能影响较小，易于保证焊件尺寸。钎焊还可以连接不同的金属，或金属与非金属的焊件，设备简单。钎焊的主要缺点尤其是软钎焊接头强度较低，接头工作温度不高，钎焊前对焊件的清洗和组装工作都要求较严。钎焊适宜于小而薄，且精度要求高的零件，广泛应用于机械、仪表、电机、航空、航天等部门中。

3. 电弧焊的冶金过程及特点

熔化焊中，电弧焊应用最多且典型，电弧焊的冶金过程及特点如下。

1) 电弧焊的冶金过程

电弧焊时，焊接区各种物质在高温下相互作用，产生一系列变化的过程称为电弧焊冶金过程。手工电弧焊的冶金过程如图10.3所示，电弧在焊条与被焊工件之间燃烧，电弧热使工件和焊条同时熔化成为熔池，焊条金属液滴借助重力和电弧气体吹力的作用不断进入熔池中。电弧热使焊条的药皮熔化(或燃烧)，与熔融金属起物理、化学作用，形成的熔渣不断从熔池中浮出。药皮燃烧所产生的CO_2气流围绕电弧周围，熔渣和气流可防止空气中的氧、氮等侵入，从而保护熔池金属不与其他物质发生化学反应。电弧焊的冶金过程同电弧炉冶炼金属相似，在熔池中进行着一系列的物理与化学反应过程。

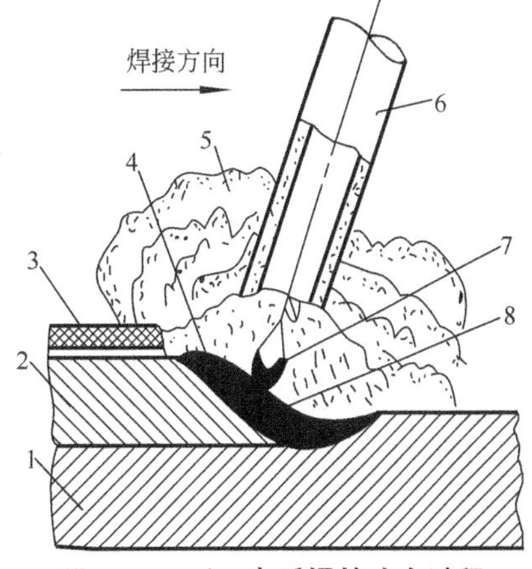

图10.3 手工电弧焊的冶金过程

1—焊件；2—焊缝；3—渣壳；4—熔渣；5—气体；6—焊条；7—熔滴；8—熔池

2) 电弧焊的冶金过程特点

电弧焊焊接金属的过程是进行熔化、氧化、还原、造渣、精炼和渗合金等一系列物理化学的冶金过程。焊接的冶金过程与一般冶炼过程比较，有以下特点。

(1) 焊接电弧和熔池金属的温度远高于一般的冶炼温度，金属的氧化、吸气和蒸发现象严重。由于电弧焊的冶金特点，不利因素较多，在液相时产生以下一系列冶金反应。

① 氧化。氧主要来源于空气，空气中的氧在高温电弧中分解出氧原子。电弧越长，

侵入熔池的氧越多，氧化越严重，吸氧也越多。例如氧与金属发生以下反应：

$$Fe+(O)\rightarrow FeO \qquad 2C+2(O)\rightarrow CO\uparrow$$

$$Si+2(O)\rightarrow SiO_2 \qquad Mn+2(O)\rightarrow MnO_2$$

$$2FeO+Si\rightarrow SiO_2+2Fe \qquad FeO+Mn\rightarrow MnO+Fe$$

结果造成钢中一些元素被氧化，形成 $FeO\cdot SiO_2$，$MnO\cdot SiO_2$ 等熔渣，使焊缝中 C、Mn、Si 等元素大量烧损。

当熔池迅速冷却后，一部分氧化物熔渣如来不及浮出则残存在焊缝金属中形成夹渣，显著降低了焊缝的力学性能。

② 吸气。熔池在高温时溶解大量气体，冷却时，熔池冷却极快，使气体来不及排出而存在焊缝中形成气孔。焊缝中气相成分主要是 CO、CO_2、H_2、O_2、N_2 及 H_2O，其中对金属有不利影响的主要是 H_2、O_2、N_2。

氮和氢在高温时能溶解于液态金属中，氮和铁可化合生成 Fe_4N 和 Fe_2N，冷却后一部分氮保留在钢的固溶体中，而 Fe_4N 呈片状夹杂物残留在焊缝内，使焊缝的脆性增大。氢的存在将促使冷裂纹形成，并造成气孔，引起氢脆性。

③ 蒸发。熔池中的液态金属和落入熔池的焊条熔滴的各种元素在高温下，有时接近或达到沸点，会强烈蒸发，由于各种元素成分不同，沸点不同，因此蒸发的数量也不同，其结果改变了焊缝的化学成分，降低了接头的性能。

(2) 接头熔池体积小，周围又是温度较低的冷金属，因此，接头熔池处于液态的时间很短，冷却速度极快，这样一方面不利于焊缝金属化学成分的均匀和气体、渣滓的排除，从而产生气孔和夹渣等缺陷；另一方面，使焊接构件形成较大的热(内)应力，造成构件变形甚至开裂。

(3) 电弧焊过程采取的技术措施。为了保证焊缝品质，焊接过程中常采取下列技术措施。

① 采取保护措施，限制有害气体进入焊接区。如焊条药皮，自动焊焊剂以及惰性气体的保护等都能起此作用。

② 渗入有用合金元素以保护焊缝成分。在焊条药皮(或焊剂)中加入锰铁等合金，焊接时可渗合到焊缝金属中，以弥补有用合金元素的烧损，甚至还可以增加焊缝金属的某些合金元素，以提高焊缝金属的性能。

③ 进行脱氧、脱硫和脱磷。焊接时，熔化金属除可能被空气氧化外，还可能被工件表面的铁锈、油垢、水分或保护气体中分解出来的氧所氧化，所以焊接时必须仔细清除上述杂质，并且在焊条药皮(或焊剂)中加入锰铁、硅铁等用以脱氧。

焊缝中硫或磷的质量分数超过 0.04%时，极易产生裂纹。硫、磷主要来自基体金属(焊件)，也可能来自焊接材料，因此一般选择含硫、磷低的原材料，并通过药皮(或焊剂)中的脱硫和脱磷组分进行脱硫、磷，以保证焊缝品质。

④ 从构件设计和焊接工艺采取措施，以减小焊接应力，防止焊件变形和开裂。

4. 焊接接头的金属组织和性能

熔化焊接是在局部进行的、短时高温的冶炼、凝固过程。这种冶金和凝固过程是连续进行的；与此同时，周围未熔化的基体金属受到短时的热作用。因此，焊接过程会引起焊接头组织和性能的变化，直接影响焊接接头的品质。

1）焊接工件上温度的变化与分布

在电弧热作用下，焊接接头的金属都经历由常温状态迅速加热到一定温度，然后再快速冷却到常温的过程。图10.4所示为焊接时焊件截面上不同点的温度变化情况。焊接时，随着各点金属所在位置的不同，其最高加热温度是不同的，因热传导需要一定时间，所以各点达到该点的最高温度的时间也是不同的。离焊缝越近的点其加热速度越大，被加热的最高温度也越高，冷却速度也越大。

2）焊接接头的组成和性能

熔化焊的焊接接头由焊缝、熔合区和热影响区组成。

(1) 焊缝的组织和性能。焊缝是由熔池金属结晶形成的焊件结合部分。焊缝金属的结晶是从熔池底壁开始的，由于结晶时各个方向冷却速度不同，因而形成的晶粒是柱状晶，柱状晶粒的生长方向与最大冷却方向相反，垂直于熔池底壁。由于熔池金属受电弧吹力和保护气体的吹动，熔池壁的柱状晶成长受到干扰，使柱状晶呈倾斜层状，晶粒有所细化。熔池结晶过程中，由于冷却速度很快，已凝固的焊缝金属中的化学成分来不及扩散，易造成合金元素分布的不均匀。如硫、磷等有害元素易集中到焊缝中心区，将影响焊缝的力学性能。所以焊条芯(焊丝)必须采用优质钢材，其中硫、磷的含量应很低。此外由于焊接材料的渗合金作用，焊缝金属中锰、硅等合金元素的含量可能比基体金属高，所以，焊缝金属的力学性能可不低于基体金属。

(2) 熔合区。熔合区是焊接接头中焊缝与母材交接的过渡区，这个区域的焊接加热温度在液相线和固相线之间，又称半熔化区。焊接过程中仅部分金属被熔化，熔化的金属将凝固成铸态组织，而未熔化的金属因加热温度过高而成为过热粗晶组织。因而熔合区的塑性、韧度极差，成为裂纹和局部脆性破坏的源点，在低碳钢焊接接头中，尽管熔合区很窄(仅0.1～1mm)，但仍在很大程度上决定着焊接接头的性能。

(3) 焊接热影响区的组织和性能。在电弧热的作用下，焊缝两侧处于固态的母材发生组织或性能变化的区域，称为焊接热影响区。由于焊缝附近各点受热情况不同，其组织变化也不同，不同类型的母材金属，热影响区各部位也会产生不同的组织变化。图10.5所

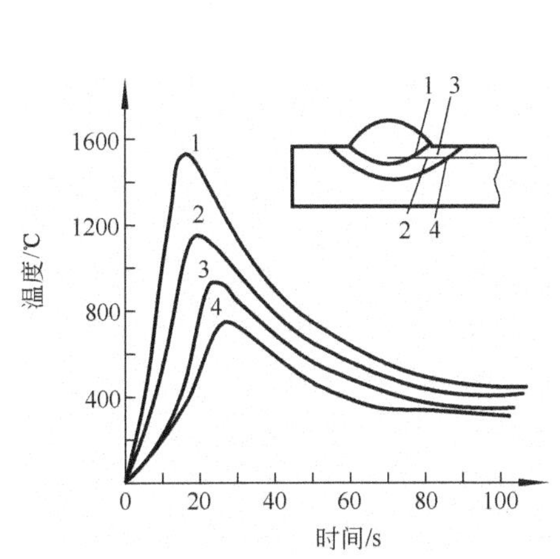

图10.4 焊接时焊件截面上不同点的温度变化情况

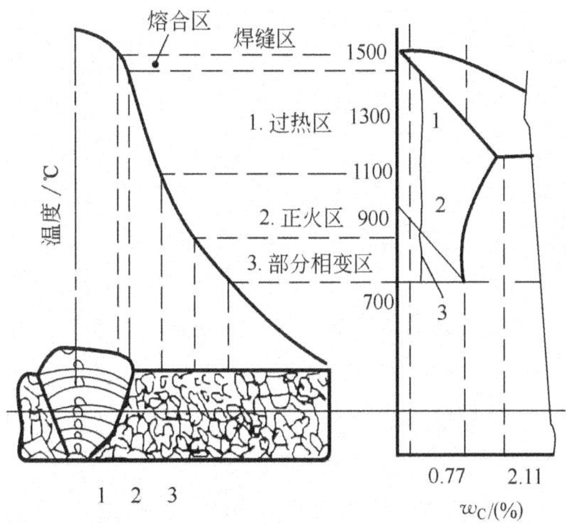

图10.5 低碳钢焊接接头的组织变化

1—焊缝区；2—熔合区；3—热影响区

示为低碳钢焊接时热影响区组织变化示意图。按组织变化特征，其热影响区可分为过热区、正火区和部分相变区。

① 过热区。过热区紧靠熔合区，低碳钢过热区的最高加热温度在1100℃至固相线之间，母材金属加热到这个温度，结晶组织全部转变成为奥氏体，奥氏体急剧长大，冷却后得到过热粗晶组织，因而，过热区的塑性和冲击韧度很低。焊接刚度大的结构或碳的质量分数较高的易淬火钢材时，易在此区产生裂纹。

② 正火区。该区紧靠过热区，是焊接热影响区内钢相当于受到正火热处理的区域。低碳钢此区的加热温度在A_{c3}～1100℃之间。由Fe－C相图可知，此温度下金属发生重结晶加热，形成细小的奥氏体组织。由于焊接过程中金属的热传导，使该区的冷却速度较空冷快，相当于进行一次正火处理，使晶粒细小而均匀。因此，一般情况下，焊接热影响区内的正火区的力学性能高于未经热处理的母材金属。

③ 部分相变区。紧靠正火区，是母材钢处于A_{c1}～A_{c3}之间的区域为部分相变区。加热和冷却时，该区结晶组织中只有珠光体发生重结晶转变，而铁素体仍为原来的组织形态。因此，已相变组织和未相变组织在冷却后晶粒大小不均匀对力学性能有不利影响。

由上述可知，熔合区和过热区是焊接接头中力学性能很差的区域，对焊接接头最为不利，应尽量缩小这两区间的范围，以减小和消除其不利影响。热影响区是不可避免的，但为了提高焊接品质希望它越小越好。

焊接接头各区域的大小及组织性能的变化程度，决定于焊接方法、焊接规范、接头型式、焊后冷却速度等因素。表10－2是用不同焊接方法焊接低碳钢时，焊接影响区的平均尺寸数值。同一焊接方法在不同焊接规范下操作，也会使热影响区的大小不同。一般来说，在保证焊接接头品质的前提下，增加焊接速度、减少焊接电流都能使熔合区、过热区变小。

表10－2　不同焊接方法焊接低碳钢时，焊接影响区的平均尺寸数值

焊接方法	过热区宽度/mm	热影响区总宽度/mm
手工电弧焊	2.2～3.5	6.0～8.5
埋弧自动焊	0.8～1.2	2.3～4.0
手工钨极氩弧焊	2.1～3.2	5.0～6.2
气焊	21	27
电渣焊	18～20	25～30
电子束焊	—	0.05～0.75

3）改善焊接接头组织性能的方法

焊接热影响区在焊接过程中是不可避免的。低碳钢焊接时因其塑性很好，热影响区较窄，危害性较小，焊后不进行处理就能保证使用。但对重要的钢结构或用电渣焊焊接的构件，则必须充分注意到热影响区带来的不利影响，要用焊后热处理办法以消除焊接热影响区。对碳素钢与低合金钢构件，可用焊后正火处理来消除热影响区，以改善焊接接头的性能。

焊后不能进行热处理的金属材料或构件，采用正确选择焊接方法和焊接过程来减少焊接接头内不利区域的影响，达到提高焊接接头性能的目的。

5. 焊接应力与变形

由焊接过程的特点知，焊接过程会使焊件产生应力，从而引起变形，甚至裂纹。如果变形严重而又无法矫正，就会使焊件报废。因此，在设计和制造焊接结构时，应尽量减少焊接应力，尽力防止产生超过允许数值的变形量。

1) 焊接(内)应力和变形产生的原因

焊接过程中对焊件进行了局部的不均匀加热，使焊件各个部分的热胀冷缩极不一致而产生相互制约形成焊接应力，当焊接应力超过一定值时，造成焊件变形的。

图 10.6 为低碳钢平板对焊时的应力变形示意图。现以其为例来分析焊接应力与变形产生的原因。焊接时，由于对焊件进行局部加热，焊缝区被加热到很高温度，离焊缝愈远，被加热的温度愈低。根据金属材料热胀冷缩特性，焊件各部位因温度不同将产生大小不等的伸长。如各部位的金属能自由伸长而不受周围金属的阻碍，其伸长应像图 10.6(a)中虚线所示那样。但钢板是一个整体，各部位的伸长必须相互协调，不可能各处都能实现自由伸长，最终平板整体只能协调伸长 Δl。因此，被加热到高温的焊缝区金属因其自由伸长量的限制而承受压应力(－)，当压应力超过金属的屈服点产生压缩塑性变形，以使平板整体达到平衡。同理，焊缝区以外的金属则承受拉应力(＋)。所以，整个平板存在着相互平衡的压应力和拉应力。

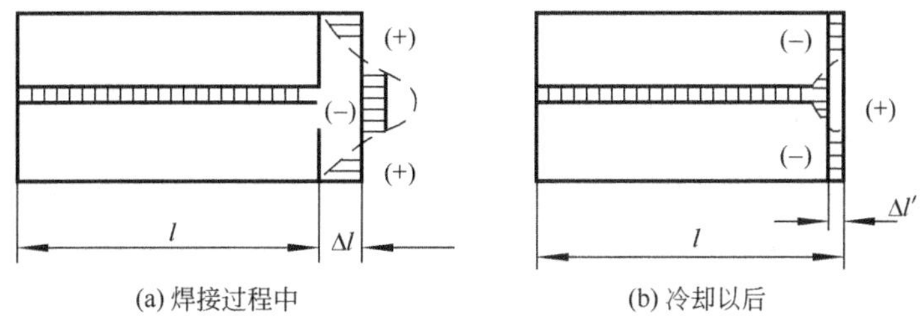

图 10.6 低碳钢平板对焊时的应力变形示意图

焊后冷却时，金属随之冷却，由于焊缝区金属在加热时已经产生了压缩塑性变形，所以冷却后的长度要比原来尺寸短些，所短少的长度应等于压缩塑性变形的长度，如图 10.6(b)中虚线所示，而焊缝区两侧的金属则缩短至焊前的原长 l。但实际上钢板是一个整体，焊缝区收缩量大的金属将与两侧收缩量小的金属相互协调，最终共同收缩到比原长 l 短 $\Delta l'$的位置。比收缩变形 $\Delta l'$称为“焊接变形”。此时焊缝区受拉应力(＋)，两边金属内部受到压应力(－)并互相平衡。这些应力焊后残余在构件内部，称为“焊接残余应力”，简称焊接应力。

若焊接构件刚性不足，承受不了焊接应力就会产生变形，焊件通过变形可削弱焊接应力状态。如果焊接应力超过焊接材料的强度极限，焊接件不仅发生变形，而且还会产生裂纹。尤其是低塑性材料更易开裂。

2) 焊接变形的基本形式

焊接变形的形式因焊接件结构形状不同、其刚性和焊接过程不同而不同。最常见的如图 10.7 所示，或者是这几种形式的组合。

① 收缩变形。构件焊接后，纵向和横向尺寸缩短的变形。这是由于焊缝纵向和横向收缩所引起的。

② 角变形。V(U)形坡口对接焊时，由于焊缝截面形状上下不对称，焊后收缩不均而引起的角变形。

③ 弯曲变形。T 形梁和单边焊缝焊接后，由于焊缝布置不对称，纵向收缩引起的弯

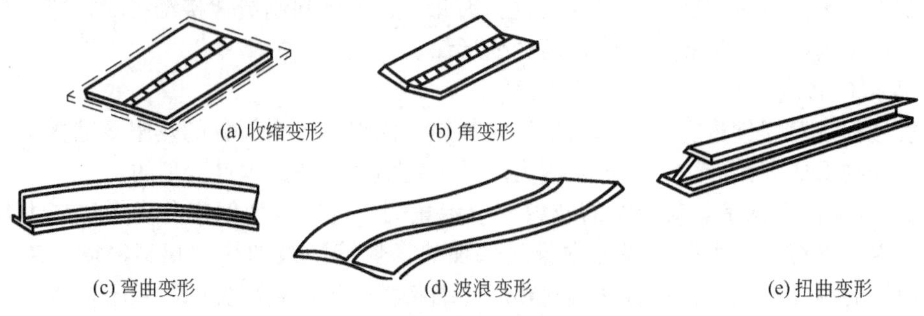

(a) 收缩变形　(b) 角变形　(c) 弯曲变形　(d) 波浪变形　(e) 扭曲变形

图 10.7　焊接变形的基本形式

曲变形。

④ 波浪形变形。焊接薄板结构时，由于薄板在焊接应力作用下丧失稳定性而引起波浪形变形。

⑤ 扭曲变形。由于焊缝在构件横截面上布置的不对称或焊接过程不合理，使工件产生扭曲变形。

3）减小焊接应力防止焊件变形的措施

要减小焊接应力防止焊件变形，主要从焊缝结构设计和焊接过程两方面来采取措施。

（1）合理地设计焊接构件。焊接结构件设计的核心问题是焊缝布置，焊缝布置是否合理对焊接品质和生产率有很大影响。在保证结构有足够承载能力情况下，尽量减少焊缝数量、焊缝长度及焊缝截面积，要使结构中所有焊缝尽量处于对称位置。厚大件焊接时，应开两面坡口进行焊接，避免焊缝交叉或密集。尽量采用大尺寸板料及合适的型钢或冲压件代替板材拼焊，以减少焊缝数量，减少变形。对具体焊接结构件进行焊缝布置时，应便于焊接操作，有利于减小焊接应力和变形，提高结构强度。表 10－3 列举了焊接结构、焊缝布置的一般原则。

表 10－3　焊接结构、焊缝布置的一般原则

选择原则		示例	
		不合理	较合理
焊缝位置应便于操作	手弧焊要考虑焊条操作空间		≥15mm　45°
	自动焊应考虑接头处便于存放焊剂		
	点焊或缝焊应考虑电极引入方便		>75°

（续）

选择原则		示例	
		不合理	较合理
焊缝位置布置应有利于减少焊接应力与变形	焊缝应避免过分集中或交叉		
	尽量减少焊缝数量（适当采用型钢和冲压件）		
	焊缝应尽量对称布置		
	焊缝端部产生锐角处应该去掉		
	焊缝应尽量避开最大应力或应力集中处	p	p
	不同厚度工件焊接时，接头处应平滑过渡		
	焊缝应避开加工表面		

(2) 采取必要的技术措施，主要介绍以下 6 项措施。

① 选择合理的焊接顺序。合理的焊接顺序可以减少焊接应力的产生。选择的主要原则是应尽量使焊缝自由收缩而不受较大的拘束。先焊收缩量较大的焊缝或先焊工作时受力较大的焊缝，使其预承受压应力。拼焊时，先焊错开的短焊缝，后焊直通的长焊缝。

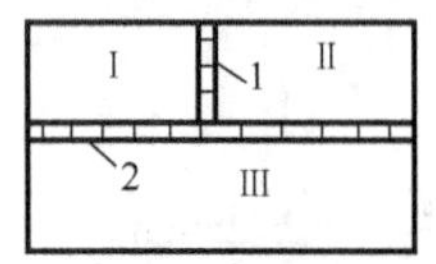

(a) 合理的焊接顺序

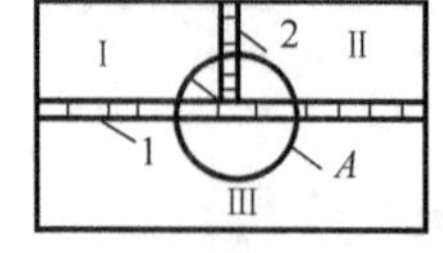

(b) 不合理的焊接顺序

图 10.8　焊接顺序对焊接应力的影响

对于图 10.8 所示的结构，如果按图(a)的次序 1、2 进行焊接，可减少内应力；反之，如按图(b)的次序进行焊接就要增加内应力，特别是在焊缝交叉处(A)易产生多个裂缝。

如构件的对称两侧都有焊缝，应该设法使两侧焊缝的收缩量能互相抵消或减弱，以减小焊接变形。例如 X 形坡口焊缝的焊接顺序应如图 10.9 所示。工字梁与矩形梁的焊接顺序应如图 10.10 所示。

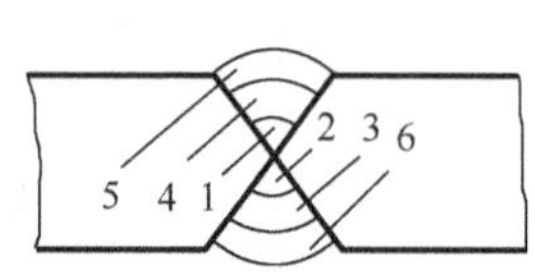

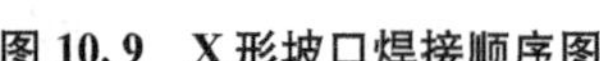
图 10.9　X 形坡口焊接顺序图

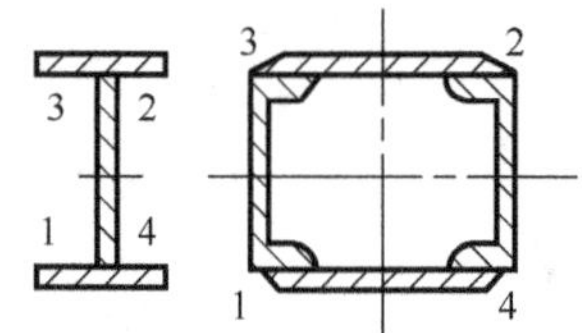

图 10.10　对称断面梁焊接顺序图

焊接长焊缝时，为了减少焊接变形，常采用“逆向分段焊法”，即把整个长焊缝分为长度为 150～200mm 的小段，分段进行焊接，每一段都朝着与总方向相反的方向施焊，如图 10.11 所示。

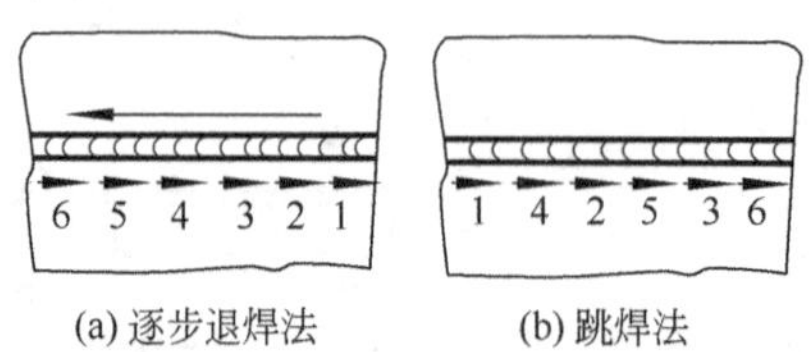

(a) 逐步退焊法

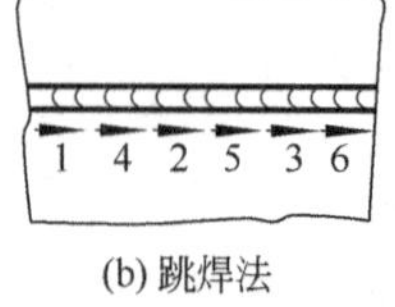

(b) 跳焊法

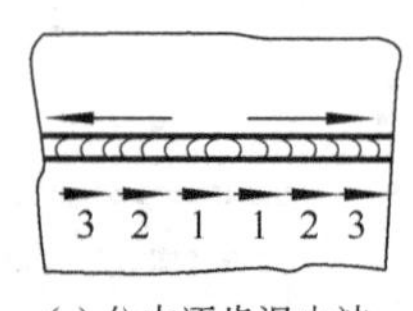

(c) 分中逐步退火法

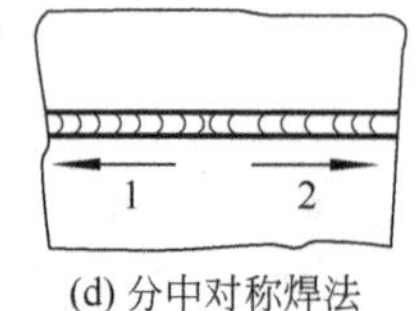

(d) 分中对称焊法

图 10.11　长缝的焊接

② 焊前预热。焊前将焊件预热到 350～400℃，然后再进行焊接。预热可使焊缝部分金属和周围金属的温差减小，焊后又可比较均匀地同时冷却收缩，因此可显著减少焊接应力，同时可减少焊接变形。

③ 加热“减应区”。在焊接结构上选择合适的部位加热后再焊接，可大大减少焊接应力。所选的加热部位称“减应区”。例如图 10.12 框架中部的杆件断裂焊接。焊前选框架左右两杆中部作为“减应区”进行局部加热，使其伸长，并带动焊接部位产生与焊缝收缩方向相反的变形。焊接冷却时，加热区和焊缝一起收缩，减少了焊缝自由收缩时的拘束，使焊接应力降低。

④ 反变形法。反变形法指经过计算或凭实际经验预先判断焊后的变形大小和方向，在焊前进行装配时，将焊件安置在与焊接变形方向相反的位置，如图 10.13 所示；或在焊前使工件反方向变形，以抵消焊接后所发生的变形，如图 10.14 所示。

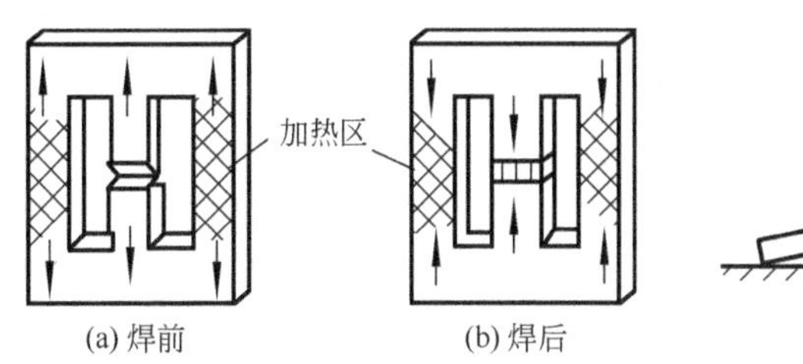

(a) 焊前　　(b) 焊后

图 10.12　加热“减应区”法

(a) 焊前预弯反变形　　(b) 焊后

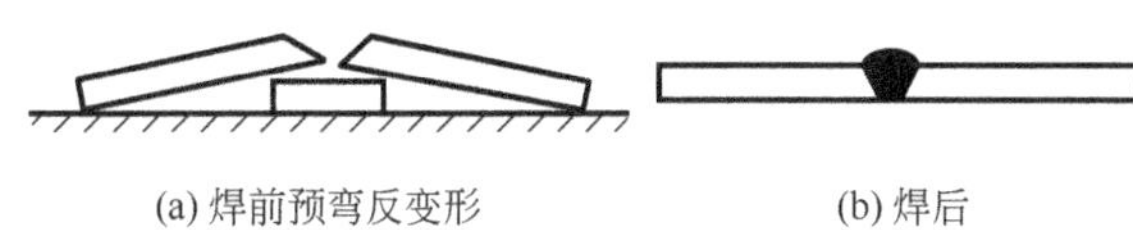

图 10.13　平板焊接的反变形图

⑤ 刚性夹持法。该方法是采用夹具或点焊固定等手段来约束焊接变形，如图 10.15 所示。此种方法能有效防止角变形和薄板结构的波浪形变形。刚性夹持法只能适用于塑性较好的一些焊接材料，且焊后应迅速退火处理以消除内应力；对塑性差的材料，如淬硬性较大的钢材及铸铁不能使用，否则，焊后易产生裂纹。

(a) 焊前预弯反变形　　(b) 焊后

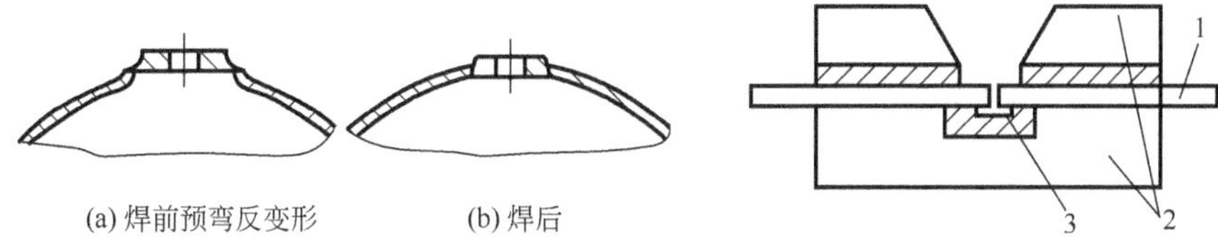

图 10.14　防止壳体局部塌陷的反变形

图 10.15　刚性夹持法

1—钢板；2—夹具；3—铜垫板

⑥ 焊后热处理。去应力退火过程可以消除焊接应力，即将工件均匀加热到 600～650℃，保温一定时间，然后缓慢冷却。整体高温回火消除焊接应力的效果最好，一般可将 80%～90%以上的残余应力消除掉。

4）焊接变形的矫正方法

在焊接生产中，焊前即使采用了预防变形的措施，但有些刚性较差焊件焊后仍可能产生超过允许值的变形，为确保焊件的形状和尺寸要求，需要对已产生的变形进行矫正。焊接变形的矫正实质上就是使焊件结构产生新的变形，以抵消焊接时已产生的变形。生产中常用的矫正方法有：

（1）机械矫正法。用手工锤击、矫正机、辊床、压力机等机械外力，使焊件产生与焊接变形反向的塑性变形而达到矫正的目的。

（2）火焰加热矫正法。利用氧-乙炔火焰在焊件适当部位加热，使工件在冷却收缩时产生与焊接变形反方向的变形，以矫正焊接变形，如图 10.16 所示。火焰加热矫正法主要用于低碳钢焊件。加热温度一般在 600～800℃之间。

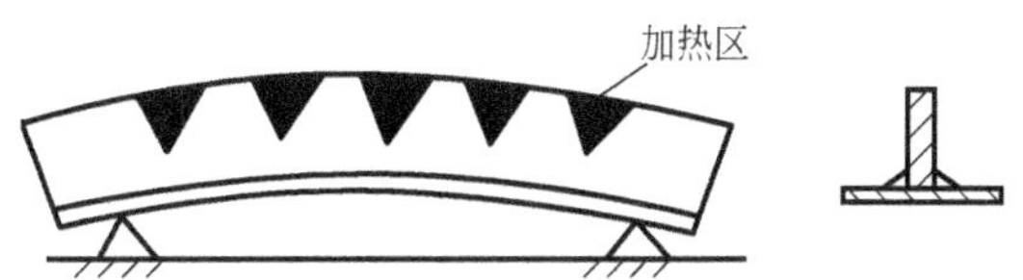

图 10.16　T 形梁的火焰加热示意图

6. 焊接缺陷及防治措施

1）焊接接头的缺陷

在焊接结构生产中，由于结构设计不当，原材料不符合要求，接头准备不仔细、焊接过程不合理或焊后操作等原因，常使焊接接头产生各种缺陷。常见的焊接缺陷有焊缝外形尺寸不符合要求、咬边、焊瘤、气孔、夹渣、未焊透和裂缝等缺陷。其中以未焊透和裂缝的危害性最大。表 10-4 列出了各种常见的焊接接头缺陷及产生的原因。

表 10-4　各种常见的焊接接头缺陷及产生的原因

缺陷名称	图示	特征	主要原因
焊瘤	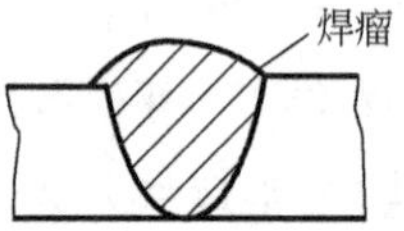 焊瘤	焊缝边缘上存在多余的未与焊件熔合的堆积金属	焊条熔化太快；电弧过长；电流过大；运条不正确；焊速太慢
夹渣	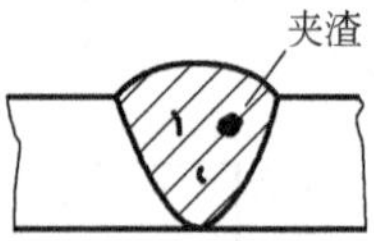 夹渣	焊缝内部存在着非金属夹杂物或氧化物	施焊中焊条未搅拌熔池；焊件不洁；电流过小；焊缝冷却太快；多层焊时各层熔渣未清除干净
咬边	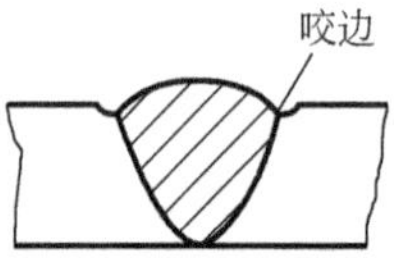 咬边	在焊件与焊缝边缘的交界处有小的沟槽	电流过大；焊条角度不对；运条方法不正确；电弧过长
裂纹	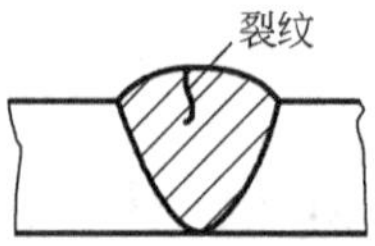 裂纹	在焊缝和焊件表面或内部存在裂纹	焊件含碳、硫、磷高；焊接结构设计不合理；焊缝冷却速度太快；焊接顺序不正确；焊接应力过大；存在咬边、气泡、夹渣；未焊透
气孔	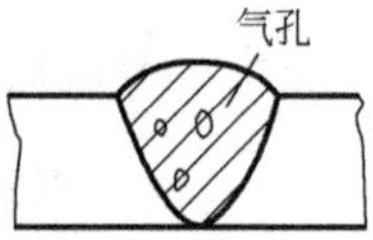 气孔	焊缝的表面或内部存在气泡	焊件不洁；焊条潮湿；电弧过长；焊速过快；含碳量高
未焊透	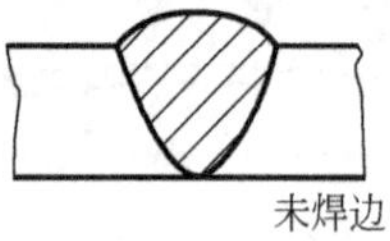 未焊边	被焊金属和填充金属之间存在局部未熔合	装配间隙太小；坡口间隙太小；运条太快；电流过小；焊条未对准焊缝中心；电弧过长

2）焊接缺陷的防止

防止焊接缺陷的主要途径：一是制订正确的焊接技术指导文件；二是针对焊接缺陷产生的原因在操作中加以防止。

焊缝尺寸不符合要求应从恰当选择坡口尺寸、装配间隙及焊接规范入手，并辅以熟练操作技术。采用夹具固定、定位焊和多层多道焊有助于焊缝尺寸的控制和调节。

为了防止咬边、焊瘤、气孔、夹渣、未焊透等缺陷，必须正确选择焊接规范参数。手工电弧焊规范参数中，以电流和焊速的控制影响最大，其次是预热温度。

各类焊接裂纹都是由于冶金因素和应力因素造成的，因此防止焊接裂纹也必须从这两方面着手。在应力方面，所有防止和减少应力的措施都能防止和减少焊接裂纹。在冶金方面，为了防止热裂纹应控制焊缝金属中有害杂质的含量，碳素结构钢用焊芯(丝)的含碳量应不超过 0.10%，硫、磷的含量应不超过 0.03%，焊接高合金钢时应控制更加严格。此外，焊接时应选择合适的技术参数和坡口参数。采用碱性焊条和焊剂，由于碱性焊条具有较强的脱硫、磷能力，因此，具有较高的抗热裂能力。

对于防止冷裂纹，应降低焊缝扩散氢的含量，例如采用碱性低氢焊条，严格按规定烘干焊条和焊剂，并防止在使用过程中受潮。采用预热、后热等技术措施也可有效地防止冷裂纹的产生。

为了防止焊缝中气孔的产生，必须仔细清除焊件表面的污物，手工电弧焊时在坡口面两侧各 10mm、埋弧焊时各 20mm 范围内去除锈、油，应打磨至露出金属表面光泽。特别是在使用碱性焊条和埋弧焊时，更应做好清洁工作。焊条和焊剂一定要严格按照规定的温度进行烘烤。酸性焊条抗气孔性能优于碱性焊条，如结构要求抗裂性好的碱性焊条时，应选用低氢焊条。焊接规范参数必须选择合适，电流过大会使焊条发热，药皮提前熔化或分解，影响保护效果。电流过小和焊速过快又使熔池内气体不能及时排出，导致气孔产生。运条时要使用短弧，尤其是碱性低氢焊条。收弧和起弧时均需作一定停顿，注意接头操作和填满弧坑。此外，直流焊接时，电源极性应为反接。

预防夹渣，除了保证合适的坡口参数和装配品质外，焊前清理是非常重要的，包括坡口面清除锈蚀、污垢和层间清渣。操作时运条角度和方法要恰当，摆幅不宜过大，并应始终保持熔池的轮廓清晰，能分清液态金属和熔池。焊接电流选择对产生夹渣也有很大影响，过小时使熔池停留时间缩短，熔渣未能及时上浮到熔池表面；过大时使药皮端部提前熔化，成块剥落进入熔池，都易造成夹渣。

加强焊接过程中的自检，可杜绝因操作不当所产生的大部分缺陷，尤其对多层多道焊来说更为重要。

7. 焊接接头及坡口形式的选择

焊接接头是焊接结构最基本的组成部分，接头设计应根据结构形状及强度要求、工件厚度、可焊性、焊后变形大小，焊条消耗，坡口加工难易程度等各方面因素综合考虑决定。

通常手工电弧焊采用的接头型式有对接、搭接、T 形接头和角接四大类。

1) 对接接头及坡口选择

对接接头型式应力分布均匀，接头品质容易保证，在静载荷和动载荷作用下，对接接头都具有很高的强度，且外形平整美观。因此是焊接结构中应用最多的接头形式，常用于平板类焊件和空间类焊件的接头中。但此种接头对焊前准备和装配要求较高。

手工电弧焊的坡口形式可分为 I 形坡口、V 形坡口、X 形坡口、U 形坡口和双 U 形坡口 5 种形式。每种坡口的尺寸和所适用的钢板厚度都有明确的规定，如图 10.17 所示。手工电弧焊板厚度在 6mm 以下对接时，一般可不开坡口直接焊成。板厚较大时，为了保证焊透，接头处根据工件厚度应预制各种坡口。厚度相同的工件常有几种坡口型式可供选择，V形和U形只需一面焊，可焊性较好，但焊后角变形较大，焊条消耗量也大些。X形和双U形坡口两面施焊，受热均匀变形较小，焊条消耗量也较小，但因两面焊，有时受结构形状限制。

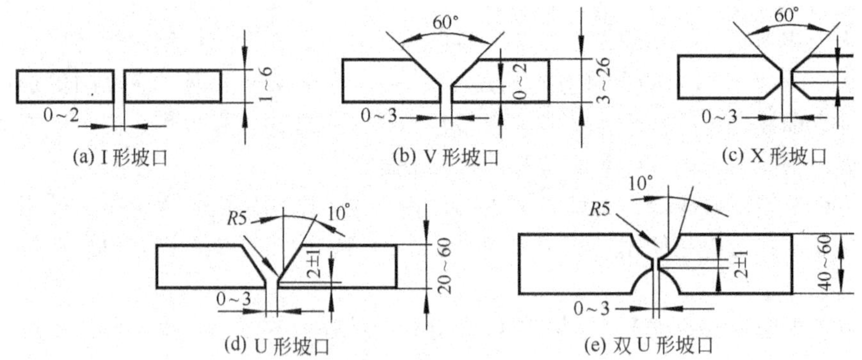

图 10.17　对接接头的坡口形式

手工电弧焊和其他熔化焊在焊接不同厚度的重要受力件时，若采用对接接头，则应在较厚的板上作出单面或双面削薄，然后再选择适宜的坡口形式和尺寸，如图 10.18 所示。

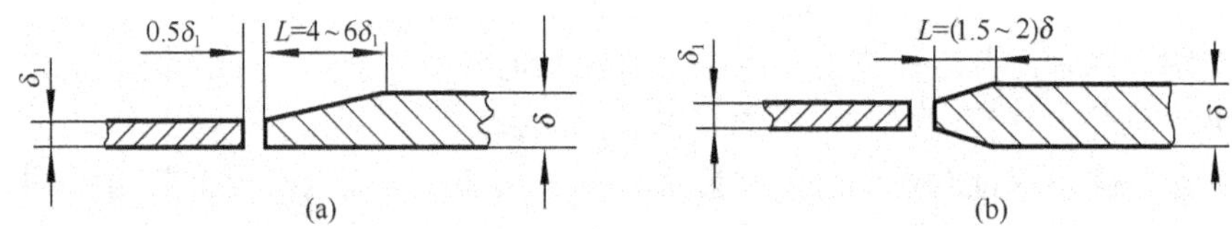

图 10.18　不同厚度钢板对接

埋弧自动焊接多采用对接接头形式，为了存放焊剂，通常以平焊为宜。埋弧自动焊在焊接 14mm 以上厚度的焊件时，应开坡口。坡口形式与手工电弧焊基本相同。当焊件厚度为 14～20mm 时，多采用V形坡口；厚度为 20～50mm，多采用X形坡口。一些受力大的重要焊缝，如锅炉汽包、大型储油罐等一般多开U形坡口，以保证焊缝的根部不出现未焊透或夹渣等缺陷。在V形、X形的坡口中，坡口角度一般为 50°～60°，这样即可保证焊缝根部能够焊透，又可减少填充金属，对提高生产率和焊接质量非常有利。

2）搭接接头及坡口选择

搭接接头不需要开坡口，焊前准备和装配工作比对接接头简单得多。但是搭接接头应力分布复杂，往往产生弯曲附加应力，降低接头强度，搭接接头常用于焊前准备和装配要求简单的板类焊件结构中，如桥梁、房架等多采用搭接接头的形式，如图 10.19 所示。

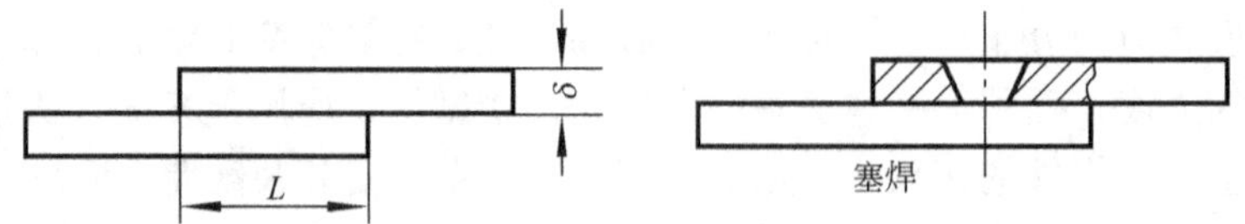

图 10.19　搭接接头形式

3）T形接头及坡口形式

T形接头广泛采用在空间类焊件上，T形接头及坡口形式如图 10.20 所示。完全焊透的单面坡口和双面坡口的T形接头在任何一种载荷下都具有很高的强度。根据焊件的厚度，T形接头可选I形(不开坡口)、单边V形、K形、单边双U形坡口形式。

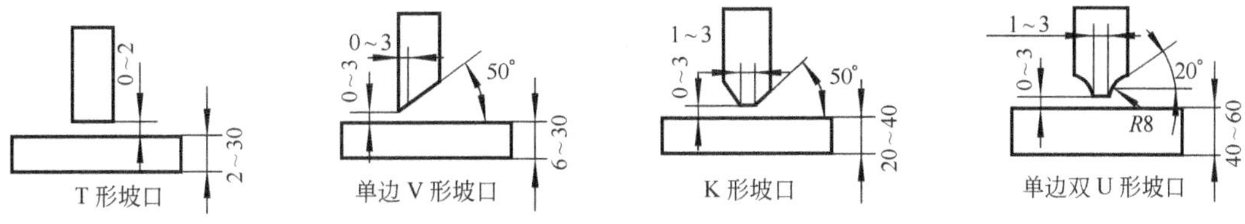

图10.20 T形接头的坡口形式

4) 角接头及坡口选择

角接头通常只起连接作用，不能用来传递工作载荷，且应力分布很复杂，承载能力低。根据焊件厚度不同，角接头可选择I形坡口(不开坡口)、单边V形、单边U形、V形及K形5种坡口形式，如图10.21所示。

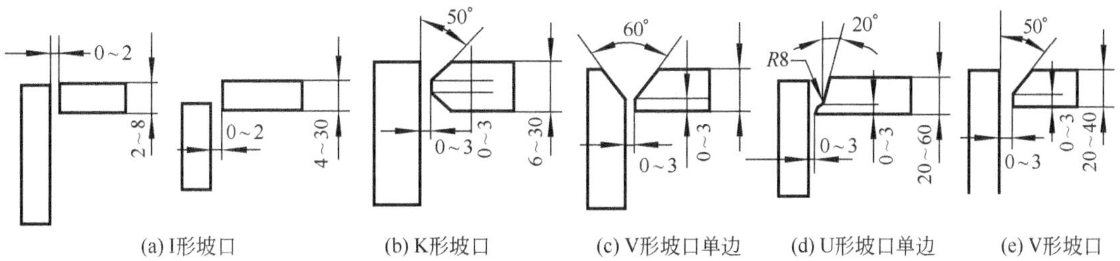

图10.21 角接头的坡口形式

10.1.2 金属常用焊接成形技术

1. 熔化焊

利用热源局部加热的方法，将两工件接合处加热到熔化状态，形成共同的熔池，凝固冷却后，使分离的工件牢固结合起来的焊接称为熔化焊。熔化焊适合于各种金属材料任何厚度焊件的焊接，且焊接强度高，因而获得广泛应用。熔化焊包括电弧焊、电渣焊，气焊等。

1) 手工电弧焊

(1) 焊接过程。利用电弧作为焊接热源的熔焊方法称为电弧焊。用手工操纵焊条进行焊接的电弧焊方法，称为手工电弧焊。

焊接前，将电焊机的输出端分别与工件和焊钳相连，然后在焊条和被焊工件之间引燃电弧，电弧热使工件(基本金属)和焊条同时熔化成熔池，焊条上的药皮也随之熔化形成熔渣覆盖在焊接区的金属上方，药皮燃烧时产生大量CO_2气流围绕于电弧周围，熔渣和气流可防止空气中的氧、氮侵入起保护熔池的作用。随着焊条的移动，焊条前的金属不断熔化，焊条移动后的金属则冷却凝固成焊缝，使分离的工件连接成整体，完成整个焊接过程。

手工电弧焊机是供给焊接电弧燃烧的电源，常用的电焊机有交流电弧焊机、直流电弧焊机和整流电弧焊机等。直流电弧焊机的输出端有正、负极之分，焊接时电弧两端的极性

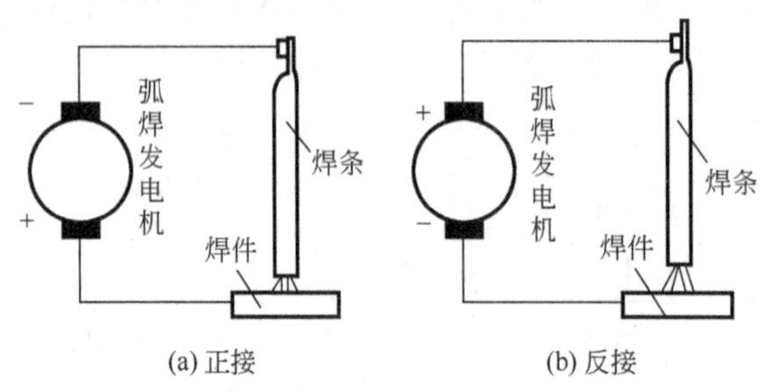

图 10.22　直流电弧焊机的不同接线法

不变。因此直流电弧焊机的输出端有两种不同的接线方法：将焊件接电焊机的正极，焊条接其负极称为正接；将焊件接电焊机的负极、焊条接其正极称为反接，如图 10.22 所示。正接用于较厚或高熔点金属的焊接，反接用于较薄或低熔点金属的焊接。当采用碱性焊条焊接时，应采用直流反接，以保证电弧稳定燃烧。采用酸性焊条焊接时，一般采用交流弧焊机。

(2) 电焊条。

① 焊条的组成和作用。电焊条由金属焊芯和药皮两部分组成。现以常用的结构焊条为例加以说明。焊芯在焊接时起两个作用：一是作为电源的一个电极，传导电流、产生电弧；二是熔化后作为填充金属，与母材(基本金属)一起形成焊缝金属。手工电弧焊时，焊缝金属的 50%～70%来自焊芯，焊芯的品质直接影响了焊缝的品质。因此焊芯都采用焊接专用的金属丝。结构钢焊条的焊芯常用的牌号为 H08、H08A、H08MnA，其中“H”是“焊”字的汉语拼音字头，表示焊接用钢丝，“08”表示碳的平均质量分数为 0.08%，“A”表示高级优质钢。

焊芯的直径称为焊条直径，焊芯的长度就是焊条的长度。常用的焊条直径有 2.0mm、2.5mm、3.2mm、4.0mm 和 5.0mm 等，焊条长度在 250～450mm 之间。

焊条芯表面的涂料称为药皮。它是决定焊缝品质的主要因素之一，在焊接过程中，药皮的主要作用是提高电弧燃烧的稳定性，防止空气对熔化金属的有害作用，保证焊缝金属的脱氧和加入合金元素，以提高焊缝金属的力学性能。焊条药皮主要由稳弧剂、造渣剂、造气剂、脱氧剂、合金剂、粘接剂等按一定比例混合而成，涂在焊芯上，经烘干后制成。焊条药皮原料的种类、名称及作用见表 10-5。

表 10-5　焊条药皮原料及其作用

成分	原料	作用
稳弧剂	碳酸钾，碳酸钠，硝酸钾，重铬酸钾，大理石，长石，水玻璃	在电弧高温下易产生钾、钠等的离子，帮助电子发射，有利于引弧和使电弧稳定燃烧
造渣剂	钛铁矿，赤铁矿，锰矿，金红石，花岗石，长石，大理石，萤石	焊接时形成熔渣，对液态金属起保护作用，碱性渣 CaO 还可起脱硫、磷作用
造气剂	淀粉，木屑、纤维素，大理石	造成一定量的气体，隔绝空气，保护焊接熔滴与熔池
脱氧剂	锰铁，硅铁，钛铁，铝铁，石墨	对熔池金属起脱氧作用，锰还具有脱硫作用
合金剂	硅铁，铬铁，钒铁，锰铁，钼铁	使焊缝金属获得必要的合金成分
粘接剂	钾水玻璃，钠水玻璃	将药皮牢固地粘在钢芯上

② 焊条的分类和型(牌)号。我国生产的焊条按其用途分为结构钢焊条(J)、耐热钢焊条(R)、不锈钢焊条(G 或 A)、堆焊焊条(D)、铸铁焊条(Z)、镍及镍合金焊条(N)、低温

钢焊条(W)、铜及铜合金焊条(T)、铝及铝合金焊条(L)和特殊用途焊条(T)十大类。其中，结构钢焊条应用最广泛。

根据药皮中熔渣酸性氧化物和碱性氧化物比例不同，焊条又分为酸性焊条和碱性焊条两大类。熔渣以酸性氧化物为主的焊条，称为酸性焊条；熔渣以碱性氧化物为主的焊条称为碱性焊条。酸性焊条的氧化性强，焊接时具有优良焊接性能，如稳弧性好，脱渣力强，飞溅小，焊缝成形美观等，对铁锈、油污和水分等容易导致气孔的有害物质敏感性较低。碱性焊条有较强的脱氧、去氧、除硫和抗裂纹的能力，焊缝力学性能好，但焊接技术性能不如酸性焊条，如引弧较困难，电弧稳定性较差等，一般要求用直流电源；而且药皮熔点较高，还应采用直流反接法。碱性焊条对油污、铁锈和水分较敏感，焊接时，容易生成气孔，因此焊接接头应仔细清理，焊条应烘干。

根据 GB 5117—1995 和 GB 5118—1995，低碳钢和低合金钢焊条型号的形式为：

“E××××”其中“E”表示焊条；第一、二位数字表示熔敷金属抗拉强度的最低值；第三位数字表示焊条适用的焊接位置，“0”和“1”表示焊条适用于全位置焊接；“2”表示适用于平焊及平角焊，“4”表示适用于向下立焊；第四位数字表示焊接电流种类及药皮类型，见表 10-6。

表 10-6　部分碳钢焊条药皮类型和焊接电流种类

焊条型号	药皮类型	焊接电流种类	相应的焊条牌号
E××01	钛铁矿型	交流或直流正、反接	J××3
E××03	钛钙型	交流或直流正、反接	J××2
E××11	高纤维素钾型	交流或直流反接	J××5
E××13	高钛钾型	交流或直流正、反接	J××1
E××15	低氢钠型	直流反接	J××7
E××16	低氢钾型	交流或直流反接	J××6
E××20	氧化铁型	交流或直流正接	J××4

如 E4315 所表示的焊条，熔敷金属抗拉强度的最低值为 420MPa，适用于全位置焊接，药皮类型为低氢钠型，应采用直流反接焊接。

焊条牌号是焊接行业统一的焊条代号，其形式与含义是：焊条牌号前大写字母，表示焊条各大类。字母后面的三位数字中，前两位数字表示各大类中的若干小类，具体含义因大类不同而异。对于结构钢，这两个数字表示焊缝抗拉强度等级。第三位数字表示焊接电流种类和药皮类型，具体见表 10-6。

③ 焊条的选用原则。焊条的种类很多，选择是否恰当，直接影响焊接结构的品质、生产率和生产成本。通常应根据焊接结构的化学成分、力学性能、抗裂性、耐腐蚀性以及高温性能等要求，选用相应的焊条种类；再考虑焊接结构形状、受力情况、工作条件和焊接设备等选用具体的型号与牌号。一般选择原则是：

a. 根据母材的化学成分和力学性能。若焊件为结构钢时，则焊条的选用应满足焊缝和母材“等强度”要求，且成分相近的焊条；异种钢焊接时，应按其中强度较低的钢材选用焊条；若焊件为特殊钢，如不锈钢、耐热钢等时，一般根据母材的化学成分类型按“等

成分原则”选用与母材成分类型相同的焊条。若母材中碳、硫、磷含量较高，则选用抗裂性能好的碱性焊条。

b. 根据焊件的工作条件与结构特点。对于承受交变载荷、冲击载荷的焊接结构，或者形状复杂、厚度大、刚性大的焊件，应选用碱性低氢型焊条。

c. 根据焊接设备、施工条件和焊接技术性能。无法清理或在焊件坡口处有较多油污、铁锈、水盆等脏物时，应选用酸性焊条。在保证焊缝品质的前提下，应尽量选用成本低、劳动条件好的焊条，无特殊要求时应尽量选用焊接技术性能好的酸性焊条。

手工电弧焊的特点：手工电弧焊的设备简单，操作灵活，能进行全位置焊接，能焊接不同的接头、不规则焊缝。但生产效率低，焊接品质不够稳定，对焊工操作技术要求较高，劳动条件差。手工电弧焊多用于单件小批生产和修复，一般适用于 2mm 以上各种常用金属的焊接。

2）埋弧自动焊

埋弧自动焊是电弧在颗粒状焊剂层下燃烧的自动电弧焊接方法。

(1) 焊接过程埋弧自动焊示意图如图 10.23 所示。焊接时，送丝机构送进焊丝使之与焊件接触，焊剂通过软管均匀撒落在焊缝上，掩盖住焊丝和焊件接触处。通电以后，向上抽回焊丝而引燃电弧。电弧在焊剂层下燃烧，使焊丝、焊件接头和部分焊剂熔化，形成一个较大的熔池，并进行冶金反应。电弧周围的颗粒状焊剂被熔化成熔渣，少量焊剂和金属蒸发形成蒸气，在蒸气压力作用下，气体将电弧周围的熔渣排开，形成一个封闭的熔渣泡，如图 10.24 所示。它有一定的黏度，能承受一定的压力。因此，被熔渣泡包围的熔池金属与空气隔离，同时也防止了金属的飞溅和电弧热量的损失。随着焊接的进行，电弧向前移动，焊丝不断送进，熔化后的焊剂覆盖金属逐渐冷却凝固形成焊缝。熔化的在焊缝金属上形成渣壳。最后，断电熄弧，完成整个焊接过程。未熔化的焊剂经回收处理后，可重新使用。

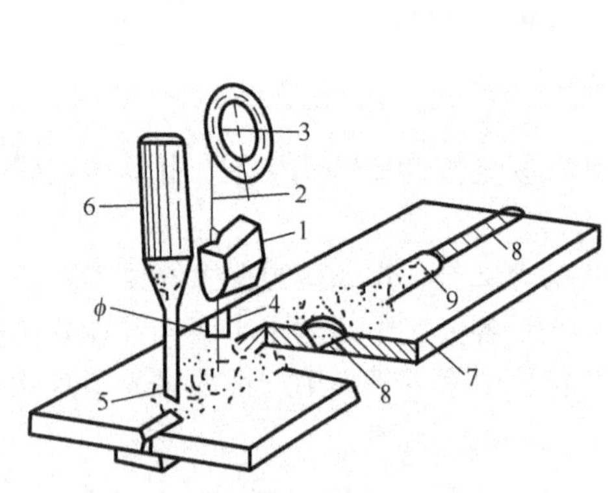

图 10.23 埋弧自动焊示意图

1—自动焊机头；2—焊丝；3—焊丝盘；
4—导电嘴；5—焊剂；6—焊剂漏斗；
7—工件；8—焊缝；9—渣壳

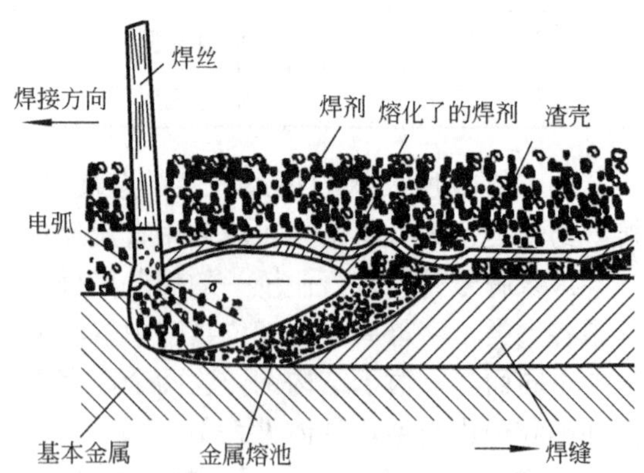

图 10.24 埋弧自动焊的纵截面图

(2) 焊丝与焊剂。埋弧自动焊的焊丝同手工电弧焊焊芯的作用一样，其成分标准也相同。常用焊丝牌号有 H08A、H08MnA 和 H10Mn2 等。

焊剂与焊条药皮的作用也相同，在焊接过程中起稳弧、保护、脱氧、渗合金等作用。自动焊剂按制造方法分为熔炼焊剂、陶质焊剂和烧结焊剂。熔炼焊剂由于强度高，化学成分均匀，不易吸潮，适于大量生产等优点，获得了广泛应用。目前，我国使用的焊剂多为熔炼焊剂。熔炼焊剂按其中 MnO 和 SiO_2 的含量多少，又分为无锰、低锰、中锰、高锰和低硅、中硅、高硅等几类。焊接低碳钢构件时，常用的几种焊剂是高锰高硅焊剂(HJ431)、低锰低硅焊剂(HJ230)等。

焊接不同材料应选配不同成分的焊丝和焊剂，以保证焊缝有足够的合金元素含量，从而保证焊缝品质。通常焊接低碳钢时，采用高锰高硅焊剂(HJ431)配合一般含量的焊丝(H08A)，也可用无锰无硅焊剂(HJ130)配合锰量高的焊丝(H10Mn2)。

(3) 埋弧自动焊的特点及应用。埋弧自动焊与手工电弧焊相比有以下特点。

① 生产率高。埋弧自动焊的焊丝导电部分远比手工电弧焊短且外面无药皮覆盖，送丝速度较快，因而其焊接电流可达 1000A 以上，比手工电弧焊高 6～8 倍，所以金属熔化快，焊接速度高。同时，焊丝成卷使用，节省了更换焊条的时间，因此生产率比手工电弧焊高 5～10 倍。

② 焊接品质高而且稳定。埋弧自动焊时，熔渣泡对金属熔池保护严密，有效地阻止了空气的有害影响，热量损失小，熔池保持液态时间长，冶金过程进行得较为完善，气体与杂质易于浮出，焊缝金属化学成分均匀。同时焊接规范能自动控制调整，焊接过程自动进行。因此焊接品质高，焊缝成形美观，并保持稳定。

③ 节省金属材料。埋弧焊热量集中，熔深大，厚度在 25mm 以下的焊件都可以不开坡口进行焊接，因此降低了填充金属损耗。此外，没有手工电弧焊时的焊条头损失，熔滴飞溅很少，因而能节省大量金属材料。

④ 劳动条件好。埋弧自动焊由于电弧埋在焊剂之下，看不到弧光，烟雾很少，焊接过程中焊工只需预先调整焊接参数，焊接过程便可自动进行，所以劳动条件好。

但是埋弧自动焊的灵活性差，只能焊接长而规则的水平焊缝，不能焊短的、不规则焊缝和空间焊缝，也不能焊薄的工件。焊接过程中，无法观察焊缝成形情况，因而对坡口的加工、清理和接头的装配要求较高。埋弧自动焊设备较复杂，价格高，投资大。

埋弧自动焊通常用于碳钢、低合金钢、不锈钢和耐热钢等中厚板(6～60mm)结构的长直焊缝及直径大于 250mm 环缝的平焊，生产批量越大，经济效果越佳。

3) 气体保护电弧焊

气体保护电弧焊是利用外加气体作为电弧介质并保护电弧和焊接区的电弧焊。在气体保护电弧焊中，用作保护介质的气体有氩气和二氧化碳。CO_2 虽具有一定氧化性，但其价廉易得，且对不易氧化的低碳钢仍然具有很好的保护作用，所以其应用也较普遍。

(1) 氩弧焊。氩弧焊是使用氩气为保护气体的电弧焊。氩弧焊时，氩气从喷嘴喷出后，便形成密闭而连续的气体保护层，使电弧和熔池与大气隔绝，避免了有害气体的侵入，起到了保护作用。氩弧焊按所用电极不同，分为熔化极氩弧焊和不熔化极(或钨极)氩弧焊。

① 熔化极氩弧焊。熔化极氩弧焊的焊接过程如图 10.25(a)所示。它利用焊丝做电极并兼做焊缝填充金属，焊接时，在氩气保护下，焊丝通过送丝机构不断地送进，在电弧作用下不断熔化，并过渡到熔池中去，冷却后形成焊缝。由于采用焊丝作电极，可以采用较大的电流，适合焊接厚度为 3～25mm 的焊件。

② 不熔化极氩弧焊。不熔化极氩弧焊以高熔点的钨(或钨合金)棒作为电极，焊接时，钨棒不熔化，只起导电产生电弧的作用。焊丝只起填充金属作用，从钨极前方向熔池中添加，如图 10.25(b)所示。焊接方式既可手工操作，也可自动化操作。

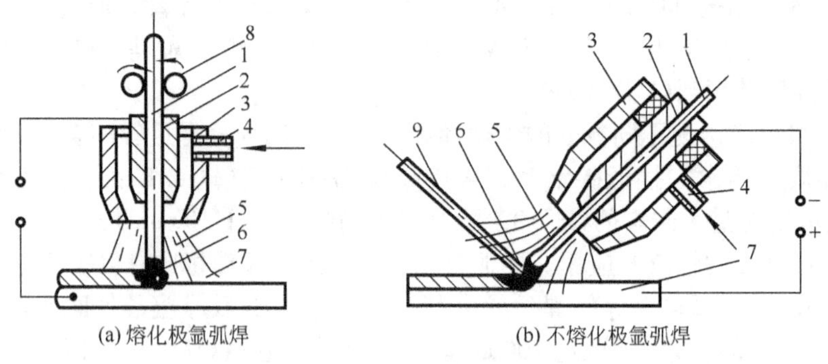

图 10.25　氩弧焊示意图

1—焊丝或电极；2—导电嘴；3—喷嘴；4—进气管；5—氩气流；6—电弧；7—焊件；8—送丝轮；9—焊丝

钨极氩弧焊时，因为氩气和钨棒均使电弧引燃困难，如果采用同手工电弧焊一样的接触引弧，由于引弧产生的高温，钨棒会严重损耗。因此，在两极之间加一个高频振荡器，用它产生的高频高压电流引起电弧。

钨极氢弧焊时，阴极区温度可达 3000℃，阳极区可达 4200℃，这已超过钨棒的熔点。为了减小钨极损耗，焊接电流不能太大，通常适于焊接厚度为 0.5～6mm 的薄板。钨极氩弧焊在焊接低合金钢、不锈钢、钛合金和紫铜等材料时，一般采用直流电源正接法，使钨棒为温度较低的阴极，以减少钨棒的熔化和烧损。焊接铝、镁及其合金时，一般采用直流反接法，这样便可利用钨极射向焊件的正离子撞击工件表面，使焊件表面形成的高熔点氧化物(Al_2O_3、MgO)膜破碎而去除，即“阴极破碎”作用，从而使焊接品质得以提高。但这种方式会造成钨棒消耗加快。因此，在实际生产中，焊接这类合金时，多采用交流电源。当焊件处于正极的半周内，有利于钨棒的冷却，减少其损耗，当焊件处于负极的半周内有利于造成“阴极破碎”作用，以保证焊接品质。

③ 氩弧焊特点及其应用。氩弧焊的特点如下：

a. 焊缝品质好，成形美观。氩气是惰性气体，在高温下，它既不与金属起化学反应，又不溶于液体金属中，而且氩气比重大(比空气重 25%)，排除空气的能力强，因此，对金属熔池的保护作用非常好，焊缝不会出现气孔和夹杂。此外氩弧焊电弧稳定，飞溅小，焊缝致密，表面没有熔渣，所以氩弧焊焊缝品质好，成形美观。

b. 焊接热影响区和变形较小。电弧在保护气流压缩下燃烧，热量集中，熔池较小，所以焊接速度快，热影响区较窄，工件焊后变形小。

c. 操作性能好。氩弧焊时电弧和熔池区是气流保护，明弧可见，所以便于观察、操作、可进行全位置焊接，并且有利于焊接过程自动化。

d. 适于焊接易氧化金属。由于用惰性气体氩保护，最适于焊接各类合金钢、易氧化的有金属以及锆、钽、钼等稀有金属。

e. 焊接成本高。氩气没有脱氧和去氧作用，所以氩弧焊对焊前的除油、去锈等准备工作要求严格。而且氩弧焊设备较复杂，氩气来源少，价格高，因此，焊接成本较高。

目前，氩弧焊主要用于焊接易氧化的非铁金属(如铝、镁、铜、钛及合金)和稀有金属，以及高强度合金钢、不锈钢、耐热钢等。

(2) 二氧化碳气体保护焊。

利用二氧化碳气体作为保护气体的电弧焊称为二氧化碳气体保护焊。它以连续送进的焊丝作为电极，靠焊丝和焊件之间产生的电弧熔化金属与焊丝，以自动或半自动方式进行焊接，如图 10.26 所示。焊接时焊丝由送丝机构通过软管经导电嘴送进，CO_2 气体以一定流量从环行喷嘴中喷出。电弧引燃后，焊丝末端、电极及熔池被 CO_2 气体所包围，使之与空气隔绝，起到保护作用。

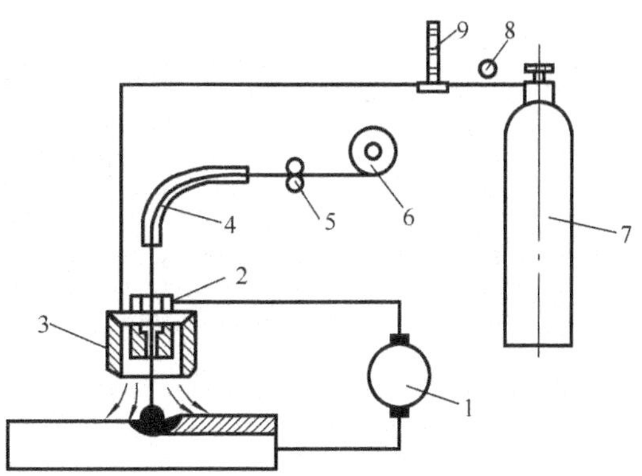

图 10.26 CO_2 气体保护焊示意图

1—直流电源；2—导电嘴；3—喷嘴；4—送丝软管；5—送丝滚轮；6—焊丝盘；7—二氧化碳气瓶；8—减压器；9—流量计

二氧化碳虽然起到了隔绝空气的保护作用，但它仍是一种氧化性气体。在焊接高温下，会分解成一氧化碳和氧气，氧气进入熔池，使 Fe、C、Mn、Si 和其他合金元素烧损，降低焊缝力学性能。而且生成的 CO 在高温下膨胀，从液态金属中逸出时，会造成金属的飞溅，如果来不及逸出，则在焊缝中形成气孔。为此，需在焊丝中加入脱氧元素 Si、Mn 等，即使焊接低碳钢也使用合金钢焊丝如 H08MnSiA，焊接普通低合金钢使用 H08Mn2SiA 焊丝。

二氧化碳气体保护焊的特点是：由于焊丝自动送进，焊接速度快，电流密度大，熔深大，焊后没有熔渣，节省清渣时间，因此，其生产率比手工电弧焊提高 1～4 倍。焊接时，有二氧化碳气体的保护，焊缝氢含量低，焊丝中锰的含量高，脱硫作用良好。电弧在气流压缩下燃烧，热量集中，焊接热影响区较小。所以，二氧化碳气体保护焊接接头品质良好。CO_2 气体价格低廉，来源广，因此二氧化碳气体保护焊的成本仅为手工电弧焊和埋弧焊的 40%左右。此外 CO_2 气体保护焊是明弧焊，可以清楚地看到焊接过程，容易发现问题及时处理。CO_2 气体保护焊半自动焊像手工电弧焊一样灵活，适于各种位置的焊接。但是，CO_2 具有氧化性，用大电流焊接时，飞溅大，烟雾大，焊缝成形不良，容易产生气孔等缺陷。

CO_2 气体保护焊广泛应用于造船、汽车制造、工程机械等工业部门，主要用于焊接低碳钢和低合金钢构件，也可用于耐磨零件的堆焊，铸钢件的焊补等。但是，CO_2 气体保护焊不适于焊接易氧化的非铁金属及其合金。

4) 电渣焊

电渣焊是利用电流通过液态熔渣时所产生的电阻热作为热源的一种熔化焊接的方法。根据焊接时使用电极的形状，可分为丝极电渣、板极电渣焊和熔嘴电渣焊等。

(1) 电渣焊的焊接过程。电渣焊总是在垂直立焊位置进行焊接，丝极电渣焊示意图如图 10.27 所示。电焊前，先将焊件垂直放置，在接触面之间预留 20～40mm 的间隙形成焊接接头。在接头底部加装引入板和引弧板，顶部加装引出板，以便引燃电弧和引出渣池，保证焊接品质。在接头两侧装有水冷铜滑块以利于熔池冷却凝固。焊接时，先将颗粒焊剂放入焊接接头的间隙，然后送入焊丝，焊丝同引弧板接触后引燃电弧。电弧将不断加入的

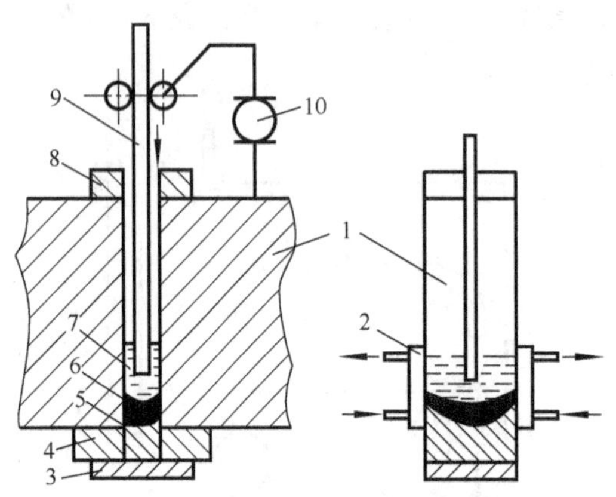

图 10.27　丝极电渣焊示意图

1—工件；2—冷却铜块；3—引弧板；4—引入板
5—凝固层；6—熔池；7—熔渣；8—引出板；
9—焊丝；10—直流电源

焊剂熔化成熔渣，当熔渣液面升高到一定高度，形成渣池。渣池形成后，迅速将电极(焊丝)埋入渣池中，并降低焊接电压，使电弧熄灭，进行电渣焊过程。由于电流通过具有较大电阻的液态熔渣，产生的电阻热使熔渣升高到 1600～2000℃，将连续送进的焊丝和焊件接头边缘金属迅速熔化。熔化的金属在下沉过程中，同熔渣起一系列冶金反应，最后沉集于渣池底部，形成了金属熔池，随着焊丝的不断送进，熔池逐渐上升，冷却铜滑块上移，熔池底部逐渐凝固形成焊缝。

根据焊件厚度不同，丝极电渣焊可采用一根或多根焊丝进行焊接，焊丝可以横向摆动，也可不摆动。一般单丝不摆动的焊接厚度为 40～60mm，单丝摆动的焊接厚度为 60～150mm，三丝摆动的焊接厚度可达 450mm。

(2) 电渣焊的特点及应用。

① 生产效率高，成本低。电渣焊焊件不需开坡口，只需使焊接端面之间保持适当的间隙便可一次焊接完成，因此既提高了生产率又降低了成本。

② 焊接品质好。由于渣池覆盖在熔池上，保护作用良好，而且熔池金属保护液态时间长，有利于焊缝化学成分的均匀和气体杂质的上浮排除。因此，出现气孔，夹渣等缺陷的可能性小，焊缝成分较均匀焊接品质好。

③ 焊接应力小。焊接速度慢，焊件冷却速度相应降低，因此焊接应力小。

④ 热影响区大。电渣焊由于熔池在高温停留时间较长，热影响区较其他焊接方法都宽，造成接头处晶粒粗大，力学性能有所降低。所以一般电渣焊后都要进行热处理或在焊丝、焊剂中配入钒、钛等元素以细化焊缝组织。

电渣焊主要用于焊接厚度大于 30mm 的厚大件。由于焊接应力小，它不仅适合于低碳钢、普通低合金钢的焊接，也适合于塑性较低的中碳钢和合金结构钢的焊接。目前电渣焊是制造大型铸一焊、锻一焊复合结构的重要技术方法。例如，制造大吨位压力机、大型机座、水轮机转好和轴等。

5) 电子束焊、激光束焊

(1) 电子束焊。

电子束焊是利用加速和聚焦的电子束，轰击置于真空或非真空中的焊件所产生的热能进行焊接的方法。电子束轰击焊件时 99%以上的电子动能会转变为热能，因此，焊件被电子束轰击的部位可加热至很高温度。

电子束焊根据焊件所处环境的真空不同，可分为高真空电子束焊、低真空电子束焊和非真空电子束焊。图 10.28 为真空电子束焊接示意图。在真空中，电子枪的阳极被通电加热至高温，发射出大量电子，这些热发射电子在强电场的阴极和阳极之间受高压作用而加速。高速运动的电子经过聚束装置、阳极和聚焦线圈形成高能量密度的电子束。电子束以极大速度射向焊件，电子的动能转化为热能使焊件轰击部位迅速熔化，即可进行焊接(利用磁性偏转装置可调节电子束射向焊件不同的部位和方向），焊件移动便可形成连焊缝。真空电子束焊接时，真空室的真空度一般设计为 $1.33\times10^{-7}\sim1.33\times10^{-6}$Pa。

真空电子束焊能量高度集中，温度高、冲击力大，因此，焊速快，熔深大，任何厚度的工件都可不开坡口，不加填充金属，一次焊透，而且焊接热影响区小，焊件变形小。由于在真空中焊接，金属不会被氧化、氮化，所以焊缝纯洁，无气孔、夹杂。电子束参数可在较大范围内调节，控制灵活，精度高，适应性强，既能焊接薄壁、微型结构，又能焊接厚 200～300mm 的厚板，且焊接过程易于实现自动化。但真空电子束焊设备复杂，造价高，焊前对焊件的清理和装配品质要求很高，焊件尺寸受真空室的制约，因而限制了它的应用范围。

真空电子束焊适于焊接各种难熔金属如钼、钨、钽和活泼金属如钛、锆等，在原子能、航空、空间技术等部门得到了广泛的应用。

(2) 激光束焊。激光束焊接是以聚集的激光束作为能源的特种熔化焊接方法。

激光焊接如图 10.29 所示。焊接用激光器有固态和气态两种，常用的激光材料为红宝石、玻璃和二氧化碳。激光器利用原子受激辐射的原理，使物质受激而产生波长均一，方向一致和强度非常高的光束，经聚集后，激光束的能量更为集中，能量密度大大增加(可达 10^5 W/cm^2)如将焦点调节到焊件结合处，光能迅速转换成热能，使金属瞬间熔化，冷凝成为焊缝。

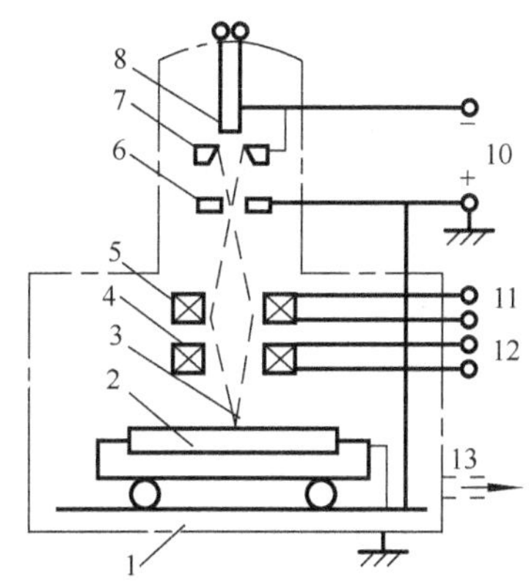

图 10.28 真空电子束焊接示意图

1—真空室；2—焊件；3—电子束；4—磁性偏转装置；5—聚焦透镜；6—阳极；7—阴极；8—灯丝；9—交流电源；10—直流高压电源；11、12—直流电源；13—排气装置

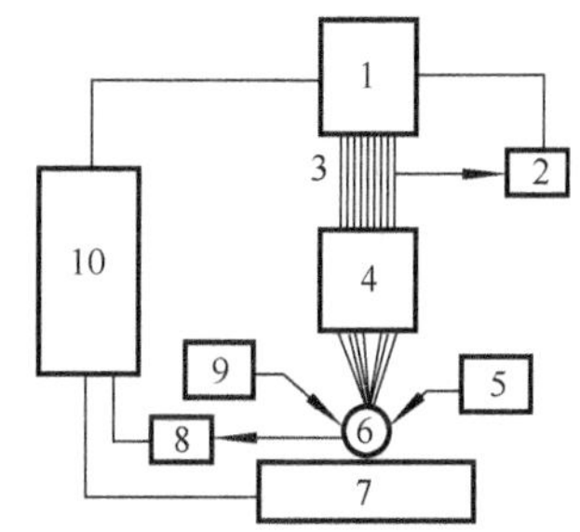

图 10.29 激光焊接示意图

1—激光器；2—信号器；3—激光束；4—聚集系统；5—辅助能源；6—焊件；7—工作台；8—信号器；9—观测瞄准器；10—程控设备

激光焊的方式有脉冲激光点焊和连续激光焊两种。目前，脉冲激光点焊应用较广泛，它适宜于焊接厚度为 0.5mm 以下的金属薄板和直径 0.6mm 以下的金属线材。

激光焊接有以下特点：

① 由于激光焊热量集中，作用时间极短，因此，能量密度大，热影响区小，焊接变形小，焊件尺寸精度高。可以在大气中焊接，不需要采取保护措施。

② 激光束通过光学系统反射和聚集，可以达到其他焊接方法很难焊接的部位进行焊接，还可以通过透明材料壁对结构内部进行焊接，例如对真空管的电极连接和显像管内部

接线的连接。

③ 激光焊可用于绝缘材料、异种金属、金属与非金属的焊接。

激光焊接的主要缺点是焊接设备的有效参数低，功率较小，只适合于焊薄板和细丝，对钨、钼等材料的焊接还比较困难，且设备投资大。目前，激光焊接已广泛用于电子工业和精密仪表工业中，主要适合于焊接微型、精密、以及热敏感的焊件。如集成电路内外引线、微型继电器以及仪表游丝等。

2. 气焊

气焊是利用可燃气体乙炔(C_2H_2)和氧气混合燃烧时所产生的高温火焰作为热源的熔化焊接方法。

气焊时，熔焊所需热量是通过氧气和乙炔在特制的氧炔焊炬(或焊枪)中混合燃烧而产生的。改变氧气和乙炔的比例可获得3种类型的火焰：中性焰、氧化焰(氧气过量)以及碳化焰(乙炔过量)。中性焰近乎完全燃烧适用于焊接低碳钢、中碳钢、合金钢、纯铜和铝合金等材料。氧化焰的氧气与乙炔混合的体积比大于1.2，由于燃烧时有过剩氧气，对金属熔池有氧化作用，降低了焊缝品质，故只适用于焊接黄铜。碳化焰的氧气和乙炔混合的体积比小于1，由于有乙炔过剩，故适用于焊接高碳钢、硬质合金、焊补铸铁等。

气焊主要用于野外维修工作，气焊在很大程度上已被电焊所代替。

3. 压力焊

1) 电阻焊

电阻焊又称为接触焊，是利用电流通过焊接接头的接触面时产生的电阻热将焊件局部加热到熔化或塑性状态，在压力下，形成焊接接头的压焊方法。

电阻焊在焊接过程中产生的热量，可用焦耳-楞次定律计算

$$Q=I_w^2RT_w \tag{10-1}$$

式中 Q——电阻焊时产生的电阻热；

I_w——焊接电流；

R——焊件的总电阻，包括焊件内部电阻和焊件间接触电阻；

T_w——通电时间。

因为两焊件的总电阻有限，为使焊件迅速加热(0.01～10s)以减少散热损失，所以需要大电流、低电压、大功率的焊机。

与其他焊接方法相比较，电阻焊具有生产率高，焊件变形小，劳动条件好，焊接时不需要填充金属，易于实现机械化、自动化等特点。但是由于影响电阻大小和引起电流波动的因素均导致电阻热的改变，因此电阻焊接头品质不稳，从而限制了在某些受力构件上的应用。此外，电阻焊设备复杂，价格昂贵，耗电量大。

电阻焊按接头形式的不同，可分为点焊、缝焊、对焊三种，如图10.30所示。

(1) 点焊。点焊是利用柱状铜合金电极，在两块搭接焊件接触面之间形成焊点，而将工件连接在一起的焊接方法。

点焊前将表面已清理好的工件叠合，置于两极之间预压夹紧，使被焊工件受压处紧密接触。然后接通电流，因接触面的电阻比焊件本身电阻大得多，该处发热量最多。工件与工件接触处产生的电阻热很快被导热性能好的铜电极和冷却水带走，因此接触处的温度升

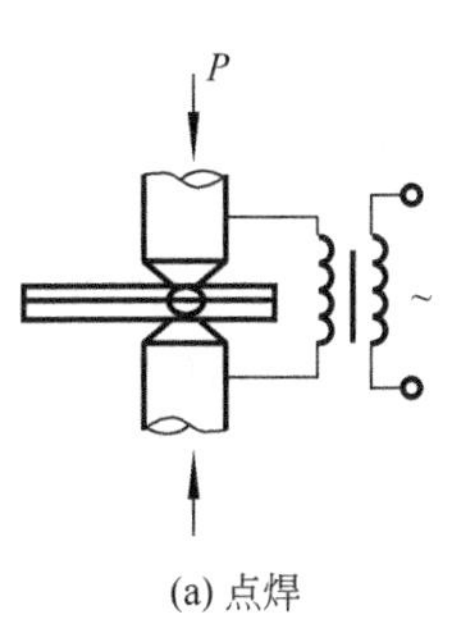

(a) 点焊

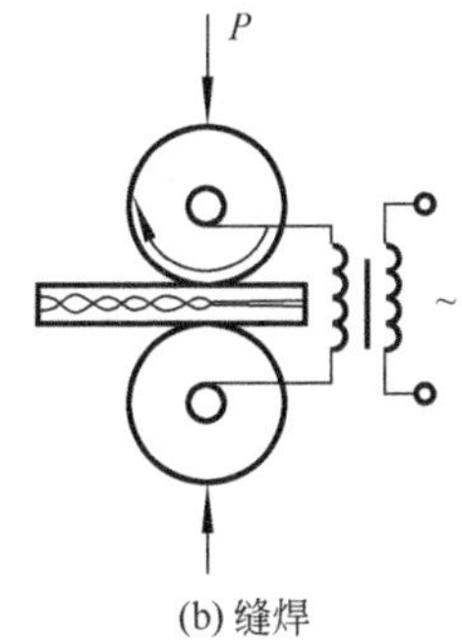

(b) 缝焊

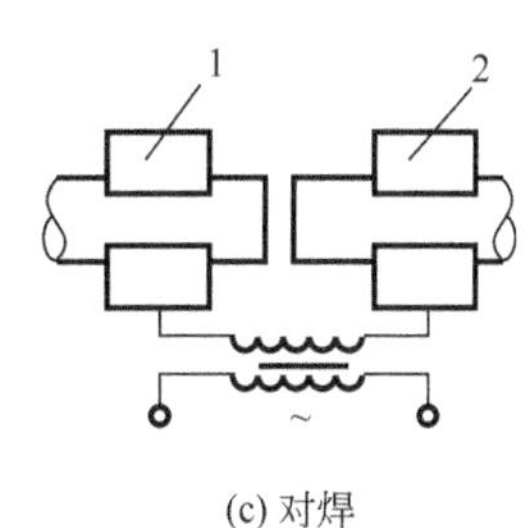

(c) 对焊

图 10.30 电阻焊示意图

1—固定电极；2—移动电极

高有限，不会熔化。两工件接触处发出的热量则使该处的温度急速升高，将该处的金属熔化而形成熔核，熔核周围的金属则被加热到塑性状态，在压力作用下形成一紧密封闭的塑性金属环。然后断电，使熔核金属在压力作用下冷却和结晶，从而获得所需要的焊点。焊完一点后，移动工件焊下一点。焊第二点时，有一部分电流可能流经已焊好的焊点，称为分流现象，如图 10.31 所示。分流 $I_{分}$ 将会使第二点焊接处电流 $I_{焊}$ 减小，影响焊点品质，因而两焊点间应有一定的距离。其次焊件厚度越大焊点直径也越大，两焊点间最小间距也越长。点焊接头的点距见表 10－7。

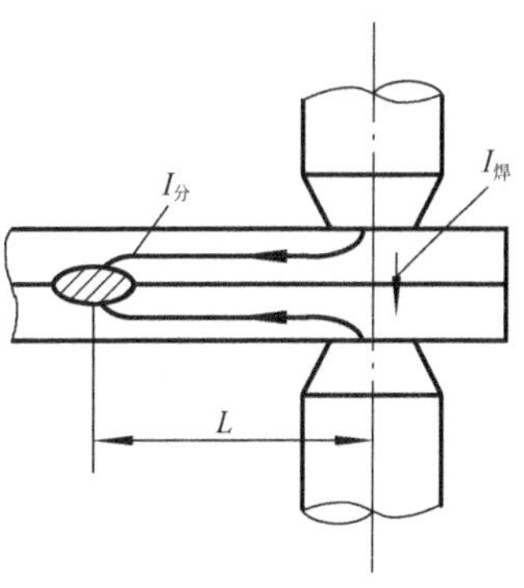

图 10.31 点焊分流现象

表 10－7 点焊接头的点距 （单位：mm）

工件厚度	焊点直径	点距		
		碳钢、低合金钢	不锈钢、耐热钢	铝合金、镁合金及铜合金
0.3	2.5～3.5	7	5	8
0.5	3.0～4.0	10	7	11
0.8	3.5～4.5	11	9	13
1.0	4.0～5.0	12	10	15
1.2	5.0～6.0	13	11	16
1.5	6.0～7.0	14	12	18
2.0	7.0～8.5	18	14	22
2.5	8.0～9.5	20	16	26
3.0	9.0～10.5	24	18	30

目前，点焊已广泛用于制造汽车、车厢、飞机等薄壁结构及罩壳和日常生活用品的生产之中，可焊接低碳钢、不锈钢、铜合金、铝镁合金等，主要适用于厚度为 4mm 以下的薄板冲压结构及钢筋的焊接。

(2) 缝焊。缝焊的焊接过程与点焊相似，只是用转动的圆盘状电极取代点焊时所用的柱状电极。焊接时，圆盘状电极压紧焊件并转动，依靠摩擦力带动焊件向前移动，配合断续通电，形成许多连续并彼此重叠的焊点，焊点相互重叠约50%以上。

缝焊在焊接过程中分流现象严重，一般只适用于焊接3mm以下的薄板焊件。

缝焊件表面光滑美观，气密性好。目前主要用于制造要求密封性的薄壁结构，如油箱、小型容器和管道等。

(3) 对焊。对焊是把焊件装配成对接的接头，使其端面紧密接触，利用电阻热加热至塑性状态，然后迅速施加顶锻力完成焊接的方法。根据焊接过程不同，又可分为电阻对焊和闪光对焊。

① 电阻对焊。电阻对焊时，把两个被焊工件装在对焊机的两个电极夹具上对正、夹紧，并施加预压力使两工件端面压紧，然后通电。电流通过工件和接触处时产生电阻热，将两被焊工件的接触处迅速加热至塑性状态，随后向工件施加较大的顶锻力并同时断电，使接触处生产一定的塑性变形而形成接头，如图10.32所示。

电阻对焊操作简便，接头外形较光滑，但焊前对被焊工件表面清理工作要求较高，否则在接触面易造成加热不匀，此外，高温端面易发生氧化夹渣，品质不易保证。电阻对焊主要用于断面简单的圆形、方形等截面小的金属型材的焊接。

② 闪光对焊。闪光对焊过程如图10.33所示。将焊件夹持在电极夹具上对正夹紧，先

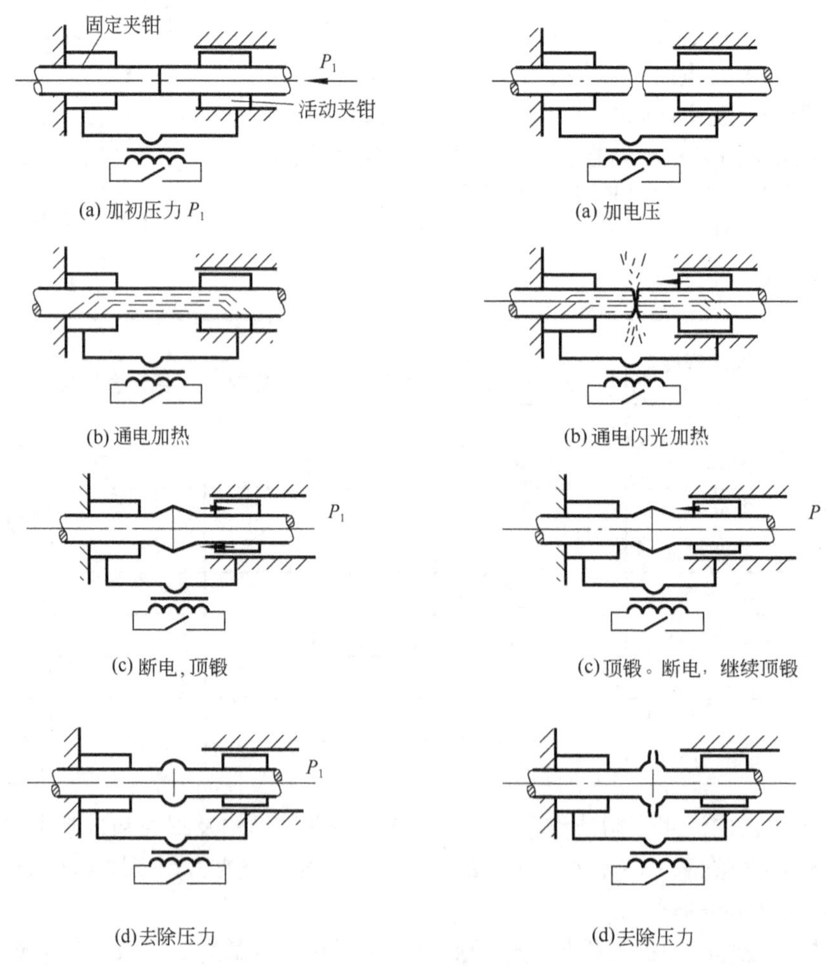

图10.32　电阻对焊法　　**图10.33　闪光对焊法**

接通电源并逐渐使两工件靠近，由于接头端面比较粗糙，开始只有少数的几个点接触，由于电流密度大，这些接触点处的金属迅速被熔化，连同表面的氧化物一起向四周喷射出火花产生闪光现象。随着不断推进焊件，闪光现象便在新的接触点处连续产生，直到端部在一定深度范围内达到预定温度时，迅速施加顶锻力，使整个端面在顶锻力下完成焊接。

闪光对焊的焊件端面加热均匀，工件端面的氧化物及杂质一部分随闪光火花带出，一部分在最后顶锻力下随液态金属挤出，即使焊前焊件端面品质不高，但焊接接头中的夹渣仍较少。因此，焊接接头品质好，强度高。闪光对焊的缺陷是金属损耗多，工件尺寸需留较大余量，由于有液体金属挤出，焊后接头处有毛刺需要清理。闪光对焊常用于重要工件的焊接，既适用于相同金属的焊接，也适用于一些异种金属的焊接。被焊工件可以是直径小到 0.01mm 的金属丝，也可以是断面达到 $20000mm^2$ 的金属棒或金属板。

2）摩擦焊

摩擦焊是利用工件接触面相对旋转运动中相互摩擦所产生的热量为热源，使工件端面加热到塑性状态，然后在压力下使金属连接在一起的焊接方法。

(1) 摩擦焊焊接过程。摩擦焊示意图如图 10.34 所示。先把两工件同心地安装在焊机的夹头上，加一定压力使两工件紧密接触，然后使工件 1 高速旋转，工件 2 随之向工件 1 方向移动，并施加一定的轴向压力，由于两工件接触端有相对运动，发生了摩擦而产生热，在压力、相对摩擦的作用下，原来覆盖在焊接表面的异物迅速碎并挤出焊接区，露出纯净的金属表面。随着焊缝区金属塑性变形的增加，焊接表面很快被加热到焊接温度，这时，立即刹车，同时对接头施加较大的轴向压力进行顶锻，使两焊件产生塑性变形而焊接起来。

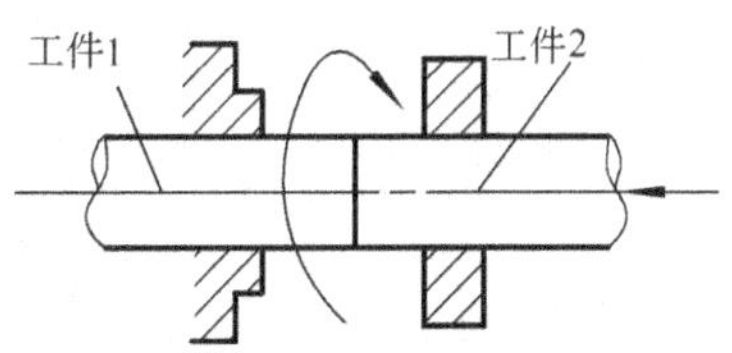

图 10.34 摩擦焊示意图

(2) 摩擦焊的特点及应用。

① 焊接接头品质好且稳定。摩擦焊过程中，焊件表面的氧化膜及杂质被清除，表面不易氧化，因此接头品质好，焊件尺寸精度高。

② 焊接生产率高。由于摩擦焊操作简单，不需加添焊接材料，容易实现自动控制，生产率高。

③ 可焊材料种类广泛。摩擦焊可焊接的金属范围较广，除用于焊接普通黑色金属和有色金属材料外，还适于焊接在常温下力学性能和物理性能差别较大、不适合熔焊的特种材料和异种材料。

④ 焊机设备简单，功率小，电能消耗少。摩擦焊和闪光焊相比，电功率和能量节约 5～10 倍以上。没有火花、没有弧光、劳动条件好。

摩擦焊接头一般是等断面的，也可以是不等断面的。摩擦焊广泛应用于圆形工件、棒料及管子的对接，可焊实心焊件的直径为 2～100mm，管子外径可达几百毫米。

4. 钎焊

钎焊是利用熔点比焊件金属低的钎料作填充金属，适当加热后，钎料熔化将处于固态的焊件粘接起来的一种焊接方法。

1）钎焊过程

钎焊过程是将表面清洗好的焊件以搭配形式装配在一起，把钎料放在装配间隙内或间

隙附近，然后加热，使钎料熔化(焊件未熔化)并借助毛细管作用被吸入和充满固态焊件的间隙之内，被焊金属和钎料在间隙内进行相互扩散，凝固后，即形成钎焊接头。

钎焊过程中，一般都需要使用钎焊剂。钎焊剂是钎焊时使用的熔剂，它的作用是清除被焊金属表面的氧化膜及其他杂质，改善钎料对焊件的湿润性，保护钎料及焊件免于氧化。

钎焊的加热方法主要有火焰加热、电阻加热、感应加热、炉内加热、盐浴加热以及烙铁加热，其中烙铁加热温度很低，一般只适用于软钎焊。

2) 钎焊的分类

根据钎料熔点的不同，钎焊可分为硬钎焊和软钎焊两大类。

(1) 硬钎焊。硬钎焊是使用熔点高于450℃的钎料进行的钎焊。常用的硬钎焊的钎料有铜基、银基、铝基合金。硬钎焊使用的钎剂主要有硼砂、硼酸、氟化物、氯化物等。

硬钎焊接头强度较高(>200MPa)，工作温度也较高，常用于焊接受力较大或工作温度较高的焊件，如车刀上硬质合金刀片与刀杆的焊接等。

(2) 软钎焊。软钎焊是使用熔点低于450℃的钎料进行的钎焊。常用的软钎料有锡-铅合金和锌-铝合金。软钎剂主要有松香、氧化锌溶液等。

软钎焊接头强度低，用于无强度要求的焊件，如各种仪表中线路的焊接等。

3) 钎焊的特点及应用

与一般焊接方法相比，钎焊只需填充金属熔化，因此焊件加热温度较低，焊件的应力和变形较小，对材料的组织和性能影响较小，易于保证焊件尺寸。钎焊还可以连接不同的金属，或金属与非金属的焊件，设备简单。钎焊的主要缺点是接头强度较低，钎焊接头工作温度不高，钎焊前对焊件的清洗和装配工作都要求较严。此外，钎料价格高，因此钎焊的成本较高。

钎焊适宜于小而薄，且精度要求高的零件，广泛应用于机械、仪表、电动机、航空、航天等行业中。

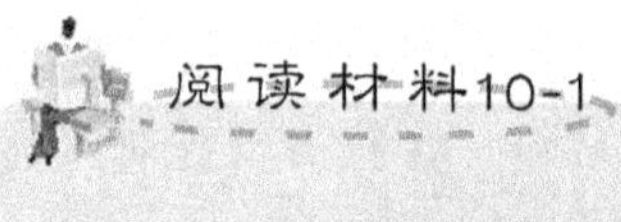

常见焊接设备

1. 电弧焊设备

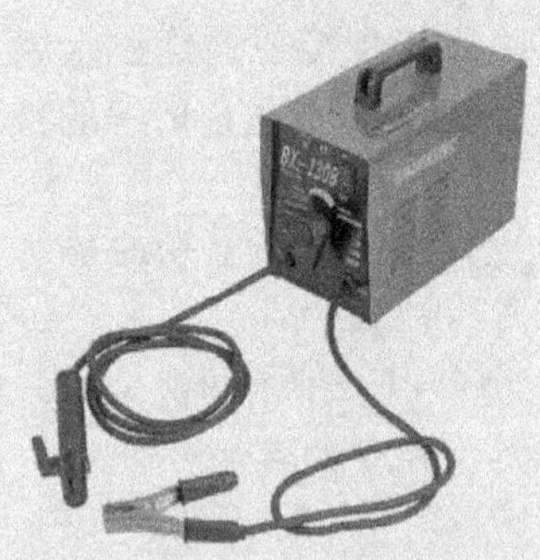

图10.35 手工电弧焊机

(1) 手工电弧焊机(图10.35)特点：电弧稳定，适用于低电网电压；最佳的线铁比例，有效降低重量，体积小，携带、移动更方便；过载能力强，适用于工业使用；更好的保护变压器线包，适用于环境恶劣的场所使用。

(2) 埋弧焊机(图10.36)常见的有：焊车式、悬挂式、机床式、悬臂式、门架式等。使用最普遍的是MZ-1000焊机，该焊机为焊车式。MZ-1000焊机采用电弧电压自动调节(变速送丝)系统，送丝速度正比于电弧电压。

埋弧焊电源可以用交流(弧焊变压器)、直流(弧焊发电机或弧焊整流器)或交直流并用。一般直流电源用于小电流范围、快速引弧、短焊缝、高速焊接，而交流电源多用于大电流埋弧焊和采用直流时磁偏吹严重的场合。

(3) 直流氩弧焊机(图 10.37)特点：采用先进的逆变技术，工作频率高，体积小，重量轻，便于携带；采用高频增压引弧及脉冲热引弧技术，起弧性能极佳，焊接电流充足，性价比高；具有过压、过流保护功能，独特的输出特性设计，更适合填丝焊接，焊缝美观；工作范围宽，适应能力强，负载持续率高，更适合工厂连续作业；适用于不锈钢、碳钢、铜等金属的焊接。

图 10.36 MZ 系列埋弧焊机

图 10.37 直流氩弧焊机

2. 电阻焊设备

(1) 点焊机。悬挂式点焊机(图 10.38)是运用高效节能单相交流工频一体化点焊机，利用焊件通电时产生的内部电阻热作热源，在对电极施加的机械压力作用下，瞬间加热焊件而完成焊接过程的焊接设备，属接触焊，一般悬挂在空中，可以在一定空间内的任意位置进行点焊，对不便移动的大型工件或形式复杂的工件适应性很强。悬挂式点焊机可焊接各种低碳钢，低合金钢、不锈钢、镀锌钢、板材及圆钢。广泛用于汽车、机车车辆、防盗门、箱柜、家用电器及建筑、丝网点焊等行业。

(2) 对焊机。UNT－125 型闪光对焊机(图 10.39)适用于高强度矿用链、锚链、水泥链、起重链、轮胎保护链以及各种异型工件的焊接；焊接直径：$\phi6 \sim \phi14$mm。特点：操作方便、稳定性强、生产效率高。

图 10.38 悬挂式点焊机

图 10.39 UNT－125 型闪光对焊机

5. 常用焊接方法的特点和应用对比

由于各种焊接方法均有其独特的技术特征及适应范围，正确选择焊接方法可以达到保证焊件品质、降低生产成本、提高经济效益的目的。

表10-8对常用焊接方法的特点和应用进行了对比，可供选择焊接方法时参考。

表10-8 常用焊接方法的特点和应用对比

焊接方法	焊接特点	应用
手工电弧焊	与气焊比较 焊接品质好 焊接变形小 生产率高 与埋弧自动焊比较 设备简单 适应性强，可焊各种空间位置和短、曲焊缝	单件小批生产 板厚一般≥3mm，1～2mm也可焊，但品质不易保证 全位置焊 短、曲焊缝
埋弧自动焊	与手工电弧焊比较 生产率高，成本低 品质稳定、成形美观 劳动条件好，对焊工操作技术要求低 适应性差，一般只用于平焊 设备复杂，且需专门装备	成批生产、中厚板、长直焊缝和较大直径(一般250mm以上)环缝的平焊
氩弧焊	焊接品质优良 小电流时电弧也很稳定，易控制背面成形 可全位置焊 氩气贵，成本高	铝、钛及其合金、不锈钢等合金钢 打底焊 管子焊接 薄板
气焊	熔池温度易控制，各种焊接位置均易单面焊透 焊接品质较差 焊接变形大 生产率低 设备较简单，不需电源，野外施工方便	3mm薄板 铸铁焊补 管子焊接 野外施工 黄铜焊接
二氧化碳气体保护焊	成本低(CO_2便宜) 生产率高(电流密度大) 焊薄板变形小 可全位置焊 有氧化性 成形较差，飞溅大 设备使用维修不便	碳钢和强度级别较低的普通低合金钢 宜焊薄板，也可焊中厚板 单件小批，短曲焊缝用半自动CO_2焊；成批生产，长直缝和环缝用CO_2自动焊
电渣焊	与电弧焊比较 厚大截面可一次焊成，生产率高 接通金属组织粗大，焊后要正火	板厚≥40mm的直缝，也可焊环缝和变截面焊缝

（续）

焊接方法	焊接特点	应用
电阻焊	与熔化焊比较 生产率高 焊接变形小 设备复杂，投资大 电源功率大	成批大量生产 可焊异种金属 对焊用于焊接杆状零件；点焊用于焊接薄板容器和管道焊接
摩擦焊	与电阻焊比较 生产率高 接头品质好，焊件尺寸精度高 焊机设备简单，功率小，电耗少	成批大量生产 可焊异种金属 用于圆形工件、棒料及管子的对接
钎焊	与熔焊、压焊比较 焊接变形小，尺寸精确 生产率高，易实现机械化、自动化 可焊异种金属和异种材料 可焊某种复杂的特殊结构，如蜂窝结构 接头强度低，工作温度低	电子元件、线路 仪器仪表及精密机械部件 异种金属和材料 复杂的、难以焊接的特殊结构

10.2 常用金属材料的焊接

10.2.1 金属材料的焊接性

1. 焊接性的概念

金属在一定的焊接技术条件下，获得优质焊接接头的难易程度，即金属材料对焊接加工的适应性称为金属材料的焊接性。衡量焊接性的主要指标有两个：一是在一定的焊接技术条件下接头产生缺陷，尤其是裂纹的倾向或敏感性；二是焊接接头在使用中的可靠性。

金属材料的焊接性与母材的化学成分、厚度、焊接方法及其他技术条件密切相关。同一种金属材料采用不同的焊接方法、焊接材料、技术参数及焊接结构形式，其焊接性有较大差别。如铝及铝合金采用手工电弧焊焊接时，难以获得优质焊接接头，但如采用氩弧焊焊接则焊接接头品质好，此时焊接性好。

金属材料的焊接性是生产设计、施工准备及正确拟定焊接过程技术参数的重要依据，因此，当采用金属材料尤其是新的金属材料制造焊接结构时，了解和评价金属材料的焊接性是非常重要的。

2. 焊接性的评定

影响金属材料焊接性的因素很多，焊接性的评定一般是通过估算或试验方法确定。通常用碳当量法和冷裂纹敏感系数法。

1）碳当量法

实际焊接钢结构所用钢材大多数是型材、板材和管材等，而影响钢材焊接性的主要因素是化学成分。因此碳当量是评估钢材焊接性最简便的方法。

碳当量是指把钢中的合金元素(包括碳)的含量，按其作用换算成碳的相对含量，其碳当量 w_{CE} 计算为：

$$w_{CE}=[w_C+w_{Mn}/6+(w_{Cr}+w_{Mo}+w_V)/5+(w_{Ni}+w_{Cu})/15]\times 100\% \qquad (10-2)$$

式中，各元素的含量都取其成分范围的上限。

碳当量越大，钢材的焊接性越差。硫、磷对钢材的焊接性影响也极大，但在各种合格钢材中，硫、磷一般都受到严格控制。所以，在计算碳当量时可以忽略。

2) 冷裂纹敏感系数法

由于碳当量法仅考虑了钢材的化学成分，忽略了焊件板厚、焊缝含氢量等其他影响焊接性的因素，因此，无法直接判断冷裂纹产生的可能性大小。由此提出了冷裂纹敏感系数的概念，其计算式为：

$$PC=(w_C+w_{Si}/30+w_{Mn}/20+w_{Cu}/20+w_{Cr}/20+w_{Ni}/60+w_{Mo}/15+h/600+H/60+5w_B)\times 100\% \qquad (10-3)$$

式中 h——板厚；

H——焊缝金属扩散氢含量。

冷裂纹敏感系数越大，则产生冷裂纹的可能性越大，焊接性越差。

10.2.2 几种常用金属材料的焊接

1. 碳钢的焊接

碳钢的碳当量就等于其含碳量即：$w_{CE}=w_C$，故由碳钢的含碳量就可估计其焊接性。

1) 低碳钢的焊接

低碳钢中碳质量分数小于 0.25%，塑性好，一般没有淬硬倾向，对焊接热过程不敏感，焊接性良好。通常情况下，焊接不需要采取特殊技术措施，选用各种焊接方法都容易获得优质焊接接头。但是，在低温下焊接刚性较大的低碳钢结构时，应考虑采取焊前预热，以防止裂纹的产生。厚度大于 50mm 的低碳钢结构或压力容器等重要构件，焊后要进行去应力退火处理。电渣焊的焊件，焊后要进行正火处理。

2) 中、高碳钢的焊接

中碳钢中碳的质量分数 $w_C=0.25\%\sim0.6\%$，碳当量偏高，随着碳的质量分数增加，焊接性能逐渐变差。焊接中碳钢时的主要问题是：①焊缝易形成气孔；②缝焊及焊接热影响区易产生淬硬组织和裂纹。为了保证中碳钢焊件焊后不产生裂纹，并得到良好的力学性能，通常采取以下技术措施：

(1) 焊前预热、焊后缓冷。焊前预热、焊后缓冷的主要目的是减少焊件焊接前后的温差，降低冷却速度，减少焊接应力，从而防止焊接裂纹的产生。预热温度取决于焊件的含碳量、焊件的厚度、焊条类型和焊接规范。手工电弧焊时，一般预热温度在 150～250℃之间，含碳量高时，可适当提高预热温度，加热范围在焊缝两侧 150～200mm 为宜。

(2) 尽量选用抗裂性好的碱性低氢焊条，也可选用比母材强度等级低一些的焊条，以提高焊缝的塑性。当不能预热时，也可采用塑性好、抗裂性好的不锈钢焊条。

(3) 选择合适的焊接方法和规范，降低焊件冷却速度。

高碳钢碳的质量分数大于 0.6%，焊接性比中碳钢更差，含碳高的钢材塑性变差，淬硬倾向和冷裂倾向大，焊接性低劣。其焊接特点与中碳钢相似，工件必须预热到较高的温度，要采取减少焊接应力和防止开裂的技术措施，焊后还要进行适当的热处理。这类钢的焊接一般只用于修补工作。

2. 普通低合金钢的焊接

普通低合金钢在焊接生产中应用较为广泛，它按屈服强度分为六个强度等级。

屈服强度 294～392MPa 的普通低合金钢，$w_{CE}\leqslant 0.4\%$，焊接性能接近低碳钢，焊缝及热影响区的碎硬倾向比低碳钢稍大。常温下焊接，不用复杂的技术措施，便可获得优质的焊接接头。当施焊环境温度较低或焊件厚度、刚度较大时，则应采取预热措施，预热温度应根据工件厚度和环境温度进行考虑。焊接 16Mn 钢的预热条件见表 10－9。

表 10－9　焊接 16Mn 钢的预热条件

工件厚度/mm	不同气温的预热温度	
<16	不低于－10℃不预热	－10℃以下预热 100～150℃
16～24	不低于－5℃不预热	－5℃以下预热 100～150℃
25～40	不低于 0℃不预热	0℃以下预热 100～150℃
740	均预热 100～150℃	

屈服强度大于 441MPa 的普通低合金钢，$w_{CE}>0.4\%$，随着强度级别的提高，碳当量增加，焊接性逐渐变差，焊接时淬硬倾向和产生焊接裂纹的倾向增大。当结构刚性大，焊缝含氢量过高时便会产生冷裂纹。一般冷裂纹是焊缝及热影响区的含氢量、淬硬组织、焊接残余应力三个因素综合作用的结果。而氢是重要因素，由于氢在金属中的扩散、聚集和诱发裂纹需要一定的时间。因此，冷裂纹具有延迟现象，故称为延迟裂纹。

由于我国低合金钢含碳量低，且大部分含有一定的锰量，因此产生裂纹的倾向不大。焊接高强度等级的低合金钢应采取的技术措施如下。

(1) 严格控制焊缝含氢量，根据强度等级选用焊条，并尽可能选用低氢型焊条或使用碱度高的焊剂配合适当的焊丝。按规范对焊条进行烘干，仔细清理焊件坡口附近的油、锈、污物，防止氢进入焊接区。

(2) 焊前预热，一般预热温度大于或等于 150℃。焊接时，应调整焊接规范来严格控制热影响区的冷却速度。

(3) 焊后应及时进行热处理以消除内应力，回火温度一般为 600～650℃。如生产中不能立即进行焊后热处理，可先进行去氢处理，即将工件加热至 200～350℃，保温 2～6h，以加速氢的扩散逸出，防止产生冷裂纹。

3. 奥氏体不锈钢的焊接

奥氏体不锈钢的焊接性能良好，焊接时一般不需要采取特殊技术措施，主要应防止晶界腐蚀和热裂纹。

1) 焊接接头的晶界腐蚀

晶界腐蚀是不锈钢焊接过程中在 450～800℃温度范围内长时间停留时，晶界处将析出铬的碳化物，致使晶粒边界出现贫铬，当晶界附近的金属含铬量低于临界值 12%时，便会发生明显的晶界腐蚀，使焊接接头耐腐蚀性严重降低。因此，不锈钢焊接时，为防止焊接接头的晶界腐蚀，应该采取如下技术措施。

(1) 合理选择母材。尽量使焊缝具有一定量的铁素体形成元素如 Ti、Ni、Mo、V、Si 等，促使焊缝形成奥氏体和铁素体双相组织，减少贫铬层的发生；或使焊缝具有稳定碳化物元素 Ti、Nb 等，因为 Ti、Nb 与碳的亲和力比铬强，能优先形成 TiC 或 NbC，可减少铬碳化物的形成，避免晶界腐蚀。

(2) 选择超低碳焊条，减少焊缝金属的含碳量，减少和避免形成铬的碳化物，从而降低晶界腐蚀倾向。

(3) 采取合理的焊接过程和规范。焊接时用小电流、快速焊、强制冷却等措施防止晶界腐蚀的产生。

(4) 焊后进行热处理。焊后热处理可采用两种方式进行：一种是固溶化处理，将焊件加热到 1050～1150℃，使碳重新溶入奥氏体中，然后淬火，快速冷却形成的稳定奥氏体组织；另一种是进行稳定化处理，将焊件加热到 850～950℃，保温 2～4h 空冷，使奥氏体晶粒内部的铬逐步扩散到晶界。

2) 焊接接头的热裂纹

奥氏体不锈钢由于本身导热系数小，线膨胀系数大，焊接条件下会形成较大拉应力，同时晶界处可能形成低熔点共晶，导致焊接时容易出现热裂纹。因此，为了防止焊接接头热裂纹，一般应采取的措施如下。

(1) 减少杂质来源，避免焊缝中杂质的偏析和聚集。

(2) 加入一定量的铁素体形成元素，如 Mo、Nb 等，使焊缝成为奥氏体＋铁素体双相组织，防止柱状晶的形成。

(3) 采取合理的焊接过程和规范。采用小电流、快速焊、不横向摆动等措施，以减少母材向熔池的过渡。

奥氏体不锈钢焊接方法主要有手工钨极氩弧焊、手工电弧焊、埋弧焊等。

4. 铸铁的焊补

铸铁含碳量高，组织不均匀，焊接性能很差，所以不应考虑铸铁的焊接构件。但铸铁件生产中出现的铸造缺陷及零件在使用过程中发生的局部损坏和断裂，如能焊补，其经济效益也是显著的。铸铁焊补的主要困难是：

(1) 焊接接头极易产生白口组织，硬度很高，焊后很难进行机械加工；

(2) 焊接接头极易产生裂纹，铸铁焊补时，其危害性比形成白口组织大；

(3) 焊缝易出现气孔，铸铁含碳量高，焊接过程中熔池中碳和氧发生反应，生成大量 CO 气体，若来不及从熔池中排出而存留在焊缝中，便形成了气孔。

以上问题在进行焊补时，必须采取措施加以防止。

铸铁的焊补，一般采用手工电弧焊、气焊，对焊接接头强度要求不高时，也可采用钎焊。铸铁的焊补过程根据焊前是否预热，可分为热焊和冷焊两类。

1) 热焊

焊前把焊件整体或局部预热到 600～700℃，焊接过程温度不低于 400℃，焊后使焊件缓慢冷却的技术方法称之为热焊。用热焊法，焊件受热均匀，焊接应力小，冷却速度低，可防止焊接接头产生白口组织和裂纹。但热焊法技术复杂，生产率低，成本高，劳动条件差，一般仅用于焊后要求机械加工或形状复杂的重要工件。

2) 冷焊

冷焊主要靠调整焊缝化学成分来防止焊件产生裂纹和减少白口倾向。冷焊法采用手工电弧焊具有生产率高、焊接变形小、劳动条件比热焊好等优点，但其焊接品质不易保证。因此，冷焊常采用小电流、分段焊、短弧焊等技术措施来提高焊接品质。生产中冷焊多用于补焊要求不高的铸件，或用于补焊高温预热易引起变形的工件。

5. 铝及铝合金的焊接

铝及铝合金的焊接性较差。

1）焊接特点

(1) 易氧化。铝容易氧化生成 Al_2O_3。由于 Al_2O_3 氧化膜的熔点高(2050℃)而且比重大，在焊接过程中，会阻碍金属之间的熔合易形成夹渣。

(2) 易形成气孔。铝及铝合金液态时能吸收大量的氢气，但在固态几乎不溶解氢。因此，熔池结晶时，溶入液态铝中的氢大量析出，使焊缝易产生气孔。

(3) 易变形、开裂。铝的热导率为钢的 4 倍，焊接时，热量散失快，需要能量大或密集的热源。同时铝的线膨胀系数为钢的 2 倍，凝固时收缩率达 6.5%，易产生焊接应力与变形，并可能产生裂纹。

(4) 操作困难。铝及铝合金从固态转变为液态时，无塑性过程及颜色的变化，因此，焊接操作时，很容易造成温度过高、焊缝塌陷、烧穿等缺陷。

2）焊接过程措施及焊接方法

铝和铝合金的焊接常用氩弧焊、气焊、电阻焊和钎焊等方法。其中氩弧焊应用最广，气焊仅用于焊接厚度不大的一般构件。

氩弧焊电弧集中，操作容易，氩气保护效果好，且有阴极破碎作用，能自动除去氧化膜，所以焊接品质高，成形美观，焊件变形小。氩弧焊常用于焊接品质要求较高的构件中。

电阻焊时，应采用大电流，短时间通电，焊前必须彻底清除焊件焊接部位和焊丝表面的氧化膜与油污。气焊时，一般采用中性火焰，焊接时，必须使用溶剂以溶解或消除覆盖在熔池表面的氧化膜，并在熔池表面形成一层较薄的熔渣，保护熔池金属不被氧化，排除熔池中的气体氧化物和其他杂质。

铝及铝合金的焊接无论采用哪种焊接方法，焊前都必须进行氧化膜和油污的清理。清理品质的好坏将直接影响焊缝品质。

6. 铜及铜合金的焊接

1）焊接特点

铜及铜合金属于焊接性差的金属，其焊接特点如下。

(1) 难熔合。铜及铜合金的导热性很强，焊接时热量很快从加热区传导出去，导致焊件温度难以升高，金属难以熔化，因此，填充金属与母材不能良好熔合。

(2) 易变形开裂。铜及铜合金的线膨胀系数及收缩率都较大，并且由于导热性好，而使焊接热影响区变宽，导致焊件易产生变形。另外，铜及铜合金在高温液态下极易氧化，生成的氧化铜与铜形成易熔共晶体沿晶界分布，使焊缝的塑性的韧度显著下降，易引起热裂纹。

(3) 易形成气孔和产生氢脆现象。铜在液态时能溶解大量氢，而凝固时，溶解度急剧下降，焊接熔池中的氢气来不及析出，在焊缝中形成气孔。同时，以溶解状态残留在固态金属中的氢与氧化亚铜发生反应，析出水蒸气，水蒸气不溶于铜，但以很高的压力状态分布在显微空隙中，导致裂缝产生所谓氢脆现象。

2) 焊接方法及技术要点

导热性强、易氧化、易吸氢是焊接铜及其合金时应解决的主要问题。目前焊接铜及其合金较理想的方法是氩弧焊。对品质要求不高时，也常采用气焊，手工电弧焊和钎焊等。

采用氩弧焊焊接紫铜和青铜的品质最好。氩弧焊不仅能有效地保护熔池不受氧化和氢的溶入，由于热量集中还能减小变形，保证焊透和母材与填充金属之间的熔合。氩弧焊时，焊丝可采用特制的含 Si、Mn 等脱氧元素的紫铜焊丝(HS201、HS202)。也可用一般的紫铜丝或从焊件上剪料做焊丝，但必须使用溶剂溶解氧化铜和氧化亚铜，以保证焊缝质量。

气焊紫铜及青铜时，应采用严格的中性焰。氧过多时，铜的氧化严重，乙炔过多时，铜的吸氢严重。气焊用的焊丝及溶剂与氩弧焊相同。气焊是黄铜常用的焊接方法。因为气焊火焰温度较低，焊接过程中锌的蒸发减少。由于锌蒸发会引起焊缝强度和耐蚀性的下降，且锌蒸气是有毒气体会造成环境污染，因此，气焊黄铜时，一般用轻微氧化焰，采用含硅、铝的焊丝，使焊接时，在熔池表面形成一层致密的氧化物薄膜，覆盖在熔池表面以阻碍锌的蒸发和防止氢的侵入，从而减少焊缝产生气孔的可能性。溶剂可用硼酸和硼砂配制。

采用各种方法焊接铜及铜合金时，焊前都要仔细清除焊丝、焊件坡口及附近表面的油污、氧化物等杂质。气焊、钎焊或电弧焊时，焊前应对焊剂(气剂)、钎剂或焊条药皮作烘干处理。焊后应彻底清洗残留在焊件上的溶剂和熔渣，以免引起焊接接头的腐蚀破坏。

10.3 塑料的焊接

将分离的塑料用局部加热或加压等手段，利用热熔状态的塑料大分子在焊接压力作用下相互扩散，产生范德华作用力，从而使其紧密地连接在一起，形成永久性接头的过程称为塑料的焊接。塑料焊接可以使用焊条作为填充焊料，也可以直接加热焊件而不使用填充焊料。为了保证焊接品质，焊接表面必须清洁，不被污染，因此，常在焊接前对焊接表面做脱脂对去污处理。绝大多数情况下，焊接表面还必须做平整与平行加工处理和加工坡口，例如管道端焊接时，必须先用平行机动旋刀削平两个管材的被焊端面，并保证这两个端面相互接触时基本平行。加工焊接表面或者坡口的预加工可以使用通用的切削机床，也可使用刀片细心加工。

目前，在工业技术中得到应用的塑料焊接方法有多种，本节介绍常用的几种焊接方法。

1. 热气焊

利用热气体(在大多数情况下即热风)对塑料表面加热，并通过手动或机械方式对焊接区施加焊接压力，从而进行焊接的方法称为热气焊。

可以利用热气焊方法进行焊接的塑料品种有聚氯乙烯、聚乙烯、聚丙烯、聚甲醛、聚酰胺以及聚苯乙烯、ABS、聚碳酸酯等。

热气焊过程中作为焊接热源载体的气体必须去油去水分，然后在$(1\sim5)\times10^4$Pa 的压力下通入焊枪，并被加热。出于安全考虑，热气焊不得使用可燃气体作为热源气体。气源通常为压缩空气。

常见的热气焊填充焊料有圆形、矩形截面以及绳状或条状的焊条。热塑性硬塑料的焊接多使用直径为 2mm、3mm 或 4mm 的圆截面焊条或型材截面的焊条。热塑性软塑料多使用不小于 3mm 直径的绳状或条状焊条。表面贴层焊时，常用厚度为 1mm，宽度为 15mm 的条形焊条。

影响热气焊焊接品质的主要因素有：

(1) 塑料母材的焊接性。

(2) 与母材相适应的填充焊料(焊条)。

(3) 焊缝的形式和焊道数。

(4) 焊接条件(温度、速度、压力)。

(5) 母材和焊条的表面清洁度。

2. 超声波焊接

塑料超声波焊接的原理是使塑料的焊接面在超声波能量的作用下作高频机械振动而发热熔化，同时施加焊接应力，从而把塑料焊接在一起，如图 10.40 所示。

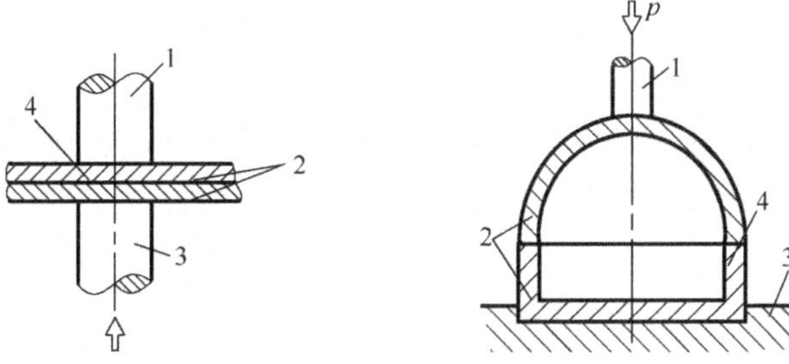

图 10.40 塑料超声波焊接示意图

1—超声波振头；2—被焊工件；3—焊座；4—焊缝

超声波焊接原则上适于焊接大多数热塑性塑料，主要用于焊接模塑件、薄膜、板材和线材等，通常不需要填充焊料。塑料超声波焊接的焊接面预加工有一些特殊的要求，在焊接面上，常设计有带尖边的超声波能量定向唇，又称导能筋，如图 10.41 所示。

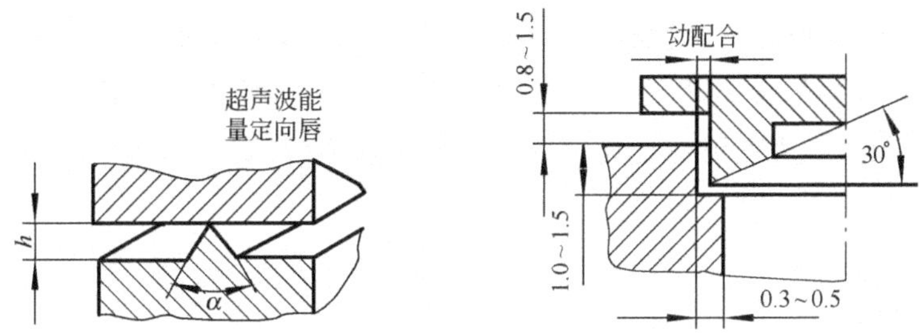

图 10.41 塑料超声波焊接面上的超声波能量定向唇

3. 摩擦焊

塑料摩擦焊的原理与金属摩擦焊相同。被焊接的塑料在焊接面上经摩擦发热而熔化，同时，手控或机械操纵焊接压力，把它们焊接在一起。摩擦焊的焊接表面可以是轴对称的圆柱体端面，或是圆锥体的锥表面。

在一般情况下，摩擦焊不需要填充焊料，但有时也使用与被焊塑料相同的中间摩擦件作为填充焊料，进行焊接。

4. 挤塑焊

挤塑焊是近年来发展迅速的一种塑料焊接方法。主要用于焊接厚壁工件和大面积贴面焊接。

尽管挤塑焊方法较多，但所有挤塑焊方法都具有以下特点。

(1) 总是以塑化装置(挤出机)挤出的棒状熔料作为焊接填料。

(2) 焊接填料混合均匀，并且已充分塑化。

(3) 焊接表面必须预加热至焊接温度。

(4) 焊接时必须施加压力。

挤塑焊方法主要用于焊接聚乙烯和聚丙烯塑料，要求挤塑焊的填充焊料应与母材一致，禁止用成分不明的塑料，禁用再造的各类塑料。

5. 光致热能焊接

以一束聚焦但频带不相干的光源对被焊材料的表面加热，以光致热能熔化表面层塑料，同时手动或机械操纵施加焊接压力，从而实现焊接的方法称为光致热能焊接。

目前，成熟的光致热能焊接方法是红外灯加热挤塑焊。在这个焊接方法里，是由一台挤出机塑化填充填料，并将其挤入已由加热灯预热的坡口或隙缝，进而把塑料焊接在一起。

6. 热工具焊

利用一个或多个发热工具对被焊塑料的表面进行加热，直至其表面层充分熔化，然后在压力作用下进行焊接的方法称为热工具焊。热工具焊是应用最广泛的塑料焊接方法。

10.4 固态粘接成形过程

粘接是借助粘接剂在固体表面上产生粘合力，将一个物件与另一个物件牢固地连接在一起的方法。粘接能部分代替焊接、铆接和螺栓连接。目前，粘接技术已广泛应用于航空、机床、造船等各个工业部门，在国民经济中起着显著的作用。

10.4.1 粘接剂

1. 粘接剂的组成

粘接剂的作用是借助于它和材料(零件)之间的强烈的表面粘着力，使零件能够连接成永久性的结构。粘接剂有天然和合成粘接剂两大类，天然粘接剂如动物性骨胶、植物性淀粉，用水做溶剂，组分简单，使用范围窄。合成粘接剂是应用最广泛的一种，其主要组成物如下。

(1) 粘料。粘料是粘接剂的主要组分。它决定着粘接剂的性能。合成粘接剂中，粘料主要是合成树脂(如环氧树脂、酚醛树脂、聚氨酯树脂等)、合成橡胶(如丁腈橡胶),以及合成树脂或合成橡胶的混合物、共聚物等。

(2) 硬化剂。硬化剂是促使粘接剂固化的组分。它是一种能使线型结构的树脂变成体型结构的硬化剂。硬化剂的性能和用量将直接影响粘接剂的技术性能(如施工方式、硬化条件等)及使用性能(如粘接强度、耐热性等)。

(3) 增韧剂。增韧剂是粘接剂中改善粘接剂的脆性,提高其柔韧性的成分。增韧剂根据不同类型的粘料及接头使用条件而选择。

(4) 溶剂。溶剂是粘接剂中用来降低其黏度的液体物质。它能增加粘接剂对被粘物表面的浸润能力,且便于施工。凡能与粘料混溶的溶剂或能参加粘接剂固化反应的各种低黏度化合物皆可作为稀释剂。

(5) 附加物。粘接剂中除含有上述主要组成外,还可根据需要加入一定的填料和添加剂,以改善粘接剂的某种性能。

2. 粘接剂的选择

正确地选择粘接剂一般应遵循的原则是:

(1) 粘接剂必须能与被粘材料的种类和性质相容。适用于不同结构材料的粘接剂见表10-10。

表10-10 适用于不同结构材料的粘接剂

粘接剂种类 被粘材料	环氧胶	酚醛胶	聚氨酯胶	丙烯酸酯厌氧胶	双马来酰亚胺胶	聚酰亚胺胶	氰基丙烯酸酯胶	不饱和聚酯胶	有机硅胶
结构钢	√	√	√	√	√	√		√	
铬镍钢	√	√	√	√	√	√			√
铝和铝合金	√	√	√	√	√	√	√	√	
铜及铜合金	√		√	√	√	√			
钛及钛合金	√	√	√	√	√				√
玻璃钢	√	√	√		√	√		√	

(2) 粘接剂的一般性能应能满足粘接接头使用性能(力学性能和物理性能)的要求。同一种胶所得到的接头性能因粘接技术参数选取不同而有较大的差异,因此,在粘接剂选定后,还应遵守生产厂家提出的粘接技术规范,只有这样,才能获得优质的粘接接头。

(3) 考虑粘接过程的可行性、经济性以及性能与费用的平衡。

按照上述原则选用粘接剂时,还应注意的问题是:

(1) 合成粘接剂属于粘弹性材料,它的弹性模量和力学性能将随环境温度及加载速度的变化而变化。因此,弹性模量出现明显衰减的温度点对应了该粘接剂的使用温度上限。

(2) 合成粘接剂的变形能力比金属材料大得多,在许多场合下,粘接层变形能力的影响不能忽视。为了提高粘接接头的疲劳力学性能,应选用变形能力较大的粘接剂。反之,如果粘接接头的载荷较小而尺寸精度要求较高,则应选用变形能力小的粘接剂。

(3) 合成粘接剂的胶层在使用过程中会吸附空气中的水分,使粘接强度降低。因此,选择用于湿热环境的粘接剂时应充分注意此点。

3. 常用粘接剂及应用

(1) 环氧粘接剂。环氧粘接剂是目前使用量最大、使用面最广泛的一种结构粘接剂，它是通过环氧树脂的环氧基与固化剂的活性基团发生反应，形成胶联体系，从而达到粘接目的。环氧粘接剂的粘接强度高，可粘材料的范围广，施工技术性能良好，配制使用方便，固化后体积收缩率较小，尺寸稳定，使用温度范围广，且对人体无毒性。各种牌号的环氧粘接剂既可从市场上买到，也可自行配制或根据需要对粘接剂进行改性，因此环氧粘接剂称得上是“万能胶”。其主要缺点是接头的脆性较大，耐热性不够高。

环氧粘接剂可用于金属与金属、金属与非金属、非金属与非金属等材料的粘接。已广泛用于航空工业、汽车制造、电子装配、农机维修、机械制造、土木建筑等。

(2) 聚氨酯粘接剂。聚氨酯粘接剂是以异氰酸化学反应为基础，用多异氰酸酯及含羟、胺等活性基团的化合物作为主要原料来制造的。在聚氨酯粘接剂中含有许多强极性基团，对极性基材具有高的粘附性能。这类粘接剂具有良好的粘接力，不仅加热能固化而且也可室温固化。起始粘力高，胶层柔韧，剥离强度、抗弯强度和抗冲击等性能都优良，耐冷水、耐油、耐稀酸，耐磨性也较好。但耐热性不够高，故常用作非结构型粘接剂，广泛应用于非金属材料的粘接。

(3) 橡胶粘接剂。橡胶粘接剂的主体材料是天然橡胶和合成橡胶。橡胶粘接剂的接头强韧而有回弹性，抗冲击，抗振动，特别适宜交通运输机械的粘接。如丁腈橡胶粘接剂具有良好的耐油性及耐老化性能，与树脂共混对金属具有很高的粘接强度，可作为结构粘接剂。

(4) 丙烯酸酯粘接剂。丙烯酸酯粘接剂是以丙烯酸酯及其衍生物为主要单体，通过自由基聚合反应或者离子型聚合反应来制备。丙烯酸酯衍生物的种类很多，还有许多与丙烯酸酯共聚的不饱和化合物。因此，丙烯酸酯粘接剂的功能是多种多样的，既可制成压敏胶，也能制造结构粘接剂。如丙烯酸酯粘接剂中的厌氧胶，在氧气存在下可在室温储存，一旦隔绝氧气，就迅速聚合而固化，把被粘的两个表面粘接起来。作为金属结构粘接剂，厌氧胶主要用于轴对称构件的套接、加固及密封，如管道螺纹、法兰面、螺栓锁固、轴与轴套等，其胶层密封性好，耐高压和耐腐蚀。

(5) 杂环高分子粘接剂。杂环高分子粘接剂又称高温粘接剂，属航空航天用高温结构粘接剂。杂环高分子粘接剂具有既耐高温，又耐低温的粘接性能，是抗老化性能最好的粘接剂，但这种粘接剂固化条件苛刻，成本很贵。

10.4.2 粘接成形技术

1. 粘接接头的设计

1) 接头受力形式

在实际构件中，粘接接头的受力情况相当复杂，主要由下列四种基本类型所组成，如图 10.42 所示。

(1) 拉伸(或称均匀扯离)。此种受力状态的作用垂直于粘接平面，并均匀分布在整个粘接平面上，使粘层和被粘材料沿着作用力的方向产生拉伸变形。

(2) 剪切。此种受力状态的作用力平行于粘接平面，并在整个粘接平面上均匀地分布着。

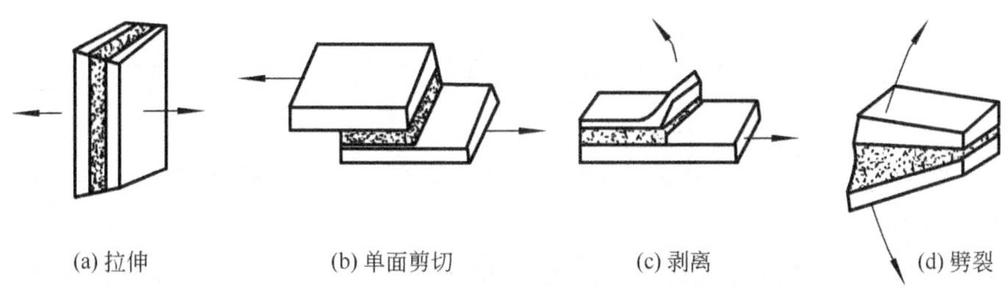

图 10.42 粘接接头受力的基本类型

它使粘层和被粘材料形成剪切变形。

(3) 剥离。当外力作用在粘接接头上时，被粘材料中至少有一个材料发生了弯曲变形，使作用力绝大部分集中在材料产生弯曲变形一侧的边缘区，而另一侧承受很少的正应力，从而使被粘层受到剥离力的作用。

(4) 劈裂。当粘接平面两侧的作用力不在粘层平面的中心线上，同时被粘材料几乎不发生弯曲变形时，粘层所受的力称为劈裂。

2) 接头设计的基本原则

(1) 合理设计接头形式，尽量使接头承受均匀拉伸力、剪切力、避免受剥离、不均匀扯离和劈裂力。

(2) 设计尽可能大的粘接面积的接头，以提高接头的承载能力。

(3) 受严重冲击和受力较大的零件，应设计复合连接形式的接头，如粘-焊、粘-铆等形式，使粘接接头能承受较大作用力。

(4) 接头应便于加工制造，外形美观，表面平整。

3) 接头形式

粘接接头有角接、T 形接、对接和表面接四种形式，它们可以复合成各种具有不同的特点的接头形式，如图 10.43～图 10.45 所示。

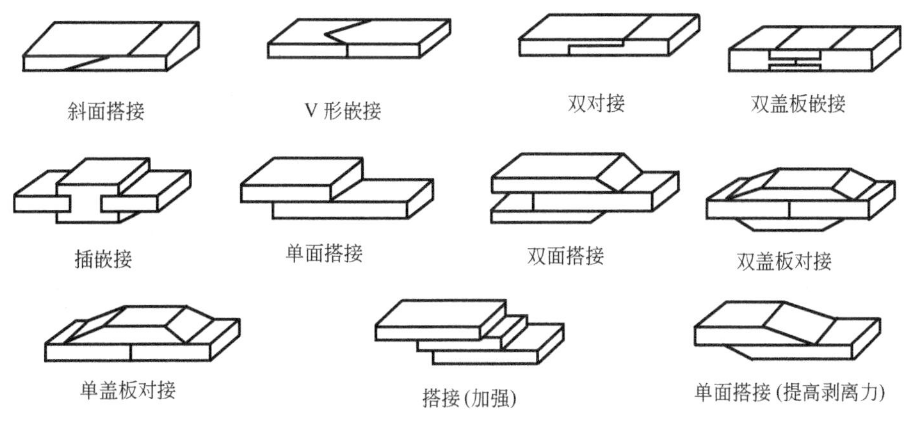

图 10.43 板材的接头形式

2. 表面处理

金属材料粘接区别于焊接或铆接最主要的一点，就是存在着异质材料的界面粘附问题。为了保证粘接的品质，要求被粘材料的表面具有一定的粗糙度和清洁度，同时还要求

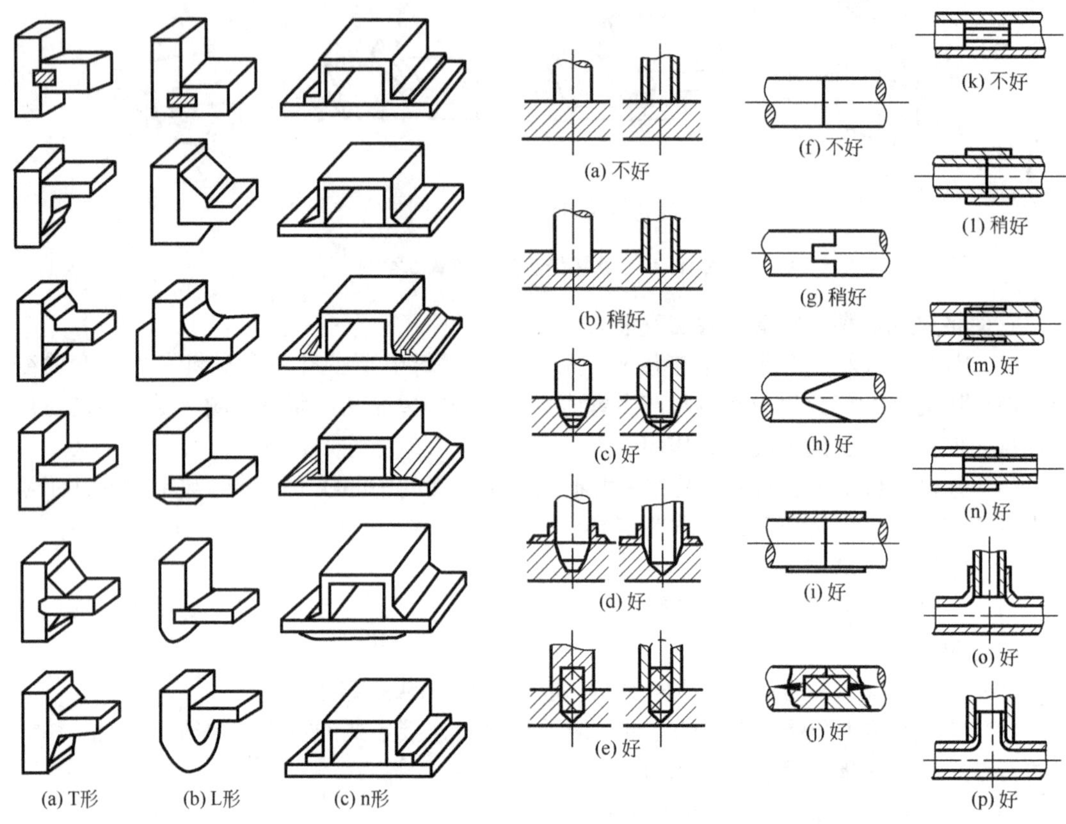

图 10.44　板材与型材的接头形式

图 10.45　棒、管的接头形式

材料表面具有一定的化学或物理的反应活性。因此，在进行粘接之前，必须进行材料表面的清洁及活性处理。常用的方法有溶剂清洗法、机械处理法、化学处理法、电化学酸洗除锈和表面化学转变处理。不同被粘材料的常用有效表面预处理方法见表 10－11。

表 10－11　不同被粘材料的常用有效表面预处理方法

被粘材料	脱脂液	处理液	处理方法
钢铁	三氯乙烯或汽油	$m_{正磷酸(85\%)}:m_{乙醇}=1:2$	(1) 溶剂脱脂 (2) 中粗砂布打毛 (3) 在 60℃处理液中浸泡 10min，然后在流水中用尼龙刷刷尽表面污染物，再用蒸馏水漂净。120℃空气中干燥 1h
铝及铝合金	丁酮、三氯乙烯	$m_{重铬酸钠}:m_{浓硫酸(96\%)}:m_{蒸馏水}=1:10:30$	(1) 溶剂脱脂 (2) 喷砂或中粗砂布打毛 (3) 在 65～70℃处理液中浸泡，10min 用蒸馏水漂洗后在 60℃空气中烘干 30min

（续）

被粘材料	脱脂液	处理液	处理方法
不锈钢	三氯乙烯	$m_{重铬酸钠}:m_{浓硫酸(96\%)}:m_{蒸馏水}=3.5:200:3.5$	(1) 溶剂脱脂 (2) 喷砂或中粗砂布打毛 (3) 在70～77℃处理液中浸泡15～20min，用自来水漂洗后在95℃空气中烘干10～15min
铜及铜合金	三氯乙烯、丙酮	$m_{三氯化铁(42\%水溶液)}:m_{浓硝酸(\rho=1.42)}:m_{蒸馏水}=15:32:200$	(1) 溶剂脱脂 (2) 中粗砂纸打毛 (3) 在处理液中室温浸泡1～2h，水洗后在95℃烘干10～15min
聚乙烯(PE) 聚丙烯(PP) 聚甲醛(POM)	丙酮、丁酮	$m_{重铬酸钠}:m_{浓硫酸(\rho=1.84)}:m_{蒸馏水}=5:100:8$	(1) 溶剂脱脂 (2) 在处理液中浸泡： PE：25℃，1h PP：70℃，1min POM：25℃，10min (3) 自来水漂洗后自然干燥
聚四氟乙烯(PTFE)	丙酮、丁酮	128g升华萘与干燥去氧的四氢呋喃1000mL搅拌溶解后，加入23g新鲜钠丝或钠片，在保护气氛下配制	(1) 溶剂脱脂 (2) 在处理液中室温浸泡10h，自来水漂洗后自然干燥

3. 粘接剂的准备

按技术条件或产品使用说明书配制粘接剂。调配室温固化粘接剂应考虑固化时间，在适用期使用。多组分溶液型粘接剂在使用前必须轻轻搅拌，以防空气掺入。

4. 涂胶

涂胶操作是否正确对粘接品质影响很大。涂胶时必须保证胶层均厚，一般胶层厚度控制在0.08～0.15mm为宜。涂胶方法依据粘接剂的种类而异。涂完胶后，晾置时间应控制在粘接剂的允许的反应开放时间范围内，同时应避免开放状态的胶膜吸附灰尘或被污染。

5. 固化

粘接剂在固化过程中要控制三个要素：压力、温度、时间。首先，固化加压要均匀，应有利于排出粘层中残留的挥发性溶剂。粘接剂固化时，要严格控制固化温度，它对固化程度有决定性影响。如加热固化应阶梯升温，温度不能过高，持续时间不能太长，否则会导致粘接强度下降。固化时间的长短与固化温度和压力密切相关，温度升高时，固化时间可以缩短，降低温度则应适当延长固化时间。

10.4.3 粘接品质检验及其特点与应用

1. 粘接品质的检验方法

(1) 用肉眼或用放大镜外观检查胶缝中挤出的胶液，如沿整个胶缝形成均匀胶瘤，表明固化压力均匀，涂胶量适当；如果胶液仅局部挤出或全部没有挤出，表明胶层薄或固化压力不均匀；如挤出的胶液有气泡，表明涂胶后晾置时间短，或室温低，溶剂挥发不彻底。

(2) 用木制或金属小锤敲击粘合处，根据声音判断局部粘接情况。

(3) 超声波探伤法(不适用于玻璃钢)、声阻法、激光全息照相、液晶法等可定量判断。在要求粘接品质极高的情况下，还要做部件破坏性抽验，或试样与产品在同样条件下同时处理和粘接，然后对试样作各种试验。

2. 粘接的特点及应用

粘接是一项新技术，与铆接、螺栓连接和焊接连接方法相比，有以下特点。

(1) 粘接可以把性质不同的各种材料或模量和厚度不同的材料粘接起来，即使粘接薄板也不易发生变形，利用粘接可以制造用其他连接方法不能连接或不易连接的复杂构件。

(2) 粘接剂的形态和应用方法的多样性，使粘接技术适应于许多生产过程。如用一种单一的粘接组装，则又经济又快速，具有替代几种机械连接的可能性。多个工件可同时粘接，提高生产效率，降低生产成本。

(3) 用粘接剂代替螺钉、螺栓或焊缝金属，可以减轻结构重量。而且还可采用轻质材料。因此粘接可比铆接、焊接减轻结构重量约25%～30%。

(4) 粘接应力分布均匀，耐疲劳强度较高。

(5) 粘接密封性能好，具有耐水、耐腐蚀和绝缘的性能。

(6) 粘接过程温度低，操作容易，设备简单，成本低廉，应用范围广泛。

粘接的主要缺点是：粘接剂对金属材料的粘接强度达不到焊接的强度，特别是剥离强度差，粘接接头在长期工作过程中，粘接剂易发生老化变质，使接头强度逐渐下降。粘接件由于粘接剂的温度极限而限制在某些使用温度下工作。一般长期工作温度只能在150℃以下，仅少数可在较高温度下使用。此外粘接品质受诸多因素的影响而难于控制，因而粘接性能不稳定，且检验较难。

粘接技术的应用历史悠久，早在两千多年前，人们就掌握了用动物的皮骨熬制粘接剂，并用来粘接竹木工具和建筑结构。随着合成粘接剂的产生和发展，扩大了粘接剂的应用范围，粘接技术逐步成为现代化科学的重要分支，在航天、航空、造船、机械制造、石油化工、无线电仪表以及农业、医疗卫生、人民日常生活中得到日益广泛的应用。

案例分析

炼钢转炉托圈现场组装焊接技术

1. 托圈组焊特点及施工难点

1) 托圈组焊特点

转炉托圈由两个耳轴块及两个月牙箱形梁四部分组成，在组焊完毕后要求内径尺寸(6400±5)mm，两个轴承中心线距离偏差±1mm，耳轴同轴度≤ϕ1mm，如图10.46所示。组成托圈的四条箱形梁环缝上下盖板厚100mm(非对称双U形坡口)，腹板厚60mm(非对称X形坡口)，要求一级焊缝，100%超声波和磁粉检测，1级合格。钢板材质为Q345(16MnR)。

2) 托圈组焊施工难点

(1) 托圈预组装。转炉托圈尺寸大、吨位重，预组装的尺寸精度将直接决定托圈组焊后的拼装精度、焊缝质量等，是决定托圈整体组焊工程质量的关键因素之一。

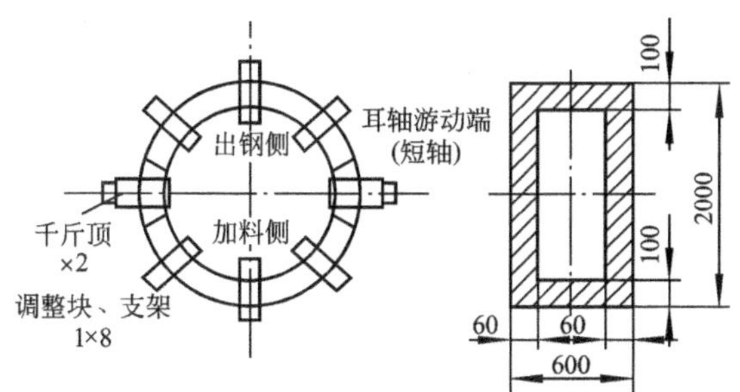

图 10.46 托圈组装示意图

(2) 托圈焊接。组装焊缝为长方形封闭形式，焊接填充量大，且内部空间小，作业环境差。为有效地保证焊接质量，必须制定科学严谨的焊接工艺程序和安全保障措施。

(3) 累积尺寸偏差控制。收缩变形是焊接变形的基本单元，焊缝的冷却过程是焊缝金属由液态转化为固态的过程，转化的过程将产生焊接应力和焊缝体积缩小现象，从而导致焊后焊接件外形尺寸发生变化，影响安装精度。为保证工程质量能够符合设计要求，必须对整个焊接过程进行严密有效地监控。

2. 托圈组装工艺

1) 托圈组装场地要求

作业场地应平整，面积 10m×10m，且承载能力能够达到 $35t/m^2$。

2) 托圈组装施工程序

(1) 以托圈内径尺寸(6400mm)放样画圆，确定耳轴和扇形体摆放相对位置。

(2) 按图 10.46 所示安放工装垫块(支架)、可调斜垫(调整块、可调范围±50mm)和液压千斤顶(50t)。

(3) 吊装耳轴组件和月牙箱形梁就位，吊装时应特别注意，避免部件之间发生碰撞，吊装耳轴时应用棉布包裹轴部进行保护。

(4) 测量配合找正托圈整体平面度。

(5) 安放仪器台架、仪器工装，在耳轴游动端架设准直显微望远镜，用 50t 千斤顶配合精调耳轴游动端(短轴)、耳轴驱动端(长轴)同轴度。

3) 托圈定位

(1) 采用焊接定位挡板对托圈进行定位，定位挡板应设置在腹板立缝处。

(2) 每条腹板立缝焊接三块挡板，分布在焊缝的上部、中部和下部。

(3) 挡板厚度应不低于 20mm，形状为[形，中间开槽宽度和深度应能保证焊接时有足够的作业空间。

(4) 定位焊采用与正式焊接相同的工艺方法。

4) 组装质量

(1) 托圈整体平面度≤0.02mm，长、短耳轴同轴度必须调整到≤ϕ0.4mm。

(2) 耳轴块与扇形体对接钢板错边量≤4mm。

3. 托圈焊接工艺

1) 焊接前准备

(1) 在长轴和短轴端分别安装 4 块带磁力座百分表，安装位置如图 10.47 所示。

(2) 清除坡口及两侧 10mm 范围内的油污、铁锈和氧化物，使其露出金属光泽。

(3) 安装调校热处理温控仪，铺设履带式电加热器，覆盖保温材料，通电预热环缝左右各 200mm 范围，预热温度 150℃。

(4) 在月牙箱形梁内部设置照明装置，外部入孔处安装轴流风机(入孔靠近焊缝，共 4 个)，内部焊接时，往外抽排焊接烟尘。

2) 焊接作业环境和人员

(1) 焊接环境。月牙箱形梁内部净尺寸仅有1800mm×480mm，空间狭小。焊接作业时，伴随150℃预热及焊接产生高温和烟尘，环境十分恶劣。

(2) 焊接人员。按《焊工考试与管理规则》取得2类板材平、立、仰合格项目，身体条件好，有5年以上从事焊接工作经验而且能够吃苦耐劳的年轻焊工。

3) 焊接工艺

(1) 焊缝坡口形式和尺寸如图10.48所示。

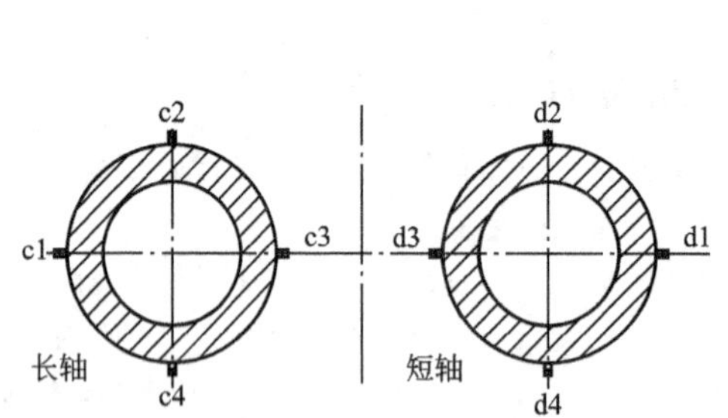

图10.47　百分表安装示意图

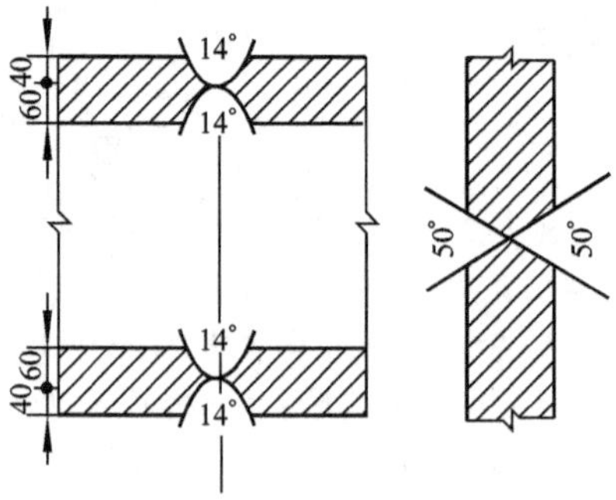

图10.48　托圈对接坡口示意图

(2) 焊接方法采用焊条电弧焊，焊条选用E5015，直径为4mm。

(3) 焊接时电流≤190A。

(4) 焊条应严格按照焊条烘干、发放、领用和回收管理守则进行管理。

4) 焊接作业程序控制

(1) 焊接作业时焊工分两班，每班8名焊工，每条焊缝由两名焊工轮流施焊，24h连续不断，直至完成全部焊接工作。

(2) 依次焊接内部平缝、仰缝、内侧立缝、外侧立缝直至焊满，外侧碳弧气刨清根打磨后再依次焊接外部平缝、仰缝、内侧立缝、外侧立缝，直至焊完。

(3) 每条焊缝焊接时均采用多层多道焊，遵循从下往上、由左到右的规则施焊，不允许随意变更焊接顺序和方向。

(4) 任一焊接位置(每一焊接位置有4条缝)必须同时、同步施焊，不得超前。

(5) 层间温度≥150℃。

4. 焊接变形监测

(1) 焊接前，调整8块百分表读数到5位。

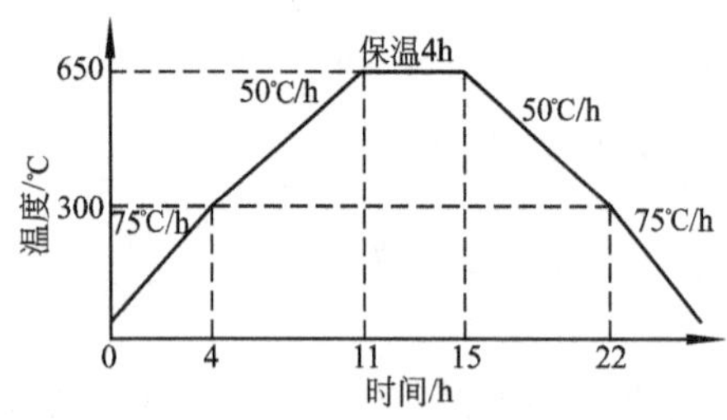

图10.49　退火工艺曲线

(2) 焊接时，根据准直显微望远镜和百分表读数的增减变化情况，由现场焊接工程师指挥调整焊接位置和方向。

(3) 数据测量每隔一小时进行一次，对应百分表1和3、2和4，读数差的绝对值≤1mm，否则应及时调整焊接位置和方向。

5. 焊后去应力退火处理

焊接工作全部结束后，立即对4条焊缝同时进行去应力退火处理，退火工艺曲线如图10.49所示。

资料来源：查军. 炼钢转炉托圈现场组装焊接技术 [J]. 金属加工，2009(24).

根据以上案例所提供的资料，试分析：

1) 由材料中所给的托圈组焊特点及施工难点，作者采取了什么样的工艺措施(处理)？

答：主要工艺措施(处理)：

(1) 细致全面的焊前准备。如场地、工具、工装等的准备，坡口及两侧的洁净处理等。

(2)技高的焊接作业人员。选用具有较高技术资格和有经验且能够吃苦耐劳的年轻焊工。

(3) 合理的焊接工艺规范。如采用U形和X形坡口，手工电弧焊，焊条选用E5015、直径为4mm，焊接时电流≤190A等。

(4) 严格控制焊接作业程序。如每条焊缝由两名焊工轮流施焊，24h连续不断；每条焊缝焊接时均采用多层多道焊，遵循从下往上、由左到右的规则施焊；任一焊接位置(每一焊接位置有4条缝)必须同时、同步施焊，不得超前等。

2) 为什么要进行焊接变形监测？托圈焊好后为什么要进行退火处理？

答：由于炼钢转炉托圈焊件较大，且对轴承中心线距离偏差要求较小(±1mm)，耳轴同轴度要求较高(≤ϕ1mm)，为避免在各组件的焊接过程中所产生的焊接误差叠加而使托圈焊件超差而报废，因此，在进行托圈组焊的每条焊缝的焊接过程中，必须进行及时的焊接变形监测，以确保焊接误差在要求范围内。

托圈焊好后需立即对4条焊缝同时进行去应力退火处理，以消除焊接残留内应力，稳定托圈焊件尺寸，确保精度要求。

习　　题

简答题

10-1　什么是焊接热影响区？为什么会产生焊接热影响区？焊接热影响区对焊接接头有何影响？如何减小或消除这些影响？

10-2　产生焊接应力和变形的原因是什么？防止焊接应力和变形的措施有哪些？

10-3　焊接过程中焊接裂纹和气孔是如何形成的？如何防止？

10-4　何谓金属材料的焊接性？用碳当量法确定钢材的焊接性有哪些优点和缺点？

10-5　低合金高强度结构钢焊接时，应采取哪些措施防止冷裂纹的产生？

10-6　铸铁焊接性差主要表现在哪些方面？试比较铸铁热焊补、冷焊补的特点及应用。

10-7　焊接铜、铝及其合金的特点和应注意的问题是什么？

10-8　粘接剂常规的组成物有哪些？分别在粘接剂中起什么作用？如何选用粘接剂？

10-9　粘接前的表面处理有哪些？为什么要进行表面处理？

思考题

1. 图10.50所示为储罐，筒体材料为16Mn，板厚为20mm，内径为ϕ1500mm，长8000mm。接管为ϕ88.9mm×14mm，生产100台，试选择图中各条焊缝的焊接方法以及焊条或焊丝、焊剂的牌号。

2. 焊接梁(尺寸如图10.51所示)，材料为15钢，成批生产，现有钢板最大长度为2500mm。

要求：①决定腹板、翼板接缝位置；②选择各条焊缝的焊接方法；③画出各条焊缝接头形式；④制定各条焊缝的焊接次序。

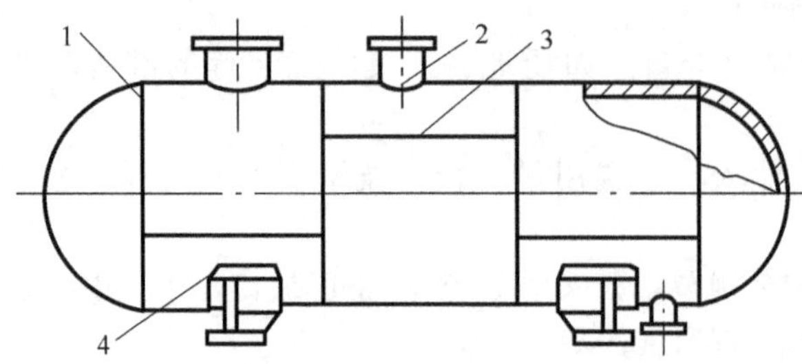

图 10.50　储罐

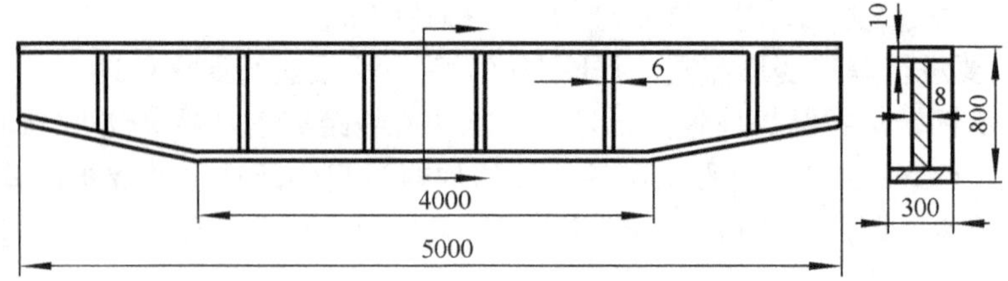

图 10.51　梁

第11章 有机高分子材料的成型技术

本章知识框架

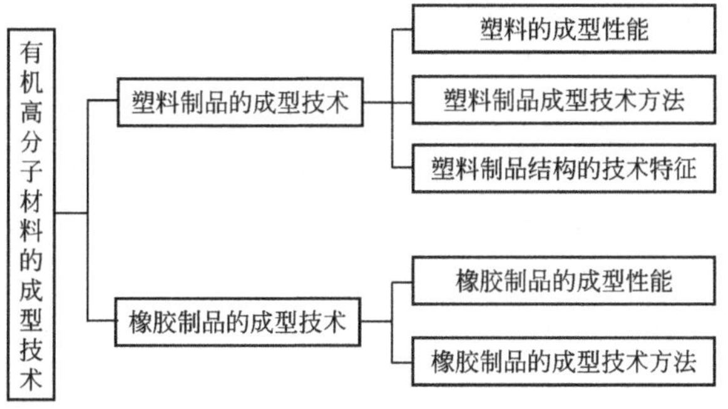

本章学习目标与要求

- ▲ 掌握有机高分子材料成型原理。
- ▲ 熟悉常用塑料制品的成型方法及应用。
- ▲ 熟悉常用橡胶制品的成型方法及应用。
- ▲ 了解塑料的成型性能。
- ▲ 了解橡胶制品成型性能。

导入案例

三大高分子合成材料发展史

1. 塑料(合成树脂)

也许是因为塑料制品在日常生活中太普遍了，大家对塑料一词熟悉得不能再熟悉了。从字面上理解，塑料指所有可以塑造的材料。但我们所说的塑料，单指人工合成的塑料(又称合成树脂)，是用人工方法合成的高分子物质。大家一定都听说过“赛璐珞”。在19世纪，台球都是用象牙做的，数量自然非常有限。于是有人悬赏1万美元征求制造台球的替代材料。1869年，美国的海厄特(J. W. Hyatt，1837—1920)把硝化纤维、樟脑和乙醇的混合物在高压下共热，然后在常压下硬化成型制出了廉价台球，赢得了这笔奖金。“赛璐珞”是人类历史上第一种合成塑料，它是一种坚韧材料，具有很大的抗张强度，耐水，耐油、耐酸。从此，“赛璐珞”被用来制造各种物品，从儿童玩具到衬衫领子中都有“赛璐珞”。它还被用来做胶状银化合物的片基，这就是第一张实用照相底片。不过，由于“赛璐珞”中含硝酸根，所以它有一个很大的缺点，就是极易着火引起火灾。

“赛璐珞”是由天然的纤维素加工而成的，并不是完全人工合成的塑料。人类历史上第一种完全人工合成的塑料是在1909年由美国人贝克兰(Leo Baekeland)用苯酚和甲醛制造的酚醛树脂，又称贝克兰塑料。20世纪40年代乙烯类单体的自由基引发聚合迅速发展，实现工业化的包括氯乙烯、聚苯乙烯和有机玻璃等，这是合成高分子蓬勃发展的时期。进入50年代，从石油裂解而得的a—烯烃主要包括乙烯与丙烯，德国人齐格勒(Karl Ziegler)与意大利人纳塔(Giulio Natta)分别发明用金属络合催化剂合成低压聚乙烯与聚丙烯的方法，前者1952年工业化，后者1957年工业化，这是高分子化学的历史性发展，因为可以由石油为原料又能建立年产10万吨的大厂，他们二人后来都获得了1963年的诺贝尔化学奖。60年代，由于要飞往月球而出现高温高分子的研究热。耐高温的定义是材料能够在氮气中、500℃环境中能使用一个月；在空气中，300℃环境下能使用一个月。其结果主要分为两大类，一类是芳香聚酰胺例如苯二胺与间苯二酰缩聚得到的Nomex，这在当时曾被作为太空服的原料。还有对苯二胺与对苯二酰氯缩聚得到的Kevlar，它属于耐高温的高分子液晶，现在用于超音速飞机的复合材料中。另一类是杂环高分子，例如聚芳亚酰胺和作为高温粘合剂的聚苯并咪唑，为现在宇航飞行所需的材料打下了基础。

塑料有三个最主要的优点。第一，它比较轻。这是相对于金属和无机玻璃而言的。它轻的原因不是因为它是高分子化合物，而是因为它们是有机化合物，即由碳、氢、氧、氮等较轻的元素组成的。第二，塑料易于加工。塑料具有可塑性，即在加热或加压后变形，在降温或压力消失后维持原形不变。可以通过挤出、注射等方式加工成各自形状的产品。第三，塑料不会腐烂也不会生锈。但是，这一性质也给人类带来一个严重的问题：由于塑料不易腐烂，大量的塑料废弃无法被自然界吸收、分解，从而造成一定程度的环境污染。

目前，其产量按体积计算已远超钢铁。钢铁生产已有两千多年的历史，而塑料问世不过百余年，足可见塑料工业发展速度之惊人。

2. 化学纤维

一般地说，人们把细而长的东西称为纤维。如棉花、羊毛、麻之类的天然纤维的长度约为其直径的1千倍到3千倍。人类利用天然纤维的历史非常悠久，有资料证明五千年前中国人就开始养蚕取丝。1887年，Chardonnet用硝化纤维素制得了第一种人造丝，这种丝同蚕丝相比，虽然光泽相似，但却不如蚕丝纤细、柔韧。

1935年2月28日杜邦公司基础化学研究所有机化学部的科学家卡罗瑟斯(Wallace H. Carothers，1896—1937)合成出聚酰胺66。这种聚合物不溶于普通溶剂，具有263℃的高熔点，由于在结构和性质上接近天然丝，拉制的纤维具有丝的外观和光泽，其耐磨性和强度超过当时任何一种纤维，而且原料价格也比较便宜。1938年10月27日杜邦公司正式宣布世界上第一种合成纤维正式诞生了，并将聚酰胺66这种合成纤维命名为尼龙(nylon)，这个词后来在英语中变成了聚酰胺类合成纤维的通用商品名称。尼龙的强度很高，直径1mm的细丝就可以吊起100kg的东西，尼龙耐污、耐腐蚀的性能也很好。二战期间美国陆军收购了全部尼龙产品，用以制造降落伞和百余种军事装备。而1940年尼龙长筒女袜刚一投放市场就轰动了世界，4天之内四百万双袜子一抢而空。尼龙是真正投入大规模生产的第一种合成纤维。在我国尼龙也被称为锦纶，因为在我国是锦州化工厂最早开始生产尼龙的。

从那以后，各种新型纤维一个接一个地被创造出来。如1940年英国的温费尔德(T. R. Whinfield，1901—1966)首先合成的，产量在20世纪居各种纤维之冠的聚酯(PET)纤维——涤纶(的确良)，聚丙烯腈纤维——腈纶、聚丙烯纤维——丙纶、聚乙烯醇缩甲醛纤维——维尼纶。它们的出现，使纺织工业大为改观。

3. 合成橡胶

人类使用天然橡胶的历史已经有好几个世纪了。哥伦布在发现新大陆的航行中发现，南美洲土著人玩的一种球是用硬化了的植物汁液做成的。哥伦布和后来的探险家们无不对这种有弹性的球惊讶不已。后来人们发现这种弹性球能够擦掉铅笔的痕迹，因此给它起了一个普通的名字“擦子(rubber)”。

直到1839年，美国人古德伊尔(Charles Goodyear)成功地将天然橡胶进行了硫化后，橡胶才成为有使用价值的材料。在过去的几千年间，人们所乘坐的车使用的一直是木制轮子，或者再在轮子周围加上金属轮辋。在古德伊尔发明了实用的硫化橡胶之后的1845年，英国工程师R. W. 汤姆森在车轮周围套上一个合适的充气橡胶管，并获得了这项设备的专利。到了1890年，轮胎被正式用在自行车上，到了1895年，被用在各种老式汽车上。尽管橡胶是一种柔软而易破损的物质，但却比木头或金属更加耐磨。橡胶的耐用、减震等性能，加上充气轮胎的巧妙设计，使乘车的人觉得比以往任何时候都更加舒适。随着汽车数量的大量增加，用于制造轮胎的橡胶的需求量也变成了天文数字，各国竞相研制合成橡胶。

人们首先想到的是用天然橡胶的结构单元——异戊二烯来制造合成橡胶。早在1880年，化学家们就发现，异戊二烯放置过久就会变软发动，经酸化处理后则会变成类似橡胶的物质。德皇威廉二世曾让人用这种物质制成皇家汽车的轮胎，借以炫耀德国化学方面的高超技艺。在第一次世界大战期间，迫于橡胶匮乏，德国人采用了二甲基丁二烯聚合而成甲基橡胶，这种橡胶可以大量生产，而且价格低廉。尽管这种橡胶的耐压性能不理想，战后便被淘汰了，但它毕竟是第一种具有实用价值的合成橡胶。

大约在1930年，德国和苏联用丁二烯作为单体，金属钠作为催化剂，合成了一种叫做丁钠橡胶。丁钠橡胶对于应付橡胶匮乏而言还算是令人满意的。与其他单体共聚可以改善丁钠橡胶的性能，如与苯乙烯共聚得到丁苯橡胶(Buna-S)，它的性质与天然橡胶极其相似。

美国在战后大力研究合成橡胶。首先合成了氯丁橡胶，氯原子使氯丁橡胶具有天然橡胶所不具备的一些抗腐蚀性能，如对于汽油之类的有机溶剂具有较高的抗腐蚀性能，远不像天然橡胶那样容易软化和膨胀。氯丁橡胶首次清楚地表明，正如在许多其他领域一样，在合成橡胶领域，试管中的产物并不一定只能充当天然物质的代用品，它的性能能够比天然物质更好。1955年，美国人利用齐格勒在聚合乙烯时使用的催化剂(也称齐格勒——纳塔催化剂)聚合异戊二烯，首次用人工方法合成了结构与天然橡胶基本一样的合成天然橡胶。不久用乙烯、丙烯这两种最简单的单体制造的乙丙橡胶也获得成功。此外还出现了各种具有特殊性能的橡胶。现在合成橡胶的总产量已经大大超过了天然橡胶。

问题：

1. 高分子材料的成型性与其他材料相比有何特征?
2. 塑料和橡胶的成型原理和方法有何特点?

随着机械、电子、家电、日用五金等工业产品塑料化趋势的不断增强(图11.1所示为各类塑料、橡胶制品)以及塑料、橡胶制品的广泛应用与发展，对塑料、橡胶制品的成型技术的发展与其模具在数量、品质、精度和复杂程度等方面都提出了更高的要求，这就要求从事塑料、橡胶制品和模具设计的人员掌握塑料、橡胶制品成型过程及模具设计方面的知识。本章简要介绍塑料、橡胶制品的成型过程的原理，技术参数的选择以及模具设计的基本知识。

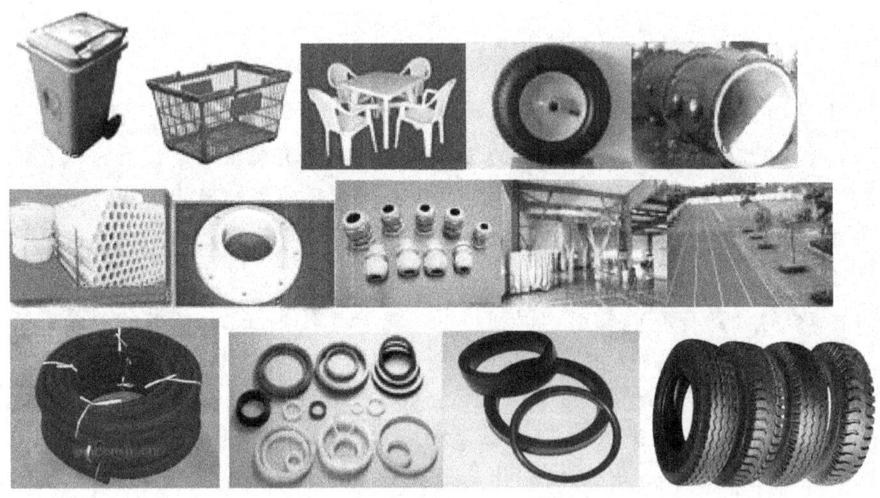

图11.1　各类塑料、橡胶制品

有机高分子材料制品的成型原理是将原材料加热塑化成黏流态，然后注入模腔内成型固化得到制品，故可称为“黏流态成型”。由于塑化后的有机高分子材料黏性很大，充填模腔的能力很差，常需施加外力以使其强迫成型。工业上实现黏流态成型原理的工艺方法有许多。

11.1 塑料制品的成型技术

由于塑料原材料来源丰富、制造方便、加工容易、节省能源、投资效益显著、品种繁多、性能良好、用途广泛，使其在新材料领域独树一帜。如何把塑料原料转变成为具有一定形状和使用价值的塑料制品，这是塑料成型加工的核心内容。

塑料制品生产主要包括成型、机械加工、修饰和装配等生产过程。成型是指将原材料(树脂与各种添加剂的混合料或压缩粉)制成具有一定形状和尺寸的制品的过程；塑料零件加工则是指成型后的制品采用机械加工的方法(车、铣、刨、磨等)以获得更高的精度和更低的表面粗糙度或更复杂的形状；也可采用喷涂、浸渍、镀金属等方法改变塑料零件表面性质。成型是塑料制品生产中最重要且必不可少的过程，其他过程视制品要求而取舍。

对于一个具体的塑料制品应该采用什么样的成型方法，取决于塑料制品的使用要求、结构形状、原材料种类和生产批量。各种原材料具有不同的技术性能，这些性能与成型过程有很大关系。

11.1.1 塑料的成型特性

1. 流动性

塑料在一定的温度与压力下填充模腔的能力称为流动性。它与铸造合金流动性的概念相似。

热塑性塑料流动性的大小，通常可以从树脂分子量及其分布、熔体流动指数(MFI)、表观黏度以及阿基米德螺旋线长度等一系列参数进行预测。分子量小，分子量分布宽，熔体流动指数高，表观黏度小，阿基米德螺旋线长度长，表明其流动性好；反之，其流动性差。热固性塑料的流动性，通常以拉西格流动性(以毫米计)来表示。

影响流动性的因素主要有温度、压力、模具及塑料品种。

(1) 温度的影响。料温高则流动性增大，但不同的塑料品种，其影响程度差异很大。

(2) 压力的影响。压力增加则塑料熔体受剪作用增大，熔体的表观黏度下降，因而其流动性增大，尤以聚甲醛、聚乙烯、聚丙烯、ABS和有机玻璃等塑料有“剪切变稀”的显著现象。故这些塑料在成型加工时，宜使用“低温高压”的技术。

(3) 模具的影响。浇注系统形式、尺寸、布置，冷却系统设计，流速阻力等因素都直接影响到熔体在模腔内的实际流动性。

(4) 塑料品种的影响。就热固性塑料而言，如粒度细匀、湿度大，含水分及挥发物多，预热及成型条件适当等均有利于改善流动性；反之则流动性变差。

塑料流动性的好坏，在很大程度上影响着成型过程的许多参数，如成型时的温度、压力，模具浇注系统的尺寸及其结构参数。流动性小，将使填充不足，不易成型，成型压力大；流动性大，易使溢料过多，填充型腔不密实，塑料制品组织疏松，易粘模具及清理困难，硬化过早。因此，选用塑料的流动性必须与塑料制品要求、成型过程及成型条件相适应。模具设计时应根据流动性来考虑浇注系统、分型面及进料方向等。

2. 收缩性

塑料制品自模腔中取出冷却至室温后，其尺寸发生缩小的这种性能称为收缩性。塑料制品尺寸收缩不仅是树脂本身热胀冷缩的结果，而且还与各种成型因素有关。所以准确地说，成型后塑料制品的收缩应称为成型收缩。

1）成型收缩形式

(1) 线尺寸收缩。由于热胀冷缩、塑料制品脱模时弹性恢复、变形等原因导致塑料制品脱模冷却到室温后，其尺寸缩小。

(2) 方向性收缩。成型时由于分子的取向作用，使塑料制品呈现各向异性，沿料流方向收缩大，强度高，与料流垂直方向则收缩小，强度低。此外，成型时由于塑料制品各部位密度及填料分布不均匀，故使收缩也不均匀。由于收缩的不一致，将使塑料制品易于翘曲、变形和产生裂纹，尤其在挤出成型和注射成型时，方向性表现得更为明显。

(3) 后收缩。当塑料制品在储存和使用条件下发生应力松弛致使塑料制品发生再收缩称为后收缩。一般塑料制品要经过 30～60h 后尺寸才能最后稳定。通常热塑性塑料制品的后收缩比热固性塑料大，压注及注射成型塑料制品的后收缩比压缩成型大。

(4) 后处理收缩。某些结晶型塑料制品让其自然时效完成收缩，往往需要很长时间，故通常采用热处理工艺让其有充分条件完善其结晶过程，使之尺寸尽快稳定下来。在这一过程中塑料制品所发生的收缩称为后处理收缩。

2）影响收缩的因素

(1) 塑料品种的影响。各种塑料都有其各自的收缩率范围，同一种塑料由于相对分子质量、填料及配比等不同，则其收缩也不同。热塑性塑料的收缩值比热固性塑料大，且收缩范围宽，方向性更明显。结晶型热塑性塑料，因存在有结晶过程引起体积的缩小，内应力增强，分子取向倾向增大，导致其收缩方向性差别增加。

(2) 塑料制品特性的影响。塑料制品形状、尺寸、壁厚、有无嵌件、数量及其布局等对塑料制品的收缩值也有很大的影响，如塑料制品壁厚则收缩率大，有嵌件则收缩率小。

(3) 模具的影响。模具结构、分型面选择、加压方向、浇注系统形式、浇口位置、数量、截面尺寸对收缩值及其收缩方向性也有很大的影响。尤以压注与注射成型更为明显。

(4) 成型条件的影响。模具温度高收缩值大，反之收缩值小。注射压力高，保压时间长，塑料制品收缩值降低，反之收缩值增大。就热固性塑料而言，随预热情况、成型温度、成型压力、保持时间、填料类型及硬化特性的不同，也会对其收缩值及其收缩方向性造成影响。

综上所述，影响收缩率大小的因素很多，收缩率不是一个固定值，而是在一定范围内变化，收缩率的变化也将引起塑料制品尺寸波动，因此，模具设计时应根据以上因素综合考虑选择塑料的收缩率。

3）收缩率的计算

塑料制品成型收缩值可用收缩率 S_{CP} 表示

$$S_{CP}=(L_M-L_S)/L_S\times100\% \tag{11-1}$$

式中 S_{CP}——平均收缩率；

L_M——模腔在室温下单向尺寸；

L_S——塑料制品在室温下单向尺寸。

3. 结晶型

在塑料成型过程中，根据塑料冷却时是否具有结晶特性。可将塑料分为结晶型塑料和非结晶型塑料两种。结晶型塑料具有结晶现象的性质叫结晶型。

结晶型塑料成型特性表现为：

(1) 结晶型塑料因其结晶熔解需要热量，故使其达到成型温度要比非结晶型塑料达到成型温度需要更多的热量。

(2) 冷凝时，结晶型塑料放出热量多，需要较长的冷却时间。

(3) 由于结晶型塑料硬化状态时的密度与熔融时密度差别很大，成型收缩大，易发生缩孔、气孔。结晶型塑料收缩率在0.5%~3.0%，且有方向性；而非结晶型塑料收缩率在0.4%~0.6%。

(4) 由于分子的定向作用和收缩的方向性，结晶型塑料制品易变形、翘曲。

(5) 冷却速度对结晶型塑料的结晶度影响很大，缓冷可提高结晶度，急冷则降低结晶度。

(6) 结晶度大的塑料制品密度大，强度、硬度高，刚度、耐磨性好，耐化学性和电性能好；结晶度小的塑料制品柔软性、透明性好，伸长率和冲击韧度较大。因此，可以通过控制成型条件来控制塑料制品的结晶度，从而控制其特性，使之满足使用需要。

属结晶型塑料如聚乙烯、聚丙乙烯等。属非结晶型塑料如聚苯乙烯、聚氯乙烯、ABS等。

4. 吸湿性与粘水性

塑料中因有各种添加剂，使其对水分各有不同的亲疏程度。所以，塑料吸湿性大致可分为两类：一类是具有吸湿或粘附水分倾向的塑料，如ABS、聚酰胺、聚甲基丙烯酸甲酯等；另一类是既不吸湿也不易粘附水分的塑料，如聚乙烯、聚丙烯等。

对于具有吸湿或粘附水分倾向的塑料，在成型过程中由于水分在高温料筒中变为气体并促使塑料发生水解，导致塑料起泡和流动性下降，这不仅增加了成型难度，而且降低了塑料制品的表面品质和力学性能。因此，对这一类塑料，在成型之前应进行干燥，以除去水分。一般水分应控制在0.4%以下，ABS的含水量应控制在0.2%以下。

5. 热敏性和水敏性

热敏性塑料是指对热较为敏感，在高温下受热时间较长或进料口截面过小，剪切作用大时，料温增高易发生变色、降聚、分解的倾向，具有这种特性的塑料称为热敏性塑料。如硬聚氯乙烯、聚三氟氯乙烯等。热敏性塑料在分解时产生单体、气体、固体等，有的气体对人体、设备、模具有害，而且降低塑料的性能，应予以预防。为了防止热敏性塑料在成型加工过程中出现分解现象，一方面在塑料中加入热稳定剂，另一方面应选择螺杆式注射机，模具可镀铬。同时必须严格控制成型温度、模温、加热时间等。

有的塑料(如聚碳酸酯)即使含有少量水分，但在高温、高压下也会发生分解，称此性能为水敏性，对此种塑料必须预先加热干燥。

6. 塑料状态与温度的关系

图11.2所示为结晶型塑料和无定型塑料三态与温度之间的关系。温度小于T_g时塑料

是玻璃态，温度在 T_g～T_f 之间是高弹态，温度在 T_f～T_d 之间是黏流态(即塑性良好的状态)。温度大于 T_d 时塑料降解而变稀，这时模内分型面处易溢料。塑料在玻璃态时可进行机械加工；高弹态时可进行热冲压成型，热锻及真空成型；黏流态时可注射、模压、吹塑、挤出成型。

7. 温度和压力对黏度的影响

塑料的黏度随着压力和温度的升高而降低，见图 11.3 所示。黏度降低可增加塑料的流动性，有利于塑料制品的成型。

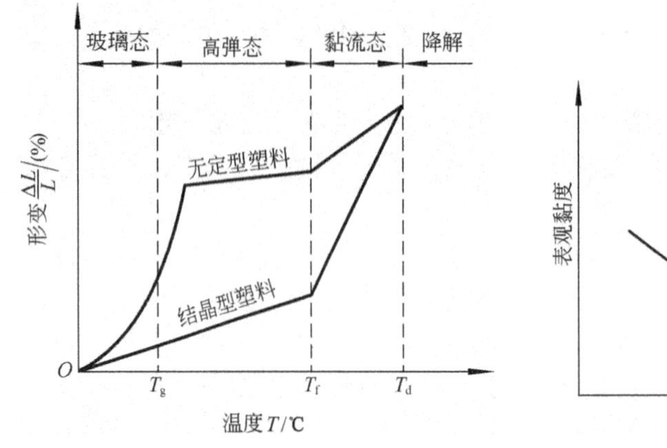

图 11.2　塑料状态与温度的关系　　图 11.3　塑料黏度与压力、温度的关系

11.1.2　塑料制品成型技术方法

塑料成型加工一般包括原料的配制和准备、成型及制品后加工等几个工序，成型是将一定形态的塑料原料制成所需的形状或坯件的过程。成型的方法很多，分类也不一致，一种较常用的分类法是将成型分为一次成型和二次成型。在大多数情况下一次成型是通过加热使塑料处于黏流态，经过流动、成型和冷却硬化(或交联固化)将塑料制成各种形状的制品，图 11.4 所示为塑料制品成型加工过程示意图。一次成型法能制得从简单到复杂形状的尺寸精密的制品，应用广泛。一次成型包括挤出、注射、模压成型、传递模压、发泡成型、压延、模压烧结等。

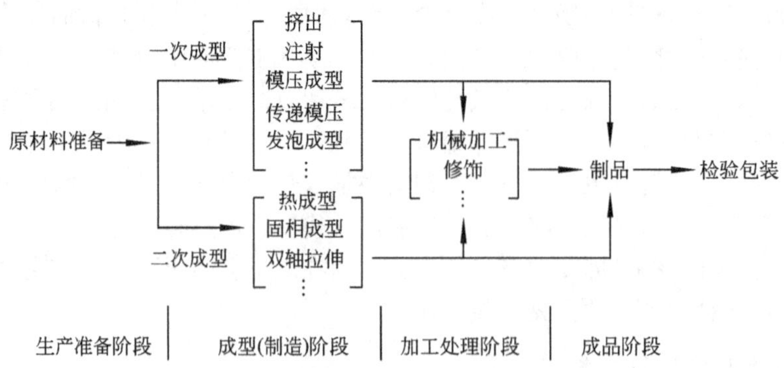

图 11.4　塑料制品成型加工过程示意图

二次成型是将塑料制品，如片材、棒材或管材再制成所需外形的方法，二次成型包括热成型、固相成型等。后续加工处理包括机械加工、修饰、装配等。机械加工指在成型后的制件上钻孔、车螺纹、车削或铣削等过程，用来完成成形过程所不能完成或完成得不够理想的工作。修饰是美化塑料制品的表面或外观，间或也达到其他目的，例如，为提高塑料制品的介电性能就要求制品具有高度光滑的表面；装配是将各个已经完成的部件连接或装配以使其成为一个完整的制品。可见在塑料制品成型加工过程中，成型是一切塑料制品生产的必经步骤。后续加工处理通常是根据制品要求取舍的，并不是每种塑料制品都需完整地经过后续加工处理，相对于塑料的成型过程来说，后续加工过程常居于次要地位。

近年来，成型方法的发展非常迅速，其发展趋势主要是节能、省料、提高效率和改进制品性能。尽管塑料成型方法较多，但最基本的成型方法有以下几种，其他方法大多为它们的演变和发展。

1. 挤出成型

挤出成型是使加热或未经加热的塑料，通过成型孔变成连续成型制品的方法。根据塑料塑化方式的不同，挤出工艺可分干法和湿法两种，干法的塑化是靠加热将塑料变成熔体，塑化和加压可在同一个设备内进行，定型处理仅为简单的冷却。湿法塑化是用溶剂将塑料充分软化，因此塑化和加压必须分为两个独立的过程，而且定型处理必须采用比较麻烦的溶剂脱除，同时还得考虑溶剂的回收。湿法挤出虽有塑化均匀和避免塑料过度受热的优点，但由于上面提到的缺点，故很少采用，仅限于硝酸纤维素和少数乙酸纤维等不能加热塑化的塑料的挤出。

1) 挤出成型过程及工艺参数

通常挤出成型过程包括塑化、挤出成型和冷却定型三个阶段。

(1) 塑化。塑料由挤出机料斗加入料筒后，在料筒温度和螺杆旋转、压实及混合作用下，由固态的粉料或粒料转变成为具有一定流动性的均匀连续熔融体的过程。

(2) 挤出成型。均匀塑化的塑料熔体随螺杆的旋转而向料筒前端移动，到达料筒内多孔板后，在螺杆的旋转挤压作用下，通过多孔板流入模具(机头)，并按模具中成型零部件的形状成型的过程。

(3) 冷却定型。被挤出的具有一定形状的高温塑料在挤出压力和牵引力作用下，经冷却后，形成具有一定强度、刚度和一定尺寸精度的连续制品的过程。

挤出成型的主要技术参数是温度、压力和挤出速率。

(1) 温度。在挤出成型过程中，根据物料在料筒内的位置和状态，将其分为三个区域，即加料段、压缩段和计量段。在加料段内，塑料呈固体状态，故又称为固体输送段；在压缩段内，物料由固态逐渐被螺杆压实并转化为熔体，故又称为熔融段；计量段的熔体进一步塑化均匀，并使料流定量定压由机头流道均匀挤出，故称为均匀段。为了保证塑料在料筒中输送、熔融、均匀化和挤出过程顺利进行，必须控制料筒及料筒各段的温度。一般情况下，加料段温度不宜过高，压缩段和计量段则可控制高一点。具体应根据塑料制品的种类和形状尺寸而定。料筒温度升高时塑料黏度降低，有利于塑化并增加生产率；但如果机头和口模温度过高，挤出物的形状稳定性差，制品的收缩率增加。因此，机头温度应控制在塑料分解温度以下，口模处的温度可比机头温度稍低一些，但应能保证塑料熔体具有良好的流动性。

(2) 压力。在挤出成型过程中，由于料流的阻力，螺杆螺槽深度的改变，滤网、过滤板、分流器和口模的阻力，在塑料内部建立起一定的压力。这种压力是塑料变为熔融状而得到均匀熔体，并最后挤出致密塑料制品的重要条件之一。

增加机头压力可以提高挤出熔体的混合均匀性和稳定性，提高产品致密度，但机头压力过大将影响生产率。因此必须根据塑料品种和塑料制品类型确定合理的数值及参数。

(3) 挤出速率。挤出速率是单位时间内挤出机口模挤出的塑料质量(单位 kg/h)或长度(单位 mm/min)。挤出速率代表着挤出机生产率的高低。影响挤出速率的因素很多，如机头的阻力，螺杆和料筒的结构、螺杆转速以及塑料的特性等。一般情况下，当螺杆和料筒确定后，挤出速率与螺杆转速、机头阻力、塑料特性有关。挤出速率波动将影响塑料制品的几何形状和尺寸精度。因此，除了正确确定螺杆结构参数之外，还应控制其转速和挤出温度的稳定性，注意加料情况的正常性等。

2) 成型设备

挤出成型设备主要是挤出机和挤出模具。挤出机一般分为螺杆式和无螺杆式两大类，螺杆式挤出机又分单螺杆(图 11.5)、双螺杆和多螺杆挤出机。其工作原理是借助于螺杆旋转产生的压力和剪切力，使物料充分塑化和均匀混合，通过型腔(口模)而成型，因而使用一台挤出机就能完成混合、塑化和成型等一系列工序，进行连续生产无螺杆挤出机以柱塞式挤出机为主，柱塞式挤出机主要是借助柱塞压力，将事先塑化好的物料挤出口模而成型。料筒内物料挤完后柱塞退回，待加入新的塑化料后再进行下一次操作，生产是不连续的，而且对物料不能充分搅拌、混合，还需预先塑化。该设备仅用于黏度特别大，流动性极差的塑料。

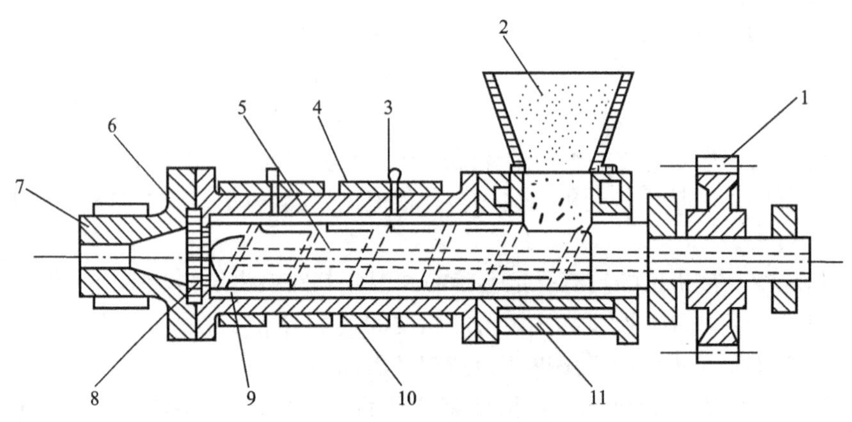

图 11.5　单螺杆挤出机示意图

1—传动装置；2—料斗；3—热电偶；4—加热器；5—螺杆；6—过滤板；7—机头和口模；8—过滤网；9—流道；10—料筒；11—冷却水夹套

3) 成型特点

与其他成型方法相比挤出成型的特点是：①生产连续化且可根据需要制造任意长度的制品；②比注射成型生产效率高；③应用范围广；④可以完成不同工艺过程的综合性加工，如挤出机与压延机配合生产薄膜，挤出机与复合机配合生产复合制品，挤出机与造粒机配合可以造粒等；⑤生产操作简单，工艺控制较容易。

另外，挤出成型中有一个区别于其他成型的特有现象，即制品出模膨胀。因此，在产品设计、工艺设计和模具设计中必须考虑补偿措施。

4）适用塑料和典型制品

挤出成型适用于所有的热塑性塑料，最常用的有聚氯乙烯、聚乙烯、聚苯乙烯、ABS等，也可用于某些热固性塑料。

挤出制品占热塑性塑料制品的40%～50%，典型制品有塑料薄膜、塑料板材和管材、塑料门窗异型材、微发泡板材、棒材、片材、电线电缆的包覆物等。

5）发展趋势

今后，挤出成型仍将是塑料成型加工的主要方法，并向计算机控制方向发展，以求得更高程度的自动化挤出作业，将更全面地与其他成型方法(如热成型)相结合，为塑料制品提供更为完整的成型加工系统。

2. 注射成型

注射成型又称注射模塑或注塑成型，是在加压下将物料由加热料筒经过主流道、分流道、浇口注入闭合模腔的模塑方法，是热塑性塑料制品的一种主要成型方法。随着注射成型技术的发展，注射成型已成功地应用于某些热固性塑料制品，甚至橡胶制品的工业生产中。注射成型具有生产周期短，能一次成型外形复杂，尺寸精确和带有金属嵌件的塑料制品，生产效率高，易于实现自动化操作，加工适应性强等优点，但成型设备昂贵。

1）注射成型过程及工艺参数

注射成型是根据金属的压铸技术发展起来的，其成型原理示意图如图11.6所示，将粒状原料在注射机的料筒内加热熔融塑化，在柱塞或螺杆加压下，压缩熔融物料并向前移动，然后通过料筒前端的喷嘴以很高的速度注入温度较低的闭合模具内，冷却成型后，开模即得制品。

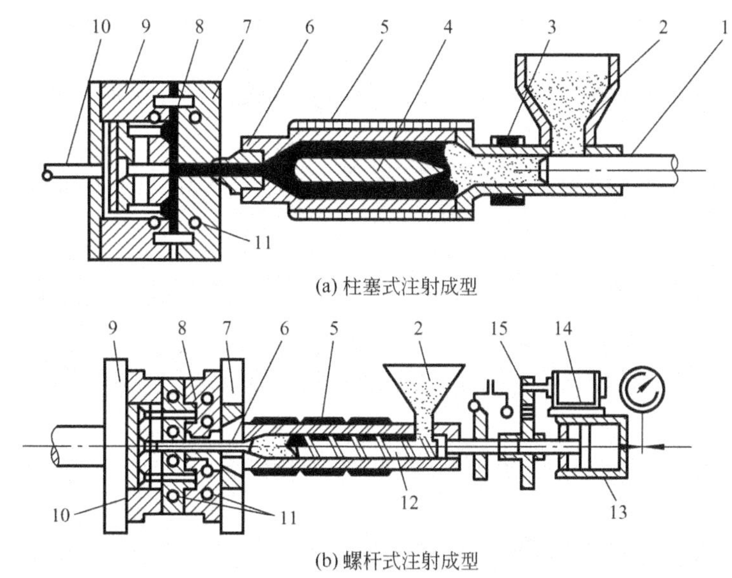

(a) 柱塞式注射成型

(b) 螺杆式注射成型

图11.6 注射成型原理示意图

1—柱塞；2—料斗；3—冷却套；4—分流梭；5—加热器；6—喷嘴；7—固定模板；8—制品；9—活动模板；10—顶出杆；11—冷却水；12—螺杆；13—油缸；14—电动机；15—齿轮

注射成型过程包括成型前的准备、注射成型过程以及塑料制品的后处理三个阶段。这里主要介绍注射成型过程。注射成型过程示意图如图 11.7 所示，其成型过程分为加料、塑料熔融、注射、制品冷却和制品脱模五个主要工序。

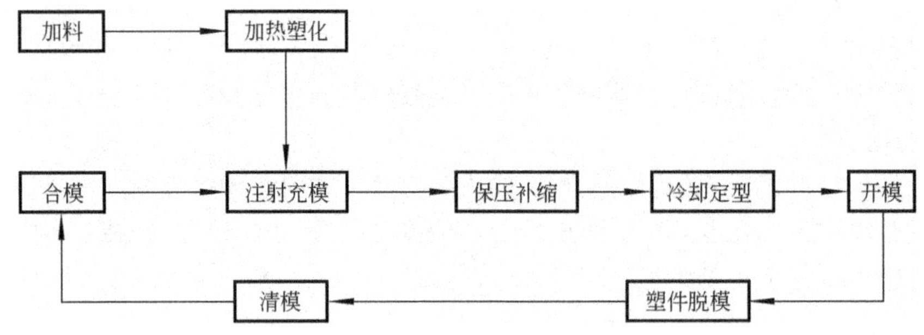

图 11.7 注射成型过程示意图

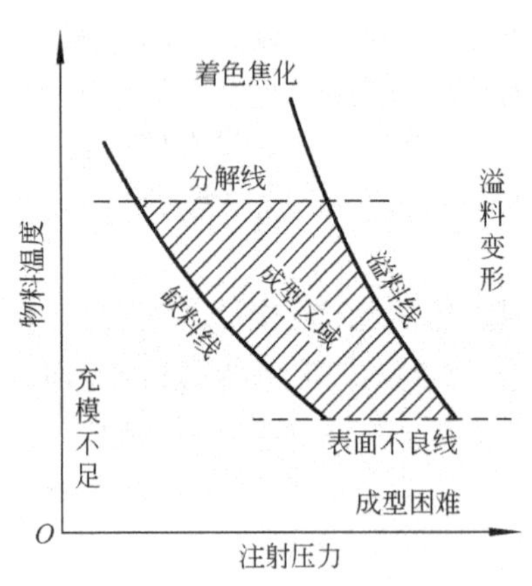

图 11.8 注射成型面积图

在注射成型过程中，一些主要因素将直接影响成型操作和制品的品质。这些主要因素是成型温度(包括料筒温度、喷嘴温度和模具温度)、注射压力和速度以及成型周期。图 11.8 所示是注射成型面积图，在“成型区域”以外加工，将会出现图中所示的各种品质问题。

(1) 料筒温度。料筒温度的选择应保证塑料塑化良好，能顺利实现注射，又不引起塑料分解。料筒温度主要根据塑料的熔点或软化点来确定，各种塑料具有不同的流动温度。因此对非结晶型塑料，料筒末端最高温度应高于流动温度，而对结晶型塑料应高于熔点，但必须低于塑料的分解温度，否则将导致熔体分解。此外还应根据制品的大小、厚薄、流程长短和成型时间进行调整。如薄壁塑料制品的模腔较狭窄，熔体注入阻力大，冷却快，因此料筒温度应选择高一些，以便提高塑料的流动性，达到顺利充模的目的。而对厚壁塑料制品，则料筒温度可选择低一些。

选用不同类型的注射机，塑料在料筒内的塑化过程不同，因此选择料筒温度也不同。如对于柱塞式注射机，料筒温度应高些，以使塑料内外层受热，塑化均匀。而对于螺杆式注射机，由于螺杆旋转搅动，使物料受高剪切作用，物料自身摩擦生热，因此料筒温度选择可低一些。

料筒温度分布是，靠近料斗处较低，在喷嘴端较高。

(2) 喷嘴温度。喷嘴温度一般比料筒最高温度略低一些，以避免产生流涎现象，但也不能太低，以防堵塞喷孔或在模腔中流入冷凝料。

(3) 模具温度。模具温度决定于塑料的种类、塑料制品尺寸与结构、性能要求以及其他技术条件等。注射成型模具一般呈两种状态：一种是加热状态；一种是冷却状态。采用冷却状态还是加热状态，主要取决于塑料的种类。如成型聚烯烃、有机玻璃和尼龙制品时，模具都要通水冷却。对一些黏度高、流动性差、结晶速度快、内应力敏感的塑料，如聚碳酸酯等，注射时模具必须加热，否则制品容易开裂。模具加热温度以不超过塑料的热变形温度为限。模温太高，制品脱模时就会变形。

(4) 注射压力。注射压力是指柱塞或螺杆顶部对塑料所施加的压力。其作用是克服塑料流动充模过程中的流动阻力，使熔体具有一定的充模速率，并对熔体进行压实。注射压力的大小取决于塑料品种、注射机类型、模具结构、塑料制品厚度和流程以及其他技术条件，尤其是浇注系统的结构和尺寸。在塑料熔体黏度较高、壁薄、流程长和针尖浇口等情况下，采用较高的注射压力；模具结构简单，浇口尺寸较大时，注射压力可以较低；料筒温度高、模具温度高的注射压力也可以较低。

(5) 成型时间。成型时间是指完成一次注射成型全过程所需的时间。成型时间过长，在料筒中的原料因受热时间过长而分解，塑料制品因应力大而降低强度。成型时间过短，会因塑化不完全导致制品变形。因此合理的成型时间是保证制品品质，提高生产率的重要条件。

2) 成型设备

注射成型所用的设备主要是注射机和注射模具。目前，注射机的类型很多，分类方法也各有不同，但普通的分类方法是按塑料在料筒中熔融塑化的方式来分类，即柱塞式注射成型机和螺杆式注射成型机。

注射机主要由料筒和螺杆或柱塞组成，如图 11.6 所示。前者的作用是加热塑料，使其达到熔化状态，后者是对熔融塑料施加高压，使熔融料射入并充满型腔。注射模具主要由浇注系统和模腔组成。

3) 成型特点

注射成型是三维复杂塑料制品批量生产的主要方法，是体积消耗量最大的塑料加工方法，具有很大的设计灵活性。它是变种最多的一种成型方法，如热塑性塑料注射成型、热固性塑料注射成型、夹层注射成型、液体注射成型、结构发泡注射成型、注射压制成型等。另外，在注射成型中，制品的复杂程度决定模具的复杂程度，模具设计制造的依赖性最大，对模具设计制造技术要求较高。

4) 适用塑料和典型制品

几乎所有的热塑性塑料(除氟塑料外)都可以采用注射成型，另外还有针对热固性塑料(如酚醛塑料)的注射成型。

注射成型的塑料制品占目前塑料制品的 20%～30%，其主要产品有电视机、电话机、音响等家电外壳，汽车保险杠、仪表板、蓄电池外壳等汽车用塑料件等。从塑料产品的形状看，除了很长的管、棒、板等塑材不宜采用注射成型外，其他各种形状和尺寸的塑料制品几乎都可以成型。

5) 发展趋势

注射成型今后仍将是复杂三维塑料制品的主要成型方法。影响注射成型工艺和制品性能的各类问题，如塑料材料的变化(品种繁多)对成型的影响，模具的质量控制及注射机过程控制等正在逐步得到解决(将更多地采用 CAD/CAM/CAE 技术进行模具设计、制造和分析)以使模具设计标准化、科学化，较少地依赖经验和技巧，大大提高模具设计制造质量、缩短生产周期，同时注射机将更加趋于高效、高精度和高自动化。

3. 模压成型

模压成型(又称压缩模塑、压塑成型等)是塑料成型加工技术中历史最悠久，也是最重

要的方法之一。它是将粉状、粒状或纤维状的塑料放入加热的模具型腔中，然后合模加压使其成型固化，最后脱模成为制品。模压成型可兼用于热固性塑料和热塑性塑料，对热塑性塑料，由于其无交联反应，所以在充满模腔后必须冷却至固态温度，才能开模取出制品。由于热塑性塑料模压成型时需要交替地加热、冷却，故生产周期长、效率低、所以只限制一些流动性很差的热塑性塑料的成型。

1）模压成型过程及工艺参数

模压成型过程一般包括模压成型前的准备及模压过程两个阶段，塑料的准备又分为预热和预压两部分。预热对热固性和热塑性塑料均适用，而预压一般适用于热固性塑料。对热固性塑料而言，模压成型时置于型腔中的塑料一直处于高温状态，并在压力作用下先由固体变为半液体并在该状态下充满型腔而形成与型腔形状一样的模制品，随着交联反应的深化，半液体的黏度逐渐增加以至变为固体，最后脱模成为制品。对热塑性塑料而言，模压成型的前一阶段与热固性塑料相同，但是由于没有交联反应、所以在型腔充满后，须进行冷却使其固化才能脱模成为制品。其流程如图 11.9 所示。

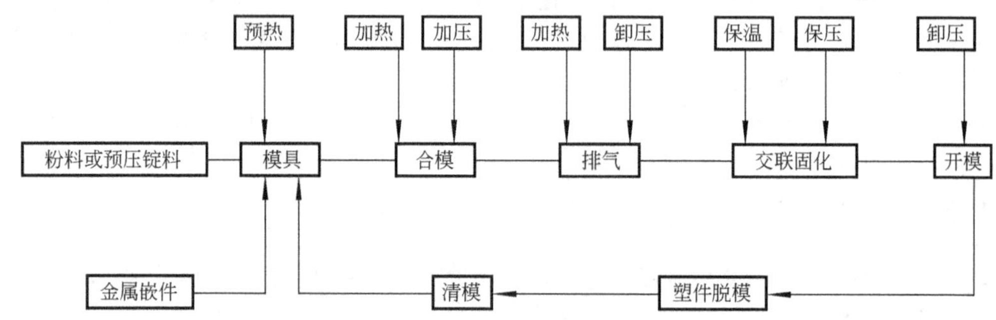

图 11.9　模压过程流程图

通常，模压成型前的准备工作主要是指预压、预热和干燥等预处理工序。模压成型过程主要包括加料、合模、排气、交联固化、制品脱模、清理模具等。这里着重讨论模压成型过程。

(1) 加料。加料的关键首先是控制加料量。因为加料量多少直接影响塑料制品的尺寸和密度，所以必须严格控制加料量。其次是物料的合理堆放，以免造成塑料制品局部疏松现象。

(2) 合模。加料后即进行合模，合模要按先快速、后慢速的合模方式进行。当凸模尚未接触物料前，为缩短生产周期，避免塑料在合模之前发生化学反应，应尽快加大合模速度。当凸模接触塑料之后，为避免嵌件或模具成型零件的损坏，并使模腔内的空气充分排出，应放慢合模速度。

(3) 排气。成型热固性塑料时，必须排除成型物料中的水分和低分子挥发物变成的气体以及化学反应时产生的副产物，以免影响塑料制品的性能和表面质量。一般在模具闭合后，将压缩模具松动一定时间，以便排气。排气操作应力求快速，并要在塑料处于可塑状态下进行。

(4) 交联固化。模压热固性塑料时，塑料制品依靠交联反应固化定型，即为硬化过程。这一过程进行的时间是要保证硬化良好，获得最佳性能的制品。但对固化速率不高的塑料，有时不必将整个固化过程放在模具内完成，只需塑料能完整脱模即可结束成型，然后采用后烘处理来完成固化，模内固化时间根据塑料品种、塑料制品厚度、预热状况与成型温度而定。

(5) 塑料制品脱模。制品脱模可采用手动推出脱模和机动推出脱模。

(6) 清理模具。脱模后必须除去残留在模具内的塑料废边，用压缩空气吹净模具。

模压成型过程工艺参数主要包括成型温度、成型压力和成型时间。

(1) 成型温度。对热固性塑料来讲，加热的目的是使塑料在模具型腔中受热软化，便于充满型腔，同时在特定的温度下，使塑料发生化学交联，最终为不溶解、不熔融的塑料制品。成型温度是影响成型时间、成型压力、制品品质的重要因素。选择成型温度通常应考虑塑料品种、制品的尺寸及形状、成型压力大小以及预热等具体条件。如果成形温度过高，将使交联反应过早发生，且反应速度加快，虽有利于缩短固化时间，但因物料熔融充模时间变短，易发生充型困难的现象。此外，成型温度过高还降低塑料制品表面品质和性能。成形温度过低，塑料的流动性变差，不能充满型腔或反应不完全。成型温度低，还必须采用较高的成型压力。

(2) 成型压力。成型压力的作用是使熔融塑料充满型腔，并使其压实、压紧；同时排除在压制过程中由于化学反应而产生的水蒸气和挥发物质，从而避免制品起鼓、变形、甚至开裂，以保证模压成型塑料制品的密度合适、尺寸精度高并具有清晰的表面轮廓。

塑料品种、物料形态、塑料制品形状尺寸、成型温度、硬化速度、压缩率和预热情况等均影响成型压力的大小。对于流动性差的塑料，为保证其顺利充模需采用较高的成型压力。塑料制品形状越复杂、成型温度越低、成型深度越大、收缩率越大所需成型压力越大，未经预热的成型物料所需的成型压力越大。

(3) 成型时间。成型时间是指加料、合模、排气、加压、固化、脱模、模具清理等工序所需的时间。在此时间内，塑料完成其化学反应，硬化成一定形状的制品，成型时间与成型温度、制品厚薄及塑料的硬化速度有关。通常提高成型温度，可以缩短成型时间。塑料制品厚度较大时，一般需要较长的成型时间，否则塑料制品内层就有可能因为交联程度不够而欠熟，但成型时间过长时，塑料制品外层有可能过热。此外，对成型物料进行预热或预压以及采用较高的成型压力时，成型时间均可适当缩短。

2) 成型设备

模压成型的主要设备是压机和模具。压机的作用在于通过模具对塑料施加压力，开闭模具和顶出制品。模压成型所用压机的种类很多，但用得最多的是自给式液压机，压力自几万牛至几百万牛不等。

所用模具按其凸、凹部分的结构特征分为溢料式、不溢式和半溢式等，其中以半溢式用得最多，适用于各种模压成型场合，如单型腔、多型腔、大的、复杂的塑料制品等。在模具基本结构不变的情况下有时为了降低制模成本，改进操作条件，或便于模塑更为复杂的制品，可对模具做适当改进，如多槽模和组合模就是常见的改进后的模具。

(1) 溢料式模压成型模。溢料式又称敞开式模压模，其典型结构如图 11.10 所示。该模具无单独的加料腔，模具型腔起加料腔作用。型腔的高度等于塑料制品的高度。由于凸模、凹模没有配合面，因此，模压时过剩的塑料极易溢出，有时在塑料还未压实前，余料已从四周挤压面 B 向外溢出，使成型密度不高，强度也差。同时，这类模具压缩的塑料制品飞边是水平方向的，去除溢边常会损害塑料制品的外观。

溢料式模具的优点：结构简单，塑料制品易取出。加料不需要十分准确，一般应稍过量，约为制品质量的5%。它适合于压制扁平的盘形塑料制品，流动性好的低精度及薄壁大型塑料制品。如各种盒盖、纽扣、装饰品等。

(2) 不溢式模压成型模。不溢式模具结构如图11.11所示。该模具结构特点是加料腔是型腔的延续，其断面形状、尺寸与型腔完全相同，无挤压面、成型时压力机的压力全部传递到塑料制品上，能获得密度高、强度大、形状复杂、壁薄、长流程、比容大的塑料制品。特别适用于含棉布、玻璃纤维等长纤维模料的塑料制品。由于凸模和凹模有一定配合(单边间隙为0.07～0.08mm)，产生溢边少，且呈垂直方向分布，易除去。

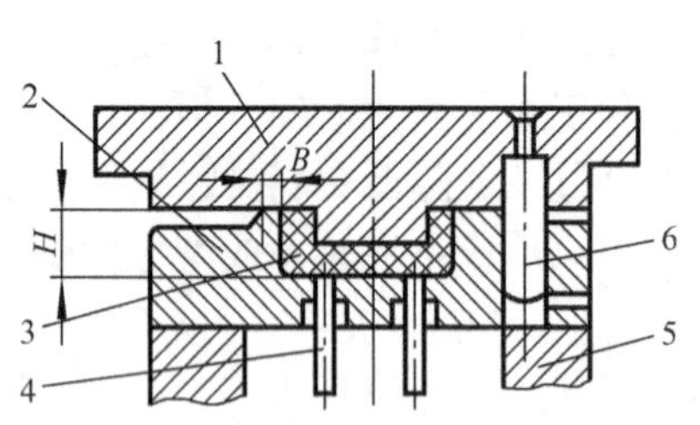

图11.10　溢料式模具结构示意图

1—凸模；2—凹模；3—制品；
4—顶出杆；5—垫板；6—导柱

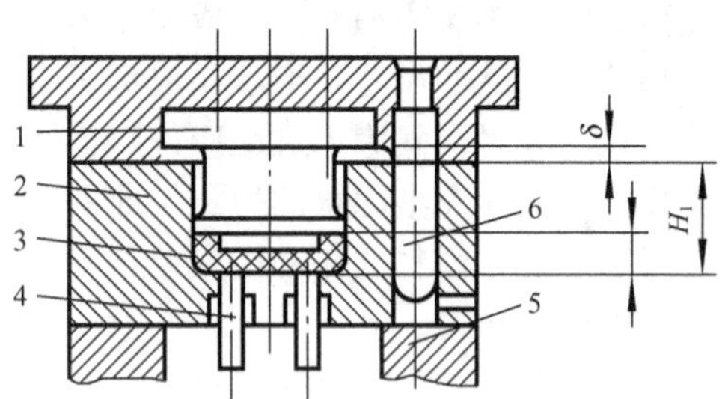

图11.11　不溢式模具结构示意图

1—凸模；2—凹模；3—制品；
4—顶出杆；5—垫板；6—导柱

采用不溢式模具结构时，由于塑料的溢出量少，加料量直接影响制品的高度尺寸，所以加料要求准确。一般也不应设计成多腔式模，因为加料稍有不均衡就会形成各腔压力不均等，导致部分塑料制品欠压。凸模与凹模配合较紧密，装卸时易造成模具损伤或塑料制品缺料。为防止凸模与凹模的磨损，应使用较好的模具材料，进行淬火处理获得较高的硬度。由于加料室与型腔断面尺寸相同，顶出制品过程会擦伤塑料制品表面，影响外观质量。

不溢式模具脱模困难，应设脱模装置。

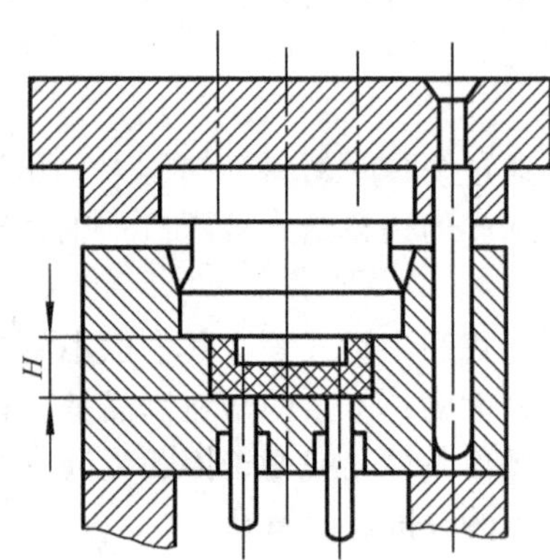

图11.12　半溢式模具结构示意图

(3) 半溢式模。结构如图11.12所示，该模具结构特点是有加料腔、挤压面。加料腔设在型腔上方，其断面常常大于型腔尺寸，两者交界处形成一个宽度为4～5mm的挤压环。挤压环起限制凸模行程的作用，故易于保证塑料制品高度方向的尺寸精度。凸模在四周开有纵向溢料槽，使多余的塑料溢出，因此，加料量不必严格控制。用这类模具使用成型的塑料制品兼有溢式和不溢式的优点，既能保证壁厚尺寸精度，又能保证高度方向尺寸精度，而且致密度高。模具使用寿命长，塑料制品脱模容易，凸模与加料腔在制造上较不溢式简单。其缺点是对于流动性差的片状或纤维状塑料的成型会形成较厚的毛边。

3) 成型特点

与注射成型相比，模压成型的主要优点是可模制较大平面的制品和利用多槽模进行大批量生产，其中热固性塑料模塑制品具有耐热性能好、使用温度范围宽、变形小等特点；

模压成型可采用普通液压机，模具无浇注系统，结构简单，适用于流动性差的塑料，易于成型大型制品；制品的收缩率较小，变形小，各向性能比较均匀。其缺点是成型周期长、生产效率低；自动化程度较低，劳动强度大；溢边较厚，对于厚壁、带有深孔和形状复杂的制品难以成型；模具易成型、磨损、寿命短且自动化程度较低，工人劳动强度大。

4）适用塑料和典型制品

模压成型时塑料在型腔内处于半液态，并在这种状态下充满型腔，内应力很低，易于保持制品形状。由于模塑时对塑料的流动性要求较低，因此适用于高黏性塑料。

模压成型主要用于热固性塑料制品的生产，所用塑料主要有酚醛树脂类、氨基树脂类、环氧树脂类、有机硅(主要是硅醚树脂的压塑粉)树脂类塑料，此外还有硬聚氯乙烯、聚三氟氯乙烯、氯乙烯与乙酸乙烯共聚物、聚酞胺等，其中以酚醛塑料、氨基塑料使用最广。其制品主要用作机械零部件、电器绝缘件和日用品等，如汽车配电盘、电器开关、餐具等。

5）发展趋势

模压成型正在发展成为一种更精确的加工方法。在加工过程中，采用更多的联机控制的自动化技术对材料进行预热、预压、加料和制品脱模，以提高效率和保证质量。将模压成型技术与其他成型加工方法结合起来，加工出耐高温和结构复杂制品是模压成型的发展趋势。

4. 传递模压

传递模压(又称传递模塑)是将热固性塑料经过加热室进入加热模具的闭合模腔，而成型的方法。它分为活板式、罐式、柱塞式三类，最常用的为活板式。传递模压能制出模压成型难以制作的外形复杂、薄壁或壁厚变化很大及尺寸精度高的制品，而且生产周期比压缩模塑短。

1）成型设备

传递模塑使用的设备根据传递模塑的三种不同形式有所不同。活板式传递模塑通常采用手工操作，制得的制品较小，而且所带嵌件大多两端都伸出制品表面。这种方法所采用的压机就是模压成型用的压机，只是所用模具略有不同，除凹凸模外，还有一活板装置。

罐式传递模塑与活板式传递模塑极为相似，只是所用模具的结构不同。该模具主要特点是，传递柱塞的截面积应比凹凸模分界面上的制品、分流道和主流道等截面积的总和大10%，以便保证模具在模塑中能完全闭合。这种方式可采用多槽模或成型较大的制品，并可进行半自动化操作。

柱塞式传递模塑所用压机具有两个液压操纵的柱塞，分别叫做主柱塞和辅柱塞，前者用作夹持模具，后者用作挤压塑料。

2）成型特点

尽管传递模塑使用的设备有所不同，但塑料都是在塑性状态下采用较低压力充满闭合型腔。因此，传递模塑具有以下优点：①可成型薄壁和复杂形状制品；②可制造带有精细或易损嵌件和穿孔的制品；③制品性能较均一，尺寸较准确；④制品废边少，可减少后加工量；⑤模具的磨损较小。

传递模塑也有其特有的缺点：①塑料在通过流道和浇口时受较大压力，产生高剪切应力，易于产生较大收缩和翘曲变形；②成本较压缩模塑高，塑料损耗多；③纤维增强的塑料成型时，制品会因纤维取向产生各向异性；④嵌件四周的塑料有时会因熔接不牢而使制品强度降低。

3）适用塑料及典型制品

适用于传递模塑的塑料以热固性塑料为主，一般适用于模压成型的塑料也适用于传递模塑，如酚醛类、环氧类、三聚氰胺甲醛类塑料等。其典型塑料制品有集成电路芯片，带有金属镶嵌件的热固性塑料制品，如电器开关等。

4）发展趋势

传递模塑发展至今仍是一种具有生命力的热固性塑料加工方法，尤其在电子、电器行业及带有嵌件制品的成型加工中具有广阔市场。

5. 吹塑成形

吹塑是通过将挤出或注射的管坯或型坯趁热于半熔融的类橡胶状态时，置于各种形状的模具中，并及时在管坯或型坯中通入压缩空气将其吹胀，使其紧贴于型腔壁而成型，经冷却脱模后，即得中空塑料制品。

1）吹塑工艺方法

吹塑的形式主要有注射吹塑和挤出吹塑两种，但后者不能独立成为一种加工方法，必须与注射吹塑或挤出吹塑结合起来，而形成注射拉伸吹塑或挤出拉伸吹塑。尽管它们有形式上的差异，但吹塑过程的基本步骤是相同的，主要包括：①熔融材料；②将熔融树脂形成管状物或型坯；③将中空型坯于吹塑模中熔封；④将模内管坯、型坯吹胀；⑤冷却；⑥从模具中取出制品；⑦修整。

(1) 中空塑料制品吹塑。中空塑料制品吹塑是将处于熔融状态的空心塑料型坯置于闭合的吹塑模具型腔内，然后向其内部通以压缩空气，以迫使其表面积胀大，并贴紧模腔内壁，最后冷却定型得到具有一定形状和尺寸的中空吹塑制品。

应用中空吹塑可以生产各种塑料容器。适于中空吹塑成型的塑料有聚乙烯、聚氯乙烯、聚丙烯、聚苯乙烯、热塑性聚酯、聚酰胺等，其中聚乙烯应用最为广泛。

吹塑成型过程包括塑料型坯的制造和吹塑成型。根据型坯制造方法不同，吹塑成型又分为注射吹塑成型和挤出吹塑成型。

① 注射吹塑成型。注射吹塑成型是用注射成型法将塑料制成有底型坯，再把型坯趁热移到吹塑模具中吹塑成型得到中空容器制品。注射吹塑成型的优点是制品壁厚均匀、质量公差小、后加工量小、废边少、制品光洁度好。但需要注射和吹塑两副模具，故设备投资大。

注射吹塑成型过程示意图如图 11.13 所示，注射机将熔融的塑料注射成型坯，开模后型坯仍留在芯模上，将芯模整体移至吹塑模具中，趁热合模并从芯模吹入 0.2～0.7MPa 的压缩空气进行吹塑成型，在压力冷却后即可脱模。

② 挤出吹塑成型。挤出吹塑是利用挤出法将塑料挤成管坯，如图 11.14 所示。

这种成型方法的优点是设备与模具结构简单，缺点是型腔壁厚不易均匀，从而会引起吹塑制品壁厚的差异。

③ 拉伸吹塑成型。拉伸吹塑成型技术是一种较先进的吹塑成型方法。它先经挤出或注射成型制成型坯，然后将型坯处理至理想的拉伸温度，经内部的拉伸芯棒或外部的夹具借机械作用力进行纵向拉伸，同时或稍后再经压缩空气吹胀进行横向拉伸。经过这样的双

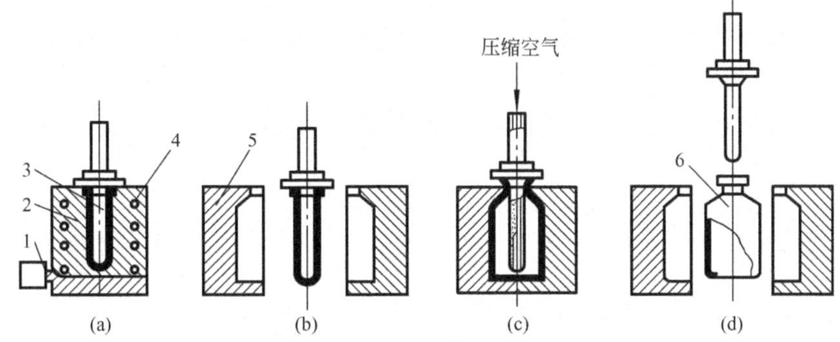

图 11.13 注射吹塑成型过程示意图

1—注射机嘴；2—注射型坯；3—空心凸模；4—加热器；5—吹塑模；6—制品

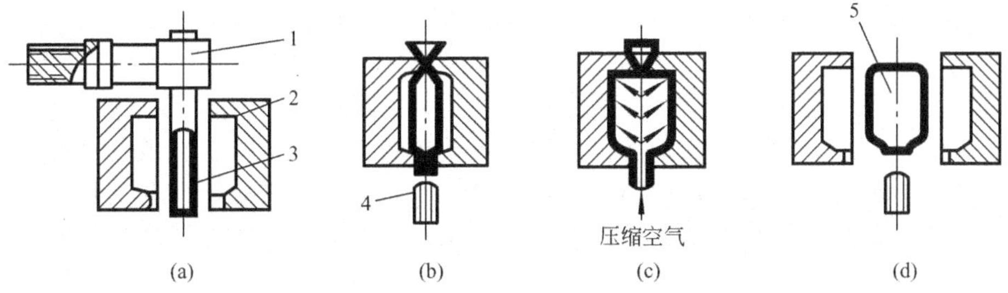

图 11.14 挤出吹塑成型过程示意图

1—挤出机头；2—吹塑模；3—管状型坯；4—压缩空气吹管；5—制品

向拉伸以后，吹塑制品的透明度、冲击强度、表面硬度和刚度都有较大的提高。

注射拉伸吹塑过程可分为注射型坯、加热拉伸、吹塑以及取出制品 4 个步骤，如图 11.15 所示。

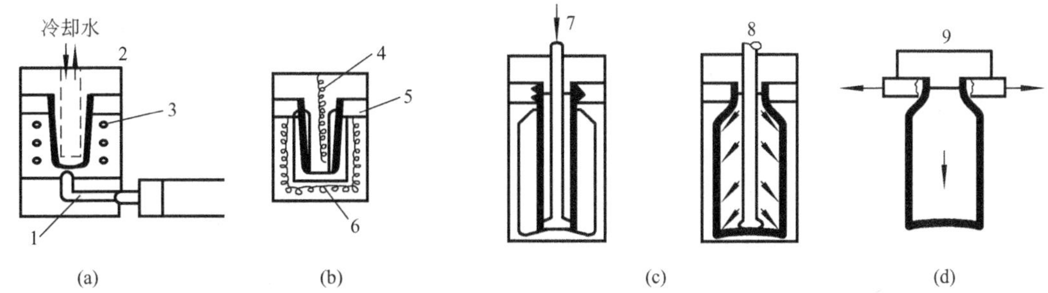

图 11.15 注射拉伸吹塑成型过程示意图

1—热分流道；2—注射型坯；3—冷却水孔；4—加热型坯；5—模具口部；
6—加热体；7—拉伸；8—吹塑；9—取出制品

图 11.15(a)所示将熔融塑料注射到型坯模中，急冷而形成透明的有底型坯；图 11.15(b)所示将型坯的螺纹部分用口部模具夹持移向加热工位，用内外加热器进行加热；图 11.15(c)将加热的有底型坯移向拉伸、吹塑工位后，拉伸 2 倍左右吹塑成型；图 11.15(d)将拉伸吹塑后的制品移向制品取出工位，螺纹部分模具开启，取出制品。

(2) 薄膜吹塑成型。塑料薄膜可以用压延、吹塑及狭缝机头直接挤出等方法生产。其中吹塑法生产薄膜最经济，它要求的设备和成型过程简单，操作方便，而且同一台设备可在适当范围内调整薄膜的宽度和厚度，生产出不同规格的品种。吹塑薄膜还具有物理力学性能好，强度较高的优点，吹塑法可以加工软质和硬质聚氯乙烯、高密度和低密度聚乙烯、聚丙烯、聚苯乙烯等多种塑料薄膜。

薄膜吹塑成型是利用挤出机将熔融塑料成型为薄膜管坯后，从机头中心向管坯吹入压缩空气，迫使管坯在高温下发生吹胀变形并转变成管状薄膜，导入牵引辊然后折叠卷取成为薄膜制品。

2) 成型设备

吹塑设备除用注射机和挤出机外，主要是吹塑用的模具。吹塑模具通常由两瓣组成，其中设有冷却剂通道，吹塑模具在生产过程中因受压力不大，结构较简单，故多选用强度较低的材料如铝、锌及其合金、铸铁和钢材等。

3) 成型特点

与其他塑料成型方法相比，吹塑成型的优点是所需锁模力较小、模具承受的压力较小、成塑产生的废料较少，但吹塑制品多是中空制品，有效控制制品壁厚的均匀性是保证吹塑制品质量的关键，对注射吹塑而言，其优点是制品壁厚较均匀、瓶颈尺寸稳定、废料少、更换模具容易，缺点是模具费用高、型坯温度不易控制、不能生产有柄制品，其适用于生产批量大、小型的精密容器；相对挤出吹塑而言，吹塑成型的优点是可吹制各种尺寸的中空制品、设备费用低、可制造形状不规则和有手柄或嵌件的制品，缺点是容器精度不高、壁厚分布不均匀等，挤出吹塑在吹塑成型中是应用最广泛、最重要的方法，所生产的中空制品约占吹塑制品的约90%。

4) 适用塑料和典型制品

吹塑成型常用的塑料有：聚乙烯、聚氯乙烯、聚丙烯、聚苯乙烯、热塑性聚酯、聚碳酸酯、聚酰胺、乙酸纤维和聚缩醛树脂等，其中以聚乙烯使用的最为广泛。典型的吹塑制品有：①容器类，如工业用耐酸容器、压力罐、汽车油箱及各种化学药品的包装瓶、食品和化妆品的包装瓶等；②新开发的各种工业零部件和日用制品，如双层壁箱形制品、环形大圆桶、码剁板、冲浪板、座椅靠背、课桌，以及汽车用的前阻流板、皮带罩、仪表板、空调通风管等。

5) 发展趋势

未来影响吹塑制品市场的主要因素是废旧制品的回收和制品的运输问题。因此，人们将更加注意吹塑设备的小型化，以尽量实现吹塑制品生产的本地化，同时随着吹塑成型方法不断发展，人们将更多地注重回收问题的研究。另外，计算机控制技术以及与其他成型方法结合提高吹塑成型技术，吹塑制品将更多地用来取代金属的燃料储罐和化学制品容器。

6. 热成型

热成型是将热塑性塑料片材或其他型材通常在模具上加热软化，然后经冷却而定型的方法，如将裁成一定尺寸和形状的热塑性塑料片材夹在框架上，使其加热软化至热弹态，片材边受热边延伸，并凭借片材两面的气压造成的压力使其贴近模具的型面，取得与型面相仿的形样，经冷却定型和修正，即可得到制品。

1）成型设备

热成型采用热成型机，其功能是：①材料夹持；②片材加热、成型、冷却、脱模。

2）成型特点

热成型是成本最低的塑料加工方法之一，加工设备相对较简单，制品特点是壁薄，且多为内凹外凸的半壳形。与其他加工方法相比，热成型模具的设计和制造比较简单，因此原型化技术应用较多，即采用廉价的材料(如木材、环氧树脂等)快速制造简单模具，易实现对产品形状、装配功能等设计方案的全面考查。但热成型需对原料进行前处理和对产品进行修整，因此劳动量较大。

3）适用塑料和典型制品

适于热成型加工的塑料有聚苯乙烯、聚氯乙烯、聚乙烯、ABS、聚甲基丙烯酸甲酯，以及多种热塑性共聚物等，有时高密度聚乙烯、聚酰胺、聚碳酸酯、聚对苯二甲酸乙二醇酯等也用此法成型。由于热成型是以塑料片材为原料，因此，材料需经浇铸、压延、挤出等方法制造成片材后才可用于热成型。现在热成型可以加工内外表面精度要求都较高的制品，如汽车和建筑业常用的一些制品。热成型制品大都属于半壳形，如杯、碟等食品容器，冰箱内衬，汽车内部镶板，塑料浴缸，电子仪表附件，飞机舱罩等。

7. 泡沫塑料成型

泡沫塑料是以合成树脂为基体制成的内部有无数微小气孔的一大类特殊塑料。泡沫塑料可用作漂浮材料、绝热隔音材料、减振和包装材料等。

泡沫塑料的发泡方法通常有以下三种：

(1) 物理发泡法。利用物理原理发泡，如在压力作用下，将惰性气体溶于熔融或糊状聚合物中，经减压放出溶解气体发泡；利用低沸点液体蒸发气化发泡等。

(2) 化学发泡法。利用化学发泡剂加热后分解放出气体发泡或利用原料组分之间相互反应放出的气体发泡。

(3) 机械发泡法。利用机械的搅拌作用，混入空气发泡。

按泡沫塑料软硬程度不同，可分为软质泡沫塑料、半硬质泡沫塑料和硬质泡沫塑料。按照泡孔壁之间连通与不连通，又可分为开孔泡沫塑料和闭孔泡沫塑料。此外，将密度小于 $0.4g/cm^3$ 的泡沫塑料称为低发泡塑料，大于 $0.4g/cm^3$ 的称为高发泡塑料。

泡沫塑料成型方法很多，有注射成型、挤出成型、压制成型及其他成型方法，这里仅介绍低发泡注射成型和与模压成型有关的可发性聚苯乙烯泡沫塑料制品的成型过程。

(1) 低发泡注射成型。在某些塑料材料中加入定量发泡剂，通过注射成型获取内部低发泡、表面不发泡塑料制品的过程称为低发泡注射成型。低发泡注射成型通常可分为单组分法和双组分法，单组分法又分为高压注射成型和低压注射成型两种。

① 低压法。又称为不完全注入法，与普通注射成型方法的主要区别在于使用的模腔压力很低，通常为 2～7MPa，故称低压法。低压法的特点是将含有发泡剂的塑料熔体，以高温高压注入型腔容积的 75%～80%，靠塑料发泡而充满整个型腔。此法要求注射机采用自锁式喷嘴，才能达到较好效果。低压法成型的塑料制品泡孔均匀，但表面粗糙。

② 高压法。又称完全注入法，其模腔压力虽然也远比普通注射低，但比低压法要高，为 7～15MPa，因此称为高压法。高压法的特点是利用较高的注射压力将含有发泡剂的塑料熔体注满容积小于制品的闭合模腔，接着通过一次辅助开模动作增大模腔容积，使之能

够与制品要求的体积相符，以便熔体能在模内发泡成型。这种方法的优点是制品表面平整，便于调节发泡率，控制制品致密表层的厚度。其缺点是模具结构复杂，精度要求高，塑料制品易留下粗糙的条纹或折痕，而且辅助开模时对注射机有保压要求。

③ 双组分注射法。这种方法成型特征是采用两种不同配方的原材料，通过两个注射装置，先后注入同一模腔中，以获得发泡的复合体塑料制品。且其内芯可掺用下脚料、填料等，使成本大为降低。

双组分注射法以夹芯层注射法最为典型。首先将不含发泡剂的塑料熔体注入模具型腔，随后由同一浇口注入含有发泡剂的塑料熔体。后进入的熔体将先进入的熔体挤压到型腔边缘，使型腔完全充满。最后再注入少量不含发泡剂的塑料熔体使浇口封闭。关闭分配喷嘴并保压几秒钟后，将模具开启一定距离，使含有发泡剂的芯层材料发泡。

用双组分注射法成型的低发泡塑料制品表面均匀平滑，表面粗糙度与致密塑料制品相近，且塑料制品表面能与型腔表面精确吻合，因此可复制出仿皮纹和木纹等表面结构。

(2) 可发性聚苯乙烯泡沫塑料制品的成型。可发性聚苯乙烯泡沫塑料制品是用含有发泡剂的悬浮聚苯乙烯珠粒，经一步法或二步法发泡制成要求形状的塑料制品。由于两步法发泡倍率大，制品品质好，因此广为采用，其成型过程如下：

① 预发泡。将存放一段时间的原材料粒子经预发泡机发泡成为直径大的珠粒，用水蒸气直接通入预发泡机机筒，珠粒在80%以上软化，在搅拌下发泡剂汽化膨胀，同时水蒸气也不断渗入泡孔内，使聚合物粒子体积增大。

② 熟化。预发泡后珠粒内残留的发泡剂和渗入的水蒸气冷凝成液体，形成负压。熟化就是在储存的过程中粒子逐渐吸入空气，内外压力平衡，但又不能使珠粒内残留的发泡剂大量逸出，所以熟化储存时间应严格控制。

③ 成型。模压成型包括在模内通蒸汽加热、冷却定型两个阶段。将预发泡珠粒充满模具型腔，通入蒸汽，粒子在时间20～60s里即受热、软化，同时粒子内部残留的发泡剂、空气受热共同膨胀，大于外部蒸汽的压力，颗粒进一步膨胀充满型腔和粒子的空间，并互相熔接成整块，形成与模具型腔形状相同的泡沫塑料制品，然后通水冷却定型，开模取出制品。

8. 压延成型

压延成型是将加热塑化的热塑性塑料通过一组以上两个相向旋转的辊筒间隙，而使其成为规定尺寸的连续片材的成型方法。

压延成型所采用的原材料主要是聚氯乙烯、纤维素、改性聚苯乙烯等塑料。压延产品有薄膜、片材、人造革和其他涂层制品等，薄膜与片材的区分在于厚度，一般厚度小于0.3mm为薄膜，厚度大于0.3mm为片材。

压延成型的生产特点是加工能力大、生产速度快、产品品质好、生产连续、产品厚薄均匀、厚度相对公差可控制在10%以内、而且表面平整。此外，压延生产的自动化程度高。其主要缺点是设备庞大，投资较高，维修复杂，制品宽度受压延机辊筒的限制等，因而在生产连续片材方面不如挤出成型的技术发展快。

11.1.3 塑料制品结构的技术特征

塑料制品的几何形状和尺寸是否满足或适应塑料成型工艺，将直接影响塑料制品的品质和成型工艺过程。

1. 塑料制品几何形状的设计

塑料制品几何形状的设计包括脱模斜度、壁厚、加强筋、圆角、孔和支承面的设计。

1）脱模斜度

为了便于使塑料制品从模具内取出型芯，防止塑料制品表面在脱模时划伤、擦毛等，塑料制品内外表面沿脱模方向都应有倾斜角度，即脱模斜度，如图11.16所示。

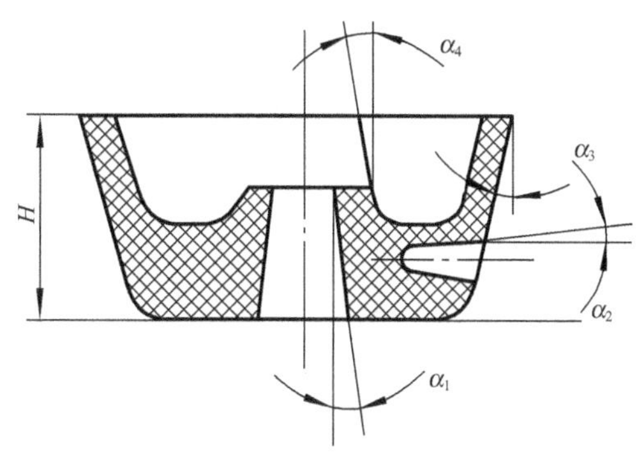

图 11.16 脱模斜度

塑料制品的脱模斜度的大小，与塑料的性质、收缩率的大小、塑料制品的壁厚和几何形状有关，也和制品高度、型芯长度有关。一般最小脱模斜度为15′，通常取0.5°即可。如果脱模斜度不妨碍制品的使用，则可将脱模斜度取大一些。

厚壁制品会因壁厚使成型收缩变大，脱模斜度应放大。形状复杂，或成型孔较多的塑料制品取较大的脱模斜度；塑料高度较大，孔较深则取较小的脱模斜度。内表面斜度比外表面的斜度要大些。为了开模后让制品留在凸模上，则可有意将凸模斜度减少，而将凹模斜度放大，反之亦然。表11－1列出了常用塑料制品的脱模斜度，可供设计时参考。

表 11－1 塑料件脱模斜度最小值

塑料名称	斜度	
	型腔	型芯
聚酰胺(尼龙)	25′～40′	20′～40′
聚乙烯	25′～45′	20′～45′
聚苯乙烯	35′～1°30′	30′～1°
聚甲基丙烯酸甲酯(有机玻璃)	35′～1°30′	30′～1°
ABS	40′～1°20′	35′～1°
聚碳酸酯	35′～1°	30′～50′
氯化聚醚	25′～45′	20′～45′
聚甲醛	35′～1°30′	35′～1°
热固性塑料	25′～1°	20′～50′

2）壁厚

合理确定塑料制品壁厚十分重要。塑料制品壁厚受使用要求、塑料性能、塑料制品几何尺寸与形状以及过程参数等众多因素的制约。塑料制品的壁厚应力求均匀、厚薄适当。如果壁太薄，熔料充满型腔的流动性阻力大，会出现缺料现象；而壁太厚，塑料制品内部易产生气泡，外部易产生凹陷等缺陷；壁厚不均将造成收缩不一致，导致塑料制品变形或翘曲。因此，塑料制品各部分壁厚应均匀一致，切忌突变和截面厚薄悬殊的设计。塑料制品壁厚一般为1～6mm，大型塑料制品的壁厚可达8mm，热塑性塑料制品最小壁厚及推荐厚度见表11－2，热固性壁厚见表11－3。

表11－2　热塑性塑件最小壁厚及推荐壁厚　　（单位：mm）

塑料名称	最小壁厚	小型塑件推荐壁厚	中型塑件推荐壁厚	大型塑件推荐壁厚
聚酰胺	0.45	0.75	1.6	2.4～3.2
聚乙烯	0.6	1.25	1.6	2.4～3.2
聚苯乙烯	0.75	1.25	1.6	3.2～5.4
改性聚苯乙烯	0.75	1.25	1.6	3.2～5.4
有机玻璃(372#)	0.8	1.5	2.2	4～6.5
硬聚氯乙烯	1.15	1.6	1.8	3.2～5.8
聚丙烯	0.85	1.45	1.75	2.4～3.2
氯化聚醚	0.85	1.35	1.8	2.5～3.4
聚碳酸酯	0.95	1.8	2.3	3～4.5
聚苯醚	1.2	1.75	2.5	3.5～6.4
醋酸纤维素	0.7	1.25	1.9	3.2～4.8
乙基纤维素	0.9	1.25	1.6	2.4～3.2
丙烯酸类	0.7	0.9	2.4	3.0～6.0
聚甲醛	0.8	1.40	1.6	3.2～5.4
聚砜	0.95	1.80	2.3	3～4.5

表11－3　热固性塑件壁厚　　（单位：mm）

塑件高度 / 塑料名称	≈50	50～100	＞100
粉状填料的酚醛塑料	0.7～2.0	2.0～3.0	5.0～6.5
纤维状填料的酚醛塑料	1.5～2.0	2.5～3.5	6.0～8.0
氨基塑料	1.0	1.3～2.0	3.0～4.0
聚酯玻纤填料的塑料	1.0～2.0	2.4～3.2	＞4.8
聚酯无机物填料的塑料	1.0～2.0	3.2～4.8	＞4.8

3）加强筋

加强筋的主要作用是在不增加壁厚的情况下，加强塑料制品的强度和刚度，避免塑料制品变形翘曲，而且可以使塑料成型时容易充满型腔。

加强筋的形状如图11.17所示。加强筋的厚度应小于塑料制品的壁厚，并与壁之间用圆弧过渡。加强筋的高度也不宜过高，否则会使筋部受力破坏，降低自身的刚性。加强筋端部不应与塑料制品支承面平齐，而应缩进0.5mm以上，如图11.18所示。加强筋的方向尽可能和料流方向一致，多条加强筋分布要合理，以减少变形和开裂。两筋之间的距离应大于筋宽的两倍。

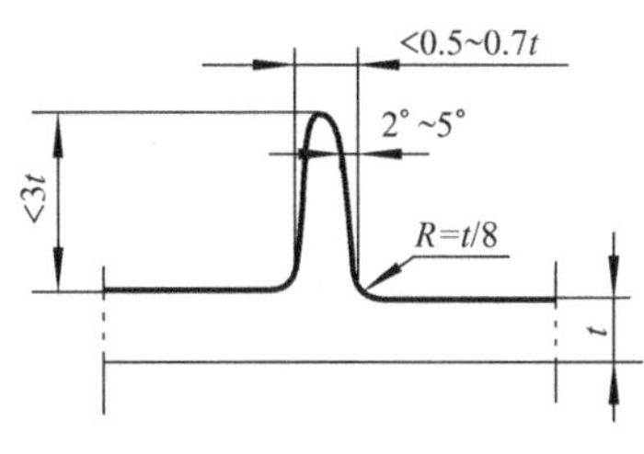

图 11.17 加强筋形状尺寸

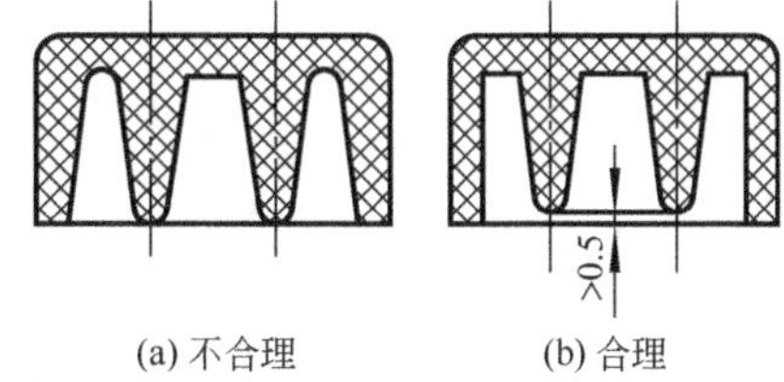

图 11.18 加强筋与支承面

4）支承面

以塑料制品整个底面作支承面，一般来说是不易做到的，因为模塑成型后要使该面各点均在同一水平面颇为困难。因此，通常采用凸缘或凸台作为支承面。

5）圆角

在塑料制品的拐角处设置圆角，可增加制品的力学性能，改善成型时材料的流动性，也有利于制品的脱模。因此，在设计塑料制品结构时，应尽可能采用圆角。当圆弧半径小于塑料制品壁厚 1/4 时，其应力集中系数多数小于 2；当这个比值增大为 1/2 时，其应力集中系数可减至 1.5。塑料制品内外表面转角处，采用图 11.19 所示的圆弧半径过渡，可有效减小其内应力。

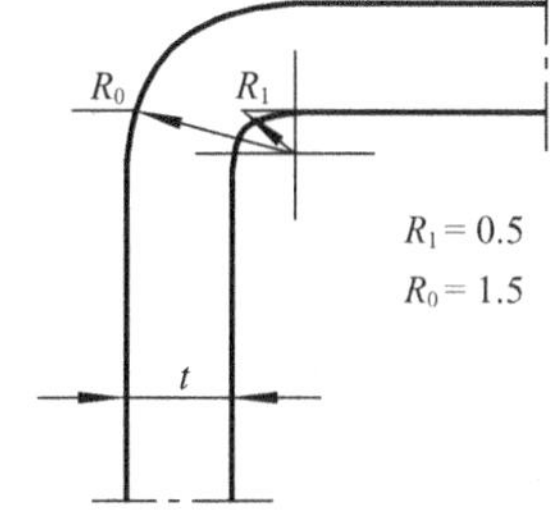

图 11.19 圆弧过渡半径

6）孔

塑料制品上的孔有通孔、盲孔和复杂形状的孔。应尽可能开设在不减弱塑料制品强度的部位，在相邻孔之间以及孔到边缘之间，均应留出适当的距离，且尽可能使壁厚大一些，以保证有足够的强度。塑料制品上的孔间距，孔边距与孔径的关系见表 11-4。

表 11-4 热固性塑料件孔间距及孔边距与孔径的关系

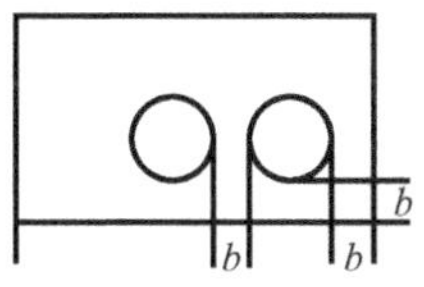

孔径 d/mm	~1.6	>1.6~2.4	>2.4~3.2	>3.2~4.8	>4.8~6.4	>6.4~12.7
孔间距、孔边距/mm	2.4~3.6	>2.8~4.6	>4.0~6.4	>5.5~8.0	>6.4~11	>6.4~22.0

注：1. 热塑性塑料为表值的 75%，增强塑料取大值。

2. 两孔径不一致时，按小孔径取值。

7）侧孔和侧凹

塑料制品上出现侧孔及侧凹时，为便于脱模，必须设置滑块或侧抽芯机构，从而使模具结构复杂，成本增加。因此，在不影响使用要求的情况下，塑料制品应尽量避免侧孔或侧凹结构。图 11.20 所示为塑料件有侧孔或侧凹的改进设计对比。

带有整圈内侧凹槽的塑料制品难以模塑成型。若做成组合凸模，使模具结构复杂，制

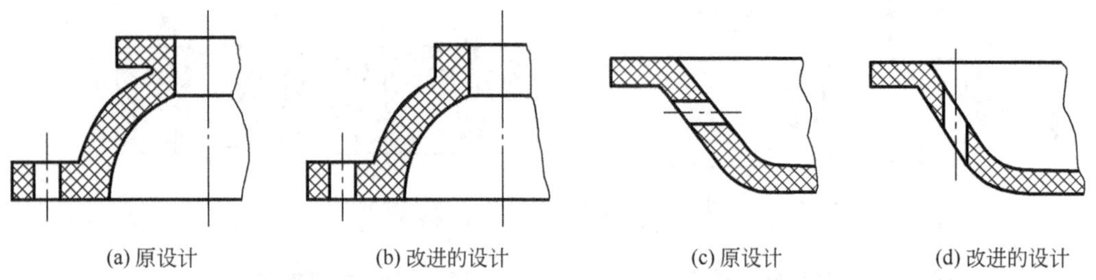

图 11.20 塑料件有侧孔或侧凹的设计改进对比

造困难。这时可采用内侧凹槽改为内侧浅凹结构并允许带有圆角的方法，采用整体凸模，用强制脱模方法从凸模上脱出制品。这时要求塑料在脱模温度下应具有足够的弹性。但是，多数情况下塑料制品侧凹不能强制脱出，而需要采用侧抽芯的模具结构。

2. 金属嵌件的设计

金属嵌件是模塑在塑料制品中的金属零件。金属嵌件的作用是提高塑料制品的强度和使用寿命，满足塑料制品某些特殊要求，如导电、导磁、耐磨和装配连接等。

对带有嵌件的塑料制品，一般都是先设计嵌件，然后再设计塑料制品。在设计嵌件时，应注意以下几点：

(1) 设计嵌件时由于金属与塑料冷却时的收缩值相差较大，致使嵌件周围的塑料存在很大的内应力，如果设计不当，则会造成塑料制品的开裂。所以，应选用与塑料收缩率相近的金属作嵌件。或使嵌件周围的塑料层厚度大于许用值。塑料层最小厚度与塑料品种、嵌件直径有关，见表 11-5。

表 11-5 金属嵌件直径与外包塑料层最小厚度 (单位：mm)

塑料品种 \ 嵌件直径		3.2	9.5	19.0	32	44	51
热固性	酚醛树脂(一般用)	2.4	4.8	8.0	9.6	11.0	12.0
	酚醛树脂(耐冲击)	1.6	3.6	6.4	7.9	9.5	10.3
	酚醛树脂(耐热)	3.2	5.6	8.7	10.3	11.9	12.7
	酚醛树脂	2.4	4.8	8.0	9.5	11.1	12.0
	三聚氰胺树脂(含纤维)	3.2	5.6	8.7	10.3	12.0	12.7
热塑性	醋酸纤维素	3.2	9.5	19.0	31.8	44.4	51.0
	乙基纤维素	1.6	3.2	4.8	6.4	8.0	8.7
	聚苯乙烯	4.8	14.3	28.6	47.6	66.7	76.2
	尼龙 66	1.6	3.2	4.8	6.4	8.0	8.7
	氯化醋酸乙烯树脂	2.4	4.8	9.5	16.0	22.2	25.4

(2) 金属嵌件尽可能采用圆形对称形状，以利均匀收缩。其边棱应倒成圆弧或倒角，以减少应力集中。

(3) 为了防止金属嵌件受力时转动或拔出，嵌件部分表面应制成交叉滚花、沟槽、开孔、弯曲或采用合适的标准件等结构，保证嵌件与塑料之间具有牢固的连接，如图 11.21 所示。

(4) 金属嵌件在模具内应定位准确，以保证尺寸精度，如图 11.22 所示。

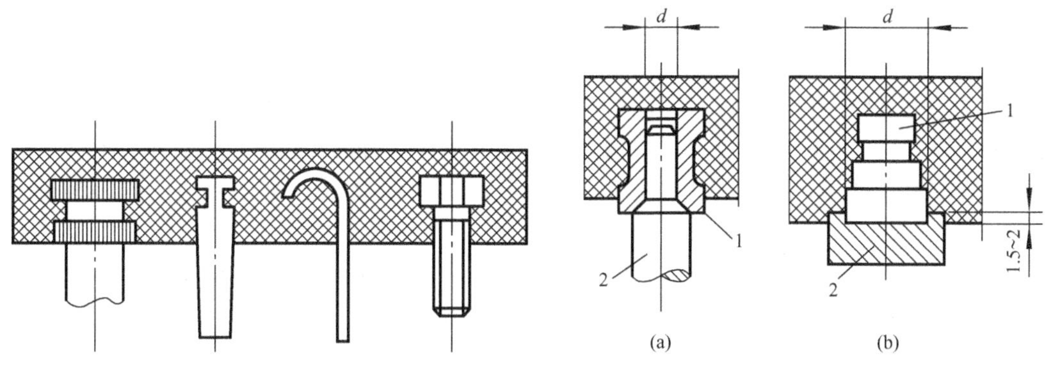

图 11.21　嵌件嵌入部分结构

图 11.22　嵌件定位结构

1—嵌件；2—模具上的定位件

(5) 当嵌件过长或呈细长杆状时，应在模具内设支柱以免嵌件弯曲，但会在塑料制品上留下孔，如图 11.23 所示。

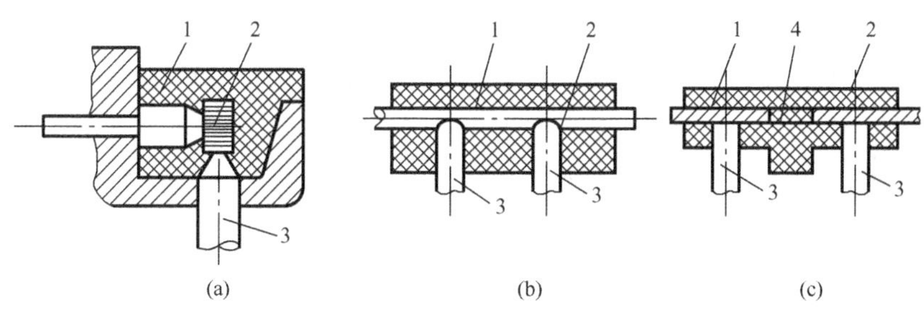

图 11.23　细长杆在模内支撑固定

1—塑件；2—嵌件；3—顶杆；4—通流孔

(6) 当嵌件为通孔且高度与塑料制品相同，但嵌件高度有公差要求时，塑料制品设计高度应大于嵌件高度 0.5mm 以上，以防止嵌件被压缩变形。

值得注意的是嵌件的设置往往使模具结构复杂化，成型周期长，制造成本增加，难于实现自动化生产。因此，塑料制品尽量不要设计嵌件。

11.2　橡胶制品的成型技术

橡胶制品的生产主要包括混炼、成型、硫化等加工过程。橡胶的混炼是将各种配合剂混入并均匀分散在橡胶中的过程，其基本任务是生产出符合品质要求的混炼胶。混炼好的胶可用来成型，即在压延机上压延得到板材、片材，挤出机上挤出棒材、管材以及各种型材，在织物上贴胶而得到胶布、管带等。这些成品还要经过加热、加压硫化。橡胶硫化的目的在于使橡胶具有足够的强度、耐久性以及抗剪切和其他变形能力，减少橡胶的可塑性。本节简要介绍橡胶制品常用的成型方法。

11.2.1 橡胶制品的成型性能

1. 流变性能

胶料的黏度随剪切速率而降低的特性称为流变性。流变性对橡胶的加工过程有十分重要的意义。在炼胶、压延、压出、注射成型中，由于剪切速率高，因而胶料的黏度低，流动性好。当流动停止时，则黏度变得很大，使半成品有良好的挺性，不易变形。

橡胶的流变性与许多因素有关。随着分子量增高，分子量分布增宽，其流变性也增强。

胶料的品种不同，即链结构及化学组成不同，黏度随剪切速率下降的速度也不同。一般天然橡胶的黏度随剪切速率的增加而下降得最快，而丁苯橡胶比较慢。但在实际加工条件下，一般柔顺性高的胶料，黏度对剪切速率的敏感性强，即流变性强。

胶料的流变性能还与加工条件(温度、速率、压力等)有关。

2. 流动性

橡胶在一定温度、压力作用下，能够充满模腔各个部分的性能称为橡胶的流动性。橡胶流动性的好坏，在很大程度上影响着成型过程的许多参数，如成型时的温度、压力、模具浇注系统的尺寸及其结构参数。

橡胶生产中常用黏度和可塑度来表示胶料的流动性。门尼黏度值越小，可塑性越高，胶料的流动性越好。

影响胶料和生胶流动性的因素是高聚物高分子链的结构、温度、剪切速率、剪切应力以及配合剂。

3. 硫化性能

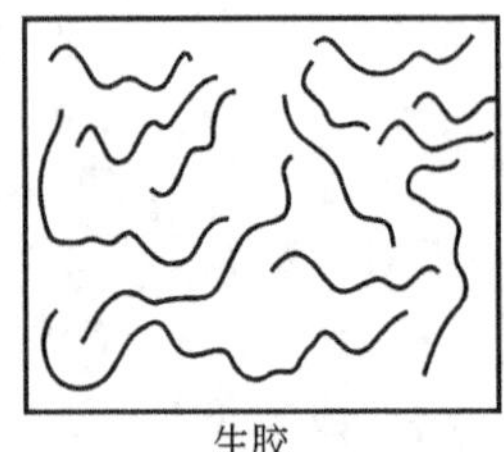
生胶

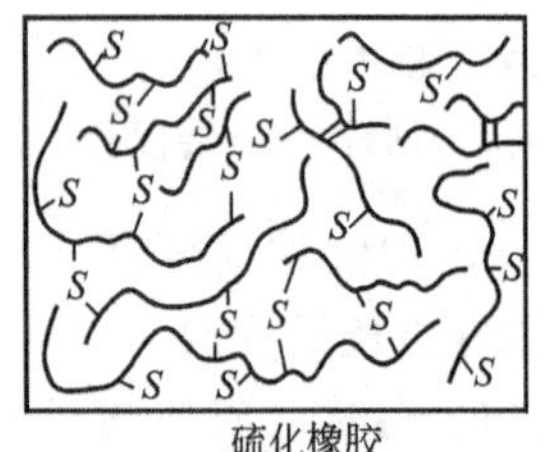

硫化橡胶

图 11.24 硫化时橡胶分子结构示意图

橡胶的硫化即将生胶和硫磺或硫化剂共同加热，在加热和硫磺或硫化剂的作用下产生化学反应，使线型(包括轻度支链型)的橡胶大分子变成具有网状(交联)结构的分子，如图 11.24 所示，从而使塑弹性的生胶变成具有高弹性的硫化胶，其目的在于改善橡胶制品的物理机械性能。

在硫化过程中，橡胶的各种性能都随时间增加而发生变化，若将橡胶的某一项性能的变化与对应的硫化时间作图，则可得到一个曲线图形，从这种曲线图形中可显示出胶料的硫化历程，如图 11.25 所示。

工业上从硫化过程控制的角度考虑将硫化曲线分成四个阶段，即焦烧(又称硫化诱导)阶段、热硫化(又称预硫化)阶段、平坦硫化(又称正硫化)阶段和过硫化阶段，它反映出随硫化进行过程中橡胶各项物理机械性能变化的情况。

正硫化点——橡胶在硫化过程中，成品的物理机械性能达到最佳点时称为正硫化点。

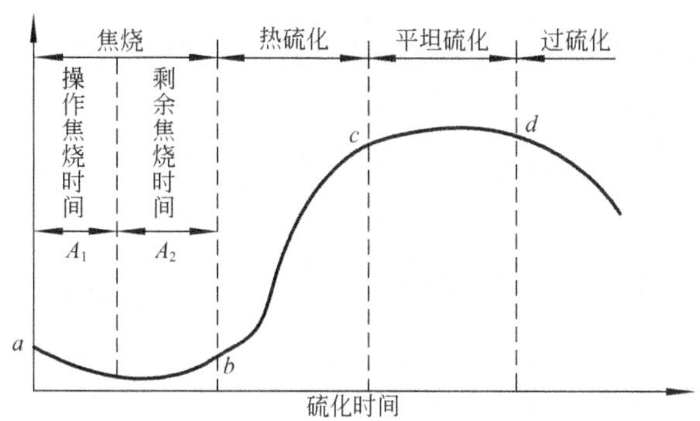

图 11.25　硫化历程图

硫化平坦线——从正硫化点开始成平坦前进的曲线部分，叫硫化平坦线，硫化平坦线越长对制品越有利。硫化平坦线的平坦性与生胶种类、硫磺用量、促进剂品种及其用量有关。

早期硫化——生胶加工过程中，尚未进行硫化工序前，在辊炼或化胶打浆过程中，由于硫化剂、促进剂的用量、品种选择不当，操作温度过高，操作时间过长，均可能导致提前硫化和交联，影响工艺操作进行，严重时会出现胶料老化而报废的现象。

过硫——橡胶硫化时，超过正硫化点后，若继续硫化，制品物理机械性能会逐步下降，称为过硫。

一般只有处于正硫化状态时，橡胶的各种物理力学性能才出现最佳值，而处于正硫化前期(欠硫)或后期(过硫)，橡胶的物理力学性能均较差。所以，必须正确地把握硫化的时机。

胶料硫化性能的优劣主要体现在焦烧安全性、快速硫化、高交联率及存放稳定性方面。测定胶料的硫化性能可用多种仪器，如流变仪等。焦烧时间和硫化速率指标也可在各种黏度计上测定。掌握了胶料的硫化特性就可在给定的硫化条件下确定硫化制品的极限厚度和允许的下降温度。

4. 热物理性能

热物理性能也是橡胶成型时的主要行为特征之一。它的优劣将直接影响制品的品质。影响热物理性能的因素有热导率 λ、热扩散率 a 以及体积热容 C_p。它们之间的关系为：

$$a=K_n\lambda/(C_p d) \tag{11-2}$$

式中　K_n——取决于 λ、a 和 C_p 的比例系数；

d——材料的相对密度。

温度对硫化胶和混炼胶的导热性影响不大，影响热性能的主要因素是填充剂的含量及其种类。橡胶的导热性决定于填充剂的体积含量。对填充炭黑的胶料来说，它的导热性取决于炭黑的含量。

11.2.2　橡胶制品的成型技术方法

1. 橡胶注射成型技术

橡胶制品的注射成型技术是将胶料加热塑化成黏流态(或称熔融态)，施以高压注射进模具，在模具中热压硫化，然后从模具中取出成型好的制品。注射是在模压法和移压法生产基础上发展起来的一种较新的技术。目前主要用于模型橡胶制品(如密封圈、带金属骨架模制品、减振垫和鞋类)，也有试用于注射轮胎制品。

1) 注射成型工艺过程

用注射法生产橡胶制品，一般要经过预热、塑化、注射、硫化、出模等几个过程。

(1) 塑化过程。带状和粒状胶料进入机筒加料口，随着螺杆旋转推动向前输送，并受到混合、搅拌作用。由于螺杆机筒对物料的剪切生热及机筒外部加热，使得胶料逐渐升温成为粘硫态。

(2) 注射。胶料经过塑化，堆积在机筒前端，已具有一定的流动性，当螺杆向前推进时，强大的压力将胶料经喷嘴、流胶道、浇口注入闭合的热模中。

(3) 热压硫化。模腔中注满胶料后，经过一段时间的保压，注射机螺杆再后退，在锁模力作用下，模内胶料由于浇口封闭继续保持所需的硫化压力进行硫化，这个过程称为热压硫化过程。

(4) 脱模。硫化到达预定的时间，模型开启，橡胶制品由脱模装置顶出。脱模后，模具又闭合，进行下一制品的生产循环。

2) 橡胶制品注射成型技术条件

注射成型技术条件比较复杂，受很多因素所影响，而有些因素是互相制约的，影响注射成型技术因素主要有螺杆转速、注射压力、温度、胶料等。因此，必须依据这些因素的影响作用来确定注射技术条件。

(1) 螺杆转速。胶料塑化时，螺杆的转速对注射温度、硫化时间和塑化能力都有影响。实验表明，随着螺杆转速提高，机筒内的胶料受到剪切、塑化、均化的效果提高，因而可获得较高的注射温度，缩短注射时间和硫化时间。但转速过高，使螺杆表面的橡胶分子链发生取向，产生“包辊现象”，结果使一部分胶料随着螺杆而旋转，不能产生剪切作用。因此一般认为螺杆转速以不超过100r/min为宜。国内经验值在30～50r/min，螺杆直径大的转速宜低些，黏度高的胶料，转速也应低些。

(2) 注射速度。注射速度与注射压力、喷嘴直径及胶料性质有关。当注射速度增加，注射温度和硫化速度随之增加，由于注射温度增加，缩短了注射时间，提高了生产效率。

但注射速度过高，由于摩擦产生的热量大，易焦烧，或制品表面产生皱纹或缺胶。

(3) 注射压力。注射压力对胶料填充模具有决定性的作用。其值大小取决于胶料的性质、注射机类型、模具结构及其他技术条件。一般提高注射压力可以增加胶料的流动性，缩短注射时间，提高胶料温度。因此，原则上注射压力在许可的压力范围内选择较高值。

(4) 温度。适当高温是保证胶料顺利注射和快速硫化的必要条件，因此，必须对注射成型过程的物料温度进行严格控制。主要应控制机筒温度、注射温度及模具温度。

① 机筒温度。机筒温度不仅影响着橡胶的塑化过程，而且对其他技术条件和硫化胶某些性能(如硬度等)均有影响。在一定范围内，如果提高机筒温度可以提高注射温度，缩短注射时间和硫化时间。一般，对于机筒温度的选择，通常应在焦烧安全许可的前提下尽量提高一些。

② 注射温度。注射温度即胶料通过喷嘴之后的温度，其控制原则是在焦烧安全许可的前提下尽可能接近模腔温度。温度过高，容易产生焦烧，若过低则造成硫化时间延长。

③ 模具温度。模具的温度根据胶料硫化的条件来确定。从提高生产率的角度，模温

应尽可能采用充模时不会焦烧的最高温度，以免因模温过低，延长硫化时间，降低产量。一般模温的选择应比焦烧时的温度低3～5℃。

(5) 硫化条件。硫化条件通常是指硫化压力、温度和时间。这些因素对胶料的硫化效果有非常重要的影响。当硫化压力(注射压力)、硫化温度(模具温度)确定后，则主要应考虑硫化时间。

硫化时间是完成硫化反应过程的条件，它是由胶料配方、硫化温度来决定的。对于给定的胶料，在一定的硫化温度和压力条件下，有一最适宜的硫化时间，时间过长产生过硫，时间过短产生欠硫，过硫和欠硫都使制品性能下降。

用注射法可使模内外层胶料的温度在入模时达到均匀一致，但对于厚制品而言，在模内硫化阶段，内外层胶料仍会存在一定的温差。因此其硫化时间要适当延长。

(6) 胶料。一般情况下，可用测定门尼黏度和焦烧时间来预估胶料是否适合于注射。如果门尼黏度不大于65，而焦烧时间在10～20min之间，通常认为这种胶料适合于注射。

门尼黏度高，注射温度可较高，但需注射时间长，易于焦烧。门尼黏度低的胶料易于充模，注射时间短，但需要较长的硫化时间，故以不低于40为好。目前，可采用测定胶料注射能力的办法来判断是否适合注射。所谓胶料注射能力是指胶料在一定条件下注入螺旋注射模中的充模长度。充模长度越长，胶料的注射能力越强，反之越差。

2. 橡胶制品的压延成型

压延是橡胶加工中重要的基本过程之一。压延是利用压延机辊筒之间的挤压力作用，使物料发生塑性流动变形，最终制成具有一定断面尺寸规格和几何形状的片状聚合物；或者将聚合物材料覆盖并附着于纺织物和纸张等基材的表面，制成具有一定断面厚度和一定断面几何形状的复合材料。通过压延过程可制造胶片，如胶料的压片、压型和胶片的贴合；还可进行胶布的压延，如纺织物的贴胶、擦胶和压力贴胶等。

压延是一个连续生产过程。压延成型速度快，生产效率高，产品断面厚度尺寸精确，橡胶的压延速度一般在30～50m/min，胶布的压延速度可达100m/min以上。对压延制品的品质要求是表面光滑，花纹清晰，内部密实，断面几何形状准确，厚度尺寸精确。

1) 胶片压延

胶片的压延是利用压延机将胶料制成具有规定断面厚度和宽度的表面光滑的胶片，如胶管、胶带的内外层胶和中间层胶片、轮胎的缓冲层胶片等。当压延胶片的断面较大，一次压延难以保证品质时，可以分别压延制成两层以上的较薄的胶片，然后再用压延机贴合在一起，制成规定厚度要求的胶片。或者将两种不同配方胶料的胶片贴合在一起，制成符合要求的胶片。还可将胶料制成一定断面尺寸规格，表面带有一定花纹的胶片。因此，胶片的压延包括压片、胶片贴合和压型。

(1) 压片。压片方法依设备不同分为三辊压延机和四辊压延机两种压延方法。其加工方法如图11.26所示。图11.26(a)、(b)为三辊压延机压延胶片，图11.26(c)为四辊压延机压延胶片。三辊压延机压片又分为两种情况，图11.26(a)表示中下辊无积胶压延法，图11.26(b)为中下辊有积胶压延法。有适量的积存胶可使胶片表面光滑，减少内部的气泡，提高密实程度，但同时也会增大压延效应，因此，有积胶法适用于丁苯橡胶。无积胶法适用天然橡胶。

采用四辊压延机压片时，胶片的收缩率比三辊压延机压延小，断面厚度的精度较高，

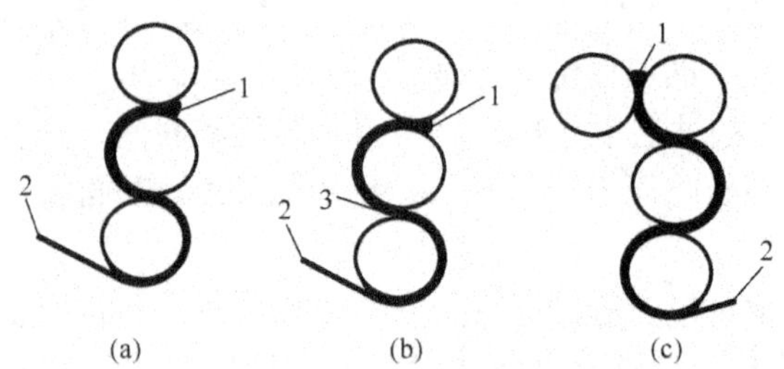

图 11.26　压片过程示意图

1—胶料；2—胶片；3—积存胶

但压延效应较大，这应加以注意。当胶片的断面厚度要求精确度高时采用四辊压延机压片，其胶片的厚度范围在 0.04～1.00mm。若胶片厚度为 2～3mm 时，采用三辊压延机压延比较理想。影响压片品质的因素有辊温、压延速度、生胶种类、胶料的可塑度与配方的含胶率等。

① 辊温。辊温高，胶料的黏度低，压延时的流动性好，半成品收缩率低，表面光滑。但辊温过高时，又容易产生气泡和焦烧现象。辊温过低会降低胶料的流动性，使半成品表面粗糙，收缩率增大。因此，辊温必须根据生胶品种，可塑度大小及配方含胶量确定。胶料的可塑度低或弹性较大、配方含胶率高时，辊温应适当提高。反之则低。此外还应保持各辊筒之间适当的温差，保证压延过程顺利进行。一般辊筒温差范围为 5～10℃。

② 压延速度。压延速度快，生产效率高，压缩收缩率也大。因此，压延速度应考虑胶料的可塑度及配方含胶率。可塑度大，含胶率较低的胶料压延时，辊速可适当加快，反之应适当减慢。

③ 胶料的可塑度。胶料的可塑度大，流动性好，半成品的表面光滑，压延收缩率也低。但可塑度过大时，容易产生粘辊现象。

④ 配方的含胶率。配方含胶率高，胶料的弹性也大，压延收缩率大，表面不光滑。

⑤ 生胶品种。不同品种生胶的胶料的压片特性差别较大。天然橡胶胶料比较容易压延，胶片表面光滑，收缩率较小，气泡少，断面厚度比较容易控制。与天然橡胶比较，合成橡胶压延成型要困难一些，不同的合成橡胶品种之间又存在较大的差异。

(2) 贴合。胶片贴合是利用压延机将两层以上的同种胶片或异种胶片贴在一起，结合成为厚度较大的一个整体胶片的压延过程。贴合适用于胶片厚度较大、品质要求高的胶片压延；配方含胶率高，除气困难的胶片压延；两种以上不同配方胶片之间的复合胶片的压延；夹胶布制造以及气密性要求严的中空橡胶制品制造等。

胶片贴合的压延技术有两辊压延机贴合、三辊压延机贴合、四辊压延机贴合等方法。选择压延过程时，应根据各种方法的特点、适用范围以及制品品质要求合理选用。

(3) 压型。压型过程可以采用两辊压延机、三辊压延机和四辊压延机压型。但不管采用哪种压延机，都必须有一个带花纹的辊筒，且花纹辊可以随时更换，以变更胶片的品种和规格。胶片压型压延过程如图 11.27 所示。

胶料的压型与压片过程基本相同，为保证压延品质，胶料的配方含胶率不宜过高，应添加较多的填料和适量的增塑剂。加入硫化油膏和再生胶可增大胶料的塑性流动性和半成品挺性，减少收缩变形率，防止花纹塌扁。胶料的收缩变形一般应控制在 10%～30%。对

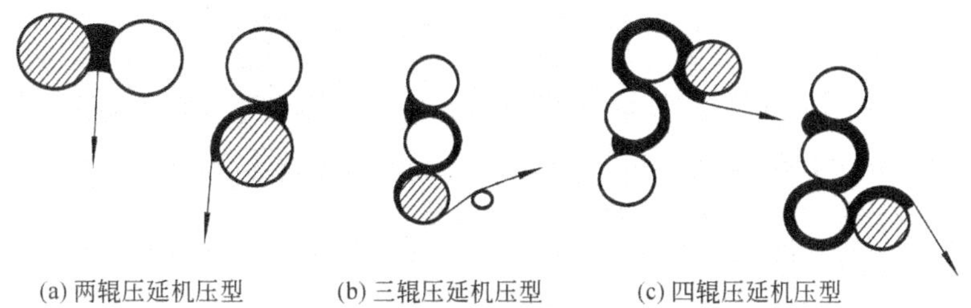

(a) 两辊压延机压型　　(b) 三辊压延机压型　　(c) 四辊压延机压型

图 11.27　胶片压型压延过程示意图

压型胶料的塑炼、混炼、停放、返回胶的掺用比例，包卷次数以及热炼温度等条件均应保持恒定。压延过程应采用提高辊温、减慢辊速或急速冷却等措施。

2）纺织物挂胶

纺织物的挂胶是利用压延机将胶料覆盖于纺织物表面，并渗透到织物缝隙的内部，使胶料和纺织物紧密结合在一起成为胶布的过程，故又称为胶布压延过程。

纺织物挂胶的压延方法主要有三种：一般贴胶压延、压力贴胶压延和擦胶压延。

（1）一般贴胶。纺织物一般贴胶是使纺织物和胶片通过压延机等速回转的两个辊筒之间，在辊筒的挤压力作用下贴合在一起，制成胶布的挂胶方法。通常采用三辊压延机和四辊压延机进行挂胶。

一般贴胶压延法的优点是压延速度快，生产效率高，对纺织物的损伤小；胶布的附胶量较大，耐疲劳性能较好。但胶料对纺织物的渗透能力差，附着力较低，胶布断面中易产生气泡。因此，主要用于浸胶处理后的帆布挂胶。

（2）压力贴胶。压力贴胶通常采用三辊压延机，其方法与贴胶技术基本相同，唯一的差别是在纺织物引入压延机的辊隙处留有适量的积存胶料，借以增加胶料对织物的挤压和渗透，从而提高胶料对布料的附着力。

实际生产上常将压力贴胶法与一般贴胶法结合使用，如对帘布的一面进行贴胶，而另一边压力贴胶。

（3）擦胶。擦胶是压延时利用辊筒之间速比的作用将胶料挤擦进入纺织物缝隙中的挂胶方法。该法提高了胶料对纺织物的渗透力与结合强度，适于纺织物结构比较紧密的帆布挂胶。但容易损伤纺织物，不适于帘布挂胶。主要用于白坯帆布的压延挂胶。

3. 橡胶制品的挤出成型技术

挤出成型是使高弹性的橡胶在挤出机机筒及螺杆的相互作用下，受到剪切、混合和挤压，在此过程中，物料在外加热及内摩擦剪切作用下熔融成为粘流态，并在一定的压力和温度下连续均匀地通过机头口模成型出各类断面形状和一定尺寸的制品。

在橡胶加工中，它可以用来成型轮胎胎面胶条、内胎、胎筒、纯胶管、胶管内外层胶和电线电缆等半成品，也可用于胶料的过滤、造粒、生胶的塑炼等。

挤出过程的主要设备是挤出机，用于橡胶成型的挤出机称为橡胶挤出机，其结构与塑料挤出机基本相同，但结构参数有较大的差别。

1）热喂料挤出过程

热喂料挤出过程一般包括胶料热炼、挤出冷却等工序。

（1）胶料热炼和供胶。胶料经混炼冷却停放后，必须进行热炼再供入挤出机加料口，热炼使混炼胶均匀性和热塑性进一步提高，易于挤出，并获得规格准确表面光滑的制品。热炼可分为两次进行，第一次为粗炼，辊温45℃左右，辊距1～2mm，提高胶料的均匀性。第二次为细炼，辊温60～70℃，辊距5～6mm，增加胶料的热塑性。

热炼之后，可以从开炼机上割取胶条，通过运输皮带连续供入挤出机，也可将胶条切成一定长度由加料口加入。在供胶或喂料时应连续而且均匀，经细炼后的胶料在供胶前不宜停放过长，以免影响热塑性。

(2) 挤出成型技术条件。挤出成型过程中主要技术条件包括以下几方面。

① 胶料的可塑性。通常供挤出用胶料的可塑度为0.25～0.4(冷喂料挤出为0.3～0.5)。胶料可塑性小，则流动性不好，难于挤出，挤出后半成品表面粗糙、膨胀大，但可塑性太大时，又会使半成品太软，缺乏挺性，容易塌陷或变形。胶料可塑性适当时，挤出过程摩擦小，生热低、不易焦烧、流动性好、挤出速度较快，且表面光滑。

② 挤出温度。挤出机各段温度直接影响挤出过程的正常进行和制品的品质。挤出机一般以口模处温度最高，机头次之，机筒最低。采用这种温度控制方法，有利于机筒进料，可获得表面光滑、尺寸稳定和收缩较小的挤出物。几种橡胶的挤出温度见表11-6。

表11-6　几种橡胶的挤出温度　　(单位：℃)

胶料	机筒温度	机头温度	口模温度
天然橡胶	40～60	75～85	90～95
丁苯橡胶	40～50	70～80	90～100
丁基橡胶	30～40	60～90	90～110
丁腈橡胶	30～40	65～90	90～110
氯丁橡胶	20～35	50～60	70

③ 挤出速度。挤出速度通常是以单位时间内挤出物料的体积或质量来表示，对一些固定产品，也可用单位时间挤出长度来表示。

挤出机塑化性能好，胶料温升在过程范围的情况下，可用较高的速度挤出。同一挤出机，当挤出胶料中生胶含量低或挤出性能较好时，挤出速度可选取较高的范围，反之取较低速范围。如丁苯、丁腈和丁基橡胶膨胀收缩大于天然橡胶和氯丁橡胶，挤出较困难，故挤出速度较慢。

同时还应保证挤出速度稳定，以免引起制品断面尺寸和长度收缩变化过大，超出预定的公差范围而难以控制制品品质。

④ 挤出物的冷却。挤出物离开口模时，温度较高，必须冷却，其目的是防止半成品存放时产生自硫，使胶料恢复一定的挺性，防止变形。

冷却方式有喷淋和水槽冷却两种，对较厚或厚度相差较大的挤出物，不宜骤冷，以免冷却程度不一而导致变形。一般常用40℃左右的温水冷却，然后再进一步降至20～30℃。

挤出大型的半成品(如胎面)，一般须先经预缩处理后才进入冷却槽，预缩的方法是使半成品经过一组倾斜的导辊或一组由大到小的圆辊，使其沿长度方向进行预缩。

2) 冷喂料挤出过程

冷喂料挤出，其主机采用冷喂料挤出机，因此它具有节省热炼设备、易于实现机械化、自动化生产等特点，而且由于主机强化了螺杆结构的剪切和塑化作用，使胶料获得均匀的温度和可塑度。改善了挤出制品的品质，减小了表面粗糙度，压出的半成品具有较稳定一致的尺寸规格。

目前，冷喂料挤出可广泛应用于天然橡胶及各种合成橡胶的挤出，它在电线、电缆、胶管等小型制品挤出方面逐渐取代了热喂料挤出机热炼设备。

冷喂料挤出过程与热喂料有所不同，加热前应先将各部位的温度调节到规定值。各部位常用温度范围为：螺杆<35℃；加料段 35～50℃；塑化段 40～60℃；挤出段 50～70℃；机头和口模 80～100℃。待温度稳定后，即以低速开启电机，然后加料。和热喂料一样在冷喂料挤出过程中也要注意控制物料的可塑性、温度、挤出速度等技术因素。

案例分析

柱塞挤出机的应用和发展

1. 连续式柱塞推压机

1) 早期双柱塞推压机

1980 年日本池贝铁公司推出新型双柱塞推压机，使用两个柱塞进行往复运动，减少了加工时间，还克服了热降解，使挤出的棒材更加密实。1993 年 Werner& Pfleidere 公司推出的双油缸/双柱塞推压机可将 UHMWPE(超高分子量聚乙烯)和 PTFE(聚四氟乙烯)加工成不同壁厚的制品。

图 11.28 所示为一种双柱塞推压机的结构示意图。图 11.29 是该机往复阀控制物料通道的示意图。

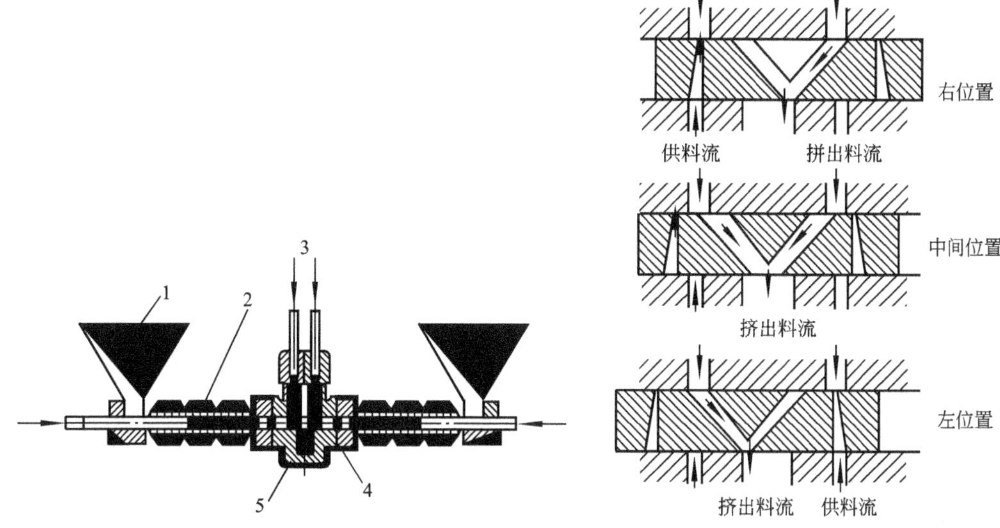

图 11.28　一种双柱塞推压机结构示意图

1—加料斗；2—预塑料筒；3—挤压柱塞；4—往复阀；5—机头口模

图 11.29　往复阀控制物料通道示意图

由图 11.29 可以看出，该机具有左右两个加料系统和塑化系统。在左右塑化柱塞的作用下，物料在左右预塑筒中进行塑化并被交替地送到左右推压室中，然后由左右柱塞高压交替地将熔融料从机头口模中连续地挤出成型。向左右推压室送料和推压时，物料的通道是通过往复阀来控制的。当右柱塞挤出时往复阀向右移，堵住了向右推压室送料的通道，把左右推压室隔开，但打开了向左推压室送料的通道，如图 11.29 中“右位置”所示。当左柱塞挤出时往复阀向左移，物料的通路如图 11.29 中“左位置”所示。柱塞的高压推力是由高压往复柱塞泵提供的。

2）新型双柱塞推压机

北京化工大学塑料机械及塑料工程研究所推出的双柱塞推压机设计方案原理如图11.30所示。该设备由大型压力机、加料部、加热部、缓冲部及相位差滞后装置等组成。其加热部采用特殊的薄板结构，可以实现快速加热。缓冲部是该技术的核心，其作用主要是减小对口模供料的波动幅度，增加供料的连续性。

3）螺杆/柱塞复合式挤出机

该设备综合了螺杆挤出效率高、柱塞挤出无剪切作用且不受树脂分子量高低限制等优点，能以较高的速度加工任意分子量的UHMWPE制品。其原理是利用螺杆挤出机对原料加热快、塑化均匀的优点把UHMWPE原料初步加热塑化，并送到一个临时储料仓，然后由柱塞把UHMWPE料挤入模具成型，其原理如图11.31所示。

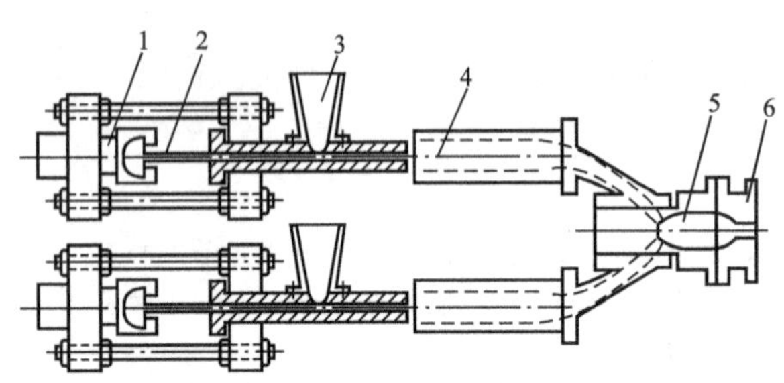

图11.30　新型双柱塞推压机原理图

1—油缸；2—推杆；3—料斗；4—加热部；
5—缓冲部；6—法兰盘

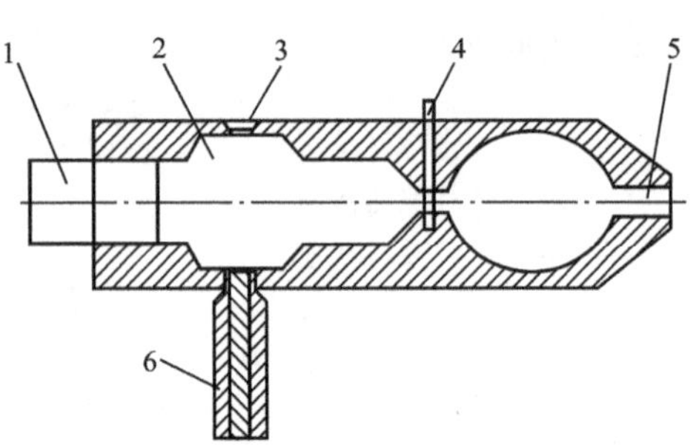

图11.31　螺杆/柱塞复合式挤出机原理图

1—柱塞；2—储料仓；3—进料口；4—开关；
5—挤出头；6—螺杆

上述三种连续式柱塞推压机中，第一种即早期双柱塞推压机提高连续性的方法是通过加倍提高供料频率来实现的；后两种虽供料方式不同，实则都是利用缓冲原理来提高挤出连续性的。后两种推压机的效果会更好些，相位差滞后装置或特殊的进料开关和缓冲部一起减小了对口模供料的脉动，从而最大限度减少了脉动和竹节现象的产生。

2. 柱塞冲压式挤出机

北京化工大学塑料机械及塑料工程研究所在2001年推出了柱塞式过氧化物交联聚乙烯(PE-X)管材生产线。该生产线所用主机和上述各种柱塞推压机一样，柱塞的运动也靠液压传动来实现，生产效率较低。在此基础上，该所于2003年推出了RAM-200型曲柄冲压式PE-X管材生产线。该生产线也可用于加工UHMWPE和PTFE管材，只需对成形模具作些改动即可，主机结构如图11.32所示。其工作原理是利用曲柄连杆机构带动柱塞做高频冲压运动，每次柱塞下行冲压时将一小部分粉料压入机筒，由于柱塞冲压频率很高，每分钟超过200次，使得物料在机筒内的运动接近连续，加之PE-X、UHMWPE、PTFE等聚合物熔融后具有很高的粘弹性，便实现了管材的连续挤出成型。该生产线柱塞的行程较小，物料的输送是靠后加入的物料推着往前移动的。

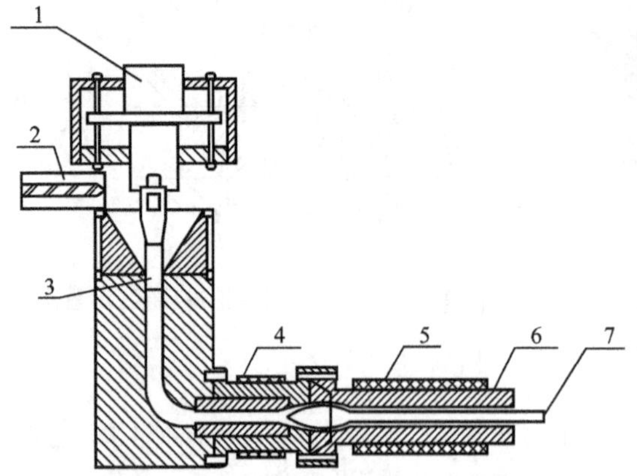

图11.32　柱塞冲压式挤出机原理图

1—电动机；2—螺旋喂料装置；3—柱塞；
4—预热区；5—加热区；6—筒体；7—芯棒

用柱塞冲压式挤出机生产PE-X管材时，管材直接在挤出机内完成交联反应，离开口模时为透明状态，已具有相当强度，无需真空定径和蒸煮交联过程。产量大于30kg/h，生产ϕ20mm×1.0mm的交联管材时，线速度可达2m/min。

用柱塞推压机加工UHMWPE及PTFE制品时，由于在挤出过程中原料与加热部件接触面积小，所以加热效率低，这不仅限制了挤出的速度，还使得制品易出现“夹生”现象。而RAM-200型柱塞冲压式挤出机的柱塞截面积较小，机筒的直径也较小，所以聚合物的熔融效果较好，且该设备采用的螺旋喂料进一步增加了挤出过程的稳定性。柱塞冲压式挤出机结构简单，设备维护方便，生产的制品质量较均匀，产量较高，是一种应用前景广阔的新式塑料加工机械。

资料来源：李建立，刘继红，王伟明．柱塞挤出机的应用和发展[J]，工程塑料应用，2005(8).

根据以上案例所提供的资料，试分析：

1）由材料中所给的柱塞挤出机的应用和发展可得出什么趋势？

答：挤出成型是塑料成型加工的主要方法之一，柱塞挤出机是挤出成型工艺的关键设备，它直接影响产品品质、生产效率、成本等。柱塞挤出机向着技术新、制品质优、操作简便、安全且效率高、计算机控制方向发展，与其他成型方法(如热成型)相结合，为塑料制品提供更为完整的成型加工系统。

2）由该所设计的挤出机优点何在？

答：该所设计的挤出机称为柱塞冲压式挤出机，其优点是柱塞截面积较小，机筒的直径也较小，聚合物的熔融效果较好，且该设备采用的螺旋喂料进一步增加了挤出过程的稳定性，生产的制品质量较均匀，产量较高。另外，该机结构简单，设备维护方便，故是一种应用前景广阔的新式塑料加工机械。

习　题

简答题

11-1　高分子材料(主要指塑料和橡胶)的成型有何特点？

11-2　塑料的成形工艺性能有哪些？这些工艺性对成型有何影响？

11-3　塑料制品的成型加工过程分为几个阶段？其中重要且关键的是哪个阶段？为什么？

11-4　按要求填下表：

塑料制品成型方法	主要工序	成型特点	适宜的塑料种类	典型制(产)品
挤出成型				
注射成型				
模压成型				
吹塑成型				
发泡成型				

11-5　塑料制品的结构技术特征包括哪些内容？针对具体的塑料制品，如何分析其技术特征？

11－6　橡胶制品在成型过程中为什么要进行硫化？为何要严格控制硫化的时机？

11－7　按下表中的要求内容填写：

橡胶制品成型方法	主要工序	成型特点	适宜的橡胶种类	典型制(产)品
挤出成型				
注射成型				
压延成型				

思考题

1. 为什么塑料制品的成型都要先将原材料进行塑化？塑化后为何还要施加压力？
2. 试述塑料制品的注射成型、挤出成型和模压成型的工艺过程，这些工艺有何异同？

第12章 材料成形技术方案拟定及产品检验

本章知识框架

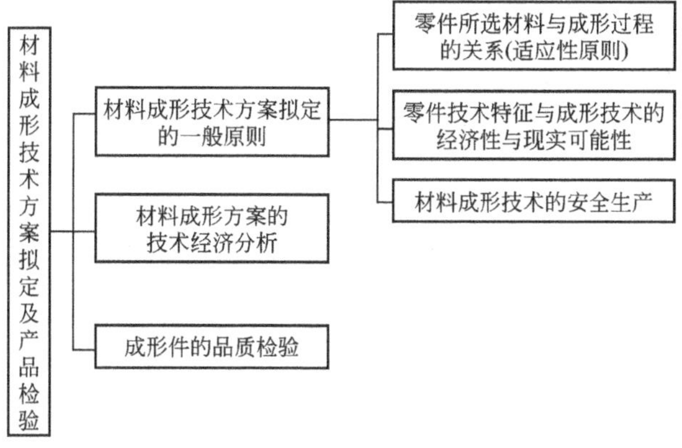

本章学习目标与要求

- ▲ 掌握材料成形技术方案拟定的一般原则。
- ▲ 熟悉材料成形方案的技术经济分析步骤。
- ▲ 熟悉各类零件毛坯的成形方法。
- ▲ 了解毛坯的种类。
- ▲ 了解成形件的品质检验方法。

导入案例

机械产品的绿色设计与绿色制造过程

1. 绿色产品设计

绿色产品设计，要求产品在制造过程中节省资源，使用过程中节省能源、无污染，产品报废后便于回收和再利用。

(1) 节省资源。绿色产品应是节省资源的产品，即在完成同样功能的条件下，产品消耗资源数量要少。如刀具设计时采用机夹式不重磨刀具代替焊接式刀具，就可大量节省刀柄材料；传动轴若采用空心轴结构代替实心结构，也可大量节省优质钢材。

(2) 节省能源。绿色产品应该是节能产品。在能源日趋紧张的今天，节能产品越来越受到重视。机器设备采用变频调速装置，可使产品在低功率下工作时节省电能。据统计，金属切削机床50%以上的时间是在低功率状态下工作，因此，金属切削机床若采用变频调速装置，节能效果可观。

(3) 减少污染。减少污染包括对环境的污染和对操作者危害两个方面。为了减少污染，绿色产品应该选用无毒、无害材料制造，严格限制产品有害排放物的产生和排放数量。如在设计液压系统时，采用先进的防污过滤技术，延长液压油的使用周期，减少排放次数，就可减少污染。

(4) 报废后的回收与再利用。随着社会物质的不断丰富和产品寿命周期的不断缩短，产品报废后的处理问题变得越来越突出。传统的产品寿命周期从设计、制造、销售、使用到报废是一个开放系统；而绿色产品设计则要充分考虑产品报废后的处理、回收和再利用，如图12.1所示。

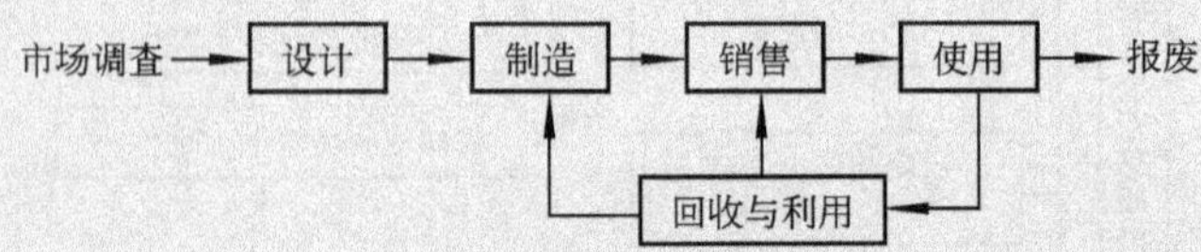

图12.1　绿色产品过程

以金属切削机床为例，机床设备报废时，通常作法是回炉冶炼。实际上，机床设备许多零部件如床身导轨经加工仍可作为新机床设备的床身导轨。

2. 绿色制造过程

联合国环境保护署提出绿色制造技术的三项基本原则：①“不断运用”原则——绿色制造技术持续不断运用到社会生产的全部领域和社会持续发展的整个过程；②预防性原则——对环境影响因素从末端治理追溯到源头，采取一切措施最大限度地减少污染物的产生；③一体化原则——将空气、水、土地等环境因素作为一个整体考虑，避免污染物在不同介质之间转移。

按照绿色制造的三项基本原则，相应地发展三个方面的制造技术，即节省资源的制造技术、环保型制造技术和再生制造技术，它们是绿色制造的关键技术。

1) 节省资源的制造技术

节省资源的制造技术包括：减少制造过程中的能源消耗、减少原材料消耗和减少制造过程中的其他消耗。

(1) 减少制造过程中的能源消耗。制造过程中消耗掉的能量一部分转化为有用功之外，大部分能量都转化为其他能量而浪费。例如，普通机床用于切削的能量仅占总消耗能量的30%，其余70%的能量则消耗于空转、摩擦、发热、振动和噪声等。减少制造过程中能量消耗可采取如下措施。

① 提高设备的传动效率，减少摩擦与磨损。采用电变速(数控技术)、电主轴，消除传动链传动造成的能量损失；采用滚珠丝杠和滚动导轨代替普通丝杠和滑动导轨，减少运动副的摩擦损失。

② 合理安排加工工艺，合理选择加工设备，优化切削用量，使设备处于满负荷、高效率运行状态。机械制造时采用粗、精加工分阶段进行，粗加工时采用大功率设备，精加工时采用小功率设备。

③ 改进产品和工艺过程设计，采用先进成形方法，减少制造过程中的能量消耗。零件设计尽量减少加工表面。采用净成形(无屑加工)制造技术，以减少机械加工量；采用高速切削技术，实现“以车代磨”等。

④ 采用适度自动化技术，不适度的全盘自动化，会使机器设备结构复杂，运动增加，消耗过多的能量。

(2) 减少原材料消耗。产品制造过程中使用原材料越多，消耗的有限资源越多，并会加大运输与库存工作量，增加制造过程中的能量消耗。减少制造过程中原材料消耗的主要措施如下。

① 科学地使用原材料，尽量避免使用稀有、贵重、有毒、有害材料，积极推行废弃材料回收与再生。制造模具时，大型冲裁模具采用组合式凹模，大型注射模具采用嵌入式组合凸、凹模，则可节省大量优质模具钢。

② 合理设计毛坯、采用先进的毛坯制造方法(如精密铸造、精密锻造、粉末冶金等)，尽量减少毛坯加工余量。

③ 优化排料、排样，尽可能减少边角余料。

④ 采用无屑加工技术，用冷挤压成形代替切削加工成形。在可行的条件下，采用快速原形制造技术，避免传统的去除加工所带来的材料损耗。

(3) 减少制造过程中的其他消耗

除能源消耗、原材料消耗外，在制造过程中还有其他辅料消耗，如刀具消耗、液压油消耗、润滑油消耗、冷却液消耗、包装材料消耗等。

减少刀具消耗的主要措施包括：选择合理的刀具材料；选择合理的切削用量；采用不重磨机夹刀具；选择适当的刀具角度；确定合理的刀具耐用度等。

减少液压油与润滑油的主要措施包括：改进液压与润滑系统设计与制造，保证不渗漏；使用良好的过滤与清洁装置，延长油的使用周期。此外，在某些设备上(如注射机)可对润滑系统进行智能控制，减少润滑油的浪费。

减少冷却液消耗的主要措施包括：采用高速干式切削，不使用冷却液；选择性能良好的高效冷却液和高效冷却方式，节省冷却液的使用；选用良好的过滤和清洁装置，延长冷却液的使用周期等。

2) 环保型制造技术

20世纪90年代提出绿色制造，又称清洁生产或面向环境的制造。它力求从设计、制造、使用到报废整个产品生命周期中节约资源和能源，不产生环境污染或使环境污染最小化。

环保型制造技术是指在制造过程中最大限度地减少环境污染，创造安全、舒适的工作环境。它包括减少废料的产生及废料有序地排放；减少有毒有害物质的产生及有毒有害物质的适当处理；减小振动与噪声；实行温度调节与空气净化；对废料的回收与再利用等。

(1) 杜绝或减少有毒有害物质的产生。杜绝或减少有毒有害物质产生的最好方法是采用预防性原则，即对污水、废气的事后处理转变为事先预防。仅对机械加工中的冷却而言，目前，已发展了多种新的加工工艺，如采用水蒸气冷却、液氮冷却、空气冷却以及采用干式切削等。

(2) 减少粉尘与噪声污染。粉尘污染与噪声污染是毛坯制造车间和机械加工车间最常见的污染，它严重影响劳动者的身心健康以及产品加工质量，必须严格加以控制，主要措施如下。

① 选用先进的制造工艺及设备。采用金属型铸造代替砂型铸造，可显著减少粉尘污染；采用压力机锻压代替锻锤锻压，可使锻压噪声大幅下降；采用快速原形制造技术代替去除加工，可以减少机械加工噪声等。

② 优化机械结构设计，采用低噪声材料，最大限度降低设备工作噪声。

③ 选择合适的工艺参数。机械加工中，选择合理的切削用量可以有效地防止切削自激振动和噪声。

④ 采用封闭式加工单元。对加工设备采用封闭式单元结构，利用抽风或隔音、降噪技术，可以有效地防止粉尘扩散和噪声传播。

(3)工作环境设计。工作环境设计，即研究如何给劳动者提供一个安全、舒适宜人的环境。

舒适宜人的工作环境包括：作业空间足够宽大；作业面布置井然有序；工作场地温度与湿度适中；空气流畅清新；没有明显的振动与噪声；各种控制机构、操作手柄位置合适；工作环境照明良好、色彩协调等。将车间各种机床设备照明系统设计成可调的，即工件装卸时照明功率大，切削加工时照明功率小，这样既能保证工作环境照明良好，又能节省电能。

安全环境包括各种必要的保护措施和操作规程，以防止工作设备在工作过程中对操作者可能造成的伤害。高速机床、注射机械等设备除了应设计安全门，控制程序还应保证操作时如果安全门未关闭，则机器不能启动，从而避免因操作者未关安全门而可能造成的事故。

3) 再制造技术

再制造的含义是指产品报废后，对其进行拆卸和清洗，对其中的某些零件采用表面工程或其他加工技术进行翻新和再加工，使零件的形状、尺寸和性能得到恢复和再利用。注射模具型腔因磨损而尺寸超差报废时，或是产品改型而要更换模具型腔时，采用喷镀堆焊技术和打磨加工，可使注射模具型腔零件的尺寸、形状和性能得到恢复和再利用。

可以预计，21世纪的制造业将是清洁化的制造业。谁的产品符合“绿色产品”标准，谁掌握了清洁化生产技术，谁就掌握了主动权，谁就会在激烈的市场竞争中取得成功。

资料来源：黄健求．机械产品的绿色设计与绿色制造过程［J］．东莞理工学院学报，2007(1)：123－126.

12.1 材料成形技术方案拟定的一般原则

每个零件在机器中所承担的任务不同，其大小、形状和品质的要求不同，它们的选材及相应的材料成形技术都要满足零件的使用性能和品质要求。成功制造一种零件一般有好几种成形方案，虽然可以用先进的净形或近似净形加工新方法直接从原材料制成成品，但目前绝大多数零件的获得是通过普通的铸造、锻造、冲压或焊接等成形技术方法先制成毛坯，再经切削加工或其他加工处理而得到零件。

因此，毛坯的选择及其制造的品质直接影响成品的品质，如何正确地选择毛坯、正确地拟定成形技术方案不仅直接影响零件的力学性能、制造加工精度及表面品质，而且涉及生产过程、周期乃至整部机器的使用性能、制造成本及市场竞争能力。故正确地拟定材料成形技术方案及控制好其品质是机械产品的设计与制造中的首要问题。

12.1.1 零件所选材料与成形过程的关系(即适应性原则)

设计中，零件所选材料与成形加工过程是互为依赖、相互影响的。一定的材料必定选择相对应的成形工艺，一定的工艺也必须配合选择相对应的材料。一般而言，零件的材质决定其毛坯成形技术的类别，若零件选择脆性材质如灰铸铁，则一定采用液态成形技术(铸造方法)或粉末压制成形技术；而零件选择韧性材质如钢或塑性非铁合金，则可选用塑性成形技术(锻造)、液态成形技术(铸造)、固态连接技术(焊接)等。

所选择的零件(毛坯)材料，应符合本国资源情况及市场供应的可能性，尽可能用国产材料代替进口材料，尽量用库房里已有的材料。

毛坯选择还应考虑成形后能否获得一定的显微组织结构以满足预期的性能要求，例如齿轮毛坯的锻造成形，可形成流线状纤维组织，有利于提高使用性能，而利用铸造成形或型钢切削成形是无法得到上述组织的。

刃具、模具的毛坯采用锻造，不仅是为了成形，更重要的是为了打碎晶粒，细化、均匀其碳化物，改善性能，避免崩刃、开裂的趋向。

有些耐热零件，选择定向冷却的铸造方法生产毛坯，有利于提高其耐热性能。

常用机械零件(标准件除外)按其形状结构特征和用途不同一般可分为轴杆类、套类、轮盘类和箱座类四大类零件。由于各类零件形状结构的差异和材料、生产批量及用途的不同，其毛坯的成形方法也不同，许多零件可用一类成形技术生产毛坯，而有些零件则需用不同成形技术相组合来制作毛坯。

1. 轴杆类零件

轴杆类零件以轴为多，其长度大于直径，多数呈回转体，常见的有光滑轴、阶梯轴、凸轮轴和曲轴等。在机械中，轴类零件主要用来支承传动件(如齿轮、带轮等)和传递扭矩，是机械中重要的受力零件。

轴杆类零件材料一般为韧性材质(如钢)，多采用塑性成形技术即锻造工艺，例如光滑轴毛坯一般采用热轧圆钢和冷轧圆钢；阶梯轴毛坯，根据产量和各阶梯直径之差，可选用圆钢料或锻件，若阶梯直径相差越大，则采用锻件较有利；当要求阶梯轴毛坯有较高力学性能时，若单件小批生产采用自由锻，在成批大量生产时，采用模锻。对某些具有异形断面或弯曲轴线的轴(如凸轮轴、曲轴等)，在满足使用条件件的前提下，也可采用脆性材质(如球墨铸铁毛坯)，用铸造的方法来降低制造成本。在有些情况下，还可以来用锻-焊或铸-焊结合的方法来制造轴杆类零件毛坯。图 12.2 所示为锻-焊结构汽车排气阀，将合金耐热钢的阀帽与普通碳素钢的阀杆焊成一体，节约了合金钢材料。图 12.3 所示为 12000t 铸-焊结构的水压机立柱毛坯，该立柱长 18m，净重 80t，采用 ZG270－500 分成 6 段铸造，粗加工后采用电渣焊焊成整体毛坯。

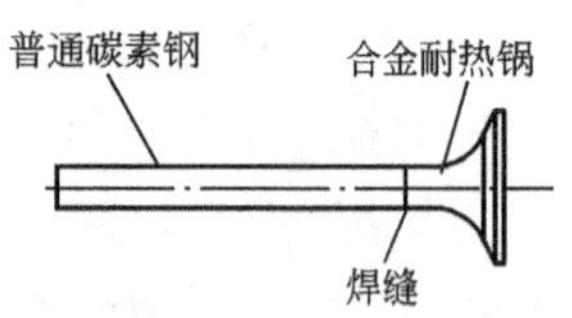

图 12.2　锻-焊结构汽车排气阀

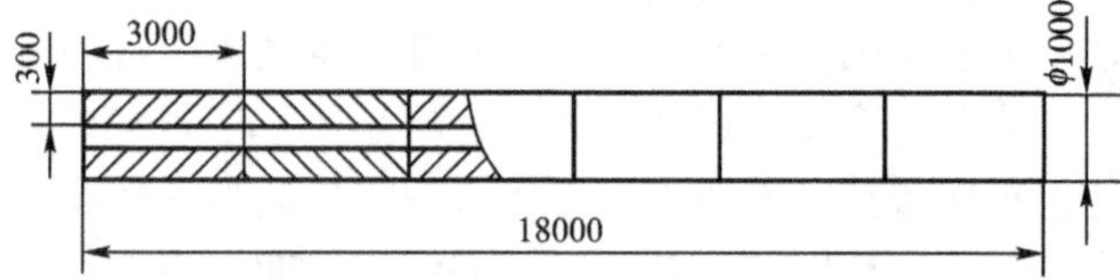

图 12.3　铸-焊结构的水压机立柱毛坯

2. 套类零件

套类零件的结构特点是，具有同轴度要求较高的内、外旋转表面，壁薄而易变形，端面和轴线要求垂直，零件长度一般大于直径。套类零件主要起点支承或导向作用，在工作中承受径向力或轴向力和摩擦力。例如，滑动轴承、导向套和油缸等。

套类零件材料有韧性材质(如钢、青铜、黄铜等)、脆性材质(如铸铁、脆性有色合金等)以及工程塑料等。当孔径小于 20mm 时，毛坯常选用棒料直接机加工；当孔径大于 20mm 时，采用带孔的铸件、锻件或压制件，大批量生产时，可采用冷挤压、粉末冶金等方法制坯。若材质为工程塑料、橡胶等高分子材料，则套类零件可用粘流态固(硬)化成形技术制作。

3. 轮盘类零件

轮盘类零件的轴向尺寸一般小于径向尺寸，或两个尺寸相接近。属于这一类的零件有齿轮、带轮、飞轮、法兰盘和联轴节等。由于这类零件在机械中的使用要求和工作条件有很大差异，因此所用材料和毛坯成形方法各不相同。以齿轮为例，工作时齿面承受很大的接触应力和摩擦力，齿根要承受较大的弯曲应力，有时还要承受冲击力。故中、小齿轮一般选用锻造毛坯，如图 12.4(a)所示，大量生产时可采用热轧或精密模锻的方法。在单件或小批量生产的条件下，直径 100mm 以下的小齿轮也可用圆钢为毛坯，如图 12.4(b)所示；直径 500mm 以上的大型齿轮，锻造比较困难，可用铸钢或球墨铸铁件为毛坯，铸造齿轮一般以辐条结构代替锻钢齿轮的辐板结构，如图 12.4(c)所示。在单件生产的条件下，常采用焊接方式制造大型齿轮的毛坯，如图 12.4(d)所示。在低速运动且受力不大或在多粉尘的环境下运转的齿轮，也可用灰铸铁件或工程塑料件为毛坯。仪表齿轮在大量生产时，则用压力铸造或冲压方法成形。

带轮、飞轮、手轮和垫块等受力不大或以承压为主的零件，一般采用灰铸铁件，单件生产时也可采用低碳钢焊接件。

法兰、套环等零件，根据受力情况及形状、尺寸等，可分别采用铸铁件、锻钢件或圆钢为毛坯。厚度较小者在单件或小批量生产时，也可直接用钢板下料。

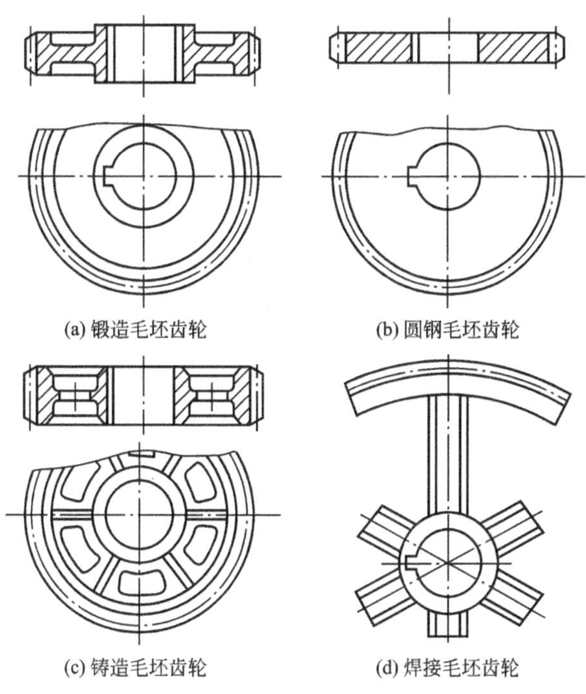

图 12.4　不同毛坯类型的齿轮

4. 箱座类零件

箱座类零件一般结构较为复杂，通常有不规则的外形和内腔，壁厚不均。箱座类零件包括各种机械的机身、底座、支架、横梁、工作台，以及齿轮箱、轴承座、阀体、泵体等。重量从几千克到数十吨不等，工作条件相差很大。对于一般的基本件(如机身、底座等)，以承受压力为主，并要求有较好的刚度和抗振性；有些机械机身、支架往往同时承受压、拉和弯曲应力的联合作用，或者还有冲击载荷；工作台和导轨则要求有较好的耐磨性；有些箱座类零件虽然受力不大，但要求有较好的刚性或密封性。

鉴于这类零件的结构特点和使用要求，毛坯一般采用铸件，由于铸铁的铸造性能良好，价格便宜，并有良好的耐磨、耐压和吸振性能而得到广泛使用；受力复杂或受较大冲击载荷的箱座类零件，则采用铸钢件；有些箱座类零件为减轻自重，在刚度和强度允许的情况下，采用铝合金铸件。对于单件生产或生产周期要求很短的箱座类，可采用焊接方式，焊接式箱座类件的结构相对简单、成形快，但焊接结构存在较大的内应力，若内应力消除不好易产生变形，其吸振性、切削加工性不如铸件。

12.1.2　零件技术特征与成形技术的现实可能性与经济性(即技术经济原则)

零件的结构形状和尺寸、生产批量、精度、表面粗糙度要求等技术特征在很大程度上决定了毛坯加工方法的选择。例如，形状复杂的薄壁件，毛坯生产不能采用金属型铸造方式或自由锻造方式；尺寸大的毛坯采用模锻加工或金属型铸造是不合适的；精度要求较高、表面粗糙度要求低的毛坯可选用特种铸造、精密模锻、冷挤压等成形方法。

考虑零件技术特征与成形技术的经济性，要注意以下几点。

(1) 尽量选用生产过程简单，生产率高，生产周期短，能耗与生产材料消耗少，投资小的毛坯加工方法，既能使成本下降，又能保证其品质优良。

(2) 毛坯的生产批量决定了成形的机械化、自动化程度。批量越大，越有利于机械化、自动化程度的提高。单件、小批量生产往往与手工生产相联系，应选用廉价材料，通用设备和工具，生产率不太高，但节约了生产准备时间和工装的设计制造费用，总的成本降低。而成批、大量生产则选生产率高、精度高、品质好的加工方法，选择专用的生产设备和专用的生产工具，尽管增加了设计制造的专用工装费用，但进行下一步加工的工作量大大降低，节约工时，使设备、工模具等一次性投资随年产量的增加而分摊到单件产品上的费用减少，总经济效益提高。所以，铸件应选机器造型、砂型铸造或金属型压铸，锻件应选模型锻造，焊接结构件应选易焊材料和自动焊，薄壁件则可考虑生产率高、精度高的冲压方法、压铸方法等制造毛坯。

(3) 毛坯选择要全面考虑生产过程的总成本，结合分析设计试验费、生产材料费、毛坯制作费、切削加工费、使用维修费等，分析相互的联系和制约，全面权衡利弊，选择最佳的经济方案。金属材料毛坯成形方法的比较见表 12－1。

表 12－1　金属材料毛坯成形方法的比较

成形方法 比较内容	铸造	锻造	冲压	焊接	型材切割	粉末冶金
成形特点	液态凝固成形	固态塑性变形	固态塑性变形	原子间的扩散和结合	固态切削成形	压制固结成形
对原材料主要工艺性能要求	流动性好，收缩率低	塑性好，变性抗力小	塑性好，变性抗力小	较好的可焊性	适宜的硬度	一定的流动性和压制性
常用材料	铸铁，铸钢，铸造铝合金，铸造锌合金等	中、低碳钢及合金钢，形变非铁合金	低碳钢，形变非铁合金薄板	低碳钢及合金钢结构，不锈钢，非铁合金	碳钢及合金钢结构，非铁合金	金属及金属化合物或非金属粉末
毛坯组织特征和性能	通常晶粒较粗大，常有铸造缺陷存在，力学性能较同材质的锻件低，但某些性能(如铸铁件的减振性、减摩性)较好	晶粒较细小，组织致密，力学性能比同材质的铸件高	组织致密，冷冲压具有加工硬化，热冲压具有较好的综合力学性能	接头组织呈多样化，性能接近或达到母材性能	与型材的原始组织和性能相同	组织较致密但存在微小空隙，性能取决主要原材料
零件结构特征	形状几乎不受限制	形状较简单	结构轻巧，形状可较复杂	形状不受限制	简单、横向尺寸变化小	形状较简单
适宜尺寸与质量	砂型铸造不限	自由锻不限，模锻一般小于150kg	几乎不受限制	不限	中、小型	小型，一般小于10kg
材料利用率	较低	自由段低，模锻中	较高	较高	较高	高

（续）

比较内容＼成形方法	铸造	锻造	冲压	焊接	型材切割	粉末冶金
生产周期	长	自由段短，模锻长	长	短	短	较长
生产成本	较低	较高	批量越大，成本越低	中	较低	中
主要适用范围	用于形状复杂尤其是内腔复杂的箱座类部件，如床身、机架、箱体、底座、阀体等	用于力学性能要求较高的重要部件，如主轴、传动轴、齿轮、连杆等	各种板料成形部件，如壳罩、车厢、框架、容器等	其他方法不能或很难制造的各类构件，如塔架、桥梁、船舶、容器、锅炉等	中小型简单件，如小轴、销钉等	一些特殊要求的部件，如硬质合金、滑动轴承、摩擦片、过滤件等

选择材质便宜、加工费用大的方法，还是选择材质贵、加工费用小的方法；是选用精度高、余量小、形状尺寸接近成品、费用多数花费在毛坯上的成形方法，还是选择精度低、余量大、粗糙易制而大量费用花在切削上的毛坯成形方法，则应将多种方案在经济上进行综合分析比较，选择最经济的方案。

零件技术特征与成形过程还要考虑生产现实的可能性。所选的毛坯成形方法应该能在本单位或本系统的生产工厂、车间小组实际生产可行。在统一主观需要与客观可能的基础上确定的生产方案才是真正合理的。毛坯的生产应符合本单位的生产条件，包括车间面积、炉子容量、天车的吨位、设备的功能及先进性等，还应和实际的技术水平和现有的加工状况相吻合，尽量应用先进设备、新型材料、先进的加工方法，尽可能向净形和近似净形加工方向发展。当本单位无法解决或生产不划算时要考虑外协加工或外购毛坯，要打破“小而全”、“大而全”的小农经济自给自足的小生产观念，应向生产协作、专业化的方向发展。

12.1.3 材料成形技术的安全生产(即安全原则)

在工业实践中，不仅要从技术观点来研究各种制造技术，而且必须对诸如经济性、能源、材料利用和安全等因素认真分析，才能对加工方法作出正确的选择。能源及材料利用与经济性密切相关，而安全问题对经济性具有不同性质的重要意义，必须强调在开始规划与设计阶段就应当考虑建立一个安全的工作场地和保护环境的运行系统。

近几年来，由于工业社会的迅速发展，工业技术在各种生产部门的作用与日俱增，因而工业安全观念也变得越来越重要。主要由于现在社会要求工业企业适应环境、资源和安全等方面的某些要求，不能以产生伤害员工身心健康、环境污染、损坏自然环境为代价。

在工业生产中，必须用可能引起不良后果的事件的可能性及发生率来表示安全性，事件的后果可能是死亡、伤残、疾病和长期病休、工时损失、环境污染赔偿、生产损失、设备损坏等。绝对安全是不可能的，在工业生产中，应把危险性定义为预计损失和预计后果，当然危险性小就是安全性高。所谓“危险性”问题主要受工业生产系统本身与系统的运转操作过程影响，这两个因素都在一定程度上与人们的失误有关，安全可靠的工业生产系统由于人为的管理不善或操作不当也可能变得不安全。

工业生产系统中典型的不安全因素有：生产系统过载(生产率过高)，由于设计不当，在长期无载运转后造成损坏；或可靠性差；或由于维修不善、人机误差，机器在人机方面控制不当或人为误差；缺乏人员技术培训，管理不善，工作环境欠佳等。

怎样才能建设起工业生产的安全状态呢？设计工程师及制造工程师必须进行危险性分析，首先要进行定性分析，以确定可能产生故障的种类及可能导致重大事故的多种故障组合的类型。通常要求对生产系统最重要的部位进行初步分析，定量分析是在定性分析以后，要求确定故障的可能性及出现率，预计损失的大小及对安全系统优化。

总之，材料成形技术的选择是机器制造过程中一个复杂而又重要的问题，必须从各个方面综合加以考虑，根据上述原则进行比较而合理选用。

12.2 材料成形方案的技术经济分析

前面已经阐述了铸造、锻压、焊接、粉末冶金和非金属材料成形等多种用于获取机械零件毛坯的成形方法(极少数可获得直接装配的零件)，这些成形方法可获得相应的铸件、锻件、冲压件、焊接件、型材、粉末冶金件和工程塑(料)件等。采用不同的成形方法所得到的各类成形件或毛坯有其各自的特点和适用范围，这里作简要分析。

1. 各类成形件或毛坯的特点

1）铸件

铸件的材料可以是铸铁、铸钢或非铁合金，其中较多的为铸铁，铸造铝合金、镁合金、锌合金等。通常，铸件的形状复杂(尤其是内腔)，用于强度要求不太高的场合。目前，生产中的铸件大多数是用砂型铸造获得，少数尺寸较小、精度要求较高的优质铸件一般采用特种铸造工艺获得。常用铸造毛坯(铸件)的基本特点、生产成本与生产条件见表 12-2。

表 12-2 常用铸件的基本特点、生产成本与生产条件

特点＼类型		砂型铸件	金属型铸件	离心铸件	熔模铸件	低压铸造件	压铸件
零件	材料	任意	铸铁及有色金属	以铸铁及铜合金为主	所有金属，以铸钢为主	有色金属为主	锌合金及铝合金
	形状	任意	用金属芯时形状有一定限制	以自由表面为旋转面的为主	任意	用金属型与金属芯时，形状有一定限制	形状有一定限制
	重量/kg	0.01～300000	0.01～100	0.1～4000	0.01～10(100)	0.1～3000	<50
	最小壁厚/mm	3～6	2～4	2	1	2～4	0.5～1
	最小孔径/mm	4～6	4～6	10	0.5～1	3～6	3(锌合金 0.8)
	致密性	低～中	中～较好	高	较高～高	较好～高	中～较好
	表面质量	低～中	中～较好	中	高	较好	高

（续）

特点 \ 类型		砂型铸件	金属型铸件	离心铸件	熔模铸件	低压铸造件	压铸件
成本	设备成本	低(手工)～中(机器)	较高	较低～中	中	中～高	高
	模具成本	低(手工)～中(机器)	较高	低	中～较高	中～较高	高
	工时成本	高(手工)～中(机器)	较低	低	中～高	低	低
生产条件	操作技术	高(手工)～中(机器)	低	低	中～高	低	低
	工艺准备时间	几天(手工)～几周(机器)	几周	几天	几小时～几周	几周	几周～几月
	生产率/件·时$^{-1}$	<1(手工)～100(机器)	5～50	2(大件)～36(小件)	1～1000	5～30	20～200
	最小批量	1(手工)～20(机器)	～1000	～10	10～10000	～100	～10000
产品举例		机床床身、缸体、带轮、箱体	铝合金、钢套	缸套、污水管	汽轮机叶片、成形刀具	大功率柴油机活塞、气缸头、曲轴箱	微型电极外壳、化油器体

2）锻件

锻件的材质主要是钢和形变非铁合金，在生产中应用较多的锻件主要有自由锻件和模锻件。自由锻件不需要专用模具，故精度低，锻件加工余量大，生产效率不高，一般只适合于单件小批生产、结构较为简单的零件毛坯或大型锻件。模锻件的精度高，加工余量小，生产效率高，而且可以锻造形状复杂的毛坯件。特别是材料经锻造后锻造流线得到了合理分布，使锻件强度比铸件强度大大提高。生产模锻毛坯需要专用模具和设备，因此只适用于大批量生产中、小型锻件。

3）冲压件和挤压件

(1) 冲压件。冲压件主要适用于6mm以下塑性良好的金属板料、条料制品，也适用于一些非金属材料(如塑料、石棉、硬橡胶板材等)的某些制品。在交通运输机械、农业机械、容器、电器中，冲压件所占的比重很大，很多薄壁件都采用冲压成形，如汽车罩壳、箱架、储油箱、机床防护罩等。冲压成形后的毛坯件一般不需机械加工，或只进行简单的加工处理。

(2) 挤压件。冷挤压是一种生产率高的少、无切削加工新工艺。挤压件尺寸精确、表面光洁，挤压所生产的薄壁、深孔、异型截面等形状复杂的零件，一般不再需切削加工，因而节省了金属材料与加工工时。挤压件材料主要有塑性良好的铜合金、铝合金以及低碳钢，中、高含碳量的碳素结构钢、合金结构钢、工具钢等也可进行挤压。目前，因受挤压设备吨位的限制，挤压件一般还只限于30kg以下的零件。

常用塑性成形件的基本特点、生产成本与生产条件见表12-3。

表12-3　常用塑性成形件的基本特点、生产成本与生产条件

特点＼类型		锻件			挤压件	冷镦件	冲压件			
		自由锻件	模锻件	平锻体			落料与冲孔件	弯曲件	拉深件	旋压件
零件	材料	各种形变合金	各种形变合金	各种形变合金	各种形变合金，特别适用于铜、铝合金及低碳钢	各种形变合金	各种形变合金板料	各种形变板料	各种形变板料	各种形变板料
	形状	有一定限制	有一定限制	有一定限制	有一定限制	有一定限制	有一定限制	有一定限制	一端封闭的筒体、箱体	一端封闭的旋转体
	重量/kg	0.1～200000	0.01～100	1～100	1～500	0.001～50				
	最小壁厚或板厚/mm	5	3	$\phi3$～$\phi230$ 棒料	1	1	最大板厚10	最大100	最大10	最大25
	最小孔径/mm	10	10		20	(1) 5	(1/2～1)板厚		<3	
	表面质量	差	中	中	中～好	较好～好	好	好	好	好
成本	设备成本	较低～高	高	高	高	中～高	中	低～中	中～高	低～中
	模具成本	低	较高～高	较高～高	中	中～高	中	低～中	较高～高	低
	工时成本	高	中	中	中	中	低～中	低～中	中	中
生产条件	操作技术	高	中	中	中	中	低	低～中	中	中
	工艺准备时间	几小时	几周～几月	几周～几月	几天～几周	几周	几天～几周	几小时～几天	几周～几月	几小时～几天
	生产率/件·时$^{-1}$	1～50	10～300	400～900	10～100	100～10000	10～10000	10～10000	10～1000	10～100
	最小批量	1	100～1000	100～10000	100～1000	1000～10000	100～10000	1～10000	100～10000	1～100

4）焊接件

焊接件生产简单方便，周期短，适用范围广。缺点是容易产生焊接变形，抗振性较差。对于性能要求高的重要机械零部件(如床身、底座等)，采用焊接式毛坯时，机械加工前应进行退火或回火处理，以消除焊接应力，防止零件变形。

焊接结构应尽可能采用同种金属材料制作，异种金属材料焊接时，往往由于两者热物理性能不同，在焊接处会产生很大的应力，甚至造成裂纹，必须引起注意。

常用焊接方法的特点及应用范围见表 12－4。

表 12－4 常用焊接方法的特点及应用范围

焊接方法	焊接热源	主要接头形式	焊接位置	适用板厚(钢板)/mm	被焊材料	生产效率	应用范围
手工电弧焊	电弧热	对接、搭接、T形接、卷边接	全位置	可焊1以上，常用3～20	碳素钢、低合金钢、铸铁、铜及铜合金、铝及铝合金	中等偏高	要求在静止、冲击或振动载荷下工作的机械和零件，补焊铸铁件缺陷和损坏的零件
埋弧自动焊	电弧热	对接、搭接、T形接	平焊	可焊3以上，常用6～60	碳素钢、低合金钢、铜及铜合金	高	在各种载荷下工作，成批生产、中厚板长直焊缝和较大直径环缝
氩弧焊	电弧热	对接、搭接、T形接	全位置	0.5～25	铝、铜、镁、钛及钛合金、耐热钢不锈钢	中等偏高	要求致密、耐蚀、耐热的焊件
CO_2 气体保护焊	电弧热	对接、搭接、T形接	全位置	0.8～30	碳素钢、低合金钢、不锈钢	很高	要求致密、耐蚀、耐热的焊件
等离子弧焊	等离子电弧热	对接	全位置	可焊0.025以上，常用1～12	不锈钢、耐热钢、铜镍、钛及钛合金	中等偏高	用一般焊接方法难以焊接的金属及合金
气焊	氧乙炔火焰热	对接、卷边接	全位置	0.5～3	碳素钢、低合金钢、铸铁、铜及铜合金、铝及铝合金	低	要求耐热性、致密性、静载荷、受力不大的薄板结构，补焊铸铁件及损坏的机件
电渣焊	熔渣电阻热	对接	立焊	可焊25～1000以上，常用35～450	碳素钢、低合金钢、不锈钢、铸铁	很高	一般用来焊接大厚度铸、锻件
点焊	电阻热	搭接	全位置	可焊10以下，常用0.5～3	碳素钢、低合金钢、不锈钢、铝及铝合金	很高	焊接薄板壳板
对焊	电阻热	搭接	平焊	≤20	碳素钢、低合金钢、不锈钢、铝及铝合金	很高	焊接杆状零件
缝焊	电阻热	搭接	平焊	<3	碳素钢、低合金钢、不锈钢、铝及铝合金	很高	焊接薄壁容器和管道
摩擦焊	摩擦热	对接	平焊	最大截面<20000mm^2	各类同种金属和异种金属	很高	广泛用于圆形工件、棒料及管子的对接
钎焊	各种热源	搭接、套接	平焊		碳素钢、合金钢、铸铁、铜及铜合金、异种金属、合金及非金属的焊接	高	用其他焊接方法难以焊接的焊件，以及对强度要求不高的焊件

5）型材

机械零件采用型材毛坯占有相当大的比重。通常作为毛坯的型材有圆钢、方钢、六角钢以及槽钢、角钢等。型材根据其精度可分为普通精度的热轧材和高精度的冷轧(或冷拔)材两种。普通机械零(构)件多采用热轧型材。冷轧型材尺寸较小，精度较高，多用于毛坯精度要求较高的中小型零件生产或进行自动送料的自动机加工中。冷轧型材价格相对贵些，一般用于批量较大的生产。

6）粉末冶金件

随着粉末冶金技术的不断发展，用金属粉末制造零件越来越多，每年增长10%～20%。粉末冶金的优点是生产率高，适合生产复杂形状的零件，无需机械加工(或少量机加工)，节约材料，适于生产各种材料或各种具有特殊性能材料搭配在一起的零件；其缺点是模具成本相对较高，粉末冶金件强度比相应的固体材料强度低，材料成本也相对较高。

粉末冶金件主要成形方法的比较见表12-5。

表12-5　粉末冶金件主要成形方法的比较

工艺	优点	缺点
注浆成形	可用于形状复杂件、薄壁件，成本低	收缩大、尺寸精度低，生产效率低
压制成形	可用于形状复杂件，密度和强度高，精度较高	设备较复杂，成本高
挤压成形	成本低，生产效率高	不能用于薄壁件，零件形状须对称
可塑成形	尺寸精度高，可用于形状复杂件	成本高

7）工程塑(料)件

工程塑(料)件往往是一次成型，几乎可制成任何形状的制品，生产效率高。工程塑件的密度约为铝的一半，可减轻制件的自重。工程塑件的比强度高于金属件。大多数工程塑料的摩擦系数都较小，因此，不论有无润滑，工程塑料都是良好的减摩材料，常用来制造轴承、齿轮、密封圈等零件。工程塑料件对酸、碱的抗蚀性很好，例如被称为塑料王的聚四氟乙烯，甚至在王水中煮沸也不会腐蚀。此外，工程塑件还具有优良的绝缘性能、消音、吸震和成本低廉等优点。

但是，工程塑(料)件也存在一些缺点，主要是成型收缩率大，刚性差，耐热性差，易发生蠕变，热导率低而线胀系数大，尺寸不稳定，容易老化。这使它在机械工程中的应用受到一定的限制。

工程塑(料)件的主要成型方法比较见表12-6。

表12-6　工程塑(料)件主要成型方法比较

工艺	适用材料	形状	表面粗糙度	尺寸精度	模具费用	生产效率
压制成型	范围较广	复杂形状	很好	好	高	中等
注射成型	热塑性塑料	复杂形状	很好	非常好	很高	高
挤出成型	热塑性塑料	棒类	好	一般	低	高
真空成型	热塑性塑料	棒类	一般	一般	低	低

2. 材料成形方案的技术经济分析

材料成形方案的技术经济分析一般程序可用下列框图表达(图 12.5)，现分项简要介绍如下。

1) 确定分析目标

确定目标以前，先要了解有关材料成形的各种背景资料，明确主客观的要求，弄清楚分析对象的名称或题目，需要解决的问题，最后应得出的结论等。

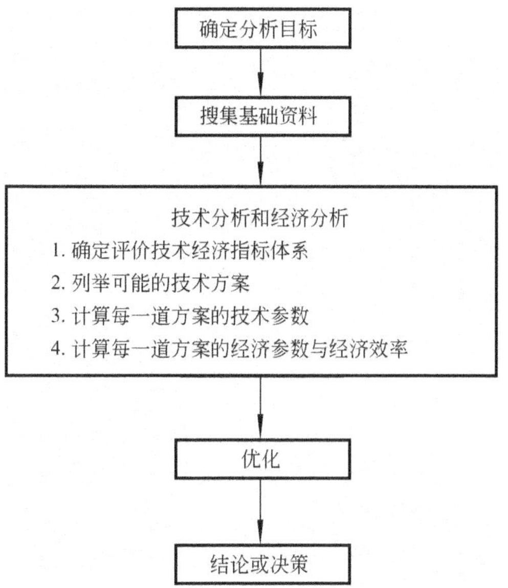

图 12.5　材料成形方案的技术经济分析框图

2) 搜集基础资料

按照资料的形式可分为主要资料、辅助资料和经济资料。

(1) 主要资料。主要资料包括原有产品的产量、品质、售价、成本、生产技术设备、工模具、生产率、各种原材料的消耗量、各项有关技术经济指标、厂房、场地、可供发展的条件等。

(2) 辅助资料。辅助资料是指与分析对象有关的国内外情况，如国内外同种或同类型产品的品质、水准、加工技术、设备供应等技术或经济信息，以此作为分析对比的参照体系或参照数据，也可以供拓宽思路、拟定各种可能的技术方案的参考。辅助资料是进行技术分析和经济分析必不可少的重要资料。

(3) 经济资料。有关产品的零件图、成形件图、现场技术、国内外生产过程、设备、模具、生产工时定额、材料消耗量等属于技术资料，各种消耗材料的价格、现场生产的成本组成和数据、各类生产人员的工资级别、固定资产和流动资金数、生产和经营过程中的各种费用和税率等属经济资料。

资料搜集的广度和深度，以及资料数据的翔实可靠是分析结果准确、可靠的基础。

3) 技术分析

根据确定的分析目标和搜集到的主要资料、辅助资料等，就可以进行技术分析。首先要选定技术经济指标，作为评定成形技术生产经济效果及其技术先进性程度的主要依据。

由于评价对象不同，如工厂、车间设计方案、现场生产技术方案、新技术选用程度等，所以采用的技术经济指标也不相同。技术经济指标大体可分为两类：价值指标和实物指标。

价值指标是评价技术经济效果的主要指标，包括生产成本(如成形件成本、零件成本等)、基建(新建或改建)、投资及回收期、年度利润等，它从整体上反映了评价对象的优劣。实物指标是计算价值指标的依据，包括金属材料利用率、成形件(零件)的劳动消耗量(台时或工时)、燃料或动力消耗等。实物指标只能比较单向指标的优劣，它能有利于具体提出改进措施。

例如，对于固态材料的锻造方案，分析所用的技术经济指标见表 12 - 7。

表 12－7　锻造技术经济指标

指标名称	指标反映的特性
锻件重	锻件精化程度
坯料重	材料消耗量、锻件技术水平
废品率	生产稳定性、生产管理水平
投资	一次性资金需求
成本	生产的经济性
投资回收期	简单的效益概念、评价投资效果
内部收益率	动态的投资经济效果、投资的收益率
盈亏平衡点	敏感性分析、投资风险

为了使所分析的结论正确可靠，常用穷举法描述所有可能的技术方案或可供选择的技术方案。技术分析的最后一步是计算技术参数。技术参数主要包括：材料利用率、变形力或变形功、主要设备的型号规格、配套设备、生产率、模具尺寸和消耗量、动力和燃料消耗量、各种辅助材料的消耗量、生产工人、生产面积、废品等。

4）经济分析

在技术分析以后进行经济分析，首先计算经济参数，从而确定经济效益。

经济参数包括利润率、投资回收期、内部收益率、劳动生产率及出口创汇能力等。

5）优化

最简单的优化方法是排队、选优。先将各方案按某一选定的评价指标数值大小排队，当评价指标较多时，可设定综合方法排队，将指标体系中的各个项目按相对数值或规定分数等级评分，按各指标在选优过程中的重要程度设定加权值，然后用加权评分法积分，最后再按积分的多少排队。

分析过程中有许多数据是估计的，有一定的局限性，从而使一些参数的计算值带有不确定性。为了避免这些因素的影响，减少分析结论失真的程度，使方案选优的结论不致背离实际，要进行敏感性分析。

敏感性分析是利用改变敏感因素的设定值，计算技术经济指标参数，说明如该因素发生变化时，评价结论相应发生的变化情况。

成形技术经济分析的敏感因素有：生产批量、材料消耗量、材料价格、生产率、模具价格、模具寿命和设备价格等。

此外，并不是所有因素或特征都可以定量表示的，有许多不能定量表示的定性因素往往对决策判断和论证过程有很大影响，如对环境的影响，对社会发展的影响，对产品品质的影响，对地区发展经济的贡献，还有能源、设备供应的可能性，资金筹措的难易程度，技术的可靠性等。通过对这些因素分析，可以得到更为全面的认识，把定性和定量分析有机结合起来，综合评价，可以避免或减少片面性。

通过方案的选优可以得出一个理想的或最优的方案。由于种种条件的限制，最优方案即使很好，但在现有条件下也不一定能实现。例如，资金短缺、投资过大的方案行不通。又如电力短缺，用电的方案虽然经济，不得不舍弃而采用其他燃料。

6）结论或决策

经过上述技术经济分析的全过程，就能得到一个较为科学、全面、切实可行的技术方案。

一般而言，成本最低的方案，其经济效果自然较好。成本最低的含义为成形件成本最低或零件成本最低。通常在进行成形件技术分析、设备选择、能源选用、生产经济批量的确定等工作时，计算成形件成本、比较成本高低即可鉴别方案的优劣。例如，在评价精锻、冷锻、温锻等固体成形技术方案时，不但要比较锻件的成本，更需要比较零件生产的总成本，因为成形过程只是零件(或产品)整个生产过程中的一个环节，必须和其他环节(主要是后续的机械加工)联系起来分析比较。

例如，大量生产车轴时，总成本最低的生产方法是采用较贵的锻轧毛坯，如图 12.6 所示。在专用轧机上轧制车轴毛坯，虽然毛坯成本最高，但由于提高了材料利用率，减少了机械加工的劳动量，零件生产成本反而降低了。

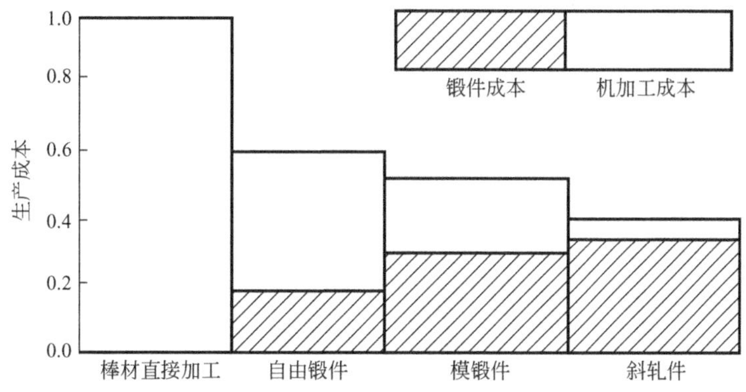

图 12.6　大批量生产车轴时，生产方法对生产成本的影响

一般来说，机械加工 1kg 金属所花费的费用是锻造 1kg 金属的数倍到数十倍。

通常先进的技术和高效设备常与巨额的投资相伴随。即使成本低、利润高，由于投资过大，决策者难下决心。这时应更加认真分析比较各种技术方案的投资效果，比较投资回收年限、投资在项目寿命期内实际收益的大小和比率，按投资的效益高低评价技术方案的优劣。

【例 12.1】 图 12.7 所示为台式钻床。该钻床由底座、立柱、主轴支承座、主轴、传动带及带轮、操纵手柄和电动机等组成。这里以批量生产为条件，就台式钻床部分零件毛坯成形方法应如何选择作一简要分析。

(1) 底座。底座是台式钻床的基础零件，主要承受静载荷压应力。它具有较为复杂的结构形状，下底部有空腔，属于箱座类零件。宜选用灰铸铁(如 HT150)，采用常规铸造毛坯。

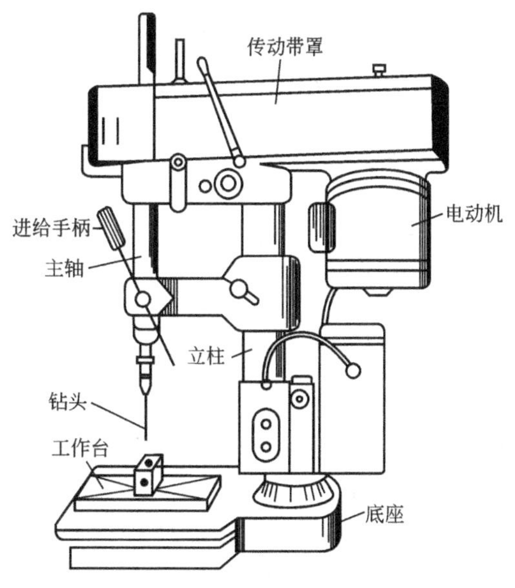

图 12.7　台式钻床

(2) 立柱和主轴支承座。立柱和主轴支承座也是基础零件，主要承受弯曲应力，要求较好的刚度。结构形状不复杂，有内腔，也属箱座类零件。宜选用灰铸铁(如 HT200)，采用常规铸造毛坯。

(3) 主轴。主轴是钻床的重要零件，工作时主要承受轴向压应力、弯曲应力等，受力情况较复杂。但其结构形状较简单，属于轴类零件。宜选用中碳钢(如 45 钢)，采用常规锻造毛坯。

(4) 带轮。带轮形状结构简单，属轮盘类零件。由于带轮的工作载荷较小，为减轻重量，通常采用铝合金制造。宜选用铸铝(如 ZL102)，采用常规铸造毛坯。

(5) 传动带罩壳。传动带罩壳在钻床上主要起防护和防尘作用，不承受载荷。因此，宜选用薄钢板(如 Q235)冲焊结构或工程塑料件。

(6) 操纵手柄。手柄工作时，承受弯曲应力。受力不大，且结构形状较简单，属于轴类零件。用碳素结构钢(如 Q235A 钢)，采用型材毛坯，在圆钢棒料上截下即可直接机加工。

(7) 此外，台式钻床还有标准件(如滚动轴承、螺纹联接件、键、销、弹簧等)、密封件(如密封圈、密封垫等)、电器(如电动机、控制器件及线路、开关等)等，这些产品都是由专门厂家按标准大批量生产，通常依据要求直接选用。

毛坯成形技术的发展非常迅速。目前，少、无切削加工的新技术和新工艺(如精铸、精锻、粉末冶金、冷挤压、特种轧制等)，越来越多地得到了推广和应用。这些新技术和新工艺具有效率高、质量好、用料省、成本低等优点，必将大大促进毛坯生产不断向前发展。

12.3 成形件的品质检验

成形件的品质直接影响到零件的品质，无论是铸、锻成形件，还是焊接成形结构件，都要根据国家规定的检验项目和标准对它们进行品质检查，以免因成形件的品质问题造成机械加工工序的工时浪费和设备、工模夹具、量具的不必要磨损。对成形件进行检验是提高产品设计品质，改进成形技术，降低生产成本的重要手段。下面介绍几种检验方法，它们各有其合理的使用范围，要根据具体的技术要求和本单位的实际情况选用最经济而又操作简单的最可靠的方法。

1. 成形件检验分类

1) 破坏性检验

该检验是指从成形件上切取试样，或者以产品(或模拟件)的整体做破坏试验，以检查其各项力学性能指标的试验法。如拉伸、弯曲、冲击、断裂韧度等力学性能试验，金相试验及化学检验(如化学成分分析、耐磨蚀试验)等，均需要从被检验毛坯上切取试样或破坏被检验件，它多用于新材料、新技术、新产品的试制阶段的检验。

2) 无损检验和无损评价

该检验是指在不损坏被检对象(材料或成品)的性能和完整性的情况下，进行对该被检对象的缺陷、性质和内部结构等状况的检测，作出失效程度的评价。它是一种新兴的综合性应用技术，与有损的(破坏)抽样检测比较，有效地保证产品品质。

2. 常用成形件的检测方法

1) 外观检查

用肉眼或借助样板，或用低倍放大镜观察，可以发现成形件的一些表面缺陷。如焊接结构件的表面缺陷有熔合气孔、咬边、焊瘤、焊接裂纹、夹渣、未焊透等；铸件外观缺陷有铸件的冷隔、浇不足、气孔、砂眼、粘砂、裂纹、错箱等；锻件外观缺陷有外形折叠、重复、裂纹、错模等。

2) 内部品质检验

(1) 硬度检测。该检验是指用硬度计对成形件进行测量。

(2) 气密性检验。该检验是指将压缩空气(或氧、氟利昂、氮、卤素气体等)压入焊接成形件(容器)，利用容器内外气体的压力差检查有无泄漏的试验法。

(3) 耐压检验。该检验是指将水、油、气等充入容器内缓缓加压，以检查其泄漏、耐压、破坏等的试验，主要用于检验压力容器、管道、储罐等结构的穿透性缺陷，还可做结构的强度试验。

(4) 探伤检验。该检验主要有以下三种方法。

① 磁粉探伤检验。该检验是指利用在强磁场中，铁磁性材料表层缺陷产生的漏磁吸附磁粉的现象而进行的无损检验的方法。在被检处加一磁场，无缺陷处磁力线均匀通过，如内部存在缺陷，磁力线通过受阻，如图 12.8 所示，当在表面撒有铁粉时，就会被吸附在缺陷处。

磁粉探伤的优点是：对钢铁材料或工件表面裂纹等缺陷的检验非常有效；设备和操作均较简单；检验速度快，便于在现场对大型设备和工件进行探伤；检验费用也较低。缺点是：仅适用于铁磁性材料；仅能显出缺陷的长度和形状，而难以确定其深度；对剩磁有影响的一些工件，经磁粉探伤后还需要退磁和清洗。

② 超声波探伤检验。超声波探伤检验法是利用超声波探测成形件内部缺陷，它也是一种无损检验法。超声波的频率超过 2000Hz，被检查处如有缺陷，就分别产生特殊的反射波来，并在荧光屏上显示出脉冲波形，根据这脉冲波形就可判断出缺陷位置和大小。超声波可探测厚度大于 10mm 的工件内的缺陷，最小探测厚度为 2mm。超声波的探伤检验原理如图 12.9 所示。

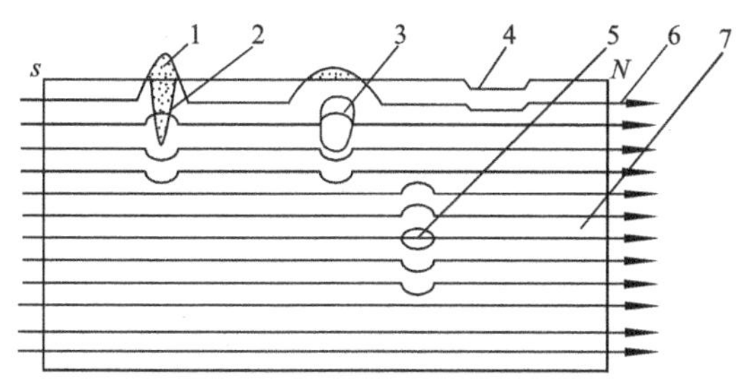

图 12.8 磁粉探伤示意图

1—磁粉(漏磁场)；2—裂纹；3—近表面气孔；4—划伤；5—内部气孔；6—磁感应线；7—工件

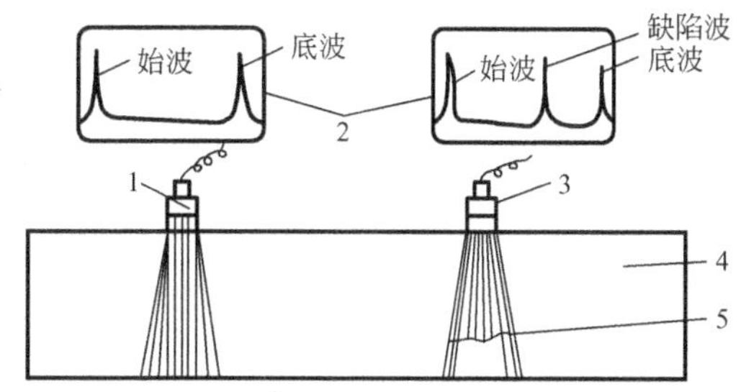

图 12.9 超声波的探伤检验原理

1、3—探头；2—荧光屏；4—焊件；5—缺陷

超声波探伤的优点是检测厚度大、灵敏度高、速度快、成本低、对人体无害，能对缺陷进行定位和定量。然而，超声波探伤对缺陷的显示不直观，探伤技术难度大，容易受到

主、客观因素的影响，对粗糙、形状不规则、小、薄或非均质材料难以检查，以及探伤结果不便保存等，使超声波探伤也有其局限性。

③ 射线探伤检验。该检验是采用 X 射线或 γ 射线照射成形件内部缺陷的一种无损检测法。X 射线和 γ 射线可穿透一定厚度的金属材料，当遇到缺陷时，射线衰减程度减小，缺陷处在感光底片上感光较强，冲洗后可明显看到黑色条纹或斑点，如图 12.10 所示对焊缝的 X 射线探伤。射线探伤主要用于重要的铸、锻成形件或焊接构件的焊缝检测，认探明其内部是否存在裂纹、气孔、夹渣、砂眼等缺陷。

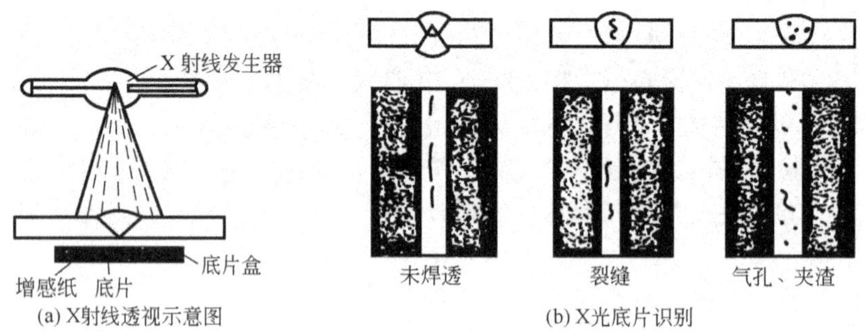

(a) X射线透视示意图　(b) X光底片识别

图 12.10　焊缝 X 射线探伤示意图

X 射线可检测厚度为 0.1～60mm 的成形件，γ 射线可检测的厚度为 60～150mm。

射线照相法能较直观地显示工件内部缺陷的大小和形状，因而易于判定缺陷的性质，射线底片可作为检验的原始记录供多方研究并作长期保存。但这种方法耗用的 X 射线胶片等器材费用较高，检验速度较慢，只宜探查气孔、夹渣、缩孔、疏松等体积性缺陷，而不易发现间隙很小的裂纹和未熔合等缺陷以及锻件和管、棒等型材的内部分层性缺陷。此外，射线对人体有害，需要采取适当的防护措施。

3. 再制造技术

再制造技术是利用原有零件并采用再制造成形技术(包括高新表面工程技术和其他加工技术)，使零部件恢复尺寸、形状和性能，形成再制造的产品。该技术主要包括在新产品上重新经过再制造的旧部件，以及在产品的长期使用过程中对部件的性能、可靠性和寿命等通过再制造加以恢复和提高，从而使产品或设备在对环境污染最小、资源利用率最高、投入费用最小的情况下重新达到最佳的性能要求。再制造技术是一种具有重大实用价值和优质高效低成本少污染的绿色技术。再制造工程是 21 世纪先进制造技术发展的一个重要组成部分和发展方向，是一个统筹考虑产品部件全寿命周期管理的系统工程。

磨损、腐蚀、疲劳等对机械设备及资产造成巨大损失。据工业发达国家的统计，每年仅因腐蚀造成的损失便占国民生产总值的 2%～4%。我国设备资产达几万亿元，若其中 10%能利用再制造技术进行修复和强化，便能创造巨大的经济效益。以往的产品从设计、制造、使用、维修至退役报废。报废后，一部分是将可再生的材料进行回收，一部分是将不可回改的材料进行环保处理。维修在这一过程中主要是针对在使用过程中因磨损或腐蚀等原因而不能正常使用的个别零件的修复。而再制造则是在整个产品报废后，对报废的产品通过先进技术手段进行再制造形成新产品。再制造过程不但能提高产品的使用寿命，而且可影响产品的设计，最终达到产品的全寿命周期费用最小，保证产品创造最大的效益。此外，再制造虽然与传统的回收利用有类似的环保目标，但回收利用只是重新利用它的材料，往往消耗大量能源并造成不同程度的污染环境，而且产生的是低级材料。再制造技术是一种从部件中获得最高价值的方法，通常可以获得更高性能的再制造产品。由此可见，再制造是对产品的第二次投资，是使产品升值的重要举措。

再制造工程的最大优势是能够以多种表面工程技术和其他技术形成先进的再制造技术。制备的再制造“毛坯”的性能优于本体材料性能，如采用金属材料的表面硬化处理，热喷涂，激光表面强化等修复和强化零件表面，赋予零件耐高温、耐腐蚀、耐磨损、抗疲劳、防辐射等性能。这层表面材料与制作部件的本体材料相比，厚度薄，面积小，却承担着工作部件的主要功能。不同表面工程技术所获得的覆盖层厚度一般从几十微米到几毫米，仅占工件整体厚度的几百分之一到几十分之一，却使工件具有了比本体材料更高的耐磨性、抗蚀性和耐高温等能力。采用表面工程技术的平均效益高达5～20倍以上。表面工程技术是再制造技术的重要手段之一，它具备了先进制造技术的最基本特征，即优质、高效、低耗，其研究、推广和应用将为先进制造工程和再制造技术的发展提供必要的技术支持。

再制造产品的品质控制是再制造工程的核心，再制造成形技术和表面技术是再制造技术的关键技术。这些技术的应用离不开产品的失效分析、检测诊断、寿命评估、品质控制等多种学科，所以发展再制造工程还能牵动其他学科的发展。其他学科的发展反过来促进再制造技术的进步、发展和完善。在我国，关于再制造工程的工作刚刚开始，有关部门已把再制造工程作为技术创新的重要项目列入国家重要科技发展专项计划。

案例分析

合理选择摩托车超越离合器本体冷挤压毛坯

目前，国内的电启动摩托车如90型、100型、125型等都采用超越离合器(图12.11)，其质量好坏直接影响摩托车和发动机的性能。本体(图12.12)是超越离合器上的关键零件，其市场年需求量为500万件左右。

图12.11 摩托车超越离合器

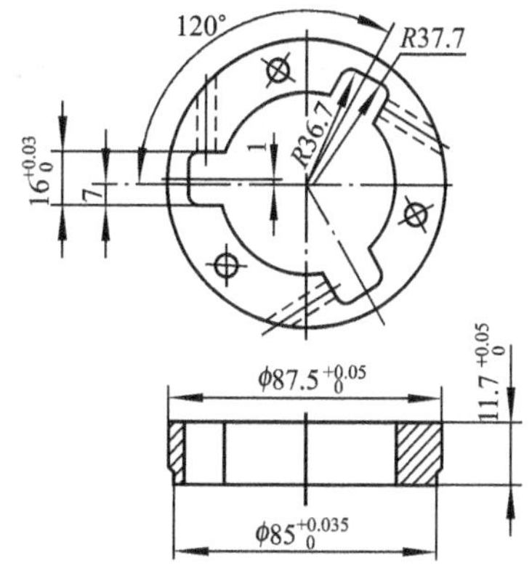

图12.12 超越离合器本体零件

1. 超越离合器本体孔型腔的成形方法

对于超越离合器本体，其内孔型腔的加工方法主要有拉削加工、热精锻成形、精密冲裁成形和冷挤

压成形。

1) 拉削加工

采用40t卧式拉床进行超越离合器本体内孔型腔的加工。由于超越离合器本体的内孔型腔尺寸较大，且内孔型腔各部分的截面尺寸相差很大，因此，采用拉削加工时必须订制尺寸规格较大、长度很长的特殊形状拉刀。由于这种拉刀的价格很高，而且修磨困难，所以采用该方法加工，其生产效率低、工艺流程长、生产成本高，同时，该拉削加工方法的材料消耗大，其材料利用率仅有30%左右，难以满足大批量工业生产的需要。

2) 热精锻成形

1995年，江苏某精锻厂采用热精锻工艺生产出具有复杂内型腔的超越离合器本体锻件。与金属切削加工工艺相比，其材料利用率达到50%左右，且内孔型腔已经完全成形，可以不再进行后续切削加工，从而减少了拉削工序，大幅度地提高了生产效率，缩短了生产周期，显著地降低了生产成本。由于热精锻的超越离合器本体锻件尺寸精度差、表面粗糙度差(有氧化皮存在)，因此外表面的机加工余量较大，同时热锻成形的内型腔的精度差、表面粗糙度差，且有锥度存在。在实际生产过程中，因内型腔的尺寸超差以及锥度所造成的产品报废率很高。

3) 精密冲裁成形

1995～1996年，重庆某研究所采用公称压力为630t的精冲机进行了超越离合器本体的精密冲裁加工工艺试验。精密冲裁作为一种冲裁工艺，由于其断口始终有撕裂带存在，因此精密冲裁后的超越离合器本体内孔型腔中部的表面质量很差。同时，由于超越离合器本体的厚度较厚(达到11.7mm)，而且其内孔型腔各部分的截面尺寸相差很大，因此在精密冲裁过程中超越离合器本体内孔型腔的中部始终存在拉裂等缺陷。

4) 冷挤压成形

1996～1997年，重庆某企业采用冷挤压成形技术在公称压力为315t的四柱液压机上进行超越离合器本体内孔型腔的成形加工。经冷挤压成形的超越离合器本体，其内孔型腔尺寸精度高，尺寸一致性好，轮廓清晰，无锥度存在，不再后续加工就能满足超越离合器本体的设计要求，且外表面的机加工余量也比较少。

从以上对比分析可知，采用冷挤压成形工艺进行摩托车超越离合器本体内孔型腔的加工是一种优质、高效、经济、适用的加工方法。

2. 毛坯形状及尺寸选择

根据如图12.12所示的超越离合器本体零件的形状特点，用了四种类型的毛坯进行了试验。

1) 圆柱体坯料反挤压成形

采用如图12.13所示的圆柱体坯料，靠坯料的外径ϕ89mm定位。在反挤压成形过程中，随着冲头的逐渐压入，金属主要沿轴向流动，以反挤压方式形成内孔型腔。

采用这种坯料成形时，可以得到内孔型腔饱满、轮廓清晰、无锥度的冷挤压件，但由于该挤压件各部分的壁厚相差较大，金属的变形程度不均匀，从而造成反挤压件的上端面“高低不平”，如图12.14所示。同时由于金属流动剧烈，变形程度大，成形力大，需要公称压力在500t以上的大型液压机才能成形，冲头寿命很低。

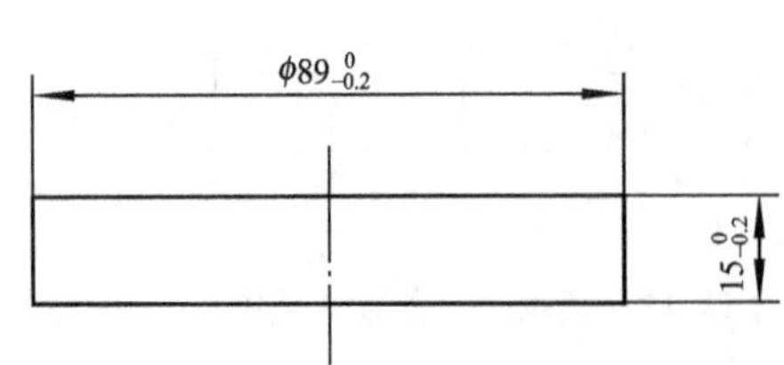

图12.13 反挤压成形用圆柱体坯料

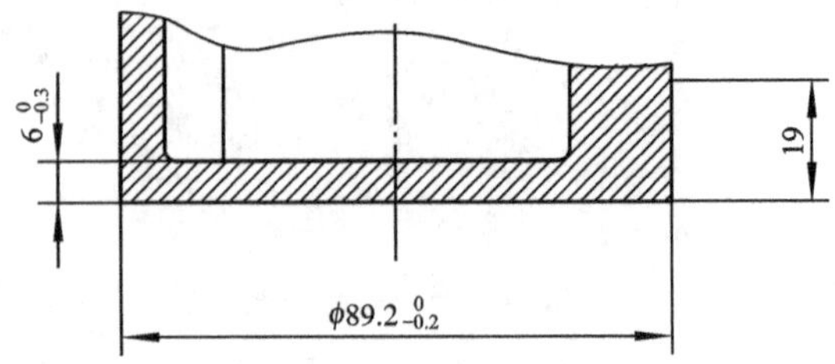

图12.14 上端面“高低不平”的反挤压件

这种坯料加工简单，但由于反挤压件的底部厚度不能太薄，而且其上端面的“高低不平”，因此，后续机械加工的工作量较大，材料浪费也较大，而且由于机械加工中的断续切削，对切削加工用刀具和机床都有影响。

2）圆柱体坯料复合挤压成形

采用如图12.15所示的圆柱体坯料，靠坯料的外径ϕ89mm定位。在挤压成形过程中，随着冲头的逐渐压入，金属主要沿轴向流动，其中一部分金属沿着与冲头运动方向相反的方向流动，另一部分金属沿着与冲头运动方向一致的方向流动，以正挤压方式形成ϕ44mm的轴杆部分。

采用这种坯料成形时，可以得到内孔型腔饱满、轮廓清晰、无锥度的冷挤压件。在复合挤压成形过程中，虽然该挤压件各部分的壁厚相差较大，金属的变形程度不均匀，也会造成冷挤压件的上端面的“高低不平”。由于是复合挤压，因而其冷挤压件上端面“高低不平”现象不明显。坯料的外径与冷挤压件的内孔型腔尺寸相差较小，金属以正挤压方式成形ϕ44mm的轴杆部分时将使冷挤压件的上端面口部拉缩，形成“坡口”，如图12.16所示。同时由于在复合挤压过程中，金属流动较均匀，成形力较小，在公称压力500t以下的小型液压机就能成形，冲头寿命很长。

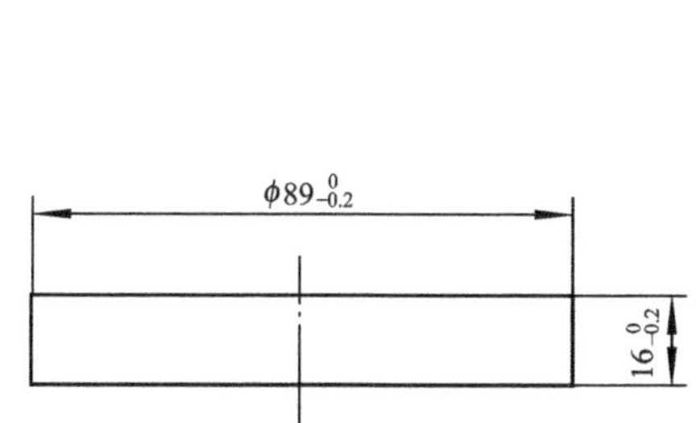

图12.15 复合挤压成形用圆柱体坯料

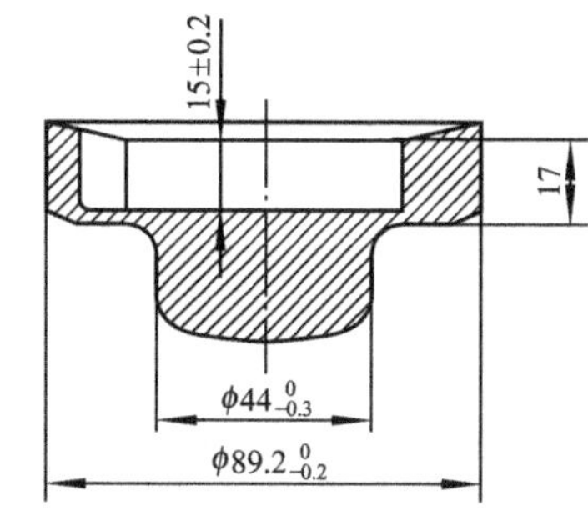

图12.16 具有“坡口”的复合挤压件

这种坯料加工简单，而且复合挤压件的底部厚度很薄，后续机械加工的工作量较小。虽然ϕ44mm的轴杆部分也是废料，但该废料正好可作为摩托车启动惰轮的冷挤压坯料，因此材料浪费较少。

3）带锥台圆柱体坯料的复合挤压

为了避免在复合挤压成形过程中冷挤压件上端面形成“坡口”，采用如图12.17所示的带圆锥台的圆柱体坯料。其冷挤压件如图12.18所示。

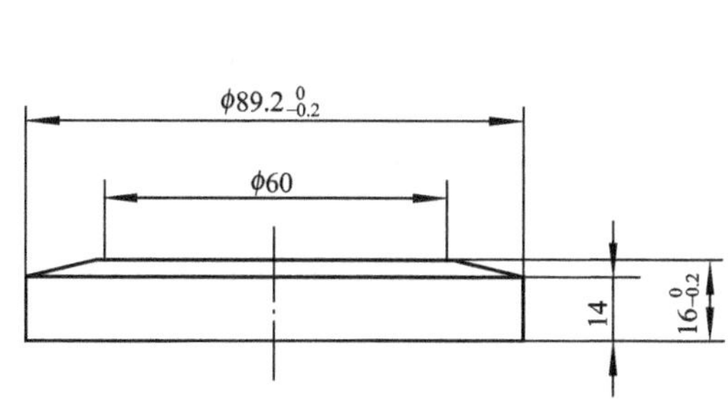

图12.17 复合挤压用带锥台的圆柱体坯料

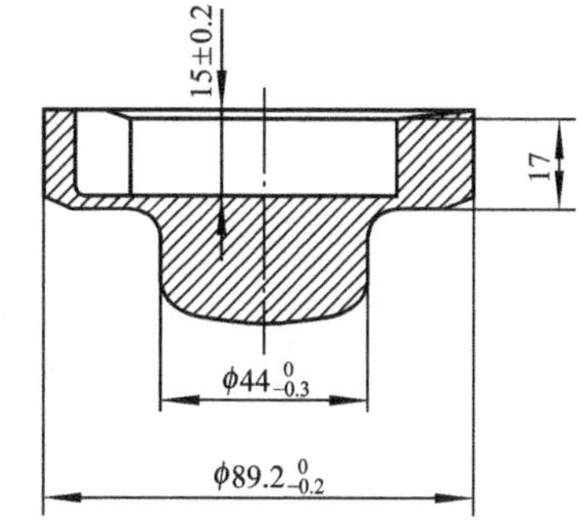

图12.18 复合挤压件

这种坯料的加工也比较简单，既可采用圆棒料车削加工制成，也可以采用尺寸较小的圆棒料经锻造成形方法进行预制坯制成。由于挤压件的上端面“坡口”不明显，以及ϕ44mm的轴杆部分材料的重新利用，使得该冷挤压件的后续加工方便，加工工作量很小，材料利用率也很高。

4）圆环坯料的冷挤压成形

为了减小冷挤压变形力，可以采用如图 12.19 所示的圆环坯料，其冷挤压件如图 12.20 所示。

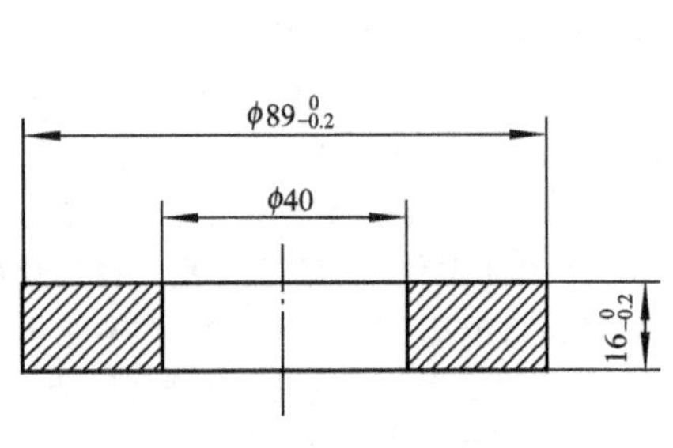

图 12.19　圆环坯料

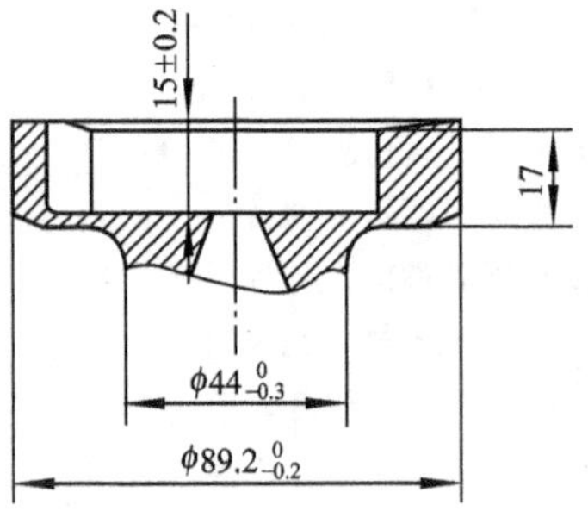

图 12.20　复合挤压件

这种坯料若采用圆棒料制成，其加工工作量大、材料浪费较大；若采用厚壁无缝钢管制成，其原材料成本也很高。

虽然该挤压件的上端面“坡口”轻微，冷挤压变形力较小，但其 φ44mm 的轴杆部分材料无法重新利用，只能作为废料，因此其材料利用率较低。同时，采用这种坯料挤压成形时，其内孔型腔容易被拉裂。

资料来源：伍太宾．摩托车超越离合器本体冷挤压毛坯的合理选择 [J]．精密成形工程，2010(3)：41－45.

根据以上案例所提供的资料，试分析：

1）由材料中作者所给的超越离合器本体的内孔型腔各种加工方法，各有何特点？

答：内孔型腔的加工方法：

(1) 拉削加工。超越离合器本体内孔型腔各部分的截面尺寸相差很大，需特殊形状的拉刀，其生产效率低，工艺流程长，生产成本高，材料利用率低(30%左右)。

(2) 热精锻成形。与拉削加工相比，其材料利用率达 50%左右，且内孔型腔已经完全成形，大幅度地提高了生产效率，缩短了生产周期，显著地降低了生产成本；但锻件尺寸精度差、表面粗糙度差(有氧化皮存在)，机加工余量较大。

(3) 精密冲裁成形。其断口始终有撕裂带存在，超越离合器本体内孔型腔中部的表面质量很差，同时，由于超越离合器本体的厚度较厚(达到 11.7mm)，而且其内孔型腔各部分的截面尺寸相差很大，故精密冲裁过程中超越离合器本体内孔型腔的中部始终存在拉裂等缺陷。

(4) 挤压成形。经冷挤压成形的超越离合器本体，其内孔型腔尺寸精度高，尺寸一致性好，轮廓清晰，无锥度存在，不再后续加工就能满足超越离合器本体的设计要求，且外表面的机加工余量也比较少。是一种优质、高效、经济、适用的加工方法。

2）比较四种冷挤压毛坯，哪种较好？

答：带锥台圆柱体坯料作为超越离合器本体的冷挤压较其他三种的好。这种坯料的加工比较简单，既可采用圆棒料车削加工制成，也可以采用尺寸较小的圆棒料经锻造成形方法进行预制坯制成。挤压件的上端面“坡口”不明显，以及 φ44mm 的轴杆部分材料的重新利用，使得该冷挤压件的后续加工方便，加工工作量很小，材料利用率也很高。

习　　题

简答题

12－1　材料成形技术与材料的选择有什么关系？

12－2　如何考虑材料成形技术的经济性与现实可能性？

12－3　如何检验成形件的品质？

12－4　为什么说毛坯材料确定之后，毛坯的成形方法也就基本确定了？

12－5　为什么轴杆类零件一般用锻造成形，而机架、箱体类零件多采用铸造成形？

12－6　指出下列工件各应采用所给材料中的哪一种，并选择其毛坯成形方法和热处理方法。

工件：车辆缓冲弹簧、发动机排气阀门弹簧、自来水管弯头、机床床身、发动机连杆螺栓、机用大钻头、车床尾架顶尖、螺丝刀、镗床镗杠、自行车车架、车床丝杆螺母、电风扇机壳、普通机床地脚螺栓、高速粗车铸铁的车刀。

材料：38CrMoAl，40Cr，45，Q235，T7，T10，50CrVA，Q335，W18Cr4V，KTH300－06，60Si2Mn，ZL102，ZCuSn10P1，YGl5，HT200。

思考题

1. 如何拟定材料成形技术方案？

2. 为什么重要的轮盘类零件如齿轮、离合器本体等多用锻件或挤压件，而带轮、飞轮多用铸件？

参 考 文 献

[1] 申荣华，丁旭．工程材料及其成形技术基础［M］．北京：北京大学出版社，2008.

[2] 陈金德，邢建东．材料成形技术基础［M］．北京：机械工业出版社，2000.

[3] 云建军．工程材料及材料成形技术基础［M］．北京：电子工业出版社，2003.

[4] 杜丽娟．工程材料成形技术基础［M］．北京：电子工业出版社，2003.

[5] 邓文英．金属工艺学［M］．北京：高等教育出版社，2000.

[6] 严绍华．材料成形工艺基础［M］．北京：清华大学出版社，2001.

[7] 何红援．材料成形技术基础［M］．南京：东南大学出版社，2000.

[8] 吕广庶．工程材料及成形技术基础［M］．北京：高等教育出版社，2001.

[9] 杨瑞成，伍玉娇．工程结构材料［M］．重庆：重庆大学出版社，2007.

[10] 陈培里．工程材料及热加工［M］．北京：高等教育出版社，2007.

[11] 沈莲．机械工程材料［M］．2 版．北京：机械工业出版社，2004.

[12] 刘新佳．工程材料［M］．北京：化学工业出版社，2006.

[13] 刘新佳，姜银方，蔡郭生．材料成形工艺基础［M］．北京：化学工业出版社，2006.

[14] 谭毅，李敬锋．新材料概论［M］．北京：冶金工业出版社，2004.

[15] 吴林．智能化焊接技术［M］．北京：国防工业出版社，2000.

[16] 邹增大．焊接材料、工艺及设备手册［M］．北京：化学工业出版社，2001.

[17] 赵层华．焊接方法与机电一体化［M］．北京：机械工业出版社，2000.

[18] 李志远．先进连接方法［M］．北京：机械工业出版社，2000.

[19] 中国机械工程学会铸造分会．铸造手册［M］．北京：机械工业出版社，2001.

[20] 中国机械工程学会锻造分会．锻造手册［M］．北京：机械工业出版社，2001.

[21] 中国机械工程学会焊接分会．焊接手册［M］．北京：机械工业出版社，2001.

[22] 全国锻压标准化技术委员会/中国机械工程学会锻压分会．锻压工艺标准应用手册［M］．北京：机械工业出版社，1998.

[23] 施江澜．材料成形技术基础［M］．北京：机械工业出版社，2001.

[24] 曾光廷．材料成形加工工艺及设备［M］．北京：化学工业出版社，2001.

[25] 徐滨士．表面工程［M］．北京：机械工业出版社，2001.

[26] 中国机械工程学会《热处理手册》编委会．热处理手册（典型零件热处理）［M］．3 版．北京：机械工业出版社，2003.

[27] 丁仁亮，周而康．金属材料及热处理［M］．3 版．北京：机械工业出版社，2000.

[28] SeropeKalpakjian，StevenR. Schmid. Manufacturing Engineering and Technology［M］. 4th ed. PRENTICE HALL，2001.

[29] 冯爱新．塑料成形技术［M］．北京：化学工业出版社，2004.

[30] Rao P N. 制造技术：铸造、成形和焊接（英文版，原书第 2 版影印本）［M］．北京：机械工业出版社，2003.

[31] 铁镰．新型材料［M］．北京：化学工业出版社，2002.

[32] 樊自由．先进材料成形技术及理论［M］．北京：化学工业出版社，2006.

[33] Jonathan Cagan，Craig M. Vogel. 创造突破性产品—从产品策略到项目定案的创新（英文版）［M］．北京：机械工业出版社，2006.

[34] 陈士朝，王仰东．橡胶技术与制造概论［M］．北京：中国石化出版社，2002.

[35] 韩凤麟. 粉末冶金零件模具设计 [M]. 北京：电子工业出版社，2007.
[36] 牟林，胡建华. 冲压工艺与模具设计 [M]. 北京：北京大学出版社，2007.
[37] 黄乾尧. 高温合金 [M]. 北京：冶金工业出版社，2004.
[38] 李淩涛. 新材料概论 [M]. 北京：国防工业出版社，2004.
[39] 国家自然科学基金委员会工程与材料科学部. 金属材料科学 [M]. 北京：科学出版社，2006.

北京大学出版社教材书目

✧ 欢迎访问教学服务网站www.pup6.com，免费查阅已出版教材的电子书(PDF版)、电子课件和相关教学资源。

✧ 欢迎征订投稿。联系方式：010-62750667，童编辑，13426433315@163.com，pup_6@163.com, 欢迎联系。

序号	书　名	标准书号	主　编	定价	出版日期
1	机械设计	978-7-5038-4448-5	郑　江，许　瑛	33	2007.8
2	机械设计(第2版)	978-7-301-28560-2	吕　宏　王　慧	47	2018.8
3	机械设计	978-7-301-17599-6	门艳忠	40	2010.8
4	机械设计	978-7-301-21139-7	王贤民，霍仕武	49	2014.1
5	机械设计	978-7-301-21742-9	师素娟，张秀花	48	2012.12
6	机械原理	978-7-301-11488-9	常治斌，张京辉	29	2008.6
7	机械原理	978-7-301-15425-0	王跃进	26	2013.9
8	机械原理	978-7-301-19088-3	郭宏亮，孙志宏	36	2011.6
9	机械原理	978-7-301-19429-4	杨松华	34	2011.8
10	机械设计基础	978-7-5038-4444-2	曲玉峰，关晓平	27	2008.1
11	机械设计基础	978-7-301-22011-5	苗淑杰，刘喜平	49	2015.8
12	机械设计基础	978-7-301-22957-6	朱　玉	38	2014.12
13	机械设计课程设计	978-7-301-12357-7	许　瑛	35	2012.7
14	机械设计课程设计(第2版)	978-7-301-27844-4	王　慧，吕　宏	42	2016.12
15	机械设计辅导与习题解答	978-7-301-23291-0	王　慧，吕　宏	26	2013.12
16	机械原理、机械设计学习指导与综合强化	978-7-301-23195-1	张占国	63	2014.1
17	机电一体化课程设计指导书	978-7-301-19736-3	王金娥　罗生梅	35	2013.5
18	机械工程专业毕业设计指导书□	978-7-301-18805-7	张黎骅，吕小荣	22	2015.4
19	机械创新设计	978-7-301-12403-1	丛晓霞	32	2012.8
20	机械系统设计	978-7-301-20847-2	孙月华	39	2012.7
21	机械设计基础实验及机构创新设计	978-7-301-20653-9	邹旻	28	2014.1
22	TRIZ 理论机械创新设计工程训练教程	978-7-301-18945-0	蒯苏苏，马履中	45	2011.6
23	TRIZ 理论及应用	978-7-301-19390-7	刘训涛，曹　贺等	35	2013.7
24	创新的方法——TRIZ 理论概述	978-7-301-19453-9	沈萌红	28	2011.9
25	机械工程基础	978-7-301-21853-2	潘玉良，周建军	34	2013.2
26	机械工程实训	978-7-301-26114-9	侯书林，张　炜等	52	2015.10
27	机械 CAD 基础	978-7-301-20023-0	徐云杰	34	2012.2
28	AutoCAD 工程制图	978-7-5038-4446-9	杨巧绒，张克义	20	2011.4
29	AutoCAD 工程制图	978-7-301-21419-0	刘善淑，胡爱萍	38	2015.2
30	工程制图	978-7-5038-4442-6	戴立玲，杨世平	27	2012.2
31	工程制图	978-7-301-19428-7	孙晓娟，徐丽娟	30	2012.5
32	工程制图习题集	978-7-5038-4443-4	杨世平，戴立玲	20	2008.1
33	机械制图(机类)	978-7-301-12171-9	张绍群，孙晓娟	32	2009.1
34	机械制图习题集(机类)	978-7-301-12172-6	张绍群，王慧敏	29	2007.8
35	机械制图(第2版)	978-7-301-19332-7	孙晓娟，王慧敏	38	2014.1
36	机械制图	978-7-301-21480-0	李凤云，张　凯等	36	2013.1
37	机械制图习题集(第2版)	978-7-301-19370-7	孙晓娟，王慧敏	22	2011.8
38	机械制图	978-7-301-21138-0	张　艳，杨晨升	37	2012.8
39	机械制图习题集	978-7-301-21339-1	张　艳，杨晨升	24	2012.10
40	机械制图	978-7-301-22896-8	臧福伦，杨晓冬等	60	2013.8
41	机械制图与 AutoCAD 基础教程	978-7-301-13122-0	张爱梅	35	2013.1
42	机械制图与 AutoCAD 基础教程习题集	978-7-301-13120-6	鲁　杰，张爱梅	22	2013.1
43	AutoCAD 2008 工程绘图	978-7-301-14478-7	赵润平，宗荣珍	35	2009.1
44	AutoCAD 实例绘图教程	978-7-301-20764-2	李庆华，刘晓杰	32	2012.6
45	工程制图案例教程	978-7-301-15369-7	宗荣珍	28	2009.6
46	工程制图案例教程习题集	978-7-301-15285-0	宗荣珍	24	2009.6
47	理论力学(第2版)	978-7-301-23125-8	盛冬发，刘　军	49	2016.9
48	理论力学	978-7-301-29087-3	刘　军，阎海鹏	45	2018.1
49	材料力学	978-7-301-14462-6	陈忠安，王　静	30	2013.4
50	工程力学(上册)	978-7-301-11487-2	毕勤胜，李纪刚	29	2008.6
51	工程力学(下册)	978-7-301-11565-7	毕勤胜，李纪刚	28	2008.6
52	液压传动(第2版)	978-7-301-19507-9	王守城，容一鸣	38	2013.7
53	液压与气压传动	978-7-301-13179-4	王守城，容一鸣	32	2013.7

序号	书　　名	标准书号	主　　编	定价	出版日期
54	液压与液力传动	978-7-301-17579-8	周长城等	34	2011.11
55	液压传动与控制实用技术	978-7-301-15647-6	刘　忠	36	2009.8
56	金工实习指导教程	978-7-301-21885-3	周哲波	30	2014.1
57	工程训练(第 4 版)	978-7-301-28272-4	郭永环，姜银方	42	2017.6
58	机械制造基础实习教程(第 2 版)	978-7-301-28946-4	邱　兵，杨明金	45	2017.12
59	公差与测量技术	978-7-301-15455-7	孔晓玲	25	2012.9
60	互换性与测量技术基础(第 3 版)	978-7-301-25770-8	王长春等	35	2015.6
61	互换性与技术测量	978-7-301-20848-9	周哲波	35	2012.6
62	机械制造技术基础	978-7-301-14474-9	张　鹏，孙有亮	28	2011.6
63	机械制造技术基础	978-7-301-16284-2	侯书林　张建国	32	2012.8
64	机械制造技术基础(第 2 版)	978-7-301-28420-9	李菊丽，郭华锋	49	2017.6
65	先进制造技术基础	978-7-301-15499-1	冯宪章	30	2011.11
66	先进制造技术	978-7-301-22283-6	朱　林，杨春杰	30	2013.4
67	先进制造技术	978-7-301-20914-1	刘　璇，冯　凭	28	2012.8
68	先进制造与工程仿真技术	978-7-301-22541-7	李　彬	35	2013.5
69	机械精度设计与测量技术	978-7-301-13580-8	于　峰	25	2013.7
70	机械制造工艺学	978-7-301-13758-1	郭艳玲，李彦蓉	30	2008.8
71	机械制造工艺学(第 2 版)	978-7-301-23726-7	陈红霞	45	2014.1
72	机械制造工艺学	978-7-301-19903-9	周哲波，姜志明	49	2012.1
73	机械制造基础(上)——工程材料及热加工工艺基础(第 2 版)	978-7-301-18474-5	侯书林，朱　海	40	2013.2
74	制造之用	978-7-301-23527-0	王中任	30	2013.12
75	机械制造基础(下)——机械加工工艺基础(第 2 版)	978-7-301-18638-1	侯书林，朱　海	32	2012.5
76	金属材料及工艺	978-7-301-19522-2	于文强	44	2013.2
77	金属工艺学	978-7-301-21082-6	侯书林，于文强	32	2012.8
78	工程材料及其成形技术基础(第 2 版)	978-7-301-22367-3	申荣华	69	2016.1
79	工程材料及其成形技术基础学习指导与习题详解(第 2 版)	978-7-301-26300-6	申荣华	28	2015.9
80	机械工程材料及成形基础	978-7-301-15433-5	侯俊英，王兴源	30	2012.5
81	机械工程材料(第 2 版)	978-7-301-22552-3	戈晓岚，招玉春	36	2013.6
82	机械工程材料	978-7-301-18522-3	张铁军	36	2012.5
83	工程材料与机械制造基础	978-7-301-15899-9	苏子林	32	2011.5
84	控制工程基础	978-7-301-12169-6	杨振中，韩致信	29	2007.8
85	机械制造装备设计	978-7-301-23869-1	宋士刚，黄　华	40	2014.12
86	机械工程控制基础	978-7-301-12354-6	韩致信	25	2008.1
87	机电工程专业英语(第 2 版)	978-7-301-16518-8	朱　林	24	2013.7
88	机械制造专业英语	978-7-301-21319-3	王中任	28	2014.12
89	机械工程专业英语	978-7-301-23173-9	余兴波，姜　波等	30	2013.9
90	机床电气控制技术	978-7-5038-4433-7	张万奎	26	2007.9
91	机床数控技术(第 2 版)	978-7-301-16519-5	杜国臣，王士军	35	2014.1
92	自动化制造系统	978-7-301-21026-0	辛宗生，魏国丰	37	2014.1
93	数控机床与编程	978-7-301-15900-2	张洪江，侯书林	25	2012.10
94	数控铣床编程与操作	978-7-301-21347-6	王志斌	35	2012.10
95	数控技术	978-7-301-21144-1	吴瑞明	28	2012.9
96	数控技术	978-7-301-22073-3	唐友亮　佘　勃	56	2014.1
97	数控技术(双语教学版)	978-7-301-27920-5	吴瑞明	36	2017.3
98	数控技术与编程	978-7-301-26028-9	程广振　卢建湘	36	2015.8
99	数控技术及应用	978-7-301-23262-0	刘　军	59	2013.10
100	数控加工技术	978-7-5038-4450-7	王　彪，张　兰	29	2011.7
101	数控加工与编程技术	978-7-301-18475-2	李体仁	34	2012.5
102	数控编程与加工实习教程	978-7-301-17387-9	张春雨，于　雷	37	2011.9
103	数控加工技术及实训	978-7-301-19508-6	姜永成，夏广岚	33	2011.9
104	数控编程与操作	978-7-301-20903-5	李英平	26	2012.8
105	数控技术及其应用	978-7-301-27034-9	贾伟杰	46	2016.4
106	数控原理及控制系统	978-7-301-28834-4	周庆贵，陈书法	36	2017.9
107	现代数控机床调试及维护	978-7-301-18033-4	邓三鹏等	32	2010.11
108	金属切削原理与刀具	978-7-5038-4447-7	陈锡渠，彭晓南	29	2012.5
109	金属切削机床(第 2 版)	978-7-301-25202-4	夏广岚，姜永成	42	2015.1
110	典型零件工艺设计	978-7-301-21013-0	白海清	34	2012.8
111	模具设计与制造(第 2 版)	978-7-301-24801-0	田光辉，林红旗	56	2016.1
112	工程机械检测与维修	978-7-301-21185-4	卢彦群	45	2012.9
113	工程机械电气与电子控制	978-7-301-26868-1	钱宏琦	54	2016.3

序号	书　　名	标准书号	主　编	定价	出版日期
114	工程机械设计	978-7-301-27334-0	陈海虹，唐绪文	49	2016.8
115	特种加工(第 2 版)	978-7-301-27285-5	刘志东	54	2017.3
116	精密与特种加工技术	978-7-301-12167-2	袁根福，祝锡晶	29	2011.12
117	逆向建模技术与产品创新设计	978-7-301-15670-4	张学昌	28	2013.1
118	CAD/CAM 技术基础	978-7-301-17742-6	刘　军	28	2012.5
119	CAD/CAM 技术案例教程	978-7-301-17732-7	汤修映	42	2010.9
120	Pro/ENGINEER Wildfire 2.0 实用教程	978-7-5038-4437-X	黄卫东，任国栋	32	2007.7
121	Pro/ENGINEER Wildfire 3.0 实例教程	978-7-301-12359-1	张选民	45	2008.2
122	Pro/ENGINEER Wildfire 3.0 曲面设计实例教程	978-7-301-13182-4	张选民	45	2008.2
123	Pro/ENGINEER Wildfire 5.0 实用教程	978-7-301-16841-7	黄卫东，郝用兴	43	2014.1
124	Pro/ENGINEER Wildfire 5.0 实例教程	978-7-301-20133-6	张选民，徐超辉	52	2012.2
125	SolidWorks 三维建模及实例教程	978-7-301-15149-5	上官林建	30	2012.8
126	SolidWorks 2016 基础教程与上机指导	978-7-301-28291-1	刘萍华	54	2018.1
127	UG NX 9.0 计算机辅助设计与制造实用教程(第 2 版)	978-7-301-26029-6	张黎骅，吕小荣	36	2015.8
128	CATIA 实例应用教程	978-7-301-23037-4	于志新	45	2013.8
129	Cimatron E9.0 产品设计与数控自动编程技术	978-7-301-17802-7	孙树峰	36	2010.9
130	Mastercam 数控加工案例教程	978-7-301-19315-0	刘　文，姜永梅	45	2011.8
131	应用创造学	978-7-301-17533-0	王成军，沈豫浙	26	2012.5
132	机电产品学	978-7-301-15579-0	张亮峰等	24	2015.4
133	品质工程学基础	978-7-301-16745-8	丁　燕	30	2011.5
134	设计心理学	978-7-301-11567-1	张成忠	48	2011.6
135	计算机辅助设计与制造	978-7-5038-4439-6	仲梁维，张国全	29	2007.9
136	产品造型计算机辅助设计	978-7-5038-4474-4	张慧姝，刘永翔	27	2006.8
137	产品设计原理	978-7-301-12355-3	刘美华	30	2008.2
138	产品设计表现技法	978-7-301-15434-2	张慧姝	42	2012.5
139	CorelDRAW X5 经典案例教程解析	978-7-301-21950-8	杜秋磊	40	2013.1
140	产品创意设计	978-7-301-17977-2	虞世鸣	38	2012.5
141	工业产品造型设计	978-7-301-18313-7	袁涛	39	2011.1
142	化工工艺学	978-7-301-15283-6	邓建强	42	2013.7
143	构成设计	978-7-301-21466-4	袁涛	58	2013.1
144	设计色彩	978-7-301-24246-9	姜晓微	52	2014.6
145	过程装备机械基础(第 2 版)	978-301-22627-8	于新奇	38	2013.7
146	过程装备测试技术	978-7-301-17290-2	王毅	45	2010.6
147	过程控制装置及系统设计	978-7-301-17635-1	张早校	30	2010.8
148	质量管理与工程	978-7-301-15643-8	陈宝江	34	2009.8
149	质量管理统计技术	978-7-301-16465-5	周友苏，杨　飒	30	2010.1
150	人因工程	978-7-301-19291-7	马如宏	39	2011.8
151	工程系统概论——系统论在工程技术中的应用	978-7-301-17142-4	黄志坚	32	2010.6
152	测试技术基础(第 2 版)	978-7-301-16530-0	江征风	30	2014.1
153	测试技术实验教程	978-7-301-13489-4	封士彩	22	2008.8
154	测控系统原理设计	978-7-301-24399-2	齐永奇	39	2014.7
155	测试技术学习指导与习题详解	978-7-301-14457-2	封士彩	34	2009.3
156	可编程控制器原理与应用(第 2 版)	978-7-301-16922-3	赵　燕，周新建	33	2011.11
157	工程光学(第 2 版)	978-7-301-28978-5	王红敏	41	2018.1
158	精密机械设计	978-7-301-16947-6	田　明，冯进良等	38	2011.9
159	传感器原理及应用	978-7-301-16503-4	赵　燕	35	2014.1
160	测控技术与仪器专业导论(第 2 版)	978-7-301-24223-0	陈毅静	36	2014.6
161	现代测试技术	978-7-301-19316-7	陈科山，王　燕	43	2011.8
162	风力发电原理	978-7-301-19631-1	吴双群，赵丹平	33	2011.10
163	风力机空气动力学	978-7-301-19555-0	吴双群	32	2011.10
164	风力机设计理论及方法	978-7-301-20006-3	赵丹平	32	2012.1
165	计算机辅助工程	978-7-301-22977-4	许承东	38	2013.8
166	现代船舶建造技术	978-7-301-23703-8	初冠南，孙清洁	33	2014.1
167	机床数控技术(第 3 版)	978-7-301-24452-4	杜国臣	49	2016.8
168	工业设计概论(双语)	978-7-301-27933-5	窦金花	35	2017.3
169	产品创新设计与制造教程	978-7-301-27921-2	赵　波	31	2017.3